Theorie der reellen Funktionen

Von

Dr. Hans Hahn

Professor der Mathematik an der Universität
Bonn

Erster Band
Mit 18 Textfiguren

Springer-Verlag Berlin Heidelberg GmbH
1921

Copyright 1921 by Springer-Verlag Berlin Heidelberg
Ursprünglich erschienen bei Julius Springer in Berlin 1921

ISBN 978-3-642-52570-4   ISBN 978-3-642-52624-4 (eBook)
DOI 10.1007/978-3-642-52624-4

Vorwort.

Schon seit geraumer Zeit hat die Lehre von den reellen Funktionen aufgehört, eine bloße Sammlung von Merkwürdigkeiten zu sein: sie ist zu einer Theorie der reellen Funktionen geworden, die eine große Anzahl bedeutungsvoller und weittragender Gesetze aufgedeckt hat; nicht mehr das Suchen nach Ausnahmen ist ihre Absicht, sondern das Suchen nach Regeln. Und da immer häufiger Fragestellungen aus den verschiedensten Gebieten der Mathematik bei gründlicher Behandlung auf Fragen aus der Theorie der reellen Funktionen führten, so hat diese Theorie auch aufgehört, Alleinbesitz einiger Spezialisten zu sein und in immer steigendem Maße das Interesse der mathematischen Allgemeinheit gefunden. Von vielen Seiten wurde daher der Mangel einer zusammenfassenden, systematischen Darstellung dieser Theorie schmerzlich empfunden.

Ich habe es deshalb mit Freuden begrüßt, als vor einer Reihe von Jahren Herr A. Schoenflies an mich mit der Aufforderung herantrat, an einer Neuauflage seines Berichtes „Die Entwickelung der Lehre von den Punktmannigfaltigkeiten" mitzuarbeiten, und zwar insbesondere die Anwendungen der Mengenlehre auf die Theorie der reellen Funktionen zu behandeln. Im Jahre 1914 war diese Darstellung nahezu beendet. Der Ausbruch des Krieges, der mich von meinem damaligen Wohnsitze Czernowitz trennte, sodann meine Einberufung zur österreichischen Armee, eine schwere Verwundung, schließlich meine Übersiedlung nach Bonn verzögerten die endgültige Fertigstellung, und als diese endlich erfolgt war, machten die mittlerweile eingetretenen traurigen Verhältnisse die Drucklegung unmöglich. Ich war schon darauf gefaßt, das Manuskript in meinem Schreibtische begraben zu müssen, als das freundliche Entgegenkommen der Verlagsbuchhandlung von Julius Springer mir die Möglichkeit bot, es zu einer selbständigen, zwei Bände umfassenden „Theorie der reellen Funktionen" umzugestalten, deren erster Band nun vorliegt, und deren zweiter Band (enthaltend die Theorie der Integration und Differentiation, die analytische Darstellung willkürlicher Funktionen und die Fourierschen Reihen) hoffentlich bald wird folgen können.

Ich hoffe. daß dieses Buch auch nach dem Erscheinen von Herrn C. Carathéodorys ausgezeichneten „Vorlesungen über reelle Funktionen" nicht als überflüssig wird empfunden werden. Denn schon ein flüchtiger Vergleich wird zeigen, daß der behandelte Stoff sich nur zum geringen Teile mit den Carathéodoryschen Vorlesungen deckt, und daß da, wo der Stoff sich deckt, doch die Darstellung meistens eine völlig verschiedene ist. Daß ich nach Form und Inhalt aus Carathéodorys Werke vielen Nutzen für das meine ziehen konnte, wird jeder aufmerksame Leser feststellen, und es sei hier ausdrücklich und gerne anerkannt.

Was die verarbeitete Literatur anlangt, so hoffe ich, von den bis 1914 erschienenen Arbeiten über ·die behandelten Gegenstände keine wichtigere unberücksichtigt gelassen zu haben. Die nach Kriegsausbruch erschienene Literatur des Auslandes ist mir teils gar nicht, teils so spät zur Kenntnis gekommen, daß sie nur ganz gelegentlich verwertet werden konnte.

Vom Leser werden keine speziellen Vorkenntnisse verlangt, wohl aber eine gewisse Übung im mathematischen Denken. Um nicht fortwährend auf andere Bücher verweisen zu müssen, wurden die für das Verständnis erforderlichen Tatsachen aus der allgemeinen Mengenlehre und der Theorie der reellen Zahlen in einer Einleitung kurz entwickelt. Ich muß wohl nicht eigens darauf hinweisen, daß es sich dabei nicht um eine systematische Entwicklung dieser Theorien handelt; die schwierigen Fragen der Grundlegung der Mengen- und Zahlenlehre. z. B. werden gar nicht berührt. Ausführlicher und systematischer wurde in Kapitel I die Theorie der Punktmengen behandelt, doch auch hier möge sich ·der Leser vor Augen halten, daß diese Darstellung nicht Selbstzweck ist, sondern nur zur Grundlegung für den eigentlich zu behandelnden Gegenstand, die Theorie der reellen Funktionen, dient.

Beim Lesen der Korrekturen haben mich in freundlichster Weise unterstützt die Herren F. Hausdorff, Th. Radakovic, A. Rosenthal und H. Tietze. Es sei ihnen an dieser Stelle für zahlreiche wertvolle Ratschläge und Verbesserungen der herzlichste Dank ausgesprochen.

Bonn, September 1920.

Hans Hahn.

Inhalt.

Einleitung.

Grundbegriffe der allgemeinen Mengenlehre.

Die reellen Zahlen.

Erstes Kapitel.

Punktmengen.

Zweites Kapitel.

Der Begriff der Stetigkeit und seine Verallgemeinerungen.

Sechstes Kapitel.

Die absolut-additiven Mengenfunktionen.

Siebentes Kapitel.

Die Funktionen endlicher Variation.

Achtes Kapitel.

Die meßbaren Funktionen.

Einleitung.

Grundbegriffe der allgemeinen Mengenlehre.

§ 1. Vereinigung und Durchschnitt.

Wir beginnen mit einem kurzen Überblick über die einfachsten Tatsachen der Mengenlehre, von denen wir werden Gebrauch zu machen haben.

Wir werden Mengen meistens mit großen deutschen Buchstaben bezeichnen, wie $\mathfrak{A}$, $\mathfrak{B}$ usf.[1]) Die Elemente einer und derselben Menge werden stets als untereinander verschieden angenommen. Es wird auch eine (uneigentliche) Menge betrachtet, die gar kein Element enthält, die leere Menge.

Enthält $\mathfrak{B}$ kein Element, das nicht auch in $\mathfrak{A}$ vorkommt, so heißt $\mathfrak{B}$ ein Teil von $\mathfrak{A}$, in Zeichen:

$$\mathfrak{B} < \mathfrak{A} \quad \text{oder} \quad \mathfrak{A} > \mathfrak{B}.$$

Sowohl $\mathfrak{A}$ selbst, als die leere Menge sind auf Grund dieser Definition Teile von $\mathfrak{A}$. Ist $\mathfrak{B}$ Teil von $\mathfrak{A}$, aber nicht mit $\mathfrak{A}$ identisch, so heißt $\mathfrak{B}$ ein echter Teil von $\mathfrak{A}$.

Zwei Mengen ohne gemeinsames Element nennen wir fremd.

Sei jedem Element b der Menge $\mathfrak{B}$ ein Element der Menge $\mathfrak{A}$ zugeordnet, das wir mit a_b bezeichnen können. Eine solche Zuordnung heißt eine Abbildung von $\mathfrak{B}$ in die Menge $\mathfrak{A}$, oder auch eine Belegung von $\mathfrak{B}$ mit Elementen aus $\mathfrak{A}$.

Ist insbesondere $\mathfrak{B}$ die Menge der natürlichen Zahlen $1, 2, \ldots, k$, so heißt die Gesamtheit der ihnen zugeordneten Elemente $a_1, a_2, \ldots, a_k$ von $\mathfrak{A}$ eine endliche Folge aus $\mathfrak{A}$. Ist $\mathfrak{B}$ die Menge aller natürlichen Zahlen $1, 2, \ldots, n, \ldots$, so heißt die Gesamtheit der zugeordneten Elemente

$$a_1, a_2, \ldots, a_n, \ldots$$

---

[1]) Mengen, deren Elemente selbst Mengen sind, bezeichnen wir hin und wieder mit großen griechischen Buchstaben A, B usf.

eine unendliche Folge aus $\mathfrak{A}$, und wird kurz bezeichnet mit:

$$\{a_n\}.$$

Jedes einzelne a_n heißt ein Glied der Folge. Im Gegensatze zum Begriffe der Menge können in einer Folge mehrere (ja auch alle) Glieder gleich (d. h. dasselbe Element von $\mathfrak{A}$) sein. Die Menge aller in einer unendlichen Folge auftretenden Elemente von $\mathfrak{A}$ kann also sehr wohl endlich sein, ja sogar aus nur einem Elemente bestehen.

Der Ausdruck[1]) „fast alle" Glieder einer Folge (oder Elemente einer Menge) soll bedeuten: alle Glieder (Elemente), mit höchstens endlich vielen Ausnahmen.

Jede Folge, die aus $\{a_n\}$ durch Weglassung von Gliedern entsteht, heißt eine Teilfolge von $\{a_n\}$. Eine unendliche Teilfolge von $\{a_n\}$ kann in der Form angeschrieben werden:

$$a_{n_1}, a_{n_2}, \ldots, a_{n_\nu}, \ldots \quad (n_1 < n_2 < \ldots < n_\nu < \ldots)$$

oder kurz:

$$\{a_{n_\nu}\}.$$

Sei nun A eine Menge, deren Elemente selbst Mengen $\mathfrak{A}$ sind, und $\mathfrak{B}$ eine beliebige Menge. Sei eine Belegung B von $\mathfrak{B}$ mit Elementen aus A gegeben, die dem Elemente b von $\mathfrak{B}$ die Menge $\mathfrak{A}_b$ aus A zuordnet. Wir denken uns aus der Gesamtheit der durch B den Elementen von $\mathfrak{B}$ zugeordneten Mengen $\mathfrak{A}_b$ zwei neue Mengen gebildet: ihre Vereinigung und ihren Durchschnitt. Die Vereinigung ist definiert als die Menge aller derjenigen Elemente, die in mindestens einer der Mengen $\mathfrak{A}_b$ vorkommen, der Durchschnitt als die Menge aller derjenigen Elemente, die in sämtlichen Mengen $\mathfrak{A}_b$ vorkommen. Werden durch B verschiedenen Elementen $b' \neq b''$ aus $\mathfrak{B}$ stets fremde Mengen $\mathfrak{A}_{b'}$, $\mathfrak{A}_{b''}$ zugeordnet, so wird die Vereinigung aller Mengen $\mathfrak{A}_b$ auch als ihre Summe bezeichnet. Vereinigung $\mathfrak{B}$, Summe $\mathfrak{S}$, Durchschnitt $\mathfrak{D}$ einer endlichen Mengenfolge $\mathfrak{A}_1, \mathfrak{A}_2, \ldots, \mathfrak{A}_k$ werden bezeichnet mit[2]):

$$\mathfrak{B} = \mathfrak{A}_1 \dotplus \mathfrak{A}_2 \dotplus \ldots \dotplus \mathfrak{A}_k = \bigvee_{n=1}^{k} \mathfrak{A}_n;$$

$$\mathfrak{S} = \mathfrak{A}_1 + \mathfrak{A}_2 + \ldots + \mathfrak{A}_k = \mathbf{S}_{n=1}^{k} \mathfrak{A}_n;$$

---

[1]) Er wurde eingeführt von G. Kowalewski, Einführung in die Infinitesimalrechnung (1908), 14; Grundzüge der Differential- und Integralrechnung (1909), 14.

[2]) Die Bezeichnungsweise $\dotplus$ für die Vereinigung rührt her von C. Carathéodory, Vorl. über reelle Funktionen (1918), 23.

$$\mathfrak{D} = \mathfrak{A}_1 \cdot \mathfrak{A}_2 \cdot \ldots \cdot \mathfrak{A}_k = \mathfrak{A}_1 \mathfrak{A}_2 \ldots \mathfrak{A}_k = \mathop{\mathbf{D}}_{n=1}^{k} \mathfrak{A}_n.$$

Vereinigung, Summe, Durchschnitt einer unendlichen Mengenfolge $\{\mathfrak{A}_n\}$ werden bezeichnet mit:

$$\mathfrak{B} = \mathfrak{A}_1 \dotplus \mathfrak{A}_2 \dotplus \ldots \dotplus \mathfrak{A}_n \dotplus \ldots = \mathop{\mathbf{V}}_{n=1}^{\infty} \mathfrak{A}_n;$$

$$\mathfrak{S} = \mathfrak{A}_1 + \mathfrak{A}_2 + \ldots + \mathfrak{A}_n + \ldots = \mathop{\mathbf{S}}_{n=1}^{\infty} \mathfrak{A}_n;$$

$$\mathfrak{D} = \mathfrak{A}_1 \cdot \mathfrak{A}_2 \cdot \ldots \cdot \mathfrak{A}_n \cdot \ldots = \mathop{\mathbf{D}}_{n=1}^{\infty} \mathfrak{A}_n.$$

Ist $\mathfrak{B} < \mathfrak{A}$, so heißt die Menge aller nicht zu $\mathfrak{B}$ gehörigen Elemente von $\mathfrak{A}$ das **Komplement von $\mathfrak{B}$ zu $\mathfrak{A}$** und wird bezeichnet mit:

$$\mathfrak{A} - \mathfrak{B}.$$

Allgemein (ob $\mathfrak{B}$ Teil von $\mathfrak{A}$ ist oder nicht) kann die Menge aller nicht zu $\mathfrak{B}$ gehörigen Elemente von $\mathfrak{A}$ geschrieben werden:

$$\mathfrak{A} - \mathfrak{A} \cdot \mathfrak{B}.$$

Die Vereinigung aller Mengen einer (endlichen oder unendlichen) Mengenfolge $\{\mathfrak{A}_n\}$ kann stets durch eine Summe ersetzt werden. In der Tat, setzt man:

$$\mathfrak{B}_1 = \mathfrak{A}_1, \mathfrak{B}_n = (\mathfrak{A}_1 \dotplus \mathfrak{A}_2 \dotplus \ldots \dotplus \mathfrak{A}_n) - (\mathfrak{A}_1 \dotplus \mathfrak{A}_2 \dotplus \ldots \dotplus \mathfrak{A}_{n-1})(n > 1),$$

so sind je zwei $\mathfrak{B}_n$ fremd, und es ist:

$$\mathfrak{A}_1 \dotplus \mathfrak{A}_2 \dotplus \ldots \dotplus \mathfrak{A}_n \dotplus \ldots = \mathfrak{B}_1 + \mathfrak{B}_2 + \ldots + \mathfrak{B}_n + \ldots$$

Wir nennen eine (endliche oder unendliche) Mengenfolge $\{\mathfrak{A}_n\}$ **monoton wachsend**, wenn:

$$\mathfrak{A}_1 < \mathfrak{A}_2 < \ldots < \mathfrak{A}_n < \ldots,$$

monoton abnehmend, wenn hierin $<$ durch $>$ ersetzt wird.

Satz I. Zu jeder Mengenfolge $\{\mathfrak{A}_n\}$ gibt es eine monoton wachsende $\{\overline{\mathfrak{A}}_n\}$, so daß

$$\mathfrak{A}_1 \dotplus \mathfrak{A}_2 \dotplus \ldots \dotplus \mathfrak{A}_n \dotplus \ldots = \overline{\mathfrak{A}}_1 \dotplus \overline{\mathfrak{A}}_2 \dotplus \ldots \dotplus \overline{\mathfrak{A}}_n \dotplus \ldots$$

und:

$$\mathfrak{A}_n < \overline{\mathfrak{A}}_n.$$

In der Tat, wir haben nur zu setzen:

$$\overline{\mathfrak{A}}_1 = \mathfrak{A}_1; \quad \overline{\mathfrak{A}}_n = \mathfrak{A}_1 \dotplus \mathfrak{A}_2 \dotplus \ldots \dotplus \mathfrak{A}_n \quad (n > 1).$$

Satz II. Zu jeder Mengenfolge $\{\mathfrak{A}_n\}$ gibt es eine monoton abnehmende $\{\underline{\mathfrak{A}}_n\}$, so daß:

$$\mathfrak{A}_1 \cdot \mathfrak{A}_2 \cdot \ldots \cdot \mathfrak{A}_n \cdot \ldots = \underline{\mathfrak{A}}_1 \cdot \underline{\mathfrak{A}}_2 \cdot \ldots \cdot \underline{\mathfrak{A}}_n \cdot \ldots$$

und:

$$\mathfrak{A}_n > \underline{\mathfrak{A}}_n.$$

In der Tat, wir haben nur zu setzen:

$$\underline{\mathfrak{A}}_1 = \mathfrak{A}_1; \quad \underline{\mathfrak{A}}_n = \mathfrak{A}_1 \cdot \mathfrak{A}_2 \cdot \ldots \cdot \mathfrak{A}_n \quad (n > 1).$$

Aus einer unendlichen Mengenfolge $\{\mathfrak{A}_n\}$ leiten wir zwei Mengen her: die **obere Gemeinschaftsgrenze** von $\{\mathfrak{A}_n\}$, in Zeichen:

$$\overline{\lim_{n=\infty}} \mathfrak{A}_n$$

und die **untere Gemeinschaftsgrenze**, in Zeichen:

$$\underline{\lim_{n=\infty}} \mathfrak{A}_n;$$

sie werden in folgender Weise definiert: die obere Gemeinschaftsgrenze ist die Menge der in **unendlich vielen** $\mathfrak{A}_n$ vorkommenden Elemente; die untere Gemeinschaftsgrenze ist die Menge der in **fast allen** $\mathfrak{A}_n$ vorkommenden Elemente[1]).

Sind für eine Mengenfolge $\{\mathfrak{A}_n\}$ obere und untere Gemeinschaftsgrenze identisch, so heißt die Folge **konvergent**; man schreibt dann:

$$\lim_{n=\infty} \mathfrak{A}_n = \overline{\lim_{n=\infty}} \mathfrak{A}_n = \underline{\lim_{n=\infty}} \mathfrak{A}_n,$$

und nennt diese Menge schlechthin die **Gemeinschaftsgrenze** von $\{\mathfrak{A}_n\}$.

Satz III. Jede monotone Mengenfolge ist konvergent; und zwar ist für monoton wachsende Mengenfolgen:

$$\lim_{n=\infty} \mathfrak{A}_n = \mathfrak{A}_1 \dotplus \mathfrak{A}_2 \dotplus \ldots \dotplus \mathfrak{A}_n \dotplus \ldots,$$

für monoton abnehmende Mengenfolgen:

$$\lim_{n=\infty} \mathfrak{A}_n = \mathfrak{A}_1 \cdot \mathfrak{A}_2 \cdot \ldots \cdot \mathfrak{A}_n \cdot \ldots$$

Der Beweis liegt auf der Hand.

Wir stellen noch Formeln für obere und untere Gemeinschaftsgrenzen einer Mengenfolge $\{\mathfrak{A}_n\}$ auf.

---

[1]) Auf die Wichtigkeit dieser beiden Mengen hat wohl zuerst É. Borel hingewiesen; er nennt die äußere Gemeinschaftsgrenze: „ensemble limite complet", die innere: „ensemble limite restreint" (Leçons sur les fonctions de variables réelles (1905), 18). Wir haben den Namen „Gemeinschaftsgrenze" gewählt zum Unterschiede von den bei Folgen von Punktmengen auftretenden „Näherungsgrenzen" (Kap. I, § 3, S. 74).

Satz IV. Setzt man:

$$\mathfrak{B}_n = \mathfrak{A}_n \dotplus \mathfrak{A}_{n+1} \dotplus \ldots; \quad \mathfrak{D}_n = \mathfrak{A}_n \cdot \mathfrak{A}_{n+1} \cdot \ldots,$$

so ist:

(0)
$$\overline{\lim_{n=\infty}} \, \mathfrak{A}_n = \lim_{n=\infty} \mathfrak{B}_n; \quad \underline{\lim_{n=\infty}} \, \mathfrak{A}_n = \lim_{n=\infty} \mathfrak{D}_n.$$

In der Tat aus der Definition von oberer und unterer Gemeinschaftsgrenze folgt:

(*)
$$\overline{\lim_{n=\infty}} \, \mathfrak{A}_n = \mathfrak{B}_1 \cdot \mathfrak{B}_2 \cdot \ldots \cdot \mathfrak{B}_n \cdot \ldots;$$
$$\underline{\lim_{n=\infty}} \, \mathfrak{A}_n = \mathfrak{D}_1 \dotplus \mathfrak{D}_2 \dotplus \ldots \dotplus \mathfrak{D}_n \dotplus \ldots$$

Offenbar aber ist $\{\mathfrak{B}_n\}$ monoton abnehmend, $\{\mathfrak{D}_n\}$ monoton wachsend. Nach Satz III ist also:

(**)
$$\mathfrak{B}_1 \cdot \mathfrak{B}_2 \cdot \ldots \cdot \mathfrak{B}_n \cdot \ldots = \lim_{n=\infty} \mathfrak{B}_n;$$
$$\mathfrak{D}_1 \dotplus \mathfrak{D}_2 \dotplus \ldots \dotplus \mathfrak{D}_n \dotplus \ldots = \lim_{n=\infty} \mathfrak{D}_n.$$

Aus (*) und (**) aber folgt die Behauptung (0).

Satz V. Setzt man:

$$\overline{\mathfrak{A}}_{n,k} = \mathfrak{A}_n \dotplus \mathfrak{A}_{n+1} \dotplus \ldots \dotplus \mathfrak{A}_{n+k}; \quad \underline{\mathfrak{A}}_{n,k} = \mathfrak{A}_n \cdot \mathfrak{A}_{n+1} \cdot \ldots \cdot \mathfrak{A}_{n+k},$$

so ist:

(1)
$$\overline{\lim_{n=\infty}} \, \mathfrak{A}_n = \lim_{n=\infty} (\lim_{k=\infty} \overline{\mathfrak{A}}_{n,k}); \quad \underline{\lim_{n=\infty}} \, \mathfrak{A}_n = \lim_{n=\infty} (\lim_{k=\infty} \underline{\mathfrak{A}}_{n,k}).$$

In der Tat, in Satz IV ist offenbar:

(†)
$$\mathfrak{B}_n = \overline{\mathfrak{A}}_{n,1} \dotplus \overline{\mathfrak{A}}_{n,2} \dotplus \ldots \dotplus \overline{\mathfrak{A}}_{n,k} \dotplus \ldots;$$
$$\mathfrak{D}_n = \underline{\mathfrak{A}}_{n,1} \cdot \underline{\mathfrak{A}}_{n,2} \cdot \ldots \cdot \underline{\mathfrak{A}}_{n,k} \cdot \ldots,$$

und da die Folge $\overline{\mathfrak{A}}_{n,1}, \overline{\mathfrak{A}}_{n,2}, \ldots, \overline{\mathfrak{A}}_{n,k}, \ldots$, monoton zunehmend, die Folge $\underline{\mathfrak{A}}_{n,1}, \underline{\mathfrak{A}}_{n,2}, \ldots, \underline{\mathfrak{A}}_{n,k}, \ldots$ monoton abnehmend ist, so ist (†) nach Satz III gleichbedeutend mit:

(††)
$$\mathfrak{B}_n = \lim_{k=\infty} \overline{\mathfrak{A}}_{n,k}; \quad \mathfrak{D}_n = \lim_{k=\infty} \underline{\mathfrak{A}}_{n,k}.$$

Setzt man (††) in die Gleichung (0) von Satz IV ein, so erhält man die Behauptung (1) von Satz V.

§ 2. Die Mächtigkeiten.

Sei eine Abbildung A der Menge $\mathfrak{B}$ in die Menge $\mathfrak{A}$ gegeben (§ 1, S. 1), die dem Elemente b von $\mathfrak{B}$ das Element a_b von $\mathfrak{A}$ zuordnet. Dann heißt a_b das **Bild** von b, umgekehrt heißt jedes Element von $\mathfrak{B}$, dem durch A das Element a von $\mathfrak{A}$ zugeordnet ist, ein Urbild[1]) von a.

Die Abbildung A von $\mathfrak{B}$ in $\mathfrak{A}$ habe nun folgende Eigenschaften:

1. Verschiedene Elemente aus $\mathfrak{B}$ haben verschiedene Bilder in $\mathfrak{A}$:

$$a_b \neq a_{b'}, \quad \text{wenn} \quad b \neq b'.$$

2. Jedes Element von $\mathfrak{A}$ ist Bild eines Elementes von $\mathfrak{B}$. Dann hat jedes a aus $\mathfrak{A}$ in $\mathfrak{B}$ ein und nur ein Urbild, das wir mit b_a bezeichnen können:

$$b = b_a \quad \text{wenn} \quad a_b = a.$$

Es ist also durch die Abbildung A nicht nur jedem Elemente von $\mathfrak{B}$ ein Element von $\mathfrak{A}$ zugeordnet, sondern auch jedem Elemente von $\mathfrak{A}$ ein Element von $\mathfrak{B}$, nämlich sein Urbild. Eine solche Abbildung A heißt eine **eineindeutige Abbildung** (oder **Zuordnung**) der Mengen $\mathfrak{A}$ und $\mathfrak{B}$.

Gibt es eine eineindeutige Abbildung von $\mathfrak{A}$ und $\mathfrak{B}$, so heißen $\mathfrak{A}$ und $\mathfrak{B}$ **gleichmächtig**[2]). Die Eigenschaft, die eine Menge $\mathfrak{A}$ und alle ihr gleichmächtigen von den übrigen Mengen unterscheidet, heißt die **Mächtigkeit** (oder **Kardinalzahl**) der Menge $\mathfrak{A}$ (und jeder mit $\mathfrak{A}$ gleichmächtigen Menge). Die Mächtigkeiten der endlichen Mengen sind die natürlichen Zahlen (in ihrer Verwendung als Kardinalzahlen). Ist $\mathfrak{a}$ die Mächtigkeit von $\mathfrak{A}$, $\mathfrak{b}$ die von $\mathfrak{B}$, so bedeutet $\mathfrak{a} = \mathfrak{b}$: die Mengen $\mathfrak{A}$ und $\mathfrak{B}$ sind gleichmächtig.

Die Mächtigkeit $\mathfrak{a}$ von $\mathfrak{A}$ heißt **größer** als die Mächtigkeit $\mathfrak{b}$ von $\mathfrak{B}$, in Zeichen:

$$\mathfrak{a} > \mathfrak{b} \quad \text{oder} \quad \mathfrak{b} < \mathfrak{a},$$

wenn $\mathfrak{B}$ gleichmächtig ist mit einem Teile von $\mathfrak{A}$, aber nicht mit $\mathfrak{A}$ selbst[3]). In üblicher Weise bedeutet $\mathfrak{a} \geqq \mathfrak{b}$ soviel wie:

$$\mathfrak{a} > \mathfrak{b} \quad \text{oder} \quad \mathfrak{a} = \mathfrak{b}.$$

Summe, Produkt, Potenz zweier Mächtigkeiten werden definiert durch folgende Festsetzungen[4]): sei $\mathfrak{A}$ eine Menge der Mächtig-

---

[1]) Diese Bezeichnung stammt von F. **Hausdorff**, Grundzüge der Mengenlehre (1914), 43.

[2]) Dieser Begriff, sowie der ganze Inhalt dieses Paragraphen stammen von G. **Cantor**.

[3]) Daß die Relationen $\mathfrak{a} > \mathfrak{b}$ und $\mathfrak{a} < \mathfrak{b}$ sich ausschließen, und daß stets eine der drei Relationen $\mathfrak{a} = \mathfrak{b}$, $\mathfrak{a} > \mathfrak{b}$, $\mathfrak{a} < \mathfrak{b}$ eintritt, werden wir erst später zeigen können: § 4, Satz XXI.

[4]) Für endliche Mengen reduzieren sie sich auf die bekannte Definition von Summe, Produkt und Potenz natürlicher Zahlen.

keit a, $\mathfrak{B}$ eine Menge der Mächtigkeit b. Dann ist, wenn $\mathfrak{A}$ und $\mathfrak{B}$ fremd, $a + b$ die Mächtigkeit von $\mathfrak{A} + \mathfrak{B}$. Versteht man unter der Verbindungsmenge von $\mathfrak{A}$ und $\mathfrak{B}$ die Menge aller verschiedenen Paare (a, b), deren erstes Glied a ein Element von $\mathfrak{A}$, deren zweites Glied b ein Element von $\mathfrak{B}$ ist, so ist $a \cdot b$ die Mächtigkeit der Verbindungsmenge von $\mathfrak{A}$ und $\mathfrak{B}$. Und versteht man unter der Belegungsmenge von $\mathfrak{B}$ mit $\mathfrak{A}$ die Menge aller verschiedenen Belegungen (§ 1, S. 1) von $\mathfrak{B}$ mit Elementen von $\mathfrak{A}$ (d. h. die Menge aller verschiedenen Abbildungen von $\mathfrak{B}$ in $\mathfrak{A}$), so ist a^b die Mächtigkeit der Belegungsmenge von $\mathfrak{B}$ mit $\mathfrak{A}$.

Aus diesen Definitionen folgen unmittelbar die Sätze:

Satz I. Es gelten die Rechnungsregeln:

$$a + b = b + a; \quad a + (b + c) = (a + b) + c;$$
$$a \cdot b = b \cdot a; \quad a \cdot (b \cdot c) = (a \cdot b) \cdot c; \quad (a + b) \cdot c = a \cdot c + b \cdot c;$$
$$a^{b+c} = a^b \cdot a^c; \quad (a \cdot b)^c = a^c \cdot b^c; \quad a^{b \cdot c} = (a^b)^c.$$

Wenn $b \geqq b'$, so ist auch:

$$a + b \geqq a + b'; \quad a \cdot b \geqq a \cdot b'; \quad a^b \geqq a^{b'}; \quad b^a \geqq b'^a.$$

Eine Menge $\mathfrak{A}$ heißt **abzählbar-unendlich**, wenn sie gleichmächtig ist der Menge der natürlichen Zahlen. Es gibt dann eine eineindeutige Zuordnung A der Elemente von $\mathfrak{A}$ zu den natürlichen Zahlen. Bezeichnet man mit a_n das durch A der Zahl n zugeordnete Element von $\mathfrak{A}$, so sieht man, daß jede abzählbar-unendliche Menge in der Form angeschrieben werden kann:

$$a_1, a_2, \ldots, a_n, \ldots$$

Umgekehrt ist jede Menge, die in dieser Form angeschrieben werden kann, abzählbar-unendlich.

Aus der Definition der abzählbar unendlichen Mengen folgt unmittelbar:

Satz II. Jeder unendliche Teil einer abzählbar-unendlichen Menge ist abzählbar-unendlich.

Da man, wenn aus einer unendlichen Menge endlich viele Elemente $a_1, a_2, \ldots, a_n$ herausgegriffen sind, immer noch ein $(n + 1)$-tes a_{n+1} herausgreifen kann, so hat man:

Satz III. Jede unendliche Menge enthält einen abzählbar-unendlichen Teil.

Die Mächtigkeit der abzählbar-unendlichen Mengen wird mit $\aleph_0$ bezeichnet. Satz III kann dann auch so ausgesprochen werden:

Satz IV. Unter allen Mächtigkeiten unendlicher Mengen ist $\aleph_0$ die kleinste.

Wir beweisen die folgenden Rechnungsregeln:

Satz V. Bedeutet e eine endliche Mächtigkeit > 0[1]), so ist:

$$(*) \qquad \aleph_0 + e = \aleph_0; \quad \aleph_0 + \aleph_0 = \aleph_0; \quad e \cdot \aleph_0 = \aleph_0; \quad \aleph_0 \cdot \aleph_0 = \aleph_0.$$

Es wird genügen, die letzte dieser Formeln zu beweisen, da aus ihr, mit Hilfe von Satz II, die andern sofort folgen[2]). Erinnert man sich an die Definition des Produktes zweier Mächtigkeiten, so ist zu zeigen: „Die Menge aller Paare (m, n) natürlicher Zahlen ist abzählbar-unendlich.“

In der Tat, wir setzen:

$$(**) \qquad \frac{(m + n - 2)(m + n - 1)}{2} + n = \nu.$$

Da aus:

$$\frac{(m + n - 2)(m + n - 1)}{2} + n = \frac{(m' + n' - 2)(m' + n' - 1)}{2} + n'$$

folgt[3]):

$$m = m', \quad n = n',$$

so ist dadurch eine eineindeutige[4]) Abbildung der Paare (m, n) auf die natürlichen Zahlen $1, 2, 3, \ldots, \nu, \ldots$ gegeben, und die Behauptung ist bewiesen.

Aus der hiermit bewiesenen Tatsache, daß die Menge aller Paare natürlicher Zahlen abzählbar-unendlich ist, folgt leicht:

---

[1]) Es ist also e eine natürliche Kardinalzahl.

[2]) Denn es ist nach Satz I: $\aleph_0 + e \leqq \aleph_0 + \aleph_0 = 2 \cdot \aleph_0 \leqq e \cdot \aleph_0 \leqq \aleph_0 \cdot \aleph_0$.

[3]) In der Tat, man setze:

$$m + n - 1 = k, \quad m' + n' - 1 = k'.$$

Dann ist

$$(\dagger) \qquad 1 \leqq n \leqq k, \quad 1 \leqq n' \leqq k'.$$

Ist dann $k = k'$, $n > n'$, so ist offenbar:

$$(\dagger\dagger) \qquad \frac{(k - 1)k}{2} + n > \frac{(k' - 1)k'}{2} + n'.$$

Ist hingegen:

$$k > k', \quad \text{d. h.} \quad k' \leqq k - 1,$$

so ist wegen $(\dagger)$:

$$\frac{(k - 1)k}{2} + n > \frac{(k - 1)k}{2}; \quad \frac{(k' - 1)k'}{2} + n' \leqq \frac{(k' - 1)k'}{2} + k' \leqq \frac{(k - 1)k}{2},$$

und somit gilt wieder $(\dagger\dagger)$.

[4]) Um zu sehen, daß jede natürliche Zahl ν in der Form $(**)$ erscheint, bestimme man die natürliche Zahl k aus:

$$\frac{(k - 1)k}{2} + 1 \leqq \nu \leqq \frac{k(k + 1)}{2},$$

Satz VI. Die Menge aller rationalen Zahlen ist abzählbar-unendlich[1]).

Sei in der Tat

$$r = \frac{m}{n} \quad (m, n \text{ teilerfremde, natürliche Zahlen})$$

eine positive rationale Zahl. Ordnen wir ihr das Paar (m, n) zu,
so ist die Menge $\Re_1$ aller positiven rationalen Zahlen eineindeutig
abgebildet auf einen Teil $\mathfrak{A}$ der abzählbaren Menge aller Paare
natürlicher Zahlen; nach Satz II·ist auch $\mathfrak{A}$, und somit $\Re_1$, abzählbar-
unendlich. Da die Menge $\Re_2$ aller negativen rationalen Zahlen mit
$\Re_1$ gleichmächtig ist, so ist auch $\Re_2$, und somit nach der zweiten
Formel (*) auch $\Re_1 + \Re_2$ abzählbar-unendlich. Fügt man noch die 0
hinzu, so erhält man nach der ersten Formel (*) (für $\varrho = 1$) wieder
eine abzählbar-unendliche Menge $\Re$. Da $\Re$ aber die Menge aller
rationalen Zahlen ist, so ist Satz VI bewiesen.

Wir werden weiterhin eine Menge als abzählbar bezeichnen,
wenn sie abzählbar-unendlich, endlich oder leer ist. Man kann dann
die Sätze aussprechen (deren Beweis aus Satz II und Satz V unmittelbar folgt):

Satz VII. Jeder Teil einer abzählbaren Menge ist abzählbar.

Satz VIII. Die Vereinigung abzählbar vieler abzählbarer Mengen ist abzählbar.

Ein häufig anzuwendender Satz lautet:

Satz IX. Ist jede der Mengen $\mathfrak{A}_1, \mathfrak{A}_2, \ldots, \mathfrak{A}_k$ abzählbar,
so ist auch die Menge aller k-gliedrigen Folgen:

$$(\dagger) \qquad (a_1, a_2, \ldots, a_k),$$

in denen a_n zu $\mathfrak{A}_n$ $(n = 1, 2, \ldots, k)$ gehört, abzählbar.

Wir beweisen dies durch Induktion. Die Behauptung ist richtig
für $k = 1$. Angenommen, sie sei richtig für $k - 1$. Die Menge aller
k-gliedrigen Folgen $(\dagger)$, an deren letzter Stelle ein fest gegebenes
Element $\bar{a}_k$ aus $\mathfrak{A}_k$ steht:

$$(a_1, a_2, \ldots, a_{k-1}, \bar{a}_k),$$

ist dann abzählbar. Da es in $\mathfrak{A}_k$ nur abzählbar viele Elemente gibt,
ist also die Menge aller Folgen $(\dagger)$ die Vereinigung abzählbar vieler

---

und setze sodann:

$$n = \nu - \frac{(k-1)\,k}{2}; \qquad m = k - n + 1.$$

[1]) Darin ist (nach Satz II) auch enthalten der Satz: Die Menge aller
ganzen Zahlen $(0, \pm 1, \pm 2, \ldots, \pm n, \ldots)$ ist abzählbar-unendlich.

abzählbarer Mengen, und somit nach Satz VIII selbst abzählbar. Gilt also die Behauptung von Satz IX für $(k-1)$-gliedrige Folgen, so auch für k-gliedrige. Damit ist sie bewiesen.

Wir fügen noch den Satz bei:

Satz X. Ist $\mathfrak{A}$ eine abzählbare und $\mathfrak{B}$ eine unendliche Menge, so haben $\mathfrak{A} \dotplus \mathfrak{B}$ und $\mathfrak{B}$ gleiche Mächtigkeit.

In der Tat, da $\mathfrak{B}$ unendlich ist, gibt es (Satz III) in $\mathfrak{B}$ einen abzählbar-unendlichen Teil $\mathfrak{A}'$, und wir können schreiben:

$$(*) \qquad \mathfrak{B} = \mathfrak{A}' + \mathfrak{B}'.$$

Seien $\mathfrak{b}$ und $\mathfrak{b}'$ die Mächtigkeiten von $\mathfrak{B}$ und $\mathfrak{B}'$. Wegen (*) ist dann:

$$(**) \qquad \mathfrak{b} = \aleph_0 + \mathfrak{b}'.$$

Ferner kann man schreiben:

$$(***) \qquad \mathfrak{A} \dotplus \mathfrak{B} = (\mathfrak{A} - \mathfrak{A} \cdot \mathfrak{B}) + \mathfrak{B} = (\mathfrak{A} - \mathfrak{A} \cdot \mathfrak{B}) + (\mathfrak{A}' + \mathfrak{B}').$$

Hierin ist $\mathfrak{A} - \mathfrak{A}\mathfrak{B}$, als Teil der abzählbaren Menge $\mathfrak{A}$, abzählbar, etwa — um einen bestimmten Fall vor Augen zu haben — abzählbar-unendlich[1]. Aus (***) ergibt sich dann für die Mächtigkeit von $\mathfrak{A} \dotplus \mathfrak{B}$ (bei Berücksichtigung von Satz I, Satz V, und von (**)):

$$\aleph_0 + (\aleph_0 + \mathfrak{b}') = (\aleph_0 \dotplus \aleph_0) \dotplus \mathfrak{b}' = \aleph_0 + \mathfrak{b}' = \mathfrak{b},$$

also haben $\mathfrak{A} \dotplus \mathfrak{B}$ und $\mathfrak{B}$ gleiche Mächtigkeit, und Satz X ist bewiesen.

Sei $\mathfrak{B}$ eine beliebige Menge der Mächtigkeit $\mathfrak{b}$, und $\mathfrak{A}$ die Menge der beiden Elemente 0, 1. Jede Belegung von $\mathfrak{B}$ mit Elementen von $\mathfrak{A}$ liefert dann, indem man die mit 0 belegten Elemente wegläßt, einen Teil von $\mathfrak{B}$. Also sind die Belegungsmenge von $\mathfrak{B}$ mit $\mathfrak{A}$ und die Menge aller Teile von $\mathfrak{B}$ gleichmächtig. Da aber zufolge der Definition der Potenz die Belegungsmenge von $\mathfrak{B}$ mit $\mathfrak{A}$ die Mächtigkeit $2^\mathfrak{b}$ hat, so sehen wir:

Satz XI. Die Menge aller Teile einer Menge der Mächtigkeit $\mathfrak{b}$ hat die Mächtigkeit $2^\mathfrak{b}$.

Zum Schlusse beweisen wir noch:

Satz XII. Für jede Mächtigkeit $\mathfrak{b}$ gilt die Ungleichung:

$$2^\mathfrak{b} > \mathfrak{b}.$$

In der Tat, da gewiß $2^\mathfrak{b} \geq \mathfrak{b}$ ist, so ist nur zu beweisen: die Menge $\mathfrak{B}$ und die Menge T aller Teile von $\mathfrak{B}$ können nicht gleichmächtig sein. Sei, um das zu beweisen, A irgendeine Abbildung

---

[1] Wäre $\mathfrak{A} - \mathfrak{A}\mathfrak{B}$ endlich oder leer, verläuft der Beweis ganz analog.

von $\mathfrak{B}$ in T; sie ordne dem Elemente b von $\mathfrak{B}$ den Teil $\mathfrak{T}_b$ von $\mathfrak{B}$ zu. Wir definieren einen Teil $\mathfrak{T}^*$ von $\mathfrak{B}$ durch die Vorschrift:

(0)   „b in $\mathfrak{T}^*$, wenn b nicht in $\mathfrak{T}_b$;
b nicht in $\mathfrak{T}^*$, wenn b in $\mathfrak{T}_b$."

Dann kann das Element $\mathfrak{T}^*$ von T in $\mathfrak{B}$ kein Urbild haben. Denn angenommen, es gebe ein solches Urbild b^*:

$$\text{(00)} \qquad \mathfrak{T}^* = \mathfrak{T}_{b^*}.$$

Die Vorschrift (0) ergibt dann:

„b^* in $\mathfrak{T}^*$, wenn b^* nicht in $\mathfrak{T}_{b^*}$;
b^* nicht in $\mathfrak{T}^*$, wenn b^* in $\mathfrak{T}_{b^*}$."

Berücksichtigt man nun (00), so wird hieraus:

„b^* in $\mathfrak{T}^*$, wenn b^* nicht in $\mathfrak{T}^*$;
b^* nicht in $\mathfrak{T}^*$, wenn b^* in $\mathfrak{T}^*$."

Das aber ist ein Widerspruch, und es kann somit kein Urbild von $\mathfrak{T}^*$ geben. Also ist die Abbildung A von $\mathfrak{B}$ in T nicht eineindeutig. Und da A eine beliebige Abbildung von $\mathfrak{B}$ in T war, ist gezeigt: es gibt keine eineindeutige Abbildung von $\mathfrak{B}$ und T; d. h. $\mathfrak{B}$ und T sind nicht gleichmächtig; damit aber ist Satz XII bewiesen.

§ 3. Die geordneten Mengen. Die Ordnungstypen.

Die Menge $\mathfrak{A}$ heißt geordnet, wenn zwischen je zweien ihrer Elemente $a \neq a'$ eine Relation definiert ist, die wir durch das Wort „vor" ausdrücken, und derzufolge:

entweder: a vor a', oder: a' vor a[1])

gilt; dabei muß diese Relation die beiden folgenden Eigenschaften haben:

1. sie ist asymmetrisch, d. h.:

wenn: a vor a', so ist nicht: a' vor a;

2. sie ist transitiv, d. h.:

wenn: a vor a' und: a' vor a'', so ist: a vor a''.

Durch diese Relation ist zugleich mit $\mathfrak{A}$ auch jeder Teil von $\mathfrak{A}$ geordnet.

Zwei geordnete Mengen $\mathfrak{A}$ und $\mathfrak{B}$ heißen ähnlich[2]), wenn es eine eineindeutige Abbildung von $\mathfrak{A}$ und $\mathfrak{B}$ gibt von folgender Eigen-

---

[1]) Statt „a vor a'" sagen wir auch: „a' folgt auf a".
[2]) Auch dieser Begriff, sowie der ganze Inhalt dieses Paragraphen stammt von G. Cantor.

schaft: sind b' und b'' die Bilder in $\mathfrak{B}$ der Elemente a' und a'' von $\mathfrak{A}$, so gilt:

$$b' \text{ vor } b'', \quad \text{wenn} \quad a' \text{ vor } a''.$$

Eine solche Abbildung heißt eine ähnliche Abbildung von $\mathfrak{A}$ und $\mathfrak{B}$. Da jede ähnliche Abbildung auch eineindeutig ist, so sehen wir: Ähnliche Mengen sind gleichmächtig.

Die Eigenschaft, die eine geordnete Menge $\mathfrak{A}$ und alle ihr ähnlichen von den übrigen Mengen unterscheidet, heißt der Ordnungstypus[1]) der Menge $\mathfrak{A}$ (und jeder mit $\mathfrak{A}$ ähnlichen Menge).

Da je zwei geordnete, endliche Mengen der Kardinalzahl n ähnlich sind und mithin gleichen Ordnungstypus haben, kann die natürliche Zahl n auch zur Bezeichnung dieses Ordnungstypus verwendet werden. Die Ordnungstypen geordneter endlicher Mengen sind demnach die natürlichen Zahlen (in ihrer Verwendung als Ordinalzahlen).

Ist α der Ordnungstypus von $\mathfrak{A}$ und β der Ordnungstypus von $\mathfrak{B}$, so bedeutet $\alpha = \beta$: die Mengen $\mathfrak{A}$ und $\mathfrak{B}$ sind ähnlich.

Das Element a_0 der geordneten Menge $\mathfrak{A}$ heißt das erste Element von $\mathfrak{A}$, wenn zwischen ihm und jedem andern Elemente a von $\mathfrak{A}$ die Relation besteht:

$$a_0 \text{ vor } a;$$

es heißt das letzte Element von $\mathfrak{A}$, wenn zwischen ihm und jedem andern Elemente a von $\mathfrak{A}$ die Relation besteht:

$$a \text{ vor } a_0.$$

Gelten die Relationen

$$a' \text{ vor } a \text{ vor } a'',$$

so sagt man: a liegt zwischen a' und a'' (oder: zwischen a'' und a').

Sei a ein Element, $\mathfrak{A}'$ ein Teil der geordneten Menge $\mathfrak{A}$; gilt dann für jedes Element a' von $\mathfrak{A}'$:

$$a \text{ vor } a',$$

so schreiben wir kurz:

$$a \text{ vor } \mathfrak{A}' \quad (\text{oder: } \mathfrak{A}' \text{ folgt auf } a).$$

Analog wird definiert: $\mathfrak{A}'$ vor a (oder: a folgt auf $\mathfrak{A}'$), sowie: a zwischen $\mathfrak{A}'$ und $\mathfrak{A}''$, oder: a zwischen $\mathfrak{A}'$ und a'' (zwischen a'' und $\mathfrak{A}'$).

---

[1]) So wie die **Mächtigkeit** eine Verallgemeinerung des Begriffes der endlichen **Kardinalzahl**, so ist der **Ordnungstypus** eine Verallgemeinerung des Begriffes der endlichen **Ordinalzahl**. Doch werden üblicherweise nur sehr spezielle Ordnungstypen, von denen noch unten die Rede sein wird (§ 4, S. 18), als Ordinalzahlen bezeichnet.

Ist $\mathfrak{A}'$ vor a, und gibt es in $\mathfrak{A}$ kein Element zwischen $\mathfrak{A}'$ und a, so sagen wir: a **folgt unmittelbar auf** $\mathfrak{A}'$. Ist a vor $\mathfrak{A}'$, und gibt es kein Element zwischen a und $\mathfrak{A}'$, so sagen wir: a **geht $\mathfrak{A}'$ unmittelbar voran.**

Sind $\mathfrak{A}'$ und $\mathfrak{A}''$ zwei Teile von $\mathfrak{A}$, und gilt für alle Elemente a' von $\mathfrak{A}'$ und a'' von $\mathfrak{A}''$:

$$a' \text{ vor } a'',$$

so sagen wir auch:

$$\mathfrak{A}' \text{ vor } \mathfrak{A}'' \quad (\mathfrak{A}'' \text{ folgt auf } \mathfrak{A}').$$

Damit sind auch Aussagen, wie: $\mathfrak{A}'''$ zwischen $\mathfrak{A}'$ und $\mathfrak{A}''$ ohne weiteres verständlich.

Wir definieren die **Summe** $\alpha + \beta$ zweier Ordnungstypen[1]). Seien $\mathfrak{A}$ und $\mathfrak{B}$ zwei fremde Mengen der Ordnungstypen α und β. Wir ordnen die Summe $\mathfrak{A} + \mathfrak{B}$ durch die Vorschriften:

a vor b, wenn a in $\mathfrak{A}$, b in $\mathfrak{B}$;

a' vor a'', wenn a' und a'' in $\mathfrak{A}$, und dort a' vor a'' gilt;

b' vor b'', wenn b' und b'' in $\mathfrak{B}$, und dort b' vor b'' gilt.

Den Ordnungstypus der so geordneten Menge $\mathfrak{A} + \mathfrak{B}$ bezeichnen wir als die Summe $\alpha + \beta$ von α und β.

Es ist dann offenbar:

$$(\alpha + \beta) + \gamma = \alpha + (\beta + \gamma),$$

hingegen ist im allgemeinen:

$$\alpha + \beta \neq \beta + \alpha,$$

wie folgendes Beispiel zeigt: es gebe in der Menge $\mathfrak{A}$ vom Ordnungstypus α ein erstes Element, in der Menge $\mathfrak{B}$ vom Ordnungstypus β nicht. Wird die Menge $\mathfrak{A} + \mathfrak{B}$ nach dem Ordnungstypus $\alpha + \beta$ geordnet, so hat sie gleichfalls ein erstes Element, wird sie nach dem Typus $\beta + \alpha$ geordnet, hat sie kein erstes Element; diese beiden Ordnungen von $\mathfrak{A} + \mathfrak{B}$ sind also nicht ähnlich, ihre Ordnungsstypen daher nicht gleich.

Der Ordnungstypus der Menge der natürlichen Zahlen in ihrer natürlichen Anordnung:

$$n \text{ vor } n' \quad \text{wenn } n < n',$$

wird mit ω bezeichnet. Der Ordnungstypus dieser selben Menge in der umgekehrten Anordnung:

$$n \text{ vor } n' \quad \text{wenn } n > n',$$

____

[1]) Die Definition des Produktes und der Potenz von Ordnungstypen werden wir nicht benötigen.

(oder, was dasselbe heißt, der Ordnungstypus der Menge der negativen ganzen Zahlen in ihrer natürlichen Anordnung) wird mit ω^* bezeichnet. Demnach bezeichnet $\omega^* + \omega$ den Ordnungstypus der Menge aller ganzen Zahlen in ihrer natürlichen Anordnung.

Der Ordnungstypus der Menge aller rationalen Zahlen in ihrer natürlichen Anordnung:

$$r \text{ vor } r' \quad \text{wenn } r < r',$$

wird mit η bezeichnet. Es gilt der Satz:

Satz I. Ist eine abzählbare Menge so geordnet, daß sie kein erstes und kein letztes Element hat, und daß zwischen je zweien ihrer Elemente stets mindestens ein Element liegt, so ist ihr Ordnungstypus η.

Sei in der Tat $\mathfrak{A}$ die gegebene abzählbare Menge in der in Satz I geschilderten Anordnung, und sei $\mathfrak{R}$ die Menge der rationalen Zahlen in natürlicher Anordnung. Da $\mathfrak{A}$ und $\mathfrak{R}$ abzählbar-unendlich sind (§ 2, Satz VI), können die Elemente dieser beiden Mengen in der Form angeschrieben werden:

$$(0) \qquad\qquad \mathfrak{A}: \quad a_1, a_2, \ldots, a_\nu, \ldots$$

$$(1) \qquad\qquad \mathfrak{R}: \quad r_1, r_2, \ldots, r_n, \ldots$$

Wir definieren durch Induktion eine ähnliche Abbildung A von $\mathfrak{R}$ auf einen Teil $\mathfrak{A}'$ von $\mathfrak{A}$, die der Zahl r_n das Element a_{ν_n} zuordne, vermöge der Festsetzungen:

1. Es ist $a_{\nu_1} = a_1$.

2. Seien $\bar{r}_1 < \bar{r}_2 < \ldots < \bar{r}_n$ die n Zahlen $r_1, r_2, \ldots, r_n$ in ihrer natürlichen Reihenfolge, und seien die Bilder $a_{\nu_1}, a_{\nu_2}, \ldots, a_{\nu_n}$ von $r_1, r_2, \ldots, r_n$ bereits definiert, und zwar so, daß wenn $\bar{a}_i \ (i = 1, 2, \ldots, n)$ das Bild von $\bar{r}_i$ bedeutet, in $\mathfrak{A}$ die Anordnung besteht:

$$\bar{a}_1 \text{ vor } \bar{a}_2 \ldots \text{ vor } \bar{a}_n.$$

Die Zahl r_{n+1} genügt dann einer und nur einer der Ungleichungen:

$$r_{n+1} < \bar{r}_1, \quad \bar{r}_1 < r_{n+1} < \bar{r}_2, \quad \ldots, \quad \bar{r}_{n-1} < r_{n+1} < \bar{r}_n, \quad \bar{r}_n < r_{n+1}.$$

Zufolge der Vorraussetzungen von Satz I gibt es in $\mathfrak{A}$ gewiß ein Element a, das der entsprechenden unter den Relationen

$$a \text{ vor } \bar{a}_1, \ \bar{a}_1 \text{ vor } a \text{ vor } \bar{a}_2, \ \ldots, \ \bar{a}_{n-1} \text{ vor } a \text{ vor } \bar{a}_n, \ \bar{a}_n \text{ vor } a$$

genügt, und unter allen dieser betreffenden Relation genügenden a gibt es eines, das bei der Schreibweise (0) von $\mathfrak{A}$ **kleinsten Index** hat. Dieses werde für $a_{\nu_{n+1}}$ gewählt.

Es leuchtet ein, daß hierdurch eine ähnliche Abbildung A von $\mathfrak{R}$ auf einen Teil $\mathfrak{A}'$ von $\mathfrak{A}$ gegeben ist, dessen Elemente sind:

$$\mathfrak{A}': \quad a_{\nu_1},\ a_{\nu_2},\ \ldots,\ a_{\nu_n},\ \ldots$$

Wir behaupten: es ist

(2) $$\mathfrak{A}' = \mathfrak{A},$$

und beweisen dies durch Induktion.

Da $a_{\nu_1} = a_1$, kommt a_1 in $\mathfrak{A}'$ vor. Angenommen, es kommen a_1, a_2, $\ldots$, a_ν in $\mathfrak{A}'$ vor. Wir haben zu zeigen, daß auch $a_{\nu+1}$ in $\mathfrak{A}'$ vorkommt.

Es kann n so groß gewählt werden, daß a_1, a_2, $\ldots$, a_ν unter den Bildern a_{ν_1}, a_{ν_2}, $\ldots$, a_{ν_n} von r_1, r_2, $\ldots$, r_n vorkommen. Kommt $a_{\nu+1}$ auch unter diesen Bildern vor, so ist die Behauptung bewiesen. Andernfalls schreiben wir die a_{ν_1}, a_{ν_2}, $\ldots$, a_{ν_n} in der Reihenfolge an, in der sie in $\mathfrak{A}$ vorkommen:

$$\bar{a}_1 \text{ vor } \bar{a}_2 \text{ vor } \ldots \text{ vor } \bar{a}_n,$$

und bezeichnen mit $\bar{r}_i$ diejenige rationale Zahl, deren Bild $\bar{a}_i$ ist; dann ist auch

$$\bar{r}_1 < \bar{r}_2 < \ldots < \bar{r}_n.$$

Für $a_{\nu+1}$ gilt nun eine und nur eine der Relationen:

$$a_{\nu+1} \text{ vor } \bar{a}_1;\ \bar{a}_1 \text{ vor } a_{\nu+1} \text{ vor } \bar{a}_2;\ \ldots;\ \bar{a}_{n-1} \text{ vor } a_{\nu+1} \text{ vor } \bar{a}_n;\ \bar{a}_n \text{ vor } a_{\nu+1}.$$

Sei r^* unter allen Rationalzahlen, die der entsprechenden Ungleichung:

$$r < \bar{r}_1;\ \bar{r}_1 < r < \bar{r}_2;\ \ldots;\ \bar{r}_{n-1} < r < \bar{r}_n;\ \bar{r}_n < r$$

genügen, diejenige, die in (1) kleinsten Index hat. Man erkennt unmittelbar aus der Definition der Abbildung A, daß $a_{\nu+1}$ das Bild von r^* ist. Also kommt $a_{\nu+1}$ in jedem Falle in $\mathfrak{A}'$ vor.

Es kommen somit alle a_ν in $\mathfrak{A}'$ vor, und (2) ist bewiesen. Demnach ist A eine ähnliche Abbildung von $\mathfrak{R}$ und $\mathfrak{A}$, d. h. $\mathfrak{A}$ hat den Ordnungstypus η. Damit ist Satz I bewiesen.

§ 4. Die wohlgeordneten Mengen. Die Ordinalzahlen.

Eine geordnete Menge heißt wohlgeordnet[1]), wenn jeder ihrer (nicht leeren) Teile ein erstes Element hat[2]). Aus dieser Definition folgt unmittelbar:

----

[1]) Auch die Theorie der wohlgeordneten Mengen ist eine Schöpfung von G. Cantor.

[2]) Dabei ist — wie immer, wenn nicht anders bemerkt — jeder Teil einer geordneten Menge so geordnet gedacht, wie die Menge selbst.

Satz I. Jeder Teil einer wohlgeordneten Menge ist wohlgeordnet.

Satz II. In einer wohlgeordneten Menge $\mathfrak{A}$ gibt es zu jedem Elemente a, das nicht letztes Element von $\mathfrak{A}$ ist, ein unmittelbar folgendes.

In der Tat, die Menge aller auf a folgenden Elemente von $\mathfrak{A}$ bildet einen nicht leeren Teil von $\mathfrak{A}$, und hat daher ein erstes Element: es ist das auf a unmittelbar folgende.

Satz III. Ist $\mathfrak{A}'$ ein Teil der wohlgeordneten Menge $\mathfrak{A}$, und gibt es in $\mathfrak{A}$ ein auf $\mathfrak{A}'$ folgendes Element, so gibt es in $\mathfrak{A}$ auch ein unmittelbar auf $\mathfrak{A}'$ folgendes Element.

In der Tat, die Menge aller auf $\mathfrak{A}'$ folgenden Elemente von $\mathfrak{A}$ bildet einen nicht leeren Teil von $\mathfrak{A}$, und hat daher ein erstes Element: es ist das auf $\mathfrak{A}'$ unmittelbar folgende.

Satz IV.[1]) Wird durch die Abbildung A die wohlgeordnete Menge $\mathfrak{A}$ ähnlich abgebildet auf einen ihrer Teile $\mathfrak{A}_1$, und bildet A das Element a von $\mathfrak{A}$ ab auf das Element a_1 von $\mathfrak{A}_1$, so kann nicht a_1 vor a sein.

Angenommen in der Tat, es wäre

$$(1) \qquad\qquad a_1 \text{ vor } a.$$

Da auch a_1 Element von $\mathfrak{A}$, wird es durch A abgebildet auf ein Element a_2, für das wegen der Ähnlichkeit der Abbildung aus (1) folgt:

$$(2) \qquad\qquad a_2 \text{ vor } a_1.$$

Ist dann a_3 das Bild von a_2 vermöge A, so folgt ebenso aus (2):

$$a_3 \text{ vor } a_2.$$

Und indem man so weiter schließt, erhält man in $\mathfrak{A}$ einen abzählbaren Teil

$$a_1, a_2, \ldots, a_n, \ldots$$

ohne erstes Element, entgegen der Voraussetzung, $\mathfrak{A}$ sei wohlgeordnet. Damit ist Satz IV bewiesen.

Ist a ein Element, der wohlgeordneten Menge $\mathfrak{A}$, so bezeichnen wir als den Abschnitt $\mathfrak{A}_a$ von $\mathfrak{A}$ die Menge aller der Relation

$$a' \text{ vor } a$$

genügenden Elemente a' von $\mathfrak{A}$[2]).

---

[1]) G. Hessenberg, Abh. d. Friesschen Schule. Neue Folge, 4. Heft (1906), 539.

[2]) Ist a das erste Element von $\mathfrak{A}$, so ist $\mathfrak{A}_a$ leer.

Satz V. Eine wohlgeordnete Menge ist nicht ähnlich einem ihrer Abschnitte.

In der Tat, gäbe es eine ähnliche Abbildung A von $\mathfrak{A}$ auf den Abschnitt $\mathfrak{A}_a$, so müßte durch A das Element a abgebildet werden auf ein Element a' von $\mathfrak{A}_a$. Es wäre also:

$$a' \text{ vor } a,$$

entgegen Satz IV. Damit ist Satz V bewiesen. — Es folgt aus ihm unmittelbar:

Satz VI. Zwei verschiedene Abschnitte einer wohlgeordneten Menge sind nicht ähnlich.

Seien in der Tat a, a' zwei verschiedene Elemente der wohlgeordneten Menge $\mathfrak{A}$, etwa:

$$a \text{ vor } a'.$$

Dann ist $\mathfrak{A}_a$ gleichzeitig Abschnitt der wohlgeordneten Menge $\mathfrak{A}_{a'}$ und aus Satz V folgt die Behauptung.

Satz VII. Sind $\mathfrak{A}$ und $\mathfrak{B}$ zwei wohlgeordnete Mengen, so trifft stets eine und nur eine der drei folgenden Möglichkeiten zu: 1. $\mathfrak{A}$ und $\mathfrak{B}$ sind ähnlich; 2. $\mathfrak{A}$ und ein Abschnitt von $\mathfrak{B}$ sind ähnlich; 3. $\mathfrak{B}$ und ein Abschnitt von $\mathfrak{A}$ sind ähnlich.

Zum Beweise gehen wir davon aus, daß folgende vier Fälle eine vollständige Disjunktion bilden:

1. Fall: Zu jedem Abschnitte $\mathfrak{A}_a$ gibt es einen ähnlichen $\mathfrak{B}_b$ und umgekehrt.

2. Fall: Zu jedem Abschnitte $\mathfrak{A}_a$ gibt es einen ähnlichen $\mathfrak{B}_b$, aber nicht umgekehrt.

3. Fall: Zu jedem Abschnitte $\mathfrak{B}_b$ gibt es einen ähnlichen $\mathfrak{A}_a$, aber nicht umgekehrt.

4. Fall: Es gibt weder zu jedem Abschnitte $\mathfrak{A}_a$ einen ähnlichen $\mathfrak{B}_b$, noch zu jedem Abschnitte $\mathfrak{B}_b$ einen ähnlichen $\mathfrak{A}_a$.

Da es nach Satz VI zu jedem Abschnitte $\mathfrak{A}_a$ nur einen ähnlichen $\mathfrak{B}_b$ geben kann, erhalten wir im 1. Falle eine umkehrbar eindeutige Abbildung A von $\mathfrak{A}$ und $\mathfrak{B}$, indem wir jedem Elemente a von $\mathfrak{A}$ dasjenige Element b von $\mathfrak{B}$ zuordnen, für das $\mathfrak{A}_a$ und $\mathfrak{B}_b$ ähnlich werden. Diese Abbildung A ist auch ähnlich, denn seien a, b und a', b' einander vermöge A entsprechende Elemente von $\mathfrak{A}$ und $\mathfrak{B}$, und sei:

$$(*) \qquad\qquad a' \text{ vor } a.$$

Zwischen $\mathfrak{A}_a$ und $\mathfrak{B}_b$ gibt es eine ähnliche Abbildung B. Wegen $(*)$ wird $\mathfrak{A}_{a'}$ durch B auf einen Abschnitt $\mathfrak{B}_{b''}$ von $\mathfrak{B}_b$ abgebildet:

$$(**) \qquad\qquad b'' \text{ vor } b.$$

Es sind also $\mathfrak{A}_{a'}$ und $\mathfrak{B}_{b''}$ ähnlich; andererseits sind nach Annahme $\mathfrak{A}_{a'}$ und $\mathfrak{B}_{b'}$ ähnlich. Also sind $\mathfrak{B}_{b'}$ und $\mathfrak{B}_{b''}$ ähnlich. Nach Satz VI ist das nur möglich, wenn $b' = b''$, so daß (**) übergeht in:

(***) b' vor b.

Es folgt also (***) aus (*), d. h. die Abbildung A von $\mathfrak{A}$ und $\mathfrak{B}$ ist ähnlich. Im 1. Falle sind also $\mathfrak{A}$ und $\mathfrak{B}$ ähnlich.

Im 2. Falle gibt es in $\mathfrak{B}$ Elemente b, zu deren Abschnitt $\mathfrak{B}_b$ in $\mathfrak{A}$ kein ähnlicher vorkommt. Nach Definition der wohlgeordneten Mengen gibt es nun unter allen diesen Elementen von $\mathfrak{B}$ ein erstes, etwa b_0. Zu jedem Abschnitte von $\mathfrak{A}$ gibt es nun in $\mathfrak{B}_{b_0}$ einen ähnlichen und umgekehrt. Nach dem im 1. Falle bewiesenen sind also $\mathfrak{A}$ und $\mathfrak{B}_{b_0}$ ähnlich. Im zweiten Falle ist also $\mathfrak{A}$ ähnlich einem Abschnitte von $\mathfrak{B}$.

Ganz ebenso zeigt man, daß im 3. Falle $\mathfrak{B}$ ähnlich ist einem Abschnitte von $\mathfrak{A}$.

Der 4. Fall endlich kann nicht eintreten; denn angenommen, er läge vor. Dann ist in $\mathfrak{A}$ ein erstes Element a_0 vorhanden, zu dessen Abschnitt $\mathfrak{A}_{a_0}$ es in $\mathfrak{B}$ keinen ähnlichen gibt, und in $\mathfrak{B}$ ein erstes Element b_0, zu dessen Abschnitt $\mathfrak{B}_{b_0}$ es in $\mathfrak{A}$ keinen ähnlichen gibt. Dann aber ist jeder Abschnitt von $\mathfrak{A}_{a_0}$ ähnlich einem Abschnitte von $\mathfrak{B}_{b_0}$ und jeder Abschnitt von $\mathfrak{B}_{b_0}$ ähnlich einem Abschnitte von $\mathfrak{A}_{a_0}$. Nach dem im 1. Falle Bewiesenen ist dann auch $\mathfrak{A}_{a_0}$ ähnlich $\mathfrak{B}_{b_0}$ und es wäre also der Abschnitt $\mathfrak{A}_{a_0}$ von $\mathfrak{A}$ ähnlich einem Abschnitte von $\mathfrak{B}$, entgegen seiner Definition. Also kann der 4. Fall nicht eintreten.

Damit ist gezeigt, daß immer eine der drei Möglichkeiten von Satz VII zutrifft, und daß nur eine zutrifft, folgt aus Satz V.

Die Ordnungstypen der wohlgeordneten Mengen werden als Ordinalzahlen bezeichnet. Da jede geordnete endliche Menge wohlgeordnet ist; fallen die natürlichen Ordinalzahlen tatsächlich unter diesen Begriff[1]). Da auch die Menge der natürlichen Zahlen in ihrer natürlichen Anordnung wohlgeordnet ist, so ist auch der in § 3, S. 13 eingeführte Ordnungstypus ω eine Ordinalzahl. Gegenüber den endlichen Ordinalzahlen heißen die Ordnungstypen unendlicher wohlgeordneter Mengen: transfinite Ordinalzahlen.

Anknüpfend an die drei Möglichkeiten von Satz VII wird zwischen den Ordinalzahlen folgende Anordnung festgesetzt. Seien α und β die Ordinalzahlen der beiden wohlgeordneten Mengen $\mathfrak{A}$ und $\mathfrak{B}$. Sind

---

[1]) Auch die 0 rechnen wir (als den Ordnungstypus der stets wohlgeordneten leeren Menge) zu den Ordinalzahlen.

$\mathfrak{A}$ und $\mathfrak{B}$ ähnlich, so ist $\alpha = \beta$. Ist $\mathfrak{A}$ ähnlich einem Abschnitte von $\mathfrak{B}$, so schreiben wir:

$$\alpha < \beta \quad \text{oder} \quad \beta > \alpha.$$

Von den drei Relationen $\alpha = \beta$, $\alpha > \beta$, $\alpha < \beta$ trifft dann stets eine und nur eine zu, und aus $\alpha < \beta$, $\beta < \gamma$ folgt $\alpha < \gamma$.

Wir sagen, eine Menge von Ordinalzahlen sei in natürlicher Anordnung (Reihenfolge), falls:

$$\alpha \text{ vor } \beta \quad \text{wenn } \alpha < \beta.$$

Satz VIII. Ist α eine Ordinalzahl, so ist die Menge aller Ordinalzahlen $\beta < \alpha$ in natürlicher Reihenfolge wohlgeordnet und hat den Ordnungstypus α.

Sei in der Tat $\mathfrak{A}$ eine Menge vom Ordnungstypus α, und sei $\mathfrak{B}$ die Menge aller Ordinalzahlen $\beta < \alpha$. Zufolge der Definition der Relation $\beta < \alpha$ gibt es dann zu jedem β aus $\mathfrak{B}$ ein, und nach Satz VI, nur ein Element a in $\mathfrak{A}$, so daß der Abschnitt $\mathfrak{A}_a$ den Ordnungstypus β hat. Ordnen wir jeder Zahl β aus $\mathfrak{B}$ dieses Element a aus $\mathfrak{A}$ zu, so ist dies eine ähnliche Abbildung von $\mathfrak{A}$ und $\mathfrak{B}$, und Satz VIII ist bewiesen.

Satz VIII besagt, daß die (endlichen und transfiniten) Ordinalzahlen ebenso zum „Numerieren" der Elemente einer wohlgeordneten Menge verwendet werden können, wie die endlichen Ordinalzahlen zum Numerieren der Elemente einer endlichen Menge. Ist in der Tat $\mathfrak{A}$ eine wohlgeordnete Menge vom Typus α, so lehrt Satz VIII, daß es eine ähnliche Abbildung von $\mathfrak{A}$ auf die Menge aller Ordinalzahlen $< \alpha$ gibt; d. h. die Elemente von $\mathfrak{A}$ können bezeichnet werden mit a_β, wo β alle Ordinalzahlen $< \alpha$ durchläuft, und es ist:

$$a_\beta \text{ vor } a_{\beta'}, \quad \text{wenn } \beta < \beta'.$$

Satz IX. Zu jeder Ordinalzahl α gibt es eine unmittelbar folgende; es ist die Ordinalzahl $\alpha + 1$.

In der Tat, die Menge $\mathfrak{A}$ aller Ordinalzahlen $< \alpha$ hat in natürlicher Reihenfolge den Ordnungstypus α; daher hat, nach Definition der Summe von Ordnungstypen (§ 3, S. 13), die Menge $\mathfrak{A}'$ aller Ordinalzahlen $\leq \alpha$ in natürlicher Reihenfolge den Ordnungstypus $\alpha + 1$, und da $\mathfrak{A}$ ein Abschnitt von $\mathfrak{A}'$ ist, so ist

$$\alpha < \alpha + 1.$$

Ist ferner β irgendeine Ordinalzahl $< \alpha + 1$, so gibt es in $\mathfrak{A}'$ einen Abschnitt vom Ordnungstypus β; ein Abschnitt von $\mathfrak{A}'$ ist aber entweder $\mathfrak{A}$ oder ein Abschnitt von $\mathfrak{A}$, d. h. es ist entweder $\beta = \alpha$

oder $\beta < \alpha$; es gibt also keine Ordinalzahl zwischen α und $\alpha + 1$. Damit ist Satz IX bewiesen.

Satz X. Zu jeder Menge $\mathfrak{A}$ von Ordinalzahlen gibt es eine unmittelbar folgende.

Nach Satz IX muß der Beweis nur mehr für den Fall geführt werden, daß es unter den Ordinalzahlen α von $\mathfrak{A}$ keine größte gibt.

Wir bilden zu jeder Ordinalzahl α von $\mathfrak{A}$ die Menge $\mathfrak{A}_\alpha$ aller Ordinalzahlen $< \alpha$. Die Vereinigung aller dieser $\mathfrak{A}_\alpha$ sei $\mathfrak{B}$; sie ist wohlgeordnet[1]). Sei β ihr Ordnungstypus. Da, für jedes α aus $\mathfrak{A}$, die Menge $\mathfrak{A}_\alpha$ ein Abschnitt von $\mathfrak{B}$ ist, und da $\mathfrak{A}_\alpha$ den Ordnungstypus α hat, so ist:

$$(1) \qquad \alpha < \beta \text{ für alle } \alpha \text{ von } \mathfrak{A}.$$

Sei ferner γ irgend eine Ordinalzahl $< \beta$. Zufolge Definition von $\mathfrak{B}$ kommt dann γ in einer der Mengen $\mathfrak{A}_\alpha$ vor, es ist also:

$$(2) \qquad \gamma < \alpha \text{ für mindestens ein } \alpha \text{ aus } \mathfrak{A}.$$

Die Ungleichungen (1) und (2) aber zeigen, daß β die unmittelbar auf $\mathfrak{A}$ folgende Ordinalzahl ist, und Satz X ist bewiesen.

Satz XI. Jede Menge von Ordinalzahlen ist (in natürlicher Reihenfolge) wohlgeordnet. In jeder Menge von Ordinalzahlen gibt es daher eine kleinste.

Sei in der Tat $\mathfrak{A}$ eine Menge von Ordinalzahlen α. Nach Satz X gibt es eine Ordinalzahl β, für die (1) gilt. Nach Satz VIII ist die Menge $\mathfrak{B}$ aller Ordinalzahlen $< \beta$ in natürlicher Reihenfolge wohlgeordnet, und da $\mathfrak{A}$ Teil von $\mathfrak{B}$ ist, gilt dies auch für $\mathfrak{A}$ (Satz I). Damit ist Satz XI bewiesen.

Satz XII. Ist α die Ordinalzahl einer wohlgeordneten Menge $\mathfrak{A}$, und α' die Ordinalzahl eines Teiles $\mathfrak{A}'$ von $\mathfrak{A}$, so ist stets

$$\alpha' \leqq \alpha.$$

Angenommen in der Tat, es wäre:

$$\alpha' > \alpha.$$

Wir bezeichnen mit $\mathfrak{B}$ die Menge aller Ordinalzahlen $< \alpha'$. Dann ist:

$$(^\times) \qquad \mathfrak{A}' \text{ ähnlich } \mathfrak{B}.$$

Ist $\mathfrak{B}_\alpha$ der Abschnitt des Elementes α in $\mathfrak{B}$, so gibt es ferner, weil $\mathfrak{A}$ die Ordinalzahl α hat, eine ähnliche Abbildung von $\mathfrak{A}$ auf

---

[1]) In der Tat, angenommen sie hätte einen Teil $\mathfrak{B}'$ ohne erstes Element. Ist dann β' ein Element aus $\mathfrak{B}'$, so gäbe es auch in der Menge der Ordinalzahlen $< \beta'$ einen Teil ohne erstes Element, entgegen der Tatsache (Satz VIII), daß diese Menge wohlgeordnet ist.

$\mathfrak{B}_a$, bei der der Teil $\mathfrak{A}'$ von $\mathfrak{A}$ abgebildet wird auf einen Teil $\mathfrak{B}'$ von $\mathfrak{B}_a$:

$$(^{\times\times}) \qquad\qquad \mathfrak{A}' \text{ ähnlich } \mathfrak{B}'.$$

Aus $(^{\times})$ und $(^{\times\times})$ folgt:

$$\mathfrak{B} \text{ ähnlich } \mathfrak{B}'.$$

Das aber ist unmöglich, denn bei einer ähnlichen Abbildung von $\mathfrak{B}$ auf $\mathfrak{B}'$ müßte wegen $\mathfrak{B}' < \mathfrak{B}_a$ das Element a von $\mathfrak{B}$ abgebildet werden auf ein Element $\beta < a$ von $\mathfrak{B}_a$, entgegen Satz IV. Damit ist Satz XII bewiesen.

Die nach Satz X auf die Menge der endlichen Ordinalzahlen unmittelbar folgende ist offenbar nichts anderes als der in § 3 eingeführte Ordnungstypus ω der Menge der endlichen Ordinalzahlen (in natürlicher Reihenfolge), es ist also ω die kleinste transfinite Ordinalzahl. Nach Satz IX lautet die Reihe der sich unmittelbar anschließenden Ordinalzahlen:

$$\omega,\ \omega + 1,\ \omega + 2, \ldots,\ \omega + n, \ldots$$

Die nach Satz X unmittelbar auf alle diese folgende Ordinalzahl bezeichnet man mit $\omega \cdot 2$, und allgemein mit $\omega \cdot k$ die unmittelbar auf

$$\omega\,(k-1),\ \omega\,(k-1) + 1, \ldots,\ \omega\,(k-1) + n, \ldots$$

folgende Ordinalzahl. Die unmittelbar auf

$$\omega,\ \omega \cdot 2,\ \omega \cdot 3, \ldots,\ \omega \cdot n, \ldots$$

folgende Ordinalzahl bezeichnet man mit ω^2 und erkennt nun leicht die Bedeutung der Ordinalzahl

$$(^*) \qquad\qquad \omega^k \cdot a_0 + \omega^{k-1} \cdot a_1 + \ldots + \omega \cdot a_{k-1} + a_k,$$

wo $a_0, a_1, \ldots, a_k$ endliche Ordinalzahlen bedeuten. Die auf alle Ordinalzahlen der Form $(^*)$ unmittelbar folgende wird mit ω^ω bezeichnet usf. Wir haben es nicht nötig, näher auf die Theorie der Bezeichnung von Ordinalzahlen einzugehen.

Wir unterscheiden die Ordinalzahlen in isolierte Zahlen und Grenzzahlen. Isolierte Zahlen sind die 0 und alle diejenigen, zu denen es eine unmittelbar vorangehende gibt, Grenzzahlen die übrigen. Isolierte Zahlen sind also alle endlichen Ordinalzahlen, ferner z. B. $\omega + 1$, $\omega + 2$ usf.; Grenzzahlen sind: ω, $\omega \cdot 2$, ω^2, ω^ω usf. Ist a eine isolierte Zahl, so bezeichnen wir die unmittelbar vorhergehende mit $a - 1$.

Da jede ähnliche Abbildung zweier Mengen auch eineindeutig ist, haben zwei Mengen von gleichem Ordnungstypus a auch gleiche

Mächtigkeit; sie heißt: die Mächtigkeit des Ordnungstypus α. Wie man sieht, ist die Mächtigkeit der Ordinalzahl (*) (ebenso z. B. von ω^ω) $\aleph_0$. Man bezeichnet die Menge aller endlichen Ordinalzahlen als die Za'hlklasse $\mathfrak{Z}_1$; die Menge aller Ordinalzahlen der Mächtigkeit $\aleph_0$ als die Zahlklasse $\mathfrak{Z}_2$ oder auch $\mathfrak{Z}(\aleph_0)$.

Satz XIII. Zu jeder abzählbaren Menge $\mathfrak{A}$ von Zahlen aus $\mathfrak{Z}_1 + \mathfrak{Z}_2$ gibt es in $\mathfrak{Z}_1 + \mathfrak{Z}_2$ eine Zahl, die größer ist, als alle Zahlen von $\mathfrak{A}$.

Da zugleich mit α auch $\alpha + 1$ zu $\mathfrak{Z}_1 + \mathfrak{Z}_2$ gehört, bedarf dies eines Beweises nur, wenn es in $\mathfrak{A}$ keine größte Zahl gibt. Bilden wir in dem Falle nach Satz X die auf alle Zahlen α von $\mathfrak{A}$ unmittelbar folgende Zahl β; sie ist, wenn $\mathfrak{A}_\alpha$ die Menge aller Ordinalzahlen $< \alpha$ bedeutet, der Ordnungstypus der Vereinigung $\mathfrak{B}$ aller $\mathfrak{A}_\alpha$. Nun ist jede Menge $\mathfrak{A}_\alpha$ abzählbar, und da es in $\mathfrak{A}$ nur abzählbar viele α gibt, so ist (§ 2, Satz VIII) auch $\mathfrak{B}$ abzählbar, d. h. β gehört zu $\mathfrak{Z}_1 + \mathfrak{Z}_2$, wie behauptet.

Satz XIV. Die Zahlklasse $\mathfrak{Z}_2$ ist eine nicht abzählbare Menge. Bezeichnen wir ihre Mächtigkeit mit $\aleph_1$, so ist demnach[1]):

$$\aleph_1 > \aleph_0.$$

In der Tat,. wäre $\mathfrak{Z}_2$ und somit auch $\mathfrak{Z}_1 + \mathfrak{Z}_2$ abzählbar, so gäbe es nach Satz XIII eine Zahl in $\mathfrak{Z}_1 + \mathfrak{Z}_2$, die größer ist als alle Zahlen von $\mathfrak{Z}_1 + \mathfrak{Z}_2$, was ein Widerspruch ist. Damit ist Satz XIV bewiesen. — Wir bemerken noch, daß nach § 2, Satz X auch $\mathfrak{Z}_1 + \mathfrak{Z}_2$ die Mächtigkeit $\aleph_1$ hat.

Nach Satz X gibt es eine auf alle Zahlen von $\mathfrak{Z}_2$ unmittelbar folgende Zahl; sie wird mit ω_1 bezeichnet. Nach Satz VIII ist sie der Ordnungstypus von $\mathfrak{Z}_1 + \mathfrak{Z}_2$ in natürlicher Reihenfolge, und mithin ein Ordnungstypus der Mächtigkeit $\aleph_1$. Die Menge aller Ordinalzahlen der Mächtigkeit $\aleph_1$ wird als die Zahlklasse $\mathfrak{Z}_3$ oder $\mathfrak{Z}(\aleph_1)$ bezeichnet. Die kleinste unter ihnen ist die Zahl ω_1, die deshalb auch die Anfangszahl von $\mathfrak{Z}(\aleph_1)$ heißt.

Satz XV. Es gibt keine Mächtigkeit zwischen $\aleph_0$ und $\aleph_1$.

Dies ist bewiesen, wenn wir zeigen: jeder Teil von $\mathfrak{Z}_1 + \mathfrak{Z}_2$ hat entweder die Mächtigkeit $\aleph_1$ oder ist abzählbar. Nun hat nach Satz XII jeder solche Teil $\mathfrak{A}$ zum Ordnungstypus eine Ordinalzahl $\leq \omega_1$ d. h. entweder die Ordinalzahl ω_1 — dann hat $\mathfrak{A}$ die Mächtigkeit $\aleph_1$, oder eine Ordinalzahl aus $\mathfrak{Z}_1 + \mathfrak{Z}_2$ — dann ist $\mathfrak{A}$ abzählbar. Damit ist Satz XV bewiesen.

---

[1]) § 2, Satz IV.

Satz XVI. Bezeichnet $\mathfrak{m}_\alpha$ die Mächtigkeit der Ordinalzahl α, und ist $\alpha < \beta$, so kann nicht $\mathfrak{m}_\alpha > \mathfrak{m}_\beta$ sein.[1])

Andernfalls gäbe es (Satz XI) eine kleinste Ordinalzahl β, unter deren Vorgängern eine $\alpha < \beta$ vorkommt, so daß:

$$(0) \qquad \mathfrak{m}_\alpha > \mathfrak{m}_\beta.$$

Es gäbe also eine eineindeutige Abbildung A der Menge $\mathfrak{B}$ aller Ordinalzahlen $< \beta$ auf einen Teil $\mathfrak{A}'$ der Menge $\mathfrak{A}$ aller Ordinalzahlen $< \alpha$. Durch A wird dann der Abschnitt $\mathfrak{B}_\alpha = \mathfrak{A}$ von $\mathfrak{B}$ abgebildet auf einen Teil $\mathfrak{A}''$ von $\mathfrak{A}'$. Nach Satz I sind $\mathfrak{A}'$ und $\mathfrak{A}''$ wohlgeordnet. Nach Satz XII gilt für ihre Ordnungstypen:

$$(00) \qquad \alpha'' \leqq \alpha' \leqq \alpha < \beta.$$

Weil $\mathfrak{A}'$ mit $\mathfrak{B}$, $\mathfrak{A}''$ mit $\mathfrak{A}$ gleichmächtig ist:

$$\mathfrak{m}_{\alpha'} = \mathfrak{m}_\beta; \qquad \mathfrak{m}_{\alpha''} = \mathfrak{m}_\alpha.$$

Also wegen (0):

$$\mathfrak{m}_{\alpha''} > \mathfrak{m}_{\alpha'}.$$

Wegen (00) steht dies aber in Widerspruch zur Definition von β, als der kleinsten Ordinalzahl mit einem der Ungleichung (0) genügenden Vorgänger. Damit ist Satz XVI bewiesen.

Sei $\{\alpha_\nu\}$ eine Folge von Ordinalzahlen. Wir schreiben:

$$\lim_{\nu = \infty} \alpha_\nu = \alpha,$$

wenn die Ordinalzahl α folgende Eigenschaft hat: ist β irgendeine Ordinalzahl $< \alpha$, so ist:

$$\beta < \alpha_\nu < \alpha \quad \text{für fast alle } \nu.$$

Dann gilt der Satz:

Satz XVII. Zu jeder Grenzzahl α aus $\mathfrak{Z}_2$ gibt es eine Folge $\{\alpha_\nu\}$, so daß:

$$(\dagger) \qquad \alpha_\nu < \alpha_{\nu+1} \quad \text{und} \quad \lim_{\nu = \infty} \alpha_\nu = \alpha.$$

In der Tat, die Menge aller Ordinalzahlen $< \alpha$ ist abzählbar-unendlich, kann also in der Form geschrieben werden:

$$(\dagger\dagger) \qquad \beta_1, \beta_2, \ldots, \beta_n, \ldots$$

Unter den Ordinalzahlen ($\dagger\dagger$) gibt es dann, weil α Grenzzahl war, keine größte.

---

[1]) Daß $\mathfrak{m}_\alpha \leqq \mathfrak{m}_\beta$ ist, erkennt man unmittelbar; doch können wir daraus noch nicht auf die Unmöglichkeit von $\mathfrak{m}_\alpha > \mathfrak{m}_\beta$ schließen. Vgl. S. 6 Fußn. [2]).

Wir definieren eine Teilfolge $\{\beta_{n_\nu}\}$ aus (††) durch folgende Festsetzungen:

1.
$$\beta_{n_1} = \beta_1.$$

2. Da es in (††) keine größte Ordinalzahl gibt, so gibt es, wenn β_{n_ν} gewählt ist, unter den in (††) auf β_{n_ν} folgenden Zahlen solche, die $> \beta_n$ ($n = 1, 2, \ldots, n_\nu$) sind. Die erste von ihnen wählen wir für $\beta_{n_{\nu+1}}$.

Wir behaupten: Wird $\alpha_\nu = \beta_{n_\nu}$ gesetzt, so leistet die Folge $\{\alpha_\nu\}$ das Verlangte.

In der Tat, die erste Relation (†) ist offenbar erfüllt. Was die zweite anlangt, so sei β irgendeine Ordinalzahl $< \alpha$. Sie kommt in (††) vor, etwa als das Glied β_{n^*}. Unter den Indizes n_ν der Folge $\{\beta_{n_\nu}\}$ sind fast alle $> n^*$. Sobald aber $n_\nu > n^*$, ist zufolge der Wahl von β_{n_ν}:

$$\beta_{n_\nu} > \beta_{n^*} = \beta.$$

Also ist für fast alle Glieder von $\{\beta_{n_\nu}\}$:

$$\beta < \beta_{n_\nu} < \alpha,$$

womit auch die zweite Relation (†) nachgewiesen ist. Damit ist Satz XVII bewiesen.

Dieselbe Rolle, die in der natürlichen Zahlenreihe der Satz von der vollständigen Induktion (in der Form des Schlusses „von n auf $n + 1$") spielt, spielt in der Lehre von den transfiniten Ordinalzahlen der Satz von der **transfiniten Induktion**:

Satz XVIII. **Eine Aussage A habe die folgenden Eigenschaften:**

1. Sie gilt für die Ordinalzahl α_0.
2. Wenn sie für alle der Ungleichung:

$$\alpha_0 \leqq \beta < \alpha$$

genügenden Ordinalzahlen β gilt, so gilt sie auch für α.

Dann gilt die Aussage A für alle Ordinalzahlen $\geq \alpha_0$.

Angenommen in der Tat, es gäbe eine Ordinalzahl $\alpha^* \geqq \alpha_0$, für die A nicht gilt. In der Menge aller der Ungleichung:

$$\alpha_0 \leqq \beta \leqq \alpha^*$$

genügenden Ordinalzahlen β gibt es (Satz XI) eine **kleinste** β^*, für die A nicht gilt. Wegen Eigenschaft 1. von A ist $\beta^* > \alpha_0$, und es gilt A für alle der Ungleichung:

$$\alpha_0 \leqq \beta < \beta^*$$

genügenden β, nicht aber für β^*. Dies steht in Widerspruch mit Eigenschaft 2. von A, womit Satz XVIII bewiesen ist.

Ganz analog beweist man folgenden Zusatz zu Satz XVIII:

Satz XIX. Man ersetze in Satz XVIII Bedingung 2. durch:

2. Ist $\alpha_1 > \alpha_0$, und gilt die Aussage A für alle der Ungleichung

$$\alpha_0 \leqq \beta < \alpha < \alpha_1$$

genügenden β, so gilt sie auch für α.

Dann gilt die Aussage A für alle der Ungleichung $\alpha_0 \leqq \alpha < \alpha_1$ genügenden α.

Wir werden gelegentlich auch vom Satze Gebrauch machen[1]:

Satz XX. Zu jeder Menge $\mathfrak{A}$ gibt es eine gleichmächtige wohlgeordnete Menge.

Wir gehen aus von einer Abbildung der Menge aller Teile von $\mathfrak{A}$ in die Menge $\mathfrak{A}$, wobei jeder (nicht leere) Teil $\mathfrak{T}$ von $\mathfrak{A}$ auf ein Element von $\mathfrak{T}$ abgebildet werde; mit andern Worten: jedem Teile $\mathfrak{T}$ von $\mathfrak{A}$ sei eines seiner Elemente zugeordnet; wir nennen es: das ausgezeichnete Element von $\mathfrak{T}$. Sei nun α eine Ordinalzahl von folgender Eigenschaft (der „Eigenschaft E"): jedem $\beta \leq \alpha$ läßt sich ein Element a_β in $\mathfrak{A}$ derart zuordnen, daß, wenn die Menge aller $a_{\beta'}$ ($\beta' < \beta$) mit $\mathfrak{A}_\beta$ bezeichnet wird[2]), $\mathfrak{A} - \mathfrak{A}_\beta$ nicht leer, und a_β das ausgezeichnete Element von $\mathfrak{A} - \mathfrak{A}_\beta$ ist[3]).

Ist dann auch $\bar{\alpha} \geq \alpha$ eine Ordinalzahl der Eigenschaft E, wobei nun der Zahl $\beta \leq \bar{\alpha}$ das Element $\bar{a}_\beta$ zugeordnet sei, so ist notwendig:

$$(*) \qquad\qquad a_\beta = \bar{a}_\beta \quad \text{für} \quad \beta \leq \alpha.$$

In der Tat, andernfalls müßte es ein kleinstes $\beta \leq \alpha$, etwa β_0 geben, für das

$$(**) \qquad\qquad a_{\beta_0} \neq \bar{a}_{\beta_0}.$$

Die Elemente a_β und $\bar{a}_\beta$ ($\beta < \beta_0$) bilden dann dieselbe Menge $\mathfrak{A}_{\beta_0}$ (die, falls $\beta_0 = 0$, die leere Menge ist). Nach Annahme muß aber dann sowohl a_{β_0} als $\bar{a}_{\beta_0}$ das ausgezeichnete Element von $\mathfrak{A} - \mathfrak{A}_{\beta_0}$ sein, entgegen $(**)$. Damit ist $(*)$ bewiesen. Die a_β sind also durch die Eigenschaft E völlig eindeutig bestimmt.

---

[1]) Er wurde schon von G. Cantor ausgesprochen, zuerst bewiesen aber von E. Zermelo, Math. Ann. 59, (1904), 514. Die zahlreichen kritischen Betrachtungen, die über die logischen Grundlagen dieses Beweises angestellt wurden, können hier unerörtert bleiben.

[2]) Dabei bedeute $\mathfrak{A}_0$ den leeren Teil von $\mathfrak{A}$.

[3]) Die Zahl 0 ist eine Ordinalzahl der Eigenschaft E, und zwar ist, da $\mathfrak{A}_0$ leer, a_0 das ausgezeichnete Element von $\mathfrak{A}$.

Unter allen Ordinalzahlen, die nicht die Eigenschaft E haben[1]), gibt es nun (Satz XI) eine kleinste γ. Wir behaupten: die Menge $\mathfrak{A}'$ aller $.a_\beta$ $(\beta < \gamma)$ ist dann die Menge $\mathfrak{A}$. Andernfalls wäre ja $\mathfrak{A} - \mathfrak{A}'$ ein nicht leerer Teil von $\mathfrak{A}$; und indem wir sein ausgezeichnetes Element mit a_γ bezeichnen, sehen wir, daß auch noch γ die Eigenschaft E hat, entgegen der Annahme. Also ist $\mathfrak{A}' = \mathfrak{A}$. Da aber $\mathfrak{A}'$ gemäß seiner Definition eineindeutig auf die nach Satz VIII wohlgeordnete Menge der Ordinalzahlen $< \gamma$ abgebildet ist, so ist Satz XX bewiesen.

Bezeichnen wir wieder mit a_β das bei dieser Abbildung der Ordinalzahl β zugeordnete Element von $\mathfrak{A}$, und setzen wir zwischen den Elementen von $\mathfrak{A}$ die Ordnungsbeziehung fest:

$$a_\beta \text{ vor } a_{\beta'} \quad \text{wenn} \quad \beta < \beta',$$

so ist $\mathfrak{A}$ ähnlich geordnet der Menge aller Ordinalzahlen $< \gamma$ und mithin wohlgeordnet. Wir können also Satz XX auch so aussprechen:

Satz XXa. Jede Menge $\mathfrak{A}$ kann wohlgeordnet werden[2]).

Satz XXI. Sind $\mathfrak{a}$ und $\mathfrak{b}$ zwei Mächtigkeiten, so trifft stets eine und nur eine der drei Möglichkeiten zu:

$$(\dagger) \qquad\qquad \mathfrak{a} = \mathfrak{b}, \quad \mathfrak{a} < \mathfrak{b}, \quad \mathfrak{a} > \mathfrak{b}.$$

In der Tat sei $\mathfrak{a}$ die Mächtigkeit von $\mathfrak{A}$, $\mathfrak{b}$ die Mächtigkeit von $\mathfrak{B}$. Seien $\mathfrak{A}'$ und $\mathfrak{B}'$ mit $\mathfrak{A}$ und $\mathfrak{B}$ gleichmächtige wohlgeordnete Mengen (Satz XX). Ist nicht $\mathfrak{a} = \mathfrak{b}$, so sind $\mathfrak{A}'$ und $\mathfrak{B}'$ nicht gleichmächtig, und mithin auch nicht ähnlich; nach Satz VII ist also entweder $\mathfrak{A}'$ ähnlich einem Abschnitte von $\mathfrak{B}'$, und dann ist $\mathfrak{a} < \mathfrak{b}$, oder es ist $\mathfrak{B}'$ ähnlich einem Abschnitte von $\mathfrak{A}'$, und dann ist $\mathfrak{a} > \mathfrak{b}$. Also trifft von den drei Möglichkeiten $(\dagger)$ mindestens eine zu.

Da die erste Relation $(\dagger)$ die beiden anderen zufolge ihrer Definition ($\S 2$, S. 6) ausschließt, bleibt nur zu zeigen, daß die zweite und dritte Relation sich ausschließen. Nun trifft die zweite zu, wenn $\mathfrak{A}'$ und $\mathfrak{B}'$ nicht gleichmächtig, und $\mathfrak{A}'$ ähnlich einem Abschnitte von $\mathfrak{B}'$. Für die Ordinalzahlen α und β von $\mathfrak{A}'$ und $\mathfrak{B}'$ gilt dann

$$\alpha < \beta.$$

------

[1]) Es gibt Ordinalzahlen, die nicht die Eigenschaft E haben; denn es ist jeder Ordinalzahl α der Eigenschaft E ein Element a_α von $\mathfrak{A}$ zugeordnet; dadurch sind die Ordinalzahlen der Eigenschaft E eineindeutig auf einen Teil von $\mathfrak{A}$ abgebildet; sie bilden also eine Menge von Ordinalzahlen, und nach Satz X gibt es Ordinalzahlen, die größer sind als sie alle.

[2]) Damit soll natürlich nicht gesagt sein, daß eine solche Wohlordnung in jedem einzelnen Falle auch wirklich angegeben werden kann.

Nach Satz XVI kann daher nicht $a > b$ sein. Damit ist Satz XXI bewiesen.

Satz XXII. Aus $a > b$, $b \geqq c$ (oder $a \geqq b$, $b > c$) folgt:
$$a > c.$$

In der Tat, seien a, b, c die Mächtigkeiten von $\mathfrak{A}$, $\mathfrak{B}$, $\mathfrak{C}$. Angenommen, es wäre $a \leqq c$. Dann gäbe es eine eineindeutige Abbildung A_1 von $\mathfrak{A}$ auf einen Teil $\mathfrak{C}'$ von $\mathfrak{C}$. Wegen $b \geqq c$ gibt es eine eineindeutige Abbildung A_2 von $\mathfrak{C}$ auf einen Teil von $\mathfrak{B}$. Aus A_1 und A_2 ließe sich eine eineindeutige Abbildung von $\mathfrak{A}$ auf einen Teil von $\mathfrak{B}$ zusammensetzen, d. h. es wäre $a \leqq b$, was nach Satz XXI in Widerspruch steht zur Annahme $a > b$. Damit ist eine Hälfte von Satz XXII bewiesen.

Angenommen nun, es sei $a \geqq b$, $b > c$. Wäre $c \geqq a$, so würde nach dem schon bewiesenen aus $b > c$, $c \geqq a$ folgen $b > a$, was nach Satz XXI der Annahme $a \geqq b$ widerspricht. Damit ist Satz XXII bewiesen.

Satz XXIII. Aus $a \geqq b$, $b \geqq c$ folgt:
$$a \geqq c.$$

In der Tat, wäre $c > a$, so würde aus $b \geqq c$, $c > a$ nach Satz XXII folgen: $b > a$, entgegen der Annahme $a \geqq b$.

Die reellen Zahlen.

§ 5. Grenzwerte reeller Zahlen.

Den Begriff der reellen Zahl und die einfachsten Lehrsätze über reelle Zahlen setzen wir als bekannt voraus.

Wir fügen zu den **endlichen** reellen Zahlen noch die beiden **unendlichen** Zahlen $+\infty$ und $-\infty$ hinzu[1]), und setzen folgende Rechenregeln fest, in denen a eine **endliche** reelle Zahl bedeutet:

1. Addition und Subtraktion:
$$a + (+\infty) = a + \infty = +\infty; \quad (+\infty) + a = +\infty;$$
$$a + (-\infty) = a - \infty = -\infty; \quad (-\infty) + a = -\infty;$$

---

[1]) Diese Erweiterung des Systems der reellen Zahlen durch Hinzufügung „uneigentlicher" Elemente erweist sich als für die Theorie der reellen Funktionen zweckmäßig. Bekanntlich nimmt man in der Theorie der analytischen Funktionen einer komplexen Veränderlichen eine andere Erweiterung vor, indem man dort zu dem System der reellen und komplexen Zahlen ein einziges uneigentliches Element ∞ hinzufügt.

$$a - (+\infty) = a - \infty = -\infty; \quad (+\infty) - a = +\infty;$$
$$a - (-\infty) = +\infty; \qquad\qquad (-\infty) - a = -\infty.$$
$$(+\infty) + (+\infty) = +\infty + \infty = +\infty; \quad (+\infty) - (-\infty) = +\infty;$$
$$(-\infty) + (-\infty) = -\infty; \quad (-\infty) - (+\infty) = -\infty - \infty = -\infty.$$

2. **Multiplikation:**

$$a \cdot (+\infty) = (+\infty) \cdot a = \begin{cases} +\infty, & \text{wenn } a > 0 \\ -\infty, & \text{wenn } a < 0 \end{cases}$$

$$a \cdot (-\infty) = (-\infty) \cdot a = \begin{cases} -\infty, & \text{wenn } a > 0 \\ +\infty, & \text{wenn } a < 0 \end{cases}$$

$$(+\infty) \cdot (+\infty) = (-\infty) \cdot (-\infty) = +\infty;$$
$$(+\infty) \cdot (-\infty) = (-\infty) \cdot (+\infty) = -\infty.$$

3. **Division:**

$$\frac{a}{+\infty} = \frac{a}{-\infty} = 0;$$

$$\frac{+\infty}{a} = \begin{cases} +\infty \text{ wenn } a > 0 \\ -\infty \text{ wenn } a < 0 \end{cases} \qquad \frac{-\infty}{a} = \begin{cases} -\infty \text{ wenn } a > 0 \\ +\infty \text{ wenn } a < 0. \end{cases}$$

Unerklärt bleiben (und sind daher als sinnlos zu betrachten) die Symbole:

$$(+\infty) + (-\infty); \quad (-\infty) + (+\infty); \quad (+\infty) - (+\infty); \quad (-\infty) - (-\infty).$$
$$0 \cdot (+\infty); \quad (+\infty) \cdot 0; \quad 0 \cdot (-\infty); \quad (-\infty) \cdot 0.$$
$$\frac{a}{0}; \quad \frac{+\infty}{0}; \quad \frac{-\infty}{0}; \quad \frac{+\infty}{+\infty}; \quad \frac{+\infty}{-\infty}; \quad \frac{-\infty}{+\infty}; \quad \frac{-\infty}{-\infty}.$$

Weiter wird gesetzt:

$$-(+\infty) = -\infty; \quad -(-\infty) = +\infty.$$
$$|+\infty| = +\infty; \quad |-\infty| = +\infty.$$

Endlich werden die Anordnungsbeziehungen festgesetzt:

$$a < +\infty; \quad -\infty < a; \quad -\infty < +\infty;$$
$$+\infty > a; \quad a > -\infty; \quad +\infty > -\infty.$$

Das Wort „Zahl" bedeutet in Hinkunft, wo nichts anderes bemerkt: reelle Zahl, einschließlich $+\infty$ und $-\infty$; sollen $+\infty$ und $-\infty$ ausgeschlossen werden, sagen wir „endliche Zahl". Die Buchstaben a, b usf. bedeuten in diesem und den drei nächsten Paragraphen, wo nichts anderes bemerkt, beliebige (endliche oder unendliche) reelle Zahlen.

Ist $a < b$, so heißen die Mengen aller den Ungleichungen:

$$(1) \quad a \leqq x \leqq b; \quad (2) \quad a < x < b; \quad (3) \quad a \leqq x < b; \quad (4) \quad a < x \leqq b$$

genügenden Zahlen:

1. das abgeschlossene Intervall $[a, b]$,

2. das offene Intervall (a, b),

3. und 4. das halboffene Intervall $[a, b)$ bzw. $(a, b]$.

Die (immer positive) Zahl $b - a$ heißt die Länge jedes dieser Intervalle. Ist sie endlich, so nennen wir auch das Intervall endlich. Bekanntlich gilt:

Satz I. Jedes Intervall enthält rationale Zahlen.

Aus Satz I folgt:

Satz II. Eine Menge $\mathfrak{M}$ zu je zweien fremder Intervalle ist abzählbar.

In der Tat ordnet man jedem Intervall der Menge $\mathfrak{M}$ eine in ihm enthaltene rationale Zahl zu, so hat man eine eineindeutige Abbildung zwischen $\mathfrak{M}$ und einem Teil der Menge aller rationalen Zahlen, woraus in Hinblick auf § 2, Satz VI und VII die Behauptung folgt.

Sei $\mathfrak{A}$ irgendeine geordnete Menge. Seien $\mathfrak{A}'$, $\mathfrak{A}''$ zwei Teile von $\mathfrak{A}$ mit folgenden Eigenschaften:

1. $\mathfrak{A}' + \mathfrak{A}'' = \mathfrak{A}$.

2. Ist a' in $\mathfrak{A}'$, a'' in $\mathfrak{A}''$, so ist a' vor a''.

Man sagt dann: $\mathfrak{A}'$, $\mathfrak{A}''$ bilden einen Schnitt[1]) in $\mathfrak{A}$. Wir nennen $\mathfrak{A}'$ die erste, $\mathfrak{A}''$ die zweite Komponente des Schnittes[2]).

Ist $\mathfrak{A}$ Teil der geordneten Menge $\overline{\mathfrak{A}}$, so gibt jedes Element $\bar{a}$ von $\overline{\mathfrak{A}} - \mathfrak{A}$ Anlaß zu einem Schnitte in $\mathfrak{A}$:

(*) $\mathfrak{A}' =$ Menge aller Elemente von $\mathfrak{A}$, die vor $\bar{a}$; $\mathfrak{A}'' = \mathfrak{A} - \mathfrak{A}'$.

Ist hingegen $\bar{a}$ Element von $\mathfrak{A}$, so gibt es Anlaß zu zwei Schnitten in $\mathfrak{A}$: nämlich außer dem Schnitte (*), noch zu demjenigen, dessen erste Komponente aus der ersten Komponente des Schnittes (*) durch Hinzufügen des Elementes $\bar{a}$ entsteht. In jedem dieser Fälle sagen wir: der Schnitt wird durch $\bar{a}$ hervorgerufen. Bekanntlich gilt dann, wenn wir für $\overline{\mathfrak{A}}$ die Menge der (natürlich geordneten) reellen Zahlen, für $\mathfrak{A}$ aber sei es die Menge der (natürlich geordneten) rationalen, sei es wieder die der reellen Zahlen wählen, der Satz:

---

[1]) Der Begriff des Schnittes wurde von R. Dedekind zum Ausgangspunkt der Theorie der reellen Zahlen gemacht (Stetigkeit und irrationale Zahlen, 1872).

[2]) Bei dieser Definition des Schnittes ist es nicht ausgeschlossen, daß eine Komponente leer sei.

Satz III. Jeder Schnitt in der Menge der rationalen (der reellen) Zahlen, wird hervorgerufen durch eine reelle Zahl.

Sei $\mathfrak{A}$ eine Menge reeller Zahlen. Genügen alle Zahlen x aus $\mathfrak{A}$ der Ungleichung

$$x \leqq a,$$

so heißt a eine **Oberzahl** (majorante Zahl, Majorante) von $\mathfrak{A}$. Genügen alle x aus $\mathfrak{A}$ der Ungleichung

$$x \geqq a,$$

so heißt a eine **Unterzahl** (minorante Zahl, Minorante) von $\mathfrak{A}$.

Jede Zahlenmenge $\mathfrak{A}$ besitzt die Majorante $+\infty$, die Minorante $-\infty$. Eine Zahlenmenge, die eine endliche Majorante (Minorante) besitzt, heißt nach oben (nach unten) beschränkt; gilt beides, so heißt $\mathfrak{A}$ beschränkt.

Satz IV. Unter allen Majoranten von $\mathfrak{A}$ gibt es eine kleinste, sie heißt die obere Schranke[1]) von $\mathfrak{A}$. Unter allen Minoranten von $\mathfrak{A}$ gibt es eine größte, sie heißt die untere Schranke von $\mathfrak{A}$.

Sei in der Tat $\mathfrak{A}''$ die Menge aller Majoranten von $\mathfrak{A}$, und $\mathfrak{A}'$ die Menge aller übrigen Zahlen. Dann bilden $\mathfrak{A}'$, $\mathfrak{A}''$ einen Schnitt in der Menge aller reellen Zahlen. Die ihn hervorrufende Zahl (Satz III) ist die kleinste Majorante. — Analog beweist man die zweite Hälfte von Satz IV.

Wir bezeichnen obere und untere Schranke von $\mathfrak{A}$ mit $G(\mathfrak{A})$ und $g(\mathfrak{A})$. Dann ist offenbar:

$$g(\mathfrak{A}) \leqq G(\mathfrak{A}).$$

Es ist $G(\mathfrak{A})$ völlig charakterisiert durch die beiden Ungleichungen:

1. $a \leqq G(\mathfrak{A})$ für alle a aus $\mathfrak{A}$.
2. Ist $z < G(\mathfrak{A})$, so gilt:

$$a > z \quad \text{für mindestens ein } a \text{ aus } \mathfrak{A}.$$

Analoges gilt für $g(\mathfrak{A})$.

Unter oberer (unterer) Schranke einer Zahlenfolge $\{a_n\}$ verstehen wir obere (untere) Schranke der von den Gliedern der Folge gebildeten Zahlenmenge.

---

[1]) Sie wird vielfach auch die obere Grenze von $\mathfrak{A}$ genannt. Wir schließen uns dem nicht an, weil „obere Grenze" die Übersetzung von „limes superior" ist, was eine andere Bedeutung hat (§ 6, S. 38). Vgl. zu dieser Terminologie M. Pasch, Math. Ann. 30 (1887), 133. Monatsh. f. Math. 26 (1915), 303.

Die Zahl a heißt der **Grenzwert** der Zahlenfolge $\{a_n\}$, in Zeichen:

$$a = \lim_{n=\infty} a_n,$$

wenn folgendes stattfindet: Ist $p < a$, so ist

$$a_n > p \quad \text{für fast alle } n;$$

ist $q > a$, so ist

$$a_n < q \quad \text{für fast alle } n.$$

In dieser Form gilt die Definition bei endlichem wie bei unendlichem a. Ist $a = +\infty$ $(= -\infty)$, so reduziert sie sich auf: Es ist

$$\lim_{n=\infty} a_n = +\infty \quad (= -\infty),$$

wenn für jedes p (für jedes q):

$$a_n > p \quad (a_n < q) \quad \text{für fast alle } n.$$

Ist a endlich, so kann die Definition ersetzt werden durch: Ist (p, q) ein a enthaltendes Intervall, so gilt:

$$a_n \text{ in } (p, q) \quad \text{für fast alle } n.$$

Oder: Ist $\varepsilon > 0$ beliebig gegeben, so ist:

$$|a_n - a| < \varepsilon \quad \text{für fast alle } n.$$

Aus der Definition des Grenzwertes folgt ohne weiteres: Ist $a_n = a$ für fast alle n, so ist auch $\lim\limits_{n=\infty} a_n = a$. Hat $\{a_n\}$ den Grenzwert a, so auch jede Teilfolge $\{a_{n_\nu}\}$, sowie jede Folge, die aus $\{a_n\}$ durch Hinzufügen (durch Abändern) von endlich vielen Gliedern entsteht. Ist $\lim\limits_{n=\infty} a'_n = a$, $\lim\limits_{n=\infty} a''_n = a$, und liegt a_n für fast alle n zwischen a'_n und a''_n, so ist auch $\lim\limits_{n=\infty} a_n = a$.

Satz V. Eine Zahlenfolge $\{a_n\}$ kann nicht zwei verschiedene Grenzwerte haben.

Angenommen in der Tat, es wäre:

$$\lim_{n=\infty} a_n = a'; \quad \lim_{n=\infty} a_n = a''; \quad a' < a''.$$

Dann gibt es eine Zahl b, so daß:

$$a' < b < a''.$$

Wegen $\lim\limits_{n=\infty} a_n = a'$ muß sein:

$$(1) \qquad\qquad a_n < b \quad \text{für fast alle } n.$$

Wegen $\lim\limits_{n=\infty} a_n = a''$ muß sein:

$$(2) \qquad\qquad a_n > b \quad \text{für fast alle } n.$$

Da (1) und (2) sich widersprechen, ist Satz V bewiesen.

Die bekannten Beweise der folgenden Sätze können wir wohl übergehen:

Satz VI. Aus $\lim\limits_{n=\infty} a_n = a$, und $a_n \leqq b$ für fast alle n, folgt $a \leqq b$.

Satz VII. Aus $\lim\limits_{n=\infty} a_n = a$ folgt:

$$\lim_{n=\infty} (-a_n) = -a; \qquad \lim_{n=\infty} |a_n| = |a|.$$

Satz VIII. Aus $\lim\limits_{n=\infty} a_n = a$; $\lim\limits_{n=\infty} b_n = b$ folgt jede der Relationen:

$$\lim_{n=\infty} (a_n + b_n) = a + b; \qquad \lim_{n=\infty} (a_n - b_n) = a - b;$$

$$\lim_{n=\infty} a_n \cdot b_n = a \cdot b; \qquad \lim_{n=\infty} \frac{a_n}{b_n} = \frac{a}{b},$$

vorausgesetzt, daß ihre rechte Seite sowie jedes Glied ihrer linken Seite einen Sinn hat.

Eine Zahlenfolge, die einen Grenzwert besitzt, nennen wir konvergent; ist insbesondere ihr Grenzwert endlich, so nennen wir sie eigentlich konvergent; eine nicht konvergente Zahlenfolge nennen wir auch oszillierend[1]).

Die Folge $\{a_n\}$ heißt monoton wachsend, wenn:

$$a_{n+1} \geqq a_n \quad \text{für alle } n;$$

sie heißt stets wachsend[2]), wenn:

$$a_{n+1} > a_n \quad \text{für alle } n;$$

sie heißt monoton (bzw. stets) abnehmend, wenn:

$$a_{n+1} \leqq a_n \quad (\text{bzw. } a_{n+1} < a_n) \quad \text{für alle } n.$$

Satz IX. Jede monotone Zahlenfolge $\{a_n\}$ ist konvergent, und zwar ist $\lim\limits_{n=\infty} a_n$ die obere oder untere Schranke von $\{a_n\}$, je nachdem $\{a_n\}$ monoton wächst oder abnimmt.

Sei in der Tat $\{a_n\}$ etwa monoton wachsend, und a die obere Schranke von $\{a_n\}$. Dann ist

$$(1) \qquad a_n \leqq a \quad \text{für alle } n,$$

und, wenn $q < a$, gibt es mindestens ein n_0, so daß:

$$a_{n_0} > q.$$

---

[1]) Diese Terminologie weicht von der gewöhnlichen ab, die nur Folgen mit endlichem Grenzwert konvergent, Folgen mit unendlichem Grenzwert und oszillierende Folgen divergent nennt.

[2]) Nach C. Carathéodory, Vorl. über reelle Funktionen, 149.

Weil $\{a_n\}$ monoton wachsend, ist also auch:

(2) $\qquad a_n > q$ für $n \geqq n_0$, d. h. für fast alle n.

Aus (1) und (2) aber folgt:

$$\lim_{n=\infty} a_n = a,$$

und Satz IX ist bewiesen.

Satz X. Zu jeder Zahl $a \neq -\infty$ gibt es eine stets wachsende, zu jeder Zahl $a \neq +\infty$ gibt es eine stets abnehmende Folge rationaler Zahlen $\{r_n\}$, so daß:

$$a = \lim_{n=\infty} r_n.$$

In der Tat, ist $a = +\infty$, so setze man $r_n = n$, ist $a = -\infty$, so setze man $r_n = -n$. Wir haben uns also nur mehr mit endlichem a zu befassen. Nach Satz I gibt es für jedes n in $\left[a - \dfrac{1}{n},\right.$ $a - \dfrac{1}{n+1}\Big)$ ein rationales r_n, in $\left(a + \dfrac{1}{n+1},\ a + \dfrac{1}{n}\right]$ ein rationales r'_n. Dann ist:

$$\lim_{n=\infty} r_n = a; \quad r_n < r_{n+1}; \quad \lim_{n=\infty} r'_n = a; \quad r'_n > r'_{n+1}.$$

Damit ist Satz X bewiesen.

Wir nennen eine Folge von Intervallen $[a_n, b_n]$[1]) eingeschachtelt, wenn:

$$a_{n+1} \geqq a_n, \quad b_{n+1} \leqq b_n \quad \text{für alle } n.$$

Satz XI. Der Durchschnitt einer eingeschachtelten Folge von Intervallen $[a_n, b_n]$ ist niemals leer[2]). Er besteht, wenn

(0) $\qquad \lim\limits_{n=\infty} a_n = \lim\limits_{n=\infty} b_n,$

aus der einzigen Zahl (0), sonst aus dem Intervall $[a, b]$, wo

$$a = \lim_{n=\infty} a_n, \quad b = \lim_{n=\infty} b_n.$$

In der Tat, die Folge $\{a_n\}$ ist monoton wachsend, $\{b_n\}$ monoton abnehmend, also existieren die Grenzwerte (Satz IX)

(00) $\qquad \lim\limits_{n=\infty} a_n = a; \quad \lim\limits_{n=\infty} b_n = b,$

und es ist:

(000) $\qquad a_n \leqq a \leqq b \leqq b_n \quad \text{für alle } n.$

---

[1]) Ebenfalls von Intervallen (a_n, b_n), $[a_n, b_n)$, $(a_n, b_n]$.

[2]) Für Intervalle (a_n, b_n) gilt dies nicht; Beispiel: die Intervalle $\left(0, \dfrac{1}{n}\right)$.

Aus (00) und (000) entnimmt man: Der Durchschnitt der $[a_n, b_n]$ ist die Menge aller der Ungleichung

$$a \leqq x \leqq b$$

genügenden Zahlen x. Das ist das Intervall $[a, b]$, wenn $b > a$, andernfalls die einzige Zahl $b = a$. Damit ist Satz XI bewiesen.

Es möge hier noch der Begriff der k-fach unendlichen Zahlenfolge und des k-fachen Grenzwertes Platz finden. Wie eine einfache Zahlenfolge $\{a_n\}$ durch eine Abbildung der Menge der natürlichen Zahlen in die Menge der reellen Zahlen, so entsteht eine k-fach unendliche Folge $\{a_{n_1, n_2, \ldots, n_k}\}$ durch eine Abbildung der Menge aller k-gliedrigen Folgen $n_1, n_2, \ldots, n_k$ natürlicher Zahlen in die Menge der reellen Zahlen. Nach § 2 Satz IX ist die Menge aller Glieder einer k-fach unendlichen Folge abzählbar.

Wir nennen die Zahl a den k-fachen Grenzwert von $\{a_{n_1, n_2, \ldots, n_k}\}$:

$$a = \lim_{n_1 = \infty, \ldots, n_k = \infty} a_{n_1, n_2, \ldots, n_k},$$

wenn zu jedem $p < a$ solche Indizes $n_1', n_2', \ldots, n_k'$ gehören, daß:

$$a_{n_1, n_2, \ldots, n_k} > p \quad \text{für} \quad n_1 \geqq n_1', \ldots, n_k \geqq n_k',$$

und zu jedem $q > a$ solche Indizes $n_1'', n_2'', \ldots, n_k''$, daß:

$$a_{n_1, n_2, \ldots, n_k} < q \quad \text{für} \quad n_1 \geqq n_1'', \ldots, n_k \geqq n_k''.$$

Für k-fache Grenzwerte gelten Sätze, die den Sätzen V bis VIII völlig analog sind.

Eine k-fache Folge, die einen k-fachen Grenzwert besitzt, heißt konvergent, und zwar eigentlich konvergent, wenn dieser Grenzwert endlich ist.

Eine bekannte Anwendung findet die Lehre von den (einfachen und mehrfachen) Grenzwerten in der Theorie der (einfach- und mehrfach-) unendlichen Reihen: Aus der Folge $\{a_n\}$ leiten wir eine neue Folge $\{s_n\}$ her durch die Vorschrift:

$$s_1 = a_1; \quad s_n = s_{n-1} + a_n \quad (n > 1).$$

Ist $\{s_n\}$ konvergent (eigentlich konvergent):

$$\lim_{n = \infty} s_n = s,$$

so schreiben wir:

$$a_1 + a_2 + \ldots + a_n + \ldots = \sum_{n=1}^{\infty} a_n = s,$$

und sagen, die linksstehende unendliche Reihe sei konvergent[1]) (eigentlich konvergent); die Zahl s heißt ihre Summe, die Zahl s_n ihre n-te Teilsumme.

Aus der k-fachen Folge $\{a_{n_1, n_2, \ldots, n_k}\}$ wird ebenso eine k-fache Folge $\{s_{n_1, n_2, \ldots, n_k}\}$ hergeleitet durch:

$$s_{n_1, n_2, \ldots, n_k} = \sum_{\nu_1 = 1}^{n_1} \sum_{\nu_2 = 1}^{n_2} \cdots \sum_{\nu_k = 1}^{n_k} a_{\nu_1, \nu_2, \ldots, \nu_k}.$$

Ist $\{s_{n_1, n_2, \ldots, n_k}\}$ konvergent (eigentlich konvergent):

$$\lim_{n_1 = \infty, \ldots, n_k = \infty} s_{n_1, n_2, \ldots, n_k} = s,$$

so schreiben wir:

$$\sum_{\nu_1, \nu_2, \ldots, \nu_k = 1}^{\infty} a_{\nu_1, \nu_2, \ldots, \nu_k} = s,$$

und nennen wieder die k-fach unendliche Reihe links konvergent (eigentlich konvergent), die Zahl s ihre Summe, die Zahlen $s_{n_1, n_2, \ldots, n_k}$ ihre Teilsummen.

§ 6. Häufungswerte reeller Zahlen.

Die Zahl a heißt ein **Häufungswert** der Zahlenmenge $\mathfrak{A}$, wenn es in $\mathfrak{A}$ einen abzählbaren Teil $a_1, a_2, \ldots, a_n, \ldots$ gibt, so daß:

$$\lim_{n = \infty} a_n = a,$$

sie heißt ein **Häufungswert** der Zahlenfolge[2]) $\{a_n\}$, wenn es in $\{a_n\}$ eine Teilfolge $\{a_{n_\nu}\}$ gibt, so daß:

$$\lim_{\nu = \infty} a_{n_\nu} = a.$$

Aus dieser Definition folgt sofort, daß jeder Häufungswert eines Teiles von $\mathfrak{A}$ (einer Teilfolge von $\{a_n\}$) auch Häufungswert von $\mathfrak{A}$ (von $\{a_n\}$) ist.

Satz I. Damit a Häufungswert von $\mathfrak{A}$ (von $\{a_n\}$) sei, ist notwendig und hinreichend, daß, sei es zu jedem Intervalle

---

[1]) Dies weicht von der üblichen Terminologie in derselben Weise ab, wie für die Zahlenfolgen. Vgl. S. 32, Fußn. [1]).

[2]) Sind unendlich viele $a_n = a$, so ist a Häufungswert von $\{a_n\}$, nicht aber notwendig Häufungswert der von den a_n gebildeten Zahlenmenge (die, wenn z. B. alle $a_n = a$ sind, nur aus der Zahl a besteht, und demnach keinen Häufungswert hat).

$(p, a]$, sei es zu jedem Intervalle $[a, q)$, unendlich viele Zahlen von $\mathfrak{A}$ (unendlich viele Glieder von $\{a_n\}$) gehören[1]).

Die Bedingung ist notwendig, denn ist a Häufungswert von $\mathfrak{A}$, so gibt es in $\mathfrak{A}$ einen abzählbaren Teil $a_1{}'$, $a_2{}'$, $\ldots$, $a_n{}'$, $\ldots$, so daß

$$\lim_{n=\infty} a_n{}' = a.$$

Dann gilt, wenn $p < a$:

$$a_n{}' > p \quad \text{für fast alle } n;$$

wenn $q > a$:

$$a_n{}' < q \quad \text{für fast alle } n.$$

Gibt es also ein Intervall $(p, a]$, das nur endlich viele $a_n{}'$ enthält (oder gibt es kein Intervall $(p, a]$), so muß jedes Intervall $[a, q)$ unendlich viele $a_n{}'$ enthalten, womit die Behauptung bewiesen ist.

Die Bedingung ist hinreichend. Angenommen in der Tat, es enthalte etwa jedes Intervall $(p, a]$ unendlich viele Zahlen aus $\mathfrak{A}$[2]). Sei $\{p_n\}$ eine stets wachsende Zahlenfolge mit:

$$(0) \qquad \lim_{n=\infty} p_n = a \quad (p_n < a).$$

Dann gibt es in (p_1, a) einen Punkt $a_1{}'$ von $\mathfrak{A}$, im Durchschnitt von $(a_1{}', a)$ und (p_2, a) gibt es einen Punkt $a_2{}'$ von $\mathfrak{A}$, allgemein, wenn $a'_{n-1} < a$ gebildet ist, gibt es im Durchschnitte von (a'_{n-1}, a) und (p_n, a) einen Punkt $a_n{}'$ von $\mathfrak{A}$. Aus (0) folgt:

$$\lim_{n=\infty} a_n{}' = a,$$

also ist a Häufungspunkt von $\mathfrak{A}$, und Satz I ist (für Zahlenmengen) bewiesen. Analog verläuft der Beweis für Zahlenfolgen.

Satz II. Jede unendliche Zahlenmenge (Zahlenfolge) besitzt mindestens einen Häufungswert.

Es genügt, den Beweis für Zahlenfolgen zu führen. Denn jede unendliche Zahlenmenge $\mathfrak{A}$ besitzt (§ 2, Satz III) einen abzählbar-unendlichen Teil a_1, a_2, $\ldots$, a_n, $\ldots$; und dann ist (da diese a_n alle untereinander verschieden sind) jeder Häufungswert von $\{a_n\}$ auch ein Häufungswert von $\mathfrak{A}$.

---

[1]) Ist $a = +\infty$, gibt es keine Intervalle $[a, q)$; ist $a = -\infty$, gibt es keine Intervalle $(p, a]$, so daß im ersten (zweiten) Falle unsere Bedingung besagt: Jedes Intervall $(p, +\infty]$ (jedes Intervall $[-\infty, q)$) enthält unendlich viele Zahlen aus $\mathfrak{A}$. Ist a endlich, so besagt unsere Bedingung: jedes a enthaltende Intervall (p, q) enthält unendlich viele Zahlen aus $\mathfrak{A}$.

[2]) Wie der Beweis zeigt, genügt es zu wissen, daß jedes Intervall (p, a) mindestens eine Zahl aus $\mathfrak{A}$ enthält.

Sei also eine unendliche Zahlenfolge $\{a_n\}$ gegeben. Ist $+\infty$ oder $-\infty$ Häufungswert von $\{a_n\}$, so ist die Behauptung richtig. Andernfalls gibt es ein Intervall $(p, +\infty]$ und ein Intervall $[-\infty, q)$, deren jedes nur endlich viele a_n enthält. Dann aber müssen zu $[q, p]$ unendlich viele a_n gehören. Da $[q, p]$ Vereinigung endlich vieler Intervalle der Länge 1 ist, gibt es in $[q, p]$ ein Teilintervall $[q_1, p_1]$ der Länge 1, das gleichfalls unendlich viele a_n enthält, ebenso in $[q_1, p_1]$ ein Teilintervall $[q_2, p_2]$ der Länge $\frac{1}{2}$, das unendlich viele a_n enthält, und indem man so weiter schließt, kommt man zu einer eingeschachtelten Folge von Intervallen $[q_\nu, p_\nu]$, deren jedes die Länge $\frac{1}{\nu}$ hat und unendlich viele a_n enthält. Nach § 5, Satz XI gibt es eine allen $[q_\nu, p_\nu]$ angehörende Zahl a. Wir behaupten: sie ist Häufungswert von $\{a_n\}$.

Zufolge Satz I (Fußn. [1])) genügt es zu zeigen: Zu jedem a enthaltenden Intervalle (x', x'') gehören unendlich viele a_n. Da nun $[q_\nu, p_\nu]$ die Länge $\frac{1}{\nu}$ hat und a enthält, liegen fast alle $[q_\nu, p_\nu]$ in (x', x''). Und da jedes $[q_\nu, p_\nu]$ unendlich viele a_n enthält, ist die Behauptung und damit Satz II bewiesen.

Aus Satz II folgt unmittelbar:

Satz III. Gibt es in $[p, q]$ keinen Häufungswert von $\mathfrak{A}$ (von $\{a_n\}$), so gibt es in $[p, q]$ nur endlich viele Zahlen von $\mathfrak{A}$ (Glieder von $\{a_n\}$).

In der Tat, andernfalls gäbe es in $[p, q]$ einen unendlichen Teil $\mathfrak{A}'$ von $\mathfrak{A}$. Nach Satz II hätte $\mathfrak{A}'$ einen, offenbar gleichfalls zu $[p, q]$ gehörigen Häufungswert, der auch Häufungswert von $\mathfrak{A}$ wäre, entgegen der Annahme.

Satz IV. Unter den Häufungswerten einer unendlichen Zahlenmenge (Zahlenfolge) gibt es einen größten und einen kleinsten.

Sei in der Tat $\mathfrak{A}^1$ die Menge aller Häufungswerte der unendlichen Zahlenmenge $\mathfrak{A}$. Wir bezeichnen die obere Schranke von $\mathfrak{A}^1$ mit G, und zeigen: G ist Häufungswert von $\mathfrak{A}$.

Angenommen G wäre nicht Häufungswert von $\mathfrak{A}$, gehörte also nicht zu $\mathfrak{A}^1$. Da G obere Schranke von $\mathfrak{A}^1$, muß dann zu jedem Intervalle (p, G) eine Zahl von $\mathfrak{A}^1$, d. h. ein Häufungswert von $\mathfrak{A}$ gehören; dann aber enthält jedes Intervall (p, G) unendlich viele Zahlen aus $\mathfrak{A}$, und es ist G Häufungswert von $\mathfrak{A}$, entgegen der Annahme.

Die Annahme, G sei nicht Häufungswert von $\mathfrak{A}$, führt also zu einem Widerspruche, d. h. G ist Häufungswert von $\mathfrak{A}$, und als obere Schranke von $\mathfrak{A}^1$ dann notwendig der größte Häufungswert von $\mathfrak{A}$.

Ebenso zeigt man, daß die untere Schranke von $\mathfrak{A}^1$ der kleinste Häufungswert von $\mathfrak{A}$ ist, und Satz IV ist bewiesen.

Größter und kleinster Häufungswert von $\mathfrak{A}$ (von $\{a_n\}$) werden als Limes superior und inferior von $\mathfrak{A}$ (von $\{a_n\}$) bezeichnet, in Symbolen:

$$\overline{\lim}\,\mathfrak{A},\ \underline{\lim}\,\mathfrak{A};\quad \overline{\lim_{n=\infty}}\,a_n,\ \underline{\lim_{n=\infty}}\,a_n.$$

Sie heißen auch die Hauptlimiten von $\mathfrak{A}$ (von $\{a_n\}$).

Der Limes superior ist völlig charakterisiert durch die beiden Ungleichungen[1]) (Analoges gilt für den Limes inferior):

1. Ist $q > \overline{\lim_{n=\infty}}\,a_n$, so ist:

$$(*) \qquad a_n < q \quad \text{für fast alle } a_n.$$

2. Ist $p < \overline{\lim_{n=\infty}}\,a_n$, so ist:

$$(**) \qquad a_n > p \quad \text{für unendlich viele } a_n.$$

Aus der Definition der Hauptlimiten folgt unmittelbar:

$$(*_*^{\,*}) \qquad \underline{\lim_{n=\infty}}\,a_n \leq \overline{\lim_{n=\infty}}\,a_n.$$

$$(*_*{}_*) \qquad \underline{\lim_{n=\infty}}\,(-\,a_n) = -\,\overline{\lim_{n=\infty}}\,a_n.$$

Die Hauptlimiten von Zahlenfolgen sind einer Darstellung fähig, die bei Vergleich mit § 1, Satz IV und V die Analogie dieser Begriffsbildung mit dem Begriffe der oberen und unteren Gemeinschaftsgrenze einer Mengenfolge deutlich hervortreten läßt:

Satz V. Seien $\bar{a}_n$ und $\underline{a}_n$ obere und untere Schranke der Folge:

$$(1) \qquad a_n,\ a_{n+1},\ \ldots,\ a_{n+\nu},\ \ldots$$

Dann ist:

$$(2) \qquad \overline{\lim_{n=\infty}}\,a_n = \lim_{n=\infty}\bar{a}_n;\quad \underline{\lim_{n=\infty}}\,a_n = \lim_{n=\infty}\underline{a}_n.$$

Um etwa die erste dieser Formeln zu beweisen, bemerken wir, daß $\{\bar{a}_n\}$ monoton abnimmt, also nach § 5 Satz IX konvergent ist; etwa:

$$(3) \qquad \lim_{n=\infty}\bar{a}_n = \bar{a}.$$

---

[1]) Wir schreiben sie nur für eine Folge $\{a_n\}$ auf; für eine Menge $\mathfrak{A}$ gilt dasselbe.

Um nachzuweisen, daß

$$(4) \qquad \bar{a} = \overline{\lim_{n=\infty}} \, a_n,$$

haben wir zu zeigen, daß $\bar{a}$ die beiden charakteristischen Eigenschaften (*) und (**) besitzt. Sei also $q > \bar{a}$, dann ist wegen (3):

$$\bar{a}_n < q \quad \text{für fast alle } n,$$

daher um so mehr:

$$a_n < q \quad \text{für fast alle } n,$$

und (*) ist nachgewiesen. Ist andrerseits $p < \bar{a}$, so ist (weil $\{\bar{a}_n\}$ monoton abnimmt):

$$\bar{a}_n \geqq \bar{a} > p \quad \text{für alle } n,$$

und da $\bar{a}_n$ obere Schranke der Zahlen (1), gibt es unter diesen eine

$$a_{n'} > p \quad (n' \geqq n).$$

Da dies für jedes n gilt, so ist also:

$$a_n > p$$

für unendlich viele Werte n' von n erfüllt, und es ist auch (**) bewiesen. Damit ist auch (4) und also auch die erste Beziehung (2) nachgewiesen. Analog beweist man die zweite.

Satz VI. Seien $\bar{a}_{n,\,k}$ und $\underline{a}_{n,\,k}$ größte und kleinste unter den Zahlen:

$$a_n,\ a_{n+1},\ \ldots,\ a_{n+k}.$$

Dann ist:

$$(5) \qquad \overline{\lim_{n=\infty}} \, a_n = \lim_{n=\infty} (\lim_{k=\infty} \bar{a}_{n,\,k}); \quad \underline{\lim_{n=\infty}} \, a_n = \lim_{n=\infty} (\lim_{k=\infty} \underline{a}_{n,\,k}).$$

In der Tat, da die Folge $\bar{a}_{n,\,1},\ \bar{a}_{n,\,2},\ \ldots,\ \bar{a}_{n,\,k},\ \ldots$ monoton wächst, ist sie nach § 5, Satz IX konvergent, etwa:

$$(6) \qquad \lim_{k=\infty} \bar{a}_{n,\,k} = a_n^* \quad \text{und} \quad \bar{a}_{n,\,k} \leqq a_n^*.$$

Hat $\bar{a}_n$ dieselbe Bedeutung wie in Satz V, so ist:

$$\bar{a}_{n,\,k} \leqq \bar{a}_n \quad \text{für alle } k,$$

daher wegen (6) auch:

$$(7) \qquad a_n^* \leqq \bar{a}_n.$$

Wäre nun $a_n^* < \bar{a}_n$, so gäbe es ein p:

$$(8) \qquad a_n^* < p < \bar{a}_n,$$

und wegen (6) wäre:

$$\bar{a}_{n,\,k} < p \quad \text{für alle } k,$$

d. h. alle Zahlen (1) wären $< p$, im Widerspruche damit, daß nach (8) ihre obere Schranke $\bar{a}_n > p$ ist. Also gilt in (7) das $=$ Zeichen:

$a_n^* = \bar{a}_n$. Setzt man dies unter Beachtung von (6) in (2) ein, so erhält man die erste Gleichung (5), und analog beweist man die zweite.

Satz VII. Für die Hauptlimiten von Summen (Produkten) gelten die Ungleichungen (vorausgesetzt, daß die darin auftretenden Ausdrücke einen Sinn haben):

$$(*) \qquad \underline{\lim_{n=\infty}} a_n + \overline{\lim_{n=\infty}} b_n \leqq \overline{\lim_{n=\infty}} (a_n + b_n) \leqq \overline{\lim_{n=\infty}} a_n + \overline{\lim_{n=\infty}} b_n;$$

$$(**) \qquad \underline{\lim_{n=\infty}} a_n + \underline{\lim_{n=\infty}} b_n \leqq \underline{\lim_{n=\infty}} (a_n + b_n) \leqq \underline{\lim_{n=\infty}} a_n + \overline{\lim_{n=\infty}} b_n;$$

ferner wenn $a_n \geqq 0$, $b_n \geqq 0$:

$$(***) \qquad \underline{\lim_{n=\infty}} a_n \cdot \underline{\lim_{n=\infty}} b_n \leqq \underline{\lim_{n=\infty}} a_n b_n \leqq \overline{\lim_{n=\infty}} a_n b_n \leqq \overline{\lim_{n=\infty}} a_n \cdot \overline{\lim_{n=\infty}} b_n.$$

Es wird genügen, die Ungleichung (*) zu beweisen. Um zunächst ihre rechte Hälfte zu beweisen, haben wir zu zeigen: ist

$$(1) \qquad z > \overline{\lim_{n=\infty}} a_n + \overline{\lim_{n=\infty}} b_n,$$

so ist:

$$(2) \qquad a_n + b_n < z \quad \text{für fast alle } n.$$

In der Tat, genügt z der Ungleichung (1), so gibt es z' und z'', so daß:

$$z' > \overline{\lim_{n=\infty}} a_n; \quad z'' > \overline{\lim_{n=\infty}} b_n; \quad z' + z'' < z.$$

Dann aber ist

$$a_n < z' \quad \text{und} \quad b_n < z'' \quad \text{für fast alle } n.$$

Damit aber ist (2) bewiesen.

Um die linke Hälfte von (*) zu beweisen, haben wir zu zeigen: Ist

$$(3) \qquad z < \underline{\lim_{n=\infty}} a_n + \overline{\lim_{n=\infty}} b_n,$$

so ist:

$$(4) \qquad a_n + b_n > z \quad \text{für unendlich viele } n.$$

In der Tat, genügt z der Ungleichung (3), so gibt es z' und z'', so daß:

$$z' < \underline{\lim_{n=\infty}} a_n; \quad z'' < \overline{\lim_{n=\infty}} b_n; \quad z' + z'' > z.$$

Dann ist:

$$a_n > z' \quad \text{für fast alle } n; \qquad b_n > z'' \quad \text{für unendlich viele } n,$$

womit (4) bewiesen ist.

Satz VIII. Damit die Folge $\{a_n\}$ konvergent sei, ist notwendig und hinreichend, daß sie nur einen Häufungswert besitzt, oder — was dasselbe heißt — daß:

$$\varliminf_{n=\infty} a_n' = \varlimsup_{n=\infty} a_n.$$

Die Bedingung ist notwendig. Sei in der Tat die Folge $\{a_n\}$ konvergent:

$$(\dagger) \qquad\qquad \lim_{n=\infty} a_n = a.$$

Ist dann a' ein Häufungswert von $\{a_n\}$, so gibt es in $\{a_n\}$ eine Teilfolge $\{a_{n_\nu}\}$, so daß:

$$\lim_{\nu=\infty} a_{n_\nu} = a'.$$

Aus $(\dagger)$ aber folgt:

$$\lim_{\nu=\infty} a_{n_\nu} = a.$$

Also ist für jeden Häufungswert a' von $\{a_n\}$:

$$a' = a.$$

Die Bedingung ist hinreichend. Sei in der Tat:

$$\varliminf_{n=\infty} a_n = \varlimsup_{n=\infty} a_n = a.$$

Ist $p < a$, so gilt dann:

$$(\dagger\dagger) \qquad\qquad a_n > p \ \text{ für fast alle } n;$$

ist $q > a$, so gilt:

$$(\dagger\dagger\dagger) \qquad\qquad a_n < q \ \text{ für fast alle } n;$$

die Ungleichungen $(\dagger\dagger)$ und $(\dagger\dagger\dagger)$ aber besagen: es gilt $(\dagger)$, d. h. $\{a_n\}$ ist konvergent. Damit ist Satz VIII bewiesen.

Wir beweisen nun die bekannte **Cauchysche Bedingung** für eigentliche Konvergenz einer Zahlenfolge.

Satz IX. Damit die Folge endlicher Zahlen $\{a_n\}$ eigentlich konvergent sei, ist notwendig und hinreichend, daß es zu jedem $\varepsilon > 0$ ein n_0 gibt, so daß[1]):

$$(*) \qquad\qquad |a_{n'} - a_{n''}| < \varepsilon \ \text{ für } n' \geqq n_0,\ n'' \geqq n_0.$$

Die Bedingung ist notwendig; denn ist

$$\lim_{n=\infty} a_n = a \quad (a \text{ endlich}),$$

so gehören fast alle a_n zu $\left(a - \dfrac{\varepsilon}{2},\ a + \dfrac{\varepsilon}{2}\right)$, womit $(*)$ nachgewiesen ist.

---

[1]) Die Bedingung $(*)$ ist gleichbedeutend mit:

$$\lim_{n'=\infty,\ n''=\infty} (a_{n'} - a_{n''}) = 0.$$

Die Bedingung ist hinreichend; denn ist sie erfüllt, so ist:

$$a_{n_0} - \varepsilon < a_n < a_{n_0} + \varepsilon \quad \text{für } n \geq n_0,$$

so daß die Folge $\{a_n\}$ jedenfalls keinen unendlichen Grenzwert hat. Wäre sie andererseits überhaupt nicht konvergent, so gäbe es (Satz VIII) z' und z'', so daß:

$$\varliminf_{n=\infty} a_n < z' < z'' < \varlimsup_{n=\infty} a_n,$$

und es wäre

$$a_{n'} < z' \quad \text{für unendlich viele } n',$$
$$a_{n''} > z'' \quad \text{für unendlich viele } n''.$$

Wenn $0 < \varepsilon < z'' - z'$, wäre also

$$a_{n''} - a_{n'} > \varepsilon \quad \text{für unendlich viele } n', n'',$$

entgegen der Annahme (*). Die Folge $\{a_n\}$ ist also weder oszillierend, noch hat sie einen unendlichen Grenzwert; also ist sie eigentlich konvergent. Damit ist Satz IX bewiesen.

Satz X. Damit die Folge endlicher Zahlen $\{a_n\}$ eigentlich konvergent sei, ist notwendig und hinreichend, daß es zu jedem $\varepsilon > 0$ ein n_0 gibt, so daß:

$$|a_n - a_{n_0}| < \varepsilon \quad \text{für } n \geq n_0.$$

Die Bedingung ist notwendig. Dies ist in Satz IX enthalten.

Die Bedingung ist hinreichend. Denn ist sie erfüllt, so gibt es zu $\frac{\varepsilon}{2}$ ein n_0, so daß:

$$|a_{n'} - a_{n_0}| < \frac{\varepsilon}{2}, \quad |a_{n''} - a_{n_0}| < \frac{\varepsilon}{2} \quad \text{für } n' \geq n_0, \; n'' \geq n_0,$$

und mithin:

$$|a_{n'} - a_{n''}| < \varepsilon \quad \text{für } n' \geq n_0, \; n'' \geq n_0;$$

dies aber ist die Bedingung von Satz IX.

Wir definieren noch die Hauptlimiten von k-fach unendlichen Folgen, und zwar in Anlehnung an die charakteristischen Eigenschaften (*), (**) S. 38 der Hauptlimiten von Folgen $\{a_n\}$. Sei $\{a_{n_1, n_2, \ldots, n_k}\}$ eine k-fach unendliche Folge. Wir nehmen einen Schnitt $\mathfrak{A}_1 + \mathfrak{A}_2$ in der Menge der reellen Zahlen vor, indem wir in $\mathfrak{A}_1$ alle Zahlen z aufnehmen, zu denen es Indizes $n'_1, n'_2, \ldots, n'_k$ gibt, derart daß:

$$a_{n_1, n_2, \ldots, n_k} > z \quad \text{für } n_1 \geq n'_1, \; n_2 \geq n'_2, \ldots, n_k \geq n'_k.$$

Die diesen Schnitt hervorrufende Zahl (§ 5, Satz III) bezeichnen wir mit:

$$\varliminf_{n_1=\infty,\,\ldots,\,n_k=\infty} a_{n_1,\,n_2,\,\ldots,\,n_k}.$$

Nehmen wir hingegen in $\mathfrak{A}_2$ alle z auf, zu denen es Indizes n_1'', n_2'', $\ldots$, n_k'', gibt, so daß:

$$a_{n_1,\,n_2,\,\ldots,\,n_k} < z \quad \text{für } n_1 \geqq n_1'',\ n_2 \geqq n_2'',\ \ldots,\ n_k \geqq n_k'',$$

so bezeichnen wir die den Schnitt $\mathfrak{A}_1 + \mathfrak{A}_2$ hervorrufende Zahl mit:

$$\varlimsup_{n_1=\infty\ldots,\,n_k=\infty} a_{n_1,\,n_2,\,\ldots,\,n_k}.$$

In Analogie zu Satz VIII gilt dann:

Satz XI. Damit die Folge $\{a_{n_1,\,n_2,\,\ldots,\,n_k}\}$ konvergent sei, ist notwendig und hinreichend, daß:

$$(\dagger) \quad \varliminf_{n_1=\infty,\,\ldots,\,n_k=\infty} a_{n_1,\,n_2,\,\ldots,\,n_k} = \varlimsup_{n_1=\infty,\,\ldots,\,n_k=\infty} a_{n_1,\,n_2,\,\ldots,\,n_k}.$$

Die Bedingung ist notwendig. Denn ist sie nicht erfüllt, so gibt es z' und z'', so daß:

$$\varliminf_{n_1=\infty,\,\ldots,\,n_k=\infty} a_{n_1,\,\ldots,\,n_k} < z' < z'' < \varlimsup_{n_1=\infty,\,\ldots,\,n_k=\infty} a_{n_1,\,\ldots,\,n_k}.$$

Wie immer auch n_1, n_2, $\ldots$, n_k vorgeschrieben sein mögen, gibt es dann Indizes:

$$n_1' \geqq n_1,\ \ldots,\ n_k' \geqq n_k \quad \text{und} \quad n_1'' \geqq n_1,\ \ldots,\ n_k'' \geqq n_k,$$

so daß:

$$a_{n_1',\,n_2',\,\ldots,\,n_k'} \leqq z'; \quad a_{n_1'',\,n_2'',\,\ldots,\,n_k''} \geqq z'';$$

es kann also $\{a_{n_1,\,n_2,\,\ldots,\,n_k}\}$ keinen Grenzwert $> z'$ und keinen Grenzwert $< z''$, also wegen $z' < z''$ überhaupt keinen Grenzwert haben.

Die Bedingung ist hinreichend. Denn nennen wir den gemeinsamen Wert $(\dagger)$ der Hauptlimiten: a, so gibt es nun zu jedem $p < a$ Indizes n_1', n_2', $\ldots$, n_k' so daß:

$$a_{n_1,\,n_2,\,\ldots,\,n_k} > p \quad \text{für } n_1 \geqq n_1',\ \ldots,\ n_k \geqq n_k';$$

zu jedem $q > a$ Indizes n_1'', n_2'', $\ldots$, n_k'', so daß:

$$a_{n_1,\,n_2,\,\ldots,\,n_k} < q \quad \text{für } n_1 \geqq n_1'',\ \ldots,\ n_k \geqq n_k''.$$

Das aber heißt:

$$\lim_{n_1=\infty,\,\ldots,\,n_k=\infty} a_{n_1,\,n_2,\,\ldots,\,n_k} = a,$$

und Satz XI ist bewiesen.

§ 7. Die Mächtigkeit des Kontinuums.

Sei g eine natürliche Zahl > 1. Eine Zahl der Form:

$$(1) \qquad e_0 + \frac{e_1}{g} + \frac{e_2}{g^2} + \cdots + \frac{e_k}{g^k},$$

worin e_0 irgendeine ganze Zahl[1]), e_1, e_2, ..., e_k aber der Ungleichung

$$(2) \qquad 0 \leqq e_n \leqq g - 1$$

genügende ganze Zahlen sind, nennen wir einen endlichen System-bruch der Grundzahl g, oder kurz einen endlichen g-Bruch. Unter einem unendlichen Systembruch der Grundzahl g (einem unendlichen g-Bruch) verstehen wir eine unendliche Reihe der Form[2]):

$$(3) \qquad e_0 + \frac{e_1}{g} + \frac{e_2}{g^2} + \cdots + \frac{e_n}{g^n} + \cdots,$$

in der die e_n dieselbe Bedeutung haben, wie in (1). Ist über die Grundzahl kein Zweifel, so schreiben wir statt (1) und (3):

$$(4) \qquad e_0 \cdot e_1 e_2 \ldots e_k; \quad e_0 \cdot e_1 e_2 \ldots e_n \ldots;$$

e_n bezeichnen wir als „n-te Stelle". Wir nennen $e_0 \cdot e_1 e_2 \ldots e_n$ den n-ten Näherungsbruch von $e_0 \cdot e_1 e_2 \ldots e_n \ldots$. Bekanntlich gilt:

Satz I. Jeder endliche g-Bruch ist gleich zwei und nur zwei unendlichen g-Brüchen, nämlich (wenn $e_k > 0$):

$$(5) \quad e_0 \cdot e_1 e_2 \ldots e_k = e_0 \cdot e_1 e_2 \ldots e_k\, 0\, 0 \ldots 0 \ldots$$
$$= e_0 \cdot e_1 e_2 \ldots (e_k - 1)(g - 1)(g - 1)\ldots(g - 1)\ldots$$

Satz II. Zwei unendliche g-Brüche, in denen nicht durch-wegs entsprechende Stellen übereinstimmen, sind nur dann einander gleich, wenn sie gleich demselben endlichen g-Bruch sind, und somit die Form (5) haben.

Satz III. Für einen unendlichen g-Bruch besteht die Ungleichung:

$$(6) \qquad e_0 \cdot e_1 e_2 \ldots e_n \leqq e_0 \cdot e_1 e_2 \ldots e_n \ldots \leqq e_0 \cdot e_1 e_2 \ldots e_n + \frac{1}{g^n}.$$

---

[1]) Sie kann auch negativ sein.

[2]) Bekanntlich zeigt man durch Vergleich mit der geometrischen Reihe $\sum_{n=1}^{\infty} \frac{g-1}{g^n}$ die eigentliche Konvergenz der Reihe (3).

Satz IV. Jede endliche reelle Zahl z kann durch einen unendlichen g-Bruch dargestellt werden:

$$z = e_0 \cdot e_1\, e_2 \ldots e_n \ldots$$

Die Mächtigkeit der Menge aller in $[0, 1]$ enthaltenen reellen Zahlen bezeichnen wir mit c, und nennen sie die **Mächtigkeit des Kontinuums**[1]). Wir behaupten:

Satz V.[2]) Ist e eine endliche Mächtigkeit > 1, so ist:

$$(7) \qquad\qquad c = e^{\aleph_0}.$$

Wir betrachten die Menge $\mathfrak{C}$ aller unendlichen Systembrüche der Grundzahl e, in denen $e_0 = 0$ ist. Sie ist gleichmächtig der Menge aller Belegungen (§ 1, S. 1) der Menge 1, 2, ..., n, ... mit den Elementen der Menge 0, 1, 2, ..., $e - 1$, und hat daher (§ 2, S. 7) die Mächtigkeit $e^{\aleph_0}$. Wie die Sätze I, II, IV lehren, ist jede Zahl aus $[0, 1]$ gleich einem und nur einem unendlichen Systembruche aus $\mathfrak{C}$, ausgenommen die in $(0, 1)$ enthaltenen endlichen e-Brüche, die gleich zwei unendlichen Systembrüchen aus $\mathfrak{C}$ sind. Da aber jeder endliche Systembruch rational ist, gibt es ihrer (§ 2, Satz VI und VII) nur abzählbar viele. Es ist also $\mathfrak{C}$ Vereinigung einer mit $[0, 1]$ gleichmächtigen und einer abzählbaren Menge, also sind (§ 2, Satz X) $\mathfrak{C}$ und $[0, 1]$ gleichmächtig. Da aber $\mathfrak{C}$ die Mächtigkeit $e^{\aleph_0}$ hat, ist Satz V bewiesen. Es folgt nun leicht:

Satz VI. Für die Mächtigkeit des Kontinuums gilt die Ungleichung:

$$c > \aleph_0.$$

In der Tat, man setze in (7) $e = 2$ und wende Satz XII von § 2 an.

Satz VII. Jedes beliebige (abgeschlossene, offene, halboffene) Intervall hat die Mächtigkeit c.

In der Tat, sei zunächst $[a, b]$ ein abgeschlossenes, endliches Intervall. Durch:

$$x' = a + (b - a)\, x$$

wird eine eineindeutige Abbildung zwischen den Zahlen x von $[0,1]$

---

[1]) Sie wurde zuerst betrachtet von G. Cantor, auf den die folgenden Sätze zurückgehen.

[2]) In Satz V ist die Aussage enthalten: Die Menge aller Teilfolgen einer unendlichen Folge $\{a_n\}$ hat die Mächtigkeit c. In der Tat, die Menge aller Teilfolgen von $\{a_n\}$ hat nach § 2, Satz XI die Mächtigkeit $2^{\aleph_0} = c$.

und den Zahlen x' von $[a, b]$ hergestellt; also sind $[0, 1]$ und $[a, b]$ gleichmächtig, d. h. auch $[a, b]$ hat die Mächtigkeit c.

Da (a, b), $[a, b)$ und $(a, b]$ sich von $[a, b]$ nur durch endlich viele Elemente unterscheiden, sind sie (§ 2, Satz X) mit $[a, b]$ gleichmächtig, haben daher auch die Mächtigkeit c.

Durch
$$x' = e^{-x}$$
wird eine eineindeutige Abbildung von $[0, +\infty)$ und $(0, 1]$, durch
$$x' = \operatorname{tg} x$$
eine solche von $\left(-\frac{\pi}{2}, \frac{\pi}{2}\right)$ und $(-\infty, +\infty)$ hergestellt. Es haben also auch $[0, +\infty)$ und $(-\infty, +\infty)$ die Mächtigkeit c, woraus nun Satz VII ganz allgemein ohne weiteres folgt.

Satz VIII. Es gelten, wenn e eine endliche Mächtigkeit > 0 bedeutet, die Rechnungsregeln:
$$e \cdot c = c; \quad \aleph_0 \cdot c = c.$$

In der Tat, die erste besagt: die Summe endlich vieler Mengen der Mächtigkeit c hat die Mächtigkeit c. Man zerlege, um dies einzusehen:
$$[0, 1) = \left[0, \frac{1}{e}\right) + \left[\frac{1}{e}, \frac{2}{e}\right) + \ldots + \left[\frac{e-1}{e}, 1\right).$$

Die zweite Regel besagt: die Summe abzählbar unendlich vieler Mengen der Mächtigkeit c hat die Mächtigkeit c. Man zerlege, um dies einzusehen:
$$[0, +\infty) = [0, 1) + [1, 2) + \ldots + [n, n+1) + \ldots.$$

Satz IX. Die Vereinigung $\mathfrak{B}$ abzählbar vieler Mengen der Mächtigkeit c hat die Mächtigkeit c.

In der Tat, ist $\mathfrak{B}$ Vereinigung abzählbar vieler zu je zweien fremder Mengen der Mächtigkeit c, so ist die Behauptung durch Satz VIII bewiesen. Sind diese Mengen nicht zu je zweien fremd, so gilt daher für die Mächtigkeit $\mathfrak{v}$ von $\mathfrak{B}$:
$$\mathfrak{v} \leq c.$$

Da aber $\mathfrak{B}$ Teile der Mächtigkeit c hat, so ist andererseits:
$$\mathfrak{v} \geq c,$$
und daher (§ 4, Satz XXI) $\mathfrak{v} = c$, wie behauptet.

Satz X. Es gelten, wenn e eine endliche Mächtigkeit > 0 bedeutet, die Rechnungsregeln:
$$c^e = c; \quad c^{\aleph_0} = c; \quad \aleph_0^{\aleph_0} = c.$$

In der Tat, unter Benutzung von Satz V, und von § 2 Satz I und V hat man:

$$c^e = (e^{\aleph_0})^e = e^{\aleph_0 \cdot e} = e^{\aleph_0} = c,$$

$$c^{\aleph_0} = (e^{\aleph_0})^{\aleph_0} = e^{\aleph_0 \cdot \aleph_0} = e^{\aleph_0} = c.$$

Ferner ist (Satz V, und § 2, Satz I),

$$c = e^{\aleph_0} \leq \aleph_0^{\aleph_0} \leq c^{\aleph_0} = c,$$

woraus (§ 4, Satz XXI) $\aleph_0^{\aleph_0} = c$ folgt.

Diese drei Rechnungsregeln können der Reihe nach in folgende Sätze gekleidet werden:

Satz XI. Ist k eine natürliche Zahl, so hat die Menge aller k-gliedrigen Folgen reeller Zahlen (eines beliebigen Intervalles) die Mächtigkeit c.

Satz XII. Die Menge aller unendlichen Folgen reeller Zahlen (eines beliebigen Intervalles) hat die Mächtigkeit c.

Satz XIII. Die Menge aller unendlichen Folgen natürlicher (oder rationaler) Zahlen hat die Mächtigkeit c.

Bezeichnen wir in gewohnter Weise jede endliche reelle Zahl, die nicht rational ist, als irrational, so gilt der Satz:

Satz XIV. Die Menge aller irrationalen Zahlen eines beliebigen Intervalles hat die Mächtigkeit c.

In der Tat, die Menge aller rationalen Zahlen ist abzählbar, also haben (§ 2, Satz X) in jedem Intervalle die Menge aller irrationalen Zahlen und die Menge aller Zahlen die gleiche Mächtigkeit, und diese ist c nach Satz VII.

Ganz ebenso beweist man:

Satz XV. Die Menge aller jener Zahlen eines Intervalles, die nicht endliche Systembrüche einer gegebenen Grundzahl g sind, hat die Mächtigkeit c.

§ 8. Anordnungssätze.

Wir beweisen nun einige Anordnungssätze über reelle Zahlen. Durch Anwendung von § 3, Satz I erhalten wir:

Satz I. Die Menge aller der Größe nach geordneten rationalen Zahlen eines Intervalles (a, b):

$$r' \text{ vor } r'' \quad \text{wenn} \quad r' < r''$$

hat den Ordnungstypus η.

Wir haben zu dem Zwecke nur nachzuweisen, daß die betrachtete Menge die Voraussetzungen von Satz I, § 3 erfüllt: Sie ist abzählbar nach § 2, Satz VI und II. Sie hat kein erstes und kein letztes Element; denn ist r irgendeine rationale Zahl aus (a, b), so gibt es nach § 5, Satz I ein rationales r' und r'', so daß:

$$a < r' < r < r'' < b.$$

Sind ferner $r' < r''$ zwei beliebige rationale Zahlen aus (a, b), so gibt es zwischen ihnen ein rationales r:

$$r' < r < r''.$$

Damit sind die Voraussetzungen von Satz I, § 3 verifiziert, und Satz I ist bewiesen.

Ganz ebenso beweist man:

Satz II. Die Menge aller der Größe nach geordneten endlichen Systembrüche von gegebener Grundzahl im Intervalle (a, b) hat den Ordnungstypus η.

Wir bezeichnen mit $\varkappa$ den Ordnungstypus der Menge aller der Größe nach geordneten, endlichen, reellen Zahlen. Dann gilt:

Satz III. Die Menge aller, der Größe nach geordneten Zahlen eines beliebigen Intervalles (a, b) hat den Ordnungstypus $\varkappa$.

In der Tat, sind $a < b$ endlich, so ist durch

$$x' = \operatorname{tg} \pi \frac{2\,x - b - a}{2\,(b - a)}$$

eine ähnliche Abbildung von (a, b) auf $(-\infty, +\infty)$ gegeben, durch:

$$x' = \lg(x - a) \quad \text{bzw.} \quad x' = -\lg(b - x)$$

eine ähnliche Abbildung von $(a, +\infty)$ und von $(-\infty, b)$ auf $(-\infty, +\infty)$, womit Satz III bewiesen ist.

Wir bezeichnen mit ι den Ordnungstypus der Menge aller der Größe nach geordneten irrationalen Zahlen.

Satz IV. Sei $\mathfrak{B}$ eine Menge vom Ordnungstypus $\varkappa$, $\mathfrak{A}$ einer ihrer Teile von folgenden Eigenschaften:

1. $\mathfrak{A}$ hat den Ordnungstypus η;
2. zwischen je zwei Elementen von $\mathfrak{B}$ liegt mindestens eines von $\mathfrak{A}$;

dann hat $\mathfrak{B} - \mathfrak{A}$ den Ordnungstypus ι.

In der Tat, da $\mathfrak{A}$ den Ordnungstypus η hat, gibt es (§ 3, Satz I) eine ähnliche Abbildung A von $\mathfrak{A}$ auf die Menge $\mathfrak{R}$ der ihrer Größe nach geordneten rationalen Zahlen; sei r_a die durch A dem Elemente a von $\mathfrak{A}$ zugeordnete rationale Zahl.

Sei nun b ein Element von $\mathfrak{B} - \mathfrak{A}$, und seien $\mathfrak{A}_b{}'$ und $\mathfrak{A}_b{}''$ die Mengen aller der Relation

$$a' \text{ vor } . b \quad \text{bzw.} \quad b \text{ vor } a''$$

genügenden Elemente von $\mathfrak{A}$. Durch A werden $\mathfrak{A}_b{}'$ und $\mathfrak{A}_b{}''$ abgebildet auf zwei Teile $\mathfrak{R}_b{}'$ und $\mathfrak{R}_b{}''$ von $\mathfrak{R}$, und es ist:

$$r' < r'', \quad \text{wenn } r' \text{ in } \mathfrak{R}_b{}', \; r'' \text{ in } \mathfrak{R}_b{}''.$$

Wir zeigen, daß $\mathfrak{A}_b{}'$ und somit auch $\mathfrak{R}_b{}'$ nicht leer ist[1]): Weil $\mathfrak{B}$ den Ordnungstypus $\varkappa$ hat, gibt es kein erstes Element von $\mathfrak{B}$, es gibt also ein Element b' vor b, und nach Voraussetzung 2. ein Element a' von $\mathfrak{A}$ zwischen b' und b; dann gehört aber a' zu $\mathfrak{A}_b{}'$, so daß $\mathfrak{A}_b{}'$ nicht leer ist.

Sodann zeigen wir: in $\mathfrak{A}_b{}'$ und somit in $\mathfrak{R}_b{}'$ gibt es kein letztes Element[2]). In der Tat, ist a' in $\mathfrak{A}_b{}'$, so ist a' vor b, und nach Voraussetzung 2. gibt es zwischen a' und b ein Element von $\mathfrak{A}$, das dann notwendig zu $\mathfrak{A}_b{}'$ gehört: also war a' nicht letztes Element von $\mathfrak{A}_b{}'$.

Nun ist durch:

$$\mathfrak{R} = \mathfrak{R}_b{}' + \mathfrak{R}_b{}''$$

ein Schnitt in $\mathfrak{R}$ gegeben; sei x_b die ihn hervorrufende Zahl (§ 5, Satz III). Da weder $\mathfrak{R}_b{}'$ noch $\mathfrak{R}_b{}''$ leer, ist x_b endlich; da es in $\mathfrak{R}_b{}'$ keine größte, in $\mathfrak{R}_b{}''$ keine kleinste Zahl gibt, ist x_b irrational.

Wir behaupten weiter: es ist

$$x_{b_1} < x_{b_2}, \quad \text{wenn} \quad b_1 \text{ vor } b_2.$$

In der Tat, nach Voraussetzung gibt es dann ein Element a von $\mathfrak{A}$ zwischen b_1 und b_2. Die durch A zugeordnete rationale Zahl r_a gehört dann einerseits zu $\mathfrak{R}_{b_1}''$, andrerseits zu $\mathfrak{R}_{b_2}'$; es ist also:

$$x_{b_1} < r_a; \quad x_{b_2} > r_a,$$

woraus sofort

$$x_{b_1} < x_{b_2}$$

folgt.

Hierdurch ist also eine ähnliche Abbildung B von $\mathfrak{B} - \mathfrak{A}$ auf einen Teil $\mathfrak{H}^*$ der Menge $\mathfrak{H}$ aller der Größe nach geordneten irrationalen Zahlen gegeben.

Wir haben nur noch zu zeigen, daß $\mathfrak{H}^* = \mathfrak{H}$ ist. Angenommen, es gäbe in $\mathfrak{H}$ ein $\bar{x}$, das in $\mathfrak{B} - \mathfrak{A}$ kein Urbild hat. Seien $\mathfrak{R}'$ und $\mathfrak{R}''$ die Menge aller rationalen Zahlen $r' < \bar{x}$ bzw. $r'' > \bar{x}$, und $\mathfrak{A}'$, $\mathfrak{A}''$ die ihnen vermöge A entsprechenden Teile von $\mathfrak{A}$. Wenn $\bar{x}$ kein

---

[1]) Analog zeigt man es für $\mathfrak{A}_b{}''$ und $\mathfrak{R}_b{}''$.

[2]) Und analog in $\mathfrak{A}_b{}''$ und $\mathfrak{R}_b{}''$ kein erstes.

Urbild in $\mathfrak{B} - \mathfrak{A}$ hat, gibt es in $\mathfrak{B} - \mathfrak{A}$ kein Element zwischen $\mathfrak{A}'$ und $\mathfrak{A}''$. Das aber ist unmöglich; denn da $\mathfrak{B}$ den Ordnungstypus $\varkappa$ hat, gibt es eine ähnliche Abbildung C von $\mathfrak{B}$ auf die Menge $\mathfrak{K}$ aller der Größe nach geordneten endlichen reellen Zahlen. Seien $\mathfrak{K}'$ und $\mathfrak{K}''$ die vermöge C aus $\mathfrak{A}'$ und $\mathfrak{A}''$ entstehenden Teile von $\mathfrak{K}$; die obere Schranke k von $\mathfrak{K}'$ liegt zwischen $\mathfrak{K}'$ und $\mathfrak{K}''$, und ihr entspricht vermöge C ein Element von $\mathfrak{B}$, das zwischen $\mathfrak{A}'$ und $\mathfrak{A}''$ liegt. Damit ist Satz IV bewiesen.

Aus Satz IV folgt nun bei Berufung auf Satz I, II, III ohne weiteres:

Satz V. Die Menge aller irrationalen Zahlen eines beliebigen Intervalles (a, b) hat in ihrer natürlichen Anordnung den Ordnungstypus ι, ebenso die Menge aller Zahlen eines Intervalles (a, b), die nicht endliche Systembrüche einer gegebenen Grundzahl g sind.

Wir beweisen endlich noch:

Satz VI. Ist α eine Ordinalzahl, so gibt es dann und nur dann eine in ihrer natürlichen Anordnung wohlgeordnete Menge reeller Zahlen vom Ordnungstypus α, wenn α zur Zahlklasse $\mathfrak{Z}_1$ oder $\mathfrak{Z}_2$ gehört.

In der Tat, hat die Zahlenmenge $\mathfrak{A}$ den Ordnungstypus α, so gibt es (§ 4, Satz VIII) eine ähnliche Abbildung ihrer Zahlen auf die Menge aller Ordinalzahlen $\beta < \alpha$. Ist x_β die der Ordinalzahl β zugeordnete Zahl von $\mathfrak{A}$, so ist:

$$x_\beta < x_{\beta'}, \quad \text{wenn} \quad \beta < \beta'.$$

Die Intervalle $(x_\beta, x_{\beta+1})$ sind dann zu je zweien fremd; es kann ihrer also (§ 5, Satz II) nur abzählbar viele geben. Es gibt also auch nur abzählbar viele $\beta < \alpha$, d. h. α gehört zu $\mathfrak{Z}_1$ oder $\mathfrak{Z}_2$.

Nehmen wir umgekehrt an, α gehöre zu $\mathfrak{Z}_1$ oder $\mathfrak{Z}_2$. Wir führen den Nachweis, daß es dann eine Zahlenmenge $\mathfrak{A}$ gibt, die in natürlicher Anordnung den Ordnungstypus α hat, durch Induktion (§ 4, Satz XIX).

Die Behauptung ist richtig für $\alpha = 0$.

Angenommen, sie sei richtig für jedes $\alpha' < \alpha$, wo α eine Zahl aus $\mathfrak{Z}_1 + \mathfrak{Z}_2$ (d. h. $\alpha < \omega_1$). Ist α eine isolierte Zahl, so gibt es dann eine Zahlenmenge vom Ordnungstypus $\alpha - 1$. Indem wir nötigenfalls eine ähnliche Abbildung von $[-\infty, +\infty]$ auf $[0, 1]$ vornehmen, können wir annehmen, sie liege in $[0, 1]$. Fügen wir ihr dann als x_a noch eine Zahl > 1 hinzu, so erhalten wir eine Menge vom Ordnungstypus α.

Ist hingegen α eine **Grenzzahl**, so gibt es nach § 4, Satz XVII eine Ordinalzahlfolge $\{\alpha_\nu\}$, so daß

$$\alpha_\nu < \alpha_{\nu+1} \quad \text{und} \quad \lim_{\nu=\infty} \alpha_\nu = \alpha.$$

Dann ist auch $\alpha_\nu < \alpha$, und es gibt daher nach Annahme eine Zahlenmenge $\mathfrak{A}_\nu$ vom Ordnungstypus α_ν, von der wir ohne weiteres annehmen können, sie liege in $[\nu-1, \nu)$. Seien

$$x_\beta^{(\nu)} \quad (\beta < \alpha_\nu,\ x_\beta^{(\nu)} < x_{\beta'}^{(\nu)},\ \text{wenn}\ \beta < \beta')$$

die Zahlen von $\mathfrak{A}_\nu$. Wir lassen, wenn $\nu > 1$, aus $\mathfrak{A}_\nu$ alle $x_\beta^{(\nu)} (\beta < \alpha_{\nu-1})$ weg, wodurch $\mathfrak{A}'_\nu$ entstehe. Die Menge der Zahlen aus

$$\mathfrak{A} = \mathfrak{A}_1 + \mathfrak{A}_2' + \cdots + \mathfrak{A}_\nu' + \cdots$$

hat, in natürlicher Reihenfolge, den Ordnungstypus α. Damit aber ist Satz VI bewiesen.

Erstes Kapitel.

Punktmengen.

§ 1. Metrische Räume.

Wir nennen eine Menge $\Re$ irgendwelcher Elemente einen metrischen Raum[1]), wenn jedem Paare von Elementen a, b der Menge $\Re$ eine endliche Zahl $r(a, b)$ zugeordnet ist von folgenden Eigenschaften:

1. $$r(a, b) = r(b, a).$$

2. $r(a, b) \geq 0$, und zwar $= 0$ dann und nur dann, wenn $a = b$.

3. Für je drei Elemente a, b, c von $\Re$ gilt die Ungleichung[2]):

$$r(a, c) \leq r(a, b) + r(b, c).$$

Wir nennen dann die Elemente von $\Re$ auch Punkte von $\Re$, demgemäß die Teile von $\Re$ Punktmengen; ferner heißt $r(a, b)$ der Abstand von a und b, und die in Eigenschaft 3. auftretende Ungleichung heißt die Dreiecksungleichung. Das Komplement $\Re - \mathfrak{A}$ eines Teiles $\mathfrak{A}$ von $\Re$ zu $\Re$ nennen wir kurz das Komplement von $\mathfrak{A}$.

Die einfachsten und wichtigsten Beispiele metrischer Räume sind die euklidischen Räume. Wir bezeichnen als den k-dimensionalen euklidischen Raum $\Re_k$ die Menge aller k-gliedrigen Folgen

---

[1]) Der Begriff stammt von M. Fréchet, Rend. Pal. 22 (1906), 17, 30, der Name von F. Hausdorff, Grundzüge der Mengenlehre 211.

[2]) Für die meisten Anwendungen genügt folgende Annahme: Es gibt eine Funktion $f(\varrho)$ der reellen Veränderlichen ϱ mit $\lim\limits_{\varrho=0} f(\varrho) = 0$, so daß aus:

$$r(a, b) < \varrho \quad \text{und} \quad r(b, c) < \varrho$$

folgt:

$$r(a, c) < f(\varrho).$$

Vgl. hierüber M. Fréchet a. a. O. 18 und Rend. Pal. 30 (1910), 22; H. Hahn, Monatsh. f. Math. 19 (1908), 251.

endlicher Zahlen $(x_1, x_2, \ldots, x_k)$, wenn als der Abstand der beiden Punkte[1]):

$$a = (x_1, x_2, \ldots, x_k), \quad b = (y_1, y_2, \ldots, y_k)$$

definiert wird die Zahl[2]):

$$(*) \qquad r(a, b) = \sqrt{(x_1 - y_1)^2 + (x_2 - y_2)^2 + \cdots + (x_k - y_k)^2}.$$

In der Tat ist dann $\Re_k$ ein metrischer Raum: da die Eigenschaften 1. und 2. offenbar erfüllt sind, muß nur die Dreiecksungleichung:

$$(**) \quad \sqrt{(x_1 - z_1)^2 + \cdots + (x_k - z_k)^2} \leqq \sqrt{(x_1 - y_1)^2 + \cdots + (x_k - y_k)^2} \\ + \sqrt{(y_1 - z_1)^2 + \cdots + (y_k - z_k)^2}$$

nachgewiesen werden. Nun gilt bekanntlich, da die quadratische Form in x, y:

$$\sum_{n=1}^{k}(u_n x + v_n y)^2 = \sum_{n=1}^{k} u_n^2 \cdot x^2 + 2\sum_{n=1}^{k} u_n v_n \cdot xy + \sum_{n=1}^{k} v_n^2 \cdot y^2$$

nie negativ ist, für ihre Determinante die Ungleichung:

$$\sum_{n=1}^{k} u_n^2 \cdot \sum_{n=1}^{k} v_n^2 - \left(\sum_{n=1}^{k} u_n v_n\right)^2 \geqq 0,$$

und somit auch:

$$\sum_{n=1}^{k} u_n^2 + 2\sqrt{\sum_{n=1}^{k} u_n^2 \cdot \sum_{n=1}^{k} v_n^2} + \sum_{n=1}^{k} v_n^2 \geqq \sum_{n=1}^{k}(u_n^2 + 2 u_n v_n + v_n^2),$$

und daraus durch Wurzelziehen:

$$(***) \qquad \sqrt{\sum_{n=1}^{k} u_n^2} + \sqrt{\sum_{n=1}^{k} v_n^2} \geqq \sqrt{\sum_{n=1}^{k}(u_n + v_n)^2}.$$

Setzt man hierin:

$$u_n = x_n - y_n; \quad v_n = y_n - z_n,$$

so geht $(***)$ in die zu beweisende Dreiecksungleichung $(**)$ über.

Der euklidische $\Re_1$ ist nichts anderes als die Menge aller endlichen reellen Zahlen. In ihm nimmt die Abstandsdefinition $(*)$ die Form an:

$$r(a, b) = \sqrt{(a - b)^2} = |a - b|.$$

---

[1]) Die Zahl x_n $(n = 1, 2, \ldots, k)$ heißt die n-te Koordinate von a. Wir gebrauchen im $\Re_k$ die Terminologie der analytischen Geometrie.

[2]) Wo nicht anders bemerkt, bedeutet das Wurzelzeichen stets die nicht negative Wurzel.

Sind $a_1, a_2, \ldots, a_k$ und $b_1, b_2, \ldots, b_k$ endliche, den Ungleichungen:

$$a_n < b_n \qquad (n = 1, 2, \ldots, k)$$

genügende Zahlen, so verstehen wir unter dem abgeschlossenen Intervalle $[a_1, a_2, \ldots, a_k;\, b_1, b_2, \ldots, b_k]$ des $\Re_k$ die Menge aller Punkte $(x_1, x_2, \ldots, x_k)$, deren Koordinaten den Ungleichungen genügen:

$$(1) \qquad a_n \leqq x_n \leqq b_n \qquad (n = 1, 2, \ldots, k).$$

Wir verstehen unter dem offenen Intervalle $(a_1, a_2, \ldots, a_k;\, b_1, b_2, \ldots, b_k)$, wobei nun die a_n und b_n auch unendlich sein können, die Menge aller den Ungleichungen

$$(2) \qquad a_n < x_n < b_n \qquad (n = 1, 2, \ldots, k)$$

genügenden Punkte $(x_1, x_2, \ldots, x_k)$. Ebenso werden die halboffenen Intervalle

$$[a_1, a_2, \ldots, a_k;\, b_1, b_2, \ldots, b_k) \quad \text{und} \quad (a_1, a_2, \ldots, a_k;\, b_1, b_2, \ldots, b_k]$$

— wobei im ersten Falle die b_n, im zweiten die a_n auch unendlich sein können — definiert durch die Ungleichungen:

$$(3) \qquad a_n \leqq x_n < b_n, \quad a_n < x_n \leqq b_n \qquad (n = 1, 2, \ldots, k).$$

Insbesondere ist:

$$\Re_k = (-\infty, -\infty, \ldots, -\infty;\, +\infty, +\infty, \ldots, +\infty).$$

Satz XI, § 7 der Einleitung lehrt nun sofort:

Satz I. Jedes Intervall des $\Re_k$ hat die Mächtigkeit c.

Wir nennen den Punkt $(x_1, x_2, \ldots, x_k)$ einen rationalen Punkt des $\Re_k$, wenn seine sämtlichen Koordinaten rational sind. Dann gilt:

Satz II. Die Menge aller rationalen Punkte eines Intervalles des $\Re_k$ ist abzählbar-unendlich.

In der Tat, nach Einleitung § 2, Satz VI und II ist (wenn $a_n < b_n$) die Menge aller einer der Ungleichungen (1), (2), (3) genügenden rationalen x_k abzählbar-unendlich. Satz IX, § 2 der Einleitung ergibt daher die Behauptung.

Ordnen wir jedem Punkt $(x_1, x_2, \ldots, x_k)$ des $\Re_k$ den Punkt $(x_1, x_2, \ldots, x_{k-1})$ des $\Re_{k-1}$ zu, so wird dadurch jede Punktmenge $\mathfrak{A}$ des $\Re_k$ abgebildet auf eine Punktmenge $\mathfrak{B}$ des $\Re_{k-1}$, die die Projektion von $\mathfrak{A}$ in den $\Re_{k-1}$ der Punkte $(x_1, x_2, \ldots, x_{k-1})$ heißt.

Wir kehren zurück zur Betrachtung eines beliebigen metrischen Raumes $\Re$. Sei a ein Punkt, $\mathfrak{B}$ eine nicht leere Punktmenge aus $\Re$. Für jeden Punkt b von $\mathfrak{B}$ denken wir uns den Abstand $r(a, b)$ gebildet. Die untere Schranke der Menge aller dieser $r(a, b)$ bezeichnen wir als den Abstand $r(a, \mathfrak{B})$ oder $r(\mathfrak{B}, a)$ des Punktes a und der Menge $\mathfrak{B}$.

Sind $\mathfrak{A}$ und $\mathfrak{B}$ zwei nicht leere Punktmengen eines metrischen Raumes, so denken wir uns für jeden Punkt a von $\mathfrak{A}$ und jeden Punkt b von $\mathfrak{B}$ den Abstand $r(a, b)$ gebildet. Die untere Schranke aller dieser $r(a, b)$ bezeichnen wir als den Abstand $r(\mathfrak{A}, \mathfrak{B})$ oder $r(\mathfrak{B}, \mathfrak{A})$ der beiden Mengen $\mathfrak{A}, \mathfrak{B}$. Es gilt der Satz:

Satz III. Es ist $r(\mathfrak{A}, \mathfrak{B})$ die untere Schranke der Abstände $r(a, \mathfrak{B})$ der Punkte a aus $\mathfrak{A}$ von der Menge $\mathfrak{B}$.

In der Tat, sei g diese untere Schranke. Dann ist, zufolge der Definition von $r(a, \mathfrak{B})$:

$$r(a, b) \geqq g$$

für alle a aus $\mathfrak{A}$ und alle b aus $\mathfrak{B}$, und mithin auch

$$(0) \qquad r(\mathfrak{A}, \mathfrak{B}) \geqq g.$$

Zu jeder Zahl $z > g$ gibt es ferner ein a in $\mathfrak{A}$, so daß:

$$r(a, \mathfrak{B}) < z,$$

und mithin, zufolge der Definition von $r(a, \mathfrak{B})$ auch einen Punkt b in $\mathfrak{B}$, so daß:

$$r(a, b) < z.$$

Mithin ist auch:

$$r(\mathfrak{A}, \mathfrak{B}) < z,$$

und da dies für jedes $z > g$ galt, auch:

$$(00) \qquad r(\mathfrak{A}, \mathfrak{B}) \leqq g.$$

Aus (0) und (00) aber folgt:

$$r(\mathfrak{A}, \mathfrak{B}) = g,$$

wie behauptet.

In Verallgemeinerung der Dreiecksungleichung haben wir den

Satz IV. Es gelten, wenn b, c Punkte, $\mathfrak{A}, \mathfrak{C}$ (nicht leere) Punktmengen bedeuten, stets die Ungleichungen:

$$1. \qquad r(\mathfrak{A}, c) \leqq r(\mathfrak{A}, b) + r(b, c)$$

$$2. \qquad r(\mathfrak{A}, \mathfrak{C}) \leqq r(\mathfrak{A}, b) + r(b, \mathfrak{C}).$$

In der Tat, für jeden Punkt a von $\mathfrak{A}$ ist:

$$r(a, c) \leqq r(a, b) + r(b, c),$$

woraus für die unteren Schranken $r(\mathfrak{A}, b)$ und $r(\mathfrak{A}, c)$ von $r(a, b)$ und $r(a, c)$ sofort 1. folgt. Aus Ungleichung 1. aber, die nunmehr für jeden Punkt c von $\mathfrak{C}$ gilt, erhält man für die unteren Schranken $r(b, \mathfrak{C})$ von $r(b, c)$ und $r(\mathfrak{A}, \mathfrak{C})$ von $r(\mathfrak{A}, c)$ (Satz III) sofort die Ungleichung 2.

Wir kommen nun zu der für alles folgende fundamentalen Definition des Grenzpunktes. Wir sagen: der Punkt a ist Grenzpunkt der Punktfolge $\{a_n\}$, oder: die Folge: $\{a_n\}$ konvergiert gegen a, in Zeichen:

$$\lim_{n=\infty} a_n = a \quad (\text{oder } a_n \longrightarrow a \text{ für } n \longrightarrow \infty),$$

wenn:

$$(*) \qquad\qquad \lim_{n=\infty} r(a_n, a) = 0.$$

Es gilt dann der Satz:

Satz V. Eine Punktfolge kann nicht zwei verschiedene Grenzpunkte haben.

In der Tat, sei

$$\lim_{n=\infty} a_n = a \quad \text{und} \quad \lim_{n=\infty} a_n = b.$$

Zufolge der Definitionsgleichung (*) ist dann, wenn $\varepsilon > 0$ beliebig gegeben:

$$r(a_n, a) < \varepsilon; \quad r(a_n, b) < \varepsilon$$

für fast alle n, infolgedessen wegen der Dreiecksungleichung:

$$r(a, b) < 2\varepsilon,$$

und da $\varepsilon > 0$ beliebig war:

$$r(a, b) = 0,$$

also, wegen Eigenschaft 2. des Abstandsbegriffes: $a = b$, wie behauptet.

Die Anwendung auf den Spezialfall des euklidischen $\Re_k$ wird vermittelt durch:

Satz VI. Seien:

$$a = (x_1, x_2, \ldots, x_k); \quad a_n = (x_{1,n}, x_{2,n}, \ldots, x_{k,n})$$

Punkte des euklidischen $\Re_k$. Es ist dann und nur dann:

$$(**) \qquad\qquad \lim_{n=\infty} a_n = a,$$

wenn die k Gleichungen bestehen:

$$(***) \qquad\qquad \lim_{n=\infty} x_{i,n} = x_i \qquad (i = 1, 2, \ldots, k).$$

In der Tat, (**) besagt: ist $\varepsilon > 0$ beliebig gegeben, so ist:

$$(*_*) \qquad \sqrt{(x_{1,n} - x_1)^2 + (x_{2,n} - x_2)^2 + \ldots + (x_{k,n} - x_k)^2} < \varepsilon$$

für fast alle n. Dann aber ist auch:

$$|x_{1,n} - x_1| < \varepsilon, \quad |x_{2,n} - x_2| < \varepsilon, \ldots, \quad |x_{k,n} - x_k| < \varepsilon$$

für fast alle n, d. h. es bestehen die Gleichungen (***). Gelten umgekehrt die Gleichungen (***), so ist:

$$|x_{1,n} - x_1| < \frac{\varepsilon}{\sqrt{k}}, \quad |x_{2,n} - x_2| < \frac{\varepsilon}{\sqrt{k}}, \quad \ldots, \quad |x_{k,n} - x_k| < \frac{\varepsilon}{\sqrt{k}}$$

für fast alle n, es gilt also (***), oder, was dasselbe heißt, (**). Damit ist Satz VI bewiesen.

Die im obigen gegebene Definition des Grenzbegriffes stützt sich auf den Abstandsbegriff; wir nennen sie deshalb die metrische Definition des Grenzbegriffes. Man kann auch statt vom Abstandsbegriffe vom Begriffe der Umgebung eines Punktes ausgehen, indem man annimmt, im betrachteten Raume (der nun keineswegs ein metrischer Raum im oben besprochenen Sinne sein muß) seien jedem Punkte a gewisse ihn enthaltende Punktmengen, seine „Umgebungen", zugeordnet, die — wie in obiger Theorie der Abstand — lediglich einigen einfachen Forderungen zu genügen haben. Der Grenzbegriff wird dann eingeführt durch die Definition: „a heißt Grenzpunkt von $\{a_n\}$, wenn zu jeder Umgebung von a fast alle a_n gehören." Diese Definition des Grenzbegriffes kann als die topologische bezeichnet werden[1]. Sie ist weitertragend als die metrische: in der Tat werden wir weiter unten in jedem metrischen Raum den Umgebungsbegriff einführen und den Inhalt der topologischen Grenzdefinition aus der metrischen folgern (§ 3, Satz VI). Jeder metrische Grenzbegriff ist also zugleich ein topologischer, aber nicht umgekehrt. So kann z. B. der in Einleitung § 5 behandelte Begriff des Grenzwertes von Folgen (endlicher oder unendlicher) reeller Zahlen als topologischer, aber nicht als metrischer Grenzbegriff angesehen werden. Wir halten, der Einfachheit halber, durchweg am metrischen Grenzbegriff fest.

Sowohl der metrische als der topologische Grenzbegriff haben die zwei folgenden formalen Eigenschaften:

1. Ist $a_n = a$ für alle n, so auch $\lim\limits_{n=\infty} a_n = a$.

2. Ist $\lim\limits_{n=\infty} a_n = a$, so ist auch für jede Teilfolge $\{a_{n_\nu}\}$ von $\{a_n\}$:

$$\lim\limits_{\nu=\infty} a_{n_\nu} = a.$$

Einige den Grenzbegriff behandelnde Sätze beruhen nun lediglich auf diesen beiden Eigenschaften und sind im übrigen von der spe-

---

[1] **Nach F. Hausdorff, a. a. O. 213.**

ziellen Definition des jeweiligen Grenzbegriffes unabhängig[1]). Wir werden solche Sätze als allgemeine Grenzsätze bezeichnen, und werden gelegentlich durch Anmerkungen aufmerksam machen, wenn solche allgemeine Grenzsätze auftreten, deren Tragweite eine größere ist, als die der bloß metrischen oder topologischen Grenzsätze: sie gelten für jeden, den beiden formalen Bedingungen 1. und 2. genügenden Grenzbegriff, wie immer er auch sonst definiert sein mag.

§ 2. Kompakte, abgeschlossene, offene Punktmengen.

Sei $\Re$ ein metrischer Raum, der den nun zu erörternden Begriffsbildungen zugrunde gelegt ist. Sei $\mathfrak{A}$ eine Punktmenge, $\{a_n\}$ eine Punktfolge, a ein Punkt von $\Re$. Der Punkt a heißt ein Häufungspunkt der Menge $\mathfrak{A}$, wenn es in $\mathfrak{A}$ einen abzählbaren Teil a_1', a_2', ..., a_n', ... gibt, so daß:

$$\lim_{n=\infty} a_n' = a;$$

er heißt ein Häufungspunkt von $\{a_n\}$, wenn es in $\{a_n\}$ eine Teilfolge $\{a_{n_\nu}\}$ gibt, so daß:

$$\lim_{\nu=\infty} a_{n_\nu} = a.$$

Eine Punktmenge heißt[2]) kompakt, wenn jeder ihrer unendlichen Teile (und mithin jede aus ihr herausgegriffene Punktfolge $\{a_n\}$) mindestens einen Häufungspunkt besitzt. Jeder Teil einer kompakten Menge ist kompakt.

Satz I. Damit die Punktfolge $\{a_n\}$ der kompakten Menge $\mathfrak{A}$ einen Grenzpunkt besitze:

$$\lim_{n=\infty} a_n = a,$$

ist notwendig und hinreichend, daß $\{a_n\}$ einen einzigen Häufungspunkt besitze.

Die Bedingung ist notwendig[3]). In der Tat, ist

$$\lim_{n=\infty} a_n = a,$$

so auch für jede Teilfolge $\{a_{n_\nu}\}$:

$$\lim_{\nu=\infty} a_{n_\nu} = a.$$

------

[1]) Hierauf hat zuerst M. Fréchet hingewiesen, Rend. Pal. 22 (1906), 5. Vgl. auch H. Hahn, Monatsh. f. Math. 19 (1908), 247.

[2]) Nach M. Fréchet, Rend. Pal. 22 (1906), 6.

[3]) Dies gilt auch, wenn $\mathfrak{A}$ nicht kompakt ist.

Die Bedingung ist hinreichend[1]). In der Tat, da $\mathfrak{A}$ kompakt, besitzt $\{a_n\}$ gewiß einen Häufungspunkt a. Angenommen nun, es sei nicht

$$\lim_{n=\infty} a_n = a.$$

Dann gibt es ein $\varrho > 0$, so daß:

$$r(a_n, a) > \varrho$$

für unendlich viele n, d. h. es gibt in $\{a_n\}$ eine Teilfolge $\{a_{n_\nu}\}$, so daß

$$(0) \qquad\qquad r(a_{n_\nu}, a) > \varrho$$

für alle ν. Da $\mathfrak{A}$ kompakt, hat $\{a_{n_\nu}\}$ und somit auch $\{a_n\}$ einen Häufungspunkt, der wegen (0) nicht der Punkt a sein kann. Damit ist Satz I bewiesen.

Satz II. Damit eine Punktmenge $\mathfrak{A}$ des euklidischen $\mathfrak{R}_k$ kompakt sei, ist notwendig und hinreichend die Existenz einer endlichen Zahl p, so daß für alle Punkte $(x_1, x_2, \ldots, x_k)$ von $\mathfrak{A}$[2]):

$$|x_n| \leqq p \qquad\qquad (n = 1, 2, \ldots k).$$

Die Bedingung ist notwendig. Angenommen in der Tat, sie sei nicht erfüllt. Es gibt dann in $\mathfrak{A}$ zu jedem ν einen Punkt:

$$a_\nu = (x_{1,\nu}, x_{2,\nu}, \ldots, x_{k,\nu}),$$

für den mindestens eine der Ungleichungen

$$(*) \qquad\qquad |x_{n,\nu}| \geqq \nu \qquad\qquad (n = 1, 2, \ldots, k)$$

gilt. Wir werden nun zeigen, daß die Folge $\{a_n\}$ keinen Häufungspunkt besitzt.

Angenommen, es wäre a Häufungspunkt von $\{a_n\}$. Es gäbe dann in $\{a_n\}$ eine Teilfolge $\{a_{n_\nu}\}$, so daß

$$(**) \qquad\qquad \lim_{\nu=\infty} a_{n_\nu} = a.$$

Wir bezeichnen mit r_ν und r die Abstände der Punkte a_{n_ν} und

---

[1]) Hierfür kann die Voraussetzung, $\mathfrak{A}$ sei kompakt, nicht entbehrt werden. Beispiel im $\mathfrak{R}_1$: Ist $a_{2n-1} = \frac{1}{n}$, $a_{2n} = n$, so hat $\{a_n\}$ nur den Häufungspunkt 0, ist aber nicht konvergent. Dieser Unterschied zwischen dem $\mathfrak{R}_1$ und der Menge aller reellen Zahlen (Einleitung § 6, Satz VIII) rührt daher, daß wir zu dieser letzteren Menge die Zahlen $+\infty$, $-\infty$ mitrechnen, denen im $\mathfrak{R}_1$ keine Punkte entsprechen.

[2]) Eine solche Punktmenge des $\mathfrak{R}_k$ wird vielfach auch als beschränkt bezeichnet.

a vom Nullpunkte. Aus (*) folgt:

$$(\text{***}) \qquad\qquad \lim_{\nu=\infty} r_\nu = +\infty.$$

Andrerseits aber ist wegen (**) für fast alle ν

$$r(a_{n_\nu}, a) < 1,$$

und mithin wegen der Dreiecksungleichung:

$$r_\nu \leqq r + 1,$$

im Widerspruche mit (***). Damit ist die Behauptung bewiesen.

Die Bedingung ist hinreichend. Wir beweisen dies durch Induktion. Für $k=1$, d. h. im $\Re_1$ trifft die Behauptung zu nach Einleitung § 6, Satz II. Wir nehmen an, sie treffe im $\Re_{k-1}$ zu, und haben zu zeigen, daß sie dann auch im $\Re_k$ gilt. Sei $\mathfrak{A}$ eine Punktmenge des $\Re_k$, die der Bedingung von Satz II genügt, und sei $\mathfrak{B}$ ein unendlicher Teil von $\mathfrak{A}$. Für mindestens einen der Indizes $n=1, 2, \ldots, k$ bilden die n-ten Koordinaten x_n der Punkte von $\mathfrak{B}$ eine unendliche Zahlenmenge. Wir können ohne weiteres annehmen, dies sei für $n=1$ der Fall. Die Projektion von $\mathfrak{B}$ in den $\Re_{k-1}$ der Punkte $(x_1, x_2, \ldots, x_{k-1})$ ist dann gleichfalls eine unendliche Punktmenge $\mathfrak{C}$, die daher nach Annahme mindestens einen Häufungspunkt besitzt. Es gibt also in $\mathfrak{C}$ eine Folge unendlich vieler verschiedener Punkte $(x_{1,\nu}, x_{2,\nu}, \ldots, x_{k-1,\nu})$, die einen Grenzpunkt $(\bar{x}_1, \bar{x}_2, \ldots, \bar{x}_{k-1})$ besitzen. Nach § 1, Satz VI ist dann:

$$(0) \qquad\qquad \lim_{\nu=\infty}{}'' x_{n,\nu} = \bar{x}_n \qquad\qquad (n=1, 2, \ldots, k-1).$$

Zu jedem Punkte $(x_{1,\nu}, x_{2,\nu}, \ldots, x_{k-1,\nu})$ gibt es in $\mathfrak{B}$ mindestens einen Punkt $(x_{1,\nu}, x_{2,\nu}, \ldots, x_{k,\nu})$. In der Folge $\{x_{k,\nu}\}$ gibt es (Einleitung § 6, Satz II) eine konvergente Teilfolge $\{x_{k,\nu_i}\}$:

$$\lim_{i=\infty} x_{k,\nu_i} = \bar{x}_k,$$

und da nach Voraussetzung die Folge $\{x_{k,\nu}\}$ beschränkt ist, so ist $\bar{x}_k$ endlich.

Wegen (0) ist aber auch:

$$\lim_{i=\infty} x_{n,\nu_i} = \bar{x}_n \qquad (n=1, 2, \ldots, k-1).$$

Die Folge der unendlich vielen verschiedenen Punkte $(x_{1,\nu_i}, x_{2,\nu_i}, \ldots, x_{k,\nu_i})$ aus $\mathfrak{B}$ hat daher (§ 1, Satz VI) den Grenzpunkt $(\bar{x}_1, \bar{x}_2, \ldots, \bar{x}_k)$, der mithin ein Häufungspunkt von $\mathfrak{B}$ ist. Damit ist Satz II bewiesen.

Eine Punktmenge $\mathfrak{A}$ (ebenso eine Menge reeller Zahlen) heißt abgeschlossen, wenn sie jeden ihrer Häufungspunkte (bzw. Häufungswerte) enthält[1]). Ein Teil $\mathfrak{A}$ von $\mathfrak{B}$ heißt abgeschlossen in $\mathfrak{B}$, wenn er jeden seiner zu $\mathfrak{B}$ gehörigen Häufungspunkte enthält[2]).

Das Komplement einer abgeschlossenen Menge heißt eine offene Menge[3]). Das Komplement zu $\mathfrak{B}$ eines in $\mathfrak{B}$ abgeschlossenen Teiles von $\mathfrak{B}$ heißt offen in $\mathfrak{B}$[4]).

Satz IIIa. Ist $\mathfrak{A}$ abgeschlossen in $\mathfrak{B}$, und ist $\mathfrak{B}$ abgeschlossen, so ist auch $\mathfrak{A}$ abgeschlossen.

Sei in der Tat $\mathfrak{A}^1$ die Menge aller Häufungspunkte von $\mathfrak{A}$. Da $\mathfrak{A}$ Teil von $\mathfrak{B}$, ist jeder Häufungspunkt von $\mathfrak{A}$ auch Häufungspunkt von $\mathfrak{B}$, und, da $\mathfrak{B}$ abgeschlossen, auch Punkt von $\mathfrak{B}$:

$$(1) \qquad \mathfrak{A}^1 < \mathfrak{B}.$$

Da $\mathfrak{A}$ abgeschlossen ist in $\mathfrak{B}$, so ist:

$$(2) \qquad \mathfrak{A}^1 \mathfrak{B} < \mathfrak{A}.$$

Wegen (1) aber ist:

$$\mathfrak{A}^1 \mathfrak{B} = \mathfrak{A}^1,$$

also wegen (2):

$$\mathfrak{A}^1 < \mathfrak{A},$$

d. h. $\mathfrak{A}$ ist abgeschlossen, wie behauptet.

Satz IIIb. Ist $\mathfrak{A}$ offen in $\mathfrak{B}$, und ist $\mathfrak{B}$ offen, so ist auch $\mathfrak{A}$ offen.

In der Tat, wir haben zu zeigen, daß $\mathfrak{R} - \mathfrak{A}$ abgeschlossen ist. Nun ist:

$$(3) \qquad \mathfrak{R} - \mathfrak{A} = (\mathfrak{R} - \mathfrak{B}) + (\mathfrak{B} - \mathfrak{A}).$$

Jeder Häufungspunkt von $\mathfrak{R} - \mathfrak{A}$ ist also Häufungspunkt von $\mathfrak{R} - \mathfrak{B}$ oder von $\mathfrak{B} - \mathfrak{A}$. Da $\mathfrak{B}$ offen, ist $\mathfrak{R} - \mathfrak{B}$ abgeschlossen;

---

[1]) Dieser Begriff rührt her von G. Cantor. Beispiel: Jede endliche (auch die leere) Menge ist abgeschlossen. Jedes abgeschlossene Intervall des $\mathfrak{R}_k$ ist abgeschlossen. Der $\mathfrak{R}_k$ selbst ist abgeschlossen. — Der Begriff „abgeschlossen" drückt, ebenso wie der Begriff „kompakt", eine Beziehung einer Punktmenge $\mathfrak{A}$ zu dem sie enthaltenden Raume $\mathfrak{R}$ aus. Ist hingegen $\mathfrak{A}$ kompakt und abgeschlossen, so ist dies, wie H. Tietze bemerkte (Math. Zeitschr. 5 (1919), 288) eine innere Eigenschaft von $\mathfrak{A}$, d. h. eine Eigenschaft, die der Menge $\mathfrak{A}$ zukommt ohne Rücksicht auf den Raum $\mathfrak{R}$, in dem sich $\mathfrak{A}$ befindet.

[2]) F. Hausdorff, Grundz. d. Mengenlehre, 240. Beispiele im $\mathfrak{R}_1$: Das Intervall $(0, \frac{1}{2}]$ ist nicht abgeschlossen, wohl aber abgeschlossen in $(0, 1)$.

[3]) Nach C. Carathéodory, Vorl. über reelle Funktionen, 40. (Auch H. Lebesgue bezeichnete schon gelegentlich eine solche Menge als „ensemble ouvert": Ann. di mat. (3) 7 (1902), 242). Vorher war für diese Punktmengen die Bezeichnung „Gebiet" in Gebrauch, die wir (§ 5, S. 85) anders verwenden werden. Beispiele offener Punktmengen: Jedes offene Intervall des $\mathfrak{R}_k$, der $\mathfrak{R}_k$ selbst.

[4]) Beispiel im $\mathfrak{R}_1$: Das Intervall $[0, \frac{1}{2})$ ist nicht offen, wohl aber offen in $[0, 1]$.

jeder Häufungspunkt von $\Re - \mathfrak{B}$ gehört also zu $\Re - \mathfrak{B}$, und damit zu $\Re - \mathfrak{A}$. Jeder Häufungspunkt von $\mathfrak{B} - \mathfrak{A}$ gehört entweder zu $\Re - \mathfrak{B}$, und damit zu $\Re - \mathfrak{A}$, oder er gehört zu $\mathfrak{B}$, und dann, da $\mathfrak{B} - \mathfrak{A}$ abgeschlossen in $\mathfrak{B}$, zu $\mathfrak{B} - \mathfrak{A}$, und damit nach (3) wieder zu $\Re - \mathfrak{A}$. Jeder Häufungspunkt von $\Re - \mathfrak{A}$ gehört also zu $\Re - \mathfrak{A}$, d. h. $\Re - \mathfrak{A}$ ist abgeschlossen, und Satz IIIb ist bewiesen.

Satz IV. Die Vereinigung endlich vieler (in $\mathfrak{B}$) abgeschlossener Mengen ist abgeschlossen (in $\mathfrak{B}$).

Da jeder Teil eines metrischen Raumes selbst ein metrischer Raum ist, beschränken wir die Allgemeinheit nicht, wenn wir $\mathfrak{B} = \Re$ setzen. Sei also:

$$\mathfrak{A} = \mathfrak{A}_1 \dotplus \mathfrak{A}_2 \dotplus \ldots \dotplus \mathfrak{A}_k,$$

und sei jede der Mengen
$$(^\times) \qquad\qquad \mathfrak{A}_1, \mathfrak{A}_2, \ldots, \mathfrak{A}_k$$

abgeschlossen. Ist a Häufungspunkt von $\mathfrak{A}$, so gibt es in $\mathfrak{A}$ eine Folge zu je zweien verschiedener Punkte $\{a_n\}$, so daß:

$$\lim_{n=\infty} a_n = a.$$

Mindestens eine der Mengen $(^\times)$ muß unendlich viele a_n enthalten, etwa $\mathfrak{A}_i$. Dann ist a Häufungspunkt von $\mathfrak{A}_i$, und, weil $\mathfrak{A}_i$ abgeschlossen, in $\mathfrak{A}_i$ und mithin in $\mathfrak{A}$ enthalten. Also ist $\mathfrak{A}$ abgeschlossen, wie behauptet.

Satz V. Der Durchschnitt endlich vieler (in $\mathfrak{B}$) offener Mengen ist offen (in $\mathfrak{B}$).

In der Tat, sei

$$\mathfrak{A} = \mathfrak{A}_1 \cdot \mathfrak{A}_2 \cdot \ldots \cdot \mathfrak{A}_k,$$

wo $\mathfrak{A}_i (i = 1, 2, \ldots k)$ offen in $\mathfrak{B}$, und mithin $\mathfrak{B} - \mathfrak{A}_i$ abgeschlossen in $\mathfrak{B}$. Nach Satz IV ist auch:

$$(\mathfrak{B} - \mathfrak{A}_1) \dotplus (\mathfrak{B} - \mathfrak{A}_2) \dotplus \ldots \dotplus (\mathfrak{B} - \mathfrak{A}_k)$$

abgeschlossen in $\mathfrak{B}$, und da:

$$\mathfrak{B} - \mathfrak{A} = \mathfrak{B} - \mathfrak{A}_1 \mathfrak{A}_2 \ldots \mathfrak{A}_k = (\mathfrak{B} - \mathfrak{A}_1) \dotplus (\mathfrak{B} - \mathfrak{A}_2) \dotplus \ldots \dotplus (\mathfrak{B} - \mathfrak{A}_k),$$

so ist $\mathfrak{A}$ offen in $\mathfrak{B}$, wie behauptet.

Satz VI. Der Durchschnitt endlich oder unendlich vieler (in $\mathfrak{B}$) abgeschlossener Mengen ist abgeschlossen (in $\mathfrak{B}$).

In der Tat, sei $\mathfrak{D}$ der Durchschnitt irgendwelcher abgeschlossener[1] Mengen $\mathfrak{A}$. Da $\mathfrak{D}$ Teil jeder Menge $\mathfrak{A}$, so ist jeder Häufungspunkt von $\mathfrak{D}$ auch Häufungspunkt jeder Menge $\mathfrak{A}$, gehört mithin zu jeder

---

[1] Wir führen den Beweis wieder für $\mathfrak{B} = \Re$.

Menge $\mathfrak{A}$, und daher auch zu deren Durchschnitt $\mathfrak{D}$. Also ist $\mathfrak{D}$ abgeschlossen, wie behauptet.

Satz VII. Die Vereinigung endlich oder unendlich vieler (in $\mathfrak{B}$) offener Mengen ist offen (in $\mathfrak{B}$).

In der Tat, sei $\mathfrak{V}$ Vereinigung irgendwelcher (in $\mathfrak{B}$) offener Mengen $\mathfrak{A}$; dann ist $\mathfrak{B} - \mathfrak{V}$ der Durchschnitt der (in $\mathfrak{B}$) abgeschlossenen Mengen $\mathfrak{B} - \mathfrak{A}$, und somit nach Satz VI abgeschlossen (in $\mathfrak{B}$). Also ist $\mathfrak{V}$ offen (in $\mathfrak{B}$) wie behauptet.

Satz VIII. Ist $\{\mathfrak{A}_n\}$ eine monoton abnehmende Folge kompakter[1], nicht leerer, abgeschlossener Mengen, so ist ihr Durchschnitt $\lim\limits_{n=\infty} \mathfrak{A}_n$ nicht leer[2].

Sei in der Tat a_n Punkt von $\mathfrak{A}_n$, und mithin auch von $\mathfrak{A}_1$, $\mathfrak{A}_2, \ldots, \mathfrak{A}_{n-1}$. In der Folge $\{a_n\}$ gehören also zu jeder Menge $\mathfrak{A}_n$ fast alle Glieder. Da diese Mengen kompakt sind, hat $\{a_n\}$ einen Häufungspunkt a; da die $\mathfrak{A}_n$ abgeschlossen sind, gehört a zu allen $\mathfrak{A}_n$, und mithin zu deren Durchschnitt, der also in der Tat nicht leer ist. Damit ist Satz VIII bewiesen.

Satz IX. Sind $\mathfrak{A}$, $\mathfrak{B}$ zwei (nicht leere) fremde, abgeschlossene Mengen, von denen wenigstens eine kompakt ist[3], so ist
$$r(\mathfrak{A}, \mathfrak{B}) > 0.$$

Angenommen in der Tat, es wäre:
$$r(\mathfrak{A}, \mathfrak{B}) = 0,$$
dann gäbe es a_n in $\mathfrak{A}$, b_n in $\mathfrak{B}$, so daß:

(†) $$r(a_n, b_n) < \frac{1}{n}.$$

Ist etwa $\mathfrak{A}$ kompakt, so gibt es in $\{a_n\}$ eine konvergente Teilfolge $\{a_{n_\nu}\}$:

(††) $$\lim_{\nu=\infty} a_{n_\nu} = a, \quad \text{d. h.} \quad r(a_{n_\nu}, a) < \frac{1}{n} \quad \text{für fast alle } \nu.$$

Aus (†) und (††) folgt vermöge der Dreiecksungleichung für jedes n und fast alle ν:

(†††) $$r(b_{n_\nu}, a) < \frac{2}{n}, \quad \text{d. h.} \quad \lim_{\nu=\infty} b_{n_\nu} = a.$$

---

[1]) Diese Voraussetzung kann nicht entbehrt werden. Beispiel im $\mathfrak{R}_1$: Die Mengen $\mathfrak{A}_n = [n, +\infty)$ sind abgeschlossen und monoton abnehmend; ihr Durchschnitt aber ist leer.

[2]) Vgl. Einleitung § 5, Satz XI.

[3]) Diese Bedingung kann nicht entbehrt werden. Beispiel im $\mathfrak{R}_2$: Sei $\mathfrak{A}$ die x_1-Achse: $x_2 = 0$ und $\mathfrak{B}$ die Hyperbel $x_1 x_2 = 1$. Dann ist $r(\mathfrak{A}, \mathfrak{B}) = 0$, und $\mathfrak{A}$, $\mathfrak{B}$ sind abgeschlossen, aber fremd.

Da $\mathfrak{A}$ und $\mathfrak{B}$ abgeschlossen, lehren (††) und (†††), daß a zu $\mathfrak{A}$ und $\mathfrak{B}$ gehört; also sind $\mathfrak{A}$ und $\mathfrak{B}$ nicht fremd. Damit ist Satz IX bewiesen.

Nach Satz VI und VII ist der Durchschnitt unendlich vieler abgeschlossener Mengen abgeschlossen, die Vereinigung unendlich vieler offener Mengen offen, nach Satz IV und V aber ist die Vereinigung endlich vieler abgeschlossener Mengen abgeschlossen, der Durchschnitt endlich vieler offener Mengen offen. Hingegen wird im allgemeinen die Vereinigung unendlich vieler abgeschlossener Mengen nicht abgeschlossen, der Durchschnitt unendlich vieler offener Mengen nicht offen sein. Wir werden die Vereinigung abzählbar vieler (in $\mathfrak{B}$) abgeschlossener Mengen eine a-Vereinigung (in $\mathfrak{B}$), den Durchschnitt abzählbar vieler (in $\mathfrak{B}$) offener Mengen einen o-Durchschnitt (in $\mathfrak{B}$) nennen [1]).

Jede (in $\mathfrak{B}$) abgeschlossene Menge $\mathfrak{A}$ ist gleichzeitig eine a-Vereinigung (in $\mathfrak{B}$), jede (in $\mathfrak{B}$) offene Menge $\mathfrak{A}$ ist gleichzeitig ein o-Durchschnitt (in $\mathfrak{B}$). In der Tat, man setze:

$$\mathfrak{A} = \mathfrak{A}_1 \dotplus \mathfrak{A}_2 \dotplus \ldots \dotplus \mathfrak{A}_n \dotplus \ldots \quad \text{bzw.} \quad \mathfrak{A} = \mathfrak{A}_1 \cdot \mathfrak{A}_2 \cdot \ldots \cdot \mathfrak{A}_n \cdot \ldots,$$

wo alle $\mathfrak{A}_n = \mathfrak{A}$.

Satz X. Ist $\mathfrak{A}$ eine a-Vereinigung, so ist $\mathfrak{R} - \mathfrak{A}$ ein o-Durchschnitt und umgekehrt. Ist $\mathfrak{A}$ eine a-Vereinigung in $\mathfrak{B}$, so ist $\mathfrak{B} - \mathfrak{A}$ ein o-Durchschnitt in $\mathfrak{B}$ und umgekehrt.

Da man in der zweiten Hälfte der Behauptung immer $\mathfrak{B}$ als neuen metrischen Raum $\mathfrak{R}'$ zugrunde legen kann, genügt es, die erste Hälfte zu beweisen. Diese aber folgt unmittelbar aus:

$$\mathfrak{R} - (\mathfrak{A}_1 \dotplus \mathfrak{A}_2 \dotplus \ldots \dotplus \mathfrak{A}_n \dotplus \ldots) = (\mathfrak{R} - \mathfrak{A}_1) \cdot (\mathfrak{R} - \mathfrak{A}_2) \ldots (\mathfrak{R} - \mathfrak{A}_n) \ldots$$

und der Tatsache, daß das Komplement einer abgeschlossenen Menge offen ist.

Satz XI. Jede a-Vereinigung $\mathfrak{A}$ (in $\mathfrak{B}$) ist Grenze einer monoton wachsenden Folge (in $\mathfrak{B}$) abgeschlossener Mengen.

Sei in der Tat:

$$\mathfrak{A} = \mathfrak{A}_1 \dotplus \mathfrak{A}_2 \dotplus \ldots \dotplus \mathfrak{A}_n \dotplus \ldots,$$

wo die $\mathfrak{A}_n$ abgeschlossen (in $\mathfrak{B}$). Nach Einleitung § 1, Satz I ist:

$$\mathfrak{A} = \lim_{n = \infty} \overline{\mathfrak{A}}_n; \quad \overline{\mathfrak{A}}_n = \mathfrak{A}_1 \dotplus \mathfrak{A}_2 \dotplus \ldots \dotplus \mathfrak{A}_n.$$

---

[1]) Diese Mengen wurden zuerst eingehender betrachtet von W. H. Young, der sie als ordinary outer und inner limiting sets bezeichnet. Vgl. W. H. und G. Ch. Young, The theory of sets of points (1906), 63, 70, 235. Man verwechsle nicht den oben definierten Begriff „a-Vereinigung in $\mathfrak{B}$", mit dem Begriff: „a-Vereinigung, die Teil von $\mathfrak{B}$ ist".

Nach Satz IV ist $\overline{\mathfrak{A}}_n$ abgeschlossen (in $\mathfrak{B}$), und Satz XI ist bewiesen.

Satz XII. Jeder o-Durchschnitt $\mathfrak{A}$ (in $\mathfrak{B}$) ist Grenze einer monoton abnehmenden Folge (in $\mathfrak{B}$) offener Mengen.

Dies ergibt sich aus Satz XI durch Bildung der Komplemente (in bezug auf $\mathfrak{B}$).

Satz XIII. Die Vereinigung abzählbar vieler a-Vereinigungen (in $\mathfrak{B}$) ist eine a-Vereinigung (in $\mathfrak{B}$). Der Durchschnitt abzählbar vieler o-Durchschnitte (in $\mathfrak{B}$) ist ein o-Durchschnitt (in $\mathfrak{B}$).

In der Tat, ist:

$$\mathfrak{A} = \mathfrak{A}_1 \dotplus \mathfrak{A}_2 \dotplus \ldots \dotplus \mathfrak{A}_n \dotplus \ldots$$

und

$$\mathfrak{A}_n = \mathfrak{A}_{n,1} \dotplus \mathfrak{A}_{n,2} \dotplus \ldots \dotplus \mathfrak{A}_{n,\nu} \dotplus \ldots,$$

so ist $\mathfrak{A}$ die Vereinigung der abzählbar vielen Mengen $\mathfrak{A}_{n,\nu}$ ($n,\nu = 1. 2. \ldots$). Analog für den Durchschnitt.

Satz XIV. Der Durchschnitt endlich vieler a-Vereinigungen (in $\mathfrak{B}$) ist eine a-Vereinigung (in $\mathfrak{B}$). Die Vereinigung endlich vieler o-Durchschnitte (in $\mathfrak{B}$) ist ein o-Durchschnitt (in $\mathfrak{B}$).

Sei in der Tat:

$$\mathfrak{A} = \mathfrak{A}_1 \cdot \mathfrak{A}_2 \cdot \ldots \cdot \mathfrak{A}_k,$$

wo $\mathfrak{A}_n$ ($n = 1, 2, \ldots, k$) eine a-Vereinigung. Nach Satz XI ist:

$$\mathfrak{A}_n = \lim_{\nu = \infty} \mathfrak{A}_{n,\nu}; \quad \mathfrak{A}_{n,\nu} < \mathfrak{A}_{n,\nu+1},$$

wo die $\mathfrak{A}_{n,\nu}$ abgeschlossene Mengen bedeuten.

Ist n eine gegebene der Zahlen $1, 2, \ldots, k$, so gehört jeder Punkt von $\mathfrak{A}$ zu fast allen $\mathfrak{A}_{n,\nu}$, und damit zu fast allen Mengen:

$$\mathfrak{B}_\nu = \mathfrak{A}_{1,\nu} \cdot \mathfrak{A}_{2,\nu} \cdot \ldots \cdot \mathfrak{A}_{k,\nu},$$

und da umgekehrt jedes $\mathfrak{B}_\nu < \mathfrak{A}$, so ist:

$$\mathfrak{A} = \mathfrak{B}_1 \dotplus \mathfrak{B}_2 \dotplus \ldots \dotplus \mathfrak{B}_\nu \dotplus \ldots$$

Nach Satz VI aber ist jede Menge $\mathfrak{B}_\nu$ abgeschlossen, womit die eine Hälfte von Satz XIV bewiesen ist. Analog beweist man die andere Hälfte.

§ 3. Umgebungen.

Wir nennen jede offene Punktmenge, die den Punkt a, die (nicht leere) Menge $\mathfrak{A}$ enthält, eine Umgebung von a bzw. von $\mathfrak{A}$, in Zeichen $\mathfrak{U}(a)$, $\mathfrak{U}(\mathfrak{A})$. Ist $\mathfrak{B}$ irgendeine Menge, so nennen wir den

Durchschnitt von $\mathfrak{B}$ und einer Umgebung von a (bzw. $\mathfrak{A}$) eine Umgebung in $\mathfrak{B}$ von a bzw. $\mathfrak{A}$ und verwenden auch für diesen Begriff die Symbole $\mathfrak{U}(a)$, $\mathfrak{U}(\mathfrak{A})$. Lassen wir aus $\mathfrak{U}(a)$ den Punkt a bzw. die Menge $\mathfrak{A}$ weg, so entstehen die reduzierten Umgebungen (in $\mathfrak{B}$), die wir mit $\mathfrak{U}'(a)$, $\mathfrak{U}'(\mathfrak{A})$ bezeichnen.

Satz I. Die Menge aller Punkte b des Raumes, deren Abstand von a (von $\mathfrak{A}$) der Ungleichung

$$r(a, b) < \varrho \quad (r(\mathfrak{A}, b) < \varrho)$$

genügt ($\varrho > 0$), ist eine Umgebung von a (von $\mathfrak{A}$). Wir bezeichnen sie als die Umgebung ϱ von a (von $\mathfrak{A}$); in Zeichen:

$$\mathfrak{U}(a; \varrho) \quad \text{bzw.} \quad \mathfrak{U}(\mathfrak{A}; \varrho).$$

Es genügt, den Beweis für $\mathfrak{U}(\mathfrak{A}; \varrho)$ zu führen. Wir haben zu beweisen: das Komplement $\mathfrak{K}$ von $\mathfrak{U}(\mathfrak{A}; \varrho)$ ist abgeschlossen. Wäre $\mathfrak{K}$ nicht abgeschlossen, so gäbe es einen Häufungspunkt c von $\mathfrak{K}$ in $\mathfrak{U}(\mathfrak{A}; \varrho)$:

$$(*) \qquad\qquad r(\mathfrak{A}, c) < \varrho.$$

Da c Häufungspunkt von $\mathfrak{K}$, gibt es eine Punktfolge $\{c_n\}$ von $\mathfrak{K}$, so daß

$$(**) \qquad\qquad \lim_{n=\infty} c_n = c; \quad \text{d. h.} \lim_{n=\infty} r(c_n, c) = 0.$$

Aus (*) und (**) folgt vermöge § 1, Satz IV:

$$r(\mathfrak{A}, c_n) < \varrho \quad \text{für fast alle } n,$$

was unmöglich ist, da c_n zu $\mathfrak{K}$ gehört, und mithin:

$$r(\mathfrak{A}, c_n) \geqq \varrho$$

ist. Damit ist Satz I bewiesen.

Satz II. Die Menge aller Punkte b des Raumes, deren Abstand von a (von $\mathfrak{A}$) der Ungleichung

$$r(a, b) \leqq \varrho \quad (r(\mathfrak{A}, b) \leqq \varrho)$$

genügt ($\varrho > 0$), ist eine abgeschlossene Menge. Wir bezeichnen sie als die abgeschlossene Umgebung ϱ von a (von $\mathfrak{A}$); in Zeichen:

$$\overline{\mathfrak{U}}(a; \varrho) \quad \text{bzw.} \quad \overline{\mathfrak{U}}(\mathfrak{A}; \varrho).$$

Wäre $\overline{\mathfrak{U}}(\mathfrak{A}; \varrho)$ nicht abgeschlossen, so gäbe es einen Häufungspunkt c von $\overline{\mathfrak{U}}(\mathfrak{A}; \varrho)$ im Komplemente $\mathfrak{K}$ von $\overline{\mathfrak{U}}(\mathfrak{A}; \varrho)$:

$$r(\mathfrak{A}, c) > \varrho;$$

ferner gäbe es eine Punktfolge $\{c_n\}$ in $\overline{\mathfrak{U}}(\mathfrak{A}; \varrho)$, für die (**) gilt, und mithin:

$$r(\mathfrak{A}, c_n) > \varrho \quad \text{für fast alle } n,$$

was unmöglich, da alle c_n zu $\overline{\mathfrak{U}}(\mathfrak{A}; \varrho)$ gehören. Damit ist Satz II bewiesen.

Ist $\mathfrak{B}$ irgendeine Menge, so werden die Durchschnitte:

$$\mathfrak{U}(a; \varrho) \cdot \mathfrak{B}, \quad \overline{\mathfrak{U}}(a; \varrho) \cdot \mathfrak{B}; \quad \mathfrak{U}(\mathfrak{A}; \varrho) \cdot \mathfrak{B}, \quad \overline{\mathfrak{U}}(\mathfrak{A}; \varrho) \cdot \mathfrak{B}$$

als Umgebung ϱ (abgeschlossene Umgebung ϱ) von a (von $\mathfrak{A}$) in $\mathfrak{B}$ bezeichnet. Auch für diese Umgebungen in $\mathfrak{B}$ verwenden wir gelegentlich die einfachen Symbole $\overline{\mathfrak{U}}(a; \varrho)$ usw. Läßt man aus einer dieser Umgebungen (in $\mathfrak{B}$) den Punkt a (die Menge $\mathfrak{A}$) weg, so entstehen die entsprechenden, reduzierten Umgebungen, die mit $\mathfrak{U}'(a; \varrho)$ usf. bezeichnet werden.

Satz III. Ist $\mathfrak{A}$ abgeschlossen und $\{\varrho_n\}$ eine Folge positiver Zahlen mit $\lim\limits_{n=\infty} \varrho_n = 0$, so ist:

$$(\dagger) \qquad \mathfrak{A} = \mathfrak{U}(\mathfrak{A}; \varrho_1) \cdot \mathfrak{U}(\mathfrak{A}; \varrho_2) \cdot \ldots \cdot \mathfrak{U}(\mathfrak{A}; \varrho_n) \cdot \ldots$$

Jede abgeschlossene Menge ist also Durchschnitt einer Folge offener Mengen (ein o-Durchschnitt).

Wir setzen

$$\mathfrak{D} = \mathfrak{U}(\mathfrak{A}; \varrho_1) \cdot \mathfrak{U}(\mathfrak{A}; \varrho_2) \cdot \ldots \cdot \mathfrak{U}(\mathfrak{A}; \varrho_n) \cdot \ldots$$

Dann ist offenbar

$$(\dagger\dagger) \qquad \mathfrak{A} < \mathfrak{D}.$$

Sei nun a irgendein Punkt von $\mathfrak{D}$; da a dann auch Punkt von $\mathfrak{U}(\mathfrak{A}; \varrho_n)$, so gibt es in $\mathfrak{A}$ einen Punkt a_n, so daß:

$$r(a, a_n) < \varrho_n.$$

Wegen $\lim\limits_{n=\infty} \varrho_n = 0$ ist also:

$$\lim\limits_{n=\infty} a_n = a,$$

und da $\mathfrak{A}$ abgeschlossen, gehört a zu $\mathfrak{A}$. Es ist also auch

$$(\dagger\dagger\dagger) \qquad \mathfrak{D} < \mathfrak{A},$$

und $(\dagger\dagger)$, $(\dagger\dagger\dagger)$ ergeben $(\dagger)$, womit Satz III bewiesen ist.

Satz IV. Ist $\mathfrak{A}$ offen, und ist $\{\varrho_n\}$ eine Folge positiver Zahlen mit $\lim\limits_{n=\infty} \varrho_n = 0$, so ist, wenn

$$\mathfrak{U}(\mathfrak{R} - \mathfrak{A}; \varrho_n) = \mathfrak{T}_n$$

gesetzt wird:

$$(\dagger\!{}_\dagger\!{}^\dagger) \qquad \mathfrak{A} = (\mathfrak{R} - \mathfrak{T}_1) \dotplus (\mathfrak{R} - \mathfrak{T}_2) \dotplus \ldots \dotplus (\mathfrak{R} - \mathfrak{T}_n) \dotplus \ldots$$

Jede offene Menge ist also Vereinigung einer Folge abgeschlossener Mengen (eine a-Vereinigung).

In der Tat, es ist $\Re - \mathfrak{A}$ abgeschlossen, mithin nach Satz III:

$$\Re - \mathfrak{A} = \mathfrak{U}\,(\Re - \mathfrak{A};\ \varrho_1) \cdot \mathfrak{U}\,(\Re - \mathfrak{A};\ \varrho_2) \cdot \ldots \cdot \mathfrak{U}\,(\Re - \mathfrak{A};\ \varrho_n) \cdot \ldots$$

Dies ist aber völlig gleichbedeutend mit $(\dagger\dagger)$, und Satz IV ist bewiesen.

Satz V. Ist a Punkt der offenen Menge $\mathfrak{A}$, so gibt es ein $\varrho > 0$, derart, daß $\mathfrak{U}\,(a;\varrho)$ Teil von $\mathfrak{A}$.

In der Tat, andernfalls gäbe es im Komplemente $\Re - \mathfrak{A}$ eine Punktfolge $\{a_n\}$, so daß:

$$r\,(a_n,\ a) < \frac{1}{n}.$$

Es wäre also:

$$\lim_{n=\infty} r\,(a_n,\ a) = 0; \quad \text{d. h.} \ \lim_{n=\infty} a_n = a.$$

Mithin wäre a Häufungspunkt von $\Re - \mathfrak{A}$, ohne zu $\Re - \mathfrak{A}$ zu gehören. Das ist unmöglich, weil $\Re - \mathfrak{A}$ als Komplement der offenen Menge $\mathfrak{A}$ abgeschlossen ist. Damit ist Satz V bewiesen.

Satz VI. Damit $\lim\limits_{n=\infty} a_n = a$ sei, ist notwendig und hinreichend, daß in jeder Umgebung $\mathfrak{U}\,(a)$ fast alle a_n liegen.

Die Bedingung ist notwendig; in der Tat, aus $\lim\limits_{n=\infty} a_n = a$ folgt für jedes $\varrho > 0$:

$$r\,(a_n,\ a) < \varrho, \quad \text{d. h.} \ a_n \ \text{in} \ \mathfrak{U}\,(a;\varrho) \ \text{für fast alle} \ n.$$

Nach Satz V aber gibt es ein $\varrho > 0$, so daß $\mathfrak{U}\,(a;\varrho)$ Teil von $\mathfrak{U}\,(a)$.

Die Bedingung ist hinreichend; in der Tat, ist sie erfüllt, so liegen, da auch $\mathfrak{U}\,(a;\varrho)$ eine Umgebung $\mathfrak{U}\,(a)$ ist, für jedes $\varrho > 0$ fast alle a_n in $\mathfrak{U}\,(a;\varrho)$; d. h. es ist:

$$r\,(a_n,\ a) < \varrho \quad \text{für fast alle} \ n,$$

d. h. es ist $\lim\limits_{n=\infty} a_n = a$, wie behauptet.

In Analogie hierzu definieren wir: Eine Folge $\{\mathfrak{A}_n\}$ von Mengen, die den Punkt a (die Menge $\mathfrak{A}$) enthalten, **zieht sich auf** a (auf $\mathfrak{A}$) **zusammen,** wenn in jeder Umgebung $\mathfrak{U}$ von a (von $\mathfrak{A}$) fast alle $\mathfrak{A}_n$ liegen.

Satz VII. Damit a Häufungspunkt der Menge $\mathfrak{A}$ (der Folge $\{a_n\}$) sei, ist notwendig und hinreichend, daß in jeder Umgebung $\mathfrak{U}\,(a)$ unendlich viele Punkte von $\mathfrak{A}$ (unendlich viele Glieder von $\{a_n\}$) liegen.

Die Bedingung ist notwendig; denn ist a Häufungspunkt von $\mathfrak{A}$, so gibt es in $\mathfrak{A}$ eine Folge verschiedener Punkte a_n mit $\lim\limits_{n=\infty} a_n = a$. Nach Satz VI liegen sie fast alle in $\mathfrak{U}\,(a)$.

Die Bedingung ist hinreichend[1]); denn ist sie erfüllt, so liegt gewiß in jeder reduzierten Umgebung $\mathfrak{U}'(a)$ ein Punkt von $\mathfrak{A}$. Wir definieren eine Folge $\{b_n\}$ aus $\mathfrak{A}$ durch die Festsetzung:

1. $b_1 \neq a$ ein beliebiger Punkt von $\mathfrak{A}$.

2. Ist $b_n \neq a$ gewählt, und ist:

$$r(b_n, a) = r_n (> 0),$$

so bezeichne man mit ϱ_n die kleinere der beiden Zahlen r_n und $\dfrac{1}{n+1}$ und wähle b_{n+1} in der reduzierten Umgebung $\mathfrak{U}'(a; \varrho_n)$. Dann sind je zwei b_n verschieden, und es ist:

$$r(b_n, a) < \frac{1}{n}, \quad \text{daher} \quad \lim_{n \to \infty} b_n = a,$$

und es ist somit a Häufungspunkt von $\mathfrak{A}$. Damit ist Satz VII bewiesen.

Wir bezeichnen mit $\mathfrak{A}^1$ die Menge aller Häufungspunkte von $\mathfrak{A}$. Dann gilt:

Satz VIII. Für jede beliebige Menge $\mathfrak{A}$ ist die Menge $\mathfrak{A}^1$ abgeschlossen.

Sei in der Tat a ein Häufungspunkt von $\mathfrak{A}^1$; in jeder Umgebung $\mathfrak{U}(a)$ gibt es dann (Satz VII) einen Punkt a^1 von $\mathfrak{A}^1$. Da nun a^1 Häufungspunkt von $\mathfrak{A}$, und $\mathfrak{U}(a)$ auch eine Umgebung $\mathfrak{U}(a^1)$ ist, gibt es in $\mathfrak{U}(a)$ (Satz VII) unendlich viele Punkte von $\mathfrak{A}$. Es ist also a Häufungspunkt von $\mathfrak{A}$, d. h. Punkt von $\mathfrak{A}^1$. Also ist $\mathfrak{A}^1$ abgeschlossen, wie behauptet.

Ein dem Begriffe des Häufungspunktes ähnlicher Begriff ist der folgende[2]): Es heißt a ein **Kondensationspunkt** von $\mathfrak{A}$, wenn in jeder Umgebung $\mathfrak{U}(a)$ ein nicht abzählbarer Teil von $\mathfrak{A}$ liegt.

Satz IX. Die Menge aller Kondensationspunkte von $\mathfrak{A}$ ist abgeschlossen.

Sei in der Tat $\mathfrak{A}^*$ die Menge der Kondensationspunkte von $\mathfrak{A}$ und a ein Häufungspunkt von $\mathfrak{A}^*$. In jeder Umgebung $\mathfrak{U}(a)$ gibt es dann einen Punkt a^* von $\mathfrak{A}^*$, und da $\mathfrak{U}(a)$ auch eine Umgebung $\mathfrak{U}(a^*)$ ist, gibt es in $\mathfrak{U}(a)$ einen nicht abzählbaren Teil von $\mathfrak{A}$; also ist a Kondensationspunkt von $\mathfrak{A}$, d. h. Punkt von $\mathfrak{A}^*$. Also ist $\mathfrak{A}^*$ abgeschlossen, wie behauptet.

---

[1]) Es ist, wie der Beweis zeigen wird, auch hinreichend, daß in jeder reduzierten Umgebung $\mathfrak{U}'(a)$ mindestens ein Punkt von $\mathfrak{A}$ (ein Glied von $\{a_n\}$) liegt.

[2]) Er stammt im wesentlichen von G. Cantor. Der Name rührt her von E. Lindelöf, Acta math. 29 (1905), 184.

Wir betrachten nun die Vereinigung:

$$(0) \qquad \mathfrak{A}^0 = \mathfrak{A} \dotplus \mathfrak{A}^1$$

und erkennen unmittelbar, daß sie abgeschlossen ist. Wir nennen sie[1]): die abgeschlossene Hülle von $\mathfrak{A}$. Zufolge (0) gehört ein Punkt a zu $\mathfrak{A}^0$ dann und nur dann, wenn in jeder Umgebung $\mathfrak{U}(a)$ mindestens ein Punkt von $\mathfrak{A}$ liegt.

Ist $\mathfrak{A}$ abgeschlossen, so ist $\mathfrak{A} = \mathfrak{A}^0$; allgemein ist $\mathfrak{A}^0$ die kleinste $\mathfrak{A}$ enthaltende abgeschlossene Menge, denn es gilt:

Satz X. Ist $\mathfrak{B}$ abgeschlossen und $\mathfrak{A} < \mathfrak{B}$, so ist auch $\mathfrak{A}^0 < \mathfrak{B}$.

In der Tat, sei a^0 ein beliebiger Punkt von $\mathfrak{A}^0$, wir haben zu zeigen, daß er auch zu $\mathfrak{B}$ gehört. Zufolge (0) gehört a^0 sei es zu $\mathfrak{A}$ (und dann wegen $\mathfrak{A} < \mathfrak{B}$ gewiß auch zu $\mathfrak{B}$), sei es zu $\mathfrak{A}^1$. Im letzteren Falle ist a^0 Häufungspunkt von $\mathfrak{A}$, in jeder Umgebung $\mathfrak{U}(a^0)$ liegen daher unendlich viele Punkte von $\mathfrak{A}$, mithin wegen $\mathfrak{A} < \mathfrak{B}$ auch unendlich viele Punkte von $\mathfrak{B}$, d. h. a^0 ist Häufungspunkt von $\mathfrak{B}$, und weil $\mathfrak{B}$ abgeschlossen, auch Punkt von $\mathfrak{B}$. Damit ist Satz X bewiesen.

Wir bilden das Komplement $\mathfrak{R} - \mathfrak{A}$ und seine abgeschlossene Hülle $(\mathfrak{R} - \mathfrak{A})^0$. Das Komplement hiervon: $\mathfrak{R} - (\mathfrak{R} - \mathfrak{A})^0$ ist ein offener Teil von $\mathfrak{A}$, den wir als den **offenen Kern** von $\mathfrak{A}$ bezeichnen wollen. Er ist der größte offene Teil von $\mathfrak{A}$, denn es gilt:

Satz XI. Sei $\mathfrak{K}$ der offene Kern von $\mathfrak{A}$. Ist $\mathfrak{B}$ offen und $\mathfrak{B} < \mathfrak{A}$, so ist auch $\mathfrak{B} < \mathfrak{K}$.

In der Tat, es ist $\mathfrak{R} - \mathfrak{B}$ abgeschlossen und

$$\mathfrak{R} - \mathfrak{A} < \mathfrak{R} - \mathfrak{B},$$

daher auch (Satz X):

$$(\mathfrak{R} - \mathfrak{A})^0 < \mathfrak{R} - \mathfrak{B},$$

und somit durch Übergang zu den Komplementen:

$$\mathfrak{K} = \mathfrak{R} - (\mathfrak{R} - \mathfrak{A})^0 > \mathfrak{B},$$

wie behauptet.

Es ergibt sich nun von selbst folgende Charakterisierung der in $\mathfrak{B}$ abgeschlossenen und offenen Mengen:

Satz XII. Damit $\mathfrak{A}$ abgeschlossen (offen) sei in $\mathfrak{B}$, ist notwendig und hinreichend, daß $\mathfrak{A}$ der Durchschnitt von $\mathfrak{B}$ und einer abgeschlossenen (offenen) Menge ist.

Wir führen den Beweis für die abgeschlossenen Mengen. Für die offenen ergibt er sich dann durch Komplementbildung.

---

[1]) Nach C. Carathéodory, Vorl. über reelle Funktionen, 57.

Die Bedingung ist **notwendig.** Ist in der Tat $\mathfrak{A}$ abgeschlossen in $\mathfrak{B}$, so ist offenbar

$$\mathfrak{A} = \mathfrak{A}^0 \cdot \mathfrak{B}.$$

Die Bedingung ist **hinreichend.** Denn sei:

$$\mathfrak{A} = \mathfrak{C} \cdot \mathfrak{B} \quad (\mathfrak{C} \text{ abgeschlossen}),$$

und sei a ein zu $\mathfrak{B}$ gehöriger Häufungspunkt von $\mathfrak{A}$. Da $\mathfrak{A} \prec \mathfrak{C}$, ist a auch Häufungspunkt von $\mathfrak{C}$, und da $\mathfrak{C}$ abgeschlossen, auch Punkt von $\mathfrak{C}$. Und da der Punkt a zu $\mathfrak{B}$ gehört, gehört er auch zu $\mathfrak{B} \cdot \mathfrak{C} = \mathfrak{A}$, d. h. $\mathfrak{A}$ ist abgeschlossen in $\mathfrak{B}$, und Satz XII ist bewiesen.

Sind $\mathfrak{A}$, $\mathfrak{B}$ irgendwelche Mengen, ist $\mathfrak{A} \prec \mathfrak{B}$, und ist $\mathfrak{A}^0$ die abgeschlossene Hülle von $\mathfrak{A}$, so bezeichnen wir den Durchschnitt $\mathfrak{A}^0 \cdot \mathfrak{B}$, als abgeschlossene Hülle von $\mathfrak{A}$ in $\mathfrak{B}$. Sie ist die kleinste $\mathfrak{A}$ enthaltende, in $\mathfrak{B}$ abgeschlossene Menge. Bedeutet $\mathfrak{K}$ den offenen Kern von $\mathfrak{A}$, so ist wegen $\mathfrak{A} \prec \mathfrak{B}$ auch $\mathfrak{K} \prec \mathfrak{B}$, und somit $\mathfrak{K} \cdot \mathfrak{B} = \mathfrak{K}$. Doch ist $\mathfrak{K}$ keineswegs der größte in $\mathfrak{B}$ offene Teil von $\mathfrak{A}$[1]). Diesen, d. h. die Vereinigung aller in $\mathfrak{B}$ offenen Teile von $\mathfrak{A}$, die nach § 2, Satz VII selbst in $\mathfrak{B}$ offen ist, bezeichnen wir als den in $\mathfrak{B}$ offenen Kern von $\mathfrak{A}$.

Der Durchschnitt der abgeschlossenen Hülle der Menge $\mathfrak{A}$ mit der abgeschlossenen Hülle des Komplements von $\mathfrak{A}$:

$$\mathfrak{A}^0 \cdot (\mathfrak{R} - \mathfrak{A})^0$$

heißt die **Begrenzung** von $\mathfrak{A}$. Sie ist gleichzeitig die Begrenzung von $\mathfrak{R} - \mathfrak{A}$.

Satz XIII. Die Begrenzung von $\mathfrak{A}$ ist abgeschlossen.

In der Tat, sie ist der Durchschnitt zweier abgeschlossener Mengen, daher auch selbst abgeschlossen.

Aus der Definition der Begrenzung folgt unmittelbar:

Satz XIV. Ist $\mathfrak{G}$ die Begrenzung von $\mathfrak{A}$, so sind abgeschlossene Hülle und offener Kern von $\mathfrak{A}$ gegeben durch:

$$\mathfrak{A}^0 = \mathfrak{A} \dotplus \mathfrak{G}, \quad \mathfrak{K} = \mathfrak{A} - \mathfrak{A} \cdot \mathfrak{G}.$$

Wir nennen a einen **inneren Punkt** von $\mathfrak{A}$, wenn es eine Umgebung $\mathfrak{U}(a)$ gibt, so daß:

$$(*) \qquad \mathfrak{U}(a) \prec \mathfrak{A}.$$

---

[1]) Beispiel im $\mathfrak{R}_2$: Sei $\mathfrak{B}$ eine Gerade im $\mathfrak{R}_2$ und $\mathfrak{A}$ ein offenes Intervall dieser Geraden; dann ist $\mathfrak{K}$ leer, obwohl $\mathfrak{A}$ in $\mathfrak{B}$ offen ist. Vgl. hierzu F. Hausdorff, Grundz. d. Mengenlehre, 242.

Auf Grund dieser Definition ist jeder Punkt a einer offenen Menge $\mathfrak{A}$ ein innerer Punkt dieser Menge: man hat nur in (*) $\mathfrak{U}(a) = \mathfrak{A}$ zu setzen.

Nach Satz V gibt es zu jedem inneren Punkt a einer Menge $\mathfrak{A}$ ein $\varrho > 0$, so daß:

$$\mathfrak{U}(a; \varrho) \prec \mathfrak{A}.$$

Im euklidischen $\mathfrak{R}_k$ gibt es daher zu jedem inneren Punkt a von $\mathfrak{A}$ ein a enthaltendes Intervall $(a_1, a_2, \ldots, a_k; b_1, b_2, \ldots, b_k)$ derart, daß:

$$[a_1, a_2, \ldots, a_k; b_1, b_2, \ldots, b_k] \prec \mathfrak{A}.$$

Satz XV. Jeder nicht zur Begrenzung $\mathfrak{G}$ von $\mathfrak{A}$ gehörige Punkt von $\mathfrak{A}$ ist ein innerer Punkt von $\mathfrak{A}$; d. h. (Satz XIV): der offene Kern von $\mathfrak{A}$ ist die Menge aller inneren Punkte von $\mathfrak{A}$.

In der Tat, nach Satz XIV gehört jeder nicht zu $\mathfrak{G}$ gehörige Punkt a von $\mathfrak{A}$ zum offenen Kern von $\mathfrak{A}$, der eine in $\mathfrak{A}$ enthaltene Umgebung $\mathfrak{U}(a)$ ist. Also ist a innerer Punkt von $\mathfrak{A}$, wie behauptet.

Wir definieren für jede Ordinalzahl α die α-te Ableitung[1] $\mathfrak{A}^\alpha$ von $\mathfrak{A}$ durch die Festsetzungen:

1. $\mathfrak{A}^0$ ist die abgeschlossene Hülle von $\mathfrak{A}$.

2. Ist $\alpha > 0$ keine Grenzzahl, so ist $\mathfrak{A}^\alpha$ die Menge aller Häufungspunkte von $\mathfrak{A}^{\alpha-1}$.

3. Ist α Grenzzahl, so ist $\mathfrak{A}^\alpha$ der Durchschnitt aller $\mathfrak{A}^\beta$ $(\beta < \alpha)$.

Nach Einleitung § 4, Satz XVIII ist hierdurch $\mathfrak{A}^\alpha$ für alle α definiert; denn es ist definiert für $\alpha = 0$, und, falls für alle $\beta < \alpha$, so auch für α. Die 0-te Ableitung von $\mathfrak{A}$ ist also die abgeschlossene Hülle von $\mathfrak{A}$, die erste Ableitung $\mathfrak{A}^1$ ist die Menge aller Häufungspunkte von $\mathfrak{A}^0$, d. h. die Menge aller Häufungspunkte von $\mathfrak{A}$.

Satz XVI. Jede Ableitung $\mathfrak{A}^\alpha$ ist abgeschlossen.

In der Tat, dies ist richtig für $\alpha = 0$. Angenommen es sei richtig für alle $\beta < \alpha$. Nach Satz VIII ist es dann auch richtig für α, falls α keine Grenzzahl, und nach § 2 Satz VI, falls α Grenzzahl. Damit ist Satz XVI durch Induktion (Einleitung § 4, Satz XVIII) bewiesen.

Satz XVII. Ist $\alpha \geq \alpha_0$, so ist $\mathfrak{A}^\alpha \prec \mathfrak{A}^{\alpha_0}$.

In der Tat, dies ist richtig für $\alpha = \alpha_0$; angenommen es sei richtig für alle der Ungleichung $\alpha_0 \leq \beta < \alpha$ genügenden β. Ist α keine Grenzzahl, so ist $\mathfrak{A}^\alpha$ die Menge aller Häufungspunkte von $\mathfrak{A}^{\alpha-1}$, und somit gilt, da $\mathfrak{A}^{\alpha-1}$ abgeschlossen:

$$\mathfrak{A}^\alpha \prec \mathfrak{A}^{\alpha-1} \prec \mathfrak{A}^{\alpha_0}.$$

---

[1] Die Ableitungen einer Punktmenge wurden eingeführt von G. Cantor.

Ist aber α Grenzzahl, so ist $\mathfrak{A}^\alpha$ als Durchschnitt aller $\mathfrak{A}^\beta$ $(\beta < \alpha)$ wieder Teil von $\mathfrak{A}^{\alpha_0}$. Der Beweis, daß $\mathfrak{A}^\alpha < \mathfrak{A}^{\alpha_0}$, ist damit durch Induktion erbracht.

Satz XVIII. Ist $\mathfrak{A}$ kompakt, so sind auch alle Ableitungen $\mathfrak{A}^\alpha$ kompakt.

Da nach Satz XVII:

$$\mathfrak{A}^\alpha < \mathfrak{A}^0,$$

genügt es zu zeigen, daß $\mathfrak{A}^0$ kompakt ist.

Sei $\mathfrak{B}$ irgendein unendlicher Teil von $\mathfrak{A}^0$ und $b_1, b_2, \ldots, b_n, \ldots$ ein abzählbar-unendlicher Teil von $\mathfrak{B}$ (Einleitung § 2, Satz III); zu jedem b_n gibt es in $\mathfrak{A}$ ein a_n. so daß:

$$(1) \qquad r(a_n, b_n) < \frac{1}{n}.$$

Da $\mathfrak{A}$ kompakt, hat die Folge $\{a_n\}$ mindestens einen Häufungspunkt a, d. h. es gibt in ihr eine Teilfolge $\{a_{n_\nu}\}$, so daß:

$$(2) \qquad \lim_{\nu = \infty} a_{n_\nu} = a, \quad \text{d. h.} \ \lim_{\nu = \infty} r(a_{n_\nu}, a) = 0.$$

Aus (1). (2) und der Dreiecksungleichung aber folgt:

$$\lim_{\nu = \infty} r(b_{n_\nu}, a) = 0, \quad \text{d. h.} \ \lim_{\nu = \infty} b_{n_\nu} = a.$$

Es ist also a auch Häufungspunkt von $\mathfrak{B}$, und Satz XVIII ist bewiesen.

Gibt es unter den Ableitungen $\mathfrak{A}^\alpha$ eine leere, so gibt es nach Einleitung § 4, Satz XI unter ihnen auch eine von kleinster Ordnung α, die leer ist. Diesbezüglich gilt:

Satz XIX. Ist $\mathfrak{A}$ kompakt, so ist die Ordnung α der ersten leeren Ableitung $\mathfrak{A}^\alpha$ keine Grenzzahl aus $\mathfrak{Z}_2$.

Sei in der Tat α eine Grenzzahl aus $\mathfrak{Z}_2$. Nach Einleitung § 4, Satz XVII gibt es dann eine Folge von Ordinalzahlen $\{\alpha_\nu\}$, so daß:

$$\alpha_\nu < \alpha_{\nu+1} \quad \text{und} \quad \lim_{\nu = \infty} \alpha_\nu = \alpha.$$

Nach Satz XVII ist dann:

$$\mathfrak{A}^{\alpha_\nu} > \mathfrak{A}^{\alpha_\nu + 1}.$$

Da ferner, wenn $\beta < \alpha$:

$$\alpha_\nu > \beta \ \text{für fast alle} \ \nu,$$

so ist der Durchschnitt aller $\mathfrak{A}^\beta$ $(\beta < \alpha)$ identisch mit $\mathfrak{A}^{\alpha_1} \cdot \mathfrak{A}^{\alpha_2} \cdot \ldots \cdot \mathfrak{A}^{\alpha_\nu} \cdot \ldots$, so daß:

$$\mathfrak{A}^\alpha = \mathfrak{A}^{\alpha_1} \cdot \mathfrak{A}^{\alpha_2} \cdot \ldots \cdot \mathfrak{A}^{\alpha_\nu} \cdot \ldots$$

Anwendung von Satz XVI, XVIII und § 2, Satz VIII lehrt, daß $\mathfrak{A}$ nicht leer ist, und Satz XIX ist bewiesen.

Ein Punkt a heißt ein äußerer Näherungspunkt der Mengenfolge $\{\mathfrak{A}_n\}$, wenn für jede Umgebung $\mathfrak{U}(a)$ unendlich viele $\mathfrak{U}(a)\cdot\mathfrak{A}_n$ nicht leer sind, er heißt ein innerer Näherungspunkt[1]) von $\{\mathfrak{A}_n\}$, wenn für jede Umgebung $\mathfrak{U}(a)$ fast alle $\mathfrak{U}(a)\cdot\mathfrak{A}_n$ nicht leer sind[2]). Die Menge aller äußeren Näherungspunkte von $\mathfrak{A}_n$ heißt die obere Näherungsgrenze von $\{\mathfrak{A}_n\}$, die aller inneren Näherungspunkte die untere Näherungsgrenze von $\{\mathfrak{A}_n\}$. Sind obere und untere Näherungsgrenze von $\{\mathfrak{A}_n\}$ identisch, so heißen sie kurz: die Näherungsgrenze von $\{\mathfrak{A}_n\}$.

Die obere Gemeinschaftsgrenze (Einleitung § 1, S. 4) ist Teil der oberen, die untere Gemeinschaftsgrenze ist Teil der unteren Näherungsgrenze.

Satz XX. Obere und untere Näherungsgrenze einer Mengenfolge $\{\mathfrak{A}_n\}$ sind stets abgeschlossen.

Sei $\mathfrak{G}$ die obere (untere) Näherungsgrenze von $\{\mathfrak{A}_n\}$ und a ein Häufungspunkt von $\mathfrak{G}$. In jeder Umgebung $\mathfrak{U}(a)$ gibt es einen Punkt g von $\mathfrak{G}$, und da $\mathfrak{U}(a)$ auch eine Umgebung $\mathfrak{U}(g)$ ist, sind unendlich viele (fast alle) $\mathfrak{U}(g)\cdot\mathfrak{A}_n = \mathfrak{U}(a)\cdot\mathfrak{A}_n$ nicht leer, also gehört auch a zu $\mathfrak{G}$, und Satz XX ist bewiesen.

Satz XXI. Sind alle $\mathfrak{A}_n$ Teile derselben kompakten[3]) Menge $\mathfrak{A}$, so ist die obere Näherungsgrenze von $\{\mathfrak{A}_n\}$ nicht leer.

Sei in der Tat a_n ein Punkt aus $\mathfrak{A}_n$; dann ist $\{a_n\}$ eine Punktfolge aus $\mathfrak{A}$, die, da $\mathfrak{A}$ kompakt ist, einen Häufungspunkt a hat; dieser gehört zur oberen Näherungsgrenze von $\{\mathfrak{A}_n\}$. Damit ist Satz XXI bewiesen.

Satz XXII. Ist $\mathfrak{A}_n > \mathfrak{A}$, und zieht sich $\{\mathfrak{A}_n\}$ auf $\mathfrak{A}$ zusammen (S. 68), so ist $\mathfrak{A}^0$ Näherungsgrenze von $\{\mathfrak{A}_n\}$.

Sei a ein nicht zu $\mathfrak{A}^0$ gehöriger Punkt. Wir zeigen, daß er auch nicht zur oberen Näherungsgrenze von $\{\mathfrak{A}_n\}$ gehört. In der Tat, da er nicht zu $\mathfrak{A}^0$ gehört, ist:

$$r(a, \mathfrak{A}) > 0.$$

Wir wählen ein ϱ gemäß:

$$0 < \varrho < r(a, \mathfrak{A}).$$

Da fast alle $\mathfrak{A}_n$ in $\mathfrak{U}(\mathfrak{A}; \varrho)$ liegen, kann a nicht äußerer Näherungspunkt von $\{\mathfrak{A}_n\}$ sein, wie behauptet.

Sei sodann a Punkt von $\mathfrak{A}^0$. Wir zeigen, daß er zur unteren Näherungsgrenze von $\{\mathfrak{A}_n\}$ gehört. In der Tat, es gibt in $\mathfrak{A}$ eine Punktfolge $\{a_n\}$ mit $\lim_{n=\infty} a_n = a$. Da aber $\mathfrak{A} < \mathfrak{A}_n$, ist a_n auch Punkt von $\mathfrak{A}_n$, und a ist innerer Näherungspunkt von $\{\mathfrak{A}_n\}$, wie behauptet. Damit ist Satz XXII bewiesen.

Satz XXIII. Sind alle $\mathfrak{A}_n$ Teile derselben kompakten[4]) Menge $\mathfrak{B}$.

---

[1]) Diese Begriffe scheinen zuerst von P. Painlevé betrachtet worden zu sein. Vgl. Encyclopédie des sciences mathématiques, tome II, vol. 1, 145.

[2]) Besteht jede Menge $\mathfrak{A}_n$ aus nur einem Punkt a_n, werden äußerer und innerer Näherungspunkt von $\{\mathfrak{A}_n\}$ zu Häufungspunkt und Grenzpunkt von $\{a_n\}$.

[3]) Diese Voraussetzung kann nicht entbehrt werden. Beispiel im $\mathfrak{R}_1$: Sei $\mathfrak{A}_n$ das Intervall $[n, n+1]$, dann ist die obere Näherungsgrenze von $\{\mathfrak{A}_n\}$ leer.

[4]) Diese Voraussetzung kann nicht entbehrt werden. Beispiel im $\mathfrak{R}_1$: Sei $\mathfrak{A}_n = [0, 1] + (n, n+1)$. Dann ist $[0, 1]$ Näherungsgrenze von $\{\mathfrak{A}_n\}$, aber $\{\mathfrak{A}_n\}$ zieht sich nicht auf $[0, 1]$ zusammen.

ist $\mathfrak{A}_n > \mathfrak{A}$, und ist $\mathfrak{A}^0$ die Näherungsgrenze von $\{\mathfrak{A}_n\}$, so zieht sich $\{\mathfrak{A}_n\}$ auf $\mathfrak{A}$ zusammen.

In der Tat, andernfalls gäbe es ein $\varrho > 0$ und eine stets wachsende Indizesfolge $\{n_\nu\}$, so daß sich in $\mathfrak{A}_{n_\nu}$ ein nicht zu $\mathfrak{U}(\mathfrak{A}; \varrho)$ gehöriger Punkt a_{n_ν} findet. Da $\mathfrak{B}$ kompakt, besitzt $\{a_{n_\nu}\}$ einen Häufungspunkt, der gewiß nicht zu $\mathfrak{A}^0$, wohl aber zur oberen Näherungsgrenze von $\{\mathfrak{A}_n\}$ gehört, entgegen der Annahme, es sei $\mathfrak{A}^0$ Näherungsgrenze von $\{\mathfrak{A}_n\}$. Damit ist Satz XXIII bewiesen.

§ 4. Insichdichte, dichte, nirgends dichte Mengen[1].

Jeden Punkt von $\mathfrak{A}$, der nicht zugleich Häufungspunkt von $\mathfrak{A}$ ist, nennen wir einen **isolierten Punkt** von $\mathfrak{A}$. Sind alle Punkte von $\mathfrak{A}$ isoliert (d. h. ist $\mathfrak{A}$ mit $\mathfrak{A}^1$ fremd), so heißt $\mathfrak{A}$ eine **isolierte Menge**[2].

Das Gegenstück zu den isolierten Mengen sind diejenigen Mengen $\mathfrak{A}$, deren jeder Punkt ein Häufungspunkt von $\mathfrak{A}$ ist; sie heißen **insichdicht**[3]. Während die abgeschlossenen Mengen charakterisiert sind durch:

$$(1) \qquad \mathfrak{A}^1 < \mathfrak{A},$$

sind die insichdichten Mengen charakterisiert durch:

$$(2) \qquad \mathfrak{A} < \mathfrak{A}^1.$$

Aus der Definition folgt unmittelbar:

Satz I. Die Vereinigung endlich oder unendlich vieler insichdichter Mengen ist insichdicht.

Satz II. Der Durchschnitt einer offenen und einer insichdichten Menge ist insichdicht[4].

In der Tat, sei $\mathfrak{A}$ insichdicht, $\mathfrak{B}$ offen, und a ein Punkt von $\mathfrak{A} \cdot \mathfrak{B}$. Ist dann $\mathfrak{U}(a)$ eine Umgebung von a, so ist auch $\mathfrak{U}(a) \cdot \mathfrak{B}$ eine Umgebung von a, enthält mithin, da a Punkt und mithin Häufungspunkt von $\mathfrak{A}$ ist, unendlich viele Punkte von $\mathfrak{A}$. Da aber

$$\mathfrak{U}(a) \cdot \mathfrak{B} < \mathfrak{B},$$

gehören alle diese Punkte auch zu $\mathfrak{B}$ und mithin zu $\mathfrak{A} \cdot \mathfrak{B}$, also ist a auch Häufungspunkt von $\mathfrak{A} \cdot \mathfrak{B}$, d. h. $\mathfrak{A} \cdot \mathfrak{B}$ ist insichdicht, wie behauptet.

---

[1]) Alle diese Begriffe stammen von G. Cantor.

[2]) Beispiel im $\mathfrak{R}_1$: Die Menge der Punkte $1, \frac{1}{2}, \frac{1}{3}, \ldots, \frac{1}{\nu}, \ldots$; oder die Menge der Punkte $1, 2, \ldots, \nu, \ldots$

[3]) Beispiel im $\mathfrak{R}_k$: Jedes Intervall, oder die Menge aller rationalen Punkte des $\mathfrak{R}_k$.

[4]) Mit anderen Worten: eine in einer insichdichten Menge offene Menge ist insichdicht.

Eine Menge, die zugleich abgeschlossen (in $\mathfrak{B}$) und insichdicht ist, heißt **perfekt**[1]) (in $\mathfrak{B}$). Perfekte Mengen sind also dadurch charakterisiert, daß für sie (1) und (2) gleichzeitig gilt, d. h. durch

$$(3) \qquad\qquad \mathfrak{A} = \mathfrak{A}^1.$$

Dies ist Spezialfall des Satzes:

Satz III. Ist die Menge $\mathfrak{A}$ perfekt, so gilt für alle ihre Ableitungen:

$$\mathfrak{A}^\alpha = \mathfrak{A}.$$

In der Tat, dies ist richtig für $\alpha = 0$, weil $\mathfrak{A}$ abgeschlossen. Angenommen, es sei richtig für alle $\beta < \alpha$. Ist α keine Grenzzahl, so ist dann:

$$\mathfrak{A}^{\alpha-1} = \mathfrak{A},$$

und da $\mathfrak{A}^\alpha$ die erste Ableitung von $\mathfrak{A}^{\alpha-1}$, unter Benutzung von (3):

$$\mathfrak{A}^\alpha = \mathfrak{A}^1 = \mathfrak{A}.$$

Ist hingegen α Grenzzahl, so ist $\mathfrak{A}^\alpha$ Durchschnitt aller $\mathfrak{A}^\beta\,(\beta < \alpha)$, und da nach Annahme:

$$\mathfrak{A}^\beta = \mathfrak{A} \quad \text{für} \quad \beta < \alpha,$$

so ist also wieder $\mathfrak{A}^\alpha = \mathfrak{A}$. Damit ist Satz III durch Induktion bewiesen.

Satz IV. Die abgeschlossene Hülle $\mathfrak{A}^0$ (und somit jede Ableitung $\mathfrak{A}^\alpha$) einer insichdichten Menge $\mathfrak{A}$ ist perfekt.

In der Tat, es ist stets:

$$\mathfrak{A}^0 = \mathfrak{A} + \mathfrak{A}^1,$$

also wenn $\mathfrak{A}$ insichdicht, wegen (2):

$$\mathfrak{A}^0 = \mathfrak{A}^1,$$

und da $\mathfrak{A}^1$ auch die erste Ableitung von $\mathfrak{A}^0$, ist $\mathfrak{A}^0$ perfekt, wie behauptet.

Satz V. Die Vereinigung endlich vieler (in $\mathfrak{B}$) perfekter Mengen ist perfekt (in $\mathfrak{B}$).

In der Tat, dies folgt unmittelbar aus Satz I und § 2, Satz IV.

Nach Satz I ist die Vereinigung aller insichdichten Teile einer Menge $\mathfrak{A}$ wieder insichdicht; wir nennen sie den **insichdichten Kern** von $\mathfrak{A}$. Der insichdichte Kern von $\mathfrak{A}$ kann auch leer sein, dann heißt die Menge $\mathfrak{A}$ **separiert**.

Satz VI. Der insichdichte Kern $\mathfrak{K}$ von $\mathfrak{A}$ ist perfekt in $\mathfrak{A}$. Insbesondere ist der insichdichte Kern einer abgeschlossenen Menge perfekt.

---

[1]) Beispiel im $\mathfrak{R}_k$: Jedes abgeschlossene Intervall.

In der Tat, wir wissen schon, daß er insichdicht ist; bleibt zu beweisen, daß er abgeschlossen in $\mathfrak{A}$ ist. Sei also a ein Häufungspunkt von $\mathfrak{K}$. Dann ist auch die Vereinigung von $\mathfrak{K}$ mit a insichdicht, und mithin, falls a zu $\mathfrak{A}$ gehört, ein insichdichter Teil von $\mathfrak{A}$, und als solcher Teil von $\mathfrak{K}$. Es gehört also a zu $\mathfrak{K}$, d. h. $\mathfrak{K}$ ist abgeschlossen in $\mathfrak{A}$, wie behauptet. Ist insbesondere $\mathfrak{A}$ abgeschlossen, so ist also (§ 2, Satz III a) auch $\mathfrak{K}$ abgeschlossen, und weil insichdicht, auch perfekt. Damit ist Satz VI bewiesen.

Satz VII. Eine Menge $\mathfrak{A}$ kann auf eine und nur eine Weise gespalten werden in einen separierten und einen in $\mathfrak{A}$ perfekten Teil.

In der Tat, ist $\mathfrak{K}$ der insichdichte Kern von $\mathfrak{A}$, so ist durch

$$(1) \qquad \mathfrak{A} = \mathfrak{K} + (\mathfrak{A} - \mathfrak{K})$$

eine solche Zerlegung gegeben. Bleibt zu beweisen, daß sie die einzige ist. Angenommen, es gäbe noch eine zweite:

$$(2) \qquad \mathfrak{A} = \mathfrak{K}' + (\mathfrak{A} - \mathfrak{K}').$$

Da $\mathfrak{K}'$ perfekt in $\mathfrak{A}$, also insichdicht, so ist nach Definition von $\mathfrak{K}$:

$$(3) \qquad \mathfrak{K}' < \mathfrak{K}.$$

Sei nun a irgendein Punkt von $\mathfrak{A} - \mathfrak{K}'$. Da $\mathfrak{K}'$ abgeschlossen in $\mathfrak{A}$, gibt es eine zu $\mathfrak{K}'$ fremde Umgebung $\mathfrak{U}(a)$, und nach Satz II ist $\mathfrak{K} \cdot \mathfrak{U}(a)$ insichdicht. Da aber:

$$\mathfrak{K} \cdot \mathfrak{U}(a) < \mathfrak{A} - \mathfrak{K}'$$

und $\mathfrak{A} - \mathfrak{K}'$ separiert, muß $\mathfrak{K} \cdot \mathfrak{U}(a)$ leer sein, d. h. kein Punkt von $\mathfrak{A} - \mathfrak{K}'$ gehört zu $\mathfrak{K}$, oder:

$$(4) \qquad \mathfrak{K} < \mathfrak{K}'.$$

Aus (3) und (4) aber folgt $\mathfrak{K} = \mathfrak{K}'$; also sind die Zerlegungen (1) und (2) identisch, und Satz VII ist bewiesen.

Die Menge $\mathfrak{A}$ heißt **dicht in $\mathfrak{B}$**, wenn

$$(*) \qquad \mathfrak{B} < (\mathfrak{A} \cdot \mathfrak{B})^0,$$

d. h. wenn jeder Punkt von $\mathfrak{B}$ Punkt oder Häufungspunkt des Durchschnittes $\mathfrak{A} \cdot \mathfrak{B}$ ist. Eine Menge, die dicht in $\mathfrak{R}$ ist, heißt **überall dicht**[1]).

Satz VIII. Ist $\mathfrak{A} < \mathfrak{B}$, so ist, damit $\mathfrak{A}$ dicht in $\mathfrak{B}$ sei, notwendig und hinreichend, daß:

$$(0) \qquad \mathfrak{A}^0 = \mathfrak{B}^0.$$

---

[1]) Beispiel im $\mathfrak{R}_k$: Die Menge aller rationalen Punkte des $\mathfrak{R}_k$ ist überall dicht; sie ist daher auch dicht in jedem Intervalle des $\mathfrak{R}_k$.

Die Bedingung ist **notwendig**. Denn aus $\mathfrak{A} \prec \mathfrak{B}$ folgt einerseits:

$$(00) \qquad \mathfrak{A}^0 \prec \mathfrak{B}^0,$$

andererseits:

$$\mathfrak{A}\,\mathfrak{B} = \mathfrak{A},$$

und daher:

$$(\mathfrak{A}\,\mathfrak{B})^0 = \mathfrak{A}^0;$$

also aus (*):

$$\mathfrak{B} \prec \mathfrak{A}^0,$$

und, da $\mathfrak{A}^0$ abgeschlossen, nach § 3, Satz X:

$$(000) \qquad \mathfrak{B}^0 \prec \mathfrak{A}^0.$$

Aus (00) und (000) aber folgt (0).

Die Bedingung ist **hinreichend**. Denn aus $\mathfrak{A} \prec \mathfrak{B}$ folgt:

$$\mathfrak{A}\,\mathfrak{B} = \mathfrak{A},$$

und daher:

$$(\mathfrak{A}\,\mathfrak{B})^0 = \mathfrak{A}^0.$$

Also aus (0):

$$\mathfrak{B}^0 = (\mathfrak{A}\,\mathfrak{B})^0,$$

und da stets $\mathfrak{B} \prec \mathfrak{B}^0$, gilt (*). Damit ist Satz VIII bewiesen.

Insbesondere folgt aus Satz VIII:

Satz VIIIa. Es ist stets $\mathfrak{A}$ dicht in $\mathfrak{A}^0$.

Eine unmittelbare Folgerung aus der Definition des Begriffes „dicht in einer Menge" ist der Satz:

Satz IX. Ist $\mathfrak{W}$ Vereinigung irgendwelcher (endlich oder unendlich vieler) Mengen $\mathfrak{B}$, zu deren jeder eine in ihr dichte Menge $\mathfrak{A}$ gegeben ist, so ist die Vereinigung $\mathfrak{V}$ aller Mengen $\mathfrak{A}$ dicht in $\mathfrak{W}$.

Satz X. Ist $\mathfrak{A}$ dicht in $\mathfrak{B}$ und abgeschlossen in $\mathfrak{B}$, so ist $\mathfrak{A} = \mathfrak{B}$.

In der Tat, weil $\mathfrak{A}$ abgeschlossen in $\mathfrak{B}$, ist:

$$(\dagger) \qquad \mathfrak{A} \prec \mathfrak{B}; \quad \mathfrak{A}^0 \mathfrak{B} \prec \mathfrak{A}.$$

Weil $\mathfrak{A}$ dicht in $\mathfrak{B}$, ist:

$$(\dagger\dagger) \qquad \mathfrak{B} \prec \mathfrak{A}^0,$$

also bei Beachtung von ($\dagger$):

$$\mathfrak{B} = \mathfrak{A}^0 \mathfrak{B} \prec \mathfrak{A}.$$

Zusammen mit ($\dagger$) ergibt das: $\mathfrak{A} = \mathfrak{B}$, und Satz X ist bewiesen.

Satz XI. Ist $\mathfrak{A}$ dicht in $\mathfrak{B}$, und ist $\mathfrak{C}$ offen, so ist $\mathfrak{A}\,\mathfrak{C}$ dicht in $\mathfrak{B}\,\mathfrak{C}$.

Wir haben zu beweisen:

$$\mathfrak{B}\,\mathfrak{C} \prec (\mathfrak{A}\,\mathfrak{B}\,\mathfrak{C})^0.$$

Sei b ein Punkt von $\mathfrak{B}\mathfrak{C}$; da er zu $\mathfrak{B}$ gehört, und $\mathfrak{A}$ dicht in $\mathfrak{B}$ ist, so gehört er auch zu $(\mathfrak{A}\mathfrak{B})^0$. In jeder Umgebung $\mathfrak{U}(b)$ gibt es daher mindestens einen Punkt von $\mathfrak{A}\mathfrak{B}$. Da aber auch $\mathfrak{U}(b)\cdot\mathfrak{C}$ eine Umgebung von b ist, gibt es auch in $\mathfrak{U}(b)\cdot\mathfrak{C}$ einen Punkt von $\mathfrak{A}\mathfrak{B}$, oder was dasselbe heißt: in $\mathfrak{U}(b)$ gibt es einen Punkt von $\mathfrak{A}\mathfrak{B}\mathfrak{C}$. Also gehört b zu $(\mathfrak{A}\mathfrak{B}\mathfrak{C})^0$, und Satz XI ist bewiesen.

Satz XII. Ist $\mathfrak{A}$ dicht in $\mathfrak{B}$, $\mathfrak{B}$ dicht in $\mathfrak{C}$, und ist:

$$\mathfrak{A} < \mathfrak{B} < \mathfrak{C},$$

so ist auch $\mathfrak{A}$ dicht in $\mathfrak{C}$.

In der Tat, nach Satz VIII ist:

$$\mathfrak{A}^0 = \mathfrak{B}^0, \quad \mathfrak{B}^0 = \mathfrak{C}^0,$$

und daher auch:

$$\mathfrak{A}^0 = \mathfrak{C}^0;$$

wieder nach Satz VIII ist daher $\mathfrak{A}$ dicht in $\mathfrak{C}$, wie behauptet.

Satz XIII. Ist $\mathfrak{A}$ dicht in $\mathfrak{B}$, so auch in $\mathfrak{B}^0$.

In der Tat, ist $\mathfrak{A}$ dicht in $\mathfrak{B}$, so ist auch $\mathfrak{A}\mathfrak{B}$ dicht in $\mathfrak{B}$. Da aber (Satz VIII a) $\mathfrak{B}$ dicht in $\mathfrak{B}^0$ und

$$\mathfrak{A}\mathfrak{B} < \mathfrak{B} < \mathfrak{B}^0,$$

so lehrt Satz XII: $\mathfrak{A}\mathfrak{B}$ ist dicht in $\mathfrak{B}^0$. Dann aber ist erst recht auch $\mathfrak{A}$ dicht in $\mathfrak{B}^0$, und Satz XIII ist bewiesen.

Ein Punktmenge $\mathfrak{A}$ heißt **nirgends dicht** in $\mathfrak{B}$, wenn es keinen nicht leeren, in $\mathfrak{B}$ offenen Teil $\mathfrak{B}'$ von $\mathfrak{B}$ gibt derart, daß $\mathfrak{A}$ dicht in $\mathfrak{B}'$ wäre. Eine Menge, die nirgends dicht in $\mathfrak{R}$ ist, heißt kurz **nirgends dicht**[1]).

Satz XIV. Damit $\mathfrak{A}$ nirgends dicht in $\mathfrak{B}$ sei, ist notwendig und hinreichend, daß es in jeder offenen Menge, die mindestens einen Punkt von $\mathfrak{B}$ enthält, einen offenen Teil gebe, der gleichfalls einen Punkt von $\mathfrak{B}$ enthält, und zu $\mathfrak{A}\mathfrak{B}$ fremd ist.

Die Bedingung ist notwendig. Sei in der Tat $\mathfrak{A}$ nirgends dicht in $\mathfrak{B}$, und sei $\mathfrak{C}$ eine offene Menge, die einen Punkt von $\mathfrak{B}$ enthält. Dann ist $\mathfrak{C}\mathfrak{B}$ eine nicht leere, in $\mathfrak{B}$ offene Menge, und es kann daher $\mathfrak{A}$ nicht in $\mathfrak{C}\mathfrak{B}$ dicht sein, d. h. es gibt einen Punkt c von $\mathfrak{C}\mathfrak{B}$, der nicht zu $(\mathfrak{A}\mathfrak{B}\mathfrak{C})^0$ gehört, und mithin eine Umgebung $\mathfrak{U}(c)$, die keinen Punkt von $\mathfrak{A}\mathfrak{B}\mathfrak{C}$ enthält. Dann ist $\mathfrak{C}\cdot\mathfrak{U}(c)$ ein

---

[1]) Beispiel im $\mathfrak{R}_1$: die Menge der Punkte $1, \frac{1}{2}, \ldots, \frac{1}{\nu}, \ldots$, ebenso die Menge der Punkte $1, 2, \ldots, \nu, \ldots$ ist nirgends dicht; sie ist auch nirgends dicht in jedem Intervalle des $\mathfrak{R}_1$.

offener Teil von $\mathfrak{C}$, der einen Punkt von $\mathfrak{B}$, aber keinen Punkt von $\mathfrak{A}\mathfrak{B}$ enthält, und die Behauptung ist bewiesen.

Die Bedingung ist hinreichend. Angenommen, sie sei erfüllt. Sei $\mathfrak{B}'$ eine beliebige, nicht leere, in $\mathfrak{B}$ offene Menge; dann ist (§ 3, Satz XII):

$$\mathfrak{B}' = \mathfrak{B} \cdot \mathfrak{C}.$$

wo $\mathfrak{C}$ offen. Nach Voraussetzung gibt es also einen zu $\mathfrak{A}\mathfrak{B}$ fremden, offenen Teil $\mathfrak{C}'$ von $\mathfrak{C}$, der einen Punkt b von $\mathfrak{B}$ enthält. $\mathfrak{C}'$ ist eine Umgebung $\mathfrak{U}(b)$, die keinen Punkt von $\mathfrak{A}\mathfrak{B}$ und mithin auch keinen Punkt von $\mathfrak{A}\mathfrak{B}'$ enthält. Also gehört b nicht zu $(\mathfrak{A}\mathfrak{B}')^0$, und mithin ist $\mathfrak{A}$ nicht dicht in $\mathfrak{B}'$. Also ist $\mathfrak{A}$ nirgends dicht in $\mathfrak{B}$, und Satz XIV ist bewiesen.

Aus Satz XIV folgt unmittelbar:

Satz XIVa. Ist $\mathfrak{A}$ nirgends dicht in $\mathfrak{B}$, so ist $\mathfrak{B} - \mathfrak{A}\mathfrak{B}$ dicht in $\mathfrak{B}$.

Sei in der Tat b ein beliebiger Punkt von $\mathfrak{B}$. Nach Satz XIV gibt es in jeder Umgebung $\mathfrak{U}(b)$ einen Punkt von $\mathfrak{B} - \mathfrak{A}\mathfrak{B}$, d. h. b gehört zu $(\mathfrak{B} - \mathfrak{A}\mathfrak{B})^0$; also ist $\mathfrak{B} \prec (\mathfrak{B} - \mathfrak{A}\mathfrak{B})^0$, und Satz XIVa ist bewiesen.

Satz XV. Ist $\mathfrak{A} \prec \mathfrak{B}$, und ist $\mathfrak{A}$ nirgends dicht in $\mathfrak{B}$, so ist auch die abgeschlossene Hülle $\mathfrak{A}^0$ nirgends dicht in $\mathfrak{B}$.

In der Tat, sei $\mathfrak{C}$ eine offene, zu $\mathfrak{B}$ nicht fremde Menge. Nach Satz XIV gibt es in ihr einen offenen, nicht zu $\mathfrak{B}$, wohl aber zu $\mathfrak{A} \cdot \mathfrak{B}$ fremden Teil $\mathfrak{C}'$. Weil $\mathfrak{A} \prec \mathfrak{B}$ ist, ist dann $\mathfrak{C}'$ auch fremd zu $\mathfrak{A}$ und mithin auch zu $\mathfrak{A}^0$. Nach Satz XIV ist also auch $\mathfrak{A}^0$ nirgends dicht in $\mathfrak{B}$, und Satz XV ist bewiesen.

Satz XVI. Ist $\mathfrak{A}$ nirgends dicht in $\mathfrak{B}$, so auch in jeder in $\mathfrak{B}$ offenen Menge $\mathfrak{B}'$.

In der Tat, wir haben zu zeigen: ist $\mathfrak{B}''$ eine nicht leere, in $\mathfrak{B}'$ offene Menge, so ist $\mathfrak{A}$ nicht dicht in $\mathfrak{B}''$. Nun ist jede in $\mathfrak{B}'$ offene Menge auch eine in $\mathfrak{B}$ offene Menge[1]), also ist $\mathfrak{A}$, weil nirgends dicht in $\mathfrak{B}$, wirklich nicht dicht in $\mathfrak{B}''$, und Satz XVI ist bewiesen.

Satz XVII. Jeder Teil einer in $\mathfrak{B}$ nirgends dichten Menge ist nirgends dicht in $\mathfrak{B}$. Insbesondere: der Durchschnitt endlich oder unendlich vieler in $\mathfrak{B}$ nirgends dichter Mengen ist nirgends dicht in $\mathfrak{B}$.

---

[1]) In der Tat es ist:

$$\mathfrak{B}' = \mathfrak{C}\mathfrak{B}; \quad \mathfrak{B}'' = \mathfrak{C}'\mathfrak{B}',$$

wo $\mathfrak{C}$, $\mathfrak{C}'$ offene Mengen. Also

$$\mathfrak{B}'' = \mathfrak{C}\mathfrak{C}'\mathfrak{B},$$

wo (§ 2, Satz V) auch $\mathfrak{C}\mathfrak{C}'$ offen.

In der Tat, dies folgt unmittelbar aus der Definition des Begriffes „nirgends dicht in $\mathfrak{B}$".

Satz XVIII. Die Vereinigung endlich vieler in $\mathfrak{B}$ nirgends dichter Mengen $\mathfrak{A}_1, \mathfrak{A}_2, \ldots, \mathfrak{A}_k$ ist nirgends dicht in $\mathfrak{B}$.

Sei in der Tat $\mathfrak{C}$ irgendeine offene Menge, die mindestens einen Punkt von $\mathfrak{B}$ enthält. Weil $\mathfrak{A}_1$ nirgends dicht in $\mathfrak{B}$, gibt es (Satz XIV) einen zu $\mathfrak{A}_1 \mathfrak{B}$ fremden, offenen Teil $\mathfrak{C}_1$ von $\mathfrak{C}$, so daß $\mathfrak{C}_1 \mathfrak{B}$ nicht leer. In $\mathfrak{C}_1$ gibt es einen zu $\mathfrak{A}_2 \mathfrak{B}$ fremden offenen Teil $\mathfrak{C}_2$, so daß $\mathfrak{C}_2 \mathfrak{B}$ nicht leer usf. für $n = 1, 2, \ldots, k$. Dann ist $\mathfrak{C}_k$ ein zu $(\mathfrak{A}_1 \dotplus \mathfrak{A}_2 \dotplus \ldots \dotplus \mathfrak{A}_k) \mathfrak{B}$ fremder offener Teil von $\mathfrak{C}$, für den $\mathfrak{C}_k \mathfrak{B}$ nicht leer ist. Also ist nach Satz XIV $\mathfrak{A}_1 \dotplus \mathfrak{A}_2 \dotplus \ldots \dotplus \mathfrak{A}_k$ nirgends dicht in $\mathfrak{B}$, und Satz XVIII ist bewiesen.

Die Vereinigung unendlich vieler in $\mathfrak{B}$ nirgends dichter Mengen kann sehr wohl in $\mathfrak{B}$ dicht sein[1]). Wir definieren: Ist $\{\mathfrak{A}_n\}$ eine Folge von Mengen, deren jede in $\mathfrak{B}$ nirgends dicht ist, so heißt die Vereinigung $\mathfrak{A}_1 \dotplus \mathfrak{A}_2 \dotplus \ldots \dotplus \mathfrak{A}_n \dotplus \ldots$ von erster Kategorie in $\mathfrak{B}$[2]). Eine Menge, die nicht von erster Kategorie in $\mathfrak{B}$ ist, heißt von zweiter Kategorie in $\mathfrak{B}$. In einer abzählbaren insichdichten Menge ist jede Menge von erster Kategorie.

Aus der Definition folgt unmittelbar:

Satz XIX. Ist $\mathfrak{A}$ von erster Kategorie in $\mathfrak{B}$, so auch jeder Teil von $\mathfrak{A}$.

Satz XX. Die Vereinigung abzählbar vieler Mengen erster Kategorie in $\mathfrak{B}$ ist von erster Kategorie in $\mathfrak{B}$.

In der Tat, sei

$$\mathfrak{A} = \mathfrak{A}_1 \dotplus \mathfrak{A}_2 \dotplus \ldots \dotplus \mathfrak{A}_n \dotplus \ldots,$$

worin:

$$\mathfrak{A}_n = \mathfrak{A}_{n,1} \dotplus \mathfrak{A}_{n,2} \dotplus \ldots \dotplus \mathfrak{A}_{n,i} \dotplus \ldots,$$

und jedes $\mathfrak{A}_{n,i}$ sei nirgends dicht in $\mathfrak{B}$. Dann ist $\mathfrak{A}$ die Vereinigung aller $\mathfrak{A}_{n,i}$, und da dies abzählbar viele sind (Einleitung § 2, Satz VIII), so ist $\mathfrak{A}$ von erster Kategorie in $\mathfrak{B}$, wie behauptet.

Satz XXI. Ist $\mathfrak{A}$ von erster Kategorie in $\mathfrak{B}$, so ist $\mathfrak{A}$ Vereinigung einer monoton wachsenden Folge in $\mathfrak{B}$ nirgends dichter Mengen.

---

[1]) Beispiel im $\mathfrak{R}_k$: Sei

$$a_1, a_2, \ldots, a_n, \ldots$$

die Menge aller rationalen Punkte des $\mathfrak{R}_k$ (§ 1, Satz II) und $\mathfrak{A}_n$ die Menge, deren einziges Element a_n ist. Dann ist $\mathfrak{A}_n$ nirgends dicht, $\mathfrak{A}_1 \dotplus \mathfrak{A}_2 \dotplus \ldots \dotplus \mathfrak{A}_n \dotplus \ldots$ hingegen überall dicht.

[2]) Dieser Begriff wurde eingeführt von R. Baire, Ann. di mat. (3) 3 (1899), 67.

In der Tat, nach Voraussetzung ist:

$$\mathfrak{A} = \mathfrak{A}_1 \dotplus \mathfrak{A}_2 \dotplus \dots \dotplus \mathfrak{A}_n \dotplus \dots,$$

wo $\mathfrak{A}_n$ nirgends dicht in $\mathfrak{B}$. Wir ersetzen nach Einleitung § 1, Satz I die Folge $\{\mathfrak{A}_n\}$ durch die monoton wachsende $\{\overline{\mathfrak{A}}_n\}$, wo:

$$\overline{\mathfrak{A}}_n = \mathfrak{A}_1 \dotplus \mathfrak{A}_2 \dotplus \dots \dotplus \mathfrak{A}_n.$$

Nach Satz XVIII ist auch $\overline{\mathfrak{A}}_n$ nirgends dicht in $\mathfrak{B}$, und Satz XXI ist bewiesen.

Satz XXII. Ein abzählbarer Teil von $\mathfrak{A}\mathfrak{A}^1$ ist stets von erster Kategorie in $\mathfrak{A}$.

In der Tat, ein abzählbarer Teil von $\mathfrak{A}\mathfrak{A}^1$ ist Vereinigung abzählbar vieler Mengen, deren jede aus einem einzigen, nicht isolierten Punkte von $\mathfrak{A}$ besteht, und mithin nirgends dicht in $\mathfrak{A}$ ist.

§ 5. Zusammenhängende Mengen.

Eine Menge $\mathfrak{A}$ heißt zusammenhängend[1]), wenn sie nicht Summe zweier nicht leerer, in $\mathfrak{A}$ abgeschlossener Teile ist[2]). Jede nur aus einem einzigen Punkte bestehende Menge ist nach dieser Definition zusammenhängend.

Satz I. Gehören je zwei Punkte von $\mathfrak{A}$ einem zusammenhängenden Teile von $\mathfrak{A}$ an, so ist $\mathfrak{A}$ zusammenhängend.

Angenommen in der Tat, $\mathfrak{A}$ wäre nicht zusammenhängend:

$$(0) \qquad \mathfrak{A} = \mathfrak{A}\mathfrak{B}_1 + \mathfrak{A}\mathfrak{B}_2,$$

wo $\mathfrak{B}_1$, $\mathfrak{B}_2$ abgeschlossen, $\mathfrak{A}\mathfrak{B}_1$, $\mathfrak{A}\mathfrak{B}_2$ nicht leer. Sei a_1 ein Punkt von $\mathfrak{A}\mathfrak{B}_1$, a_2 ein Punkt von $\mathfrak{A}\mathfrak{B}_2$. Ist $\mathfrak{A}'$ ein a_1 und a_2 enthaltender Teil von $\mathfrak{A}$, so ist:

$$\mathfrak{A}' = \mathfrak{A}'\mathfrak{B}_1 + \mathfrak{A}'\mathfrak{B}_2,$$

wo $\mathfrak{A}'\mathfrak{B}_1$, $\mathfrak{A}'\mathfrak{B}_2$ nicht leer und in $\mathfrak{A}'$ abgeschlossen. Also kann $\mathfrak{A}'$ nicht zusammenhängend sein, entgegen der Annahme. Damit ist Satz I bewiesen.

Satz II. Die Vereinigung zweier nicht fremder zusammenhängender Mengen $\mathfrak{A}'$, $\mathfrak{A}''$ ist zusammenhängend.

---

[1]) Die folgende Definition findet sich bei F. Hausdorff (Grundzüge der Mengenlehre, 244), dessen Darstellung wir uns anschließen. Vgl. auch N. J. Lennes, Am. Journ. 33 (1911), 303.

[2]) So ist z. B. im $\mathfrak{R}_1$ die Menge $\mathfrak{A}$ aller rationalen Punkte nicht zusammenhängend; denn ist $\mathfrak{A}_1$ die Menge aller rationalen Punkte $< \sqrt{2}$, $\mathfrak{A}_2$ die Menge aller rationalen Punkte $> \sqrt{2}$, so ist $\mathfrak{A}_1$ und $\mathfrak{A}_2$ in $\mathfrak{A}$ abgeschlossen und $\mathfrak{A} = \mathfrak{A}_1 + \mathfrak{A}_2$.

Angenommen in der Tat, es sei:

$$\mathfrak{A} = \mathfrak{A}' \dotplus \mathfrak{A}''$$

nicht zusammenhängend, so daß wieder (0) gilt. Wir setzen:

$$(00) \qquad \mathfrak{A}' = \mathfrak{A}'\mathfrak{B}_1 + \mathfrak{A}'\mathfrak{B}_2; \quad \mathfrak{A}'' = \mathfrak{A}''\mathfrak{B}_1 + \mathfrak{A}''\mathfrak{B}_2.$$

Sei a ein Punkt von $\mathfrak{A}'\mathfrak{A}''$; er gehört zu $\mathfrak{B}_1$ oder zu $\mathfrak{B}_2$, etwa zu $\mathfrak{B}_1$; er gehört also zu $\mathfrak{A}'\mathfrak{B}_1$ und zu $\mathfrak{A}''\mathfrak{B}_1$. Da $\mathfrak{A}\mathfrak{B}_2 = \mathfrak{A}'\mathfrak{B}_2 \dotplus \mathfrak{A}''\mathfrak{B}_2$ nicht leer ist, ist auch sei es $\mathfrak{A}'\mathfrak{B}_2$, sei es $\mathfrak{A}''\mathfrak{B}_2$, nicht leer; etwa $\mathfrak{A}'\mathfrak{B}_2$. In der ersten Gleichung (00) sind also beide Summanden nicht leer, und es wäre somit $\mathfrak{A}'$ nicht zusammenhängend, entgegen der Voraussetzung. Damit ist Satz II bewiesen.

Satz III. Die Vereinigung $\mathfrak{B}$ endlich oder unendlich vieler zusammenhängender Mengen $\mathfrak{A}$, die zu je zweien nicht fremd sind, ist zusammenhängend.

Seien in der Tat a_1, a_2 zwei verschiedene Punkte von $\mathfrak{B}$. Jeder gehört zu mindestens einer Menge $\mathfrak{A}$, etwa a_1 zu $\mathfrak{A}_1$, a_2 zu $\mathfrak{A}_2$. Nach Satz II ist $\mathfrak{A}_1 \dotplus \mathfrak{A}_2$ ein zusammenhängender Teil von $\mathfrak{B}$, der a_1 und a_2 enthält, also ist nach Satz I $\mathfrak{B}$ zusammenhängend, wie behauptet.

Wir sagen, zwei Punkte a, a' von $\mathfrak{A}$ seien in $\mathfrak{A}$ durch eine ϱ-Kette verbunden, wenn es in $\mathfrak{A}$ eine endliche Punktfolge:

$$a = a_0, \; a_1, \; a_2, \ldots, \; a_{k-1}, \; a_k = a'$$

gibt, so daß:

$$r(a_{i-1}, a_i) \leqq \varrho \qquad (i = 1, 2, \ldots k).$$

Satz IV. In einer zusammenhängenden Menge sind, wenn $\varrho > 0$ beliebig gegeben, je zwei Punkte a', a'' durch eine ϱ-Kette verbunden.

Angenommen in der Tat, es gäbe in $\mathfrak{A}$ zwei nicht durch eine ϱ-Kette verbundene Punkte a', a''. Sei $\mathfrak{A}'$ die Menge aller mit a' durch eine ϱ-Kette verbundenen Punkte von $\mathfrak{A}$. Weder $\mathfrak{A}'$ noch $\mathfrak{A} - \mathfrak{A}'$ sind dann leer, und es ist:

$$(*) \qquad\qquad r(\mathfrak{A}', \; \mathfrak{A} - \mathfrak{A}') \geqq \varrho;$$

denn sonst gäbe es $\bar{a}$ in $\mathfrak{A}'$, $\bar{\bar{a}}$ in $\mathfrak{A} - \mathfrak{A}'$, so daß:

$$r(\bar{a}, \; \bar{\bar{a}}) < \varrho,$$

und es wäre, ebenso wie $\bar{a}$, auch $\bar{\bar{a}}$ durch eine ϱ-Kette mit a' verbunden, was nicht der Fall ist, da $\bar{\bar{a}}$ in $\mathfrak{A} - \mathfrak{A}'$.

Wegen (*) ist nun kein Punkt von $\mathfrak{A}'$ Häufungspunkt von $\mathfrak{A} - \mathfrak{A}'$ und umgekehrt, es sind also $\mathfrak{A}'$ und $\mathfrak{A} - \mathfrak{A}'$ abgeschlossen in $\mathfrak{A}$, und die Zerlegung

$$\mathfrak{A} = \mathfrak{A}' + (\mathfrak{A} - \mathfrak{A}')$$

besagt, daß $\mathfrak{A}$ nicht zusammenhängend ist. Damit ist Satz IV bewiesen.

Satz V. Ist $\mathfrak{A}$ kompakt und abgeschlossen[1]), und sind für jedes $\varrho > 0$ je zwei Punkte von $\mathfrak{A}$ verbunden durch eine ϱ-Kette in $\mathfrak{A}$, so ist $\mathfrak{A}$ zusammenhängend.

Angenommen, $\mathfrak{A}$ sei nicht zusammenhängend; es gäbe dann eine Zerlegung:

$$\mathfrak{A} = \mathfrak{A}_1 + \mathfrak{A}_2,$$

wo $\mathfrak{A}_1$, $\mathfrak{A}_2$ nicht leer und in $\mathfrak{A}$ abgeschlossen; da aber $\mathfrak{A}$ selbst abgeschlossen, sind dann auch $\mathfrak{A}_1$, $\mathfrak{A}_2$ abgeschlossen (§ 2, Satz III a). Nach § 2, Satz IX ist also:

$$r\,(\mathfrak{A}_1,\ \mathfrak{A}_2) > 0,$$

und für $\varrho < r\,(\mathfrak{A}_1, \mathfrak{A}_2)$ ist kein Punkt von $\mathfrak{A}_2$ mit einem Punkte von $\mathfrak{A}_1$ durch eine ϱ-Kette in $\mathfrak{A}$ verbunden, entgegen der Annahme. Damit ist Satz V bewiesen.

Satz VI. Enthält eine zusammenhängende Menge $\mathfrak{A}$ einen Punkt von $\mathfrak{B}$ und einen Punkt von $\mathfrak{R} - \mathfrak{B}$, so enthält sie einen Punkt der Begrenzung von $\mathfrak{B}$.

In der Tat, setzen wir:

$$\mathfrak{A} \cdot \mathfrak{B}^0 = \mathfrak{A}_1, \quad \mathfrak{A} \cdot (\mathfrak{R} - \mathfrak{B})^0 = \mathfrak{A}_2,$$

so sind $\mathfrak{A}_1$ und $\mathfrak{A}_2$ nicht leer und abgeschlossen in $\mathfrak{A}$. Da $\mathfrak{A}$ zusammenhängend, sind also $\mathfrak{A}_1$ und $\mathfrak{A}_2$ nicht fremd; es sind daher $\mathfrak{A} \cdot \mathfrak{B}^0$ und $\mathfrak{A} \cdot (\mathfrak{R} - \mathfrak{B})^0$ nicht fremd, d. h. es gibt einen Punkt von $\mathfrak{A}$, der zu $\mathfrak{B}^0 \cdot (\mathfrak{R} - \mathfrak{B})^0$ gehört, das aber ist die Behauptung.

Satz VII. Jedes Intervall $\mathfrak{J}$ des $\mathfrak{R}_k$ ist zusammenhängend.
Seien in der Tat

$$a = (a_1, a_2, \ldots, a_k), \quad b = (b_1, b_2, \ldots, b_k)$$

zwei Punkte von $\mathfrak{J}$. Unter der Strecke $\overline{ab}$ verstehen wir die Menge aller Punkte, deren Koordinaten gegeben sind durch:

$$x_n = a_n + \lambda\,(b_n - a_n), \quad 0 \leq \lambda \leq 1.$$

---

[1]) Keine dieser beiden Voraussetzungen kann entbehrt werden. Beispiel im $\mathfrak{R}_1$:

$$\mathfrak{A}_1 = (0, 1), \quad \mathfrak{A}_2 = (1, 2).$$

Beispiel im $\mathfrak{R}_2$: $\mathfrak{A}_1$ die x_1-Achse, $\mathfrak{A}_2$ die Hyperbel $x_1\,x_2 = 1$. In beiden Fällen ist $\mathfrak{A}_1 + \mathfrak{A}_2 = \mathfrak{A}$ nicht zusammenhängend, obwohl je zwei Punkte durch eine ϱ-Kette in $\mathfrak{A}$ verbunden sind. Im ersten Beispiel ist $\mathfrak{A}$ kompakt, aber nicht abgeschlossen, im zweiten abgeschlossen aber nicht kompakt.

Diese Strecke ist offenbar kompakt, abgeschlossen und Teil von $\mathfrak{J}$. Der Abstand der beiden Punkte λ' und λ'' auf ihr ist gegeben durch:

$$| \lambda' - \lambda'' | \cdot \sqrt{(b_1 - a_1)^2 + (b_2 - a_2)^2 + \cdots + (b_k - a_k)^2}.$$

Betrachtet man auf ihr die Punkte $\lambda = 0, \frac{1}{\nu}, \frac{2}{\nu}, \ldots, \frac{\nu - 1}{\nu}, 1$, so stellen sie, wenn $\varrho > 0$ beliebig gegeben, für fast alle ν eine a und b verbindende ϱ-Kette in $\overline{ab}$ dar. Also ist (Satz V) $\overline{ab}$ zusammenhängend. Daher (Satz I) auch $\mathfrak{J}$, womit Satz VII bewiesen.

Satz VIII. Im $\mathfrak{R}_k$ hat jede zusammenhängende Menge $\mathfrak{A}$, die mehr als einen Punkt enthält, die Mächtigkeit $\mathfrak{c}$.

Seien in der Tat

$$a = (a_1, a_2, \ldots, a_k), \quad b = (b_1, b_2, \ldots, b_k)$$

zwei verschiedene Punkte von $\mathfrak{A}$. Da nicht durchweg $a_n = b_n$ sein kann, können wir immer annehmen $a_1 < b_1$. Ist dann $a_1 < c < b_1$, und ist $\mathfrak{B}$ die Menge aller Punkte des $\mathfrak{R}_k$, für die $x_1 \leqq c$, so folgt aus Satz VI, daß $\mathfrak{A}$ einen Punkt mit $x_1 = c$ enthält; da dies für alle c aus (a_1, b_1) gilt, und es deren $\mathfrak{c}$ gibt, so ist Satz VIII bewiesen.

Satz IX. Ist $\mathfrak{A}$ zusammenhängend, und ist

$$\mathfrak{A} \prec \mathfrak{B} \prec \mathfrak{A}^0,$$

so ist auch $\mathfrak{B}$ zusammenhängend.

In der Tat, sei:

$$\mathfrak{B} = \mathfrak{B}\mathfrak{C}_1 + \mathfrak{B}\mathfrak{C}_2$$

($\mathfrak{C}_1, \mathfrak{C}_2$ abgeschlossen) eine Zerlegung von $\mathfrak{B}$ in zwei nicht leere, in $\mathfrak{B}$ abgeschlossene Teile. Dann ist:

$$(0) \qquad\qquad \mathfrak{A} = \mathfrak{A}\mathfrak{C}_1 + \mathfrak{A}\mathfrak{C}_2$$

eine Zerlegung von $\mathfrak{A}$ in zwei in $\mathfrak{A}$ abgeschlossene Teile; weder $\mathfrak{A}\mathfrak{C}_1$ noch $\mathfrak{A}\mathfrak{C}_2$ ist leer; denn wäre $\mathfrak{A}\mathfrak{C}_1$ leer, so wäre $\mathfrak{A} \prec \mathfrak{C}_2$, und nach § 3, Satz X auch $\mathfrak{A}^0 \prec \mathfrak{C}_2$, mithin auch $\mathfrak{B} \prec \mathfrak{C}_2$ und $\mathfrak{B}\mathfrak{C}_1$ leer, gegen Annahme. Die Formel (0) würde also besagen: $\mathfrak{A}$ ist nicht zusammenhängend, gegen die Voraussetzung. Damit ist Satz IX bewiesen.

Eine abgeschlossene, zusammenhängende Menge, die nicht aus nur einem Punkt besteht, heißt ein **Kontinuum**; eine offene, zusammenhängende Menge heißt ein **Gebiet**[1]).

Satz X. Im $\mathfrak{R}_k$ ist jedes abgeschlossene Intervall ein

---

[1]) Nach C. Carathéodory, Vorlesungen über reelle Funktionen, 208, 222.

Kontinuum, jedes offene Intervall ein Gebiet. Im $\Re_1$ ist auch umgekehrt jedes Gebiet ein offenes Intervall.

In der Tat, die erste Hälfte der Behauptung folgt unmittelbar aus Satz VII. Was die zweite anlangt, so sei $\mathfrak{A}$ ein Gebiet im $\Re_1$; seien a und b obere und untere Schranke (Einleitung, § 5, S. 30) von $\mathfrak{A}$; dann ist, da $\mathfrak{A}$ als offene Menge nicht aus einem einzigen Punkte bestehen kann: $b > a$. Wir behaupten, es ist:

$$\mathfrak{A} = (a,\, b).$$

Sei in der Tat c ein Punkt aus $(a,\, b)$. Ist $\mathfrak{B}$ die Menge aller $x \leq c$, so hat $\mathfrak{A}$ sowohl mit $\mathfrak{B}$ als mit $\Re_1 - \mathfrak{B}$ einen Punkt gemein, und aus Satz VI folgt, daß $\mathfrak{A}$ den einzigen Begrenzungspunkt c von $\mathfrak{B}$ enthalten muß. Damit ist die Behauptung bewiesen.

Satz XI. Besteht die zusammenhängende Menge $\mathfrak{A}$ nicht aus nur einem Punkte, so ist sie insichdicht. Jedes Kontinuum ist daher perfekt.

Angenommen in der Tat, a sei ein isolierter Punkt von $\mathfrak{A}$, und $\mathfrak{A}_1$ sei die nur aus a bestehende Menge. Dann sind $\mathfrak{A}_1$ und $\mathfrak{A} - \mathfrak{A}_1$ nicht leer und abgeschlossen in $\mathfrak{A}$, und wegen

$$\mathfrak{A} = \mathfrak{A}_1 + (\mathfrak{A} - \mathfrak{A}_1)$$

wäre $\mathfrak{A}$ nicht zusammenhängend. Also ist $\mathfrak{A}$ insichdicht. Ist $\mathfrak{A}$, obendrein abgeschlossen, so ist es daher auch perfekt. Damit ist Satz XI bewiesen.

Ein Teil $\mathfrak{A}'$ einer beliebigen Menge $\mathfrak{A}$ heißt eine **Komponente** von $\mathfrak{A}$, wenn

1. $\mathfrak{A}'$ zusammenhängend ist und
2. jeder zu $\mathfrak{A}'$ nicht fremde, zusammenhängende Teil von $\mathfrak{A}$ auch Teil von $\mathfrak{A}'$ ist.

Satz XII. Jeder Punkt von $\mathfrak{A}$ gehört einer und nur einer Komponente von $\mathfrak{A}$ an.

Sei in der Tat a ein Punkt von $\mathfrak{A}$. Wir bilden die Vereinigung $\mathfrak{A}'$ aller a enthaltenden zusammenhängenden Teile von $\mathfrak{A}$. Nach Satz III ist $\mathfrak{A}'$ zusammenhängend. Offenbar ist $\mathfrak{A}'$ eine Komponente von $\mathfrak{A}$. Denn sei $\mathfrak{B}$ ein zu $\mathfrak{A}'$ nicht fremder zusammenhängender Teil von $\mathfrak{A}$. Nach Satz II ist dann $\mathfrak{A}' + \mathfrak{B}$ ein a enthaltender zusammenhängender Teil von $\mathfrak{A}$, und mithin nach Definition von $\mathfrak{A}'$:

$$\mathfrak{A}' + \mathfrak{B} < \mathfrak{A}', \quad \text{daher} \quad \mathfrak{B} < \mathfrak{A}'.$$

Also ist $\mathfrak{A}'$ Komponente von $\mathfrak{A}$. Dieselbe Argumentation zeigt, daß jede Komponente $\mathfrak{B}$ von $\mathfrak{A}$, die zu $\mathfrak{A}'$ nicht fremd ist, mit $\mathfrak{A}'$ identisch ist. Damit ist Satz XII bewiesen.

Es folgt aus ihm unmittelbar:

Satz XIII. Jede Menge $\mathfrak{A}$ ist, und zwar nur auf eine Weise[1]), Summe von Komponenten.

Satz XIV. Jede Komponente von $\mathfrak{A}$ ist abgeschlossen in $\mathfrak{A}$.

In der Tat, sei $\mathfrak{A}'$ eine Komponente von $\mathfrak{A}$ und a ein zu $\mathfrak{A}$ gehöriger Häufungspunkt von $\mathfrak{A}'$. Würde er nicht zu $\mathfrak{A}'$ gehören, so würde, indem man ihn zu $\mathfrak{A}'$ hinzufügt, nach Satz IX ein zu $\mathfrak{A}'$ nicht fremder, zusammenhängender Teil $\mathfrak{B}$ von $\mathfrak{A}$ entstehen, und es wäre nicht $\mathfrak{B} < \mathfrak{A}'$, entgegen der Definition der Komponenten. Damit ist Satz XIV bewiesen.

Darin ist als Spezialfall enthalten:

Satz XV. Jede Komponente einer abgeschlossenen Menge besteht aus nur einem Punkte oder ist ein Kontinuum.

Satz XVI. Im $\mathfrak{R}_k$ ist jede Komponente einer offenen Menge ein Gebiet[2]).

Es ist nur zu zeigen, daß jede Komponente $\mathfrak{A}'$ der offenen Menge $\mathfrak{A}$ selbst offen ist. Sei a ein Punkt der Begrenzung von $\mathfrak{A}'$ und $\mathfrak{J}$ ein a enthaltendes offenes Intervall. Dann muß $\mathfrak{J}$ auch Punkte von $\mathfrak{R}_k - \mathfrak{A}$ enthalten; denn nach Satz II und VII ist $\mathfrak{A}' \dotplus \mathfrak{J}$ zusammenhängend; wäre also $\mathfrak{J} < \mathfrak{A}$, so wäre nach Definition der Komponenten $\mathfrak{A}' \dotplus \mathfrak{J} < \mathfrak{A}'$, mithin auch $\mathfrak{J} < \mathfrak{A}'$, entgegen der Annahme, a gehöre zur Begrenzung von $\mathfrak{A}'$. Da also $\mathfrak{J}$ Punkte von $\mathfrak{R}_k - \mathfrak{A}$ enthält, ist a Punkt der Begrenzung von $\mathfrak{A}$, und da $\mathfrak{A}$ offen, gehört a nicht zu $\mathfrak{A}$, daher auch nicht zu $\mathfrak{A}'$, d. h. $\mathfrak{A}'$ ist offen. Damit ist Satz XVI bewiesen.

Satz XVII[3]). Ist $\{\mathfrak{A}_n\}$ eine Folge zusammenhängender Mengen, die alle Teile derselben kompakten Menge $\mathfrak{A}$ sind[4]), und deren

---

[1]) D. h. ist $\mathfrak{A}$ sowohl Summe der Komponenten $\mathfrak{A}'$ als auch Summe der Komponenten $\mathfrak{B}'$, so ist jedes $\mathfrak{A}'$ ein $\mathfrak{B}'$, jedes $\mathfrak{B}'$ ein $\mathfrak{A}'$.

[2]) Dies gilt nicht in jedem metrischen Raume. Wir wählen etwa für $\mathfrak{R}$ die Vereinigung folgender Intervalle des $\mathfrak{R}_1$: $(-\infty, 0]$, $\left(\dfrac{1}{2n+1}, \dfrac{1}{2n}\right)$ $(n = 1, 2, \ldots)$. Der metrische Raum $\mathfrak{R}$ selbst ist immer offen. Eine seiner Komponenten ist $(-\infty, 0]$, und diese Komponente ist nicht offen, also kein Gebiet.

[3]) Vgl. L. Zoretti, Encycl. des sciences math. Tome II, vol. 1, 145.

[4]) Diese Voraussetzung kann nicht entbehrt werden. Beispiel im $\mathfrak{R}_2$: Seien a, b, c_n die Punkte:

$$a = (-1, 0), \quad b = (1, 0), \quad c_n = (0, n),$$

und sei $\mathfrak{A}_n$ die Vereinigung der Strecken:

$$\mathfrak{A}_n = \overline{a c_n} \dotplus \overline{c_n b}.$$

untere Näherungsgrenze nicht leer ist[1]), so ist ihre obere Näherungsgrenze zusamm'enhängend[2]).

Sei in der Tat a ein Punkt der unteren Näherungsgrenze, und sei $\mathfrak{G}$ die obere Näherungsgrenze. Nach § 3, Satz XX ist $\mathfrak{G}$ abgeschlossen, und, weil $< \mathfrak{A}^0$, nach § 3, Satz XVIII auch kompakt. Wäre $\mathfrak{G}$ nicht zusammenhängend, so wäre:

$$(*) \qquad \mathfrak{G} = \mathfrak{G}_1 + \mathfrak{G}_2 \quad (\mathfrak{G}_1, \mathfrak{G}_2 \text{ abgeschlossen, nicht leer}).$$

Da $\mathfrak{G}_1$, $\mathfrak{G}_2$ fremd, ist (§ 2, Satz IX):

$$r(\mathfrak{G}_1, \mathfrak{G}_2) > 0.$$

Sei:

$$0 < \varrho < \tfrac{1}{3} r(\mathfrak{G}_1, \mathfrak{G}_2),$$

dann ist:

$$(\dagger) \qquad r[\mathfrak{U}(\mathfrak{G}_1; \varrho), \mathfrak{U}(\mathfrak{G}_2; \varrho)] \geqq \varrho.$$

Denn andernfalls gäbe es g_1 in $\mathfrak{U}(\mathfrak{G}_1; \varrho)$, g_2 in $\mathfrak{U}(\mathfrak{G}_2; \varrho)$, so daß:

$$(\dagger\dagger) \qquad r(g_1, g_2) < \varrho.$$

Es gäbe ferner g_1' in $\mathfrak{G}_1$, g_2' in $\mathfrak{G}_2$, so daß:

$$(\dagger\dagger\dagger) \qquad r(g_1', g_1) < \varrho; \quad r(g_2', g_2) < \varrho.$$

Aus ($\dagger\dagger$) und ($\dagger\dagger\dagger$) aber würde vermöge der Dreiecksungleichung folgen:

$$r(g_1', g_2') < 3\varrho < r(\mathfrak{G}_1, \mathfrak{G}_2),$$

was unmöglich ist.

Liegt der Punkt a der unteren Näherungsgrenze etwa in $\mathfrak{G}_1$, so sind fast alle $\mathfrak{U}(\mathfrak{G}_1; \varrho) \cdot \mathfrak{A}_n$ nicht leer; andrerseits sind unendlich viele $\mathfrak{U}(\mathfrak{G}_2; \varrho) \cdot \mathfrak{A}_n$ nicht leer. Es gibt also unendlich viele $\mathfrak{A}_n$, die sowohl in $\mathfrak{U}(\mathfrak{G}_1; \varrho)$ als in $\mathfrak{U}(\mathfrak{G}_2; \varrho)$ Punkte haben; sie mögen die Teilfolge $\{\mathfrak{A}_{n_\nu}\}$ bilden. Sei a'_{n_ν} in $\mathfrak{A}_{n_\nu} \cdot \mathfrak{U}(\mathfrak{G}_1; \varrho)$ und a''_{n_ν} in $\mathfrak{A}_{n_\nu} \cdot \mathfrak{U}(\mathfrak{G}_2; \varrho)$. Nach Satz IV gibt es in $\mathfrak{A}_{n_\nu}$ eine a'_{n_ν} und a''_{n_ν} verbindende σ-Kette $(\sigma < \varrho)$. Wegen ($\dagger$) muß es in ihr einen Punkt a_{n_ν} außerhalb $\mathfrak{U}(\mathfrak{G}_1; \varrho) + \mathfrak{U}(\mathfrak{G}_2; \varrho)$ geben. Dann ist $\{a_{n_\nu}\}$ eine Punktfolge der kompakten Menge $\mathfrak{A}$, besitzt also einen Häufungspunkt b. Da alle a_{n_ν} in der abgeschlossenen Menge $\mathfrak{R} - [\mathfrak{U}(\mathfrak{G}_1; \varrho) + \mathfrak{U}(\mathfrak{G}_2; \varrho)]$ liegen, gilt dies auch für b. Das aber ist unmöglich, da b als Häufungspunkt von $\{a_{n_\nu}\}$ zu $\mathfrak{G}$ gehört, und zufolge ($*$):

$$\mathfrak{G} < \mathfrak{U}(\mathfrak{G}_1; \varrho) + \mathfrak{U}(\mathfrak{G}_2; \varrho).$$

Damit ist Satz XVII bewiesen.

Die obere Näherungsgrenze von $\{\mathfrak{A}_n\}$ besteht aus den Halbgeraden

$$x = -1, \quad y \geqq 0 \quad \text{und} \quad x = 1, \quad y \geqq 0,$$

und ist nicht zusammenhängend.

[1]) Auch diese Voraussetzung kann nicht entbehrt werden. Beispiel im $\mathfrak{R}_1$:

$$\mathfrak{A}_{2n-1} = [0, 1]; \quad \mathfrak{A}_{2n} = [2, 3].$$

Die obere Näherungsgrenze von $\{\mathfrak{A}_n\}$ ist $[0, 1] + [2, 3]$, also nicht zusammenhängend.

[2]) Da sie nach § 3, Satz XX auch abgeschlossen ist, ist sie also ein Kontinuum, oder besteht aus einem einzigen Punkte.

§ 6. Das Borelsche Theorem.

Wir beweisen nun einige Sätze, die man kurz als Überdeckungssätze bezeichnen kann, und deren erster bekannt ist als das Borelsche Theorem[1]):

Satz I. Ist jedem Punkte a der kompakten, abgeschlossenen Menge $\mathfrak{A}$ eine Menge $\mathfrak{B}_a$ zugeordnet, von der a innerer Punkt ist, so gibt es unter den Mengen $\mathfrak{B}_a$ endlich viele:

$$(*) \qquad \mathfrak{B}^{(1)},\ \mathfrak{B}^{(2)},\ \ldots,\ \mathfrak{B}^{(k)},$$

so daß jeder Punkt von $\mathfrak{A}$ innerer Punkt mindestens einer der Mengen (*) ist.

Zum Beweise bilden wir zu jedem Punkte $\bar{a}$ von $\mathfrak{A}$ die obere Schranke $\varrho(\bar{a})$ aller jener Werte von ϱ, für die $\mathfrak{U}(\bar{a};\varrho)$ Teil mindestens einer Menge $\mathfrak{B}_a$ ist. Nach Voraussetzung ist:

$$\varrho(\bar{a}) > 0.$$

Wir behaupten: es gibt ein $\varrho_0 > 0$, so daß für alle a von $\mathfrak{A}$:

$$(**) \qquad \varrho(a) > \varrho_0 > 0.$$

Andernfalls gäbe es in $\mathfrak{A}$ eine Folge $\{a_n\}$, so daß:

$$(***) \qquad \lim_{n=\infty} \varrho(a_n) = 0.$$

Weil $\mathfrak{A}$ kompakt ist, hat $\{a_n\}$ einen Häufungspunkt a_0; weil $\mathfrak{A}$ abgeschlossen ist, gehört a_0 zu $\mathfrak{A}$. Also ist:

$$\varrho(a_0) > 0,$$

und somit ist für jedes a von $\mathfrak{U}(a_0;\tfrac{1}{2}\varrho(a_0))$:

$$\varrho(a) \geqq \tfrac{1}{2}\varrho(a_0),$$

im Widerspruch mit (***). Damit ist (**) bewiesen.

Ausgehend von einem beliebigen Punkte a_1 von $\mathfrak{A}$ bilden wir $\mathfrak{U}(a_1;\varrho_0)$. Liegt $\mathfrak{A}$ nicht ganz in $\mathfrak{U}(a_1;\varrho_0)$, so gibt es einen Punkt a_2 von $\mathfrak{A}$ außerhalb $\mathfrak{U}(a_1;\varrho_0)$; wir bilden $\mathfrak{U}(a_2;\varrho_0)$. Liegt $\mathfrak{A}$ nicht ganz in $\mathfrak{U}(a_1;\varrho_0) + \mathfrak{U}(a_2;\varrho_0)$, so gibt es einen Punkt a_3 von $\mathfrak{A}$ außerhalb dieser Vereinigung; wir bilden $\mathfrak{U}(a_3;\varrho_0)$ usf.

Nach endlich vielen Schritten müssen wir zu einer Punktfolge $a_1, a_2, \ldots, a_k$ aus $\mathfrak{A}$ gelangen, so daß:

$$\genfrac{}{}{0pt}{}{*}{*} \qquad \mathfrak{A} < \mathfrak{U}(a_1;\varrho_0) + \mathfrak{U}(a_2;\varrho_0) + \ldots + \mathfrak{U}(a_k;\varrho_0),$$

---

[1]) Es wurde, freilich in viel speziellerer Form, zuerst ausgesprochen von É. Borel, Ann. éc. norm. (3) 12 (1895), 51, und wurde seither, mehr oder minder allgemein, wiederholt bewiesen. In der Allgemeinheit von Satz I wurde es bewiesen von W. Groß, Wien. Ber. 123 (1914), 810.

da es andernfalls in $\mathfrak{A}$ eine Punktfolge $\{a_n\}$ gäbe, so daß für je zwei Punkte aus $\{a_n\}$:

$$r(a_{n'}, a_{n''}) \geqq \varrho_0,$$

entgegen der Annahme, daß $\mathfrak{A}$ kompakt ist.

Nach Definition von ϱ_0 gibt es nun unter den Mengen $\mathfrak{B}_a$ eine, sie heiße $\mathfrak{B}^{(i)}$, so daß:

$$\mathfrak{U}(a_i; \varrho_0) \prec \mathfrak{B}^{(i)} \qquad (i = 1, 2, \ldots, k).$$

Aus $\binom{*}{*}$ folgt aber dann, daß jeder Punkt von $\mathfrak{A}$ innerer Punkt mindestens einer der Mengen $\mathfrak{B}^{(1)}$, $\mathfrak{B}^{(2)}$, $\ldots$, $\mathfrak{B}^{(k)}$ ist, und Satz I ist bewiesen. — Eine andere Formulierung von Satz I lautet:

Satz II. Ist $\mathfrak{A}$ **kompakt und abgeschlossen, so gibt es unter unendlich vielen in $\mathfrak{A}$ offenen Mengen, deren Vereinigung $\mathfrak{A}$ ist, auch endlich viele, deren Vereinigung $\mathfrak{A}$ ist.**

Wir bemerken noch, daß weder die Voraussetzung, $\mathfrak{A}$ sei kompakt, noch die Voraussetzung, $\mathfrak{A}$ sei abgeschlossen, zum Beweise von Satz I entbehrt werden kann. Sei in der Tat $\mathfrak{A}$ **nicht kompakt.** Dann gibt es in $\mathfrak{A}$ einen abzählbar unendlichen Teil

$$(0) \qquad\qquad a_1, a_2, \ldots, a_n, \ldots$$

ohne Häufungspunkt. Zu jedem Punkte a von $\mathfrak{A}$ gibt es dann eine Umgebung $\mathfrak{U}(a)$, die — außer etwa a selbst — keinen der Punkte (0) enthält. Jeder der Punkte (0) kommt dann nur in einem einzigen $\mathfrak{U}(a)$ vor. Unter diesen $\mathfrak{U}(a)$ gibt es daher gewiß nicht endlich viele, deren Vereinigung alle Punkte (0) enthält; also auch nicht endlich viele, deren Vereinigung $\mathfrak{A}$ enthält.

Sei sodann $\mathfrak{A}$ **nicht abgeschlossen.** Es gibt dann in a eine Folge $\{a_n\}$ mit

$$\lim_{n = \infty} a_n = a,$$

wo a nicht zu $\mathfrak{A}$ gehört. Jeder Punkt von $\mathfrak{A}$ ist dann innerer Punkt einer der Mengen $\mathfrak{R} - \mathfrak{U}\left(a; \dfrac{1}{n}\right)$; aber es können nicht alle a_n und mithin auch nicht ganz $\mathfrak{A}$ in der Vereinigung endlich vieler Mengen $\mathfrak{R} - \mathfrak{U}\left(a; \dfrac{1}{n}\right)$ enthalten sein.

Wir sehen also, daß für nicht kompakte, sowie für nicht abgeschlossene Mengen das Borelsche Theorem nicht gilt. Um auch für solche Mengen ein ähnliches Theorem abzuleiten, müssen wir eine Voraussetzung hinzufügen:

Wir nennen eine Menge **separabel,** wenn es eine in ihr dichte, **abzählbare** Menge gibt[1]).

---

[1]) Dieser Begriff rührt her von M. Fréchet, Rend. Pal. 22 (1906), 23.

Dann können wir folgenden Satz beweisen, den wir als das verallgemeinerte Borelsche Theorem bezeichnen[1]):

Satz III. Ist jedem Punkte a der separablen Menge $\mathfrak{A}$ eine Menge $\mathfrak{B}_a$ zugeordnet, von der a innerer Punkt ist, so gibt es unter den Mengen $\mathfrak{B}_a$ abzählbar viele:

$$(\dagger) \qquad \mathfrak{B}^{(1)}, \mathfrak{B}^{(2)}, \ldots, \mathfrak{B}^{(n)}, \ldots,$$

so daß jeder Punkt von $\mathfrak{A}$ innerer Punkt mindestens einer der Mengen ($\dagger$) ist.

Sei in der Tat

$$(\dagger\dagger) \qquad a_1, a_2, \ldots, a_n, \ldots$$

ein in $\mathfrak{A}$ dichter abzählbarer Teil von $\mathfrak{A}$. Ist nun a irgendein Punkt von $\mathfrak{A}$, so gibt es, da a einerseits innerer Punkt von $\mathfrak{B}_a$ ist, andrerseits in jeder Umgebung von a Punkte a_n aus ($\dagger\dagger$) liegen, ein n und ein ν, so daß a zu $\mathfrak{U}\left(a_n; \dfrac{1}{\nu}\right)$ gehört und:

$$\mathfrak{U}\left(a_n; \frac{1}{\nu}\right) < \mathfrak{B}_a.$$

Nach Einleitung § 2, Satz VIII ist aber die Menge aller $\mathfrak{U}\left(a_n; \dfrac{1}{\nu}\right)$ ($n, \nu = 1, 2, \ldots$) abzählbar; es gibt also auch unter den $\mathfrak{B}_a$ abzählbar viele:

$$(\dagger\dagger\dagger) \qquad \mathfrak{B}^{(1)}, \mathfrak{B}^{(2)}, \ldots, \mathfrak{B}^{(n)}, \ldots,$$

so daß jeder Punkt von $\mathfrak{A}$ innerer Punkt mindestens einer der Mengen ($\dagger\dagger\dagger$). Damit ist Satz III bewiesen. — Eine andere Formulierung von Satz III lautet:

Satz IV. Ist $\mathfrak{A}$ separabel, so gibt es unter unendlich vielen in $\mathfrak{A}$ offenen Mengen, deren Vereinigung $\mathfrak{A}$ ist, auch abzählbar viele, deren Vereinigung $\mathfrak{A}$ ist.

Die Voraussetzung, $\mathfrak{A}$ sei separabel, kann in Satz III nicht entbehrt werden. Wir gehen, um dies zu zeigen, aus von:

Satz V[2]). Hat jeder nicht abzählbare Teil von $\mathfrak{A}$ mindestens einen Häufungspunkt, so ist $\mathfrak{A}$ separabel[3]).

Um dies einzusehen, beweisen wir zunächst: hat jeder nicht abzählbare Teil von $\mathfrak{A}$ einen Häufungspunkt, so gibt es zu jedem $\varrho > 0$ einen abzählbaren Teil $\mathfrak{A}'$ von $\mathfrak{A}$ mit folgenden Eigenschaften:

---

[1]) Er wurde (für Punktmengen des $\mathfrak{R}_1$) wohl zuerst von E. Lindelöf (C. R. 137 (1903), 697) und W. H. Young (Lond. Proc. 35 (1903), 384; Rend. Pal. 21 (1906), 125) bewiesen. In der Allgemeinheit von Satz III zuerst von W. Groß, Wien. Ber. 123 (1914), 809.

[2]) W. Groß, a. a. O., 805.

[3]) Insbesondere ist also jede kompakte Menge separabel.

1. Sind $a' \neq a''$ zwei Punkte von $\mathfrak{A}'$, so ist:

$$r\,(a',\,a'') \geqq \varrho.$$

2. Zu jedem Punkte a von $\mathfrak{A}$ gibt es mindestens einen Punkt a' von $\mathfrak{A}'$, so daß:

$$r\,(a,\,a') < \varrho.$$

In der Tat, wir konstruieren diese Menge $\mathfrak{A}'$ durch transfinite Induktion (Einleitung § 4, Satz XIX):

Sei a_0 ein beliebiger Punkt von $\mathfrak{A}$; sei sodann α eine Ordinalzahl von $\mathfrak{Z}_1 + \mathfrak{Z}_2$, und für jedes $\beta < \alpha$ sei a_β so gewählt, daß:

$$r\,(a_{\beta'},\,a_{\beta''}) \geqq \varrho \qquad (\beta' < \alpha,\, \beta'' < \alpha).$$

Dann sind zwei Fälle möglich; 1. Fall: Es gibt in $\mathfrak{A}$ keinen Punkt a, so daß:

(*) $\qquad\qquad\qquad r\,(a,\,a_\beta) \geqq \varrho \qquad$ für alle $\beta < \alpha$.

Dann ist die Menge aller $a_\beta\,(\beta < \alpha)$ der gewünschte Teil $\mathfrak{A}'$ von $\mathfrak{A}$. 2. Fall: Es gibt in $\mathfrak{A}$ mindestens einen Punkt a, für den (*) gilt; einen solchen Punkt wählen wir dann für a_α.

Wenn man nun, bei $\alpha = 0$ beginnend, fortgesetzt obigen Schluß anwendet, so muß für ein α aus $\mathfrak{Z}_1 + \mathfrak{Z}_2$ der 1. Fall eintreten, da man andernfalls zu jedem α von $\mathfrak{Z}_1 + \mathfrak{Z}_2$ einen Punkt a_α in $\mathfrak{A}$ erhielte, so daß

(**) $\qquad\qquad\qquad r\,(a_{\alpha'},\,a_{\alpha''}) \geqq \varrho \qquad (\alpha',\, \alpha''$ in $\mathfrak{Z}_1 + \mathfrak{Z}_2)$;

das aber ist unmöglich, denn diese a_α würden in $\mathfrak{A}$ einen nichtabzählbaren Teil bilden (Einleitung § 4, Satz XIV), der wegen (**) keinen Häufungspunkt hätte, entgegen der Annahme. Die Existenz des behaupteten Teiles $\mathfrak{A}'$ von $\mathfrak{A}$ ist damit bewiesen.

Wir setzen nun, der Reihe nach $\varrho = 1,\, \dfrac{1}{2},\, \ldots,\, \dfrac{1}{n},\, \ldots$ und erhalten so eine Folge abzählbarer Teile $\mathfrak{A}_1,\, \mathfrak{A}_2,\, \ldots,\, \mathfrak{A}_n,\, \ldots$ von $\mathfrak{A}$ mit folgender Eigenschaft: zu jedem a von $\mathfrak{A}$ gibt es in $\mathfrak{A}_n$ ein a', so daß:

$$r\,(a,\,a') < \frac{1}{n}.$$

Infolgedessen bildet die Vereinigung

$$\mathfrak{A}_1 + \mathfrak{A}_2 + \cdots + \mathfrak{A}_n + \cdots$$

einen abzählbaren, in $\mathfrak{A}$ dichten Teil von $\mathfrak{A}$, d. h. $\mathfrak{A}$ ist separabel. Damit ist Satz V bewiesen.

Wir können nun feststellen, daß in Satz III die Bedingung, $\mathfrak{A}$ sei separabel, nicht entbehrt werden kann. Angenommen in der Tat, $\mathfrak{A}$ sei nicht separabel. Nach Satz V gibt es dann in $\mathfrak{A}$ einen nicht abzählbaren Teil $\mathfrak{B}$ ohne Häufungspunkt. Zu jedem a von $\mathfrak{A}$

gibt es dann eine Umgebung $\mathfrak{U}(a)$, die — außer etwa a selbst — keinen Punkt von $\mathfrak{B}$ enthält. Jeder Punkt von $\mathfrak{B}$ kommt dann nur in einem einzigen $\mathfrak{U}(a)$ vor. Es kann daher nicht unter diesen $\mathfrak{U}(a)$ abzählbar viele geben, deren Vereinigung $\mathfrak{B}$ enthält, und um so mehr gilt dies von $\mathfrak{A}$.

Wir können noch Satz V umkehren:

Satz VI. Ist $\mathfrak{A}$ separabel, so hat jeder nicht abzählbare Teil von $\mathfrak{A}$ mindestens einen Häufungspunkt.

Angenommen in der Tat, es gebe in $\mathfrak{A}$ einen nicht abzählbaren Teil $\mathfrak{B}$ ohne Häufungspunkt. Zu jedem a von $\mathfrak{A}$ gibt es dann eine Umgebung $\mathfrak{U}(a)$, die — außer etwa a selbst — keinen Punkt von $\mathfrak{B}$ enthält. Weil $\mathfrak{A}$ separabel, müßte es nach Satz III unter diesen $\mathfrak{U}(a)$ abzählbar viele geben, in deren Vereinigung $\mathfrak{B}$ enthalten ist. Wie wir eben vorhin sahen, ist das aber nicht der Fall. Unsere Annahme führt also auf einen Widerspruch, und Satz VI ist bewiesen.

§ 7. Separable Mengen.

Wir müssen nun zunächst die separablen Mengen (S. 90) näher untersuchen.

Satz I. Die Mächtigkeit einer separablen Menge ist $\leq \mathfrak{c}$.

In der Tat, ist:

$$(0) \qquad\qquad a_1, a_2, \ldots, a_n, \ldots$$

ein in $\mathfrak{A}$ dichter abzählbarer Teil von $\mathfrak{A}$, so gibt es zu jedem Punkte a von $\mathfrak{A}$ in (0) eine Folge $\{a_{n_\nu}\}$, so daß:

$$\lim_{\nu=\infty} a_{n_\nu} = a \, .$$

Da nun die Menge aller Teilfolgen $\{a_{n_\nu}\}$ von $\{a_n\}$ die Mächtigkeit $\mathfrak{c}$ hat (Einleitung § 7, Satz V, Fußn. [2]), so hat die Menge aller a höchstens die Mächtigkeit $\mathfrak{c}$, und Satz I ist bewiesen.

Satz II. Jeder Teil $\mathfrak{B}$ einer separablen Menge $\mathfrak{A}$ ist separabel.

Angenommen in der Tat, $\mathfrak{B}$ wäre nicht separabel. Dann gibt es nach § 6, Satz V in $\mathfrak{B}$ einen abzählbaren Teil $\mathfrak{B}'$ ohne Häufungspunkt. Da auch $\mathfrak{B}' < \mathfrak{A}$, kann dann nach § 6, Satz VI auch $\mathfrak{A}$ nicht separabel sein. Damit ist Satz II bewiesen.

Satz III. Jede Punktmenge des euklidischen $\mathfrak{R}_k$ ist separabel[1]).

In der Tat, die Menge aller rationalen Punkte des $\mathfrak{R}_k$ ist abzählbar (§ 1, Satz II) und dicht im $\mathfrak{R}_k$; also ist der $\mathfrak{R}_k$ separabel,

---

[1]) Auch jede Menge reeller Zahlen ist demnach separabel.

also (Satz II) jede seiner Punktmengen. Damit ist Satz III bewiesen. Er ist Spezialfall von[1]):

Satz IV. Ist jede Menge der Folge $\{\mathfrak{A}_n\}$ kompakt, so ist ihre Vereinigung separabel.

In der Tat, nach § 6, Satz V ist jede Menge $\mathfrak{A}_n$ separabel; es gibt daher einen in $\mathfrak{A}_n$ dichten abzählbaren Teil $\mathfrak{B}_n$ von $\mathfrak{A}_n$. Dann ist auch $\mathfrak{B}_1 + \mathfrak{B}_2 + \ldots + \mathfrak{B}_n + \ldots$ abzählbar und (§ 4, Satz IX) dicht in $\mathfrak{A}_1 + \mathfrak{A}_2 + \ldots + \mathfrak{A}_n + \ldots$ Damit ist Satz IV bewiesen.

Satz V. Ist $\mathfrak{A}$ separabel, so ist jede Menge zu je zweien fremder Teile $\mathfrak{B}$ von $\mathfrak{A}$, deren jeder einen inneren Punkt besitzt, abzählbar.

Sei in der Tat die abzählbare Menge:

$$(*) \qquad a_1, a_2, \ldots, a_n, \ldots$$

dicht in $\mathfrak{A}$, und sei $\mathfrak{B}$ ein Teil von $\mathfrak{A}$, der einen inneren Punkt b besitzt. Es gibt dann (§ 3, S. 72) ein $\varrho > 0$, so daß:

$$\mathfrak{U}(b;\varrho) < \mathfrak{B}.$$

Da aber b Punkt von $\mathfrak{A}$ und die Menge $(*)$ dicht in $\mathfrak{A}$ ist, gibt es in $\mathfrak{U}(b;\varrho)$ und mithin in $\mathfrak{B}$ einen Punkt aus $(*)$. Es kann also, da $(*)$ abzählbar ist, auch nur abzählbar viele solcher $\mathfrak{B}$ geben, wie behauptet.

Satz VI. Ist $\mathfrak{A}$ separabel, so ist jede Menge zu je zweien fremder, in $\mathfrak{A}$ offener Mengen $\mathfrak{B}$ abzählbar.

In der Tat, man betrachte die Menge $\mathfrak{A}$ selbst als den zugrunde gelegten metrischen Raum. Jede in $\mathfrak{A}$ offene Menge $\mathfrak{B}$ wird dann eine offene Menge, jeder Punkt von $\mathfrak{B}$ daher ein innerer Punkt von $\mathfrak{B}$ (§ 3, S. 72), und Satz VI folgt aus Satz V.

Ein Spezialfall von Satz VI sei noch eigens formuliert:

Satz VI a. Ist $\mathfrak{A}$ separabel, so ist die Menge aller isolierten Punkte von $\mathfrak{A}$ abzählbar.

In der Tat, ist b ein isolierter Punkt von $\mathfrak{A}$, so ist die aus dem einzigen Punkte b bestehende Menge $\mathfrak{B}$ offen in $\mathfrak{A}$, also ist tatsächlich Satz VI a Spezialfall von Satz VI.

Ein anderer Spezialfall von Satz VI besagt:

Satz VII. Im euklidischen $\mathfrak{R}_k$ ist jede Menge zu je zweien fremder Intervalle abzählbar[2]).

---

[1]) Denn der $\mathfrak{R}_k$ ist Vereinigung abzählbar vieler kompakter Mengen, z. B. abzählbar vieler abgeschlossener Intervalle.

[2]) Ein Spezialfall hiervon ist Satz II von Einleitung, § 5.

Ferner ergibt Satz VI, zusammen mit den Sätzen XIII und XVI von § 5:

Satz VIII. Eine offene Menge des $\Re_k$ ist Summe abzählbar vieler Gebiete.

Benutzt man noch § 5, Satz X, so hat man:

Satz IX. Eine offene Menge des $\Re_1$ ist Summe abzählbar vieler offener Intervalle.

Im $\Re_k$ tritt an Stelle dieses Satzes:

Satz X. Eine offene Menge $\mathfrak{A}$ des $\Re_k$ ist Vereinigung abzählbar vieler offener Intervalle[1]).

In der Tat, zu jedem Punkte a einer offenen Menge $\mathfrak{A}$ des $\Re_k$ gibt es ein a enthaltendes offenes Intervall $\mathfrak{J}(a)$, das Teil von $\mathfrak{A}$ ist (§ 3, S. 72). Da dann $\mathfrak{A}$ die Vereinigung aller dieser $\mathfrak{J}(a)$ ist, lehrt das verallgemeinerte Borelsche Theorem § 6, Satz IV, daß $\mathfrak{A}$ auch Vereinigung abzählbar vieler dieser $\mathfrak{J}(a)$ ist, und Satz X ist bewiesen.

Allgemein gilt:

Satz XI. Ist $\mathfrak{A}$ eine separable, offene Menge, so gibt es in $\mathfrak{A}$ abzählbar viele Punkte

$$a_1, a_2, \ldots, a_n, \ldots$$

und zu jedem a_n ein $\varrho_n > 0$, so daß:

$$\mathfrak{A} = \mathfrak{U}(a_1; \varrho_1) \dotplus \mathfrak{U}(a_2; \varrho_2) \dotplus \ldots \dotplus \mathfrak{U}(a_n; \varrho_n) \dotplus \ldots$$

In der Tat, zu jedem Punkte a einer offenen Menge gibt es (§ 3, Satz V) ein $\varrho > 0$, so daß

$$\mathfrak{U}(a; \varrho) < \mathfrak{A}.$$

Dann ist $\mathfrak{A}$ die Vereinigung aller dieser $\mathfrak{U}(a; \varrho)$, und § 6, Satz IV ergibt die Behauptung.

Wir beweisen nun zwei Sätze über monotone, wohlgeordnete Mengen abgeschlossener oder offener Teile einer separablen Menge[2]).

Satz XII. Sei $\mathfrak{A}$ separabel; dann ist jede wohlgeordnete Menge M in $\mathfrak{A}$ abgeschlossener Mengen, deren jede echter Teil aller folgenden (vorhergehenden) ist, abzählbar.

Seien in der Tat $\mathfrak{A}_\alpha$ ($\alpha = 1, 2, \ldots$) die Mengen von M. Indem wir $\mathfrak{A}$ für den metrischen Raum $\Re$ wählen, können wir annehmen, die $\mathfrak{A}_\alpha$ seien abgeschlossen. Sei ferner

$$a_1, a_2, \ldots, a_n, \ldots$$

---

[1]) Die aber im allgemeinen nicht zu je zweien fremd angenommen werden können.

[2]) F. Hausdorff, Grundz. d. Mengenlehre, 275.

eine in $\mathfrak{A}$ dichte abzählbare Punktmenge. Die Menge der Umgebungen:

$$(*) \qquad \mathfrak{U}\left(a_n; \frac{1}{\nu}\right) \qquad (n, \nu = 1, 2, \ldots)$$

ist dann ebenfalls abzählbar.

Wir betrachten zunächst den Fall:

$$\mathfrak{A}_\alpha \prec \mathfrak{A}_{\alpha'} \quad \text{wenn} \quad \alpha < \alpha'.$$

Es gibt dann in $\mathfrak{A}_{\alpha+1}$ einen nicht in $\mathfrak{A}_\alpha$ enthaltenen Punkt a. Da $\mathfrak{A}_\alpha$ abgeschlossen, gibt es eine zu $\mathfrak{A}_\alpha$ fremde Umgebung $\mathfrak{U}(a)$ und mithin unter den Mengen $(*)$ eine, die a enthält und zu $\mathfrak{A}_\alpha$ fremd ist, etwa $\mathfrak{U}\left(a_{n_\alpha}; \frac{1}{\nu_\alpha}\right)$. Dann ist notwendig

$$(**) \qquad \mathfrak{U}\left(a_{n_\alpha}; \frac{1}{\nu_\alpha}\right) \neq \mathfrak{U}\left(a_{n_{\alpha'}}; \frac{1}{\nu_{\alpha'}}\right) \quad \text{wenn} \quad \alpha' > \alpha;$$

denn es ist $\mathfrak{U}\left(a_{n_{\alpha'}}; \frac{1}{\nu_{\alpha'}}\right)$ fremd zu $\mathfrak{A}_{\alpha+1}$, während $\mathfrak{U}\left(a_{n_\alpha}; \frac{1}{\nu_\alpha}\right)$ den Punkt a von $\mathfrak{A}_{\alpha+1}$ enthält. Da es aber nur abzählbar viele Mengen $(*)$ gibt, kann es auch nur abzählbar viele Mengen $\mathfrak{A}_\alpha$ geben, wie behauptet.

Betrachten wir sodann den Fall:

$$\mathfrak{A}_\alpha \succ \mathfrak{A}_{\alpha'} \quad \text{wenn} \quad \alpha < \alpha'.$$

Es gibt dann in $\mathfrak{A}_\alpha$ einen nicht in $\mathfrak{A}_{\alpha+1}$ enthaltenen Punkt a, und daher in $(*)$ eine Menge $\mathfrak{U}\left(a_{n_\alpha}; \frac{1}{\nu_\alpha}\right)$, die a enthält und zu $\mathfrak{A}_{\alpha+1}$ fremd ist. Wieder gilt $(**)$, da $\mathfrak{U}\left(a_{n_\alpha}; \frac{1}{\nu_\alpha}\right)$ zu $\mathfrak{A}_{\alpha+1}$ fremd ist, während $\mathfrak{U}\left(a_{n_{\alpha'}}; \frac{1}{\nu_{\alpha'}}\right)$ einen Punkt von $\mathfrak{A}_{\alpha'}$ und mithin von $\mathfrak{A}_{\alpha+1}$ enthält. Im übrigen schließt man, wie vorhin. Damit ist Satz XII bewiesen.

Satz XIII. Sei $\mathfrak{A}$ separabel; dann ist jede wohlgeordnete Menge M in $\mathfrak{A}$ offener Mengen, deren jede echter Teil aller folgenden (vorhergehenden) ist, abzählbar.

In der Tat, sind wieder $\mathfrak{A}_\alpha$ die Mengen von M, und setzt man:

$$\mathfrak{B}_\alpha = \mathfrak{A} - \mathfrak{A}_\alpha,$$

so bilden die $\mathfrak{B}_\alpha$ eine wohlgeordnete Menge N in $\mathfrak{A}$ abgeschlossener Mengen, deren jede echter Teil aller vorhergehenden (folgenden) ist. Wegen Satz XII muß N abzählbar sein, daher auch M, wie behauptet.

In separablen Mengen gelten einige wichtige Sätze über Kondensationspunkte (§ 3, S. 69).

Satz XIV. Eine nicht abzählbare, separable Menge $\mathfrak{A}$ enthält mindestens einen ihrer Kondensationspunkte.

Angenommen in der Tat, kein Punkt von $\mathfrak{A}$ wäre Kondensationspunkt von $\mathfrak{A}$. Zu jedem Punkte von a gibt es dann eine Umgebung $\mathfrak{U}(a)$, so daß $\mathfrak{U}(a)\cdot\mathfrak{A}$ abzählbar. Nach dem verallgemeinerten Borelschen Theorem (§ 6, Satz IV) gibt es unter den Mengen $\mathfrak{U}(a)\cdot\mathfrak{A}$ abzählbar viele, deren Vereinigung $\mathfrak{A}$ ist. Also wäre $\mathfrak{A}$ abzählbar, gegen die Annahme. Damit ist Satz XIV bewiesen.

Aus diesem Satze fließen viele wichtige Folgerungen. Vor allem können wir nun Satz V und VI von § 6 in folgender Weise ergänzen:

Satz XV. Damit eine nicht abzählbare Menge $\mathfrak{A}$ separabel sei, ist notwendig und hinreichend, daß jeder nicht abzählbare Teil von $\mathfrak{A}$ einen Kondensationspunkt besitze.

Die Bedingung ist notwendig; dies ist enthalten in der Behauptung von Satz XIV.

Die Bedingung ist hinreichend; dies ist enthalten in der Behauptung von Satz V, § 6.

Satz XVI. Ist $\mathfrak{A}^*$ die Menge aller Kondensationspunkte der separablen Menge $\mathfrak{A}$, so ist jeder Punkt von $\mathfrak{A}^*$ auch Kondensationspunkt von $\mathfrak{A}\cdot\mathfrak{A}^*$.

Sei in der Tat a ein Punkt von $\mathfrak{A}^*$, d. h. ein Kondensationspunkt von $\mathfrak{A}$. Wäre er nicht Kondensationspunkt von $\mathfrak{A}\mathfrak{A}^*$, so gäbe es eine Umgebung $\mathfrak{U}(a)$, so daß $\mathfrak{U}(a)\cdot\mathfrak{A}\mathfrak{A}^*$ abzählbar. Nach Satz XIV ist die Menge:

$$\mathfrak{U}(a)\cdot\mathfrak{A} - \mathfrak{U}(a)\cdot\mathfrak{A}\mathfrak{A}^*$$

abzählbar, weil sie keinen ihrer Kondensationspunkte enthält. Also wäre auch:

$$\mathfrak{U}(a)\cdot\mathfrak{A} = \mathfrak{U}(a)\cdot\mathfrak{A}\mathfrak{A}^* + \left(\mathfrak{U}(a)\cdot\mathfrak{A} - \mathfrak{U}(a)\cdot\mathfrak{A}\mathfrak{A}^*\right)$$

abzählbar, entgegen der Annahme, daß a Kondensationspunkt von $\mathfrak{A}$. Damit ist Satz XVI bewiesen.

Daraus folgt sofort:

Satz XVII. Ist $\mathfrak{A}^*$ die Menge aller Kondensationspunkte der separablen Menge $\mathfrak{A}$, so ist sowohl $\mathfrak{A}^*$ als $\mathfrak{A}\mathfrak{A}^*$ insichdicht.

Und da $\mathfrak{A}^*$ abgeschlossen ist (§ 3, Satz IX):

Satz XVIII. Die Menge aller Kondensationspunkte einer separablen Menge ist perfekt.

Wir knüpfen an den in § 4, S. 76 eingeführten Begriff des insichdichten Kernes und der separierten Mengen an.

Satz XIX. Der insichdichte Kern einer nicht abzählbaren separablen Menge ist nicht leer.

In der Tat, nach Satz XIV und XVII ist $\mathfrak{A}\mathfrak{A}^{*}$ ein nicht leerer, insichdichter Teil von $\mathfrak{A}$. Daher weiter:

Satz XX. Eine separable und separierte Menge ist abzählbar.

Hieraus zusammen mit § 4, Satz VII folgt:

Satz XXI. Jede separable Menge $\mathfrak{A}$ ist Summe einer in $\mathfrak{A}$ perfekten und einer abzählbaren Menge.

Ist insbesondere $\mathfrak{A}$ abgeschlossen, so ist (§ 2, Satz III a) jede in $\mathfrak{A}$ perfekte Menge perfekt, und Satz XXI ergibt:

Satz XXII. Jede separable abgeschlossene Menge ist Summe einer perfekten und einer abzählbaren Menge.

Dies kann noch wesentlich präzisiert werden, wenn wir die Ableitungen von $\mathfrak{A}$ heranziehen. Da $\mathfrak{A}^{\alpha+1}$ die Menge aller Häufungspunkte von $\mathfrak{A}^{\alpha}$ ist, so ist dann und nur dann $\mathfrak{A}^{\alpha+1} = \mathfrak{A}^{\alpha}$, wenn $\mathfrak{A}^{\alpha}$ perfekt; dann aber ist auch $\mathfrak{A}^{\alpha'} = \mathfrak{A}^{\alpha}$ für $\alpha' > \alpha$. Wir folgern daraus:

Satz XXIII. Unter den Ableitungen $\mathfrak{A}^{\alpha}$ einer separablen Menge $\mathfrak{A}$ gibt es eine perfekte, deren Index α zu $\mathfrak{Z}_1 + \mathfrak{Z}_2$ gehört. Insbesondere ist also $\mathfrak{A}^{\omega_1}$ perfekt[1]).

In der Tat, andernfalls wäre für jedes α aus $\mathfrak{Z}_1 + \mathfrak{Z}_2$ die Ableitung $\mathfrak{A}^{\alpha+1}$ echter Teil von $\mathfrak{A}^{\alpha}$, und da $\mathfrak{Z}_1 + \mathfrak{Z}_2$ nicht abzählbar (Einleitung § 4, Satz XIV), steht dies in Widerspruch zu Satz XII.

Satz XXIV. Der insichdichte Kern einer separablen abgeschlossenen Menge $\mathfrak{A}$ ist identisch mit jeder der perfekten Ableitungen von $\mathfrak{A}$, insbesondere also mit $\mathfrak{A}^{\omega_1}$, und die Zerlegung von Satz XXII kann geschrieben werden:

$$\mathfrak{A} = \mathfrak{A}^{\omega_1} + (\mathfrak{A} - \mathfrak{A}^{\omega_1}).$$

In der Tat, jeder insichdichte Teil von $\mathfrak{A}$ ist Teil jeder Ableitung von $\mathfrak{A}$; insbesondere gilt also, wenn $\mathfrak{A}^{\alpha}$ eine perfekte Ableitung von $\mathfrak{A}$ ist, für den insichdichten Kern $\mathfrak{K}$ von $\mathfrak{A}$:

$$(*) \qquad\qquad \mathfrak{K} < \mathfrak{A}^{\alpha}.$$

Da $\mathfrak{A}$ abgeschlossen, ist

$$\mathfrak{A}^{\alpha} < \mathfrak{A}.$$

Da ferner $\mathfrak{A}^{\alpha}$, weil perfekt, auch in sich dicht ist, folgt aus der Definition von $\mathfrak{K}$:

$$(**) \qquad\qquad \mathfrak{A}^{\alpha} < \mathfrak{K},$$

---

[1]) Darin bedeutet ω_1 die Anfangszahl von $\mathfrak{Z}_3$ (Einleitung § 4, S. 22).

also wegen (*) und (**):

$$\Re = \mathfrak{A}^\alpha.$$

Nach Satz XXIII aber kann $\alpha < \omega_1$ angenommen werden; also ist

$$\mathfrak{A}^{\omega_1} = \mathfrak{A}^\alpha = \Re,$$

und Satz XXIV ist bewiesen.

Wir erhalten nun noch folgende Verschärfung von Satz XXII.

Satz XXV. Jede separable abgeschlossene Menge ist Summe einer perfekten und abzählbar vieler isolierter Mengen.

In der Tat, da es unter jeder Menge von Ordinalzahlen eine kleinste gibt (Einleitung § 4, Satz XI), so gibt es unter den perfekten Ableitungen von $\mathfrak{A}$ eine erste, d. h. eine von kleinstem Index; es sei dies $\mathfrak{A}^{\alpha_0}$. Dann ist, da $\mathfrak{A}^{\alpha_0} \prec \mathfrak{A}$:

$$\mathfrak{A} = \mathfrak{A}^{\alpha_0} + (\mathfrak{A} - \mathfrak{A}^{\alpha_0}).$$

Zu jedem Punkte von $\mathfrak{A}$, der nicht zu $\mathfrak{A}^{\alpha_0}$ gehört, gibt es eine erste Ableitung $\mathfrak{A}^\alpha$ $(0 < \alpha < \alpha_0)$, der er nicht angehört, und zwar ist dann α keine Grenzzahl[1]), und es ist daher a ein Punkt von $\mathfrak{A}^{\alpha-1} - \mathfrak{A}^\alpha$. Es ist also $\mathfrak{A} - \mathfrak{A}^{\alpha_0}$ die Summe aller $\mathfrak{A}^{\alpha-1} - \mathfrak{A}^\alpha$, wo α alle Ordinalzahlen $0 < \alpha \leqq \alpha_0$ durchläuft, mit Ausnahme der Grenzzahlen, oder was dasselbe heißt, die Summe aller $\mathfrak{A}^\alpha - \mathfrak{A}^{\alpha+1}$ $(0 \leqq \alpha < \alpha_0)$.

Da $\mathfrak{A}^{\alpha+1}$ die Menge aller Häufungspunkte von $\mathfrak{A}^\alpha$ ist, so ist $\mathfrak{A}^\alpha - \mathfrak{A}^{\alpha+1}$ isoliert; und da nach Satz XXIII die Ordinalzahl α_0 zu $\mathfrak{Z}_1 + \mathfrak{Z}_2$ gehört, also die Menge der Ordinalzahlen $0 \leqq \alpha < \alpha_0$ abzählbar ist, ist Satz XXV bewiesen.

§ 8. Vollständige Mengen.

In Anlehnung an Einleitung § 6, Satz IX wollen wir die Punktfolge $\{a_n\}$ eine Cauchysche Folge nennen, wenn es zu jedem $\varepsilon > 0$ ein n gibt, so daß:

$$(0) \qquad r(a_{n'}, a_{n''}) < \varepsilon \quad \text{für} \quad n' \geqq n, n'' \geqq n.$$

Damit völlig gleichbedeutend (vgl. Einleitung § 6, Satz X) ist die Bedingung: zu jedem $\varepsilon > 0$ gibt es ein n, so daß:

$$r(a_n, a_{n'}) < \varepsilon \quad \text{für} \quad n' \geqq n.$$

Satz I. Jede gegen einen Punkt a konvergierende Folge ist eine Cauchysche Folge.

Sei in der Tat:

$$\lim_{n=\infty} a_n = a.$$

---

[1]) Denn ist α Grenzzahl, so ist $\mathfrak{A}^\alpha$ der Durchschnitt aller $\mathfrak{A}^\beta$ $(\beta < \alpha)$.

Ist $\varepsilon > 0$ beliebig gegeben, so ist

$$r\left(a_n, a\right) < \frac{\varepsilon}{2} \quad \text{für fast alle } n,$$

also, wegen der Dreiecksungleichung:

$$r\left(a_{n'}, a_{n''}\right) \leqq r\left(a_{n'}, a\right) + r\left(a_{n''}, a\right) < \varepsilon$$

für fast alle n' und fast alle n''. Das aber ist gleichbedeutend mit (0), und Satz I ist bewiesen.

Die Umkehrung von Satz I gilt nicht allgemein. Sei z. B. $\Re$ die Menge aller Punkte $x > 0$ des $\Re_1$. Dann ist die Folge $\left\{\dfrac{1}{n}\right\}$ eine Cauchysche Folge, ohne einen Grenzpunkt in $\Re$ zu besitzen.

Eine Punktmenge $\mathfrak{A}$ heißt **vollständig**[1]), wenn jede Cauchysche Folge $\{a_n\}$ aus $\mathfrak{A}$ einen zu $\mathfrak{A}$ gehörigen Grenzpunkt besitzt. Aus dieser Definition folgt sofort:

Satz II. Jede vollständige Menge ist abgeschlossen.

In der Tat, ist $\mathfrak{A}$ nicht abgeschlossen, so gibt es in $\mathfrak{A}$ eine Folge $\{a_n\}$, so daß

$$\lim_{n=\infty} a_n = a$$

nicht zu $\mathfrak{A}$ gehört. Nach Satz I ist $\{a_n\}$ eine Cauchysche Folge; sie besitzt zwar einen Grenzpunkt, aber er gehört nicht zu $\mathfrak{A}$. Also ist $\mathfrak{A}$ nicht vollständig.

Satz III. Jeder abgeschlossene Teil einer vollständigen Menge ist vollständig.

Satz IV. Jede abgeschlossene und kompakte Menge $\mathfrak{A}$ ist vollständig.

Sei in der Tat $\{a_n\}$ eine Cauchysche Folge aus $\mathfrak{A}$. Weil $\mathfrak{A}$ kompakt, gibt es eine Teilfolge $\{a_{n_\nu}\}$ mit Grenzpunkt:

$$(*) \qquad\qquad \lim_{\nu=\infty} a_{n_\nu} = a.$$

Weil $\mathfrak{A}$ abgeschlossen, gehört a zu $\mathfrak{A}$. Weil $\{a_n\}$ eine Cauchysche Folge, gibt es, wenn $\varepsilon > 0$ beliebig gegeben, ein $\bar{n}$, so daß:

$$(**) \qquad\qquad r\left(a_n, a_{n'}\right) < \frac{\varepsilon}{2} \quad \text{für} \quad n \geqq \bar{n}, \quad n' \geqq \bar{n}.$$

Wegen (*) gibt es ein $n_\nu > \bar{n}$, so daß:

$$(***) \qquad\qquad r\left(a_{n_\nu}, a\right) < \frac{\varepsilon}{2},$$

---

[1]) Dieser Begriff wurde eingeführt von M. Fréchet, Rend. Pal. 22 (1906), 23; der Name stammt von F. Hausdorff, Grundz. d. Mengenlehre, 315.

und wegen (**) ist auch

$$(^*_*) \qquad\qquad r\,(a_n,\, a_{n_\nu}) < \frac{\varepsilon}{2} \quad \text{für} \quad n \geqq \bar{n}.$$

Aus (***), ($^*_*$) folgt vermöge der Dreiecksungleichung:

$$r\,(a_n,\, a) < \varepsilon \quad \text{für} \quad n \geqq \bar{n}.$$

Das aber heißt:

$$\lim_{n=\infty} a_n = a.$$

Und da a zu $\mathfrak{A}$ gehört, ist Satz **IV** bewiesen.

Satz V. Jeder abgeschlossene Teil eines euklidischen $\mathfrak{R}_k$ ist vollständig.

Nach Satz III genügt es zu zeigen, daß $\mathfrak{R}_k$ selbst vollständig ist. Sei $\{a_n\}$ die Folge der Punkte:

$$a_n = (x_{1,\,n},\, x_{2,\,n},\, \ldots,\, x_{k,\,n}).$$

Wegen:

$$|\,x_{i,\,n'} - x_{i,\,n''}\,| \leqq r\,(a_{n'},\, a_{n''}) \qquad (i = 1,\, 2,\, \ldots,\, k)$$

genügt, wenn $\{a_n\}$ eine Cauchysche Folge ist, die Zahlenfolge $\{x_{i,\,n}\}$ der Cauchyschen Bedingung (Einleitung, § 6, Satz IX), und ist also eigentlich konvergent:

$$\lim_{n=\infty} x_{i,\,n} = x_i \qquad (i = 1,\, 2,\, \ldots,\, k).$$

Setzen wir:

$$a = (x_1,\, x_2,\, \ldots,\, x_k),$$

so ist nach § 1, Satz VI:

$$\lim_{n=\infty} a_n = a,$$

und da a ein Punkt des $\mathfrak{R}_k$, ist Satz V bewiesen.

Satz VI. Jeder o-Durchschnitt $\mathfrak{B}$ in einer vollständigen Menge $\mathfrak{A}$, dessen insichdichter Kern nicht leer ist, hat einen perfekten Teil $\mathfrak{C}$ der Mächtigkeit $\mathfrak{c}$.

In der Tat, es gibt (§ 2, Satz XII) eine Folge offener Mengen $\{\mathfrak{B}_n\}$, so daß:

$$\mathfrak{B} = \mathfrak{A} \cdot \mathfrak{B}_1 \cdot \mathfrak{B}_2 \cdot \ldots \cdot \mathfrak{B}_n \cdot \ldots;\qquad \mathfrak{B}_n > \mathfrak{B}_{n+1}.$$

Sei $\mathfrak{K}$ der insichdichte Kern von $\mathfrak{B}$, und seien a_0; a_1 Punkte von $\mathfrak{K}$. Dann gibt es ein ϱ_1:

$$0 < \varrho_1 \leqq \tfrac{1}{2},$$

so daß die abgeschlossenen Umgebungen $\bar{\mathfrak{U}}\,(a_0;\, \varrho_1)$, $\bar{\mathfrak{U}}\,(a_1;\, \varrho_1)$ folgende Eigenschaften haben:

    1. sie sind fremd;

    2. sie liegen in $\mathfrak{B}_1$.

In der offenen Umgebung $\mathfrak{U}(a_{i_1}; \varrho_1)$ $(i_1 = 0, 1)$ gibt es, da $\mathfrak{K}$ insich-dicht, also jeder Punkt von $\mathfrak{K}$ auch Häufungspunkt von $\mathfrak{K}$ ist, zwei Punkte $a_{i_1, 0}$, $a_{i_1, 1}$ von $\mathfrak{K}$, und es gibt ein ϱ_2:

$$0 < \varrho_2 \leq \frac{1}{2^2},$$

so daß $\overline{\mathfrak{U}}(a_{i_1, 0}; \varrho_2)$, $\overline{\mathfrak{U}}(a_{i_1, 1}; \varrho_2)$ folgende Eigenschaften haben:
1. sie sind fremd;
2. sie liegen in $\mathfrak{B}_2$;
3. sie liegen in $\mathfrak{U}(a_{i_1}; \varrho_1)$.

Nun gibt es wieder in $\mathfrak{U}(a_{i_1, i_2}; \varrho_2)$ $(i_1, i_2 = 0, 1)$ zwei Punkte $a_{i_1, i_2, 0}$, $a_{i_1, i_2, 1}$ von $\mathfrak{K}$ und ein ϱ_3:

$$0 < \varrho_3 \leq \frac{1}{2^3},$$

so daß $\overline{\mathfrak{U}}(a_{i_1, i_2, 0}; \varrho_3)$, $\overline{\mathfrak{U}}(a_{i_1, i_2, 1}; \varrho_3)$ drei Eigenschaften haben, wie sie eben für $\overline{\mathfrak{U}}(a_{i_1, i_2}; \varrho_2)$ formuliert wurden.

In dieser Weise kann man weiter schließen, und erhält zu jeder endlichen Ziffernfolge $i_1, i_2, \ldots, i_n$, die nur aus Ziffern 0, 1 besteht, einen Punkt $a_{i_1, i_2, \ldots, i_n}$ von $\mathfrak{K}$ mit einer abgeschlossenen Umgebung $\overline{\mathfrak{U}}(a_{i_1, i_2, \ldots, i_n}; \varrho_n)$, worin:

$$0 < \varrho_n \leq \frac{1}{2^n},$$

von folgenden Eigenschaften:
1.   Zu verschiedenen n-gliedrigen Ziffernfolgen $i_1, i_2, \ldots, i_n$ ge-hörige $\overline{\mathfrak{U}}(a_{i_1, i_2, \ldots, i_n}; \varrho_n)$ sind fremd
2. $\overline{\mathfrak{U}}(a_{i_1, i_2, \ldots, i_n}; \varrho_n) \prec \mathfrak{B}_n$.
3. $\overline{\mathfrak{U}}(a_{i_1, i_2, \ldots, i_n}; \varrho_n) \prec \mathfrak{U}(a_{i_1, i_2, \ldots, i_{n-1}}; \varrho_{n-1})$.

Wir bezeichnen nun mit $\overline{\mathfrak{U}}_n$ die Vereinigung aller $\overline{\mathfrak{U}}(a_{i_1, i_2, \ldots, i_n}; \varrho_n)$ und setzen:

$$\mathfrak{C} = \mathfrak{A} \cdot \overline{\mathfrak{U}}_1 \cdot \overline{\mathfrak{U}}_2 \cdots \overline{\mathfrak{U}}_n \cdots$$

Nach Satz II ist $\mathfrak{A}$ abgeschlossen, also ist auch $\mathfrak{C}$ als Durch-schnitt abgeschlossener Mengen **abgeschlossen** ($\S$ 2, Satz VI), und da nach Eigenschaft 2. der $\overline{\mathfrak{U}}$:

$$\overline{\mathfrak{U}}_n \prec \mathfrak{B}_n,$$

so ist auch

$$\mathfrak{C} \prec \mathfrak{B}.$$

Jeder Punkt von $\mathfrak{C}$ gehört zu einer und nur einer der Mengen $\mathfrak{U}(a_{i_1}; \varrho_1)$, zu einer und nur einer der Mengen $\mathfrak{U}(a_{i_1, i_2}; \varrho_2)$ usf., wo-durch jedem Punkte von $\mathfrak{C}$ in eindeutiger Weise eine Ziffernfolge, bestehend aus den Ziffern 0, 1:

$$(0) \qquad i_1, i_2, \ldots, i_n, \ldots \qquad (i_n = 0, 1)$$

zugeordnet ist. Umgekehrt entspricht jeder solchen Ziffernfolge ein und nur ein Punkt von $\mathfrak{C}$. Denn zunächst liefert uns (0) eine Punktfolge aus $\mathfrak{K}$:

$$(00) \qquad a_{i_1}, a_{i_1, i_2}, \ldots, a_{i_1, i_2, \ldots, i_n}, \ldots$$

Sie ist eine Cauchysche Folge; denn wegen Eigenschaft 3. der $\bar{\mathfrak{U}}$ liegen für $n' \geq n$ alle Punkte der Folge (00) in $\mathfrak{U}(a_{i_1, i_2, \ldots, i_n}; \varrho_n)$, es ist also:

$$r\left(a_{i_1, i_2, \ldots, i_n}, a_{i_1, i_2, \ldots, i_{n'}}\right) < \varrho_n \leq \frac{1}{2^n} \quad \text{für} \quad n' \geq n.$$

Weil $\mathfrak{A}$ vollständig, hat also die Folge (00) einen zu $\mathfrak{A}$ gehörigen Grenzpunkt, der — weil zu allen $\bar{\mathfrak{U}}_n$ gehörig — auch zu $\mathfrak{C}$ gehört. Wie aus Eigenschaft 1. der $\bar{\mathfrak{U}}$ folgt, liefern verschiedene Folgen (0) auch verschiedene Punkte von $\mathfrak{C}$. Die Punkte von $\mathfrak{C}$ können also in eineindeutiger Weise den Ziffernfolgen (0) zugeordnet, und daher durch

$$(000) \qquad a_{i_1, i_2, \ldots, i_n \ldots} \qquad (i_n = 0, 1)$$

bezeichnet werden.

Sei $\mathfrak{U}$ irgendeine Umgebung des Punktes (000). Für fast alle n (z. B. für $n \geq n_0$) ist:

$$\mathfrak{U}(a_{i_1, i_2, \ldots, i_n}; \varrho_n) \prec \mathfrak{U}.$$

Also enthält $\mathfrak{U}$ alle Punkte von $\mathfrak{C}$, deren n_0 erste Indizes mit denen von (000) übereinstimmen; also ist $\mathfrak{C}$ insichdicht und mithin, weil abgeschlossen, auch perfekt.

Da ferner zwischen den Folgen (0) und den Punkten von $\mathfrak{C}$ eine eineindeutige Zuordnung besteht, die Menge der Folgen (0) aber (d. h. die Menge aller Belegungen der natürlichen Zahlen mit den Ziffern 0, 1) die Mächtigkeit $2^{\aleph_0} = c$ hat (Einleitung § 7, Satz V), so hat auch $\mathfrak{C}$ die Mächtigkeit c. Damit ist Satz VI bewiesen.

Wir wollen, um eine kurze Bezeichnung zu haben, die Menge aller derjenigen Punkte (000) von $\mathfrak{C}$, in denen nicht fast alle i_n den Wert 0 oder fast alle i_n den Wert 1 haben, als den Hauptteil von $\mathfrak{C}$ bezeichnen. Dann gilt:

Satz VII. Wird jedem Punkte $a_{i_1, i_2, \ldots, i_n, \ldots}$ des Hauptteiles $\mathfrak{D}$ der Menge $\mathfrak{C}$ von Satz VI die Zahl

$$\frac{i_1}{2} + \frac{i_2}{2^2} + \cdots + \frac{i_n}{2^n} + \cdots$$

zugeordnet, so ist dies eine eineindeutige Abbildung von $\mathfrak{D}$

auf die Menge $\mathfrak{M}$ aller Zahlen aus $(0, 1)$, die nicht endliche
Systembrüche der Grundzahl 2 sind, und diese Abbildung
ist samt ihrer Umkehrung stetig[1]).

In der Tat, daß dies eine eineindeutige Abbildung von $\mathfrak{D}$ auf $\mathfrak{M}$
ist, ist evident; es ist nur die behauptete Stetigkeit zu beweisen.
Sei zu dem Zwecke a ein Punkt aus $\mathfrak{D}$ und $\{a_\nu\}$ eine Punktfolge
aus $\mathfrak{D}$, und es sei:

$$(*) \qquad a = \lim_{\nu = \infty} a_\nu.$$

Sei a der Punkt $a_{i_1, i_2, \ldots, i_n \ldots}$ und a_ν der Punkt $a_{i_1^{(\nu)}, i_2^{(\nu)}, \ldots, i_n^{(\nu)}, \ldots}$
Da a in $\overline{\mathfrak{U}}(a_{i_1, i_2, \ldots, i_{n+1}}; \varrho_{n+1})$ und mithin in $\mathfrak{U}(a_{i_1, i_2, \ldots i_n}; \varrho_n)$ liegt,
müssen wegen $(*)$ auch fast alle a_ν in $\mathfrak{U}(a_{i_1, i_2, \ldots \overline{i_n}}; \varrho_n)$ liegen, und
infolgedessen ist bei beliebig gegebenem n:

$$(**) \qquad i_1^{(\nu)} = i_1, \; i_2^{(\nu)} = i_2, \ldots, i_n^{(\nu)} = i_n \quad \text{für fast alle } \nu.$$

Die den Punkten a und a_ν zugeordneten Zahlen sind gegeben
durch:

$$(***) \qquad x = \sum_{\lambda = 1}^{\infty} \frac{i_\lambda}{2^\lambda} \quad \text{bzw.} \quad x_\nu = \sum_{\lambda = 1}^{\infty} \frac{i_\lambda^{(\nu)}}{2^\lambda}.$$

Wegen $(**)$ ist also bei beliebig gegebenem n:

$$|x_\nu - x| < \sum_{\lambda = n+1}^{\infty} \frac{1}{2^\lambda} = \frac{1}{2^n} \quad \text{für fast alle } \nu.$$

d. h. es ist

$$(\overset{*}{*}) \qquad \lim_{\nu = \infty} x_\nu = x,$$

und die Abbildung von $\mathfrak{D}$ auf $\mathfrak{M}$ ist stetig.

Sei umgekehrt x ein Punkt aus $\mathfrak{M}$, $\{x_\nu\}$ eine Punktfolge aus $\mathfrak{M}$,
für die $(\overset{*}{*})$ gilt, und seien $(***)$ die Darstellungen von x und x_ν
als Systembrüche der Grundzahl 2. Da in der Darstellung von x
nicht fast alle $i_\lambda = 0$ oder fast alle $i_\lambda = 1$ sind, so ist:

$$\sum_{\lambda = 1}^{n} \frac{i_\lambda}{2^\lambda} < x < \sum_{\lambda = 1}^{n} \frac{i_\lambda}{2^\lambda} + \frac{1}{2^n},$$

und infolgedessen gilt wegen $(\overset{*}{*})$ auch für fast alle ν;

---

[1]) Eine Abbildung der Menge $\mathfrak{A}$ auf die Menge $\mathfrak{B}$ heißt stetig, wenn
sie folgende Eigenschaft hat: Ist $\{a_n\}$ eine Punktfolge, a ein Punkt aus $\mathfrak{A}$,
und ist b_n das Bild von a_n, b das Bild von a, so folgt aus $\lim_{n=\infty} a_n = a$ auch
$\lim_{n=\infty} b_n = b$. Wir kommen auf den Begriff der Stetigkeit einer Abbildung ausführlich zurück in Kap. II, § 6.

$$\sum_{\lambda=1}^{n} \frac{i_\lambda}{2^\lambda} < x_\nu < \sum_{\lambda=1}^{n} \frac{i_\lambda}{2^\lambda} + \frac{1}{2^n},$$

und mithin gilt auch (**). Für fast alle ν liegt also der x_ν zugeordnete Punkt $a_\nu = a_{i_1^{(\nu)},\, i_2^{(\nu)},\, \dots\, i_n^{(\nu)},\, \dots}$ in $\overline{\mathfrak{U}}(a_{i_1,\, i_2,\, \dots,\, i_n};\, \varrho_n)$, worin auch der x zugeordnete Punkt $a = a_{i_1,\, i_2,\, \dots,\, i_n,\, \dots}$ liegt. Es ist also, da $\varrho_n \leqq \frac{1}{2^n}$ war:

$$r(a, a_\nu) \leqq 2\,\varrho_n \leqq \frac{1}{2^{n-1}} \quad \text{für fast alle } \nu,$$

und da dies für jedes n gilt, ist:

$$\lim_{\nu=\infty} r(a, a_\nu) = 0, \quad \text{d. h.} \quad \lim_{\nu=\infty} a_\nu = a.$$

Es ist also auch die Abbildung von $\mathfrak{M}$ auf $\mathfrak{D}$ stetig, und Satz VII ist bewiesen.

Satz VIII. Die perfekte Menge $\mathfrak{C}$ von Satz VI kann als nirgends dicht in $\mathfrak{B}$ angenommen werden.

Um dies einzusehen, ändern wir den Beweis von Satz VI in folgender Weise ab: Wir gehen statt von zwei nun von drei Punkten a_0, a_1, a_2 von $\mathfrak{K}$ aus und bilden, ganz wie beim Beweise von Satz VI, zu jedem von ihnen eine Umgebung $\overline{\mathfrak{U}}(a_{i_1};\, \varrho_1)$ $(i_1 = 0, 1, 2)$. Allgemein werden beim n-ten Schritte in $\mathfrak{U}(a_{i_1,\, i_2 \dots,\, i_{n-1}};\, \varrho_{n-1})$ drei Punkte $a_{i_1,\, i_2,\, \dots,\, i_{n-1},\, 0}$, $a_{i_1,\, i_2,\, \dots,\, i_{n-1},\, 1}$, $a_{i_1,\, i_2,\, \dots,\, i_{n-1},\, 2}$ gewählt und zu ihnen Umgebungen $\overline{\mathfrak{U}}(a_{i_1,\, i_2,\, \dots,\, i_n};\, \varrho_n)$ gebildet, die dieselben Eigenschaften haben, wie beim Beweise von Satz VI, nur daß nun $i_1, i_2, \dots, i_n$ die drei Werte $0, 1, 2$ haben können.

Mit $\overline{\mathfrak{U}}_n$ bezeichnen wir nun die Vereinigung derjenigen $\overline{\mathfrak{U}}(a_{i_1,\, i_2,\, \dots,\, i_n};\, \varrho_n)$, in deren Ziffernfolge $i_1, i_2, \dots, i_n$ keine 1 vorkommt. Setzen wir wieder

$$\mathfrak{C} = \mathfrak{A} \cdot \overline{\mathfrak{U}}_1 \cdot \overline{\mathfrak{U}}_2 \cdot \dots \cdot \overline{\mathfrak{U}}_n \cdot \dots,$$

so erkennen wir wie früher[1]), daß $\mathfrak{C}$ ein perfekter Teil von $\mathfrak{B}$ ist. Wir haben nur noch zu zeigen, daß $\mathfrak{C}$ nirgends dicht in $\mathfrak{B}$ ist.

Sei zu dem Zwecke $a = a_{i_1,\, i_2 \dots,\, i_n \dots}$ irgendein Punkt von $\mathfrak{C}$ und $\mathfrak{U}$ eine Umgebung von a. Es gibt dann ein n_0, so daß:

$$\mathfrak{U}(a_{i_1,\, i_2,\, \dots,\, i_{n_0}};\, \varrho_{n_0}) < \mathfrak{U},$$

und infolgedessen auch

$$\mathfrak{U}(a_{i_1,\, i_2,\, \dots,\, i_{n_0},\, 1};\, \varrho_{n_0+1}) < \mathfrak{U}.$$

---

[1]) Nur haben jetzt in (0) und ebenso in (000) die i_n die Werte 0 und 2.

Und da in $\mathfrak{U}\left(a_{i_1,\,i_2,\,\ldots,\,i_{n_0}},\,1;\,\varrho_{n_0+1}\right)$ zwar der Punkt $a_{i_1,\,i_2,\,\ldots,\,i_{n_0}},\,1,\,0,\,\ldots,\,0,\,\ldots$ von $\mathfrak{B}$, aber kein Punkt von $\mathfrak{C}$ liegt, ist $\mathfrak{C}$ nirgends dicht in $\mathfrak{B}$, und Satz VIII ist bewiesen.

Satz IX[1]**.** Ein o-Durchschnitt $\mathfrak{B}$ in einer separablen vollständigen Menge $\mathfrak{A}$ ist abzählbar oder von der Mächtigkeit c, je nachdem sein insichdichter Kern leer ist oder nicht.

In der Tat, ist der insichdichte Kern $\mathfrak{K}$ von $\mathfrak{B}$ leer, so ist $\mathfrak{B}$ abzählbar nach § 7, Satz XIX. Ist $\mathfrak{K}$ nicht leer, so hat $\mathfrak{B}$ nach Satz VI eine Mächtigkeit $\geqq c$, und mithin nach § 7, Satz I genau die Mächtigkeit c.

Satz X. Eine separable, vollständige Menge $\mathfrak{A}$ ist abzählbar oder von der Mächtigkeit c, je nachdem $\mathfrak{A}^{\omega_1}$ leer ist oder nicht.

In der Tat, nach Satz II ist $\mathfrak{A}$ abgeschlossen. Nach § 7, Satz XXIV ist $\mathfrak{A}^{\omega_1}$ der insichdichte Kern von $\mathfrak{A}$. Durch Anwendung von Satz IX folgt also Satz X.

Satz XI. Ist die separable, vollständige Menge $\mathfrak{A}$ abzählbar, so sind ihre Ableitungen von einer bestimmten an leer; ist $\mathfrak{A}$ auch kompakt, so ist der Index der ersten leeren Ableitung eine isolierte Zahl aus $\mathfrak{Z}_1 + \mathfrak{Z}_2$.

In der Tat, nach § 7, Satz XXIII gibt es unter den Ableitungen von $\mathfrak{A}$ eine perfekte $\mathfrak{A}^a$, deren Index α zu $\mathfrak{Z}_1 + \mathfrak{Z}_2$ gehört. Da $\mathfrak{A}^a$ perfekt, ist:

$$\mathfrak{A}^{a'} = \mathfrak{A}^a \quad \text{für} \quad \alpha' > \alpha,$$

insbesondere ist also auch

$$\mathfrak{A}^a = \mathfrak{A}^{\omega_1}.$$

Nach Satz X aber ist $\mathfrak{A}^{\omega_1}$ leer. Es ist also auch $\mathfrak{A}^a$ und mithin für $\alpha' > \alpha$ auch $\mathfrak{A}^{a'}$ leer. Ist insbesondere α der kleinste Index, für den $\mathfrak{A}^a$ leer ist, und ist $\mathfrak{A}$ kompakt, so ist nach § 3, Satz XIX α keine Grenzzahl, womit Satz XI bewiesen ist.

Satz XII. Jede nicht leere, in einer separablen, vollständigen und perfekten Menge offene Menge $\mathfrak{B}$ hat die Mächtigkeit c.

In der Tat, als Durchschnitt einer offenen und einer insichdichten Menge (§ 3, Satz XII) ist $\mathfrak{B}$ insichdicht (§ 4, Satz II), also ist der insichdichte Kern von $\mathfrak{B}$ nicht leer, und Satz XII folgt aus Satz IX.

Satz XIII. Eine separable, vollständige und perfekte

---

[1] Dieser Satz rührt her von W. H. Young, Leipz. Ber. 55 (1903), 287.

Menge $\mathfrak{A}$ ist identisch mit der Menge $\mathfrak{A}^*$ ihrer Kondensationspunkte.

In der Tat, da $\mathfrak{A}$ abgeschlossen, und da jeder Kondensationspunkt auch Häufungspunkt, so ist:

$$(\dagger) \qquad\qquad \mathfrak{A}^* < \mathfrak{A}.$$

Sei sodann a ein Punkt von $\mathfrak{A}$ und $\mathfrak{U}(a)$ eine beliebige Umgebung von a. Nach § 4, Satz II ist ebenso wie $\mathfrak{A}$ auch $\mathfrak{A} \cdot \mathfrak{U}(a)$ insichdicht. Es ist also $\mathfrak{A} \cdot \mathfrak{U}(a)$ ein o-Durchschnitt in $\mathfrak{A}$, dessen insichdichter Kern nicht leer ist. Nach Satz IX hat also $\mathfrak{A} \cdot \mathfrak{U}(a)$ die Mächtigkeit c, d. h. a ist Kondensationspunkt von $\mathfrak{A}$. Und da a ein beliebiger Punkt von $\mathfrak{A}$ war, ist:

$$(\dagger\dagger) \qquad\qquad \mathfrak{A} < \mathfrak{A}^*.$$

Aus $(\dagger)$ und $(\dagger\dagger)$ aber folgt $\mathfrak{A} = \mathfrak{A}^*$, und Satz XIII ist bewiesen.

Satz XIV[1]**).** Ist $\mathfrak{A}$ von erster Kategorie (§ 4, S. 81) in der vollständigen Menge $\mathfrak{B}$, so hat $\mathfrak{B} - \mathfrak{A}\mathfrak{B}$ einen o-Durchschnitt in $\mathfrak{B}$ zum Teil, der in $\mathfrak{B}$ dicht ist.

In der Tat, indem wir nötigenfalls $\mathfrak{A}$ durch $\mathfrak{A}\mathfrak{B}$ ersetzen, können wir annehmen, es sei $\mathfrak{A} < \mathfrak{B}$. Da $\mathfrak{A}$ von erster Kategorie in $\mathfrak{B}$, so ist:

$$\mathfrak{A} = \mathfrak{A}_1 \dotplus \mathfrak{A}_2 \dotplus \ldots \dotplus \mathfrak{A}_n \dotplus \ldots,$$

wo jedes $\mathfrak{A}_n$ nirgends dicht in $\mathfrak{B}$. Nach § 4, Satz XXI können wir annehmen:

$$\mathfrak{A}_n < \mathfrak{A}_{n+1}.$$

Dann ist auch:

$$(*) \qquad\qquad \mathfrak{A}_n^0 < \mathfrak{A}_{n+1}^0,$$

und nach § 4, Satz XV ist auch $\mathfrak{A}_n^0$ nirgends dicht in $\mathfrak{B}$. Wir setzen:

$$\mathfrak{R} - '\mathfrak{A}_n^0 = \mathfrak{C}_n;$$

dann ist $\mathfrak{C}_n$ offen; wegen $(*)$ ist:

$$\mathfrak{C}_n > \mathfrak{C}_{n+1};$$

und es ist:

$$\mathfrak{B} - \mathfrak{A} > \mathfrak{B}\,\mathfrak{C}_1\,\mathfrak{C}_2 \ldots \mathfrak{C}_n \ldots,$$

wo die rechts stehende Menge:

$$\mathfrak{B}' = \mathfrak{B}\,\mathfrak{C}_1\,\mathfrak{C}_2 \ldots \mathfrak{C}_n \ldots$$

ein o-Durchschnitt in $\mathfrak{B}$ ist. Bleibt zu zeigen, daß er dicht in $\mathfrak{B}$ ist.

---

[1]) Dieser und die folgenden Sätze stammen im wesentlichen von R. Baire, Ann. di mat. (3) 3 (1899), 65.

Sei zu dem Zwecke $\mathfrak{C}$ irgendeine offene Punktmenge, derart daß $\mathfrak{C}\mathfrak{B}$ nicht leer ist. Es genügt zu zeigen, daß es in $\mathfrak{C}\mathfrak{B}$ einen Punkt von $\mathfrak{B}'$ gibt.

Da $\mathfrak{A}_1^0$ nirgends dicht in $\mathfrak{B}$, gibt es in $\mathfrak{C}\mathfrak{B}$ einen nicht zu $\mathfrak{A}_1^0$ gehörigen Punkt von $\mathfrak{B}$, d. h. einen Punkt b_1 von $\mathfrak{B}\mathfrak{C}_1$. Sodann gibt es ein ϱ_1:

$$0 < \varrho_1 \leqq \tfrac{1}{2},$$

so daß $\overline{\mathfrak{U}}(b_1; \varrho_1)$ sowohl in $\mathfrak{C}$ als in $\mathfrak{C}_1$ liegt. Ebenso gibt es in $\mathfrak{U}(b_1; \varrho_1)$ einen Punkt b_2 von $\mathfrak{B}\mathfrak{C}_2$, und ein ϱ_2:

$$0 < \varrho_2 \leqq \frac{1}{2^2},$$

so daß $\overline{\mathfrak{U}}(b_2; \varrho_2)$ sowohl in $\mathfrak{C}_2$ als in $\mathfrak{U}(b_1; \varrho_1)$ liegt usw. Wir erhalten so eine Punktfolge $\{b_n\}$ aus $\mathfrak{B}$, die offenbar eine Cauchysche Folge ist. Ihr zu $\mathfrak{B}$ gehöriger Grenzpunkt gehört allen $\overline{\mathfrak{U}}(b_n; \varrho_n)$ an, liegt mithin sowohl in $\mathfrak{C}$, als in jedem $\mathfrak{B}\mathfrak{C}_n$, er ist also ein zu $\mathfrak{B}'$ gehöriger Punkt von $\mathfrak{B}\mathfrak{C}$, wie behauptet. Damit ist Satz XIV bewiesen.

Wir wollen nun eine Menge relativ-vollständig nennen, wenn sie ein o-Durchschnitt in einer vollständigen Menge ist. Da jede Menge $\mathfrak{B}$ in $\mathfrak{B}$ offen, und mithin auch ein o-Durchschnitt in $\mathfrak{B}$ ist, so ist jede vollständige Menge auch relativ-vollständig.

Satz XV[1]). Die Aussage von Satz XIV bleibt bestehen, wenn $\mathfrak{B}$ nur relativ-vollständig ist.

Wie beim Beweise von Satz XIV können wir annehmen $\mathfrak{A} < \mathfrak{B}$. Sei $\mathfrak{B}$ ein o-Durchschnitt in der vollständigen Menge $\overline{\overline{\mathfrak{B}}}$. Dann ist $\mathfrak{B}^0 < \overline{\overline{\mathfrak{B}}}$, und mithin ist nach Satz III auch $\mathfrak{B}^0$ vollständig. Nach § 2, Satz X ist $\mathfrak{B}^0 - \mathfrak{B}$ eine a-Vereinigung, etwa:

$$\mathfrak{B}^0 - \mathfrak{B} = \mathfrak{A}_1 \dotplus \mathfrak{A}_2 \dotplus \cdots \dotplus \mathfrak{A}_n \dotplus \cdots \qquad (\mathfrak{A}_n \text{ abgeschlossen}).$$

Es ist $\mathfrak{A}_n$ nirgends dicht in $\mathfrak{B}^0$. Denn andernfalls gäbe es eine offene Menge $\mathfrak{C}$, so daß $\mathfrak{B}^0\mathfrak{C}$ nicht leer und $\mathfrak{A}_n$ dicht in $\mathfrak{B}^0\mathfrak{C}$. Nach § 4, Satz X wäre dann $\mathfrak{B}^0\mathfrak{C} < \mathfrak{A}_n$, und mithin fremd zu $\mathfrak{B}$, entgegen der Definition von $\mathfrak{B}^0$. Da $\mathfrak{A}_n$ nirgends dicht in $\mathfrak{B}^0$, ist also $\mathfrak{B}^0 - \mathfrak{B}$ von erster Kategorie in $\mathfrak{B}^0$. Da auch $\mathfrak{A}$ von erster Kategorie in $\mathfrak{B}$ und mithin in $\mathfrak{B}^0$, so ist nach § 4, Satz XX auch $\mathfrak{A} \dotplus (\mathfrak{B}^0 - \mathfrak{B})$ von erster Kategorie in $\mathfrak{B}^0$; also hat nach Satz XIV $\mathfrak{B}^0 - \mathfrak{A} - (\mathfrak{B}^0 - \mathfrak{B}) = \mathfrak{B} - \mathfrak{A}$ einen o-Durchschnitt in $\mathfrak{B}^0$ zum Teil, der dicht in $\mathfrak{B}^0$ ist, d. h. einen o-Durchschnitt in $\mathfrak{B}$, der dicht in $\mathfrak{B}$ ist, und Satz XV ist bewiesen.

---

[1]) F. Hausdorff, Grundz. d. Mengenlehre, 327.

Satz XVI. Jede nicht leere, in einer relativ-vollständigen Menge $\mathfrak{B}$ offene Menge $\mathfrak{C}$ (insbesondere also $\mathfrak{B}$ selbst) ist von zweiter Kategorie in $\mathfrak{B}$.

Sei in der Tat $\mathfrak{A}$ ein Teil erster Kategorie in $\mathfrak{B}$. Nach Satz XV ist $\mathfrak{B} - \mathfrak{A}$ dicht in $\mathfrak{B}$. Es gibt also in der in $\mathfrak{B}$ offenen Menge $\mathfrak{C}$ gewiß einen Punkt von $\mathfrak{B} - \mathfrak{A}$; daher kann nicht $\mathfrak{C} = \mathfrak{A}$ sein, und Satz XVI ist bewiesen.

Satz XVII. Ist die (nicht leere) Menge $\mathfrak{B}$ relativ-vollständig, und ist $\mathfrak{A}$ von erster Kategorie in $\mathfrak{B}$, so ist $\mathfrak{B} - \mathfrak{A}\mathfrak{B}$ von zweiter Kategorie in $\mathfrak{B}$.

In der Tat, wäre $\mathfrak{B} - \mathfrak{A}\mathfrak{B}$ von erster Kategorie in $\mathfrak{B}$, so wäre nach § 4, Satz XX auch:

$$\mathfrak{B} = \mathfrak{A}\mathfrak{B} + (\mathfrak{B} - \mathfrak{A}\mathfrak{B})$$

von erster Kategorie in $\mathfrak{B}$, entgegen Satz XVI.

§ 9. Lineare abgeschlossene Mengen.

Wir wollen uns noch speziell mit den abgeschlossenen Punktmengen des $\mathfrak{R}_1$ beschäftigen.

Satz I. Jede abgeschlossene Menge $\mathfrak{A}$ des $\mathfrak{R}_1$ ist Komplement einer Summe abzählbar vieler offener Intervalle.

In der Tat, jede abgeschlossene Menge ist Komplement einer offenen Menge, so daß die Behauptung aus § 7, Satz IX folgt.

Wir nennen die abzählbar vielen offenen Intervalle, deren Summe das Komplement von $\mathfrak{A}$ ist, die zu $\mathfrak{A}$ gehörigen punktfreien Intervalle, oder die zu $\mathfrak{A}$ komplementären Intervalle; ihren Durchschnitt mit einem beliebigen Intervalle $\mathfrak{J}$ nennen wir die punktfreien Intervalle von $\mathfrak{A}$ in $\mathfrak{J}$, oder die bezüglich $\mathfrak{J}$ zu $\mathfrak{A}$ komplementären Intervalle.

Sagen wir noch von einer Menge zu je zweien fremder Intervalle des $\mathfrak{R}_1$, sie seien in natürlicher Reihenfolge, wenn ihre Anfangspunkte in natürlicher Reihenfolge sind:

$$(a', b') \quad \text{vor} \quad (a'', b'') \quad \text{wenn} \quad a' < a'',$$

so gilt:

Satz II. Damit eine abgeschlossene, nirgends dichte Menge $\mathfrak{A}$ des $\mathfrak{R}_1$ perfekt sei, ist notwendig und hinreichend, daß die Menge der endlichen unter den punktfreien Intervallen von $\mathfrak{A}$ in ihrer natürlichen Reihenfolge den Ordnungstypus η (Einleitung § 3, S. 14) habe.

Die Bedingung ist notwendig. Sei in der Tat $\mathfrak{A}$ perfekt, und $\mathfrak{M}$ die Menge der endlichen punktfreien Intervalle von $\mathfrak{A}$ in der natürlichen Reihenfolge. Nach Satz I ist $\mathfrak{M}$ abzählbar. In $\mathfrak{M}$ kann es kein erstes und kein letztes Intervall geben. Denn angenommen (a, b) wäre erstes Intervall von $\mathfrak{M}$, so müßte $(-\infty, a)$ auch punktfreies Intervall von $\mathfrak{A}$ sein (da andernfalls $\mathfrak{A}$ nicht nirgends dicht wäre); dann aber ist a isolierter Punkt von $\mathfrak{A}$, und mithin wäre $\mathfrak{A}$ nicht perfekt. Ferner gibt es in $\mathfrak{M}$ zwischen je zwei Intervallen (a', b') und (a'', b'') ein drittes; denn würden (a', b') und (a'', b'') unmittelbar aufeinanderfolgen, so müßte $b' = a''$ sein (da $\mathfrak{A}$ sonst das Intervall $[b', a'']$ enthielte, und somit nicht nirgends dicht wäre); dann aber ist $b' = a''$ ein isolierter Punkt von $\mathfrak{A}$, und $\mathfrak{A}$ wäre nicht perfekt. Also hat nach Einleitung § 3, Satz I $\mathfrak{M}$ den Ordnungstypus η.

Die Bedingung ist hinreichend. Denn ist $\mathfrak{A}$ nicht perfekt, so gibt es in $\mathfrak{A}$ einen isolierten Punkt, in dem notwendig zwei punktfreie Intervalle von $\mathfrak{A}$ zusammenstoßen; sind sie beide endlich, so sind sie unmittelbar aufeinanderfolgende Intervalle von $\mathfrak{M}$. Ist eines unendlich, so ist das andere erstes oder letztes Intervall von $\mathfrak{M}$. Keinesfalls also kann $\mathfrak{M}$ den Ordnungstypus η haben. Damit ist Satz II bewiesen.

Dieser Satz liefert ein Verfahren zur Konstruktion nirgends dichter perfekter Punktmengen des $\mathfrak{R}_1$, das mit dem beim Beweis von § 8, Satz VIII benützten Verfahren nahe verwandt ist. Wir geben dafür folgendes Beispiel[1]):

Wir betrachten Systembrüche der Grundzahl 3 (Einleitung § 7, S. 44). Sei $\mathfrak{M}$ die abzählbare Menge der (zu je zweien fremden) Intervalle:

$$(e_0 \cdot e_1 e_2 \ldots e_k 1,\ e_0 \cdot e_1 e_2 \ldots e_k 2)^{\cdot} \quad (k = 0, 1, 2, \ldots),$$

in denen keine der Stellen $e_1, e_2, \ldots, e_k$ den Wert 1 hat. In natürlicher Reihenfolge gibt es unter ihnen kein erstes, und zwischen je zweien von ihnen liegt stets ein drittes, also haben sie (Einleitung § 3, Satz I) den Ordnungstypus η. Ihre Vereinigung ist offen, ihr Komplement $\mathfrak{A}$ zum $\mathfrak{R}_1$ daher abgeschlossen. $\mathfrak{A}$ ist aber auch nirgends dicht. Denn andernfalls gäbe es ein Intervall $\mathfrak{J}$, in dem $\mathfrak{A}$ dicht, und weil $\mathfrak{A}$ abgeschlossen, müßte $\mathfrak{A}$ (§ 4, Satz X) alle Punkte von $\mathfrak{J}$ enthalten, was unmöglich, da $\mathfrak{A}$ keinen Punkt $e_0 \cdot e_1 e_2 \ldots e_k e_{k+1}$ enthält, in dem eine der Stellen $e_1, e_2, \ldots, e_k$ den Wert 1 hat, und $e_{k+1} \neq 0$ ist. Also ist nach Satz II $\mathfrak{A}$ eine nirgends dichte perfekte Menge. Sie besteht aus allen Punkten, die durch einen unendlichen

---

[1]) Es rührt her von G. Cantor. Durch ähnliche Abbildung kann man daraus sofort perfekte Mengen bilden, die in einem gegebenen Intervalle $[a, b]$ nirgends dicht sind.

Systembruch der Grundzahl 3 darstellbar sind:

$$e_0 \cdot e_1 \, e_2 \ldots e_n \ldots,$$

in dem keine Stelle 1 vorkommt.

Wir unterscheiden die Punkte einer abgeschlossenen Menge $\mathfrak{A}$ des $\mathfrak{R}_1$ in solche erster und zweiter Art, je nachdem sie Endpunkte eines zu $\mathfrak{A}$ komplementären Intervalles sind, oder nicht.

Satz III. In jeder abgeschlossenen Menge des $\mathfrak{R}_1$ ist die Menge aller Punkte erster Art abzählbar. In jeder (nicht leeren) perfekten Menge des $\mathfrak{R}_1$ hat die Menge aller Punkte zweiter Art die Mächtigkeit c.

In der Tat, da es (Satz I) nur abzählbar viele, zu $\mathfrak{A}$ komplementäre Intervalle gibt, gibt es auch nur abzählbar viele Endpunkte solcher Intervalle, also nur abzählbar viele Punkte erster Art von $\mathfrak{A}$. Ist die Menge $\mathfrak{A}$ perfekt, so hat sie (§ 8, Satz XII) die Mächtigkeit c, und da die Menge der Punkte erster Art abzählbar ist, muß (Einleitung 2, Satz X) die Menge der Punkte zweiter Art die Mächtigkeit c haben, wie behauptet.

Satz IV. Jeder Punkt einer nirgends dichten perfekten Menge $\mathfrak{A}$ des $\mathfrak{R}_1$ ist Häufungspunkt sowohl von Punkten erster, als von Punkten zweiter Art von $\mathfrak{A}$.

Sei a ein Punkt von $\mathfrak{A}$; in jedem a enthaltenden Intervalle (b, c) liegen, da a auch Häufungspunkt von $\mathfrak{A}$ ist, unendlich viele Punkte von $\mathfrak{A}$, mithin unendlich viele punktfreie Intervalle von $\mathfrak{A}$, mithin unendlich viele Punkte erster Art. Also ist a Häufungspunkt von Punkten erster Art.

Nach § 8, Satz XIII ist a aber auch Kondensationspunkt von $\mathfrak{A}$, in jedem a enthaltenden Intervall (b, c) liegt also ein nicht abzählbarer Teil von $\mathfrak{A}$, und da die Menge aller Punkte erster Art abzählbar ist, liegen in (b, c) unendlich viele Punkte zweiter Art, also ist a auch Häufungspunkt von Punkten zweiter Art, und Satz IV ist bewiesen.

Satz V. Die Menge aller Punkte zweiter Art einer nirgends dichten perfekten Menge $\mathfrak{A}$ des $\mathfrak{R}_1$ hat in ihrer natürlichen Reihenfolge den Ordnungstypus ι (Einleitung § 8, S. 48).

Sei in der Tat $\mathfrak{A}'$ die Menge aller Punkte zweiter Art von $\mathfrak{A}$ in ihrer natürlichen Reihenfolge, und sei $\mathfrak{M}$ die Menge aller endlichen punktfreien Intervalle von $\mathfrak{A}$ in ihrer natürlichen Reihenfolge. Zwischen den Elementen von $\mathfrak{A}'$ und denen von $\mathfrak{M}$ setzen wir folgende Reihenfolge fest:

Ist a ein Punkt von $\mathfrak{A}'$ und (x', x'') ein Intervall von $\mathfrak{M}$, so wird geordnet:

$$(x', x'') \text{ vor } a \text{ wenn } x'' < a; \quad a \text{ vor } (x', x'') \text{ wenn } a < x'.$$

Nun hat $\mathfrak{M}$ den Ordnungstypus η (Satz II), also gibt es eine ähnliche Abbildung A von $\mathfrak{M}$ auf die Menge $\mathfrak{N}$ aller rationalen Zahlen. Jeder Punkt a von $\mathfrak{A}'$ zerlegt $\mathfrak{M}$ in zwei Teile, die Menge $\mathfrak{M}'$ aller Intervalle vor a, und die Menge $\mathfrak{M}''$ der übrigen Intervalle. In $\mathfrak{M}'$ gibt es kein letztes, in $\mathfrak{M}''$ kein erstes Element, da sonst a nicht Punkt zweiter Art wäre. Vermöge der Abbildung A entspricht der Zerlegung $\mathfrak{M}' + \mathfrak{M}''$ von $\mathfrak{M}$ eine Zerlegung $\mathfrak{N}' + \mathfrak{N}''$ von $\mathfrak{N}$. Da es in $\mathfrak{M}'$ kein letztes, in $\mathfrak{M}''$ kein erstes Intervall gibt, gibt es in $\mathfrak{N}'$ keine größte, in $\mathfrak{N}''$ keine kleinste rationale Zahl. Es gibt daher eine und nur eine irrationale Zahl, die zwischen allen Zahlen von $\mathfrak{N}'$ und allen Zahlen von $\mathfrak{N}''$ liegt. Indem wir sie dem Punkte a zuordnen, haben wir eine ähnliche Abbildung von $\mathfrak{A}'$ auf die Menge aller irrationalen Zahlen definiert, womit Satz V bewiesen ist.

Zweites Kapitel.

Der Begriff der Stetigkeit und seine Verallgemeinerungen.

§ 1. Der Funktionsbegriff.

Sei $\mathfrak{A}$ eine Menge irgendwelcher Elemente. Ist jedem Elemente a von $\mathfrak{A}$ eine reelle Zahl zugeordnet, die mit $f(a)$ bezeichnet werde, so sagen wir, es sei durch diese Zuordnung eine (einwertige) reelle Funktion $f(a)$ auf $\mathfrak{A}$ definiert[1]). Eine reelle Funktion auf $\mathfrak{A}$ ist also (Einleitung § 1, S. 1) nichts anderes als eine Abbildung der Menge $\mathfrak{A}$ in die Menge aller reellen Zahlen (eine Belegung von $\mathfrak{A}$ mit reellen Zahlen). Ist insbesondere $\mathfrak{A}$ eine Punktmenge des euklidischen $\mathfrak{R}_k$:

$$a = (x_1, x_2, \ldots, x_k),$$

so schreibt man:

$$f(a) = f(x_1, x_2, \ldots, x_k),$$

und nennt $f(a)$ eine auf $\mathfrak{A}$ definierte Funktion der reellen Veränderlichen $x_1, x_2, \ldots, x_k$.

Wird jedem Elemente a von $\mathfrak{A}$ nicht eine reelle Zahl, sondern eine (nicht leere) Menge $f(a)$ reeller Zahlen zugeordnet, so sagen wir, durch diese Zuordnung sei eine mehrwertige reelle Funktion auf $\mathfrak{A}$ definiert. Eine mehrwertige reelle Funktion auf $\mathfrak{A}$ ist also nichts anderes als eine Belegung von $\mathfrak{A}$ mit Mengen reeller Zahlen. Wo wir nicht ausdrücklich das Gegenteil sagen, verstehen wir unter dem Worte „Funktion" stets einwertige reelle Funktionen.

Eine Funktion $f(a)$ heißt endlich, wenn unter den Funktionswerten $f(a)$ keine unendlichen vorkommen:

$$-\infty < f(a) < +\infty \quad \text{für alle } a \text{ von } \mathfrak{A}.$$

Eine mehrwertige Funktion heißt· endlich, wenn in keiner der Mengen $f(a)$ eine der Zahlen $+\infty$, $-\infty$ vorkommt.

---

[1]) Versteht man unter $\mathfrak{A}$ ein Intervall des $\mathfrak{R}_1$, so ist dies der Funktionsbegriff, wie er von G. Lejeune-Dirichlet formuliert wurde: Repert. d. Phys. 1 (1837), 152; Werke 1, 135; Ostwalds Klassiker Nr. 116; 3.

Sei $\mathfrak{M}$ die Menge aller Werte, die die Funktion $f(a)$ auf $\mathfrak{A}$ annimmt [bei einer mehrwertigen Funktion tritt an ihre Stelle die Vereinigung aller Mengen $f(a)$]. Jede Oberzahl von $\mathfrak{M}$ (Einleitung § 5, S. 30) heißt dann eine **Oberzahl** (majorante Zahl, Majorante) von $f(a)$ auf $\mathfrak{A}$, jede Unterzahl von $\mathfrak{M}$ heißt eine **Unterzahl** (minorante Zahl, Minorante) von $f(a)$ auf $\mathfrak{A}$. Die obere (untere) Schranke von $\mathfrak{M}$ (Einleitung § 5, Satz IV) heißt die obere (untere) Schranke von f auf $\mathfrak{A}$, in Zeichen:

$$G(f, \mathfrak{A}) \quad \text{bzw.} \quad g(f, \mathfrak{A}).$$

Diese beiden Zahlen sind also charakterisiert durch folgende Eigenschaften:

1. Es ist

$$g(f, \mathfrak{A}) \leqq f(a) \leqq G(f, \mathfrak{A}) \quad \text{für alle } a \text{ von } \mathfrak{A}.$$

2. Ist $z < G(f, \mathfrak{A})$, so ist:

$$f(a) > z \quad \text{für mindestens ein } a \text{ von } \mathfrak{A};$$

ist $z > g(f, \mathfrak{A})$, so ist:

$$f(a) < z \quad \text{für mindestens ein } a \text{ von } \mathfrak{A}.$$

Aus der Definition von oberer und unterer Schranke folgt sofort:

$$G(f, \mathfrak{B}) \leqq G(f, \mathfrak{A}); \quad g(f, \mathfrak{B}) \geqq g(f, \mathfrak{A}), \text{ wenn } \mathfrak{B} < \mathfrak{A}.$$

Ist $G(f, \mathfrak{A})$ endlich, so heißt f **nach oben beschränkt** auf $\mathfrak{A}$, ist $g(f, \mathfrak{A})$ endlich, so heißt f **nach unten beschränkt** auf $\mathfrak{A}$. die Funktion f sowohl nach oben als nach unten beschränkt auf $\mathfrak{A}$, so heißt sie **beschränkt auf $\mathfrak{A}$**.

Eine Funktion kann **endlich** sein, ohne **beschränkt** zu sein. Beispiel: Sei $f(x)$ die Funktion einer reellen Veränderlichen x. die gleich $\dfrac{1}{x}$ ist für $x \neq 0$, und gleich 0 für $x = 0$. Sie ist endlich, aber weder nach oben noch nach unten beschränkt im $\mathfrak{R}_1$.

Es sei noch ein einfacher Kunstgriff[1]) erwähnt, der es uns häufig gestatten wird, Untersuchungen beliebiger Funktionen auf die beschränkter Funktionen zurückzuführen: Wir ordnen jeder reellen Zahl z eine Zahl z^* zu durch:

$$(0) \qquad z^* = \begin{cases} -1 & \text{wenn } z = -\infty \\[2mm] \dfrac{z}{1 + |z|} & \text{wenn } -\infty < z < +\infty \\[2mm] 1 & \text{wenn } z = +\infty. \end{cases}$$

---

[1]) R. **Baire**, Acta math. 30 (1906), 6.

Dann ist stets:

$$(\dagger) \qquad\qquad -1 \leqq z^* \leqq 1.$$

Die Transformation (0) ist eindeutig umkehrbar:

$$(00) \qquad z= \begin{cases} -\infty & \text{wenn } z^* = -1 \\[2mm] \dfrac{z^*}{1-|z^*|} & \text{wenn } -1 < z^* < 1 \\[2mm] +\infty & \text{wenn } z^* = 1. \end{cases}$$

Zufolge ($\dagger$) führt die Transformation (0) jede Menge reeller Zahlen in eine beschränkte Menge über; wir nennen sie deshalb die Schränkungstransformation und die Transformation (00) die inverse Schränkungstransformation[1]).

Wenden wir auf die Werte der Funktion $f(a)$ die Schränkungstransformation an, so geht $f(a)$ wegen ($\dagger$) in eine der Ungleichung

$$-1 \leqq f^*(a) \leqq 1$$

genügende und mithin beschränkte Funktion $f^*(a)$ über. Es gilt der Satz:

Satz I. Wird die Funktion f (die Zahlenmenge $\mathfrak{M}$) durch die Schränkungstransformation in f^* (in $\mathfrak{M}^*$) übergeführt, so werden obere und untere Schranke von f (von $\mathfrak{M}$) durch die Schränkungstransformation übergeführt in obere und untere Schranke von f^* (von $\mathfrak{M}^*$).

In der Tat, sowohl die Schränkungstransformation als ihre Inverse sind monoton wachsend, d. h. ist $z_1 < z_2$, so ist für die vermöge (0) entsprechenden Werte: $z_1^* < z_2^*$ und umgekehrt. Es geht also durch (0) jede Majorante von f über in eine Majorante von f^*; und da auch umgekehrt durch (00) jede Majorante von f^* (die $\leqq 1$ ist) in eine Majorante von f übergeht, so führt (0) notwendig die kleinste Majorante von f (d. h. die obere Schranke von f) über in die kleinste Majorante von f^*, d. h. in die obere Schranke von f^*. Damit ist Satz I bewiesen.

Neben oberer und unterer Schranke von f auf $\mathfrak{A}$ betrachten wir noch Limes superior und inferior von f auf $\mathfrak{A}$, in Zeichen:

$$\overline{\lim}\,(f, \mathfrak{A}); \quad \underline{\lim}\,(f, \mathfrak{A}).$$

Es wird genügen, die erste dieser beiden Zahlen zu definieren: Wir

---

[1]) An Stelle von (0) könnten ebensogut unzählig viele andere Transformationen verwendet werden; als Beispiel sei nur eine erwähnt:

$$z^* = \operatorname{arc\,tg} z, \qquad \left(-\frac{\pi}{2} \leqq z^* \leqq \frac{\pi}{2}\right).$$

nehmen einen Schnitt (Einleitung § 5, Satz III) in der Menge $\mathfrak{X}$ aller reellen Zahlen vor:

$$\mathfrak{X} = \mathfrak{X}' + \mathfrak{X}'',$$

indem wir in die zweite Komponente $\mathfrak{X}''$ alle jene Zahlen x aufnehmen, welche der Bedingung genügen:

$$f(a) < x \quad \text{für fast alle } a \text{ von } \mathfrak{A}.$$

Die diesen Schnitt hervorrufende Zahl ist der Limes superior von f auf $\mathfrak{A}$. Es sind demnach $\overline{\lim}\,(f, \mathfrak{A})$ und $\underline{\lim}\,(f, \mathfrak{A})$ charakterisiert durch die beiden Eigenschaften:

1. Ist $p < \underline{\lim}\,(f, \mathfrak{A})$ und $q > \overline{\lim}\,(f, \mathfrak{A})$, so ist[1]:

$$p < f(a) < q \quad \text{für fast alle } a \text{ von } \mathfrak{A}.$$

2. Ist $z < \overline{\lim}\,(f, \mathfrak{A})$, so ist:

$$f(a) > z \quad \text{für unendlich viele } a \text{ von } \mathfrak{A};$$

ist $z > \underline{\lim}\,(f, \mathfrak{A})$, so ist:

$$f(a) < z \quad \text{für unendlich viele } a \text{ von } \mathfrak{A}.$$

Es sei noch bemerkt, daß $\overline{\lim}\,(f, \mathfrak{A})$, $\underline{\lim}\,(f, \mathfrak{A})$ nicht notwendig übereinstimmen mit Limes superior und inferior (Einleitung, § 6, S. 38) der Menge $\mathfrak{M}$ aller Werte, die f auf $\mathfrak{A}$ annimmt. Sei z. B. $f(x)$ folgende Funktion einer reellen Veränderlichen: $f(x) = 1$ in $[0, 1]$, $f(x) = -x^2$ für alle andern x. Dann besteht die Menge $\mathfrak{M}$ aller Funktionswerte von $f(x)$ aus dem Intervalle $(-\infty, 0)$ und der Zahl 1; also ist:

$$\overline{\lim}\,\mathfrak{M} = 0; \quad \text{hingegen:} \quad \overline{\lim}\,(f, \mathfrak{R}_1) = 1.$$

Satz II. Wird die Funktion f (die Zahlenfolge $\{z_n\}$) durch die Schränkungstransformation übergeführt in f^* (in $\{z_n{}^*\}$), so wird $\overline{\lim}\,(f, \mathfrak{A})$ und $\underline{\lim}\,(f, \mathfrak{A})$ ($\overline{\lim}\limits_{n=\infty} z_n$ und $\underline{\lim}\limits_{n=\infty} z_n$) durch die Schränkungstransformation übergeführt in $\overline{\lim}\,(f^*, \mathfrak{A})$ und $\underline{\lim}\,(f^*, \mathfrak{A})$ ($\overline{\lim}\limits_{n=\infty} z_n{}^*$ und $\underline{\lim}\limits_{n=\infty} z_n{}^*$).

In der Tat, dies ergibt sich unmittelbar aus der Tatsache, daß durch die Schränkungstransformation jede der Ungleichung

$$(1) \qquad f(a) < x \quad \text{für fast alle } a \text{ von } \mathfrak{A}$$

genügende Zahl x übergeführt wird in eine der Ungleichung

$$(2) \qquad f^*(a) < x^* \quad \text{für fast alle } a \text{ von } \mathfrak{A}$$

---

[1]) Ist eine der Zahlen $\underline{\lim}\,(f, \mathfrak{A})$, $\overline{\lim}\,(f, \mathfrak{A})$ unendlich, so kommt nur die eine Hälfte der folgenden Ungleichung in Betracht.

genügende Zahl x^*, während durch die inverse Schränkungstransformation jede der Ungleichung (2) genügende Zahl $x^* \leqq 1$ in eine der Ungleichung (1) genügende Zahl x verwandelt wird.

Insbesondere folgt aus Satz II:

Satz III. Ist $\{z_n\}$ eine konvergente Folge reeller Zahlen, und führt die Schränkungstransformation z_n in z_n^* über, so ist auch $\{z_n^*\}$ konvergent, und umgekehrt; und es wird $\lim_{n=\infty} z_n$ übergeführt in $\lim_{n=\infty} z_n^*$.

§ 2. Obere und untere Schrankenfunktion.

Sei nun $\mathfrak{A}$ eine Punktmenge eines metrischen Raumes, $\mathfrak{A}^0$ ihre abgeschlossene Hülle (Kap. I, § 3, S. 70). Sei auf $\mathfrak{A}$ eine Funktion f gegeben, und sei a ein Punkt von $\mathfrak{A}^0$. Zu jeder gegen a konvergierenden Punktfolge $\{a_n\}$ aus $\mathfrak{A}$:

$$\lim_{n=\infty} a_n = a$$

sei der Limes superior der zugehörigen Funktionswerte:

$$\overline{\lim_{n=\infty}} f(a_n) = v$$

gebildet. Denken wir uns dies für jede gegen a konvergierende Punktfolge gemacht, so bilden alle so erhaltenen Werte v eine Zahlenmenge, deren obere Schranke bezeichnet wird als die **obere Schranke von f auf $\mathfrak{A}$ im Punkte a**; wir schreiben dafür $G(a; f, \mathfrak{A})$, wobei in diesem Symbol auch die Zeichen f und $\mathfrak{A}$ weggelassen werden können, wenn kein Zweifel besteht, um welche Funktion bzw. um welche Menge es sich handelt. Ganz analog ist die Definition der **unteren Schranke $g(a; f, \mathfrak{A})$ von f in a auf $\mathfrak{A}$**. Da diese Definition weder vom Abstands- noch vom Umgebungsbegriffe expliziten Gebrauch macht, also angewendet werden kann, wie immer der Grenzbegriff in $\mathfrak{A}$ definiert sein mag, nennen wir sie die **allgemeine Definition** (vgl. Kap. I, § 1, S. 58) von oberer (unterer Schranke) in einem Punkte. Aus dieser Definition folgt unmittelbar:

Satz I. Ist $\mathfrak{B}$ Teil von $\mathfrak{A}$ und gehört a zur abgeschlossenen Hülle $\mathfrak{B}^0$ von $\mathfrak{B}$, so ist:

$$G(a; f, \mathfrak{B}) \leqq G(a; f, \mathfrak{A}); \quad g(a; f, \mathfrak{B}) \geqq g(a; f, \mathfrak{A}).$$

Satz II. In jedem Punkte von $\mathfrak{A}^0$ besteht die Ungleichung

$$(0) \qquad g(f, \mathfrak{A}) \leqq g(a; f, \mathfrak{A}) \leqq G(a; f, \mathfrak{A}) \leqq G(f, \mathfrak{A}),$$

n jedem Punkte von $\mathfrak{A}$ besteht die Ungleichung:

$$(00) \qquad g(a; f, \mathfrak{A}) \leqq f(a) \leqq G(a; f, \mathfrak{A}).$$

In der Tat, sei $\{a_n\}$ irgendeine Punktfolge aus $\mathfrak{A}$ mit $\lim\limits_{n=\infty} a_n = a$; wegen:

$$g\,(f, \mathfrak{A}) \leqq f(a_n) \leqq G\,(f, \mathfrak{A})$$

ist auch:

$$\underline{\lim_{n=\infty}} f(a_n) \geqq g\,(f, \mathfrak{A}); \qquad \overline{\lim_{n=\infty}} f(a_n) \leqq G\,(f, \mathfrak{A});$$

also wegen der Definition von $g\,(a; f, \mathfrak{A})$ und $G\,(a; f, \mathfrak{A})$ auch:

$$\left({}^0_0{}^0\right) \qquad g\,(a; f, \mathfrak{A}) \geqq g\,(f, \mathfrak{A}); \quad G\,(a; f, \mathfrak{A}) \leqq G\,(f, \mathfrak{A}).$$

Ferner folgt aus der Definition von $g\,(a; f, \mathfrak{A})$ und $G\,(a; f, \mathfrak{A})$:

$$(000) \qquad g\,(a; f, \mathfrak{A}) \leqq \underline{\lim_{n=\infty}} f(a_n) \leqq \overline{\lim_{n=\infty}} f(a_n) \leqq G\,(a; f, \mathfrak{A});$$

durch $\left({}^0_0{}^0\right)$ und (000) aber ist (0) bewiesen.

Ist insbesondere a Punkt von $\mathfrak{A}$, so kann man setzen: $a_n = a$. Dann wird in (000):

$$\underline{\lim_{n=\infty}} f(a_n) = \overline{\lim_{n=\infty}} f(a_n) = f(a),$$

womit (00) bewiesen ist.

In einem isolierten Punkte von $\mathfrak{A}$ ist offenbar:

$$G\,(a; f, \mathfrak{A}) = g\,(a; f, \mathfrak{A}) = f(a).$$

Aus § 1, Satz I und II folgt nun sofort:

Satz III. Wird die Funktion f durch die Schränkungstransformation übergeführt in f^*, so werden $G\,(a; f, \mathfrak{A})$ und $g\,(a; f, \mathfrak{A})$ durch die Schränkungstransformation übergeführt in $G\,(a; f^*, \mathfrak{A})$ und $g\,(a; f^*, \mathfrak{A})$.

Gebrauch machend vom Begriffe der Umgebung in $\mathfrak{A}$ eines Punktes (Kap. I, § 3, S. 66) wollen wir nun die beiden Sätze beweisen[1]):

Satz IV. Die obere Schranke $G\,(a, f, \mathfrak{A})$ ist nichts anderes als die untere Schranke der Menge der Zahlen $G\,(f, \mathfrak{U})$ für alle möglichen Umgebungen $\mathfrak{U}$ von a in $\mathfrak{A}$.

Satz V. Für jede Folge $\{\mathfrak{U}_n\}$ von Umgebungen von a in $\mathfrak{A}$, die sich auf a zusammenzieht (Kap. I, § 3, S. 68), gilt:

$$\lim_{n=\infty} G\,(f, \mathfrak{U}_n) = G\,(a; f, \mathfrak{A}).$$

Beim Beweise können wir ohne weiteres annehmen, f sei beschränkt, da wir andernfalls unter Berufung auf Satz I und III von § 1 und auf Satz III zunächst auf f die Schränkungstransformation ausüben können.

---

[1]) Analoge Sätze gelten für $g\,(a, f, \mathfrak{A})$.

Sei γ die untere Schranke der Menge aller $G\,(f,\,\mathfrak{U})$ (für alle Umgebungen $\mathfrak{U}$ von a in $\mathfrak{A}$). Wir zeigen zunächst:

$$(1) \qquad \lim_{n=\infty} G\,(f,\,\mathfrak{U}_n) = \gamma.$$

In der Tat, zunächst ist wegen der Definition von γ:

$$(2) \qquad G\,(f,\,\mathfrak{U}_n) \geqq \gamma \quad \text{für alle } n,$$

und andrerseits gibt es zu jedem $\varepsilon > 0$ eine Umgebung $\mathfrak{U}$ von a in $\mathfrak{A}$, so daß:

$$(3) \qquad G\,(f,\,\mathfrak{U}) < \gamma + \varepsilon.$$

Da nun $\{\mathfrak{U}_n\}$ sich auf a zusammenzieht, müssen fast alle $\mathfrak{U}_n$ in $\mathfrak{U}$ liegen, und somit ist:

$$(4) \qquad G\,(f,\,\mathfrak{U}_n) \leqq G\,(f,\,\mathfrak{U}) \quad \text{für fast alle } n.$$

Aus (3) und (4) zusammen mit (2) folgt:

$$\gamma \leqq G\,(f,\,\mathfrak{U}_n) < \gamma + \varepsilon \quad \text{für fast alle } n,$$

und da hierin $\varepsilon > 0$ beliebig war, ist (1) bewiesen.

Nun gibt es zufolge der Definition von $G\,(a;\,f,\,\mathfrak{A})$ zu jedem $\varepsilon > 0$ eine Punktfolge $\{a_n\}$ in $\mathfrak{A}$ mit $\lim\limits_{n=\infty} a_n = a$, für die:

$$\overline{\lim_{n=\infty}} f(a_n) > G\,(a;\,f,\,\mathfrak{A}) - \varepsilon.$$

Ist $\mathfrak{U}$ eine Umgebung von a in $\mathfrak{A}$, so liegen fast alle a_n in $\mathfrak{U}$, so daß also für jede Umgebung $\mathfrak{U}$ von a in $\mathfrak{A}$:

$$G\,(f,\,\mathfrak{U}) > G\,(a;\,f,\,\mathfrak{A}) - \varepsilon.$$

Infolgedessen gilt auch für die untere Schranke γ aller $G\,(f,\,\mathfrak{U})$:

$$\gamma \geqq G\,(a;\,f,\,\mathfrak{A}) - \varepsilon,$$

und da $\varepsilon > 0$ beliebig war:

$$(5) \qquad \gamma \geqq G\,(a;\,f,\,\mathfrak{A}).$$

Sei nun wieder $\{\mathfrak{U}_n\}$ eine Folge von Umgebungen von a in $\mathfrak{A}$, die sich auf a zusammenzieht. Es gibt in $\mathfrak{U}_n$ einen Punkt a'_n von $\mathfrak{A}$, so daß:

$$(6) \qquad G\,(f,\,\mathfrak{U}_n) - \frac{1}{n} < f(a'_n) \leqq G\,(f,\,\mathfrak{U}_n).$$

Da $\{\mathfrak{U}_n\}$ sich auf a zusammenzieht, ist:

$$(7) \qquad \lim_{n=\infty} a'_n = a,$$

und wegen (6) und (1) ist:

$$\lim_{n=\infty} f(a'_n) = \lim_{n=\infty} G\,(f,\,\mathfrak{U}_n) = \gamma.$$

Nach Definition von $G(a; f, \mathfrak{A})$ ist also:

$$(9) \qquad G(a; f, \mathfrak{A}) \geqq \gamma.$$

Aus (5) und (9) aber folgt:

$$(10) \qquad G(a; f, \mathfrak{A}) = \gamma.$$

Durch (10) und (1) aber sind Satz IV und V bewiesen.

Wir merken noch an, daß aus dem geführten Beweise folgt:

Satz VI. Es gibt in $\mathfrak{A}$ Punktfolgen $\{a'_n\}$ und $\{a''_n\}$, so daß:

$$(\dagger) \qquad \lim_{n=\infty} a'_n = a; \quad \lim_{n=\infty} f(a'_n) = G(a; f, \mathfrak{A}).$$

$$(\dagger\dagger) \qquad \lim_{n=\infty} a''_n = a; \quad \lim_{n=\infty} f(a''_n) = g(a; f, \mathfrak{A}).$$

In der Tat, sei $\{\mathfrak{U}_n\}$ eine Folge von Umgebungen von a in $\mathfrak{A}$, die sich auf a zusammenzieht (z. B. die Umgebungen $\mathfrak{U}\left(a; \dfrac{1}{n}\right)$ von a in $\mathfrak{A}$). In $\mathfrak{U}_n$ gibt es einen Punkt a'_n, für den (6) gilt. Die Beziehungen (7) und (8) aber sind nichts anderes als $(\dagger)$, und analog beweist man $(\dagger\dagger)$.

Man kann auch die in Satz IV ausgesprochene Eigenschaft zur Definition von $G(a; f, \mathfrak{A})$ verwenden. Da dabei der Umgebungsbegriff (nicht aber der Abstandsbegriff) zur Verwendung kommt, können wir diese Definition als die topologische bezeichnen. Es ergeben sich aus ihr folgende charakteristische Eigenschaften der Zahlen $G(a; f, \mathfrak{A})$ und $g(a; f, \mathfrak{A})$:

Satz VII. Die Zahlen $g(a; f, \mathfrak{A})$ und $G(a; f, \mathfrak{A})$ sind charakterisiert durch die beiden Eigenschaften:

1. Ist

$$p < g(a; f, \mathfrak{A}); \quad q > G(a; f, \mathfrak{A}),$$

so gibt es eine Umgebung $\mathfrak{U}$ von a in $\mathfrak{A}$, so daß[1]):

$$(*) \qquad p < g(f, \mathfrak{U}) \leqq G(f, \mathfrak{U}) < q.$$

2. Ist

$$z < G(a; f, \mathfrak{A}) \quad [\text{bzw. } z > g(a; f, \mathfrak{A})],$$

so gibt es in jeder Umgebung $\mathfrak{U}(a)$ einen Punkt a' von $\mathfrak{A}$, so daß:

$$(**) \qquad f(a') > z \quad [\text{bzw. } f(a') < z].$$

In der Tat, zunächst gibt es, da nach Satz IV $G(a; f, \mathfrak{A})$ die untere Schranke aller $G(f, \mathfrak{U})$ und ebenso $g(a; f, \mathfrak{A})$ die obere Schranke aller $g(f, \mathfrak{U})$, zwei Umgebungen $\mathfrak{U}'$ und $\mathfrak{U}''$ von a in $\mathfrak{A}$, so daß:

---

[1]) Ist eine der Zahlen $g(a; f, \mathfrak{A})$, $G(a; f, \mathfrak{A})$ unendlich, so kommt nur die eine Hälfte der folgenden Ungleichung in Betracht.

$$(***) \qquad g(f; \mathfrak{U}') > p; \quad G(f, \mathfrak{U}'') < q.$$

Wir setzen:

$$\mathfrak{U} = \mathfrak{U}' \cdot \mathfrak{U}''.$$

Da dann $\mathfrak{U} \prec \mathfrak{U}'$ und $\mathfrak{U} \prec \mathfrak{U}''$, ist offenbar:

$$g(f, \mathfrak{U}) \geqq g(f, \mathfrak{U}'); \quad G(f, \mathfrak{U}) \leqq G(f, \mathfrak{U}'').$$

Also folgt (*) aus (***).

Ist sodann $z < G(a; f, \mathfrak{A})$, so ist, da $G(a; f, \mathfrak{A})$ untere Schranke aller $G(f, \mathfrak{U})$, für jede Umgebung $\mathfrak{U}$ von a in $\mathfrak{A}$:

$$z < G(f, \mathfrak{U}).$$

Nach Definition von $G(f, \mathfrak{U})$ gibt es also in $\mathfrak{U}$ einen Punkt a', für den (**) gilt.

Da es andrerseits nur eine einzige Zahl $G(a; f, \mathfrak{A})$ [ebenso nur eine einzige Zahl $g(a; f, \mathfrak{A})$] geben kann, der die beiden Eigenschaften von Satz VII zukommen, so ist Satz VII vollständig bewiesen.

Sei f eine auf der Punktmenge $\mathfrak{A}$ definierte Funktion, $\mathfrak{A}^0$ die abgeschlossene Hülle von $\mathfrak{A}$. In jedem Punkte a von $\mathfrak{A}^0$ sind nun obere und untere Schranke $G(a; f, \mathfrak{A})$, $g(a; f, \mathfrak{A})$ von f definiert; diese Ausdrücke sind also Funktionen, die auf $\mathfrak{A}^0$ definiert sind. Sie heißen: **obere und untere Schrankenfunktion** von f auf $\mathfrak{A}$.

In Analogie zu Einleitung § 6, Satz VII gilt:

Satz VIII. Sind f_1, f_2, $f_1 + f_2$ **definiert auf** $\mathfrak{A}$**, so gelten in allen Punkten von** $\mathfrak{A}^0$ **die Ungleichungen (vorausgesetzt, daß die darin auftretenden Ausdrücke einen Sinn haben):**

$$(1) \qquad g(a; f_1, \mathfrak{A}) + G(a; f_2, \mathfrak{A}) \leqq G(a; f_1 + f_2, \mathfrak{A})$$
$$\leqq G(a; f_1, \mathfrak{A}) + G(a; f_2, \mathfrak{A}).$$

$$(2) \qquad g(a; f_1, \mathfrak{A}) + g(a; f_2, \mathfrak{A}) \leqq g(a; f_1 + f_2, \mathfrak{A})$$
$$\leqq g(a; f_1, \mathfrak{A}) + G(a; f_2, \mathfrak{A}).$$

Es wird genügen, die Ungleichung (1) zu beweisen. Habe $\{\mathfrak{U}_n\}$ die Bedeutung von Satz V, so daß:

$$(3) \qquad \begin{aligned} G(a; f_1, \mathfrak{A}) &= \lim_{n=\infty} G(f_1, \mathfrak{U}_n); \quad G(a; f_2, \mathfrak{A}) = \lim_{n=\infty} G(f_2, \mathfrak{U}_n); \\ g(a; f_1, \mathfrak{A}) &= \lim_{n=\infty} g(f_1, \mathfrak{U}_n); \end{aligned}$$

$$(4) \qquad G(a; f_1 + f_2, \mathfrak{A}) = \lim_{n=\infty} G(f_1 + f_2, \mathfrak{U}_n).$$

Nun ist offenbar:

$$(5) \quad g(f_1, \mathfrak{U}_n) + G(f_2, \mathfrak{U}_n) \leqq G(f_1 + f_2, \mathfrak{U}_n) \leqq G(f_1, \mathfrak{U}_n) + G(f_2, \mathfrak{U}_n),$$

vorausgesetzt, daß die hierin auftretenden Summen einen Sinn haben; dies aber ist (für fast alle n) sicher dann der Fall, wenn die in (1) auftretenden Summen einen Sinn haben. Aus (3), (4), (5) folgt aber (1).

Satz IX[1]**.** Ist $\mathfrak{A}$ kompakt, so gibt es in $\mathfrak{A}^0$ einen Punkt a' und einen Punkt a'', in denen:

$$(*) \qquad G(a'; f, \mathfrak{A}) = G(f, \mathfrak{A}); \quad g(a''; f, \mathfrak{A}) = g(f, \mathfrak{A}).$$

Wir beweisen die erste Hälfte der Behauptung, wobei wir vermöge der Schränkungstransformation wieder ohne weiteres annehmen können, f sei beschränkt. Dann gibt es in $\mathfrak{A}$ einen Punkt a_n derart, daß:

$$(**) \qquad f(a_n) > G(f, \mathfrak{A}) - \frac{1}{n}.$$

Da $\mathfrak{A}$ kompakt ist, gibt es in $\{a_n\}$ eine Teilfolge $\{a_{n_\nu}\}$, die einen Grenzpunkt a' besitzt, und wegen $(**)$ ist:

$$\lim_{\nu = \infty} f(a_{n_\nu}) = G(f, \mathfrak{A}).$$

Also ist, nach der allgemeinen Definition von $G(a'; f, \mathfrak{A})$:

$$G(a'; f, \mathfrak{A}) \geq G(f, \mathfrak{A}).$$

Dies in Verbindung mit (0) von Satz II aber ergibt die erste Hälfte von $(*)$, und analog beweist man die zweite.

Die Voraussetzung, $\mathfrak{A}$ sei kompakt, kann in Satz IX nicht entbehrt werden. Denn sei $\mathfrak{A}$ irgendeine nicht kompakte Menge. Dann gibt es in $\mathfrak{A}$ einen abzählbaren Teil $a_1, a_2, \ldots, a_n, \ldots$ ohne Häufungspunkt. Wir definieren: $f(a_n) = n$; $f(a) = 0$ in den nicht zu $\{a_n\}$ gehörenden Punkten von $\mathfrak{A}$. Dann ist $G(f, \mathfrak{A}) = +\infty$, während $G(a; f, \mathfrak{A})$ in jedem Punkte von a endlich ist.

§ 3. Stetigkeit in einem Punkte.

Die auf der Punktmenge $\mathfrak{A}$ definierte Funktion f heißt stetig auf $\mathfrak{A}$ im Punkte a von $\mathfrak{A}$, wenn für jede Punktfolge $\{a_n\}$ aus $\mathfrak{A}$ mit $\lim\limits_{n=\infty} a_n = a$ auch:

$$(*) \qquad \lim_{n=\infty} f(a_n) = f(a)$$

ist. Ist die Funktion f nicht stetig in a auf $\mathfrak{A}$, so heißt sie unstetig in a auf $\mathfrak{A}$. Jeder Punkt, in dem f stetig (unstetig) auf $\mathfrak{A}$ ist, heißt ein Stetigkeits-(Unstetigkeits-)punkt von f auf $\mathfrak{A}$.

---

[1]) Dieser Satz dürfte (für Funktionen einer reellen Veränderlichen) auf **Weierstraß** zurückgehen. Er ist ein allgemeiner Grenzsatz (Kap. I, § 1, S. 58); M. **Fréchet**, Rend. Pal. 22 (1906), 8.

Da diese Definition der Stetigkeit weder vom Abstands- noch vom Umgebungsbegriffe expliziten Gebrauch macht, nennen wir sie (vgl. Kap. I, § 1, S. 58) die **allgemeine** Stetigkeitsdefinition[1]). Ist f stetig in a auf $\mathfrak{A}$, und ist $\mathfrak{B}$ ein a enthaltender Teil von $\mathfrak{A}$, so ist f in a auch stetig auf $\mathfrak{B}$.

Aus § 1, Satz III folgt unmittelbar:

Satz I. Geht f durch die Schränkungstransformation über in f^*, so sind f und f^* in jedem Punkte von $\mathfrak{A}$ gleichzeitig stetig, bzw. unstetig auf $\mathfrak{A}$.

Satz II.[2]) Damit f stetig sei in a auf $\mathfrak{A}$, ist notwendig und hinreichend, daß:

$$(\dagger) \qquad G(a; f, \mathfrak{A}) = g(a; f, \mathfrak{A}).$$

Die Bedingung ist **notwendig.** In der Tat, aus der Stetigkeitsdefinition (*) folgt auf Grund der allgemeinen Definition von $G(a; f, \mathfrak{A})$ und $g(a; f, \mathfrak{A})$ sofort $(\dagger)$.

Die Bedingung ist **hinreichend;** denn ist $(\dagger)$ erfüllt, so ist nach § 2, Satz II auch

$$(\dagger\dagger) \qquad G(a; f, \mathfrak{A}) = g(a; f, \mathfrak{A}) = f(a).$$

Nach Definition von $G(a; f, \mathfrak{A})$ und $g(a; f, \mathfrak{A})$ ist für jede Folge $\{a_n\}$ mit $\lim\limits_{n=\infty} a_n = a$:

$$g(a; f, \mathfrak{A}) \leqq \varliminf_{n=\infty} f(a_n) \leqq \varlimsup_{n=\infty} f(a_n) \leqq G(a; f, \mathfrak{A}),$$

woraus wegen $(\dagger\dagger)$ die Stetigkeitsdefinition (*) folgt. Damit ist Satz II bewiesen.

Ebenso beweist man:

Satz III.[2]) Damit f stetig sei in a auf $\mathfrak{A}$, ist notwendig und hinreichend, daß $(\dagger\dagger)$ gilt.

Satz IV. Damit f stetig sei in a auf $\mathfrak{A}$, ist notwendig und hinreichend, daß es zu jedem $p < f(a)$, und ebenso zu jedem $q > f(a)$, eine Umgebung $\mathfrak{U}$ von a in $\mathfrak{A}$ gebe, so daß:

$$(0) \qquad \begin{aligned} & f(a') > p \quad \text{für alle } a' \text{ von } \mathfrak{U}, \\ \text{bzw.} \quad & f(a') < q \quad \text{für alle } a' \text{ von } \mathfrak{U}. \end{aligned}$$

Die Bedingung ist **notwendig.** Angenommen etwa, es gäbe zu einem $p < f(a)$ keine solche Umgebung $\mathfrak{U}$. In jeder Umgebung

---

[1]) Sie dürfte in der Literatur zuerst bei E. Heine zu finden sein (Journ. f. Math. 74 (1872), 182), der sich dabei auf G. Cantor beruft.

[2]) Satz II und III sind allgemeine Grenzsätze.

$\mathfrak{U}(a)$, insbesondere in $\mathfrak{U}\left(a; \dfrac{1}{n}\right)$ gäbe es dann ein a_n von $\mathfrak{A}$, so daß:

$$f(a_n) \leqq p < f(a).$$

Dann aber ist $\lim\limits_{n=\infty} a_n = a$, und es könnte nicht $\lim\limits_{n=\infty} f(a_n) = f(a)$ sein, entgegen der Annahme, f sei stetig in a auf $\mathfrak{A}$.

Die Bedingung ist hinreichend. Angenommen, sie sei erfüllt. Ist dann $\{a_n\}$ eine Punktfolge aus $\mathfrak{A}$ mit $\lim\limits_{n=\infty} a_n = a$, so liegen fast alle a_n in $\mathfrak{U}$; es ist also [für jedes $p < f(a)$ und jedes $q > f(a)$]:

$$f(a_n) > p; \quad f(a_n) < q \quad \text{für fast alle } a_n,$$

d. h. es ist

$$\lim_{n=\infty} f(a_n) = f(a),$$

und f ist stetig in a auf $\mathfrak{A}$. Damit ist Satz IV bewiesen.

Man kann auch die in Satz IV ausgesprochene Eigenschaft zur Definition der Stetigkeit verwenden. Da dabei der Umgebungsbegriff (nicht aber der Abstandsbegriff) zur Verwendung kommt, bezeichnen wir sie als die topologische Stetigkeitsdefinition. Ist $f(a)$ endlich, nimmt sie die bekannte Form an:

Die Funktion f heißt stetig in a auf $\mathfrak{A}$, wenn zu jedem $\varepsilon > 0$ eine Umgebung $\mathfrak{U}$ von a in $\mathfrak{A}$ gehört, derart daß:

$$|f(a') - f(a)| < \varepsilon \quad \text{für alle } a' \text{ von } \mathfrak{U}.$$

Satz V. Damit f stetig sei in a auf $\mathfrak{A}$, ist notwendig und hinreichend, daß es zu jedem $p < f(a)$, sowie zu jedem $q > f(a)$ ein $\varrho > 0$ gebe, so daß, wenn $\mathfrak{U}(a; \varrho)$ die Umgebung ϱ von a in $\mathfrak{A}$ bedeutet:

$$(00) \qquad f(a') > p \quad \text{bzw.} \quad f(a') < q \quad \text{für alle } a' \text{ von } \mathfrak{U}(a; \varrho).$$

Die Bedingung ist notwendig. In der Tat, ist f stetig in a auf $\mathfrak{A}$, so gibt es nach Satz IV ein $\mathfrak{U}$, so daß (0) gilt. Nach Kap. I, § 3, Satz V gibt es dann ein $\varrho > 0$, so daß:

$$\mathfrak{U}(a; \varrho) < \mathfrak{U},$$

und (00) folgt aus (0).

Die Bedingung ist hinreichend. Dies ist ein Spezialfall von Satz IV.

Man kann auch die in Satz V ausgesprochene Eigenschaft zur Definition der Stetigkeit verwenden. Da dabei der Abstandsbegriff verwendet wird, bezeichnen wir sie als die metrische Stetigkeitsdefinition. Ist $f(a)$ endlich, nimmt sie die bekannte Form an, in der zuerst der Stetigkeitsbegriff in die Analysis eingeführt wurde[1]):

Die Funktion f heißt stetig in a auf $\mathfrak{A}$, wenn es zu jedem $\varepsilon > 0$ ein $\varrho > 0$ gibt derart, daß für jeden Punkt a' von $\mathfrak{A}$ für den

$$r(a, a') < \varrho$$

ist, die Ungleichung besteht:

$$|f(a') - f(a)| < \varepsilon.$$

Aus jeder der drei Stetigkeitsdefinitionen folgt unmittelbar: in einem isolierten Punkte von $\mathfrak{A}$ ist jede Funktion f stetig auf $\mathfrak{A}$.

Aus Einleitung § 5, Satz VII folgt ohne weiteres:

Satz VI. Ist f stetig in a auf $\mathfrak{A}$, so auch $-f$ und $|f|$.

Satz VII. Sind f_1 und f_2 stetig in a auf $\mathfrak{A}$, und ist eine der Verknüpfungen

$$f_1(a) + f_2(a), \quad f_1(a) - f_2(a), \quad f_1(a) \cdot f_2(a), \quad \frac{f_1(a)}{f_2(a)}$$

ausführbar, so gibt es eine Umgebung $\mathfrak{U}$ von a in $\mathfrak{A}$, für deren sämtliche Punkte die entsprechende der Verknüpfungen

$$f_1 + f_2, \quad f_1 - f_2, \quad f_1 \cdot f_2, \quad \frac{f_1}{f_2}$$

ausführbar ist und eine in a auf $\mathfrak{U}$ stetige Funktion liefert.

Es wird genügen, dies für $f_1 + f_2$ nachzuweisen. Wir unterscheiden die drei Fälle:

$$1.\ f_1(a) \text{ endlich;} \quad 2.\ f_1(a) = +\infty, \quad 3.\ f_1(a) = -\infty.$$

Im 1. Falle folgt aus Satz IV die Existenz einer Umgebung $\mathfrak{U}$ von a in $\mathfrak{A}$, in der f_1 gleichfalls endlich ist, und mithin gewiß $f_1 + f_2$ ausführbar ist. Im 2. Falle ist, wegen der Existenz von $f_1(a) + f_2(a)$, gewiß $f_2(a) \neq -\infty$; es gibt also nach Satz IV eine Umgebung $\mathfrak{U}$ von a in $\mathfrak{A}$, in der:

$$f_1 \neq -\infty; \quad f_2 \neq -\infty,$$

und in der somit $f_1 + f_2$ ausführbar ist. Völlig analog schließt man im Falle 3. Damit ist die Existenz einer Umgebung $\mathfrak{U}$ von a in $\mathfrak{A}$ nachgewiesen, auf der $f_1 + f_2$ existiert.

Sei nun $\{a_n\}$ irgendeine Punktfolge aus $\mathfrak{U}$ mit $\lim\limits_{n=\infty} a_n = a$.

---

[1]) B. Bolzano, Rein analytischer Beweis usw. Prag 1818, 11 = Ostwalds Klassiker Nr. 153, 7. A. Cauchy, Cours d'analyse 1 (1821), 34 = Œuvres (2) 3, 43.

Wegen der vorausgesetzten Stetigkeit von f_1 und f_2 ist:

$$\lim_{n=\infty} f_1(a_n) = f_1(a); \quad \lim_{n=\infty} f_2(a_n) = f_2(a).$$

Nach Einleitung § 5, Satz VIII ist daher auch

$$\lim_{n=\infty} (f_1(a_n) + f_2(a_n)) = f_1(a) + f_2(a);$$

d. h. es ist $f_1 + f_2$ stetig in a auf $\mathfrak{U}$. Damit ist Satz VII bewiesen.

Satz VIII. Seien $f_1, f_2, \ldots, f_k$ endlich viele[1]) Funktionen, die auf $\mathfrak{A}$ definiert und in a stetig auf $\mathfrak{A}$ sind. Ist f der größte (oder kleinste) unter den k Funktionswerten $f_1, f_2, \ldots, f_k$ so ist auch f stetig in a auf $\mathfrak{A}$.

Es genügt, den Beweis für $k = 2$ zu führen, da er dann für beliebige k sofort durch vollständige Induktion erbracht wird.

Seien also f_1 und f_2 stetig in a auf $\mathfrak{A}$, und sei f der größere der beiden Funktionswerte f_1 und f_2. Sei etwa:

$$f_1(a) \geqq f_2(a) \quad \text{und somit:} \quad f(a) = f_1(a).$$

Für jede Folge $\{a_n\}$ aus $\mathfrak{A}$ mit $\lim_{n=\infty} a_n = a$ ist:

(†) $$\lim_{n=\infty} f_1(a_n) = f_1(a); \quad \lim_{n=\infty} f_2(a_n) = f_2'(a).$$

Ist: $$p > f(a) \; (= f_1(a) \geqq f_2(a)),$$

so ist also wegen (†):

$$f_1(a_n) < p; \quad f_2(a_n) < p \quad \text{für fast alle } n;$$

mithin auch:

(††) $$f(a_n) < p \quad \text{für fast alle } n.$$

Ist $$q < f(a) \, (= f_1(a)),$$

so ist wegen (†):

$$f_1(a_n) > q \quad \text{für fast alle } n,$$

---

[1]) Für **unendlich** viele Funktionen gilt Satz VIII nicht, selbst wenn es unter ihren Werten einen größten gibt. Beispiel (Fig. 1): Sei $f_n(x)$ $(n = 1, 2, \ldots)$ definiert im $\mathfrak{R}_1$ durch folgende Vorschrift:

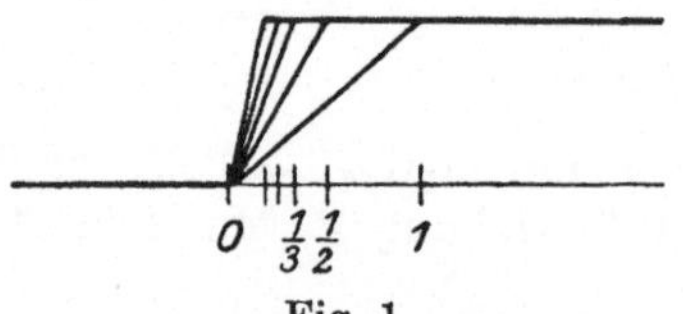

Fig. 1.

$$f_n(x) = 0 \quad \text{in} \quad (-\infty, 0],$$

$$f_n(x) = 1 \quad \text{in} \quad \left[\frac{1}{n}, +\infty\right),$$

$$f_n(x) \text{ linear in } \left[0, \frac{1}{n}\right].$$

Dann gibt es unter den Funktionswerten $f_n(x)$ für jedes x einen größten $f(x)$:

$$f(x) = 0 \text{ in } (-\infty, 0], \quad f(x) = 1 \text{ in } (0, +\infty).$$

Es ist aber $f(x)$ unstetig für $x = 0$, während alle $f_n(x)$ dort stetig sind.

mithin auch:

$$(\dagger\dagger\dagger) \qquad f(a_n) > q \quad \text{für fast alle } n.$$

Die Ungleichungen ($\dagger\dagger$) und ($\dagger\dagger\dagger$) aber besagen:

$$\lim_{n=\infty} f(a_n) = f(a),$$

d. h. f ist stetig in a auf $\mathfrak{A}$. Damit ist Satz VIII bewiesen[1]).

§ 4. Stetigkeit auf einer Punktmenge.

Ist die auf der Punktmenge $\mathfrak{A}$ des metrischen Raumes $\mathfrak{R}$ definierte Funktion f in jedem Punkte a von $\mathfrak{A}$ stetig auf $\mathfrak{A}$, so heißt sie kurz: **stetig auf** $\mathfrak{A}$. Beispiele stetiger Funktionen[2]) liefert uns der Satz:

Satz I. Der Abstand $r(a, \bar{a})$ des Punktes a von einem festen Punkte $\bar{a}$, ebenso der Abstand $r(a, \overline{\mathfrak{A}})$ des Punktes a von einer festen Menge $\overline{\mathfrak{A}}$ ist eine in ganz $\mathfrak{R}$ (und mithin auf jeder Punktmenge $\mathfrak{A}$) stetige Funktion von a.

In der Tat, wegen der Dreiecksungleichung, bzw. nach Kap. I, § 1, Satz IV ist:

$$| r(a_n, \bar{a}) - r(a, \bar{a}) | \leqq r(a_n, a),$$
$$| r(a_n, \overline{\mathfrak{A}}) - r(a, \overline{\mathfrak{A}}) | \leqq r(a_n, a).$$

Aus $\lim\limits_{n=\infty} a_n = a$ folgt also:

$$\lim_{n=\infty} r(a_n, \bar{a}) = r(a, \bar{a}); \quad \lim_{n=\infty} r(a_n, \overline{\mathfrak{A}}) = r(a, \overline{\mathfrak{A}}),$$

das aber ist die in Satz I behauptete Stetigkeit von $r(a, \bar{a})$ und $r(a, \overline{\mathfrak{A}})$.

Satz II[3]). Ist $\mathfrak{A}$ kompakt und abgeschlossen, und ist f stetig auf $\mathfrak{A}$, so gibt es in $\mathfrak{A}$ Punkte a' und a'', so daß

$$(*) \qquad f(a') = G(f, \mathfrak{A}); \quad f(a'') = g(f, \mathfrak{A}).$$

In der Tat, nach § 2, Satz IX gibt es in $\mathfrak{A}^0$ einen Punkt a', so daß

---

[1]) Wie der Beweis zeigt, ist Satz VIII ein allgemeiner Grenzsatz.

[2]) Vgl. hierzu H. Hahn, Monatsh. f. Math. 19 (1908), 247.

[3]) Satz II ist ein allgemeiner Grenzsatz. Er dürfte (für Funktionen einer reellen Veränderlichen) zuerst von Weierstraß in seinen Vorlesungen bewiesen worden sein. Man überzeugt sich leicht, daß die Bedingungen, $\mathfrak{A}$ sei kompakt und abgeschlossen, nicht entbehrt werden können. Näheres hierüber: M. Fréchet, Rend. Pal. 22 (1906), 31 und H. Hahn, Monatsh. f. Math. 19 (1908), 255.

$$(**) \qquad G(a'; f, \mathfrak{A}) = G(f, \mathfrak{A}),$$

und weil $\mathfrak{A}$ abgeschlossen, gehört a' auch zu $\mathfrak{A}$. Wegen der Stetigkeit von f ist (§ 3, Satz III):

$$(***) \qquad G(a'; f, \mathfrak{A}) = f(a').$$

Aus (**) und (***) folgt die erste Gleichung (*), und ebenso beweist man die zweite.

Wir ziehen aus Satz II einfache Folgerungen:

Satz III. Ist $\mathfrak{A}$ kompakt und abgeschlossen, so ist jede auf $\mathfrak{A}$ endliche und stetige Funktion beschränkt.

Satz IV. Ist $\mathfrak{A}$ kompakt[1]) und abgeschlossen, so gibt es zu jedem Punkte b von $\mathfrak{R}$ einen Punkt a in $\mathfrak{A}$, so daß:

$$(0) \qquad r(b, \mathfrak{A}) = r(b, a).$$

In der Tat, nach Satz I ist $r(b, a)$ als Funktion von a stetig auf $\mathfrak{A}$. Nun ist nach Definition $r(b, \mathfrak{A})$ die untere Schranke von $r(b, a)$ auf $\mathfrak{A}$, also gibt es nach Satz II in $\mathfrak{A}$ einen Punkt, für den (0) gilt.

Satz V. Sind $\mathfrak{A}$ und $\mathfrak{B}$ kompakt[2]) und abgeschlossen, so gibt es a in $\mathfrak{A}$ und b in $\mathfrak{B}$, so daß:

$$(\dagger) \qquad r(\mathfrak{A}, \mathfrak{B}) = r(a, b).$$

In der Tat, nach Kap. I, § 1, Satz III ist $r(\mathfrak{A}, \mathfrak{B})$ die untere Schranke von $r(a, \mathfrak{B})$ auf $\mathfrak{A}$. Nach Satz I ist $r(a, \mathfrak{B})$ stetig auf $\mathfrak{A}$, nach Satz II gibt es also in $\mathfrak{A}$ einen Punkt a, so daß

$$(\dagger\dagger) \qquad r(a, \mathfrak{B}) = r(\mathfrak{A}, \mathfrak{B}).$$

Nach Satz IV gibt es sodann in $\mathfrak{B}$ einen Punkt b, so daß:

$$(\dagger\dagger\dagger) \qquad r(a, \mathfrak{B}) = r(a, b).$$

Aus ($\dagger\dagger$) und ($\dagger\dagger\dagger$) aber folgt ($\dagger$), und Satz V ist bewiesen.

---

[1]) Im $\mathfrak{R}_k$ kann die Bedingung, $\mathfrak{A}$ sei kompakt, weggelassen werden. Denn wählt man ϱ so groß, daß in die abgeschlossene Umgebung $\bar{\mathfrak{U}}(b; \varrho)$ Punkte von $\mathfrak{A}$ fallen, und setzt

$$\mathfrak{A}' = \mathfrak{A} \cdot \bar{\mathfrak{U}}(b; \varrho),$$

so wird:

$$r(b, \mathfrak{A}) = r(b, \mathfrak{A}'),$$

und man kann statt an $\mathfrak{A}$ an $\mathfrak{A}'$ argumentieren. Im $\mathfrak{R}_k$ aber ist $\mathfrak{A}'$ kompakt.

[2]) Im $\mathfrak{R}_k$ genügt es, vorauszusetzen, mindestens eine der beiden Mengen $\mathfrak{A}$, $\mathfrak{B}$ sei kompakt. Diese Voraussetzung aber kann nicht entbehrt werden. Beispiel im $\mathfrak{R}_2$: $\mathfrak{A}$ die x_1-Achse, $\mathfrak{B}$ die Hyperbel $x_1 x_2 = 1$. Es ist $r(\mathfrak{A}, \mathfrak{B}) = 0$, obwohl $\mathfrak{A}$ und $\mathfrak{B}$ fremd sind.

Satz VI[1]). Damit f stetig sei auf $\mathfrak{A}$, ist notwendig und hinreichend, daß für jedes[2]) c sowohl die Menge aller Punkte von $\mathfrak{A}$, in denen $f \geq c$, als auch die Menge aller Punkte von $\mathfrak{A}$, in denen $f \leq c$ ist, abgeschlossen sei in $\mathfrak{A}$.

Die Bedingung ist notwendig. In der Tat, sei f stetig auf $\mathfrak{A}$, und sei $\mathfrak{A}'$ die Menge aller Punkte von $\mathfrak{A}$, in denen $f \geq c$ und $\mathfrak{A}''$ die Menge aller Punkte von $\mathfrak{A}$, in denen $f \leq c$. Sei a ein zu $\mathfrak{A}$ gehöriger Häufungspunkt von $\mathfrak{A}'$. Es gibt in $\mathfrak{A}'$ eine Folge $\{a_n\}$ mit $\lim\limits_{n=\infty} a_n = a$. Wegen der Stetigkeit von f ist:

$$(*) \qquad\qquad f(a) = \lim\limits_{n=\infty} f(a_n).$$

Da nach Annahme:

$$f(a_n) \geq c \quad \text{für alle } n,$$

so ist nach (*) auch

$$f(a) \geq c,$$

d. h. a gehört zu $\mathfrak{A}'$. Also ist $\mathfrak{A}'$ abgeschlossen in $\mathfrak{A}$, wie behauptet.

Die Bedingung ist hinreichend. Angenommen in der Tat, f sei nicht stetig auf $\mathfrak{A}$. Ist etwa a ein Punkt von $\mathfrak{A}$, in dem f nicht stetig ist auf $\mathfrak{A}$, so gibt es in $\mathfrak{A}$ eine Punktfolge $\{a_n\}$ mit $\lim\limits_{n=\infty} a_n = a$, so daß nicht $\lim\limits_{n=\infty} f(a_n) = f(a)$ gilt. Es gibt also sei es ein $p < f(a)$, sei es ein $q > f(a)$, so daß für unendlich viele n:

$$f(a_n) \leq p \quad \text{bzw.} \quad f(a_n) \geq q.$$

Für $c = p$ (bzw. q)[3]) ist nun im ersten Falle a Häufungspunkt von $\mathfrak{A}''$, ohne zu $\mathfrak{A}''$ zu gehören, im zweiten Falle Häufungspunkt von $\mathfrak{A}'$, ohne zu $\mathfrak{A}'$ zu gehören. Mindestens eine der beiden Mengen $\mathfrak{A}'$, $\mathfrak{A}''$ ist also nicht abgeschlossen in $\mathfrak{A}$, und Satz VI ist bewiesen.

Satz VII. Ist f stetig auf $\mathfrak{A}$, so ist für jedes c die Menge aller Punkte von $\mathfrak{A}$, in denen $f = c$ ist, abgeschlossen in $\mathfrak{A}$[4]).

Sei in der Tat $\mathfrak{C}$ diese Menge. Haben $\mathfrak{A}'$, $\mathfrak{A}''$ dieselbe Bedeutung wie beim Beweise von Satz VI, so ist:

$$\mathfrak{C} = \mathfrak{A}' \cdot \mathfrak{A}''.$$

---

[1]) Auch dieser Satz ist ein allgemeiner Grenzsatz.

[2]) Statt dessen kann es auch heißen: für eine (im $\mathfrak{R}_1$) überall dichte Menge von Zahlen c.

[3]) Ebenso für jedes der Ungleichung

$$p \leq c < f(a) \quad (\text{bzw.} \quad f(a) < c \leq q)$$

genügende c.

[4]) Diese Eigenschaft ist offenbar nicht hinreichend für die Stetigkeit von f. Beispiel: Sei $\mathfrak{A}$ das Intervall $[0, 1]$ des $\mathfrak{R}_1$ und $f(x) = x$ in $(0, 1)$, $f(0) = 1$, $f(1) = 0$.

Nach Satz VI ist $\mathfrak{A}'$ und $\mathfrak{A}''$ abgeschlossen in $\mathfrak{A}$, also nach Kap. I, § 2, Satz VI auch ihr Durchschnitt $\mathfrak{C}$. Damit ist Satz VII bewiesen.

Satz VIII[1]). Ist die Funktion f stetig auf der zusammenhängenden[2]) Menge $\mathfrak{A}$, und nimmt sie auf $\mathfrak{A}$ die Werte c' und c'' an, so nimmt sie auf $\mathfrak{A}$ auch jeden Wert c zwischen c' und c'' an.

In der Tat, nach Satz VI ist sowohl die Menge $\mathfrak{A}'$ aller Punkte von $\mathfrak{A}$, in denen $f \geq c$, als auch die Menge $\mathfrak{A}''$ aller Punkte von $\mathfrak{A}$, in denen $f \leq c$, abgeschlossen in $\mathfrak{A}$. Nach Annahme ist weder $\mathfrak{A}'$ noch $\mathfrak{A}''$ leer, und es ist:

$$\mathfrak{A} = \mathfrak{A}' \dotplus \mathfrak{A}''.$$

Da $\mathfrak{A}$ zusammenhängend, sind also $\mathfrak{A}'$ und $\mathfrak{A}''$ nicht fremd, d. h. $\mathfrak{A}' \cdot \mathfrak{A}''$ ist nicht leer. In jedem Punkte von $\mathfrak{A}' \cdot \mathfrak{A}''$ aber ist $f = c$, und Satz VIII ist bewiesen.

Es sei eigens bemerkt, daß es auch nicht stetige Funktionen gibt, denen die Eigenschaft von Satz VIII zukommt[3]). Ein sehr bekanntes Beispiel liefert die Funktion $f(x)$, die definiert ist durch:

$$f(x) = \sin \frac{1}{x} \ \text{ für } x \neq 0; \quad f(0) = 0.$$

Weitergehend ist das folgende Beispiel[4]):

Wir gehen aus von der Bemerkung: Es gibt eine Menge der Mächtigkeit $\mathfrak{c}$ von Teilen des $\mathfrak{R}_1$, deren jeder dicht im $\mathfrak{R}_1$ ist, und deren je zwei fremd sind. In der Tat, sei y eine beliebige reelle Zahl aus $[0, 1)$. Wir entwickeln sie in einen unendlichen Systembruch der Grundzahl 2

$$(1) \qquad\qquad y = 0 \cdot e_1 e_2 \ldots e_n \ldots \qquad (e_n = 0, 1),$$

in dem unendlich viele Stellen 0 vorkommen. Nach Einleitung § 7, Satz IV und II ist dies auf eine und nur eine Weise möglich. Sei sodann ein endlicher

---

[1]) Auch dieser Satz ist ein allgemeiner Grenzsatz; er wurde (für Funktionen einer reellen Veränderlichen) zuerst bewiesen von B. Bolzano, Rein analytischer Beweis usw. (1818), 12, 51 = Ostwalds Klassiker Nr. 153, 8, 31.

[2]) Diese Bedingung kann nicht entbehrt werden; denn ist $\mathfrak{A}$ nicht zusammenhängend:

$$\mathfrak{A} = \mathfrak{A}' \dotplus \mathfrak{A}'' \quad (\mathfrak{A}', \mathfrak{A}'' \text{ abgeschlossen in } \mathfrak{A}),$$

so setze man:

$$f = 0 \text{ auf } \mathfrak{A}', \quad f = 1 \text{ auf } \mathfrak{A}''.$$

Dann ist nach Satz VI f stetig auf $\mathfrak{A}$ und nimmt keinen Wert zwischen 0 und 1 an.

[3]) Dies wurde betont von G. Darboux, Ann. Éc. Norm. (2) 4 (1875), 109.

[4]) H. Lebesgue, Leçons sur l'intégration (1904) 105. Vgl. auch E. Cesàro, Bull. sci. math. (2) 21 (1897), 258. W. H. Young, Rend. Pal. 24 (1907), 187; Mess. of math. (2) 39 (1909), 69. F. Apt, Arch. d. Math. (3) 20 (1912), 189.

Systembruch der Grundzahl 2 mit gerader Stellenzahl gegeben, dessen letzte Stelle eine 1 ist:

$$(2) \qquad g \cdot g_1 g_2 \ldots g_{2k}; \qquad g_{2k} = 1.$$

Wir setzen aus (1) und (2) den Systembruch zusammen:

$$(3) \qquad g \cdot g_1 g_2 \ldots g_{2k} e_1 0 e_2 0 \ldots e_n 0 \ldots$$

Die Menge $\mathfrak{M}(y)$ aller Zahlen, die man erhält, indem man in (3) y festhält und den Systembruch (2) beliebig variieren läßt, ist dicht im $\mathfrak{R}_1$, und verschiedene y liefern fremde Mengen $\mathfrak{M}(y)$. Damit ist die Behauptung bewiesen. Definiert man nun $f(x)$ durch:

$$f(x) = y \quad \text{wenn} \quad x \text{ in } \mathfrak{M}(y),$$
$$f(x) = 1 \quad \text{wenn} \quad x \text{ in keiner Menge } \mathfrak{M}(y),$$

so ist $f(x)$ für kein x stetig, und nimmt in jedem Intervalle $[x_1, x_2]$ alle Werte aus $[0, 1]$ an.

An die metrische Stetigkeitsdefinition (§ 3, Satz V) knüpft der Begriff der gleichmäßigen Stetigkeit an[1]. Die beschränkte Funktion f heißt gleichmäßig stetig auf $\mathfrak{A}$, wenn es zu jedem $\varepsilon > 0$ ein $\varrho > 0$ gibt, so daß für jedes Punktepaar a', a'' aus $\mathfrak{A}$, dessen Abstand:

$$r(a', a'') < \varrho$$

ist, die Ungleichung besteht:

$$|f(a') - f(a'')| < \varepsilon.$$

Eine nicht beschränkte Funktion heißt gleichmäßig stetig auf $\mathfrak{A}$, wenn die aus ihr durch die Schränkungstransformation entstehende Funktion gleichmäßig stetig auf $\mathfrak{A}$ ist.

Selbstverständlich ist jede auf $\mathfrak{A}$ gleichmäßig stetige Funktion auch stetig auf $\mathfrak{A}$. Was die Umkehrung anlangt, so gilt:

Satz IX[2]. Ist $\mathfrak{A}$ kompakt und abgeschlossen[3], so ist jede auf $\mathfrak{A}$ stetige Funktion auch gleichmäßig stetig auf $\mathfrak{A}$.

---

[1]) Eine andre, auf nicht metrischer Grundlage ruhende Definition der gleichmäßigen Stetigkeit wird vorgeschlagen von W. Sierpiński, Wektor 2 (1912), 353.

[2]) Dieser Satz wird gewöhnlich E. Heine zugeschrieben. Doch findet er sich schon in einer von Dirichlet 1854 gehaltenen Vorlesung (G. Lejeune-Dirichlets Vorlesungen über die Lehre von den einfachen und mehrfachen bestimmten Integralen, herausgegeben von G. Arendt (1904), 4). In der im Text gegebenen Allgemeinheit wurde der Satz bewiesen von M. Fréchet, Rend. Pal. 22 (1906), 29.

[3]) Diese Voraussetzungen können nicht entbehrt werden. Sei z. B. $\mathfrak{A}$ die Menge aller rationalen Punkte des $\mathfrak{R}_1$ und $f(x) = 1$ für $x < \sqrt{2}$, $f(x) = 0$ für $x > \sqrt{2}$. Dann ist $f(x)$ auf $\mathfrak{A}$ stetig, aber nicht gleichmäßig stetig. Die Funktion $\sin \frac{1}{x}$ ist in $(0, 1]$ stetig, aber nicht gleichmäßig stetig.

Vermöge der Schränkungstransformation genügt es, den Beweis für beschränkte f zu führen. Angenommen, der Satz wäre nicht richtig; dann gibt es ein $\varepsilon > 0$ und eine Folge von Punktepaaren a_n', a_n'' $(n = 1, 2, \ldots)$ aus $\mathfrak{A}$, für die:

$$(*) \qquad \lim_{n=\infty} r(a_n', a_n'') = 0 \quad \text{und} \quad (f(a_n') - f(a_n'')) \geq \varepsilon.$$

Da $\mathfrak{A}$ kompakt, hat die Folge $\{a_n'\}$ einen Häufungspunkt a, und da $\mathfrak{A}$ abgeschlossen ist, gehört a zu $\mathfrak{A}$. In $\{a_n'\}$ gibt es eine Teilfolge $\{a_{n_\nu}'\}$ mit

$$\lim_{\nu=\infty} a_{n_\nu}' = a,$$

und wegen der ersten Relation (*) ist auch:

$$\lim_{\nu=\infty} a_{n_\nu}'' = a.$$

Wegen der Stetigkeit von f ist:

$$\lim_{\nu=\infty} f(a_{n_\nu}') = f(a); \quad \lim_{\nu=\infty} f(a_{n_\nu}'') = f(a),$$

und somit:

$$\lim_{\nu=\infty} [f(a_{n_\nu}') - f(a_{n_\nu}'')] = 0,$$

im Gegensatz zur zweiten Umgleichung (*). Damit ist Satz IX bewiesen.

Er kann sofort noch etwas erweitert werden:

Satz X. Ist $\mathfrak{A}'$ ein kompakter und abgeschlossener Teil der beliebigen Menge $\mathfrak{A}$, und ist die auf $\mathfrak{A}$ definierte Funktion f in allen Punkten von $\mathfrak{A}'$ endlich und stetig auf $\mathfrak{A}$, so gibt es zu jedem $\varepsilon > 0$ ein $\varrho > 0$, so daß für alle a' von $\mathfrak{A}'$ und alle der Ungleichung $r(a', a'') < \varrho$ genügenden a'' aus $\mathfrak{A}$:

$$|f(a') - f(a'')| < \varepsilon.$$

Der Beweis verläuft ebenso, wie für Satz IX, nur daß unter $\{a_n'\}$ nun eine Punktfolge aus $\mathfrak{A}'$ zu verstehen ist.

Satz XI. Ist $\mathfrak{A}'$ ein kompakter und abgeschlossener Teil der beliebigen Menge $\mathfrak{A}$, sind f_1 und f_2 definiert auf $\mathfrak{A}$, stetig auf $\mathfrak{A}$ in allen Punkten von $\mathfrak{A}'$, und ist $f_1 \neq f_2$ auf $\mathfrak{A}'$, so gibt es eine Umgebung $\mathfrak{U}$ von $\mathfrak{A}'$ in $\mathfrak{A}$, so daß auch

$$f_1 \neq f_2 \quad \text{auf } \mathfrak{U}.$$

In der Tat, vermöge der Schränkungstransformation können wir f_1 und f_2 als beschränkt annehmen. Es ist $|f_1 - f_2|$ stetig und > 0 auf $\mathfrak{A}'$. Also ist nach Satz II auch:

$$g(|f_1 - f_2|, \mathfrak{A}') > 0.$$

Wir wählen in Satz X:

$$\varepsilon < g\left(\,|\,f_1 - f_2\,|,\,\mathfrak{A}'\right),$$

so daß auf $\mathfrak{A}'$:

$$|\,f_1 - f_2\,| > \varepsilon.$$

Dann ist nach Satz X:

$$|\,f_1 - f_2\,| > 0$$

auf der Umgebung $\mathfrak{U}(\varrho;\mathfrak{A}')$ von $\mathfrak{A}'$ in $\mathfrak{A}$, und Satz XI ist bewiesen.

§ 5. Erweiterung einer stetigen Funktion.

Wir behandeln nun folgende Fragestellung: Es sei auf einem Teile $\mathfrak{B}$ von $\mathfrak{A}$ eine stetige Funktion f gegeben; unter welchen Umständen kann f zu einer auf ganz $\mathfrak{A}$ stetigen Funktion erweitert werden? Wir behandeln zunächst den Fall, daß $\mathfrak{B}$ dicht in $\mathfrak{A}$ ist und gehen aus von der Bemerkung:

Satz I'). Eine auf $\mathfrak{A}$ stetige Funktion f ist völlig bestimmt durch die Werte, die sie auf einem in $\mathfrak{A}$ dichten Teile $\mathfrak{B}$ von $\mathfrak{A}$ annimmt.

In der Tat, da $\mathfrak{B}$ dicht in $\mathfrak{A}$, gibt es zu jedem Punkt a von $\mathfrak{A}$ in $\mathfrak{B}$ eine Punktfolge $\{b_n\}$, so daß:

$$\lim_{n=\infty} b_n = a.$$

Wegen der Stetigkeit von f muß also sein:

$$f(a) = \lim_{n=\infty} f(b_n).$$

Also ist $f(a)$ durch die Werte von f auf $\mathfrak{B}$ eindeutig bestimmt, wie behauptet.

Wir ziehen zunächst einige Folgerungen aus Satz I.

Satz II. Gibt es einen in $\mathfrak{A}$ dichten Teil $\mathfrak{B}$ von $\mathfrak{A}$ der Mächtigkeit $\mathfrak{b}$, so hat die Menge aller auf $\mathfrak{A}$ stetigen Funktionen höchstens die Mächtigkeit $c^{\mathfrak{b}}$.

In der Tat, die Menge $\mathfrak{N}$ aller Funktionen auf $\mathfrak{B}$, das heißt die Menge aller Belegungen von $\mathfrak{B}$ mit reellen Zahlen, hat die Mächtigkeit $c^{\mathfrak{b}}$ (Einleitung, § 2, S. 7). Da eine auf $\mathfrak{A}$ stetige Funktion völlig bestimmt ist durch ihre Werte auf $\mathfrak{B}$, ist die Menge $\mathfrak{M}$ aller auf $\mathfrak{A}$ stetigen Funktionen gleichmächtig mit einem Teile von $\mathfrak{N}$, und Satz II ist bewiesen.

Satz III. Die Menge $\mathfrak{M}$ aller auf einer separablen Menge $\mathfrak{A}$ stetigen Funktionen hat die Mächtigkeit c.

---

[1] Satz I findet sich wohl zum erstenmal (für Funktionen einer reellen Veränderlichen) bei E. Heine, J. f. Math. 74 (1872), 183. Er ist ein allgemeiner Grenzsatz.

In der Tat, da jede Konstante eine auf $\mathfrak{A}$ stetige Funktion ist, hat $\mathfrak{M}$ mindestens die Mächtigkeit $\mathfrak{c}$. Da $\mathfrak{A}$ separabel ist, gibt es einen in $\mathfrak{A}$ dichten abzählbaren Teil von $\mathfrak{A}$. Nach Satz II hat also $\mathfrak{M}$ höchstens die Mächtigkeit $\mathfrak{c}^{\aleph_0} = \mathfrak{c}$ (Einleitung § 7, Satz X). Also hat $\mathfrak{M}$ genau die Mächtigkeit $\mathfrak{c}$, und Satz III ist bewiesen.

Bemerken wir noch, daß demzufolge auf jeder separablen Menge der Mächtigkeit $\mathfrak{c}$, insbesondere also im $\mathfrak{R}_k$ die Menge aller Funktionen höhere Mächtigkeit hat, als die aller stetigen Funktionen. In der Tat, auf einer Menge der Mächtigkeit $\mathfrak{c}$ hat die Menge aller Funktionen die Mächtigkeit[1])

$$\mathfrak{c}^{\mathfrak{c}} = (2^{\aleph_0})^{\mathfrak{c}} = 2^{\aleph_0 \cdot \mathfrak{c}} = 2^{\mathfrak{c}};$$

die Menge aller auf einer separablen Menge stetigen Funktionen aber hat nach Satz III die Mächtigkeit $\mathfrak{c}$, und nach Einleitung § 2, Satz XII ist:

$$2^{\mathfrak{c}} > \mathfrak{c}.$$

Satz IV. Ist $\mathfrak{B}$ ein in $\mathfrak{A}$ dichter Teil von $\mathfrak{A}$, und ist f stetig auf $\mathfrak{A}$, so ist:

$$(1) \qquad g(f, \mathfrak{A}) = g(f, \mathfrak{B}); \quad G(f, \mathfrak{A}) = G(f, \mathfrak{B}).$$

In der Tat, da $\mathfrak{B} \prec \mathfrak{A}$, ist:

$$(2) \qquad G(f, \mathfrak{B}) \leqq G(f, \mathfrak{A}).$$

Ist andererseits p irgendeine Zahl:

$$(3) \qquad p < G(f, \mathfrak{A}),$$

so gibt es ein a in $\mathfrak{A}$, so daß:

$$(4) \qquad f(a) > p.$$

Da $\mathfrak{B}$ dicht in $\mathfrak{A}$, gibt es in $\mathfrak{B}$ eine Punktfolge $\{b_n\}$, so daß:

$$\lim_{n=\infty} b_n = a.$$

Wegen der Stetigkeit von f ist dann:

$$\lim_{n=\infty} f(b_n) = f(a).$$

Zufolge (4) ist also:

$$f(b_n) > p \quad \text{für fast alle } n,$$

und daher auch:

$$G(f, \mathfrak{B}) > p.$$

Da aber p eine beliebige, (3) genügende Zahl war, ist dann auch:

$$(5) \qquad G(f, \mathfrak{B}) \geqq G(f, \mathfrak{A}).$$

---

[1]) Zur folgenden Gleichung vgl. Einleitung § 7, Satz V; § 2, Satz I; § 7, Satz VIII.

Aus (2) und (5) aber folgt die zweite Gleichung (1), und analog beweist man die erste.

Satz V. Ist $\mathfrak{B}$ ein in $\mathfrak{A}$ dichter Teil von $\mathfrak{A}$, und ist f stetig auf $\mathfrak{A}$, so ist in jedem Punkte a der abgeschlossenen Hülle $\mathfrak{A}^0$:

$$g(a; f, \mathfrak{A}) = g(a; f, \mathfrak{B}); \quad G(a; f, \mathfrak{A}) = G(a; f, \mathfrak{B}).$$

Zunächst ist $g(a; f, \mathfrak{B})$ und $G(a; f, \mathfrak{B})$ in jedem Punkte von $\mathfrak{A}^0$ definiert; denn da $\mathfrak{B}$ ein in $\mathfrak{A}$ dichter Teil von $\mathfrak{A}$ ist, so ist $\mathfrak{A}^0 = \mathfrak{B}^0$.

Sei nun a ein beliebiger Punkt von $\mathfrak{A}^0$, $\mathfrak{U}$ eine Umgebung von a. Nach Kap. I, § 4, Satz XI ist $\mathfrak{B}\mathfrak{U}$ dicht in $\mathfrak{A}\mathfrak{U}$. Also ist nach Satz IV:

$$g(f, \mathfrak{A}\mathfrak{U}) = g(f, \mathfrak{B}\mathfrak{U}); \quad G(f, \mathfrak{A}\mathfrak{U}) = G(f, \mathfrak{B}\mathfrak{U}),$$

und da $G(a; f, \mathfrak{A})$ und $G(a; f, \mathfrak{B})$ die unteren Schranken aller $G(f, \mathfrak{A}\mathfrak{U})$ bzw. aller $G(f, \mathfrak{B}\mathfrak{U})$ sind, so ist Satz V bewiesen.

Wir knüpfen wieder an Satz I an. Ist $\mathfrak{B}$ ein in $\mathfrak{A}$ dichter Teil von $\mathfrak{A}$, so ist jede auf $\mathfrak{A}$ stetige Funktion auch stetig auf $\mathfrak{B}$. Doch kann nicht jede auf $\mathfrak{B}$ stetige Funktion zu einer auf $\mathfrak{A}$ stetigen Funktion erweitert werden[1]). Wir stellen Bedingungen auf, unter denen dies möglich ist.

Satz VI[2]). Ist $\mathfrak{B}$ ein in $\mathfrak{A}$ dichter Teil von $\mathfrak{A}$, so ist, damit die auf $\mathfrak{B}$ gegebene Funktion f sich zu einer auf $\mathfrak{A}$ stetigen Funktion erweitern lasse, notwendig und hinreichend, daß in jedem Punkte a von $\mathfrak{A}$:

$$(*) \qquad G(a; f, \mathfrak{B}) = g(a; f, \mathfrak{B}).$$

Die Bedingung ist notwendig. In der Tat, ist f stetig auf $\mathfrak{A}$, so ist (§ 3, Satz II):

$$G(a; f, \mathfrak{A}) = g(a; f, \mathfrak{A}),$$

und nach Satz V gilt dann auch (*).

Die Bedingung ist hinreichend. Angenommen in der Tat, in jedem Punkte von $\mathfrak{A}$ gelte (*). Wir erweitern die Definition der Funktion f von $\mathfrak{B}$ auf $\mathfrak{A}$, indem wir in den Punkten von $\mathfrak{A} - \mathfrak{B}$ setzen:

$$(**) \qquad f(a) = G(a; f, \mathfrak{B}) = g(a; f, \mathfrak{B}).$$

Wegen der Stetigkeit von f auf $\mathfrak{B}$ aber gilt (**) auch in allen Punkten von $\mathfrak{B}$, und mithin also auf ganz $\mathfrak{A}$. Wir haben zu zeigen: die durch (**) auf $\mathfrak{A}$ definierte Funktion f ist stetig auf $\mathfrak{A}$.

---

[1]) Beispiel: Sei (im $\mathfrak{R}_1$): $f(x) = 1$ für $x \leqq \sqrt{2}$, $f(x) = 0$ für $x > \sqrt{2}$. Auf der im $\mathfrak{R}_1$ dichten Menge aller **rationalen** x ist $f(x)$ stetig.

[2]) R. Baire, Acta math. 30 (1906), 17.

In der Tat, zu jedem p:

$$p > G\,(a;\,f,\,\mathfrak{B})\,(= f(a))$$

gibt es nach § 2, Satz IV eine Umgebung $\mathfrak{U}$ von a, so daß:

$$G\,(f,\,\mathfrak{U}\mathfrak{B}) < p.$$

In jedem Punkte von $\mathfrak{U}\mathfrak{A}$ ist daher:

$$G\,(a;\,f,\,\mathfrak{B}) < p,$$

mithin wegen (**) auch:

(†) $$f < p.$$

Ebenso beweist man: zu jedem q:

$$q < g\,(a;\,f,\,\mathfrak{B})\,(= f(a))$$

gibt es eine Umgebung $\mathfrak{U}$ von a, so daß in $\mathfrak{U}\mathfrak{A}$:

(††) $$f > q.$$

Aus (†) und (††) aber folgt nach § 3, Satz IV, daß f in a stetig ist auf $\mathfrak{A}$, und Satz VI ist bewiesen.

Satz VII[1]). Ist $\mathfrak{B}$ ein in $\mathfrak{A}$ dichter Teil von $\mathfrak{A}$, so ist, damit die auf $\mathfrak{B}$ gegebene Funktion f sich zu einer auf $\mathfrak{A}$ stetigen Funktion erweitern lasse, hinreichend[2]), daß f gleichmäßig stetig sei auf $\mathfrak{B}$.

Vermöge der Schränkungstransformation können wir annehmen, f sei beschränkt auf $\mathfrak{B}$. Nach Satz VI genügt es nachzuweisen, daß in jedem Punkte a von $\mathfrak{A}$:

$$G\,(a;\,f,\,\mathfrak{B}) = g\,(a;\,f,\,\mathfrak{B}).$$

Angenommen, dies wäre nicht der Fall, so gibt es in $\mathfrak{A}$ mindestens ein a, so daß:

$$G\,(a;\,f,\,\mathfrak{B}) > g\,(a;\,f,\,\mathfrak{B}).$$

Nach § 2, Satz VI gibt es in $\mathfrak{B}$ Punktfolgen $\{b_n'\}$ und $\{b_n''\}$, so daß:

$$\lim_{n=\infty} b_n' = a; \qquad \lim_{n=\infty} b_n'' = a,$$

$$\lim_{n=\infty} f(b_n') = G\,(a;\,f,\,\mathfrak{B}); \quad \lim_{n=\infty} f(b_n'') = g\,(a;\,f,\,\mathfrak{B}).$$

Es wäre also gleichzeitig:

$$\lim_{n=\infty} r\,(b_n',\,b_n'') = 0; \quad \lim_{n=\infty} [f(b_n') - f(b_n'')] > 0,$$

---

[1]) S. Pincherle, Mem. Bol. (5) 3 (1893), 293. .T. Brodén, J. f. Math. 118 (1897), 3; Acta Univ. Lund. 8 (1897), 10. E. Steinitz, Math. Ann. 52 (1899), 59. Vgl. auch L. Scheeffer, Acta math. 5 (1881), 294.

[2]) Ist $\mathfrak{A}$ kompakt und abgeschlossen, so ist nach § 4, Satz IX die Bedingung auch **notwendig**.

im Widerspruche mit dem Begriffe der gleichmäßigen Stetigkeit. Damit ist Satz VII bewiesen.

Wir haben uns bisher mit der Erweiterung einer auf $\mathfrak{B}$ gegebenen stetigen Funktion zu einer auf $\mathfrak{A}$ stetigen Funktion nur in dem Falle befaßt, daß $\mathfrak{B}$ dicht in $\mathfrak{A}$ ist. Wir behandeln nun den allgemeinen Fall. Zunächst gilt:

Satz VIII[1]). Ist $\mathfrak{B}$ ein in $\mathfrak{A}$ abgeschlossener Teil von $\mathfrak{A}$, und f eine Funktion auf $\mathfrak{B}$, so gibt es auf $\mathfrak{A}$ eine Funktion F, die auf $\mathfrak{B}$ mit f übereinstimmt, und stetig auf $\mathfrak{A}$ ist in allen Punkten von $\mathfrak{A} - \mathfrak{B}$, sowie in allen denjenigen Punkten von $\mathfrak{B}$, in denen f stetig ist auf $\mathfrak{B}$.

Vermöge der Schränkungstransformation können wir annehmen

$$-1 \leq f \leq 1,$$

und indem wir weiter $\frac{1}{2}(f + 1)$ statt f betrachten, können wir annehmen:

(1)
$$0 \leq f \leq 1.$$

Es wird also genügen, zu zeigen, daß jede auf $\mathfrak{B}$ der Ungleichung (1) genügende Funktion f zu einer die Forderungen von Satz VIII erfüllenden und auf ganz $\mathfrak{A}$ der Ungleichung (1) genügenden Funktion F erweitert werden kann, da man von diesem Fall, indem man nun umgekehrt F ersetzt durch $2F - 1$ und sodann die inverse Schränkungstransformation ausübt, zum allgemeinen Fall zurückkehrt.

Wir setzen abkürzend:

(2)
$$r_a = r(a, \mathfrak{B}).$$

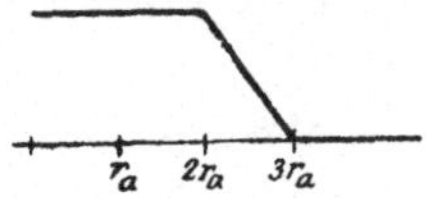

Da $\mathfrak{B}$ abgeschlossen in $\mathfrak{A}$, ist für jeden Punkt von $\mathfrak{A} - \mathfrak{B}$:

$$r_a > 0.$$

r_a $2r_a$ $3r_a$

Fig. 2.

Jedem Punkte a von $\mathfrak{A} - \mathfrak{B}$ ordnen wir nun zunächst folgende (für $r \geq 0$ definierte) Funktion der reellen Veränderlichen r zu (Fig. 2):

(3)
$$h_a(r) = \begin{cases} 1 & \text{in } \lfloor 0, 2\,r_a \rfloor \\ \text{linear} & \text{in } [\,2\,r_a,\, 3\,r_a\,] \\ 0 & \text{in } [\,3\,r_a,\, +\infty); \end{cases}$$

sodann folgende auf $\mathfrak{B}$ definierte Funktion des Punktes b:

(4)
$$f_a(b) = h_a(r(a,b)) \cdot f(b).$$

---

[1]) H. Tietze, J. f. Math. 145 (1914), 9. C. Carathéodory (nach H. Bohr), Vorl. über reelle Funktionen, 617. L. E. J. Brouwer, Math. Ann. 79 (1918), 139. Ein besonders einfacher Beweis (während der Drucklegung erschienen): F. Hausdorff, Math. Zeitschr. 5 (1919), 296.

Die obere Schranke $G(f_a, \mathfrak{B})$ ist dann eine auf $\mathfrak{A} - \mathfrak{B}$ definierte Funktion von a. Wir setzen nun:

$$(5) \qquad F(a) = \begin{cases} f(a) & \text{auf } \mathfrak{B} \\ G(f_a, \mathfrak{B}) & \text{auf } \mathfrak{A} - \mathfrak{B}. \end{cases}$$

Wegen (1) ist dann auch

$$0 \leq F \leq 1.$$

Und nun wollen wir zeigen: die durch (5) definierte Funktion $F(a)$ genügt den Forderungen von Satz VIII.

Wir zeigen zunächst: Ist a in $\mathfrak{A} - \mathfrak{B}$, so ist F in a stetig auf $\mathfrak{A}$. In der Tat, da $\mathfrak{B}$ abgeschlossen in $\mathfrak{A}$, gibt es eine Umgebung $\mathfrak{U}'$ von a in $\mathfrak{A}$, die zu $\mathfrak{B}$ fremd. Aus der Definition (3) von $h_a(r)$ und der Tatsache, daß r_a eine stetige Funktion von a ist ($\S\,4$, Satz I), folgt: zu jedem $\varepsilon > 0$ gibt es ein $\varrho > 0$, so daß (bei festem a):

$$(6) \qquad |h_{a'}(r') - h_a(r)| < \varepsilon \quad \text{wenn} \quad |r' - r| < \varrho, \quad r(a, a') < \varrho.$$

Ist dann a' ein zur Umgebung $\mathfrak{U}(a; \varrho)$ von a gehörender Punkt aus $\mathfrak{A}$, so gilt nach der Dreiecksungleichung für jedes b aus $\mathfrak{B}$:

$$|r(a, b) - r(a', b)| < \varrho,$$

und somit nach (6):

$$(7) \qquad |h_a(r(a, b)) - h_{a'}(r(a', b))| < \varepsilon.$$

Setzen wir noch:

$$\mathfrak{U} = \mathfrak{U}' \cdot \mathfrak{U}(a; \varrho) \cdot \mathfrak{A},$$

so ist $\mathfrak{U}$ fremd zu $\mathfrak{B}$, und für alle a' von $\mathfrak{U}$ und alle b aus $\mathfrak{B}$ gilt (7).

Aus (4), (1) und (7) folgt nun:

$$|f_{a'}(b) - f_a(b)| < \varepsilon,$$

somit auch:

$$|G(f_{a'}, \mathfrak{B}) - G(f_a, \mathfrak{B})| \leq \varepsilon,$$

also ist, da sowohl a als a' zu $\mathfrak{A} - \mathfrak{B}$ gehören, nach (5):

$$|F(a') - F(a)| \leq \varepsilon \quad \text{für alle } a' \text{ von } \mathfrak{U},$$

d. h. F ist stetig auf $\mathfrak{A}$ in a, wie behauptet.

Es bleibt zu zeigen: Ist a ein Punkt von $\mathfrak{B}$, in dem f stetig auf $\mathfrak{B}$ ist, so ist F in a auch stetig auf $\mathfrak{A}$. Sei also a ein solcher Punkt. Weil f in a stetig auf $\mathfrak{B}$, gibt es zu jedem $\varepsilon > 0$ ein $\varrho > 0$, so daß für alle in $\mathfrak{U}(a; \varrho)$ liegenden Punkte b von $\mathfrak{B}$:

$$(8) \qquad |f(b) - f(a)| < \varepsilon.$$

Sei nun a' ein beliebiger, zu $\mathfrak{A} - \mathfrak{B}$ gehöriger Punkt aus $\mathfrak{U}\left(a; \dfrac{\varrho}{4}\right)$.

Zufolge der Definition (2) von $r_{a'}$ ist dann:

$$(9) \qquad r_{a'} < \frac{\varrho}{4}.$$

Für alle außerhalb $\mathfrak{U}(a; \varrho)$ liegenden Punkte b von $\mathfrak{B}$ ist:

$$r(a', b) > \frac{3\varrho}{4} > 3\, r_{a'}$$

und somit nach (3) und (4):

$$(10) \qquad f_{a'}(b) = 0.$$

Für die in $\mathfrak{U}(a; \varrho)$ liegenden Punkte b von $\mathfrak{B}$ aber ist, zufolge der Definition (3) von $h_{a'}$ und wegen (8):

$$(11) \qquad f_{a'}(b) \leqq f(b) < f(a) + \varepsilon,$$

und wegen (10) und (11) ist, nach (5), auch:

$$(12) \qquad F(a') = G(f_{a'}, \mathfrak{B}) \leqq f(a) + \varepsilon.$$

Gemäß der Definition (2) von $r_{a'}$ gibt es nun einen Punkt b' von $\mathfrak{B}$, so daß:

$$(13) \qquad r(a', b') < 2\, r_{a'}.$$

Zufolge (9) ist also:

$$r(a', b') < \frac{\varrho}{2},$$

und da a' in $\mathfrak{U}\left(a; \frac{\varrho}{4}\right)$ lag, liegt b' in $\mathfrak{U}(a; \varrho)$, und aus (8) folgt daher:

$$(14) \qquad f(b') > f(a) - \varepsilon.$$

Bei Beachtung von (13) ergibt aber die Definition (4) von $f_{a'}$:

$$f_{a'}(b') = f(b');$$

ferner ist, nach (5):

$$(15) \qquad F(a') = G(f_{a'}, \mathfrak{B}) \geqq f(b'),$$

und aus (14) und (15) folgt für alle zu $\mathfrak{A} - \mathfrak{B}$ gehörigen a' aus $\mathfrak{U}\left(a; \frac{\varrho}{4}\right)$:

$$(16) \qquad F(a') > f(a) - \varepsilon.$$

Zusammen mit (12) ergibt (16) für alle zu $\mathfrak{A} - \mathfrak{B}$ gehörigen a' aus $\mathfrak{U}\left(a; \frac{\varrho}{4}\right)$:

$$| F(a') - f(a) | \leqq \varepsilon.$$

Da aber nach (5) auf $\mathfrak{B}$ F mit f übereinstimmt, gilt, bei Beachtung von (8), für alle zu $\mathfrak{A}$ gehörigen a' aus $\mathfrak{U}\left(a; \frac{\varrho}{4}\right)$:

$$| F(a') - F(a) | \leqq \varepsilon,$$

d. h. F ist in a stetig auf $\mathfrak{A}$. Damit ist der Beweis von Satz VIII beendet.

Aus Satz VIII entnehmen wir nun folgende Verallgemeinerung von Satz VI:

Satz IX. Ist $\mathfrak{B}$ ein Teil von $\mathfrak{A}$, so ist, damit die auf $\mathfrak{B}$ gegebene Funktion f sich zu einer auf $\mathfrak{A}$ stetigen Funktion erweitern lasse, notwendig und hinreichend, daß in jedem Punkte a von $\mathfrak{B}^0 \cdot \mathfrak{A}$:

$$G(a; f, \mathfrak{B}) = g(a; f, \mathfrak{B}).$$

Die Bedingung ist notwendig. In der Tat, nach Satz VI ist sie sogar notwendig dafür, daß f sich zu einer auf $\mathfrak{B}^0 \mathfrak{A}$ stetigen Funktion erweitern lasse.

Die Bedingung ist hinreichend. Denn ist sie erfüllt, so kann f zunächst nach Satz VI erweitert werden zu einer auf $\mathfrak{B}^0 \mathfrak{A}$ stetigen Funktion, sodann, da $\mathfrak{B}^0 \mathfrak{A}$ abgeschlossen in $\mathfrak{A}$, nach Satz VIII zu einer auf $\mathfrak{A}$ stetigen Funktion.

Wir sprechen noch folgenden Spezialfall von Satz IX eigens aus[1]):

Satz X. Ist $\mathfrak{B}$ abgeschlossen in $\mathfrak{A}$, so kann jede auf $\mathfrak{B}$ stetige Funktion zu einer auf $\mathfrak{A}$ stetigen erweitert werden.

§ 6. Stetige Abbildungen.

Wie wir in § 1 sahen, ist der Funktionsbegriff ein Spezialfall des Abbildungsbegriffes. So wie unter den Funktionen die stetigen Funktionen, so nehmen unter den Abbildungen die stetigen Abbildungen einen ausgezeichneten Platz ein. Die Sätze über stetige Funktionen, die wir besprochen haben, sind großenteils nur Spezialfälle von Sätzen über stetige Abbildungen, mit denen wir uns nun kurz befassen wollen.

Seien zwei metrische Räume $\mathfrak{R}$ und $\mathfrak{S}$ gegeben[2]); sei $\mathfrak{A}$ eine Punktmenge von $\mathfrak{R}$, und sei jedem Punkte a von $\mathfrak{A}$ ein Punkt b von $\mathfrak{S}$ zugeordnet. Dadurch ist eine Abbildung A von $\mathfrak{A}$ in den Raum $\mathfrak{S}$ definiert. Den dem Punkte a zugeordneten Punkt von $\mathfrak{S}$ nennen wir (wie in Einleitung § 2, S. 5) das Bild von a (vermöge A) und bezeichnen ihn mit $A(a)$, jeden durch A auf einen gegebenen Punkt b von $\mathfrak{S}$ abgebildeten Punkt von $\mathfrak{A}$ nennen wir ein Urbild von b. Ist $\mathfrak{A}'$ ein Teil von $\mathfrak{A}$, so bildet die Menge der Bilder $A(a)$ aller Punkte a von $\mathfrak{A}'$ eine Punktmenge $\mathfrak{B}'$ in $\mathfrak{S}$, die als das Bild $A(\mathfrak{A}')$ von $\mathfrak{A}'$ vermöge A bezeichnet wird. Ist $\mathfrak{B} = A(\mathfrak{A})$ das Bild

---

[1]) Einen sehr einfachen Beweis für diesen Satz werden wir in § 10, S. 166 angeben.

[2]) Sie können auch identisch sein.

von $\mathfrak{A}$, und ist $\mathfrak{B}'$ ein Teil von $\mathfrak{B}$, so heißt die Menge aller Punkte von $\mathfrak{A}$, die Urbilder eines Punktes von $\mathfrak{B}'$ sind, das Urbild von $\mathfrak{B}'$.

Wie bei Funktionen definiert man: die Abbildung A von $\mathfrak{A}$ heißt stetig im Punkte a von $\mathfrak{A}$, wenn sie jede Punktfolge $\{a_n\}$ aus $\mathfrak{A}$ mit $\lim\limits_{n=\infty} a_n = a$ abbildet auf eine Punktfolge $\{A(a_n)\}$ mit

$$\lim_{n=\infty} A(a_n) = A(a).$$

Ist die Abbildung A von $\mathfrak{A}$ stetig in jedem Punkte von $\mathfrak{A}$, so heißt sie eine stetige Abbildung von $\mathfrak{A}$; das Bild $A(\mathfrak{A})$ heißt dann ein stetiges Bild von $\mathfrak{A}$.

In Analogie zu § 3, Satz IV gilt:

Satz I. Damit die Abbildung A von $\mathfrak{A}$ stetig sei im Punkte a von $\mathfrak{A}$, ist notwendig und hinreichend, daß es zu jeder Umgebung $\mathfrak{V}$ in $\mathfrak{B}$ des Bildes $A(a)$ von a eine Umgebung $\mathfrak{U}$ in $\mathfrak{A}$ von a gebe, so daß:

$$(*) \qquad A(\mathfrak{U}) < \mathfrak{V}.$$

Die Bedingung ist notwendig. Sei in der Tat A stetig in a und $\mathfrak{V}$ eine Umgebung von $A(a)$ in $\mathfrak{B}$. Sei ferner $\mathfrak{U}_n$ die Umgebung $\mathfrak{U}\left(a; \dfrac{1}{n}\right)$ von a in $\mathfrak{A}$. Angenommen, in jedem $\mathfrak{U}_n$ gäbe es ein a_n, so daß $A(a_n)$ nicht in $\mathfrak{V}$. Da $A(a)$ in $\mathfrak{V}$, so könnte nicht

$$\lim_{n=\infty} A(a_n) = A(a)$$

sein (Kap. I, § 3, Satz VI), im Widerspruch mit der vorausgesetzten Stetigkeit von A. In mindestens einem $\mathfrak{U}_n$ gibt es also kein a_n, dessen Bild $A(a_n)$ nicht zu $\mathfrak{V}$ gehörte, d. h. es ist:

$$A(\mathfrak{U}_n) < \mathfrak{V},$$

und die Behauptung ist bewiesen.

Die Bedingung ist hinreichend. Angenommen in der Tat, sie sei erfüllt. Zur Umgebung $\mathfrak{V}$ von $A(a)$ in $\mathfrak{B}$ gibt es dann eine Umgebung $\mathfrak{U}$ in $\mathfrak{A}$ von a, so daß $(*)$ gilt. Ist $\{a_n\}$ eine Punktfolge in $\mathfrak{A}$ mit $\lim\limits_{n=\infty} a_n = a$, so ist a_n in $\mathfrak{U}$ für fast alle n, mithin, wegen $(*)$, $A(a_n)$ in $\mathfrak{V}$ für fast alle n; also ist (Kap. I, § 3, Satz VI):

$$\lim_{n=\infty} A(a_n) = A(a),$$

d. h. A ist stetig in a, wie behauptet.

Satz II von § 4 ist ein Spezialfall des Satzes:

Satz II[1]**).** Jedes stetige Bild einer kompakten, abgeschlossenen Menge ist kompakt und abgeschlossen.

---

[1]) Satz II ist ein allgemeiner Grenzsatz.

Sei in der Tat $A(\mathfrak{A})$ ein stetiges Bild der kompakten, abgeschlossenen Menge $\mathfrak{A}$. Wir zeigen zunächst, daß $A(\mathfrak{A})$ kompakt ist. Dazu genügt es zu zeigen: jede unendliche Folge $\{A(a_n)\}$ aus $A(\mathfrak{A})$ enthält eine konvergente Teilfolge. Sei $\{A(a_n)\}$ eine Punktfolge aus $A(\mathfrak{A})$. Da $\mathfrak{A}$ kompakt, gibt es in $\{a_n\}$ eine konvergente Teilfolge $\{a_{n_\nu}\}$:

$$\lim_{\nu=\infty} a_{n_\nu} = a,$$

und da $\mathfrak{A}$ abgeschlossen, gehört a zu $\mathfrak{A}$. Wegen der Stetigkeit der Abbildung ist daher auch:

$$(\dagger) \qquad\qquad \lim_{\nu=\infty} A(a_{n_\nu}) = A(a),$$

d. h. in $\{A(a_n)\}$ gibt es auch eine konvergente Teilfolge; also ist $A(\mathfrak{A})$ **kompakt**.

Wir zeigen sodann, daß $A(\mathfrak{A})$ **abgeschlossen** ist. Sei zu dem Zwecke b ein Häufungspunkt von $A(\mathfrak{A})$. Dann gibt es in $A(\mathfrak{A})$ eine Folge $A(a_n)$, so daß:

$$(\dagger\dagger) \qquad\qquad \lim_{n=\infty} A(a_n) = b.$$

In $\{a_n\}$ gibt es eine konvergente Teilfolge $\{a_{n_\nu}\}$, deren Grenzpunkt a, wie wir eben sahen, gewiß zu $\mathfrak{A}$ gehört, so daß wieder $(\dagger)$ gilt. Der Vergleich von $(\dagger)$ und $(\dagger\dagger)$ aber ergibt:

$$A(a) = b,$$

also gehört b als Bild von a zu $A(\mathfrak{A})$. Also ist $A(\mathfrak{A})$ **abgeschlossen**. Damit aber ist Satz II bewiesen.

Dem Satze VI von § 4 entspricht folgender allgemeine Satz:

Satz III. **Damit die Abbildung A von $\mathfrak{A}$ auf $A(\mathfrak{A})$ stetig sei, ist notwendig und hinreichend, daß das Urbild jeder in $A(\mathfrak{A})$ abgeschlossenen Menge abgeschlossen in $\mathfrak{A}$ sei.**

Die Bedingung ist 'notwendig[1]). Sei in der Tat $A(\mathfrak{A})$ stetiges Bild von $\mathfrak{A}$, und sei $\mathfrak{B}'$ abgeschlossen in $A(\mathfrak{A})$. Mit $\mathfrak{A}'$ bezeichnen wir das Urbild von $\mathfrak{B}'$, mit a einen zu $\mathfrak{A}$ gehörigen Häufungspunkt von $\mathfrak{A}'$. Wir haben zu zeigen, daß er auch zu $\mathfrak{A}'$ gehört. Jedenfalls gibt es in $\mathfrak{A}'$ eine Punktfolge $\{a_n\}$ mit $\lim\limits_{n=\infty} a_n = a$. Wegen der Stetigkeit der Abbildung ist

$$\lim_{n=\infty} A(a_n) = A(a).$$

Weil die $A(a_n)$ zu $\mathfrak{B}'$ gehören, und $\mathfrak{B}'$ abgeschlossen in $A(\mathfrak{A})$ ist, gehört auch $A(a)$ zu $\mathfrak{B}'$, mithin a zum Urbild $\mathfrak{A}'$ von $\mathfrak{B}'$, und die Behauptung ist bewiesen.

---

[1]) Dieser Teil von Satz III ist ein allgemeiner Grenzsatz.

Die Bedingung ist hinreichend. Angenommen in der Tat, die Abbildung sei nicht stetig. Dann gibt es in $\mathfrak{A}$ einen Punkt a und eine Punktfolge $\{a_n\}$ mit $\lim_{n=\infty} a_n = a$, so daß nicht $\lim_{n=\infty} A(a_n) = A(a)$; d. h. es gibt eine Umgebung $\mathfrak{B}$ in $A(\mathfrak{A})$ von $A(a)$, so daß unendlich viele $A(a_n)$ in $A(\mathfrak{A}) - \mathfrak{B}$ liegen. Nun ist die Menge $A(\mathfrak{A}) - \mathfrak{B}$ abgeschlossen in $A(\mathfrak{A})$. Ihr Urbild enthält unendlich viele a_n, nicht aber deren Grenzpunkt a, ist also nicht abgeschlossen in $\mathfrak{A}$. Damit ist die Behauptung bewiesen.

Satz VIII von § 4 ist Spezialfall von:

Satz IV[1]**).** Jedes stetige Bild einer zusammenhängenden Menge $\mathfrak{A}$ ist zusammenhängend.

Sei in der Tat $A(\mathfrak{A})$ stetiges Bild von $\mathfrak{A}$; sei:

$$A(\mathfrak{A}) = \mathfrak{B}_1 + \mathfrak{B}_2 \quad (\mathfrak{B}_1, \mathfrak{B}_2 \text{ abgeschlossen in } A(\mathfrak{A})),$$

und seien $\mathfrak{A}_1$ und $\mathfrak{A}_2$ die Urbilder von $\mathfrak{B}_1$ und $\mathfrak{B}_2$. Nach Satz III sind $\mathfrak{A}_1$ und $\mathfrak{A}_2$ abgeschlossen in $\mathfrak{A}$, und es ist:

$$\mathfrak{A} = \mathfrak{A}_1 + \mathfrak{A}_2.$$

Da $\mathfrak{A}$ zusammenhängend, ist eine der beiden Mengen $\mathfrak{A}_1$, $\mathfrak{A}_2$ leer, daher ist auch eine der beiden Mengen $\mathfrak{B}_1$, $\mathfrak{B}_2$ leer; d. h. $A(\mathfrak{A})$ ist zusammenhängend, und Satz IV ist bewiesen.

Eine Abbildung der Menge $\mathfrak{A}$ heißt gleichmäßig stetig, wenn zu jedem $\varepsilon > 0$ ein $\varrho > 0$ gehört, so daß für zwei Punkte a', a'' von $\mathfrak{A}$:

$$r\big(A(a'),\, A(a'')\big) < \varepsilon \quad \text{wenn} \quad r(a',\, a'') < \varrho.$$

Satz IX von § 4 ist Spezialfall von:

Satz V. Jede stetige Abbildung einer kompakten und abgeschlossenen Menge ist gleichmäßig stetig.

Der Beweis ist ganz derselbe wie für Satz IX von § 4.

Satz I von § 5 ist Spezialfall des ganz ebenso zu beweisenden Satzes:

Satz VI. Eine stetige Abbildung von $\mathfrak{A}$ ist völlig bestimmt durch die Bilder der Punkte eines in $\mathfrak{A}$ dichten Teiles von $\mathfrak{A}$.

Satz VII von § 5 ist Spezialfall von:

Satz VII. Eine gleichmäßig stetige Abbildung B des in $\mathfrak{A}$ dichten Teiles $\mathfrak{B}$ von $\mathfrak{A}$ in eine vollständige Menge $\mathfrak{C}$ kann erweitert werden zu einer stetigen Abbildung von $\mathfrak{A}$ in $\mathfrak{C}$.

---

[1]) Satz IV ist ein allgemeiner Grenzsatz.

In der Tat, da $\mathfrak{B}$ dicht in $\mathfrak{A}$, gibt es zu jedem Punkt a von $\mathfrak{A}$ eine Punktfolge $\{b_n\}$ in $\mathfrak{B}$ mit:

$$\lim_{n=\infty} b_n = a.$$

Nach Kap. I, § 8, Satz I ist $\{b_n\}$ eine Cauchysche Folge, d. h. ist $\varrho > 0$ beliebig gegeben, so gibt es ein n_0, so daß:

$$r(b_{n'}, b_{n''}) < \varrho \quad \text{für} \quad n' \geq n_0,\ n'' \geq n_0.$$

Wegen der vorausgesetzten gleichmäßigen Stetigkeit der Abbildung B gibt es daher zu jedem $\varepsilon > 0$ ein n_0, so daß für die Bilder $B(b_n)$ der b_n gilt:

$$r(B(b_{n'}),\ B(b_{n''})) < \varepsilon \quad \text{für} \quad n' \geq n_0,\ n'' \geq n_0.$$

Es ist also auch die Folge $\{B(b_n)\}$ eine Cauchysche, und da $\mathfrak{C}$ vollständig, gibt es in $\mathfrak{C}$ einen Punkt c, so daß

$$\lim_{n=\infty} B(b_n) = c.$$

Wir ergänzen nun die Abbildung B von $\mathfrak{B}$ zu einer Abbildung A von $\mathfrak{A}$, indem wir setzen:

$$A(a) = c.$$

Wir haben zu beweisen, daß A eine stetige Abbildung ist.

Sei zu dem Zwecke $\varepsilon > 0$ beliebig gegeben; wegen der gleichmäßigen Stetigkeit von B gibt es dazu ein $\varrho > 0$, so daß für je zwei Punkte $b',\ b''$ von $\mathfrak{B}$:

$$(1) \qquad r(B(b'),\ B(b'')) < \varepsilon, \quad \text{wenn} \quad r(b',\ b'') < \varrho.$$

Seien nun $a',\ a''$ zwei Punkte aus $\mathfrak{A}$, für die:

$$(2) \qquad r(a',\ a'') < \varrho.$$

Nach Definition der Abbildung A gibt es in $\mathfrak{B}$ zwei Punktfolgen $\{b'_n\}$, $\{b''_n\}$, so daß:

$$(3) \qquad \lim_{n=\infty} b'_n = a'; \quad \lim_{n=\infty} b''_n = a'';$$

$$(4) \qquad \lim_{n=\infty} B(b'_n) = A(a'); \quad \lim_{n=\infty} B(b''_n) = A(a'').$$

Wegen (2) und (3) ist:

$$r(b'_n,\ b''_n) < \varrho \quad \text{für fast alle } n,$$

daher nach (1):

$$r(B(b'_n),\ B(b''_n)) < \varepsilon \quad \text{für fast alle } n.$$

Somit wegen (4):

$$r(A(a'),\ A(a'')) \leq \varepsilon.$$

Es ist also die Abbildung A von $\mathfrak{A}$ gleichmäßig stetig, und daher gewiß stetig, und Satz VII ist bewiesen.

Es ordne die Abbildung A jedem Punkte a von $\mathfrak{A}$ den Punkt $b = A(a)$ zu, und es sei $\mathfrak{B} = A(\mathfrak{A})$ das Bild von $\mathfrak{A}$. Sodann ordne die Abbildung B jedem Punkte b von $\mathfrak{B}$ den Punkt $c = B(b)$ zu, und es sei $\mathfrak{C} = B(\mathfrak{B})$ das Bild von $\mathfrak{B}$. Als die aus A und B zusammengesetzte Abbildung $A \cdot B$ bezeichnet man diejenige Abbildung von $\mathfrak{A}$ auf $\mathfrak{C}$, die dem Punkte a von $\mathfrak{A}$ den Punkt

$$c = B(b) = B(A(a))$$

zuordnet. Es gilt der Satz:

Satz VIII. Ist die Abbildung A von $\mathfrak{A}$ auf die Menge $\mathfrak{B}$ stetig im Punkte a von $\mathfrak{A}$, und ist die Abbildung B von $\mathfrak{B}$ stetig im Punkte $b = A(a)$ von $\mathfrak{B}$, so ist die Abbildung $A \cdot B$ stetig im Punkte a.

Sei in der Tat $\{a_n\}$ eine Punktfolge aus $\mathfrak{A}$ mit $\lim\limits_{n=\infty} a_n = a$. Für die Bilder $b_n = A(a_n)$ gilt dann, wegen der vorausgesetzten Stetigkeit von A:

$$\lim_{n=\infty} A(a_n) = A(a), \quad \text{d. h.} \quad \lim_{n=\infty} b_n = b.$$

Ebenso gilt, wegen der vorausgesetzten Stetigkeit von B:

$$\lim_{n=\infty} B(b_n) = B(b), \quad \text{d. h.} \quad \lim_{n=\infty} B(A(a_n)) = B(A(a)),$$

womit Satz VIII bewiesen ist.

Sind f_1 und f_2 zwei auf $\mathfrak{A}$ endliche Funktionen, so wird durch:

$$x_1 = f_1(a), \quad x_2 = f_2(a)$$

eine Abbildung A von $\mathfrak{A}$ auf eine Punktmenge $\mathfrak{B}$ des $\mathfrak{R}_2$ definiert. Durch jeden der Ausdrücke:

$$x = x_1 + x_2, \quad x = x_1 - x_2, \quad x = x_1 \cdot x_2, \quad x = \frac{x_1}{x_2}\,{}^1)$$

wird weiter eine Abbildung B von $\mathfrak{B}$ in den $\mathfrak{R}_1$ definiert. Wendet man auf $A \cdot B$ Satz VIII an, so kommt man auf Satz VII von § 3 zurück.

Ist die Abbildung A von $\mathfrak{A}$ auf $\mathfrak{B}$ eineindeutig, d. h. hat jeder Punkt von $\mathfrak{B}$ in $\mathfrak{A}$ ein und nur ein Urbild, so können wir eine Abbildung von $\mathfrak{B}$ auf $\mathfrak{A}$ definieren, indem wir jedem Punkte von $\mathfrak{B}$ sein Urbild in $\mathfrak{A}$ zuordnen. Diese Abbildung heißt die zu A inverse Abbildung, oder die Umkehrung von A, und wird bezeichnet mit A^{-1}.

${}^1)$ Letzteres nur, wenn $f_2 \neq 0$ auf $\mathfrak{A}$.

Satz IX. Ist $\mathfrak{A}$ kompakt und abgeschlossen, und ist A eine eineindeutige stetige Abbildung von $\mathfrak{A}$, so ist auch A^{-1} stetig.

Sei in der Tat b ein Punkt aus $A(\mathfrak{A})$, und $\{b_n\}$ eine Punktfolge aus $A(\mathfrak{A})$ mit:

$$(*) \qquad \lim_{n=\infty} b_n = b.$$

Ist a_n das Urbild von b_n, so hat, weil $\mathfrak{A}$ kompakt, die Folge $\{a_n\}$ einen Häufungspunkt a, und weil $\mathfrak{A}$ abgeschlossen, gehört a zu $\mathfrak{A}$. In $\{a_n\}$ gibt es eine Teilfolge $\{a_{n_\nu}\}$, so daß:

$$\lim_{\nu=\infty} a_{n_\nu} = a,$$

und wegen der Stetigkeit von A ist:

$$\lim_{\nu=\infty} A(a_{n_\nu}) = A(a), \quad \text{d. h.} \quad \lim_{\nu=\infty} b_{n_\nu} = A(a).$$

Also durch Vergleich mit (*):

$$b = A(a), \quad \text{d. h.} \quad a = A^{-1}(b).$$

Also hat die Folge $\{a_n\}$ nur den einzigen Häufungspunkt $A^{-1}(b)$, es ist somit (Kap. I, § 2, Satz I):

$$\lim_{n=\infty} a_n = A^{-1}(b), \quad \text{d. h.} \quad \lim_{n=\infty} A^{-1}(b_n) = A^{-1}(b),$$

womit die Stetigkeit von A^{-1} nachgewiesen ist.

§ 7. Abbildung einer Strecke auf ein Quadrat.

Ein sehr merkwürdiges Beispiel einer Abbildung erhalten wir, indem wir an die Gleichung anknüpfen (Einleitung § 7, Satz X):

$$(*) \qquad \mathfrak{c} = \mathfrak{c}^2.$$

Es ist $\mathfrak{c}$ die Mächtigkeit der Menge aller Punkte eines Intervalles des $\mathfrak{R}_1$; etwa, wenn wir die Punkte des $\mathfrak{R}_1$ mit t bezeichnen, des Intervalles $[0, 1]$:

$$(**) \qquad 0 \leq t \leq 1.$$

Nach der Definition des Produktes zweier Mächtigkeiten ist ferner $\mathfrak{c}^2$ die Mächtigkeit der Menge aller Zahlenpaare x, y, deren jede zum Intervalle $[0, 1]$ gehört:

$$(***) \qquad 0 \leq x \leq 1, \quad 0 \leq y \leq 1,$$

oder was dasselbe heißt, der Menge aller Punkte eines Quadrates im $\mathfrak{R}_2$. Die Gleichung (*) kann also so ausgesprochen werden:

Satz I. Es gibt eine eineindeutige Abbildung des Intervalles (**) auf das Quadrat (***)[1].

---

[1] G. Cantor, Journ. f. Math. 84 (1877), 254. Ganz ebenso folgert man aus der Gleichung $\mathfrak{c} = \mathfrak{c}^k$ die Existenz einer eineindeutigen Abbildung des Intervalles (**) auf das Intervall des $\mathfrak{R}_k$:

$$0 \leq x_i \leq 1 \qquad (i = 1, 2, \ldots, k).$$

Diese Abbildung kann nicht stetig sein. Es gilt nämlich:

Satz II[1]. **Enthält die Punktmenge $\mathfrak{B}$ des $\mathfrak{R}_k$ ($k > 2$) einen inneren Punkt, so gibt es keine eineindeutige und stetige Abbildung des Intervalles (**) auf $\mathfrak{B}$.**

Angenommen in der Tat, es gäbe eine eineindeutige, stetige Abbildung A des Intervalles (**) auf $\mathfrak{B}$, und b wäre innerer Punkt von $\mathfrak{B}$. Dann gibt es im $\mathfrak{R}_k$ zwei ganz zu $\mathfrak{B}$ gehörige, nicht in dieselbe Gerade des $\mathfrak{R}_k$ fallende Strecken $\overline{a_1 a_2}$ und $\overline{b_1 b_2}$, die sich in b schneiden. Nach § 6, Satz IX ist A^{-1} stetig. Nach § 6, Satz II und IV ist daher das Urbild von $\overline{a_1 b}$ sowie von $\overline{b a_2}$ je eine abgeschlossene, zusammenhängende Punktmenge des $\mathfrak{R}_1$, d. h. je ein Teilintervall von (**). Da A^{-1} eindeutig ist, haben diese beiden Teilintervalle nur den einen Punkt:

$$a = A^{-1}(b)$$

gemein; sie sind also zwei in diesem Punkte a aneinanderstoßende Teilintervalle von (**). Dasselbe muß aber von den Urbildern der Strecken $\overline{b_1 b}$ und $\overline{b b_2}$ vermöge A^{-1} gelten; das aber ist unmöglich, da wegen der Eindeutigkeit von A^{-1} die Urbilder der Strecken $\overline{a_1 b}$, $\overline{b a_2}$, $\overline{b_1 b}$, $\overline{b b_2}$ zu je zweien keinen andern Punkt als a gemein haben dürfen. Damit ist Satz II bewiesen.

Wenn es demzufolge keine eineindeutige stetige Abbildung einer Strecke (eines Intervalles des $\mathfrak{R}_1$) auf ein Quadrat des $\mathfrak{R}_2$ gibt, so gibt es doch, wenn man auf die Eineindeutigkeit verzichtet, sehr wohl stetige Abbildungen, die dies leisten[2]. Wir besprechen zunächst die bekannteste Abbildung dieser Art[3].

Man teile die Strecke in g^2 gleiche Teile (g eine natürliche Zahl ≥ 2) und das Quadrat in g^2 kongruente Teilquadrate, indem man jede seiner Seiten in g gleiche Teile teilt und durch die Teilpunkte Parallele zu den Quadratseiten zieht. Sodann numeriere man die Teile der Strecke in ihrer natürlichen Reihenfolge mit $1, 2, \ldots, g^2$; ebenso die Teile des Quadrates, und zwar diese so, daß je zwei, die benachbarte Nummern erhalten, mindestens einen Punkt gemein haben.

Nun teile man weiter jede der beim ersten Schritt erhaltenen g^2 Teilstrecken neuerdings in g^2 gleiche Teile und numeriere die so entstehenden g^4 Teilstrecken in ihrer natürlichen Reihenfolge mit $1, 2, \ldots, g^4$. Ebenso teile man jedes der beim ersten Schritte erhaltenen Teilquadrate weiter in g^2 kongruente Teilquadrate und numeriere die so entstehenden g^4 Teilquadrate mit $1, 2, \ldots, g^4$, und zwar so, daß:

1. je zwei Teilquadrate, die benachbarte Nummern erhalten, mindestens einen Punkt gemein haben,
2. die aus dem Quadrate 1 der ersten Teilung entstehenden Teilquadrate

---

[1]) Dieser Satz ist ein Spezialfall des Satzes von der Invarianz der Dimensionszahl gegenüber eineindeutigen stetigen Abbildungen. Vgl. L. E. J. Brouwer, Math. Ann. 70 (1911), 161.

[2]) Notwendige und hinreichende Bedingungen dafür, daß eine gegebene Punktmenge stetiges Bild einer Strecke sei, findet man bei H. Hahn, Wien. Ber. 123 (1914), 2433.

[3]) Sie rührt her von G. Peano, Math. Ann. 36 (1890), 157. — Vgl. auch E. Cesàro, Bull. sci. math. (2) 21 (1897), 257; D. Hilbert, Math. Ann. 38 (1891), 459; A. Schoenflies, Gött. Nachr. 1896, 255; E. H. Moore, Am Trans. 1 (1900), 72.

die Nummern 1, 2, ..., g^2 erhalten, die aus dem Quadrate 2 der ersten Teilung entstehenden die Nummern $g^2 + 1$, $g^2 + 2$, ..., $2 g^2$ usf.

Man sieht, wie dieses Verfahren fortzusetzen ist. Beim n-ten Schritte erscheint die Strecke zerlegt in g^{2n} gleiche Teile, die in ihrer natürlichen Reihenfolge numeriert sind mit 1, 2, ..., g^{2n}; das Quadrat erscheint zerlegt in g^{2n} kongruente Teilquadrate, die gleichfalls numeriert sind mit 1, 2, ..., g^{2n}, und zwar so, daß:

1. je zwei Teilquadrate, die benachbarte Nummern haben, mindestens einen Punkt gemein haben,

2. die g^2 Teilquadrate, die durch Teilung des mit k $(1 \leq k \leq g^{2(n-1)})$ numerierten Quadrates der $(n-1)$-ten Teilung entstanden, die Nummern erhalten: $(k-1) g^2 + 1$, $(k-1) g^2 + 2$, ..., $k \cdot g^2$.

Man erkennt unschwer, daß dies möglich ist. Für die einfachsten Fälle[1]) $y = 2$ und $g = 3$ ist das Verfahren aus Fig. 3 und 4 ohne weiteres ersichtlich.

4	3
1	2

16	13	12	11
15	14	9	10
2	3	8	7
1	4	5	6

64	63	50	49	48	45	44	43
61	62	51	52	47	46	41	42
60	57	56	53	34	35	40	39
59	58	55	54	33	36	37	38
6	7	10	11	32	29	28	27
5	8	9	12	31	30	25	26
4	3	14	13	18	19	24	23
1	2	15	16	17	20	21	22

Fig. 3.

3	4	9
2	5	8
1	6	7

21	22	27	28	33	34	75	76	81
20	23	26	29	32	35	74	77	80
19	24	25	30	31	36	73	78	79
18	13	12	43	42	37	72	67	66
17	14	11	44	41	38	71	68	65
16	15	10	45	40	39	70	69	64
3	4	9	46	51	52	57	58	63
2	5	8	47	50	53	56	59	62
1	6	7	48	49	54	55	60	61

Fig. 4.

Wir setzen fest: Jeder (innere oder Begrenzungs-) Punkt der mit k numerierten Strecke der n-ten Teilung soll auf einen (inneren oder Begrenzungs-) Punkt des mit derselben Nummer k versehenen Quadrates der n-ten Teilung abgebildet werden. Wir wollen zeigen, daß durch diese Vorschrift eine stetige Abbildung der Strecke aufs Quadrat definiert ist.

Sei a ein Punkt der Strecke, und zwar zunächst ein solcher, der bei keiner der vorgenommenen Teilungen der Strecke als Teilpunkt auftritt. Er liegt dann (für jedes n) bei der n-ten Teilung in einer ganz bestimmten Teilstrecke $\mathfrak{S}_n$. Sei $\mathfrak{Q}_n$ dasjenige Teilquadrat der n-ten Teilung, das dieselbe

---

[1]) Der Fall $g = 3$ ist der zuerst von Peano durchgeführte; der Fall $g = 2$ wurde von Hilbert besprochen.

Nummer hat, wie die Strecke $\mathfrak{S}_n$. Da in der Folge der Strecken $\{\mathfrak{S}_n\}$ jede folgende in der vorhergehenden liegt, so gilt (wegen Vorschrift 2) dasselbe für die Folge der Quadrate $\{\mathfrak{Q}_n\}$. Es gibt also einen und nur einen allen $\mathfrak{Q}_n$ gemeinsamen Punkt unsres Quadrates: er ist das Bild des Punktes a.

Ist sodann a ein Punkt der Strecke, der bei einer unsrer Teilungen, etwa der ν-ten, als Teilpunkt auftritt, so ist dies auch bei jeder folgenden Teilung der Fall. Seien (für $n \geq \nu$) $\mathfrak{S}'_n$ und $\mathfrak{S}''_n$ die beiden in a zusammenstoßenden Strecken der n-ten Teilung, $\mathfrak{Q}'_n$ und $\mathfrak{Q}''_n$ die mit den gleichen Nummern versehenen Quadrate der n-ten Teilung; wie vorhin sieht man, daß alle $\mathfrak{Q}'_n$ $(n \geq \nu)$ einerseits, alle $\mathfrak{Q}''_n$ $(n \geq \nu)$ andrerseits einen und nur einen Punkt gemein haben. Wegen unsrer Vorschrift 1. aber ist dies derselbe Punkt: er ist das Bild des Punktes a.

Es ist also wirklich jedem Punkte der Strecke ein Punkt des Quadrates zugeordnet. Und man erkennt unschwer, daß auch umgekehrt jeder Punkt des Quadrates mindestens ein Urbild auf der Strecke besitzt: In der Tat, zu jedem Punkte b des Quadrates gibt es mindestens eine Folge ihn enthaltender Teilquadrate $\{\mathfrak{Q}_n\}$, wo $\mathfrak{Q}_n$ Teilquadrat der n-ten Teilung, und $\mathfrak{Q}_{n+1} < \mathfrak{Q}_n$. Ist $\mathfrak{S}_n$ die Strecke der n-ten Teilung, die gleiche Nummer wie $\mathfrak{Q}_n$ hat, so ist auch $\mathfrak{S}_{n+1} < \mathfrak{S}_n$. Es gibt also einen und nur einen Punkt der Strecke, der zu allen $\mathfrak{S}_n$ gehört: er ist ein Urbild von b.

Es bleibt zu beweisen, daß unsre Abbildung der Strecke aufs Quadrat stetig ist. Sei a ein Punkt der Strecke, $\{a_p\}$ eine Punktfolge der Strecke mit $\lim\limits_{p=\infty} a_p = a$; sei b das Bild von a, b_p das von a_p. Wir haben zu beweisen, daß $\lim\limits_{p=\infty} b_p = b$ ist.

Tritt a bei keiner unsrer Teilungen der Strecke als Teilpunkt auf, so mögen $\mathfrak{S}_n$ und $\mathfrak{Q}_n$ dieselbe Bedeutung haben, wie vorhin; fast alle a_p liegen dann in $\mathfrak{S}_n$, daher fast alle b_p in $\mathfrak{Q}_n$, und da b in allen $\mathfrak{Q}_n$ liegt, und $\{\mathfrak{Q}_n\}$ sich auf b zusammenzieht (Kap. I, § 3, S. 68), so haben wir $\lim\limits_{p=\infty} b_p = b$, wie behauptet. — Ganz analog schließt man, wenn a ein Teilpunkt ist, nur hat man dann an Stelle von $\mathfrak{S}_n$ die Vereinigung der oben mit $\mathfrak{S}'_n$ und $\mathfrak{S}''_n$ bezeichneten Strecken, an Stelle von $\mathfrak{Q}_n$ die Vereinigung $\mathfrak{Q}'_n + \mathfrak{Q}''_n$ zu benutzen.

Damit ist gezeigt, daß unsre Abbildung der Strecke aufs Quadrat stetig ist. Nach Satz II kann sie daher nicht eineindeutig sein. Es hat keine Schwierigkeit, tatsächlich Punkte des Quadrates anzugeben, die mindestens zwei verschiedene Urbilder auf der Strecke besitzen; dies trifft offenbar für jeden Punkt des Quadrates zu, in dem zwei Teilquadrate zusammenstoßen, die nicht aufeinanderfolgende Nummern haben. Punkte, in denen drei (oder vier) Teilquadrate zusammenstoßen, von denen keine zwei aufeinanderfolgende Nummern haben[1]), werden sogar drei (bzw. vier) verschiedene Urbilder auf der Strecke besitzen.

Es ist nicht schwer, unser Abbildungsverfahren so abzuändern, daß kein Punkt des Quadrates mehr als drei verschiedene Urbilder auf der Strecke besitzt[2]). Das aber ist alles, was sich erreichen läßt.

---

[1]) Z. B. in Fig. 3 der gemeinsame Eckpunkt der Quadrate 7, 10, 55, 58; in Fig. 4 der gemeinsame Eckpunkt der Quadrate 12, 25, 30, 43.

[2]) H. Hahn, Ann. di mat. (3) 21 (1913), 50. Ein andres Verfahren bei G. Pólya, Bull. Crac. 1913, 312.

Denn es gilt der Satz[1]): Bei jeder stetigen Abbildung einer Strecke auf ein Quadrat gibt es eine im Quadrat dichte Menge von Punkten, die mindestens drei verschiedene Urbilder auf der Strecke besitzen. Die Menge aller Punkte des Quadrates, die mindestens zwei verschiedene Urbilder auf der Strecke besitzen, hat stets die Mächtigkeit c[2]).

Wir denken uns durch das oben dargelegte Verfahren die Strecke $0 \leq t \leq 1$ des $\Re_1$ auf das Quadrat $0 \leq x \leq 1$, $0 \leq y \leq 1$ des $\Re_2$ abgebildet. Sind $x(t)$, $y(t)$ die Koordinaten des dem Punkte t entsprechenden Quadratpunktes, so sind $x(t)$, $y(t)$ auf $[0, 1]$ stetige Funktionen; es ist also:

$$(0) \qquad x = x(t), \quad y = y(t), \quad 0 \leq t \leq 1$$

ein sogenannter „stetiger Kurvenbogen" (vgl. S. 518), der die Eigenschaft hat, durch alle Punkte des Quadrates hindurchzugehen. Er wird bezeichnet als Peanosche Kurve. Ihr Verlauf selbst entzieht sich der Anschauung, man kann ihm aber anschaulich dadurch näher kommen, daß man die Näherungspolygone betrachtet, die entstehen, indem man immer bei der n-ten Teilung des Quadrates der Reihe nach die Mittelpunkte der mit $1, 2, \ldots, g^{2n}$ numerierten Teilquadrate durch Strecken verbindet.

Von den vielen merkwürdigen Eigenschaften der beiden Funktionen (0) sei hier nur erwähnt, daß sie jeden Wert zwischen 0 und 1 in einer abgeschlossenen Punktmenge der Mächtigkeit c annehmen[3]). Durch die inverse Schränkungstransformation erhält man aus ihnen stetige Funktionen einer reellen Veränderlichen, die jeden Wert ≥ 0 in einer Punktmenge der Mächtigkeit c annehmen.

Wir wollen noch kurz ein zweites Beispiel einer stetigen Abbildung einer Strecke auf ein Quadrat besprechen[4]). Wir gehen aus von einer stetigen Abbildung einer nirgends dichten, perfekten Punktmenge der Strecke aufs Quadrat, die dann leicht zu einer stetigen Abbildung der ganzen Strecke ergänzt werden kann.

Sei $[a, b]$ die abzubildende Strecke des $\Re_1$, und sei $\mathfrak{P}$ eine a und b enthaltende, nirgends dichte, perfekte Menge aus $[a, b]$ (Kap. I, § 9, S. 110). Die Menge $\mathfrak{M}$ der punktfreien Intervalle von $\mathfrak{P}$ in $[a, b]$ hat in ihrer natürlichen Reihenfolge den Ordnungstypus η (Kap. I, § 9, Satz II). Dasselbe gilt von der Menge $\mathfrak{G}$ aller ins Intervall $(0, 1)$ fallenden endlichen Systembrüche einer gegebenen Grundzahl g (Einleitung § 8, Satz II). Es gibt also eine ähnliche Abbildung A von $\mathfrak{M}$ auf $\mathfrak{G}$.

Ausgehend von dieser Abbildung A definieren wir nun eine Abbildung B von $\mathfrak{P}$ auf die unendlichen Systembrüche

$$(*) \qquad 0 \cdot e_1\, e_2 \ldots e_n \ldots$$

der Grundzahl g durch die Vorschrift:

---

[1]) H. Hahn, a. a. O. 42ff. Vorher (ohne Beweis) ausgesprochen von H. Lebesgue, Math. Ann. 70 (1911), 168.

[2]) H. Hahn, a. a. O. 48.

[3]) Ein allgemeines Verfahren zur Herstellung solcher Funktionen s. H. Hahn, a. a. O. 36ff.

[4]) H. Lebesgue, Leçons sur l'intégration 44. H. Hahn, Ann. di mat. (3) 21, (1913), 51. — Ein anderes Verfahren findet man noch bei W. Sierpiński, Bull. Crac. 1912, 462; Prace mat.-fiz. 23 (1912), 193. — Weitere Literatur: K. Knopp, Arch. d. Math. u. Phys. (3) 26 (1917), 110; A. Hess, Stetige Abbildung einer Linie auf ein Quadrat, Zürich 1905.

1. Den Punkten a und b von $\mathfrak{P}$ werden zugeordnet die Systembrüche:
$$0 \cdot 00 \ldots 0 \ldots, \quad \text{bzw.} \quad 0 \cdot (g-1)(g-1) \ldots (g-1) \ldots$$

2. Ist (p, q) ein Intervall aus $\mathfrak{M}$[1]), und ist $0 \cdot e_1 e_2 \ldots e_n$ $(e_n \neq 0)$ der dem Jntervalle (p, q) durch A zugeordnete endliche g-Bruch, so wird dem Punkte p zugeordnet der unendliche g-Bruch:

(†) $0 \cdot e_1 e_2 \ldots (e_n - 1)(g-1)(g-1) \ldots (g-1) \ldots ,$

dem Punkte q aber der unendliche g-Bruch[2]):

(††) $0 \cdot e_1 e_2 \ldots e_n \, 0 \, 0 \ldots 0 \ldots$

3. Ist a ein Punkt zweiter Art von $\mathfrak{P}$, so ruft er in der (natürlich geordneten) Menge $\mathfrak{M}$ einen Schnitt hervor, dem vermöge A ein Schnitt in der Menge $\mathfrak{G}$ der endlichen g-Brüche entspricht, der nicht durch einen dieser endlichen g-Brüche hervorgerufen wird. Er wird also hervorgerufen durch einen unendlichen g-Bruch, den wir nun dem Punkte a zuordnen.

Nachdem wir so eine Abbildung B von $\mathfrak{P}$ auf die Menge der unendlichen g-Brüche (*) definiert haben, leiten wir daraus eine Abbildung C von $\mathfrak{P}$ auf das Quadrat $\mathfrak{Q}$:
$$0 \leq x \leq 1, \quad 0 \leq y \leq 1$$
des $\mathfrak{R}_2$ her durch die Vorschrift:

Ist (*) das Bild des Punktes a von $\mathfrak{P}$ vermöge B, so sei das Bild von a vermöge C der Punkt von $\mathfrak{Q}$:

**) $x = 0 \cdot e_1 e_3 \ldots e_{2n-1} \ldots ; \quad y = 0 \cdot e_2 e_4 \ldots e_{2n} \ldots$

Man erkennt ohne weiteres, daß $\mathfrak{Q}$ das Bild von $\mathfrak{P}$ vermöge C ist, und daß diese Abbildung von $\mathfrak{P}$ auf $\mathfrak{Q}$ stetig ist.

Wir haben noch diese Abbildung C von $\mathfrak{P}$ auf $\mathfrak{Q}$ zu einer stetigen Abbildung des Intervalles $[a, b]$ auf $\mathfrak{Q}$ zu ergänzen. Sei zu dem Zwecke (p, q) ein punktfreies Intervall von $\mathfrak{P}$ in $[a, b]$, und seien p' und q' die Bilder von p und q vermöge C. Wir bilden einfach die Strecke $\overline{pq}$ des $\mathfrak{R}_1$ ähnlich ab auf die Strecke $\overline{p'q'}$ des $\mathfrak{R}_2$. Dadurch ist nun tatsächlich C zu einer stetigen Abbildung von $[a, b]$ auf $\mathfrak{Q}$ ergänzt.

In ganz analoger Weise kann das Intervall $[a, b]$ des $\mathfrak{R}_1$ auch stetig auf das Intervall $[0, 0, \ldots, 0; 1, 1, \ldots, 1]$ des $\mathfrak{R}_k$[3]) abgebildet werden, indem man den Punkt (**) des $\mathfrak{R}_2$ ersetzt durch den Punkt des $\mathfrak{R}_k$:

$$x_i = \sum_{\nu=1}^{\infty} \frac{e_{k(\nu-1)+i}}{g^\nu} \qquad (i = 1, 2, \ldots, k).$$

Wir können also den Satz aussprechen:

Satz III. Es gibt in $[0, 1]$ stetige, den Ungleichungen:
$$0 \leq x_i(t) \leq 1 \qquad (i = 1, 2, \ldots, k)$$
genügende Funktionen der reellen Veränderlichen t, so daß die k-gliedrige Folge $(x_1(t), x_2(t), \ldots, x_k(t))$ für mindestens einen

----

[1]) Dann sind p, q Punkte erster Art von $\mathfrak{P}$.

[2]) Wir unterscheiden also hier zwischen den zwei dieselbe Zahl darstellenden, aber formal verschiedenen g-Brüchen (†) und (††).

[3]) Es kann auch die Peanosche Abbildung ohne alle Schwierigkeiten auf den $\mathfrak{R}_k$ übertragen werden (G. Peano, a. a. O. 159).

Wert t aus $[0,1]$ übereinstimmt mit der vorgegebenen k-gliedrigen Folge $(x_1, x_2, \ldots, x_k)$, in der:

$$0 \leq x_i \leq 1 \qquad (i = 1, 2, \ldots, k).$$

Darüber hinaus gilt noch[1]):

Satz IV. Es gibt in $[0, 1]$ stetige, den Ungleichungen:

$$0 \leq x_i(t) \leq 1 \qquad (i = 1, 2, \ldots)$$

genügende Funktionen der reellen Veränderlichen t, so daß die unendliche Folge $\{x_i(t)\}$ für mindestens einen Wert t aus $[0, 1]$ übereinstimmt mit der vorgegebenen unendlichen Folge $\{x_i\}$, in der:

$$0 \leq x_i \leq 1 \qquad (i = 1, 2, \ldots).$$

In der Tat, man hat nur (**) zu ersetzen durch:

$$x_i = \sum_{\nu=1}^{\infty} \frac{e_{2^{i-1}(2\nu-1)}}{g^\nu} \qquad (i = 1, 2, \ldots).$$

§ 8. Halbstetigkeit in einem Punkte.

Die auf $\mathfrak{A}$ definierte Funktion f heißt **oberhalb stetig**[2]) auf $\mathfrak{A}$ im Punkte a von $\mathfrak{A}$, wenn für jede Punktfolge $\{a_n\}$ aus $\mathfrak{A}$ mit $\lim\limits_{n=\infty} a_n = a$:

$$(0) \qquad \overline{\lim_{n=\infty}} f(a_n) \leq f(a)$$

ist; sie heißt **unterhalb stetig** in a auf $\mathfrak{A}$, wenn für jede solche Punktfolge:

$$\underline{\lim_{n=\infty}} f(a_n) \geq f(a).$$

Ist f in a oberhalb (unterhalb) stetig auf $\mathfrak{A}$, und ist $\mathfrak{B}$ ein a enthaltender Teil von $\mathfrak{A}$, so ist f in a auch oberhalb (unterhalb) stetig auf $\mathfrak{B}$.

Satz I[3]). Damit f oberhalb stetig sei in a auf $\mathfrak{A}$, ist notwendig und hinreichend, daß:

$$(*) \qquad G(a; f, \mathfrak{A}) = f(a);$$

damit f unterhalb stetig sei in a auf $\mathfrak{A}$, ist notwendig und hinreichend, daß:

$$g(a; f, \mathfrak{A}) = f(a).$$

Es wird genügen, die erste Hälfte der Behauptung zu beweisen.

[1]) H. Lebesgue, Journ. de math. (6) 1 (1905), 210.

[2]) Dieser Begriff wurde eingeführt von R. Baire, auf den auch die folgenden Sätze im wesentlichen zurückgehen: Ann. di mat. (3) 3 (1899), 6. Leçons sur les fonctions discontinues (1905) 71, 84. Vgl. auch W. H. Young, Rom 4. Math. Kongr. (1908) Bd. 2, 49.

[3]) Satz I ist ein allgemeiner Grenzsatz.

Die Bedingung ist notwendig. Angenommen in der Tat, f sei oberhalb stetig in a auf $\mathfrak{A}$. Aus (0) und der allgemeinen Definition von $G(a; f, \mathfrak{A})$ (§ 2, S. 117) folgt:

$$(**) \qquad G(a; f, \mathfrak{A}) \leqq f(a).$$

Nach § 2, Satz II aber ist:

$$(***) \qquad G(a; f, \mathfrak{A}) \geqq f(a).$$

Durch (**) und (***) aber ist (*) bewiesen.

Die Bedingung ist hinreichend. Denn ist sie erfüllt, so folgt aus der allgemeinen Definition von $G(a; f, \mathfrak{A})$ sofort (0), d. h. f ist in a oberhalb stetig auf $\mathfrak{A}$, und Satz I ist bewiesen.

Durch Berufung auf § 2, Satz III erkennen wir nun unmittelbar:

Satz II. Geht f durch die Schränkungstransformation über in f^*, so sind f und f^* in jedem Punkte von $\mathfrak{A}$ gleichzeitig oberhalb (unterhalb) stetig auf $\mathfrak{A}$.

Satz III[1]**).** Damit f oberhalb stetig sei in a auf $\mathfrak{A}$, ist notwendig und hinreichend, daß es zu jedem $q > f(a)$ eine Umgebung $\mathfrak{U}$ von a in $\mathfrak{A}$ gebe, so daß:

$$f(a') < q \quad \text{für alle } a' \text{ von } \mathfrak{U}.$$

Die Bedingung ist notwendig. Angenommen, es gäbe zu einem $q > f(a)$ keine solche Umgebung $\mathfrak{U}$. Dann gäbe es in $\mathfrak{U}\left(a; \dfrac{1}{n}\right)$ ein a_n von $\mathfrak{A}$, so daß:

$$f(a_n) \geqq q > f(a).$$

Dann aber ist:

$$\lim_{n=\infty} a_n = a; \quad \overline{\lim_{n=\infty}} f(a_n) \geqq q > f(a).$$

und f ist nicht oberhalb stetig in a.

Die Bedingung ist hinreichend. Angenommen, sie sei erfüllt. Für jede Folge $\{a_n\}$ aus $\mathfrak{A}$ mit $\lim\limits_{n=\infty} a_n = a$ liegen dann fast alle a_n in $\mathfrak{U}$; es ist also:

$$f(a_n) < q \quad \text{für fast alle } n.$$

Und da dies für jedes $q > f(a)$ zutrifft, ist:

$$\overline{\lim_{n=\infty}} f(a_n) \leqq f(a),$$

d. h. f ist oberhalb stetig in a. Damit ist Satz III bewiesen.

Sowie in § 3 Satz V aus Satz IV, folgt nun hier aus Satz III:

---

[1]) Ein analoger Satz gilt für unterhalb stetiges f. Es sind die Ungleichungen $q > f(a)$, $f(a') < q$ zu ersetzen durch $p < f(a)$, $f(a') > p$.

Satz IV. Damit f oberhalb stetig sei in a auf $\mathfrak{A}$, ist notwendig und hinreichend, daß es zu jedem $q > f(a)$ ein $\varrho > 0$ gebe, so daß, wenn $\mathfrak{U}(a; \varrho)$ die Umgebung ϱ von a in $\mathfrak{U}$ bedeutet:

$$f(a') < q \quad \text{für alle } a' \text{ von } \mathfrak{U}(a; \varrho).$$

Sowohl aus der Definition der Halbstetigkeit, als aus den Bedingungen jedes der Sätze I, III, IV entnehmen wir:

Satz V. Damit f stetig sei in a auf $\mathfrak{A}$, ist notwendig und hinreichend, daß f sowohl oberhalb als unterhalb stetig sei in a auf $\mathfrak{A}$.

Satz VI. Ist f oberhalb stetig in a auf $\mathfrak{A}$, so ist $-f$ unterhalb stetig in a auf $\mathfrak{A}$ (und umgekehrt).

In der Tat, dies folgt unmittelbar aus der Definition der Halbstetigkeit, zusammen mit Gleichung $(_*{}^*_*)$ von S. 38.

Dieser Satz gestattet es vielfach, für oberhalb stetige Funktionen bewiesene Sätze auf unterhalb stetige zu übertragen.

Satz VII. Sind f_1 und f_2 oberhalb (unterhalb) stetig in a auf $\mathfrak{A}$, und gibt es eine Umgebung $\mathfrak{U}$ von a in $\mathfrak{A}$, auf der $f_1 + f_2$ ausführbar ist, so ist auch $f_1 + f_2$ oberhalb (unterhalb) stetig in a auf $\mathfrak{U}$.

Sei in der Tat $\{a_n\}$ eine Punktfolge aus $\mathfrak{U}$ mit $\lim\limits_{n=\infty} a_n = a$. Nach Annahme ist:

$$\overline{\lim_{n=\infty}} f_1(a_n) \leq f_1(a); \qquad \overline{\lim_{n=\infty}} f_2(a_n) \leq f_2(a),$$

also nach Einleitung § 6, Satz VII[1]):

$$\overline{\lim_{n=\infty}} (f_1(a_n) + f_2(a_n)) \leq \overline{\lim_{n=\infty}} f_1(a_n) + \overline{\lim_{n=\infty}} f_2(a_n) \leq f_1(a) + f_2(a).$$

Damit ist Satz VII bewiesen.

Ganz ebenso beweist man:

Satz VIII. Sind f_1 und f_2 oberhalb (unterhalb) stetig in a auf $\mathfrak{A}$, und gibt es eine Umgebung $\mathfrak{U}$ von a in $\mathfrak{A}$, in der $f_1 \geq 0$, $f_2 \geq 0$, und in der $f_1 \cdot f_2$ ausführbar ist, so ist auch $f_1 \cdot f_2$ oberhalb (unterhalb) stetig in a auf $\mathfrak{U}$.

---

[1]) Falls in der folgenden Ungleichung das Mittelglied ausführbar ist. Sollte dies nicht der Fall sein, so sei etwa:

$$\overline{\lim_{n=\infty}} f_1(a_n) = -\infty; \quad \overline{\lim_{n=\infty}} f_2(a_n) = +\infty.$$

Weil f_2 oberhalb stetig in a auf $\mathfrak{A}$, ist dann auch $f_2(a) = +\infty$, und weil nach Annahme $f_1(a) + f_2(a)$ ausführbar, so ist $f_1(a) + f_2(a) = +\infty$; also ist auch dann $f_1 + f_2$ oberhalb stetig in a auf $\mathfrak{A}$.

Satz IX. Seien $f_1, f_2, \ldots, f_k$ endlich viele Funktionen, die auf $\mathfrak{A}$ definiert und in a oberhalb[1]) stetig auf $\mathfrak{A}$ sind. Ist f der größte (oder kleinste) unter den k Funktionswerten $f_1, f_2, \ldots, f_k$, so ist auch f oberhalb[d]) stetig in a auf $\mathfrak{A}$.

Es genügt, den Beweis für $k = 2$ zu führen, da er dann für beliebiges k durch vollständige Induktion folgt.

Sei zunächst f der größere der beiden Funktionswerte f_1, f_2, und sei etwa:

$$f_1(a) \geqq f_2(a) \quad \text{und somit} \quad f(a) = f_1(a).$$

Nach Voraussetzung ist für jede Folge $\{a_n\}$ aus $\mathfrak{A}$ mit $\lim_{n=\infty} a_n = a$:

$$\overline{\lim_{n=\infty}} f_1(a_n) \leqq f_1(a); \quad \overline{\lim_{n=\infty}} f_2(a_n) \leqq f_2(a).$$

Für jedes p:

$$p > f(a) \, [= f_1(a) \geqq f_2(a)]$$

ist also:

$$f_1(a_n) < p, \quad f_2(a_n) < p \quad \text{für fast alle } n,$$

mithin auch:

$$f(a_n) < p \quad \text{für fast alle } n,$$

d. h es ist:

$$\overline{\lim_{n=\infty}} f(a_n) \leqq p,$$

und da dies für jedes $p > f(a)$ zutrifft:

$$\overline{\lim_{n=\infty}} f(a_n) \leqq f(a).$$

Also ist f oberhalb stetig in a auf $\mathfrak{A}$, wie behauptet.

Sei sodann f der kleinere der beiden Funktionswerte f_1, f_2, und sei etwa:

$$f_1(a) \leqq f_2(a) \quad \text{und somit} \quad f(a) = f_1(a).$$

Nach Voraussetzung ist für jede Folge $\{a_n\}$ aus $\mathfrak{A}$ mit $\lim_{n=\infty} a_n = a$:

$$\overline{\lim_{n=\infty}} f_1(a_n) \leqq f_1(a),$$

mithin, da $f \leqq f_1$, auch:

$$\overline{\lim_{n=\infty}} f(a_n) \leqq f_1(a) = f(a),$$

d. h. es ist wieder f oberhalb stetig in a auf $\mathfrak{A}$. **Damit ist Satz IX** bewiesen.

---

[1]) Der Satz gilt auch für unterhalb stetige Funktionen. Er ist ein allgemeiner Grenzsatz.

§ 9. Halbstetigkeit auf einer Punktmenge.

Ist die auf $\mathfrak{A}$ definierte Funktion f in jedem Punkte a von $\mathfrak{A}$ oberhalb (unterhalb) stetig auf $\mathfrak{A}$, so heist sie kurz oberhalb (unterhalb) stetig auf $\mathfrak{A}$. Aus § 8, Satz V folgt:

Satz I. Damit f stetig sei auf $\mathfrak{A}$, ist notwendig und hinreichend, daß f sowohl oberhalb als unterhalb stetig sei auf $\mathfrak{A}$.

An Stelle von § 4, Satz II tritt:

Satz II[1]). Ist $\mathfrak{A}$ kompakt und abgeschlossen, und ist f oberhalb stetig auf $\mathfrak{A}$, so gibt es in $\mathfrak{A}$ einen Punkt a, so daß

$$(*) \qquad\qquad f(a) = G(f, \mathfrak{A});$$

ist hingegen f unterhalb stetig auf $\mathfrak{A}$, so gibt es in $\mathfrak{A}$ einen Punkt a, so daß:

$$(**) \qquad\qquad f(a) = g(f, \mathfrak{A}).$$

In der Tat, nach § 2 Satz IX gibt es in $\mathfrak{A}^0$ einen Punkt a, so daß:

$$(0) \qquad\qquad G(a; f, \mathfrak{A}) = G(f, \mathfrak{A}),$$

und weil $\mathfrak{A}$ abgeschlossen, gehört a zu $\mathfrak{A}$. Weil f oberhalb stetig auf $\mathfrak{A}$, ist (§ 8, Satz I):

$$(00) \qquad\qquad G(a; f, \mathfrak{A}) = f(a).$$

Aus (0) und (00) aber folgt (*), und analog beweist man (**).

Aus Satz II folgt unmittelbar:

Satz III. Ist $\mathfrak{A}$ kompakt und abgeschlossen, so ist jede auf $\mathfrak{A}$ endliche, oberhalb stetige Funktion nach oben beschränkt, jede auf $\mathfrak{A}$ endliche, unterhalb stetige Funktion nach unten beschränkt.

Während nach Satz II auf einer kompakten, abgeschlossenen Menge jede oberhalb stetige Funktion gleich wird ihrer oberen Schranke, gilt dies für die untere Schranke nicht[2]). Wir kommen weiter unten[3]) auf das Verhältnis einer oberhalb stetigen Funktion zu ihrer unteren Schrankenfunktion eingehender zurück.

An Stelle von § 4, Satz VI tritt:

---

[1]) Satz II ist ein allgemeiner Grenzsatz.

[2]) Beispiel: Sei $\mathfrak{A}$ das Intervall $[-1, 1]$ des $\mathfrak{R}_1$ und $f(x) = -\dfrac{1}{|x|}$ für $x \neq 0$, $f(0) = 0$.

[3]) Satz V und VI.

Satz IV[1]. Damit f oberhalb stetig sei auf $\mathfrak{A}$, ist notwendig und hinreichend, daß für jedes[2] c die Menge aller Punkte von $\mathfrak{A}$, in denen $f \geqq c$ ist, abgeschlossen sei in $\mathfrak{A}$[3].

Die Bedingung ist notwendig. In der Tat, sei f oberhalb stetig auf $\mathfrak{A}$, und sei $\mathfrak{A}'$ die Menge aller Punkte von $\mathfrak{A}$, in denen $f \geqq c$. Sei a ein zu $\mathfrak{A}$ gehöriger Häufungspunkt von $\mathfrak{A}'$. Es gibt in $\mathfrak{A}'$ eine Folge $\{a_n\}$ mit $\lim\limits_{n=\infty} a_n = a$. Weil f oberhalb stetig, ist:

$$(*) \qquad \overline{\lim_{n=\infty}} f(a_n) \leqq f(a).$$

Da alle a_n zu $\mathfrak{A}'$ gehören, ist: $f(a_n) \geqq c$, somit:

$$\overline{\lim_{n=\infty}} f(a_n) \geqq c,$$

mithin nach (*) auch:

$$f(a) \geqq c,$$

d. h. auch a gehört zu $\mathfrak{A}'$. Also ist $\mathfrak{A}'$ abgeschlossen in $\mathfrak{A}$, wie behauptet.

Die Bedingung ist hinreichend. Angenommen in der Tat, f sei nicht oberhalb stetig auf $\mathfrak{A}$. Ist etwa a ein Punkt von $\mathfrak{A}$, in dem f nicht oberhalb stetig auf $\mathfrak{A}$, so gibt es eine Punktfolge $\{a_n\}$ in $\mathfrak{A}$ mit $\lim\limits_{n=\infty} a_n = a$, so daß:

$$\overline{\lim_{n=\infty}} f(a_n) > f(a).$$

Es gibt dann ein c, so daß[4]:

$$\overline{\lim_{n=\infty}} f(a_n) > c > f(a).$$

Dann ist:

$$f(a_n) > c \quad \text{für unendlich viele } n.$$

Es gehören also in $\{a_n\}$ unendlich viele a_n zu $\mathfrak{A}'$, während der Grenzpunkt a von $\{a_n\}$ nicht zu $\mathfrak{A}'$ gehört. Es ist also $\mathfrak{A}'$ nicht abgeschlossen in $\mathfrak{A}$. Damit ist Satz IV bewiesen.

Satz V. Ist f oberhalb stetig auf $\mathfrak{A}$, und ist die untere Schrankenfunktion:

$$(0) \qquad g(a; f, \mathfrak{A}) \leqq c$$

---

[1] Satz IV ist ein allgemeiner Grenzsatz.

[2] Statt dessen kann es auch heißen: für eine (im $\mathfrak{R}_1$) überall dichte Menge $\mathfrak{C}$ von Zahlen c.

[3] Für unterhalb stetige f ist $f \geqq c$ durch $f \leqq c$ zu ersetzen.

[4] Und zwar gibt es ein solches c auch in der in Fußn. [2] genannten Menge $\mathfrak{C}$.

auf einem in $\mathfrak{A}$ dichten Teile von $\mathfrak{A}$, so ist die Menge $\mathfrak{B}$ aller Punkte von $\mathfrak{A}$, in denen $f > c$ ist, von erster Kategorie in $\mathfrak{A}$[1]).

In der Tat, vermöge der Schränkungstransformation können wir ohne weiteres f als beschränkt und c als endlich annehmen. Nach Satz IV ist für jedes n der Teil $\mathfrak{B}_n$ von $\mathfrak{A}$, auf dem $f \geq c + \frac{1}{n}$ ist, abgeschlossen in $\mathfrak{A}$. Er ist daher nirgends dicht in $\mathfrak{A}$; denn andernfalls gäbe es einen nicht leeren, in $\mathfrak{A}$ offenen Teil $\mathfrak{C}$ von $\mathfrak{A}$, in dem $\mathfrak{B}_n$ dicht wäre; und da $\mathfrak{B}_n$ abgeschlossen in $\mathfrak{A}$, wäre $\mathfrak{C} < \mathfrak{B}_n$; in jedem Punkte von $\mathfrak{C}$ wäre also $f \geq c + \frac{1}{n}$, und mithin, da $\mathfrak{C}$ offen in $\mathfrak{A}$, auch für alle a von $\mathfrak{C}$:

$$g(a; f, \mathfrak{A}) \geq c + \frac{1}{n},$$

entgegen der Annahme, daß der Teil von $\mathfrak{A}$, auf dem (0) gilt, in $\mathfrak{A}$ dicht sei.

Nun ist aber offenbar:

$$\mathfrak{B} = \mathfrak{B}_1 + \mathfrak{B}_2 + \ldots + \mathfrak{B}_n + \ldots,$$

und da, wie gezeigt, jedes $\mathfrak{B}_n$ nirgends dicht in $\mathfrak{A}$, ist $\mathfrak{B}$ von erster Kategorie in $\mathfrak{A}$, wie behauptet. Damit ist Satz V bewiesen.

Unter Anwendung von Kap. I, § 8, Satz XV können wir nun weiter sagen:

Satz VI. Ist f oberhalb stetig auf der relativ-vollständigen[2]) Menge $\mathfrak{A}$, und ist die untere Schrankenfunktion:

$$(0) \qquad\qquad g(a; f, \mathfrak{A}) \leq c$$

auf einem in $\mathfrak{A}$ dichten Teile von $\mathfrak{A}$, so gibt es einen in $\mathfrak{A}$ dichten o-Durchschnitt in $\mathfrak{A}$, in dessen sämtlichen Punkten auch $f \leq c$ ist[3]).

Ein Analogon zu § 4, Satz VIII und IX sowie zu § 5, Satz I besteht für halbstetige Funktionen nicht. An Stelle von § 5, Satz IV tritt:

---

[1]) Ist f unterhalb stetig, so ist (0) zu ersetzen durch $G(a; f, \mathfrak{A}) \geq c$ und die Ungleichung $f > c$ durch $f < c$.

[2]) Diese Voraussetzung kann nicht entbehrt werden. Beispiel: Sei $\mathfrak{A}$ die Menge der rationalen Punkte des $\mathfrak{R}_1$; für $x = \frac{m}{n}$ (m, n teilerfremd) sei $f(x) = \frac{1}{n}$. Dann ist $f(x)$ oberhalb stetig auf $\mathfrak{A}$, und es ist $g(x; f, \mathfrak{A}) = 0$ für alle x von $\mathfrak{A}$; trotzdem ist $f(x) > 0$ für alle x von $\mathfrak{A}$.

[3]) Ist f unterhalb stetig, so ist (0) zu ersetzen durch $G(a; f, \mathfrak{A}) \geq c$ und $f \leq c$ durch $f \geq c$.

Satz VII. Ist $\mathfrak{B}$ ein in $\mathfrak{A}$ dichter Teil von $\mathfrak{A}$, so ist für jede auf $\mathfrak{A}$ oberhalb stetige Funktion f:

$$(1) \qquad g(f, \mathfrak{A}) = g(f, \mathfrak{B}),$$

für jede auf $\mathfrak{A}$ unterhalb stetige Funktion f:

$$(2) \qquad G(f, \mathfrak{A}) = G(f, \mathfrak{B}).$$

Sei in der **Tat** f oberhalb stetig auf $\mathfrak{A}$. Aus $\mathfrak{B} < \mathfrak{A}$ folgt:

$$(3) \qquad g(f, \mathfrak{B}) \geq g(f, \mathfrak{A}).$$

Ist andrerseits p irgendeine Zahl

$$(4) \qquad p > g(f, \mathfrak{A}),$$

so gibt es ein a in $\mathfrak{A}$, so daß:

$$f(a) < p.$$

Da $\mathfrak{B}$ dicht in $\mathfrak{A}$, gibt es in $\mathfrak{B}$ eine Folge $\{b_n\}$ mit

$$\lim_{n=\infty} b_n = a.$$

Weil f oberhalb stetig, ist:

$$\overline{\lim_{n=\infty}} f(b_n) \leq f(a) < p,$$

und somit für mindestens ein b_n:

$$f(b_n) < p,$$

also auch:

$$g(f, \mathfrak{B}) < p;$$

und da dies für jedes (4) genügende p gilt, auch:

$$(5) \qquad g(f, \mathfrak{B}) \leq g(f, \mathfrak{A}).$$

Aus (3) und (5) aber folgt (1). Und analog beweist man (2), wenn f unterhalb stetig ist. Damit ist Satz VII bewiesen.

Ganz ebenso wie in § 5 Satz V aus Satz IV, folgt nun hier aus Satz VII:

Satz VIII. Ist $\mathfrak{B}$ ein in $\mathfrak{A}$ dichter Teil von $\mathfrak{A}$, so ist in jedem Punkte von $\mathfrak{A}^0$, wenn f oberhalb stetig auf $\mathfrak{A}$:

$$(*) \qquad g(a; f, \mathfrak{A}) = g(a; f, \mathfrak{B});$$

wenn f unterhalb stetig auf $\mathfrak{A}$:

$$(**) \qquad G(a; f, \mathfrak{A}) = G(a; f, \mathfrak{B}).$$

Für oberhalb stetige Funktionen wird im allgemeinen (**) nicht gelten, für unterhalb stetige (*) nicht.

Eine auf einer separablen Menge $\mathfrak{A}$ stetige Funktion ist, wie wir in § 5 sahen, völlig gegeben durch ihre Werte auf einem in $\mathfrak{A}$ dichten abzählbaren Teil $\mathfrak{B}$ von $\mathfrak{A}$, und zwar ist in jedem Punkte von $\mathfrak{A}$ (§ 5, Satz VI)

$$f(a) = G(a; f, \mathfrak{B}) = g(a; f, \mathfrak{B}).$$

Um zu einem Resultate zu gelangen, das bei halbstetigen Funktionen einigen Ersatz für diesen Sachverhalt bietet, gehen wir aus von folgender, auf einer separablen Menge für ganz beliebige Funktionen gültigen Tatsache:

Satz IX. Zu jeder auf der separablen Menge $\mathfrak{A}$ definierten Funktion f gibt es einen in $\mathfrak{A}$ dichten abzählbaren Teil $\mathfrak{B}$ von $\mathfrak{A}$, so daß in jedem Punkte von $\mathfrak{A}^0$:

(1) $$g(a; f, \mathfrak{A}) = g(a; f, \mathfrak{B}); \quad G(a; f, \mathfrak{A}) = G(a; f, \mathfrak{B}).$$

In der Tat, vermöge der Schränkungstransformation können wir f als endlich annehmen. Sei r_n $(n = 1, 2, \ldots)$ die Menge aller rationalen Zahlen, $\mathfrak{A}_n$ die Menge aller Punkte von $\mathfrak{A}$, in denen

$$f \geq r_n.$$

Zugleich mit $\mathfrak{A}$ ist auch $\mathfrak{A}_n$ separabel (Kap. I, § 7, Satz II), es gibt also einen in $\mathfrak{A}_n$ dichten, abzählbaren Teil $\mathfrak{B}_n$ von $\mathfrak{A}_n$. Wir setzen

$$\mathfrak{B}' = \mathfrak{B}_1 \dotplus \mathfrak{B}_2 \dotplus \ldots \dotplus \mathfrak{B}_n \dotplus \ldots$$

Dann ist auch $\mathfrak{B}'$ abzählbar, und da offenbar:

$$\mathfrak{A} = \mathfrak{A}_1 \dotplus \mathfrak{A}_2 \dotplus \ldots \dotplus \mathfrak{A}_n \dotplus \ldots,$$

so ist nach Kap. I, § 4, Satz IX $\mathfrak{B}'$ dicht in $\mathfrak{A}$.

Sei nun a ein Punkt von $\mathfrak{A}^0$ und r_n eine rationale Zahl:

(2) $$r_n < G(a; f, \mathfrak{A}).$$

In jeder Umgebung von a gibt es dann einen Punkt von $\mathfrak{A}_n$, und da $\mathfrak{B}_n$ dicht in $\mathfrak{A}_n$, auch einen Punkt von $\mathfrak{B}_n$, woraus sofort folgt:

$$G(a; f, \mathfrak{B}') \geq r_n.$$

Und da dies für jede (2) erfüllende rationale Zahl r_n gilt, ist auch:

(3) $$G(a; f, \mathfrak{B}') \geq G(a; f, \mathfrak{A}).$$

Da aber $\mathfrak{B}' < \mathfrak{A}$, so ist andererseits

(4) $$G(a; f, \mathfrak{B}') \leq G(a; f, \mathfrak{A}).$$

Aus (3) und (4) aber folgt:

(5) $$G(a; f, \mathfrak{B}') = G(a; f, \mathfrak{A}).$$

Ganz analog beweist man die Existenz eines abzählbaren, in $\mathfrak{A}$ dichten Teiles $\mathfrak{B}''$ von $\mathfrak{A}$, für den in jedem Punkte von $\mathfrak{A}^0$:

(6) $$g(a; f, \mathfrak{B}'') = g(a; f, \mathfrak{A}).$$

Wir setzen nun:

$$\mathfrak{B} = \mathfrak{B}' \dotplus \mathfrak{B}''.$$

Dann ist $\mathfrak{B}$ ein abzählbarer in $\mathfrak{A}$ dichter Teil von $\mathfrak{A}$, und aus:

$$\mathfrak{B}' < \mathfrak{B}, \quad \mathfrak{B}'' < \mathfrak{B}, \quad \mathfrak{B} < \mathfrak{A}$$

folgt:

(7) $$g(a; f, \mathfrak{A}) \leq g(a; f, \mathfrak{B}) \leq g(a; f, \mathfrak{B}'');$$

(8) $$G(a; f, \mathfrak{B}') \leq G(a; f, \mathfrak{B}) \leq G(a; f, \mathfrak{A}).$$

Aus (5), (6), (7), (8) folgt aber (1), und Satz IX ist bewiesen.

Nun sind wir in der Lage, den vorhin angekündigten Satz über halbstetige Funktionen zu beweisen[1]):

Satz X. Zu jeder auf der separablen Menge $\mathfrak{A}$ oberhalb[2]) stetigen Funktion f gibt es einen abzählbaren, in $\mathfrak{A}$ dichten Teil $\mathfrak{B}$ von $\mathfrak{A}$, so daß in jedem Punkte von $\mathfrak{A}$:

$$(\dagger) \qquad f(a) = G(a; f, \mathfrak{B}).$$

In der Tat, dies folgt unmittelbar aus Satz IX; denn da f oberhalb stetig auf $\mathfrak{A}$, ist (§ 8, Satz I) in jedem Punkte von $\mathfrak{A}$:

$$f(a) = G(a; f, \mathfrak{A}).$$

§ 10. Stetige und halbstetige Funktionen.

In gewissem Sinne können die halbstetigen Funktionen als die nach den stetigen, einfachsten Funktionen angesehen werden. Wir wollen nun zeigen, wie alle halbstetigen Funktionen durch Grenzübergang aus den stetigen Funktionen gewonnen werden können. Wir gehen aus von dem einfachen Satze[3]):

Satz I[4]). Ist $\{f_\nu\}$ eine monoton abnehmende Folge von Funktionen, die sämtlich oberhalb[5]) stetig sind in a auf $\mathfrak{A}$, so ist auch ihre Grenzfunktion $f = \lim\limits_{\nu=\infty} f_\nu$ oberhalb[5]) stetig in a auf $\mathfrak{A}$.

In der Tat, da nach Annahme in jedem Punkte von $\mathfrak{A}$ die Funktionswerte f_ν eine monoton abnehmende Zahlenfolge bilden, existiert in jedem Punkte von $\mathfrak{A}$ der Grenzwert (Einleitung, § 5, Satz IX):

$$(*) \qquad f = \lim\limits_{\nu=\infty} f_\nu,$$

so daß die Grenzfunktion f von $\{f_\nu\}$ auf ganz $\mathfrak{A}$ definiert ist.

Angenommen nun, es wäre f nicht oberhalb stetig in a auf $\mathfrak{A}$. Dann gäbe es in $\mathfrak{A}$ eine Punktfolge $\{a_n\}$ mit $\lim\limits_{n=\infty} a_n = a$, so daß:

$$(**) \qquad \overline{\lim\limits_{n=\infty}} \, f(a_n) > f(a).$$

Da $\{f_\nu\}$ monoton abnimmt, ist

$$f_\nu(a_n) \geqq f(a_n)$$

---

[1]) Vgl. hierzu W. H. und G. Ch. Young, Lond. Proc. (2) 8 (1910), 330.

[2]) Für unterhalb stetige Funktionen tritt an Stelle von (†):

$$f(a) = g(a; f, \mathfrak{B}).$$

[3]) R. Baire, Bull. soc. math. 32 (1904), 125. Vgl. auch W. H. Young, Mess. of math. 1908, 148.

[4]) Satz I ist ein allgemeiner Grenzsatz.

[5]) Für unterhalb stetige Funktionen gilt der Satz, wenn $\{f_\nu\}$ monoton wächst.

und mithin auch:

$$(***) \qquad \overline{\lim_{n=\infty}} f_\nu(a_n) \geqq \overline{\lim_{n=\infty}} f(a_n).$$

Wegen (*) und (**) ist ferner:

$$f_\nu(a) < \overline{\lim_{n=\infty}} f(a_n) \quad \text{für fast alle } \nu.$$

Es wäre also wegen (***) für fast alle ν

$$\overrightarrow{\lim_{n=\infty}} f_\nu(a_n) > f_\nu(a),$$

entgegen der Annahme, daß alle f_ν oberhalb stetig in a auf $\mathfrak{A}$. Damit ist Satz I bewiesen.

Aus ihm folgt als Spezialfall:

Satz II. Die Grenzfunktion einer monoton abnehmenden Folge auf $\mathfrak{A}$ stetiger Funktionen ist oberhalb stetig auf $\mathfrak{A}$; die Grenzfunktion einer monoton wachsenden Folge auf $\mathfrak{A}$ stetiger Funktionen ist unterhalb stetig auf $\mathfrak{A}$.

Von Satz II gilt nun auch die Umkehrung:

Satz III[1]. Jede auf $\mathfrak{A}$ oberhalb stetige Funktion ist Grenzfunktion einer monoton abnehmenden Folge auf $\mathfrak{A}$ stetiger Funktionen; jede auf $\mathfrak{A}$ unterhalb stetige Funktion ist Grenzfunktion einer monoton wachsenden Folge auf $\mathfrak{A}$ stetiger Funktionen.

Es wird genügen, die erste Hälfte dieser Behauptung nachzuweisen, und zwar wird es weiter genügen, sie in der Form nachzuweisen[2]:

Ist f eine auf $\mathfrak{A}$ oberhalb stetige, der Ungleichung:

$$(1) \qquad 0 \leqq f \leqq 1$$

genügende Funktion, so gibt es eine monoton abnehmende Folge $\{f_\nu\}$ auf $\mathfrak{A}$ stetiger, der Ungleichung:

$$(2) \qquad 0 \leqq f_\nu \leqq 1$$

genügender Funktionen, derart daß:

$$(3) \qquad f = \lim_{\nu=\infty} f_\nu.$$

---

[1]) R. Baire, Bull. soc. math. 32 (1904), 125. Vgl. auch W. H. Young, Proc. Cambr. Phil. Soc. 14 (1908), 523. Für beliebige metrische Räume wurde der Satz zuerst bewiesen von H. Tietze, Journ. f. Math. 145 (1914), 9. Andre Beweise: H. Hahn, Wien. Ber. 126 (1917), 91; C. Carathéodory, Vorl. über reelle Funktionen 401. Der einfachste (erst während der Drucklegung erschienene) Beweis bei F. Hausdorff, Math. Zeitschr. 5 (1919), 293.

[2]) Vgl. den Beweis von Satz VIII, § 5.

Wir definieren (für $r \geq 0$) eine Funktion $h_\nu(r)$ der reellen Veränderlichen r durch (Fig. 5):

$$h_\nu(r) = \begin{cases} 1 & \text{in } \left[0, \frac{1}{\nu}\right] \\ \text{linear} & \text{in } \left[\frac{1}{\nu}, \frac{2}{\nu}\right] \\ 0 & \text{in } \left[\frac{2}{\nu}, +\infty\right). \end{cases}$$

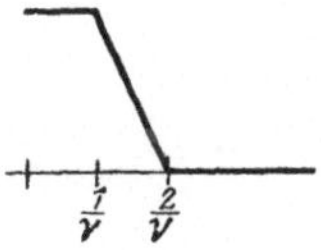

Fig. 5.

Jedem Punkte a von $\mathfrak{A}$ ordnen wir nun die (für alle a' von $\mathfrak{A}$ definierte) Funktion zu:

$$(4) \qquad f_{\nu, a}(a') = h_\nu(r(a, a')) \cdot f(a').$$

Die obere Schranke $G(f_{\nu, a}, \mathfrak{A})$ von $f_{\nu, a}(a')$ auf $\mathfrak{A}$ ist dann eine (für alle a von $\mathfrak{A}$ definierte) Funktion:

$$(5) \qquad f_\nu(a) = G(f_{\nu, a}, \mathfrak{A}),$$

für die offenbar (2) erfüllt ist. Da ferner $h_{\nu+1}(r) \leq h_\nu(r)$, ist auch $f_{\nu+1, a}(a') \leq f_{\nu, a}(a')$ und damit auch:

$$f_{\nu+1}(a) \leq f_\nu(a),$$

d. h. die Folge $\{f_\nu\}$ ist **monoton abnehmend**.

Wir zeigen sodann, daß f_ν stetig ist auf $\mathfrak{A}$. Da h_ν stetige Funktion von r, gibt es zu jedem $\varepsilon > 0$ ein $\varrho > 0$, so daß

$$(6) \qquad |h_\nu(r) - h_\nu(r')| < \varepsilon \quad \text{wenn } |r' - r| < \varrho.$$

Ist a'' ein beliebiger Punkt der Umgebung $\mathfrak{U}(a; \varrho)$ von a in $\mathfrak{A}$, so ist, wegen der Dreiecksungleichung, für alle a' von $\mathfrak{A}$:

$$|r(a, a') - r(a'', a')| < \varrho;$$

und somit nach (6):

$$|h_\nu(r(a, a')) - h_\nu(r(a'', a'))| < \varepsilon.$$

Aus (4) und (1) folgt dann (für alle a'' von $\mathfrak{U}(a; \varrho)$ und alle a' von $\mathfrak{A}$):

$$|f_{\nu, a''}(a') - f_{\nu, a}(a')| < \varepsilon,$$

und somit aus (5):

$$|f_\nu(a'') - f_\nu(a)| \leq \varepsilon \quad \text{für alle } a'' \text{ aus } \mathfrak{U}(a; \varrho).$$

Das aber heißt: f_ν ist **stetig auf** $\mathfrak{A}$, wie behauptet.

Wir haben endlich noch nachzuweisen, daß (3) gilt. Da:

$$f_{\nu, a}(a) = h_\nu(0) \cdot f(a) = f(a),$$

so ist nach (5):

$$(7) \qquad f_\nu(a) \geq f(a) \quad \text{für alle } \nu.$$

Da andrerseits f oberhalb stetig in a auf $\mathfrak{A}$, so gilt, wenn $\varepsilon > 0$ beliebig gegeben, für fast alle ν:

$$f(a') < f(a) + \varepsilon \quad \text{wenn} \quad r(a', a) < \frac{2}{\nu}.$$

Dann aber ist zufolge (4):

$$f_{\nu, a}(a') < f(a) + \varepsilon \quad \text{für alle } a' \text{ von } \mathfrak{A},$$

und mithin ist zufolge (5):

$$(8) \qquad f_\nu(a) \leq f(a) + \varepsilon \quad \text{für fast alle } \nu.$$

Aus (7) und (8) aber folgt (3), und Satz III ist bewiesen.

Satz IV[1]). Ist g unterhalb stetig, h oberhalb stetig auf $\mathfrak{A}$, und ist

$$(1) \qquad\qquad g \geq h.$$

so gibt es eine auf $\mathfrak{A}$ stetige Funktion f, die der Ungleichung genügt:

$$(2) \qquad\qquad g \geq f \geq h.$$

In der Tat, nach Satz III gibt es eine monoton wachsende Folge $\{g_\nu\}$ und eine monoton abnehmende Folge $\{h_\nu\}$ auf $\mathfrak{A}$ stetiger Funktionen, so daß:

$$(3) \qquad\qquad g = \lim_{\nu=\infty} g_\nu; \quad h = \lim_{\nu=\infty} h_\nu.$$

$$(4) \qquad\qquad g_\nu \leq g_{\nu+1}; \quad h_\nu \geq h_{\nu+1}.$$

Vermöge der Schränkungstransformation können wir alle auftretenden Funktionen als endlich annehmen.

Ist F irgendeine Funktion, so bezeichnen wir mit $[F]$ den größeren der beiden Werte F und 0, d. h. es ist:

$$[F] = \begin{cases} F & \text{wenn } F > 0 \\ 0 & \text{wenn } F \leq 0. \end{cases}$$

Nach § 3, Satz VIII ist $[F]$ gleichzeitig mit F stetig, und aus $F_1 \leq F_2$ folgt $[F_1] \leq [F_2]$.

Wegen (4) ist:

$$h_1 - g_1 \geq h_1 - g_2 \geq h_2 - g_2 \geq h_2 - g_3 \geq \cdots,$$

und wegen (3) und (1) ist:

$$\lim_{\nu=\infty}(h_\nu - g_\nu) = \lim_{\nu=\infty}(h_\nu - g_{\nu+1}) = h - g \leq 0.$$

---

[1]) H. **Hahn**, Wien. Ber. 126 (1917), 103. Der folgende Beweis stammt von F. **Hausdorff**, Math. Zeitschr. 5 (1919), 295.

Daher ist auch:

$$[h_1 - g_1] \gtrless [h_1 - g_2] \geqq [h_2 - g_2] \geqq [h_2 - g_3] \geqq \cdots$$
$$\lim_{\nu = \infty} [h_\nu - g_\nu] = \lim_{\nu = \infty} [h_\nu - g_{\nu+1}] = 0.$$

Also ist

$$(5) \qquad g_1 + [h_1 - g_1] - [h_1 - g_2] + [h_2 - g_2] - [h_2 - g_3] + \cdots$$

eine alternierende Reihe mit monoton abnehmenden, gegen 0 konvergierenden Gliedern, mithin nach einem bekannten Satze **eigentlich konvergent**. Wir bezeichnen ihre Summe mit f.

Die ungeraden Teilsummen von (5) bilden eine monoton wachsende, die geraden eine monoton abnehmende Folge stetiger Funktionen. Also ist nach Satz II die Summe f von (5) sowohl unterhalb als oberhalb stetig, d. h. **stetig** auf $\mathfrak{A}$ (§ 8, Satz V).

Wir wollen nun noch zeigen, daß diese Funktion f der Ungleichung (2) genügt. Wir unterscheiden dabei die zwei Fälle:

$$1. \quad g(a) = h(a), \qquad\qquad 2. \quad g(a) > h(a).$$

Im ersten Falle ist im Punkte a:

$$g_\mu \gtrless g = h \leqq h_\nu \quad \text{für alle } \mu, \nu;$$

infolgedessen:

$$(6) \qquad [h_\nu - g_\nu] = h_\nu - g_\nu; \quad [h_\nu - g_{\nu+1}] = h_\nu - g_{\nu+1},$$

und aus (5) wird:

$$f = g_1 + (h_1 - g_1) - (h_1 - g_2) + (h_2 - g_2) - (h_2 - g_3) + \cdots,$$

d. h.:

$$f = \lim_{\nu = \infty} g_\nu = \lim_{\nu = \infty} h_\nu = g = h,$$

und (2) ist erfüllt.

Im zweiten Falle sind wegen $h - g < 0$ und wegen (3) in der Folge:

$$(7) \quad h_1 - g_1, \quad h_1 - g_2, \quad h_2 - g_2, \ldots, \quad h_\nu - g_\nu, \quad h_\nu - g_{\nu+1}, \ldots,$$

alle Glieder von einem bestimmten an < 0, und wir haben wieder zwei Fälle zu unterscheiden, je nachdem das erste negative Glied in (7) die Form hat: $h_\nu - g_\nu$ (Fall 2a) oder $h_\nu - g_{\nu+1}$ (Fall 2b).

Im Falle 2a wird aus (5):

$$f = g_1 + (h_1 - g_1) - (h_1 - g_2) + \cdots - (h_{\nu-1} - g_\nu) = g_\nu,$$

und somit, weil $\{g_\nu\}$ monoton wächst:

$$(8) \qquad\qquad f = g_\nu \leqq g;$$

andrerseits, weil $h_\nu - g_\nu$ das erste **negative** Glied der Folge (7) war, und weil $\{h_\nu\}$ monoton abnimmt:

$$(9) \qquad\qquad f = g_\nu > h_\nu \geq h.$$

Durch (8) und (9) ist wieder (2) bewiesen.

Im Falle 2b wird aus (5):

$$f = g_1 + (h_1 - g_1) - (h_1 - g_2) + \cdots + (h_\nu - g_\nu) = h_\nu,$$

und wie vorhin findet man:

$$f = h_\nu \geq h; \quad f = h_\nu < g_{\nu+1} \leq g,$$

und somit wieder (2). Damit ist Satz IV bewiesen.

Wir bemerken noch, daß aus Satz IV sich ein sehr einfacher Beweis für Satz X von § 5 ergibt[1]). Sei in der Tat auf dem in $\mathfrak{A}$ abgeschlossenen Teile $\mathfrak{B}$ von $\mathfrak{A}$ eine stetige Funktion f^* gegeben. Wir setzen:

$$g = \begin{cases} f^* & \text{auf } \mathfrak{B} \\ +\infty & \text{auf } \mathfrak{A} - \mathfrak{B}; \end{cases} \qquad h = \begin{cases} f^* & \text{auf } \mathfrak{B} \\ -\infty & \text{auf } \mathfrak{A} - \mathfrak{B}. \end{cases}$$

Aus § 9 Satz IV entnehmen wir sofort: g ist unterhalb, h ist oberhalb stetig auf $\mathfrak{A}$. Nach Satz IV bilden wir eine auf $\mathfrak{A}$ stetige, der Ungleichung

$$h \leq f \leq g$$

genügende Funktion. Da auf $\mathfrak{B}$:

$$g = h = f^*,$$

so ist $f = f^*$ auf $\mathfrak{B}$. Damit aber ist Satz X von § 5 bewiesen.

§ 11. Die Schrankenfunktionen als halbstetige Funktionen. Grenzwert einer Funktion.

Ein besonders wichtiges Beispiel halbstetiger Funktionen sind die Schrankenfunktionen $G(a; f, \mathfrak{A})$, $g(a; f, \mathfrak{A})$ einer beliebigen Funktion f, die wir in § 2 eingeführt haben. Um dies einzusehen, gehen wir aus von der Bemerkung:

Satz I. Setzen wir zur Abkürzung:

$$(0) \qquad \bar{f}(a) = G(a; f, \mathfrak{A}), \quad \underline{f}(a) = g(a; f, \mathfrak{A}),$$

so ist für jede offene Menge $\mathfrak{B}$:

$$(1) \qquad G(\bar{f}, \mathfrak{B}\mathfrak{A}^0) = G(f, \mathfrak{B}\mathfrak{A}); \quad g(\underline{f}, \mathfrak{B}\mathfrak{A}^0) = g(f, \mathfrak{B}\mathfrak{A}).$$

---

[1]) F. **Hausdorff**, a. a. O. 296.

In der Tat, wegen $\bar{f} \geqq f$ und weil $\mathfrak{B}\mathfrak{A} < \mathfrak{B}\mathfrak{A}^0$, ist zunächst:

$$(2) \qquad G(\bar{f}, \mathfrak{B}\mathfrak{A}^0) \geqq G(\bar{f}, \mathfrak{B}\mathfrak{A}) \geqq G(f, \mathfrak{B}\mathfrak{A}).$$

Ist sodann p irgendeine Zahl:

$$(3) \qquad p < G(\bar{f}, \mathfrak{B}\mathfrak{A}^0),$$

so gibt es in $\mathfrak{B}\mathfrak{A}^0$ mindestens einen Punkt b, in dem:

$$\bar{f}(b) = G(b; f, \mathfrak{A}) > p,$$

mithin, da $\mathfrak{B}$ offen, also $\mathfrak{B}\mathfrak{A}$ eine Umgebung von b in $\mathfrak{A}$ ist, gibt es (§ 2, Satz VII) in $\mathfrak{B}\mathfrak{A}$ einen Punkt a, in dem

$$f(a) > p.$$

Also ist auch:

$$G(f, \mathfrak{B}\mathfrak{A}) > p,$$

und da dies für jede (3) genügende Zahl p gilt, ist:

$$(4) \qquad G(f, \mathfrak{B}\mathfrak{A}) \geqq G(\bar{f}, \mathfrak{B}\mathfrak{A}^0).$$

Aus (2) und (4) folgt die erste Gleichung (1), und analog beweist man die zweite.

Satz II[1]. Ist f eine beliebige Funktion auf $\mathfrak{A}$, so ist ihre obere Schrankenfunktion $G(a; f, \mathfrak{A})$ oberhalb stetig, ihre untere Schrankenfunktion $g(a; f, \mathfrak{A})$ unterhalb stetig auf der abgeschlossenen Hülle $\mathfrak{A}^0$.

In der Tat, machen wir wieder von der Bezeichnungsweise (0) Gebrauch. Nach § 2, Satz IV ist $G(a; f, \mathfrak{A}) = \bar{f}(a)$ die untere Schranke von $G(f, \mathfrak{B}\mathfrak{A})$ für alle a enthaltenden offenen Mengen $\mathfrak{B}$ (d. h. für alle Umgebungen von a in $\mathfrak{A}$). Und ebenso ist $G(a; \bar{f}, \mathfrak{A}^0)$ die untere Schranke von $G(\bar{f}, \mathfrak{B}\mathfrak{A}^0)$ für alle a enthaltenden offenen Mengen $\mathfrak{B}$. Nach Satz I aber ist:

$$G(f, \mathfrak{B}\mathfrak{A}) = G(\bar{f}, \mathfrak{B}\mathfrak{A}^0),$$

und mithin auch:

$$\bar{f}(a) = G(a; f, \mathfrak{A}) = G(a; \bar{f}, \mathfrak{A}^0),$$

also ist (§ 8, Satz I) f oberhalb stetig auf $\mathfrak{A}^0$. Analog beweist man, daß f unterhalb stetig auf $\mathfrak{A}^0$, und Satz II ist bewiesen.

Satz II ist nur ein Spezialfall des allgemeinen Theorems[2]:

Satz III. Sei $\mathfrak{A}$ eine Punktmenge, $\mathfrak{B}$ ein Teil von $\mathfrak{A}^0$, und sei jeder Umgebung $\mathfrak{U}(a)$ jedes Punktes a von $\mathfrak{B}$ eine Zahl

---

[1] R. Baire, Ann. di mat. (3) 3 (1899), 6.

[2] Satz II entsteht aus Satz III, indem man setzt:
$$\Phi(\mathfrak{U}(a)) = G(f, \mathfrak{A} \cdot \mathfrak{U}(a)).$$

$\Phi(\mathfrak{U}(a))$ so zugeordnet[1]), daß folgende Bedingung besteht: Zu jedem Punkte a' von $\mathfrak{U}(a)\cdot\mathfrak{B}$ gibt es eine Umgebung $\mathfrak{U}(a')$, so daß:

$$(*)\qquad \Phi(\mathfrak{U}(a')) \leqq \Phi(\mathfrak{U}(a)).$$

Wird dann mit $\varphi(a)$ die untere Schranke der Zahlen $\Phi(\mathfrak{U}(a))$ für alle Umgebungen $\mathfrak{U}(a)$ von a bezeichnet, so ist $\varphi(a)$ eine auf $\mathfrak{B}$ oberhalb stetige Funktion von a[2]).

Sei in der Tat q irgendeine Zahl:

$$(**)\qquad q > \varphi(a).$$

Nach Definition von φ gibt es dann eine Umgebung $\mathfrak{U}(a)$. so daß:

$$\Phi(\mathfrak{U}(a)) < q.$$

Zu jedem a' von $\mathfrak{U}(a)\cdot\mathfrak{B}$ gibt es nach Annahme $(*)$ eine Umgebung $\mathfrak{U}(a')$, so daß auch:

$$\Phi(\mathfrak{U}(a')) \leqq \Phi(\mathfrak{U}(a)) < q.$$

Nach Definition von φ ist dann auch:

$$\varphi(a') < q.$$

Nach § 8, Satz III ist also φ oberhalb stetig auf $\mathfrak{B}$. und Satz III ist bewiesen.

Wir machen nun über die in Satz III auftretende Funktion $\Phi(\mathfrak{U}(a))$ folgende Annahme: Wir bilden, wenn a einen Häufungspunkt von $\mathfrak{A}$ bedeutet, aus $\mathfrak{U}(a)$ durch Weglassen des Punktes a die reduzierte Umgebung $\mathfrak{U}'(a)$, und setzen:

$$\Phi(\mathfrak{U}(a)) = G(f, \mathfrak{U}'(a)\cdot\mathfrak{A}).$$

Die untere Schranke $\varphi(a)$ aller $\Phi(\mathfrak{U}(a))$ nennen wir dann die reduzierte obere Schranke von f in a auf $\mathfrak{A}$, oder, als Funktion von a betrachtet: die reduzierte obere Schrankenfunktion $G'(a; f, \mathfrak{A})$ von f auf $\mathfrak{A}$. Sie ist definiert in allen Häufungspunkten von $\mathfrak{A}$, d. h. auf $\mathfrak{A}^1$. Ebenso wird definiert die reduzierte untere Schrankenfunktion $g'(a; f, \mathfrak{A})$ von f auf $\mathfrak{A}$ als die obere Schranke von $g(f, \mathfrak{U}'(a)\cdot\mathfrak{A})$ für alle reduzierten Umgebungen $\mathfrak{U}'(a)$ von a.

---

[1]) Dabei ist nicht verlangt, daß, wenn ein und dieselbe offene Menge sowohl eine Umgebung $\mathfrak{U}(a)$ von a, als auch eine Umgebung $\mathfrak{U}(a')$ von a' ist, für sie $\Phi(\mathfrak{U}(a)) = \Phi(\mathfrak{U}(a'))$ sei.

[2]) Ersetzt man $(*)$ durch:

$$\Phi(\mathfrak{U}(a')) \geq \Phi(\mathfrak{U}(a)),$$

und versteht unter $\varphi(a)$ die obere Schranke der $\Phi(\mathfrak{U}(a))$, so wird $\varphi(a)$ unterhalb stetig.

Aus Satz III folgt nun:

Satz IV. Ist f eine beliebige Funktion auf $\mathfrak{A}$, so ist ihre reduzierte obere Schrankenfunktion $G'(a; f, \mathfrak{A})$ oberhalb stetig, ihre reduzierte untere Schrankenfunktion $g'(a; f, \mathfrak{A})$ unterhalb stetig auf $\mathfrak{A}^1$.

Die im vorstehenden gegebene Definition der reduzierten Schranken entspricht der topologischen Definition von oberer und unterer Schranke einer Funktion (§ 2, Satz IV). Wir hätten ebensogut von einer der allgemeinen Definition analogen ausgehen können. Wir begnügen uns damit, den leicht beweisbaren Satz auszusprechen:

Satz V. Ist $\{a_n\}$ eine Punktfolge aus $\mathfrak{A}$ mit $\lim\limits_{n=\infty} a_n = a$, in der alle $a_n \neq a$ sind, so ist:

$$\overline{\lim_{n=\infty}} f(a_n) \leqq G'(a: f, \mathfrak{A}); \quad \underline{\lim_{n=\infty}} f(a_n) \geqq g'(a: f, \mathfrak{A}),$$

und es gibt in $\mathfrak{A}$ zwei Folgen $\{a_n'\}$ und $\{a_n''\}$ der genannten Art, so daß:

$$\lim_{n=\infty} f(a_n') = G'(a; f, \mathfrak{A}); \quad \lim_{n=\infty} f(a_n'') = g'(a; f, \mathfrak{A}).$$

Aus der Definition der reduzierten Schrankenfunktionen folgt unmittelbar:

Satz VI. In jedem Punkte a von $\mathfrak{A}^1$ ist:

$$g(a; f, \mathfrak{A}) \leqq g'(a; f, \mathfrak{A}) \leqq G'(a; f, \mathfrak{A}) \leqq G(a; f, \mathfrak{A});$$

in jedem Punkte a von $\mathfrak{A}^1 - \mathfrak{A}\mathfrak{A}^1$ ist:

$$g'(a; f, \mathfrak{A}) = g(a; f, \mathfrak{A}): \quad G'(a; f, \mathfrak{A}) = G(a; f, \mathfrak{A}).$$

In der Tat, es ist, weil $\mathfrak{U}'(a) \prec \mathfrak{U}(a)$, stets:

$$g(f, \mathfrak{U}'(a)\,\mathfrak{A}) \geqq g(f, \mathfrak{U}(a)\,\mathfrak{A}); \quad G(f, \mathfrak{U}'(a)\,\mathfrak{A}) \leqq G(f, \mathfrak{U}(a)\,\mathfrak{A});$$

für jeden nicht zu $\mathfrak{A}$ gehörigen Punkt aber ist $\mathfrak{U}'(a)\,\mathfrak{A} = \mathfrak{U}(a)\,\mathfrak{A}$, und mithin:

$$g(f, \mathfrak{U}'(a)\,\mathfrak{A}) = g(f, \mathfrak{U}(a)\,\mathfrak{A}): \quad G(f, \mathfrak{U}'(a)\,\mathfrak{A}) = G(f, \mathfrak{U}(a)\,\mathfrak{A}),$$

woraus Satz VI sofort folgt.

Das Bestehen der (zu Ungleichung (00) in Satz II von § 2 analogen) Ungleichung:

$$(\dagger) \qquad\qquad g'(a; f, \mathfrak{A}) \leqq f(a) \leqq G'(a; f, \mathfrak{A})$$

kann hier nicht mehr allgemein behauptet werden, da die reduzierten Schrankenfunktionen ohne Rücksicht auf den Funktionswert $f(a)$ gebildet sind. Wohl aber gilt:

Satz VII[1]**.** Ist $\mathfrak{A}\mathfrak{A}^1$ separabel, so ist die Menge aller Punkte von $\mathfrak{A}\mathfrak{A}^1$, in denen (†) nicht gilt, abzählbar.

Zum Beweise bemerken wir: es kann sein, daß es in einer Menge $\mathfrak{B}$ einen Punkt b gibt derart, daß, wenn $\mathfrak{B}'$ die aus $\mathfrak{B}$ durch Weglassen von b entstehende Menge bezeichnet,

$$G\,(f,\mathfrak{B}') < G\,(f,\mathfrak{B})$$

ausfällt. Nennen wir dann b kurz einen **reduzierenden Punkt** von $\mathfrak{B}$, so sehen wir sofort: eine Menge $\mathfrak{B}$ kann höchstens einen reduzierenden Punkt enthalten.

Sei nun im Punkte a von $\mathfrak{A}\mathfrak{A}^1$:

$$(\dagger\dagger) \qquad\qquad f(a) > G'(a;f,\mathfrak{A}).$$

Dann gibt es eine Umgebung $\mathfrak{U}(a)$, so daß für die zugehörige reduzierte Umgebung $\mathfrak{U}'(a)$:

$$(\dagger\dagger\dagger) \qquad G\,(f,\mathfrak{A}\mathfrak{U}'(a)) < f(a) \leqq G\,(f,\mathfrak{A}\mathfrak{U}(a)).$$

Da die Menge $\mathfrak{A}\mathfrak{A}^1$ separabel, hat sie einen abzählbaren und in ihr dichten Teil:

$$a_1,\,a_2,\,\ldots,\,a_n,\,\ldots.$$

Es gibt dann gewiß ein n und ein ν, so daß die Umgebung $\mathfrak{U}\left(a_n;\dfrac{1}{\nu}\right)$ einerseits a enthält, andrerseits Teil der eben genannten Umgebung $\mathfrak{U}(a)$ ist. Man folgert dann aus (†††) sofort, daß a reduzierender Punkt von $\mathfrak{A}\cdot\mathfrak{U}\left(a_n;\dfrac{1}{\nu}\right)$ ist. Es ist also jeder Punkt von $\mathfrak{A}\mathfrak{A}^1$, in dem (††) gilt, reduzierender Punkt mindestens einer der Mengen $\mathfrak{A}\cdot\mathfrak{U}\left(a_n;\dfrac{1}{\nu}\right)$.

Da es aber nur abzählbar viele solche Mengen und in jeder von ihnen höchstens einen reduzierenden Punkt gibt, so ist die Menge aller Punkte von $\mathfrak{A}\mathfrak{A}^1$, in denen (††) gilt, abzählbar. Ganz ebenso zeigt man dies für die Menge der Punkte, in denen

$$f(a) < g'(a;f,\mathfrak{A}),$$

womit Satz VII bewiesen ist.

Ist im Punkte a von $\mathfrak{A}^1$:

$$(0) \qquad\qquad g'(a;f,\mathfrak{A}) = G'(a;f,\mathfrak{A}),$$

so sagen wir: f hat in a auf $\mathfrak{A}$ den Wert (0) zum **Grenzwert**.

---

[1] Vgl. W. H. Young, Quart. Journ. 39 (1908), 82; Lond. Proc. (2) 8 (1910), 119.

Hat $\mathfrak{A}$ eine reduzierte Umgebung von a zum Teil, so schreibt man, wenn f in a auf $\mathfrak{A}$ den Grenzwert l hat:

$$\lim_{x=a} f(x) = l;$$

im $\mathfrak{R}_k$ schreibt man statt dessen auch, wenn x und a die Punkte $(x_1, x_2, \ldots, x_k)$ und $(a_1, a_2, \ldots, a_k)$ sind[1]):

$$(00) \qquad \lim_{x_1 = a_1, \ldots, x_k = a_k} f(x_1, \ldots, x_k) = l.$$

Sei wieder $\mathfrak{A}$ eine beliebige Punktmenge eines metrischen Raumes. Aus Satz V folgt unmittelbar:

Satz VIII. Damit f im Punkte a auf $\mathfrak{A}$ den Grenzwert l habe, ist notwendig und hinreichend, daß für jede Punktfolge $\{a_n\}$ aus $\mathfrak{A}$ mit $\lim\limits_{n=\infty} a_n = a$ und $a_n \neq a$ die Beziehung gelte:

$$\lim_{n=\infty} f(a_n) = l.$$

Und daraus weiter:

Satz IX. Damit f im Punkte a auf $\mathfrak{A}$ einen Grenzwert habe, ist notwendig und hinreichend, daß für jede Punktfolge $\{a_n\}$ aus $\mathfrak{A}$ mit $\lim\limits_{n=\infty} a_n = a$ und $a_n \neq a$ die Zahlenfolge $\{f(a_n)\}$ konvergent sei.

Die Bedingung ist notwendig; dies ist bereits in Satz VIII enthalten.

Die Bedingung ist hinreichend. Nehmen wir sie in der Tat als erfüllt an, so ist (bei Berufung auf Satz VIII) nur mehr zu zeigen, daß die sämtlichen Zahlenfolgen $\{f(a_n)\}$ gegen dieselbe Zahl l konvergieren. Seien also $\{a_n'\}$, $\{a_n''\}$ zwei der in Rede stehenden Punktfolgen aus $\mathfrak{A}$. Auch

$$a_1', a_1'', a_2', a_2'', \ldots, a_n', a_n'', \ldots$$

____

[1]) Wie Satz VIII zusammen mit Kap. I, § 1, Satz VI lehrt, kann die Beziehung (00) auch so definiert werden: Für jede Punktfolge $\{x_n\}$ des $\mathfrak{R}_k$:

$$x_n = (x_{1,n}, x_{2,n}, \ldots, x_{k,n}),$$

in der:

$$\lim_{n=\infty} x_{i,n} = a_i \qquad (i = 1, 2, \ldots, k),$$

aber für kein n die sämtlichen k Gleichungen gelten:

$$x_{i,n} = a_i \qquad (i = 1, 2, \ldots, k),$$

ist:

$$\lim_{n=\infty} f(x_{1,n}, x_{2,n}, \ldots, x_{k,n}) = l.$$

Diese Form der Definition erklärt das Symbol (00) auch noch in dem Falle, daß einige der $a_i = +\infty$ oder $= -\infty$ sind.

ist dann eine solche; also hat nach Annahme die Zahlenfolge:

$$f(a_1'),\ f(a_1''),\ f(a_2'),\ f(a_2''),\ \ldots,\ f(a_n'),\ f(a_n''),\ \ldots$$

einen Grenzwert l. Als Teilfolgen aus dieser haben aber dann auch $\{f(a_n')\}$ und $\{f(a_n'')\}$ den Grenzwert l, und mithin denselben Grenzwert, wie behauptet. Damit ist Satz IX bewiesen.

Unmittelbar aus der Definition von $G'(a; f, \mathfrak{A})$ und $g'(a; f, \mathfrak{A})$ folgt (vgl. den Beweis von § 3, Satz IV):

Satz X. Damit f im Punkte a von $\mathfrak{A}^1$ auf $\mathfrak{A}$ den Grenzwert l habe, ist notwendig und hinreichend, daß es zu jedem $p < l$, und ebenso zu jedem $q > l$, eine reduzierte Umgebung $\mathfrak{U}'$ von a in $\mathfrak{A}$ gebe, so daß:

$$f(a') > p \quad \text{für alle } a' \text{ von } \mathfrak{U}',$$
$$\text{bzw. } f(a') < q \quad \text{für alle } a' \text{ von } \mathfrak{U}'.$$

Satz XI. Damit f im Punkte a von $\mathfrak{A}^1$ auf $\mathfrak{A}$ einen endlichen Grenzwert habe, ist notwendig und hinreichend, daß es zu jedem $\varepsilon > 0$ eine reduzierte Umgebung $\mathfrak{U}'$ von a in $\mathfrak{A}$ gebe, so daß für je zwei Punkte a', a'' von $\mathfrak{U}'$:

$$(*) \qquad |f(a') - f(a'')| < \varepsilon.$$

Die Bedingung ist **notwendig**: habe in der Tat f in a auf $\mathfrak{A}$ den endlichen Grenzwert l, dann ist

$$l + \frac{\varepsilon}{2} > l, \quad l - \frac{\varepsilon}{2} < l,$$

und Satz X lehrt: es gibt eine reduzierte Umgebung $\mathfrak{U}'$ von a in $\mathfrak{A}$, so daß, wenn a' und a'' in $\mathfrak{U}'$:

$$(**) \qquad l - \frac{\varepsilon}{2} < f(a') < l + \frac{\varepsilon}{2}; \quad l - \frac{\varepsilon}{2} < f(a'') < l + \frac{\varepsilon}{2}.$$

Aus (**) aber folgt (*).

Die Bedingung ist **hinreichend**. Angenommen in der Tat, sie sei erfüllt. Ist $\{a_n\}$ eine Punktfolge aus $\mathfrak{A}$ mit $\lim\limits_{n=\infty} a_n = a$ und $a_n \neq a$, so gibt es ein n_0, so daß a_n für $n \geq n_0$ in der reduzierten Umgebung $\mathfrak{U}'$ von a in $\mathfrak{A}$ liegt. Wegen (*) ist dann:

$$|f(a_{n'}) - f(a_{n''})| < \varepsilon \quad \text{für} \quad n' \geq n_0, \quad n'' \geq n_0.$$

Aus Einleitung, § 6, Satz IX folgt daraus die eigentliche Konvergenz von $\{f(a_n)\}$. Aus Satz IX und VIII folgt daraus weiter, daß f in a auf $\mathfrak{A}$ einen endlichen Grenzwert besitzt, und Satz XI ist bewiesen.

Im Gegensatz zu § 3, Satz II kann aus dem Bestehen der Gleichung (0) S. 170 nicht auf die Stetigkeit von f in a auf $\mathfrak{A}$ geschlossen werden. Wohl aber gilt in Analogie zu § 3, Satz III:

Satz XII. Damit f stetig sei auf $\mathfrak{A}$ im Punkte a von $\mathfrak{A}\mathfrak{A}^1$, ist notwendig und hinreichend, daß:

$$g'(a; f, \mathfrak{A}) = G'(a; f, \mathfrak{A}) = f(a),$$

d. h. daß f in a auf $\mathfrak{A}$ den Funktionswert $f(a)$ zum Grenzwert habe.

Besitzt f im Punkte a von $\mathfrak{A}\mathfrak{A}^1$ einen Grenzwert auf $\mathfrak{A}$, der aber $\neq f(a)$ ist, so heißt f hebbar unstetig in a auf $\mathfrak{A}$. Es kann nämlich die Unstetigkeit von f in a durch bloße Abänderung des Funktionswertes $f(a)$ in den Grenzwert von f in a behoben werden.

Satz XIII. Ist $\mathfrak{A}\mathfrak{A}^1$ separabel, und hat f in allen Punkten von $\mathfrak{A}\mathfrak{A}^1$ einen Grenzwert auf $\mathfrak{A}$, so unterscheidet sich f von einer auf $\mathfrak{A}$ stetigen Funktion nur in einer abzählbaren Punktmenge.

In der Tat, nach Annahme ist in allen Punkten von $\mathfrak{A}\mathfrak{A}^1$:

$$(0) \qquad\qquad g'(a; f, \mathfrak{A}) = G'(a; f, \mathfrak{A}).$$

Wir setzen nun:

$$(00) \qquad f^*(a) = \begin{cases} f(a) & \text{auf} \quad \mathfrak{A} - \mathfrak{A}\mathfrak{A}^1 \\ g'(a; f, \mathfrak{A}) = G'(a; f, \mathfrak{A}) & \text{auf} \quad \mathfrak{A}\mathfrak{A}^1. \end{cases}$$

Wegen Satz VII unterscheidet sich dann f von f^* nur in einer abzählbaren Punktmenge. Und wegen Satz IV ist f^* sowohl oberhalb als unterhalb stetig auf $\mathfrak{A}\mathfrak{A}^1$, und mithin stetig auf $\mathfrak{A}\mathfrak{A}^1$. Ist aber a irgendein Punkt aus $\mathfrak{A}\mathfrak{A}^1$ und $\{a_n\}$ eine gegen a konvergierende Punktfolge aus $\mathfrak{A} - \mathfrak{A}\mathfrak{A}^1$, so ist wegen (0), (00) und Satz V:

$$\lim_{n=\infty} f^*(a_n) = \lim_{n=\infty} f(a_n) = g'(a; f, \mathfrak{A}) = G'(a; f, \mathfrak{A}) = f^*(a).$$

In jedem Punkte von $\mathfrak{A}\mathfrak{A}^1$ ist also f^* auch stetig auf $\mathfrak{A}$. In jedem Punkte von $\mathfrak{A} - \mathfrak{A}\mathfrak{A}^1$ aber ist f^* gewiß stetig auf $\mathfrak{A}$, da diese Punkte isoliert sind. Also ist f^* stetig auf $\mathfrak{A}$, und Satz XIII ist bewiesen.

§ 12. Vernachlässigung von Teilmengen.

Sei eine Menge E von Teilen der Menge $\mathfrak{A}$ gegeben, gemäß folgenden Bedingungen:

1. Ist $\mathfrak{E}$ eine Menge aus E, so auch jeder Teil von $\mathfrak{E}$[1]).
2. Sind $\mathfrak{E}_1, \mathfrak{E}_2, \ldots, \mathfrak{E}_n, \ldots$ abzählbar viele Mengen aus E, so gehört auch ihre Vereinigung $\mathfrak{E}_1 + \mathfrak{E}_2 + \ldots + \mathfrak{E}_n + \ldots$ zu E.

---

[1]) Da die leere Menge Teil jeder Menge, so kommt auch die leere Menge in E vor.

3. In E gibt es (außer der leeren Menge) keine in $\mathfrak{A}$ offene Menge.

Wir nennen die zu E gehörigen Teile von $\mathfrak{A}$ kurz E-Mengen. Beispiele von E-Mengen sind[1]): wenn $\mathfrak{A}$ perfekt und relativ-vollständig ist, die abzählbaren Teile von $\mathfrak{A}$ (Kap. I, § 8, Satz VI); wenn $\mathfrak{A}$ relativ-vollständig ist, die Teile erster Kategorie von $\mathfrak{A}$ (Kap. I, § 8, Satz XVI).

Bilden die Punkte von $\mathfrak{A}$, in denen $f > p$ ist, eine E-Menge, so heißt p eine Oberzahl (majorante Zahl, Majorante) von f bei Vernachlässigung von E-Mengen. Analog ist die Definition einer Unterzahl (Minorante) von f bei Vernachlässigung von E-Mengen.

Satz I. Unter allen Oberzahlen von f bei Vernachlässigung von E-Mengen gibt es eine kleinste, unter allen Unterzahlen von f bei Vernachlässigung von E-Mengen gibt es eine größte.

Sei in der Tat p_0 die untere Schranke aller Oberzahlen von f bei Vernachlässigung von E-Mengen; wir haben zu zeigen, daß p_0 selbst eine solche Oberzahl ist. Dies ist trivial, wenn $p_0 = + \infty$. Ist aber $p_0 < + \infty$, so gibt es eine monoton abnehmende Folge $\{p_n\}$ von solchen Oberzahlen mit $\lim_{n = \infty} p_n = p_0$.

Ist $\mathfrak{E}_n$ die Menge aller Punkte von $\mathfrak{A}$, in denen $f > p_n$, so ist $\mathfrak{E}_n$ nach Annahme eine E-Menge. Die Menge f aller Punkte von $\mathfrak{A}$, in denen $f > p_0$, ist aber:

$$\mathfrak{E} = \mathfrak{E}_1 + \mathfrak{E}_2 + \ldots + \mathfrak{E}_n + \ldots$$

und mithin, nach Eigenschaft 2. der E-Mengen, auch eine E-Menge. Damit ist Satz I bewiesen.

Die kleinste Oberzahl (größte Unterzahl) von f bei Vernachlässigung von E-Mengen heißt die obere (untere) Schranke von f auf $\mathfrak{A}$ bei Vernachlässigung von E-Mengen. Wir wollen sie bezeichnen mit $G^*(f, \mathfrak{A})$ bzw. $g^*(f, \mathfrak{A})$.

Satz II. Für obere und untere Schranke von f auf $\mathfrak{A}$ bei Vernachlässigung von E-Mengen besteht die Ungleichung:

$$g(f, \mathfrak{A}) \leq g^*(f, \mathfrak{A}) \leq G^*(f, \mathfrak{A}) \leq G(f, \mathfrak{A}).$$

In der Tat, die äußeren Teile dieser Ungleichung folgen unmittelbar aus der Tatsache, daß jede Oberzahl (Unterzahl) von f auch eine solche bei Vernachlässigung von E-Mengen ist. Um auch die mittlere Ungleichung zu beweisen, nehmen wir an, sie wäre nicht erfüllt. Dann gibt es ein c, so daß:

$$G^*(f, \mathfrak{A}) < c < g^*(f, \mathfrak{A}).$$

Dann aber ist sowohl der Teil von $\mathfrak{A}$ auf dem $f \geq c$, als auch der, auf dem $f \leq c$ eine E-Menge, und mithin wäre auch $\mathfrak{A}$, als Vereinigung zweier E-Mengen eine E-Menge, in Widerspruch zu 3. ihrer Definition. Damit ist Satz II bewiesen.

Ist nun a ein Punkt von $\mathfrak{A}^0$, so bilden wir die untere Schranke aller Zahlen $G^*(f, \mathfrak{U}(a) \cdot \mathfrak{A})$ für alle Umgebungen $\mathfrak{U}(a)$ von a, bezeichnen diese untere Schranke mit $G^*(a; f, \mathfrak{A})$ und nennen sie die obere Schranke von f in a auf $\mathfrak{A}$ bei Vernachlässigung von E-Mengen, oder (als Funktion von a betrachtet) die obere Schrankenfunktion von f auf $\mathfrak{A}$ bei Vernachlässigung von E-Mengen. Ganz analog ist die Definition der unteren Schranke in a (unteren Schrankenfunktion) von f auf $\mathfrak{A}$ bei Vernachlässigung von E-Mengen: $g^*(a; f, \mathfrak{A})$.

---

[1]) R. Baire, Ann. di mat. (3) 3 (1899), 72, 81; Acta math. 30 (1906), 21.

Setzt man in § 11, Satz III:

$$\Phi\left(\mathfrak{U}\left(a\right)\right) = G^*\left(f, \mathfrak{U}\left(a\right)\cdot\mathfrak{A}\right) \quad \text{bzw.} \quad \Phi\left(\mathfrak{U}\left(a\right)\right) = g^*\left(f, \mathfrak{U}\left(a\right)\cdot\mathfrak{A}\right),$$

so erhält man:

Satz III. Es ist $G^*\left(a; f, \mathfrak{A}\right)$ oberhalb stetig, $g^*\left(a; f, \mathfrak{A}\right)$ unterhalb stetig auf $\mathfrak{A}^0$.

Aus Satz II folgt sofort:

Satz IV. Es gilt stets die Ungleichung:

$$g\left(a; f, \mathfrak{A}\right) \leqq g^*\left(a; f, \mathfrak{A}\right) \leqq G^*\left(a; f, \mathfrak{A}\right) \leqq G\left(a; f, \mathfrak{A}\right).$$

In Analogie zu § 11, Satz VII gilt hier:

Satz V. Ist $\mathfrak{A}$ separabel, so ist die Menge aller Punkte von $\mathfrak{A}$, in denen nicht

$$(0) \qquad\qquad g^*\left(a; f, \mathfrak{A}\right) \leqq f(a) \leqq G^*\left(a; f, \mathfrak{A}\right)$$

ist, eine E-Menge.

Sei zum Beweise $a_1, a_2, \ldots, a_n, \ldots$ ein in $\mathfrak{A}$ dichter, abzählbarer Teil von $\mathfrak{A}$. Sei $\mathfrak{U}\left(a_n; \frac{1}{\nu}\right)$ die Umgebung $\frac{1}{\nu}$ von a_n in $\mathfrak{A}$. Diejenigen Punkte von $\mathfrak{U}\left(a_n; \frac{1}{\nu}\right)$, in denen:

$$f > G^*\left(f, \mathfrak{U}\left(a_n; \frac{1}{\nu}\right)\right),$$

bilden dann, nach Definition von G^*, eine E-Menge, die wir mit $\mathfrak{E}_{n,\nu}$ bezeichnen. Dasselbe gilt dann auch von der Vereinigung $\mathfrak{E}$ der abzählbar vielen E-Mengen $\mathfrak{E}_{n,\nu}$ $(n, \nu = 1, 2, \ldots)$. Wir wollen nun zeigen, daß jeder Punkt von $\mathfrak{A}$, in dem

$$(00) \qquad\qquad f(a) > G^*\left(a; f, \mathfrak{A}\right),$$

zu dieser Vereinigung $\mathfrak{E}$ gehört.

In der Tat, gilt (00), so gibt es eine Umgebung $\mathfrak{U}(a)$ von a, so daß:

$$G^*\left(f, \mathfrak{U}(a)\,\mathfrak{A}\right) < f(a).$$

Unter den vorhin betrachteten $\mathfrak{U}\left(a_n; \frac{1}{\nu}\right)$ gibt es eine, die einerseits a enthält, andererseits Teil von $\mathfrak{U}(a)\,\mathfrak{A}$ ist. Für sie ist also:

$$G^*\left(f, \mathfrak{U}\left(a_n; \frac{1}{\nu}\right)\right) \leqq G^*\left(f, \mathfrak{U}(a)\,\mathfrak{A}\right) < f(a).$$

Es gehört also a zu $\mathfrak{E}_{n,\nu}$, und damit zu $\mathfrak{E}$, wie behauptet

Also ist die Menge aller Punkte von $\mathfrak{A}$, in denen (00) gilt, eine E-Menge; ebenso beweist man dies für die Menge aller Punkte von $\mathfrak{A}$, in denen

$$f(a) < g^*\left(a; f, \mathfrak{A}\right)$$

gilt. Also ist die Menge aller Punkte von $\mathfrak{A}$, in denen (0) nicht gilt, als Vereinigung zweier E-Mengen eine E-Menge, und Satz V ist bewiesen.

Aus Satz V leiten wir eine Eigenschaft der Schrankenfunktionen bei Vernachlässigung von E-Mengen her, die ihre in Satz III bewiesene Halbstetigkeit beträchtlich ergänzt.

Satz VI. Ist $\mathfrak{A}$ separabel, so stimmt $G^*\left(a; f, \mathfrak{A}\right)$ überein mit ihrer eigenen oberen (und $g^*\left(a; f, \mathfrak{A}\right)$ mit ihrer unteren) Schrankenfunktion bei Vernachlässigung von E-Mengen.

Wir setzen zur Abkürzung:

$$G^*\left(a; f, \mathfrak{A}\right) = \varphi(a).$$

Die Tatsache, daß $\varphi(a)$ oberhalb stetig ist (Satz III), besagt:

(†) $$\varphi(a) = G(a; \varphi, \mathfrak{A}).$$

Da nach Satz IV stets:

$$G(a; \varphi, \mathfrak{A}) \geqq G^*(a; \varphi, \mathfrak{A}),$$

so haben wir aus (†):

(††) $$\varphi(a) \geqq G^*(a; \varphi, \mathfrak{A}).$$

Da aber nach Satz V überall auf $\mathfrak{A}$, abgesehen von einer E-Menge, $f(a) \leqq \varphi(a)$ ist, und da bei Bildung von G^* es auf die Werte in einer E-Menge nicht ankommt, so ist auch:

(†††) $$\varphi(a) = G^*(a; f, \mathfrak{A}) \leqq G^*(a; \varphi, \mathfrak{A}).$$

Die beiden Ungleichungen (††) und (†††) ergeben:

$$\varphi(a) = G^*(a; \varphi, \mathfrak{A}),$$

das aber ist die Behauptung.

Die Funktion f heißt im Punkte a stetig auf $\mathfrak{A}$ bei Vernach-lässigung von E-Mengen[1]), wenn:

(*) $$g^*(a; f, \mathfrak{A}) = G^*(a; f, \mathfrak{A})$$

ist. Sie heißt stetig auf $\mathfrak{A}$ bei Vernachlässigung von E-Mengen, wenn (*) in jedem Punkte von $\mathfrak{A}$ gilt. Für solche Funktionen besteht (in Analogie zu § 11, Satz XIII) der Satz:

Satz VII. Ist f stetig auf der separablen Menge $\mathfrak{A}$ bei Ver-nachlässigung von E-Mengen, so gibt es eine auf $\mathfrak{A}$ stetige Funk-tion, von der sich f nur in einer E-Menge unterscheidet.

In der Tat, da nach Satz III $G^*(a; f, \mathfrak{A})$ oberhalb, $g^*(a; f, \mathfrak{A})$ unterhalb stetig ist auf $\mathfrak{A}$, so ist, wenn überall auf $\mathfrak{A}$ (*) gilt, der gemeinsame Wert dieser beiden Funktionen stetig auf $\mathfrak{A}$. Und da nach Satz V f überall, ab-gesehen von einer E-Menge, gleich diesem gemeinsamen Werte ist, so ist Satz VII bewiesen.

§ 13. Einseitige Stetigkeit und Halbstetigkeit.

Wir beschäftigen uns noch speziell mit Funktionen, die auf einer Punktmenge $\mathfrak{A}$ des $\mathfrak{R}_1$ definiert sind, d. h. mit Funktionen einer reellen Veränderlichen. Alle Punktmengen und Funktionen, von denen in diesem Paragraphen die Rede ist, sind Punktmengen des $\mathfrak{R}_1$ und Funktionen einer reellen Veränderlichen.

Jedes Intervall $[a, a')$ bezeichnen wir als eine rechtsseitige, jedes Intervall $(a', a]$ als eine linksseitige Umgebung des Punktes a; jedes Intervall (a, a') bzw. (a', a) als eine reduzierte rechts-seitige, bzw. linksseitige Umgebung von a. Das Intervall $[a, a + \varrho)$ heißt die rechtsseitige Umgebung ϱ von a, das Intervall $[a, a + \varrho]$ die rechtsseitige abgeschlossene Umgebung ϱ von $\mathfrak{A}$; analog ist die Definition der linksseitigen (abgeschlossenen) Um-gebung ϱ von a. Wieder nennen wir die aus einer dieser Umgebungen durch Weglassen von a entstehende Punktmenge die entsprechende

---

[1]) Vgl. hierzu auch H. Lebesgue, Journ. de math. (6) 1 (1905), 185, 189.

reduzierte Umgebung. Der Durchschnitt einer dieser Umgebungen mit einer Punktmenge $\mathfrak{A}$ des $\mathfrak{R}_1$ heißt: die entsprechende Umgebung von a in $\mathfrak{A}$.

Der Punkt a heißt ein rechtsseitiger Häufungspunkt der Punktmenge $\mathfrak{A}$ des $\mathfrak{R}_1$, wenn in jeder seiner rechtsseitigen Umgebungen unendlich viele Punkte von $\mathfrak{A}$ liegen, oder, was dasselbe heißt, wenn in jeder seiner reduzierten rechtsseitigen Umgebungen mindestens ein Punkt von $\mathfrak{A}$ liegt. Die Menge aller rechtsseitigen Häufungspunkte von $\mathfrak{A}$ bezeichnen wir mit $\mathfrak{A}_+^1$, die Vereinigung $\mathfrak{A} \dotplus \mathfrak{A}_+^1$ mit $\mathfrak{A}_+^0$. Analog ist die Definition des linksseitigen Häufungspunktes; die Menge aller linksseitigen Häufungspunkte von $\mathfrak{A}$ bezeichnen wir mit $\mathfrak{A}_-^1$, die Vereinigung $\mathfrak{A} \dotplus \mathfrak{A}_-^1$ mit $\mathfrak{A}_-^0$. Einen Punkt, der sowohl rechtsseitiger als linksseitiger Häufungspunkt von $\mathfrak{A}$ ist, nennen wir einen beiderseitigen Häufungspunkt von $\mathfrak{A}$. Die Menge aller beiderseitigen Häufungspunkte von $\mathfrak{A}$ ist $\mathfrak{A}_+^1 \cdot \mathfrak{A}_-^1$.

Für Punktmengen des $\mathfrak{R}_1$ gilt folgende Verschärfung des Satzes VI a von Kap. I, § 7:

Satz I. Die Mengen $\mathfrak{A}^0 - \mathfrak{A}_+^1$, $\mathfrak{A}^0 - \mathfrak{A}_-^1$, $\mathfrak{A}^0 - \mathfrak{A}_+^1 \mathfrak{A}_-^1$ sind abzählbar.

In der Tat, zu jedem Punkte a von $\mathfrak{A}^0 - \mathfrak{A}_+^1$ gibt es ein Intervall $(a, a + \varrho)$, das keinen Punkt von $\mathfrak{A}^0$ enthält. Da es (Kap. I, § 7, Satz VII) nur abzählbar viele zu je zweien fremde Intervalle gibt, gibt es also auch nur abzählbar viele Punkte von $\mathfrak{A}^0 - \mathfrak{A}_+^1$. Ebenso sieht man, daß $\mathfrak{A}^0 - \mathfrak{A}_-^1$ abzählbar ist. Und wegen:

$$\mathfrak{A}^0 - \mathfrak{A}_+^1 \, \mathfrak{A}_-^1 = (\mathfrak{A}^0 - \mathfrak{A}_+^1) \dotplus (\mathfrak{A}^0 - \mathfrak{A}_-^1)$$

ist auch $\mathfrak{A}^0 - \mathfrak{A}_+^1 \, \mathfrak{A}_-^1$ abzählbar, und Satz I ist bewiesen.

Eine Menge heißt rechtsseitig abgeschlossen, wenn sie ihre rechtsseitigen Häufungspunkte enthält, d. h. wenn:

$$\mathfrak{A}_+^1 \prec \mathfrak{A} \quad \text{und mithin} \quad \mathfrak{A}_+^0 = \mathfrak{A}.$$

Satz II. Sowohl $\mathfrak{A}_+^1$ als $\mathfrak{A}_+^0$ sind rechtsseitig abgeschlossen.

Eine Punktmenge $\mathfrak{B} \prec \mathfrak{A}$ heißt rechtsseitig abgeschlossen in $\mathfrak{A}$, wenn $\mathfrak{B}_+^1 \, \mathfrak{A} \prec \mathfrak{B}$.

Sei die Funktion f definiert auf der Punktmenge $\mathfrak{A}$ des $\mathfrak{R}_1$, und sei a ein Punkt von $\mathfrak{A}_+^0$. Wir denken uns für jede rechtsseitige Umgebung $\mathfrak{U}_+(a)$ in $\mathfrak{A}$ die obere Schranke $G(f, \mathfrak{U}_+(a))$ gebildet. Die untere Schranke aller dieser Zahlen (vgl. § 2, Satz IV) bezeichnen wir als die rechtsseitige obere Schranke $G_+(a; f, \mathfrak{A})$ von f in a auf $\mathfrak{A}$, oder, als Funktion von a betrachtet, als die rechtsseitige

obere Schrankenfunktion von f auf $\mathfrak{A}$. Ebenso wird die rechtsseitige **untere Schranke** $g_+(a; f, \mathfrak{A})$ von f in a auf $\mathfrak{A}$ definiert als die obere Schranke aller $g(f, \mathfrak{U}_+(a))$. Ersetzt man in diesen Definitionen die rechtsseitige Umgebung $\mathfrak{U}_+(a)$ durch eine linksseitige Umgebung, so entstehen die linksseitigen Schrankenfunktionen $G_-(a; f, \mathfrak{A})$, $g_-(a; f, \mathfrak{A})$. Ist a Punkt von $\mathfrak{A}^1_+$ (bzw. von $\mathfrak{A}^1_-$), und ersetzt man in diesen Definitionen die Umgebungen $\mathfrak{U}_+(a)$, $\mathfrak{U}_-(a)$ durch die reduzierten Umgebungen $\mathfrak{U}'_+(a)$, $\mathfrak{U}'_-(a)$, so entstehen die **reduzierten rechtsseitigen** und **linksseitigen** Schrankenfunktionen $G'_+(a; f, \mathfrak{A})$. $g'_+(a; f, \mathfrak{A})$, $G'_-(a; f, \mathfrak{A})$, $g'_-(a; f, \mathfrak{A})$.

Aus diesen Definitionen folgt:

Satz III. In jedem Punkte a von $\mathfrak{A}^0_+ \cdot \mathfrak{A}^0_-$ ist $G(a; f, \mathfrak{A})$ die größte der zwei Zahlen $G_+(a; f, \mathfrak{A})$, $G_-(a; f, \mathfrak{A})$, und $g(a; f, \mathfrak{A})$ die kleinste der zwei Zahlen $g_+(a; f, \mathfrak{A})$, $g_-(a; f, \mathfrak{A})$.

Satz IV. In jedem Punkte a von $\mathfrak{A}^1_+ \cdot \mathfrak{A}^1_-$ ist $G'(a; f, \mathfrak{A})$ die größte der zwei Zahlen $G'_+(a; f, \mathfrak{A})$, $G'_-(a; f, \mathfrak{A})$, und $g'(a; f, \mathfrak{A})$ die kleinste der zwei Zahlen $g'_+(a; f, \mathfrak{A})$, $g'_-(a; f, \mathfrak{A})$.

Hat $\mathfrak{A}$ eine reduzierte rechtsseitige (bzw. linksseitige) Umgebung von a zum Teil, so schreiben wir auch:

$$G'_+(a; f, \mathfrak{A}) = \overline{\lim_{x=a+0}} f(x), \qquad G'_-(a; f, \mathfrak{A}) = \overline{\lim_{x=a-0}} f(x);$$

$$g'_+(a; f, \mathfrak{A}) = \underline{\lim_{x=a+0}} f(x); \qquad g'_-(a; f, \mathfrak{A}) = \underline{\lim_{x=a=0}} f(x).$$

Wir definieren nun (vgl. § 8, Satz I): Die (auf $\mathfrak{A}$ definierte) Funktion f heißt **rechtsseitig**[1]) **oberhalb stetig** in a auf $\mathfrak{A}$, wenn:

$$f(a) = G_+(a; f, \mathfrak{A}),$$

sie heißt **rechtsseitig**[1]) **unterhalb stetig** in a auf $\mathfrak{A}$, wenn:

$$f(a) = g_+(a; f, \mathfrak{A});$$

sie heißt **rechtsseitig stetig** in a auf $\mathfrak{A}$, wenn sie rechtsseitig oberhalb und unterhalb stetig ist in a auf $\mathfrak{A}$, d. h. wenn (vgl. § 3, Satz II)[2]):

$$G_+(a; f, \mathfrak{A}) = g_+(a; f, \mathfrak{A}),$$

woraus ja (vgl. § 3, Satz III) von selbst folgt:

$$G_+(a; f, \mathfrak{A}) = g_+(a; f, \mathfrak{A}) = f(a).$$

---

[1]) Ebenso werden die Begriffe: „linksseitig oberhalb bzw. unterhalb stetig" definiert durch:

$$f(a) = G_-(a; f, \mathfrak{A}); \quad f(a) = g_-(a; f, \mathfrak{A}).$$

[2]) Aus dieser Definition folgt sofort, daß in jedem nicht zu $\mathfrak{A}^1_+$ gehörigen Punkte von $\mathfrak{A}$ jede Funktion f auf $\mathfrak{A}$ rechtsseitig stetig ist.

Ist in einem Punkte von $\mathfrak{A}^1_+$:

(†) $$G'_+(a; f, \mathfrak{A}) = g'_+(a; f, \mathfrak{A}),$$

so sagen wir, es habe f in a auf $\mathfrak{A}$ den Wert (†) zum rechtsseitigen Grenzwert. Ist l dieser Wert, und hat $\mathfrak{A}$ eine reduzierte rechtsseitige Umgebung von a zum Teil, so schreiben wir[1]):

$$\lim_{x=a+0} f(x) = l, \text{ oder } f(a+0) = l.$$

Analog ist die Definition des linksseitigen Grenzwertes und insbesondere des Symbols[1]) $\lim_{x=a-0} f(x) \; [= f(a-0)]$.

In Analogie zu § 11, Satz XII haben wir nun:

Satz V. Damit f rechtsseitig stetig sei auf $\mathfrak{A}$ im Punkte von $\mathfrak{A} \cdot \mathfrak{A}^1_+$, ist notwendig und hinreichend, daß

$$g'_+(a; f, \mathfrak{A}) = G'_+(a; f, \mathfrak{A}) = f(a),$$

d. h. daß f in a auf $\mathfrak{A}$ den Funktionswert $f(a)$ zum rechtsseitigen Grenzwert habe.

Von den Sätzen, die wir für stetige (halbstetige) Funktionen bewiesen haben, bleiben einzelne, aber nicht alle für einseitig stetige (halbstetige) Funktionen gültig. So besteht z. B. kein Analogon zu § 4, Satz II, III (§ 9, Satz II, III), wie folgendes Beispiel zeigt:

Die Funktion $f(x) = \dfrac{1}{x^2}$ für $x \neq 0$, $f(0) = 0$ ist rechtsseitig stetig im Intervalle $[-1, 0]$, aber nirgends gleich ihrer oberen Schranke $+\infty$ in diesem Intervalle; denn sie ist endlich, aber nicht nach oben beschränkt.

Hingegen gilt in Analogie zu § 9, Satz IV:

Satz VI. Damit f rechtsseitig oberhalb (unterhalb) stetig sei auf $\mathfrak{A}$, ist notwendig und hinreichend, daß für jedes c die Menge aller Punkte von $\mathfrak{A}$, in denen $f \geq c$ $(f \leq c)$ ist, rechtsseitig abgeschlossen sei in $\mathfrak{A}$.

Daraus folgen sofort die zu § 4, Satz VI, VII analogen Sätze:

Satz VII. Damit f rechtsseitig stetig sei auf $\mathfrak{A}$, ist notwendig und hinreichend, daß für jedes c sowohl die Menge aller Punkte von $\mathfrak{A}$, in denen $f \geq c$, als auch derjenigen, in denen $f \leq c$, rechtsseitig abgeschlossen sei in $\mathfrak{A}$.

Satz VIII. Ist f rechtsseitig stetig auf $\mathfrak{A}$, so ist für jedes c die Menge aller Punkte, in denen $f = c$ ist, rechtsseitig abgeschlossen in $\mathfrak{A}$.

Als Analogon zu § 9, Satz V erhalten wir:

Satz IX. Sei $\mathfrak{A}$ linksseitig abgeschlossen, f rechtsseitig oberhalb stetig auf $\mathfrak{A}$. Ist die rechtsseitige untere Schrankenfunktion[2]):

(*) $$g_+(a; f, \mathfrak{A}) \leq c$$

---

[1]) Ist $a = 0$, so schreibt man statt dessen: $\lim_{x=+0}$, $\lim_{x=-0}$ bzw. $f(+0)$, $f(-0)$.

[2]) Ist $\mathfrak{A}$ ein Intervall, so kann in (*) $g_+(a; f, \mathfrak{A})$ ersetzt werden durch $g(a; f, \mathfrak{A})$. Allgemein ist das nicht der Fall. Beispiel: Sei $\mathfrak{A}$ eine nirgends dichte perfekte Menge. Man kann den abzählbaren Teil $\mathfrak{A} - \mathfrak{A}^1_+$ von $\mathfrak{A}$ in

in jedem[1]) Punkte von $\mathfrak{A}$, so ist die Menge der Punkte, in denen $f \leq c$ ist, dicht in $\mathfrak{A}$[2]).

Vermöge der Schränkungstransformation können wir f als beschränkt, c als endlich annehmen.

Sei a_0 ein beliebiger Punkt von $\mathfrak{A}$ und $\mathfrak{U}(a_0)$ eine Umgebung von a_0; wir haben zu zeigen, daß in $\mathfrak{U}(a_0)$ ein Punkt a' von $\mathfrak{A}$ liegt, für den $f(a') \leq c$ ist. Da (*) auch in a_0 gilt, gibt es in $\mathfrak{U}(a_0)$ einen Punkt a_1 von $\mathfrak{A}$, in dem

$$f(a_1) < c + 1;$$

und da f rechtsseitig oberhalb stetig ist, gibt es ein Intervall $[a_1, a_1 + \varrho_1]$ $\prec \mathfrak{U}(a_0)$, so daß

$$f(a) < c + 1 \quad \text{in} \quad \mathfrak{A} \cdot [a_1, a_1 + \varrho_1].$$

Wegen (*) (für $a = a_1$) gibt es in $[a_1, a_1 + \varrho_1)$ einen Punkt a_2 von $\mathfrak{A}$, in dem

$$f(a_2) < c + \tfrac{1}{2},$$

und daher ein Intervall $[a_2, a_2 + \varrho_2] \prec [a_1, a_1 + \varrho_1)$, so daß

$$f(a) < c + \tfrac{1}{2} \quad \text{in} \quad \mathfrak{A} \cdot [a_2, a_2 + \varrho_2].$$

Indem man so weiter schließt, kommt man zu einer monoton wachsenden Punktfolge $\{a_n\}$ aus $\mathfrak{A}$ und zugehörigen Intervallen $[a_n, a_n + \varrho_n]$ von folgenden Eigenschaften: Es ist:

(**)
$$[a_n, a_n + \varrho_n] \prec [a_{n-1}, a_{n-1} + \varrho_{n-1}),$$

(***)
$$f(a) < c + \frac{1}{2^{n-1}} \quad \text{in} \quad \mathfrak{A} \cdot [a_n, a_n + \varrho_n].$$

Wegen (**) liegen für $n \geq n_0$ alle a_n in $[a_{n_0}, a_{n_0} + \varrho_{n_0})$.

Da $\mathfrak{A}$ linksseitig abgeschlossen ist, gehört $\lim\limits_{n=\infty} a_n = a'$ zu $\mathfrak{A}$, und $f(a')$ genügt sämtlichen Ungleichungen (***), d. h. es ist:

$$f(a') \leq c.$$

Da ferner $[a_1, a_1 + \varrho_1] \prec \mathfrak{U}(a_0)$ war, so liegt a' in $\mathfrak{U}(a_0)$, und Satz IX ist bewiesen.

In Analogie zu § 11, Satz II gilt:

Satz X. Es ist stets $G_+(a; f, \mathfrak{A})$ rechtsseitig oberhalb, $g_+(a; f, \mathfrak{A})$ rechtsseitig unterhalb stetig auf $\mathfrak{A}_+^0$.

---

abzählbar viele Teile $\mathfrak{B}_n$ ($n = 1, 2, \ldots$) spalten, deren jeder in $\mathfrak{A}$ dicht ist. Man definiere: $f = \frac{1}{n}$ auf $\mathfrak{B}_n$ ($n = 1, 2, \ldots$), $f = 1$ auf $\mathfrak{A}_+^1$. Dann ist f rechtsseitig oberhalb stetig auf $\mathfrak{A}$; in jedem Punkte von $\mathfrak{A}$ ist $g(a; f, \mathfrak{A}) = 0$, trotzdem ist überall $f > 0$.

[1]) Es genügt hier nicht, daß (*) auf einem in $\mathfrak{A}$ dichten Teile von $\mathfrak{A}$ erfüllt sei, wie das Beispiel von Fußn. [2]) S. 179) zeigt, wo $g_+(a; f, \mathfrak{A}) = 0$ auf dem in $\mathfrak{A}$ dichten Teile $\mathfrak{A}_+^1$ erfüllt ist.

[2]) Im Gegensatze zu § 9, Satz V, kann hier nicht behauptet werden, daß die Menge aller Punkte von $\mathfrak{A}$, in denen $f > c$ ist, von erster Kategorie in $\mathfrak{A}$ sei. Beispiel: Sei $\mathfrak{A}$ eine nirgends dichte perfekte Menge und $f = 1$ auf $\mathfrak{A}_+^1$, $f = 0$ auf $\mathfrak{A} - \mathfrak{A}_+^1$. In jedem Punkte von $\mathfrak{A}$ ist $g_+(a; f, \mathfrak{A}) = 0$, die Menge $\mathfrak{A}_+^1$, auf der $f = 1$, ist aber von zweiter Kategorie in $\mathfrak{A}$. — Ist $\mathfrak{A}$ ein Intervall, so zeigt ein dem Beweise von Satz V, § 9 analoger Beweis, daß auch hier die Menge aller Punkte, in denen $f > c$ ist, von erster Kategorie ist.

Ebenso in Analogie zu § 11, Satz IV:

Satz XI. Auch für die reduzierten rechtsseitigen Schrankenfunktionen gilt: Es ist $G'_+(a; f, \mathfrak{A})$ rechtsseitig oberhalb, $g'_+(a; f, \mathfrak{A})$ rechtsseitig unterhalb stetig in a auf $\mathfrak{A}^1_+$.

In Analogie zu § 11, Satz VII gilt:

Satz XII[1]). Die Menge aller Punkte von $\mathfrak{A} \cdot \mathfrak{A}^1_+$, in denen nicht:

$$g'_+(a; f, \mathfrak{A}) \leq f(a) \leq G'_+(a; f, \mathfrak{A})$$

gilt, ist abzählbar.

In der Tat lehrt ein später zu beweisender Satz (Kap. III, § 1, Satz XVI), daß die Menge aller Punkte von $\mathfrak{A}^1_+ \mathfrak{A}^1_-$, in denen nicht:

$$g'_+(a; f, \mathfrak{A}) = g'_-(a; f, \mathfrak{A}); \quad G'_+(a; f, \mathfrak{A}) = G'_-(a; f, \mathfrak{A}),$$

und somit auch (Satz IV):

$$(0) \qquad g'_+(a; f, \mathfrak{A}) = g'(a; f, \mathfrak{A}); \quad G'_+(a; f, \mathfrak{A}) = G'(a; f, \mathfrak{A})$$

gilt, abzählbar ist. Da aber in jedem Punkte von $\mathfrak{A}^1_+ - \mathfrak{A}^1_+ \mathfrak{A}^1_-$ (0) in trivialer Weise gilt, so gilt (0) überall auf $\mathfrak{A}^1_+$, abgesehen von einer abzählbaren Punktmenge, und Satz XII folgt unmittelbar aus § 11, Satz VII.

Wir gehen nun daran, den durch Satz IV aufgestellten Zusammenhang zwischen reduzierter Schrankenfunktion und den beiden einseitigen reduzierten Schrankenfunktionen zu ergänzen[2]). Wir setzen dabei abkürzend:

$$G'(a; f, \mathfrak{A}) = G'(a); \quad G'_+(a; f, \mathfrak{A}) = G'_+(a); \quad G'_-(a; f, \mathfrak{A}) = G'_-(a).$$

Satz XIII. Ist $\mathfrak{A}$ insichdicht,[3]) und ist $G'(a)$ stetig auf $\mathfrak{A}^1_+$ im Punkte a_0 von $\mathfrak{A}^1_+$, so ist auch $G'_+(a)$ stetig in a_0 auf $\mathfrak{A}^1_+$, und es ist:

$$G'_+(a_0) = G'(a_0).$$

In der Tat, wir haben zu beweisen: für jede Punktfolge $\{a_n\}$ aus $\mathfrak{A}^1_+$ mit $\lim_{n=\infty} a_n = a_0$ ist:

$$(1) \qquad \lim_{n=\infty} G'_+(a_n) = G'(a_0).$$

Da wegen der vorausgesetzten Stetigkeit von $G'(a)$:

$$\lim_{n=\infty} G'(a_n) = G'(a_0),$$

da ferner:

$$G'_+(a_n) \leq G'(a_n),$$

so ist:

$$\lim_{n=\infty} G'_+(a_n) \leq G'(a_0).$$

---

[1]) W. H. Young, Quart. Journ. 39 (1908), 82.

[2]) Vgl. hierzu W. H. Young, a. a. O. 73.

[3]) Eine Voraussetzung über $\mathfrak{A}$ kann nicht entbehrt werden. Beispiel: Es bestehe $\mathfrak{A}$ aus den Punkten

$$\frac{1}{2^n} \ (n = 1, 2, \ldots) \text{ und } -\frac{1}{2^m} + \frac{1}{2^{m+n+1}} \ (m, n = 1, 2, \ldots),$$

und es sei:

$$f\left(\frac{1}{2^n}\right) = -1; \quad f\left(-\frac{1}{2^m} + \frac{1}{2^{m+n+1}}\right) = 1.$$

Dann ist überall auf $\mathfrak{A}^1$: $G'(a) = 1$. Hingegen:

$$G'_+\left(-\frac{1}{2^m}\right) = 1; \quad G'_+(0) = -1.$$

Wir haben also, um (1) nachzuweisen, nur mehr zu zeigen:

$$(2) \qquad \lim_{n\,=\,\infty} G'_+(a_n) \geqq G'(a_0).$$

Angenommen, es gelte (2) nicht. Dann gäbe es eine Zahl p:

$$p < G'(a_0)$$

und eine Teilfolge $\{a_{n_\nu}\}$ von $\{a_n\}$, so daß

$$G'_+(a_{n_\nu}) < p < G'(a_0) \quad \text{für alle } \nu.$$

Zu jedem a_{n_ν} gibt es daher ein ϱ_ν, so daß:

$$(3) \qquad f(a) < p \quad \text{in} \quad \mathfrak{A} \cdot (a_{n_\nu}, a_{n_\nu} + \varrho_\nu).$$

Dabei kann $\varrho_\nu < \dfrac{1}{\nu}$ angenommen werden.

Da a_{n_ν} Punkt von $\mathfrak{A}^1_+$ war, ist $\mathfrak{A} \cdot (a_{n_\nu}, a_{n_\nu} + \varrho_\nu)$ nicht leer; und da diese Menge ebenso wie $\mathfrak{A}$ insichdicht ist (Kap. I, § 4, Satz II), hat $\mathfrak{A}^0 \cdot (a_{n_\nu}, a_{n_\nu} + \varrho_\nu)$ die Mächtigkeit c (Kap. I, § 8, Satz IX). Da aber $\mathfrak{A}^0 - \mathfrak{A}^+_1$ abzählbar ist (Satz I), gibt es in $(a_{n_\nu}, a_{n_\nu} + \varrho_\nu)$ auch einen Punkt a'_ν von $\mathfrak{A}^1_+$.

Wegen (3) ist nun

$$(4) \qquad G'(a'_\nu) \leqq p < G'(a_0).$$

Da aber a'_ν in $(a_{n_\nu}, a_{n_\nu} + \varrho_\nu)$, folgt aus:

$$\lim_{\nu\,=\,\infty} a_{n_\nu} = a_0; \quad 0 < \varrho_\nu < \frac{1}{\nu},$$

daß:

$$\lim_{\nu\,=\,\infty} a'_\nu = a_0.$$

Also steht (4) in Widerspruch mit der vorausgesetzten Stetigkeit von $G'(a)$ in a_0 auf $\mathfrak{A}^1_+$. Damit ist (2) bewiesen, und der Beweis von Satz XIII beendet.

Satz XIV. Ist $\mathfrak{A}$ insichdicht [1]), und ist sowohl $G'_+(a)$ als auch [2]) $G'_-(a)$ stetig auf $\mathfrak{A}^1_+ \mathfrak{A}^1_-$ im Punkte a_0 von $\mathfrak{A}^1_+ \mathfrak{A}^1_-$, so ist $G'(a)$ in a_0 stetig auf $\mathfrak{A}^1$, und es ist:

$$G'(a_0) = G'_+(a_0) = G'_-(a_0).$$

In der Tat, nach Satz IV besteht mindestens eine der beiden Gleichungen:

$$(*) \qquad G'(a_0) = G'_-(a_0); \quad G'(a_0) = G'_+(a_0),$$

----

[1]) Eine Voraussetzung über $\mathfrak{A}$ kann nicht entbehrt werden. Beispiel: Es bestehe $\mathfrak{A}$ aus den Punkten $\dfrac{1}{2^m} + \dfrac{1}{2^m + n}$ und $-\dfrac{1}{2^m} - \dfrac{1}{2^m + n}$ $(m, n = 1, 2, \ldots)$ und es sei:

$$f\left(\frac{1}{2^m} + \frac{1}{2^m + n}\right) = 1; \quad f\left(-\frac{1}{2^m} - \frac{1}{2^m + n}\right) = -1.$$

Dann ist:

$$G'_+(a) = 1 \text{ auf } \mathfrak{A}^1_+; \quad G'_-(a) = -1 \text{ auf } \mathfrak{A}^1_-,$$

trotzdem ist $G'(a)$ unstetig in $a = 0$.

[2]) Es genügt nicht, wenn nur eine der beiden Funktionen $G'_+(a)$, $G'_-(a)$ stetig ist in a_0. Beispiel: Sei $f = 1$ in den Punkten $-\dfrac{1}{n}$ $(n = 1, 2, \ldots)$, sonst $f = 0$. Dann ist überall $G'_+(a) = 0$, hingegen ist $G'(0) = 1$, sonst $G'(a) = 0$.

etwa die erste. Angenommen, es wäre $G'(a)$ nicht stetig auf $\mathfrak{A}^1$ in a_0. Da nach § 11, Satz IV $G'(a)$ jedenfalls oberhalb stetig auf $\mathfrak{A}^1$, so gäbe es dann eine Zahl p:

$$p < G'(a_0)$$

und eine Punktfolge $\{a_n\}$ aus $\mathfrak{A}^1$ mit $\lim_{n=\infty} a_n = a_0$, so daß:

$$G'(a_n) < p < G'(a_0) \quad \text{für alle } n.$$

Da $G'(a)$ oberhalb stetig auf $\mathfrak{A}^1$, gibt es zu jedem a_n ein ϱ_n, so daß:

(**) $$\qquad G'(a) < p < G'(a_0) \quad \text{in} \quad \mathfrak{A}^1 \cdot (a_n - \varrho_n,\ a_n + \varrho_n),$$

und wir können annehmen: $\varrho_n < \dfrac{1}{n}$.

Da a_n Punkt von $\mathfrak{A}^1$, ist $\mathfrak{A} \cdot (a_n - \varrho_n,\ a_n + \varrho_n)$ nicht leer, woraus wir wie beim Beweise von Satz XIII schließen: Es gibt in $(a_n - \varrho_n,\ a_n + \varrho_n)$ auch einen Punkt a_n' von $\mathfrak{A}^1_+ \cdot \mathfrak{A}^1_-$. Wegen (**) ist dann:

(***) $$\qquad G_-(a_n') < p < G'(a_0).$$

Da aber a_n' in $(a_n - \varrho_n,\ a_n + \varrho_n)$ lag, folgt aus:

$$\lim_{n=\infty} a_n = a_0, \quad 0 < \varrho_n < \frac{1}{n},$$

daß:

$$\lim_{n=\infty} a_n' = a_0.$$

Also steht, wegen der vorausgesetzten Stetigkeit von $G'_-(a)$, Ungleichung (***) im Widerspruche mit der als gültig angenommenen ersten Gleichung (*). Damit ist also nachgewiesen, daß $G'(a)$ in a_0 stetig auf $\mathfrak{A}^1$.

Nach Satz XIII folgt daraus aber weiter, daß auch die zweite Gleichung (*) gilt, und Satz XIV ist bewiesen.

Drittes Kapitel.

Die unstetigen Funktionen.

§ 1. Häufungswerte einer Funktion.

In Verallgemeinerung der Definition des Grenzwertes einer Funktion auf einer Punktmenge (Kap. II, § 11, vgl. insbesondere Satz VIII) definieren wir: Ist a Häufungspunkt von $\mathfrak{A}$ (d. h. Punkt von $\mathfrak{A}^1$), so heißt die Zahl l ein Häufungswert[1]) von f in a auf $\mathfrak{A}$, wenn es in $\mathfrak{A}$ eine Punktfolge $\{a_n\}$ gibt, so daß

$$\lim_{n=\infty} a_n = a; \quad a_n \neq a; \quad \lim_{n=\infty} f(a_n) = l.$$

In Analogie zu Satz X von Kap. II, § 11 gilt:

Satz I. Damit l Häufungswert von f in a auf $\mathfrak{A}$ sei, ist notwendig und hinreichend, daß es in jeder reduzierten Umgebung $\mathfrak{U}'(a)$ von a in $\mathfrak{A}$, sei es zu jedem Intervalle $(p, l]$, sei es zu jedem Intervalle $[l, q)$, einen Punkt a' gebe, derart, daß der Funktionswert $f(a')$ zu $(p, l]$, bzw. zu $[l, q)$ gehört.

Die Bedingung ist notwendig; denn sei l Häufungswert von f in a auf $\mathfrak{A}$, und sei $\{a_n\}$ eine Punktfolge aus $\mathfrak{A}$, so daß:

$$(\dagger) \qquad \lim_{n=\infty} a_n = a; \quad a_n \neq a; \quad \lim_{n=\infty} f(a_n) = l.$$

Ist $\mathfrak{U}'(a)$ irgendeine reduzierte Umgebung von a in $\mathfrak{A}$, so gehören fast alle a_n zu $\mathfrak{U}'(a)$. Ist $p < l$, $q > l$, so ist

$$f(a_n) > p; \quad f(a_n) < q$$

für fast alle n. Damit aber ist die Behauptung bewiesen.

Die Bedingung ist hinreichend. In der Tat, es gehöre in

---

[1]) R. Bettazzi, der sich zuerst systematisch mit diesem Begriffe befaßt hat (Rend. Pal. 6 (1892), 177) sagt „un confine di f".

jedem $\mathfrak{U}'(a)$ etwa zu jedem Intervalle $(p, l]$ ein Punkt a', wie ihn Satz I verlangt. Sei $\{p_n\}$ eine Folge reeller Zahlen mit:

$$(\dagger\dagger) \qquad \lim_{n=\infty} p_n = l; \quad p_n < l.$$

In $\mathfrak{U}'\left(a; \dfrac{1}{n}\right)$ liegt dann ein Punkt a_n, so daß:

$$(\dagger\dagger\dagger) \qquad p_n < f(a_n) \leqq l.$$

Weil a_n in $\mathfrak{U}'\left(a; \dfrac{1}{n}\right)$, und wegen $(\dagger\dagger)$ und $(\dagger\dagger\dagger)$ ist $(\dagger)$ erfüllt, und Satz I ist bewiesen.

Aus der Definition des Häufungswertes folgt sofort:

Satz II. Damit f in a einen Grenzwert l auf $\mathfrak{A}$ habe, ist notwendig und hinreichend, daß f in a auf $\mathfrak{A}$ nur den einen Häufungswert l habe.

Wir ordnen nun jedem Punkte a von $\mathfrak{A}^1$ die Menge aller Häufungswerte von f in a auf $\mathfrak{A}$ zu. Dadurch ist auf $\mathfrak{A}^1$ eine im allgemeinen mehrwertige (Kap. II, § 1, S. 113) Funktion definiert, die wir die Häufungsfunktion von f auf $\mathfrak{A}$ nennen und mit $h(a; f, \mathfrak{A})$ bezeichnen wollen.

Aus Kap. II, § 1, Satz III entnehmen wir sofort:

Satz III. Führt die Schränkungstransformation f in f^* über, so führt sie auch $h(a; f, \mathfrak{A})$ in $h(a; f^*, \mathfrak{A})$ über.

In Verallgemeinerung von Kap. II, § 2, Satz IX gilt der Satz[1]):

Satz IV. Ist $\mathfrak{A}$ kompakt, und ist l ein Häufungswert der Menge aller Funktionswerte von f auf $\mathfrak{A}$, oder ein Wert, den f in unendlich vielen Punkten von $\mathfrak{A}$ annimmt, so gibt es in $\mathfrak{A}^1$ einen Punkt a, so daß l einer der Werte von $h(a; f, \mathfrak{A})$ ist.

In der Tat, es gibt dann in $\mathfrak{A}$ eine Folge $\{a_n\}$ zu je zweien verschiedener Punkte, so daß:

$$\lim_{n=\infty} f(a_n) = l.$$

Da $\mathfrak{A}$ kompakt, hat $\{a_n\}$ einen Häufungspunkt a, der auch Häufungspunkt von $\mathfrak{A}$ ist; und da offenbar l unter den Werten $h(a; f, \mathfrak{A})$ vorkommt, ist Satz IV bewiesen.

In Verallgemeinerung von Kap. II, § 4, Satz VI, VII gilt:

Satz V. Ist $\mathfrak{X}$ eine abgeschlossene Menge reeller Zahlen, so ist die Menge aller Punkte a von $\mathfrak{A}^1$, in denen es unter den Werten von $h(a; f, \mathfrak{A})$ mindestens einen zu $\mathfrak{X}$ gehörigen gibt, abgeschlossen.

---

[1]) Vgl. M. Pasch, Math. Ann. 30 (1887), 134. Satz IV ist ein allgemeiner Grenzsatz.

Sei in der Tat $\mathfrak{A}'$ die Menge aller Punkte von $\mathfrak{A}^1$, in denen $h(a; f, \mathfrak{A})$ mindestens einen zu $\mathfrak{X}$ gehörigen Wert hat, und sei a_0 Häufungspunkt von $\mathfrak{A}'$. Dann gibt es in $\mathfrak{A}'$ eine Punktfolge $\{a_n\}$, so daß:

$$(*) \qquad \lim_{n=\infty} a_n = a_0, \quad a_n \neq a_0,$$

und zu jedem a_n gibt es in $h(a_n; f, \mathfrak{A})$ einen zu $\mathfrak{X}$ gehörigen Wert l_n. In der Folge $\{l_n\}$ gibt es eine konvergente Teilfolge $\{l_{n_\nu}\}$:

$$(**) \qquad \lim_{\nu=\infty} l_{n_\nu} = l,$$

und weil $\mathfrak{X}$ abgeschlossen, gehört l zu $\mathfrak{X}$. Wir haben nur mehr zu zeigen, daß l unter den Werten von $h(a_0, f, \mathfrak{A})$ vorkommt.

Beim Beweise können wir, vermöge der Schränkungstransformation (Satz III), ohne weiteres annehmen, f sei beschränkt, und somit alle l_n und l endlich. Da l_{n_ν} ein Wert von $h(a_{n_\nu}; f, \mathfrak{A})$ ist, gibt es (Satz I) in $\mathfrak{A}$ einen Punkt $a'_\nu \neq a_0$, so daß:

$$r(a'_\nu, a_{n_\nu}) < \frac{1}{\nu}; \quad |f(a'_\nu) - l_{n_\nu}| < \frac{1}{\nu}.$$

Aus $(*)$ und $(**)$ folgt dann:

$$\lim_{\nu=\infty} a'_\nu = a_0; \quad a'_\nu \neq a_0; \quad \lim_{\nu=\infty} f(a'_\nu) = l.$$

D. h. l ist ein Wert von $h(a_0; f, \mathfrak{A})$, und somit gehört a_0 zu $\mathfrak{A}'$. Also ist $\mathfrak{A}'$ abgeschlossen, und Satz V ist bewiesen.

Satz VI. Ist $\mathfrak{X}$ eine beliebige Menge reeller Zahlen, so ist die Menge $\mathfrak{A}'$ aller Punkte a von $\mathfrak{A}^1$, in denen alle Zahlen aus $\mathfrak{X}$ unter den Werten von $h(a; f, \mathfrak{A})$ vorkommen, abgeschlossen.

In der Tat, sei l eine beliebige Zahl aus $\mathfrak{X}$. Nach Satz V ist die Menge $\mathfrak{A}_l$ aller Punkte von $\mathfrak{A}^1$, in denen l unter den Werten von $h(a; f, \mathfrak{A})$ vorkommt, abgeschlossen. Dasselbe gilt daher (Kap. I, § 2, Satz VI) für den Durchschnitt der Mengen $\mathfrak{A}_l$ für alle möglichen l aus $\mathfrak{X}$. Damit ist Satz VI bewiesen.

Die Natur der Wertmenge $h(a; f, \mathfrak{A})$ in einem Punkte a läßt sich völlig charakterisieren; es gelten diesbezüglich die folgenden Tatsachen[1]):

Satz VII. Die Menge aller Häufungswerte $h(a; f, \mathfrak{A})$ einer Funktion f in einem Punkte a von $\mathfrak{A}^1$ ist eine abgeschlossene Zahlenmenge.

---

[1]) R. Bettazzi, a. a. O.

Wir haben zu zeigen: kommen $l_1, l_2, \ldots, l_n, \ldots$ unter den Werten $h(a; f, \mathfrak{A})$ vor, und ist $\lim\limits_{n=\infty} l_n = l$, so kommt auch l unter den Werten $h(a; f, \mathfrak{A})$ vor. Wir können dabei wieder annehmen, f sei beschränkt, die l_n also endlich. Dann gibt es in $\mathfrak{A}$ einen Punkt $a_n \neq a$, für den:

$$r(a_n, a) < \frac{1}{n} \quad \text{und} \quad |f(a_n) - l_n| < \frac{1}{n};$$

es ist also:

$$\lim_{n=\infty} a_n = a; \quad a_n \neq a; \quad \lim_{n=\infty} f(a_n) = l.$$

Damit aber ist die Behauptung bewiesen.

Wie Satz VII lehrt, gibt es unter den Werten $h(a; f, \mathfrak{A})$ einen größten und einen kleinsten. Offenbar gilt:

Satz VIII. Größter und kleinster unter den Werten $h(a; f, \mathfrak{A})$ stimmen überein mit den reduzierten Schrankenfunktionen $G'(a; f, \mathfrak{A})$, $g'(a; f, \mathfrak{A})$.

Einer anderen Einschränkung als der, abgeschlossenen zu sein, unterliegt die Menge aller Häufungswerte $h(a; f, \mathfrak{A})$ einer Funktion in einem Punkte nicht. Es gilt nämlich der Satz[1]:

Satz IX. Ist $\mathfrak{X}$ eine beliebige abgeschlossene Zahlenmenge und a Punkt von $\mathfrak{A}^1$, so gibt es auf $\mathfrak{A}$ eine Funktion f, für die $\mathfrak{X}$ die Menge aller Häufungswerte $h(a; f, \mathfrak{A})$ ist.

In der Tat, nach Kap. I, § 7, Satz III gibt es einen abzählbaren, in $\mathfrak{X}$ dichten Teil von $\mathfrak{X}$, etwa $x_1, x_2, \ldots, x_n, \ldots$ Sei $\{a_\nu\}$ eine Punktfolge aus $\mathfrak{A}$ mit:

$$\lim_{\nu=\infty} a_\nu = a; \quad a_\nu \neq a; \quad a_{\nu'} \neq a_\nu \quad \text{für } \nu' \neq \nu.$$

Wir spalten $\{a_\nu\}$ in abzählbar unendlich viele zu je zweien fremde Teilfolgen $a_1^{(n)}, a_2^{(n)}, \ldots, a_\nu^{(n)}, \ldots$ $(n = 1, 2, \ldots)$. Nun definieren wir eine Funktion f auf $\mathfrak{A}$ durch die Vorschrift: $f(a_\nu^{(n)}) = x_n$ $(n, \nu = 1, 2, \ldots)$; $f = x_1$ in allen andern Punkten von a. Dann ist jeder Wert x_n ein Häufungswert $h(a; f, \mathfrak{A})$, mithin nach Satz VII auch jeder Wert aus $\mathfrak{X}$. Und da f nur Werte aus $\mathfrak{X}$ annimmt, und $\mathfrak{X}$ abgeschlossen ist, kann ein nicht zu $\mathfrak{X}$ gehöriger Wert nicht Häufungswert von f sein. Damit ist Satz IX bewiesen.

Sei $\mathfrak{B}$ irgendein Teil von $\mathfrak{A}$. In jedem Punkte von $\mathfrak{B}^1$ kann dann neben der Häufungsfunktion $h(a; f, \mathfrak{A})$ von f auf $\mathfrak{A}$ auch die Häufungsfunktion $h(a; f, \mathfrak{B})$ von f auf $\mathfrak{B}$ betrachtet werden, und zwar ist dann die Wertmenge $h(a; f, \mathfrak{B})$ ein Teil der Wertmenge $h(a; f, \mathfrak{A})$. Wir wollen uns besonders mit dem Falle befassen, daß $\mathfrak{B}$ in $\mathfrak{A}$ offen ist, also die Form hat:

$$\mathfrak{B} = \mathfrak{A} \cdot \mathfrak{G},$$

---

[1] R. Bettazzi, a. a. O. Vgl. hierzu auch H. Hahn, Monatsh. f. Math. 16 (1905), 315.

wo $\mathfrak{G}$ offen. Ist dann der Punkt a von $\mathfrak{B}^1$ auch Punkt (und mithin innerer Punkt) von $\mathfrak{G}$, so ist offenbar:

$$h(a; f, \mathfrak{B}) = h(a; f, \mathfrak{A}).$$

Von Interesse ist also nur der Fall, daß a Begrenzungspunkt von $\mathfrak{G}$ ist. Wir bezeichnen dann die Werte $h(a; f, \mathfrak{A}\,\mathfrak{G})$ als die Häufungswerte von f in a auf $\mathfrak{A}$ bei Annäherung durch $\mathfrak{G}$. Natürlich wird dabei die Wertmenge $h(a; f, \mathfrak{A}\,\mathfrak{G})$ von der Wahl der offenen Menge $\mathfrak{G}$ abhängen. Immerhin aber besteht hier folgende merkwürdige Tatsache:

Satz X[1]). Die Menge $\mathfrak{A}^*$ aller Punkte a von $\mathfrak{A}^1$, in denen für mindestens eine offene Menge $\mathfrak{G}$

$$h(a; f, \mathfrak{A}\,\mathfrak{G}) \neq h(a; f, \mathfrak{A})$$

ausfällt[2]), ist von erster Kategorie in $\mathfrak{A}^0$.

Beim Beweise können wir, vermöge der Schränkungstransformation, ohne weiteres f als beschränkt annehmen. Wir betrachten die Menge aller Intervalle $[r', r'']$ mit rationalen Endpunkten. Ebenso wie die Paare rationaler Zahlen bilden sie eine abzählbare Menge, und können daher bezeichnet werden mit:

$$\mathfrak{J}_1, \mathfrak{J}_2, \ldots, \mathfrak{J}_n, \ldots$$

Sei $\mathfrak{A}_n$ die Menge aller Punkte a von $\mathfrak{A}^1$, in denen $h(a; f, \mathfrak{A})$ einen Wert aus $\mathfrak{J}_n$ enthält, während für mindestens eine offene Menge $\mathfrak{G}$ $h(a; f, \mathfrak{A}\,\mathfrak{G})$ keinen Wert aus $\mathfrak{J}_n$ enthält[3]). Wir zeigen zunächst: $\mathfrak{A}_n$ ist nirgends dicht in $\mathfrak{A}$.

Sei also a ein Punkt von $\mathfrak{A}_n$, und sei etwa

$$\mathfrak{J}_n = [r', r''].$$

Es gibt dann ein $\varrho > 0$ und ein $\varepsilon > 0$, so daß auf $\mathfrak{U}(a; \varrho)\,\mathfrak{A}\,\mathfrak{G}$ die Funktion f keinen nach $[r' - \varepsilon, r'' + \varepsilon]$ fallenden Wert annimmt[4]). In jedem Punkte a' von $\mathfrak{U}(a; \varrho)\,\mathfrak{A}^0\,\mathfrak{G}$[5]) enthält dann $h(a'; f, \mathfrak{A})$ keinen Wert aus $\mathfrak{J}_n$; kein Punkt von $\mathfrak{U}(a; \varrho)\,\mathfrak{A}^0\,\mathfrak{G}$ kann also zu $\mathfrak{A}_n$ gehören; also ist $\mathfrak{A}_n$ nirgends dicht in $\mathfrak{A}^0$, wie behauptet (Kap. I, § 4, Satz XIV).

Sei nun a ein Punkt von $\mathfrak{A}^*$. Es gibt also eine Zahl x und eine offene Menge $\mathfrak{G}$, so daß a Punkt von $(\mathfrak{A}\,\mathfrak{G})^1$, und weiter so, daß x in $h(a; f, \mathfrak{A})$, nicht aber in $h(a; f, \mathfrak{A}\,\mathfrak{G})$ vorkommt. Nach Satz VII ist nun aber die Wertmenge $h(a; f, \mathfrak{A}\,\mathfrak{G})$ abgeschlossen; es gibt also unter unseren Intervallen $\mathfrak{J}_n$ eines, das zwar x, aber keinen Wert von $h(a; f, \mathfrak{A}\,\mathfrak{G})$ enthält. Das aber heißt:

---

[1]) Ein Spezialfall dieses Satzes wurde bewiesen von W. H. Young, Lond. Proc. (2) 8 (1910), 117.

[2]) Dabei muß a zu $(\mathfrak{A}\,\mathfrak{G})^1$ gehören, da sonst $h(a; f, \mathfrak{A}\,\mathfrak{G})$ keinen Sinn hätte.

[3]) Wie schon erwähnt, ist dann a nicht Punkt, sondern nur Begrenzungspunkt von $\mathfrak{G}$.

[4]) Denn andernfalls gäbe es in $\mathfrak{U}\left(a; \dfrac{1}{n}\right)\mathfrak{G}$ einen Punkt a_n ($\neq a$) von $\mathfrak{A}$, so daß:

$$r' - \frac{1}{n} \leq f(a_n) \leq r'' + \frac{1}{n},$$

und es hätte demzufolge $h(a; f, \mathfrak{A}\,\mathfrak{G})$ einen Wert in $[r', r'']$.

[5]) Solche Punkte gibt es, weil nach Voraussetzung a zu $(\mathfrak{A}\,\mathfrak{G})^1$ gehört (Fußn. 2).

a gehört zu einer unserer Mengen $\mathfrak{A}_n$. Also ist:

$$\mathfrak{A}^* = \mathfrak{A}_1 \dotplus \mathfrak{A}_2 \dotplus \ldots \dotplus \mathfrak{A}_n \dotplus \ldots,$$

und da, wie schon bewiesen, jede Menge $\mathfrak{A}_n$ nirgends dicht in $\mathfrak{A}^0$ ist, so ist $\mathfrak{A}^*$ von erster Kategorie in $\mathfrak{A}^0$, und Satz X ist bewiesen.

Sei nun insbesondere $\mathfrak{A}$ eine Punktmenge des $\mathfrak{R}_1$, und somit f Funktion einer reellen Veränderlichen. Wir definieren dann: Ist a Punkt von $\mathfrak{A}^1_+$ (Kap. II, § 13, S. 177), so heißt die Zahl l ein **rechtsseitiger**[1]) **Häufungswert** von f in a auf $\mathfrak{A}$, wenn es in $\mathfrak{A}$ eine Punktfolge $\{a_n\}$ gibt, so daß:

$$\lim_{n=\infty} a_n = a; \quad a_n > a; \quad \lim_{n=\infty} f(a_n) = l.$$

Ordnet man jedem Punkte a von $\mathfrak{A}^1_+$ die Menge aller rechtsseitigen Häufungswerte von f in a auf $\mathfrak{A}$ zu, so entsteht die **rechtsseitige Häufungsfunktion** $h_+(a; f, \mathfrak{A})$ von f auf $\mathfrak{A}$.

Es folgt sofort in Analogie zu Satz II:

Satz XI. Damit die Funktion f einer reellen Veränderlichen in a auf $\mathfrak{A}$ den rechtsseitigen (linksseitigen) Grenzwert l habe, ist notwendig und hinreichend, daß $h_+(a; f, \mathfrak{A})$ [bzw. $h_-(a; f, \mathfrak{A})$] nur den einen Wert l habe.

Ganz ebenso wie Satz VII beweist man:

Satz XII. Die Menge aller rechtsseitigen (linksseitigen) Häufungswerte von f auf $\mathfrak{A}$ in einem Punkte von $\mathfrak{A}^1_+$ (von $\mathfrak{A}^1_-$) ist stets abgeschlossen.

Es gibt also einen größten und einen kleinsten Wert in der Wertmenge $h_+(a; f, \mathfrak{A})$ [oder $h_-(a; f, \mathfrak{A})$], und zwar gilt:

Satz XIII. Größter und kleinster Wert in der Wertmenge $h_+(a; f, \mathfrak{A})$ $[h_-(a; f, \mathfrak{A})]$ stimmen überein mit den reduzierten einseitigen Schrankenfunktionen $G'_+(a; f, \mathfrak{A})$, $g'_+(a; f, \mathfrak{A})$ [bzw. $G'_-(a; f, \mathfrak{A})$, $g'_-(a; f, \mathfrak{A})$].

Versteht man unter der offenen Menge $\mathfrak{G}$ eine einseitige Umgebung $(a, a + \varrho)$ oder $(a - \varrho, a)$ von a, so gehen für Funktionen f einer reellen Veränderlichen die oben betrachteten „Häufungswerte von f bei Annäherung durch $\mathfrak{G}$" über in die einseitigen Häufungswerte von f, und Satz X lehrt, daß die Menge aller Punkte von $\mathfrak{A}^1_+$, in denen:

$$(0) \qquad\qquad h(a; f, \mathfrak{A}) \neq h_+(a; f, \mathfrak{A}),$$

von erster Kategorie in $\mathfrak{A}^0$ ist. Doch gilt hier, für Funktionen einer reellen Veränderlichen, noch beträchtlich mehr[2]):

---

[1]) Ganz analog ist die Definition der linksseitigen Häufungswerte, und dann auch weiter der linksseitigen Häufungsfunktion $h_-(a; f, \mathfrak{A})$.

[2]) W. H. Young, Quart. Journ. 39 (1907), 67; Rend. Linc. 17/1 (1908), 582. (Ein Spezialfall auch bei L. Tonelli, Rend. Lomb. (2) 41 (1908), 773).

Satz XIV. Ist f eine auf der Punktmenge $\mathfrak{A}$ des $\mathfrak{R}_1$ definierte Funktion einer reellen Veränderlichen, so ist die Menge $\mathfrak{A}^*$ aller Punkte von $\mathfrak{A}_+$, in denen (0) gilt[1]), abzählbar.

Wie beim Beweis von Satz X bezeichnen wir mit $\mathfrak{J}_n$ ($n = 1, 2, \ldots$) die sämtlichen Intervalle des $\mathfrak{R}_1$ mit rationalen Endpunkten, mit $\mathfrak{A}_n$ die Menge aller jener Punkte von $\mathfrak{A}_+$, in denen $h(a; f, \mathfrak{A})$ einen Wert aus $\mathfrak{J}_n$ enthält, $h_+(a; f, \mathfrak{A})$ aber nicht. Wie beim Beweise von Satz X zeigt man, daß es zu jedem a von $\mathfrak{A}_n$ eine rechtsseitige reduzierte Umgebung $(a, a + \varrho)$ und ein $\varepsilon > 0$ gibt, so daß, wenn $\mathfrak{J}_n = [r', r'']$, die Funktion f in $\mathfrak{A} \cdot (a, a + \varrho)$ keinen Wert aus $[r' - \varepsilon, r'' + \varepsilon]$ annimmt, woraus wie beim Beweise von Satz X folgt: in $(a, a + \varrho)$ liegt kein Punkt von $\mathfrak{A}_n$.

Kein Punkt von $\mathfrak{A}_n$ ist also rechtsseitiger Häufungspunkt von $\mathfrak{A}_n$, also ist (Kap. II, § 13, Satz I) $\mathfrak{A}_n$ abzählbar.

Da auch hier wieder, wie beim Beweis von Satz X:

$$\mathfrak{A}^* = \mathfrak{A}_1 \dotplus \mathfrak{A}_2 \dotplus \ldots \dotplus \mathfrak{A}_n \dotplus \ldots,$$

so ist auch $\mathfrak{A}^*$ abzählbar, und Satz XIV ist bewiesen.

Aus ihm folgt unmittelbar:

Satz XV. Ist f eine auf der Punktmenge $\mathfrak{A}$ des $\mathfrak{R}_1$ definierte Funktion einer reellen Veränderlichen, so ist die Menge aller Punkte von $\mathfrak{A}_+ \cdot \mathfrak{A}_-$, in denen:

$$h_+(a; f, \mathfrak{A}) \neq h_-(a; f, \mathfrak{A})$$

ist, abzählbar.

Und daraus insbesondere nach Satz XIII:

Satz XVI. Ist f eine auf der Punktmenge $\mathfrak{A}$ des $\mathfrak{R}_1$ definierte Funktion einer reellen Veränderlichen, so ist überall auf $\mathfrak{A}_+ \cdot \mathfrak{A}_-$, abgesehen von einer abzählbaren Punktmenge:

$$G'_+(a; f, \mathfrak{A}) = G'_-(a; f, \mathfrak{A}); \quad g'_+(a; f, \mathfrak{A}) = g'_-(a; f, \mathfrak{A}).$$

§ 2. Die Schwankung einer Funktion.

Ist die Funktion f definiert auf $\mathfrak{A}$, so verstehen wir unter der Schwankung von f auf $\mathfrak{A}$ den Ausdruck:

$$\omega(f, \mathfrak{A}) = G(f, \mathfrak{A}) - g(f, \mathfrak{A}).$$

Diese Definition versagt, wenn:

$$G(f, \mathfrak{A}) = g(f, \mathfrak{A}) = +\infty \quad \text{oder} \quad G(f, \mathfrak{A}) = g(f, \mathfrak{A}) = -\infty,$$

d. h. wenn auf ganz $\mathfrak{A}$:

$$f = +\infty \quad \text{bzw.} \quad f = -\infty.$$

In dem Falle setzen wir fest:

$$\omega(f, \mathfrak{A}) = 0.$$

Es ist also stets:

$$\omega(f, \mathfrak{A}) \geqq 0,$$

und zwar gilt:

------

[1]) Ebenso die Menge aller Punkte von $\mathfrak{A}_-$, in denen:

$$h(a; f, \mathfrak{A}) \neq h_-(a; f, \mathfrak{A}).$$

Satz I. Damit $\omega(f, \mathfrak{A}) = 0$ sei, ist notwendig und hinreichend, daß f konstant sei auf $\mathfrak{A}$.

Aus den charakteristischen Eigenschaften von $G(f, \mathfrak{A})$, $g(f, \mathfrak{A})$ (Kap. II, § 1, S. 114) folgt weiter:

Satz II. Ist die Schwankung $\omega(f, \mathfrak{A}) \neq 0$, so ist sie charakterisiert durch folgende Eigenschaften:

1. Es ist:

$$|f(a) - f(a')| \leq \omega(f, \mathfrak{A})$$

für alle Punktepaare a, a' von $\mathfrak{A}$, für die die Differenz $f(a) - f(a')$ einen Sinn hat.

2. Zu jeder Zahl z:

$$0 < z < \omega(f, \mathfrak{A})$$

gibt es in $\mathfrak{A}$ ein Punktepaar a, a', so daß:

$$|f(a) - f(a')| > z.$$

Ist a ein Punkt von $\mathfrak{A}^0$, so verstehen wir unter der Schwankung[1]) von f in a auf $\mathfrak{A}$ den Ausdruck:

$$\omega(a; f, \mathfrak{A}) = G(a; f, \mathfrak{A}) - g(a; f, \mathfrak{A}).$$

Diese Definition versagt, wenn:

$$(0)\quad G(a; f, \mathfrak{A}) = g(a; f, \mathfrak{A}) = +\infty \quad \text{oder} \quad G(a; f, \mathfrak{A}) = g(a; f, \mathfrak{A}) = -\infty,$$

d. h. (vorausgesetzt, daß a zu $\mathfrak{A}$ gehört): wenn f in a stetig auf $\mathfrak{A}$ ist und dort einen unendlichen Wert hat. In dem Falle setzen wir fest:

$$\omega(a; f, \mathfrak{A}) = 0.$$

Es ist also stets:

$$\omega(a; f, \mathfrak{A}) \geq 0,$$

und zwar gilt (Kap. II, § 3, Satz II):

Satz III. Damit im Punkte a von $\mathfrak{A}$:

$$\omega(a; f, \mathfrak{A}) = 0$$

sei, ist notwendig und hinreichend, daß f stetig sei in a auf $\mathfrak{A}$.

Aus Kap. II, § 2, Satz IV folgt:

Satz IV. Wenn nicht eine der beiden Gleichungen (0) gilt, ist $\omega(a; f, \mathfrak{A})$ die untere Schranke von $\omega(f, \mathfrak{U})$ für alle Umgebungen $\mathfrak{U}$ von a in $\mathfrak{A}$.

Aus Kap. II, § 2, Satz VI folgt:

---

[1]) Auch **Unstetigkeitsgrad** genannt.

Satz V. Wenn nicht eine der beiden Gleichungen (0) gilt, so gibt es in $\mathfrak{A}$ zwei Punktfolgen $\{a'_n\}$, $\{a''_n\}$, so daß:

$$(00) \quad \lim_{n=\infty} a'_n = a; \quad \lim_{n=\infty} a''_n = a; \quad \lim_{n=\infty} [f(a'_n) - f(a''_n)] = \omega\,(a;\,f,\,\mathfrak{A}).$$

Aus Kap. II, § 2, Satz VII folgt:

Satz VI. Wenn nicht eine der beiden Gleichungen (0) gilt, so ist $\omega\,(a;\,f,\,\mathfrak{A})$ charakterisiert durch folgende Eigenschaften:

1. Zu jeder Zahl p:

$$p > \omega\,(a;\,f,\,\mathfrak{A})$$

gibt es eine Umgebung $\mathfrak{U}$ von a in $\mathfrak{A}$, so daß:

$$|\,f(a') - f(a'')\,| < p$$

für jedes Punktepaar a', a'' von $\mathfrak{U}$, für das diese Differenz einen Sinn hat.

2. Zu jeder Zahl z:

$$0 < z < \omega\,(a;\,f,\,\mathfrak{A})$$

gibt es in jede Umgebung $\mathfrak{U}$ von a in $\mathfrak{A}$ ein Punktepaar a', a'', so daß:

$$|\,f(a') - f(a'')\,| > z.$$

Ist a ein Punkt von $\mathfrak{A}^1$, so verstehen wir unter der reduzierten Schwankung[1]) von f in a auf $\mathfrak{A}$ den Ausdruck:

$$\omega'\,(a;\,f,\,\mathfrak{A}) = G'\,(a;\,f,\,\mathfrak{A}) - g'\,(a;\,f,\,\mathfrak{A}).$$

Diese Definition versagt, wenn:

$$(\dagger) \quad G'\,(a;\,f,\,\mathfrak{A}) = g'\,(a;\,f,\,\mathfrak{A}) = +\infty \text{ oder } G'\,(a;\,f,\,\mathfrak{A}) = g'\,(a;\,f,\,\mathfrak{A}) = -\infty,$$

d. h. wenn f in a auf $\mathfrak{A}$ den Grenzwert $+\infty$ oder $-\infty$ hat. In dem Falle setzen wir fest:

$$\omega'\,(a;\,f,\,\mathfrak{A}) = 0.$$

Es ist also stets:

$$\omega'\,(a;\,f,\,\mathfrak{A}) \geqq 0,$$

und zwar gilt:

Satz VII. Damit im Punkte a von $\mathfrak{A}^1$:

$$\omega'\,(a;\,f,\,\mathfrak{A}) = 0$$

sei, ist notwendig und hinreichend, daß f in a auf $\mathfrak{A}$ einen Grenzwert besitze.

Satz VIII. Wenn nicht eine der beiden Gleichungen $(\dagger)$

---

[1]) Von M. Pasch als Schwingung bezeichnet, Math. Ann. 30 (1887), 139.

gilt, so gilt Satz V auch für $\omega'(a; f, \mathfrak{A})$, wobei in (00) noch hinzugefügt werden kann:

$$a_n' \neq a; \quad a_n'' \neq a.$$

Satz IX. Wenn nicht eine der beiden Gleichungen (†) gilt, so gilt Satz IV und VI auch für $\omega'(a; f, \mathfrak{A})$, wenn darin an Stelle der Umgebungen $\mathfrak{U}$ von a in $\mathfrak{A}$ die reduzierten Umgebungen $\mathfrak{U}'$ von a in $\mathfrak{A}$ treten.

Endlich definieren wir noch für Funktionen einer reellen Veränderlichen die einseitigen Schwankungen und reduzierten einseitigen Schwankungen durch:

$$\omega_+(a; f, \mathfrak{A}) = G_+(a; f, \mathfrak{A}) - g_+(a; f, \mathfrak{A});$$
$$\omega_-(a; f, \mathfrak{A}) = G_-(a; f, \mathfrak{A}) - g_-(a; f, \mathfrak{A});$$
$$\omega'_+(a; f, \mathfrak{A}) = G'_+(a; f, \mathfrak{A}) - g'_+(a; f, \mathfrak{A});$$
$$\omega'_-(a; f, \mathfrak{A}) = G'_-(a; f, \mathfrak{A}) - g'_-(a; f, \mathfrak{A})$$

mit dem Zusatze, daß jede dieser Differenzen durch 0 zu ersetzen ist, wenn Minuend und Subtrahend beide $+\infty$ oder beide $-\infty$ sind. Es gelten dann ähnliche Sätze, wie für $\omega(a; f, \mathfrak{A})$, $\omega'(a; f, \mathfrak{A})$, von denen wir nur folgende anführen:

Satz X. Damit im Punkte a von $\mathfrak{A}$

$$\omega_+(a; f, \mathfrak{A}) = 0 \quad (\omega_-(a; f, \mathfrak{A}) = 0)$$

sei, ist notwendig und hinreichend, daß f in a rechtsseitig (linksseitig) stetig sei auf $\mathfrak{A}$.

Satz XI. Damit im Punkt a von $\mathfrak{A}^1_+$ (von $\mathfrak{A}^1_-$)

$$\omega'_+(a; f, \mathfrak{A}) = 0 \quad (\omega'_-(a; f, \mathfrak{A}) = 0)$$

sei, ist notwendig und hinreichend, daß f in a auf $\mathfrak{A}$ einen rechtsseitigen (linksseitigen) Grenzwert besitze.

Es sind $\omega(a; f, \mathfrak{A})$, $\omega'(a; f, \mathfrak{A})$ auf $\mathfrak{A}^0$ bzw. auf $\mathfrak{A}^1$ definierte Funktionen von a; wir nennen sie daher auch Schwankungsfunktion, bzw. reduzierte Schwankungsfunktion von f auf $\mathfrak{A}$. Ebenso sprechen wir, bei Funktionen einer reellen Veränderlichen, von den einseitigen (reduzierten) Schwankungsfunktionen.

Satz XII. Es ist $\omega(a; f, \mathfrak{A})$ oberhalb stetig auf $\mathfrak{A}^0$ in jedem Punkte von $\mathfrak{A}^0$, in dem nicht[1]):

---

[1]) Diese Einschränkung kann nicht entbehrt werden. Beispiel: Sei $\mathfrak{A}$ das Intervall $[0, 1]$ des $\mathfrak{R}_1$ und sei:

$$f = \nu \ \text{in} \ \left(\tfrac{1}{\nu+1}, \tfrac{1}{\nu}\right] \ (\nu = 1, 2, \ldots); \quad f(0) = +\infty.$$

(0) $G(a; f, \mathfrak{A}) = g(a; f, \mathfrak{A}) = +\infty$ oder $G(a; f, \mathfrak{A}) = g(a; f, \mathfrak{A}) = -\infty$,

insbesondere also in jedem Punkte von $\mathfrak{A}$, in dem f endlich ist, sowie in jedem Punkte von $\mathfrak{A}^1$, in dem f nicht einen unendlichen Grenzwert auf $\mathfrak{A}$ besitzt.

In der Tat, ist $\mathfrak{B}$ die Menge aller Punkte von $\mathfrak{A}^0$, in denen nicht (0) gilt, so ist auf $\mathfrak{B}$

$$\omega(a; f, \mathfrak{A}) = G(a; f, \mathfrak{A}) - g(a; f, \mathfrak{A}).$$

Nun ist (Kap. II, § 11, Satz II) $G(a; f, \mathfrak{A})$ oberhalb, $g(a; f, \mathfrak{A})$ unterhalb und mithin (Kap. II, § 8, Satz VI) $-g(a, f, \mathfrak{A})$ oberhalb stetig auf $\mathfrak{A}^0$, also ist (Kap. II, § 8, Satz VII) auch $\omega(a: f, \mathfrak{A})$ oberhalb stetig auf $\mathfrak{B}$; und da:

$$\omega(a; f, \mathfrak{A}) \geq 0 \text{ auf } \mathfrak{B}; \quad = 0 \text{ auf } \mathfrak{A}^0 - \mathfrak{B},$$

so ist ω auch oberhalb stetig auf $\mathfrak{A}^0$ in jedem Punkte von $\mathfrak{B}$, und Satz XII ist bewiesen.

Ganz ebenso folgern wir aus Kap. II, § 11 Satz IV:

Satz XIII. Es ist $\omega'(a; f, \mathfrak{A})$ oberhalb stetig auf $\mathfrak{A}^1$ in jedem Punkte von $\mathfrak{A}^1$, in dem nicht f einen unendlichen Grenzwert besitzt.

Aus Kap. II, § 13, Satz X folgt:

Satz XIV. Ist f Funktion einer reellen Veränderlichen, so ist $\omega_+(a; f, \mathfrak{A})$ rechtsseitig oberhalb stetig auf $\mathfrak{A}_+^0$ in jedem Punkte von $\mathfrak{A}_+^0$, in dem nicht:

$$G_+(a; f, \mathfrak{A}) = g_+(a; f, \mathfrak{A}) = +\infty \quad \text{oder} \quad G_+(a; f, \mathfrak{A}) = g_+(a; f, \mathfrak{A}) = -\infty.$$

insbesondere also in jedem Punkte von $\mathfrak{A}$, in dem f endlich ist.

Aus Kap. II, § 13, Satz XI folgt:

Satz XV. Ist f Funktion einer reellen Veränderlichen, so ist $\omega_+'(a; f, \mathfrak{A})$ rechtsseitig oberhalb stetig auf $\mathfrak{A}_+^1$ in jedem Punkte von $\mathfrak{A}_+^1$, in dem nicht f einen unendlichen rechtsseitigen Grenzwert besitzt.

Aus Satz XII nun folgern wir vermöge Kap. II, § 9, Satz IV sofort:

Satz XVI. Ist f endlich auf $\mathfrak{A}$, so ist für jede Zahl q die Menge aller Punkte von $\mathfrak{A}$, in denen:

$$\omega(a; f. \mathfrak{A}) \geq q$$

ist, abgeschlossen in $\mathfrak{A}$.

Dann ist:

$$\omega(a; f, \mathfrak{A}) = \begin{cases} 1 \text{ für } a = \dfrac{1}{\nu} & (\nu = 2, 3, \ldots) \\ 0 \text{ für alle andern } a \text{ von } [0, 1]. \end{cases}$$

Also ist $\omega(a; f, \mathfrak{A})$ nicht oberhalb stetig auf $\mathfrak{A}^0 = \mathfrak{A}$ im Punkte $a = 0$.

Satz XVII[1]). Ist in allen Punkten von $\mathfrak{A}$:

(*)
$$\omega\,(a;f,\mathfrak{A}) \leqq q,$$

so kann f zerspalten werden in zwei Summanden:

$$f = f_1 + f_2,$$

deren einer f_1 stetig ist auf $\mathfrak{A}$, während der andere der Ungleichung genügt:

(**)
$$|f_2| \leqq \frac{q}{2}.$$

In der Tat, wegen (*) ist:

$$G\,(a;f,\mathfrak{A}) - \frac{q}{2} \leqq g\,(a;f,\mathfrak{A}) + \frac{q}{2}.$$

Nach Kap. II, § 11, Satz II ist die links stehende Funktion oberhalb, die rechts stehende unterhalb stetig auf $\mathfrak{A}$. Nach Kap. II, § 10, Satz IV gibt es daher eine auf $\mathfrak{A}$ stetige Funktion f_1, so daß:

$$G\,(a;f,\mathfrak{A}) - \frac{q}{2} \leqq f_1(a) \leqq g\,(a;f,\mathfrak{A}) + \frac{q}{2}.$$

Dann ist auch (Kap. II, § 2, Satz II):

(***)
$$f\,(a) - \frac{q}{2} \leqq f_1\,(a) \leqq f(a) + \frac{q}{2}.$$

Setzen wir also:

$$f_2(a) = f(a) - f_1(a)$$

(wobei unter dieser Differenz der Wert 0 zu verstehen ist, wenn $f(a)$ und $f_1(a)$ denselben unendlichen Wert haben), so ist wegen (***) auch (**) erfüllt, und Satz XVII ist bewiesen.

Mit Satz XVII steht in enger Beziehung folgende Verallgemeinerung des Satzes von der gleichmäßigen Stetigkeit (Kap. II, § 4, Satz IX):

Satz XVIII[2]). Sei $\mathfrak{A}$ kompakt und f beschränkt[3]) auf $\mathfrak{A}$. Ist:

(†)
$$\omega\,(a,f,\mathfrak{A}) \leqq p \quad \text{auf} \quad \mathfrak{A}^0,$$

---

[1]) H. Hahn, Wien. Ber. 126 (1917), 109. Für Funktionen einer reellen Veränderlichen war der Satz bewiesen worden von R. Baire, Ann. di mat. (3) 3 (1899), 57, wobei aber in (**) q statt $\frac{q}{2}$ auftrat. Die Majorante $\frac{q}{2}$ für $|f_2|$ kann offenbar nicht weiter verringert werden.

[2]) T. Brodén, Acta Univ. Lund. 33 (Neue Folge 8) (1897), 38; R. Baire, Ann. di mat. (3) 3 (1899), 15; E. R. Hedrick, Am. Bull. (2) 13 (1907), 378.

[3]) Setzt man $\mathfrak{A}$ auch als abgeschlossen voraus, so genügt es, f als endlich anzunehmen; daß f beschränkt ist, folgt dann von selbst.

13*

so gibt es zu jedem $q > p$ ein $\varrho > 0$, so daß für jedes Punktepaar a', a'' aus $\mathfrak{A}$, dessen Abstand:

$$r(a', a'') < \varrho$$

ist, die Ungleichung besteht:

$$|f(a') - f(a'')| < q.$$

Angenommen in der Tat, der Satz wäre nicht richtig; dann gibt es ein $q > p$ und eine Folge von Punktpaaren a_n', a_n'' ($n = 1, 2, \ldots$) aus $\mathfrak{A}$, für die:

$$(\dagger\dagger) \qquad \lim_{n = \infty} r(a_n', a_n'') = 0; \quad |f(a_n') - f(a_n'')| \geqq q > p.$$

Da $\mathfrak{A}$ kompakt ist, hat die Folge $\{a_n'\}$ einen Häufungspunkt a; er gehört gewiß zu $\mathfrak{A}^0$. In $\{a_n'\}$ gibt es eine Teilfolge $\{a_{n_\nu}'\}$ mit:

$$\lim_{\nu = \infty} a_{n_\nu}' = a.$$

Wegen der ersten Relation ($\dagger\dagger$) ist auch:

$$\lim_{\nu = \infty} a_{n_\nu}'' = a,$$

infolgedessen wegen Satz VI:

$$|f(a_{n_\nu}') - f(a_{n_\nu}'')| < q \quad \text{für fast alle } \nu,$$

im Widerspruche mit der zweiten Relation ($\dagger\dagger$). Damit ist Satz XVIII bewiesen.

In ganz derselben Weise zeigt man (vgl. Kap. II, § 4, Satz X):

Satz XIX. Ist $\mathfrak{A}'$ ein kompakter Teil der beliebigen Menge $\mathfrak{A}$, ist die auf $\mathfrak{A}$ definierte Funktion f beschränkt auf $\mathfrak{A}'$, und ist:

$$\omega(a; f, \mathfrak{A}) \leqq p \quad \text{auf } (\mathfrak{A}')^0,$$

so gibt es zu jedem $q > p$ ein $\varrho > 0$, so daß für alle a' von $\mathfrak{A}'$ und alle der Ungleichung

$$r(a', a'') < \varrho$$

genügenden a'' von $\mathfrak{A}$:

$$|f(a') - f(a'')| < q.$$

Wir untersuchen nun, was aus Satz XVIII wird, wenn statt der Schwankung die reduzierte Schwankung eingeführt wird[1]).

Satz XX. Sei $\mathfrak{A}$ kompakt und f beschränkt auf $\mathfrak{A}$. Ist:

$$(*) \qquad \omega'(a; f, \mathfrak{A}) \leqq p \quad \text{auf } \mathfrak{A}^1,$$

---

[1]) Vgl. zu diesem und den folgenden Sätzen: M. Pasch, Math. Ann. 38 (1887), 140.

so gibt es zu jedem $q > p$ eine endliche Anzahl in $\mathfrak{A}$ offener Mengen $\mathfrak{A}_1, \mathfrak{A}_2, \ldots, \mathfrak{A}_k$, mit folgenden Eigenschaften:

1. Es gibt in $\mathfrak{A}$ nur endlich viele Punkte, die nicht zu

$$\mathfrak{A}' = \mathfrak{A}_1 \dotplus \mathfrak{A}_2 \dotplus \ldots \dotplus \mathfrak{A}_k$$

gehören;

2. es ist $\quad \omega(f, \mathfrak{A}_i) < q \quad (i = 1, 2, \ldots, k)$.

In der Tat, wegen (*) gibt es, wenn $q > p$, zu jedem a von $\mathfrak{A}^1$ eine reduzierte Umgebung $\mathfrak{U}'(a)$, so daß (Satz IX):

$$\omega(f, \mathfrak{A}\,\mathfrak{U}'(a)) < q.$$

Durch Hinzufügung von a zu $\mathfrak{U}'(a)$ entsteht eine Umgebung von a, die mit $\mathfrak{U}(a)$ bezeichnet werde.

Nach Kap. I, § 3, Satz XVIII ist $\mathfrak{A}^1$ kompakt, nach Kap. I, § 3, Satz VIII ist $\mathfrak{A}^1$ abgeschlossen. Also gibt es nach dem Borelschen Theorem (Kap. I, § 6, Satz I) in $\mathfrak{A}^1$ endlich viele Punkte $a_1, a_2, \ldots, a_k$, so daß jeder Punkt von $\mathfrak{A}^1$ innerer Punkt von:

$$\mathfrak{A}' = \mathfrak{U}(a_1) \dotplus \mathfrak{U}(a_2) \dotplus \ldots \dotplus \mathfrak{U}(a_k)$$

ist. Außerhalb dieser Menge $\mathfrak{A}'$ kann es also nur endlich viele Punkte von $\mathfrak{A}$ geben[1]). Also können wir die reduzierten Umgebungen $\mathfrak{A}\,\mathfrak{U}'(a_1), \mathfrak{A}\,\mathfrak{U}'(a_2), \ldots, \mathfrak{A}\,\mathfrak{U}'(a_k)$ für die Mengen $\mathfrak{A}_1, \mathfrak{A}_2, \ldots, \mathfrak{A}_k$ der Behauptung wählen, und Satz XX ist bewiesen.

Satz XXI. Unter den Voraussetzungen von Satz XX gibt es, wenn $q > p$, in $\mathfrak{A}^0$ nur endlich viele Punkte, in denen:

$$\omega(a; f, \mathfrak{A}) \geqq q.$$

Angenommen in der Tat, es gäbe ihrer unendlich viele. Da mit $\mathfrak{A}$ auch $\mathfrak{A}^0$ kompakt ist (Kap. I, § 3, Satz XVIII), hätten diese Punkte einen Häufungspunkt $\bar{a}$, der gewiß zu $\mathfrak{A}^1$ gehört. In jeder reduzierten Umgebung von $\bar{a}$ gäbe es dann, wenn $q > q' > p$, Punkte a', a'' von $\mathfrak{A}$, so daß:

$$|f(a') - f(a'')| > q' > p,$$

im Widerspruche zur Voraussetzung, daß in jedem Punkte von $\mathfrak{A}^1$ (*) von Satz XX gilt. Damit ist Satz XXI bewiesen.

Handelt es sich um Funktionen einer reellen Veränderlichen, so können auch die einseitigen Schwankungen herangezogen werden. An Stelle von Satz XX erhalten wir:

---

[1]) Denn gäbe es unendlich viele, so hätten sie, weil $\mathfrak{A}$ kompakt, einen Häufungspunkt; es gäbe also einen Punkt von $\mathfrak{A}^1$, der nicht innerer Punkt von $\mathfrak{A}'$ wäre.

Satz XXII. Sei $\mathfrak{A}$ eine im endlichen Intervalle $[b, c]$ des $\mathfrak{R}_1$ liegende Menge, und sei f beschränkt auf $\mathfrak{A}$. Gilt in jedem Punkte von $\mathfrak{A}_+^1$ und von $\mathfrak{A}_-^1$ die entsprechende der beiden Ungleichungen

$$(**) \qquad \omega'_+(a; f, \mathfrak{A}) \leqq p; \qquad \omega'_-(a; f, \mathfrak{A}) \leqq p,$$

so gibt es zu jedem $q > p$ endlich viele Punkte:

$$b = a_0 < a_1 < \ldots < a_{k-1} < a_k = c,$$

so daß:

$$\omega(f, \mathfrak{A} \cdot (a_{i-1}, a_i)) < q \qquad (i = 1, 2, \ldots, k).$$

In der Tat, zu jedem a von $\mathfrak{A}^1$ gibt es ein $\varrho > 0$, so daß für jedes der beiden Intervalle $(a - \varrho, a)$, $(a, a + \varrho)$, das überhaupt Punkte von $\mathfrak{A}$ enthält:

$$\omega(f, \mathfrak{A} \cdot (a - \varrho, a)) < q; \qquad \omega(f, \mathfrak{A} \cdot (a, a + \varrho)) < q.$$

Durch Anwendung des Borelschen Theorems gelangt man zum Beweise von Satz XXII wie oben bei Satz XX.

Satz XXIII[1]). Ist f eine auf der Punktmenge $\mathfrak{A}$ des $\mathfrak{R}_1$ definierte Funktion, und gilt in jedem Punkte von $\mathfrak{A}_+^1 \cdot \mathfrak{A}_-^1$ wenigstens eine der beiden Ungleichungen $(**)$, so ist die Menge aller Punkte von $\mathfrak{A}^0$, in denen:

$$(***) \qquad \omega(a; f, \mathfrak{A}) > p$$

ist, abzählbar.

In der Tat, nach Kap. II, § 13, Satz I ist $\mathfrak{A}^0 - \mathfrak{A}_+^1 \cdot \mathfrak{A}_-^1$ abzählbar. Es genügt also, nachzuweisen, daß die Menge aller Punkte von $\mathfrak{A}_+^1 \cdot \mathfrak{A}_-^1$, in denen $(***)$ gilt, abzählbar ist. Nach § 1, Satz XVI ist aber überall auf $\mathfrak{A}_+^1 \cdot \mathfrak{A}_-^1$, mit abzählbar vielen Ausnahmen:

$$G'_+(a; f, \mathfrak{A}) = G'_-(a; f, \mathfrak{A}); \qquad g'_+(a; f, \mathfrak{A}) = g'_-(a; f, \mathfrak{A}),$$

und daher nach Kap. II, § 13, Satz IV auch:

$$G'(a; f, \mathfrak{A}) = G'_+(a; f, \mathfrak{A}) = G'_-(a; f, \mathfrak{A});$$
$$g'(a; f, \mathfrak{A}) = g'_+(a; f, \mathfrak{A}) = g'_-(a; f, \mathfrak{A}),$$

und weil in jedem Punkte von $\mathfrak{A}_+^1 \cdot \mathfrak{A}_-^1$ mindestens eine der Ungleichungen $(**)$ gilt, so ist in jedem Punkte von $\mathfrak{A}_+^1 \cdot \mathfrak{A}_-^1$ mit abzählbar vielen Ausnahmen auch:

$$\omega'(a; f, \mathfrak{A}) \leqq p.$$

Da aber nach Kap. II, § 11, Satz VII überall auf $\mathfrak{A}^1$, mit abzählbar vielen Ausnahmen:

$$\omega(a; f, \mathfrak{A}) = \omega'(a; f, \mathfrak{A})$$

gilt, so ist also auch überall auf $\mathfrak{A}_+^1 \cdot \mathfrak{A}_-^1$ mit abzählbar vielen Ausnahmen:

$$\omega(a; f, \mathfrak{A}) \leqq p,$$

und Satz XXIII ist bewiesen.

§ 3. Verteilung der Unstetigkeitspunkte.

Sei $\mathfrak{B}$ ein beliebiger Teil der Punktmenge $\mathfrak{A}$. Wir werden sehen, daß es dann im allgemeinen keine Funktion f geben wird, die in allen Punkten von $\mathfrak{B}$ unstetig, in allen Punkten von $\mathfrak{A} - \mathfrak{B}$ stetig auf $\mathfrak{A}$ wäre. Wie der Teil $\mathfrak{B}$ beschaffen sein muß, damit es eine solche Funktion gebe, soll nun festgestellt werden.

---

[1]) Vgl. M. Pasch, a. a. O. 141; A. Schoenflies, Gött. Nachr. 1899, 188.

Satz I[1]). Die Menge aller Punkte von $\mathfrak{A}$, in denen eine Funktion f unstetig ist auf $\mathfrak{A}$, ist Vereinigung abzählbar vieler in $\mathfrak{A}$ abgeschlossener Teile von $\mathfrak{A}\mathfrak{A}^1$.

In der Tat, vermöge der Schränkungstransformation können wir ohne weiteres annehmen, f sei endlich. Nach § 2, Satz XVI ist dann für jedes n die Menge $\mathfrak{B}_n$ aller Punkte von $\mathfrak{A}$, in denen:

$$\omega(a;\, f,\, \mathfrak{A}) \geqq \frac{1}{n},$$

abgeschlossen in $\mathfrak{A}$, und da in einem isolierten Punkte von $\mathfrak{A}$ f stetig auf $\mathfrak{A}$ ist, so ist:

$$\mathfrak{B}_n \prec \mathfrak{A} \cdot \mathfrak{A}^1.$$

Aus § 2, Satz III aber entnehmen wir sofort für die Menge $\mathfrak{B}$ aller Unstetigkeitspunkte von f auf $\mathfrak{A}$:

$$\mathfrak{B} = \mathfrak{B}_1 + \mathfrak{B}_2 + \cdots + \mathfrak{B}_n + \cdots,$$

womit Satz I bewiesen ist.

Völlig gleichbedeutend mit Satz I ist:

Satz II. Die Menge aller Punkte von $\mathfrak{A}$, in denen eine Funktion f stetig ist auf $\mathfrak{A}$, ist ein o-Durchschnitt in $\mathfrak{A}$.

In der Tat, sei wieder $\mathfrak{B}$ die Menge aller Unstetigkeitspunkte von f auf $\mathfrak{A}$. Da nach Satz I $\mathfrak{B}$ eine a-Vereinigung in $\mathfrak{A}$, so ist (Kap. I, § 2, Satz X) $\mathfrak{A} - \mathfrak{B}$ ein o-Durchschnitt in $\mathfrak{A}$, und Satz II ist bewiesen.

Daraus nun entnehmen wir[2]):

Satz III. Ist $\mathfrak{A}$ separabel und vollständig, so ist sowohl die Menge aller Stetigkeitspunkte, als auch die Menge aller Unstetigkeitspunkte von f auf $\mathfrak{A}$ abzählbar oder von der Mächtigkeit $\mathfrak{c}$.

In der Tat, für die Menge aller Stetigkeitspunkte, die nach Satz II ein o-Durchschnitt in $\mathfrak{A}$ ist, folgt dies aus Kap. I, § 8, Satz IX. Die Menge $\mathfrak{B}$ aller Unstetigkeitspunkte aber ist nach Satz I eine a-Vereinigung in $\mathfrak{A}$, und da jede in $\mathfrak{A}$ abgeschlossene Menge als o-Durchschnitt in $\mathfrak{A}$ (Kap. I, § 3, Satz III) abzählbar oder von der Mächtigkeit $\mathfrak{c}$ ist, gilt dies auch für $\mathfrak{B}$, und Satz III ist bewiesen.

Wir werden uns nun überzeugen, daß von Satz I auch die Umkehrung gilt. Dazu benötigen wir einen Hilfssatz. Wir nennen

---

[1]) Vgl. W. H. Young, Wien. Ber. 112 (1903), 1307; H. Lebesgue, Bull. soc. math. 32 (1904), 235.

[2]) W. H. Young, a. a. O. 1312; W. Sierpiński, Prace mat. fiz. 22 (1911), 19.

eine Funktion total-unstetig[1]) auf $\mathfrak{A}$, wenn sie in jedem Punkte von $\mathfrak{A}$ unstetig ist auf $\mathfrak{A}$. Wir zeigen:

Satz IV. Auf jeder (nicht leeren) insichdichten Menge $\mathfrak{A}$ gibt es total-unstetige Funktionen, die nur zwei verschiedene Werte p und q annehmen.

Zum Beweis genügt es, die Existenz eines Teiles $\mathfrak{E}$ von $\mathfrak{A}$ darzutun, der gleichzeitig mit seinem Komplemente $\mathfrak{A} - \mathfrak{E}$ in $\mathfrak{A}$ dicht ist. Denn setzt man:

$$f = \begin{cases} p & \text{auf} \quad \mathfrak{E}, \\ q & \text{auf} \quad \mathfrak{A} - \mathfrak{E}. \end{cases}$$

so ist f total-unstetig auf $\mathfrak{A}$.

Nach Einleitung § 4, Satz XX, ist $\mathfrak{A}$ gleichmächtig einer wohlgeordneten Menge; sei γ deren Ordnungstypus. Es gibt dann eine eineindeutige Zuordnung von $\mathfrak{A}$ zu den Ordinalzahlen $\alpha < \gamma$; den dabei der Ordinalzahl α zugeordneten Punkt von $\mathfrak{A}$ bezeichnen wir mit a_α.

Nun definieren wir die Aufteilung der Punkte von $\mathfrak{A}$ auf $\mathfrak{E}$ und $\mathfrak{A} - \mathfrak{E}$ durch Induktion (Einleitung § 4, Satz XIX), indem wir festsetzen:

1. Es gehöre a_0 zu $\mathfrak{E}$, a_1 zu $\mathfrak{A} - \mathfrak{E}$.

2. Sei (für $\alpha > 1$) $\mathfrak{A}_\alpha$ die Menge der Punkte $a_{\alpha'}$ $(\alpha' < \alpha)$, und sei

$$\mathfrak{E}_\alpha = \mathfrak{A}_\alpha \cdot \mathfrak{E}.$$

Dann gehöre a_α zu $\mathfrak{E}$, wenn

$$(*) \qquad r(a_\alpha, \mathfrak{E}_\alpha) \geqq r(a_\alpha, \mathfrak{A}_\alpha - \mathfrak{E}_\alpha),$$

sonst zu $\mathfrak{A} - \mathfrak{E}$.

Auf Grund dieser Vorschriften steht nun für jeden Punkt von $\mathfrak{A}$ fest, ob er zu $\mathfrak{E}$ oder zu $\mathfrak{A} - \mathfrak{E}$ gehört. Wir haben zu zeigen, daß sowohl $\mathfrak{E}$ als $\mathfrak{A} - \mathfrak{E}$ dicht in $\mathfrak{A}$ ist.

Angenommen, es wäre $\mathfrak{E}$ nicht dicht in $\mathfrak{A}$. Dann gäbe es in $\mathfrak{A}$ einen Punkt a mit einer Umgebung $\mathfrak{U}(a)$, in die kein Punkt von $\mathfrak{E}$ fällt. Dann gibt es aber ein $\varrho > 0$, so daß nach $\mathfrak{U}(a; \varrho)$ kein Punkt von $\mathfrak{E}$ fällt, und dann ist offenbar:

$$(**) \qquad r\left(\mathfrak{E}, \mathfrak{U}\left(a; \frac{\varrho}{3}\right)\right) \geqq \frac{2\varrho}{3}.$$

Da $\mathfrak{A}$ insichdicht ist, gibt es in $\mathfrak{U}\left(a; \frac{\varrho}{3}\right)$ gewiß zwei verschiedene Punkte von $\mathfrak{A}$: a_α, a_β $(\alpha < \beta)$; für sie ist

$$(\dagger) \qquad r(a_\alpha, a_\beta) < \frac{2\varrho}{3}.$$

---

[1]) Hiervon abweichend bezeichnen manche Autoren als total-unstetig jede Funktion, die nicht punktweise unstetig (§ 4) ist.

Wegen (**) aber ist:

$$(\dagger\dagger) \qquad\qquad r(a_\beta, \mathfrak{E}) \geqq \frac{2\varrho}{3}.$$

Da a_α als Punkt von $\mathfrak{U}(a; \varrho)$ zu $\mathfrak{A} - \mathfrak{E}$ gehört, wäre also wegen $(\dagger)$ und $(\dagger\dagger)$ für den Punkt a_β (*) erfüllt, und es müßte also a_β zu $\mathfrak{E}$ gehören, entgegen der Annahme, daß $\mathfrak{U}(a; \varrho) \cdot \mathfrak{E}$ leer ist. Damit ist ein Widerspruch erreicht; es muß also $\mathfrak{E}$ in $\mathfrak{A}$ dicht sein.

Ebenso beweist man, daß $\mathfrak{A} - \mathfrak{E}$ in $\mathfrak{A}$ dicht ist, und Satz IV ist bewiesen.

Nun können wir das Schlußresultat unserer Untersuchung aussprechen:

Satz V[1]). Damit es eine Funktion f gebe, die unstetig ist auf $\mathfrak{A}$ in allen Punkten des Teiles $\mathfrak{B}$ von $\mathfrak{A}$, stetig auf $\mathfrak{A}$ in allen Punkten von $\mathfrak{A} - \mathfrak{B}$, ist notwendig und hinreichend, daß $\mathfrak{B}$ Vereinigung abzählbar vieler in $\mathfrak{A}$ abgeschlossener Teile von $\mathfrak{A}\mathfrak{A}^1$ sei.

Die Bedingung ist notwendig; dies ist schon in Satz I enthalten.

Die Bedingung ist hinreichend. Sei in der Tat:

$$\mathfrak{B} = \mathfrak{B}_1 + \mathfrak{B}_2 + \ldots + \mathfrak{B}_n + \ldots; \qquad \mathfrak{B}_n < \mathfrak{A}\mathfrak{A}^1,$$

wo jedes $\mathfrak{B}_n$ abgeschlossen in $\mathfrak{A}$. Nach Kap. I, § 2, Satz XI können wir annehmen:

$$(1) \qquad\qquad \mathfrak{B}_n < \mathfrak{B}_{n+1}.$$

Wir zerlegen nun:

$$(2) \qquad\qquad \mathfrak{B}_n = \mathfrak{B}'_n + \mathfrak{B}''_n,$$

worin:

$$\mathfrak{B}'_n = \mathfrak{B}_n \cdot (\mathfrak{A} - \mathfrak{B}_n)^1; \quad \mathfrak{B}''_n = \mathfrak{B}_n - \mathfrak{B}'_n,$$

und behaupten: $\mathfrak{B}''_n$ ist insichdicht.

Sei in der Tat a Punkt von $\mathfrak{B}''_n$. Da dann a nicht Punkt von $(\mathfrak{A} - \mathfrak{B}_n)^1$, gibt es eine Umgebung $\mathfrak{U}_0(a)$ von a, in der kein Punkt von $\mathfrak{A} - \mathfrak{B}_n$ liegt. Dann aber liegt in $\mathfrak{U}_0(a)$ auch kein Punkt von $\mathfrak{B}'_n$, da ja $\mathfrak{B}'_n < (\mathfrak{A} - \mathfrak{B}_n)^1$, also jeder Punkt von $\mathfrak{B}'_n$ Häufungspunkt von $\mathfrak{A} - \mathfrak{B}_n$ ist. Sei nun $\mathfrak{U}(a)$ eine beliebige Umgebung von a. Da

$$\mathfrak{B}_n < \mathfrak{A}^1,$$

liegen in $\mathfrak{U}(a) \cdot \mathfrak{U}_0(a)$ unendlich viele Punkte von $\mathfrak{A}$, und da sie weder zu $\mathfrak{A} - \mathfrak{B}_n$ noch zu $\mathfrak{B}'_n$ gehören, gehören sie zu $\mathfrak{B}''_n$. Also ist $\mathfrak{B}''_n$ insichdicht wie behauptet.

---

[1]) Für Funktionen einer reellen Veränderlichen zuerst bewiesen von W. H. Young, a. a. O. 1312.

Aus der Definition von $\mathfrak{B}''_n$ folgt weiter:

$$(3) \qquad\qquad \mathfrak{B}''_n < \mathfrak{B}''_{n+1}.$$

In der Tat, zunächst ist wegen (1) und (2):

$$\mathfrak{B}''_n < \mathfrak{B}_n < \mathfrak{B}_{n+1}.$$

Ferner ist:

$$(\mathfrak{A} - \mathfrak{B}_n)^1 > (\mathfrak{A} - \mathfrak{B}_{n+1})^1.$$

Da aber ein Punkt von $\mathfrak{B}''_n$ niemals zu $(\mathfrak{A} - \mathfrak{B}_n)^1$ gehört, so auch nicht zu $(\mathfrak{A} - \mathfrak{B}_{n+1})^1$, und somit auch nicht zu $\mathfrak{B}'_{n+1}$. Er gehört also zu $\mathfrak{B}_{n+1}$, aber nicht zu $\mathfrak{B}'_{n+1}$, somit zu $\mathfrak{B}''_{n+1}$. Damit ist (3) bewiesen.

Wenn nun $\mathfrak{B}''_n$ nicht leer, so gibt es nach Satz IV, da $\mathfrak{B}''_n$ insichdicht, eine auf $\mathfrak{B}''_n$ total-unstetige Funktion f_n, die nur die beiden Werte 0 und $\frac{1}{n}$ annimmt.

Setzen wir:

$$\mathfrak{B}' = \mathfrak{B} - (\mathfrak{B}''_1 \dotplus \mathfrak{B}''_2 \dotplus \ldots \dotplus \mathfrak{B}''_n \dotplus \ldots),$$

so haben wir[1]:

$$\mathfrak{A} = \mathfrak{B}''_1 + (\mathfrak{B}''_2 - \mathfrak{B}''_1) + \ldots + (\mathfrak{B}''_n - \mathfrak{B}''_{n-1}) + \ldots$$
$$+ \mathfrak{B}'_1 \mathfrak{B}' + (\mathfrak{B}'_2 \mathfrak{B}' - \mathfrak{B}'_1 \mathfrak{B}') + \ldots + (\mathfrak{B}'_n \mathfrak{B}' - \mathfrak{B}'_{n-1} \mathfrak{B}') + \ldots + (\mathfrak{A} - \mathfrak{B}),$$

und wir definieren nun eine Funktion f auf $\mathfrak{A}$ durch die Vorschrift:

$$f = f_1 \quad \text{auf} \quad \mathfrak{B}''_1; \qquad f = f_n \quad \text{auf} \quad \mathfrak{B}''_n - \mathfrak{B}''_{n-1};$$
$$f = 1 \quad \text{auf} \quad \mathfrak{B}'_1 \mathfrak{B}'; \qquad f = \frac{1}{n} \quad \text{auf} \quad \mathfrak{B}'_n \mathfrak{B}' - \mathfrak{B}'_{n-1} \mathfrak{B}';$$
$$f = 0 \quad \text{auf} \quad \mathfrak{A} - \mathfrak{B}.$$

Wir behaupten: diese Funktion f ist unstetig auf $\mathfrak{A}$ in allen Punkten von $\mathfrak{B}$, stetig auf $\mathfrak{A}$ in allen Punkten von $\mathfrak{A} - \mathfrak{B}$.

Sei, um dies zu beweisen, zunächst a ein Punkt von $\mathfrak{B}$ und $\mathfrak{U}(a)$ eine beliebige Umgebung von a. Gehört a zu $\mathfrak{B}''_n - \mathfrak{B}''_{n-1}$ (oder zu $\mathfrak{B}''_1$), so gibt es unter den Mengen

$$\mathfrak{B}''_1, \mathfrak{B}''_2, \ldots, \mathfrak{B}''_n$$

eine erste, die in $\mathfrak{U}(a)$ Punkte hat, etwa $\mathfrak{B}''_i$. Es gibt dann in $\mathfrak{U}(a)$ unendlich viele Punkte, in denen $f = \frac{1}{i}$ und $f = 0$; es ist also:

$$\omega\left(f, \mathfrak{A} \cdot \mathfrak{U}(a)\right) \geq \frac{1}{i} \geq \frac{1}{n},$$

---

[1] Man beachte, daß $\mathfrak{B}'_n \mathfrak{B}' < \mathfrak{B}'_{n+1} \mathfrak{B}'$. In der Tat, wegen $\mathfrak{B}'_n < \mathfrak{B}_n < \mathfrak{B}_{n+1}$ gehört jeder Punkt von $\mathfrak{B}'_n \mathfrak{B}'$ auch zu $\mathfrak{B}_{n+1} \mathfrak{B}'$, und da er als Punkt von $\mathfrak{B}'$ nicht zu $\mathfrak{B}''_{n+1}$ gehört, so gehört er zu $\mathfrak{B}'_{n+1} \mathfrak{B}'$.

und mithin auch:

$$\omega\,(a;\,f,\,\mathfrak{A}) \geqq \frac{1}{n}\,,$$

d. h. a ist Unstetigkeitspunkt.

Gehöre sodann a zu $\mathfrak{B}'_n\,\mathfrak{B}' - \mathfrak{B}'_{n-1}\,\mathfrak{B}'$ (oder zu $\mathfrak{B}'_1\,\mathfrak{B}'$). Dann ist:

$$f(a) = \frac{1}{n}\,,$$

und a ist Häufungspunkt von $\mathfrak{A} - \mathfrak{B}_n$, d. h. von Punkten, in denen $f \leqq \dfrac{1}{n+1}$. Also ist a wieder Unstetigkeitspunkt.

Sei endlich a ein Punkt von $\mathfrak{A} - \mathfrak{B}$, somit:

$$(4) \qquad\qquad f(a) = 0.$$

Eine Punktfolge $\{a_\nu\}$ aus $\mathfrak{A}$ mit $\lim\limits_{\nu=\infty} a_\nu = a$ kann aus jeder Menge $\mathfrak{B}_n$ nur endlich viele Punkte enthalten; andernfalls wäre a Häufungspunkt einer Menge $\mathfrak{B}_n$, und da die $\mathfrak{B}_n$ abgeschlossen in $\mathfrak{A}$, Punkt dieser Menge $\mathfrak{B}_n$, entgegen der Annahme, daß a Punkt von $\mathfrak{A} - \mathfrak{B}$. Da aber:

$$0 \leqq f < \frac{1}{n} \quad \text{auf} \quad \mathfrak{A} - \mathfrak{B}_n$$

und in $\{a_\nu\}$ nur endlich viele Punkte zu $\mathfrak{B}_n$ gehören, ist:

$$\lim_{\nu=\infty} f(a_\nu) = 0,$$

d. h. bei Beachtung von (4): f ist stetig in a auf $\mathfrak{A}$. Damit ist Satz V bewiesen.

§ 4. Punktweise unstetige Funktionen.

Sei wieder $\mathfrak{A}$ eine beliebige Punktmenge, f eine Funktion auf $\mathfrak{A}$, $\mathfrak{B}$ die Menge ihrer Unstetigkeitspunkte, $\mathfrak{A} - \mathfrak{B}$ die Menge ihrer Stetigkeitspunkte auf $\mathfrak{A}$. Neben den beiden extremen Fällen, daß $\mathfrak{A} - \mathfrak{B} = \mathfrak{A}$ (d. h. f stetig auf $\mathfrak{A}$) und $\mathfrak{A} - \mathfrak{B}$ leer (d. h. f total-unstetig auf $\mathfrak{A}$), ist von besonderem Interesse der Fall: $\mathfrak{A} - \mathfrak{B}$ dicht in $\mathfrak{A}$.

Wir definieren: die Funktion f heißt **punktweise unstetig**[1]) auf $\mathfrak{A}$, wenn die Menge ihrer Stetigkeitspunkte auf $\mathfrak{A}$ dicht in $\mathfrak{A}$ ist. Die auf $\mathfrak{A}$ stetigen Funktionen gehören also zu den auf $\mathfrak{A}$ punktweise unstetigen Funktionen.

---

[1]) Oder **punktiert** unstetig. Dieser Begriff rührt her von H. Hankel, Gratulationsprogr. der Tübinger Univ. 1870 = Math. Ann. 20, (1887), 89 = Ostw. Klass. Nr. 153, 74.

Satz I. Auf einer separierten Menge $\mathfrak{A}$ ist jede Funktion punktweise unstetig.

In der Tat, in einem isolierten Punkte von $\mathfrak{A}$ ist jede Funktion f stetig auf $\mathfrak{A}$. Es ist also nur zu zeigen: ist $\mathfrak{A}$ separiert, so ist die Menge $\mathfrak{A}'$ aller isolierten Punkte von $\mathfrak{A}$ dicht in $\mathfrak{A}$. Angenommen, $\mathfrak{A}'$ wäre nicht dicht in $\mathfrak{A}$; dann gäbe es eine offene Menge $\mathfrak{G}$, so daß:

$$\mathfrak{A} \cdot \mathfrak{G} \text{ nicht leer}, \quad \mathfrak{A}' \cdot \mathfrak{G} \text{ leer}.$$

Da also zu $\mathfrak{A}\mathfrak{G}$ kein isolierter Punkt von $\mathfrak{A}$ gehört, so ist $\mathfrak{A}\mathfrak{G}$ insichdicht. Also ist der insichdichte Kern von $\mathfrak{A}$ nicht leer, und $\mathfrak{A}$ wäre nicht separiert gegen die Annahme. Damit ist Satz I bewiesen.

Für das Folgende bildet die Grundlage der Satz:

Satz II. Ist f endlich[1]) und punktweise unstetig auf $\mathfrak{A}$, so ist für jedes $q > 0$ die Menge $\mathfrak{B}_q$ aller Punkte, in denen:

$$(*) \qquad \omega\,(a; f, \mathfrak{A}) \geqq q$$

ist, nirgends dicht in $\mathfrak{A}$.

In der Tat, wäre $\mathfrak{B}_q$ nicht nirgends dicht in $\mathfrak{A}$, so gäbe es einen nicht leeren, in $\mathfrak{A}$ offenen Teil $\mathfrak{A}'$ von $\mathfrak{A}$, in dem $\mathfrak{B}_q$ dicht wäre. Weil aber nach § 2, Satz XVI $\mathfrak{B}_q$ in $\mathfrak{A}$ abgeschlossen ist, so wäre (Kap. I, § 4, Satz X):

$$\mathfrak{A}' \prec \mathfrak{B}_q.$$

In jedem Punkte der in $\mathfrak{A}$ offenen Menge $\mathfrak{A}'$ würde also $(*)$ gelten, entgegen der Annahme, f sei punktweise unstetig, derzufolge die Stetigkeitspunkte von f auf $\mathfrak{A}$ dicht in $\mathfrak{A}$ liegen, so daß auch in $\mathfrak{A}'$ sich ein Stetigkeitspunkt finden müßte. Damit ist Satz II bewiesen.

Satz III. Ist f punktweise unstetig auf $\mathfrak{A}$, so ist die Menge $\mathfrak{B}$ aller Unstetigkeitspunkte von f auf $\mathfrak{A}$ von erster Kategorie in $\mathfrak{A}$.

In der Tat, vermöge der Schränkungstransformation, bei der Stetigkeitspunkte in Stetigkeitspunkte, Unstetigkeitspunkte in Unstetigkeitspunkte übergehen, können wir f als endlich annehmen.

---

[1]) Diese Voraussetzung kann nicht entbehrt werden. Beispiel: Sei $\mathfrak{A}$ das Intervall $(0, 1)$ des $\mathfrak{R}_1$ und f folgende Funktion der reellen Veränderlichen a:

$$f(a) = +\infty \text{ wenn } a \text{ irrational},$$

$$f(a) = n \text{ wenn } a = \frac{m}{n} \ (m, n \text{ teilerfremde, natürliche Zahlen}).$$

Dann ist f stetig auf $\mathfrak{A}$ in jedem irrationalen Punkte; in jedem rationalen Punkte aber ist:

$$\omega\,(a; f, \mathfrak{A}) = +\infty.$$

Ist $\mathfrak{B}_q$ wieder die Menge aller Punkte von $\mathfrak{A}$, in denen (*) gilt, so ist:

$$(**) \qquad \mathfrak{B} = \mathfrak{B}_1 \dotplus \mathfrak{B}_{\frac{1}{2}} \dotplus \cdots \dotplus \mathfrak{B}_{\frac{1}{n}} \dotplus \cdots .$$

Nach Satz II aber ist jede Menge $\mathfrak{B}_{\frac{1}{n}}$ nirgends dicht in $\mathfrak{A}$, womit Satz III bewiesen ist.

Die Umkehrung von Satz II und III gilt in folgender Form:

Satz IV. Ist $\mathfrak{A}$ relativ-vollständig[1]), und ist für jedes $q > 0$ die Menge $\mathfrak{B}_q$ aller Punkte von $\mathfrak{A}$, in denen (*) gilt, von erster Kategorie[2]) in $\mathfrak{A}$, so ist f auf $\mathfrak{A}$ punktweise unstetig.

In der Tat, ist für jedes $q > 0$ $\mathfrak{B}_q$ von erster Kategorie in $\mathfrak{A}$, so nach (**) auch (Kap. I, § 4, Satz XX) die Menge $\mathfrak{B}$ aller Unstetigkeitspunkte von f auf $\mathfrak{A}$. Nach Kap. I, § 8, Satz XV ist also die Menge $\mathfrak{A} - \mathfrak{B}$ der Stetigkeitspunkte dicht in $\mathfrak{A}$, und Satz IV ist bewiesen.

Gleichbedeutend mit Satz IV ist der Satz:

Satz V. Ist $\mathfrak{A}$ relativ-vollständig, und ist für jedes $q > 0$ die Menge $\mathfrak{A}_q$ aller Punkte von $\mathfrak{A}$, in denen:

$$\omega(a; f, \mathfrak{A}) < q,$$

dicht in $\mathfrak{A}$, so ist f punktweise unstetig auf $\mathfrak{A}$.

In der Tat, vermöge der Schränkungstransformation können wir f als endlich annehmen[3]). Dann ist nach § 2, Satz XVI die Menge $\mathfrak{B}_q = \mathfrak{A} - \mathfrak{A}_q$ abgeschlossen in $\mathfrak{A}$, und somit ist, weil $\mathfrak{A}_q$ dicht, $\mathfrak{B}_q$ nirgends dicht[4]) in $\mathfrak{A}$. Nunmehr folgt Satz V aus Satz IV.

---

[1]) Diese Bedingung kann nicht entbehrt werden. Beispiel: Sei $\mathfrak{A}$ die Menge der rationalen Punkte im Intervalle $(0, 1)$ des $\mathfrak{R}_1$, und sei:

$$f(a) = \frac{1}{n} \text{ für } a = \frac{m}{n} \quad (m, n \text{ teilerfremde, natürliche Zahlen}).$$

Dann ist $\mathfrak{B}_q$ endlich für jedes $q > 0$, und mithin nirgends dicht, also von erster Kategorie in $\mathfrak{A}$; aber f ist total unstetig auf $\mathfrak{A}$.

[2]) Insbesondere kann es hier heißen: nirgends dicht.

[3]) Denn geht f durch die Schränkungstransformation über in f^*, so ist stets:

$$|f^*(a) - f^*(b)| \leq |f(a) - f(b)|,$$

und daher auch:

$$\omega(a; f^*, \mathfrak{A}) \leq \omega(a; f, \mathfrak{A}).$$

[4]) Andernfalls gäbe es einen nicht leeren, in $\mathfrak{A}$ offenen Teil $\mathfrak{A}'$ von $\mathfrak{A}$, in dem $\mathfrak{B}_q$ dicht wäre; und weil $\mathfrak{B}_q$ abgeschlossen in $\mathfrak{A}$, wäre dann

$$\mathfrak{A}' < \mathfrak{B}_q,$$

entgegen der Annahme, daß $\mathfrak{A}_q$ dicht in $\mathfrak{A}$, derzufolge es in $\mathfrak{A}'$ auch Punkte von $\mathfrak{A}_q$ geben muß.

Aus diesen Sätzen fließen einige merkwürdige Folgerungen[1]):

Satz VI. Ist $\mathfrak{A}$ relativ-vollständig, und ist sowohl die Menge $\mathfrak{B}$ aller Unstetigkeitspunkte als auch die Menge $\mathfrak{A}-\mathfrak{B}$ aller Stetigkeitspunkte von f auf $\mathfrak{A}$ dicht in $\mathfrak{A}$, so gibt es keine Funktion g, für die $\mathfrak{B}$ die Menge aller Stetigkeitspunkte, $\mathfrak{A}-\mathfrak{B}$ die Menge aller Unstetigkeitspunkte auf $\mathfrak{A}$ wäre.

In der Tat, es wäre dann sowohl f als g punktweise unstetig auf $\mathfrak{A}$, also nach Satz III sowohl $\mathfrak{B}$ als $\mathfrak{A}-\mathfrak{B}$ von erster Kategorie in $\mathfrak{A}$, entgegen Kap. I, § 8, Satz XVII.

Satz VII. Ist $\mathfrak{A}$ relativ-vollständig, und sind

$$f_1, f_2, \ldots, f_n, \ldots$$

abzählbar viele auf $\mathfrak{A}$ punktweise unstetige Funktionen, so ist die Menge $\mathfrak{E}$ aller Punkte von $\mathfrak{A}$, in denen sämtliche f_n stetig sind auf $\mathfrak{A}$, dicht in $\mathfrak{A}$.

Sei in der Tat $\mathfrak{B}_n$ die Menge aller Unstetigkeitspunkte von f_n auf $\mathfrak{A}$. Dann ist nach Satz III $\mathfrak{B}_n$ von erster Kategorie in $\mathfrak{A}$, mithin (Kap. I, § 4, Satz XX) auch die Menge:

$$\mathfrak{B} = \mathfrak{B}_1 \overset{..}{+} \mathfrak{B}_2 + \ldots + \mathfrak{B}_n + \ldots.$$

Also ist (Kap. I, § 8, Satz XV) $\mathfrak{A}-\mathfrak{B} = \mathfrak{E}$ dicht in $\mathfrak{A}$, wie behauptet.

Daraus nun folgt unmittelbar:

Satz VIII. Ist $\mathfrak{A}$ relativ vollständig, und sind f_1, f_2 punktweise unstetig auf $\mathfrak{A}$, so auch (falls sie auf $\mathfrak{A}$ definiert sind) die Funktionen $f_1 + f_2$, $f_1 - f_2$, $f_1 \cdot f_2$, $\dfrac{f_1}{f_2}$.

In der Tat, nach Satz VII und nach Kap. II, § 3, Satz VII liegen für jede dieser Funktionen die Stetigkeitspunkte dicht in $\mathfrak{A}$, womit die Behauptung bewiesen ist.

Und in derselben Weise folgt aus Kap. II, § 3, Satz VIII:

Satz IX. Sei $\mathfrak{A}$ relativ-vollständig, und seien $f_1, f_2, \ldots f_k$ endlich viele auf $\mathfrak{A}$ punktweise unstetige Funktionen. Bedeutet f den größten (kleinsten) unter den k Funktionswerten f_1, f_2, $\ldots$, f_k, so ist auch f punktweise unstetig auf $\mathfrak{A}$.

Wir wollen nun in die Diskussion der punktweise unstetigen Funktionen statt der bisher allein benutzten Schwankung $\omega(a; f, \mathfrak{A})$ die reduzierte Schwankung $\omega'(a; f, \mathfrak{A})$ einführen.

---

[1]) V. Volterra, Giorn. di mat. 19 (1881), 76.

Satz X. Ist $\mathfrak{A}$ relativ-vollständig[1]), und ist die Menge $\mathfrak{E}$ aller Punkte von $\mathfrak{A}^1$, in denen f einen Grenzwert auf $\mathfrak{A}$ besitzt, dicht in $\mathfrak{A}^1$, so ist f punktweise unstetig auf $\mathfrak{A}$.

In der Tat, geht f durch die Schränkungstransformation in f^* über, so haben in einem Punkte a f und f^* gleichzeitig einen Grenzwert auf $\mathfrak{A}$. Wir können also ohne weiteres f als beschränkt annehmen. Nach § 2, Satz XII ist dann $\omega(a; f, \mathfrak{A})$ oberhalb stetig auf $\mathfrak{A}$. Wir setzen abkürzend:

$$\omega(a) = \omega(a; f, \mathfrak{A}).$$

Sei nun a ein Punkt von $\mathfrak{E}$. Es gibt dann zu jedem $\varepsilon > 0$ eine reduzierte Umgebung $\mathfrak{U}'(a)$ von a, so daß (Kap. II, § 11, Satz XI) für je zwei Punkte a', a'' von $\mathfrak{A} \cdot \mathfrak{U}'(a)$:

$$(1) \qquad | f(a') - f(a'') | < \varepsilon.$$

Ist a' Punkt von $\mathfrak{A} \cdot \mathfrak{U}'(a)$, so gibt es eine Umgebung $\mathfrak{U}(a')$, so daß:

$$\mathfrak{U}(a') < \mathfrak{U}'(a),$$

und dann ist wegen (1):

$$\omega(f, \mathfrak{A} \cdot \mathfrak{U}(a')) \leqq \varepsilon,$$

und mithin in jedem Punkte a' von $\mathfrak{A} \cdot \mathfrak{U}'(a)$:

$$\omega(a') = \omega(a'; f, \mathfrak{A}) \leqq \varepsilon.$$

Da hierin $\varepsilon > 0$ beliebig war, gilt für die untere Schrankenfunktion von ω auf $\mathfrak{A}$ in jedem Punkte a von $\mathfrak{E}$:

$$(2) \qquad g(a; \omega, \mathfrak{A}) = 0.$$

Sei nun $q > 0$, und $\mathfrak{A}_q$ die Menge aller Punkte von $\mathfrak{A}$, in denen $\omega < q$. Nach Satz V genügt es, zu zeigen: $\mathfrak{A}_q$ ist dicht in $\mathfrak{A}$. Sei zu dem Zwecke $\mathfrak{G}$ eine offene Menge, so daß $\mathfrak{A}\mathfrak{G}$ nicht leer ist. Wir haben zu zeigen: in $\mathfrak{A}\mathfrak{G}$ liegt ein Punkt von $\mathfrak{A}_q$.

Dies ist sicher der Fall, wenn in $\mathfrak{A}\mathfrak{G}$ ein isolierter Punkt von $\mathfrak{A}$ liegt, da in jedem isolierten Punkte $\omega = 0$ ist. Liegt aber in $\mathfrak{A}\mathfrak{G}$ kein isolierter Punkt von $\mathfrak{A}$, so ist $\mathfrak{A}\mathfrak{G} < \mathfrak{A}^1\mathfrak{G}$; weil aber $\mathfrak{E}$ dicht in $\mathfrak{A}^1$, gibt es in $\mathfrak{A}^1\mathfrak{G}$ einen Punkt von $\mathfrak{E}$, und aus (2) folgt sodann, daß es in $\mathfrak{A}\mathfrak{G}$ Punkte von $\mathfrak{A}_q$ gibt. Also ist $\mathfrak{A}_q$ dicht in $\mathfrak{A}$, und Satz X ist bewiesen.

Wir erhalten nun leicht folgendes Analogon zu Satz IV:

Satz XI. Ist $\mathfrak{A}$ relativ-vollständig, und ist für jedes $q > 0$ die Menge aller Punkte von $\mathfrak{A}\mathfrak{A}^1$, in denen:

$$(\dagger) \qquad \omega'(a; f, \mathfrak{A}) \geqq q$$

ist, von erster Kategorie in $\mathfrak{A}$, so ist f punktweise unstetig auf $\mathfrak{A}$.

In der Tat, ist $\mathfrak{B}_q'$ die Menge aller Punkte von $\mathfrak{A}\mathfrak{A}^1$, in denen $(\dagger)$ gilt, $\mathfrak{B}'$ die Menge aller Punkte von $\mathfrak{A}\mathfrak{A}^1$, in denen

$$\omega'(a; f, \mathfrak{A}) > 0$$

gilt, so ist:

$$\mathfrak{B}' = \mathfrak{B}'_1 + \mathfrak{B}'_{\frac{1}{2}} + \ldots + \mathfrak{B}'_{\frac{1}{n}} + \ldots,$$

und da $\mathfrak{B}'_{\frac{1}{n}}$ von erster Kategorie in $\mathfrak{A}$ ist, so auch $\mathfrak{B}'$. Und mithin ist (Kap. 1, § 8, Satz XV) $\mathfrak{A} - \mathfrak{B}'$ dicht in $\mathfrak{A}$.

Nun ist:

$$(\dagger\dagger) \qquad \mathfrak{A} - \mathfrak{B}' = (\mathfrak{A} - \mathfrak{A}\mathfrak{A}^1) + (\mathfrak{A}\mathfrak{A}^1 - \mathfrak{B}').$$

---

[1]) Diese Bedingung kann nicht entbehrt werden. Vgl. das Beispiel zu Satz IV.

Sei nun a ein beliebiger Punkt von $\mathfrak{A}$, und $\mathfrak{U}(a)$ eine beliebige Umgebung von a. Da $\mathfrak{A} - \mathfrak{B}'$ dicht in $\mathfrak{A}$, liegt zufolge (††) in $\mathfrak{U}(a)$ sei es ein Punkt von $\mathfrak{A} - \mathfrak{A}\mathfrak{A}^1$, sei es ein Punkt von $\mathfrak{A}\mathfrak{A}^1 - \mathfrak{B}'$. Die Punkte a' von $\mathfrak{A} - \mathfrak{A}\mathfrak{A}^1$ sind isolierte Punkte von $\mathfrak{A}$, in ihnen ist also:

$$\omega(a') = 0,$$

und somit:

(†††) $$g(a'; \omega, \mathfrak{A}) = 0.$$

In den Punkten a' von $\mathfrak{A}\mathfrak{A}^1 - \mathfrak{B}'$ ist:

$$\omega'(a'; f, \mathfrak{A}) = 0,$$

mithin gilt, wie wir beim Beweise von Satz X sahen[1]), wieder (†††). In jeder Umgebung $\mathfrak{U}(a)$ liegt also ein Punkt von $\mathfrak{A}$, in dem (†††) gilt, d. h. die Menge aller Punkte a' von $\mathfrak{A}$, in denen (†††) gilt, ist dicht in $\mathfrak{A}$. Und da ω oberhalb stetig auf $\mathfrak{A}$ (§ 2, Satz XII), so gibt es nach Kap. II, § 9, Satz VI einen in $\mathfrak{A}$ dichten Teil von $\mathfrak{A}$, auf dem $\omega = 0$. Das aber heißt: f ist punktweise unstetig auf $\mathfrak{A}$, und Satz XI ist bewiesen.

Bei Funktionen einer reellen Veränderlichen können die Sätze X und XI noch etwas verschärft werden durch Einführung der reduzierten einseitigen Schwankungen.

Satz XII[2]**).** Ist $\mathfrak{A}$ eine relativ-vollständige Menge des $\mathfrak{R}_1$[3]), und gibt es einen in $\mathfrak{A}^1$ dichten Teil von $\mathfrak{A}^1$, in dessen Punkten f wenigstens einen einseitigen Grenzwert besitzt, so ist f punktweise unstetig auf $\mathfrak{A}$.

In der Tat, in jedem Punkte von $\mathfrak{A}^1$, in dem f wenigstens einen einseitigen Grenzwert besitzt, ist (§ 2, Satz XI) wenigstens eine der Gleichungen erfüllt:

(0) $$\omega'_+(a; f, \mathfrak{A}) = 0; \quad \omega'_-(a; f, \mathfrak{A}) = 0.$$

Ist aber im Punkte a von $\mathfrak{A}^1$ eine dieser beiden Gleichungen erfüllt, so ist dort auch[4]):

$$g(a; \omega, \mathfrak{A}) = 0.$$

Von da aus schließt man weiter, wie beim Beweise von Satz X.

Satz XIII[5]**).** Ist $\mathfrak{A}$ eine relativ-vollständige Menge des $\mathfrak{R}_1$, und ist für jedes $q > 0$ die Menge aller Punkte von $\mathfrak{A}\mathfrak{A}^1_+ \, \mathfrak{A}^1_-$, in denen die beiden Ungleichungen gelten:

$$\omega'_+(a; f, \mathfrak{A}) \geq q; \quad \omega'_-(a; f, \mathfrak{A}) \geq q,$$

von erster Kategorie in $\mathfrak{A}$, so ist f punktweise unstetig auf $\mathfrak{A}$.

---

[1]) Man hat dabei wieder f als beschränkt anzunehmen, was vermöge der Schränkungstransformation zulässig ist.

[2]) U. Dini, Grundlagen f. e. Theorie d. Funktionen einer veränderlichen reellen Größe (1892) § 151.

[3]) D. h. (Kap. I, § 8, Satz II, V) $\mathfrak{A}$ ist abgeschlossen oder ein o-Durchschnitt in einer abgeschlossenen Menge.

[4]) Man beweist dies (indem man wieder f als beschränkt annimmt) ganz ebenso, wie beim Beweise von Satz X aus $\omega'(a; f, \mathfrak{A}) = 0$ auf (2) geschlossen wurde; man hat nur an Stelle der dort benutzten reduzierten Umgebung $\mathfrak{U}'(a)$ nun eine der beiden einseitigen reduzierten Umgebungen von a zu verwenden.

[5]) V. Volterra, Giorn. di mat. 19 (1881), 84.

In der Tat, zunächst zeigt man in gewohnter Weise, daß die Menge $\mathfrak{B}^*$ aller Punkte von $\mathfrak{A}\mathfrak{A}^1_+\mathfrak{A}^1_-$, in denen die beiden Ungleichungen gelten:

$$\omega'_+(a;f,\mathfrak{A}) > 0; \quad \omega'_-(a;f,\mathfrak{A}) > 0,$$

von erster Kategorie in $\mathfrak{A}$ ist.

Die Menge $\mathfrak{A}(\mathfrak{A}^1 - \mathfrak{A}^1_+\mathfrak{A}^{1\underline{1}})$ ist als abzählbarer Teil von $\mathfrak{A}\mathfrak{A}^1$ (Kap. II, § 13, Satz I) von erster Kategorie in $\mathfrak{A}$ (Kap. I, § 4, Satz XXII). Es ist also auch $\mathfrak{B}^* + \mathfrak{A}(\mathfrak{A}^1 - \mathfrak{A}^1_+\mathfrak{A}^1_-)$ von erster Kategorie in $\mathfrak{A}$, und mithin (Kap. I, § 8, Satz XV):

$$\mathfrak{E} = \mathfrak{A} - \mathfrak{B}^* - \mathfrak{A}(\mathfrak{A}^1 - \mathfrak{A}^1_+\mathfrak{A}^1_-) = (\mathfrak{A} - \mathfrak{A}\mathfrak{A}^1) + (\mathfrak{A}\mathfrak{A}^1_+\mathfrak{A}^1_- - \mathfrak{B}^*)$$

dicht in $\mathfrak{A}$. Nun sind aber die Punkte von $\mathfrak{A} - \mathfrak{A}\mathfrak{A}^1$ die isolierten Punkte von $\mathfrak{A}$, und die Punkte von $\mathfrak{A}\mathfrak{A}^1_+\mathfrak{A}^1_- - \mathfrak{B}^*$ sind solche, in denen mindestens eine der Gleichungen (0) besteht. Also gilt[1]) in jedem Punkte von $\mathfrak{E}$:

$$g(a;\omega,\mathfrak{A}) = 0.$$

Und da $\mathfrak{E}$ dicht in $\mathfrak{A}$, folgt daraus (Kap. II, § 9, Satz VI), daß auch die Menge aller Punkte von $\mathfrak{A}$, in denen $\omega(a) = 0$, dicht in $\mathfrak{A}$ ist, d. h. f ist punktweise unstetig auf $\mathfrak{A}$, wie behauptet.

§ 5. Erweiterung einer punktweise unstetigen Funktion.

Im Gegensatze zu den stetigen Funktionen ist eine auf $\mathfrak{A}$ punktweise unstetige Funktion keineswegs völlig bestimmt durch die Werte, die sie auf einem in $\mathfrak{A}$ dichten Teile von $\mathfrak{A}$ annimmt. Dies hat zur Folge, daß hier, im Gegensatze zu Kap. II, § 5, Satz III, der Satz gilt:

Satz I. Ist $\mathfrak{A}$ eine relativ-vollständige Menge, deren insichdichter Kern nicht leer ist, so hat die Menge aller auf $\mathfrak{A}$ punktweise unstetigen Funktionen mindestens die Mächtigkeit 2^c.

In der Tat, nach Kap. I, § 8, Satz VIII gibt es einen in $\mathfrak{A}$ nirgends dichten und abgeschlossenen Teil $\mathfrak{C}$ von $\mathfrak{A}$ der Mächtigkeit c. Die Menge aller Funktionen auf $\mathfrak{C}$ hat also die Mächtigkeit:

$$c^c = 2^{\aleph_0 \cdot c} = 2^c,$$

und dasselbe gilt daher von der Menge aller Funktionen f auf $\mathfrak{A}$, die beliebig sind auf $\mathfrak{C}$ und gleich 0 auf $\mathfrak{A} - \mathfrak{C}$. Ist a ein Punkt von $\mathfrak{A} - \mathfrak{C}$, so gibt es, da $\mathfrak{C}$ abgeschlossen in $\mathfrak{A}$, eine zu $\mathfrak{C}$ fremde Umgebung $\mathfrak{U}(a)$ von a in $\mathfrak{A}$, in deren sämtlichen Punkten also $f = 0$ ist; es ist somit f stetig auf $\mathfrak{A}$ in jedem Punkte von $\mathfrak{C} - \mathfrak{A}$. Da aber $\mathfrak{C}$ nirgends dicht in $\mathfrak{A}$, so ist $\mathfrak{A} - \mathfrak{C}$ dicht in $\mathfrak{A}$ (Kap. I, § 4, Satz XIV a), d. h. f ist punktweise unstetig auf $\mathfrak{A}$. Damit ist Satz I bewiesen.

---

[1]) Dabei ist wieder (vermöge der Schränkungstransformation) f als beschränkt anzunehmen.

Ist $\mathfrak{B}$ Teil von $\mathfrak{A}$, so kann (außer wenn $\mathfrak{B}$ abgeschlossen in $\mathfrak{A}$ ist) nicht jede auf $\mathfrak{B}$ stetige Funktion zu einer auf $\mathfrak{A}$ stetigen erweitert werden. Auch hier verhalten sich die punktweise unstetigen Funktionen anders. An Stelle von Kap. II, § 5, Satz VI tritt:

Satz II[1]). Ist f punktweise unstetig auf $\mathfrak{B}$, und wird f auf $\mathfrak{B}^0$ so erweitert, daß in jedem Punkte von $\mathfrak{B}^0 - \mathfrak{B}$:

$$(1) \qquad g\,(a;\, f,\, \mathfrak{B}) \leqq f(a) \leqq G\,(a;\, f,\, \mathfrak{B}),$$

so ist f auch punktweise unstetig auf $\mathfrak{B}^0$; und zwar wird dann f stetig auf $\mathfrak{B}^0$ in jedem Punkte von $\mathfrak{B}$, in dem es stetig auf $\mathfrak{B}$ war.

Beim Beweise können wir, vermöge der Schränkungstransformation, annehmen, f sei beschränkt auf $\mathfrak{B}$; dann ist auch die gemäß (1) erweiterte Funktion f beschränkt auf $\mathfrak{B}^0$.

Wir beweisen zunächst: Ist f stetig auf $\mathfrak{B}$ im Punkte a von $\mathfrak{B}$, so ist die erweiterte Funktion stetig in a auf $\mathfrak{B}^0$. Sei $\{a_n\}$ eine Punktfolge aus $\mathfrak{B}^0$ mit

$$(2) \qquad \lim_{n=\infty} a_n = a.$$

Wir haben zu zeigen:

$$(3) \qquad \lim_{n=\infty} f(a_n) = f(a).$$

Nun ist gewiß:

$$(4) \qquad g\,(a_n;\, f,\, \mathfrak{B}) \leqq f(a_n) \leqq G\,(a_n;\, f,\, \mathfrak{B});$$

in der Tat, gehört a_n zu $\mathfrak{B}$, so gilt dies nach Kap. II, § 2, Satz II; gehört a_n zu $\mathfrak{B}^0 - \mathfrak{B}$, so gilt dies nach (1).

Aus (4) nun folgern wir nach Kap. II, § 2, Satz VI: Zu jedem a_n gibt es in $\mathfrak{B}$ ein a_n' und ein a_n'', so daß:

$$(5) \qquad r\,(a_n, a_n') < \frac{1}{n}; \quad r\,(a_n, a_n'') < \frac{1}{n};$$

$$f(a_n') < f(a_n) + \frac{1}{n}; \quad f(a_n'') > f(a_n) - \frac{1}{n},$$

und somit:

$$(6) \qquad f(a_n') - \frac{1}{n} < f(a_n) < f(a_n'') + \frac{1}{n}.$$

Aus (2) und (5) folgt:

$$\lim_{n=\infty} a_n' = a; \quad \lim_{n=\infty} a_n'' = a,$$

und somit, weil f stetig in a auf $\mathfrak{B}$:

$$(7) \qquad \lim_{n=\infty} f(a_n') = f(a); \quad \lim_{n=\infty} f(a_n'') = f(a).$$

---

[1]) T. Brodén, Acta Univ. Lund. 33 (Neue Folge 8) (1897), 16.

Aus (6) und (7) aber folgt (3), d. h. f ist stetig in a auf $\mathfrak{B}^0$, wie behauptet.

Sei nun $\mathfrak{C}$ die Menge aller Punkte von $\mathfrak{B}$, in denen f stetig auf $\mathfrak{B}$ (und mithin auf $\mathfrak{B}^0$). Nach Voraussetzung ist $\mathfrak{C}$ dicht in $\mathfrak{B}$, und daher auch (Kap. I, § 4, Satz XIII) in $\mathfrak{B}^0$; also ist f punktweise unstetig auf $\mathfrak{B}^0$, und Satz II ist bewiesen.

An Stelle von Kap. II, § 5, Satz VIII tritt nun:

Satz III. Ist $\mathfrak{B}$ ein Teil von $\mathfrak{A}$, so kann jede auf $\mathfrak{B}$ punktweise unstetige Funktion f erweitert werden zu einer auf $\mathfrak{A}$ punktweise unstetigen Funktion, die stetig auf $\mathfrak{A}$ ist in jedem Punkte von $\mathfrak{B}$, in dem f stetig war auf $\mathfrak{B}$.

In der Tat, zunächst erweitern wir nach Satz II f zu einer auf $\mathfrak{A} \cdot \mathfrak{B}^0$ punktweise unstetigen Funktion, und sodann diese (da $\mathfrak{A} \cdot \mathfrak{B}^0$ abgeschlossen in $\mathfrak{A}$) nach Kap. II, § 5, Satz VIII zu einer Funktion F auf $\mathfrak{A}$, die nun offenbar alles in Satz III Verlangte leistet.

Wir kehren zurück zu Satz II. Sei f definiert auf $\mathfrak{B}$. Wir wollen jede auf $\mathfrak{B}^0$ definierte Funktion f^*, die überall auf $\mathfrak{B}$ mit f übereinstimmt, überall auf $\mathfrak{B}^0$ der Ungleichung

$$(0) \qquad g(a; f, \mathfrak{B}) \leq f^*(a) \leq G(a; f, \mathfrak{B})$$

genügt, eine möglichst stetige Erweiterung von f auf $\mathfrak{B}^0$ nennen[1]).

Satz IV. Ist f definiert auf $\mathfrak{B}$, und f^* eine möglichst stetige Erweiterung von f auf $\mathfrak{B}^0$, so ist für jede offene Menge $\mathfrak{C}$:

$$(00) \qquad G(f, \mathfrak{B}\mathfrak{C}) = G(f^*, \mathfrak{B}^0\mathfrak{C}); \quad g(f, \mathfrak{B}\mathfrak{C}) = g(f^*, \mathfrak{B}^0\mathfrak{C}).$$

In der Tat, da jeder Funktionswert von f auch ein Funktionswert von f^* ist, so ist:

$$G(f^*, \mathfrak{B}^0\mathfrak{C}) \geq G(f, \mathfrak{B}\mathfrak{C}).$$

Angenommen, es gälte hierin das Zeichen $>$, so gäbe es eine Zahl p:

$$G(f, \mathfrak{B}\mathfrak{C}) < p < G(f^*, \mathfrak{B}^0\mathfrak{C}).$$

Es gäbe also einen zu $\mathfrak{C}$ gehörigen Punkt a von $\mathfrak{B}^0$, so daß:

$$f^*(a) > p > G(f, \mathfrak{B}\mathfrak{C}),$$

und mithin wegen (0):

$$G(a; f, \mathfrak{B}) > G(f, \mathfrak{B}\mathfrak{C}),$$

was unmöglich, da $G(a; f, \mathfrak{B})$ die untere Schranke von $G(f, \mathfrak{B}\mathfrak{C})$ für alle a enthaltenden offenen Mengen $\mathfrak{C}$. Damit ist die erste Gleichung (00) bewiesen, und ebenso beweist man die zweite.

Indem man in (00) die unteren (oberen) Schranken für alle a enthaltenden offenen Mengen $\mathfrak{C}$ bildet, erhält man daraus:

Satz V. Ist f definiert auf $\mathfrak{B}$ und f^* eine möglichst stetige Erweiterung von f auf $\mathfrak{B}^0$, so ist in jedem Punkte von $\mathfrak{B}^0$:

---

[1]) Das durch (0) gegebene Intervall, innerhalb dessen $f^*(a)$ beliebig gewählt werden kann, wird von A. Schoenflies (Die Entwicklung der Lehre von den Punktmannigfaltigkeiten, 132) als das Unstetigkeitsintervall bezeichnet. Seine Länge $G(a; f, \mathfrak{B}) - g(a; f, \mathfrak{B})$ bezeichnet T. Brodén als „Latitude" (a. a. O. 14).

$$G\,(a;f,\mathfrak{B}) = G\,(a;f^*,\mathfrak{B}^0); \quad g\,(a;f,\mathfrak{B}) = g\,(a;f^*,\mathfrak{B}^0),$$

und mithin auch:

$$\omega\,(a;f,\mathfrak{B}) = \omega\,(a;f^*,\mathfrak{B}^0).$$

Als Spezialfall entnehmen wir hieraus:

Satz VI. Ist f^* eine möglichst stetige Erweiterung der Funktion f von $\mathfrak{B}$ auf $\mathfrak{B}^0$, so ist f^* stetig auf $\mathfrak{B}^0$ in jedem Punkte von $\mathfrak{B}$, in dem f stetig auf $\mathfrak{B}$ ist.

In der Tat, aus $\omega\,(a;f,\mathfrak{B}) = 0$ folgt nach Satz V auch $\omega\,(a;f^*,\mathfrak{B}^0) = 0$, womit Satz VI bewiesen ist.

Sei nun insbesondere f punktweise unstetig auf $\mathfrak{A}$, und $\mathfrak{B}$ die Menge **aller** Stetigkeitspunkte von f auf $\mathfrak{A}$. Dann ist $\mathfrak{B}$ dicht in $\mathfrak{A}$, und mithin ist $\mathfrak{B}^0 = \mathfrak{A}^0$ (Kap. I, § 4, Satz VIII).

Betrachten wir nun f nur als Funktion auf $\mathfrak{B}$, d. h. nur in seinen Stetigkeitsstellen; jede möglichst stetige Erweiterung f^* der Funktion f von der Menge $\mathfrak{B}$ auf die Menge $\mathfrak{A}^0$ nennen wir eine zu f gehörige möglichst stetige Funktion[1]).

In einem Punkte von $\mathfrak{A} - \mathfrak{B}$ kann $f = f^*$ sein, doch muß dies nicht sein[2]). Die Bezeichnung als zu f gehörige möglichst stetige Funktion wird gerechtfertigt durch die beiden folgenden Sätze:

Satz VII. Ist f punktweise unstetig auf $\mathfrak{A}$, ist f^* eine zu f gehörige möglichst stetige Funktion, und ist $\mathfrak{B}$ die Menge der Stetigkeitspunkte von f auf $\mathfrak{A}$, so ist in jedem Punkte von $\mathfrak{A}^0$:

(000) $\;G(a;f^*,\mathfrak{A}^0) = G(a;f,\mathfrak{B}) \leqq G(a;f,\mathfrak{A}); \; g(a;f^*,\mathfrak{A}^0) = g(a;f,\mathfrak{B}) \geqq g(a;f,\mathfrak{A}),$

und mithin auch:

$$\omega\,(a;f^*,\mathfrak{A}^0) = \omega\,(a;f,\mathfrak{B}) \leqq \omega\,(a;f,\mathfrak{A}).$$

In der Tat, weil $\mathfrak{B} < \mathfrak{A}$, so ist:

$$G\,(a;f,\mathfrak{B}) \leqq G\,(a;f,\mathfrak{A}).$$

Da $\mathfrak{B}$ dicht in $\mathfrak{A}$, so ist weiter $\mathfrak{B}^0 = \mathfrak{A}^0$ (Kap. I, § 4, Satz VIII) und somit nach Satz V:

$$G\,(a;f^*,\mathfrak{A}^0) = G\,(a;f^*,\mathfrak{B}^0) = G\,(a;f,\mathfrak{B}).$$

Damit ist die erste Ungleichung (000) bewiesen, und analog beweist man die zweite.

Die nach Satz VII niemals negative Größe:

$$\omega\,(a;f,\mathfrak{A}) - \omega\,(a;f^*,\mathfrak{A}^0) \geqq 0$$

wird bezeichnet[3]) als der **äußere Sprung** von f in a auf $\mathfrak{A}$.

---

[1]) Dieser Begriff wurde eingeführt von A. Schoenflies, Die Entwicklung der Lehre von den Punktmannigfaltigkeiten, 135. Vgl. hierzu H. Hahn, Monatsh. f. Math. 16 (1905), 312.

[2]) Beispiel: Sei $\mathfrak{A}$ der $\mathfrak{R}_1$ und

$$f(a) = \begin{cases} -1 & \text{für } a < 0 \\ 1 & \text{für } a \geqq 0. \end{cases}$$

Dann kann $f^*(a) = f(a)$ gesetzt werden; es kann aber z. B. auch gesetzt werden:

$$f^*(a) = \begin{cases} f(a) & \text{für } a \neq 0 \\ 0 & \text{für } a = 0, \end{cases}$$

und dann ist $f^*(0) \neq f(0)$.

[3]) Nach E. Study, Math. Ann. 47 (1896), 301.

Satz VIII. Ist f punktweise unstetig auf $\mathfrak{A}$, ist f^* eine zu f gehörige möglichst stetige Funktion, und ist h eine Funktion auf $\mathfrak{A}^0$, die in allen Stetigkeitspunkten von f auf $\mathfrak{A}$ mit f übereinstimmt, so ist in jedem Punkte von $\mathfrak{A}^0$:

$$(\times) \qquad G\,(a;h,\mathfrak{A}^0) \geqq G\,(a;f^*,\mathfrak{A}^0); \quad g\,(a;h,\mathfrak{A}^0) \leqq g\,(a;f^*,\mathfrak{A}^0),$$

und mithin auch:

$$\omega\,(a;h,\mathfrak{A}^0) \geqq \omega\,(a;f^*,\mathfrak{A}^0).$$

In der Tat, da unter den Werten, die h auf $\mathfrak{A}^0$ annimmt, auch die vorkommen, die f auf der Menge $\mathfrak{B}$ seiner Stetigkeitspunkte annimmt, so ist:

$$G\,(a;h,\mathfrak{A}^0) \geqq G\,(a;f,\mathfrak{B}),$$

woraus durch Berufung auf (000) die erste Ungleichung $(\times)$ folgt, und analog beweist man die zweite.

Satz IX. Ist f auf $\mathfrak{A}$ punktweise unstetig, und ist f endlich, oder gibt es unter den zu f gehörigen möglichst stetigen Funktionen eine endliche f^*, so ist $f-f^*$ eine auf $\mathfrak{A}$ punktweise unstetige Funktion, die in jedem ihrer Stetigkeitspunkte auf $\mathfrak{A}$ den Wert 0 hat.

Sei in der Tat $\mathfrak{B}$ die Menge aller Stetigkeitspunkte von f auf $\mathfrak{A}$. Nach Satz VI ist in jedem Punkte von $\mathfrak{B}$ auch f^* und mithin auch $f-f^*$ stetig auf $\mathfrak{A}$, also ist $f-f^*$ punktweise unstetig auf $\mathfrak{A}$.

Sei nun a ein Stetigkeitspunkt von $f-f^*$ auf $\mathfrak{A}$. Da $\mathfrak{B}$ dicht in $\mathfrak{A}$, ist a Häufungspunkt von $\mathfrak{B}$; und da in jedem Punkte b von $\mathfrak{B}$:

$$f\,(b) - f^*(b) = 0,$$

muß wegen der Stetigkeit in a auch:

$$f\,(a) - f^*(a) = 0$$

sein. Damit ist Satz IX bewiesen.

Daraus folgt unmittelbar:

Satz X. Unter den Voraussetzungen von Satz IX ist jede zu $f-f^*$ gehörige möglichst stetige Funktion $=0$ in allen Punkten von $\mathfrak{A}^0$.

Beachten wir, daß:

$$f^*(a) = f\,(a) + (f^*(a) - f\,(a)),$$

so können wir die Sätze IX und X kurz so zusammenfassen: Jede auf $\mathfrak{A}$ punktweise unstetige und endliche[1]) Funktion kann durch Addition einer punktweise unstetigen Funktion, deren zugehörige möglichst stetige Funktionen $=0$ sind, in eine ihr zugehörige möglichst stetige Funktion verwandelt werden; und zwar genügt die zu addierende punktweise unstetige Funktion f^*-f auf $\mathfrak{A}$ der Ungleichung:

$$(\times\times) \qquad f\,(a) - f^*(a) \leqq \omega\,(a;f,\mathfrak{A}).$$

In der Tat, wie aus ihrer Definitionsungleichung (0) (S. 211) hervorgeht, ge-

---

[1]) Diese Voraussetzung kann nicht entbehrt werden. Beispiel: sei $\mathfrak{A}$ das Intervall (0,1) des $\mathfrak{R}_1$ und:

$$f\,(a) = n \quad \text{für} \quad a = \frac{m}{n} \quad (m, n \text{ teilerfremde natürliche Zahlen})$$

$$f\,(a) = +\infty \text{ für irrationales } a.$$

Dann ist $f^*(a) = +\infty$ überall auf $\mathfrak{A}$, und mithin $f^*(a) - f\,(a) = +\infty$ in allen rationalen Punkten von $\mathfrak{A}$.

nügt f^*, wenn $\mathfrak{B}$ die Menge der Stetigkeitspunkte von f auf $\mathfrak{A}$ bezeichnet, der Ungleichung:

$$g(a;f,\mathfrak{A}) \leqq g(a;f,\mathfrak{B}) \leqq f^*(a) \leqq G(a;f,\mathfrak{B}) \leqq G(a;f,\mathfrak{A}),$$

und da auch f der Ungleichung genügt:

$$g(a;f,\mathfrak{A}) \leqq f(a) \leqq G(a;f,\mathfrak{A}),$$

folgt die Behauptung ($\times\times$).

Für die in der Definitionsungleichung (0) der zu f gehörigen möglichst stetigen Funktionen auftretenden Größen $G(a;f,\mathfrak{B})$, $g(a;f,\mathfrak{B})$ gilt noch:

Satz XI. Ist $\mathfrak{A}$ relativ-vollständig, ist f punktweise unstetig auf $\mathfrak{A}$, und $\mathfrak{B}$ die Menge der Stetigkeitspunkte von f auf $\mathfrak{A}$, so ist in jedem Punkte von $\mathfrak{A}^0$:

(†) $$G(a;f,\mathfrak{B}) = G^*(a;f,\mathfrak{A}); \quad g(a;f,\mathfrak{B}) = g^*(a;f,\mathfrak{A}),$$

wo G^* und g^* obere und untere Schrankenfunktion von f auf $\mathfrak{A}$ bei Vernachlässigung von Mengen erster Kategorie in $\mathfrak{A}$ (Kap. II, § 12, S. 174) bedeuten.

In der Tat, nach § 4, Satz III ist die Menge $\mathfrak{A} - \mathfrak{B}$ aller Unstetigkeitspunkte von f auf $\mathfrak{A}$ von erster Kategorie in $\mathfrak{A}$; also ist:

(††) $$G^*(a;f,\mathfrak{A}) \leqq G(a;f,\mathfrak{B}).$$

Würde hierin das Zeichen $<$ gelten, so gäbe es eine Zahl p:

(†††) $$G^*(a;f,\mathfrak{A}) < p < G(a;f,\mathfrak{B}),$$

und mithin in jeder Umgebung $\mathfrak{U}(a)$ einen Punkt b von $\mathfrak{B}$, in dem auch:

$$f(b) > p.$$

Da aber b, als Punkt von $\mathfrak{B}$, Stetigkeitspunkt von f auf $\mathfrak{A}$ ist, gäbe es in $\mathfrak{U}(a)$ eine Umgebung von b in $\mathfrak{A}$, d. h. eine in $\mathfrak{A}$ offene Menge $\mathfrak{G}$, auf der durchweg:

$$f > p.$$

Nach Kap. I, § 8, Satz XVI ist aber $\mathfrak{G}$ von zweiter Kategorie in $\mathfrak{A}$, so daß:

$$G^*(f, \mathfrak{A} \cdot \mathfrak{U}(a)) \geqq p,$$

und mithin, da dies für jede Umgebung $\mathfrak{U}(a)$ von a gilt, auch:

$$G^*(a;f,\mathfrak{A}) \geqq p,$$

im Widerspruche mit (†††). Also kann in (††) nicht das Zeichen $<$ gelten, und die erste Gleichung (†) ist bewiesen. Analog beweist man die zweite.

§ 6. Beispiele punktweise unstetiger Funktionen.

Wir wollen nun von einigen einfachen Funktionsarten nachweisen, daß sie punktweise unstetig sind. Zunächst gilt dies von den halbstetigen Funktionen. Wir gehen, um dies einzusehen, aus vom Hilfssatze:

Satz I. Ist f oberhalb stetig auf $\mathfrak{A}$, so hat die Schwankungsfunktion von f auf $\mathfrak{A}$:

$$\omega(a) = \omega(a;f,\mathfrak{A})$$

in jedem Punkte von $\mathfrak{A}^0$, in dem[1]):

$$g(a; f, \mathfrak{A}) > -\infty$$

ist, die untere Schranke 0:

(1) $$g(a; \omega, \mathfrak{A}) = 0.$$

In der Tat, die Behauptung trifft zu für jeden Punkt a von $\mathfrak{A}^0$, zu dem es eine Umgebung in $\mathfrak{A}$ gibt, auf der durchweg $f = +\infty$; denn in jedem Punkte dieser Umgebung ist $\omega = 0$.

Andernfalls gibt es in jeder Umgebung $\mathfrak{U}(a)$ einen Punkt a' von $\mathfrak{A}$, in dem $f(a')$ und damit auch $g(a'; f, \mathfrak{A})$ endlich. Da g unterhalb stetig auf $\mathfrak{A}$ (Kap. II, § 11, Satz II), gibt es weiter zu jedem $\varepsilon > 0$ eine Umgebung $\mathfrak{U}(a')$, so daß:

(2) $$g(a''; f, \mathfrak{A}) > g(a'; f, \mathfrak{A}) - \varepsilon \quad \text{für alle } a'' \text{ von } \mathfrak{U}(a') \cdot \mathfrak{A}.$$

Nach Kap. II, § 2, Satz VII gibt es in $\mathfrak{U}(a) \cdot \mathfrak{U}(a') \cdot \mathfrak{A}$ mindestens einen Punkt $\bar{a}$, in dem:

(3) $$f(\bar{a}) < g(a'; f, \mathfrak{A}) + \varepsilon.$$

Da f oberhalb stetig auf $\mathfrak{A}$, ist (3) gleichbedeutend mit (Kap. II, § 8, Satz I):

(4) $$G(\bar{a}; f, \mathfrak{A}) < g(a'; f, \mathfrak{A}) + \varepsilon.$$

Da (2) auch für $a'' = \bar{a}$ gilt, folgt aus (2) und (4):

(5) $$\omega(\bar{a}; f, \mathfrak{A}) < 2\varepsilon.$$

In jeder Umgebung $\mathfrak{U}(a)$ gibt es also einen Punkt $\bar{a}$ von $\mathfrak{A}$, in dem (5) gilt, und da stets $\omega \geq 0$ ist, so folgt aus (5) in der Tat (1), und Satz I ist bewiesen.

Satz II[2]). Jede auf einer relativ-vollständigen[3]) Menge $\mathfrak{A}$ oberhalb (unterhalb) stetige Funktion ist punktweise unstetig auf $\mathfrak{A}$.

In der Tat, wir können wieder f als beschränkt annehmen; dann ist $\omega(a)$ oberhalb stetig auf $\mathfrak{A}$ (§ 2, Satz XII); es folgt also aus (1)

---

[1]) Diese Bedingung kann nicht entbehrt werden. Beispiel im $\mathfrak{R}_1$:

$$f(a) = -n \quad \text{für} \quad a = \pm \frac{m}{n} \quad (m,\, n \text{ teilerfremde natürliche Zahlen}).$$

Dann ist f oberhalb stetig auf der Menge $\mathfrak{A}$ aller rationalen $a \neq 0$ des $\mathfrak{R}_1$, aber in jedem Punkte von $\mathfrak{A}$ ist $\omega(a) = +\infty$.

[2]) R. Baire, Ann. di mat. (3) 3 (1899), 13. (Vgl. auch Bull. soc. math. 28 (1900), 179). H. Lebesgue, Bull. soc. math. 32 (1904), 233.

[3]) Diese Voraussetzung kann nicht entbehrt werden. Sei (im $\mathfrak{R}_1$) $\mathfrak{A}$ die Menge aller Punkte $\pm \frac{m}{n}$ (m, n teilerfremde natürliche Zahlen), und sei $f\left(\frac{m}{n}\right) = \frac{1}{n}$. Dann ist f oberhalb stetig, aber total-unstetig auf $\mathfrak{A}$.

von Satz I nach Kap. II, § 9, Satz VI, daß auf einem in $\mathfrak{A}$ dichten Teile von $\mathfrak{A}$:

$$\omega(a) \leqq 0 \quad \text{d. h.} \quad \omega(a) = 0$$

ist. In jedem solchen Punkte aber ist f stetig auf $\mathfrak{A}$, womit Satz II bewiesen ist.

Wir behandeln nun insbesondere Funktionen einer reellen Veränderlichen und unterscheiden ihre Unstetigkeiten in solche erster und zweiter Art. Sei $\mathfrak{A}$ eine Punktmenge des $\mathfrak{R}_1$. Die auf $\mathfrak{A}$ definierte Funktion f heißt unstetig von zweiter Art auf $\mathfrak{A}$ in jedem Punkte von $\mathfrak{A}\mathfrak{A}^1_+$, in dem kein rechtsseitiger Grenzwert (Kap. II, § 13, S. 179) von f auf $\mathfrak{A}$ existiert, sowie in jedem Punkte von $\mathfrak{A}\mathfrak{A}^1_-$, in dem kein linksseitiger Grenzwert von f auf $\mathfrak{A}$ existiert. In allen andern Punkten von $\mathfrak{A}$ heißt f von erster Art unstetig auf $\mathfrak{A}$. Stetigkeit und hebbare Unstetigkeit (Kap. II, § 11, S. 173) sind also Spezialfälle von Unstetigkeit erster Art. Eine Funktion, die auf $\mathfrak{A}$ keine Unstetigkeiten zweiter Art besitzt, heißt kurz unstetig von erster Art auf $\mathfrak{A}$.

Aus § 4, Satz XII folgt sofort:

Satz III. Ist f unstetig von erster Art auf der relativvollständigen[1]) Menge $\mathfrak{A}$ des $\mathfrak{R}_1$, so ist f punktweise unstetig auf $\mathfrak{A}$.

Darüber hinaus aber gilt:

Satz IV. Ist f unstetig von erster Art auf der Menge $\mathfrak{A}$ des $\mathfrak{R}_1$, so gibt es nur abzählbar viele Unstetigkeitspunkte von f auf $\mathfrak{A}$.

Beim Beweise können wir, vermöge der Schränkungstransformation, f als beschränkt annehmen. Sei a ein Punkt von $\mathfrak{A}$, in dem:

$$(*) \qquad \omega(a; f, \mathfrak{A}) \geqq q \, (> 0).$$

Wir behaupten: Es gibt ein Intervall $(a, a + h)$, in dem kein Punkt a' von $\mathfrak{A}$ liegt, in dem:

$$(**) \qquad \omega(a'; f, \mathfrak{A}) \geqq q$$

wäre. In der Tat, dies trifft in trivialer Weise zu, wenn a zu $\mathfrak{A} - \mathfrak{A} \cdot \mathfrak{A}^1_+$ gehört. Wenn hingegen a zu $\mathfrak{A}^1_+$ gehört, so gilt, da f nur unstetig von erster Art, für die reduzierten rechtsseitigen Schrankenfunktionen:

$$G'_+(a; f, \mathfrak{A}) = g'_+(a; f, \mathfrak{A}).$$

Es gibt also zu jedem $\varepsilon > 0$ ein Intervall $(a, a + h)$, so daß für

---

[1]) Diese Bedingung kann nicht entbehrt werden, wie das Beispiel zu Satz II zeigt.

alle a' von $\mathfrak{A} \cdot (a, a + h)$:

$$G'_+(a; f, \mathfrak{A}) - \varepsilon < f(a') < G'_+(a; f, \mathfrak{A}) + \varepsilon.$$

In jedem Punkte a' von $\mathfrak{A} \cdot (a, a + h)$ ist aber dann:

$$\omega(a'; f, \mathfrak{A}) \leqq 2\,\varepsilon.$$

Wählt man insbesondere $2\,\varepsilon < q$, so gilt also (**) in keinem Punkte a' von $\mathfrak{A} \cdot (a, a + h)$, wie behauptet. — Ganz ebenso beweist man, daß es, wenn (*) gilt, ein Intervall $(a - h, a)$ gibt, das keinen Punkt von $\mathfrak{A}$ enthält, in dem (**) gelten würde.

Wir schließen daraus: Die Menge aller Punkte a von $\mathfrak{A}$, in denen (*) gilt, ist eine isolierte Menge (Kap. II, § 4, S. 75); nach Kap. II, § 7, Satz VIa ist sie also abzählbar.

Sei nun $\mathfrak{A}_n$ die Menge aller Punkte von $\mathfrak{A}$, in denen:

$$\omega(a; f, \mathfrak{A}) \geqq \frac{1}{n}.$$

Dann ist $\mathfrak{A}_1 \dotplus \mathfrak{A}_2 \dotplus \dots \dotplus \mathfrak{A}_n \dotplus \dots$ die Menge aller Unstetigkeitspunkte von f auf $\mathfrak{A}$. Da aber nach dem eben Bewiesenen jede Menge $\mathfrak{A}_n$ abzählbar ist, so auch $\mathfrak{A}_1 \dotplus \mathfrak{A}_2 \dotplus \dots \dotplus \mathfrak{A}_n \dotplus \dots$, und Satz IV ist bewiesen [1]).

Satz V [2]). Sei $\mathfrak{A}$ eine im endlichen Intervalle $[b, c]$ des $\mathfrak{R}_1$ liegende abgeschlossene Punktmenge. Damit die beschränkte Funktion f unstetig von erster Art sei auf $\mathfrak{A}$, ist notwendig und hinreichend, daß es zu jedem $\varepsilon > 0$ endlich viele Punkte in $[b, c]$ gebe:

$$b = a_0 < a_1 < a_2 < \dots < a_{n-1} < a_n = c.$$

so daß [wenn $\mathfrak{A} \cdot (a_{i-1}, a_i)$ nicht leer]:

$$\omega(f, \mathfrak{A} \cdot (a_{i-1}, a_i)) < \varepsilon \qquad (i = 1, 2, \dots, n).$$

Die Bedingung ist notwendig. In der Tat, ist f unstetig von erster Art auf $\mathfrak{A}$, so gilt in jedem Punkte von $\mathfrak{A}^1_+$ bzw. von $\mathfrak{A}^1_-$ die entsprechende der beiden Ungleichungen:

$$\omega'_+(a; f, \mathfrak{A}) = 0; \quad \omega'_-(a; f, \mathfrak{A}) = 0,$$

so daß die Behauptung unmittelbar aus § 2, Satz XXII folgt.

Die Bedingung ist hinreichend; denn sei f in a unstetig von zweiter Art auf $\mathfrak{A}$. Dann gilt mindestens eine der beiden Ungleichungen:

$$\omega'_+(a; f, \mathfrak{A}) > 0; \quad \omega'_-(a; f, \mathfrak{A}) > 0,$$

---

[1]) Satz IV folgt auch unmittelbar aus § 1, Satz XVI und Kap. II, § 13, Satz XII.

[2]) H. Lebesgue, Ann. de Toul. (3) 1 (1909), 60.

z. B. die erste:

$$\omega'_+(a; f, \mathfrak{A}) = q > 0.$$

Ist $0 < \varepsilon < q$, so gilt also für jedes Intervall $(a, a + h)$:

$$\omega\,(f, \mathfrak{A} \cdot (a, a + h)) > \varepsilon,$$

so daß für ein solches ε die Behauptung von Satz V nicht gelten kann. Damit ist Satz V bewiesen.

Es hat keine Schwierigkeiten, punktweise unstetige Funktionen einer reellen Veränderlichen anzugeben, die im $\mathfrak{R}_1$ dicht liegende Unstetigkeitspunkte erster Art bzw. zweiter Art besitzen[1]). Wir lassen für den ersten Fall einige Beispiele folgen und verweisen für den zweiten Fall auf die Methode der Verdichtung der Singularitäten (Kap. IV, § 12).

Ein besonders einfaches Beispiel liefert die Funktion[2]):

$$f(a) = \begin{cases} 0 & \text{wenn } a \text{ irrational,} \\ \dfrac{1}{n} & \text{wenn } a = \pm\,\dfrac{m}{n}\ (m,\, n \text{ teilerfremde natürliche Zahlen)}, \\ 1 & \text{wenn } a = 0. \end{cases}$$

Sie ist stetig im $\mathfrak{R}_1$ für irrationales, unstetig, und zwar von erster Art, für rationales a[3]).

Ein zweites Beispiel erhalten wir durch Betrachtung einer beliebigen nirgends dichten perfekten Punktmenge $\mathfrak{P}$ des $\mathfrak{R}_1$. Nach Kap. I, § 9, Satz V gibt es eine ähnliche Abbildung A der (natürlich geordneten) Menge der irrationalen Zahlen auf die (natürlich geordnete) Menge der Punkte zweiter Art von $\mathfrak{P}$. Wir definieren eine Funktion $f(a)$ im $\mathfrak{R}_1$ durch die Vorschrift: Ist a irrational, so sei $f(a)$ der a durch A zugeordnete Punkt zweiter Art von $\mathfrak{P}$; ist a rational, so ruft a in der Menge der irrationalen Zahlen einen Schnitt hervor; ihm entspricht vermöge A ein Schnitt in der Menge der Punkte zweiter Art von $\mathfrak{P}$:

$$\mathfrak{P} = \mathfrak{P}' + \mathfrak{P}'' \quad (\mathfrak{P}' \text{ vor } \mathfrak{P}'').$$

Es gibt dann ein und nur ein punktfreies Intervall $\mathfrak{J}$ von $\mathfrak{P}$, so daß:

$$\mathfrak{P}' \text{ vor } \mathfrak{J} \text{ vor } \mathfrak{P}'',$$

und einen beliebigen Punkt dieses Intervalles $\mathfrak{J}$ ordnen wir dem rationalen a als Funktionswert $f(a)$ zu. Man erkennt sofort: die so definierte Funktion ist stets wachsend:

$$f(a') > f(a'') \quad \text{wenn } a' > a''.$$

____

[1]) Ausgehend von Satz II, § 5 wurden solche Funktionen konstruiert von T. Brodén, Acta Univ. Lund. 33 (Neue Folge 8) (1897), 17. Zahlreiche Beispiele punktweise unstetiger Funktionen wurden hergestellt durch Zifferngesetze, die an die Darstellung der reellen Zahlen durch Systembrüche anknüpfen: G. Peano, Riv. di mat. 2 (1892), 42. A. Schoenflies, Gött. Nachr. 1899, 187, (vgl. auch Gött. Nachr. 1896, 255); ferner T. Brodén, Math. Ann. 54 (1901), 518.

[2]) Vgl. über diese und ähnliche Funktionen W. D. A. Westfall, Am. Bull. 15 (1908), 225.

[3]) Eine Funktion f einer reellen Veränderlichen, die stetig im $\mathfrak{R}_1$ wäre für rationales, unstetig für irrationales a, kann es nicht geben (§ 4, Satz III, VI).

Sie ist stetig im $\Re_1$ für irrationales, unstetig (und zwar von erster Art) für rationales a.

Die eben besprochene Abbildung A kann benutzt werden, um aus einer im $\Re_1$ definierten Funktion f eine auf der nirgends dichten perfekten Punktmenge $\mathfrak{P}$ definierte Funktion f^* herzuleiten. In der Tat, vermöge A entspricht, wie wir sahen, jedem irrationalen a ein Punkt zweiter Art, jedem rationalen a ein punktfreies Intervall $\mathfrak{J}$ von $\mathfrak{P}$. Wir definieren nun f^* auf $\mathfrak{P}$ durch die Vorschrift: Ist b der vermöge A dem irrationalen a zugeordnete Punkt zweiter Art von $\mathfrak{P}$, so setzen wir $f^*(b) = f(a)$. Ist $\mathfrak{J}$ das vermöge A dem rationalen a zugeordnete punktfreie Intervall von $\mathfrak{P}$, b ein (als Punkt erster Art zu $\mathfrak{P}$ gehöriger) Begrenzungspunkt von $\mathfrak{J}$, so setzen wir wieder $f^*(b) = f(a)$. Dadurch ist f^* auf $\mathfrak{P}$ definiert. Ist f stetig (unstetig von erster Art) in a im $\Re_1$, so ist f^* im entsprechenden Punkte (bzw. den beiden entsprechenden Punkten) b stetig (unstetig von erster Art) auf $\mathfrak{P}$. Dieses Verfahren führt also jede im $\Re_1$ punktweise unstetige Funktion in eine auf $\mathfrak{P}$ punktweise unstetige Funktion über.

Wir können dies Verfahren auch benutzen, um punktweise unstetige Funktionen einer reellen Veränderlichen herzustellen, die nur abzählbar viele verschiedene Werte annehmen, während ihre Schwankungsfunktion alle Werte ≥ 0 annimmt. Wir bilden zu dem Zwecke zunächst folgende (im $\Re_1$ total-unstetige) Funktion:

$$f(a) = \begin{cases} 0 & \text{für irrationales } a \text{ und } a = 0, \\ \dfrac{1}{a} & \text{für rationales } a. \end{cases}$$

Dann ist:

$$\omega(a; f, \Re_1) = \begin{cases} \dfrac{1}{|a|} & \text{für } a \neq 0. \\ +\infty & \text{für } a = 0. \end{cases}$$

Wir führen die Funktion f in der vorhin besprochenen Weise über in eine auf der nirgends dichten perfekten Menge $\mathfrak{P}$ definierte Funktion f^* und erweitern deren Definition auf den ganzen $\Re_1$, indem wir setzen:

$$f^* = 0 \quad \text{auf } \Re_1 - \mathfrak{P}.$$

Die so definierte Funktion f^* leistet offenbar alles Verlangte.

Wir können noch ein wenig weitergehen[1]) und eine punktweise unstetige Funktion herstellen, die nur abzählbar viele verschiedene Werte annimmt, während ihre Schwankungsfunktion jeden Wert ≥ 0 in einer Punktmenge der Mächtigkeit c annimmt: Sei g eine im $\Re_1$ stetige Funktion, die jeden Wert ≥ 0 in einer Punktmenge der Mächtigkeit c annimmt (Kap. II, § 7, S. 150). Wir setzen:

$$f(a) = \begin{cases} 0 & \text{für irrationales } a, \\ g(a) & \text{für rationales } a. \end{cases}$$

Ganz wie vorhin leiten wir aus f eine neue Funktion f^* her, die dann alles Verlangte leistet.

§ 7. Verallgemeinerungen.

Sei die Funktion f definiert auf $\mathfrak{A}$. Wir bezeichnen ihre (auf $\mathfrak{A}^0$ definierte) obere Schrankenfunktion mit:

$$G_1(a) = G(a; f, \mathfrak{A}).$$

---

[1]) Vgl. A. Schoenflies, Gött. Nachr. 1899, 192.

Bilden wir von $G_1(a)$ wieder die obere Schrankenfunktion, so wird sie, da $G_1(a)$ oberhalb stetig (Kap. II, § 11, Satz II), nach Kap. II, § 8, Satz I gleich $G_1(a)$. Bilden wir hingegen von $G_1(a)$ die **untere** Schrankenfunktion, so werden wir im allgemeinen auf eine neue Funktion geführt; wir bezeichnen sie mit:

$$(0) \qquad G_2(a) = g(a; G_1, \mathfrak{A}^0).$$

Und so fortfahrend definieren wir allgemein[1]):

$$(00) \qquad G_{2k}(a) = g(a; G_{2k-1}, \mathfrak{A}^0); \qquad G_{2k+1}(a) = G(a; G_{2k}, \mathfrak{A}^0);$$

und ebenso von der unteren Schrankenfunktion von f:

$$g_1(a) = g(a; f, \mathfrak{A})$$

ausgehend:

$$g_{2k}(\mathfrak{A}) = G(a; g_{2k-1}, \mathfrak{A}^0); \qquad g_{2k+1}(a) = g(a; g_{2k}, \mathfrak{A}^0).$$

Es gilt der Satz:

Satz I. Es ist stets auf ganz $\mathfrak{A}^0$:

$$G_{2k}(a) = G_2(a); \qquad G_{2k+1}(a) = G_3(a) \qquad (k = 1, 2, \ldots);$$
$$g_{2k}(a) = g_2(a); \qquad g_{2k+1}(a) = g_3(a) \qquad (k = 1, 2, \ldots).$$

In der Tat, aus der Definition (0) von G_2 folgt:

$$G_1 \geqq G_2,$$

daraus, indem man beiderseits die obere Schrankenfunktion bildet:

$$G_1 \geqq G_3,$$

und daraus, indem man beiderseits die untere Schrankenfunktion bildet:

$$(^0_0{}^0) \qquad G_2 \geqq G_4.$$

Andererseits folgt aus der Definition (00) von G_3:

$$G_3 \geqq G_2,$$

und daraus, indem man beiderseits die untere Schrankenfunktion bildet:

$$(_0{}^0_0) \qquad G_4 \geqq G_2.$$

Aus $(^0_0{}^0)$ und $(_0{}^0_0)$ aber folgt: $G_2 = G_4$. Indem man hierin beiderseits die obere Schrankenfunktion bildet, erhält man: $G_3 = G_5$, hieraus durch Bildung der unteren Schrankenfunktion: $G_4 = G_6$, usf. Damit ist die eine Hälfte von Satz I bewiesen, und analog beweist man die zweite.

Satz II. Ist f punktweise unstetig auf $\mathfrak{A}$, so ist[2]):

$$(1) \qquad G_2(a) = g_3(a); \qquad g_2(a) = G_3(a) \quad \text{auf ganz } \mathfrak{A}^0.$$

In der Tat, wir bezeichnen mit $\mathfrak{B}$ die (in $\mathfrak{A}$ dichte) Menge aller Stetigkeitspunkte von f auf $\mathfrak{A}$, und beweisen zunächst:

$$(2) \qquad G_2(a) = g(a; f, \mathfrak{B}).$$

In jedem Punkte b von $\mathfrak{B}$ ist:

$$f(b) = G_1(b).$$

---

[1]) Mit diesen Funktionen hat sich eingehend befaßt A. Denjoy, Bull. soc. math. 33 (1905), 98.

[2]) Von den beiden Gleichungen (1) folgt jede aus der anderen. Z. B. folgt aus $G_2 = g_3$ durch Bildung der oberen Schrankenfunktionen: $G_3 = g_4$, und wegen Satz I: $G_3 = g_2$.

Also ist auf ganz $\mathfrak{A}^0$:

$$(3) \qquad G_2(a) = g(a; G_1, \mathfrak{A}^0) \leqq g(a; G_1, \mathfrak{B}) = g(a; f, \mathfrak{B}).$$

Angenommen, es wäre:
$$(4) \qquad G_2(a) < g(a; f, \mathfrak{B}).$$
Dann gäbe es ein p, so daß:

$$(5) \qquad G_2(a) < p < g(a; f, \mathfrak{B}).$$

Nach Definition von G_2 gäbe es in jeder Umgebung $\mathfrak{U}(a)$ von a einen Punkt $\bar{a}$ von $\mathfrak{A}^0$, in dem:

$$G_1(\bar{a}) < p,$$

mithin auch eine Umgebung $\mathfrak{U}(\bar{a}) < \mathfrak{U}(a)$, so daß:

$$(6) \qquad f < p \quad \text{auf } \mathfrak{A} \cdot \mathfrak{U}(\bar{a});$$

und da $\mathfrak{B}$ dicht in $\mathfrak{A}$, gäbe es in $\mathfrak{A} \cdot \mathfrak{U}(\bar{a})$, und mithin in $\mathfrak{U}(a)$ einen Punkt b von $\mathfrak{B}$, in dem wegen (6):

$$f(b) < p,$$

im Widerspruche mit der zweiten Hälfte von (5). Also ist (4) unmöglich, und aus (3) folgt (2).

Sodann zeigen wir:
$$(7) \qquad G_3(a) = G(a; f, \mathfrak{B}).$$

In jedem Punkte b von $\mathfrak{B}$ ist offenbar auch G_1 stetig auf $\mathfrak{A}$, und mithin:

$$(8) \qquad f(b) = G_1(b) = G_2(b).$$
Also ist auf ganz $\mathfrak{A}^0$:

$$(9) \qquad G_3(a) = G(a; G_2, \mathfrak{A}^0) \geqq G(a; G_2, \mathfrak{B}) = G(a; f, \mathfrak{B}).$$

Angenommen, es wäre:
$$(10) \qquad G_3(a) > G(a; f, \mathfrak{B}).$$
Dann gäbe es ein p, so daß:

$$(11) \qquad G_3(a) > p > G(a; f, \mathfrak{B}).$$

Nach Definition von G_3 gäbe es in jeder Umgebung $\mathfrak{U}(a)$ von a einen Punkt $\bar{a}$ von $\mathfrak{A}^0$, in dem:

$$G_2(\bar{a}) > p,$$

und da G_2 unterhalb stetig, auch eine Umgebung $\mathfrak{U}(\bar{a}) < \mathfrak{U}(a)$, so daß

$$(12) \qquad G_2 > p \quad \text{auf } \mathfrak{A}^0 \cdot \mathfrak{U}(\bar{a}).$$

Da $\mathfrak{B}$ dicht in $\mathfrak{A}$, und daher auch in $\mathfrak{A}^0$, gäbe es in $\mathfrak{A}^0 \cdot \mathfrak{U}(\bar{a})$, und somit in $\mathfrak{U}(a)$ auch einen Punkt b von $\mathfrak{B}$, in dem wegen (12)

$$G_2(b) > p,$$
und wegen (8) auch
$$f(b) > p,$$

im Widerspruche mit der zweiten Hälfte von (11). Also ist (10) unmöglich, und aus (9) folgt (7).

Ebenso wie (2) und (7) aber beweist man

$$(13) \qquad g_2(a) = G(a; f, \mathfrak{B}); \quad g_3(a) = g(a; f, \mathfrak{B}).$$

Aus (2) und (7) einerseits, (13) andererseits aber folgt Satz II.

Von Satz II gilt folgende Umkehrung:

Satz III. Ist $\mathfrak{A}$ relativ-vollständig, so folgt aus jeder der beiden Gleichungen (1), daß f punktweise unstetig auf $\mathfrak{A}$.

Angenommen in der Tat, f sei nicht punktweise unstetig auf $\mathfrak{A}$. Nach § 4, Satz V gibt es dann ein $q > 0$ und eine (nicht leere) in $\mathfrak{A}$ offene Menge $\mathfrak{G}$, in deren sämtlichen Punkten:

$$\omega \geqq q.$$

Sei $p \geqq q$ die untere Schranke $g(\omega, \mathfrak{G})$. Vermöge der Schränkungstransformation können wir p als endlich annehmen. Sei a ein Punkt von $\mathfrak{G}$, in dem:

$$(*) \qquad \omega(a) < \frac{4\,p}{3}.$$

Wir behaupten: es gibt eine Umgebung $\mathfrak{U}(a)$ von a in $\mathfrak{A}$, so daß für alle a' von $\mathfrak{U}(a)$:

$$(**) \qquad g_1(a') \leqq g_1(a) + \frac{p}{3}; \qquad G_1(a') \geqq G_1(a) - \frac{p}{3}.$$

In der Tat, beweisen wir etwa die erste Hälfte von $(**)$. Wäre sie nicht richtig, so gäbe es in jeder Umgebung $\mathfrak{U}(a)$ von a in $\mathfrak{A}$ einen Punkt a', in dem

$$g_1(a') > g_1(a) + \frac{p}{3}.$$

und mithin:

$$G_1(a') = g_1(a') + \omega(a') \geqq g_1(a') + p > g_1(a) + \frac{4p}{3}.$$

Weil G_1 oberhalb stetig, wäre also auch:

$$G_1(a) \geqq g_1(a) + \frac{4\,p}{3}.$$

im Widerspruche mit $(*)$.

Aus $(**)$ zusammen mit $\omega(a) \geqq p$ folgt nun für alle a' von $\mathfrak{U}(a)$:

$$g_1(a') \leqq g_1(a) + \frac{p}{3} < G_1(a) - \frac{p}{3} \leqq G_1(a'),$$

mithin, durch Bildung der oberen bzw. unteren Schrankenfunktionen, auch:

$$g_2(a') \leqq g_1(a) + \frac{p}{3} < G_1(a) - \frac{p}{3} \leqq G_2(a'),$$

und, indem man von $g_2(a')$ nochmals die untere Schrankenfunktion bildet:

$$g_3(a) < G_2(a).$$

Es gilt also die erste Gleichung (1) nicht. Damit ist Satz III bewiesen.

Weiter folgt nun auch leicht:

Satz IV. Damit f punktweise unstetig sei auf $\mathfrak{A}$, und es eine zu f gehörige möglichst stetige Funktion gebe, die auf $\mathfrak{A}^0$ stetig ist, ist notwendig und, wenn $\mathfrak{A}$ relativ-vollständig, auch hinreichend, daß auf ganz $\mathfrak{A}^0$:

$$(***) \qquad G_2(a) = g_2(a) = G_3(a) = g_3(a).$$

In der Tat, man hat nur zu beachten, daß $(***)$ wegen (2) und (13) gleichbedeutend ist mit:

$$g(a; f, \mathfrak{B}) = G(a; f, \mathfrak{B}),$$

und daß diese Funktion sowohl unterhalb wie oberhalb stetig, und somit stetig ist auf $\mathfrak{A}^0$.

Sei f definiert auf der Punktmenge $\mathfrak{A}$; die zugehörige Schwankungsfunktion $\omega(a; f, \mathfrak{A})$ ist dann definiert auf $\mathfrak{A}^0$. Wir setzen:

$$\omega_1(a) = \omega(a; f, \mathfrak{A})$$

und definieren[1]) durch Induktion die k-te Schwankungsfunktion von f auf $\mathfrak{A}$:

$$\omega_k(a) = \omega(a; \omega_{k-1}, \mathfrak{A}^0);$$

sie ist hierdurch definiert in allen Punkten von $\mathfrak{A}^0$.

Wie wir in § 2 sahen (Satz XII), ist ω_1 im allgemeinen, aber nicht ausnahmslos, oberhalb stetig auf $\mathfrak{A}$. Wir ergänzen nun dies Resultat:

Satz V. Ist f **punktweise unstetig auf** $\mathfrak{A}$, **so ist** ω_2 **oberhalb stetig auf** $\mathfrak{A}^0$.

In der Tat, da f punktweise unstetig auf $\mathfrak{A}$, liegen die Punkte, in denen:

$$\omega_1(a) = 0,$$

dicht in $\mathfrak{A}$, und mithin in $\mathfrak{A}^0$. Es ist also in jedem Punkte a von $\mathfrak{A}^0$:

$$g(a; \omega_1, \mathfrak{A}^0) = 0.$$

Also ist:

$$\omega_2(a) = \omega(a; \omega_1, \mathfrak{A}^0) = G(a; \omega_1, \mathfrak{A}^0).$$

Nach Kap. II, § 11, Satz II ist also $\omega_2(a)$ oberhalb stetig auf $\mathfrak{A}^0$, und Satz V ist bewiesen.

Die Voraussetzung, f sei punktweise unstetig, kann in Satz V nicht entbehrt werden, wie folgendes Beispiel einer in $[0, 1]$ definierten (und endlichen) Funktion einer reellen Veränderlichen zeigt:

$$f(a) = \begin{cases} \dfrac{1}{a} & \text{für irrationales } a, \\[2mm] \dfrac{1}{a} + n & \text{für die rationalen } a \text{ von } \left(\dfrac{1}{n+1}, \dfrac{1}{n}\right], \\[2mm] 0 & \text{für } a = 0. \end{cases}$$

Dann ist:

$$\omega_1(a) = \begin{cases} n & \text{in } \left(\dfrac{1}{n+1}, \dfrac{1}{n}\right], \\[2mm] +\infty & \text{für } a = 0, \end{cases}$$

und mithin:

$$\omega_2(a) = \begin{cases} 0 & \text{in } \left(\dfrac{1}{n+1}, \dfrac{1}{n}\right) \text{ und für } a = 0, a = 1, \\[2mm] 1 & \text{für } a = \dfrac{1}{n} \qquad (n = 2, 3, \ldots). \end{cases}$$

Also ist $\omega_2(a)$ nicht oberhalb stetig auf $[0, 1]$ im Punkte 0[2]).

Allgemein gilt:

Satz VI. Für jede beliebige Funktion f **auf** $\mathfrak{A}$ **ist** ω_3 **oberhalb stetig auf** $\mathfrak{A}^0$.

In der Tat, ist a Punkt von $\mathfrak{A}^0$, so ist nach § 2, Satz XII ω_1 in a oberhalb stetig auf $\mathfrak{A}^0$, es sei denn, daß:

$$(1) \qquad G(a; f, \mathfrak{A}) = g(a; f, \mathfrak{A}) = +\infty \quad \text{oder} \quad = -\infty,$$

und mithin:

$$(2) \qquad \omega_1(a) = 0.$$

Wir bezeichnen mit $\mathfrak{B}$ die Menge aller Punkte von $\mathfrak{A}^0$, in denen (1) gilt. Überall auf $\mathfrak{B}$ gilt also auch (2).

---

[1]) W. Sierpiński, Bull. Crac. 1910, 633. Verallgemeinerungen bei H. Blumberg, Proc. Nat. Acad. Am. 2 (1916), 646.

[2]) Wegen einer späteren Anwendung bemerken wir, daß:
$$\omega_3(0) = 1, \quad \text{also} \quad \neq \omega_2(0).$$

Sei nun a ein Punkt von $(\mathfrak{B}^0 - \mathfrak{B})^0$. In jeder Umgebung $\mathfrak{U}(a)$ liegt dann sowohl ein Punkt von $\mathfrak{B}$, als von $\mathfrak{B}^0 - \mathfrak{B}$. In jedem Punkte b von $\mathfrak{B}^0 - \mathfrak{B}$ ist:

$$G(b; f, \mathfrak{A}) = +\infty; \qquad g(b; f, \mathfrak{A}) < +\infty,$$

oder: $\qquad G(b; f, \mathfrak{A}) > -\infty; \qquad g(b; f, \mathfrak{A}) = -\infty,$

jedenfalls also:

$$\omega_1(b) = +\infty;$$

auf $\mathfrak{B}$ aber gilt (2). Also ist in unserem Punkte a:

$$\omega_2(a) = +\infty.$$

Da dies in jedem Punkte von $(\mathfrak{B}^0 - \mathfrak{B})^0$ gilt, so ist auf dem in $\mathfrak{A}^0$ offenen Kerne $\mathfrak{K}$ von $(\mathfrak{B}^0 - \mathfrak{B})^0$ (Kap. II, § 3, S. 71):

$$(3) \qquad\qquad \omega_3(a) = 0.$$

Wir haben nun noch ω_3 auf $\mathfrak{A}^0 - \mathfrak{K}$ zu berechnen. In jedem Punkte von $\mathfrak{A}^0 - \mathfrak{B}$, um so mehr also in jedem von $\mathfrak{A}^0 - \mathfrak{B}^0$ ist ω_1 oberhalb stetig auf $\mathfrak{A}^0$ und daher auch auf $\mathfrak{A}^0 - \mathfrak{B}^0$. Also ist nach § 6, Satz I in jedem Punkte von $\mathfrak{A}^0 - \mathfrak{B}^0$:

$$(4) \qquad\qquad g(a; \omega_2, \mathfrak{A}^0 - \mathfrak{B}^0) = 0.$$

Da aber $\mathfrak{A}^0 - \mathfrak{B}^0$ offen in $\mathfrak{A}^0$, so ist offenbar:

$$g(a; \omega_2, \mathfrak{A}^0 - \mathfrak{B}^0) = g(a; \omega_2, \mathfrak{A}^0),$$

so daß (4) für jeden Punkt von $\mathfrak{A}^0 - \mathfrak{B}^0$ ergibt:

$$(5) \qquad\qquad g(a; \omega_2, \mathfrak{A}^0) = 0.$$

Da aber $g(a; \omega_2, \mathfrak{A}^0)$ unterhalb stetig auf $\mathfrak{A}^0$ ist (Kap. II, § 11, Satz II), so gilt (5) auch in allen Häufungspunkten von $\mathfrak{A}^0 - \mathfrak{B}^0$, d. h. auf ganz $(\mathfrak{A}^0 - \mathfrak{B}^0)^0$. Gehört a nicht zu $(\mathfrak{A}^0 - \mathfrak{B}^0)^0$, so gibt es eine Umgebung $\mathfrak{U}(a)$ von a in $\mathfrak{A}^0$, die $< \mathfrak{B}^0$. Weil der Punkt a nicht zu dem in $\mathfrak{A}^0$ offenen Kern $\mathfrak{K}$ von $(\mathfrak{B}^0 - \mathfrak{B})^0$ gehört, liegen in jeder Umgebung von a Punkte von $\mathfrak{B}^0$, die nicht zu $(\mathfrak{B}^0 - \mathfrak{B})^0$ gehören. Sei b ein solcher. Es gibt eine Umgebung $\mathfrak{U}(b)$, die zu $\mathfrak{B}^0 - \mathfrak{B}$ fremd. Dann ist $\mathfrak{U}(a) \cdot \mathfrak{U}(b) < \mathfrak{B}$, und mithin gilt (2) in allen Punkten von $\mathfrak{U}(a) \cdot \mathfrak{U}(b)$, und daher ist:

$$(6) \qquad\qquad \omega_2(b) = 0.$$

In jeder Umgebung von a liegt also ein Punkt b, in dem (6) gilt, also gilt wieder (5).

Da nun (5) überall auf $\mathfrak{A}^0 - \mathfrak{K}$ gilt, so ist auf $\mathfrak{A}^0 - \mathfrak{K}$:

$$(7) \qquad\qquad \omega_3(a) = \omega(a; \omega_2, \mathfrak{A}^0) = G(a; \omega_2, \mathfrak{A}^0).$$

Durch (3) und (7) ist ω_3 auf ganz $\mathfrak{A}^0$ gegeben. Da $\mathfrak{A}^0 - \mathfrak{K}$ abgeschlossen, und $G(a; \omega_2, \mathfrak{A}^0)$ oberhalb stetig auf $\mathfrak{A}^0$, folgt (Kap. II, § 9, Satz IV) sofort, daß auch ω_3 oberhalb stetig auf $\mathfrak{A}^0$, und Satz VI ist bewiesen.

Satz VII. Ist die Funktion f punktweise unstetig auf $\mathfrak{A}$, und hat sie in keinem Punkte von $\mathfrak{A}^1$ einen unendlichen Grenzwert auf $\mathfrak{A}^1$[1]), so ist auf ganz $\mathfrak{A}^0$:

$$\omega_k(a) = \omega_1(a) \qquad (k = 2, 3, \ldots).$$

---

[1]) Diese Voraussetzung kann nicht entbehrt werden. Beispiel im $\mathfrak{R}_1$:

$$f(a) = \begin{cases} \dfrac{1}{|a|} & \text{für } a \neq 0 \text{ und } \neq \dfrac{1}{n} & (n = 1, 2, \ldots), \\[2mm] +\infty & \text{für } a = 0, \\[2mm] n+1 & \text{für } a = \dfrac{1}{n} & (n = 1, 2, \ldots). \end{cases}$$

Es genügt, den Beweis für $k = 2$ zu führen. Da f punktweise unstetig auf $\mathfrak{A}$, liegen die Punkte, in denen

$$\omega_1\,(a) = 0$$

ist, dicht in $\mathfrak{A}$ und mithin in $\mathfrak{A}^0$; also ist in jedem Punkte von $\mathfrak{A}^0$:

(0) $\qquad\qquad\qquad g\,(a;\,\omega_1,\,\mathfrak{A}^0) = 0.$

Da ω_1 oberhalb stetig auf $\mathfrak{A}^0$ (§ 2, Satz XII), so ist:

(00) $\qquad\qquad\qquad G\,(a;\,\omega_1,\,\mathfrak{A}^0) = \omega_1\,(a).$

Aus (0) und (00) folgt:

$$\omega_2\,(a) = \omega\,(a;\,\omega_1,\,\mathfrak{A}^0) = \omega_1\,(a),$$

und Satz VII ist bewiesen.

Satz VIII. Ist f punktweise unstetig[1] auf $\mathfrak{A}$, und ist die Menge $\mathfrak{C}$ aller Punkte, in denen $\omega_1 = +\infty$ ist, nirgends dicht in $\mathfrak{A}^0$[2]), so ist auf ganz $\mathfrak{A}^0$:

$$\omega_k\,(a) = \omega_2\,(a) \qquad (k = 3, 4, \ldots).$$

Es genügt, den Beweis für $k = 3$ zu führen. Nach Satz V ist ω_2 oberhalb stetig auf $\mathfrak{A}^0$:

(†) $\qquad\qquad\qquad G\,(a;\,\omega_2,\,\mathfrak{A}^0) = \omega_2\,(a).$

Die beim Beweise von Satz VI mit $\mathfrak{K}$ bezeichnete Menge ist hier leer; denn andernfalls wäre in ihr $\mathfrak{B}^0 - \mathfrak{B}$ dicht, und da in jedem Punkte von $\mathfrak{B}^0 - \mathfrak{B}$ $\omega_1 = +\infty$ ist, wäre $\mathfrak{C}$ nicht nirgends dicht in $\mathfrak{A}^0$.

Da $\mathfrak{K}$ leer, gilt, wie beim Beweise von Satz VI gezeigt, in jedem Punkte von $\mathfrak{A}^0$:

(††) $\qquad\qquad\qquad g\,(a;\,\omega_2,\,\mathfrak{A}^0) = 0.$

Aus (†) und (††) aber folgt:

$$\omega_3\,(a) = \omega\,(a;\,\omega_2,\,\mathfrak{A}^0) = \omega_2\,(a),$$

und Satz VIII ist bewiesen.

Dann ist:

$$\omega_1\,(a) = \begin{cases} 0 & \text{für } a \neq \dfrac{1}{n} \\[2mm] 1 & \text{für } a = \dfrac{1}{n} \end{cases}$$

und mithin:

$$\omega_1\,(0) = 0; \quad \omega_2\,(0) = 1.$$

[1]) Diese Bedingung kann nicht entbehrt werden, wie aus Fußn. [2]), S. 223 hervorgeht.

[2]) Auch diese Bedingung kann nicht entbehrt werden. Beispiel im $\mathfrak{R}_1$:

$$f\,(a) = \begin{cases} n & \text{für } a = \pm\dfrac{m}{n} \ (m, n \text{ teilerfremde natürliche Zahlen}), \\[2mm] +\infty & \text{für irrationales } a, \\[2mm] 0 & \text{für } a = 0. \end{cases}$$

Dann ist:

$$\omega_1\,(a) = \begin{cases} +\infty & \text{für rationales } a, \\ 0 & \text{für irrationales } a. \end{cases}$$

Also: $\qquad \omega_2\,(a) = +\infty, \quad \omega_3\,(a) = 0 \quad \text{für alle } a.$

Satz IX[1]**.** Ist f eine Funktion auf $\mathfrak{A}$, deren Schwankungsfunktion:

$$\omega_1(a) = \omega(a; f, \mathfrak{A})$$

endlich ist[2] auf $\mathfrak{A}^0$, so ist:

$$\omega_k(a) = \omega_2(a) \qquad (k = 3, 4, \ldots).$$

In der Tat, da ω_1 endlich ist, so ist nach § 2, Satz XII ω_2 oberhalb stetig auf $\mathfrak{A}^0$, so daß weiter geschlossen werden kann, wie beim Beweise von Satz VIII.

Satz X. Ist f eine beliebige Funktion auf $\mathfrak{A}$, so ist auf ganz $\mathfrak{A}^0$:

$$\omega_k(a) = \omega_3(a) \qquad (k = 4, 5, \ldots).$$

Es genügt, den Beweis für $k = 4$ zu führen. Nach Satz VI ist ω_3 oberhalb stetig auf $\mathfrak{A}^0$:

(*) $$G(a; \omega_3, \mathfrak{A}^0) = \omega_3(a).$$

Wir ersetzen im Beweise von Satz VI f durch ω_1, verstehen demgemäß unter $\mathfrak{B}$ die Menge aller Punkte von $\mathfrak{A}^0$, in denen:

(**) $$G(a; \omega_1, \mathfrak{A}^0) = g(a; \omega_1, \mathfrak{A}^0) = +\infty,$$

und bezeichnen wieder mit $\mathfrak{K}$ den in $\mathfrak{A}^0$ offenen Kern von $(\mathfrak{B}^0 - \mathfrak{B})^0$.

Wie der Beweis von Satz VI lehrt, gilt auf $\mathfrak{A}^0 - \mathfrak{K}$ die an Stelle von (5) tretende Beziehung:

(***) $$g(a; \omega_3, \mathfrak{A}^0) = 0.$$

Aus (*) und (***) aber folgt für alle Punkte von $\mathfrak{A}^0 - \mathfrak{K}$:

(***) $$\omega_4(a) = \omega(a; \omega_3, \mathfrak{A}) = \omega_3(a).$$

Auf $\mathfrak{K}$ kann ω_1 nur die Werte 0 und $+\infty$ annehmen. Denn wäre in einem Punkte a von $\mathfrak{K}$:

$$0 < \omega_1(a) < +\infty,$$

so wäre nach § 2, Satz XII ω_1 in a oberhalb stetig auf $\mathfrak{A}^0$, es gäbe also eine Umgebung $\mathfrak{U}(a)$, in der $\omega_1 < +\infty$, in $\mathfrak{U}(a)$ läge daher kein Punkt von $\mathfrak{B}$, daher auch kein Punkt von $\mathfrak{B}^0$, was unmöglich, da a zu $\mathfrak{K}$ gehört.

Sei nun $\mathfrak{H}$ die Menge aller Punkte von $\mathfrak{K}$, in denen $\omega_1 = 0$. Wir behaupten: es ist $\mathfrak{H}$ und somit auch $\mathfrak{H}^0$ nirgends dicht in $\mathfrak{K}$. In der Tat, andernfalls gäbe es eine offene Menge $\mathfrak{G}$, so daß $\mathfrak{G}\mathfrak{K}$ nicht leer und $\mathfrak{H}$ dicht in $\mathfrak{G}\mathfrak{K}$. In jedem Punkte von $\mathfrak{G}\mathfrak{K}$ wäre dann $g(a; \omega_1, \mathfrak{A}^0) = 0$, in $\mathfrak{G}$ läge daher kein Punkt von $\mathfrak{B}$, daher auch kein Punkt von $\mathfrak{B}^0$, entgegen der Definition von $\mathfrak{K}$ der zufolge $\mathfrak{K} < \mathfrak{B}^0$.

Man erkennt nun augenblicklich, daß:

$$\omega_2 = +\infty \quad \text{auf } \mathfrak{H}^0\mathfrak{K}; \qquad \omega_2 = 0 \quad \text{auf } \mathfrak{K} - \mathfrak{H}^0\mathfrak{K},$$

woraus sofort weiter folgt:

$$\omega_3 = +\infty \quad \text{auf } \mathfrak{H}^0\mathfrak{K}; \qquad \omega_3 = 0 \quad \text{auf } \mathfrak{K} - \mathfrak{H}^0\mathfrak{K}.$$

Es gilt also (***) auch in allen Punkten von $\mathfrak{K}$, mithin auf ganz $\mathfrak{A}^0$, und Satz X ist bewiesen.

Eine Verallgemeinerung der zu einer Funktion f auf $\mathfrak{A}$ gehörigen Schwankungsfunktion $\omega(a; f, \mathfrak{A})$ erhalten wir, indem wir an die Begriffs-

---

[1] W. Sierpiński, a. a. O.

[2] Es genügt nicht, daß f selbst endlich sei auf $\mathfrak{A}$, wie aus Fußn. [2], S. 223 hervorgeht.

bildungen von Kap. II, § 12 anknüpfen. Sind $G^*(a; f, \mathfrak{A})$, $g^*(a; f, \mathfrak{A})$ obere und untere Schranke von f auf $\mathfrak{A}$ bei Vernachlässigung von E-Mengen, so bezeichnen wir die Differenz:

$$\omega^*(a; f, \mathfrak{A}) = G^*(a; f, \mathfrak{A}) - g^*(a; f, \mathfrak{A})$$

als die **Schwankung** von f in a auf $\mathfrak{A}$ bei Vernachlässigung von E-Mengen. Dadurch ist $\omega^*(a; f, \mathfrak{A})$ definiert in allen Punkten von $\mathfrak{A}^0$, ausgenommen die, in denen:

$$G^*(a; f, \mathfrak{A}) = g^*(a; f, \mathfrak{A}) = +\infty \quad \text{oder} \quad = -\infty:$$

In dem Falle setzen wir:

$$\omega^*(a; f, \mathfrak{A}) = 0.$$

Dann gilt:

Satz XI. Damit im Punkte a von $\mathfrak{A}$:

$$\omega^*(a; f, \mathfrak{A}) = 0$$

sei, ist notwendig und hinreichend, daß f stetig sei in a auf $\mathfrak{A}$ bei Vernachlässigung von E-Mengen.

Die Funktion f heißt **punktweise unstetig** auf $\mathfrak{A}$ bei Vernachlässigung von E-Mengen, wenn die Menge aller Punkte von $\mathfrak{A}$, in denen f stetig ist auf $\mathfrak{A}$ bei Vernachlässigung von E-Mengen, dicht in $\mathfrak{A}$ ist. In Analogie zu Kap. II, § 12, Satz VII gilt dann:

Satz XII. Ist f auf der separablen Menge $\mathfrak{A}$ punktweise unstetig bei Vernachlässigung von E-Mengen, so gibt es eine auf $\mathfrak{A}$ punktweise unstetige Funktion, von der sich f nur in einer E-Menge unterscheidet.

In der Tat, wir definieren eine Funktion $f^*(a)$ durch die Festsetzung: In jedem Punkte von $\mathfrak{A}$, in dem:

$$g^*(a; f, \mathfrak{A}) \leq f(a) \leq G^*(a; f, \mathfrak{A})$$

ist, sei:

$$f^*(a) = f(a).$$

In allen anderen Punkten von $\mathfrak{A}$ habe $f^*(a)$ einen beliebigen, der Ungleichung

$$(0) \qquad g^*(a; f, \mathfrak{A}) \leq f^*(a) \leq G^*(a; f, \mathfrak{A})$$

genügenden Wert. Es genügt also $f^*(a)$ auf ganz $\mathfrak{A}$ der Ungleichung (0) und unterscheidet sich (Kap. II, § 12, Satz V) von $f(a)$ nur in einer E-Menge. Wir haben also nur mehr zu zeigen, daß $f^*(a)$ auf $\mathfrak{A}$ punktweise unstetig ist.

Setzen wir zur Abkürzung:

$$g^*(a) = g^*(a; f, \mathfrak{A}); \quad G^*(a) = G^*(a; f, \mathfrak{A}),$$

so folgt aus (0):

$$(00) \qquad g(a; g^*, \mathfrak{A}) \leq g(a; f^*, \mathfrak{A}) \leq G(a; f^*, \mathfrak{A}) \leq G(a; G^*, \mathfrak{A}).$$

Da $g^*(a)$ unterhalb, $G^*(a)$ oberhalb stetig ist auf $\mathfrak{A}$ (Kap. II, § 12, Satz III), so ist (00) gleichbedeutend mit (Kap. II, § 8, Satz I):

$$g^*(a) \leq g(a; f^*, \mathfrak{A}) \leq G(a; f^*, \mathfrak{A}) \leq G^*(a),$$

woraus sofort folgt:

$$\omega(a; f^*, \mathfrak{A}) \leq \omega^*(a; f, \mathfrak{A}).$$

Aus:

$$\omega^*(a; f, \mathfrak{A}) = 0$$

folgt also:

$$\omega(a; f^*, \mathfrak{A}) = 0.$$

In jedem Punkte, in dem f stetig ist auf $\mathfrak{A}$ bei Vernachlässigung von E-Mengen, ist also (nach Satz XI und § 2, Satz III) f^* stetig auf $\mathfrak{A}$. Also ist f^* punktweise unstetig auf $\mathfrak{A}$, und Satz XII ist bewiesen.

Ganz wie Satz XII von § 2 beweist man:

Satz XIII. Es ist $\omega^*(a; f, \mathfrak{A})$ oberhalb stetig auf $\mathfrak{A}^0$ in jedem Punkte von $\mathfrak{A}^0$, in dem nicht:

$$G^*(a; f, \mathfrak{A}) = g^*(a; f, \mathfrak{A}) = +\infty \quad \text{oder} \quad = -\infty.$$

Ganz ebenso wie Satz II von § 4 beweist man:

Satz XIV. Ist f auf $\mathfrak{A}$ beschränkt und punktweise unstetig bei Vernachlässigung von E-Mengen, so ist für jedes $q > 0$ die **Menge** aller Punkte von $\mathfrak{A}$, in denen:

$$(\dagger) \qquad \omega^*(a; f, \mathfrak{A}) \geq q,$$

nirgends dicht in $\mathfrak{A}$.

In Analogie zu Satz III und IV von § 4 gelten nun die beiden Sätze:

Satz XV. Ist f auf $\mathfrak{A}$ punktweise unstetig bei Vernachlässigung von E-Mengen, so ist die Menge $\mathfrak{B}$ aller Punkte von $\mathfrak{A}$, in denen f auf $\mathfrak{A}$ unstetig ist bei Vernachlässigung von E-Mengen, von erster Kategorie in $\mathfrak{A}$.

Satz XVI. Ist $\mathfrak{A}$ relativ-vollständig, und ist für jedes $q > 0$ die Menge aller Punkte von $\mathfrak{A}$, in denen $(\dagger)$ gilt, von erster Kategorie in $\mathfrak{A}$, so ist f auf $\mathfrak{A}$ punktweise unstetig bei Vernachlässigung von E-Mengen.

Bei Funktionen einer reellen Veränderlichen kann auch einseitige punktweise Unstetigkeit in Betracht gezogen werden. Ist $\mathfrak{A}$ Punktmenge im $\mathfrak{R}_1$, so heißt f rechtsseitig (linksseitig) punktweise unstetig auf $\mathfrak{A}$, wenn die Menge aller Punkte von $\mathfrak{A}$, in denen f rechtsseitig (linksseitig) stetig auf $\mathfrak{A}$ ist, dicht ist in $\mathfrak{A}$. Es kann f rechtsseitig punktweise unstetig und dabei total-unstetig auf $\mathfrak{A}$ sein[1]). Hingegen gilt:

Satz XVII. Jede in einem Intervalle des $\mathfrak{R}_1$ rechtsseitig (linksseitig) punktweise unstetige Funktion ist in diesem Intervalle auch punktweise unstetig.

In der Tat, dies ist eine unmittelbare Folgerung aus § 4, Satz XII.

An Stelle von § 6, Satz I tritt der ganz analog beweisbare Satz:

Satz XVIII. Ist f rechtsseitig oberhalb stetig auf der Punktmenge $\mathfrak{A}$ des $\mathfrak{R}_1$, so hat die rechtsseitige Schwankungsfunktion:

$$\omega_+(a) = \omega_+(a; f, \mathfrak{A})$$

in jedem Punkte von $\mathfrak{A}^0_+$, in dem:

$$g_+(a; f, \mathfrak{A}) > -\infty,$$

die rechtsseitige untere Schranke 0:

$$g_+(a; \omega_+, \mathfrak{A}) = 0.$$

---

[1]) In der Tat, ist $\mathfrak{A} - \mathfrak{A}\mathfrak{A}^1_+$ dicht in $\mathfrak{A}$ (wie dies bei jeder nirgends dichten perfekten Punktmenge des $\mathfrak{R}_1$ zutrifft), so ist jede Funktion auf $\mathfrak{A}$ rechtsseitig punktweise unstetig.

An Stelle von § 6, Satz II tritt:

Satz XIX. Ist $\mathfrak{A}$ eine linksseitig abgeschlossene Punktmenge des $\mathfrak{R}_1$, und ist f rechtsseitig oberhalb stetig auf $\mathfrak{A}$, so ist f rechtsseitig[1]) punktweise unstetig auf $\mathfrak{A}$.

Der Beweis folgt unmittelbar aus der Tatsache, daß (bei beschränktem f) $\omega_+(a; f, \mathfrak{A})$ rechtsseitig oberhalb stetig (§ 2, Satz XIV), und aus Kap. II, § 13, Satz IX.

---

[1]) Es kann (auch wenn $\mathfrak{A}$ abgeschlossen ist) nicht behauptet werden, daß f punktweise unstetig auf $\mathfrak{A}$ ist. Beispiel: Sei $\mathfrak{A}$ eine nirgends dichte perfekte Punktmenge des $\mathfrak{R}_1$, und sei $f = 1$ auf $\mathfrak{A}_+^1$, und $f = 0$ auf $\mathfrak{A} - \mathfrak{A}_+^1$. Dann ist f rechtsseitig oberhalb stetig auf $\mathfrak{A}$, aber total-unstetig auf $\mathfrak{A}$. Dies scheint in Widerspruch zu stehen mit einer Bemerkung von W. H. Young, Quart. Journ. 1908, 263.

Viertes Kapitel.

Funktionenfolgen.

§ 1. Maximal- und Minimalfunktionen.

Sei auf der Punktmenge $\mathfrak{A}$ eine unendliche Folge von Funktionen:

$$f_1, f_2, \ldots, f_\nu, \ldots$$

gegeben; wie bisher bezeichnen wir sie kurz mit $\{f_\nu\}$. Die Folge:

$$f_k, f_{k+1}, \ldots, f_{k+\nu}, \ldots$$

bezeichnen wir als die k-te Restfolge $\{f_\nu\}_k$ von f_ν; die endliche Folge:

$$f_k, f_{k+1}, \ldots, f_{k+l}$$

werde bezeichnet mit $\{f_\nu\}_k^{k+l}$.

Eine Zahl p, die so beschaffen ist, daß:

$$f_\nu(a) \leq p \quad \text{für alle } a \text{ von } \mathfrak{A} \text{ und alle } \nu,$$

heißt eine Oberzahl (majorante Zahl) von $\{f_\nu\}$ auf $\mathfrak{A}$, und analog werden die Oberzahlen für $\{f_\nu\}_k$ und $\{f_\nu\}_k^{k+l}$ definiert. Eine Funktion $F(a)$, die so beschaffen ist, daß:

$$f_\nu(a) \leq F(a) \quad \text{für alle } a \text{ von } \mathfrak{A} \text{ und alle } \nu,$$

heißt eine Oberfunktion (majorante Funktion) von $\{f_\nu\}$, und analog werden die Oberfunktionen von $\{f_\nu\}_k$ und $\{f_\nu\}_k^{k+l}$ definiert. Ganz entsprechend sind die Definitionen von Unterzahl (minorante Zahl) und Unterfunktion (minorante Funktion) einer Funktionenfolge.

Eine Funktionenfolge heißt nach oben (nach unten) beschränkt auf $\mathfrak{A}$, wenn sie eine endliche Oberzahl (Unterzahl) auf $\mathfrak{A}$ besitzt, oder — was dasselbe heißt — wenn sie eine nach oben beschränkte Oberfunktion (bzw. eine nach unten beschränkte Unterfunktion) besitzt. Sie heißt beschränkt auf $\mathfrak{A}$, wenn sie sowohl nach oben als nach unten beschränkt ist auf $\mathfrak{A}$. Eine Funktionenfolge kann für jedes a von $\mathfrak{A}$ beschränkt sein, ohne auf $\mathfrak{A}$ beschränkt zu sein[1]).

Diejenige Funktion auf $\mathfrak{A}$, die in jedem Punkte a von $\mathfrak{A}$ gleich ist der oberen (unteren) Schranke der Folge $\{f_\nu(a)\}$, nennen wir die obere (untere) Schrankenfunktion von $\{f_\nu\}$. Die durch

$$\bar{f}(a) = \overline{\lim_{\nu = \infty}} f_\nu(a); \quad \underline{f}(a) = \underline{\lim_{\nu = \infty}} f_\nu(a)$$

definierten Funktionen nennen wir obere und untere Grenzfunktion von $\{f_\nu\}$.

Jeder Punkt von $\mathfrak{A}$, in dem $\{f_\nu\}$ konvergiert, d. h. in dem

$$\overline{\lim_{\nu=\infty}} f_\nu(a) = \underline{\lim_{\nu=\infty}} f_\nu(a) = \lim_{\nu=\infty} f_\nu(a),$$

heißt ein **Konvergenzpunkt**, jeder andere ein **Oszillationspunkt** von $\{f_\nu\}$. Ist eine Folge in jedem Punkte von $\mathfrak{A}$ konvergent, so heißt sie konvergent auf $\mathfrak{A}$. Die durch

$$f(a) = \lim_{\nu = \infty} f_\nu(a)$$

definierte Funktion heißt dann die **Grenzfunktion** von $\{f_\nu\}$.

Wenden wir auf sämtliche Funktionen einer Folge die Schränkungstransformation an, so geht sie in eine beschränkte Folge über Aus Kap. II, § 1, Satz I, II, III entnimmt man sofort:

Satz I. Geht durch die Schränkungstransformation $\{f_\nu\}$ über in $\{f_\nu^*\}$, so gehen dabei obere und untere Schrankenfunktion und Grenzfunktion von $\{f_\nu\}$ über in obere und untere Schrankenfunktion bzw. Grenzfunktion von $\{f_\nu^*\}$.

Satz II. Geht durch die Schränkungstransformation $\{f_\nu\}$ über in $\{f_\nu^*\}$, so haben $\{f_\nu\}$ und $\{f_\nu^*\}$ dieselben **Konvergenz- und Oszillationspunkte.**

Sei nun a ein Punkt von $\mathfrak{A}^0$. Zu jeder gegen a konvergierenden Folge $\{a_n\}$ aus $\mathfrak{A}$:

$$\lim_{n = \infty} a_n = a,$$

und jeder ins Unendliche wachsenden Indizesfolge $\{\nu_n\}$:

$$\lim_{n = \infty} \nu_n = +\infty$$

denken wir uns nun gebildet:

$$\overline{\lim_{n = \infty}} f_{\nu_n}(a_n) = v.$$

---

[1]) Beispiel: Sämtliche f_ν von $\{f_\nu\}$ seien dieselbe, auf $\mathfrak{A}$ endliche, aber nicht beschränkte Funktion.

Die obere Schranke aller dieser v bezeichnen wir mit $\Gamma(a;\{f_\nu\},\mathfrak{A})$, und nennen die so auf $\mathfrak{A}^0$ definierte Funktion die **Maximalfunktion von $\{f_\nu\}$ auf $\mathfrak{A}^1$**). Ganz analog ist die Definition der **Minimalfunktion** $\gamma(a;\{f_\nu\},\mathfrak{A})$ als untere Schranke aller Werte:

$$\varliminf_{n=\infty} f_{\nu_n}(a_n) = w \qquad (\lim_{n=\infty} a_n = a;\quad \lim_{n=\infty} \nu_n = +\infty).$$

Aus dieser Definition ergibt sich unmittelbar:

Satz III. Ist $\mathfrak{B} \prec \mathfrak{A}$ und a Punkt von $\mathfrak{B}^0$, so ist:

$$\Gamma(a;\{f_\nu\},\mathfrak{B}) \leqq \Gamma(a;\{f_\nu\},\mathfrak{A}); \qquad \gamma(a;\{f_\nu\},\mathfrak{B}) \geqq \gamma(a;\{f_\nu\},\mathfrak{A}).$$

Aus Kap. II, § 1, Satz I und II folgt weiter sofort:

Satz IV. Geht durch die Schränkungstransformation $\{f_\nu\}$ über in $\{f_\nu^*\}$, so auch $\Gamma(a;\{f_\nu\}.\mathfrak{A})$ in $\Gamma(a;\{f_\nu^*\},\mathfrak{A})$ und $\gamma(a;\{f_\nu\},\mathfrak{A})$ in $\gamma(a;\{f_\nu^*\},\mathfrak{A})$.

Maximal- und Minimalfunktion gewinnen sehr an Anschaulichkeit durch folgende Betrachtungsweise[2]): Wir bilden aus dem zugrunde gelegten metrischen Raume $\mathfrak{R}$ einen neuen Raum $\tilde{\mathfrak{R}}$, dessen Punkte die Paare $[a,z]$[3]) aus einem beliebigen Punkte a von $\mathfrak{R}$ und einer beliebigen (endlichen) reellen Zahl z seien, wobei der Punkt a von $\mathfrak{R}$ als identisch mit dem Punkte $[a,0]$ von $\tilde{\mathfrak{R}}$ betrachtet werde[4]), in Zeichen:

$$(*) \qquad\qquad a = [a,0].$$

Wir machen den Raum $\tilde{\mathfrak{R}}$ zu einem **metrischen** durch die Festsetzung: der Abstand der zwei Punkte $[a,z]$ und $[a',z']$ von $\tilde{\mathfrak{R}}$ sei gegeben durch:

$$(**) \qquad r([a,z],[a',z']) = \sqrt{r(a,a')^2 + (z-z')^2}.$$

Aus $(*)$ und $(**)$ folgt dann:

$$(***) \qquad \lim_{n=\infty}[a_n,z_n] = a, \quad \text{wenn} \quad \lim_{n=\infty} a_n = a;\quad \lim_{n=\infty} z_n = 0.$$

Ist nun $\mathfrak{A}$ irgendeine Punktmenge aus $\mathfrak{R}$, so werde (bei gegebenem z) unter $\mathfrak{A}(z)$ die Menge aller Punkte $[a,z]$ von $\tilde{\mathfrak{R}}$ ver-

---

[1]) Vgl. zu dieser Begriffsbildung C. A. Dell'Agnola, Atti Ven. 69 (1909/10), 151.

[2]) Sie dürfte (für Folgen von Funktionen einer reellen Veränderlichen) zuerst von P. Du Bois-Reymond angewendet worden sein: J. f. Math. 100 (1887), 331.

[3]) Eine Verwechslung dieses Symbols mit dem der abgeschlossenen Intervalle ist nicht zu befürchten.

[4]) In der Sprache der analytischen Geometrie könnte man sagen: $\mathfrak{R}$ ist die Ebene $z = 0$ von $\tilde{\mathfrak{R}}$.

standen, für die a zu $\mathfrak{A}$ gehört. Wir können nun eine auf $\mathfrak{A}$ gegebene Folge $\{f_\nu\}$ zur Darstellung bringen als eine Funktion $\tilde{f}$ auf der Punktmenge:

$$\tilde{\mathfrak{A}} = \mathfrak{A}(1) + \mathfrak{A}\left(\tfrac{1}{2}\right) + \ldots + \mathfrak{A}\left(\tfrac{1}{\nu}\right) + \ldots$$

von $\tilde{\mathfrak{R}}$, indem wir festsetzen: Ist a Punkt von $\mathfrak{A}$, so habe $\tilde{f}$ im Punkte $\left[a, \tfrac{1}{\nu}\right]$ von $\tilde{\mathfrak{A}}$ den Wert $f_\nu(a)$. Aus (***) folgt dann unmittelbar:

Satz V. In jedem Punkte a von $\mathfrak{A}^0$ stimmen Maximal- und Minimalfunktion von $\{f_\nu\}$ auf $\mathfrak{A}$ überein mit oberer und unterer Schrankenfunktion von $\tilde{f}$ auf $\tilde{\mathfrak{A}}$:

$$\varGamma(a;\{f_\nu\},\mathfrak{A}) = G(a;\tilde{f},\tilde{\mathfrak{A}}); \quad \gamma(a;\{f_\nu\},\mathfrak{A}) = g(a;\tilde{f},\tilde{\mathfrak{A}}).$$

Daraus fließen nun leicht die wesentlichen Eigenschaften von Maximal- und Minimalfunktion:

Satz VI. Die Zahlen $\gamma(a;\{f_\nu\},\mathfrak{A})$ und $\varGamma(a;\{f_\nu\},\mathfrak{A})$ sind charakterisiert durch die beiden Eigenschaften:

1. Ist $\quad q > \varGamma(a;\{f_\nu\},\mathfrak{A}) \quad$ (oder $p < \gamma(a;\{f_\nu\},\mathfrak{A})$),

so gibt es eine Umgebung $\mathfrak{U}$ von a in $\mathfrak{A}$. und einen Index ν_0, so daß:

(0) $f_\nu(a') < q$ (bzw. $f_\nu(a') > p$) für alle a' von $\mathfrak{U}$ und alle $\nu \geqq \nu_0$.

2. Ist $\quad q < \varGamma(a;\{f_\nu\},\mathfrak{A}) \quad$ (oder $\quad p > \gamma(a;\{f_\nu\},\mathfrak{A})$),

so gibt es zu jedem Index ν_0 in jeder Umgebung $\mathfrak{U}$ von a in $\mathfrak{A}$ mindestens einen Punkt a' und einen Index $\nu \geqq \nu_0$, so daß:

(00) $\qquad\qquad f_\nu(a') > q$ (bzw. $f_\nu(a') < p$).

In der Tat, ist

$$q > \varGamma(a;\{f_\nu\},\mathfrak{A}),$$

so gibt es wegen Satz V nach Kap. II, § 2, Satz VII eine Umgebung $\tilde{\mathfrak{U}}(a)$ von a in $\tilde{\mathfrak{A}}$, so daß:

(†) $\qquad\qquad G(\tilde{f}.\tilde{\mathfrak{U}}(a)) < q.$

Es gibt nun ein $\varrho > 0$, so daß für die Umgebung $\tilde{\mathfrak{U}}(a;\varrho)$ von a in $\tilde{\mathfrak{A}}$ gilt:

$$\tilde{\mathfrak{U}}(a;\varrho) \prec \tilde{\mathfrak{U}}(a).$$

Ist nun a' Punkt von $\mathfrak{A}$ und:

$$r(a',a) < \frac{\varrho}{\sqrt{2}}, \qquad \nu_0 > \frac{\sqrt{2}}{\varrho},$$

so gehört der Punkt $\left[a', \frac{1}{\nu}\right]$ für $\nu \geqq \nu_0$ zu $\tilde{\mathfrak{U}}(a;\varrho)$, mithin zu $\tilde{\mathfrak{U}}(a)$;

d. h. wegen (†): für jeden zur Umgebung $\mathfrak{U}\left(a; \dfrac{\varrho}{\sqrt{2}}\right)$ von a in $\mathfrak{A}$ gehörigen Punkt a' gilt:

$$f_\nu(a') < q \quad \text{für} \quad \nu \geqq \nu_0.$$

Damit ist (0) nachgewiesen.

Sei sodann:

(††) $$q < \Gamma(a; \{f_\nu\}, \mathfrak{A}),$$

sei ν_0 ein beliebiger Index und $\mathfrak{U}(a)$ eine beliebige Umgebung von a in $\mathfrak{A}$. Die Menge aller Punkte $\left[a', \frac{1}{\nu}\right]$ von $\tilde{\mathfrak{R}}$, für die a' zu $\mathfrak{U}(a)$ gehört und $\nu \geqq \nu_0$ ist, bildet dann eine Umgebung $\tilde{\mathfrak{U}}(a)$ von a in $\tilde{\mathfrak{A}}$. Da nach Satz V (††) gleichbedeutend ist mit:

$$q < G(a; \tilde{f}, \tilde{\mathfrak{A}}),$$

gibt es also nach Kap. II, § 2, Satz VII in $\tilde{\mathfrak{U}}(a)$ einen Punkt $\left[a', \frac{1}{\nu}\right]$, in dem

$$\tilde{f} > q.$$

d. h. es gibt in $\mathfrak{U}(a)$ einen Punkt a' und dazu einen Index $\nu \geqq \nu_0$, so daß (00) gilt. Damit ist Satz VI bewiesen.

Satz VII. Ist a Punkt von $\mathfrak{A}^0$, so gibt es in $\mathfrak{A}$ zwei Punktfolgen $\{a_n'\}$, $\{a_n''\}$ und dazu zwei Indizesfolgen $\{\nu_n'\}$, $\{\nu_n''\}$, so daß:

$$\lim_{n=\infty} a_n' = a; \quad \lim_{n=\infty} \nu_n' = +\infty; \quad \lim_{n=\infty} f_{\nu_n'}(a_n') = \Gamma(a; \{f_\nu\}, \mathfrak{A});$$

$$\lim_{n=\infty} a_n'' = a; \quad \lim_{n=\infty} \nu_n'' = +\infty; \quad \lim_{n=\infty} f_{\nu_n''}(a_n'') = \gamma(a; \{f_\nu\}, \mathfrak{A}).$$

In der Tat, wegen (**) (S. 232) und Satz V ist dies gleichbedeutend mit der Behauptung: Es gibt in $\tilde{\mathfrak{A}}$ zwei Punktfolgen $\left\{\left[a_n', \frac{1}{\nu_n'}\right]\right\}$, $\left\{\left[a_n'', \frac{1}{\nu_n''}\right]\right\}$, so daß:

$$\lim_{n=\infty} \left[a_n', \frac{1}{\nu_n'}\right] = a; \quad \lim_{n=\infty} \tilde{f}\left(\left[a_n', \frac{1}{\nu_n'}\right]\right) = G(a; \tilde{f}, \tilde{\mathfrak{A}});$$

$$\lim_{n=\infty} \left[a_n'', \frac{1}{\nu_n''}\right] = a; \quad \lim_{n=\infty} \tilde{f}\left(\left[a_n'', \frac{1}{\nu_n''}\right]\right) = g(a; \tilde{f}, \tilde{\mathfrak{A}}).$$

Dies aber ist der Fall nach Kap. II, § 2, Satz VI.

Satz VIII. In jedem Punkte von $\mathfrak{A}^0$ ist:

(1) $$\gamma(a; \{f_\nu\}, \mathfrak{A}) \leqq g(a; \lim_{\nu=\infty} f_\nu, \mathfrak{A}) \leqq G(a; \overline{\lim_{\nu=\infty}} f_\nu, \mathfrak{A}) \leqq \Gamma(a; \{f_\nu\}, \mathfrak{A}).$$

In jedem Punkte von $\mathfrak{A}$ ist:

$$\gamma\,(a;\{f_\nu\},\mathfrak{A}) \leqq g\,(a;\varliminf_{\nu=\infty} f_\nu,\mathfrak{A}) \leqq \varliminf_{\nu=\infty} f_\nu\,(a)$$

(2)
$$\leqq \varlimsup_{\nu=\infty} f_\nu\,(a) \leqq G\,(a;\varlimsup_{\nu=\infty} f_\nu,\mathfrak{A}) \leqq \Gamma\,(a;\{f_\nu\},\mathfrak{A}).$$

Sei in der Tat a ein Punkt von $\mathfrak{A}^0$, und q irgendeine Zahl:

(*)
$$q > \Gamma\,(a;\{f_\nu\},\mathfrak{A}).$$

Nach Satz VI gibt es eine Umgebung $\mathfrak{U}$ von a in $\mathfrak{A}$ und einen Index ν_0, so daß (0) gilt. Für alle a' von $\mathfrak{U}$ ist dann aber:

$$\varlimsup_{\nu=\infty} f_\nu\,(a') \leqq q.$$

Also ist:

$$G\,(\varlimsup_{\nu=\infty} f_\nu,\mathfrak{U}) \leqq q,$$

und mithin auch:

$$G\,(a;\varlimsup_{\nu=\infty} f_\nu,\mathfrak{A}) \leqq q.$$

Da dies für jedes der Ungleichung (*) genügende q zutrifft, so ist also auch:

$$G\,(a;\varlimsup_{\nu=\infty} f_\nu,\mathfrak{A}) \leqq \Gamma\,(a;\{f_\nu\},\mathfrak{A}),$$

womit die eine Hälfte von (1) bewiesen ist. Analog beweist man die andere.

Ist a insbesondere Punkt von $\mathfrak{A}$, so ist nach Kap. II, § 2, Satz II:

$$g\,(a;\varliminf_{\nu=\infty} f_\nu,\mathfrak{A}) \leqq \varliminf_{\nu=\infty} f_\nu\,(a);\quad \varlimsup_{\nu=\infty} f_\nu\,(a) \leqq G\,(a;\varlimsup_{\nu=\infty} f_\nu,\mathfrak{A}),$$

so daß (2) aus (1) folgt. Damit ist Satz VIII bewiesen.

In einem isolierten Punkte von $\mathfrak{A}$ ist offenbar:

$$\gamma\,(a;\{f_\nu\},\mathfrak{A}) = \varliminf_{\nu=\infty} f_\nu\,(a);\quad \Gamma\,(a;\{f_\nu\},\mathfrak{A}) = \varlimsup_{\nu=\infty} f_\nu\,(a).$$

Endlich folgern wir aus Satz V und Kap. II, § 11, Satz II sofort:

Satz IX. Für jede Funktionenfolge $\{f_\nu\}$ ist die Maximalfunktion $\Gamma\,(a;\{f_\nu\},\mathfrak{A})$ oberhalb stetig, die Minimalfunktion $\gamma\,(a;\{f_\nu\},\mathfrak{A})$ unterhalb stetig auf $\mathfrak{A}^0$.

So wie wir in Kap. II neben den Schrankenfunktionen auch die reduzierten Schrankenfunktionen eingeführt haben (§ 11, S. 168), so können wir hier auch reduzierte Maximal- und Minimalfunktion von $\{f_\nu\}$ einführen [1]). Wir definieren: Sei a ein Punkt von $\mathfrak{A}^1$ und $\{a_n\}$ eine Punktfolge aus $\mathfrak{A}$ mit:

$$\lim_{n=\infty} a_n = a; \quad a_n \neq a \quad \text{für alle } n,$$

und sei $\{\nu_n\}$ eine Indizesfolge mit:

$$\lim_{n=\infty} \nu_n = +\infty.$$

Wir denken uns gebildet:

$$\overline{\lim_{n=\infty}} f_{\nu_n}(a_n) = v,$$

und bezeichnen mit $\Gamma'(a; \{f_\nu\}, \mathfrak{A})$ die obere Schranke aller dieser Größen v. Dadurch ist $\Gamma'(a; \{f_\nu\}, \mathfrak{A})$ als Funktion von a definiert auf $\mathfrak{A}^1$. Sie heißt die reduzierte Maximalfunktion von $\{f_\nu\}$ auf $\mathfrak{A}$. Analog definiert man die reduzierte Minimalfunktion $\gamma'(a; \{f_\nu\}, \mathfrak{A})$. Aus der Definition folgen sofort die Sätze:

Satz X. Geht durch die Schränkungstransformation $\{f_\nu\}$ über in $\{f_\nu^*\}$, so auch $\Gamma'(a; \{f_\nu\}, \mathfrak{A})$ in $\Gamma'(a; \{f_\nu^*\}, \mathfrak{A})$ und $\gamma'(a; \{f_\nu\}, \mathfrak{A})$ in $\gamma'(a; \{f_\nu^*\}, \mathfrak{A})$.

Satz XI. In jedem Punkte von $\mathfrak{A}^1$ ist:

$$(0) \qquad \gamma(a; \{f_\nu\}\, \mathfrak{A}) \leq \gamma'(a; \{f_\nu\}, \mathfrak{A}) \leq \Gamma'(a; \{f_\nu\}, \mathfrak{A}) \leq \Gamma(a; \{f_\nu\}, \mathfrak{A});$$

in jedem Punkte von $\mathfrak{A}^1 - \mathfrak{A}\mathfrak{A}^1$ ist:

$$(00) \qquad \gamma'(a; \{f_\nu\}, \mathfrak{A}) = \gamma(a; \{f_\nu\}, \mathfrak{A}); \quad \Gamma'(a; \{f_\nu\}, \mathfrak{A}) = \Gamma(a; \{f_\nu\}, \mathfrak{A}).$$

Satz XII. Die charakteristischen Eigenschaften von Satz VI gelten auch für $\Gamma'(a; \{f_\nu\}, \mathfrak{A}), \gamma'(a; \{f_\nu\}, \mathfrak{A})$ in jedem Punkte a von $\mathfrak{A}^1$, wenn die Umgebungen $\mathfrak{U}$ von a in $\mathfrak{A}$ durch die reduzierten Umgebungen $\mathfrak{U}'$ von a in $\mathfrak{A}$ ersetzt werden.

In der Tat, ist a Punkt von $\mathfrak{A}^1 - \mathfrak{A}\mathfrak{A}^1$, so gilt dies wegen (00) von Satz XI. Ist a Punkt von $\mathfrak{A}\mathfrak{A}^1$, so bezeichne man mit $\mathfrak{A}'$ die Menge, die aus $\mathfrak{A}$ durch Weglassen von a entsteht, und hat nach (00) von Satz XI:

$$\gamma'(a; \{f_\nu\}, \mathfrak{A}) = \gamma(a; \{f_\nu\}, \mathfrak{A}'); \quad \Gamma'(a; \{f_\nu\}, \mathfrak{A}) = \Gamma(a; \{f_\nu\}, \mathfrak{A}').$$

Indem man nun auf $\mathfrak{A}'$ Satz VI anwendet, erhält man Satz XII.

Ebenso erhält man aus Satz VII:

Satz XIII. Ist a Punkt aus $\mathfrak{A}^1$, so gibt es in $\mathfrak{A}$ zwei Punktfolgen $\{a_n'\}$, $\{a_n''\}$, und zwei Indizesfolgen $\{\nu_n'\}$, $\{\nu_n''\}$, so daß:

$$\lim_{n=\infty} a_n' = a; \quad a_n' \neq a; \quad \lim_{n=\infty} \nu_n' = +\infty; \quad \lim_{n=\infty} f_{\nu_n'}(a_n') = \Gamma'(a; \{f_\nu\}, \mathfrak{A});$$

$$\lim_{n=\infty} a_n'' = a; \quad a_n'' \neq a; \quad \lim_{n=\infty} \nu_n'' = +\infty; \quad \lim_{n=\infty} f_{\nu_n''}(a_n'') = \gamma'(a; \{f_\nu\}, \mathfrak{A}).$$

Auf dieselbe Weise wird aus (1) von Satz VIII [2]):

---

[1]) W. H. Young, Lond. Proc. (2) 6 (1908), 29, 298. Dort wird $\Gamma'(a; \{f_\nu\}, \mathfrak{A})$ als „peak function", $\gamma'(a; \{f_\nu\}, \mathfrak{A})$ als „chasm function" bezeichnet.

[2]) Die zu (2) von Satz VIII analoge Ungleichung:

$$\gamma'(a; \{f_\nu\}, \mathfrak{A}) \leq \lim_{\nu=\infty} f_\nu(a) \leq \overline{\lim_{\nu=\infty}} f_\nu(a) \leq \Gamma'(a; \{f_\nu\}, \mathfrak{A})$$

Satz XIV. In jedem Punkte von $\mathfrak{A}^1$ ist:

$$\gamma'\left(a;\{f_\nu\},\mathfrak{A}\right) \leq g'\left(a; \lim_{\nu=\infty} f_\nu . \mathfrak{A}\right) \leq G'\left(a; \overline{\lim_{\nu=\infty}} f_\nu, \mathfrak{A}\right) \leq \Gamma'\left(a;\{f_\nu\},\mathfrak{A}\right).$$

Endlich folgern wir noch aus Satz IX:

Satz XV. Für jede Funktionenfolge $\{f_\nu\}$ ist $\Gamma'(a;\{f_\nu\},\mathfrak{A})$ oberhalb stetig, $\gamma'(a;\{f_\nu\},\mathfrak{A})$ unterhalb stetig auf $\mathfrak{A}^1$.

Sei in der Tat a_1 ein Punkt von $\mathfrak{A}^1$, und sei $\mathfrak{A}' = \mathfrak{A}$, wenn a_1 nicht in $\mathfrak{A}$, hingegen sei $\mathfrak{A}'$, wenn a_1 in $\mathfrak{A}$, die aus $\mathfrak{A}$ durch Weglassen von a_1 entstehende Menge. Nach Satz XI ist:

(†) $\qquad \gamma'(a_1;\{f_\nu\},\mathfrak{A}) = \gamma(a_1;\{f_\nu\},\mathfrak{A}'); \quad \Gamma'(a_1;\{f_\nu\},\mathfrak{A}) = \Gamma(a_1;\{f_\nu\},\mathfrak{A}'),$

während für alle $a \neq a_1$ von $\mathfrak{A}^1$:

(††) $\qquad \gamma'(a;\{f_\nu\},\mathfrak{A}) \geq \gamma(a;\{f_\nu\},\mathfrak{A}'); \quad \Gamma'(a;\{f_\nu\},\mathfrak{A}) \leq \Gamma(a;\{f_\nu\},\mathfrak{A}').$

Da $(\mathfrak{A}')^0 = \mathfrak{A}^0$, ist nach Satz IX $\Gamma(a;\{f_\nu\},\mathfrak{A}')$ oberhalb, $\gamma(a;\{f_\nu\},\mathfrak{A}')$ unterhalb stetig auf $\mathfrak{A}^0$, mithin auch auf $\mathfrak{A}^1$. Aus (†) und (††) folgt dann aber sofort, daß in a_1 auch $\Gamma'(a;\{f_\nu\},\mathfrak{A})$ oberhalb, $\gamma'(a;\{f_\nu\},\mathfrak{A})$ unterhalb stetig ist auf $\mathfrak{A}^1$, womit Satz XV bewiesen ist.

In Ergänzung von Satz XI zeigen wir noch:

Satz XVI. Sind im Punkte a von $\mathfrak{A}\mathfrak{A}^1$ alle f_ν unterhalb stetig auf $\mathfrak{A}$, so ist:

(1) $$\Gamma'(a;\{f_\nu\},\mathfrak{A}) = \Gamma(a;\{f_\nu\},\mathfrak{A});$$

sind sie oberhalb stetig auf $\mathfrak{A}$, so ist:

(2) $$\gamma'(a;\{f_\nu\},\mathfrak{A}) = \gamma(a;\{f_\nu\},\mathfrak{A}).$$

Vermöge der Schränkungstransformation (Satz IV und Satz X) können wir $\{f_\nu\}$ als beschränkt annehmen. Angenommen (1) gelte nicht. Wegen Satz XI ist dann:

$$\Gamma(a;\{f_\nu\},\mathfrak{A}) > \Gamma'(a;\{f_\nu\},\mathfrak{A}),$$

und es gibt daher nach Satz VII eine Punktfolge $\{a_n\}$ in $\mathfrak{A}$ und eine Indizesfolge $\{\nu_n\}$, so daß:

(3) $$\lim_{n=\infty} a_n = a; \quad \lim_{n=\infty} \nu_n = +\infty; \quad \lim_{n=\infty} f_{\nu_n}(a_n) > \Gamma'(a;\{f_\nu\},\mathfrak{A}).$$

Nach Definition von Γ' muß also sein:

$$a_n = a \quad \text{für unendliche viele } a.$$

Indem wir nötigenfalls von $\{a_n\}$ zu einer Teilfolge übergehen, können wir annehmen:

$$a_n = a \quad \text{für alle } n,$$

und haben aus (3):

(4) $$\lim_{n=\infty} f_{\nu_n}(a) > \Gamma'(a;\{f_\nu\},\mathfrak{A}).$$

---

gilt nicht allgemein. Wohl aber kann man (ganz ebenso wie in Kap. II, § 11, Satz VII bewiesen wurde) zeigen, daß — wenn $\mathfrak{A}\mathfrak{A}^1$ separabel — diese Ungleichung überall auf $\mathfrak{A}\mathfrak{A}^1$ gilt, abgesehen von einer abzählbaren Punktmenge.

Da a Punkt von $\mathfrak{A}\mathfrak{A}^1$ und alle f_{ν_n} unterhalb stetig in a auf $\mathfrak{A}$, gibt es in $\mathfrak{A}$ ein $a'_n \neq a$, so daß:

$$(5) \qquad r(a'_n, a) < \frac{1}{n}; \quad f_{\nu_n}(a'_n) > f_{\nu_n}(a) - \frac{1}{n}.$$

Aus (3), (4), (5) aber folgt:

$$\lim_{n=\infty} a'_n = a; \quad a'_n \neq a; \quad \lim_{n=\infty} \nu_n = +\infty; \quad \overline{\lim_{n=\infty}} f_{\nu_n}(a'_n) > I''(a; \{f_\nu\}, \mathfrak{A}).$$

im Widerspruch mit der Definition von I''. Damit ist (1) bewiesen, und ebenso beweist man (2).

In Satz XVI ist der Satz enthalten:

Satz XVII. Sind im Punkte a von $\mathfrak{A}\mathfrak{A}^1$ alle f_ν stetig auf $\mathfrak{A}$, so gilt sowohl (1) als (2) von Satz XVI.

Es sei noch bemerkt, daß, wenn die f_ν Funktionen einer reellen Veränderlichen sind, auch einseitige (reduzierte) Maximal- und Minimalfunktion von $\{f_\nu\}$ definiert werden können. Wir gehen darauf nicht ein[1]).

§ 2. Stetige Konvergenz und halbstetige Oszillation.

In Analogie zur Stetigkeitsdefinition einer Funktion (Kap. II, § 3, S. 122) definieren wir nun: Die auf $\mathfrak{A}$ gegebene Folge $\{f_\nu\}$ heißt im Punkte a von $\mathfrak{A}^0$ stetig konvergent auf $\mathfrak{A}$, wenn für jede Punktfolge $\{a_n\}$ aus $\mathfrak{A}$ und jede Indizesfolge $\{\nu_n\}$ mit:

$$(0) \qquad \lim_{n=\infty} a_n = a \quad \text{und} \quad \lim_{n=\infty} \nu_n = +\infty$$

der Grenzwert $\lim\limits_{n=\infty} f_{\nu_n}(a_n)$ existiert. Aus dieser Definition folgt sofort:

Satz I. Geht $\{f_\nu\}$ durch die Schränkungstransformation über in $\{f_\nu^*\}$, so folgt aus der stetigen Konvergenz von $\{f_\nu\}$ in a auf $\mathfrak{A}$ auch die von $\{f_\nu^*\}$ und umgekehrt.

Satz II. Damit $\{f_\nu\}$ stetig konvergent sei in a auf $\mathfrak{A}$, ist notwendig und hinreichend, daß:

$$(1) \qquad \varGamma(a; \{f_\nu\}, \mathfrak{A}) = \gamma(a; \{f_\nu\}, \mathfrak{A}).[2])$$

Die Bedingung ist notwendig. In der Tat, ist $\{f_\nu\}$ stetig konvergent in a auf $\mathfrak{A}$, so hat für alle (0) erfüllenden Folgen $\{a_n\}$, $\{\nu_n\}$ der Grenzwert $\lim\limits_{n=\infty} f_{\nu_n}(a_n)$ denselben Wert l:

$$(2) \qquad \lim_{n=\infty} f_{\nu_n}(a_n) = l.$$

Denn angenommen es wäre:

$$\lim_{n=\infty} a'_n = a; \quad \lim_{n=\infty} \nu'_n = +\infty; \quad \lim_{n=\infty} f_{\nu'_n}(a'_n) = l';$$

---

[1]) Vgl. hierüber W. H. Young a. a. O.
[2]) Es könnte also die stetige Konvergenz auch durch Gleichung (1) definiert werden.

$$\lim_{n=\infty} a_n'' = a; \quad \lim_{n=\infty} \nu_n'' = +\infty; \quad \lim_{n=\infty} f_{\nu_n''}(a_n'') = l'' \neq l',$$

so würden auch die Folgen:

$$a_1', a_1'', a_2', a_2'', \ldots, a_n', a_n'', \ldots; \quad \nu_1', \nu_1'', \nu_2', \nu_2'', \ldots, \nu_n', \nu_n'', \ldots.$$

(0) erfüllen, ohne daß die Folge:

$$f_{\nu_1'}(a_1'), f_{\nu_1''}(a_1''), f_{\nu_2'}(a_2'), f_{\nu_2''}(a_2''), \ldots, f_{\nu_n'}(a_n'), f_{\nu_n''}(a_n''), \ldots$$

einen Grenzwert besäße, was der Stetigkeit der Konvergenz widerspricht.

Da nun aber (2) für alle (0) erfüllenden $\{a_n\}, \{\nu_n\}$ gilt, so ist zufolge der Definition von Γ und γ:

$$\Gamma(a; \{f_\nu\}, \mathfrak{A}) = l; \quad \gamma(a; \{f_\nu\}, \mathfrak{A}) = l,$$

und (1) ist als notwendig erwiesen.

Die Bedingung ist hinreichend[1]). Denn nach Definition von Γ und γ folgt aus (0):

$$(3) \qquad \gamma(a; \{f_\nu\}, \mathfrak{A}) \leq \varliminf_{n=\infty} f_{\nu_n}(a_n) \leq \varlimsup_{n=\infty} f_{\nu_n}(a_n) \leq \Gamma(a; \{f_\nu\}, \mathfrak{A}),$$

und mithin, wenn (1) erfüllt ist:

$$\varliminf_{n=\infty} f_{\nu_n}(a_n) = \varlimsup_{n=\infty} f_{\nu_n}(a_n),$$

d. h. es existiert der Grenzwert $\lim\limits_{n=\infty} f_{\nu_n}(a_n)$, und es ist somit $\{f_\nu\}$ stetig konvergent in a auf $\mathfrak{A}$.

Satz III.[2])   Damit $\{f_\nu\}$ stetig konvergent sei auf $\mathfrak{A}$ im Punkte a von $\mathfrak{A}$, ist notwendig und hinreichend, daß $\{f_\nu(a)\}$ konvergent sei, und daß

$$(4) \qquad \Gamma(a; \{f_\nu\}, \mathfrak{A}) = \gamma(a; \{f_\nu\}, \mathfrak{A}) = \lim_{\nu=\infty} f_\nu(a).$$

Die Bedingung ist notwendig. In der Tat, ist $\{f_\nu\}$ stetig konvergent in a auf $\mathfrak{A}$, so gilt nach Satz II jedenfalls (1). Nach Definition von Γ und γ aber folgt aus (0) Ungleichung (3). Aus (1) und (3) aber folgt (4), indem man $a_n = a$ setzt für alle n.

Die Bedingung ist hinreichend. Dies ist schon in Satz II enthalten.

Ebenso leicht erkennt man:

Satz IV.   Damit $\{f_\nu\}$ im Punkte a von $\mathfrak{A}^0$ stetig konvergent sei auf $\mathfrak{A}$, ist notwendig und hinreichend, daß für

---

[1]) Dies ist ein allgemeiner Grenzsatz.

[2]) Definiert man die stetige Konvergenz dnrch Gleichung (1) von Satz II, so sind Satz III und IV allgemeine Grenzsätze.

alle (0) erfüllenden $\{a_n\}$ und $\{\nu_n\}$:

$$(\dagger) \qquad \lim_{n=\infty} f_{\nu_n}(a_n) = \Gamma(a;\{f_\nu\},\mathfrak{A}) = \gamma(a;\{f_\nu\},\mathfrak{A}).$$

Ist insbesondere a Punkt von $\mathfrak{A}$, so ist $(\dagger)$ gleichbedeutend mit:

$$(\dagger\dagger) \qquad \lim_{n=\infty} f_{\nu_n}(a_n) = \lim_{\nu=\infty} f_\nu(a).$$

Es folgt daraus unmittelbar, daß in einem isolierten Punkte a von $\mathfrak{A}$ stetige Konvergenz von $\{f_\nu\}$ gleichbedeutend ist mit Konvergenz von $\{f_\nu(a)\}$.

Satz V. Damit die im Punkte a von $\mathfrak{A}$ konvergente Folge $\{f_\nu\}$ stetig konvergent sei in a auf $\mathfrak{A}$, ist notwendig und hinreichend, daß es zu jedem p:

$$(*) \qquad p < \lim_{\nu=\infty} f_\nu(a),$$

und ebenso zu jedem q:

$$q > \lim_{\nu=\infty} f_\nu(a),$$

eine Umgebung $\mathfrak{U}$ von a in $\mathfrak{A}$ und einen Index ν_0 gebe, so daß:

$$\left.\begin{array}{l} f_\nu(a') > p \\ f_\nu(a') < q \end{array}\right\} \quad \text{für alle } a' \text{ von } \mathfrak{U} \text{ und alle } \nu \geqq \nu_0.$$

Die Bedingung ist notwendig. Angenommen etwa, es gäbe zu einem $(*)$ erfüllenden p kein solches ν_0 und keine solche Umgebung $\mathfrak{U}$. Dann gäbe es für jedes n in $\mathfrak{U}\left(a;\dfrac{1}{n}\right)$ einen Punkt a_n von $\mathfrak{A}$ und einen Index $\nu_n \geqq n$, so daß:

$$f_{\nu_n}(a_n) \leqq p < \lim_{\nu=\infty} f_\nu(a).$$

Es wäre also auch:

$$\varlimsup_{n=\infty} f_{\nu_n}(a_n) < \lim_{\nu=\infty} f_\nu(a),$$

im Widerspruche mit Satz IV.

Die Bedingung ist hinreichend. Angenommen, sie sei erfüllt. Ist dann $\{a_n\}$ eine Punktfolge aus $\mathfrak{A}$, $\{\nu_n\}$ eine Indizesfolge mit:

$$\lim_{n=\infty} a_n = a; \quad \lim_{n=\infty} \nu_n = +\infty,$$

so liegen fast alle a_n in $\mathfrak{U}$, und für fast alle n ist $\nu_n \geqq \nu_0$, d. h. es ist:

$$f_{\nu_n}(a_n) > p; \quad f_{\nu_n}(a_n) < q \quad \text{für fast alle } n,$$

d. h. es ist:

$$\lim_{n=\infty} f_{\nu_n}(a_n) = \lim_{\nu=\infty} f_\nu(a),$$

und nach Satz IV ist die stetige Konvergenz von $\{f_\nu\}$ in a auf $\mathfrak{A}$ bewiesen.

Ist $\{f_\nu\}$ stetig konvergent in a auf $\mathfrak{A}$, und ist der durch (†) von Satz IV gegebene Wert endlich, so wollen wir sagen, $\{f_\nu\}$ sei eigentlich stetig konvergent in a auf $\mathfrak{A}$.

Satz VI.[1]) Damit $\{f_\nu\}$ im Punkte a von $\mathfrak{A}^0$ eigentlich stetig konvergent sei auf $\mathfrak{A}$, ist notwendig und hinreichend, daß für jede Punktfolge $\{a_n\}$ aus $\mathfrak{A}$ mit $\lim\limits_{n=\infty} a_n = a$ die Beziehung bestehe:

$$(*) \qquad \lim_{\substack{n=\infty,\, n'=\infty \\ \nu=\infty,\, \nu'=\infty}} (f_{\nu'}(a_{n'}) - f_\nu(a_n)) = 0.$$

Die Bedingung ist notwendig. Angenommen in der Tat, sie sei nicht erfüllt. Dann gibt es eine gegen a konvergierende Punktfolge $\{a_n\}$ aus $\mathfrak{A}$, ein $\varepsilon > 0$, und wenn n_0, ν_0 beliebig gegeben sind, Indizes n, n', ν, ν', so daß:

$$n \geqq n_0,\, n' \geqq n_0,\, \nu \geqq \nu_0,\, \nu' \geqq \nu_0; \qquad |f_{\nu'}(a_{n'}) - f_\nu(a_n)| \geqq \varepsilon.$$

Es gibt dann also insbesondere Indizes n_i, n_i', ν_i, ν_i', so daß:

$$n_i \geqq i,\, n_i' \geqq i,\, \nu_i \geqq i,\, \nu_i' \geqq i; \qquad |f_{\nu_i'}(a_{n_i'}) - f_{\nu_i}(a_{n_i})| \geqq \varepsilon.$$

Es kann also die Folge

$$\cdot f_{\nu_1}(a_{n_1}),\, f_{\nu_1'}(a_{n_1'}),\, f_{\nu_2}(a_{n_2}),\, f_{\nu_2'}(a_{n_2}),\, \ldots,\, f_{\nu_i}(a_{n_i}),\, f_{\nu_i'}(a_{n_i'}),\, \ldots$$

nicht eigentlich konvergent sein, und mithin kann nach Satz IV $\{f_\nu\}$ nicht eigentlich stetig konvergent sein in a auf $\mathfrak{A}$.

Die Bedingung ist hinreichend. Angenommen in der Tat, sie sei erfüllt. Ist dann $\varepsilon > 0$ beliebig gegeben, so gibt es zu jeder gegen a konvergierenden Folge $\{a_n\}$ aus $\mathfrak{A}$ Indizes n_0 und ν_0, so daß:

$$|f_{\nu'}(a_{n'}) - f_\nu(a_n)| < \varepsilon \quad \text{für} \quad n \geqq n_0,\, n' \geqq n_0,\, \nu \geqq \nu_0,\, \nu' \geqq \nu_0;$$

ist also $\lim\limits_{n=\infty} \nu_n = +\infty$, so gibt es ein $\bar{n}$, so daß:

$$|f_{\nu_{n'}}(a_{n'}) - f_{\nu_n}(a_n)| < \varepsilon \quad \text{für} \quad n \geqq \bar{n},\, n' \geqq \bar{n},$$

d. h. die Folge $\{f_{\nu_n}(a_n)\}$ ist eigentlich konvergent. Daraus folgt sofort die eigentliche stetige Konvergenz von $\{f_\nu\}$ in a auf $\mathfrak{A}$, und Satz VI ist bewiesen.

Satz VII. Damit $\{f_\nu\}$ im Punkte a von $\mathfrak{A}^0$ eigentlich stetig konvergent sei auf $\mathfrak{A}$, ist notwendig und hinreichend,

---

[1]) Satz VI ist ein allgemeiner Grenzsatz.

daß es zu jedem $\varepsilon > 0$ eine Umgebung $\mathfrak{U}$ von a in $\mathfrak{A}$ und einen Index ν_0 gebe, so daß:

$$(**) \qquad |f_{\nu'}(a') - f_{\nu''}(a'')| < \varepsilon$$

für alle a', a'' von $\mathfrak{U}$ und alle $\nu' \geqq \nu_0$, $\nu'' \geqq \nu_0$.

Die Bedingung ist notwendig. Angenommen in der Tat, sie sei nicht erfüllt. Dann gibt es ein $\varepsilon > 0$, ferner zu jedem n zwei Indizes $\nu'_n \geqq n$, $\nu''_n \geqq n$, und in $\mathfrak{U}\left(a; \frac{1}{n}\right)$ zwei Punkte a'_n, a''_n von $\mathfrak{A}$ derart, daß:

$$|f_{\nu'_n}(a'_n) - f_{\nu''_n}(a''_n)| \geqq \varepsilon.$$

Also ist für die gegen a konvergierende Folge:

$$a'_1, a''_1, a'_2, a''_2, \ldots, a'_n, a''_n, \ldots$$

die Bedingung von Satz VI nicht erfüllt, und somit ist $\{f_\nu\}$ nicht eigentlich stetig konvergent in a auf $\mathfrak{A}$.

Die Bedingung ist hinreichend. Angenommen in der Tat, sie sei erfüllt. Ist $\{a_n\}$ eine Punktfolge aus $\mathfrak{A}$ mit $\lim\limits_{n=\infty} a_n = a$, so gibt es ein n_0, so daß a_n für $n \geqq n_0$ in $\mathfrak{U}$ liegt. Wegen $(**)$ gilt also:

$$|f_{\nu'}(a_{n'}) - f_{\nu''}(a_{n''})| < \varepsilon \quad \text{für} \quad n' \geqq n_0, n'' \geqq n_0, \nu' \geqq \nu_0, \nu'' \geqq \nu_0;$$

das aber ist gleichbedeutend mit der Bedingung $(*)$ von Satz VI. Damit ist Satz VII bewiesen.

Satz VIII.[1]) Ist die Folge $\{f_\nu\}$ im Punkte a von $\mathfrak{A}$ stetig konvergent auf $\mathfrak{A}$, so ist sowohl ihre obere als ihre untere Grenzfunktion

$$\bar{f} = \overline{\lim_{\nu=\infty}} f_\nu; \quad \underline{f} = \underline{\lim_{\nu=\infty}} f_\nu$$

stetig in a auf $\mathfrak{A}$.

Vermöge der Schränkungstransformation kann $\{f_\nu\}$, und somit auch $\bar{f}$ und $\underline{f}$ als beschränkt vorausgesetzt werden. Angenommen, es wäre etwa $\bar{f}$ nicht stetig in a auf $\mathfrak{A}$. Dann gäbe es in $\mathfrak{A}$ eine Folge $\{a_n\}$ mit $\lim\limits_{n=\infty} a_n = a$, so daß die Folge $\{\bar{f}(a_n)\}$ nicht konvergiert. Da $\bar{f}(a_n)$ ein Häufungswert der Folge $\{f_\nu(a_n)\}$ $(\nu = 1, 2 \ldots)$ ist, gibt es ein $\nu_n \geqq n$, so daß:

$$|f_{\nu_n}(a_n) - \bar{f}(a_n)| < \frac{1}{n}.$$

____

[1]) Definiert man die stetige Konvergenz durch Gleichung (1) von Satz II, so sind Satz VIII und IX allgemeine Grenzsätze. Es sei noch besonders bemerkt, daß in Satz VIII die f_ν nicht als stetig in a auf $\mathfrak{A}$ vorausgesetzt werden müssen.

'Dann ist jeder Häufungswert von $\{\bar{f}(a_n)\}$ auch ein Häufungswert von $\{f_{\nu_n}(a_n)\}$, so daß $\{f_{\nu_n}(a_n)\}$ ebenso wie $\{\bar{f}(a_n)\}$ nicht konvergiert. Dies steht in Widerspruch zur vorausgesetzten stetigen Konvergenz von $\{f_\nu\}$, und Satz VIII ist bewiesen.

Derselbe Beweis zeigt:

Satz IX. Ist die Folge $\{f_\nu\}$ im Punkte a von $\mathfrak{A}^1$ stetig konvergent auf $\mathfrak{A}$, so hat ihre obere und ihre untere Grenzfunktion denselben Grenzwert in a auf $\mathfrak{A}$.

Unter einschränkenden Voraussetzungen kann Satz VIII (und analog Satz IX) umgekehrt werden. Wir zeigen zunächst:

Satz X.[1]) Ist im Punkte a von $\mathfrak{A}$ die Grenzfunktion der monoton abnehmenden[2]) Folge $\{f_\nu\}$:

$$(*) \qquad f = \lim_{\nu=\infty} f_\nu; \quad f_{\nu+1} \leq f_\nu$$

unterhalb[2]) stetig auf $\mathfrak{A}$, und sind unendlich viele f_ν oberhalb[2]) stetig in a auf $\mathfrak{A}$, so ist $\{f_\nu\}$ stetig konvergent in a auf $\mathfrak{A}$.

Beim Beweise können wir wieder $\{f_\nu\}$, und somit auch f als beschränkt annehmen. Es genügt zu zeigen: Für alle Folgen $\{a_n\}$ aus $\mathfrak{A}$ und alle Indizesfolgen $\{\nu_n\}$ mit:

$$\lim_{n=\infty} a_n = a; \quad \lim_{n=\infty} \nu_n = +\infty$$

ist:

$$(**) \qquad \lim_{n=\infty} f_{\nu_n}(a_n) = f(a).$$

Wegen $(*)$ gibt es zu jedem $\varepsilon > 0$ ein $\bar{\nu}$, so daß:

$$f_{\bar{\nu}}(a) < f(a) + \varepsilon,$$

und so daß $f_{\bar{\nu}}$ oberhalb stetig in a; dann ist auch:

$$f_{\bar{\nu}}(a_n) < f(a) + \varepsilon \quad \text{für fast alle } n.$$

Wegen der Monotonie von $\{f_\nu\}$ ist daher auch:

$$(^*_*) \qquad f_{\nu_n}(a_n) < f(a) + \varepsilon \quad \text{für fast alle } n.$$

Weil f unterhalb stetig in a, ist:

$$f(a_n) > f(a) - \varepsilon \quad \text{für fast alle } n.$$

Wegen der Monotonie von $\{f_\nu\}$ ist daher auch:

$$(_*^*) \qquad f_{\nu_n}(a_n) > f(a) - \varepsilon \quad \text{für fast alle } n.$$

Aus $(^*_*)$ und $(_*^*)$ aber folgt $(**)$, und Satz X ist bewiesen.

---

[1]) Satz X und XI und allgemeine Grenzsätze.

[2]) Für monoton wachsende Folgen $\{f_\nu\}$ gilt die Behauptung, wenn f oberhalb, und unendlich viele f_ν unterhalb stetig in a sind.

16*

Aus Satz X folgt nun sofort:

Satz XI. **Ist im Punkte** a **von** $\mathfrak{A}$ **die Grenzfunktion der monotonen[1]) Folge** $\{f_\nu\}$ **stetig auf** $\mathfrak{A}$, **und sind unendlich viele** f_ν **stetig[1]) in** a **auf** $\mathfrak{A}$, **so ist** $\{f_\nu\}$ **stetig konvergent in** a **auf** $\mathfrak{A}$.

Wir wollen nun noch eine Verallgemeinerung des Begriffes der stetigen Konvergenz vornehmen. War $\{f_\nu\}$ stetig konvergent auf $\mathfrak{A}$ im Punkte a von $\mathfrak{A}$, so galt (Satz IV) für alle Punktfolgen $\{a_n\}$ aus $\mathfrak{A}$ und alle Indizesfolgen $\{\nu_n\}$ mit:

$$(0) \qquad \lim_{n=\infty} a_n = a; \quad \lim_{n=\infty} \nu_n = +\infty$$

die Beziehung:

$$\lim_{n=\infty} f_{\nu_n}(a_n) = \lim_{\nu=\infty} f_\nu(a).$$

Wir definieren nun: Die Folge $\{f_\nu\}$ heißt **oberhalb stetig (unterhalb stetig) oszillierend** in a auf $\mathfrak{A}$, wenn für alle (0) erfüllenden $\{a_n\}$, $\{\nu_n\}$:

$$(00) \qquad \overline{\lim_{n=\infty}}\, f_{\nu_n}(a_n) \leqq \overline{\lim_{\nu=\infty}}\, f_\nu(a) \quad [\text{bzw.}\ \underline{\lim_{n=\infty}}\, f_{\nu_n}(a_n) \geqq \underline{\lim_{\nu=\infty}}\, f_\nu(a)].$$

Ist die Folge $\{f_\nu\}$ sowohl oberhalb als unterhalb stetig oszillierend in a auf $\mathfrak{A}$, so heißt sie **stetig oszillierend** in a auf $\mathfrak{A}$.

Satz XII[2]). **Ist die Folge** $\{f_\nu\}$ **konvergent in** a **und stetig oszillierend in** a **auf** $\mathfrak{A}$, **so ist sie stetig konvergent in** a **auf** $\mathfrak{A}$.

In der Tat, dann ist

$$\overline{\lim_{\nu=\infty}}\, f_\nu(a) = \underline{\lim_{\nu=\infty}}\, f_\nu(a) = \lim_{\nu=\infty} f_\nu(a),$$

und aus (00) folgt:

---

[1]) Folgende Beispiele (im $\mathfrak{R}_1$) zeigen, daß die einschränkenden Bedingungen nicht entbehrt werden können. 1. Beispiel: Sei $f_\nu = 0$ in $(-\infty, 0]$ und in $\left[\frac{2}{\nu}, +\infty\right)$, $f_\nu\left(\frac{1}{\nu}\right) = 1$ und f_ν linear in $\left[0, \frac{1}{\nu}\right]$ und in $\left[\frac{1}{\nu}, \frac{2}{\nu}\right]$ (Figur 6). Dann ist $\lim_{\nu=\infty} f_\nu = 0$, alle f_ν sind stetig, aber die Konvergenz ist nicht stetig im

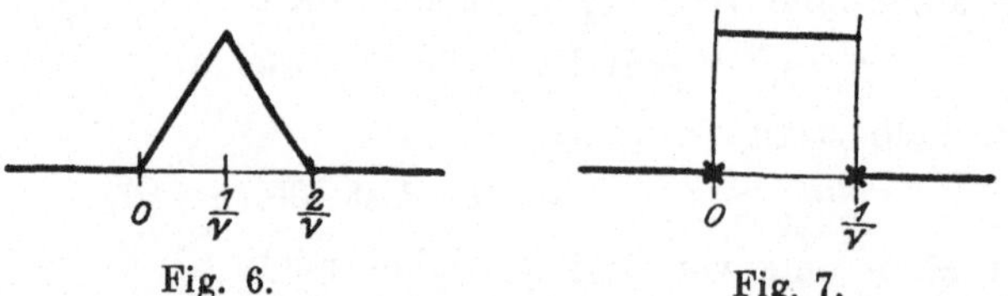

Fig. 6.   Fig. 7.

Punkte 0. 2. Beispiel: Sei $f_\nu = 0$ in $(-\infty, 0]$ und in $\left[\frac{1}{\nu}, +\infty\right)$; $f_\nu = 1$ in $\left(0, \frac{1}{\nu}\right)$ (Figur 7). Dann ist $\{f_\nu\}$ monoton und $\lim_{\nu=\infty} f_\nu = 0$. Aber die Konvergenz ist nicht stetig im Punkte 0.

[2]) Die Sätze XII bis XVI sind allgemeine Grenzsätze.

$$\overline{\lim_{n=\infty}} f_{\nu_n}(a_n) = \underline{\lim_{n=\infty}} f_{\nu_n}(a_n) = \lim_{n=\infty} f_{\nu_n}(a_n) = \lim_{\nu=\infty} f_\nu(a).$$

Also ist $\{f_\nu\}$ stetig konvergent in a auf $\mathfrak{A}$.

Satz XIII. Damit $\{f_\nu\}$ oberhalb stetig (unterhalb stetig) oszilliere in a auf $\mathfrak{A}$, ist notwendig und hinreichend, daß:

$$(000) \qquad \overline{\lim_{\nu=\infty}} f_\nu(a) = \Gamma(a; \{f_\nu\}, \mathfrak{A}) \quad [\mathrm{bzw.}\ \underline{\lim_{\nu=\infty}} f_\nu(a) = \gamma(a; \{f_\nu\}, \mathfrak{A})].$$

Die Bedingung ist **notwendig**: in der Tat, da $\Gamma(a; \{f_\nu\}, \mathfrak{A})$ die obere Schranke aller $\overline{\lim_{n=\infty}} f_{\nu_n}(a_n)$, folgt aus (00):

$$\Gamma(a; \{f_\nu\}, \mathfrak{A}) \leqq \overline{\lim_{\nu=\infty}} f_\nu(a).$$

Aus § 1, Satz VIII aber folgt die umgekehrte Ungleichung, womit (000) bewiesen ist.

Die Bedingung ist **hinreichend**. In der Tat, ist sie erfüllt, so folgt aus der Definition von $\Gamma(a; \{f_\nu\}, \mathfrak{A})$ als der oberen Schranke aller $\overline{\lim_{n=\infty}} f_{\nu_n}(a_n)$ sofort (00). Damit ist Satz XIII bewiesen.

Nun beweisen wir in Verallgemeinerung von Satz VIII:

Satz XIV. Ist die Folge $\{f_\nu\}$ in a oberhalb stetig[1]) oszillierend auf $\mathfrak{A}$, so ist ihre obere Grenzfunktion.

$$\bar{f} = \overline{\lim_{\nu=\infty}} f_\nu$$

oberhalb stetig in a auf $\mathfrak{A}$.

Vermöge der Schränkungstransformation kann $\{f_\nu\}$ und somit auch $\bar{f}$ als beschränkt vorausgesetzt werden. Angenommen, es wäre $\bar{f}$ nicht oberhalb stetig in a auf $\mathfrak{A}$. Dann gäbe es in $\mathfrak{A}$ eine Folge $\{a_n\}$, so daß:

$$(\dagger) \qquad \lim_{n=\infty} a_n = a; \quad \lim_{n=\infty} \bar{f}(a_n) > \bar{f}(a).$$

Zu jedem n gäbe es ein $\nu_n > n$, so daß:

$$|f_{\nu_n}(a_n) - \bar{f}(a_n)| < \frac{1}{n}.$$

Dann aber wäre auch:

$$(\dagger\dagger) \qquad \lim_{n=\infty} f_{\nu_n}(a_n) = \lim_{n=\infty} \bar{f}(a_n) > \bar{f}(a),$$

entgegen der Annahme, $\{f_\nu\}$ sei oberhalb stetig oszillierend in a auf $\mathfrak{A}$. Damit ist Satz XIV bewiesen.

Wörtlich derselbe Beweis lehrt:

Satz XV. Ist im Punkte a von $\mathfrak{A}\mathfrak{A}^1$:

$$(\dagger\dagger\dagger) \qquad \overline{\lim_{\nu=\infty}} f_\nu(a) \geqq \Gamma'(a; \{f_\nu\}, \mathfrak{A}),$$

so is die obere Grenzfunktion von $\{f_\nu\}$ oberhalb stetig in a auf $\mathfrak{A}$[2]).

---

[1]) Bei unterhalb stetig oszillierenden Folgen $\{f_\nu\}$ wird die untere Grenzfunktion unterhalb stetig.

[2]) Ist:

$$\underline{\lim_{\nu=\infty}} f_\nu(a) \leqq \gamma'(a; \{f_\nu\}, \mathfrak{A}),$$

so wird die untere Grenzfunktion unterhalb stetig.

In der Tat, wir können in (†) alle $a_n \neq a$ annehmen. Dann aber folgt aus (††):

$$\Gamma'\left(a; \{f_\nu\}, \mathfrak{A}\right) > \bar{f}(a) = \overline{\lim_{\nu=\infty}} f_\nu(a),$$

im Widerspruch mit der Voraussetzung (†††). Dadurch ist Satz XV bewiesen.

Insbesondere erhalten wir aus Satz XV folgende Ergänzung zu Satz VIII:

Satz XVI. Ist im Punkte a von $\mathfrak{A}\mathfrak{A}^1$ die Folge $\{f_\nu\}$ konvergent, und ist:

$$\Gamma'\left(a; \{f_\nu\}, \mathfrak{A}\right) = \gamma'\left(a; \{f_\nu\}, \mathfrak{A}\right) = \lim_{\nu=\infty} f_\nu(a),$$

so ist sowohl die obere als die untere Grenzfunktion von $\{f_\nu\}$ stetig in a auf $\mathfrak{A}$.

In der Tat, nach Satz XV ist $\bar{f} = \overline{\lim_{\nu=\infty}} f_\nu$ oberhalb, $\underline{f} = \underline{\lim_{\nu=\infty}} f_\nu$ unterhalb stetig in a auf $\mathfrak{A}$; im Punkte a aber ist nach Annahme:

$$\bar{f}(a) = \underline{f}(a) = \lim_{\nu=\infty} f_\nu(a).$$

Sind also p, q beliebige Zahlen:

$$p < \lim_{\nu=\infty} f_\nu(a), \quad q > \lim_{\nu=\infty} f_\nu(a)$$

und $\{a_n\}$ eine beliebige Punktfolge aus $\mathfrak{A}$ mit $\lim_{n=\infty} a_n = a$, so ist:

$$(1) \qquad \bar{f}(a_n) < q, \quad \underline{f}(a_n) > p \quad \text{für fast alle } n,$$

und somit, wegen $\underline{f} \leq \bar{f}$ auch:

$$(2) \qquad \bar{f}(a_n) > p; \quad \underline{f}(a_n) < q \quad \text{für fast alle } n.$$

Aus (1) und (2) aber folgt:

$$(3) \qquad \lim_{n=\infty} \bar{f}(a_n) = \lim_{\nu=\infty} f_\nu(a); \quad \lim_{n=\infty} \underline{f}(a_n) = \lim_{\nu=\infty} f_\nu(a).$$

Und da hierin $\{a_n\}$ eine beliebige Punktfolge aus $\mathfrak{A}$ mit $\lim_{n=\infty} a_n = a$ war, so besagt (3), daß $\bar{f}$ und $\underline{f}$ stetig sind in a auf $\mathfrak{A}$, wie behauptet.

§ 3. Gleichmäßige Konvergenz.

Der in § 2 behandelte Begriff der stetigen Konvergenz ist nur ein Spezialfall des viel bekannteren Begriffes der gleichmäßigen Konvergenz. Wir gelangen zu diesem Begriffe, indem wir, in Anlehnung an die in § 2, Satz VI ausgesprochene Eigenschaft der stetigen Konvergenz, nun die Definition aufstellen: Die auf $\mathfrak{A}$ gegebene Folge $\{f_\nu\}$ heißt[1]) eigentlich gleichmäßig konvergent auf $\mathfrak{A}$ im Punkte a von $\mathfrak{A}^0$, wenn für jede Punktfolge $\{a_n\}$ aus

---

[1]) Dieser Begriff wurde wohl zuerst eingeführt von Weierstraß 1880 (Werke 2, 203). Sodann findet er sich bei P. Du Bois-Reymond, J. f. Math. 100 (1887), 335 (wo er als „stetige Konvergenz im Punkte a" bezeichnet wird, so daß unsere Terminologie nicht mit der von Du Bois-Reymond übereinstimmt). Vgl. hierzu A. Pringsheim, Münch. Ber. 1919, 419.

$\mathfrak{A}$ mit $\lim\limits_{n=\infty} a_n = a$ die Beziehung besteht:

$$(*) \qquad \lim\limits_{\substack{n=\infty \\ \nu=\infty,\ \nu'=\infty}} (f_{\nu'}(a_n) - f_\nu(a_n)) = 0,$$

oder was dasselbe heißt, wenn es zu jeder Folge $\{a_n\}$ aus a mit $\lim\limits_{n=\infty} a_n = a$ und zu jedem $\varepsilon > 0$ einen Index n_0 und einen Index ν_0 gibt, so daß:

$$(**) \qquad |f_{\nu'}(a_n) - f_\nu(a_n)| < \varepsilon \quad \text{für } n \geq n_0,\ \nu \geq \nu_0,\ \nu' \geq \nu_0.$$

Ist insbesondere a Punkt von $\mathfrak{A}$, so können wir in $(**)$ setzen: $a_n = a$ für alle n, und ersehen: Eine im Punkte a von $\mathfrak{A}$ eigentlich gleichmäßig auf $\mathfrak{A}$ konvergente Folge $\{f_\nu\}$ ist im Punkte a **eigentlich konvergent**.

Nun definieren wir allgemein: Die Folge $\{f_\nu\}$ heißt **gleichmäßig konvergent in a auf $\mathfrak{A}$**, wenn die aus ihr durch die Schränkungstransformation entstehende Folge $\{f_\nu^*\}$ eigentlich gleichmäßig konvergent ist in a auf $\mathfrak{A}$. Auch hier gilt, wenn a zu $\mathfrak{A}$ gehört: eine in a auf $\mathfrak{A}$ gleichmäßig konvergente Folge $\{f_\nu\}$ ist im Punkte a konvergent. — In einem isolierten Punkte von $\mathfrak{A}$ ist gleichmäßige Konvergenz von $\{f_\nu\}$ gleichbedeutend mit Konvergenz von $\{f_\nu(a)\}$.

In Analogie zu § 2, Satz VII steht der Satz:

Satz I. Damit $\{f_\nu\}$ im Punkte a von $\mathfrak{A}^0$ eigentlich gleichmäßig konvergent sei auf $\mathfrak{A}$, ist notwendig und hinreichend, daß es zu jedem $\varepsilon > 0$ eine Umgebung $\mathfrak{U}$ von a in $\mathfrak{A}$ und einen Index ν_0 gibt, so daß:

$$(*_*^*) \qquad |f_{\nu'}(a') - f_\nu(a')| < \varepsilon$$

für alle a' von $\mathfrak{U}$ und alle $\nu' \geq \nu_0$, $\nu \geq \nu_0$.

Die Bedingung ist **notwendig**. Angenommen in der Tat, sie sei nicht erfüllt. Dann gibt es ein $\varepsilon > 0$, ferner zu jedem n zwei Indizes $\nu'_n \geq n$, $\nu_n \geq n$ und in $\mathfrak{U}\left(a; \dfrac{1}{n}\right)$ einen Punkt a_n von $\mathfrak{A}$, so daß

$$|f_{\nu_n}(a_n) - f_{\nu_n}(a_n)| \geq \varepsilon.$$

Für die Folge $\{a_n\}$ ist dann Bedingung $(**)$ nicht erfüllt, und somit ist $\{f_\nu\}$ nicht eigentlich gleichmäßig konvergent in a auf $\mathfrak{A}$.

Die Bedingung ist **hinreichend**. Angenommen in der Tat, sie sei erfüllt. Ist $\{a_n\}$ eine Punktfolge aus $\mathfrak{A}$ mit $\lim\limits_{n=\infty} a_n = a$, so gibt es ein n_0, so daß a_n für $n \geq n_0$ in $\mathfrak{U}$ liegt. Wegen $(*_*^*)$ gilt aber dann $(**)$, d. h. es ist $\{f_\nu\}$ eigentlich gleichmäßig konvergent in a auf $\mathfrak{A}$. Damit ist Satz I bewiesen.

Wir zeigen nun, wie angekündigt, daß die stetige Konvergenz ein Spezialfall der gleichmäßigen ist.

Satz II[1]). Ist die Folge $\{f_\nu\}$ stetig konvergent in a auf $\mathfrak{A}$, so ist sie auch gleichmäßig konvergent in a auf $\mathfrak{A}$.

In der Tat, vermöge der Schränkungstransformation, genügt es, dies für den Fall zu beweisen, daß $\{f_\nu\}$ beschränkt ist. Dann aber ergibt es sich daraus, daß aus Bedingung (*) von § 2, Satz VI unsre obige Bedingung (*) der eigentlich gleichmäßigen Konvergenz folgt.

Umgekehrt gilt:

Satz III. Ist $\{f_\nu\}$ im Punkte a von $\mathfrak{A}$ gleichmäßig konvergent auf $\mathfrak{A}$, und sind unendlich viele f_ν stetig[2]) in a auf $\mathfrak{A}$, so ist $\{f_\nu\}$ auch stetig konvergent in a auf $\mathfrak{A}$.

Vermöge der Schränkungstransformation können wir $\{f_\nu\}$ als beschränkt annehmen. Wegen der gleichmäßigen Konvergenz von $\{f_\nu\}$ existiert dann der (endliche) Grenzwert

$$(\dagger) \qquad\qquad l = \lim_{\nu = \infty} f_\nu(a),$$

und zu jeder Folge $\{a_n\}$ aus $\mathfrak{A}$ mit $\lim\limits_{n = \infty} a_n = a$ und zu jedem $\varepsilon > 0$ gibt es ein n_0 und ein ν_0, so daß:

$$(\dagger\dagger) \qquad |f_{\nu'}(a_n) - f_\nu(a_n)| < \varepsilon \quad \text{für } n \geqq n_0,\, \nu \geqq \nu_0,\, \nu' \geqq \nu_0.$$

Wegen ($\dagger$) ist:

$$\left(\tfrac{\dagger\dagger}{\dagger}\right) \qquad\qquad f_\nu(a) - l | < \varepsilon \quad \text{für fast alle } \nu,$$

und da unendlich viele f_ν stetig sind in a, so gibt es gewiß ein $\nu \geqq \nu_0$, so daß $\left(\tfrac{\dagger\dagger}{\dagger}\right)$ gilt und f_ν stetig in a ist. Dann aber kann n_0 so groß gewählt werden, daß für dieses ν:

$$\left(\tfrac{\dagger}{\dagger\dagger}\right) \qquad\qquad |f_\nu(a_n) - f_\nu(a)| < \varepsilon \quad \text{für } n \geqq n_0.$$

Aus ($\dagger\dagger$), $\left(\tfrac{\dagger\dagger}{\dagger}\right)$, $\left(\tfrac{\dagger}{\dagger\dagger}\right)$ aber folgt:

$$|f_{\nu'}(a_n) - l| < 3\,\varepsilon \quad \text{für alle } n \geqq n_0,\, \nu' \geqq \nu_0.$$

---

[1]) Vgl. C. A. Dell'Agnola, Atti Ven. 69 (1909/10), 159. Dieser Satz ist, gleich allen folgenden Sätzen dieses Paragraphen mit Ausnahme von Satz IX und XVII, ein allgemeiner Grenzsatz.

[2]) Diese Voraussetzung kann nicht entbehrt werden. Beispiel: Seien alle f_ν gleich derselben in a unstetigen Funktion f. Dann ist $\{f_\nu\}$ in a gleichmäßig, aber nicht stetig konvergent auf $\mathfrak{A}$. Doch kann (zufolge brieflicher Mitteilung von A. Rosenthal) die vorausgesetzte Stetigkeit unendlich vieler f_ν ersetzt werden durch: $\lim\limits_{\nu = \infty} \omega(a;\, f_\nu, \mathfrak{A}) = 0$. Und zwar ist diese Bedingung nicht nur hinreichend, sondern auch notwendig dafür, daß eine eigentlich gleichmäßig konvergente Folge zugleich stetig konvergent sei in a auf $\mathfrak{A}$.

Ist nun $\{\nu_n\}$ eine Indizesfolge mit $\lim\limits_{n=\infty} \nu_n = +\infty$, so ist demnach:

$$|f_{\nu_n}(a_n) - l| < 3\,\varepsilon \quad \text{für fast alle } n,$$

d. h. es ist:

$$\lim_{n=\infty} f_{\nu_n}(a_n) = l.$$

Also ist $\{f_\nu\}$ stetig konvergent in a auf $\mathfrak{A}$, und Satz III ist bewiesen.

Eine leichte Verallgemeinerung von Satz III ergibt:

Satz IV. Ist $\{f_\nu\}$ im Punkte a von $\mathfrak{A}$ gleichmäßig konvergent auf $\mathfrak{A}$, und sind unendlich viele f_ν oberhalb (unterhalb) stetig in a auf $\mathfrak{A}$, so ist $\{f_\nu\}$ oberhalb stetig oszillierend in a auf $\mathfrak{A}$.

In der Tat, es ist lediglich im Beweise von Satz III $\left(\genfrac{}{}{0pt}{}{\dagger}{\dagger\dagger}\right)$ zu ersetzen durch:

$$f_\nu(a_n) < f_\nu(a) + \varepsilon,$$

woraus im Vereine mit $(\dagger\dagger)$ und $\left(\genfrac{}{}{0pt}{}{\dagger\dagger}{\dagger}\right)$ folgt:

$$f_{\nu'}(a_n) < l + 3\,\varepsilon \quad \text{für alle } n \geq n_0,\, \nu' \geq \nu_0.$$

Dann aber ist für jede Indizesfolge $\{\nu_n\}$ mit $\lim\limits_{n=\infty} \nu_n = +\infty$:

$$\overline{\lim_{n=\infty}} f_{\nu_n}(a_n) \leq l = \lim_{\nu=\infty} f_\nu(a),$$

d. h. $\{f_\nu\}$ ist oberhalb stetig oszillierend in a auf $\mathfrak{A}$, wie behauptet.

In Verallgemeinerung von § 2, Satz VIII gilt nun:

Satz V. Ist die Folge $\{f_\nu\}$ im Punkte a von $\mathfrak{A}$ gleichmäßig konvergent auf $\mathfrak{A}$, und sind unendlich viele f_ν stetig in a auf $\mathfrak{A}$, so ist sowohl $\overline{\lim\limits_{\nu=\infty}} f_\nu$ als $\underline{\lim\limits_{\nu=\infty}} f_\nu$ stetig in a auf $\mathfrak{A}$.

In der Tat, nach Satz III ist $\{f_\nu\}$ stetig konvergent in a auf $\mathfrak{A}$, so daß die Behauptung aus § 2, Satz VIII folgt.

Ganz ebenso sieht man durch Berufung auf Satz IV und § 2, Satz XIV:

Satz VI. Ist die Folge $\{f_\nu\}$ im Punkte a von $\mathfrak{A}$ gleichmäßig konvergent auf $\mathfrak{A}$, und sind unendlich viele f_ν oberhalb stetig in a auf $\mathfrak{A}$, so ist auch $\overline{\lim\limits_{\nu=\infty}} f_\nu$ oberhalb stetig in a auf $\mathfrak{A}$.

In Verallgemeinerung von § 2, Satz IX gilt:

Satz VII. Ist die Folge $\{f_\nu\}$ im Punkte a von $\mathfrak{A}^1$ gleichmäßig konvergent auf $\mathfrak{A}$, und gibt es in $\{f_\nu\}$ eine unendliche Teilfolge $\{f_{\nu_i}\}$, so daß f_{ν_i} in a auf $\mathfrak{A}$ den Grenzwert l_{ν_i} hat, so hat sowohl $\overline{\lim\limits_{\nu=\infty}} f_\nu$ als $\underline{\lim\limits_{\nu=\infty}} f_\nu$ in a auf $\mathfrak{A}$ den Grenzwert $\lim\limits_{i=\infty} l_{\nu_i}$.

In der Tat, man erteile jeder Funktion f_ν in a einen der Ungleichung:

$$g'(a; f_\nu, \mathfrak{A}) \leqq f_\nu(a) \leqq G'(a; f_\nu, \mathfrak{A})$$

genügenden Wert. Dann wird:

$$f'_{\nu_i}(a) = l_{\nu_i},$$

und f_{ν_i} wird stetig in a; die Konvergenz bleibt gleichmäßig im Punkte a, und es wird:

$$(0) \qquad \overline{\lim_{\nu=\infty}} f_\nu(a) = \underline{\lim_{\nu=\infty}} f_\nu(a) = \lim_{i=\infty} l_{\nu_i}.$$

Da aber nun nach Satz V $\overline{\lim\limits_{\nu=\infty}} f_\nu$ und $\underline{\lim\limits_{\nu=\infty}} f_\nu$ stetig sind in a auf $\mathfrak{A}$, haben sie dort den Wert (0) zum Grenzwert, und Satz VII ist bewiesen.

Aus der Tatsache, daß $\{f_\nu\}$ gleichmäßig konvergiert in a auf $\mathfrak{A}$, kann nur geschlossen werden, daß $\{f_\nu\}$ im Punkte a selbst konvergiert, nicht aber etwa auf Konvergenz in einer Umgebung von a. Nehmen wir aber ausdrücklich an, daß $\{f_\nu\}$ auch in einer Umgebung von a konvergiere, so vereinfachen sich einige unsrer Sätze:

Satz VIII. Ist die Folge $\{f_\nu\}$ konvergent in einer Umgebung von a in $\mathfrak{A}$, so ist, damit sie eigentlich gleichmäßig in a auf $\mathfrak{A}$ gegen ihre Grenzfunktion f konvergiere, notwendig und hinreichend, daß es zu jedem $\varepsilon > 0$ und zu jeder Folge $\{a_n\}$ aus $\mathfrak{A}$ mit $\lim\limits_{n=\infty} a_n = a$ einen Index ν_0 und einen Index n_0 gebe, so daß:

$$(\dagger) \qquad | f_\nu(a_n) - f(a_n) | < \varepsilon \quad \text{für} \quad n \geqq n_0,\ \nu \geqq \nu_0.$$

Die Bedingung ist notwendig. Sei in der Tat $\{f_\nu\}$ eigentlich gleichmäßig konvergent in a auf $\mathfrak{A}$. Es gibt dann ein ν_0 und ein n_0, so daß:

$$| f_\nu(a_n) - f_{\nu'}(a_n) | < \frac{\varepsilon}{2} \quad \text{für} \quad n \geqq n_0,\ \nu \geqq \nu_0.\ \nu' \geqq \nu_0;$$

durch Grenzübergang $\nu' \longrightarrow \infty$ folgt hieraus:

$$| f_\nu(a_n) - f(a_n) | \leqq \frac{\varepsilon}{2} \quad \text{für} \quad n \geqq n_0,\ \nu \geqq \nu_0,$$

wodurch ($\dagger$) bewiesen ist.

Die Bedingung ist hinreichend. In der Tat, ist sie erfüllt, so gibt es ein ν_0 und ein n_0, so daß:

$$| f_\nu(a_n) - f(a_n) | < \frac{\varepsilon}{2}; \quad | f_{\nu'}(a_n) - f(a_n) | < \frac{\varepsilon}{2} \quad \text{für} \quad n \geqq n_0,\ \nu \geqq \nu_0,\ \nu' \geqq \nu_0.$$

woraus die Bedingung (**) S. 247 für eigentlich gleichmäßige Konvergenz in a auf $\mathfrak{A}$ folgt.

In ganz derselben Weise gewinnt man aus Satz I:

Satz IX. Ist die Folge $\{f_\nu\}$ konvergent in einer Umgebung von a in $\mathfrak{A}$, so ist, damit sie eigentlich gleichmäßig in a auf $\mathfrak{A}$ gegen ihre Grenzfunktion f konvergiere, notwendig und hinreichend, daß es zu jedem $\varepsilon > 0$ eine Umgebung $\mathfrak{U}$ von a in $\mathfrak{A}$ und einen Index ν_0 gibt, so daß:

$$| f_\nu(a') - f(a') | < \varepsilon \text{ für alle } a' \text{ von } \mathfrak{U} \text{ und alle } \nu \geqq \nu_0.$$

Satz V vereinfacht sich zu:

Satz X. Ist die Folge $\{f_\nu\}$ konvergent in einer Umgebung von a in $\mathfrak{A}$, und konvergiert sie gleichmäßig in a auf $\mathfrak{A}$ gegen ihre Grenzfunktion f, sind ferner unendlich viele f_ν stetig in a auf $\mathfrak{A}$, so ist auch die Grenzfunktion f stetig in a auf $\mathfrak{A}$.

In der Tat, dies folgt unmittelbar aus Satz V, da nun in einer Umgebung von a in $\mathfrak{A}$:

$$f = \varlimsup_{\nu = \infty} f_\nu = \varliminf_{\nu = \infty} f_\nu.$$

Wir haben bisher gleichmäßige Konvergenz in einem Punkte definiert. Nunmehr definieren wir: Die Folge $\{f_\nu\}$ heißt[1] **eigentlich gleichmäßig konvergent auf $\mathfrak{A}$**, wenn es zu jedem $\varepsilon > 0$ einen Index ν_0 gibt, so daß:

$$| f_{\nu'}(a) - f_\nu(a) | < \varepsilon \text{ für } \nu \geqq \nu_0, \nu' \geqq \nu_0 \text{ und alle } a \text{ von } \mathfrak{A}.$$

Die Folge $\{f_\nu\}$ heißt **gleichmäßig konvergent auf $\mathfrak{A}$**, wenn die durch die Schränkungstransformation aus ihr entstehende Folge $\{f_\nu^*\}$ eigentlich gleichmäßig konvergent ist auf $\mathfrak{A}$.

Satz XI. Damit $\{f_\nu\}$ eigentlich gleichmäßig konvergent sei auf $\mathfrak{A}$, ist notwendig und hinreichend die Existenz einer (auf $\mathfrak{A}$ endlichen) Funktion f, derart, daß bei beliebigem $\varepsilon > 0$ für fast alle ν auf ganz $\mathfrak{A}$ die Ungleichung bestehe:

$$(*) \qquad\qquad | f_\nu(a) - f(a) | < \varepsilon.$$

Die Bedingung ist notwendig. Sei in der Tat $\{f_\nu\}$ eigentlich gleichmäßig konvergent auf $\mathfrak{A}$. Für jedes a von $\mathfrak{A}$ ist dann die Folge $\{f_\nu(a)\}$ eigentlich konvergent, besitzt also einen endlichen Grenzwert:

$$f(a) = \lim_{\nu = \infty} f_\nu(a).$$

---

[1] Diese Definition dürfte sich zuerst finden bei A. L. Cauchy, C. R. 36 (1853), 454 = Œuvres (1) 12, 30.

Ferner gibt es ein ν_0, so daß:

$$\mid f_\nu(a) - f_{\nu'}(a) \mid < \frac{\varepsilon}{2} \quad \text{für} \quad \nu \geq \nu_0,\ \nu' \geq \nu_0 \quad \text{und alle } a \text{ von } \mathfrak{A}.$$

Durch Grenzübergang $\nu' \to \infty$ folgt hieraus:

$$\mid f_\nu(a) - f(a) \mid \leq \frac{\varepsilon}{2} \quad \text{für} \quad \nu \geq \nu_0 \quad \text{und alle } a \text{ von } \mathfrak{A},$$

womit (*) bewiesen ist.

Die Bedingung ist **hinreichend**. In der Tat, ist sie erfüllt, so gibt es zu jedem $\varepsilon > 0$ ein ν_0, so daß:

$$\mid f_\nu(a) - f(a) \mid < \varepsilon; \quad \mid f_{\nu'}(a) - f(a) \mid < \varepsilon$$
$$\text{für} \quad \nu \geq \nu_0,\ \nu' \geq \nu_0 \quad \text{und alle } a \text{ von } \mathfrak{A}.$$

Daraus aber folgt:

$$\mid f_\nu(a) - f_{\nu'}(a) \mid < 2\,\varepsilon \quad \text{für} \quad \nu \geq \nu_0,\ \nu' \geq \nu_0 \quad \text{und alle } a \text{ von } \mathfrak{A},$$

d. h. $\{f_\nu\}$ ist eigentlich gleichmäßig konvergent auf $\mathfrak{A}$. Damit ist Satz XI bewiesen.

Man entnimmt daraus sofort, daß jede auf $\mathfrak{A}$ (eigentlich) gleichmäßig konvergente Folge auch (eigentlich) konvergent ist in jedem Punkte von $\mathfrak{A}$. Ist f ihre Grenzfunktion, so sagt man: $\{f_\nu\}$ konvergiert gleichmäßig auf $\mathfrak{A}$ gegen f.

Darüber hinaus folgt aus der Definition der gleichmäßigen Konvergenz sofort:

Satz XII. Ist die Folge $\{f_\nu\}$ (eigentlich) gleichmäßig konvergent auf $\mathfrak{A}$, so ist sie auch in jedem einzelnen Punkte von $\mathfrak{A}^0$ (eigentlich) gleichmäßig konvergent auf $\mathfrak{A}$.

Die Umkehrung gilt nur unter einer einschränkenden Voraussetzung:

Satz XIII[1]). Ist $\mathfrak{A}$ kompakt[2]), und ist die Folge $\{f_\nu\}$ (eigentlich) gleichmäßig konvergent auf $\mathfrak{A}$ in jedem Punkte von $\mathfrak{A}^0$, so ist sie auch (eigentlich) gleichmäßig konvergent auf $\mathfrak{A}$.

---

[1]) Dieser Satz ist ähnlich dem Satze von der gleichmäßigen Stetigkeit (Kap. II, § 4, Satz IX), ist aber zum Unterschied von diesem ein allgemeiner Grenzsatz.

[2]) Diese Bedingung kann nicht entbehrt werden. Denn ist $\mathfrak{A}$ nicht kompakt, so gibt es in $\mathfrak{A}$ einen abzählbaren Teil $a_1, a_2, \ldots, a_\nu, \ldots$ ohne Häufungspunkt. Man setze

$$f_\nu(a) = \begin{cases} 0 & \text{für } a \neq a_\nu \\ 1 & \text{für } a = a_\nu. \end{cases}$$

Dann konvergiert $\{f_\nu\}$ in jedem Punkte a von $\mathfrak{A}$ gleichmäßig gegen 0, ohne gleichmäßig auf $\mathfrak{A}$ zu konvergieren.

Vermöge der Schränkungstransformation können wir uns beim Beweise auf den Fall der eigentlichen Konvergenz beschränken. Angenommen, es sei $\{f_\nu\}$ nicht eigentlich gleichmäßig konvergent auf $\mathfrak{A}$. Dann gibt es ein $\varepsilon > 0$, und zu jedem Index ν_0 zwei Indizes $\nu \geq \nu_0$, $\nu' \geq \nu_0$ und einen Punkt a in $\mathfrak{A}$, so daß:

$$| f_{\nu'}(a) - f_\nu(a) | \geq \varepsilon.$$

Insbesondere gibt es also zwei Indizes ν_n, ν'_n und einen Punkt a_n von $\mathfrak{A}$, so daß:

$$(**) \qquad | f_{\nu'_n}(a_n) - f_{\nu_n}(a_n) | \geq \varepsilon, \quad \nu_n \geq n, \ \nu'_n \geq n.$$

Da $\mathfrak{A}$ kompakt, hat die Folge $\{a_n\}$ mindestens einen Häufungspunkt $\bar{a}$, und zwar gehört $\bar{a}$ zu $\mathfrak{A}^0$. Wegen $(**)$ ist aber $\{f_\nu\}$ in $\bar{a}$ nicht gleichmäßig konvergent auf $\mathfrak{A}$, und Satz XIII ist bewiesen.

Aus Satz XI, XII, X und VII folgern wir:

Satz XIV[1]. Ist die Folge $\{f_\nu\}$ gleichmäßig konvergent auf $\mathfrak{A}$, so ist ihre Grenzfunktion stetig auf $\mathfrak{A}$ in jedem Punkte von $\mathfrak{A}$, in dem unendlich viele f_ν stetig sind auf $\mathfrak{A}$, und besitzt einen Grenzwert auf $\mathfrak{A}$ in jedem Punkte von $\mathfrak{A}^1$, in dem unendlich viele f_ν einen Grenzwert auf $\mathfrak{A}$ haben.

Ebenso folgt aus Satz XII und Satz VI:

Satz XV. Ist die Folge $\{f_\nu\}$ gleichmäßig konvergent auf $\mathfrak{A}$, so ist ihre Grenzfunktion oberhalb (unterhalb) stetig auf $\mathfrak{A}$ in jedem Punkte von $\mathfrak{A}$, in dem unendlich viele f_ν oberhalb (unterhalb) stetig auf $\mathfrak{A}$ sind.

Insbesondere ergeben sich aus Satz XIV noch die folgenden spezielleren Sätze:

Satz XVI. Ist die Folge auf $\mathfrak{A}$ stetiger Funktionen $\{f_\nu\}$ gleichmäßig konvergent auf $\mathfrak{A}$, so ist ihre Grenzfunktion stetig auf $\mathfrak{A}$.

Satz XVII. Ist $\mathfrak{A}$ relativ-vollständig, und ist die Folge $\{f_\nu\}$ auf $\mathfrak{A}$ punktweise unstetiger Funktionen gleichmäßig konvergent auf $\mathfrak{A}$, so ist auch ihre Grenzfunktion punktweise unstetig auf $\mathfrak{A}$.

---

[1] Historisch sei zu diesem Satze bemerkt, daß noch A. L. Cauchy anfänglich (Anal. alg. (1821), 131 = Œuvres (2) 3, 120) der Ansicht war, aus der Stetigkeit aller f_ν einer konvergenten Folge ergebe sich die Stetigkeit der Grenzfunktion. Dies wurde von N. H. Abel durch ein Beispiel widerlegt (1826, Œuvres 1, 224). Die ersten, die die Bedeutung der gleichmäßigen Konvergenz für die Stetigkeit der Grenzfunktion erkannten, waren G. G. Stokes (Cambr. Trans. 8 (1847), 533 = Papers 1, 236) und Ph. Seidel (Münch. Abh. II, 5 (1848), 338). Die heute übliche Formulierung geht zurück auf Cauchy, C. R. 36 (1853), 454 = Œuvres (1) 12, 30.

In der Tat, nach Kap. III, § 4, Satz VII ist die Menge aller Punkte, in denen sämtliche f_ν stetig auf $\mathfrak{A}$ sind, dicht in $\mathfrak{A}$. In jedem solchen Punkte aber ist nach Satz XIV auch die Grenzfunktion stetig auf $\mathfrak{A}$.

§ 4. Gleichmäßige Oszillation.

Eine ähnliche Verallgemeinerung, wie sie vom Begriffe der stetigen Konvergenz zu dem der halbstetigen Oszillation führte (§ 2, S. 244), führt auch vom Begriffe der gleichmäßigen Konvergenz zu dem der halbgleichmäßigen Oszillation[1]).

Aus der Formulierung (**) (S. 247) der gleichmäßigen Konvergenz entnehmen wir zunächst durch den Grenzübergang $\nu \longrightarrow \infty$: Ist $\{f_\nu\}$ eigentlich gleichmäßig konvergent in a auf $\mathfrak{A}$, so gibt es zu jeder Folge $\{a_n\}$ aus $\mathfrak{A}$ mit $\lim\limits_{n=\infty} a_n = a$ und zu jedem $\varepsilon > 0$ einen Index n_0 und einen Index ν_0, so daß die beiden Ungleichungen bestehen:

$$(*) \qquad f_{\nu'}(a_n) < \overline{\lim_{\nu=\infty}} f_\nu(a_n) + \varepsilon \quad \text{für } n \geqq n_0,\ \nu' \geqq \nu_0,$$

$$(**) \qquad f_{\nu'}(a_n) > \underline{\lim_{\nu=\infty}} f_\nu(a_n) - \varepsilon \quad \text{für } n \geqq n_0,\ \nu' \geqq \nu_0;$$

und nun definieren wir: Die Folge $\{f_\nu\}$ heißt **eigentlich oberhalb (unterhalb) gleichmäßig oszillierend**[2]) in a auf $\mathfrak{A}$, wenn sie beschränkt ist, und wenn es zu jeder Folge $\{a_n\}$ aus $\mathfrak{A}$ mit $\lim\limits_{n=\infty} a_n = a$ und zu jedem $\varepsilon > 0$ einen Index n_0 und einen Index ν_0 gibt, so daß Ungleichung (*) bzw. (**) gilt.

Ist die Folge $\{f_\nu\}$ nicht beschränkt, so heißt sie oberhalb (unterhalb) gleichmäßig oszillierend in a auf $\mathfrak{A}$, wenn die daraus durch die Schränkungstransformation entstehende Folge eigentlich oberhalb (unterhalb) gleichmäßig oszilliert in a auf $\mathfrak{A}$. Es wird daher im folgenden genügen, die Beweise für **beschränkte** Folgen durchzuführen, was wir nicht jedesmal eigens hervorheben werden.

Ist die Folge $\{f_\nu\}$ sowohl oberhalb als unterhalb gleichmäßig oszillierend in a auf $\mathfrak{A}$, so heißt sie: **gleichmäßig oszillierend** in a auf $\mathfrak{A}$. Es folgt dann sofort:

Satz I[3]). **Ist die Folge $\{f_\nu\}$ konvergent auf $\mathfrak{A}$, und gleichmäßig oszillierend in a auf $\mathfrak{A}$, so ist sie gleichmäßig konvergent in a auf $\mathfrak{A}$.**

In der Tat, es ist dann:

$$\underline{\lim_{\nu=\infty}} f_\nu = \overline{\lim_{\nu=\infty}} f_\nu = \lim_{\nu=\infty} f_\nu,$$

so daß (*) und (**) ergeben:

$$|\, f_{\nu'}(a_n) - \lim_{\nu=\infty} f_\nu(a_n)\,| < \varepsilon \quad \text{für } n \geqq n_0,\ \nu' \geqq \nu_0,$$

---

[1]) Die Entwicklungen dieses Paragraphen stammen im wesentlichen von W. H. Young, Lond. Proc. (2) 6 (1908), 309; Camb. Phil. Trans. 21 (1909), 241; Quart. Journ. 1913, 141; Lond. Proc. (2) 12 (1913), 340.

[2]) Bei W. H. Young: „Uniform oscillation of the second kind.“

[3]) Alle Sätze dieses Paragraphen sind allgemeine Grenzsätze.

und mithin:

$$| f_{\nu'}(a_n) - f_{\nu''}(a_n) | < 2\varepsilon \quad \text{für } n \geq n_0,\ \nu' \geq \nu_0,\ \nu'' \geq \nu_0,$$

womit Satz I bewiesen ist.

Der Zusammenhang mit dem Begriffe der halbstetigen Oszillation wird hergestellt durch die Sätze:

Satz IIa. Ist $\{f_\nu\}$ oberhalb stetig oszillierend in a auf $\mathfrak{A}$, und ist $\bar{f} = \overline{\lim\limits_{\nu=\infty}} f_\nu$ unterhalb stetig[1]) in a auf $\mathfrak{A}$, so ist $\{f_\nu\}$ in a auch oberhalb gleichmäßig oszillierend auf $\mathfrak{A}$.

Sei zum Beweise $\{a_n\}$ eine Folge aus $\mathfrak{A}$ mit $\lim\limits_{n=\infty} a_n = a$, und sei $\varepsilon > 0$ beliebig gegeben. Weil $\{f_\nu\}$ in a oberhalb stetig oszillierend ist, gibt es ein n_0 und ein ν_0, so daß:

$$(0) \qquad f_\nu(a_n) < \bar{f}(a) + \frac{\varepsilon}{2} \quad \text{für } n \geq n_0,\ \nu \geq \nu_0.$$

Weil $\bar{f}$ unterhalb stetig in a ist, kann n_0 auch so gewählt werden, daß:

$$(00) \qquad \bar{f}(a_n) > \bar{f}(a) - \frac{\varepsilon}{2} \quad \text{für } n \geq n_0.$$

Die Ungleichungen (0), (00) zusammen ergeben:

$$f_\nu(a_n) < \bar{f}(a_n) + \varepsilon \quad \text{für } n \geq n_0,\ \nu \geq \nu_0,$$

das aber ist die behauptete oberhalb gleichmäßige Oszillation von $\{f_\nu\}$.

Was die Umkehrung von Satz IIa anlangt, gilt:

Satz IIb. Ist $\{f_\nu\}$ oberhalb gleichmäßig oszillierend in a auf $\mathfrak{A}$, und ist $\bar{f} = \overline{\lim\limits_{\nu=\infty}} f_\nu$ in a oberhalb stetig[2]) auf $\mathfrak{A}$, so ist $\{f_\nu\}$ oberhalb stetig oszillierend in a auf $\mathfrak{A}$.

In der Tat, bei Beibehaltung der eben benutzten Bezeichnungsweise ist wegen der oberhalb gleichmäßigen Oszillation:

$$(\dagger) \qquad f_\nu(a_n) < \bar{f}(a_n) + \frac{\varepsilon}{2} \quad \text{für } n \geq n_0,\ \nu \geq \nu_0;$$

---

[1]) Diese Voraussetzung kann nicht entbehrt werden. Beispiel (Fig. 8): Sei $\mathfrak{A}$ das Intervall $[0,1]$ des $\mathfrak{R}_1$; sei $f_\nu(0) = 1$, $f_\nu = 0$ in $\left[\frac{1}{\nu}, 1\right]$ und linear

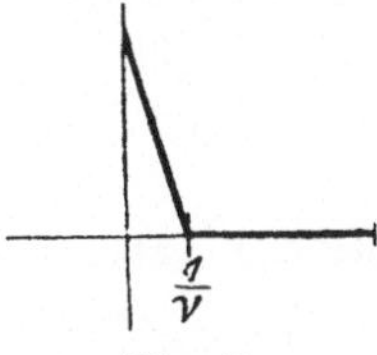

Fig. 8.

in $\left[0, \frac{1}{\nu}\right]$. Dann ist $\{f_\nu\}$ im Punkte 0 oberhalb stetig oszillierend, aber nicht oberhalb gleichmäßig oszillierend.

[2]) Diese Voraussetzung kann nicht entbehrt werden. Beispiel: Man setze f_ν (für alle ν) gleich derselben in a nicht oberhalb stetigen Funktion.

weil $\bar{f}$ oberhalb stetig in a ist, so gilt:

$$(\dagger\dagger) \qquad \bar{f}(a_n) < \bar{f}(a) + \frac{\varepsilon}{2} \quad \text{für } n \geq n_0,$$

also aus ($\dagger$) und ($\dagger\dagger$):

$$f_\nu(a_n) < \bar{f}(a) + \varepsilon \quad \text{für } n \geq n_0,\ \nu \geq \nu_0;$$

das aber ist die behauptete oberhalb stetige Oszillation von $\{f_\nu\}$.

Die Sätze IIa und IIb zusammen ergeben:

Satz II. Ist $\overline{\lim\limits_{\nu = \infty}} f_\nu$ stetig in a auf $\mathfrak{A}$, so sind die Begriffe „oberhalb gleichmäßig oszillierend" und „oberhalb stetig oszillierend" identisch.

Eine für die oberhalb gleichmäßige Oszillation charakteristische Eigenschaft wird geliefert durch den Satz:

Satz III. Damit die Folge $\{f_\nu\}$ in a oberhalb gleichmäßig auf $\mathfrak{A}$ oszilliere, ist notwendig und hinreichend, daß die oberen Schrankenfunktionen ihrer Restfolgen gleichmäßig in a auf $\mathfrak{A}$ gegen die obere Grenzfunktion $\bar{f} = \overline{\lim\limits_{\nu = \infty}} f_\nu$ konvergieren.

Wir bezeichnen zum Beweise die obere Schrankenfunktion der k-ten Restfolge (§ 1, S. 230) von $\{f_\nu\}$ mit $\bar{f}_k$. Dann ist gewiß für jedes k:

$$(\dagger\dagger\dagger) \qquad \bar{f}_k \geq \bar{f}.$$

Die Bedingung von Satz III ist notwendig; sei in der Tat $\{f_\nu\}$ in a oberhalb gleichmäßig oszillierend; zu jeder beliebigen Folge $\{a_n\}$ aus $\mathfrak{A}$ mit $\lim\limits_{n = \infty} a_n = a$ und jedem $\varepsilon > 0$ gibt es dann ein n_0 und ein ν_0, so daß (*) von S. 254 besteht. Aus (*) aber folgt:

$$\bar{f}_k(a_n) \leq \bar{f}(a_n) + \varepsilon \quad \text{für } n \geq n_0,\ k \geq \nu_0.$$

Zusammen mit ($\dagger\dagger\dagger$) haben wir also:

$$\bar{f}(a_n) \leq \bar{f}_k(a_n) \leq \bar{f}(a_n) + \varepsilon \quad \text{für } n \geq n_0,\ k \geq \nu_0,$$

d. h. gleichmäßige Konvergenz von $\{\bar{f}_k\}$ gegen $\bar{f}$ im Punkte a.

Die Bedingung ist hinreichend; sei in der Tat $\{\bar{f}_k\}$ gleichmäßig konvergent gegen $\bar{f}$ im Punkte a; zu jeder Folge $\{a_n\}$ aus $\mathfrak{A}$ mit $\lim\limits_{n = \infty} a_n = a$ und jedem $\varepsilon > 0$ gibt es dann ein n_0 und ein k_0, so daß:

$$\bar{f}_k(a_n) < \bar{f}(a_n) + \varepsilon \quad \text{für } n \geq n_0,\ k \geq k_0.$$

Wegen $f_k \leq \bar{f}_k$ folgt daraus sofort (*) von S. 254, d. h. die oberhalb gleichmäßige Oszillation von $\{f_\nu\}$ in a.

Im Gegensatze zu § 2, Satz XIV haben wir hier:

Satz IV. Ist die Folge $\{f_\nu\}$ oberhalb gleichmäßig oszillierend in a auf $\mathfrak{A}$, und sind in a alle f_ν unterhalb stetig[1]) auf $\mathfrak{A}$, so ist

---

[1]) Sind die f_ν oberhalb stetig, so folgt aus der oberhalb gleichmäßigen Oszillation für die obere Grenzfunktion nichts. Beispiel (Fig. 9): Sei $\mathfrak{A}$ das Intervall $[-1, 1]$ des $\mathfrak{R}_1$; sei $f_\nu = 0$ in $[-1, 0)$; $f_\nu(0) = \frac{1}{2}$; $f_\nu = 1$ in $\left[\frac{1}{\nu}, 1\right]$,

auch die obere Grenzfunktion $\bar{f} = \overline{\lim_{\nu = \infty}} f_\nu$ in a unterhalb stetig auf $\mathfrak{A}$.

In der Tat, zu jeder Folge $\{a_n\}$ aus $\mathfrak{A}$ mit $\lim_{n = \infty} a_n = a$ und jedem $\varepsilon > 0$ gibt es ein n_0 und ein ν_0, so daß:

$$(1) \qquad f_\nu(a_n) - f(a_n) < \frac{\varepsilon}{3} \quad \text{für } n \geq n_0,\ \nu \geq \nu_0.$$

Da f obere Grenzfunktion ist, gibt es ein $\nu^* \geq \nu_0$, so daß:

$$(2) \qquad \bar{f}(a) - f_{\nu^*}(a) < \frac{\varepsilon}{3},$$

und weil nach Voraussetzung f_{ν^*} unterhalb stetig ist in a, kann n_0 auch so groß gewählt werden, daß:

$$(3) \qquad f_{\nu^*}(a) - f_{\nu^*}(a_n) < \frac{\varepsilon}{3} \quad \text{für } n \geq n_0.$$

Aus (1), (2), (3) erhält man durch Addition:

$$\bar{f}(a) - \bar{f}(a_n) < \varepsilon \quad \text{für } n \geq n_0,$$

d. h. $\bar{f}(a)$ ist in a unterhalb stetig, wie behauptet.

Wie der Vergleich von Satz IV mit § 2, Satz XIV zeigt, sind die Folgerungen, die aus der oberhalb gleichmäßigen Oszillation fließen, verschieden von den aus der oberhalb stetigen Oszillation fließenden. Es gelingt aber eine andere, allerdings weniger naheliegende, Verallgemeinerung des Begriffes der gleichmäßigen Konvergenz, die sich in dieser Hinsicht enger an die oberhalb stetige Oszillation anschließt. Wir bezeichnen wieder mit $\bar{f}_k$ die obere Schrankenfunktion von $\{f_\nu\}_k$, mit $\bar{f}$ die obere Grenzfunktion von $\{f_\nu\}$, endlich mit $\bar{f}_{k,\,k+l}$ den größten unter den $l+1$ Funktionswerten $f_k, f_{k+1}, \ldots, f_{k+l}$. Dann ist (Einleitung § 6, Satz V, VI):

$$(0) \qquad \bar{f}_k = \lim_{l = \infty} f_{k,\,k+l}; \qquad \bar{f} = \lim_{k = \infty} \bar{f}_k.$$

In einem Punkte gleichmäßiger Konvergenz von $\{f_\nu\}$ ist offenbar auch die Konvergenz in jeder der beiden Beziehungen (0) gleichmäßig. Die oben gegebene Definition der oberhalb gleichmäßigen Oszillation ist nun so gefaßt (Satz III), daß die gleichmäßige Konvergenz der zweiten Relation (0) erhalten bleibt. Wir wollen nun umgekehrt definieren:

Die Folge $\{f_\nu\}$ heißt im Punkte a oberhalb sekundär-gleichmäßig

---

und in $\left[0, \dfrac{1}{\nu}\right]$ variiere f_ν linear. Dann sind alle f_ν im Punkte 0 oberhalb stetig, es ist $\{f_\nu\}$ überall in $[-1, 1]$ oberhalb gleichmäßig oszillierend, und es ist

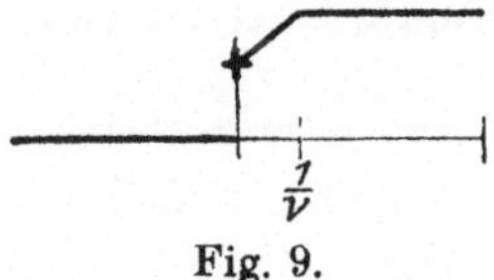

Fig. 9.

$\bar{f} = 0$ in $[-1, 0)$; $\bar{f}(0) = \frac{1}{2}$; $\bar{f} = 1$ in $(0, 1]$. Also ist $\bar{f}$ im Nullpunkte weder oberhalb noch unterhalb stetig.

oszillierend[1]) auf $\mathfrak{A}$, wenn im Punkte a für jedes k die Folge $\{\bar{f}_{k,\,k+\nu}\}$ gleichmäßig auf $\mathfrak{A}$ gegen $\bar{f}_k$ konvergiert. Analog ist die Definition des Begriffes „unterhalb sekundär-gleichmäßig oszillierend". Oszilliert die Folge $\{f_\nu\}$ im Punkte a sowohl oberhalb als unterhalb sekundär-gleichmäßig auf $\mathfrak{A}$, so heißt sie sekundär-gleichmäßig oszillierend in a auf $\mathfrak{A}$. Im Gegensatze zur gleichmäßigen Oszillation (Satz I) ist nicht jede konvergente und in a sekundär-gleichmäßig oszillierende Folge in a auch gleichmäßig konvergent[2]).

Der Zusammenhang mit dem Begriff der oberhalb stetigen Oszillation wird hergestellt durch die Sätze:

Satz Va. Ist $\{f_\nu\}$ in a oberhalb stetig oszillierend auf $\mathfrak{A}$, und ist in a jedes f_ν unterhalb stetig[3]) auf $\mathfrak{A}$, so ist $\{f_\nu\}$ in a auch oberhalb sekundär-gleichmäßig oszillierend auf $\mathfrak{A}$.

In der Tat, wegen der oberhalb stetigen Oszillation gibt es zu jedem $\varepsilon > 0$ und jeder Folge $\{a_n\}$ aus $\mathfrak{A}$ mit $\lim\limits_{n=\infty} a_n = a$ ein n_0 und ein ν_0, so daß:

$$(*) \qquad f_\nu(a_n) < \bar{f}(a) + \frac{\varepsilon}{3} \quad \text{für } n \geq n_0,\ \nu \geq \nu_0.$$

Da sich die $\bar{f}_k$ monoton abnehmend der Grenze $\bar{f}$ nähern, ist für jedes k:

$$\bar{f}_k(a) \geq \bar{f}(a).$$

Infolgedessen gibt es ein ν_k (das immer $\geq \nu_0$ angenommen werden kann), so daß:

$$\bar{f}_{k,\,k+\nu}(a) > \bar{f}(a) - \frac{\varepsilon}{3} \quad \text{für } \nu \geq \nu_k.$$

Da alle $\bar{f}_{k,\,k+\nu}$ unterhalb stetig sind (Kap. II, § 8, Satz IX), gibt es ein n_k (das immer $\geq n_0$ angenommen werden kann), so daß auch:

$$\bar{f}_{k,\,k+\nu_k}(a_n) > \bar{f}(a) - \frac{\varepsilon}{2} \quad \text{für } n \geq n_k,$$

und da die $\bar{f}_{k,\,k+\nu}$ mit ν monoton wachsen, so ist also auch:

$$\bar{f}_k(a_n) \geq \bar{f}_{k,\,k+\nu}(a_n) > \bar{f}(a) - \frac{\varepsilon}{2} \quad \text{für } n \geq n_k,\ \nu \geq \nu_k,$$

und somit gilt in jedem Punkte a_n ($n \geq n_k$), in dem

$$\bar{f}_k(a_n) < \bar{f}(a) + \frac{\varepsilon}{2}$$

---

[1]) Bei W. H. Young: Uniform oscillation of the first kind.

[2]) Beispiel: Sei $\mathfrak{A}$ das Intervall $[0, 1]$ des $\Re_1$ und alle $f_\nu = 0$ für $x = 0$; weiter: $f_{2\nu} = 1$ in $\left(0, \dfrac{1}{\nu}\right)$ und $= 0$ in $\left[\dfrac{1}{\nu}, 1\right]$; $f_{2\nu+1} = -1$ in $\left(0, \dfrac{1}{\nu}\right)$ und $= 0$ in $\left[\dfrac{1}{\nu}, 1\right]$. Dann ist $\{f_\nu\}$ überall konvergent in $[0, 1]$: $\lim\limits_{\nu=\infty} f_\nu = 0$; im Punkte 0 ist $\{f_\nu\}$ sekundär-gleichmäßig oszillierend, aber nicht gleichmäßig konvergent.

[3]) Diese Voraussetzung kann nicht entbehrt werden. Beispiel: Sei $\mathfrak{A}$ das Intervall $[0, 1]$ des $\Re_1$, und sei $f_\nu(0) = 0$ und $f_\nu = -1$ in $\left(0, \dfrac{1}{\nu}\right)$, $f_\nu = 0$ in $\left[\dfrac{1}{\nu}, 1\right]$. Dann sind alle f_ν oberhalb stetig, und es ist $\{f_\nu\}$ oberhalb stetig oszillierend, aber nicht oberhalb sekundär-gleichmäßig oszillierend im Punkte 0.

ist, die Ungleichung:

$$(**) \qquad \bar{f}_k(a_n) \geqq \bar{f}_{k,\,k+\nu}(a_n) > \bar{f}_k(a_n) - \varepsilon \quad \text{für } \nu \geqq \nu_k.$$

In jedem Punkte a_n $(n \geqq n_k)$ hingegen, in dem

$$\bar{f}_k(a_n) \geqq \bar{f}(a) + \frac{\varepsilon}{2}$$

ist, muß es, wegen (*), unter den Funktionen $f_k, f_{k+1}, \ldots, f_{\nu_0-1}$ eine geben, die im Punkte a_n gleich $\bar{f}_k(a_n)$ ist, so daß also in einem solchen Punkte:

$$(***) \qquad \bar{f}_{k,\,k+\nu}(a_n) = \bar{f}_k(a_n) \quad \text{für } k + \nu \geqq \nu_0$$

ist; (**) und (***) zusammen aber besagen (da $\nu_k \geqq \nu_0$ angenommen ist):

$$| \bar{f}_{k,\,k+\nu}(a_n) - \bar{f}_k(a_n) | < \varepsilon \quad \text{für } n \geqq n_k, \nu \geqq \nu_k,$$

d. h. die Folge $\left\{\bar{f}_{k,\,k+\nu}\right\}$ konvergiert in a gleichmäßig gegen $\bar{f}_k$. Damit ist Satz V a bewiesen.

Was die Umkehrung von Satz V a anlangt, so gilt:

Satz V b. Ist $\left\{f_\nu\right\}$ in a oberhalb sekundär-gleichmäßig oszillierend auf $\mathfrak{A}$, und ist in a jedes f_ν oberhalb stetig[1]) auf $\mathfrak{A}$, so ist $\left\{f_\nu\right\}$ in a auch oberhalb stetig oszillierend auf $\mathfrak{A}$.

In der Tat, da alle f_ν in a oberhalb stetig sind, so gilt dasselbe (Kap. II, § 8, Satz IX) für alle $\bar{f}_{k,\,k+\nu}$, und somit sind, wegen der oberhalb sekundär-gleichmäßigen Oszillation von $\left\{f_\nu\right\}$, nach § 3, Satz VI auch alle $\bar{f}_k$ oberhalb stetig in a. Sei nun $\left\{a_n\right\}$ eine Folge aus $\mathfrak{A}$ mit $\lim\limits_{n=\infty} a_n = a$ und $\varepsilon > 0$ beliebig gegeben. Es gibt ein k_0, so daß:

$$\bar{f}_{k_0}(a) < \bar{f}(a) + \varepsilon.$$

Weil $\bar{f}_{k_0}(a)$ in a oberhalb stetig ist, gibt es ein n_0, so daß auch:

$$\bar{f}_{k_0}(a_n) < \bar{f}(a) + \varepsilon \quad \text{für } n \geqq n_0;$$

und da $\left\{\bar{f}_k\right\}$ monoton abnimmt, haben wir:

$$\bar{f}_k(a_n) < \bar{f}(a) + \varepsilon \quad \text{für } n \geqq n_0, k \geqq k_0,$$

und somit erst recht:

$$f_\nu(a_n) < \bar{f}(a) + \varepsilon \quad \text{für } n \geqq n_0, \nu \geqq k_0;$$

damit ist Satz V b bewiesen.

Die Sätze V a und V b zusammen genommen ergeben:

Satz V. Sind alle f_ν stetig auf $\mathfrak{A}$, so sind die Begriffe „oberhalb stetig oszillierend" und „oberhalb sekundär-gleichmäßig oszillierend" gleichbedeutend.

Durch Kombination der Sätze V b und II a ergibt sich:

Satz VI a. Ist $\left\{f_\nu\right\}$ oberhalb sekundär-gleichmäßig oszillierend in a auf $\mathfrak{A}$, sind alle f_ν oberhalb stetig[2]) in a auf $\mathfrak{A}$, und ist $\overline{\lim\limits_{\nu=\infty}} f_\nu$

---

[1]) Diese Voraussetzung kann nicht entbehrt werden. Beispiel: Man setze alle f_ν gleich derselben in a nicht oberhalb stetigen Funktion.

[2]) Diese Bedingung kann nicht entbehrt werden. Vgl. das zweite Beispiel von Fußn. [1]), S. 244.

unterhalb stetig[1]) in a auf $\mathfrak{A}$, so ist $\{f_\nu\}$ oberhalb gleichmäßig oszillierend in a auf $\mathfrak{A}$.

Durch Kombination der Sätze IIb und Va ergibt sich:

Satz VIb. Ist $\{f_\nu\}$ oberhalb gleichmäßig oszillierend in a auf $\mathfrak{A}$, sind alle f_ν unterhalb stetig[2]) in a auf $\mathfrak{A}$, und $\varlimsup\limits_{\nu \,\cdots\, \infty} f_\nu$ oberhalb stetig[3]) in a auf $\mathfrak{A}$, so ist $\{f_\nu\}$ auch oberhalb sekundär-gleichmäßig oszillierend in a auf $\mathfrak{A}$.

Die Sätze VIa und VIb zusammen ergeben:

Satz VI. Sind alle f_ν stetig in a auf $\mathfrak{A}$, und ist $\varlimsup\limits_{\nu \,\cdots\, \infty} f_\nu$ stetig in a auf $\mathfrak{A}$, so sind die Begriffe „oberhalb gleichmäßig oszillierend" und „oberhalb sekundär-gleichmäßig oszillierend" gleichbedeutend.

Satz Vb und § 2, Satz XIV ergeben nun (im Gegensatze zu Satz IV) folgende Verallgemeinerung von § 3, Satz VI:

Satz VII. Ist $\{f_\nu\}$ oberhalb sekundär-gleichmäßig oszillierend in a auf $\mathfrak{A}$, und sind alle f_ν oberhalb stetig[4]) in a auf $\mathfrak{A}$, so ist auch $\varlimsup\limits_{\nu \,=\, \infty} f_\nu$ oberhalb stetig in a auf $\mathfrak{A}$.

---

[1]) Diese Bedingung kann nicht entbehrt werden. Vgl. das Beispiel zu Satz IIa.

[2]) Diese Bedingung kann nicht entbehrt werden. Vgl. das Beispiel zu Satz Va.

[3]) Diese Bedingung kann nicht entbehrt werden. Beispiel (Fig. 10): Sei $\mathfrak{A}$ das Intervall $[0, 1]$ des $\mathfrak{R}_1$. Sei $f_\nu(0) = 0$, $f_\nu = 1$ in $\left[\frac{1}{\nu}, 1\right]$ und f_ν linear in $\left[0, \frac{1}{\nu}\right]$. Dann ist $\{f_\nu\}$ im Punkte 0 oberhalb gleichmäßig, aber nicht oberhalb sekundär-gleichmäßig oszillierend.

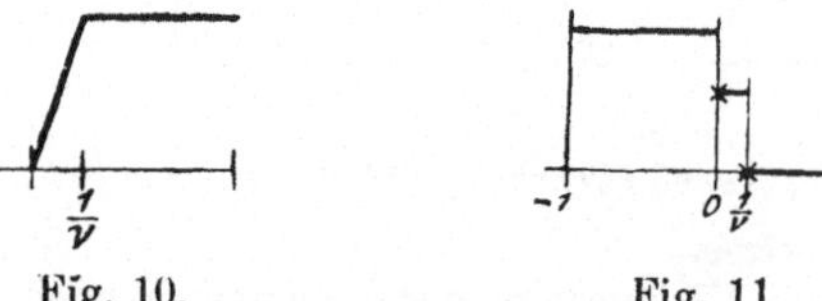

Fig. 10.　　　　　　　　　　　　Fig. 11.

[4]) Sind die f_ν unterhalb stetig, so folgt aus der oberhalb sekundärgleichmäßigen Oszillation für die obere Grenzfunktion nichts. Beispiel (Fig. 11): Sei $\mathfrak{A}$ das Intervall $[-1, 1]$ des $\mathfrak{R}_1$. Sei $f_\nu = 1$ in $[-1, 0)$, $f_\nu = \frac{1}{2}$ in $\left[0, \frac{1}{\nu}\right)$, $f_\nu = 0$ in $\left[\frac{1}{\nu}, 1\right]$. Dann sind alle f_ν unterhalb stetig, und es ist:

$$\bar{f} = \lim_{\nu = \infty} f_\nu = \begin{cases} 1 & \text{in } [-1, 0) \\ \frac{1}{2} & \text{im Punkte } 0 \\ 0 & \text{in } (0, 1]. \end{cases}$$

Also ist $\bar{f}$ im Punkte 0 weder oberhalb noch unterhalb stetig.

§ 5. Schwankung und Ungleichmäßigkeitsgrad einer Funktionenfolge.

So wie die in Kap. III, § 2 eingeführte Schwankung $\omega(a; f, \mathfrak{A})$ als Maß für die Unstetigkeit der Funktion f im Punkte a betrachtet werden kann, so könnte man den Ausdruck:

$$\Omega(a; \{f_\nu\}, \mathfrak{A}) = \Gamma(a; \{f_\nu\}, \mathfrak{A}) - \gamma(a; \{f_\nu\}, \mathfrak{A})$$

als Maß für die Unstetigkeit der Konvergenz der Folge $\{f_\nu\}$ im Punkte a betrachten. Wir wollen darauf nicht näher eingehen, vielmehr sogleich einen Ausdruck einführen, der als Maß für die Ungleichmäßigkeit der Konvergenz von $\{f_\nu\}$ im Punkte a betrachtet werden kann.

Sei a ein Punkt von $\mathfrak{A}^0$. Zu jeder Folge $\{a_n\}$ aus $\mathfrak{A}$, und allen Indizesfolgen $\{\nu_n\}$, $\{\nu'_n\}$ mit:

$$(0) \qquad \lim_{n \to \infty} a_n = a; \quad \lim_{n \to \infty} \nu_n = +\infty; \quad \lim_{n \to \infty} \nu'_n = +\infty$$

denken wir uns gebildet[1]):

$$\lim_{n \to \infty} |f_{\nu_n}(a_n) - f_{\nu'_n}(a_n)| = v.$$

Die obere Schranke aller dieser v bezeichnen wir mit $O(a; \{f_\nu\}, \mathfrak{A})$, und nennen sie die Schwankung von $\{f_\nu\}$ in a auf $\mathfrak{A}$.

Satz I. Die Zahl $O(a; \{f_\nu\}, \mathfrak{A})$ ist charakterisiert durch die beiden Eigenschaften:

1. Ist $\qquad q > O(a; \{f_\nu\}, \mathfrak{A})$,

so gibt es eine Umgebung $\mathfrak{U}$ von a in $\mathfrak{A}$ und einen Index ν_0, so daß:

$$|f_\nu(a') - f_{\nu'}(a')| < q \quad \text{für alle } a' \text{ von } \mathfrak{U} \text{ und alle } \nu \geq \nu_0,\ \nu' \geq \nu_0.$$

2. Ist $\qquad q < O(a; \{f_\nu\}, \mathfrak{A})$,

so gibt es zu jedem Index ν_0 in jeder Umgebung $\mathfrak{U}$ von a in $\mathfrak{A}$ mindestens einen Punkt a' und ein Indexpaar $\nu \geq \nu_0$, $\nu' \geq \nu_0$, so daß:

$$(00) \qquad |f_\nu(a') - f_{\nu'}(a')| > q.$$

In der Tat, wäre Eigenschaft 1. nicht erfüllt, so gäbe es in $\mathfrak{U}\left(a; \dfrac{1}{n}\right)$ einen Punkt a_n und dazu zwei Indizes:

$$\nu_n \geq n; \quad \nu'_n \geq n,$$

____

[1]) Haben $f_{\nu_n}(a_n)$ und $f_{\nu'_n}(a_n)$ denselben unendlichen Wert, so kann man dabei unter ihrer Differenz den Wert 0 verstehen.

so daß:

$$| f_{\nu_n}(a_n) - f_{\nu_n'}(a_n) | \geq q.$$

Dann aber wäre:

$$\varlimsup_{n=\infty} | f_{\nu_n}(a_n) - f_{\nu_n'}(a_n) | \geq q > O\,(a;\{f_\nu\},\mathfrak{A}),$$

entgegen der Definition von $O\,(a;\{f_\nu\},\mathfrak{A})$.

Sei sodann:

$$q < O\,(a;\{f_\nu\},\mathfrak{A}).$$

Dann gibt es eine Punktfolge $\{a_n\}$ in $\mathfrak{A}$ und Indizesfolgen $\{\nu_n\}$, $\{\nu_n'\}$, so daß (0) erfüllt ist, und daß:

$$\varlimsup_{n=\infty} | f_{\nu_n}(a_n) - f_{\nu_n'}(a_n) | > q.$$

Also ist:

$$| f_{\nu_n}(a_n) - f_{\nu_n'}(a_n) | > q \quad \text{für unendlich viele } n.$$

Ist $\mathfrak{U}$ eine Umgebung von a in $\mathfrak{A}$, so gehören fast alle a_n zu $\mathfrak{U}$ ist ν_0 irgendein Index, so ist für fast alle n:

$$\nu_n \geq \nu_0; \quad \nu_n' \geq \nu_0;$$

also gibt es in $\mathfrak{U}$ unendlich viele a_n, in denen (00) gilt. Damit ist Satz I bewiesen.

Satz II. Ist a ein Punkt von $\mathfrak{A}^0$, so gibt es in $\mathfrak{A}$ eine Punktfolge $\{a_n\}$, und dazu zwei Indizesfolgen $\{\nu_n\}$ und $\{\nu_n'\}$ so daß (0) erfüllt ist, und:

$$\binom{00}{0} \qquad \lim_{n=\infty} | f_{\nu_n}(a_n) - f_{\nu_n'}(a_n) | = O\,(a;\{f_\nu\},\mathfrak{A}).$$

Sei in der Tat $\{q_n\}$ eine Folge reeller Zahlen, für die:

$$\lim_{n=\infty} q_n = O\,(a;\{f_\nu\},\mathfrak{A}), \quad q_n < O\,(a;\{f_\nu\},\mathfrak{A}).$$

Nach Satz I gibt es in $\mathfrak{U}\left(a;\dfrac{1}{n}\right)$ einen Punkt a_n, und dazu zwei Indizes ν_n, ν_n', so daß:

$$\nu_n \geq n; \quad \nu_n' \geq n; \quad | f_{\nu_n}(a_n) - f_{\nu_n'}(a_n) | > q_n.$$

Also ist:

$$\varlimsup_{n=\infty} | f_{\nu_n}(a_n) - f_{\nu_n'}(a_n) | \geq \lim_{n=\infty} q_n \, [= O\,(a;\{f_\nu\},\mathfrak{A})].$$

Wegen der Definition von $O\,(a;\{f_\nu\},\mathfrak{A})$ gilt auch die umgekehrte Ungleichung:

$$\varlimsup_{n=\infty} | f_{\nu_n}(a_n) - f_{\nu_n'}(a_n) | \leq O\,(a;\{f_\nu\},\mathfrak{A}).$$

Damit aber ist $\binom{00}{0}$ bewiesen.

Satz III[1]).   Ist $\varphi_\nu(a)$ die obere Schranke aller

$$|f_{\nu'}(a) - f_{\nu''}(a)| \qquad (\nu' \geqq \nu,\ \nu'' \geqq \nu),$$

so ist:

$$(1) \qquad O(a;\{f_\nu\},\mathfrak{A}) = \lim_{\nu=\infty} G(a;\varphi_\nu,\mathfrak{A}).$$

Bemerken wir in der Tat zunächst, daß die Folge $\{\varphi_\nu\}$ monoton abnimmt, daher auch die Folge $\{G(a;\varphi_\nu,\mathfrak{A})\}$, so daß der Grenzwert in (1) existiert.

Sei sodann q eine beliebige Zahl:

$$(2) \qquad q < \lim_{\nu=\infty} G(a;\varphi_\nu,\mathfrak{A}).$$

Dann ist auch:

$$q < G(a;\varphi_\nu,\mathfrak{A}) \quad \text{für alle } \nu.$$

Es gibt also in $\mathfrak{U}\left(a;\dfrac{1}{n}\right)$ einen Punkt a_n von $\mathfrak{A}$, in dem:

$$\varphi_n(a_n) > q,$$

und mithin, zufolge der Definition von φ_n, zwei Indizes ν'_n, ν''_n, so daß:

$$\nu'_n \geqq n;\quad \nu''_n \geqq n;\quad |f_{\nu'_n}(a_n) - f_{\nu''_n}(a_n)| > q.$$

Dann aber ist:

$$\lim_{n=\infty} a_n = a;\ \lim_{n=\infty} \nu'_n = +\infty;\ \lim_{n=\infty} \nu''_n = +\infty;\ \overline{\lim_{n=\infty}}\,|f_{\nu'_n}(a_n) - f_{\nu''_n}(a_n)| \geqq q,$$

und somit:

$$O(a;\{f_\nu\},\mathfrak{A}) \geqq q;$$

und da dies für jedes (2) erfüllende q gilt, ist auch:

$$(3) \qquad O(a;\{f_\nu\},\mathfrak{A}) \geqq \lim_{\nu=\infty} G(a;\varphi_\nu,\mathfrak{A}).$$

Sei sodann q eine beliebige Zahl:

$$(4) \qquad q > \lim_{\nu=\infty} G(a;\varphi_\nu,\mathfrak{A}).$$

Dann gibt es ein ν, so daß:

$$G(a;\varphi_\nu,\mathfrak{A}) < q.$$

Mithin gibt es eine Umgebung $\mathfrak{U}$ von a in $\mathfrak{A}$, so daß:

$$(5) \qquad \varphi_\nu < q \quad \text{auf } \mathfrak{U}.$$

Ist dann $\{a_n\}$ eine Folge aus $\mathfrak{A}$, sind $\{\nu'_n\}, \{\nu''_n\}$ Indizesfolgen mit:

$$(6) \qquad \lim_{n=\infty} a_n = a;\quad \lim_{n=\infty} \nu'_n = +\infty;\quad \lim_{n=\infty} \nu''_n = +\infty,$$

[1]) C. Carathéodory, Vorl. über reelle Funktionen, 177.

so ist:

$$a_n \text{ in } \mathfrak{U}, \quad \nu'_n \geqq \nu, \quad \nu''_n \geqq \nu \quad \text{für fast alle } n.$$

Daher, nach der Bedeutung von φ_ν, wegen (5):

$$| f'_{\nu_n}(a_n) - f''_{\nu_n}(a_n) | < q \quad \text{für fast alle } n,$$

daher:

$$\varlimsup_{n=\infty} | f'_{\nu_n}(a_n) - f''_{\nu_n}(a_n) | \leqq q.$$

Und da dies für alle (6) erfüllenden Folgen $\{a_n\}$, $\{\nu'_n\}$, $\{\nu_n\}$ galt, so ist:

$$O(a; \{f_\nu\}, \mathfrak{U}) \leqq q.$$

Da dies wieder für jedes (4) erfüllende q gilt, so ist auch:

$$(7) \qquad\qquad O(a; \{f_\nu\}, \mathfrak{U}) \leqq \lim_{\nu=\infty} G(a; \varphi_\nu, \mathfrak{U}).$$

Der Vergleich von (3) und (7) ergibt die Behauptung (1) von Satz III.

Satz IV. Es ist $O(a; \{f_\nu\}, \mathfrak{U})$ oberhalb stetig auf $\mathfrak{U}^0$.

In der Tat, nach Kap. II, § 11, Satz II ist $G(a; \varphi_\nu, \mathfrak{U})$ oberhalb stetig auf $\mathfrak{U}^0$. Und da die Folge $\{G(a; \varphi_\nu, \mathfrak{U})\}$ monoton abnimmt, ist nach Kap. II, § 10, Satz I auch $\lim\limits_{\nu=\infty} G(a; \varphi_\nu, \mathfrak{U})$ oberhalb stetig auf $\mathfrak{U}^0$, daher nach Satz III auch $O(a; \{f_\nu\}, \mathfrak{U})$, und Satz IV ist bewiesen.

Satz V. Sind alle f_ν endlich, so ist, damit $\{f_\nu\}$ eigentlich gleichmäßig konvergent sei in a auf $\mathfrak{U}$, notwendig und hinreichend, daß:

$$(\dagger) \qquad\qquad O(a; \{f_\nu\}, \mathfrak{U}) = 0.$$

In der Tat, $(\dagger)$ ist gleichbedeutend mit der Aussage: Für alle Punktfolgen $\{a_n\}$ aus $\mathfrak{U}$ und alle Indizesfolgen $\{\nu_n\}$ und $\{\nu'_n\}$ mit:

$$\lim_{n=\infty} a_n = a; \quad \lim_{n=\infty} \nu_n = +\infty; \quad \lim_{n=\infty} \nu'_n = +\infty$$

ist:

$$\lim_{n=\infty} | f_{\nu_n}(a_n) - f_{\nu'_n}(a_n) | = 0,$$

oder, was dasselbe heißt:

$$\lim_{n=\infty} (f_{\nu_n}(a_n) - f_{\nu'_n}(a_n)) = 0.$$

Dies aber ist gleichbedeutend mit der Definition (*) S. 247 der eigentlich gleichmäßigen Konvergenz in a. Damit ist Satz V bewiesen.

Ist $\{f_\nu\}$ konvergent, so können wir einen zweiten, der Schwankung verwandten Ausdruck definieren[1]), den wir als den Ungleich-

---

[1]) W. F. Osgood, Am. Journ. 19 (1897), 166. Vgl. auch E. W. Hobson, Lond. Proc. 34 (1902), 253, und (2) 1 (1904), 376.

mäßigkeitsgrad $U(a; \{f_\nu\}, \mathfrak{A})$ von $\{f_\nu\}$ in a auf $\mathfrak{A}$ bezeichnen wollen. Wir setzen:

$$\lim_{\nu = \infty} f_\nu = f.$$

Die Definition ist dann die folgende. Für jede Folge $\{a_n\}$ aus $\mathfrak{A}$ und jede Indizesfolge $\{\nu_n\}$ mit:

$$(\dagger\dagger) \qquad\qquad \lim_{n=\infty} a_n = a; \quad \lim_{n=\infty} \nu_n = +\infty$$

denken wir uns gebildet[1]):

$$\lim_{n=\infty} |\, f_{\nu_n}(a_n) - f(a_n)\,| = v.$$

Die obere Schranke aller dieser v ist die zu definierende Größe $U(a; \{f_\nu\}, \mathfrak{A})$.

Ganz ebenso wie die Sätze I und II beweist man:

Satz VI. Die Zahl $U(a; \{f_\nu\}, \mathfrak{A})$ ist charakterisiert durch die beiden Eigenschaften

1. Ist $\qquad\qquad q > U(a; \{f_\nu\}, \mathfrak{A}),$

so gibt es eine Umgebung $\mathfrak{U}$ von a in $\mathfrak{A}$, und einen Index ν_0, so daß:

$$|\, f_\nu(a') - f(a')\,| < q \quad \text{für alle } a' \text{ von } \mathfrak{U} \text{ und alle } \nu \geqq \nu_0.$$

2. Ist $\qquad\qquad q < U(a; \{f_\nu\}, \mathfrak{A}),$

so gibt es zu jedem Index ν_0 in jeder Umgebung $\mathfrak{U}$ von a in $\mathfrak{A}$ mindestens einen Punkt a', und einen Index $\nu \geqq \nu_0$, so daß:

$$|\, f_\nu(a') - f(a')\,| > q.$$

Satz VII. Ist a ein Punkt von $\mathfrak{A}^0$, so gibt es in $\mathfrak{A}$ eine Punktfolge $\{a_n\}$ und eine Indizesfolge $\{\nu_n\}$, so daß $(\dagger\dagger)$ erfüllt ist, und:

$$\lim_{n=\infty} |\, f_{\nu_n}(a_n) - f(a_n)\,| = U(a; \{f_\nu\}, \mathfrak{A}).$$

So wie wir in § 1, Satz V Maximal- und Minimalfunktion einer Folge $\{f_\nu\}$ gedeutet haben als obere und untere Schrankenfunktion einer Hilfsfunktion $\tilde{f}$ auf einer Hilfsmenge $\tilde{\mathfrak{A}}$, so können wir nun eine ähnliche Deutung auch für $U(a; \{f_\nu\}, \mathfrak{A})$ finden. Wir definieren zu dem Zwecke auf dieser Menge $\tilde{\mathfrak{A}}$ die Restfunktion $\tilde{r}$ von $\{f_\nu\}$ durch die Festsetzung: Ist a Punkt von $\mathfrak{A}$, so habe $\tilde{r}$ im Punkte $\left[a, \frac{1}{\nu}\right]$ von $\tilde{\mathfrak{A}}$ den Wert $|\, f_\nu(a) - f(a)\,|$. Wir erkennen sofort:

---

[1]) Haben $f_{\nu_n}(a_n)$ und $f(a_n)$ denselben unendlichen Wert, so kann man dabei unter ihrer Differenz den Wert 0 verstehen.

Satz VIII. In jedem Punkte a von $\mathfrak{A}^0$ stimmt der Ungleichmäßigkeitsgrad von $\{f_\nu\}$ auf $\mathfrak{A}$ überein mit der oberen Schrankenfunktion von $\tilde{r}$ auf $\widetilde{\mathfrak{A}}$:

$$U(a; \{f_\nu\}, \mathfrak{A}) = G(a; \tilde{r}, \widetilde{\mathfrak{A}}).$$

Aus Kap. II, § 11, Satz II folgt daher weiter:

Satz IX. Es ist $U(a; \{f_\nu\}, \mathfrak{A})$ oberhalb stetig auf $\mathfrak{A}^0$.

Der Zusammenhang zwischen $U(a; \{f_\nu\}, \mathfrak{A})$ und $O(a; \{f_\nu\}, \mathfrak{A})$ wird hergestellt durch den Satz:

Satz X. Es besteht die Ungleichung[1]:

$$(*) \qquad U(a; \{f_\nu\}, \mathfrak{A}) \leqq O(a; \{f_\nu\}, \mathfrak{A}) \leqq 2\,U(a; \{f_\nu\}, \mathfrak{A}).$$

In der Tat, nach Satz VII gibt es in $\mathfrak{A}$ eine Punktfolge $\{a_n\}$ und eine Indizesfolge $\{\nu_n\}$, so daß:

$$(**) \quad \lim_{n=\infty} a_n = a; \quad \lim_{n=\infty} \nu_n = +\infty; \quad \lim_{n=\infty} |f_{\nu_n}(a_n) - f(a_n)| = U(a; \{f_\nu\}, \mathfrak{A}).$$

Sei $\{q_n\}$ eine Zahlenfolge, so daß:

$$(***) \quad q_n < |f_{\nu_n}(a_n) - f(a_n)|; \quad \lim_{n=\infty} q_n = \lim_{n=\infty} |f_{\nu_n}(a_n) - f(a_n)|.$$

Wegen:

$$|f_{\nu_n}(a_n) - f(a_n)| = |f_{\nu_n}(a_n) - \lim_{\nu=\infty} f_\nu(a_n)|$$

gibt es ein $\nu_n' > \nu_n$, so daß[2]:

$$|f_{\nu_n}(a_n) - f_{\nu_n'}(a_n)| > q_n.$$

Dann aber folgt aus (**) und (***):

$$\overline{\lim_{n=\infty}} |f_{\nu_n}(a_n) - f_{\nu_n'}(a_n)| \geqq U(a; \{f_\nu\}, \mathfrak{A}),$$

und somit (da wegen $\nu_n' > \nu_n$ auch $\lim\limits_{n=\infty} \nu_n' = +\infty$ ist) erst recht:

$$O(a; \{f_\nu\}, \mathfrak{A}) \geqq U(a; \{f_\nu\}, \mathfrak{A}).$$

Damit ist die erste Hälfte von (*) bewiesen.

---

[1] Beispiel, in dem $U(a; \{f_\nu\}, \mathfrak{A})$ und $O(a; \{f_\nu\}, \mathfrak{A})$ verschieden ausfallen: Sei im $\mathfrak{R}_1$:

$$f_\nu = \begin{cases} 0 \text{ in } (-\infty, 0] \text{ und in } \left[\tfrac{1}{\nu}, +\infty\right) \\ (-1)^\nu \text{ in } \left(0, \tfrac{1}{\nu}\right). \end{cases}$$

Dann ist im Punkt 0:

$$U = 1; \quad O = 2.$$

[2] Dies gilt insbesondere auch, wenn $f_{\nu_n}(a_n)$ und $f(a_n)$ denselben unendlichen Wert haben, da dann $f_{\nu_n}(a_n) - f(a_n) = 0$ gesetzt war, und mithin $q_n < 0$ ist.

Aus der Ungleichung:

$$| f_{\nu_n}(a_n) - f'_{\nu'_n}(a_n) | \leq | f_{\nu_n}(a_n) - f(a_n) | + | f'_{\nu'_n}(a_n) - f(a_n) |$$

folgt ferner:

$$\varlimsup_{n=\infty} | f_{\nu_n}(a_n) - f'_{\nu'_n}(a_n) | \leq \varlimsup_{n=\infty} | f_{\nu_n}(a_n) - f(a_n) | + \varlimsup_{n=\infty} | f'_{\nu'_n}(a_n) - f(a_n) |$$

$$\leq 2\, U(a; \{f_\nu\}, \mathfrak{A}),$$

und somit auch:

$$O(a; \{f_\nu\}, \mathfrak{A}) \leq 2\, U(a; \{f_\nu\}, \mathfrak{A}).$$

Damit ist auch die zweite Hälfte von (*) bewiesen und der Beweis von Satz X beendet.

Neben Satz V tritt nun:

Satz XI. Sind alle f_ν endlich[1]), so ist, damit die konvergente Folge $\{f_\nu\}$ eigentlich gleichmäßig konvergent sei in a auf $\mathfrak{A}$, notwendig und hinreichend, daß:

$$U(a; \{f_\nu\}, \mathfrak{A}) = 0.$$

In der Tat, dies folgt unmittelbar aus Satz V, da nach Satz X die beiden Bedingungen:

$$U(a; \{f_\nu\}, \mathfrak{A}) = 0 \quad \text{und} \quad O(a; \{f_\nu\}, \mathfrak{A}) = 0$$

gleichbedeutend sind.

§ 6. Verteilung der Punkte ungleichmäßiger Konvergenz.

Sei wieder $\{f_\nu\}$ eine auf $\mathfrak{A}$ gegebene Funktionenfolge. In Analogie zu Kap. III, § 2, Satz XVI erhalten wir:

Satz I. Die Menge aller Punkte von $\mathfrak{A}$, in denen

$$O(a; \{f_\nu\}, \mathfrak{A}) \geq q \quad (\text{oder } U(a; \{f_\nu\}, \mathfrak{A}) \geq q),$$

ist (für jedes q) abgeschlossen in $\mathfrak{A}$.

In der Tat, dies folgt vermöge Kap. II, § 9, Satz IV aus der Tatsache, daß $O(a; \{f_\nu\}, \mathfrak{A})$ und $U(a; \{f_\nu\}, \mathfrak{A})$ oberhalb stetig auf $\mathfrak{A}$ ist (§ 5, Satz IV, IX).

In Analogie zu Kap. III, § 3, Satz I folgern wir daraus:

Satz II. Ist $\{f_\nu\}$ eine beliebige Folge auf $\mathfrak{A}$, so ist die Menge aller Punkte von $\mathfrak{A}$, in denen $\{f_\nu\}$ nicht gleichmäßig auf $\mathfrak{A}$ konvergiert, Vereinigung abzählbar vieler in $\mathfrak{A}$ abgeschlossener Teile von $\mathfrak{A}$.

In der Tat, geht $\{f_\nu\}$ durch die Schränkungstransformation über in $\{f_\nu^*\}$, so sind $\{f_\nu\}$ und $\{f_\nu^*\}$ in denselben Punkten von $\mathfrak{A}$ gleich-

---

[1]) Statt dessen kann es auch heißen: „Ist f endlich“.

mäßig konvergent. Wir können also $\{f_\nu\}$ als beschränkt voraussetzen. In jedem Punkte, in dem die Folge gleichmäßig konvergiert, konvergiert sie dann auch eigentlich gleichmäßig.

Nach § 5, Satz V ist also die Menge $\mathfrak{B}$ aller Punkte von $\mathfrak{A}$, in denen $\{f_\nu\}$ nicht gleichmäßig auf $\mathfrak{A}$ konvergiert, nichts andres als die Menge aller Punkte von $\mathfrak{A}$, in denen:

$$O(a; \{f_\nu\}, \mathfrak{A}) > 0.$$

Bezeichnen wir noch mit $\mathfrak{B}_n$ die Menge aller Punkte von $\mathfrak{A}$, in denen:

$$O(a; \{f_\nu\}, \mathfrak{A}) \geqq \frac{1}{n},$$

so ist demnach:

$$\mathfrak{B} = \mathfrak{B}_1 + \mathfrak{B}_2 + \dots + \mathfrak{B}_n + \dots$$

Nach Satz I aber ist jede Menge $\mathfrak{B}_n$ abgeschlossen in $\mathfrak{A}$, und Satz II ist bewiesen.

Sei nun insbesondere $\{f_\nu\}$ konvergent auf $\mathfrak{A}$. Wir nennen dann jeden Punkt von $\mathfrak{A}$, in dem $\{f_\nu\}$ gleichmäßig auf $\mathfrak{A}$ konvergiert, einen Punkt gleichmäßiger, jeden andern Punkt von $\mathfrak{A}$ einen Punkt ungleichmäßiger Konvergenz von $\{f_\nu\}$ auf $\mathfrak{A}$.

Satz III. Ist $\{f_\nu\}$ konvergent auf $\mathfrak{A}$, so ist die Menge aller Punkte ungleichmäßiger Konvergenz von $\{f_\nu\}$ auf $\mathfrak{A}$ Vereinigung abzählbar vieler in $\mathfrak{A}$ abgeschlossener Teile von $\mathfrak{A}\mathfrak{A}^1$.

Dies folgt unmittelbar aus Satz II, da jeder isolierte Punkt von $\mathfrak{A}$ notwendig ein Punkt gleichmäßiger Konvergenz von $\{f_\nu\}$ auf $\mathfrak{A}$ ist.

Wie in Kap. III, § 3 wollen wir uns überzeugen, daß von den Sätzen II und III die Umkehrung gilt[1]).

Wir nennen die auf $\mathfrak{A}$ konvergente Folge $\{f_\nu\}$ **total-ungleichmäßig konvergent** auf $\mathfrak{A}$, wenn für sie jeder Punkt von $\mathfrak{A}$ ein Punkt ungleichmäßiger Konvergenz ist. Wir gehen schrittweise vor und beweisen zunächst:

Satz IV. Ist die (nicht leere) Menge $\mathfrak{A}$ insichdicht, so gibt es eine auf $\mathfrak{A}$ total-ungleichmäßig gegen 0 konvergierende Folge $\{f_\nu\}$ von Funktionen, deren jede auf $\mathfrak{A}$ total-unstetig ist, und nur die beiden Werte 0 und 1 annimmt.

In der Tat, beim Beweise von Kap. III, § 3, Satz IV haben wir gesehen, daß $\mathfrak{A}$ gespalten werden kann in zwei in $\mathfrak{A}$ dichte Teile:

$$\mathfrak{E}_1 \quad \text{und} \quad \mathfrak{E}_1' = \mathfrak{A} - \mathfrak{E}_1.$$

---

[1]) Vgl. hierzu W. H. Young, Lond. Proc. (2) 1 (1904), 356.

Da dann ebenso wie $\mathfrak{A}$ auch $\mathfrak{C}_1'$ insichdicht ist, so kann auch $\mathfrak{C}_1'$ gespalten werden in zwei in $\mathfrak{C}_1'$ und mithin in $\mathfrak{A}$ dichte Teile:

$$\mathfrak{C}_2 \quad \text{und} \quad \mathfrak{C}_2' = \mathfrak{C}_1' - \mathfrak{C}_2.$$

Indem man so weiter schließt, erkennt man, daß $\mathfrak{A}$ zerspalten werden kann in abzählbar-unendlich viele zu je zweien fremde, in $\mathfrak{A}$ dichte Teile:

$$\mathfrak{A} = \mathfrak{A}_1 + \mathfrak{A}_2 + \cdots + \mathfrak{A}_\nu + \cdots$$

Wir definieren nun:

$$f_\nu = \begin{cases} 1 & \text{auf } \mathfrak{A}_\nu \\ 0 & \text{auf } \mathfrak{A} - \mathfrak{A}_\nu. \end{cases}$$

Dann ist f_ν total-unstetig auf $\mathfrak{A}$. In jedem Punkte von $\mathfrak{A}$ ist:

$$f_\nu = 0 \quad \text{für fast alle } \nu,$$

daher ist $\{f_\nu\}$ konvergent auf $\mathfrak{A}$:

$$\lim_{\nu = \infty} f_\nu = 0.$$

Da hingegen jeder Punkt von $\mathfrak{A}$ Häufungspunkt jeder Menge $\mathfrak{A}_\nu$ ist, so ist offenbar in jedem Punkte von $\mathfrak{A}$:

$$U(a;\, \{f_\nu\},\, \mathfrak{A}) = 1.$$

Damit aber ist Satz IV bewiesen.

Satz V. Ist $\mathfrak{B}$ in $\mathfrak{A}$ abgeschlossen und nirgends dicht[1]), so gibt es eine auf $\mathfrak{A}$ konvergente Folge $\{f_\nu\}$ auf $\mathfrak{A}$ stetiger, den Beziehungen

$$0 \leq f_\nu \leq 1, \quad \lim_{\nu = \infty} f_\nu = 0$$

genügender Funktionen, die in jedem Punkte von $\mathfrak{B}$ ungleichmäßig, in jedem Punkte von $\mathfrak{A} - \mathfrak{B}$ gleichmäßig auf $\mathfrak{A}$ konvergiert.

Sei in der Tat $h_\nu(r)$ folgende (für $r \geq 0$ definierte) Funktion der reellen Veränderlichen r (Fig. 12):

$$(0) \quad h_\nu(r) = \begin{cases} 0 & \text{für } r = 0 \text{ und für } r \geq \dfrac{2}{\nu}, \\ 1 & \text{für } r = \dfrac{1}{\nu} \\ \text{linear in } \left[0, \dfrac{1}{\nu}\right] \text{ und in } \left[\dfrac{1}{\nu}, \dfrac{2}{\nu}\right]. \end{cases}$$

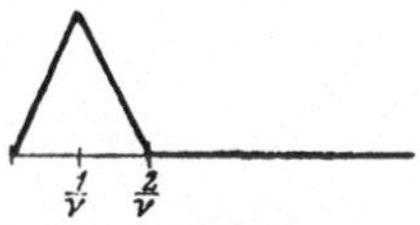

Fig. 12.

Ist dann a ein Punkt von $\mathfrak{A}$ und $r(a, \mathfrak{B})$ sein Abstand von $\mathfrak{B}$, so ist

$$f_\nu(a) = h_\nu(r(a, \mathfrak{B}))$$

____

[1]) Dann ist gewiß $\mathfrak{B} < \mathfrak{A}\mathfrak{A}^1$.

eine auf $\mathfrak{A}$ stetige Funktion von a. In jedem Punkte von $\mathfrak{B}$ ist für alle ν, in jedem Punkte von $\mathfrak{A} - \mathfrak{B}$ für fast alle ν:

$$f_\nu(a) = 0,$$

somit ist $\{f_\nu\}$ konvergent auf $\mathfrak{A}$:

$$(00) \qquad\qquad \lim_{\nu=\infty} f_\nu = 0.$$

Sei nun a ein Punkt von $\mathfrak{A} - \mathfrak{B}$, $\{a_n\}$ eine Folge aus $\mathfrak{A}$, $\{\nu_n\}$ eine Indizesfolge mit:

$$\lim_{n=\infty} a_n = a; \quad \lim_{n=\infty} \nu_n = +\infty.$$

Da $\mathfrak{B}$ abgeschlossen in $\mathfrak{A}$, ist:

$$\lim_{n=\infty} r(a_n, \mathfrak{B}) = r(a, \mathfrak{B}) > 0,$$

und mithin:

$$r(a_n, \mathfrak{B}) \geqq \frac{2}{\nu_n} \quad \text{für fast alle } n.$$

Es ist also auch:

$$f_{\nu_n}(a_n) = 0 \quad \text{für fast alle } n,$$

und somit, wegen (00):

$$U(a; \{f_\nu\}, \mathfrak{A}) = 0,$$

d. h. jeder Punkt von $\mathfrak{A} - \mathfrak{B}$ ist ein Punkt gleichmäßiger Konvergenz (§ 5, Satz XI).

Sei sodann a ein Punkt von $\mathfrak{B}$. Da $\mathfrak{B}$ nirgends dicht in $\mathfrak{A}$, gibt es in $\mathfrak{A} - \mathfrak{B}$ eine Punktfolge $\{a_n\}$, so daß:

$$(000) \qquad \lim_{n=\infty} a_n = a, \quad \text{und somit} \quad \lim_{n=\infty} r(a_n, \mathfrak{B}) = 0.$$

Wie aus (0) folgt, gilt aber für jedes r aus $(0, 1)$:

$$h_\nu(r) \geqq \frac{2}{3} \quad \text{für mindestens ein } \nu.$$

Also gibt es zu fast allen a_n ein ν_n, so daß:

$$f_{\nu_n}(a_n) \geqq \frac{2}{3},$$

und da wegen (000) offenbar $\lim_{n=\infty} \nu_n = +\infty$, so ist wegen (00):

$$U(a; \{f_\nu\}, \mathfrak{A}) \geqq \frac{2}{3},$$

d. h. jeder Punkt von $\mathfrak{B}$ ist ein Punkt ungleichmäßiger Konvergenz. Damit ist Satz V bewiesen.

Satz VI. Die Aussage von Satz V bleibt bestehen, wenn $\mathfrak{B}$ Vereinigung abzählbar vieler in $\mathfrak{A}$ abgeschlossener und nirgends dichter Mengen ist.

Sei in der Tat:

$$\mathfrak{B} = \mathfrak{B}_1 + \mathfrak{B}_2 + \cdots + \mathfrak{B}_\mu + \cdots,$$

wo jede Menge $\mathfrak{B}_\mu$ ein in $\mathfrak{A}$ abgeschlossener und nirgends dichter Teil von $\mathfrak{A}$. Nach Satz V gibt es zu jeder Menge $\mathfrak{B}_\mu$ eine Folge $\{f_{\mu,\nu}\}$ auf $\mathfrak{A}$ stetiger Funktionen, so daß:

$$0 \leq f_{\mu,\nu} \leq 1, \quad \lim_{\nu=\infty} f_{\mu,\nu} = 0,$$

und so daß die Konvergenz von $\{f_{\mu,\nu}\}$ gleichmäßig ist auf $\mathfrak{A}$ in den Punkten von $\mathfrak{A} - \mathfrak{B}_\mu$, ungleichmäßig in den Punkten von $\mathfrak{B}_\mu$.

Wir bilden nun die Doppelfolge:

$$\frac{1}{\mu} \cdot f_{\mu,\nu} \qquad (\mu, \nu = 1, 2, \ldots).$$

Wir ordnen sie irgendwie in eine einfache Folge,

$$f_1, f_2, \ldots, f_\nu, \ldots,$$

von der wir nun leicht erkennen, daß sie die in Satz VI verlangten Eigenschaften hat.

In der Tat, zunächst ist auf ganz $\mathfrak{A}$:

$$(*) \qquad \lim_{\nu=\infty} f_\nu = 0.$$

Andernfalls gäbe es einen Punkt a von $\mathfrak{A}$ und ein $\varepsilon > 0$, so daß:

$$(**) \qquad f_\nu(a) \geq \varepsilon \quad \text{für unendlich viele } \nu.$$

Da aber:

$$(^*_*) \qquad 0 \leq \frac{1}{\mu} \cdot f_{\mu,\nu} < \varepsilon \quad \text{für} \quad \mu > \frac{1}{\varepsilon} \quad \text{und alle } \nu,$$

müßte es wegen (**) mindestens ein $\mu \leq \dfrac{1}{\varepsilon}$ geben, für das:

$$\frac{1}{\mu} \cdot f_{\mu,\nu}(a) \geq \varepsilon \quad \text{für unendlich viele } \nu,$$

im Widerspruche mit:

$$\lim_{\nu=\infty} f_{\mu,\nu} = 0,$$

womit (*) bewiesen ist.

Da die Folge

$$\frac{1}{\mu} f_{\mu,1}, \ \frac{1}{\mu} f_{\mu,2}, \ \ldots, \ \frac{1}{\mu} f_{\mu,\nu}, \ldots$$

eine Teilfolge von $\{f_\nu\}$ ist, so ist offenbar:

$$U(a; \{f_\nu\}, \mathfrak{A}) \geqq \frac{1}{\mu} U(a; \{f_{\mu,\nu}\}, \mathfrak{A}),$$

mithin ist $\{f_\nu\}$, ebenso wie $\{f_{\mu,\nu}\}$, ungleichmäßig konvergent auf $\mathfrak{A}$ in jedem Punkte von $\mathfrak{B}_\mu$, und da dies für jedes μ gilt, auch in jedem Punkte von $\mathfrak{B}$.

Sei endlich a ein Punkt von $\mathfrak{A} - \mathfrak{B}$, $\{a_n\}$ eine Punktfolge aus $\mathfrak{A}$, $\{\nu_n\}$ eine Indizesfolge mit:

$$\lim_{n=\infty} a_n = a; \quad \lim_{n=\infty} \nu_n = +\infty.$$

Um zu zeigen, daß $\{f_\nu\}$ in a gleichmäßig auf $\mathfrak{A}$ konvergiert, haben wir nachzuweisen:

$$\lim_{n=\infty} f_{\nu_n}(a_n) = 0.$$

Wäre dies nicht der Fall, so gäbe es ein $\varepsilon > 0$, so daß

$$f_{\nu_n}(a_n) \geqq \varepsilon \quad \text{für unendlich viele } n,$$

und, indem wir von $\{a_n\}$ zu einer Teilfolge übergehen. können wir geradezu annehmen:

$$(\mathbf{*}^{\mathbf{*}}_{\mathbf{*}}) \qquad\qquad f_{\nu_n}(a_n) \geqq \varepsilon \quad \text{für alle } n.$$

Wegen $(\mathbf{*}^{\mathbf{*}}_{\mathbf{*}})$ müßte es also ein $\mu^* \left(\leqq \frac{1}{\varepsilon}\right)$ geben, so daß unendlich viele f_{ν_n} zur Folge $\left\{\frac{1}{\mu^*} \cdot f_{\mu^*,\nu}\right\}$ gehören. Dann aber steht $(\mathbf{*}^{\mathbf{*}}_{\mathbf{*}})$ in Widerspruch zur Tatsache, daß $\{f_{\mu^*,\nu}\}$ in a gleichmäßig auf $\mathfrak{A}$ gegen 0 konvergiert. Damit ist Satz VI bewiesen.

Nunmehr können wir die Umkehrung von Satz III beweisen:

Satz VII. Damit es eine auf $\mathfrak{A}$ konvergente Funktionenfolge $\{f_\nu\}$ gebe, die ungleichmäßig auf $\mathfrak{A}$ konvergiert in allen Punkten von $\mathfrak{B}$, gleichmäßig auf $\mathfrak{A}$ in allen Punkten von $\mathfrak{A} - \mathfrak{B}$, ist notwendig und hinreichend, daß $\mathfrak{B}$ Vereinigung abzählbar vieler in $\mathfrak{A}$ abgeschlossener Teile von $\mathfrak{A}\mathfrak{A}^1$ sei.

Die Bedingung ist notwendig; dies ist schon in Satz III enthalten.

Die Bedingung ist hinreichend. Sei in der Tat:

$$\mathfrak{B} = \mathfrak{B}_1 + \mathfrak{B}_2 + \cdots + \mathfrak{B}_\mu + \cdots; \quad \mathfrak{B}_\mu \prec \mathfrak{A}\mathfrak{A}^1,$$

wo jedes $\mathfrak{B}_\mu$ abgeschlossen in $\mathfrak{A}$. Nach Kap. I, § 2, Satz XI können wir annehmen:

$$\mathfrak{B}_\mu \prec \mathfrak{B}_{\mu+1}.$$

Wie beim Beweise von Kap. III, § 3, Satz V zerlegen wir:

$$\mathfrak{B}_\mu = \mathfrak{B}'_\mu + \mathfrak{B}''_\mu, \quad \text{worin:} \quad \mathfrak{B}'_\mu = \mathfrak{B}_\mu(\mathfrak{A} - \mathfrak{B}_\mu)^1;$$

dann ist, wie wir dort sahen, $\mathfrak{B}''_\mu$ insichdicht, während offenbar $\mathfrak{B}'_\mu$ nirgends dicht und abgeschlossen in $\mathfrak{A}$ ist. Ferner ist, wie wir gleichfalls dort sahen, $\mathfrak{B}''_\mu < \mathfrak{B}''_{\mu+1}$. Wir setzen:

$$\mathfrak{B}' = \mathfrak{B}'_1 + \mathfrak{B}'_2 + \dots + \mathfrak{B}'_\mu + \dots; \quad \mathfrak{B}'' = \mathfrak{B}''_1 + \mathfrak{B}''_2 + \dots + \mathfrak{B}''_\mu + \dots$$

Nach Satz IV gibt es nun zu jeder (nicht leeren) Menge $\mathfrak{B}''_\mu$ eine Folge total-unstetiger Funktionen

$$g_{\mu,1}, \; g_{\mu,2}, \; \dots, \; g_{\mu,\nu}, \; \dots,$$

die nur die beiden Werte 0, 1 annehmen, und die auf $\mathfrak{B}''_\mu$ total-ungleichmäßig gegen 0 konvergieren:

$$(\dagger) \qquad\qquad \lim_{\nu=\infty} g_{\mu,\nu} = 0.$$

Wir definieren eine Funktionenfolge $\{g_\nu\}$ auf $\mathfrak{A}$ durch:

$$g_\nu = g_{1,\nu} \;\; \text{auf} \;\; \mathfrak{B}''_1; \qquad g_\nu = \frac{1}{\mu} g_{\mu,\nu} \;\; \text{auf} \;\; \mathfrak{B}''_\mu - \mathfrak{B}''_{\mu-1};$$

$$g_\nu = 0 \;\; \text{auf} \;\; \mathfrak{A} - \mathfrak{B}''.$$

Aus $(\dagger)$ folgern wir sofort:

$$(\dagger\dagger) \qquad\qquad \lim_{\nu=\infty} g_\nu = 0 \quad \text{auf} \;\; \mathfrak{A},$$

während wir, ganz wie beim Beweise von Kap. III, § 3, Satz V, erkennen, daß die Konvergenz ungleichmäßig ist in jedem Punkte von $\mathfrak{B}''$, gleichmäßig in jedem Punkte von $\mathfrak{A} - \mathfrak{B}''$.

Da $\mathfrak{B}'$ Vereinigung abzählbar vieler, in $\mathfrak{A}$ abgeschlossener und nirgends dichter Mengen ist, gibt es nach Satz VI eine Funktionenfolge $\{h_\nu\}$ auf $\mathfrak{A}$, so daß:

$$(\dot{\dagger}\dot{+}\dot{\dagger}) \qquad\qquad \lim_{\nu=\infty} h_\nu = 0 \quad \text{auf} \;\; \mathfrak{A},$$

und so daß die Konvergenz ungleichmäßig auf $\mathfrak{A}$ ist in jedem Punkte von $\mathfrak{B}'$, gleichmäßig in jedem Punkte von $\mathfrak{A} - \mathfrak{B}'$.

Bilden wir nun die Folge:

$$(\dagger\dagger\dagger) \qquad\qquad g_1, h_1, g_2, h_2, \dots, g_\nu, h_\nu, \dots,$$

so konvergiert auch sie, wegen $(\dagger\dagger)$ und $(\dot{\dagger}\dagger\dagger)$ auf ganz $\mathfrak{A}$ gegen 0. Da in jedem Punkte von $\mathfrak{B} = \mathfrak{B}' + \mathfrak{B}''$ sei es $\{g_\nu\}$, sei es $\{h_\nu\}$ ungleichmäßig auf $\mathfrak{A}$ konvergiert, so auch $(\dagger\dagger\dagger)$. Da in jedem Punkte von $\mathfrak{A} - \mathfrak{B}$ sowohl g_ν als h_ν gleichmäßig auf $\mathfrak{A}$ konvergiert, so auch $(\dagger\dagger\dagger)$. Damit ist Satz VII bewiesen.

Endlich können wir nun auch noch Satz II umkehren.

Satz VIII. Damit es auf $\mathfrak{A}$ eine Funktionenfolge $\{f_\nu\}$ gebe, für die der Teil $\mathfrak{B}$ von $\mathfrak{A}$ die Menge aller Punkte ist, in denen $\{f_\nu\}$ nicht gleichmäßig auf $\mathfrak{A}$ konvergiert, ist notwendig und hinreichend, daß $\mathfrak{B}$ Vereinigung abzählbar vieler in $\mathfrak{A}$ abgeschlossener Mengen sei.

Die Bedingung ist notwendig; dies ist schon in Satz II enthalten.

Die Bedingung ist hinreichend. Sei in der Tat $\mathfrak{B}$ Vereinigung abzählbar vieler in $\mathfrak{A}$ abgeschlossener Mengen. Wir setzen:

$$\mathfrak{B}_1 = \mathfrak{A}^1 \cdot \mathfrak{B}, \quad \mathfrak{B}_2 = \mathfrak{B} - \mathfrak{A}^1 \cdot \mathfrak{B}, \quad \mathfrak{B} = \mathfrak{B}_1 + \mathfrak{B}_2.$$

Dann ist $\mathfrak{B}_1$ Vereinigung abzählbar vieler in $\mathfrak{A}$ abgeschlossener Teile von $\mathfrak{A} \cdot \mathfrak{A}^1$. Also gibt es nach Satz VII eine auf $\mathfrak{A}$ konvergente Funktionenfolge $\{g_\nu\}$, die in den Punkten von $\mathfrak{B}_1$ ungleichmäßig, in denen von $\mathfrak{A} - \mathfrak{B}_1$ gleichmäßig auf $\mathfrak{A}$ konvergiert. Wir setzen nun:

$$h_\nu(a) = (-1)^\nu \, r(a, \mathfrak{A} - \mathfrak{B}_2); \quad f_\nu = g_\nu + h_\nu.$$

Die Folge $\{h_\nu\}$ ist gleichmäßig konvergent auf $\mathfrak{A}$ in jedem Punkte von $\mathfrak{A} - \mathfrak{B}_2$; hingegen konvergiert sie nicht in den Punkten von $\mathfrak{B}_2$[1]). Also konvergiert auch $\{f_\nu\}$ nicht in den Punkten von $\mathfrak{B}_2$, während in den Punkten von $\mathfrak{A} - \mathfrak{B}_2$ $\{f_\nu\}$ gleichzeitig mit $\{g_\nu\}$ gleichmäßig konvergent ist auf $\mathfrak{A}$ oder nicht. Damit ist Satz VIII bewiesen.

§ 7. Punktweise ungleichmäßige Konvergenz.

In Analogie zur Definition der punktweise unstetigen Funktionen (Kap. III, § 4) definieren wir nun: Die auf $\mathfrak{A}$ konvergente Funktionenfolge $\{f_\nu\}$ heißt **punktweise unstetig** (bzw. **ungleichmäßig**) konvergent auf $\mathfrak{A}$, wenn die Menge aller Punkte von $\mathfrak{A}$, in denen $\{f_\nu\}$ stetig (gleichmäßig) auf $\mathfrak{A}$ konvergiert, dicht in $\mathfrak{A}$ ist. Nur mit dem Falle punktweise ungleichmäßiger Konvergenz (in dem die gleichmäßige Konvergenz auf $\mathfrak{A}$ als Spezialfall enthalten ist) wollen wir uns näher befassen.

In Analogie zu den Sätzen II, III, IV von Kap. III, § 4 stehen die ganz ebenso zu beweisenden Sätze:

Satz I. Ist die auf $\mathfrak{A}$ eigentlich konvergente Folge $\{f_\nu\}$ punktweise ungleichmäßig konvergent auf $\mathfrak{A}$, so ist für jedes $q > 0$ die Menge aller Punkte, in denen:

---

[1]) Denn jeder Punkt a von $\mathfrak{B}_2$ ist ein isolierter Punkt von $\mathfrak{A}$, so daß für ihn $r(a, \mathfrak{A} - \mathfrak{B}_2) > 0$.

$$(*) \qquad\qquad U(a; \{f_\nu\}, \mathfrak{A}) \geqq q$$

ist, nirgends dicht in $\mathfrak{A}$.

Satz II. Ist die auf $\mathfrak{A}$ konvergente Folge $\{f_\nu\}$ punktweise ungleichmäßig konvergent auf $\mathfrak{A}$, so ist die Menge aller ihrer Punkte ungleichmäßiger Konvergenz von erster Kategorie in $\mathfrak{A}$.

Satz III. Ist $\{f_\nu\}$ konvergent auf der relativ-vollständigen Menge $\mathfrak{A}$, und ist für jedes $q > 0$ die Menge aller Punkte, in denen $(*)$ gilt, von erster Kategorie in $\mathfrak{A}$, so ist $\{f_\nu\}$ punktweise ungleichmäßig konvergent auf $\mathfrak{A}$.

Vergleichen wir in § 6 Satz IV einerseits mit den Sätzen V nnd VI andererseits, so sehen wir, daß die total-ungleichmäßig konvergente Folge $\{f_\nu\}$ von Satz IV aus total-unstetigen Funktionen besteht, während die Folgen $\{f_\nu\}$ der Sätze V und VI aus stetigen Funktionen bestehen. Es erhebt sich daher die Frage: Gibt es total-ungleichmäßig konvergente Folgen stetiger Funktionen? Diesbezüglich gilt:

Satz IV[1]**).** Ist $\mathfrak{A}$ relativ-vollständig[2]**),** so ist jede konvergente Folge $\{f_\nu\}$ auf $\mathfrak{A}$ stetiger Funktionen punktweise ungleichmäßig konvergent auf $\mathfrak{A}$.

---

[1]) Dieser Satz wurde (unter der einschränkenden Voraussetzung, $\lim\limits_{\nu=\infty} f_\nu$ sei stetig) zuerst bewiesen von W. F. Osgood, Am. Journ. 19 (1897), 155, sodann (ohne diese Einschränkung) von W. H. Young, Lond. Proc. (2) 1 (1904), 89. Andre Beweise von E. W. Hobson, Lond. Proc. 34 (1902), 245; Theory of functions of a real variable (1907), 485. C. A. Dell' Agnola, Rend. Linc. 19/2 (1910), 108. — Durch diesen Satz ist ein von P. Du Bois-Reymond gegebenes Beispiel (Berl. Ber. 1886, 366) einer vermeintlich total-ungleichmäßig konvergenten Folge im $\mathfrak{R}_1$ stetiger Funktionen als irrig nachgewiesen.

[2]) Diese Einschränkung kann nicht entbehrt werden. Beispiel (Fig. 13): Sei $\mathfrak{A}$ die Menge $r_1, r_2, \ldots, r_\nu, \ldots$ aller rationalen Punkte des $\mathfrak{R}_1$. Sei $h_\nu > 0$, rational und so klein, daß die ν Intervalle $(r_i, r_i + 2h_\nu)$ $(i = 1, 2, \ldots, \nu)$ fremd sind.

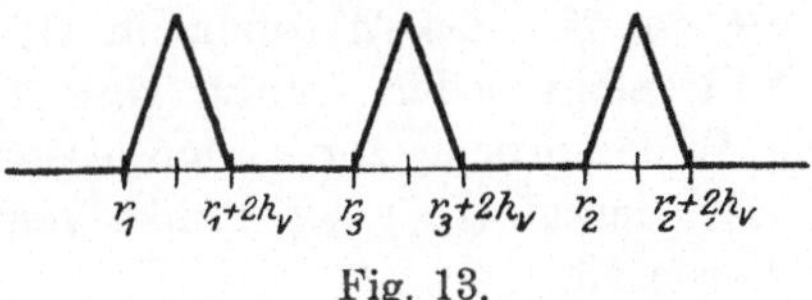

Fig. 13.

Sodann werde f_ν definiert durch: $f_\nu = 0$ außerhalb dieser Intervalle; $f_\nu = 1$ in $r_i + h_\nu$ $(i = 1, 2, \ldots, \nu)$; f_ν linear in $[r_i, r_i + h_\nu]$ und $[r_i + h_\nu, r_i + 2h_\nu]$ $(i = 1, 2, \ldots, \nu)$. Dann ist $\{f_\nu\}$ konvergent $(\lim\limits_{\nu=\infty} f_\nu = 0)$, aber total-ungleichmäßig konvergent auf $\mathfrak{A}$, und zwar ist in jedem Punkte a von $\mathfrak{A}$:

$$U(a; \{f_\nu\}, \mathfrak{A}) = 1.$$

Vermöge der Schränkungstransformation können wir beim Beweise $\{f_\nu\}$ als beschränkt annehmen. Nach Satz III genügt es. zu beweisen: Für jedes $q > 0$ ist die Menge $\mathfrak{A}_q$ der Punkte von $\mathfrak{A}$, in denen (*) gilt, nirgends dicht in $\mathfrak{A}$.

Angenommen, es wäre $\mathfrak{A}_q$ nicht nirgends dicht in $\mathfrak{A}$; dann gäbe es eine in $\mathfrak{A}$ offene Menge $\mathfrak{A}'$, in der $\mathfrak{A}_q$ dicht wäre. Und da nach § 6, Satz I $\mathfrak{A}_q$ abgeschlossen in $\mathfrak{A}$ ist, so wäre:

$$(**) \qquad\qquad \mathfrak{A}' \prec \mathfrak{A}_q.$$

Wir wollen zeigen, daß dies unmöglich ist.

Angenommen, es gelte (**); dann ist in jedem Punkte von $\mathfrak{A}'$ (*) erfüllt. Sei a ein solcher Punkt. Ist dann $\mathfrak{U}(a)$ eine beliebige Umgebung von a in $\mathfrak{A}$, ν ein beliebiger Index, so gibt es (§ 5, Satz VI) in $\mathfrak{U}(a)$ einen Punkt a' und einen Index $\nu_1 \geqq \nu$, so daß:

$$|f_{\nu_1}(a') - f(a')| > \frac{q}{2}; \qquad (f = \lim_{\nu = \infty} f_\nu).$$

Es gibt daher auch ein $\nu_2 \geqq \nu_1$, so daß:

$$|f_{\nu_1}(a') - f_{\nu_2}(a')| > \frac{q}{2}.$$

Wegen der vorausgesetzten Stetigkeit aller f_ν gibt es daher eine Umgebung $\mathfrak{U}(a')$ von a' in $\mathfrak{A}$, so daß:

$$|f_{\nu_1} - f_{\nu_2}| > \frac{q}{2} \text{ auf } \mathfrak{U}(a').$$

Das aber heißt mit anderen Worten: Die Menge $\mathfrak{B}_\nu$ aller Punkte von $\mathfrak{A}'$, in denen

$$|f_{\nu'} - f_{\nu''}| \leqq \frac{q}{2} \text{ für } \nu' \geqq \nu, \ \nu'' \geqq \nu,$$

ist nirgends dicht in $\mathfrak{A}$. Also ist die Vereinigung

$$\mathfrak{B} = \mathfrak{B}_1 + \mathfrak{B}_2 + \cdots + \mathfrak{B}_\nu + \cdots$$

von erster Kategorie in $\mathfrak{A}$. Da $\mathfrak{A}'$ offen in $\mathfrak{A}$, kann also nach Kap. I, § 8, Satz XVI nicht jeder Punkt von $\mathfrak{A}'$ zu $\mathfrak{B}$ gehören. Dies aber steht im Widerspruche zur vorausgesetzten (eigentlichen) Konvergenz von $\{f_\nu\}$, derzufolge jeder Punkt von $\mathfrak{A}$ zu $\mathfrak{B}$ gehört. Damit ist Satz IV bewiesen.

Satz V[1]**).** Ist $\mathfrak{A}$ **relativ-vollständig**[2]**)**, so ist die Grenz-

---

[1]) Dieser Satz wurde (auf anderem Wege) zuerst bewiesen von R. Baire, Ann. di mat. (3) 3 (1899), 30; Leçons sur les fonctions discontinues (1905), 108. Vgl. auch W. H. Young, Mess. of math. (2) 37 (1907), 49; C. A. Dell'Agnola, Rend. Lomb. 41 (1908), 303, 683.

[2]) Diese Bedingung kann nicht entbehrt werden. Beispiel: Sei $\mathfrak{A}$ die

funktion einer konvergenten Folge $\{f_\nu\}$ auf $\mathfrak{A}$ stetiger Funktionen punktweise unstetig auf $\mathfrak{A}$.

In der Tat, nach Satz IV liegen die Punkte gleichmäßiger Konvergenz von $\{f_\nu\}$ dicht in $\mathfrak{A}$; nach § 3, Satz X ist aber in jedem solchen Punkte die Grenzfunktion stetig auf $\mathfrak{A}$. Damit ist Satz V bewiesen.

In Satz IV war die Folge $\{f_\nu\}$ als konvergent vorausgesetzt; wir wollen nun feststellen, was an Stelle von Satz IV tritt, wenn diese Voraussetzung fallen gelassen wird[1].

Wir nennen die Folge $\{f_\nu\}$ **punktweise unstetig** (**ungleichmäßig, sekundär-ungleichmäßig**) **oszillierend** auf $\mathfrak{A}$, wenn die Menge aller Punkte von $\mathfrak{A}$, in denen sie stetig (gleichmäßig, sekundär-gleichmäßig) oszilliert auf $\mathfrak{A}$, dicht in $\mathfrak{A}$ ist.

Wir schicken den Satz voraus[2]:

Satz VI. Für jede Folge auf $\mathfrak{A}$ unterhalb stetiger[3] Funktionen $\{f_\nu\}$ ist die Menge aller Punkte von $\mathfrak{A}$, in denen $\{f_\nu\}$ nicht oberhalb stetig (oberhalb sekundär-gleichmäßig) auf $\mathfrak{A}$ oszilliert, von erster Kategorie in $\mathfrak{A}$[4].

Sei $\bar{f}_k$ die obere Schrankenfunktion der k-ten Restfolge von $\{f_\nu\}$ und $\bar{f}$ die obere Grenzfunktion von $\{f_\nu\}$. Dann ist (Einleitung § 6, Satz V):

$$\bar{f} = \lim_{k=\infty} \bar{f}_k.$$

In jedem Punkte von $\mathfrak{A}$, in dem $\{f_\nu\}$ nicht oberhalb stetig auf $\mathfrak{A}$ oszilliert, d. h. in dem (§ 2, Satz XIII):

(†) $$\Gamma(a; \{f_\nu\}, \mathfrak{A}) > \bar{f}(a),$$

Menge $r_1, r_2, \ldots, r_\nu, \ldots$ der rationalen Punkte des $\mathfrak{R}_1$. Sei $h_\nu > 0$, rational und so klein, daß die Intervalle $(r_i - h_\nu,\ r_i + h_\nu)$ $(i = 1, 2, \ldots, \nu)$ fremd sind. Sodann werde f_ν definiert durch: $f_\nu = 0$ außerhalb dieser Intervalle; ist $r_i = \pm \dfrac{m_i}{n_i}$ (m_i, n_i teilerfremde ganze Zahlen ≥ 0), so sei $f_\nu(r_i) = \dfrac{1}{n_i}$ $(i = 1, 2, \ldots, \nu)$, und in jedem Intervalle $[r_i - h_\nu,\ r_i]$, $[r_i,\ r_i + h_\nu]$ $(i = 1, 2, \ldots, \nu)$ sei f_ν linear. Dann ist $\lim\limits_{\nu=\infty} f_\nu(r_i) = \dfrac{1}{n_i}$, und somit total-unstetig auf $\mathfrak{A}$.

[1] Die folgenden Sätze rühren her von W. H. Young, Lond. Proc. (2) 6 (1908), 312; (2) 12 (1913), 355.

[2] Beim Beweis dieses, wie der folgenden Sätze kann, vermöge der Schränkungstransformation, $\{f_\nu\}$ als beschränkt angenommen werden.

[3] Diese Bedingung kann nicht entbehrt werden. Beispiel: Sei $\mathfrak{A}$ der $\mathfrak{R}_1$, und sei $r_1, r_2, \ldots, r_\nu, \ldots$ die Menge aller rationalen Punkte des $\mathfrak{R}_1$. Sei $f_\nu = 1$ in r_ν, sonst $= 0$. Dann ist jedes f_ν oberhalb stetig, aber in keinem Punkte des $\mathfrak{R}_1$ ist $\{f_\nu\}$ oberhalb stetig (oder oberhalb sekundär-gleichmäßig) oszillierend.

[4] Sind die f_ν oberhalb stetig, so gilt dies für die Punkte, in denen $\{f_\nu\}$ nicht unterhalb stetig (unterhalb sekundär-gleichmäßig) oszilliert.

ist also auch:

$$(\dagger\dagger) \qquad \Gamma(a; \{f_\nu\}, \mathfrak{A}) > \bar{f}_k(a) \quad \text{für fast alle } k.$$

Bezeichnen wir mit $\mathfrak{B}$ den Teil von $\mathfrak{A}$, auf dem $(\dagger)$ gilt, mit $\mathfrak{B}_k$ den Teil von $\mathfrak{A}$, auf dem $(\dagger\dagger)$ gilt, so ist demnach:

$$(\dagger\dagger\dagger) \qquad \mathfrak{B} = \mathfrak{B}_1 + \mathfrak{B}_2 + \ldots + \mathfrak{B}_k + \ldots$$

Wir beweisen zunächst, daß jede Menge $\mathfrak{B}_k$ von erster Kategorie in $\mathfrak{A}$ ist.

Bezeichnen wir mit $f_{k,k+l}$ den größten unter den $l+1$ Funktionswerten $f_k, f_{k+1}, \ldots, f_{k+l}$, so ist $\bar{f}_{k,k+l}$ unterhalb stetig auf $\mathfrak{A}$ (Kap. II, § 8, Satz IX). Nun ist aber (Einleitung § 6, Satz VI):

$$\bar{f}_k = \lim_{l=\infty} \bar{f}_{k,k+l}; \quad \bar{f}_{k,k+l} \leq \bar{f}_{k,k+l+1},$$

also ist nach Kap. II, § 10, Satz I, auch $\bar{f}_k$ unterhalb stetig auf $\mathfrak{A}$. Da aber (§ 1, Satz IX) $\Gamma(a; \{f_\nu\}, \mathfrak{A})$ oberhalb stetig auf $\mathfrak{A}$ ist, so ist (Kap. II, § 8, Satz VI, VII): $\Gamma(a; \{f_\nu\}, \mathfrak{A}) - \bar{f}_k(a)$ oberhalb stetig auf $\mathfrak{A}$. Infolgedessen ist die Menge $\mathfrak{B}_{k,n}$ aller Punkte von $\mathfrak{A}$, in denen:

$$\left(\begin{smallmatrix}\dagger\dagger\\\dagger\end{smallmatrix}\right) \qquad \Gamma(a; \{f_\nu\}, \mathfrak{A}) - \bar{f}_k(a) \geq \frac{1}{n},$$

abgeschlossen in $\mathfrak{A}$ (Kap. II, § 9, Satz IV).

Daraus folgern wir weiter, daß $\mathfrak{B}_{k,n}$ nirgends dicht in $\mathfrak{A}$. Denn andernfalls gäbe es eine in $\mathfrak{A}$ offene Menge $\mathfrak{A}'$, in der $\mathfrak{B}_{k,n}$ dicht ist, und da $\mathfrak{B}_{k,n}$ abgeschlossen in $\mathfrak{A}$, wäre:

$$\mathfrak{A}' < \mathfrak{B}_{k,n}.$$

In jedem Punkte von $\mathfrak{A}'$ würde also $\left(\begin{smallmatrix}\dagger\dagger\\\dagger\end{smallmatrix}\right)$ gelten, und mithin auch:

$$\left(\begin{smallmatrix}\dagger\\\dagger\dagger\end{smallmatrix}\right) \qquad \Gamma(a; \{f_\nu\}, \mathfrak{A}) \geq f_\nu(a) + \frac{1}{n} \quad \text{für alle } \nu > k.$$

Nach § 1, Satz VII aber gibt es zu jedem Punkt a' von $\mathfrak{A}'$ eine Punktfolge $\{a_i\}$ in $\mathfrak{A}$ und eine Indizesfolge $\{\nu_i\}$, so daß:

$$\left(\begin{smallmatrix}\dagger\\\dagger\end{smallmatrix}\right) \qquad \lim_{i=\infty} a_i = a'; \quad \lim_{i=\infty} \nu_i = +\infty; \quad \lim_{i=\infty} f_{\nu_i}(a_i) = \Gamma(a', \{f_\nu\}, \mathfrak{A}).$$

Da $\mathfrak{A}'$ offen in $\mathfrak{A}$, gehören fast alle a_i zu $\mathfrak{A}'$; fast alle ν_i sind $\geq k$, es ist also wegen $\left(\begin{smallmatrix}\dagger\\\dagger\dagger\end{smallmatrix}\right)$:

$$\Gamma(a_i; \{f_\nu\}, \mathfrak{A}) \geq f_{\nu_i}(a_i) + \frac{1}{n} \quad \text{für fast alle } i,$$

mithin wegen $\left(\begin{smallmatrix}\dagger\\\dagger\end{smallmatrix}\right)$ durch den Grenzübergang $i \longrightarrow \infty$:

$$\overline{\lim_{i=\infty}} \Gamma(a_i; \{f_\nu\}, \mathfrak{A}) > \Gamma(a'; \{f_\nu\}, \mathfrak{A}) + \frac{1}{n},$$

entgegen der Tatsache, daß $\Gamma(a; \{f_\nu\}, \mathfrak{A})$ oberhalb stetig auf $\mathfrak{A}$. Damit ist bewiesen, daß $\mathfrak{B}_{k,n}$ nirgends dicht in $\mathfrak{A}$ ist.

Da nun aber

$$\mathfrak{B}_k = \mathfrak{B}_{k,1} \dotplus \mathfrak{B}_{k,2} \dotplus \ldots \dotplus \mathfrak{B}_{k,n} \dotplus \ldots,$$

so ist $\mathfrak{B}_k$ von erster Kategorie in $\mathfrak{A}$, wie behauptet. Mithin ist nach (†††) auch $\mathfrak{B}$ von **erster Kategorie** in $\mathfrak{A}$ (Kap. I, § 4, Satz XX).

Damit ist gezeigt, daß die Menge aller Punkte von $\mathfrak{A}$, in denen $\{f_\nu\}$ nicht oberhalb stetig auf $\mathfrak{A}$ oszilliert, von erster Kategorie in $\mathfrak{A}$ ist. Nach § 4, Satz V a gilt dies dann auch für die Menge aller Punkte von $\mathfrak{A}$, in denen $\{f_\nu\}$ nicht oberhalb sekundär-gleichmäßig auf $\mathfrak{A}$ oszilliert, und Satz VI ist bewiesen.

Satz VII. Ist $\mathfrak{A}$ relativ-vollständig, so ist jede Folge auf $\mathfrak{A}$ stetiger Funktionen $\{f_\nu\}$ punktweise unstetig (punktweise sekundär-ungleichmäßig) oszillierend auf $\mathfrak{A}$.

In der Tat, nach Satz VI ist sowohl die Menge aller Punkte von $\mathfrak{A}$, in denen $\{f_\nu\}$ nicht oberhalb stetig, als die, in denen $\{\underline{f}_\nu\}$ nicht unterhalb stetig auf $\mathfrak{A}$ oszilliert, von erster Kategorie in $\mathfrak{A}$. Dasselbe gilt daher von ihrer Vereinigung, d. h. der Menge aller Punkte, in denen $\{f_\nu\}$ nicht stetig auf $\mathfrak{A}$ oszilliert. Also ist (Kap. I, § 8, Satz XV) ihr Komplement, d. h. die Menge aller Punkte, in denen $\{f_\nu\}$ stetig auf $\mathfrak{A}$ oszilliert, dicht in $\mathfrak{A}$, und Satz VII ist bewiesen.

Für die gleichmäßige Oszillation gilt ein solcher Satz nicht, wie folgendes Beispiel zeigt. Sei $r_1, r_2, \ldots, r_\nu, \ldots$ die Menge der rationalen Punkte des $\mathfrak{R}_1$; mit $\mathfrak{J}_\nu$ bezeichnen wir eine Vereinigung endlich vieler offener Intervalle des $\mathfrak{R}_1$ mit folgenden Eigenschaften[1]): 1. $\mathfrak{J}_\nu$ enthält die Punkte $r_1, r_2, \ldots, r_\nu$. 2. Die untere Gemeinschaftsgrenze $\mathfrak{G}$ (Einleit. § 1, S. 4) der Mengen $\mathfrak{R}_1 - \mathfrak{J}_\nu$ ($\nu = 1, 2, \ldots$) ist dicht im $\mathfrak{R}_1$. Sei sodann f_ν eine im $\mathfrak{R}_1$ stetige Funktion, die $= 1$ ist in $r_1, r_2, \ldots, r_\nu$ und $= 0$ in $\mathfrak{R}_1 - \mathfrak{J}_\nu$. Wir behaupten: Die Folge $\{f_\nu\}$ ist in keinem Punkte des $\mathfrak{R}_1$ oberhalb gleichmäßig oszillierend. In der Tat, in allen Punkten von $\mathfrak{G}$ ist:

$$\lim_{\nu=\infty} f_\nu = 0.$$

Sei nun a ein ganz beliebiger Punkt des $\mathfrak{R}_1$. Wäre $\{f_\nu\}$ oberhalb gleichmäßig oszillierend in a, so gäbe es eine Umgebung $\mathfrak{U}(a)$ und einen Index ν_0, so daß

$$(0) \qquad f_\nu < \overline{\lim_{\nu=\infty}} f_\nu + \tfrac{1}{2} = \tfrac{1}{2} \quad \text{auf } \mathfrak{U}(a) \cdot \mathfrak{G} \text{ für alle } \nu \geqq \nu_0.$$

Das aber kann nicht sein. In der Tat, in $\mathfrak{U}(a)$ gibt es einen rationalen Punkt r_{ν^*} ($\nu^* \geqq \nu_0$). Wegen $f_{\nu^*}(r_{\nu^*}) = 1$ und wegen der Stetigkeit von f_{ν^*} muß daher in einem r_{ν^*} enthaltenden Intervalle die Ungleichung gelten:

$$f_{\nu^*} > \tfrac{1}{2},$$

im Widerspruche mit (0). Also ist $\{f_\nu\}$ in keinem Punkte oberhalb gleichmäßig oszillierend im $\mathfrak{R}_1$.

Wohl aber gelten für die gleichmäßige Oszillation die folgenden Sätze:

---

[1]) Man erhält solche Mengen $\mathfrak{J}_\nu$ in folgender Weise: Sei $s_1, s_2, \ldots, s_\nu, \ldots$ eine abzählbare Menge irrationaler Punkte, die im $\mathfrak{R}_1$ dicht ist. Man wähle nun für $\mathfrak{J}_\nu$ eine Vereinigung endlich vieler offener Intervalle, die die Punkte $r_1, r_2, \ldots, r_\nu$ enthalten, $s_1, s_2, \ldots, s_\nu$ aber nicht.

Satz VIII. Ist $\mathfrak{A}$ relativ-vollständig, und ist die Folge $\{f_\nu\}$ auf $\mathfrak{A}$ stetiger Funktionen sekundär-gleichmäßig oszillierend auf $\mathfrak{A}$, so ist sie punktweise ungleichmäßig oszillierend auf $\mathfrak{A}$.

In der Tat, bezeichnet wieder $\bar{f}_{k,k+\nu}$ den größten der Funktionswerte $f_k, f_{k+1}, \ldots, f_{k+\nu}$, so ist (Kap. II, § 3, Satz VIII) $\bar{f}_{k,k+\nu}$ stetig. Wegen der sekundär-gleichmäßigen Oszillation konvergieren in jedem Punkte von $\mathfrak{A}$ die $\bar{f}_{k,k+\nu}$ gleichmäßig gegen $\bar{f}_k$, also ist auch $\bar{f}_k$ stetig auf $\mathfrak{A}$ (§ 3, Satz X). Also ist $\bar{f} = \lim\limits_{k=\infty} \bar{f}_k$ punktweise unstetig auf $\mathfrak{A}$ (Satz V). Ganz ebenso beweist man, daß auch die untere Grenzfunktion $\underline{f}$ von $\{f_\nu\}$ punktweise unstetig ist auf $\mathfrak{A}$. Also liegen (Kap. III, § 4, Satz VII) die gemeinsamen Stetigkeitspunkte von $\bar{f}$ und $\underline{f}$ dicht in $\mathfrak{A}$. Nach § 4, Satz VI ist aber in jedem solchen Punkte $\{f_\nu\}$ auch gleichmäßig oszillierend auf $\mathfrak{A}$, und Satz VIII ist bewiesen.

Satz IX. Ist $\mathfrak{A}$ relativ-vollständig, sind die f_ν stetig auf $\mathfrak{A}$, und ist sowohl die obere Grenzfunktion $\bar{f}$ als die untere Grenzfunktion $\underline{f}$ von $\{f_\nu\}$ punktweise unstetig auf $\mathfrak{A}$, so ist $\{f_\nu\}$ punktweise ungleichmäßig oszillierend auf $\mathfrak{A}$.

In der Tat, wie wir beim Beweise von Satz VIII sahen, sind die dort mit $\bar{f}_{k,k+\nu}$ bezeichneten Funktionen stetig auf $\mathfrak{A}$. Die obere Schrankenfunktion der k-ten Restfolge:

$$\bar{f}_k = \lim_{\nu=\infty} \bar{f}_{k,k+\nu}$$

ist also nach Satz V punktweise unstetig auf $\mathfrak{A}$; ebenso die untere Schrankenfunktion $\underline{f}_k$ der k-ten Restfolge. Da nach Annahme auch $\bar{f}$ und $\underline{f}$ punktweise unstetig sind auf $\mathfrak{A}$, so gibt es nach Kap. III, § 4, Satz VII, einen in $\mathfrak{A}$ dichten Teil $\mathfrak{B}$ von $\mathfrak{A}$, in dessen Punkten $\bar{f}, \underline{f}$ und sämtliche $\bar{f}_k, \underline{f}_k$ $(k = 1, 2, \ldots)$ stetig sind auf $\mathfrak{A}$. Nach § 2, Satz X, ist also die Konvergenz von $\{\bar{f}_k\}$ gegen $\bar{f}$ und von $\{\underline{f}_k\}$ gegen $\underline{f}$ in jedem Punkte von $\mathfrak{B}$ stetig und mithin auch (§ 3, Satz II) gleichmäßig auf $\mathfrak{A}$. Nach § 4, Satz III ist also $\{f_\nu\}$ in jedem Punkte von $\mathfrak{B}$ gleichmäßig oszillierend auf $\mathfrak{A}$, und Satz IX ist bewiesen.

§ 8. Einfach-gleichmäßige und quasi-gleichmäßige Konvergenz.

Sei $\{f_\nu\}$ eine auf $\mathfrak{A}$ konvergente Folge von Funktionen, die im Punkte a von $\mathfrak{A}$ stetig auf $\mathfrak{A}$ (oder auf ganz $\mathfrak{A}$ stetig) sind. Damit auch ihre Grenzfunktion stetig in a auf $\mathfrak{A}$ (oder stetig auf $\mathfrak{A}$) sei, ist, wie wir gesehen haben (§ 3, Satz X, XVI) hinreichend, daß $\{f_\nu\}$ gleichmäßig in a auf $\mathfrak{A}$ (bzw. gleichmäßig auf $\mathfrak{A}$) konvergiere. Doch ist diese Bedingung nicht notwendig[1]), wie die Untersuchungen

---

[1]) Die Frage, ob die gleichmäßige Konvergenz auch notwendig ist für die Stetigkeit der Grenzfunktion, war lange Zeit offen. (S. z. B. H. E. Heine J. f. Math. 71 (1870), 353.) Noch O. Stolz hielt sie für notwendig: Ber.

von § 6 lehren; ein besonders einfaches Beispiel liefert nachstehende Folge von Funktionen $\{f_\nu\}$ einer reellen Veränderlichen: Sei $f_\nu = 0$ in $(-\infty, 0]$, und in $\left[\frac{2}{\nu}, +\infty\right)$; $f_\nu\left(\frac{1}{\nu}\right) = 1$ und f_ν linear in $\left[0, \frac{1}{\nu}\right]$ und in $\left[\frac{1}{\nu}, \frac{2}{\nu}\right]$ (Fig. 6, S. 244). Dann ist überall im $\Re_1$:

$$\lim_{\nu = \infty} f_\nu = 0,$$

die Konvergenz aber ist **ungleichmäßig** im Punkte 0.

Wir geben noch ein Beispiel einer Folge $\{f_\nu\}$ stetiger Funktionen einer reellen Veränderlichen, die überall im $\Re_1$ gegen eine stetige Grenzfunktion konvergiert, während die Konvergenz ungleichmäßig ist in einer im $\Re_1$ dichten Punktmenge[1]). Sei $\mathfrak{B}_\nu$ $(\nu = 0, 1, 2, \ldots)$ die Menge aller Punkte $\frac{i}{2^\nu}$ $(i = 0, \pm 1, + 2, \ldots)$ des $\Re_1$. Die Funktion f_ν sei linear in jedem Intervalle $\left[\frac{i}{2^\nu}, \frac{i+1}{2^\nu}\right]$, und

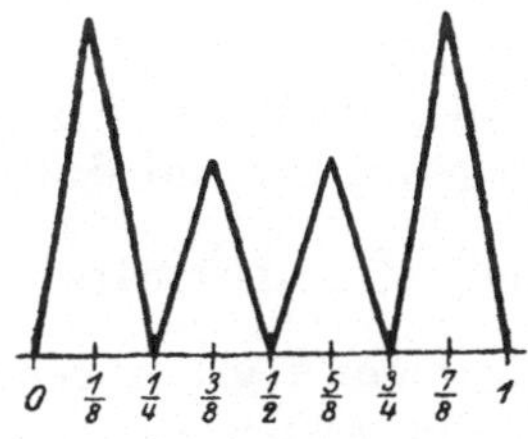

Fig. 14.

ihre Werte in den Punkten von $\mathfrak{B}_\nu$ seien gegeben durch die Vorschrift (Fig. 14): $f_\nu = 0$ auf $\mathfrak{B}_{\nu-1}$; gehört a zu $\mathfrak{B}_\nu - \mathfrak{B}_{\nu-1}$, so ist $f_\nu(a) = \frac{1}{2^k}$, wenn wenigstens einer der beiden Nachbarpunkte von a in $\mathfrak{B}_{\nu-1}$ zu $\mathfrak{B}_k$, aber keiner zu $\mathfrak{B}_{k-1}$ gehört. Dann ist überall im $\Re_1$: $\lim\limits_{\nu = \infty} f_\nu = 0$, die Konvergenz aber ist ungleichmäßig in jedem Punkte von $\mathfrak{B}_1 + \mathfrak{B}_2 + \ldots + \mathfrak{B}_\nu + \cdots$.

Wir wollen nun Bedingungen aufstellen, die gleichzeitig **notwendig und hinreichend** sind, damit aus der Stetigkeit der Funktionen einer konvergenten Folge $\{f_\nu\}$ auch die Stetigkeit der Grenzfunktion folge.

Anknüpfend an die in § 3, Satz VIII gegebene Formulierung des Begriffes der gleichmäßigen Konvergenz in einem Punkte defi-

---

naturw. Ges. Innsbruck 5 (1875), 31. Die ersten, die durch Beispiele das Gegenteil zeigten, waren: G. Darboux, Ann. Éc. Norm. (2) 4 (1875), 79. P. du Bois-Reymond, Münch. Abh. 12 (1875), 119. G. Cantor, Math. Ann. 16 (1880), 268.

[1]) Ein anderes Beispiel: W. F. Osgood, Am. Bull. (2) 3 (1896), 69. Allgemein wurde diese Frage bereits in § 6, Satz VI behandelt.

nieren wir: Ist a ein Punkt von $\mathfrak{A}^0$, so heißt die auf $\mathfrak{A}$ eigentlich konvergierende Folge $\{f_\nu\}$ eigentlich einfach-gleichmäßig konvergent in a auf $\mathfrak{A}$ gegen ihre Grenzfunktion f, wenn es zu jedem $\varepsilon > 0$, zu jeder Folge $\{a_n\}$ aus $\mathfrak{A}$ mit $\lim\limits_{n=\infty} a_n = a$, und zu jedem Index ν_0 einen Index n_0 und wenigstens ein $\nu^* \geq \nu_0$ gibt, so daß:

$$(0) \qquad |f_{\nu^*}(a_n) - f(a_n)| < \varepsilon \quad \text{für } n \geq n_0.$$

Eine beliebige auf $\mathfrak{A}$ konvergente Folge $\{f_\nu\}$ heißt einfach-gleichmäßig konvergent in a auf $\mathfrak{A}$, wenn die aus ihr durch die Schränkungstransformation entstehende Folge eigentlich einfach-gleichmäßig konvergiert in a auf $\mathfrak{A}$.

In Analogie zu § 3, Satz IX erhalten wir:

Satz I. Damit die (auf $\mathfrak{A}$ konvergente) Folge $\{f_\nu\}$ eigentlich einfach-gleichmäßig in a auf $\mathfrak{A}$ gegen ihre Grenzfunktion f konvergiere, ist notwendig und hinreichend, daß es zu jedem $\varepsilon > 0$ und zu jedem Index ν_0 eine Umgebung $\mathfrak{U}$ von a in $\mathfrak{A}$ und ein $\nu^* \geq \nu_0$ gebe, so daß:

$$|f_{\nu^*}(a') - f(a')| < \varepsilon \quad \text{für alle } a' \text{ von } \mathfrak{U}.$$

Die Bedingung ist **notwendig.** Angenommen in der Tat, sie sei nicht erfüllt. Dann gibt es ein $\varepsilon > 0$ und einen Index ν_0 von folgender Eigenschaft: ist $\nu \geq \nu_0$, so liegt in $\mathfrak{U}\left(a; \dfrac{1}{n}\right)$ ein Punkt $a_{n,\nu}$, in dem:

$$|f_\nu(a_{n,\nu}) - f(a_{n,\nu})| \geq \varepsilon.$$

Wir bilden nun die Folge:

$$a_{1,\nu_0}; \; a_{2,\nu_0}, \, a_{2,\nu_0+1}; \; a_{3,\nu_0}, \, a_{3,\nu_0+1}, \, a_{3,\nu_0+2}; \; \ldots;$$

$$a_{n,\nu_0}, \, a_{n,\nu_0+1}, \, \ldots, \, a_{n,\nu_0+n-1}; \; \ldots$$

sie konvergiert offenbar gegen a. Ist ν^* irgendein Index $\geq \nu_0$, so ist aber für alle $n > \nu^* - \nu_0$:

$$|f_{\nu^*}(a_{n,\nu^*}) - f(a_{n,\nu^*})| \geq \varepsilon,$$

also ist die Bedingung für eigentliche, einfach-gleichmäßige Konvergenz in a auf $\mathfrak{A}$ nicht erfüllt.

Die Bedingung ist **hinreichend.** Angenommen in der Tat, sie sei erfüllt. Ist $\{a_n\}$ eine Punktfolge aus $\mathfrak{A}$ mit $\lim\limits_{n=\infty} a_n = a$, so gibt es ein n_0, so daß a_n für $n \geq n_0$ in $\mathfrak{U}$ liegt. Dann aber ist für $n \geq n_0$ Bedingung (0) erfüllt. Damit ist Satz I bewiesen.

An Stelle des Satzes X von § 3 tritt nun der Satz:

Satz II[1]). Ist die Folge $\{f_\nu\}$ konvergent auf $\mathfrak{A}$, und sind alle f_ν stetig in a auf $\mathfrak{A}$, so ist, damit auch die Grenzfunktion f von $\{f_\nu\}$ stetig in a auf $\mathfrak{A}$ sei, notwendig und hinreichend, daß $\{f_\nu\}$ einfach-gleichmäßig in a auf $\mathfrak{A}$ gegen f konvergiere.

Vermöge der Schränkungstransformation können wir beim Beweise annehmen, f sei beschränkt.

Die Bedingung ist notwendig. Angenommen in der Tat, f sei stetig in a auf $\mathfrak{A}$. Ist $\varepsilon > 0$ sowie der Index ν_0 beliebig gegeben, so gibt es wegen der Konvergenz von $\{f_\nu\}$ gegen f ein $\nu^* \geqq \nu_0$, so daß:

$$(00) \qquad |f_{\nu^*}(a) - f(a)| < \varepsilon.$$

Ist $\{a_n\}$ eine Punktfolge aus $\mathfrak{A}$ mit $\lim\limits_{n=\infty} a_n = a$, so folgt aus (00), wegen der Stetigkeit von f und f_{ν^*}:

$$|f_{\nu^*}(a_n) - f(a_n)| < \varepsilon \quad \text{für fast alle } n.$$

Dies ist aber gleichbedeutend mit (0), d. h. $\{f_\nu\}$ ist einfach-gleichmäßig konvergent in a auf $\mathfrak{A}$, wie behauptet.

Die Bedingung ist hinreichend. Angenommen in der Tat, sie sei erfüllt. Sei $\varepsilon > 0$ beliebig gegeben und $\{a_n\}$ eine Punktfolge aus $\mathfrak{A}$ mit $\lim\limits_{n=\infty} a_n = a$. Wegen der Konvergenz von $\{f_\nu\}$ gibt es ein ν_0, so daß:

$$(\dagger) \qquad |f_\nu(a) - f(a)| < \frac{\varepsilon}{3} \quad \text{für } \nu \geqq \nu_0.$$

Wegen der einfach gleichmäßigen Konvergenz gibt es ein $\nu^* \geqq \nu_0$, so daß:

$$(\dagger\dagger) \qquad |f_{\nu^*}(a_n) - f(a_n)| < \frac{\varepsilon}{3} \quad \text{für fast alle } n.$$

Wegen der Stetigkeit von f_{ν^*} ist:

$$(\dagger\dagger\dagger) \qquad |f_{\nu^*}(a_n) - f_{\nu^*}(a)| < \frac{\varepsilon}{3} \quad \text{für fast alle } n.$$

Wegen $(\dagger)$ ist insbesondere:

$$(\dagger{}_\dagger{}\dagger) \qquad |f_{\nu^*}(a) - f(a)| < \frac{\varepsilon}{3}.$$

Aus $(\dagger\dagger)$, $(\dagger\dagger\dagger)$, $(\dagger{}_\dagger{}\dagger)$ aber folgt:

$$|f(a_n) - f(a)| < \varepsilon \quad \text{für fast alle } n.$$

D. h. f ist stetig in a auf $\mathfrak{A}$. Damit ist Satz II bewiesen.

---

[1]) Vgl. hierzu E. W. Hobson, The theory of functions of a real variable (1907), 489. — C. A. Dell' Agnola, Atti Ven. 69 (1909/10), 1098. — F. Hausdorff, Grundzüge d. Mengenlehre (1914), 386. — Satz II ist, ebenso wie die folgenden Sätze dieses Paragraphen, ein allgemeiner Grenzsatz.

Satz III. Ist die monotone Folge $\{f_\nu\}$ einfach-gleichmäßig konvergent in a auf $\mathfrak{A}$, so ist sie auch gleichmäßig konvergent in a auf $\mathfrak{A}$.

In der Tat, wir können wieder annehmen, f sei beschränkt. Wegen der einfach-gleichmäßigen Konvergenz gibt es zu jeder Folge $\{a_n\}$ aus $\mathfrak{A}$ mit $\lim_{n=\infty} a_n = a$, jedem $\varepsilon > 0$ und jedem ν_0 ein $\nu^* \geqq \nu_0$ und ein n_0, so daß (wenn wieder $\lim_{\nu=\infty} f_\nu = f$ gesetzt wird):

$$(*) \qquad |f_{\nu^*}(a_n) - f(a_n)| < \varepsilon \quad \text{für } n \geqq n_0.$$

Wegen der Monotonie von $\{f_\nu\}$ ist aber:

$$|f_\nu(a_n) - f(a_n)| \leqq |f_{\nu^*}(a_n) - f(a_n)| \quad \text{für } \nu \geqq \nu^*.$$

Also folgt aus $(*)$:

$$|f_\nu(a_n) - f(a_n)| < \varepsilon \quad \text{für } n \geqq n_0,\ \nu \geqq \nu^*.$$

Nach § 3, Satz VIII ist damit die gleichmäßige Konvergenz von $\{f_\nu\}$ in a auf $\mathfrak{A}$ nachgewiesen.

Satz II und III ergeben[1]):

Satz IV[2]). Ist die Folge $\{f_\nu\}$ monoton, und sind alle f_ν stetig in a auf $\mathfrak{A}$, so ist, damit auch die Grenzfunktion von $\{f_\nu\}$ stetig in a auf $\mathfrak{A}$ sei, notwendig und hinreichend, daß $\{f_\nu\}$ gleichmäßig in a auf $\mathfrak{A}$ konvergiere.

Nachdem wir bisher einfach-gleichmäßige Konvergenz in einem Punkte betrachtet haben, definieren wir nun[3]): Die Folge $\{f_\nu\}$ konvergiert eigentlich einfach-gleichmäßig auf $\mathfrak{A}$ gegen f, wenn es zu jedem $\varepsilon > 0$ und jedem ν_0 mindestens ein $\nu^* \geqq \nu_0$ gibt, so daß:

$$|f_{\nu^*} - f| < \varepsilon \quad \text{auf ganz } \mathfrak{A}.$$

Die Folge $\{f_\nu\}$ heißt einfach-gleichmäßig konvergent auf $\mathfrak{A}$, wenn die aus ihr durch die Schränkungstransformation entstehende Folge eigentlich einfach-gleichmäßig auf $\mathfrak{A}$ konvergiert.

Offenbar ist jede auf $\mathfrak{A}$ einfach-gleichmäßig konvergente Folge auch einfach gleichmäßig konvergent auf $\mathfrak{A}$ in jedem Punkte von $\mathfrak{A}$. Im Gegensatze zu § 3, Satz XIII gilt die Umkehrung hiervon nicht. Es kann also zwar aus Satz II unmittelbar geschlossen werden:

Satz V. Konvergiert die Folge $\{f_\nu\}$ auf $\mathfrak{A}$ stetiger Funktionen einfach-gleichmäßig auf $\mathfrak{A}$ gegen f, so ist auch f stetig auf $\mathfrak{A}$.

---

[1]) Dies folgt übrigens auch aus § 2, Satz XI und § 3, Satz II einerseits, § 3, Satz X andrerseits.

[2]) U. Dini, Grundlagen f. eine Theorie d. Funktionen (1892) 148. — P. Montel, Ann. Éc. Norm. 24 (1907), 263. — C. A. Dell'Agnola, Atti Ven. 70 (1910/11), 383.

[3]) U. Dini, a. a. O.

Hingegen kann nicht gefolgert werden, daß die einfach-gleichmäßige Konvergenz auf $\mathfrak{A}$ auch eine notwendige Bedingung für die Stetigkeit der Grenzfunktion wäre[1]).

Übrigens ist die einfach-gleichmäßige Konvergenz auf einer Menge $\mathfrak{A}$ von geringem Interesse. Es gilt nämlich:

Satz VI[2]). Konvergiert die Folge $\{f_\nu\}$ einfach-gleichmäßig auf $\mathfrak{A}$ gegen f, so gibt es in ihr eine gleichmäßig auf $\mathfrak{A}$ gegen f konvergierende Teilfolge $\{f_{\nu_i}\}$.

In der Tat, es gibt wegen der einfach-gleichmäßigen Konvergenz von $\{f_\nu\}$ eine stets wachsende Indizesfolge $\{\nu_i\}$, so daß:

$$|f_{\nu_i} - f| < \frac{1}{i}.$$

Dann aber konvergiert $\{f_{\nu_i}\}$ gleichmäßig auf $\mathfrak{A}$ gegen f, und Satz VI ist bewiesen.

Nachdem wir in der einfach-gleichmäßigen Konvergenz in einem Punkte eine Bedingung kennen gelernt haben, die notwendig und hinreichend dafür ist, daß aus der Stetigkeit aller f_ν einer konvergenten Folge in einem Punkte auch die Stetigkeit der Grenzfunktion in diesem Punkte folge, stellen wir eine Bedingung auf, die notwendig und hinreichend dafür ist, daß aus der Stetigkeit aller f_ν auf ganz $\mathfrak{A}$ auch die Stetigkeit der Grenzfunktion auf ganz $\mathfrak{A}$ folge.

Die konvergente Folge $\{f_\nu\}$ heißt eigentlich quasi-gleichmäßig konvergent[3]) auf $\mathfrak{A}$ gegen ihre Grenzfunktion f, wenn es zu jedem $\varepsilon > 0$ und jedem Index ν_0 einen Index $\nu_0' > \nu_0$ gibt, derart, daß in jedem Punkte von $\mathfrak{A}$ mindestens eine der $\nu_0' - \nu_0$ Ungleichungen gilt:

$$|f_\nu - f| < \varepsilon \quad (\nu_0 \leqq \nu < \nu_0').$$

Die Folge $\{f_\nu\}$ heißt quasi-gleichmäßig konvergent auf $\mathfrak{A}$, wenn die aus ihr durch die Schränkungstransformation entstehende Folge eigentlich quasi-gleichmäßig konvergent ist auf $\mathfrak{A}$.

Der Zusammenhang mit dem Begriff der einfach-gleichmäßigen Konvergenz in einem Punkte wird hergestellt durch die beiden folgenden Sätze:

---

[1]) Dies zeigen auch die zu Beginn dieses Paragraphen angegebenen Beispiele.

[2]) C. Arzelà, Mem. Bol. (5) 8 (1899), 174; E. W. Hobson, Lond. Proc. (2) 1 (1904), 374.

[3]) Dieser Begriff stammt von C. Arzelà, der diese Art der Konvergenz als „convergenza uniforme per tratti" bezeichnet. Der Name „quasi-gleichmäßige Konvergenz" stammt von É. Borel. Vgl. die Literatur zu Satz IX.

Satz VII. **Konvergiert die Folge $\{f_\nu\}$ auf $\mathfrak{A}$ stetiger[1] Funktionen quasi-gleichmäßig auf $\mathfrak{A}$, so konvergiert sie einfach-gleichmäßig auf $\mathfrak{A}$ in jedem Punkte von $\mathfrak{A}$.**

Es genügt, den Beweis für beschränkte Folgen $\{f_\nu\}$ zu führen. Sei a ein Punkt von $\mathfrak{A}$, $\{a_n\}$ eine Punktfolge aus $\mathfrak{A}$ mit $\lim\limits_{n=\infty} a_n = a$, und sei $\varepsilon > 0$ beliebig gegeben. Wegen der Konvergenz von $\{f_\nu(a)\}$ gibt es ein ν_0, so daß:

$$(0) \qquad |f_{\nu'}(a) - f_{\nu''}(a)| < \frac{\varepsilon}{2} \quad \text{für } \nu' \geqq \nu_0,\, \nu'' \geqq \nu_0.$$

Wegen der quasi-gleichmäßigen Konvergenz von $\{f_\nu\}$ gibt es ein $\nu_0' > \nu_0$, so daß in jedem Punkte von $\mathfrak{A}$ mindestens eine der Ungleichungen erfüllt ist:

$$(00) \qquad |f_\nu - f| < \frac{\varepsilon}{2}, \quad \nu_0 \leqq \nu < \nu_0'.$$

Wegen der Stetigkeit der f_ν folgt aus (0): Es gibt ein n_0, so daß:

$$(000) \quad |f_{\nu'}(a_n) - f_{\nu''}(a_n)| < \frac{\varepsilon}{2} \quad \text{für } \nu_0 \leqq \nu' < \nu_0';\ \nu_0 \leqq \nu'' < \nu_0';\ n \geqq n_0.$$

Ist nun ν^* ein beliebiger Index $\nu_0 \leqq \nu^* < \nu_0'$, und ν_n ein Index $\nu_0 \leqq \nu_n < \nu_0'$, für den (00) im Punkte a_n erfüllt ist, so haben wir aus (00) und (000):

$$|f_{\nu_n}(a_n) - f(a_n)| < \frac{\varepsilon}{2}; \quad |f_{\nu^*}(a_n) - f_{\nu_n}(a_n)| < \frac{\varepsilon}{2}$$

und mithin:

$$|f_{\nu^*}(a_n) - f(a_n)| < \varepsilon \quad \text{für } n \geqq n_0,$$

d. h. $\{f_\nu\}$ konvergiert einfach-gleichmäßig in a auf $\mathfrak{A}$, wie behauptet.

Satz VIII. **Ist $\mathfrak{A}$ kompakt, und konvergiert die Folge $\{f_\nu\}$ einfach-gleichmäßig auf $\mathfrak{A}$ gegen f in jedem Punkte von $\mathfrak{A}^0$, so konvergiert sie quasi-gleichmäßig auf $\mathfrak{A}$ gegen f.**

Wir können beim Beweise wieder $\{f_\nu\}$ als beschränkt voraussetzen. Angenommen, $\{f_\nu\}$ konvergiere nicht quasi-gleichmäßig gegen f auf $\mathfrak{A}$. Dann gibt es ein $\varepsilon > 0$, eine Folge $\{a_n\}$ aus $\mathfrak{A}$ und einen Index ν_0, so daß:

$$(0_0 0) \qquad |f_\nu(a_n) - f(a_n)| \geqq \varepsilon \quad \text{für } \nu_0 \leqq \nu < \nu_0 + n.$$

---

[1] Diese Voraussetzung kann nicht entbehrt werden. Beispiel: Sei $\mathfrak{A}$ der $\mathfrak{R}_1$, und sei:

$$f_{2\nu-1} = 1 \text{ in } \left(0, \tfrac{1}{\nu}\right), \text{ sonst } = 0; \quad f_{2\nu} = 1 \text{ in } \left(-\tfrac{1}{\nu}, 0\right), \text{ sonst } = 0.$$

Dann konvergiert $\{f_\nu\}$ quasi-gleichmäßig gegen 0, aber die Konvergenz ist nicht einfach-gleichmäßig im Punkte 0.

Da $\mathfrak{A}$ kompakt, gibt es in $\{a_n\}$ eine konvergente Teilfolge $\{a_{n_i}\}$; sei etwa:

$$\lim_{i=\infty} a_{n_i} = a;$$

dann gehört a zu $\mathfrak{A}^0$. Wegen der einfach-gleichmäßigen Konvergenz von $\{f_\nu\}$ in a gibt es ein $\nu^* \geqq \nu_0$ und ein i_0, so daß:

$$|f_{\nu^*}(a_{n_i}) - f(a_{n_i})| < \varepsilon \quad \text{für } i \geqq i_0.$$

Das aber steht im Widerspruche mit (0_00), wodurch Satz VIII bewiesen ist.

Nun kommen wir zum Schlußergebnis dieser Untersuchungen:

Satz IX[1]). Sind in der konvergenten Folge $\{f_\nu\}$ alle f_ν stetig auf $\mathfrak{A}$, so ist, damit auch ihre Grenzfunktion f stetig sei auf $\mathfrak{A}$, notwendig und hinreichend, daß die Konvergenz von $\{f_\nu\}$ gegen f quasi-gleichmäßig sei auf jedem abgeschlossenen und kompakten Teile von $\mathfrak{A}$.

Die Bedingung ist notwendig. Sei in der Tat $\mathfrak{B}$ ein abgeschlossener und kompakter Teil von $\mathfrak{A}$. Ist f stetig auf $\mathfrak{A}$, so auch auf $\mathfrak{B}$, also muß nach Satz II die Konvergenz von $\{f_\nu\}$ gegen f einfach-gleichmäßig auf $\mathfrak{B}$ sein in jedem Punkte von $\mathfrak{B}$. Da aber $\mathfrak{B}$ abgeschlossen, ist $\mathfrak{B} = \mathfrak{B}^0$. Nach Satz VIII konvergiert also $\{f_\nu\}$ quasi-gleichmäßig gegen f auf $\mathfrak{B}$, wie behauptet.

Die Bedingung ist hinreichend. Angenommen in der Tat, sie sei erfüllt. Sei a ein Punkt von $\mathfrak{A}$ und $\{a_n\}$ eine Folge aus $\mathfrak{A}$ mit $\lim_{n=\infty} a_n = a$; mit $\mathfrak{B}$ bezeichnen wir die aus den Punkten a und a_n $(n = 1, 2, \ldots)$ bestehende Punktmenge. Dann ist $\mathfrak{B}$ kompakt und abgeschlossen; also ist nach Annahme $\{f_\nu\}$ quasi-gleichmäßig konvergent auf $\mathfrak{B}$, und mithin nach Satz VII auch einfach-gleichmäßig konvergent in a auf $\mathfrak{B}$. Nach Satz II ist also f in a stetig auf $\mathfrak{B}$, d. h. es ist:

$$\lim_{n=\infty} f(a_n) = f(a).$$

Also ist f stetig in a auf $\mathfrak{A}$, und Satz IX ist bewiesen.

---

[1]) Dieser Satz stammt von C. Arzelà, Rend. Bol. (1) 19 (1883/84), 83; Mem. Bol. (5) 8 (1899/1900), 131 (Deutsche Bearbeitung von J. Pohl, Monatsh. f. Math. 16 (1905), 54), Rend. Bol. 7 (1902/03), 22. Die Bemerkung, daß es sich um einen allgemeinen Grenzsatz handelt, stammt von M. Fréchet, Rend. Pal. 22 (1906), 9. Weitere Literatur: E. W. Hobson, Lond. Proc. (2) 1 (1904), 380; É. Borel, Leçons sur les fonctions de variables réelles (1905), 41. C. A. Dell' Agnola, Rend. Lomb. (2) 40 (1907), 369; (2) 41 (1908), 287; G. Vivanti, Rend. Pal. 30 (1910), 85. W. H. Young, Lond. Proc. (2) 8 (1910), 353. T. H. Hillebrandt, Am. Bull. (2) 18 (1912), 447; Ann. of math. (2) 14 (1912), 81. L. Orlando, Ann. Ac. Porto 6 (1911), 188; 7 (1912), 97; Rend. Linc. 22/2, (1913), 415.

§ 9. Vertauschung von Grenzübergängen.

Wir haben im vorstehenden die Frage behandelt, unter welchen Umständen aus der Stetigkeit der Funktionen einer konvergenten Folge $\{f_\nu\}$ auf die Stetigkeit der Grenzfunktion geschlossen werden kann. Sei:

$$(0) \qquad f = \lim_{\nu = \infty} f_\nu,$$

und seien alle f_ν stetig in a auf $\mathfrak{A}$. Es ist auch f stetig in a auf $\mathfrak{A}$, wenn für jede Folge $\{a_n\}$ aus $\mathfrak{A}$ mit $\lim\limits_{n=\infty} a_n = a$:

$$\lim_{n=\infty} f(a_n) = f(a).$$

Wegen (0) ist dies gleichbedeutend mit:

$$\lim_{n=\infty} \left(\lim_{\nu=\infty} f_\nu(a_n) \right) = \lim_{\nu=\infty} f_\nu(a),$$

und wegen der vorausgesetzten Stetigkeit der f_ν weiter mit:

$$\lim_{n=\infty} \left(\lim_{\nu=\infty} f_\nu(a_n) \right) = \lim_{\nu=\infty} \left(\lim_{n=\infty} f_\nu(a_n) \right).$$

Es handelt sich also um einen speziellen Fall der Frage: Unter welchen Umständen können bei einer Doppelfolge reeller Zahlen[1] a_n^m die beiden Grenzübergänge $m \longrightarrow \infty$, $n \longrightarrow \infty$ vertauscht werden? Wir wollen uns, bevor wir zu einer noch allgemeineren Fragestellung aufsteigen, kurz mit diesem Probleme befassen. Der Einfachheit halber setzen wir die Doppelfolge als beschränkt voraus, was ja durch die Schränkungstransformation stets erreicht werden kann.

Satz I. Sei $\left\{ a_n^m \right\}$ eine beschränkte Doppelfolge reeller Zahlen; für jedes n existiere der Grenzwert:

$$(1) \qquad a_n = \lim_{m=\infty} a_n^m,$$

für jedes m existiere der Grenzwert:

$$(2) \qquad a^m = \lim_{n=\infty} a_n^m.$$

Dann ist für die Gültigkeit der Formel:

$$(3) \qquad \lim_{m=\infty} \left(\lim_{n=\infty} a_n^m \right) = \lim_{n=\infty} \left(\lim_{m=\infty} a_n^m \right)$$

notwendig und hinreichend, daß es, wenn $\varepsilon > 0$ beliebig

---

[1] Näheres über solche Doppelfolgen findet man bei A. **Pringsheim**, Vorlesungen über Zahlen- und Funktionenlehre. Erster Band (1916), 247 ff.

gegeben ist, zu fast allen m einen Index n_m gebe, so daß:

$$(4) \qquad |a_n^m - a_n| < \varepsilon \quad \text{für} \quad n \geqq n_m.$$

Die Bedingung ist notwendig. Angenommen in der Tat, es gelte (3), d. h. es sei:

$$(5) \qquad \lim_{m = \infty} a^m = \lim_{n = \infty} a_n = a.$$

Dann gibt es ein m_0, so daß:

$$|a^m - a| < \varepsilon \quad \text{für} \quad m \geqq m_0;$$

wegen (2) und (5) gibt es daher auch zu jedem $m \geqq m_0$ ein n_m, so daß (4) gilt, und die Behauptung ist bewiesen.

Die Bedingung ist hinreichend. Angenommen in der Tat, sie sei erfüllt. Es gibt dann ein m_0, so daß für $m \geqq m_0$ (4) gilt. Also wenn $m' \geqq m_0$, $m'' \geqq m_0$:

$$(6) \qquad |a_n^{m'} - a_n| < \frac{\varepsilon}{4} \quad \text{für} \quad n \geqq n_{m'}; \quad |a_n^{m''} - a_n| < \frac{\varepsilon}{4} \quad \text{für} \quad n \geqq n_{m''}.$$

Wegen (2) gibt es nun ein $n (\geqq n_{m'}$ und $\geqq n_{m''})$, so daß:

$$(7) \qquad |a_n^{m'} - a^{m'}| < \frac{\varepsilon}{4}; \quad |a_n^{m''} - a^{m''}| < \frac{\varepsilon}{4}.$$

Aus (6) und (7) aber folgt:

$$|a^{m'} - a^{m''}| < \varepsilon \quad \text{für} \quad m' \geqq m_0, \ m'' \geqq m_0.$$

Es existiert also der Grenzwert:

$$\lim_{m = \infty} a^m = a.$$

Es gibt daher ein m^*, für das einerseits (4) gilt, d. h.

$$(8) \qquad |a_n^{m^*} - a_n| < \varepsilon \quad \text{für fast alle } n,$$

und für das andrerseits:

$$(9) \qquad |a^{m^*} - a| < \varepsilon.$$

Wegen (2) ist ferner

$$(10) \qquad |a_n^{m^*} - a^{m^*}| < \varepsilon \quad \text{für fast alle } n.$$

Aus (8), (9), (10) aber folgt:

$$|a_n - a| < 3\varepsilon \quad \text{für fast alle } n,$$

d. h.:

$$\lim_{n = \infty} a_n = a.$$

Damit aber ist (3) nachgewiesen, und der Beweis von Satz I beendet.

Am bekanntesten ist der Fall, daß die n_m von m unabhängig gewählt werden können, etwa $= n_0$ (vgl. § 3, Satz X). Die Bedingung, die man so erhält, und die hinreichend, aber nicht mehr notwendig ist für die Gültigkeit von (3), ist nun aber notwendig und hinreichend für die Existenz des zweifachen Grenzwertes

$$\lim_{m=\infty,\,n=\infty} a_n^m$$

(in der ja, unter den Voraussetzungen von Satz I, die Gültigkeit von (3) mit enthalten ist). Es gilt nämlich:

Satz II. Unter den Voraussetzungen von Satz I ist für die Existenz des zweifachen Grenzwertes:

$$(11) \qquad a = \lim_{m=\infty,\,n=\infty} a_n^m$$

notwendig und hinreichend, daß es zu jedem $\varepsilon > 0$ zwei Indizes m_0 und n_0 gebe, so daß:

$$(12) \qquad |a_n^m - a_n| < \varepsilon \quad \text{für } m \geqq m_0,\, n \geqq n_0.$$

Die Bedingung ist notwendig. In der Tat, aus (11) folgt: es gibt ein m_0 und ein n_0, so daß:

$$(13) \qquad |a_n^m - a| < \frac{\varepsilon}{2} \quad \text{für } m \geqq m_0,\, n \geqq n_0.$$

Durch den Grenzübergang $m \to \infty$ folgt daraus:

$$(14) \qquad |a_n - a| \leqq \frac{\varepsilon}{2} \quad \text{für } n \geqq n_0.$$

Aus (13) und (14) aber folgt (12), wie behauptet.

Die Bedingung ist hinreichend. In der Tat, ist sie erfüllt, so lehrt Satz I das Bestehen des Grenzwertes:

$$a = \lim_{n=\infty} a_n;$$

es ist also, wenn n_0 hinlänglich groß:

$$(15) \qquad |a_n - a| < \varepsilon \quad \text{für } n \geqq n_0.$$

Aus (12) und (15) aber folgt:

$$|a_n^m - a| < 2\varepsilon \quad \text{für } m \geqq m_0,\, n \geqq n_0,$$

d. h. das Bestehen von (11). Damit ist Satz II bewiesen.

Von Satz II ist am bekanntesten der Fall, daß n_0 von ε unabhängig gewählt werden kann. Es ist dann keinerlei Einschränkung, $n_0 = 1$ anzunehmen. Man definiert dann: Gilt für jedes n die Beziehung (1), und gilt bei beliebigem $\varepsilon > 0$:

$$|a_n^m - a_n| < \varepsilon \quad \text{für fast alle } m \text{ und alle } n,$$

so heißt die Konvergenz von a_n^m gegen a_n gleichmäßig in n. Und wir erhalten als Spezialfall von Satz II:

Satz III. Gelten für $\{a_n^m\}$ die Voraussetzungen von Satz I, und ist die Konvergenz von a_n^m gegen a_n gleichmäßig in n, so ist:

$$\lim_{m=\infty}\left(\lim_{n=\infty} a_n^m\right) = \lim_{n=\infty}\left(\lim_{m=\infty} a_n^m\right) = \lim_{m=\infty,\, n=\infty} a_n^m.$$

So wie Satz X von § 3 enthalten ist in Satz II, so erweist sich nun Satz II von § 8 als Spezialfall des Satzes:

Satz IV. Sei $\{a_n^m\}$ eine beschränkte Doppelfolge reeller Zahlen, für die die Grenzwerte (1) und (2) von Satz I und ferner der Grenzwert[1])

$$(16) \qquad \lim_{m=\infty} a^m \left(= \lim_{m=\infty}\left(\lim_{n=\infty} a_n^m\right)\right)$$

existiert. Dann ist für die Gültigkeit der Formel (3) von Satz I notwendig und hinreichend, daß es zu jedem $\varepsilon > 0$ und zu jedem Index m_0 einen Index n_0 und ein $m^* \geqq m_0$ gebe, so daß:

$$(17) \qquad |a_n^{m^*} - a_n| < \varepsilon \quad \text{für } n \geqq n_0.$$

Die Bedingung ist notwendig; dies ist schon in Satz I enthalten.

Die Bedingung ist hinreichend. Nehmen wir sie in der Tat als erfüllt an. Bezeichnen wir wieder den Grenzwert (16) mit a, so gibt es ein m_0, so daß:

$$|a^m - a| < \varepsilon \quad \text{für } m \geqq m_0.$$

Ist dann m^* ein Index $\geqq m_0$, für den (17) gilt, so haben wir wieder die Ungleichungen (8), (9), (10) von Satz I, aus denen die Behauptung folgt.

Setzen wir die Existenz des Grenzwertes (16) nicht mehr voraus, so können wir nur mehr behaupten:

---

[1]) Zum Unterschiede von Satz I kann hier die Existenz dieses Grenzwertes nicht gefolgert, sondern muß eigens vorausgesetzt werden. Beispiel: Sei

$$\text{für gerades } m: \quad a_n^m = 0 \text{ für alle } n,$$

$$\text{für ungerades } m: a_n^m = \begin{cases} 0 \text{ für } n \leqq m, \\ 1 \text{ für } n > m. \end{cases}$$

Hier ist $\lim\limits_{n=\infty}\left(\lim\limits_{m=\infty} a_n^m\right) = 0$, während der Grenzwert (16) nicht existiert.

Satz V. Ist $\{a_n^m\}$ eine beschränkte Doppelfolge reeller Zahlen, für die die Grenzwerte (1) und (2) von Satz I existieren, und gibt es zu jedem $\varepsilon > 0$ und zu jedem m_0 ein n_0 und ein $m^* \geq m_0$, so daß (17) gilt, so existiert der Grenzwert:

$$\lim_{n=\infty} (\lim_{m=\infty} a_n^m).$$

In der Tat, wegen (17) gibt es ein m^* und ein n_0, so daß:

$$(18) \quad |a_n^{m^*} - a_{n'}| < \frac{\varepsilon}{3}; \quad |a_{n''}^{m^*} - a_{n''}| < \frac{\varepsilon}{3} \quad \text{für } n' \geq n_0, n'' \geq n_0.$$

Wegen der Existenz des Grenzwertes (2) aber kann n_0 auch so groß angenommen werden, daß:

$$(19) \quad |a_{n'}^{m^*} - a_{n''}^{m^*}| < \frac{\varepsilon}{3} \quad \text{für } n' \geq n_0, n'' \geq n_0.$$

Aus (18) und (19) aber folgt:

$$|a_{n'} - a_{n''}| < \varepsilon \quad \text{für } n' \geq n_0, n'' \geq n_0$$

und somit die Existenz von $\lim_{n=\infty} a_n$. Damit ist Satz V bewiesen.

Die vorstehenden Sätze über Vertauschung von Grenzübergängen bei Doppelfolgen sind Spezialfälle viel allgemeinerer Sätze über Vertauschung von Grenzübergängen bei Funktionen von Punkten zweier metrischer Räume.

Seien $\mathfrak{S}$ und $\mathfrak{T}$ zwei metrische Räume. Mit x bezeichnen wir die Punkte von $\mathfrak{S}$, mit y die von $\mathfrak{T}$. Wir definieren dann als den „Verbindungsraum":

$$\mathfrak{R} = \mathfrak{S} \times \mathfrak{T}$$

die Menge aller Paare (x, y). Wir denken uns $\mathfrak{R}$ zu einem metrischen Raum gemacht durch eine geeignete Abstandsdefinition[1]), die wir nur den Beschränkungen unterwerfen:

$$r((x, y), (x', y')) \geq r(x, x'); \quad r((x, y), (x', y')) \geq r(y, y');$$
$$r((x, y), (x', y)) = r(x, x'); \quad r((x, y), (x, y')) = r(y, y').$$

Aus der Dreiecksungleichung folgt dann

$$r((x, y), (x', y')) \leq r(x, x') + r(y, y').$$

Es ist also die Beziehung:

$$\lim_{n=\infty} (x_n, y_n) = (x, y)$$

---

[1]) Eine solche ist z. B. gegeben durch die Festsetzung:
$$r((x, y), (x', y')) = \sqrt{r(x, x')^2 + r(y, y')^2}.$$

völlig gleichbedeutend mit den beiden Beziehungen:

$$\lim_{n\,\to\,\infty} x_n = x; \quad \lim_{n\,\to\,\infty} y_n = y\,.$$

Ist nun $\mathfrak{B}$ eine Punktmenge aus $\mathfrak{S}$ und $\mathfrak{C}$ eine Punktmenge aus $\mathfrak{T}$, sind b und c die Punkte von $\mathfrak{B}$ bzw. von $\mathfrak{C}$, so können wir die aus allen Paaren (b, c) bestehende Verbindungsmenge $\mathfrak{B} \times \mathfrak{C}$ bilden. Sie ist eine Punktmenge des Verbindungsraumes. Sei nun eine Funktion auf $\mathfrak{B} \times \mathfrak{C}$ gegeben. Wir können sie bezeichnen mit $f(b, c)$. Für jedes feste c aus $\mathfrak{C}$ ergibt sie eine auf $\mathfrak{B}$ definierte Funktion von b, für jedes feste b aus $\mathfrak{B}$ eine auf $\mathfrak{C}$ definierte Funktion von c; wir wollen diese beiden Funktionen bezeichnen mit $f_c(b)$ und $f_b(c)$.

In jedem Punkte b_0 von $\mathfrak{B}^1$ können wir dann die beiden reduzierten Schrankenfunktionen $G'(b_0; f_c, \mathfrak{B})$, $g'(b_0; f_c, \mathfrak{B})$ auf $\mathfrak{B}$ von $f_c(b)$ bilden. Sind sie einander gleich, d. h. (Kap. II, § 11, S. 170) hat f_c in b_0 einen Grenzwert auf $\mathfrak{B}$, so schreiben wir kurz[1]:

$$\lim_{b\,=\,b_0} f(b, c) = G'(b_0; f_c, \mathfrak{B}) = g'(b_0; f_c, \mathfrak{B}),$$

und in Anlehnung an diese Schreibweise setzen wir allgemein:

$$\overline{\lim_{b\,=\,b_0}} f(b, c) = G'(b_0; f_c, \mathfrak{B}); \quad \underline{\lim_{b\,=\,b_0}} f(b, c) = g'(b_0; f_c, \mathfrak{B}).$$

In ganz analoger Weise werden die Symbole definiert:

$$\lim_{c\,=\,c_0} f(b, c); \quad \overline{\lim_{c\,=\,c_0}} f(b, c); \quad \underline{\lim_{c\,=\,c_0}} f(b, c).$$

Jeder der Ausdrücke:

$$\overline{\lim_{b\,=\,b_0}} f(b, c), \quad \underline{\lim_{b\,=\,b_0}} f(b, c)$$

ist nun eine auf $\mathfrak{C}$ definierte Funktion von c, für die reduzierte obere und untere Schranke in c_0 auf $\mathfrak{C}$ gebildet werden können; wir bezeichnen diese reduzierten Schranken mit:

$$(*) \quad \overline{\lim_{c\,=\,c_0}} \left(\overline{\lim_{b\,=\,b_0}} f(b, c) \right); \quad \overline{\lim_{c\,=\,c_0}} \left(\underline{\lim_{b\,=\,b_0}} f(b, c) \right); \quad \underline{\lim_{c\,=\,c_0}} \left(\overline{\lim_{b\,=\,b_0}} f(b, c) \right); \quad \underline{\lim_{c\,=\,c_0}} \left(\underline{\lim_{b\,=\,b_0}} f(b, c) \right).$$

Offenbar ist:

$$\underline{\lim_{c\,=\,c_0}} \left(\underline{\lim_{b\,=\,b_0}} f(b, c) \right) \leq \overline{\lim_{c\,=\,c_0}} \left(\overline{\lim_{b\,=\,b_0}} f(b, c) \right).$$

Sind hierin beide Seiten gleich, so haben alle vier Ausdrücke $(*)$

---

[1] Allgemein bedeutet im folgenden das Symbol $\lim_{b\,=\,b_0}$: „Grenzwert in b_0 auf $\mathfrak{B}$"; ebenso $\lim_{c\,=\,c_0}$: „Grenzwert in c_0 auf $\mathfrak{C}$".

denselben Wert, und wir bezeichnen diesen gemeinsamen Wert kurz mit:

$$\lim_{c=c_0} \left(\overline{\lim_{b=b_0}} f(b, c) \right),$$

und analog ist die Definition des Symboles:

$$\lim_{b=b_0} \left(\overline{\lim_{c\cdots c_0}} f(b, c) \right).$$

An Stelle von Satz I tritt nun:

Satz VI[1]. Damit für die beschränkte Funktion $f(b, c)$ die Formel gelte:

$$(20) \qquad \lim_{b=b_0} \left(\overline{\lim_{c=c_0}} f(b, c) \right) = \lim_{c=c_0} \left(\overline{\lim_{b=b_0}} f(b, c) \right),$$

ist notwendig und hinreichend, daß die beiden Bedingungen bestehen:

1. Es ist[2]:

$$\lim_{b=b_0} \left(\overline{\lim_{c=c_0}} f(b, c) - \underline{\lim_{c=c_0}} f(b, c) \right) = 0;$$

$$(21)$$

$$\lim_{c=c_0} \left(\overline{\lim_{b=b_0}} f(b, c) - \underline{\lim_{b=b_0}} f(b, c) \right) = 0.$$

2. Zu jedem $\varepsilon > 0$ gehört eine reduzierte Umgebung $\mathfrak{U}'(c_0)$ von c_0 in $\mathfrak{C}$ von folgender Eigenschaft: Zu jedem Punkt c^* von $\mathfrak{U}'(c_0)$ gibt es eine reduzierte Umgebung $\mathfrak{U}'(b_0)$ von b_0 in $\mathfrak{B}$, so daß:

$$(22) \qquad \underline{\lim_{c=c_0}} f(b, c) - \varepsilon < f(b, c^*) < \overline{\lim_{c=c_0}} f(b, c) + \varepsilon \quad \text{auf } \mathfrak{U}'(b_0).$$

Die Bedingungen sind notwendig. Für 1. ist dies evident. Denn das Bestehen des Grenzwertes $\lim_{b=b_0} \left(\overline{\lim_{c=c_0}} f(b, c) \right)$ ist gleichbedeutend mit:

$$\lim_{b=b_0} \left(\overline{\lim_{c=c_0}} f(b, c) \right) = \lim_{b=b_0} \left(\underline{\lim_{c\cdots c_0}} f(b, c) \right),$$

und daher mit der ersten Gleichung (21); und ebenso beweist man die zweite.

---

[1] Dieser und die folgenden Sätze wurden (für den $\mathfrak{R}_2$) bewiesen von E. W. Hobson, Lond. Proc. (2) 5 (1907), 225. Eine Umformung von Satz VI findet man bei P. Martinotti, Rend. Pal. 37 (1914), 23.

[2] Diese Bedingung tritt an Stelle der Voraussetzung von Satz I, daß die Grenzwerte (1) und (2) existieren. Insbesondere ist Bedingung (21) erfüllt, wenn die beiden Grenzwerte existieren:

$$\lim_{c\cdots c_0} f(b, c) \quad \text{und} \quad \lim_{b=b_0} f(b, c).$$

Was nun Bedingung 2. anlangt, so setzen wir:

$$(23) \qquad \overline{\lim_{b=b_0}} f(b,c) = \bar{l}(c); \quad \underline{\lim_{b=b_0}} f(b,c) = \underline{l}(c);$$

$$\lim_{c=c_0} (\overline{\lim_{b=b_0}} f(b,c)) = l.$$

Es ist also:

$$\lim_{c=c_0} \bar{l}(c) = \lim_{c=c_0} \underline{l}(c) = l.$$

Daher gibt es eine reduzierte Umgebung $\mathfrak{U}'(c_0)$ von c_0 in $\mathfrak{C}$, so daß:

$$l - \frac{\varepsilon}{2} < \underline{l}(c) \leq \bar{l}(c) < l + \frac{\varepsilon}{2} \quad \text{in } \mathfrak{U}'(c_0).$$

Ist also c^* ein Punkt von $\mathfrak{U}'(c_0)$, so gibt es wegen der Bedeutung (23) von $\bar{l}(c)$ und $\underline{l}(c)$ eine reduzierte Umgebung $\mathfrak{U}'(b_0)$ von b_0 in $\mathfrak{B}$, so daß auch:

$$(24) \qquad l - \frac{\varepsilon}{2} < f(b, c^*) < l + \frac{\varepsilon}{2} \quad \text{in } \mathfrak{U}'(b_0).$$

Wegen (20) ist nun aber auch:

$$\lim_{b=b_0} (\overline{\lim_{c=c_0}} f(b,c)) = l,$$

es kann also $\mathfrak{U}'(b_0)$ auch so angenommen werden, daß:

$$(25) \qquad l - \frac{\varepsilon}{2} < \underline{\lim_{c=c_0}} f(b,c) \leq \overline{\lim_{c=c_0}} f(b,c) < l + \frac{\varepsilon}{2} \quad \text{in } \mathfrak{U}'(b_0).$$

Aus (24) und (25) aber folgt (22), wie behauptet.

Die Bedingungen sind **hinreichend**. In der Tat, wir nehmen sie als erfüllt an, und zeigen zunächst, daß dann der Grenzwert existiert:

$$(26) \qquad l = \lim_{c=c_0} (\overline{\lim_{b=b_0}} f(b,c)).$$

Wegen Bedingung 2. gibt es eine reduzierte Umgebung $\mathfrak{U}'(c_0)$ von c_0 in $\mathfrak{C}$, derart, daß zu je zwei Punkten c', c'' von $\mathfrak{U}'(c_0)$ eine reduzierte Umgebung $\mathfrak{U}'(b_0)$ von b_0 in $\mathfrak{B}$ gehört, in der:

$$(27) \qquad \begin{aligned} \underline{\lim_{c=c_0}} f(b,c) - \varepsilon &< f(b,c') < \overline{\lim_{c=c_0}} f(b,c) + \varepsilon, \\ \underline{\lim_{c=c_0}} f(b,c) - \varepsilon &< f(b,c'') < \overline{\lim_{c=c_0}} f(b,c) + \varepsilon. \end{aligned}$$

Wegen der zweiten Gleichung (21) wird, wenn $\mathfrak{U}'(c_0)$ hinlänglich klein gewählt ist:

$$(28)\quad \overline{\lim_{b=b_0}} f(b,c') - \underline{\lim_{b=b_0}} f(b,c') < \varepsilon; \quad \overline{\lim_{b=b_0}} f(b,c'') - \underline{\lim_{b=b_0}} f(b,c'') < \varepsilon,$$

und infolgedessen wird es in $\mathfrak{U}'(b_0)$ ein b^* geben, so daß:

$$(29)\quad \begin{aligned} \overline{\lim_{b=b_0}} f(b,c') - \varepsilon &< f(b^*,c') < \underline{\lim_{b=b_0}} f(b,c') + \varepsilon, \\ \overline{\lim_{b=b_0}} f(b,c'') - \varepsilon &< f(b^*,c'') < \underline{\lim_{b=b_0}} f(b,c'') + \varepsilon. \end{aligned}$$

Wegen der ersten Gleichung (21) kann b^* auch so gewählt werden, daß:

$$\overline{\lim_{c=c_0}} f(b^*,c) < \underline{\lim_{c=c_0}} f(b^*,c) + \varepsilon.$$

Hieraus, zusammen mit (27) und (29) aber folgern wir[1]:

$$|\overline{\lim_{b=b_0}} f(b,c') - \overline{\lim_{b=b_0}} f(b,c'')| < 5\varepsilon; \quad |\underline{\lim_{b=b_0}} f(b,c') - \underline{\lim_{b=b_0}} f(b,c'')| < 5\varepsilon.$$

Nach Kap. II, § 11, Satz XI existieren also die beiden Grenzwerte:

$$\lim_{c=c_0}(\overline{\lim_{b=b_0}} f(b,c)) \quad \text{und} \quad \lim_{c=c_0}(\underline{\lim_{b=b_0}} f(b,c)),$$

und wegen der zweiten Gleichung (21) sind sie gleich. Damit ist die Existenz des Grenzwertes (26) nachgewiesen.

Wegen (26) und wegen Bedingung 2. gibt es nun ein c^* und eine reduzierte Umgebung $\mathfrak{U}'(b_0)$ von b_0 in $\mathfrak{B}$, so daß die beiden Ungleichungen gelten:

$$(30)\quad l - \varepsilon < \underline{\lim_{b=b_0}} f(b,c^*) \leq \overline{\lim_{b=b_0}} f(b,c^*) < l + \varepsilon.$$

$$(31)\quad \underline{\lim_{c=c_0}} f(b^*,c) - \varepsilon < f(b^*,c^*) < \overline{\lim_{c=c_0}} f(b^*,c) + \varepsilon$$

$$\text{für alle } b^* \text{ von } \mathfrak{U}'(b_0).$$

Wegen der ersten Gleichung (21) kann ferner $\mathfrak{U}'(b_0)$ so gewählt

---

[1] In der Tat, aus (29) folgt:

$$f(b^*,c') - \varepsilon < \overline{\lim_{b=b_0}} f(b,c') < f(b^*,c') + \varepsilon,$$

$$f(b^*,c'') - \varepsilon < \overline{\lim_{b=b_0}} f(b,c'') < f(b^*,c'') + \varepsilon,$$

und aus (27) folgt:

$$\underline{\lim_{c=c_0}} f(b^*,c) - \varepsilon < f(b^*,c') < \overline{\lim_{c=c_0}} f(b^*,c) + 2\varepsilon,$$

$$\underline{\lim_{c=c_0}} f(b^*,c) - \varepsilon < f(b^*,c'') < \overline{\lim_{c=c_0}} f(b^*,c) + 2\varepsilon,$$

und somit:

$$|f(b^*,c') - f(b^*,c'')| < 3\varepsilon.$$

werden, daß:

$$(32) \qquad \overline{\lim_{c \to c_0}} f(b^*, c) - \underline{\lim_{c \to c_0}} f(b^*, c) < \varepsilon \quad \text{für alle } b^* \text{ von } \mathfrak{U}'(b_0).$$

Wegen der zweiten Gleichung (21) kann endlich c^* und $\mathfrak{U}'(b_0)$ so angenommen werden, daß:

$$(33) \qquad \underline{\lim_{b \to b_0}} f(b, c^*) - \varepsilon < f(b^*, c^*) < \overline{\lim_{b \to b_0}} f(b, c^*) + \varepsilon$$

$$\text{für alle } b^* \text{ von } \mathfrak{U}'(b_0).$$

Aus (30), (31), (32), (33) aber folgt für alle b^* von $\mathfrak{U}'(b_0)$:

$$|\overline{\lim_{c \to c_0}} f(b^*, c) - l| < 4\,\varepsilon; \quad |\underline{\lim_{c \to c_0}} f(b^*, c) - l| < 4\,\varepsilon.$$

Das aber heißt:

$$\lim_{b = b_0} (\overline{\lim_{c \to c_0}} f(b, c)) = l,$$

womit Satz VI bewiesen ist.

An Stelle von Satz II tritt nun:

Satz VII. Gehört b_0 zu $\mathfrak{B}^0 - \mathfrak{B}$ und c_0 zu $\mathfrak{C}^0 - \mathfrak{C}$, so ist, damit die beschränkte Funktion $f(b, c)$ in (b_0, c_0) einen Grenzwert auf $\mathfrak{B} \times \mathfrak{C}$ besitze, notwendig und hinreichend, daß die beiden Bedingungen bestehen:

1. Es ist:

$$(34) \qquad \begin{aligned} \lim_{b = b_0} (\overline{\lim_{c = c_0}} f(b, c) - \underline{\lim_{c = c_0}} f(b, c)) &= 0; \\ \lim_{c = c_0} (\overline{\lim_{b = b_0}} f(b, c) - \underline{\lim_{b = b_0}} f(b, c)) &= 0. \end{aligned}$$

2. Zu jedem $\varepsilon > 0$ gibt es eine Umgebung[1] $\mathfrak{U}'(b_0)$ von b_0 in $\mathfrak{B}$ und eine Umgebung $\mathfrak{U}'(c_0)$ von c_0 in $\mathfrak{C}$, so daß für alle b^* aus $\mathfrak{U}'(b_0)$ und alle c^* aus $\mathfrak{U}'(c_0)$:

$$(35) \qquad \underline{\lim_{c = c_0}} f(b^*, c) - \varepsilon < f(b^*, c^*) < \overline{\lim_{c = c_0}} f(b^*, c) + \varepsilon.$$

Die Bedingungen sind notwendig. Habe in der Tat $f(b, c)$ in (b_0, c_0) auf $\mathfrak{B} \times \mathfrak{C}$ den Grenzwert l. Ist dann $\varepsilon > 0$ beliebig gegeben, so gibt es eine Umgebung $\mathfrak{U}'(b_0)$ von b_0 in $\mathfrak{B}$, und $\mathfrak{U}'(c_0)$ von c_0 in $\mathfrak{C}$, so daß für alle b aus $\mathfrak{U}'(b_0)$ und alle c aus $\mathfrak{U}'(c_0)$:

$$(36) \qquad |f(b, c) - l| < \frac{\varepsilon}{3}.$$

---

[1] Da nach Voraussetzung b_0 nicht zu $\mathfrak{B}$ gehört, ist hier der Begriff der Umgebung und der reduzierten Umgebung von b_0 in $\mathfrak{B}$ identisch.

Infolgedessen ist für alle b aus $\mathfrak{U}'(b_0)$:

$$(37) \qquad \left|\overline{\lim_{c\,=\,c_0}}\, f(b,c) - l\right| < \frac{\varepsilon}{2}, \quad \left|\underline{\lim_{c\,=\,c_0}}\, f(b,c) - l\right| < \frac{\varepsilon}{2},$$

also:

$$\left|\overline{\lim_{c\,=\,c_0}}\, f(b,c) - \underline{\lim_{c\,=\,c_0}}\, f(b,c)\right| < \varepsilon.$$

womit die erste Gleichung (34) nachgewiesen ist. Ebenso beweist man die zweite.

Aus (36) und (37) folgt aber auch (35).

Die Bedingungen sind hinreichend. In der Tat, sind sie erfüllt, so lehrt zunächst Satz VI das Bestehen des Grenzwertes:

$$(38) \qquad l = \lim_{b\,=\,b_0} \left(\overline{\lim_{c\,=\,c_0}}\, f(b,c)\right) = \lim_{c\,=\,c_0} \left(\overline{\lim_{b\,=\,b_0}}\, f(b,c)\right).$$

Es kann also die in Bedingung 2. auftretende Umgebung $\mathfrak{U}'(b_0)$ von b_0 in $\mathfrak{B}$ so angenommen werden, daß für alle b^* aus $\mathfrak{U}'(b_0)$:

$$(39) \qquad l - \varepsilon < \underline{\lim_{c\,=\,c_0}}\, f(b^*,c) \leqq \overline{\lim_{c\,=\,c_0}}\, f(b^*,c) < l + \varepsilon.$$

Aus (35) und (39) aber folgt dann für alle b^* aus $\mathfrak{U}'(b_0)$ und alle c^* aus $\mathfrak{U}'(c_0)$:

$$l - 2\varepsilon < f(b^*,c^*) < l + 2\varepsilon,$$

d. h. es hat $f(b,c)$ in (b_0,c_0) auf $\mathfrak{B}\times\mathfrak{C}$ den Grenzwert l, womit Satz VII bewiesen ist.

Wir heben auch hier den dem Satz III entsprechenden Spezialfall von Satz VII hervor:

Existiert für jedes b aus $\mathfrak{B}$ der Grenzwert

$$l(b) = \lim_{c\,=\,c_0} f(b,c),$$

so wollen wir sagen: es konvergiert $f(b,c)$ für $c \longrightarrow c_0$ gleichmäßig für alle b von $\mathfrak{B}$ gegen $l(b)$, wenn es zu jedem $\varepsilon > 0$ eine reduzierte Umgebung $\mathfrak{U}(c_0)$ von c_0 in $\mathfrak{C}$ gibt, so daß:

$$|f(b,c) - l(b)| < \varepsilon \quad \text{für alle } c \text{ von } \mathfrak{U}(c_0) \text{ und alle } b \text{ von } \mathfrak{B}.$$

Dann folgt aus Satz VII bei Beachtung von (38):

Satz VIII. Sei b_0 Punkt von $\mathfrak{B}^0 - \mathfrak{B}$ und c_0 Punkt von $\mathfrak{C}^0 - \mathfrak{C}$; für alle b von $\mathfrak{B}$ existiere der Grenzwert:

$$l(b) = \lim_{c\,=\,c_0} f(b,c),$$

und für alle c von $\mathfrak{C}$ existiere der Grenzwert:

$$m(c) = \lim_{b\,=\,b_0} f(b,c),$$

und die Konvergenz von $f(b, c)$ gegen $l(b)$ sei gleichmäßig für alle b. Dann hat $f(b, c)$ in (b_0, c_0) auf $\mathfrak{B} \times \mathfrak{C}$ einen Grenzwert l, der gleich ist jedem der Werte:

$$\lim_{b\,=\,b_0} (\lim_{c\,=\,c_0} f(b, c)) = \lim_{c\,=\,c_0} (\lim_{b\,=\,b_0} f(b, c)).$$

An Stelle von Satz IV tritt hier der Satz:

Satz IX. Existiert für die beschränkte Funktion $f(b, c)$ der Grenzwert:

$$(40) \qquad \lim_{c\,=\,c_0} (\overline{\lim_{b\,=\,b_0}} f(b, c)),$$

so ist für die Gültigkeit der Formel:

$$\lim_{b\,=\,b_0} (\overline{\lim_{c\,=\,c_0}} f(b, c)) = \lim_{c\,=\,c_0} (\overline{\lim_{b\,=\,b_0}} f(b, c))$$

notwendig und hinreichend, daß die beiden Bedingungen bestehen:

1. Es ist:

$$
\begin{aligned}
&\lim_{b\,=\,b_0} (\overline{\lim_{c\,=\,c_0}} f(b, c) - \lim_{\overline{c\,=\,c_0}} f(b, c)) = 0; \\
(41) \quad &\lim_{c\,=\,c_0} (\overline{\lim_{b\,=\,b_0}} f(b, c) - \lim_{\overline{b\,=\,b_0}} f(b, c)) = 0.
\end{aligned}
$$

2. Zu jedem $\varepsilon > 0$ gibt es in jeder reduzierten Umgebung $\mathfrak{U}'(c_0)$ von c_0 in $\mathfrak{C}$ ein c^*, und dazu eine reduzierte Umgebung $\mathfrak{U}'(b_0)$ von b_0 in $\mathfrak{B}$, so daß:

$$\lim_{\overline{c\,=\,c_0}} f(b, c) - \varepsilon < f(b, c^*) < \overline{\lim_{c\,=\,c_0}} f(b, c) + \varepsilon \quad \text{auf } \mathfrak{U}'(b_0).$$

Die Bedingung ist notwendig. Dies ist schon in Satz VI enthalten.

Die Bedingung ist hinreichend. In der Tat, da die Existenz des Grenzwertes (40) ausdrücklich vorausgesetzt wurde, gilt hier Ungleichung (30) in einer reduzierten Umgebung $\mathfrak{U}'(c_0)$ von c_0 in $\mathfrak{C}$. Von Ungleichung (30) an aber kann der Beweis von Satz VI wörtich wiederholt werden.

Satz X. Genügt die beschränkte Funktion $f(b, c)$ den Bedingungen 1. und 2. von Satz IX, so existiert der Grenzwert:

$$(42) \qquad \lim_{b\,=\,b_0} (\overline{\lim_{c\,=\,c_0}} f(b, c)).$$

In der Tat, aus den beiden Bedingungen 1. und 2. folgert man: In jeder reduzierten Umgebung $\mathfrak{U}'(c_0)$ von c_0 in $\mathfrak{C}$ gibt es ein c^*

und dazu eine reduzierte Umgebung $\mathfrak{U}'(b_0)$ von b_0 in $\mathfrak{B}$, so daß für jedes Punktpaar b', b'' aus $\mathfrak{U}'(b_0)$:

$$(43) \quad \begin{aligned} &\left| f(b', c^*) - \overline{\lim_{c \,\cdots\, c_0}} f(b', c) \right| < \frac{\varepsilon}{3}; \quad \left| f(b', c^*) - \varliminf_{c \,=\, c_0} f(b', c) \right| < \frac{\varepsilon}{3}; \\[2mm] &\left| f(b'', c^*) - \overline{\lim_{c \,=\, c_0}} f(b'', c) \right| < \frac{\varepsilon}{3}; \quad \left| f(b'', c^*) - \varliminf_{c \,=\, c_0} f(b'', c) \right| < \frac{\varepsilon}{3}. \end{aligned}$$

Weiter kann wegen der zweiten Gleichung (41) c^* so angenommen werden, daß:

$$\overline{\lim_{b \,=\, b_0}} f(b, c^*) - \varliminf_{b \,=\, b_0} f(b, c^*) < \frac{\varepsilon}{3}.$$

Dann ist aber, wenn $\mathfrak{U}'(b_0)$ entsprechend klein angenommen wird, auch:

$$(44) \qquad \left| f(b', c^*) - f(b'', c^*) \right| < \frac{\varepsilon}{3}.$$

Aus (43) und (44) aber folgt für alle b', b'' von $\mathfrak{U}'(b_0)$:

$$\left| \overline{\lim_{c \,=\, c_0}} f(b', c) - \overline{\lim_{c \,=\, c_0}} f(b'', c) \right| < \varepsilon, \quad \left| \varliminf_{c \,\cdots\, c_0} f(b', c) - \varliminf_{c \,\cdots\, c_0} f(b'', c) \right| < \varepsilon.$$

Nach Kap. II, § 11, Satz XI existieren also die beiden Grenzwerte:

$$\lim_{b \,=\, b_0} \left(\overline{\lim_{c \,\cdots\, c_0}} f(b, c) \right) \quad \text{und} \quad \lim_{b \,=\, b_0} \left(\varliminf_{c \,\cdots\, c_0} f(b, c) \right),$$

und wegen der ersten Gleichung (41) sind sie gleich. Damit ist die Existenz des Grenzwertes (42) nachgewiesen.

§ 10. Gleichgradig stetige Funktionenmengen.

Im engsten Zusammenhange mit der Lehre von den Funktionenfolgen stehen einige Sätze aus der Theorie der Funktionenmengen, auf die wir nun kurz eingehen wollen.

Sei auf der Punktmenge $\mathfrak{A}$ eine Menge $\mathfrak{F}$ von Funktionen f gegeben. Sie heißt **beschränkt**, wenn alle f von $\mathfrak{F}$ eine gemeinsame endliche Ober- und Unterzahl besitzen.

Die beschränkte Funktionenmenge $\mathfrak{F}$ heißt im Punkte a von $\mathfrak{A}$ **gleichgradig stetig**[1] **auf** $\mathfrak{A}$, wenn es zu jeder Punktfolge $\{a_n\}$ aus $\mathfrak{A}$ mit $\lim\limits_{n \,\cdots\, \infty} a_n = a$ und zu jedem $\varepsilon > 0$ einen Index n_0 gibt, so daß:

$$(0) \qquad \left| f(a_n) - f(a) \right| < \varepsilon \quad \text{für } n \geqq n_0 \text{ und alle } f \text{ von } \mathfrak{F}.$$

---

[1] Dieser Begriff wurde eingeführt von G. Ascoli, Mem. Linc. 18 (1883), 545. Vgl. auch C. A. Dell'Agnola, Atti Ven. 69 (1909/10), 1103.

Die beliebige Funktionenmenge $\mathfrak{F}$ heißt gleichgradig stetig in a auf $\mathfrak{A}$, wenn die aus ihr durch die Schränkungstransformation entstehende Funktionenmenge gleichgradig stetig in a auf $\mathfrak{A}$ ist. Es wird daher genügen, im folgenden alle Beweise nur für beschränkte Funktionenmengen zu führen.

Satz I. Damit die beschränkte Funktionenmenge $\mathfrak{F}$ gleichgradig stetig sei in a auf $\mathfrak{A}$, ist notwendig und hinreichend, daß es zu jedem $\varepsilon > 0$ eine Umgebung $\mathfrak{U}(a)$ von a in $\mathfrak{A}$ gebe, so daß:

$$(00) \qquad |f(a') - f(a)| < \varepsilon \quad \text{für alle } a' \text{ von } \mathfrak{U}(a) \text{ und alle } f \text{ von } \mathfrak{F}.$$

Die Bedingung ist notwendig. Angenommen in der Tat, sie sei nicht erfüllt. Dann gibt es ein $\varepsilon > 0$ und für jedes n in $\mathfrak{U}\left(a; \dfrac{1}{n}\right)$ einen Punkt a_n von $\mathfrak{A}$ und in $\mathfrak{F}$ eine Funktion f_n, so daß:

$$|f_n(a_n) - f_n(a)| \geqq \varepsilon.$$

Da $\lim_{n=\infty} a_n = a$, ist also $\mathfrak{F}$ nicht gleichgradig stetig in a auf $\mathfrak{A}$.

Die Bedingung ist hinreichend. Denn ist sie erfüllt, und ist $\{a_n\}$ eine Punktfolge aus $\mathfrak{A}$ mit $\lim_{n=\infty} a_n = a$, so liegen fast alle a_n in $\mathfrak{U}(a)$, und es ist somit wegen (00) auch (0) erfüllt.

Satz II[1]). Ist die Folge $\{f_\nu\}$ im Punkte a konvergent, und sind alle f_ν stetig in a auf $\mathfrak{A}$, so ist, damit die von den f_ν gebildete Funktionenmenge $\mathfrak{F}$ gleichgradig stetig sei in a auf $\mathfrak{A}$, notwendig und hinreichend, daß $\{f_\nu\}$ stetig konvergent[2]) sei in a auf $\mathfrak{A}$.

Die Bedingung ist notwendig. Sei in der Tat $\{f_\nu(a)\}$ konvergent:

$$(*) \qquad \lim_{\nu=\infty} f_\nu(a) = l.$$

und sei $\mathfrak{F}$ gleichgradig stetig in a auf $\mathfrak{A}$. Ist dann $\{a_n\}$ eine Punktfolge aus $\mathfrak{A}$ mit $\lim_{n=\infty} a_n = a$, so gibt es ein n_0, so daß:

$$(**) \qquad |f_\nu(a_n) - f_\nu(a)| < \varepsilon \quad \text{für } n \geqq n_0 \text{ und alle } \nu.$$

---

[1]) C. Arzelà, Mem. Bol. (5), 5 (1895), 55; (5), 8 (1899), 176 (Deutsche Bearbeitung von J. Pohl und Br. Rauchegger, Monatsh. f. Math. 16 (1905), 250). Vgl. auch C. A. Dell' Agnola, Rend. Linc. 19/2 (1910), 106. Satz II ist, wie die folgenden Sätze dieses Paragraphen, ein allgemeiner Grenzsatz: M. Fréchet, Rend. Pal. 22 (1906), 10.

[2]) Wegen § 3, Satz II, III kann es statt dessen auch heißen: gleichmäßig konvergent.

Wegen (*) gibt es ferner ein ν_0, so daß:

$$(***) \qquad |f_\nu(a) - l| < \varepsilon \quad \text{für} \quad \nu \geq \nu_0.$$

Aus (**) und (***) aber folgt:

$$|f_\nu(a_n) - l| < 2\,\varepsilon \quad \text{für} \quad n \geq n_0 \ \text{und} \ \nu \geq \nu_0,$$

und somit:

$$\lim_{n=\infty,\ \nu=\infty} f_\nu(a_n) = l.$$

Es existiert also, wenn $\lim\limits_{n=\infty} \nu_n = +\infty$, der Grenzwert $\lim\limits_{n=\infty} f_{\nu_n}(a_n)$, d. h. es ist $\{f_\nu\}$ stetig konvergent in a auf $\mathfrak{A}$, wie behauptet.

Die Bedingung ist hinreichend. Sei in der Tat $\{f_\nu\}$ stetig konvergent in a auf $\mathfrak{A}$. Dann ist, bei Beachtung von (*)

$$\Gamma(a; \{f_\nu\}, \mathfrak{A}) = \gamma(a; \{f_\nu\}, \mathfrak{A}) = l,$$

und mithin gibt es, wenn $\{a_n\}$ eine Punktfolge aus $\mathfrak{A}$ mit $\lim\limits_{n=\infty} a_n = a$ bedeutet, zu jedem $\varepsilon > 0$ ein n_0 und ein ν_0, so daß

$$({}_*^*{}_*) \qquad l - \varepsilon < f_\nu(a_n) < l + \varepsilon \quad \text{für} \quad n \geq n_0,\ \nu \geq \nu_0.$$

Aus $({}_*^*{}_*)$ und (***) aber folgt:

$$(^*_*{}^*) \qquad |f_\nu(a_n) - f_\nu(a)| < 2\,\varepsilon \quad \text{für} \quad n \geq n_0,\ \nu \geq \nu_0.$$

Wegen der Stetigkeit der f_ν kann n_0 auch so groß angenommen werden, daß

$$\binom{**}{**} \quad |f_\nu(a_n) - f_\nu(a)| < 2\,\varepsilon \quad \text{für} \quad n \geq n_0,\ \nu_0 = 1, 2, \ldots, \nu_0 - 1.$$

Die Ungleichungen $(^*_*{}^*)$ und $\binom{**}{**}$ zusammen besagen aber die gleichgradige Stetigkeit von $\mathfrak{F}$ in a auf $\mathfrak{A}$. Damit ist Satz II bewiesen.

Wir wollen nun eine auf $\mathfrak{A}$ gegebene Funktionenmenge $\mathfrak{F}$ **kompakt** nennen[1]), wenn es in jeder Funktionenfolge $\{f_\nu\}$ aus $\mathfrak{F}$ eine gleichmäßig auf $\mathfrak{A}$ konvergierende Teilfolge gibt. Dann gelten die folgenden Sätze[2]):

---

[1]) Man kommt zu dieser Terminologie, indem man jede Funktion f auf $\mathfrak{A}$ als Punkt eines Raumes $\mathfrak{S}$ denkt, den man zu einem metrischen macht durch die Festsetzung: Sind f', f'' zwei Funktionen auf $\mathfrak{A}$, die durch die Schränkungstransformation übergehen in f^*, f^{**}, so sei:

$$r(f', f'') = \text{obere Schranke von } |f^* - f^{**}| \text{ auf } \mathfrak{A}.$$

Konvergenz der Punktfolge $\{f_\nu\}$ aus $\mathfrak{S}$ gegen den Punkt f bedeutet dann gleichmäßige Konvergenz auf $\mathfrak{A}$ der Funktionenfolge $\{f_\nu\}$ gegen die Funktion f.

[2]) C. Arzelà, a. a. O. Vgl. auch P. Montel, Ann. Éc. Norm. (3) 24 (1907), 237, 249. W. Groß, Wien. Ber. 123 (1914), 806. L. Tonelli, Atti Tor. 49 (1914), 4.

Satz III. Damit die Menge $\mathfrak{F}$ auf $\mathfrak{A}$ stetiger Funktionen kompakt sei, ist notwendig, daß sie in jedem Punkte von $\mathfrak{A}$ gleichgradig stetig sei auf $\mathfrak{A}$.

Angenommen in der Tat, es wäre $\mathfrak{F}$ nicht gleichgradig stetig in a auf $\mathfrak{A}$. Dann gibt es in $\mathfrak{A}$ eine Punktfolge $\{a_n\}$ mit $\lim_{n=\infty} a_n = a$, in $\mathfrak{F}$ eine Funktionenfolge $\{f_n\}$, und ein $\varepsilon > 0$, so daß:

$$(\dagger) \qquad | f_n(a_n) - f_n(a) | \geq \varepsilon \quad \text{für alle } n.$$

Wäre nun eine Teilfolge $\{f_{n_i}\}$ von $\{f_n\}$ gleichmäßig, und mithin (§ 3, Satz III) auch stetig konvergent in a auf $\mathfrak{A}$, so müßte nach Satz II die Menge der Funktionen f_{n_i} ($i = 1, 2, \ldots$) gleichgradig stetig sein in a auf $\mathfrak{A}$, im Widerspruche mit ($\dagger$). Damit ist Satz III bewiesen.

Was die Umkehrung dieses Satzes anlangt, zeigen wir zunächst:

Satz IV. Ist $\mathfrak{A}$ separabel und $\mathfrak{F}$ eine in jedem Punkte von $\mathfrak{A}$ gleichgradig stetige Funktionenmenge, so gibt es in jeder Funktionenfolge $\{f_\nu\}$ aus $\mathfrak{F}$ eine Teilfolge, die in jedem Punkte von $\mathfrak{A}$ stetig auf $\mathfrak{A}$ konvergiert.

Sei in der Tat $\mathfrak{B}$ ein abzählbarer und in $\mathfrak{A}$ dichter Teil von $\mathfrak{A}$, bestehend aus den Punkten:

$$b_1, b_2, \ldots, b_n, \ldots$$

In $\{f_\nu\}$ gibt es eine Teilfolge, sie werde bezeichnet mit $\{f_\nu^{(1)}\}$, so daß $\lim_{\nu=\infty} f_\nu^{(1)}(b_1)$ existiert. In der Folge $\{f_\nu^{(1)}\}$ gibt es eine Teilfolge $\{f_\nu^{(2)}\}$, so daß $\lim_{\nu=\infty} f_\nu^{(2)}(b_2)$ existiert, und indem man so weiter schließt, kommt man zu einer Folge von Folgen:

$$\{f_\nu^{(1)}\}, \ \{f_\nu^{(2)}\}, \ldots, \ \{f_\nu^{(n)}\}, \ldots,$$

die die beiden Eigenschaften hat:

1. Es ist $\{f_\nu^{(n+1)}\}$ Teilfolge von $\{f_\nu^{(n)}\}$.
2. Es existiert der Grenzwert $\lim_{\nu=\infty} f_\nu^{(n)}(b_n)$.

Setzen wir nun:

$$f^{(\nu)} = f_\nu^{(\nu)},$$

so ist $\{f^{(\nu)}\}$ eine Teilfolge von $\{f_\nu\}$, die auf ganz $\mathfrak{B}$ konvergiert; denn für $\nu \geq n$ gehört $f^{(\nu)}$ zu $\{f_\nu^{(n)}\}$, so daß $\lim_{\nu=\infty} f^{(\nu)}(b_n)$ existiert.

Aus der vorausgesetzten gleichgradigen Stetigkeit von $\mathfrak{F}$ folgt dann aber leicht auch die Konvergenz von $\{f^{(\nu)}\}$ in den Punkten von $\mathfrak{A} - \mathfrak{B}$. Sei in der Tat a ein Punkt von $\mathfrak{A} - \mathfrak{B}$. Es gibt in $\mathfrak{B}$ eine

Folge $\{b_{n_k}\}$ mit $\lim\limits_{k=\infty} b_{n_k} = a$. Sei $\varepsilon > 0$ beliebig gegeben. Wegen der gleichgradigen Stetigkeit von $\mathfrak{F}$ gibt es ein k, so daß für je zwei Indizes ν', ν'':

$$(\dagger\dagger) \quad | f^{(\nu')}(b_{n_k}) - f^{(\nu')}(a) | < \frac{\varepsilon}{3}; \quad | f^{(\nu'')}(b_{n_k}) - f^{(\nu'')}(a) | < \frac{\varepsilon}{3}.$$

Wegen der Konvergenz von $\{f^{(\nu)}(b_{n_k})\}$ gibt es ein ν_0, so daß:

$$(\dagger\dagger\dagger) \qquad | f^{(\nu')}(b_{n_k}) - f^{(\nu'')}(b_{n_k}) | < \frac{\varepsilon}{3} \quad \text{für} \quad \nu' \geqq \nu_0,\ \nu'' \geqq \nu_0.$$

Die Ungleichungen $(\dagger\dagger)$, $(\dagger\dagger\dagger)$ zusammen aber ergeben:

$$| f^{(\nu')}(a) - f^{(\nu'')}(a) | < \varepsilon \quad \text{für} \quad \nu' \geqq \nu_0,\ \nu'' \geqq \nu_0,$$

d. h. die behauptete Konvergenz von $\{f^{(\nu)}(a)\}$.

Es ist also $\{f^{(\nu)}\}$ konvergent in jedem Punkte von $\mathfrak{A}$, und somit nach Satz II auch stetig konvergent auf $\mathfrak{A}$ in jedem Punkte von $\mathfrak{A}$. Damit ist Satz IV bewiesen.

Nun erhalten wir sofort folgende Umkehrung von Satz III:

Satz V. Ist die Punktmenge $\mathfrak{A}$ kompakt und abgeschlossen[1]), und ist die Funktionenmenge $\mathfrak{F}$ gleichgradig stetig auf $\mathfrak{A}$ in jedem Punkte von $\mathfrak{A}$, so ist sie kompakt.

In der Tat, nach Kap. I, § 7, Satz IV ist $\mathfrak{A}$ separabel, nach Satz IV gibt es also in jeder Folge $\{f_\nu\}$ aus $\mathfrak{F}$ eine Teilfolge $\{f^{(\nu)}\}$, die in jedem Punkte a von $\mathfrak{A}$ stetig und mithin (§ 3, Satz II) auch gleichmäßig auf $\mathfrak{A}$ konvergiert. Nach § 3, Satz XIII konvergiert dann $\{f^{(\nu)}\}$ auch gleichmäßig auf $\mathfrak{A}$, und Satz V ist bewiesen.

Satz II ist Spezialfall des Satzes:

Satz VI[2]). Ist $\mathfrak{F}$ eine Menge von Funktionen, die stetig sind in a auf $\mathfrak{A}$, so ist für die gleichgradige Stetigkeit von $\mathfrak{F}$ in a auf $\mathfrak{A}$ notwendig und hinreichend, daß jede Folge $\{f_\nu\}$ aus $\mathfrak{F}$ stetig oszilliere in a auf $\mathfrak{A}$.

Die Bedingung ist notwendig: Sei in der Tat $\mathfrak{F}$ gleichgradig stetig in a auf $\mathfrak{A}$, und sei $\{f_\nu\}$ eine Folge aus $\mathfrak{A}$. Wir setzen:

$$f = \overline{\lim\limits_{\nu=\infty}}\, f_\nu.$$

Ist $\varepsilon > 0$ beliebig gegeben, so gibt es ein ν_0, so daß:

$$(1) \qquad\qquad f_\nu(a) < \bar{f}(a) + \frac{\varepsilon}{2} \quad \text{für} \quad \nu \geqq \nu_0.$$

---

[1]) Diese Voraussetzung kann nicht entbehrt werden. Beispiel im $\mathfrak{R}_1$: Sei $f_\nu = 0$ in $(-\infty,\ \nu - 1]$ und $[\nu + 1,\ +\infty)$, $f_\nu(\nu) = 1$ und f_ν linear in $[\nu - 1,\ \nu]$ und $[\nu,\ \nu + 1]$. Dann ist die Menge der f_ν gleichgradig stetig in jedem Punkte des $\mathfrak{R}_1$, es gibt aber in $\{f_\nu\}$ keine im $\mathfrak{R}_1$ gleichmäßig konvergente Teilfolge.

[2]) Vgl. W. H. Young, Lond. Proc. (2) 8 (1910), 356.

Ist $\{a_n\}$ eine Folge aus $\mathfrak{A}$ mit $\lim\limits_{n=\infty} a_n = a$, so gibt es wegen der gleichgradigen Stetigkeit ein n_0, so daß:

$$(2) \qquad |\, f_\nu(a_n) - f_\nu(a) \,| < \frac{\varepsilon}{2} \quad \text{für } n \geq n_0 \text{ und alle } \nu.$$

Aus (1) und (2) folgt:·

$$f_\nu(a_n) < \bar{f}(a) + \varepsilon \quad \text{für } n \geq n_0 \text{ und } \nu \geq \nu_0,$$

und somit für jede Indizesfolge $\{\nu_n\}$ mit $\lim\limits_{n=\infty} \nu_n = +\infty$:

$$\overline{\lim_{n=\infty}}\, f_{\nu_n}(a_n) \leq \bar{f}(a).$$

Es ist also gewiß:

$$\Gamma(a; \{f_\nu\}, \mathfrak{A}) = \bar{f}(a),$$

d. h. es ist $\{f_\nu\}$ oberhalb stetig oszillierend in a auf $\mathfrak{A}$. Ebenso weist man nach, daß $\{f_\nu\}$ unterhalb stetig, und mithin auch stetig oszilliert in a auf $\mathfrak{A}$, wie behauptet.

Die Bedingung ist hinreichend. Angenommen in der Tat, es sei $\mathfrak{F}$ nicht gleichgradig stetig in a auf $\mathfrak{A}$. Dann gibt es ein $\varepsilon > 0$, eine Punktfolge $\{a_n\}$ aus $\mathfrak{A}$ mit $\lim\limits_{n=\infty} a_n = a$, und eine Funktionenfolge $\{f_\nu\}$ aus $\mathfrak{F}$, so daß:

$$(3) \qquad |\, f_\nu(a_\nu) - f_\nu(a) \,| \geq \varepsilon \quad \text{für alle } \nu.$$

In $\{f_\nu\}$ gibt es eine Teilfolge $\{f_{\nu_i}\}$, die in a konvergiert; .etwa:

$$\lim_{i=\infty} f_{\nu_i}(a) = l.$$

Wegen (3) liegen fast alle Funktionswerte $f_{\nu_i}(a_{\nu_i})$ außerhalb $\left(l - \frac{\varepsilon}{2},\, l + \frac{\varepsilon}{2}\right)$. Es gilt daher mindestens eine der beiden Ungleichungen:

$$\Gamma(a; \{f_{\nu_i}\}, \mathfrak{A}) > l; \quad \gamma(a; \{f_{\nu_i}\}, \mathfrak{A}) < l,$$

so daß $\{f_{\nu_i}\}$ nicht stetig oszilliert in a auf $\mathfrak{A}$. Damit ist Satz VI bewiesen.

§ 11. Schranken- und Grenzfunktionen einer Funktionenmenge.

Unter der oberen (unteren) Schranke der Funktionenmenge $\mathfrak{F}$ im Punkte a verstehen wir die obere (untere) Schranke der Menge aller Werte, die die Funktionen von $\mathfrak{F}$ im Punkte a annehmen. Unter der oberen (unteren) Schrankenfunktion von $\mathfrak{F}$ verstehen wir die Funktion, die in jedem Punkte a gleich ist der oberen (unteren) Schranke von $\mathfrak{F}$ in diesem Punkte.

Wir nehmen nun einen Schnitt vor in der Menge der reellen Zahlen, in dessen erste Komponente wir alle reellen Zahlen p aufnehmen, derart, daß

$$f(a) \geq p \quad \text{für unendlich viele } f \text{ aus } \mathfrak{F}.$$

Die diesen Schnitt hervorrufende Zahl nennen wir die obere Grenze von $\mathfrak{F}$ im Punkte a. Unter der oberen Grenzfunktion von $\mathfrak{F}$

verstehen wir die Funktion, die in jedem Punkte a gleich ist der oberen Grenze von $\mathfrak{F}$ in diesem Punkte. Analog ist die Definition der unteren Grenzfunktion.

Satz I[1]). Ist $\mathfrak{F}$ gleichgradig stetig in a auf $\mathfrak{A}$, so sind obere und untere Schrankenfunktion von $\mathfrak{F}$ stetig in a auf $\mathfrak{A}$.

Sei zum Beweise $\overline{F}$ die obere Schrankenfunktion von $\mathfrak{F}$. Ist $\{a_n\}$ eine Punktfolge aus $\mathfrak{A}$ mit $\lim\limits_{n=\infty} a_n = a$, und ist $\varepsilon > 0$ beliebig gegeben, so gibt es wegen der gleichgradigen Stetigkeit von $\mathfrak{F}$ ein n_0, so daß:

$$(0) \quad f(a) - \frac{\varepsilon}{2} < f(a_n) < f(a) + \frac{\varepsilon}{2} \quad \text{für } n \geq n_0 \text{ und alle } f \text{ von } \mathfrak{F}.$$

Nach Definition von $\overline{F}$ ist:

$$f(a) \leq \overline{F}(a) \quad \text{für alle } f \text{ von } \mathfrak{F}.$$

Mithin wegen (0):

$$f(a_n) < \overline{F}(a) + \frac{\varepsilon}{2} \quad \text{für } n \geq n_0 \text{ und alle } f \text{ von } \mathfrak{F};$$

daher weiter nach Definition von $\overline{F}$:

$$(00) \quad \overline{F}(a_n) < \overline{F}(a) + \varepsilon \quad \text{für } n \geq n_0.$$

Andererseits folgt aus der ersten Hälfte von (0):

$$\overline{F}(a) \leq \overline{F}(a_n) + \frac{\varepsilon}{2} \quad \text{für für } n \geq n_0,$$

und somit auch:

$$(000) \quad \overline{F}(a_n) > \overline{F}(a) - \varepsilon \quad \text{für } n \geq n_0.$$

Die Ungleichungen (00) und (000) besagen die behauptete Stetigkeit von $\overline{F}(a)$. Ebenso zeigt man die Stetigkeit der unteren Schrankenfunktion, und Satz I ist bewiesen.

Satz II[2]). Ist $\mathfrak{F}$ gleichgradig stetig in a auf $\mathfrak{A}$, so sind obere und untere Grenzfunktion von $\mathfrak{F}$ stetig in a auf $\mathfrak{A}$.

Sei zum Beweise $\bar{f}$ die obere Grenzfunktion von $\mathfrak{F}$. Ist $\{a_n\}$ eine Punktfolge aus $\mathfrak{A}$ mit $\lim\limits_{n=\infty} a_n = a$, und ist $\varepsilon > 0$ beliebig gegeben, so gilt wieder (0). Nach Definition von $\bar{f}$ ist:

$$f(a) < \bar{f}(a) + \frac{\varepsilon}{2} \quad \text{für fast alle } f \text{ von } \mathfrak{F}.$$

---

[1]) C. Arzelà, Mem. Bol. (5) 5 (1895), 61. Satz I ist, wie die anderen Sätze dieses Paragraphen, ein allgemeiner Grenzsatz. Vermöge der Schränkungstransformation kann wieder durchweg $\mathfrak{F}$ als beschränkt angenommen werden.

[2]) P. Montel, Ann. Éc. Norm. (3) 24 (1907), 261.

Mithin wegen (0):

$$f(a_n) < \bar{f}(a) + \varepsilon \quad \text{für } n \geqq n_0 \text{ und fast alle } f \text{ von } \mathfrak{F};$$

daher weiter nach Definition von $\bar{f}$:

$$\binom{00}{0} \qquad \bar{f}(a_n) \leqq \bar{f}(a) + \varepsilon \quad \text{für } n \geqq n_0.$$

Andererseits ist, nach Definition von $\bar{f}$:

$$f(a) > \bar{f}(a) - \frac{\varepsilon}{2} \quad \text{für unendlich viele } f \text{ von } \mathfrak{F};$$

und wegen (0) gilt für diese unendlich vielen f:

$$f(a_n) > \bar{f}(a) - \varepsilon \quad \text{für } n \geqq n_0.$$

Nach Definition von $\bar{f}$ ist also auch:

$$\binom{0}{00} \qquad \bar{f}(a_n) \geqq \bar{f}(a) - \varepsilon \quad \text{für } n \geqq n_0.$$

Die Ungleichungen $\binom{0}{0}^0$ und $\binom{}{0}^0{}_0$ besagen die behauptete Stetigkeit von $\bar{f}$. Ebenso zeigt man die Stetigkeit der unteren Grenzfunktion, und Satz II ist bewiesen.

Satz III[1]. Sei die Punktmenge $\mathfrak{A}$ **kompakt und abgeschlossen**[2], **und sei die Funktionenmenge $\mathfrak{F}$ beschränkt auf $\mathfrak{A}$ und gleichgradig stetig auf $\mathfrak{A}$ in jedem Punkte von $\mathfrak{A}$. Für jedes $\varepsilon > 0$ genügen dann (wenn $\bar{f}$ und $\underline{f}$ obere und untere Grenzfunktion von $\mathfrak{F}$ bedeuten) fast alle f von $\mathfrak{F}$ auf ganz $\mathfrak{A}$ der Ungleichung:**

$$\underline{f} - \varepsilon < f < \bar{f} + \varepsilon.$$

Angenommen in der Tat, dies wäre nicht der Fall. Dann gäbe es ein $\varepsilon > 0$ und unendlich viele f, für die sei es die Ungleichung:

$$f < \bar{f} + \varepsilon,$$

sei es die Ungleichung:

$$f > \underline{f} - \varepsilon$$

nicht auf ganz $\mathfrak{A}$ gilt. Nehmen wir etwa ersteres an. Dann gibt es eine Funktionenfolge $\{f_\nu\}$ in $\mathfrak{F}$, und eine Punktfolge $\{a_\nu\}$ in $\mathfrak{A}$, so daß:

$$(\dagger) \qquad f_\nu(a_\nu) \geqq \bar{f}(a_\nu) + \varepsilon \quad \text{für alle } \nu.$$

Da $\mathfrak{A}$ kompakt, gibt es in $\{a_\nu\}$ eine konvergente Teilfolge $\{a_{\nu_i}\}$, deren Grenzpunkt a, weil $\mathfrak{A}$ abgeschlossen ist, zu $\mathfrak{A}$ gehört.

---

[1] P. Montel, a. a. O. 262.
[2] Diese Einschränkung kann nicht entbehrt werden. Vgl. das Beispiel S. 304 Fußn. [1]).

Wegen der gleichgradigen Stetigkeit von $\mathfrak{F}$ ist:

$$(\dagger\dagger) \qquad f_\nu(a) > f_\nu(a_{\nu_i}) - \frac{\varepsilon}{3} \quad \text{für alle } \nu \text{ und fast alle } i.$$

Wegen der Stetigkeit von $\bar{f}$ (Satz II) ist:

$$\binom{\dagger\dagger}{\dagger} \qquad\qquad \bar{f}(a_{\nu_i}) > \bar{f}(a) - \frac{\varepsilon}{3} \quad \text{für fast alle } i.$$

Wegen ($\dagger$) ist:

$$\binom{\dagger}{\dagger\dagger} \qquad\qquad f_{\nu_i}(a_{\nu_i}) \geqq \bar{f}(a_{\nu_i}) + \varepsilon \quad \text{für alle } i.$$

Aus $(\dagger\dagger)$, $\binom{\dagger\dagger}{\dagger}$, $\binom{\dagger}{\dagger\dagger}$ aber folgt:

$$f_{\nu_i}(a) > \bar{f}(a) + \frac{\varepsilon}{3} \quad \text{für fast alle } i,$$

im Widerspruche mit der Definition von $\bar{f}$. Damit ist Satz III bewiesen.

Da zugleich mit $\mathfrak{F}$ auch jeder Teil von $\mathfrak{F}$ gleichgradig stetig ist, so hat nach Satz II auch jeder unendliche Teil einer gleichgradig stetigen Funktionenmenge stetige Grenzfunktionen. Die Umkehrung gilt nicht; sei in der Tat $\{f_\nu\}$ eine Folge stetiger Funktionen, die ungleichmäßig gegen eine stetige Grenzfunktion f konvergiert (§ 8, S. 281), und sei $\mathfrak{F}$ die Menge der Funktionen f_ν. Jeder unendliche Teil von $\mathfrak{F}$ hat dann zur oberen und unteren Grenzfunktion die stetige Funktion f, aber nach § 10, Satz II kann $\mathfrak{F}$ nicht gleichgradig stetig sein. Die Funktionenmengen, in denen jeder unendliche Teil eine stetige obere und untere Grenzfunktion besitzt, stellen also eine Verallgemeinerung der gleichgradig stetigen Funktionenmengen dar. Und in Verallgemeinerung von § 10, Satz IV gilt nun:

Satz IV[1]). Ist $\mathfrak{A}$ **separabel, und hat in der Menge $\mathfrak{F}$ auf $\mathfrak{A}$ stetiger Funktionen jeder unendliche Teil eine auf $\mathfrak{A}$ stetige obere Grenzfunktion, so gibt es in jeder Folge $\{f_\nu\}$ aus $\mathfrak{F}$ eine Teilfolge $\{f_{\nu_i}\}$, die gegen eine auf $\mathfrak{A}$ stetige Grenzfunktion konvergiert[2]).**

Sei in der Tat $\mathfrak{B}$ ein abzählbarer und in $\mathfrak{A}$ dichter Teil von $\mathfrak{A}$. Wie beim Beweise von Satz IV, § 10 erhalten wir eine Teilfolge $\{f^{(\nu)}\}$ von $\{f_\nu\}$, die in jedem Punkte von $\mathfrak{B}$ konvergiert. Es genügt, nachzuweisen, daß $\{f^{(\nu)}\}$ auch in jedem Punkte von $\mathfrak{A} - \mathfrak{B}$ konvergiert, denn dann ist nach Voraussetzung die Grenzfunktion f von $\{f^{(\nu)}\}$ von selbst stetig auf $\mathfrak{A}$.

Sei also $\{f^{(\nu_i)}\}$ irgendeine Teilfolge von $\{f^{(\nu)}\}$. Nach Voraussetzung ist sowohl $\overline{\lim\limits_{\nu=\infty}} f^{(\nu)}$ als auch $\overline{\lim\limits_{i=\infty}} f^{(\nu_i)}$ stetig auf $\mathfrak{A}$; und da auf $\mathfrak{B}$:

$$(*) \qquad\qquad \overline{\lim\limits_{\nu=\infty}} f^{(\nu)} = \overline{\lim\limits_{i=\infty}} f^{(\nu_i)}$$

---

[1]) W. H. Young, Lond. Proc. (2) 8 (1910), 355.

[2]) Der Unterschied gegen Satz IV von § 10 ist der, daß hier die Folge $\{f_{\nu_i}\}$ im allgemeinen nicht stetig gegen ihre Grenzfunktion konvergieren wird.

ist, und $\mathfrak{B}$ dicht in $\mathfrak{A}$ ist, so gilt (*) in allen Punkten von $\mathfrak{A}$. Nun gibt es aber, wenn a ein Punkt von $\mathfrak{A}$ ist, in $\{f^{(\nu)}\}$ eine Teilfolge $\{f^{(\nu_i)}\}$, so daß:

$$\lim_{i=\infty} f^{(\nu_i)}(a) = \overline{\lim_{\nu=\infty}} f^{(\nu)}(a);$$

wegen (*) ist also:

$$\overline{\lim_{\nu=\infty}} f^{(\nu)}(a) = \underline{\lim_{\nu=\infty}} f^{(\nu)}(a),$$

d. h. $\{f^{(\nu)}(a)\}$ ist konvergent, wie behauptet. Damit ist Satz IV bewiesen.

Die Umkehrung von Satz IV gilt nicht, wie folgendes Beispiel zeigt. Sei $\mathfrak{A}$ der $\mathfrak{R}_1$, und sei $f_\nu = 0$ in $(-\infty, 0]$ und in $[\frac{2}{\nu}, +\infty)$; $f_\nu(\frac{1}{\nu}) = 1$ und f_ν linear in $[0, \frac{1}{\nu}]$ und in $[\frac{1}{\nu}, \frac{2}{\nu}]$. Wir setzen:

$$f_{\mu,\nu} = \frac{\mu}{\mu+1} f_\nu \qquad (\mu, \nu = 1, 2, \ldots),$$

und betrachten die Menge $\mathfrak{F}$ aller dieser Funktionen $f_{\mu,\nu}$. Für die obere Grenzfunktion $\bar{f}$ von $\mathfrak{F}$ gilt;

$$\bar{f}(0) = 0; \qquad \bar{f}\left(\frac{1}{\nu}\right) = 1 \qquad (\nu = 1, 2, \ldots),$$

also ist f unstetig im Punkte 0. Trotzdem gibt es in jeder unendlichen Folge $\{f_{\mu_k,\nu_k}\}$ aus $\mathfrak{F}$ eine Teilfolge, die gegen eine stetige Grenzfunktion konvergiert. In der Tat, dies ist trivial, wenn unter den Indizes μ_k, ν_k nur endlich viele verschiedene auftreten. Gibt es aber unter den ν_k unendlich viele verschiedene, so konvergieren die zugehörigen f_{μ_k,ν_k} gegen 0. Gibt es hingegen unter den ν_k nur endlich viele, unter den μ_k aber unendlich viele verschiedene, so gibt es in $\{f_{\mu_k,\nu_k}\}$ eine Teilfolge $\{f_{\bar{\mu}_k,\bar{\nu}_k}\}$, in der alle $\bar{\nu}_k$ denselben Wert ν^* haben und $\lim_{k=\infty} \bar{\mu}_k = +\infty$ ist. Dann aber ist:

$$\lim_{k=\infty} f_{\bar{\mu}_k,\bar{\nu}_k} = f_{\nu^*},$$

und die Behauptung ist bewiesen.

§ 12. Verdichtung von Singularitäten.

Die konvergenten Funktionenfolgen, oder, was dasselbe heißt, die konvergenten Reihen, deren Glieder Funktionen sind[1]), bilden ein viel benütztes Hilfsmittel zur analytischen Darstellung von Funktionen, die ein vorgeschriebenes singuläres Verhalten zeigen. Von bedeutendem theoretischen Interesse ist hier das Prinzip der Verdichtung (Kondensation) der Singularitäten, dessen Aufgabe es ist, aus einem analytischen Ausdrucke, der in einem gegebenen Punkte ein singuläres Verhalten aufweist, einen analytischen Aus-

---

[1]) Ist $\{f_\nu\}$ eine konvergente Funktionenfolge, so ist $f_1 + \sum_{\nu=1}^{\infty}(f_{\nu+1} - f_\nu)$ eine unendliche Reihe, deren Teilsummen gerade die Folge $\{f_\nu\}$ bilden.

druck herzuleiten, der dasselbe singuläre Verhalten in einer unendlichen Punktmenge aufweist.

Der erste, der sich allgemein mit dieser Aufgabe beschäftigte, war H. Hankel[1]): Ist $\varphi(y)$ eine Funktion der reellen Veränderlichen y, die etwa für $y = 0$ das singuläre Verhalten aufweist, so setzt er:

$$s_\nu(x) = \sum_{k=1}^{\nu} A_k \, \varphi(\sin k\pi x); \quad s(x) = \lim_{\nu=\infty} s_\nu(x) = \sum_{k=1}^{\infty} A_k \, \varphi(\sin k\pi x).$$

Da $\varphi(\sin k\pi x)$ das singuläre Verhalten, das φ im Nullpunkte aufweist, in allen rationalen Punkten vom Nenner k aufweisen wird, so läßt sich erwarten, daß, wenigstens bei geeigneter Wahl der Koeffizienten A_k, die Funktion $s(x)$ dieses Verhalten in allen rationalen Punkten der x-Achse aufweisen wird. Inwiefern dies für gewisse einfache Singularitäten wirklich zutrifft, wurde von U. Dini[2]) ausführlich behandelt.

Diese Hankelsche Methode leidet aber, wie G. Cantor ausgeführt hat[3]), an folgenden Mängeln. Erstens weisen an einer rationalen Stelle $x = \dfrac{p}{q}$ unendlich viele Glieder der $s(x)$ darstellenden Reihe die fragliche Singularität auf (nämlich alle, deren Index k ein Vielfaches von q ist), so daß es denkbar ist, daß diese Singularitäten sich gegenseitig zerstören[4]); zweitens werden durch die Einführung des Sinus unnötige Komplikationen eingeführt, die mit dem Wesen der Sache nichts zu tun haben; drittens ist die Menge der Punkte, auf welche die fragliche Singularität übertragen wird, sehr spezieller Natur. G. Cantor hat, einer Anregung von K. Weierstraß folgend, das nachstehende, von diesen Mängeln freie Verfahren angegeben:

Es sei ξ_k $(k = 1, 2, \ldots)$ eine beliebige abzählbare Menge von Punkten des $\Re_1$[5]), und es sei wieder $\varphi(y)$ eine Funktion, die an der Stelle $y = 0$ eine bestimmte Singularität aufweist. Bildet man dann die Funktion:

$$(0) \qquad\qquad s(x) = \sum_{k=1}^{\infty} A_k \, \varphi(x - \xi_k),$$

so läßt sich erwarten, daß die Funktion $s(x)$, wenigstens bei ge-

<hr>

[1]) H. Hankel, Gratulationsprogr. d. Tübinger Univ. 1870 = Math. Ann. 20 (1882), 77 = Ostw. Klass. Nr. 153, 61.

[2]) U. Dini, Grundl. f. e. Theorie d. Funkt. 157 ff.

[3]) G. Cantor, Literar. Centralbl. 1871, 150; Math. Ann. 19 (1882), 588.

[4]) Ein Beispiel hiefür: Ph. Gilbert, Bull. Ac. Belg. (2) 23 (1873), 428. Vgl. auch G. Darboux, Ann. Éc. Norm. (2) 4 (1875), 58.

[5]) Die Übertragung auf mehrdimensionale Räume (Funktionen von mehreren Veränderlichen) ist unmittelbar.

eigneter Wahl der Koeffizienten A_k, die fragliche Singularität an jeder Stelle ξ_k aufweisen wird. Auch dieses Verfahren wurde näher untersucht von U. Dini[1]. Wir werden weiterhin wiederholt von diesem Verfahren Gebrauch machen; hier sei nur folgendes erwähnt:

Ist $\varphi(y)$ eine beschränkte Funktion, die im Punkte $y = 0$ unstetig, sonst überall stetig ist, und ist $\sum\limits_{k=1}^{\infty} |A_k|$ eigentlich konvergent, so ist die Reihe (0) eigentlich gleichmäßig konvergent. Nach § 3, Satz XIV ist also die durch sie dargestellte Funktion $s(x)$ in jedem von allen ξ_k verschiedenen Punkte der x-Achse stetig. Aus demselben Grunde stellt die aus der Reihe (0) durch Weglassung des k-ten Gliedes entstehende Reihe eine auch im Punkte ξ_k stetige Funktion dar, sodaß $s(x)$ tatsächlich im Punkte ξ_k eine ebensolche (vom Gliede $A_k \varphi(x - \xi_k)$ herrührende) Unstetigkeit aufweist, wie $\varphi(y)$ im Nullpunkte. Je nachdem ob man für $\varphi(y)$ eine Funktion wählt, deren Unstetigkeit im Nullpunkte von erster oder zweiter Art ist (Kap. III, § 6, S. 216) erhält man für $s(x)$ eine punktweise unstetige Funktion, deren sämtliche Unstetigkeiten von erster bzw. zweiter Art sind.

Ein Beispiel findet sich bereits bei B. Riemann[2]. Es bedeute das Symbol (x) die Funktion der Periode 1, die in $[0, 1]$ gegeben ist durch:

$$(x) = x \quad \text{in} \quad [0, \tfrac{1}{2}); \qquad (\tfrac{1}{2}) = 0; \qquad (x) = x - 1 \quad \text{in} \quad (\tfrac{1}{2}, 1],$$

und es werde betrachtet die unendliche Reihe:

$$(00) \qquad\qquad s(x) = \sum_{\nu=1}^{\infty} \frac{(\nu x)}{\nu^2}.$$

Da die Reihe (00) eigentlich gleichmäßig konvergiert, kann ihre Summe $s(x)$ nur dort unstetig sein, wo mindestens einer ihrer Summanden unstetig ist. Sie ist also überall stetig, ausgenommen die rationalen Punkte $x = \pm \dfrac{2m+1}{2n}$. Eine einfache Überlegung[3] zeigt, daß sie in jedem dieser Punkte tatsächlich unstetig ist (und zwar von erster Art, ebenso wie (x) im Punkte $\tfrac{1}{2}$).

Ein Seitenstück zu dem oben besprochenen Verdichtungsverfahren, wobei aber statt unendlicher Reihen unendliche Produkte verwendet werden, bildet ein Verfahren von T. Brodén[4] zur analytischen Darstellung punktweise un-

---

[1] U. Dini, a. a. O. 188 ff. Man findet dort viele Beispiele.

[2] B. Riemann, Habilitationsschr. 1854. = Ges. Werke, 2. Aufl., 242.

[3] Diese ergänzende Überlegung ist hier deshalb nötig, weil bei diesem Beispiele (ähnlich wie bei der Hankelschen Methode, und im Gegensatze zur Cantorschen Methode) in dem Punkte $x = \pm \dfrac{2m+1}{2n}$ unendlich viele Summanden von (00) unstetig sind.

[4] T. Brodén, Math. Ann. 51 (1899), 299.

312 Funktionenfolgen.

stetiger Funktionen einer Veränderlichen, deren sämtliche Stetigkeitsstellen Nullstellen sind.

Er geht aus von folgender Darstellung der reellen Zahlen: Sei $l_1, l_2, \ldots, l_\nu, \ldots$ eine gegebene Folge natürlicher Zahlen ≥ 2; dann kann jedes reelle x in der Form geschrieben werden:

$$(1) \qquad x = \varepsilon_0 + \frac{\varepsilon_1}{l_1} + \frac{\varepsilon_2}{l_1 l_2} + \ldots + \frac{\varepsilon_\nu}{l_1 l_2 \ldots l_\nu} + \ldots,$$

wo ε_0 eine ganze Zahl, die übrigen ε_ν ($\nu \geq 1$) der Ungleichung

$$0 \leq \varepsilon_\nu \leq l_\nu - 1$$

genügende ganze Zahlen bedeuten. Diejenigen x, die einer endlichen Darstellung der Form (1) fähig sind ($\varepsilon_\nu = 0$ für fast alle ν), mögen von **erster**, die übrigen von **zweiter Art** heißen. Jede Reihe (1), in der nicht $\varepsilon_\nu = 0$ für fast alle ν oder $\varepsilon_\nu = l_\nu - 1$ für fast alle ν, stellt eine Zahl der zweiten Art dar.

Wir setzen zur Abkürzung:

$$L_\nu = l_1 l_2 \ldots l_\nu.$$

Ferner bedeute $R(x)$ den Abstand der Zahl x von der nächstgelegenen ganzen Zahl[1]). Offenbar ist, wenn in (1) der Koeffizient $\varepsilon_{\nu+1}$ einen der Werte $0, 1, l_{\nu+1} - 2, l_{\nu+1} - 1$ hat:

$$(2) \qquad R(L_\nu \cdot x) \leq \frac{2}{l_{\nu+1}}.$$

Man entnimmt daraus leicht: Ist $\varlimsup\limits_{\nu=\infty} l_\nu = +\infty$, so bilden diejenigen x der zweiten Art, für die

$$(3) \qquad \lim_{\nu=\infty} R(L_\nu \cdot x) = 0$$

ist, eine Menge, die in jedem Intervalle die Mächtigkeit c hat. Natürlich hat auch die Menge jener x der zweiten Art, für die (3) nicht gilt, in jedem Intervalle die Mächtigkeit c; und im Falle, daß die l_ν unter einer endlichen Schranke bleiben, gibt es überhaupt kein x der zweiten Art, für das (3) gelten würde.

Für das Folgende ist es nun zweckmäßig, alle l_ν **ungerade** zu wählen. Bildet man die Funktionen $\cos 2\pi L_\nu x$, so erfüllen ihre Nullstellen mit wachsendem ν den $\mathfrak{R}_1$ überall dicht. Das Produkt aus diesen Funktionen selbst:
$\prod\limits_{\nu=1}^{\infty} \cos 2\pi L_\nu x$ ist aber für unsere Zwecke nicht verwendbar, denn an den Stellen $x = \frac{2m+1}{2L_n}$ ist es nicht konvergent, da für $\nu \geq n$ seine Faktoren den Wert -1 haben. An seiner Stelle betrachtet deshalb **Brodén** das Produkt[2]):

$$(4) \qquad p(x) = \prod_{\nu=1}^{\infty} \varphi(\cos 2\pi L_\nu x),$$

wo gesetzt ist:

$$\varphi(y) = y \cdot e^{y-1}.$$

---

[1]) D. h.: Ist ν eine ganze Zahl, so daß $\nu \leq x < \nu + 1$, so ist $R(x)$ die kleinere der beiden Differenzen $x - \nu$ und $\nu + 1 - x$.

[2]) Man könnte statt dessen auch das Produkt $\prod\limits_{\nu=1}^{\infty} (\cos 2\pi L_\nu x)^2$ betrachten (**T. Brodén**, a. a. O., 318).

Man erkennt nämlich leicht, daß das Produkt $\prod\limits_{\nu=1}^{\infty} \varphi(y_\nu)$, wenn alle $|y_\nu| \leqq 1$

sind, stets gegen einen endlichen Wert konvergiert, und daß, wenn alle $y_\nu \neq 0$

sind, dieser Wert $\neq 0$ oder $= 0$ ist, je nachdem $\sum\limits_{\nu=1}^{\infty}(1-y_\nu)$ eigentlich kon-

vergiert oder nicht. Dies, zusammen mit dem oben über die Darstellung (1)
Gesagten lehrt nun:

Das Produkt (4) konvergiert für jedes x gegen einen endlichen Wert.
Dieser Wert ist $\neq 0$ für alle x der ersten Art (da in diesem Falle alle Faktoren
unsres Produktes $\neq 0$ und fast alle $= 1$ sind). Bleiben die l_ν unter einer endlichen Schranke, so hat das Produkt für alle x der zweiten Art den Wert 0. Ist
$\overline{\lim\limits_{\nu=\infty}} l_\nu = +\infty$, so zerfallen die x der zweiten Art in zwei Mengen, deren jede
in jedem Intervalle die Mächtigkeit c hat und auf deren einer der Wert des
Produktes $\neq 0$ ist (sie enthält jedes x, für das für fast alle ν Ungleichung (2)
gilt), während auf der anderen der Wert des Produktes $= 0$ ist (sie enthält
jedes x, für das nicht (3) gilt).

Man beweist über die durch (4) dargestellte Funktion $p(x)$ noch leicht:
ihre sämmtlichen Nullstellen sind Stetigkeitsstellen. Sowohl die x, in denen $p(x)$
positiv ist, als diejenigen, in denen $p(x)$ negativ ist, liegen auf der x-Achse
dicht. Jedes x der ersten Art ist Grenzwert von andern x der ersten Art,
für die $|p(x)|$ ober einer positiven Zahl verbleibt, so daß in jedem Intervalle
die Menge aller Punkte, in denen für die Schwankung ω von $p(x)$ gilt $\omega \geqq k$,
für jedes hinlänglich kleine positive k unendlich ist, während bei den durch
das Hankelsche oder Cantorsche Verdichtungsverfahren hergestellten punktweise unstetigen Funktionen diese Menge stets in jedem endlichen Intervalle
endlich ist[1]).

§ 13. Die Borelschen Reihen.

An G. Cantors Verdichtungsverfahren knüpft sich ein Typus von Reihen,
die von É. Borel näher untersucht wurden[2]).

Es bedeute ξ_ν ($\nu = 1, 2, \ldots$) irgendeine abzählbare Punktmenge $\mathfrak{A}$ des
$\mathfrak{R}_1$, m_ν ($\nu = 1, 2, \ldots$) eine beschränkte Folge positiver Zahlen, sie mögen
sämtlich der Ungleichung genügen:

$$m_\nu \leqq m \qquad (\nu = 1, 2, \ldots),$$

und endlich bedeute $\sum\limits_{\nu=1}^{\infty} A_\nu$ eine Reihe positiver Zahlen von endlicher Summe.

Wir betrachten die Reihe:

$$(0) \qquad s(x) = \sum_{\nu=1}^{\infty} \frac{A_\nu}{|x-\xi_\nu|^{m_\nu}} \qquad (m_\nu \leqq m).$$

Verstehen wir für $x = \xi_\nu$ unter $|x-\xi_\nu|^{-m_\nu}$ den Wert $+\infty$, so hat diese
Reihe in jedem Punkte von $\mathfrak{A}$ den Wert $+\infty$, in jedem nicht zu $\mathfrak{A}^0$ gehörigen

---

[1]) Vgl. U. Dini, Grundl. f. e. Theorie d. Funkt., 161, 190.

[2]) É. Borel, C. R. 118 (1894), 340; Leç. s. l. théorie des fonctions
(1898), 62.

Punkte ist sie eigentlich konvergent. Fraglich bleibt ihr Verhalten in den Punkten von $\mathfrak{A}^0 - \mathfrak{A}$.

Da die Teilsummen von (0) stetig sind, ist die Menge $\mathfrak{B}_\nu(k)$ aller Punkte, in denen die ν-te Teilsumme:

$$s_\nu(x) > k$$

ist, offen. Infolgedessen ist die Menge $\mathfrak{B}_k$ aller Punkte, in denen

$$s(x) > k$$

ist, als Vereinigung aller $\mathfrak{B}_\nu(k)$ ($\nu = 1, 2, \ldots$) ebenfalls offen (Kap. I, § 2, Satz VII). Daher ist die Menge $\mathfrak{B}$ aller Punkte, in denen

$$s(x) = +\infty$$

ist, als Durchschnitt der Mengen $\mathfrak{B}_n$ ($n = 1, 2, \ldots$) ein o-Durchschnitt. Besitzt also $\mathfrak{A}$ (und mithin, wegen $\mathfrak{A} < \mathfrak{B}$, auch $\mathfrak{B}$) einen insichdichten Teil, so hat (Kap. I, § 8, Satz IX) $\mathfrak{B}$ die Mächtigkeit $\mathfrak{c}$, und es gibt somit, außer den abzählbar vielen Punkten von $\mathfrak{A}$, noch eine Menge der Mächtigkeit $\mathfrak{c}$ von Punkten, in denen $s(x) = +\infty$.

Wir bemerken noch, daß $\mathfrak{B}$ von zweiter Kategorie in $\mathfrak{A}^0$ ist. In der Tat, wegen $\mathfrak{A} < \mathfrak{B}$, ist $\mathfrak{B}$ dicht in $\mathfrak{A}^0$; also ist, wegen $\mathfrak{B} < \mathfrak{B}_n$, auch jede Menge $\mathfrak{B}_n$ dicht in $\mathfrak{A}^0$. Und da $\mathfrak{B}_n$ offen, also die Menge:

$$\mathfrak{C}_n = \mathfrak{A}^0 - \mathfrak{A}^0\,\mathfrak{B}_n$$

abgeschlossen ist, so ist $\mathfrak{C}_n$ nirgends dicht in $\mathfrak{A}^0$. Also ist das Komplement von $\mathfrak{B}$ zu $\mathfrak{A}^0$:

$$\mathfrak{A}^0 - \mathfrak{B} = \mathfrak{C}_1 \dotplus \mathfrak{C}_2 \dotplus \ldots \dotplus \mathfrak{C}_n \dotplus \ldots$$

von erster Kategorie in $\mathfrak{A}^0$, und somit (Kap. I, § 8, Satz XVII) $\mathfrak{B}$ von zweiter Kategorie in $\mathfrak{A}^0$, wie behauptet[1]).

Wir wollen nun zeigen, wie bei geeigneter Wahl der Koeffizienten A_ν in (0) noch eine weitere Aussage über die Menge $\mathfrak{B}$ gemacht werden kann.

Sei $\sum\limits_{\nu=1}^{\infty} u_\nu$ eine eigentlich konvergente Reihe positiver Zahlen. In jedem Punkte, in dem für alle ν:

$$\frac{A_\nu}{|\,x - \xi_\nu\,|^m} \leqq u_\nu,$$

oder, was dasselbe heißt:

$$(00) \qquad |\,x - \xi_\nu\,| \geqq \left(\frac{A_\nu}{u_\nu}\right)^{\frac{1}{m}} \quad (= v_\nu)$$

ist, wird auch die Reihe (0) eigentlich konvergieren[2]). Mit anderen Worten: In jedem Punkte x, der keinem der Intervalle $(\xi_\nu - v_\nu,\ \xi_\nu + v_\nu)$ ($\nu = 1, 2, \ldots$) angehört, wird die Reihe (0) eigentlich konvergieren.

---

[1]) Dies folgt übrigens auch unmittelbar aus Satz V von § 7. Vgl. W. H. Young, Mess. of math. 1907, 54.

[2]) In der Tat, ist $|\,x - \xi_\nu\,| < 1$, so ist

$$\frac{A_\nu}{|\,x - \xi_\nu\,|^{m_\nu}} \leqq \frac{A_\nu}{|\,x - \xi_\nu\,|^m} \leqq u_\nu;$$

ist hingegen $|\,x - \xi_\nu\,| \geqq 1$, so ist:

$$\frac{A_\nu}{|\,x - \xi_\nu\,|^{m_\nu}} \leqq A_\nu.$$

Sei nun g irgendeine positive Zahl. Wir setzen:

$$u_\nu' = g\,u_\nu; \quad v_\nu' = \left(\frac{A_\nu}{g\,u_\nu}\right)^{\frac{1}{m}} = v_\nu\,g^{-\frac{1}{m}}.$$

Indem wir an der Reihe der u_ν' ebenso argumentieren, wie vorhin an der Reihe der u_ν, finden wir: In jedem Punkte x, der keinem der Intervalle $(\xi_\nu - v_\nu', \xi_\nu + v_\nu')$ $(\nu = 1, 2, \ldots)$ angehört, ist die Reihe (0) eigentlich konvergent.

Angenommen nun, die Reihe der v_ν sei eigentlich konvergent. Dann ist auch (für jedes positive g) die Reihe der v_ν' eigentlich konvergent. Wir lassen nun die Zahl g eine wachsende Folge $\{g_k\}$ mit $\lim\limits_{k=\infty} g_k = +\infty$ durchlaufen, und bezeichnen die mit Hilfe der Zahl g_k gebildete Intervallmenge $(\xi_\nu - v_\nu', \xi_\nu + v_\nu')$ $(\nu = 1, 2, \ldots)$ mit $\mathfrak{J}_k$. Dann kann $\mathfrak{J}_k$ auch aufgefaßt werden als Vereinigung abzählbar vieler zu je zweien fremder Intervalle, und es ist $\mathfrak{J}_{k+1} < \mathfrak{J}_k$. Die Summe der Längen der (zu je zweien fremden) Intervalle von $\mathfrak{J}_k$ bezeichnen wir als den linearen Inhalt $\mu(\mathfrak{J}_k)$ von $\mathfrak{J}_k$:

$$\mu(\mathfrak{J}_k) \leq 2 \sum_{\nu=1}^{\infty} v_\nu' = 2\,g_k^{-\frac{1}{m}} \sum_{\nu=1}^{\infty} v_\nu.$$

Infolgedessen ist:

$$\lim_{k=\infty} \mu(\mathfrak{J}_k) = 0.$$

Man sagt deshalb, der Durchschnitt:

$$\mathfrak{D} = \mathfrak{J}_1 \cdot \mathfrak{J}_2 \cdots \mathfrak{J}_k \cdots$$

habe den linearen Inhalt 0[1]), ebenso jeder Teil dieses Durchschnittes.

Da nun außerhalb $\mathfrak{D}$ die Reihe (0) überall eigentlich konvergiert, so sehen wir: Ist $\sum\limits_{\nu=1}^{\infty} v_\nu$ eigentlich konvergent, so ist auch die Reihe (0) überall eigentlich konvergent, abgesehen von einer Menge des Inhaltes 0.

Nun war v_ν gegeben durch (00), worin die u_ν irgendwelche positive Zahlen von endlicher Summe waren. Wir können also immer dann[2]) erreichen, daß die Reihe der v_ν eigentlich konvergiert, wenn nur die Reihe $\sum\limits_{\nu=1}^{\infty} A_\nu^{\frac{1}{m+1}}$ eigentlich konvergiert. In der Tat, wir haben dann nur zu setzen:

$$u_\nu = A_\nu^{\frac{1}{m+1}}, \quad \text{und somit:} \quad v_\nu = A_\nu^{\frac{1}{m+1}}.$$

Wir haben also gezeigt:

Satz I. Sind die A_ν $(\nu = 1, 2, \ldots)$ positive Zahlen, für die $\sum\limits_{\nu=1}^{\infty} A_\nu^{\frac{1}{m+1}}$ eigentlich konvergiert, und sind die m_ν positive Zahlen

---

[1]) Näheres über den Inhalt von Punktmengen in Kap. VI, § 8.

[2]) Aber auch nur dann; denn aus der bekannten Cesàro-Hölderschen Ungleichung (O. Hölder, Gött. Nachr. 1899, 44) folgt, daß gleichzeitig mit $\sum u_\nu$ und $\sum v_\nu$ auch $\sum u_\nu^{\frac{1}{m+1}} v_\nu^{\frac{m}{m+1}} = \sum A_\nu^{\frac{1}{m+1}}$ eigentlich konvergiert.

$\leq m$, so ist die Reihe (0) überall eigentlich konvergent, abgesehen von einer Menge des (linearen) Inhaltes 0.

Es hat keinerlei Schwierigkeiten, die Untersuchungen auf den $\Re_2$ (und ebenso auf den $\Re_n$) zu übertragen. Sei $\mathfrak{A}$ eine abzählbare Menge von Punkten (ξ_ν, η_ν) $(\nu = 1, 2, \ldots)$ des $\Re_2$. Wir setzen:

$$r_\nu(x, y) = \sqrt{(x - \xi_\nu)^2 + (y - \eta_\nu)^2}$$

und betrachten die Reihe:

$$(*) \qquad s(x, y) = \sum_{\nu=1}^{\infty} \frac{A_\nu}{r_\nu^{m_\nu}},$$

wo die A_ν und die m_ν dieselbe Bedeutung haben, wie in (0). Ist wieder $\sum_{\nu=1}^{\infty} u_\nu$ eine eigentlich konvergente Reihe positiver Zahlen, so wird jetzt (*) eine endliche Summe haben in jedem Punkte, in dem für alle ν:

$$r_\nu \geq \left(\frac{A_\nu}{u_\nu} \right)^{\frac{1}{m}} \quad (= v_\nu).$$

Wir legen um jeden Punkt (ξ_ν, η_ν) den Kreis vom Radius v_ν, und an der früheren Überlegung ändert sich nichts, als daß an Stelle des Inhaltes der dort betrachteten Intervallmenge nun hier der Inhalt der Vereinigung aller dieser Kreise tritt. An Stelle der dort gemachten Annahme, daß $\sum_{\nu=1}^{\infty} v_\nu$ eigentlich konvergiert, wird also hier die Annahme treten müssen, daß $\sum_{\nu=1}^{\infty} v_\nu^2$ eigentlich konvergiert, und das kann man immer dann[1]) erreichen, wenn $\sum_{\nu=1}^{\infty} A_\nu^{\frac{2}{m+2}}$ eigentlich konvergiert: man hat nur $u_\nu = A_\nu^{\frac{2}{m+2}}$ zu wählen. Das gibt den Satz:

Satz II. Sind die A_ν $(\nu = 1, 2, \ldots)$ positive Zahlen, für die $\sum_{\nu=1}^{\infty} A_\nu^{\frac{2}{m+2}}$ eigentlich konvergiert[2]), und sind die m_ν positive Zahlen $\leq m$, so ist die Reihe (*) überall eigentlich konvergent, abgesehen von einer Menge des (ebenen) Inhaltes 0.

Setzen wir darüber hinaus wie in Satz I voraus, daß auch $\sum_{\nu=1}^{\infty} A_\nu^{\frac{1}{m+1}}$

---

[1]) Aber auch nur dann; denn aus der Cesàro-Hölderschen Ungleichung folgt, daß gleichzeitig mit $\sum u_\nu$ und $\sum v_\nu^2$ auch $\sum u_\nu^{\frac{2}{m+2}} v_\nu^{\frac{2m}{m+2}} = \sum A_\nu^{\frac{2}{m+2}}$ eigentlich konvergiert.

[2]) Im $\Re_n$ muß $\sum_{\nu=1}^{\infty} A_\nu^{\frac{n}{m+n}}$ eigentlich konvergent sein.

eigentlich konvergiert, so können wir wieder $u_\nu = A_\nu^{\frac{1}{m+1}}$ und mithin auch $v_\nu = A_\nu^{\frac{1}{m+1}}$ wählen. Es ist dann nicht nur die Summe der Inhalte, sondern auch die Summe der Radien der um die Punkte $(\xi_\nu,\ \eta_\nu)$ gelegten Kreise endlich. Nun ist auf jeder Geraden, die außerhalb aller dieser Kreise verläuft, die Reihe (*) eigentlich gleichmäßig konvergent. Ersetzt man wieder, wie oben, u_ν durch $u_\nu' = g u_\nu$ und läßt wieder g eine Folge $\{g_k\}$ wachsender Zahlen mit $\lim\limits_{k=\infty} g_k = +\infty$ durchlaufen, so erkennt man:

Satz III. Sind die A_ν ($\nu = 1, 2, \ldots$) positive Zahlen, für die $\sum\limits_{\nu=1}^{\infty} A_\nu^{\frac{1}{m+1}}$ eigentlich konvergiert, und sind die m_ν positive Zahlen $\leq m$, so bilden für jede Schar $\mathfrak{P}$ paralleler Gerader die Schnittpunkte derjenigen Geraden aus $\mathfrak{P}$, auf denen die Reihe (*) nicht gleichmäßig gegen eine beschränkte Grenzfunktion konvergiert, mit einer beliebigen Geraden G auf G eine Menge des (linearen) Inhaltes 0.

Man kann noch dies Resultat auf andere Kurvenscharen übertragen; auch lassen sich Bedingungen angeben, unter denen auf gewissen Kurven die Reihe (*) beliebig oft gliedweise differenziert werden kann. Wegen dieser Fragen, sowie wegen der funktionentheoretischen Anwendungen der Borelschen Reihen muß auf die Darstellung von Borel verwiesen werden.

Fünftes Kapitel.

Die Baireschen Funktionen.

§ 1. Funktionen α-ter Klasse.

Der Übergang von den Funktionen f_ν einer konvergenten Funktionenfolge $\{f_\nu\}$ zur Grenzfunktion $f = \lim_{\nu=\infty} f_\nu$ ist das wichtigste analytische Hilfsmittel, um aus einfacheren Funktionen kompliziertere herzustellen. Wir fassen als die einfachsten Funktionen auf einer gegebenen Menge $\mathfrak{A}$ die auf $\mathfrak{A}$ stetigen Funktionen auf und wollen nun systematisch die Funktionen studieren, die ausgehend von stetigen Funktionen durch beliebig oftmaligen Grenzübergang gebildet werden können [1]).

Wir definieren nun [2]) für jede transfinite Ordinalzahl α der ersten oder zweiten Zahlklasse Funktionen α-ter Klasse auf $\mathfrak{A}$ durch die Festsetzung: Die Funktionen 0-ter Klasse auf $\mathfrak{A}$ sind die auf $\mathfrak{A}$ stetigen Funktionen [3]); ist $\{f_\nu\}$ eine auf $\mathfrak{A}$ konvergente Funktionenfolge, in der jede Funktion f_ν zu einer Klasse $\alpha_\nu < \alpha$ gehört, während die Grenzfunktion $f = \lim_{\nu=\infty} f_\nu$ zu keiner Klasse $\alpha' < \alpha$ gehört, so heißt f eine Funktion α-ter Klasse auf $\mathfrak{A}$. Von erster Klasse auf $\mathfrak{A}$ sind demnach diejenigen Funktionen, die, ohne auf $\mathfrak{A}$ stetig zu sein, Grenzfunktion einer Folge auf $\mathfrak{A}$ stetiger Funktionen sind usf. Wo über die zugrunde gelegte Menge $\mathfrak{A}$ kein Zweifel sein kann, sprechen wir kurz von „Funktionen α-ter Klasse".

---

[1]) Ist $\mathfrak{A}$ der $\mathfrak{R}_k$, so ist bekanntlich jede auf $\mathfrak{A}$ stetige Funktion Grenzfunktion einer Folge von Polynomen. Die durch iterierte Grenzübergänge aus stetigen Funktionen herstellbaren Funktionen sind dann also auch durch iterierte Grenzübergänge aus Polynomen darstellbar: sie sind „analytisch darstellbar". Näheres hierüber H. Lebesgue, Journ. de math. (6) 1 (1905), 1 ff.

[2]) Nach R. Baire, Ann. di mat. (3) 3 (1899), 63.

[3]) Abweichend hiervon werden manchmal nur diejenigen Funktionen als von 0-ter Klasse auf $\mathfrak{A}$ bezeichnet, die zu einer auf $\mathfrak{A}^0$ stetigen Funktion erweitert werden können.

Die Funktionen, die einer Klasse $\alpha' < \alpha$ angehören, nennen wir von **geringerer** als α-ter Klasse; diejenigen, die einer Klasse $\alpha' \leq \alpha$ angehören, nennen wir von **höchstens** α-ter Klasse[1]).

Eine Weiterführung dieser Klasseneinteilung über die Zahlen der ersten und zweiten Zahlklasse hinaus ist unmöglich[2]). Denn ist $\{f_\nu\}$ eine konvergente Folge von Funktionen auf $\mathfrak{A}$, und ist f_ν von α_ν-ter Klasse auf $\mathfrak{A}$, so gibt es nach Einleitung § 4, Satz XIII, wenn alle $\alpha_\nu < \omega_1$ sind (ω_1 bedeutet die Anfangszahl von $\mathfrak{Z}_3$), auch eine Zahl $\beta < \omega_1$, so daß:

$$\alpha_\nu < \beta \quad \text{für alle } \nu,$$

und demnach ist $f = \lim\limits_{\nu = \infty} f_\nu$ von höchstens β-ter Klasse, wo auch β zur ersten oder zweiten Zahlklasse gehört.

Wir nennen nun jede Funktion auf $\mathfrak{A}$, die einer dieser Klassen angehört, eine **Bairesche Funktion auf** $\mathfrak{A}$, wobei der Zusatz „auf $\mathfrak{A}$" wieder wegbleiben mag, wenn kein Mißverständnis möglich ist.

Satz I[3]). Ist $\mathfrak{A}$ **separabel, so hat die Menge aller Baireschen Funktionen auf** $\mathfrak{A}$ **die Mächtigkeit** $\mathfrak{c}$.

Um dies zu beweisen, zeigen wir zunächst durch Induktion, daß die Menge aller Funktionen höchstens α-ter Klasse die Mächtigkeit $\mathfrak{c}$ hat. In der Tat, dies ist richtig für $\alpha = 0$ (Kap. II, § 5, Satz III). Angenommen, es sei richtig für alle $\alpha' < \alpha$. Ist nun f eine Funktion höchstens α-ter Klasse, so ist

$$(0) \qquad\qquad f = \lim_{\nu = \infty} f_\nu,$$

wo jedes f_ν von geringerer als α-ter Klasse. Durch (0) ist aber jeder Funktion f höchstens α-ter Klasse zugeordnet eine Belegung der Menge $1, 2, \ldots, \nu, \ldots$ mit Elementen der Menge $\mathfrak{M}$ aller Funktionen geringerer als α-ter Klasse. Und da nach Annahme für die Mächtigkeit $\mathfrak{m}$ von $\mathfrak{M}$ gilt:

$$\mathfrak{m} \leq \mathfrak{c},$$

so hat die Menge aller Funktionen höchstens α-ter Klasse eine Mächtigkeit $\leq \mathfrak{c}^{\aleph_0} = \mathfrak{c}$ (Einl. § 7, Satz X). Und da sie mindestens die Mächtigkeit $\mathfrak{c}$ hat, so ist ihre Mächtigkeit $\mathfrak{c}$, wie behauptet.

Da nun α der ersten oder zweiten Zahlklasse angehört, also nur $\aleph_1$ verschiedene Werte haben kann, ist die Menge aller Baireschen Funktionen Vereinigung von höchstens $\aleph_1$ Mengen der Mächtigkeit $\mathfrak{c}$. Ihre

---

[1]) Abweichend hiervon werden manchmal alle Funktionen, die wir „von höchstens α-ter Klasse" nennen, als Funktionen α-ter Klasse bezeichnet.

[2]) Vgl hierzu H. Lebesgue, a. a. O. 151 (Fußnote).

[3]) Sämtliche Sätze dieses Paragraphen sind allgemeine Grenzsätze.

Mächtigkeit ist also (Einl. § 4, Satz XV; § 7, Satz X) $\leq \aleph_1 \cdot c \leq c \cdot c = c$. Und da sie gewiß $\geq c$ ist, so ist Satz I bewiesen.

Satz II. Auf einer separablen Menge $\mathfrak{A}$ der Mächtigkeit c gibt es Funktionen, die nicht Bairesche Funktionen sind.

In der Tat, die Menge aller Baireschen Funktionen auf $\mathfrak{A}$ hat nach Satz I die Mächtigkeit c, die Menge aller Funktionen auf $\mathfrak{A}$ aber hat die Mächtigkeit[1]): $c^c = 2^c > c$, womit Satz II bewiesen ist.

Aus der Definition der Funktionen α-ter Klasse folgt sofort:

Satz III. Ist die Funktion f von α-ter Klasse auf $\mathfrak{A}$, so ist sie von höchstens α-ter Klasse auf jedem Teile $\mathfrak{B}$ von $\mathfrak{A}$.

Wir beweisen dies durch Induktion. Die Behauptung ist richtig für $\alpha = 0$. Angenommen, sie sei richtig für alle $\alpha' < \alpha$. Nun ist nach Definition

$$(00) \qquad f = \lim_{\nu = \infty} f_\nu,$$

wo jedes f_ν von geringerer als α-ter Klasse auf $\mathfrak{A}$, und mithin nach Annahme auch auf $\mathfrak{B}$. Also lehrt (00), daß f auch auf $\mathfrak{B}$ von höchstens α-ter Klasse, wie behauptet.

In ganz derselben Weise zeigt man durch Induktion:

Satz IV. Ist f von α-ter Klasse, so auch die aus f durch die Schränkungstransformation entstehende Funktion (und umgekehrt).

Wir beweisen noch einige einfache Sätze über Bairesche Funktionen, die Verallgemeinerungen bekannter Sätze über stetige Funktionen sind[2]).

Satz V. Sind $f_1, f_2, \ldots, f_k$ endliche[3]) Funktionen höchstens α-ter Klasse auf $\mathfrak{A}$, und wird durch

$$x_1 = f_1, \; x_2 = f_2, \; \ldots, \; x_k = f_k$$

die Punktmenge $\mathfrak{A}$ abgebildet auf eine Punktmenge des $\mathfrak{R}_k$, auf der $F(x_1, x_2, \ldots, x_k)$ von β-ter Klasse ist, so ist $F(f_1, f_2, \ldots, f_k)$ von höchstens $(\alpha + \beta)$-ter Klasse auf $\mathfrak{A}$.

Der Satz ist richtig für $\alpha = 0$, $\beta = 0$, da er sich dann auf einen Spezialfall von Kap. II, § 6, Satz VIII reduziert. Angenommen, er sei richtig für $\beta = 0$ und alle $\alpha' < \alpha$. Weil die f_i von höchstens α-ter Klasse sind, haben wir:

---

[1]) Vgl. Kap. II, § 5, S. 134.

[2]) H. Lebesgue, a. a. O. 153.

[3]) Ist die Funktion $F(x_1, x_2, \ldots, x_k)$ auch definiert, wenn einzelne ihrer Veränderlichen unendliche Werte annehmen, so kann diese Einschränkung wegbleiben.

$$f_i = \lim_{\nu=\infty} f_{i,\nu} \qquad (i = 1, 2, \ldots, k),$$

wo die $f_{i,\nu}$ von geringerer als α-ter Klasse sind. Indem wir nötigenfalls die Schränkungstransformation ausüben, können wir alle $f_{i,\nu}$ als endlich voraussetzen. Ist also F von 0-ter Klasse (d. h. stetig), so ist nach Annahme $F(f_{1,\nu}, f_{2,\nu}, \ldots, f_{k,\nu})$ von geringerer als α-ter Klasse. Wegen der Stetigkeit von F aber ist:

$$F(f_1, f_2, \ldots, f_k) = \lim_{\nu=\infty} F(f_{1,\nu}, f_{2,\nu}, \ldots, f_{k,\nu}),$$

d. h. es ist $F(f_1, f_2, \ldots, f_k)$ Grenzfunktion von Funktionen geringerer als α-ter Klasse, und somit von höchstens α-ter Klasse. Damit ist Satz V für $\beta = 0$ und alle α bewiesen.

Angenommen nun, der Satz sei richtig für ein gegebenes α und alle $\beta' < \beta$. Ist F von β-ter Klasse, so ist

$$F = \lim_{\nu=\infty} F'_\nu,$$

wo F_ν von geringerer als β-ter Klasse. Infolgedessen ist nach Annahme $F_\nu(f_1, f_2, \ldots, f_k)$ von geringerer als $(\alpha + \beta)$-ter Klasse[1]), und somit:

$$F(f_1, f_2, \ldots, f_k) = \lim_{\nu=\infty} F_\nu(f_1, f_2, \ldots, f_k)$$

von höchstens $(\alpha + \beta)$-ter Klasse. Damit ist Satz V bewiesen.

In Satz V sind nun als Spezialfälle enthalten die Sätze:

Satz VI. Ist f von α-ter Klasse, so ist $|f|$ von höchstens α-ter Klasse.

In der Tat, dies geht aus Satz V hervor, indem man setzt: $F(x) = |x|$ und beachtet, daß $|x|$ stetig im $\Re_1$ ist.

Satz VII. Sind f_1 und f_2 von höchstens α-ter Klasse auf $\mathfrak{A}$, so ist jede der Verknüpfungen:

$$f_1 + f_2; \quad f_1 - f_2; \quad f_1 \cdot f_2; \quad \frac{f_1}{f_2}$$

von höchstens α-ter Klasse auf dem Teile $\mathfrak{A}'$ von $\mathfrak{A}$, auf dem sie ausführbar ist.

In der Tat, man hat nur in Satz V unter F eine der Funktionen $x_1 + x_2$, $x_1 - x_2$, $x_1 \cdot x_2$, $\frac{x_1}{x_2}$ zu verstehen und Satz III zu beachten.

Satz VIII. Seien $f_1, f_2, \ldots, f_k$ endlich viele Funktionen höchstens α-ter Klasse. Ist f der größte (oder kleinste)

---

[1]) In der Tat, aus $\beta' < \beta$ folgt $\alpha + \beta' < \alpha + \beta$; denn es ist $\beta' + 1 \leqq \beta$ und mithin
$$\alpha + \beta' < (\alpha + \beta') + 1 = \alpha + (\beta' + 1) \leqq \alpha + \beta.$$

unter den k Funktionswerten $f_1, f_2, \ldots, f_k$, so ist auch f von höchstens α-ter Klasse.

In der Tat, man hat nur in Satz V unter $F(x_1, x_2, \ldots, x_k)$ den größten (bzw. kleinsten) unter den k Werten $x_1, x_2, \ldots, x_k$ zu verstehen. Dann ist F stetig im $\Re_k$, und Satz VIII ist bewiesen.

Wir heben noch folgenden Spezialfall von Satz VIII hervor:

Satz VIIIa. Ersetzt man bei einer Funktion α-ter Klasse alle Werte $< p$ durch p, alle Werte $> q$ durch q, so entsteht eine Funktion höchstens α-ter Klasse.

In der Tat, versteht man in Satz VIII unter f_1 die Funktion f, unter f_2 die Konstante p, so sieht man: Die Funktion g, die aus f entsteht, indem man alle Werte $< p$ durch p ersetzt, ist von höchstens α-ter Klasse. Wendet man nochmals Satz VIII an, indem man unter f_1 die Funktion g, unter f_2 die Konstante q versteht, erhält man Satz VIIIa.

Eine unmittelbare Folgerung aus Satz VIIIa besagt:

Satz IX. Genügt die Funktion f α-ter Klasse der Ungleichung:

$$p \leqq f \leqq q,$$

so ist sie Grenzfunktion einer Folge $\{f_\nu\}$ den Ungleichungen

$$p \leqq f_\nu \leqq q$$

genügender Funktionen geringerer als α-ter Klasse.

In der Tat, zunächst ist $f = \lim\limits_{\nu = \infty} g_\nu$, wo jedes g_ν von geringerer als α-ter Klasse. Ersetzen wir in g_ν alle Werte $\leqq p$ durch p, alle Werte $\geqq q$ durch q, so entsteht nach Satz VIIIa eine Funktion f_ν geringerer als α-ter Klasse, und es ist offenbar auch $f = \lim\limits_{\nu = \infty} f_\nu$, womit Satz IX bewiesen ist.

Satz X. Die Grenzfunktion f einer auf $\mathfrak{A}$ gleichmäßig konvergierenden Folge von Funktionen höchstens α-ter Klasse ist von höchstens α-ter Klasse auf $\mathfrak{A}$.

Auf Grund von Satz IV können wir beim Beweise $\{f_\nu\}$ als beschränkt annehmen. Sei $\{\varepsilon_i\}$ eine Folge positiver Zahlen von endlicher Summe. Wegen der gleichmäßigen Konvergenz von $\{f_\nu\}$ gibt es dann ein ν_i, so daß:

$$(1) \qquad\qquad |f - f_{\nu_i}| < \varepsilon_i \quad \text{auf ganz } \mathfrak{A}.$$

Wir können schreiben:

$$f = f_{\nu_1} + (f_{\nu_2} - f_{\nu_1}) + (f_{\nu_3} - f_{\nu_2}) + \ldots.$$

In dieser Reihe ist nach Satz VII jedes Glied von höchstens α-ter

Klasse, und wegen (1) ist:

$$(2) \qquad |f_{\nu_i} - f_{\nu_{i-1}}| < \varepsilon_{i-1} + \varepsilon_i \quad \text{auf ganz } \mathfrak{A}.$$

Es gibt also Funktionen $g_{i,n}$ von geringerer als α-ter Klasse, so daß:

$$(3) \qquad f_{\nu_1} = \lim_{n=\infty} g_{1,n}; \quad f_{\nu_i} - f_{\nu_{i-1}} = \lim_{n=\infty} g_{i,n},$$

und nach Satz IX kann wegen (2) auch angenommen werden:

$$(4) \qquad |g_{i,n}| \leqq \varepsilon_{i-1} + \varepsilon_i \quad (i = 2, 3, \ldots).$$

Wir behaupten: dann ist

$$(5) \qquad f = \lim_{n=\infty} (g_{1,n} + g_{2,n} + \cdots + g_{n,n}).$$

In der Tat, ist $\varepsilon > 0$ beliebig gegeben, so gibt es, weil die Summe der ε_i als endlich angenommen wurde, ein i, so daß:

$$(6) \qquad \varepsilon_i + \varepsilon_{i+1} + \cdots < \varepsilon.$$

Wegen (1) ist dann auch:

$$(7) \qquad |f - f_{\nu_i}| < \varepsilon \quad \text{auf ganz } \mathfrak{A}.$$

In jedem gegebenen Punkte von $\mathfrak{A}$ ist wegen (3):

$$(8) \qquad |f_{\nu_i} - (g_{1,n} + g_{2,n} + \cdots + g_{i,n})| < \varepsilon \quad \text{für fast alle } n.$$

Wegen (4) und (6) ist aber:

$$(9) \quad |(g_{1,n} + \cdots + g_{n,n}) - (g_{1,n} + \cdots + g_{i,n})| < 2\varepsilon \quad \text{für } n \geqq i \text{ auf ganz } \mathfrak{A}.$$

Aus (7), (8), (9) aber folgt, daß im betrachteten Punkte:

$$|f - (g_{1,n} + \cdots + g_{n,n})| < 4\varepsilon \quad \text{für fast alle } n.$$

Also gilt tatsächlich (5) in jedem Punkte von $\mathfrak{A}$. Da aber nach Satz VII $(g_{1,n} + \cdots + g_{n,n})$ von geringerer als α-ter Klasse, so besagt (5), daß f von höchstens α-ter Klasse, und Satz X ist bewiesen.

Ist $\{f_\nu\}$ eine konvergente Folge von Funktionen geringerer als α-ter Klasse, so ist nach Definition die Grenzfunktion von höchstens α-ter Klasse. Ist $\{f_\nu\}$ nicht konvergent, so kann immer noch nach oberer (unterer) Schrankenfunktion, sowie nach oberer (unterer) Grenzfunktion von $\{f_\nu\}$ gefragt werden (Kap. IV, § 1, S. 231). Für diese Funktionen gelten die Sätze:

Satz XI. Ist $\{f_\nu\}$ eine Folge von Funktionen geringerer als α-ter Klasse, so ist die obere (untere) Schrankenfunktion F von $\{f_\nu\}$ von höchstens α-ter Klasse.

In der Tat, ist F_ν der größte unter den ν Funktionswerten f_1, $f_2, \ldots, f_\nu$, so ist:

$$F = \lim_{\nu=\infty} F_\nu.$$

Nach Satz VIII aber ist hierin F_ν von geringerer als α-ter Klasse, also F von höchstens α-ter Klasse, wie behauptet.

Satz XII. Ist $\{f_\nu\}$ eine Folge von Funktionen geringerer als α-ter Klasse, so ist die obere (untere) Grenzfunktion von $\{f_\nu\}$ von höchstens $(\alpha + 1)$-ter Klasse.

Sei in der Tat $\bar{f}_\nu$ die obere Schrankenfunktion der Folge f_ν, $f_{\nu+1}, \ldots, f_{\nu+i}, \ldots$ Dann ist die obere Grenzfunktion von $\{f_\nu\}$ gegeben durch (Einleitung § 6, Satz V):

$$\bar{f} = \lim_{\nu = \infty} \bar{f}_\nu.$$

Nach Satz XI aber ist hierin $\bar{f}_\nu$ von höchstens α-ter Klasse, also $\bar{f}$ von höchstens $(\alpha + 1)$-ter Klasse, wie behauptet.

Aus Satz XI folgern wir:

Satz XIII. Die obere (untere) Schrankenfunktion einer Folge $\{f_\nu\}$ Bairescher Funktionen ist eine Bairesche Funktion.

In der Tat, ist f_ν von α_ν-ter Klasse, so gibt es (Einl. § 4, Satz XIII) ein α der ersten oder zweiten Zahlklasse, das $> \alpha_\nu$ (für alle ν). Nach Satz XI ist die obere Schrankenfunktion von $\{f_\nu\}$ von höchstens α-ter Klasse, mithin gewiß eine Bairesche Funktion, und Satz XIII ist bewiesen.

Ebenso folgert man aus Satz XII:

Satz XIV. Die obere (untere) Grenzfunktion einer Folge Bairescher Funktionen ist eine Bairesche Funktion.

Und hierin ist als Spezialfall enthalten:

Satz XV. Die Grenzfunktion einer konvergenten Folge Bairescher Funktionen ist eine Bairesche Funktion.

§ 2. Eigenschaften, die bei Grenzübergang erhalten bleiben.

Der Begriff der Funktion α-ter Klasse wurde durch transfinite Induktion eingeführt. Es ist also zu erwarten, daß das wichtigste Hilfsmittel in der Theorie der Baireschen Funktionen der Beweis durch transfinite Induktion sein wird; in der Tat haben wir in § 1 schon wiederholt von diesem Mittel Gebrauch gemacht. Insbesondere bestätigt man durch transfinite Induktion sofort den Satz:

Satz I. Eine Aussage A habe folgende Eigenschaften:

1. Sie gilt für alle auf $\mathfrak{A}$ stetigen Funktionen.
2. Falls sie für alle Funktionen f_ν einer auf $\mathfrak{A}$ konvergenten Funktionenfolge gilt, so gilt sie auch für die Grenzfunktion $f = \lim_{\nu = \infty} f_\nu$.

Dann gilt diese Aussage A für alle Baireschen Funktionen auf $\mathfrak{A}$.

Wir wollen an dieser Stelle nur eine solche Aussage anführen, die Aussage: „f ist punktweise unstetig auf $\mathfrak{A}$ bei Vernachlässigung von Teilen erster Kategorie von $\mathfrak{A}$" (Kap. III, § 7, S. 227). Für die auf $\mathfrak{A}$ stetigen Funktionen f ist diese Aussage in trivialer Weise richtig. Es bleibt also nur zu zeigen, daß für diese Aussage Eigenschaft 2. gilt. Wir zeigen:

Satz II[1]). Ist in der konvergenten Folge $\{f_\nu\}$ jede Funktion f_ν punktweise unstetig auf der separablen, relativ-vollständigen Menge $\mathfrak{A}$ bei Vernachlässigung von Teilen erster Kategorie von $\mathfrak{A}$, so gilt dies auch für die Grenzfunktion $f = \lim\limits_{\nu=\infty} f_\nu$.

Vermöge der Schränkungstransformation können wir beim Beweise alle auftretenden Funktionen als beschränkt voraussetzen. Nach Kap. III, § 7, Satz XVI[2]) genügt es, nachzuweisen, daß für jedes $q > 0$ die Menge aller Punkte von $\mathfrak{A}$, in denen

$$(0) \qquad \omega^*(a; f, \mathfrak{A}) \geqq q$$

ist, nirgends dicht (und mithin von erster Kategorie) in $\mathfrak{A}$ ist. Nun ist aber nach Kap. III, § 7, Satz XIII $\omega^*(a; f, \mathfrak{A})$ oberhalb stetig auf $\mathfrak{A}$, und mithin ist (Kap. II, § 9, Satz IV) die Menge aller Punkte von $\mathfrak{A}$, in denen (0) gilt, abgeschlossen in $\mathfrak{A}$. Wäre sie nicht nirgends dicht in $\mathfrak{A}$, so müßte sie also einen nicht leeren) in $\mathfrak{A}$ offenen Teil $\mathfrak{B}$ von $\mathfrak{A}$ enthalten. Wir haben also nur mehr zu zeigen, daß dies unmöglich ist.

Nach Kap. III, § 7, Satz XII gibt es zu jeder Funktion f_ν eine auf $\mathfrak{A}$ punktweise unstetige Funktion f_ν^*, die sich von f_ν nur auf einem Teile erster Kategorie von $\mathfrak{A}$ unterscheidet, den wir mit $\mathfrak{A}_\nu$ bezeichnen wollen. Nach Kap. III, § 4, Satz III ist auch die Menge $\mathfrak{A}_\nu'$ aller Unstetigkeitspunkte von f_ν^* auf $\mathfrak{A}$ von erster Kategorie in $\mathfrak{A}$. Nach Kap. I, § 4, Satz XX ist auch die Vereinigung

$$\mathfrak{B} = \mathfrak{A}_1 \dotplus \mathfrak{A}_1' \dotplus \mathfrak{A}_2 \dotplus \mathfrak{A}_2' \dotplus \ldots \dotplus \mathfrak{A}_\nu \dotplus \mathfrak{A}_\nu' \dotplus \ldots$$

von erster Kategorie in $\mathfrak{A}$. Setzen wir

$$\mathfrak{C} = \mathfrak{A} - \mathfrak{B},$$

so sind alle f_ν stetig auf $\mathfrak{C}$.

Angenommen, nun es sei $\mathfrak{B}$ eine nicht leere, in $\mathfrak{A}$ offene Menge, in deren sämtlichen Punkten (0) gilt. Nach Kap. I, § 8, Satz XVI ist $\mathfrak{B}\mathfrak{C}$ nicht leer. Sei a_0 ein Punkt von $\mathfrak{B}\mathfrak{C}$, und sei der Index ν_0 beliebig gegeben. Wegen $f = \lim\limits_{\nu=\infty} f_\nu$ gibt es einen Index $\nu_1 \geqq \nu_0$, so daß:

$$\left| f_{\nu_1}(a_0) - f(a_0) \right| < \frac{q}{9},$$

und weil auf $\mathfrak{C}$ alle f_ν stetig sind, gibt es eine Umgebung $\mathfrak{U}(a_0)$, so daß:

$$(00) \qquad \left| f_{\nu_1}(a) - f(a_0) \right| < \frac{q}{9} \quad \text{auf } \mathfrak{U}(a_0)\,\mathfrak{B}\mathfrak{C}.$$

---

[1]) R. Baire, Acta math. 30 (1906), 27; vgl. auch Ann. di mat. (3) 3 (1899), 81. Der Satz folgt auch leicht aus den Sätzen Kap. IV, § 7, Satz IV und V.

[2]) Unter den dort auftretenden E-Mengen sind hier die Teile erster Kategorie von $\mathfrak{A}$ zu verstehen.

Da nun in a_0 Ungleichung (0) gilt, und da es bei Bildung von ω^* auf die Menge erster Kategorie $\mathfrak{A} - \mathfrak{C} = \mathfrak{B}$ gar nicht ankommt, so ist auch:

$$\omega\,(f,\,\mathfrak{U}\,(a_0)\,\mathfrak{B}\mathfrak{C}) \geqq q\,.$$

Also gibt es nach Kap. III, § 2, Satz II in $\mathfrak{U}\,(a_0)\,\mathfrak{B}\mathfrak{C}$ zwei Punkte a', a'', für die:

$$|\,f(a') - f(a'')\,| \geqq \frac{2\,q}{3}\,.$$

Für mindestens einen dieser Punkte, etwa für a', ist dann:

$$({}^0_0{}^0) \qquad\qquad\qquad |\,f(a') - f(a_0)\,| \geqq \frac{q}{3}\,.$$

Wegen $f = \lim\limits_{\nu\,=\,\infty} f_\nu$ gibt es einen Index $\nu_2 \geqq \nu_0$, so daß:

$$|\,f_{\nu_2}(a') - f(a')\,| < \frac{q}{9}\,,$$

und weil auf $\mathfrak{C}$ alle f_ν stetig sind, gibt es eine Umgebung $\mathfrak{U}\,(a')$, so daß:

$$({}_0{}^0_0) \qquad\qquad |\,f_{\nu_2}(a) - f(a')\,| < \frac{q}{9}\quad \text{auf } \mathfrak{U}\,(a')\cdot\mathfrak{C}\,.$$

Aus (00), $({}^0_0{}^0)$, $({}_0{}^0_0)$ folgt nun aber:

$$(000) \qquad\qquad |\,f_{\nu_1}(a) - f_{\nu_2}(a)\,| > \frac{q}{9}\quad \text{auf } \mathfrak{U}\,(a_0)\,\mathfrak{U}\,(a')\,\mathfrak{B}\mathfrak{C}\,.$$

Da $\mathfrak{U}\,(a_0)\,\mathfrak{U}\,(a')\,\mathfrak{B}\mathfrak{C}$ offen in $\mathfrak{C}$, so sehen wir also: Ist ν_0 ein beliebiger Index, und ist a_0 ein beliebiger Punkt von $\mathfrak{B}\mathfrak{C}$, so gibt es in jeder Umgebung von a_0 eine in $\mathfrak{C}$ offene Menge, in deren sämtlichen Punkten:

$$|\,f_{\nu_1}(a) - f_{\nu_2}(a)\,| > \frac{q}{9}\quad (\nu_1 \geqq \nu_0,\ \nu_2 \geqq \nu_0)\,.$$

Also ist die Menge $\mathfrak{M}_{\nu_0}$ aller Punkte von $\mathfrak{B}\mathfrak{C}$, in denen:

$$|\,f_{\nu'}(a) - f_{\nu''}(a)\,| \leqq \frac{q}{9}\quad \text{für } \nu' \geqq \nu_0,\ \nu'' \geqq \nu_0$$

nirgends dicht in $\mathfrak{C}$.

Setzen wir hierin der Reihe nach $\nu_0 = 1, 2, \ldots$, so sehen wir: Die Vereinigung

$$\mathfrak{B} = \mathfrak{M}_1 + \mathfrak{M}_2 + \ldots + \mathfrak{M}_\nu + \ldots$$

ist von erster Kategorie in $\mathfrak{C}$ und mithin in $\mathfrak{A}$. Da aber $\{f_\nu\}$ in jedem Punkte von $\mathfrak{B}\mathfrak{C}$ eigentlich konvergiert, muß

$$\mathfrak{B}\mathfrak{C} = \mathfrak{B}$$

sein. Also ist $\mathfrak{B}\mathfrak{C}$ von erster Kategorie in $\mathfrak{A}$. Nun war auch $\mathfrak{B} = \mathfrak{A} - \mathfrak{C}$ von erster Kategorie in $\mathfrak{A}$, mithin auch $\mathfrak{B}\cdot\mathfrak{B}$, und mithin ist auch die Menge

$$\mathfrak{B} = \mathfrak{B}\mathfrak{C} + \mathfrak{B}\,(\mathfrak{A} - \mathfrak{C}) = \mathfrak{B}\mathfrak{C} + \mathfrak{B}\mathfrak{B}$$

von erster Kategorie in $\mathfrak{A}$, als Vereinigung zweier Teile erster Kategorie von $\mathfrak{A}$. Das aber ist nach Kap. I, § 8, Satz XVI unmöglich, weil $\mathfrak{B}$ in $\mathfrak{A}$ offen ist. Damit ist Satz II bewiesen.

Aus den Sätzen I und II folgt nun sofort[1]):

---

[1]) Ein andrer Beweis bei H. Lebesgue, Journ. de math. (6) 1 (1905), 187.

Satz III. Jede Bairesche Funktion auf einer separablen, relativ-vollständigen Menge $\mathfrak{A}$ ist punktweise unstetig auf $\mathfrak{A}$ bei Vernachlässigung von Teilen erster Kategorie von $\mathfrak{A}$.

Aus Satz III entnehmen wir folgendes Beispiel einer nicht-Baireschen Funktion[1]). Sei $\mathfrak{A}$ eine separable, relativ-vollständige Menge, und sei eine Zerlegung

$$\mathfrak{A} = \mathfrak{A}' + \mathfrak{A}''$$

gegeben, derart, daß für jede offene Menge $\mathfrak{B}$, für die $\mathfrak{A}\mathfrak{B}$ nicht leer ist, sowohl $\mathfrak{A}'\mathfrak{B}$ als auch $\mathfrak{A}''\mathfrak{B}$ von zweiter Kategorie in $\mathfrak{A}$ sei[2]). Setzen wir:

$$f = 1 \text{ auf } \mathfrak{A}', \quad f = 0 \text{ auf } \mathfrak{A}'',$$

so ist f gewiß nicht punktweise unstetig auf $\mathfrak{A}$ bei Vernachlässigung von Teilen erster Kategorie von $\mathfrak{A}$, und mithin keine Bairesche Funktion.

Da jeder abgeschlossene Teil einer separablen, relativ-vollständigen Menge wieder separabel und vollständig ist, folgt aus Satz III unmittelbar:

Satz IV. Jede Bairesche Funktion auf einer separablen, relativ-vollständigen Menge $\mathfrak{A}$ ist punktweise unstetig auf jedem abgeschlossenen Teile $\mathfrak{A}'$ von $\mathfrak{A}$ bei Vernachlässigung von Teilen erster Kategorie von $\mathfrak{A}'$.

Ob es auch nicht-Bairesche Funktionen geben kann, denen die durch Satz IV ausgesprochene Eigenschaft zukommt, scheint bisher nicht bekannt zu sein.

Aus Satz III fließen unmittelbar zwei Folgerungen, die noch erwähnt seien, und die wieder die sehr spezielle Natur der Baireschen Funktionen deutlich hervortreten lassen:

Satz V. Zu jeder Baireschen Funktion f auf der separablen, relativ-vollständigen Menge $\mathfrak{A}$ gibt es eine auf $\mathfrak{A}$ oberhalb stetige und eine auf $\mathfrak{A}$ unterhalb stetige Funktion, von deren jeder sich f nur auf einem Teile erster Kategorie von $\mathfrak{A}$ unterscheidet.

In der Tat, nach Kap. II, § 12, Satz V hat man, wenn g^* und G^* obere und untere Schranke von f bei Vernachlässigung von Teilen erster Kategorie bedeuten, überall auf $\mathfrak{A}$, abgesehen von einer Menge erster Kategorie:

(†) $$g^*(a; f, \mathfrak{A}) \leqq f(a) \leqq G^*(a; f, \mathfrak{A}).$$

Da nach Satz III f auf $\mathfrak{A}$ punktweise unstetig ist bei Vernachlässigung von Mengen erster Kategorie, ist (Kap. III, § 7, Satz XV) überall auf $\mathfrak{A}$, abgesehen von einer Menge erster Kategorie:

(††) $$g^*(a; f, \mathfrak{A}) = G^*(a; f, \mathfrak{A}).$$

Aus (†) und (††) folgt, daß f sowohl mit g^* als mit G^* überall übereinstimmt, abgesehen von einer Menge erster Kategorie, und da g^* unterhalb, G^* oberhalb stetig ist, so ist Satz V bewiesen.

Satz VI. Zu jeder Baireschen Funktion f auf der separablen, relativ-vollständigen Menge $\mathfrak{A}$ gibt es einen Teil $\mathfrak{K}$ erster Kategorie von $\mathfrak{A}$, so daß f auf $\mathfrak{A} - \mathfrak{K}$ stetig ist.

In der Tat, nach Satz V gibt es eine auf $\mathfrak{A}$ oberhalb stetige Funktion G^*, von der sich f nur in einer Menge erster Kategorie $\mathfrak{K}'$ unterscheidet. Nach

---

[1]) H. Lebesgue, a. a. O., 186.

[2]) Über die Möglichkeit solcher Zerlegungen vgl. H. Lebesgue, Bull. soc. math. 35 (1907), 207, 212. P. Mahlo, Leipz. Ber. 63 (1911), 346.

Kap. III, § 6, Satz II ist G^* punktweise unstetig, und mithin (Kap. III, § 4, Satz III) bilden die Unstetigkeitsstellen von G^* gleichfalls eine Menge erster Kategorie $\mathfrak{K}''$. Setzt man $\mathfrak{K} = \mathfrak{K}' \dotplus \mathfrak{K}''$, so ist auch $\mathfrak{K}$ von erster Kategorie, und es ist f auf $\mathfrak{A} - \mathfrak{K}$ stetig. Damit ist Satz VI bewiesen.

§ 3. Funktionen α-ter Ordnung.

Zufolge ihrer Definition sind die Baireschen Funktionen diejenigen, die aus den stetigen Funktionen durch iterierte Grenzübergänge entstehen. Wir wollen uns nun überzeugen, daß man sich dabei auf monotone Grenzübergänge beschränken kann.

Wir wollen die Grenzfunktionen von monotonen Folgen auf $\mathfrak{A}$ stetiger Funktionen $\{f_\nu\}$ als Funktionen erster Ordnung auf $\mathfrak{A}$ bezeichnen; sie sind unterhalb stetig auf $\mathfrak{A}$, wenn $\{f_\nu\}$ monoton wachsend (Kap. II, § 10, Satz II), dann nennen wir sie Funktionen G_1; sie sind oberhalb stetig auf $\mathfrak{A}$, wenn $\{f_\nu\}$ monoton abnehmend, dann nennen wir sie Funktionen g_1.

Nachdem so die Funktionen erster Ordnung, die Funktionen G_1, die Funktionen g_1 definiert sind, definieren wir für jedes α der ersten oder zweiten Zahlklasse die Funktionen α-ter Ordnung, die Funktionen G_α, die Funktionen g_α durch Induktion. Wir nehmen an, diese Begriffe seien schon definiert für alle $\beta < \alpha$, und zwar so, daß die Funktionen G_β und g_β zusammen die Funktionen β-ter Ordnung bilden. Jede Funktion β-ter Ordnung $(\beta < \alpha)$ heißt von geringerer als α-ter Ordnung.

Und nun definieren wir: Die Grenzfunktionen von monotonen Folgen $\{f_\nu\}$ von Funktionen geringerer als α-ter Ordnung heißen, wenn sie nicht von geringerer als α-ter Ordnung sind, Funktionen α-ter Ordnung; und zwar heißen sie Funktionen G_α, wenn $\{f_\nu\}$ monoton wächst, Funktionen g_α, wenn $\{f_\nu\}$ monoton abnimmt.

Ist f von α-ter oder geringerer Ordnung, so sagen wir, f sei von höchstens α-ter Ordnung. Ist f eine Funktion G_α (g_α) oder von geringerer als α-ter Ordnung, so sagen wir, f sei höchstens eine Funktion G_α (g_α).

Satz I. Die Gesamtheit aller Baireschen Funktionen auf $\mathfrak{A}$ ist identisch mit der Gesamtheit aller Funktionen α-ter Ordnung auf $\mathfrak{A}$ (für alle α der ersten und zweiten Zahlklasse).

In der Tat, sei f eine Funktion α-ter Ordnung; wir behaupten: sie ist von höchstens α-ter Klasse. Die Behauptung ist richtig für $\alpha = 1$; denn die Funktionen erster Ordnung wurden definiert als Grenzen stetiger Funktionen, d. h. sie sind von höchstens erster Klasse. Angenommen, die Behauptung sei richtig für alle $\alpha' < \alpha$.

Als Funktion α-ter Ordnung ist f Grenze von Funktionen geringerer als α-ter Ordnung, die also — nach Annahme — auch von geringerer als α-ter Klasse sind. Also ist f von höchstens α-ter Klasse, wie behauptet.

Sei sodann f eine Bairesche Funktion etwa β-ter Klasse. Wir behaupten: sie gehört einer unserer Ordnungen, etwa der α-ten an. Dies ist richtig für $\beta = 0$, denn jede stetige Funktion kann auch als Grenze einer monotonen Folge stetiger Funktionen aufgefaßt werden, und ist somit von erster Ordnung. Angenommen, die Behauptung sei richtig für alle $\beta' < \beta$. Es ist

$$f = \lim_{\nu = \infty} f_\nu,$$

wo f_ν von geringerer als β-ter Klasse. Wir bezeichnen mit $f_{\nu, k}$ den größten unter den Funktionswerten $f_\nu,\ f_{\nu+1}, \ldots, f_{\nu+k}$. Dann ist (Einl. § 6, Satz VI):

$$(0) \qquad\qquad f = \lim_{\nu = \infty} (\lim_{k = \infty} f_{\nu, k}),$$

und nach § 1, Satz VIII ist auch $f_{\nu, k}$ von geringerer als β-ter Klasse, und gehört mithin nach Annahme einer Ordnung, etwa $\alpha_{\nu, k}$ an. Nach Einl. § 4, Satz XIII gibt es ein α der ersten oder zweiten Zahlklasse, das größer als alle $\alpha_{\nu, k}$ ist.

Die Folge $f_{\nu, 1},\ f_{\nu, 2}, \ldots, f_{\nu, k}, \ldots$ ist also eine monoton wachsende Folge von Funktionen geringerer als α-ter Ordnung, ihre Grenzfunktion:

$$\bar{f}_\nu = \lim_{k = \infty} f_{\nu, k}$$

ist also von höchstens α-ter Ordnung; nach (0) ist nun

$$f_\nu = \lim_{\nu = \infty} \bar{f}_\nu,$$

und $\{\bar{f}_\nu\}$ ist eine monoton abnehmende Folge von Funktionen höchstens α-ter Ordnung, also ist f eine Funktion höchstens $(\alpha + 1)$-ter Ordnung, und die Behauptung ist bewiesen. Damit ist der Beweis von Satz I beendet.

Wie für Funktionen α-ter Klasse (§ 1, Satz III, IV), so gelten auch für Funktionen α-ter Ordnung die Sätze:

Satz II. Ist die Funktion f eine Funktion G_α (oder g_α) auf $\mathfrak{A}$, so ist sie höchstens eine Funktion G_α (bzw. g_α) auf jedem Teile von $\mathfrak{A}$.

Satz III. Ist f von α-ter Ordnung, so auch die aus f durch die Schränkungstransformation entstehende Funktion (und umgekehrt).

Wir beweisen nun gleichzeitig die folgenden vier Sätze, von denen der zweite und dritte unmittelbare Folgerungen aus dem ersten sind (vgl. § 1, Satz V, VIII, VIIIa):

Satz IV. Sind die endlichen[1]) Funktionen f_1, f_2, ..., f_k höchstens Funktionen G_α (oder g_α) auf $\mathfrak{A}$, und ist $F(x_1, x_2, ..., x_k)$ eine im $\mathfrak{R}_k$ stetige Funktion, die als Funktion jeder einzelnen Veränderlichen x_i monoton wächst, so ist $F(f_1, f_2, ..., f_k)$ auch höchstens eine Funktion G_α (bzw. g_α).

Satz V. Sind f_1, f_2, ..., f_k höchstens Funktionen G_α[2]), und ist f der größte (oder kleinste) unter den k Funktionswerten f_1, f_2, ..., f_k, so ist auch f höchstens eine Funktion G_α.

Satz VI. Ersetzt man bei einer Funktion G_α (oder g_α) alle Werte $< p$ durch p, alle Werte $> q$ durch q, so entsteht höchstens eine Funktion G_α (bzw. g_α).

Satz VII[3]). Sind in der monoton wachsenden (oder abnehmenden) Folge $\{f_\nu\}$ alle f_ν höchstens Funktionen G_α (bzw. g_α), so ist auch ihre Grenzfunktion f höchstens eine Funktion G_α (bzw. g_α).

Wir führen den Beweis der Sätze IV bis VII durch transfinite Induktion.

Satz IV (und somit auch V und VI) ist richtig für $\alpha = 1$. Seien in der Tat f_1, f_2, ..., f_k Funktionen G_1, d. h. unterhalb stetig. Dann folgt aus $\lim\limits_{n=\infty} a_n = a$:

$$\lim_{n=\infty} f_i(a_n) \geqq f_i(a) \qquad (i = 1, 2, ..., k),$$

mithin wegen der Stetigkeit und der Monotonieeigenschaft von F:

$$\lim_{n=\infty} F(f_1(a_n), f_2(a_n), ..., f_k(a_n)) \geqq F(f_1(a), f_2(a), ..., f_k(a)).$$

Das aber heißt: F ist unterhalb stetig, und mithin eine Funktion G_1, wie behauptet.

Satz VII ist richtig für $\alpha = 1$; in der Tat, dies ist enthalten in Kap. II, § 10, Satz I.

Nun nehmen wir an, es gelte Satz IV (und mithin V und VI), sowie Satz VII für alle $\alpha' < \alpha$, und zeigen, daß diese Sätze dann auch für α gelten.

---

[1]) Ist die Funktion $F(x_1, x_2, ..., x_k)$ auch definiert, wenn einzelne ihrer Veränderlichen unendliche Werte annehmen, so kann diese Einschränkung wegbleiben.

[2]) Der Satz gilt auch für die Funktionen g_α.

[3]) Dieser Satz ist eine Verallgemeinerung von Kap. II, § 10, Satz I.

Beweis von Satz IV. 1. Fall: α ist eine isolierte Zahl. Da die f_i höchstens Funktionen G_α sind, haben wir:

$$(\dagger) \qquad f_i = \lim_{\nu = \infty} f_{i,\nu},$$

wo die Folge $f_{i,1}$, $f_{i,2}$, ..., $f_{i,\nu}$, ... monoton wächst und jedes $f_{i,\nu}$ von geringerer als α-ter Ordnung ist.

Dabei können wir annehmen, jedes $f_{i,\nu}$ sei höchstens eine Funktion $g_{\alpha-1}$. In der Tat, dies ist richtig, wenn f_i selbst höchstens eine Funktion $g_{\alpha-1}$ ist. denn dann können wir setzen:

$$f_{i,\nu} = f_i.$$

Es ist auch richtig, wenn f_i eine Funktion $G_{\alpha-1}$ ist, denn dann können für die $f_{i,\nu}$ Funktionen geringerer als $(\alpha-1)$-ter Ordnung gewählt werden[1]). Es ist endlich richtig, wenn f_i eine Funktion G_α ist. In der Tat müssen sich dann in $(\dagger)$ unter den $f_{i,\nu}$ unendlich viele Funktionen $g_{\alpha-1}$ finden; denn andernfalls wären fast alle $f_{i,\nu}$ höchstens Funktionen $G_{\alpha-1}$, und der (für $\alpha' < \alpha$ als richtig angenommene) Satz VII würde lehren, daß auch f_i höchstens eine Funktion $G_{\alpha-1}$ ist, entgegen der Annahme, f_i sei eine Funktion G_α. Da aber unter den $f_{i,\nu}$ in $(\dagger)$ unendlich viele Funktionen $g_{\alpha-1}$ vorkommen, kann man alle übrigen weglassen, und die Behauptung ist bewiesen.

Da nun alle $f_{i,\nu}$ höchstens Funktionen $g_{\alpha-1}$ sind, ist wegen des für $\alpha' < \alpha$ als richtig angenommenen Satzes IV $F(f_{1,\nu}, f_{2,\nu}, ..., f_{k,\nu})$ höchstens eine Funktion $g_{\alpha-1}$. Wegen der Stetigkeit von F und wegen $(\dagger)$ ist:

$$F(f_1, f_2, ..., f_k) = \lim_{\nu = \infty} F(f_{1,\nu}, f_{2,\nu}, ..., f_{k,\nu}),$$

und wegen der Monotonieeigenschaft von F folgt aus der Monotonie der Folgen $\{f_{i,\nu}\}$, daß auch die Folge $\{F(f_{1,\nu}, f_{2,\nu}, ..., f_{k,\nu})\}$ monoton wächst. Also ist $F(f_1, f_2, ..., f_k)$ höchstens eine Funktion G_α, wie behauptet.

2. Fall: α ist eine Grenzzahl. Zu jedem ν gibt es dann ein $\alpha_\nu < \alpha$, so daß in $(\dagger)$ die k Funktionen $f_{1,\nu}, f_{2,\nu}, ..., f_{k,\nu}$ höchstens Funktionen g_{α_ν} sind. Mithin ist, nach dem für $\alpha' < \alpha$ als richtig angenommenen Satz IV, $F(f_{1,\nu}, f_{2,\nu}, ..., f_{k,\nu})$ gleichfalls höchstens eine Funktion g_{α_ν}. Wie im 1. Falle schließt man nun weiter, daß $F(f_1, f_2, ..., f_k)$ höchstens eine Funktion G_α ist, und Satz IV (und somit V und VI) ist bewiesen.

---

[1]) Vorausgesetzt daß $\alpha > 2$; im Falle $\alpha = 2$ können nach Kap. II, § 10, Satz III für f_ν stetige Funktionen gewählt werden, die ja auch Funktionen g_1 sind.

Beweis von Satz VII. 1. Fall: α ist eine isolierte Zahl. Da alle f_ν höchstens Funktionen G_α sind, so haben wir:

$$(\dagger\dagger) \qquad f_\nu = \lim_{\mu = \infty} f_{\nu,\,\mu},$$

wo $f_{\nu,\,1}, f_{\nu,\,2}, \ldots, f_{\nu,\,\mu}, \ldots$ eine monoton wachsende Folge von Funktionen geringerer als α-ter Ordnung bedeutet. Wie wir vorhin sahen, können wir dabei annehmen, die $f_{\nu,\,\mu}$ seien höchstens Funktionen $g_{\alpha-1}$.

Wir verstehen unter $\bar{f}_{\nu,\,\mu}$ den größten unter den ν Funktionswerten $f_{1,\,\mu}, f_{2,\,\mu}, \ldots, f_{\nu,\,\mu}$. Zufolge dem (für $\alpha' < \alpha$ als richtig angenommenen) Satze V, ist nun auch $\bar{f}_{\nu,\,\mu}$ höchstens eine Funktion $g_{\alpha-1}$. Aus der Definition von $\bar{f}_{\nu,\,\mu}$ folgt unmittelbar:

$$(^\dagger\dagger^\dagger) \qquad \bar{f}_{\nu+1,\,\mu} \geqq \bar{f}_{\nu,\,\mu};$$

und weil die Folgen $f_{\nu,\,1}, f_{\nu,\,2}, \ldots, f_{\nu,\,\mu}, \ldots$ monoton wachsen, ist

$$(\dagger^\dagger\dagger) \qquad \bar{f}_{\nu,\,\mu+1} \geqq \bar{f}_{\nu,\,\mu}.$$

Aus $(^\dagger\dagger^\dagger)$ und $(\dagger^\dagger\dagger)$ aber folgt:

$$(\dagger\dagger\dagger) \qquad \bar{f}_{\nu',\,\mu'} \geqq \bar{f}_{\nu,\,\mu} \quad \text{für } \nu' \geqq \nu, \mu' \geqq \mu.$$

Da die Folge $\{f_\nu\}$ monoton wächst, folgt aus $(\dagger\dagger)$:

$$f_\nu = \lim_{\mu = \infty} \bar{f}_{\nu,\,\mu}.$$

Aus $(\dagger\dagger\dagger)$ folgert man daher leicht

$$f = \lim_{\nu = \infty} f_\nu = \lim_{\nu = \infty} (\lim_{\mu = \infty} \bar{f}_{\nu,\,\mu}) = \lim_{\nu = \infty} \bar{\bar{f}}_{\nu,\,\nu}.$$

Da $\{\bar{\bar{f}}_{\nu,\,\nu}\}$ eine monoton wachsende Folge von Funktionen höchstens $(\alpha-1)$-ter Ordnung ist, so ist also f höchstens eine Funktion G_α, wie behauptet.

2. Fall. α ist eine Grenzzahl. Da in $(\dagger\dagger)$ jede der ν Funktionen $f_{1,\,\mu}, f_{2,\,\mu}, \ldots, f_{\nu,\,\mu}$ von geringerer als α-ter Ordnung ist, gibt es ein $\alpha_{\nu,\,\mu} < \alpha$, so daß diese ν Funktionen höchstens Funktionen $g_{\alpha_{\nu,\,\mu}}$ sind. Ist wieder $\bar{f}_{\nu,\,\mu}$ der größte unter den ν Funktionswerten $f_{1,\,\mu}, f_{2,\,\mu}, \ldots, f_{\nu,\,\mu}$, so ist nach dem (für $\alpha' < \alpha$ als richtig angenommenen) Satze V $\bar{f}_{\nu,\,\mu}$ höchstens eine Funktion $g_{\alpha_{\nu,\,\mu}}$ und mithin von geringerer als α-ter Ordnung. Indem man nun schließt, wie im 1. Falle, beendet man den Beweis von Satz VII.

Wir merken noch an, daß wir beim Beweise von Satz IV auch folgenden Satz bewiesen haben:

Satz VIII. Ist die Funktion f höchstens eine Funktion $G_\alpha (\alpha > 1)$, so ist sie Grenzfunktion einer monoton wachsenden Funktionenfolge $\{f_\nu\}$, in der jedes f_ν höchstens eine Funktion g_{α_ν} $(\alpha_\nu < \alpha)$ ist.

Wählt man in Satz IV für F die Funktion $x_1 + x_2$, so erhält man:

Satz IX. Sind f_1 und f_2 höchstens Funktionen G_α (oder g_α) auf $\mathfrak{A}$, so ist auch die Summe $f_1 + f_2$ höchstens eine Funktion G_α (bzw. g_α) auf dem Teile $\mathfrak{A}'$ von $\mathfrak{A}$, auf dem sie ausführbar ist.

Wählt man in Satz IV $F = x_1 x_2$ für $x_1 \geqq 0, x_2 \geqq 0$, so erhält man:

Satz X. Sind f_1 und f_2 nicht negativ und höchstens Funktionen G_α (oder g_α) auf $\mathfrak{A}$, so ist auch das Produkt $f_1 \cdot f_2$ höchstens eine Funktion G_α (bzw. g_α) auf dem Teile $\mathfrak{A}'$ von $\mathfrak{A}$, auf dem es ausführbar ist.

Endlich erhalten wir noch:

Satz XI. Ist f eine Funktion G_α (oder g_α), so ist $-f$ eine Funktion g_α (bzw. G_α).

In der Tat, nach Kap. II, § 8, Satz VI ist dies richtig für $\alpha = 1$. Angenommen, es sei richtig für alle $\alpha' < \alpha$. Ist f eine Funktion G_α, so ist:

$$f = \lim_{\nu = \infty} f_\nu,$$

wo $\{f_\nu\}$ eine monoton wachsende Folge von Funktionen geringerer als α-ter Ordnung. Nach Annahme ist dann auch $-f_\nu$ von geringerer als α-ter Ordnung, und da $\{-f_\nu\}$ monoton abnimmt, ist

$$-f = \lim_{\nu = \infty} (-f_\nu)$$

höchstens eine Funktion g_α. Wäre nun $-f$ von geringerer als α-ter Ordnung, so nach Annahme auch f. Da aber f als Funktion G_α vorausgesetzt war, ist es nicht von geringerer als α-ter Ordnung; also ist auch $-f$ nicht von geringerer als α-ter Ordnung, und mithin eine Funktion g_α. Damit ist Satz XI bewiesen.

Als Gegenstück zu § 1, Satz X gilt hier:

Satz XII[1]**.** Die Grenzfunktion f einer auf $\mathfrak{A}$ gleichmäßig konvergenten Folge $\{f_\nu\}$ ist, wenn alle f_ν höchstens Funktionen G_α (oder g_α) sind, gleichfalls höchstens eine Funktion G_α (bzw. g_α).

---

[1] Ein anderer Beweis dieses Satzes bei W. H. Young, Lond. Proc. (2) 12 (1913), 357.

Sei in der Tat $\{\varepsilon_i\}$ eine Folge positiver Zahlen, so daß:

$$(*) \qquad \varepsilon_{i+1} < \frac{\varepsilon_i}{3} \quad \text{und mithin} \quad \lim_{i \to \infty} \varepsilon_i = 0.$$

Dann gibt es[1] in $\{f_\nu\}$ eine Teilfolge $\{f_{\nu_i}\}$, so daß:

$$|f - f_{\nu_i}| < \varepsilon_i.$$

Hieraus folgt sofort:

$$f_{\nu_i} - 2\,\varepsilon_i < f - \varepsilon_i; \quad f_{\nu_{i+1}} - 2\,\varepsilon_{i+1} > f - 3\,\varepsilon_{i+1},$$

und somit wegen (*):

$$f_{\nu_i} - 2\,\varepsilon_i < f_{\nu_{i+1}} - 2\,\varepsilon_{i+1}.$$

Es ist also die Folge $\{f_{\nu_i} - 2\,\varepsilon_i\}$ monoton wachsend, und da (Satz IX) zugleich mit f_{ν_i} auch $f_{\nu_i} - 2\,\varepsilon_i$ höchstens eine Funktion G_α ist, folgt wegen

$$f = \lim_{i = \infty} (f_{\nu_i} - 2\,\varepsilon_i)$$

aus Satz VII, daß auch f höchstens eine Funktion G_α ist. Damit ist Satz XII bewiesen.

§ 4. Borelsche Mengen.

In engster Beziehung zu den Baireschen Funktionen stehen gewisse Punktmengen, die durch iterierte Vereinigungs- und Durchschnittsbildungen, ausgehend von den abgeschlossenen und offenen Punktmengen gewonnen werden, und die wir als Borelsche Mengen bezeichnen wollen, weil É. Borel wiederholt auf ihre Bedeutung hingewiesen hat.

Sei $\mathfrak{A}$ eine gegebene Punktmenge. Wir bezeichnen die in $\mathfrak{A}$ abgeschlossenen Mengen als Mengen $\mathfrak{D}_1$ (in $\mathfrak{A}$)[2], die in $\mathfrak{A}$ offenen Mengen als Mengen $\mathfrak{B}_1$ (in $\mathfrak{A}$). Die Mengen $\mathfrak{D}_1$ und $\mathfrak{B}_1$ bezeichnen wir auch als die Mengen erster Ordnung (in $\mathfrak{A}$).

Nun definieren wir für jedes α der ersten oder zweiten Zahlklasse die Mengen α-ter Ordnung, die Mengen $\mathfrak{D}_\alpha$ und $\mathfrak{B}_\alpha$ durch Induktion. Wir nehmen an, diese Begriffe seien schon definiert für alle $\beta < \alpha$, und zwar so, daß die Mengen $\mathfrak{D}_\beta$ und $\mathfrak{B}_\beta$ zusammen die Mengen β-ter Ordnung bilden. Jede Menge β-ter Ordnung ($\beta < \alpha$) heißt von geringerer als α-ter Ordnung.

Und nun definieren wir: Die Vereinigung einer monoton wachsen-

---

[1] Vermöge der Schränkungstransformation können wir uns auf den Fall eigentlich gleichmäßiger Konvergenz beschränken.

[2] Der Zusatz „in $\mathfrak{A}$" wird weggelassen, wo kein Zweifel über die zugrunde gelegte Menge möglich ist.

den Folge von Mengen geringerer als α-ter Ordnung heißt, wenn sie nicht von geringerer als α-ter Ordnung ist, eine Menge $\mathfrak{B}_\alpha$, der Durchschnitt einer monoton abnehmenden Folge von Mengen geringerer als α-ter Ordnung heißt, wenn er nicht von geringerer als α-ter Ordnung ist, eine Menge $\mathfrak{D}_\alpha$. Die Mengen $\mathfrak{B}_\alpha$ und $\mathfrak{D}_\alpha$ heißen Mengen α-ter Ordnung.

Ist die Menge $\mathfrak{M}$ von α-ter oder geringerer Ordnung, so heißt sie von höchstens α-ter Ordnung; ist sie eine Menge $\mathfrak{B}_\alpha$ ($\mathfrak{D}_\alpha$) oder von geringerer als α-ter Ordnung, so sagen wir, sie sei höchstens eine Menge $\mathfrak{B}_\alpha$ ($\mathfrak{D}_\alpha$).

Die Mengen $\mathfrak{B}_\alpha$ und $\mathfrak{D}_\alpha$ (für irgendein α der ersten oder zweiten Zahlklasse) bezeichnen wir als Borelsche Mengen (in $\mathfrak{A}$), oder Borelsche Teile von $\mathfrak{A}$.

Satz I. Das Komplement zu $\mathfrak{A}$ einer Menge $\mathfrak{B}_\alpha$ (in $\mathfrak{A}$) ist eine Menge $\mathfrak{D}_\alpha$ (in $\mathfrak{A}$) und umgekehrt.

In der Tat, dies ist richtig für $\alpha = 1$. Angenommen, es sei richtig für $\alpha' < \alpha$. Ist $\mathfrak{M}$ eine Menge $\mathfrak{B}_\alpha$, so ist

$$\mathfrak{M} = \mathfrak{M}_1 \dotplus \mathfrak{M}_2 \dotplus \cdots \dotplus \mathfrak{M}_\nu \dotplus \cdots,$$

wo $\{\mathfrak{M}_\nu\}$ eine monoton wachsende Folge von Mengen geringerer als α-ter Ordnung. Dann aber ist:

$$\mathfrak{A} - \mathfrak{M} = (\mathfrak{A} - \mathfrak{M}_1) \cdot (\mathfrak{A} - \mathfrak{M}_2) \cdot \dots \cdot (\mathfrak{A} - \mathfrak{M}_\nu) \dots,$$

wo $\{\mathfrak{A} - \mathfrak{M}_\nu\}$ eine monoton abnehmende Folge von Mengen ist, deren jede, wegen des für $\alpha' < \alpha$ als richtig angenommenen Satzes I, von geringerer als α-ter Ordnung ist.

Demnach ist $\mathfrak{A} - \mathfrak{M}$ höchstens eine Menge $\mathfrak{D}_\alpha$. Wäre $\mathfrak{A} - \mathfrak{M}$ von geringerer als α-ter Ordnung, so zufolge dem für $\alpha' < \alpha$ als richtig angenommenen Satz I auch sein Komplement zu $\mathfrak{A}$, d. h. $\mathfrak{M}$. Da aber $\mathfrak{M}$ nach Annahme eine Menge $\mathfrak{B}_\alpha$, also nicht von geringerer als α-ter Ordnung ist, so ist Satz I bewiesen.

Wir beweisen nun durch Induktion gleichzeitig die drei Sätze:

Satz II[1]). Ist die Menge $\mathfrak{M}$ höchstens eine Menge $\mathfrak{B}_\alpha (\alpha > 1)$, so ist sie Vereinigung einer monoton wachsenden Mengenfolge $\{\mathfrak{M}_\nu\}$, in der jedes $\mathfrak{M}_\nu$ höchstens eine Menge $\mathfrak{D}_{\alpha_\nu} (\alpha_\nu < \alpha)$ ist.

Satz III. Sind die abzählbar vielen Mengen $\mathfrak{M}_\nu (\nu = 1, 2, \dots)$ höchstens Mengen $\mathfrak{B}_\alpha$, so auch ihre Vereinigung. Sind sie höchstens Mengen $\mathfrak{D}_\alpha$, so auch ihr Durchschnitt.

Satz IV. Sind die endlich vielen Mengen $\mathfrak{M}_\nu (\nu = 1, 2, \dots, n)$ höchstens Mengen $\mathfrak{B}_\alpha$, so auch ihr Durchschnitt. Sind sie höchstens Mengen $\mathfrak{D}_\alpha$, so auch ihre Vereinigung.

---

[1]) Ein analoger Satz gilt, wenn $\mathfrak{M}$ höchstens eine Menge $\mathfrak{D}_\alpha$ ist.

In der Tat, für $\alpha = 1$ sind die Behauptungen richtig: Satz II kommt für $\alpha = 1$ nicht in Frage, Satz III und IV aber reduzieren sich auf Kap. I, § 2, Satz IV, V, VI, VII.

Wir nehmen nun an, die Behauptungen von Satz II, III, IV treffen zu für alle $\alpha' < \alpha$, und beweisen, daß sie dann auch für α zutreffen.

Beweis von Satz II: Die Behauptung ist offenbar richtig, wenn α eine **Grenzzahl**; denn es ist zufolge Definition der Mengen $\mathfrak{B}_\alpha$:

$$(0) \qquad \mathfrak{M} = \mathfrak{N}_1 + \mathfrak{N}_2 + \dots + \mathfrak{N}_\nu + \dots,$$

wo $\{\mathfrak{N}_\nu\}$ monoton wachsend, und jedes $\mathfrak{N}_\nu$ von geringerer als α-ter Ordnung. Ist etwa $\mathfrak{N}_\nu$ von der Ordnung β_ν, so ist wegen $\beta_\nu < \alpha$ auch $\beta_\nu + 1 < \alpha$ und $\mathfrak{N}_\nu$ ist höchstens eine Menge $\mathfrak{D}_{\beta_\nu + 1}$.

Ist hingegen α eine **isolierte** Zahl, so haben wir drei Fälle zu unterscheiden.

1. Fall: $\mathfrak{M}$ ist höchstens eine Menge $\mathfrak{D}_{\alpha-1}$. Dann ist die Behauptung richtig; man hat nur zu setzen: $\mathfrak{M}_\nu = \mathfrak{M}$.

2. Fall: $\mathfrak{M}$ ist eine Menge $\mathfrak{B}_{\alpha-1}$. Dann ist die Behauptung richtig; denn für $\alpha > 2$[1]) gilt wieder (0), wo nun jedes $\mathfrak{N}_\nu$ von geringerer als $(\alpha - 1)$-ter Ordnung und mithin höchstens eine Menge $\mathfrak{D}_{\alpha-1}$.

3. Fall: $\mathfrak{M}$ ist eine Menge $\mathfrak{B}_\alpha$. Wieder gilt (0), wo nun jedes $\mathfrak{N}_\nu$ von geringerer als α-ter Ordnung. Gäbe es unter den $\mathfrak{N}_\nu$ unendlich viele, die höchstens Mengen $\mathfrak{B}_{\alpha-1}$ sind, so könnte (da $\{\mathfrak{N}_\nu\}$ monoton wächst) $\mathfrak{M}$ als Vereinigung dieser aufgefaßt werden, und wäre nach Satz III (der für $\alpha - 1$ als gültig angenommen ist) selbst höchstens eine Menge $\mathfrak{B}_{\alpha-1}$, entgegen der Annahme. Also sind fast alle $\mathfrak{N}_\nu$ Mengen $\mathfrak{D}_{\alpha-1}$. Indem man die endlich vielen $\mathfrak{N}_\nu$, die es nicht sind, wegläßt, entsteht aus $\{\mathfrak{N}_\nu\}$ die gewünschte Folge $\{\mathfrak{M}_\nu\}$, und Satz II ist bewiesen.

Beweis von Satz III: Sei

$$\mathfrak{M} = \mathfrak{M}_1 + \mathfrak{M}_2 + \dots + \mathfrak{M}_\nu + \dots,$$

wo jedes $\mathfrak{M}_\nu$ höchstens eine Menge $\mathfrak{B}_\alpha$. Es ist also nach Satz II:

$$(00) \qquad \mathfrak{M}_\nu = \mathfrak{M}_{\nu,1} + \mathfrak{M}_{\nu,2} + \dots + \mathfrak{M}_{\nu,\mu} + \dots,$$

wo jedes $\mathfrak{M}_{\nu,\mu}$ höchstens eine Menge $\mathfrak{D}_{\alpha_{\nu,\mu}}$ $(\alpha_{\nu,\mu} < \alpha)$. Wir bezeichnen mit $\overline{\mathfrak{M}}_k$ die Vereinigung der Mengen $\mathfrak{M}_{\nu,\mu}$ $(\nu = 1, 2, \dots, k;\ \mu = 1, 2, \dots, k)$. Nach Satz IV (der für $\alpha' < \alpha$ als gültig angenommen wurde) ist dann $\overline{\mathfrak{M}}_k$ von geringerer als α-ter Ordnung. Ferner ist:

$$\mathfrak{M} = \overline{\mathfrak{M}}_1 + \overline{\mathfrak{M}}_2 + \dots + \overline{\mathfrak{M}}_k + \dots.$$

---

[1]) Im Falle $\alpha = 2$ reduziert sich die Behauptung auf Kap. I, § 3, Satz IV.

Und da die Mengenfolge $\{\mathfrak{M}_k\}$ monoton wächst, ist $\mathfrak{M}$ von höchstens α-ter Ordnung. Damit ist die eine Hälfte von Satz III bewiesen. Analog beweist man die andre.

Beweis von Satz IV: Sei

$$\mathfrak{M} = \mathfrak{M}_1 \cdot \mathfrak{M}_2 \cdot \ldots \cdot \mathfrak{M}_n,$$

wo jedes $\mathfrak{M}_\nu$ höchstens eine Menge $\mathfrak{V}_\alpha$. Wieder gilt (00), und dabei kann nach Satz II stets angenommen werden, jedes $\mathfrak{M}_{\nu,\mu}$ sei höchstens eine Menge $\mathfrak{D}_{\alpha_{\nu,\mu}}$, wo $\alpha_{\nu,\mu} < \alpha$. Also ist nach Annahme für alle $\mu_i = 1, 2, \ldots$ der Durchschnitt $\mathfrak{M}_{1,\mu_1} \cdot \mathfrak{M}_{2,\mu_2} \cdot \ldots \cdot \mathfrak{M}_{n,\mu_n}$ von geringerer als α-ter Ordnung. Nun ist aber $\mathfrak{M}$ die Vereinigung aller Durchschnitte $\mathfrak{M}_{1,\mu_1} \cdot \mathfrak{M}_{2,\mu_2} \cdot \ldots \cdot \mathfrak{M}_{n,\mu_n}$ und mithin nach Satz III höchstens eine Menge $\mathfrak{V}_\alpha$. Damit ist die eine Hälfte von Satz IV bewiesen. Analog beweist man die andre.

Gemäß ihrer Definition waren die Mengen $\mathfrak{V}_\alpha$ Vereinigungen monoton wachsender Folgen, die Mengen $\mathfrak{D}_\alpha$ Durchschnitte monoton abnehmender Folgen von Mengen geringerer als α-ter Ordnung. Nun sehen wir, daß die Beschränkung auf monotone Mengenfolgen ohne weiteres wegbleiben kann.

Satz V. Die Vereinigung (der Durchschnitt) $\mathfrak{M}$ einer Folge $\{\mathfrak{M}_\nu\}$ von Mengen geringerer als α-ter Ordnung ist höchstens eine Menge $\mathfrak{V}_\alpha$ (bzw. $\mathfrak{D}_\alpha$).[1]

In der Tat, da jede Menge $\mathfrak{M}_\nu$ von geringerer als α-ter Ordnung, ist sie höchstens eine Menge $\mathfrak{V}_\alpha$ (bzw. $\mathfrak{D}_\alpha$), und Satz V ist in Satz III enthalten.

Daraus folgt sofort:

Satz VI. Die Vereinigung (der Durchschnitt) abzählbar vieler Borelscher Mengen in $\mathfrak{A}$ ist eine Borelsche Menge in $\mathfrak{A}$.

Sei in der Tat:

$$\mathfrak{M} = \mathfrak{M}_1 + \mathfrak{M}_2 + \ldots + \mathfrak{M}_\nu + \ldots,$$

wo jedes $\mathfrak{M}_\nu$ eine Borelsche Menge, und zwar sei $\mathfrak{M}_\nu$ von α_ν-ter Ordnung. Nach Einleitung § 4, Satz XIII gibt es ein α der ersten oder zweiten Zahlklasse, das größer als alle α_ν ist. Dann sind alle $\mathfrak{M}_\nu$ von geringerer als α-ter Ordnung; nach Satz V ist also $\mathfrak{M}$ höchstens eine Menge $\mathfrak{V}_\alpha$, und Satz VI ist bewiesen.

---

[1] Aus Satz V entnimmt man sofort: „α-Vereinigung in $\mathfrak{A}$" heißt dasselbe wie: „höchstens Menge $\mathfrak{V}_\beta$ in $\mathfrak{A}$"; „o-Durchschnitt in $\mathfrak{A}$" heißt dasselbe wie: „höchstens Menge $\mathfrak{D}_\beta$ in $\mathfrak{A}$".

Wegen einer künftigen Anwendung zeigen wir noch:

Satz VII. Ist $\mathfrak{B} < \mathfrak{A}$ und $\mathfrak{C}$ höchstens eine Menge $\mathfrak{D}_\alpha(\mathfrak{B}_\alpha)$ in $\mathfrak{B}$, so ist:

$$(\times) \qquad \mathfrak{C} = \mathfrak{B} \cdot \mathfrak{C}^*,$$

wo $\mathfrak{C}^*$ höchstens eine Menge $\mathfrak{D}_\alpha(\mathfrak{B}_\alpha)$ in $\mathfrak{A}$.

Die Behauptung ist richtig für $\alpha = 1$ (Kap. I, § 3, Satz XII). Angenommen sie sei richtig für alle $\alpha' < \alpha$. Es ist:

$$\mathfrak{C} = \mathfrak{C}_1 \cdot \mathfrak{C}_2 \cdot \ldots \cdot \mathfrak{C}_\nu \cdot \ldots,$$

wo alle $\mathfrak{C}_\nu$ von geringerer als α-ter Ordnung in $\mathfrak{B}$ sind, und daher die Form haben:

$$\mathfrak{C}_\nu = \mathfrak{B} \cdot \mathfrak{C}_\nu^* \qquad (\mathfrak{C}_\nu^* \text{ von geringerer als } \alpha\text{-ter Ordnung in } \mathfrak{A}).$$

Setzen wir also:

$$\mathfrak{C}^* = \mathfrak{C}_1^* \cdot \mathfrak{C}_2^* \cdot \ldots \cdot \mathfrak{C}_\nu^* \cdot \ldots,$$

so ist $\mathfrak{C}^*$ höchstens eine Menge $\mathfrak{D}_\alpha$ in $\mathfrak{A}$, und da:

$$\mathfrak{C} = \mathfrak{B} \cdot \mathfrak{C}_1^* \cdot \mathfrak{C}_2^* \cdot \ldots \cdot \mathfrak{C}_\nu^* \cdot \ldots = \mathfrak{B} \cdot \mathfrak{C}^*,$$

ist Satz VII ist bewiesen.

Satz VIII. Ist $\mathfrak{B}$ höchstens eine Menge $\mathfrak{D}_\alpha$ in $\mathfrak{A}$ und $\mathfrak{C}$ höchstens eine Menge $\mathfrak{D}_\alpha$ in $\mathfrak{B}$, so ist $\mathfrak{C}$ auch höchstens eine Menge $\mathfrak{D}_\alpha$ in $\mathfrak{A}$.

In der Tat, dies folgt vermöge Satz III unmittelbar aus $(\times)$ von Satz VII, da darin nun sowohl $\mathfrak{B}$ als $\mathfrak{C}^*$ höchstens Mengen $\mathfrak{D}_\alpha$ (in $\mathfrak{A}$) sind.

Wie wir in Kap. I, § 8, Satz IX sahen, ist jeder o-Durchschnitt in einer separablen vollständigen Menge abzählbar oder von der Mächtigkeit c. Wir wollen nun zeigen[1]), daß dasselbe für alle Borelschen Mengen gilt (unter denen ja die o-Durchschnitte als Spezialfall enthalten sind). Wir zeigen zunächst:

Satz IX. In einer separablen und vollständigen Menge besitzt jede nicht abzählbare Borelsche Menge einen (nicht leeren) perfekten Teil.

Sei zunächst $\mathfrak{B}$ irgendeine Borelsche Menge von einer Ordnung $\alpha > 1$. Sie kann in folgender Form dargestellt werden:

$$(*) \qquad \mathfrak{B} = \mathfrak{B}_1 \cdot \mathfrak{B}_2 \cdot \ldots \cdot \mathfrak{B}_\nu \cdot \ldots$$
$$\mathfrak{B}_\nu = \mathfrak{B}_\nu^1 + \mathfrak{B}_\nu^2 + \ldots + \mathfrak{B}_\nu^\mu + \ldots,$$

wo jede Menge $\mathfrak{B}_\nu^\mu$ eine Borelsche Menge von geringerer als α-ter

---

[1]) F. **Hausdorff**, Math. Ann. 77 (1916), 430.

Ordnung und $\mathfrak{B}_\nu'' < \mathfrak{B}_\nu''^{+1}$. In der Tat, dies ist richtig, wenn $\mathfrak{B}$ eine Menge $\mathfrak{D}_\alpha$, denn dann können schon die $\mathfrak{B}_\nu$ von geringerer als α-ter Ordnung angenommen werden, und man kann dann $\mathfrak{B}_\nu'' = \mathfrak{B}_\nu$ setzen; es ist aber auch richtig, wenn $\mathfrak{B}$ eine Menge $\mathfrak{B}_\alpha$, denn dann kann man $\mathfrak{B}_\nu = \mathfrak{B}$ setzen, und sodann die $\mathfrak{B}_\nu''$ von geringerer als α-ter Ordnung wählen.

Ist $\mathfrak{B}$ von erster Ordnung, so gilt wieder eine Darstellung (*), wo nun die $\mathfrak{B}_\nu''$ offene Mengen bedeuten; in der Tat, da die Menge $\mathfrak{B}$ von erster Ordnung, ist sie offen oder abgeschlossen. Im ersten Falle kann man setzen $\mathfrak{B} = \mathfrak{B}_\nu = \mathfrak{B}_\nu''$, im zweiten kann man nach Kap. I, § 3, Satz III für die $\mathfrak{B}_\nu$ offene Mengen wählen, und sodann $\mathfrak{B}_\nu'' = \mathfrak{B}_\nu$ setzen.

Sei nun $\mathfrak{A}$ irgendeine Borelsche Menge. Nach (*) kann sie in der Form dargestellt werden:

$$\mathfrak{A} = \mathfrak{A}_1 \cdot \mathfrak{A}_2 \cdot \ldots \cdot \mathfrak{A}_\nu \cdot \ldots$$

(**)
$$\mathfrak{A}_\nu = \mathfrak{A}_\nu^1 + \mathfrak{A}_\nu^2 + \ldots + \mathfrak{A}_\nu'' + \ldots,$$

wo (falls nicht $\mathfrak{A}$ von erster Ordnung) jedes $\mathfrak{A}_\nu''$ von geringerer Ordnung als $\mathfrak{A}$ und:

(***)
$$\mathfrak{A}_\nu'' < \mathfrak{A}_\nu''^{+1}.$$

Für jede einzelne der Mengen $\mathfrak{A}_\nu''$, etwa für $\mathfrak{A}_{\nu_1}''^{1}$, gilt wieder nach (*):

$$\mathfrak{A}_{\nu_1}''^{1} = \mathfrak{A}_{\nu_1,1}''^{1} \cdot \mathfrak{A}_{\nu_1,2}''^{1} \cdot \ldots \cdot \mathfrak{A}_{\nu_1,\nu}''^{1} \cdot \ldots$$

(*_**)
$$\mathfrak{A}_{\nu_1,\nu}''^{1} = \mathfrak{A}_{\nu_1,\nu}''^{1 \cdot 1} + \mathfrak{A}_{\nu_1,\nu}''^{1 \cdot 2} + \ldots + \mathfrak{A}_{\nu_1,\nu}''^{1,''} + \ldots,$$

wo (falls nicht $\mathfrak{A}_{\nu_1}''^{1}$ von erster Ordnung) jedes $\mathfrak{A}_{\nu_1,\nu}''^{1,''}$ von geringerer Ordnung als $\mathfrak{A}_{\nu_1}''^{1}$ und:

(_**_*)
$$\mathfrak{A}_{\nu_1,\nu}''^{1,''} < \mathfrak{A}_{\nu_1,\nu}''^{1,''+1}.$$

Für jede einzelne dieser Mengen $\mathfrak{A}_{\nu_1,\nu}''^{1,''}$, etwa für $\mathfrak{A}_{\nu_1,\nu_2}''^{1,''_2}$ gilt wieder eine Darstellung durch Mengen $\mathfrak{A}_{\nu_1,\nu_2,\nu}''^{1,''_2,''}$ usf.

Sind die beiden Indizesfolgen $\{\mu_n\}$, $\{\nu_n\}$ beliebig gegeben, so können auf diese Weise die Mengen gebildet werden:

(†)
$$\mathfrak{A}_{\nu_1}''^{1}, \; \mathfrak{A}_{\nu_1,\nu_2}''^{1,''_2}, \; \ldots, \; \mathfrak{A}_{\nu_1,\nu_2,\ldots,\nu_n}''^{1,''_2,\ldots,''_n}, \; \ldots$$

Wir behaupten: In jeder solchen Folge sind fast alle Mengen offen. In der Tat, ist α_n die Ordnung von $\mathfrak{A}_{\nu_1,\nu_2,\ldots,\nu_n}''^{1,''_2,\ldots,''_n}$, so ist $\alpha_n > \alpha_{n+1}$, wenn nicht $\alpha_n = 1$. Also muß $\alpha_n = 1$ sein für fast alle n, da wir sonst eine stets abnehmende Folge von Ordinalzahlen hätten, entgegen der Tatsache (Einleitung § 4, Satz VIII), daß die Ordinalzahlen $< \alpha_1$ eine wohlgeordnete Menge bilden. Ist aber $\alpha_n = 1$, so ist $\mathfrak{A}^{\mu_1,\,\mu_2,\,\ldots,\,\mu_{n+1}}_{\nu_1,\,\nu_2,\,\ldots,\,\nu_{n+1}}$ offen; dasselbe gilt dann für alle folgenden Mengen, und die Behauptung ist bewiesen.

Bemerken wir noch, daß alle möglichen Indizeskombinationen $(\nu_1, \nu_2, \ldots, \nu_n)$ in eine Folge geordnet werden können nach wachsender Indizessumme[1]):

$$(1);\ (2), (1,1);\ (3), (2,1), (1,2), (1,1,1);\ \ldots$$

Nach Annahme ist $\mathfrak{A}$ nicht abzählbar. Wegen (**) ist:

$$\mathfrak{A} = \mathfrak{A}\mathfrak{A}_1 = \mathfrak{A}\mathfrak{A}_1^1 + \mathfrak{A}\mathfrak{A}_1^2 + \cdots + \mathfrak{A}\mathfrak{A}_1^\lambda + \cdots$$

Es ist also auch mindestens eine der Mengen $\mathfrak{A}\mathfrak{A}_1^\lambda$ nicht abzählbar, etwa $\mathfrak{A}\mathfrak{A}_1^{\lambda_1}$. Nach Kap. I, § 7, Satz XIV, XVII gibt es in $\mathfrak{A}\mathfrak{A}_1^{\lambda_1}$ gewiß zwei Kondensationspunkte a_0 und a_1. Dann gibt es ein ϱ_1:

$$0 < \varrho_1 \leqq \tfrac{1}{2},$$

so daß die abgeschlossenen Umgebungen $\overline{\mathfrak{U}}(a_0; \varrho_1)$, $\overline{\mathfrak{U}}(a_1; \varrho_1)$ die folgenden Eigenschaften haben:

1. Sie sind fremd;
2. falls $\mathfrak{A}_1^{\lambda_1}$ offen ist, liegen sie in $\mathfrak{A}_1^{\lambda_1}$.

Wir schreiben abkürzend:

$$\overline{\mathfrak{U}}(a_0; \varrho_1) = \overline{\mathfrak{U}}_0; \quad \overline{\mathfrak{U}}(a_1; \varrho_1) = \overline{\mathfrak{U}}_1.$$

Wir unternehmen nun den zweiten Schritt unsres Verfahrens, in den solche Mengen (†) eingehen, bei denen die untere Indizessumme 2 ist.

Da jede der beiden Mengen:

$$\overline{\mathfrak{U}}_i\, \mathfrak{A}\mathfrak{A}_1^{\lambda_1} \qquad (i = 0, 1)$$

nicht abzählbar ist, und da nach (**)

$$\overline{\mathfrak{U}}_i \cdot \mathfrak{A} \cdot \mathfrak{A}_1^{\lambda_1} = \overline{\mathfrak{U}}_i \cdot \mathfrak{A} \cdot \mathfrak{A}_1^{\lambda_1} \cdot \mathfrak{A}_2 = \overline{\mathfrak{U}}_i \cdot \mathfrak{A} \cdot \mathfrak{A}_1^{\lambda_1} \cdot \mathfrak{A}_2^1 + \overline{\mathfrak{U}}_i \cdot \mathfrak{A} \cdot \mathfrak{A}_1^{\lambda_1} \cdot \mathfrak{A}_2^2 + \cdots$$

$$+ \overline{\mathfrak{U}}_i \cdot \mathfrak{A} \cdot \mathfrak{A}_1^{\lambda_1} \cdot \mathfrak{A}_2^\lambda + \cdots,$$

so ist wieder mindestens eine der Mengen $\overline{\mathfrak{U}}_i \cdot \mathfrak{A} \cdot \mathfrak{A}_1^{\lambda_1} \cdot \mathfrak{A}_2^\lambda$ nicht abzählbar, etwa $\overline{\mathfrak{U}}_i \cdot \mathfrak{A} \cdot \mathfrak{A}_1^{\lambda_1} \cdot \mathfrak{A}_2^{\lambda_2}$ (wobei wegen (***) offenbar λ_2 für die beiden Fälle $i = 0, 1$ gemeinsam gewählt werden kann).

In ganz derselben Weise erschließt man aus (*_**), daß auch mindestens eine der Mengen:

$$\overline{\mathfrak{U}}_i \cdot \mathfrak{A} \cdot \mathfrak{A}_1^{\lambda_1} \cdot \mathfrak{A}_2^{\lambda_2} \cdot \mathfrak{A}_{1,1}^{\lambda_1,\lambda}$$

---

[1]) Die endlich vielen Kombinationen gleicher Summe können dabei in beliebiger Reihenfolge angeschrieben werden.

nicht abzählbar ist, etwa: $\overline{\mathfrak{U}}_i \cdot \mathfrak{A} \cdot \mathfrak{A}_1^{\lambda_1} \cdot \mathfrak{A}_2^{\lambda_2} \cdot \mathfrak{A}_{1,1}^{\lambda_1,\lambda_1,1}$ (wobei wegen $(_*^*_*)$ wieder $\lambda_{1,1}$ für $i = 0$ und 1 gemeinsam gewählt werden kann). Es gibt also wieder in $\overline{\mathfrak{U}}_i \cdot \mathfrak{A} \cdot \mathfrak{A}_1^{\lambda_1} \cdot \mathfrak{A}_2^{\lambda_2} \cdot \mathfrak{A}_{1,1}^{\lambda_1,\lambda_1,1}$ zwei Kondensationspunkte $a_{i,0}$, $a_{i,1}$. Dann gibt es ein ϱ_2:

$$0 < \varrho_2 \leqq \frac{1}{2^2},$$

so daß die abgeschlossenen Umgebungen $\overline{\mathfrak{U}}\,(a_{i,j}; \varrho_2)$ $(i,j = 0, 1)$ die folgenden Eigenschaften haben:

1. Sie sind fremd;

2. sie gehören jeder der beiden Mengen $\mathfrak{A}_2^{\lambda_2}$, $\mathfrak{A}_{1,1}^{\lambda_1,\lambda_1,1}$ an, die etwa offen ist;

3. $\overline{\mathfrak{U}}\,(a_{i,j}; \varrho_2) \prec \overline{\mathfrak{U}}\,(a_i; \varrho_1)$.

Wir schreiben abkürzend:

$$\overline{\mathfrak{U}}_{i,j} = \overline{\mathfrak{U}}\,(a_{i,j}; \varrho_2).$$

Nun unternehmen wir in derselben Weise den **dritten** Schritt unsres Verfahrens, in den solche Mengen (†) eingehen, bei denen die untere Indizessumme 3 ist. Wir finden so Mengen:

$$\overline{\mathfrak{U}}_{i,j}\,\mathfrak{A} \cdot \mathfrak{A}_1^{\lambda_1} \cdot \mathfrak{A}_2^{\lambda_2} \cdot \mathfrak{A}_{1,1}^{\lambda_1,\lambda_1,1} \cdot \mathfrak{A}_3^{\lambda_3} \cdot \mathfrak{A}_{2,1}^{\lambda_2,\lambda_2,1} \cdot \mathfrak{A}_{1,2}^{\lambda_1,\lambda_1,2} \cdot \mathfrak{A}_{1,1,1}^{\lambda_1,\lambda_1,1,\lambda_1,1,1} \qquad (i,j = 0, 1),$$

die nicht abzählbar sind, und sodann Kondensationspunkte $a_{i,j,k}$ $(i,j,k = 0, 1)$ in diesen Mengen mit abgeschlossenen Umgebungen $\overline{\mathfrak{U}}\,(a_{i,j,k}; \varrho_3)$ $\left(0 < \varrho_3 \leqq \frac{1}{2^3}\right)$, die folgenden Bedingungen genügen:

1. Sie sind fremd;

2. sie gehören jeder der Mengen $\mathfrak{A}_3^{\lambda_3}$, $\mathfrak{A}_{2,1}^{\lambda_2,\lambda_2,1}$, $\mathfrak{A}_{1,2}^{\lambda_1,\lambda_1,2}$, $\mathfrak{A}_{1,1,1}^{\lambda_1,\lambda_1,1,\lambda_1,1,1}$ an, die etwa offen ist;

3. $\overline{\mathfrak{U}}\,(a_{i,j,k}; \varrho_3) \prec \overline{\mathfrak{U}}\,(a_{i,j}; \varrho_2)$.

Wir setzen wieder:

$$\overline{\mathfrak{U}}\,(a_{i,j,k}; \varrho_3) = \overline{\mathfrak{U}}_{i,j,k}.$$

In dieser Weise fortfahrend erhält man zu jeder Folge $i_1, i_2, \ldots, i_n$ von Ziffern $0, 1$ eine Menge $\overline{\mathfrak{U}}_{i_1,i_2,\ldots,i_n}$. Wir bezeichnen mit $\overline{\mathfrak{U}}_n$ die Vereinigung aller dieser Mengen $\overline{\mathfrak{U}}_{i_1,i_2,\ldots,i_n}$ mit n Indizes, und bilden den Durchschnitt:

$$(\dagger\dagger) \qquad \mathfrak{D} = \overline{\mathfrak{U}}_1 \cdot \overline{\mathfrak{U}}_2 \cdot \ldots \cdot \overline{\mathfrak{U}}_n \ldots$$

Wie beim Beweise von Kap. I, § 8, Satz VI sehen wir, daß $\mathfrak{D}$ perfekt ist. Es bleibt also nur mehr zu zeigen, daß:

$$\mathfrak{D} \prec \mathfrak{A}.$$

Sei zu dem Zwecke a ein nicht zu $\mathfrak{A}$ gehöriger Punkt. Wegen der ersten Formel (**) gehört er dann auch mindestens einer Menge $\mathfrak{A}_\nu$ nicht an, etwa der Menge $\mathfrak{A}_{\nu_1}$. Wegen der zweiten Formel (**) gehört er dann keiner Menge $\mathfrak{A}_{\nu_1}''$, insbesondere auch nicht der beim ν_1-ten Schritte unsres obigen Verfahrens auftretenden Menge $\mathfrak{A}\binom{\lambda_{\nu_1}}{\nu_1}$ an. Daher gehört er, wegen der ersten Formel (*_**) mindestens einer Menge $\mathfrak{A}\binom{\lambda_{\nu_1}}{\nu_1 \cdot \nu}$ nicht an, etwa $\mathfrak{A}\binom{\lambda_{\nu_1}}{\nu_1, \nu_2}$, und daher gehört er wegen der zweiten Formel (*_**) keiner der Mengen $\mathfrak{A}\binom{\lambda_{\nu_1} \cdot \nu}{\nu_1, \nu_2}$ an, insbesondere auch nicht der beim $(\nu_1 + \nu_2)$-ten Schritte unsres Verfahrens auftretenden Menge $\mathfrak{A}\binom{\lambda_{\nu_1}, \lambda_{\nu_1, \nu_2}}{\nu_1, \nu_2}$. Indem man so fort schließt, erhält man eine unendliche Folge von Mengen

$$(\dagger\dagger\dagger) \qquad \mathfrak{A}\binom{\lambda_{\nu_1}}{\nu_1}, \ \mathfrak{A}\binom{\lambda_{\nu_1}, \lambda_{\nu_1, \nu_2}}{\nu_1, \nu_2}, \ \mathfrak{A}\binom{\lambda_{\nu_1}, \lambda_{\nu_1, \nu_2}, \lambda_{\nu_1, \nu_2, \nu_3}}{\nu_1, \nu_2, \nu_3}, \ \dots$$

denen der Punkt a nicht angehört. Die Folge $(\dagger\dagger\dagger)$ ist nun eine Folge $(\dagger)$, fast alle ihre Glieder sind also offene Mengen. Wegen Eigenschaft 2. der von uns benutzten $\mathfrak{U}_{i_1, i_2, \dots, i_n}$ ist demnach für fast alle n $\mathfrak{U}_n$ Teil einer Menge aus $(\dagger\dagger\dagger)$. In allen diesen $\mathfrak{U}_n$ ist mithin a nicht enthalten, und daher wegen $(\dagger\dagger)$ auch nicht in $\mathfrak{D}$. Ein nicht in $\mathfrak{A}$ enthaltener Punkt ist also auch in $\mathfrak{D}$ nicht enthalten, d. h. es ist $\mathfrak{D} \prec \mathfrak{A}$ wie behauptet. Damit aber ist Satz IX bewiesen.

Nach Kap. I, § 8, Satz IX und Kap. I, § 7, Satz I ist damit zugleich gezeigt:

Satz X. In einer separablen und vollständigen Menge ist jede Borelsche Menge entweder abzählbar oder von der Mächtigkeit $\mathfrak{c}$.

§ 5. Die Ordnung einer Baireschen Funktion, charakterisiert durch Borelsche Mengen.

Wir wollen nun zeigen, wie die Ordnung einer Baireschen Funktion durch gewisse Borelsche Mengen charakterisiert werden kann[1]. Wir werden dabei mit $\mathfrak{A}(f > p)$ die Menge aller Punkte von $\mathfrak{A}$ bezeichnen, in denen $f > p$ ist. Analoges bedeuten Symbole wie $\mathfrak{A}(f < p)$, $\mathfrak{A}(f \geqq p)$, $\mathfrak{A}(f = p)$, $\mathfrak{A}(p < f < q)$ usw. Wir gehen aus von der Bemerkung:

---

[1] Vgl. W. H. Young, Lond. Proc. (2) 12 (1912), 279. Von einem allgemeineren Gesichtspunkte aus werden die in §§ 5—8 besprochenen Fragen behandelt in einer während der Drucklegung erschienenen Abhandlung von F. Hausdorff, Math. Zeitschr. 5 (1919), 298.

Satz I. Ist $\mathfrak{M}$ höchstens eine Menge $\mathfrak{B}_\alpha$ in $\mathfrak{A}$, und ist $f = 1$ auf $\mathfrak{M}$ und $f = 0$ auf $\mathfrak{A} - \mathfrak{M}$, so ist f höchstens eine Funktion G_α auf $\mathfrak{A}$. Ist $\mathfrak{M}$ höchstens eine Menge $\mathfrak{D}_\alpha$ in $\mathfrak{A}$, und ist $f = 1$ auf $\mathfrak{M}$ und $f = 0$ auf $\mathfrak{A} - \mathfrak{M}$, so ist f höchstens eine Funktion g_α auf $\mathfrak{A}$[1]).

In der Tat, die Behauptung ist richtig für $\alpha = 1$, da die Mengen $\mathfrak{B}_1$ und $\mathfrak{D}_1$ offen bzw. abgeschlossen in $\mathfrak{A}$, die Funktionen G_1 und g_1 unterhalb bzw. oberhalb stetig auf $\mathfrak{A}$ sind.

Angenommen, die Behauptung sei richtig für alle $\alpha' < \alpha$. Ist $\mathfrak{M}$ höchstens eine Menge $\mathfrak{B}_\alpha$, so gibt es eine monoton wachsende Folge $\{\mathfrak{M}_\nu\}$ von Mengen geringerer als α-ter Ordnung, so daß:

$$\mathfrak{M} = \mathfrak{M}_1 + \mathfrak{M}_2 + \ldots + \mathfrak{M}_\nu + \ldots$$

Wir bilden die Funktion:

$$f_\nu = 1 \text{ auf } \mathfrak{M}_\nu; \quad f_\nu = 0 \text{ auf } \mathfrak{A} - \mathfrak{M}_\nu.$$

Nach Annahme ist sie von geringerer als α-ter Ordnung. Ferner ist $\{f_\nu\}$ monoton wachsend, und es ist:

$$f = \lim_{\nu \to \infty} f_\nu.$$

Also ist f höchstens eine Funktion G_α. Damit ist die eine Hälfte von Satz I bewiesen. Analog beweist man die andre.

Satz II. Damit f höchstens eine Funktion G_α auf $\mathfrak{A}$ sei, ist notwendig und hinreichend, daß für jedes p die Menge $\mathfrak{A}(f > p)$ höchstens eine Menge $\mathfrak{B}_\alpha$ sei[2]).

Der Satz ist richtig für $\alpha = 1$, da er sich dann auf Kap. II, § 9, Satz IV reduziert; in der Tat ist dann f unterhalb stetig, die Menge $\mathfrak{A}(f \leq p)$ abgeschlossen in $\mathfrak{A}$, die Menge $\mathfrak{A}(f > p)$ demnach offen in $\mathfrak{A}$, d. h. eine Menge $\mathfrak{B}_1$.

Wir nehmen nun den Satz sowie den entsprechenden Satz für Funktionen g_α (Fußn. 2) als richtig an für alle $\alpha' < \alpha$, und zeigen, daß er dann auch für α gilt.

Die Bedingung ist notwendig. Sei in der Tat f höchstens eine Funktion G_α und $\{f_\nu\}$ eine monoton wachsende Folge von Funktionen geringerer als α-ter Ordnung mit

$$\lim_{\nu \to \infty} f_\nu = f.$$

---

[1]) Die Zahlen 0 und 1 sind dabei nur der Einfachheit halber gewählt. Es kann 0 ersetzt werden durch irgendeine Zahl a, und 1 durch irgendeine Zahl $b > a$.

[2]) Den entsprechenden Satz für Funktionen g_α erhält man, indem man $\mathfrak{A}(f > p)$ durch $\mathfrak{A}(f < p)$ ersetzt.

Nach § 3, Satz VIII können wir annehmen, f_ν sei höchstens eine Funktion g_{α_ν} $(\alpha_\nu < \alpha)$. Indem wir noch f_ν ersetzen durch $f_\nu - \dfrac{1}{\nu}$, können wir annehmen, die Folge $\{f_\nu\}$ sei stets wachsend[1]). Dann ist:

$$\mathfrak{A}\,(f \leqq p) = \mathfrak{A}\,(f_1 < p) \cdot \mathfrak{A}\,(f_2 < p) \cdot \ldots \cdot \mathfrak{A}\,(f_\nu < p) \cdots$$

Da aber für alle $\alpha' < \alpha$ der dem Satz II analoge Satz für Funktionen $g_{\alpha'}$ als richtig vorausgesetzt wurde, ist jede Menge $\mathfrak{A}\,(f_\nu < p)$ von geringerer als α-ter Ordnung, und somit $\mathfrak{A}\,(f \leqq p)$ höchstens eine Menge $\mathfrak{D}_\alpha$, und endlich (§ 4, Satz I) $\mathfrak{A}\,(f > p)$ höchstens eine Menge $\mathfrak{B}_\alpha$.

Die Bedingung ist hinreichend. Angenommen in der Tat, sie sei erfüllt. Vermöge der Schränkungstransformation (§ 3, Satz III) können wir f als beschränkt annehmen:

$$u < f < v.$$

Wir teilen das Intervall $[u, v]$ in ν gleiche Teile durch Einschalten der Teilpunkte:

$$u = u_0^{(\nu)} < u_1^{(\nu)} < \ldots < u_{\nu-1}^{(\nu)} < u_\nu^{(\nu)} = v,$$

und setzen:

$$f_\nu = u_i^{(\nu)} \text{ auf } \mathfrak{A}\,(u_{i-1}^{(\nu)} < f \leqq u_i^{(\nu)}) \qquad (i = 1, 2, \ldots, \nu).$$

Dann konvergiert $\{f_\nu\}$ gleichmäßig gegen f.

Nach Voraussetzung ist jede der Mengen $\mathfrak{A}\,(f > u_i^{(\nu)})$ $(i = 0.\,1, \ldots, \nu - 1)$ höchstens eine Menge $\mathfrak{B}_\alpha$. Die durch:

$$f_{\nu,1} = u_1^{(\nu)} \quad \text{auf } \mathfrak{A};$$

$$f_{\nu,i} = u_i^{(\nu)} - u_{i-1}^{(\nu)} \quad \text{auf } \mathfrak{A}\,(f > u_{i-1}^{(\nu)}); \quad f_{\nu,i} = 0 \quad \text{auf } \mathfrak{A}\,(f \leqq u_{i-1}^{(\nu)})$$

definierten Funktionen sind also nach Satz I höchstens Funktionen G_α; also ist auch

$$f_\nu = f_{\nu,1} + f_{\nu,2} + \ldots + f_{\nu,\nu}$$

höchstens eine Funktion G_α (§ 3, Satz IX) und somit auch f (§ 3, Satz XII).

Satz III. Damit f eine Funktion G_α auf $\mathfrak{A}$ sei, ist notwendig und hinreichend, daß für jedes p die Menge $\mathfrak{A}\,(f > p)$ höchstens eine Menge $\mathfrak{B}_\alpha$ sei, während für kein $\beta < \alpha$ alle Mengen $\mathfrak{A}\,(f > p)$ und ebenso für kein $\beta < \alpha$ alle Mengen $\mathfrak{A}\,(f < p)$ höchstens Mengen $\mathfrak{B}_\beta$ sind[2]).

---

[1]) Dabei sind die f_ν als endlich vorausgesetzt, was durch die Schränkungstransformation stets erreicht werden kann.

[2]) Den entsprechenden Satz für Funktionen g_α erhält man, indem man die Mengen $\mathfrak{A}\,(f > p)$ und $\mathfrak{A}\,(f < p)$ miteinander vertauscht.

Die Bedingung ist notwendig. Sei in der Tat f eine Funktion G_α. Nach Satz II ist jede Menge $\mathfrak{A}(f > p)$ höchstens eine Menge $\mathfrak{B}_\alpha$. Angenommen nun, es gäbe ein β, so daß alle Mengen $\mathfrak{A}(f > p)$ auch höchstens Mengen $\mathfrak{B}_\beta$ wären, so wäre nach Satz II f höchstens eine Funktion G_β entgegen der Annahme. Gäbe es ferner ein $\beta < \alpha$, so daß alle Mengen $\mathfrak{A}(f < p)$ höchstens Mengen $\mathfrak{B}_\beta$ wären, so wäre nach Satz II (Fußn. 2) f höchstens eine Funktion g_β entgegen der Annahme.

Die Bedingung ist hinreichend. Denn ist sie erfüllt, so ist f zunächst nach Satz II höchstens eine Funktion G_α. Wäre nun f nicht wirklich eine Funktion G_α, so wäre f für ein $\beta < \alpha$ eine Funktion G_β oder g_β. Nach Satz II wären dann alle Mengen $\mathfrak{A}(f > p)$ bzw. alle Mengen $\mathfrak{A}(f < p)$ höchstens Mengen $\mathfrak{B}_\beta$, entgegen der Annahme. Damit ist Satz III bewiesen.

Wir lassen hier noch einen Hilfssatz folgen, den wir weiterhin brauchen werden, und der, für den Fall, daß α eine isolierte Zahl ist, eine Ergänzung zu Satz I bringt.

Satz IV. Ist α eine isolierte Zahl > 1, und $\mathfrak{M}$ höchstens eine Menge $\mathfrak{D}_\alpha$ in $\mathfrak{A}$, so gibt es eine Funktion f, die höchstens eine Funktion $g_{\alpha-1}$ ist, so daß:

$$f = 0 \text{ auf } \mathfrak{M}; \quad 0 < f \leqq 1 \text{ auf } \mathfrak{A} - \mathfrak{M}.$$

In der Tat, da $\mathfrak{A} - \mathfrak{M}$ höchstens eine Menge $\mathfrak{B}_\alpha$ ist (§ 4, Satz I), so gibt es eine Darstellung (§ 4, Satz II):

$$\mathfrak{A} - \mathfrak{M} = \mathfrak{M}_1 \dotplus \mathfrak{M}_2 \dotplus \cdots \dotplus \mathfrak{M}_\nu \dotplus \cdots,$$

wo jedes $\mathfrak{M}_\nu$ höchstens eine Menge $\mathfrak{D}_{\alpha-1}$. Nach Satz I ist also die Funktion f_ν, die gegeben ist durch:

$$f_\nu = \frac{1}{2^\nu} \text{ auf } \mathfrak{M}_\nu; \quad f_\nu = 0 \text{ auf } \mathfrak{A} - \mathfrak{M}_\nu$$

höchstens eine Funktion $g_{\alpha-1}$. Nach § 3, Satz XII ist also auch:

$$f = \sum_{\nu=1}^{\infty} f_\nu$$

höchstens eine Funktion $g_{\alpha-1}$, womit Satz IV bewiesen ist.

§ 6. Zusammenhang zwischen Klasse und Ordnung einer Baireschen Funktion.

Nunmehr sind wir in der Lage, den Zusammenhang zwischen Klasse und Ordnung einer Baireschen Funktion festzustellen[1]).

---

[1]) Vgl. zum Folgenden W. H. Young, Lond. Proc. (2) 12 (1912), 283.

Satz I. Die Gesamtheit aller Funktionen höchstens α-ter Klasse besteht aus allen Funktionen höchstens α-ter Ordnung, und allen Funktionen $(\alpha+1)$-ter Ordnung, die sowohl Funktionen $G_{\alpha+1}$ als auch Funktionen $g_{\alpha+1}$ sind.

Die Behauptung ist richtig für $\alpha = 0$; denn die Gesamtheit der Funktionen 0-ter Klasse (d. h. der stetigen Funktionen) ist identisch mit der Gesamtheit jener, die sowohl Funktionen G_1 als g_1, d. h. sowohl unterhalb als oberhalb stetig sind.

Wir nehmen nun die Behauptung als richtig an für alle $\alpha' < \alpha$, und zeigen, daß sie dann auch für α gilt.

1. Teil des Beweises. Sei f von höchstens α-ter Klasse. Dann ist:

$$f = \lim_{\nu \ \infty} f_\nu,$$

wo jedes f_ν von geringerer als α-ter Klasse. Wir bezeichnen mit $\overline{f}_{\nu,k}$ den größten unter den $k+1$ Funktionswerten $f_\nu, f_{\nu+1}, \ldots, f_{\nu+k}$. Nach § 1, Satz VIII ist auch $\overline{f}_{\nu,k}$ von geringerer als α-ter Klasse, und daher, da Satz I für $\alpha' < \alpha$ als richtig angenommen ist, höchstens eine Funktion G_α.

Da die Folge $\overline{f}_{\nu,1}, \overline{f}_{\nu,2}, \ldots, \overline{f}_{\nu,k}, \ldots$ monoton wächst, ist nach § 3, Satz VII auch

$$\overline{f}_\nu = \lim_{k \, = \, \infty} \overline{f}_{\nu,k}$$

höchstens eine Funktion G_α, und da die Folge $\{\overline{f}_\nu\}$ monoton abnimmt, ist:

$$f = \lim_{\nu \, - \, \infty} \overline{f}_\nu$$

höchstens eine Funktion $g_{\alpha+1}$.

Bezeichnet man mit $\underline{f}_{\nu,k}$ den kleinsten unter den Funktionswerten $f_\nu, f_{\nu+1}, \ldots, f_{\nu+k}$ und setzt $\underline{f}_\nu = \lim_{k \, \cdot \, \infty} \underline{f}_{\nu,k}$, so beweist man ebenso, daß f höchstens eine Funktion $G_{\alpha+1}$ ist.

Ist also f nicht von höchstens α-ter Ordnung, so ist es sowohl eine Funktion $G_{\alpha+1}$ als auch eine Funktion $g_{\alpha+1}$, wie zu beweisen war.

2. Teil des Beweises. Wir haben nun noch die Umkehrung zu beweisen, und haben dabei die beiden Fälle zu unterscheiden: Fall a). Die Funktion f ist von höchstens α-ter Ordnung. Fall b) Die Funktion f ist sowohl eine Funktion $G_{\alpha+1}$ als auch eine Funktion $g_{\alpha+1}$.

Fall a). Da f von höchstens α-ter Ordnung, ist

$$f = \lim_{\nu \, = \, \infty} f_\nu,$$

wo jedes f_ν von geringerer als α-ter Ordnung. Da aber für alle $\alpha' < \alpha$ Satz I als richtig angenommen ist, so ist dann jedes f_ν auch von geringerer als α-ter Klasse, und mithin f von höchstens α-ter Klasse, wie zu beweisen war.

Fall b). Da nun f sowohl eine Funktion $G_{\alpha+1}$ als auch eine Funktion $g_{\alpha+1}$, so ist nach § 5, Satz II jede Menge $\mathfrak{A}(f > q)$ und jede Menge $\mathfrak{A}(f < p)$ höchstens eine Menge $\mathfrak{B}_{\alpha+1}$, mithin jede Menge $\mathfrak{A}(f \leq q)$ und jede Menge $\mathfrak{A}(f \geq p)$ höchstens eine Menge $\mathfrak{D}_{\alpha+1}$; und wegen:

$$\mathfrak{A}(p \leq f \leq q) = \mathfrak{A}(f \geq p) \cdot \mathfrak{A}(f \leq q)$$

ist (§ 4, Satz III) auch $\mathfrak{A}(p \leq f \leq q)$ höchstens eine Menge $\mathfrak{D}_{\alpha+1}$.

Vermöge der Schränkungstransformation können wir f als beschränkt annehmen:

$$u < f < v.$$

Wir teilen das Intervall $[u, v]$ in ν gleiche Teile durch Einschalten der Teilpunkte:

$$u = u_0^{(\nu)} < u_1^{(\nu)} < \ldots < u_{\nu-1}^{(\nu)} < u_\nu^{(\nu)} = v.$$

Da, wie eben gezeigt, die Menge $\mathfrak{A}(u_{i-1}^{(\nu)} \leq f \leq u_i^{(\nu)})$ höchstens eine Menge $\mathfrak{D}_{\alpha+1}$ ist, gibt es nach § 5, Satz IV eine Funktion $f_i^{(\nu)}$, die höchstens eine Funktion g_α ist, so daß:

$$f_i^{(\nu)} = 0 \quad \text{auf} \quad \mathfrak{A}(u_{i-1}^{(\nu)} \leq f \leq u_i^{(\nu)})$$

$$0 < f_i^{(\nu)} \leq 1 \quad \text{auf} \quad \mathfrak{A}(f < u_{i-1}^{(\nu)}) + \mathfrak{A}(f > u_i^{(\nu)}).$$

Wie wir schon unter Fall a) sahen, ist $f_i^{(\nu)}$, weil höchstens eine Funktion g_α, auch von höchstens α-ter Klasse.

Wir setzen nun[1]):

$$\varphi_1^{(\nu)} = 1, \quad \varphi_i^{(\nu)} = f_1^{(\nu)} \cdot f_2^{(\nu)} \cdots f_{i-1}^{(\nu)} \quad (i = 2, 3, \ldots, \nu);$$

$$\psi_i^{(\nu)} = f_{i+1}^{(\nu)} \cdots f_\nu^{(\nu)} \quad (i = 1, 2, \ldots, \nu-1); \quad \psi_\nu^{(\nu)} = 1;$$

$$h_i^{(\nu)} = \frac{\varphi_i^{(\nu)}}{\varphi_i^{(\nu)} + \psi_i^{(\nu)}} \quad (i = 1, 2, \ldots, \nu),$$

und es ist:

$$h_i^{(\nu)} = 0 \quad \text{auf} \quad \mathfrak{A}(f \leq u_{i-1}^{(\nu)});$$

$$h_i^{(\nu)} = 1 \quad \text{auf} \quad \mathfrak{A}(f \geq u_i^{(\nu)});$$

$$0 \leq h_i^{(\nu)} \leq 1 \quad \text{auf} \quad \mathfrak{A}(u_{i-1}^{(\nu)} \leq f \leq u_i^{(\nu)}).$$

---

[1]) Nach H. Lebesgue, Journ. de math. (6) 1 (1904), 168.

Nach § 1, Satz VII ist auch $h_i^{(\nu)}$ von höchstens α-ter Klasse. Wir setzen weiter:

$$h_\nu = u_0^{(\nu)} + \sum_{k=1}^{\nu} \left(u_k^{(\nu)} - u_{k-1}^{(\nu)}\right) h_k^{(\nu)}.$$

Dann ist auch h_ν von höchstens α-ter Klasse, und es ist:

$$u_{i-1}^{(\nu)} \leqq h_\nu \leqq u_i^{(\nu)} \quad \text{auf} \quad \mathfrak{A}\left(u_{i-1}^{(\nu)} \leqq f \leqq u_i^{(\nu)}\right).$$

Es konvergiert also $\{h_\nu\}$ gleichmäßig gegen f, und somit ist nach § 1, Satz X f ebenso wie die h_ν von höchstens α-ter Klasse. Damit ist Satz I bewiesen.

Satz II. Ist α eine isolierte Zahl, so besteht die Gesamtheit aller Funktionen α-ter Klasse aus allen Funktionen G_α, die nicht zugleich Funktionen g_α sind, allen Funktionen g_α, die nicht zugleich Funktionen G_α sind, und allen Funktionen, die zugleich Funktionen $G_{\alpha+1}$ und $g_{\alpha+1}$ sind. — Ist α eine Grenzzahl, so besteht die Gesamtheit aller Funktionen α-ter Klasse aus allen Funktionen G_α, allen Funktionen g_α und allen Funktionen, die zugleich Funktionen $G_{\alpha+1}$ und $g_{\alpha+1}$ sind.

Sei in der Tat f eine Funktion α-ter Klasse. Nach Satz I ist sie entweder sowohl eine Funktion $G_{\alpha+1}$ als auch eine Funktion $g_{\alpha+1}$, oder sie ist von höchstens α-ter Ordnung. Im letzteren Falle kann sie nicht von geringerer als α-ter Ordnung sein, da sie sonst nach Satz I auch von geringerer als α-ter Klasse wäre, entgegen der Annahme. Also ist sie von α-ter Ordnung, d. h. eine Funktion G_α oder eine Funktion g_α. Ist nun α eine isolierte Zahl, so kann die Funktion f, wenn sie eine Funktion G_α ist, nicht gleichzeitig eine Funktion g_α sein, und, wenn sie eine Funktion g_α ist, nicht gleichzeitig eine Funktion G_α sein, da sie sonst nach Satz I von höchstens $(\alpha-1)$-ter Klasse wäre, entgegen der Annahme. Damit ist die eine Hälfte der Behauptung bewiesen.

Wir haben noch die Umkehrung zu beweisen. Ist die Funktion f sowohl eine Funktion $G_{\alpha+1}$ als auch eine Funktion $g_{\alpha+1}$, so ist sie nach Satz I von höchstens α-ter Klasse. Wäre sie von geringerer als α-ter Klasse, so wäre sie nach Satz I von höchstens α-ter Ordnung, entgegen der Annahme. Sie ist also genau von α-ter Klasse.

Ist endlich f eine Funktion G_α (oder g_α), so ist sie nach Satz I von höchstens α-ter Klasse. Sie kann nach Satz I von β-ter Klasse $(\beta < \alpha)$ nur sein, wenn $\beta + 1 = \alpha$ (und somit α eine isolierte Zahl) und f gleichzeitig eine Funktion g_α (bzw. G_α). Ist dies nicht der Fall, so ist also wieder f genau von α-ter Klasse. Damit ist Satz II vollständig bewiesen.

§ 7. Die Klasse einer Baireschen Funktion charakterisiert durch Borelsche Mengen.

Die Sätze von § 6 ermöglichen es uns, von der in § 5 gegebenen Charakterisierung der Ordnung einer Baireschen Funktion durch gewisse Borelsche Mengen zu einer analogen Charakterisierung ihrer Klasse überzugehen[1]).

Satz I. Damit f eine Funktion höchstens α-ter Klasse sei, ist notwendig und hinreichend, daß für alle p und q die Menge $\mathfrak{A}(p \leq f \leq q)$ höchstens eine Menge $\mathfrak{D}_{\alpha+1}$ sei.

Die Behauptung ist richtig für $\alpha = 0$; denn dann ist f stetig, und die Mengen $\mathfrak{D}_1$ sind die abgeschlossenen Mengen. Und da:

$$(0) \qquad \mathfrak{A}(p \leq f \leq q) = \mathfrak{A}(f \geq p) \cdot \mathfrak{A}(f \leq q)$$

ist, folgt die Behauptung aus Kap. II, § 4, Satz VI.

Wir nehmen sie nun als richtig an für alle $\alpha' < \alpha$, und beweisen sie für α.

Die Bedingung ist notwendig. Sei in der Tat f von höchstens α-ter Klasse. Nach § 6, Satz I ist dann f höchstens eine Funktion $G_{\alpha+1}$ und gleichzeitig höchstens eine Funktion $g_{\alpha+1}$. Nach § 5, Satz II sind also die Mengen $\mathfrak{A}(f < p)$ und $\mathfrak{A}(f > q)$ höchstens Mengen $\mathfrak{B}_{\alpha+1}$, ihre Komplemente $\mathfrak{A}(f \geq p)$ und $\mathfrak{A}(f \leq q)$ also höchstens Mengen $\mathfrak{D}_{\alpha+1}$. Also ist nach (0) ihr Durchschnitt $\mathfrak{A}(p \leq f \leq q)$ auch höchstens eine Menge $\mathfrak{D}_{\alpha+1}$, wie behauptet.

Die Bedingung ist hinreichend. Angenommen in der Tat, sie sei erfüllt. Wählt man $p = -\infty$ oder $q = +\infty$, so sind dann alle $\mathfrak{A}(f \leq q)$ und $\mathfrak{A}(f \geq p)$ höchstens Mengen $\mathfrak{D}_{\alpha+1}$, mithin alle $\mathfrak{A}(f > q)$ und $\mathfrak{A}(f < p)$ höchstens Mengen $\mathfrak{B}_{\alpha+1}$, und aus § 5, Satz II folgt, daß f höchstens eine Funktion $G_{\alpha+1}$ und gleichzeitig höchstens eine Funktion $g_{\alpha+1}$ ist. Nach § 6, Satz I ist f also auch von höchstens α-ter Klasse, und Satz I ist bewiesen.

Satz II. Ist α eine isolierte Zahl, so ist, damit f von α-ter Klasse sei, notwendig und hinreichend, daß alle $\mathfrak{A}(p \leq f \leq q)$ höchstens Mengen $\mathfrak{D}_{\alpha+1}$, aber nicht alle höchstens Mengen $\mathfrak{D}_\alpha$ seien. — Ist α eine Grenzzahl, so ist, damit f von α-ter Klasse sei, notwendig und hinreichend, daß alle

---

[1]) Vgl. zum Folgenden: H. Lebesgue, Journ. de math. (6) 1 (1904), 156 ff. W. Sierpiński, Bull. Crac. 1918, 168.

$\mathfrak{A}(p \leq f \leq q)$ höchstens Mengen $\mathfrak{D}_{\alpha+1}$, aber für kein $\beta < \alpha$ höchstens Mengen $\mathfrak{D}_\beta$ seien.

Die Bedingung ist notwendig. Sei in der Tat f von α-ter Klasse. Nach Satz I sind alle $\mathfrak{A}(p \leq f \leq q)$ höchstens Mengen $\mathfrak{D}_{\alpha+1}$. Ist α isoliert, und sind alle $\mathfrak{A}(p \leq f \leq q)$ auch Mengen $\mathfrak{D}_\alpha$, so wäre nach Satz I (angewendet auf $\alpha - 1$) f höchstens von $(\alpha - 1)$-ter Klasse entgegen der Annahme. Ist α Grenzzahl, und sind alle $\mathfrak{A}(p \leq f \leq q)$ höchstens Mengen $\mathfrak{D}_\beta$ $(\beta < \alpha)$, so wäre nach Satz I f von höchstens β-ter Klasse, entgegen der Annahme. Damit ist die Behauptung bewiesen.

Die Bedingung ist hinreichend. Angenommen in der Tat, sie sei erfüllt. Nach Satz I ist dann f von höchstens α-ter Klasse. Sei α eine isolierte Zahl; wäre dann f von höchstens $(\alpha - 1)$-ter Klasse, so wären nach Satz I alle $\mathfrak{A}(p \leq f \leq q)$ höchstens Mengen $\mathfrak{D}_\alpha$, entgegen der Annahme. Sei sodann α eine Grenzzahl; wäre f von α'-ter Klasse $(\alpha' < \alpha)$, so wären nach Satz I alle $\mathfrak{A}(p \leq f \leq q)$ höchstens Mengen $\mathfrak{D}_{\alpha'+1}$, was, wegen $\alpha' + 1 < \alpha$, wieder der Annahme widerspricht. Also ist f von α-ter Klasse, und Satz II ist bewiesen.

Die Sätze I und II können noch ein wenig anders formuliert werden:

Satz III. Ist f endlich, so können in den Sätzen I und II die Mengen $\mathfrak{A}(p \leq f \leq q)$ durch die Mengen $\mathfrak{A}(p < f < q)$ ersetzt werden, wenn gleichzeitig die Mengen $\mathfrak{D}$ durch die entsprechenden Mengen $\mathfrak{B}$ ersetzt werden.

Zum Beweise genügt es, zu zeigen: Ist f endlich, und sind alle $\mathfrak{A}(p \leq f \leq q)$ höchstens Mengen $\mathfrak{D}_\alpha$, so sind alle $\mathfrak{A}(p < f < q)$ höchstens Mengen $\mathfrak{B}_\alpha$, und umgekehrt.

Seien also alle $\mathfrak{A}(p \leq f \leq q)$ höchstens Mengen $\mathfrak{D}_\alpha$. Dies gilt dann insbesondere auch von den beiden Mengen $\mathfrak{A}(q \leq f \leq +\infty)$, $\mathfrak{A}(-\infty \leq f \leq p)$, und mithin (§ 4, Satz IV) auch von deren Vereinigung. Da aber die Menge $\mathfrak{A}(p < f < q)$ das Komplement dieser Vereinigung zu $\mathfrak{A}$ ist, so ist sie (§ 4, Satz I) höchstens eine Menge $\mathfrak{B}_\alpha$, wie behauptet.

Seien umgekehrt alle $\mathfrak{A}(p < f < q)$ höchstens Mengen $\mathfrak{B}_\alpha$. Dies gilt dann insbesondere auch von den beiden Mengen $\mathfrak{A}(q < f < +\infty)$, $\mathfrak{A}(-\infty < f < p)$ und daher auch von deren Vereinigung (§ 4, Satz III). Da aber die Menge $\mathfrak{A}(p \leq f \leq q)$ das Komplement zu $\mathfrak{A}$ dieser Vereinigung ist, so ist sie höchstens eine Menge $\mathfrak{D}_\alpha$, wie behauptet. Damit ist Satz III bewiesen.

Wir können nun leicht eine für alle Baireschen Funktionen charakteristische Bedingung aufstellen [1]).

------

[1]) H. Lebesgue, a. a. O. 168.

Satz IV. Damit f eine Bairesche Funktion sei, ist notwendig und hinreichend, daß alle Mengen $\mathfrak{A}(p \leq f \leq q)$[1]
Borelsche Mengen seien.

Die Bedingung ist notwendig: dies ist in Satz I enthalten.

Die Bedingung ist hinreichend. Vermöge der Schränkungstransformation können wir beim Nachweise f als endlich annehmen. Sei $[r'_\nu, r''_\nu]$ $(\nu = 1, 2, \ldots)$ die Gesamtheit der (abzählbar vielen) Intervalle des $\mathfrak{R}_1$ mit rationalen Endpunkten. Nach Annahme sind dann alle $\mathfrak{A}(r'_\nu \leq f \leq r''_\nu)$ Borelsche Mengen; sei etwa $\mathfrak{A}(r'_\nu \leq f \leq r''_\nu)$ von der Ordnung α_ν. Dann gibt es (Einleitung § 4, Satz XIII) ein α der ersten oder zweiten Zahlklasse, das größer als alle α_ν $(\nu = 1, 2, \ldots)$ ist. Alle Mengen $\mathfrak{A}(r'_\nu \leq f \leq r''_\nu)$ sind dann höchstens Mengen $\mathfrak{D}_\alpha$.

Sei nun das endliche Intervall $[p, q]$ beliebig gegeben. Unter den $[r'_r, r''_\nu]$ gibt es dann eine Folge $[r'_{\nu_i}, r''_{\nu_i}]$, so daß

$$[p, q] = [r'_{\nu_1}, r''_{\nu_1}] \cdot [r'_{\nu_2}, r''_{\nu_2}] \cdot \ldots \cdot [r'_{\nu_i}, r''_{\nu_i}] \cdot \ldots$$

Dann ist auch:

$$\mathfrak{A}(p \leq f \leq q) = \mathfrak{A}(r'_{\nu_1} \leq f \leq r''_{\nu_1}) \cdot \mathfrak{A}(r'_{\nu_2} \leq f \leq r''_{\nu_2}) \cdot \ldots \cdot \mathfrak{A}(r'_{\nu_i} \leq f \leq r''_{\nu_i}) \cdot \ldots,$$

und somit ist auch $\mathfrak{A}(p \leq f \leq q)$ höchstens eine Menge $\mathfrak{D}_\alpha$ (§ 4, Satz III). Nach Satz I ist also f von höchstens α-ter Klasse, und somit eine Bairesche Funktion. Damit ist Satz IV bewiesen.

Aus Satz IV folgern wir leicht:

Satz V. Ist $\mathfrak{A}$ separabel, so hat die Menge aller Borelschen Teile von $\mathfrak{A}$ höchstens die Mächtigkeit c.

In der Tat, sei $\mathfrak{B}$ ein Borelscher Teil von $\mathfrak{A}$. Wir setzen $f = 1$ auf $\mathfrak{B}$, $f = 0$ auf $\mathfrak{A} - \mathfrak{B}$. Nach Satz IV ist f eine Bairesche Funktion auf $\mathfrak{A}$. Nach § 1, Satz I aber hat die Menge aller Baireschen Funktionen auf $\mathfrak{A}$ die Mächtigkeit c. Damit ist Satz V bewiesen.

Als Anwendung von Satz I beweisen wir:

Satz VI[2]**.** Ist $f = 0$ überall auf $\mathfrak{A}$, abgesehen von einer abzählbaren Punktmenge, so ist f von höchstens zweiter Klasse auf $\mathfrak{A}$.

In der Tat, jeder Punkt von $\mathfrak{A}$ ist eine Menge $\mathfrak{D}_1$, jeder abzählbare Teil von $\mathfrak{A}$ daher höchstens eine Menge $\mathfrak{B}_2$, sein Komplement somit höchstens eine Menge $\mathfrak{D}_2$. Für unsere Funktion f nun ist jede Menge $\mathfrak{A}(p \leq f \leq q)$ abzählbar, oder die Vereinigung einer abzählbaren Menge mit dem Komplement einer abzählbaren Menge,

---

[1]) Bei endlichem f kann es statt dessen auch heißen: alle Mengen $\mathfrak{A}(p < f < q)$. Vgl. den Beweis von Satz III.

[2]) R. Baire, Ann. di mat. (3) 3 (1899), 72.

also nach dem Gesagten Vereinigung zweier Mengen von geringerer als dritter Ordnung und mithin höchstens eine Menge $\mathfrak{D}_3$. Nach Satz I ist also f von höchstens zweiter Klasse, wie behauptet.

Satz VII[1]). **Ändert man die Werte einer Funktion höchstens α-ter Klasse ($\alpha \geqq 2$) in abzählbar vielen Punkten ab, so entsteht wieder eine Funktion höchstens α-ter Klasse.**

In der Tat, die Werte von f in abzählbar vielen Punkten abändern, heißt so viel wie[2]): zu f eine Funktion f^* addieren, die überall $= 0$ ist, abgesehen von einer abzählbaren Punktmenge. Nach Satz VI nun ist f^* von höchstens zweiter Klasse, mithin wegen $\alpha \geqq 2$ auch von höchstens α-ter Klasse. Also ist nach § 1, Satz VII auch $f + f^*$ von höchstens α-ter Klasse, wie behauptet.

§ 8. Charakteristische Eigenschaften der Funktionen höchstens α-ter Klasse.

Wir beweisen nun eine Reihe von Sätzen, die von Wichtigkeit sind, weil sie in vielen Fällen zum Nachweis verwendet werden können, daß eine gegebene Funktion von höchstens α-ter Klasse ist. Wir schicken den Satz voraus[3]):

Satz I. Sind $f_1, f_2, \ldots, f_n, \ldots$ **Funktionen höchstens α-ter Klasse ($\alpha \geqq 1$) auf $\mathfrak{A}$, ist**

$$\mathfrak{A} = \mathfrak{M}_1 \dotplus \mathfrak{M}_2 \dotplus \ldots \dotplus \mathfrak{M}_n \dotplus \ldots,$$

wo jedes $\mathfrak{M}_n$ höchstens eine Menge $\mathfrak{D}_\alpha$ in $\mathfrak{A}$, und ist:

$$f = f_1 \text{ auf } \mathfrak{M}_1;$$

$$f = f_n \text{ auf } (\mathfrak{M}_1 \dotplus \mathfrak{M}_2 \dotplus \ldots \dotplus \mathfrak{M}_n) - (\mathfrak{M}_1 \dotplus \mathfrak{M}_2 \dotplus \ldots \dotplus \mathfrak{M}_{n-1}) \ (n > 1),$$

so ist f von höchstens α-ter Klasse auf $\mathfrak{A}$.

Zum Beweise setzen wir abkürzend:

$$\overline{\mathfrak{M}}_1 = \mathfrak{M}_1; \quad \overline{\mathfrak{M}}_n = \mathfrak{M}_1 \dotplus \mathfrak{M}_2 \dotplus \ldots \dotplus \mathfrak{M}_n \quad (n > 1),$$

so daß auch jedes $\overline{\mathfrak{M}}_n$ höchstens eine Menge $\mathfrak{D}_\alpha$ ist, und zeigen zunächst: Zu jeder Menge $\overline{\mathfrak{M}}_n$ gibt es eine Folge $h_{n,1}, h_{n,2}, \ldots, h_{n,\nu}, \ldots$ von Funktionen geringerer als α-ter Klasse, so daß:

$$(0) \qquad \begin{cases} h_{n,\nu} = 0 \quad \text{auf } \overline{\mathfrak{M}}_n & \text{für alle } \nu, \\ h_{n,\nu} = 1 \quad \text{auf } \mathfrak{A} - \overline{\mathfrak{M}}_n & \text{für fast alle } \nu. \end{cases}$$

---

[1]) R. Baire, Acta math. 30 (1906), 32.

[2]) Dabei ist f als endlich vorausgesetzt, was vermöge der Schränkungstransformation zulässig ist.

[3]) Ein Spezialfall dieses Satzes wurde bewiesen von R. Baire, Acta math. 30 (1906), 31.

Sei, um dies einzusehen, zunächst $\alpha = 1$. Jede Menge $\overline{\mathfrak{M}}_n$ ist dann abgeschlossen in $\mathfrak{A}$. Wir setzen:

$$h_{n,\nu}(a) = \text{der kleineren der beiden Zahlen 1 und } \nu \cdot r(a, \overline{\mathfrak{M}}_n).$$

Nach Kap. II, § 4, Satz I und Kap. II, § 3, Satz VIII ist dann $h_{n,\nu}$ stetig, und mithin von 0-ter Klasse, und die Forderungen (0) sind offenbar erfüllt.

Sei sodann $\alpha > 1$. Dann gibt es eine Darstellung:

$$\overline{\mathfrak{M}}_n = \mathfrak{M}_{n,1} \cdot \mathfrak{M}_{n,2} \cdots \mathfrak{M}_{n,\nu} \cdots,$$

wo $\{\mathfrak{M}_{n,\nu}\}$ eine monoton abnehmende Folge von Mengen geringerer als α-ter Ordnung. Wir setzen:

$$h_{n,\nu} = 0 \quad \text{auf} \quad \mathfrak{M}_{n,\nu}; \quad h_{n,\nu} = 1 \quad \text{auf} \quad \mathfrak{A} - \mathfrak{M}_{n,\nu}.$$

Nach § 5, Satz I ist dann $h_{n,\nu}$ von geringerer als α-ter Ordnung, mithin nach § 6, Satz I auch von geringerer als α-ter Klasse. Die Forderungen (0) sind wieder erfüllt. Die gewünschte Funktionenfolge $\{h_{n,\nu}\}$ ist also in jedem Falle hergestellt.

Da nun f_n von höchstens α-ter Klasse, gibt es eine Darstellung:

$$(00) \qquad\qquad f_n = \lim_{\nu = \infty} f_{n,\nu},$$

wo jedes $f_{n,\nu}$ von geringerer als α-ter Klasse. Vermöge der Schränkungstransformation können wir dabei alle f_n und alle $f_{n,\nu}$ als endlich annehmen. Wir setzen:

$$h_\nu = f_{1,\nu} + (f_{2,\nu} - f_{1,\nu})\, h_{1,\nu} + (f_{3,\nu} - f_{2,\nu})\, h_{2,\nu} + \cdots$$
$$+ (f_{\nu,\nu} - f_{\nu-1,\nu})\, h_{\nu-1,\nu}.$$

Nach § 1, Satz VII ist auch h_ν von geringerer als α-ter Klasse. Aus (0) folgt sofort:

$$\text{auf } \overline{\mathfrak{M}}_1 \text{ ist} \qquad\qquad h_\nu = f_{1,\nu} \quad \text{für alle } \nu$$
$$\text{auf } \overline{\mathfrak{M}}_n - \overline{\mathfrak{M}}_{n-1} \text{ ist } h_\nu = f_{n,\nu} \quad \text{für fast alle } \nu.$$

Wegen (00) ist also:

$$f = \lim_{\nu = \infty} h_\nu,$$

und mithin ist f von höchstens α-ter Klasse. Damit ist Satz I bewiesen.

Nunmehr sind wir in der Lage, folgende charakteristische Eigenschaft der Funktionen höchstens α-ter Klasse zu beweisen[1]):

Satz II. Damit die auf $\mathfrak{A}$ endliche Funktion f von höchstens α-ter Klasse sei $(\alpha \geq 1)$, ist notwendig und hin-

---

[1]) H. Lebesgue, Journ. de math. (6) 1 (1905), 173.

reichend, daß es zu jedem $\varepsilon > 0$ eine Folge von Teilen $\{\mathfrak{M}_\nu\}$ von $\mathfrak{A}$ und eine Folge von Funktionen $\{f_\nu\}$ auf $\mathfrak{A}$ gibt, mit folgenden Eigenschaften:

1. Jedes $\mathfrak{M}_\nu$ ist höchstens eine Menge $\mathfrak{D}_\alpha$ in $\mathfrak{A}$.

2. $\mathfrak{A} = \mathfrak{M}_1 \dotplus \mathfrak{M}_2 \dotplus \ldots \dotplus \mathfrak{M}_\nu \dotplus \ldots$

3. Jedes f_ν ist von geringerer als α-ter Klasse auf $\mathfrak{A}$.

4. $|f - f_\nu| \leqq \varepsilon$ auf $\mathfrak{M}_\nu$ $(\nu = 1, 2, \ldots)$.

Die Bedingung ist notwendig. Sei in der Tat f von höchstens α-ter Klasse auf $\mathfrak{A}$. Dann gibt es eine Darstellung:

$$(*) \qquad f = \lim_{\nu = \infty} f_\nu,$$

wo die f_ν von geringerer als α-ter Klasse. Indem wir (nach § 1, Satz VIIIa) alle Werte von f_ν, die $\geqq \nu$ sind, durch ν ersetzen, alle Werte, die $\leqq -\nu$ sind, durch $-\nu$, sehen wir, daß wir die f_ν als endlich annehmen können. Sei $\varepsilon > 0$ beliebig gegeben. Wir setzen zur Abkürzung:

$$(**) \qquad \mathfrak{M}_{\nu,\,\mu} = \mathfrak{A}\left((f_\nu - f_{\nu+\mu})^2 \leqq \varepsilon^2\right)$$

und setzen weiter:

$$\mathfrak{M}_\nu = \mathfrak{M}_{\nu,\,1} \cdot \mathfrak{M}_{\nu,\,2} \cdot \ldots \cdot \mathfrak{M}_{\nu,\,\mu} \cdot \ldots$$

Da $(f_\nu - f_{\nu+\mu})^2$ von geringerer als α-ter Klasse, ist nach § 7, Satz I $\mathfrak{M}_{\nu,\,\mu}$ höchstens eine Menge $\mathfrak{D}_\alpha$, und daher ist nach § 4, Satz III auch $\mathfrak{M}_\nu$ höchstens eine Menge $\mathfrak{D}_\alpha$, wie Eigenschaft 1. es verlangt.

Da nach Voraussetzung f endlich ist, so ist $\{f_\nu\}$ überall auf $\mathfrak{A}$ eigentlich konvergent, und mithin ist:

$$(***) \qquad \mathfrak{A} = \mathfrak{M}_1 \dotplus \mathfrak{M}_2 \dotplus \ldots \dotplus \mathfrak{M}_\nu \dotplus \ldots,$$

wie Eigenschaft 2. es verlangt.

Da jedes f_ν von geringerer als α-ter Klasse, ist Eigenschaft 3. erfüllt. Und wegen $(**)$ ist

$$|f_\nu - f_{\nu+\mu}| \leqq \varepsilon \quad \text{auf } \mathfrak{M}_\nu \text{ für alle } \mu;$$

Der Grenzübergang $\mu \to \infty$ ergibt daraus das Bestehen von Eigenschaft 4., womit die Behauptung bewiesen ist.

Die Bedingung ist hinreichend. Angenommen in der Tat, sie sei erfüllt. Wir bezeichnen mit φ die Funktion, die $= f_1$ ist auf $\mathfrak{M}_1$ und $= f_\nu$ auf $(\mathfrak{M}_1 \dotplus \mathfrak{M}_2 \dotplus \ldots \dotplus \mathfrak{M}_\nu) - (\mathfrak{M}_1 \dotplus \mathfrak{M}_2 \dotplus \ldots \dotplus \mathfrak{M}_{\nu-1})$ (für $\nu > 1$). Nach Satz I ist sie von höchstens α-ter Klasse auf $\mathfrak{A}$, und es ist auf ganz $\mathfrak{A}$:

$$|\varphi - f| \leqq \varepsilon.$$

Ist $\{\varepsilon_n\}$ eine Folge positiver Zahlen mit $\lim_{n = \infty} \varepsilon_n = 0$, so können wir dies für jedes ε_n machen, und erhalten so zu jedem n eine Funktion φ_n höchstens α-ter Klasse, so daß auf ganz $\mathfrak{A}$:

$$|\varphi_n - f| \leqq \varepsilon_n.$$

Die Funktionenfolge $\{\varphi_n\}$ konvergiert also gleichmäßig auf $\mathfrak{A}$ gegen f, somit ist nach § 1, Satz X auch f von höchstens α-ter Klasse auf $\mathfrak{A}$, und Satz II ist bewiesen.

Satz III[1]). **Damit die auf $\mathfrak{A}$ endliche Funktion f von höchstens α-ter Klasse sei** $(\alpha \geqq 1)$, **ist notwendig und hinreichend, daß es zu jedem $\varepsilon > 0$ eine Folge von Teilen $\{\mathfrak{M}_\nu\}$ von $\mathfrak{A}$ gibt mit folgenden Eigenschaften:**

1. **Jedes $\mathfrak{M}_\nu$ ist höchstens eine Menge $\mathfrak{D}_\alpha$ in $\mathfrak{A}$.**
2. $\mathfrak{A} = \mathfrak{M}_1 + \mathfrak{M}_2 + \ldots + \mathfrak{M}_\nu + \ldots$
3. **Für die Schwankung von f auf $\mathfrak{M}_\nu$ (Kap. III, § 2) gilt:**

$$\omega(f, \mathfrak{M}_\nu) < \varepsilon.$$

Die Bedingung ist notwendig. Sei in der Tat f von höchstens α-ter Klasse. Nach Satz II gibt es Teile $\mathfrak{N}_\nu$ von $\mathfrak{A}$, die höchstens Mengen $\mathfrak{D}_\alpha$ sind, und Funktionen f_ν von geringerer als α-ter Klasse, so daß:

$$\mathfrak{A} = \mathfrak{N}_1 + \mathfrak{N}_2 + \ldots + \mathfrak{N}_\nu + \ldots$$

und:

$$|f - f_\nu| < \frac{\varepsilon}{3} \quad \text{auf } \mathfrak{N}_\nu.$$

Wir setzen nun:

$$\mathfrak{N}_{\nu,\,i} = \mathfrak{A}\left(i\,\frac{\varepsilon}{3} \leqq f_\nu \leqq (i+1)\cdot\frac{\varepsilon}{3}\right) \quad (i = 0, \pm 1, \pm 2, \ldots).$$

Nach § 7, Satz I ist jede der Mengen $\mathfrak{N}_{\nu,\,i}$ höchstens eine Menge $\mathfrak{D}_\alpha$. Dasselbe gilt daher von jeder der Mengen $\mathfrak{M}_{\nu,\,i} = \mathfrak{N}_{\nu,\,i} \cdot \mathfrak{N}_\nu$. Wir bezeichnen die abzählbar vielen Mengen $\mathfrak{M}_{\nu,\,i}$ $(\nu = 1, 2, \ldots; i = 0, +1, +2, \ldots)$ mit $\mathfrak{M}_1, \mathfrak{M}_2, \ldots, \mathfrak{M}_\nu, \ldots$ und erkennen ohne weiteres, daß die Eigenschaften 1., 2., 3. erfüllt sind.

Die Bedingung ist hinreichend. In der Tat, ist sie erfüllt, so gibt es wegen 3. eine Konstante, von der f sich auf $\mathfrak{M}_\nu$ um weniger als ε unterscheidet. Und da (wegen $\alpha \geqq 1$) eine Konstante eine Funktion geringerer als α-ter Klasse ist, folgt die Behauptung aus Satz II.

In Verallgemeinerung des Satzes von der Erweiterung einer stetigen Funktion (Kap. II, § 5, Satz X) zeigen wir:

---

[1]) H. Lebesgue, a. a. O.

Satz IV. Ist $\alpha \geq 1$, und ist der Teil $\mathfrak{B}$ von $\mathfrak{A}$ höchstens eine Menge $\mathfrak{D}_\alpha$ in $\mathfrak{A}$, so kann jede Funktion f, die auf $\mathfrak{B}$ von höchstens α-ter Klasse ist, zu einer Funktion erweitert werden, die auch auf $\mathfrak{A}$ von höchstens α-ter Klasse ist, indem man setzt:

$$f = 0 \quad \text{auf} \quad \mathfrak{A} - \mathfrak{B}.$$

Vermöge der Schränkungstransformation können wir f als endlich annehmen. Nach Satz III gibt es eine Folge $\{\mathfrak{M}'_\nu\}$ von Teilen der Menge $\mathfrak{B}$, die höchstens Mengen $\mathfrak{D}_\alpha$ in $\mathfrak{B}$ sind, deren Vereinigung $\mathfrak{B}$ ist, und auf denen:

$$\omega\,(f,\,\mathfrak{M}'_\nu) < \varepsilon;$$

es gibt also eine Konstante f'_ν, so daß:

$$|f - f'_\nu| < \varepsilon \quad \text{auf} \quad \mathfrak{M}'_\nu.$$

Nach § 4, Satz VIII ist $\mathfrak{M}'_\nu$ auch höchstens eine Menge $\mathfrak{D}_\alpha$ in $\mathfrak{A}$.

Da $\mathfrak{B}$ höchstens eine Menge $\mathfrak{D}_\alpha$, ist $\mathfrak{A} - \mathfrak{B}$ höchstens eine Menge $\mathfrak{B}_\alpha$ in $\mathfrak{A}$, und es ist daher:

$$\mathfrak{A} - \mathfrak{B} = \mathfrak{M}''_1 + \mathfrak{M}''_2 + \ldots + \mathfrak{M}''_\nu + \ldots,$$

wo jedes $\mathfrak{M}''_\nu$ von geringerer als α-ter Ordnung[1]), also höchstens eine Menge $\mathfrak{D}_\alpha$.

Wir setzen

$$\mathfrak{M}'_\nu = \mathfrak{M}_{2\nu-1}, \quad \mathfrak{M}''_\nu = \mathfrak{M}_{2\nu},$$

verstehen unter $f_{2\nu-1}$ die Konstante f'_ν, unter $f_{2\nu}$ die 0. Anwendung von Satz II ergibt dann sofort die Behauptung von Satz IV.

§ 9. Verhalten Bairescher Funktionen in der Umgebung eines Punktes. Erweiterung einer Baireschen Funktion.

Wir definieren[2]): Die (endliche) Funktion f heißt im Punkte a von $\mathfrak{A}$ mit der Annäherung ε von α-ter Klasse auf $\mathfrak{A}$, wenn es eine Umgebung $\mathfrak{U}\,(a)$ von a in $\mathfrak{A}$ und eine Funktion f^* höchstens α-ter Klasse auf $\mathfrak{A}$ gibt, so daß[3]):

$$|f - f^*| \leq \varepsilon \quad \text{auf} \quad \mathfrak{U}\,(a).$$

---

[1]) Dies gilt, wenn $\alpha > 1$. Ist $\alpha = 1$, so ist $\mathfrak{B}$ abgeschlossen in $\mathfrak{A}$, also $\mathfrak{A} - \mathfrak{B}$ offen in $\mathfrak{A}$, und für die $\mathfrak{M}''_\nu$ können in $\mathfrak{A}$ abgeschlossene Mengen gewählt werden (Kap. I, § 3, Satz IV).

[2]) Diese Definition, sowie der gesamte Inhalt dieses Paragraphen bis einschließlich Satz VI stammt von H. Lebesgue, a. a. O. 174 ff.

[3]) Für $\alpha = 0$ ist dann auch

$$\omega\,(a;\,f,\,\mathfrak{A}) \leq 2\,\varepsilon.$$

Es gibt dann sicher auch eine abgeschlossene Umgebung $\overline{\mathfrak{U}}(a)$ von a in $\mathfrak{A}$, so daß:

$$|f - f^*| \leqq \varepsilon \quad \text{auf } \overline{\mathfrak{U}}(a)[1]).$$

Die **beschränkte** Funktion f heißt im Punkte a von $\mathfrak{A}$ von α-ter Klasse auf $\mathfrak{A}$, wenn sie für jedes $\varepsilon > 0$ im Punkt a mit der Annäherung ε von α-ter Klasse auf $\mathfrak{A}$ ist.

Die **beliebige** Funktion f heißt im Punkte a von α-ter Klasse auf $\mathfrak{A}$, wenn die aus ihr durch die Schränkungstransformation entstehende Funktion im Punkte a von α-ter Klasse auf $\mathfrak{A}$ ist[2]).

Satz I. Ist f in jedem Punkte der separablen Menge $\mathfrak{A}$ mit der Annäherung ε von α-ter Klasse auf $\mathfrak{A}$, so gibt es auf $\mathfrak{A}$ eine Funktion F höchstens α-ter Klasse, so daß auf ganz $\mathfrak{A}$:

$$|f - F| \leqq \varepsilon.$$

In der Tat, für $\alpha = 0$ reduziert sich[3]) die Behauptung auf Kap. III, § 2, Satz XVII. Sei also $\alpha \geqq 1$. Zu jedem Punkte a von $\mathfrak{A}$ gibt es eine abgeschlossene Umgebung $\overline{\mathfrak{U}}(a)$ in $\mathfrak{A}$, und eine Funktion höchstens α-ter Klasse f^*, so daß:

$$|f - f^*| \leqq \varepsilon \quad \text{auf } \overline{\mathfrak{U}}(a).$$

Nach dem verallgemeinerten Borelschen Theorem (Kap. I, § 6, Satz III) gibt es unter diesen $\overline{\mathfrak{U}}(a)$ abzählbar viele, etwa:

$$\overline{\mathfrak{U}}(a_1), \ \overline{\mathfrak{U}}(a_2), \ \ldots, \ \overline{\mathfrak{U}}(a_\nu), \ \ldots,$$

so daß:

$$\mathfrak{A} = \overline{\mathfrak{U}}(a_1) + \overline{\mathfrak{U}}(a_2) + \ldots + \overline{\mathfrak{U}}(a_\nu) + \ldots$$

Wir bezeichnen die zu $\overline{\mathfrak{U}}(a_\nu)$ gehörige Funktion f^* mit f_ν und setzen:

$$F = f_1 \quad \text{auf } \overline{\mathfrak{U}}(a_1);$$

$$F = f_\nu \quad \text{auf } (\overline{\mathfrak{U}}(a_1) + \ldots + \overline{\mathfrak{U}}(a_\nu)) - (\overline{\mathfrak{U}}(a_1) + \ldots + \overline{\mathfrak{U}}(a_{\nu-1})).$$

Die $\overline{\mathfrak{U}}(a_\nu)$ sind, weil abgeschlossen in $\mathfrak{A}$, höchstens Mengen $\mathfrak{D}_1$; nach Annahme ist f_ν von höchstens α-ter Klasse auf $\mathfrak{A}$. Also ist (§ 8, Satz I) F von höchstens α-ter Klasse auf $\mathfrak{A}$, und Satz I ist bewiesen.

---

[1]) In der Tat, man hat nur $\varrho > 0$ so klein zu wählen, daß $\overline{\mathfrak{U}}(\varrho; a) < \mathfrak{U}(a)$ und kann dann $\overline{\mathfrak{U}}(a) = \overline{\mathfrak{U}}(\varrho; a)$ setzen.

[2]) Die Aussage: „f ist in a von 0-ter Klasse auf $\mathfrak{A}$" ist also gleichbedeutend mit: „f ist in a stetig auf $\mathfrak{A}$".

[3]) Wegen Fußn. 3, S. 356.

Satz II. Ist eine Funktion f in jedem Punkte der separablen Menge $\mathfrak{A}$ von α-ter Klasse auf $\mathfrak{A}$, so ist sie von höchstens α-ter Klasse auf $\mathfrak{A}$.

Dies ist trivial für $\alpha = 0$. Sei also $\alpha \geq 1$. Vermöge der Schränkungstransformation genügt es, den Beweis für beschränkte f zu führen. Ist $\{\varepsilon_\nu\}$ eine Folge positiver Zahlen mit $\lim\limits_{\nu = \infty} \varepsilon_\nu = 0$, so ist f in jedem Punkte von $\mathfrak{A}$ mit der Annäherung ε_ν von α-ter Klasse, es gibt also nach Satz I eine Funktion F_ν höchstens α-ter Klasse, so daß auf ganz $\mathfrak{A}$:

$$(*) \qquad\qquad |f - F_\nu| \leq \varepsilon_\nu.$$

Es konvergiert also $\{F_\nu\}$ gleichmäßig auf $\mathfrak{A}$ gegen f, also ist nach § 1, Satz X auch f von höchstens α-ter Klasse auf $\mathfrak{A}$, und Satz II ist bewiesen.

Ist nun die beschränkte Funktion f nicht von höchstens α-ter Klasse auf der separablen Menge $\mathfrak{A}$, so gibt es, wie Satz II lehrt, gewiß einen Punkt a von $\mathfrak{A}$, in dem sie nicht von α-ter Klasse auf $\mathfrak{A}$ ist. Für jedes hinlänglich kleine $\varepsilon > 0$ ist dann f in a auch nicht mit der Annäherung ε von α-ter Klasse.

Wir stellen zunächst fest:

Satz III. Die Menge aller Punkte von $\mathfrak{A}$, in denen die beschränkte Funktion f nicht mit der Annäherung ε von α-ter Klasse auf $\mathfrak{A}$ ist, ist abgeschlossen in $\mathfrak{A}$.

In der Tat, es ist zu zeigen: die Menge $\mathfrak{B}$ aller Punkte von $\mathfrak{A}$, in denen f mit der Annäherung ε von α-ter Klasse auf $\mathfrak{A}$ ist, ist offen in $\mathfrak{A}$. Sei a ein Punkt von $\mathfrak{B}$, d. h. es gibt eine Umgebung $\mathfrak{U}(a)$ von a in $\mathfrak{A}$ und eine Funktion f^* höchstens α-ter Klasse, so daß:

$$|f - f^*| \leq \varepsilon \quad \text{auf } \mathfrak{U}(a).$$

Daraus aber folgt: Auch in jedem Punkte von $\mathfrak{U}(a)$ ist f mit der Annäherung ε von α-ter Klasse auf $\mathfrak{A}$; es gehört also auch jeder Punkt von $\mathfrak{U}(a)$ zu $\mathfrak{B}$, und mithin ist $\mathfrak{B}$ offen in $\mathfrak{A}$. Damit ist Satz III bewiesen.

Satz IV. Ist die beschränkte Funktion f nicht von höchstens α-ter Klasse $(\alpha \geq 1)$[1] auf der separablen Menge $\mathfrak{A}$, und ist $\varepsilon > 0$ so klein gewählt, daß die in $\mathfrak{A}$ abgeschlossene Menge $\mathfrak{M}$ aller Punkte von $\mathfrak{A}$, in denen f nicht mit der An-

---

[1] Für $\alpha = 0$ gilt dieser Satz nicht, wie jede Funktion zeigt, die auf einer abgeschlossenen Menge $= 1$, sonst $= 0$ ist.

näherung ε von α-ter Klasse auf $\mathfrak{A}$ ist, nicht leer ausfällt, so ist f in keinem Punkte von $\mathfrak{M}$ mit der Annäherung ε von α-ter Klasse auf $\mathfrak{M}$.

Angenommen in der Tat, im Punkte a_0 von $\mathfrak{M}$ wäre f mit der Annäherung ε von α-ter Klasse auf $\mathfrak{M}$. Dann gibt es eine Umgebung $\mathfrak{U}(a_0)$ von a_0 in $\mathfrak{A}$, und eine Funktion f_0, die auf $\mathfrak{M}$ von höchstens α-ter Klasse ist, so daß:

$$(\dagger) \qquad |f - f_0| \leqq \varepsilon \quad \text{auf } \mathfrak{M} \cdot \mathfrak{U}(a_0).$$

Erweitern wir die Definition von f_0 auf ganz $\mathfrak{A}$ durch die Festsetzung:

$$f_0 = 0 \quad \text{auf } \mathfrak{A} - \mathfrak{M},$$

so ist, da $\mathfrak{M}$ eine Menge $\mathfrak{D}_1$ in $\mathfrak{A}$, nach § 8, Satz IV f_0 von höchstens α-ter Klasse auf $\mathfrak{A}$.

Ferner gibt es zu jedem Punkte a von $\mathfrak{A} - \mathfrak{M}$ eine abgeschlossene Umgebung $\overline{\mathfrak{U}}(a)$ in $\mathfrak{A}$, und eine Funktion f^* höchstens α-ter Klasse auf $\mathfrak{A}$, so daß:

$$|f - f^*| \leqq \varepsilon \quad \text{auf } \overline{\mathfrak{U}}(a).$$

Da $\mathfrak{M}$ abgeschlossen in $\mathfrak{A}$, können wir ohne weiteres annehmen:

$$\overline{\mathfrak{U}}(a) < \mathfrak{A} - \mathfrak{M}.$$

Nach dem verallgemeinerten Borelschen Theorem (Kap. I, § 6, Satz III) gibt es unter diesen $\overline{\mathfrak{U}}(a)$ abzählbar viele, etwa:

$$\overline{\mathfrak{U}}(a_1), \overline{\mathfrak{U}}(a_2), \ldots, \overline{\mathfrak{U}}(a_\nu), \ldots,$$

so daß:

$$\mathfrak{A} - \mathfrak{M} = \overline{\mathfrak{U}}(a_1) \dotplus \overline{\mathfrak{U}}(a_2) \dotplus \ldots \dotplus \overline{\mathfrak{U}}(a_\nu) \dotplus \ldots$$

Die zu $\overline{\mathfrak{U}}(a_\nu)$ gehörige Funktion f^* bezeichnen wir mit f_ν. Es ist also:

$$(\dagger\dagger) \qquad |f - f_\nu| \leqq \varepsilon \quad \text{auf } \overline{\mathfrak{U}}(a_\nu).$$

Nun haben wir:

$$\mathfrak{A} = \mathfrak{M} \dotplus \overline{\mathfrak{U}}(a_1) \dotplus \overline{\mathfrak{U}}(a_2) \dotplus \ldots \dotplus \overline{\mathfrak{U}}(a_\nu) \dotplus \ldots,$$

wo rechts jeder Summand eine Menge $\mathfrak{D}_1$ in $\mathfrak{A}$ ist. Ferner ist jede der Funktionen $f_0, f_1, \ldots, f_\nu, \ldots$ von höchstens α-ter Klasse auf $\mathfrak{A}$. Wir setzen:

$$F = f_0 \quad \text{auf } \mathfrak{M}; \quad F = f_1 \quad \text{auf } \overline{\mathfrak{U}}(a_1);$$
$$F = f_\nu \quad \text{auf } (\overline{\mathfrak{U}}(a_1) \dotplus \ldots \dotplus \overline{\mathfrak{U}}(a_\nu)) - (\overline{\mathfrak{U}}(a_1) \dotplus \ldots \dotplus \overline{\mathfrak{U}}(a_{\nu-1})).$$

Nach § 8, Satz I ist F von höchstens α-ter Klasse auf $\mathfrak{A}$, und es ist wegen $(\dagger)$ und $(\dagger\dagger)$

$$|f - F| \leqq \varepsilon \quad \text{auf } \mathfrak{U}(a_0).$$

Es wäre also f in a_0 mit der Annäherung ε von α-ter Klasse auf $\mathfrak{A}$, entgegen der Definition von $\mathfrak{M}$. Somit ist Satz IV bewiesen.

Wir können nun Satz III noch weiter präzisieren:

Satz V. Ist $\alpha \geq 1$, so ist die Menge $\mathfrak{M}$ aller Punkte der separablen Menge $\mathfrak{A}$, in denen die beschränkte Funktion f nicht mit der Annäherung ε von α-ter Klasse auf $\mathfrak{A}$ ist, perfekt in $\mathfrak{A}$.

In der Tat, da die Menge $\mathfrak{M}$ nach Satz III abgeschlossen in $\mathfrak{A}$ ist, so ist nur mehr zu zeigen, daß sie insichdicht ist, d. h. daß sie keinen isolierten Punkt enthält. Das aber folgt unmittelbar aus Satz IV. Denn in einem isolierten Punkte wäre f stetig auf $\mathfrak{M}$, mithin auch von α-ter Klasse auf $\mathfrak{M}$, was nach Satz IV nicht der Fall ist.

Satz VI. Damit die Funktion f auf der separablen Menge $\mathfrak{A}$ von höchstens α-ter Klasse sei $(\alpha \geq 1)$, ist notwendig und hinreichend, daß es auf jedem (nicht leeren) in $\mathfrak{A}$ perfekten Teile $\mathfrak{P}$ von $\mathfrak{A}$ einen Punkt gebe, in dem f von α-ter Klasse auf $\mathfrak{P}$ ist.

Die Bedingung ist notwendig. Denn ist f von höchstens α-ter Klasse auf $\mathfrak{A}$, so auch auf jedem Teile von $\mathfrak{A}$.

Die Bedingung ist hinreichend. Denn ist f nicht von höchstens α-ter Klasse auf $\mathfrak{A}$, so gibt es, wie Satz IV und V lehren, einen in $\mathfrak{A}$ perfekten Teil $\mathfrak{M}$ von $\mathfrak{A}$ derart, daß f in keinem Punkte von $\mathfrak{M}$ auf $\mathfrak{M}$ von α-ter Klasse ist.

Sei nun $\mathfrak{B}$ ein in $\mathfrak{A}$ dichter Teil von $\mathfrak{A}$. Wir wollen untersuchen, unter welchen Umständen eine Funktion höchstens α-ter Klasse auf $\mathfrak{B}$ zu einer Funktion höchstens α-ter Klasse auf $\mathfrak{A}$ erweitert werden kann. Wir definieren: Die auf $\mathfrak{B}$ gegebene und endliche Funktion f heißt im Punkte a von $\mathfrak{A}$ mit der Annäherung ε von α-ter Klasse erweiterbar auf $\mathfrak{A}$, wenn es eine Umgebung $\mathfrak{U}(a)$ und eine Funktion f^* höchstens α-ter Klasse auf $\mathfrak{A}$ gibt, so daß:

$$|f - f^*| \leq \varepsilon \text{ auf } \mathfrak{U}(a) \cdot \mathfrak{B}.$$

Die auf $\mathfrak{B}$ gegebene und beschränkte Funktion f heißt im Punkte a von $\mathfrak{A}$ von α-ter Klasse erweiterbar auf $\mathfrak{A}$, wenn sie für jedes $\varepsilon > 0$ im Punkte a mit der Annäherung ε von α-ter Klasse erweiterbar auf $\mathfrak{A}$ ist.

Die beliebige auf $\mathfrak{B}$ gegebene Funktion f heißt im Punkte a von $\mathfrak{A}$ von α-ter Klasse erweiterbar auf $\mathfrak{A}$, wenn die aus ihr durch die Schränkungstransformation entstehende Funktion im Punkte a von α-ter Klasse erweiterbar auf $\mathfrak{A}$ ist.

Satz VII. Ist $\mathfrak{B}$ ein in $\mathfrak{A}$ dichter Teil der separablen Menge $\mathfrak{A}$, und ist die auf $\mathfrak{B}$ gegebene Funktion f in jedem Punkte von $\mathfrak{A}$ mit der Annäherung ε von α-ter Klasse erweiterbar auf $\mathfrak{A}$, so gibt es auf $\mathfrak{A}$ eine Funktion F von höchstens α-ter Klasse, so daß:

$$|f - F| \leq \varepsilon \text{ auf } \mathfrak{B}.$$

Der Beweis ist derselbe wie für Satz I[1]).

Satz VIII. Ist $\mathfrak{B}$ ein in $\mathfrak{A}$ dichter Teil der separablen Menge $\mathfrak{A}$, und ist die auf $\mathfrak{B}$ gegebene Funktion f in jedem Punkte von $\mathfrak{A}$ von α-ter Klasse erweiterbar auf $\mathfrak{A}$, so gibt es eine Funktion F höchstens α-ter Klasse auf $\mathfrak{A}$, so daß:

$$F = f \quad \text{auf} \quad \mathfrak{B}.$$

In der Tat, für $\alpha = 0$ reduziert sich dies auf Kap. II, § 5, Satz VI. Für $\alpha \geq 1$ ist der Beweis zunächst derselbe, wie für Satz II, nur daß die dortige Ungleichung (*) hier nur auf $\mathfrak{B}$ gilt:

$$(\times) \qquad\qquad |f - F_\nu| \leq \varepsilon_\nu \quad \text{auf} \quad \mathfrak{B}.$$

Dabei können wir annehmen, die ε_ν seien so gewählt, daß $\sum\limits_{\nu=1}^{\infty} \varepsilon_\nu$ eigentlich konvergiert.

Wir ersetzen nun in F_2 jeden Wert $> F_1 + \varepsilon_1$ durch $F_1 + \varepsilon_1$, jeden Wert $< F_1 - \varepsilon_1$ durch $F_1 - \varepsilon_1$, wodurch eine Funktion F_2^* höchstens α-ter Klasse entsteht (§ 1, Satz VIII). Da wegen $(\times)$:

$$F_1 - \varepsilon_1 \leq f \leq F_1 + \varepsilon_1 \quad \text{auf} \quad \mathfrak{B},$$

ist:

$$|F_2^* - f| \leq |F_2 - f| \quad \text{auf} \quad \mathfrak{B},$$

und somit wegen $(\times)$:

$$|F_2^* - f| \leq \varepsilon_2 \quad \text{auf} \quad \mathfrak{B}.$$

In derselben Weise fortfahrend bilden wir F_3^*, indem wir alle Werte von F_3, die $> F_2^* + \varepsilon_2$ sind, durch $F_2^* + \varepsilon_2$, alle Werte, die $< F_2^* - \varepsilon_2$ sind, durch $F_2^* - \varepsilon_2$ ersetzen usf. Wir erhalten so eine Folge $\{F_\nu^*\}$ von Funktionen höchstens α-ter Klasse auf $\mathfrak{A}$, so daß:

$$(\times\times) \qquad\qquad |F_{\nu+1}^* - F_\nu^*| \leq \varepsilon_\nu \quad \text{auf} \quad \mathfrak{A},$$

$$(\times\times\times) \qquad\qquad |F_\nu^* - f| \leq \varepsilon_\nu \quad \text{auf} \quad \mathfrak{B}.$$

Wegen $(\times\times)$ und der eigentlichen Konvergenz von $\sum\limits_{\nu=1}^{\infty} \varepsilon_\nu$ konvergiert $\{F_\nu^*\}$ gleichmäßig auf $\mathfrak{A}$ gegen eine Grenzfunktion F höchstens α-ter Klasse (§ 1, Satz X). Wegen $(\times\times\times)$ ist $f = F$ auf $\mathfrak{B}$, und Satz VIII ist bewiesen.

Ist nun f eine auf $\mathfrak{B}$ gegebene, beschränkte Funktion, die nicht zu einer Funktion höchstens α-ter Klasse auf $\mathfrak{A}$ erweitert werden kann, so gibt es, wie Satz VIII lehrt, einen Punkt a von $\mathfrak{A}$, in dem sie nicht von α-ter Klasse erweiterbar auf $\mathfrak{A}$ ist. Für jedes hinlänglich kleine $\varepsilon > 0$ ist dann f in a auch nicht mit der Annäherung ε von α-ter Klasse erweiterbar auf $\mathfrak{A}$. Wie oben Satz III, so beweist man hier:

Satz IX. Ist $\mathfrak{B}$ ein in $\mathfrak{A}$ dichter Teil der separablen Menge $\mathfrak{A}$, so ist die Menge aller Punkte, in denen die auf $\mathfrak{B}$ gegebene und beschränkte Funktion f nicht mit der Annäherung ε von α-ter Klasse erweiterbar auf $\mathfrak{A}$ ist, abgeschlossen in $\mathfrak{A}$.

An Stelle von Satz IV tritt nun:

Satz X. Ist $\mathfrak{B}$ ein in $\mathfrak{A}$ dichter Teil der separablen Menge $\mathfrak{A}$, und ist f eine auf $\mathfrak{B}$ gegebene, beschränkte Funktion, die nicht

---

[1]) Im Falle $\alpha = 0$ wende man Kap. III, § 2, Satz XVII auf diejenige Funktion an, die $= f$ ist auf $\mathfrak{B}$, und $= G(a; f, \mathfrak{B})$ auf $\mathfrak{A} - \mathfrak{B}$.

zu einer Funktion α-ter Klasse ($\alpha \geq 1$) auf $\mathfrak{A}$ erweitert werden kann, ist ferner $\varepsilon > 0$ so klein gewählt, daß die in $\mathfrak{A}$ abgeschlossene Menge $\mathfrak{M}$ aller Punkte von $\mathfrak{A}$, in denen f nicht mit der Annäherung ε von α-ter Klasse erweiterbar ist auf $\mathfrak{A}$, nicht leer ausfällt, so ist $\mathfrak{B}$ dicht in $\mathfrak{M}$, und f ist in keinem Punkte von $\mathfrak{M}$ mit der Annäherung ε von α-ter Klasse erweiterbar auf $\mathfrak{M}$.

Angenommen in der Tat, $\mathfrak{B}$ sei nicht dicht in $\mathfrak{M}$. Dann gibt es in $\mathfrak{M}$ einen Punkt a_0 mit einer Umgebung $\mathfrak{U}(a_0)$, die keinen Punkt von $\mathfrak{M}\mathfrak{B}$ enthält. Zu jedem Punkte a von $\mathfrak{A} - \mathfrak{M}$ gibt es eine abgeschlossene Umgebung $\overline{\mathfrak{U}}(a)$ und eine Funktion f^* höchstens α-ter Klasse auf $\mathfrak{A}$, so daß:

$$|f - f^*| \leq \varepsilon \quad \text{auf} \quad \overline{\mathfrak{U}}(a) \cdot \mathfrak{B}.$$

Indem wir nun ganz so weiter schließen, wie beim Beweise von Satz IV, wobei wir nur unter f_0 die Funktion verstehen, die $= 0$ ist auf ganz $\mathfrak{A}$, kommen wir zu einer Funktion F höchstens α-ter Klasse auf $\mathfrak{A}$, so daß:

$$(*) \qquad\qquad |f - F| \leq \varepsilon \quad \text{auf} \quad \mathfrak{U}(a_0) \cdot \mathfrak{B}.$$

Es wäre also f in a_0 mit der Annäherung ε von α-ter Klasse erweiterbar auf $\mathfrak{A}$, entgegen der Definition von $\mathfrak{M}$. Also ist $\mathfrak{B}$ dicht in $\mathfrak{M}$.

Angenommen nun, es wäre f im Punkte a_0 von $\mathfrak{M}$ mit der Annäherung ε von α-ter Klasse erweiterbar von $\mathfrak{B} \cdot \mathfrak{M}$ auf $\mathfrak{M}$. Dann gibt es eine Umgebung $\mathfrak{U}(a_0)$ und eine Funktion f_0 höchstens α-ter Klasse auf $\mathfrak{M}$, so daß

$$|f - f_0| \leq \varepsilon \quad \text{auf} \quad \mathfrak{U}(a_0) \cdot \mathfrak{B} \cdot \mathfrak{M}.$$

Erweitern wir die Definition von f_0 auf ganz $\mathfrak{A}$, indem wir setzen:

$$f_0 = 0 \quad \text{auf} \quad \mathfrak{A} - \mathfrak{M},$$

so ist wie beim Beweise von Satz IV f_0 von höchstem α-ter Klasse auf $\mathfrak{A}$. Indem wir wieder in derselben Weise weiter schließen, wie beim Beweise von Satz IV, gelangen wir zu einer Funktion F höchstens α-ter Klasse auf $\mathfrak{A}$, die $(*)$ erfüllt, womit wir abermals bei einem Widerspruche angelangt sind. Und Satz X ist bewiesen.

Wie vorhin die Sätze V und VI erhält man nun die Sätze:

Satz XI. Ist $\mathfrak{B}$ ein in $\mathfrak{A}$ dichter Teil der separablen Menge $\mathfrak{A}$, so ist die Menge aller Punkte von $\mathfrak{A}$, in denen die auf $\mathfrak{B}$ gegebene und beschränkte Funktion f nicht mit der Annäherung ε von α-ter Klasse ($\alpha \geq 1$) erweiterbar ist auf $\mathfrak{A}$, perfekt in $\mathfrak{A}$.

Satz XII. Ist $\mathfrak{B}$ ein in $\mathfrak{A}$ dichter Teil der separablen Menge $\mathfrak{A}$, so ist, damit die auf $\mathfrak{B}$ gegebene Funktion f zu einer Funktion höchstens α-ter Klasse ($\alpha \geq 1$) auf $\mathfrak{A}$ erweitert werden könne, notwendig und hinreichend, daß es auf jedem (nicht leeren) in $\mathfrak{A}$ perfekten Teile $\mathfrak{P}$ von $\mathfrak{A}$, in dem $\mathfrak{B}$ dicht ist, einen Punkt gebe, in dem f von α-ter Klasse erweiterbar auf $\mathfrak{P}$ ist.

Und nun können wir das Schlußresultat dieser Untersuchung aussprechen:

Satz XIII. Sei der metrische Raum $\mathfrak{R}$ separabel. Damit die auf der Menge $\mathfrak{B}$ gegebene Funktion f zu einer Funktion erweitert werden könne, die im ganzen Raume $\mathfrak{R}$ von höchstens α-ter Klasse ($\alpha \geq 1$) ist, ist notwendig und hinreichend, daß es auf jedem perfekten Teile von $\mathfrak{B}^0$, in dem $\mathfrak{B}$ dicht ist, einen Punkt gebe, in dem f von α-ter Klasse erweiterbar auf $\mathfrak{B}^0$ ist.

In der Tat, nach Satz XII ist die Bedingung notwendig und hinreichend dafür, daß f zu einer Funktion höchstens α-ter Klasse auf $\mathfrak{B}^0$ erweitert werden könne. Da aber $\mathfrak{B}^0$ abgeschlossen, mithin höchstens eine Menge $\mathfrak{T}_\alpha$ ist, kann nach § 8, Satz IV diese Funktion zu einer Funktion erweitert werden, die im ganzen Raume von höchstens α-ter Klasse ist.

§ 10. Funktionen erster und zweiter Klasse.

Beispiele von Funktionen erster Klasse können unschwer gebildet werden: Nach § 6, Satz I ist z. B. jede oberhalb oder unterhalb stetige Funktion, die nicht zugleich stetig ist, eine Funktion erster Klasse.

Satz I. Auf einer abzählbaren Menge $\mathfrak{A}$ ist jede Funktion von höchstens erster Klasse.

In der Tat, bestehe $\mathfrak{A}$ aus den Punkten $a_1, a_2, \ldots, a_\nu, \ldots$, und sei f eine beliebige Funktion auf $\mathfrak{A}$. Wir bezeichnen mit $\mathfrak{M}_\nu$ die Menge, die nur aus dem Punkte a_ν besteht. Dann ist:

$$\mathfrak{A} = \mathfrak{M}_1 + \mathfrak{M}_2 + \cdots + \mathfrak{M}_\nu + \cdots,$$

und es ist jedes $\mathfrak{M}_\nu$ eine Menge $\mathfrak{D}_1$; ferner ist:

$$\omega(f, \mathfrak{M}_\nu) = 0.$$

Also ist nach § 8, Satz III f von höchstens erster Klasse auf $\mathfrak{A}$, und Satz I ist bewiesen.

Ist $\mathfrak{A}$ relativ-vollständig, so kann für Funktionen erster Klasse Satz VI von § 9 wesentlich verschärft werden:

Satz II[1]). Ist die separable Menge $\mathfrak{A}$ relativ-vollständig, so ist, damit f von höchstens erster Klasse sei auf $\mathfrak{A}$, notwendig und hinreichend, daß f punktweise unstetig sei auf jedem in $\mathfrak{A}$ perfekten Teile von $\mathfrak{A}$.

Die Bedingung ist notwendig. Denn ist f von höchstens erster Klasse auf $\mathfrak{A}$, so auch auf jedem in $\mathfrak{A}$ perfekten Teile $\mathfrak{P}$ von $\mathfrak{A}$. Also ist f nach Kap. IV, § 7, Satz V punktweise unstetig auf $\mathfrak{P}$.

Die Bedingung ist hinreichend. Denn ist sie erfüllt, so gibt es in jedem in $\mathfrak{A}$ perfekten Teile von $\mathfrak{A}$ einen Punkt, in dem f stetig auf $\mathfrak{P}$, d. h. von nullter Klasse auf $\mathfrak{P}$, mithin auch von erster Klasse auf $\mathfrak{P}$ ist. Also ist nach § 9, Satz VI f von höchstens erster Klasse auf $\mathfrak{A}$, und Satz II ist bewiesen.

---

[1]) Dieser Satz wurde zuerst bewiesen von R. Baire, Ann. di mat. (3) 3 (1899), 16 (für Funktionen einer reellen Veränderlichen); Bull. soc. math. 28 (1900), 173 (für Funktionen mehrerer reeller Veränderlicher). Andere Beweise H. Lebesgue, C. R. 128 (1899), 811; Bull. soc. math. 32 (1904), 229; Journ. de math. (6) 1 (1905), 182; C. A. Dell'-Agnola, Atti Ven. 68 (1909), 775; Rend. Lomb. 41 (1908), 287, 676.

Aus Satz II entnehmen wir:

Satz III. Hat f auf der separablen relativ-vollständigen Menge $\mathfrak{A}$ nur abzählbar viele Unstetigkeitspunkte, so ist f von höchstens erster Klasse auf $\mathfrak{A}$.

Sei in der Tat $\mathfrak{P}$ ein in $\mathfrak{A}$ perfekter Teil von $\mathfrak{A}$. Es gibt nur abzählbar viele Punkte von $\mathfrak{P}$, in denen f unstetig auf $\mathfrak{P}$ ist. Die Menge $\mathfrak{B}$ aller dieser Punkte ist also von erster Kategorie in $\mathfrak{P}$ (Kap. I, § 4, Satz XXII). Da $\mathfrak{P}$ relativ-vollständig, ist also nach Kap. I, § 8, Satz XV die Menge $\mathfrak{P} - \mathfrak{B}$, d. h. die Menge aller Stetigkeitspunkte von f auf $\mathfrak{P}$ dicht in $\mathfrak{P}$, d. h. f ist punktweise unstetig auf $\mathfrak{P}$. Nach Satz II ist also f von höchstens erster Klasse auf $\mathfrak{A}$, und Satz III ist bewiesen.

Ganz gleichbedeutend mit der Forderung, f sei punktweise unstetig auf jedem in $\mathfrak{A}$ perfekten Teile von $\mathfrak{A}$, ist die Forderung, in jedem in $\mathfrak{A}$ perfekten Teile $\mathfrak{P}$ von $\mathfrak{A}$ gebe es einen Punkt, in dem f stetig auf $\mathfrak{P}$, d. h. von nullter Klasse auf $\mathfrak{P}$ ist. Man sieht so, wie die Aussage von Satz II über den Spezialfall $\alpha = 1$ von § 9, Satz VI hinausgeht, wo nur die Forderung auftritt, in $\mathfrak{P}$ gebe es einen Punkt, in dem f von erster Klasse auf $\mathfrak{P}$. Für $\alpha > 1$ ist eine solche Verschärfung von § 9, Satz VI unmöglich. Denn sei f eine Funktion α-ter Klasse auf $\mathfrak{A}$, und sei $\alpha > 1$. Dann gibt es kein $\beta < \alpha$ derart, daß auf jedem in $\mathfrak{A}$ perfekten Teile $\mathfrak{P}$ von $\mathfrak{A}$ ein Punkt a läge, in dem f von β-ter Klasse auf $\mathfrak{P}$ ist. Denn gäbe es auf jedem $\mathfrak{P}$ einen solchen Punkt, so wäre nach § 9, Satz VI f von höchstens β-ter $(\beta \geq 1)$, und somit nicht von α-ter Klasse auf $\mathfrak{A}$.

Nun kann in analoger Weise auch Satz XII von § 9 für $\alpha = 1$ verschärft werden:

Satz IV[1]**.** Sei $\mathfrak{A}$ separabel und relativ-vollständig, und sei $\mathfrak{B}$ ein in $\mathfrak{A}$ dichter Teil von $\mathfrak{A}$. Damit die auf $\mathfrak{B}$ gegebene Funktion f zu einer Funktion höchstens erster Klasse auf $\mathfrak{A}$ erweitert werden könne, ist notwendig und hinreichend, daß es auf jedem in $\mathfrak{A}$ perfekten Teile $\mathfrak{P}$ von $\mathfrak{A}$, in dem $\mathfrak{B}$ dicht ist, einen Punkt gebe, in dem:

$$(0) \qquad \omega(a; f, \mathfrak{P}\mathfrak{B}) = 0.$$

Die Bedingung ist notwendig. Denn ist die Funktion f von höchstens erster Klasse auf $\mathfrak{A}$, so ist sie nach Satz II punktweise unstetig auf $\mathfrak{P}$. Es gibt also in $\mathfrak{P}$ einen Punkt, in dem:

$$\omega(a; f, \mathfrak{P}) = 0,$$

und da:

$$\omega(a; f, \mathfrak{P}\mathfrak{B}) \leq \omega(a; f, \mathfrak{P}),$$

ist in diesem Punkte auch (0) erfüllt.

------

[1] Auf andrem Wege zuerst bewiesen von R. Baire, Acta math. 30 (1906), 17.

Die Bedingung ist hinreichend. Vermöge der Schränkungsformation kann f als beschränkt angenommen werden. Ist im Punkte a von $\mathfrak{P}$ (0) erfüllt, so gibt es zu jedem $\varepsilon > 0$ eine Zahl c und eine Umgebung $\mathfrak{U}(a)$, so daß:

$$|f - c| < \varepsilon \quad \text{auf} \quad \mathfrak{U}(a) \cdot \mathfrak{P} \cdot \mathfrak{B}.$$

Da die Konstante c von nullter Klasse auf $\mathfrak{P}$ ist, so ist f im Punkte a für jedes $\varepsilon > 0$ mit der Annäherung ε von erster Klasse erweiterbar auf $\mathfrak{P}$, d. h. f ist in a von erster Klasse erweiterbar auf $\mathfrak{P}$. Nach § 9, Satz XII kann also f zu einer Funktion höchstens erster Klasse auf $\mathfrak{A}$ erweitert werden, und Satz IV ist bewiesen.

Wir lassen ein Beispiel einer Funktion folgen, die auf einer Menge $\mathfrak{B}$ von erster Klasse ist, aber nicht zu einer Funktion erweitert werden kann, die auf $\mathfrak{B}^0$ von erster Klasse ist. Sei $\mathfrak{A}$ eine nirgends dichte perfekte Menge des $\mathfrak{R}_1$, und sei $\mathfrak{B}$ die Menge ihrer Punkte erster Art. Dann ist (Kap. I, § 9, Satz IV)

$$\mathfrak{A} = \mathfrak{B}^0,$$

und es ist (Kap. I, § 9, Satz III) $\mathfrak{B}$ abzählbar. Wir definieren die Funktion f auf $\mathfrak{B}$ durch die Vorschrift: $f = 1$ in den rechten, $= -1$ in den linken Endpunkten der zu $\mathfrak{A}$ komplementären Intervalle. Nach Satz I ist f von erster Klasse auf $\mathfrak{B}$; da aber jede Funktion auf $\mathfrak{A}$, die auf $\mathfrak{B}$ mit f übereinstimmt, auf $\mathfrak{A}$ total-unstetig ist, kann nach Satz II f nicht zu einer Funktion erster Klasse auf $\mathfrak{A}$ erweitert werden.

Satz V. Unterscheidet sich f von einer Funktion höchstens erster Klasse auf $\mathfrak{A}$ nur in einer abzählbaren Punktmenge, so ist f von höchstens zweiter Klasse auf $\mathfrak{A}$.

In der Tat, da jede Funktion höchstens erster Klasse auch von höchstens zweiter Klasse auf $\mathfrak{A}$ ist, ist Satz V für $\alpha = 2$ enthalten in Satz VII von § 7.

Ist z. B. $f = 1$ in allen rationalen, $= 0$ in allen irrationalen Punkten des $\mathfrak{R}_1$, so ist f von zweiter Klasse im $\mathfrak{R}_1$. In der Tat, da f sich von der stetigen Funktion $h = 0$ nur in den abzählbar vielen rationalen Punkten unterscheidet, ist nach Satz V f von höchstens zweiter Klasse, und da f total-unstetig ist, kann nach Satz II f nicht von höchstens erster Klasse sein, ist also wirklich von zweiter Klasse im $\mathfrak{R}_1$, wie behauptet[1]).

Ein andres Beispiel einer Funktion zweiter Klasse im $\mathfrak{R}_1$ ist dieses: Sei $\mathfrak{P}$ eine nirgends dichte perfekte Punktmenge im $\mathfrak{R}_1$. Die Funktion h, die $= 1$ ist auf $\mathfrak{P}$ und $= 0$ auf $\mathfrak{R}_1 - \mathfrak{P}$ ist, weil oberhalb stetig, von erster Klasse. Daher ist nach Satz V von höchstens zweiter Klasse die Funktion f, die aus h entsteht, indem man den

---

[1]) Es hat keinerlei Schwierigkeit, f explizit durch zweifachen Grenzübergang aus stetigen Funktionen herzustellen, z. B. (nach A. Pringsheim, Encykl. d. math. Wiss. II A₁, 7):

$$f(x) = \lim_{n=\infty} \left(\lim_{m=\infty} \cos^{2m} n! \, \pi x \right);$$

vgl. hierzu auch L. Galvani, Rend. Lomb. (2) 44 (1911), 947.

Wert von h in den abzählbar vielen Punkten erster Art von $\mathfrak{P}$ in 0 verwandelt. Und da f total-unstetig ist auf $\mathfrak{P}$, mithin nach Satz II nicht von höchstens erster Klasse im $\mathfrak{R}_1$ sein kann, ist f von zweiter Klasse im $\mathfrak{R}_1$, wie behauptet.

Auf Grund von Satz V ist es von Interesse, die Funktionen näher zu betrachten, die sich von einer Funktion höchstens erster Klasse nur in einer abzählbaren Punktmenge unterscheiden.

Wir definieren: Die auf $\mathfrak{A}$ endliche Funktion f heißt im Punkte a von $\mathfrak{A}$ mit der Annäherung ε von erster Klasse auf $\mathfrak{A}$ bei Vernachlässigung abzählbarer Mengen, wenn es eine Umgebung $\mathfrak{U}(a)$, einen abzählbaren Teil $\mathfrak{N}$ von $\mathfrak{A}$ und eine Funktion f^* höchstens erster Klasse auf $\mathfrak{A}$ gibt, so daß:

$$|f - f^*| \leqq \varepsilon \quad \text{auf} \quad \mathfrak{U}(a) \cdot (\mathfrak{A} - \mathfrak{N}).$$

Die auf $\mathfrak{A}$ beschränkte Funktion f heißt im Punkte a von $\mathfrak{A}$ von erster Klasse auf $\mathfrak{A}$ bei Vernachlässigung abzählbarer Mengen, wenn sie für jedes $\varepsilon > 0$ im Punkte a mit der Annäherung ε von erster Klasse ist auf $\mathfrak{A}$ bei Vernachlässigung abzählbarer Mengen.

Die beliebige Funktion f heißt im Punkte a von erster Klasse auf $\mathfrak{A}$ bei Vernachlässigung abzählbarer Mengen, wenn die aus ihr durch die Schränkungstransformation entstehende Funktion in a von erster Klasse ist auf $\mathfrak{A}$ bei Vernachlässigung abzählbarer Mengen.

Satz VI. Ist f in jedem Punkte der separablen Menge $\mathfrak{A}$ mit der Annäherung ε von erster Klasse auf $\mathfrak{A}$ bei Vernachlässigung abzählbarer Mengen, so gibt es eine Funktion F höchstens erster Klasse auf $\mathfrak{A}$ und einen abzählbaren Teil $\mathfrak{N}$ von $\mathfrak{A}$, so daß:

$$(0) \qquad\qquad |f - F| \leqq \varepsilon \quad \text{auf} \quad \mathfrak{A} - \mathfrak{N}.$$

In der Tat, zu jedem Punkte a von $\mathfrak{A}$ gibt es eine abgeschlossene Umgebung $\overline{\mathfrak{U}}(a)$ in $\mathfrak{A}$, eine Funktion höchstens erster Klasse f^* und einen abzählbaren Teil $\mathfrak{N}_a$ von $\overline{\mathfrak{U}}(a)$, so daß:

$$|f - f^*| \leqq \varepsilon \quad \text{auf} \quad \overline{\mathfrak{U}}(a) - \mathfrak{N}_a.$$

Wieder gibt es (vgl. den Beweis von § 9, Satz I) unter diesen $\overline{\mathfrak{U}}(a)$ abzählbar viele $\overline{\mathfrak{U}}(a_\nu)$ $(\nu = 1, 2, \ldots)$, deren Vereinigung $\mathfrak{A}$ ist. Die zugehörigen f^* nennen wir f_ν, die zugehörigen $\mathfrak{N}_a$ nennen wir $\mathfrak{N}_\nu$. Bilden wir die Funktion F, wie beim Beweise von § 9, Satz I, und setzen:

$$\mathfrak{N} = \mathfrak{N}_1 \dotplus \mathfrak{N}_2 \dotplus \ldots \dotplus \mathfrak{N}_\nu \dotplus \ldots,$$

so ist $\mathfrak{N}$ abzählbar, und es gilt (0), womit Satz VI bewiesen ist.

Satz VII. Ist die Funktion f in jedem Punkte der separablen Menge $\mathfrak{A}$ von erster Klasse auf $\mathfrak{A}$ bei Vernachlässigung abzählbarer Mengen, so unterscheidet sie sich von einer Funktion höchstens erster Klasse auf $\mathfrak{A}$ nur in einer abzählbaren Punktmenge.

Der Beweis ist zunächst derselbe wie für § 9, Satz II, nur daß an Stelle der dortigen Ungleichung (*) nunmehr tritt:

$$(00) \qquad\qquad |f - F_\nu| \leqq \varepsilon_\nu \quad \text{auf} \quad \mathfrak{A} - \mathfrak{N}_\nu,$$

wo $\mathfrak{N}_\nu$ ein abzählbarer Teil von $\mathfrak{A}$. Dabei können wir annehmen, die ε_ν seien so gewählt, daß $\sum\limits_{\nu=1}^{\infty} \varepsilon_\nu$ eigentlich konvergiert.

Wir ersetzen nun in F_2 jeden Wert $> F_1 + \varepsilon_1$ durch $F_1 + \varepsilon_1$, jeden Wert $< F_1 - \varepsilon_1$ durch $F_1 - \varepsilon_1$, wodurch eine Funktion F_2^* höchstens erster Klasse entsteht (§ 1, Satz VIII). Da wegen (00)

ist:
$$F_1 - \varepsilon_1 \leqq f \leqq F_1 + \varepsilon_1 \quad \text{auf} \quad \mathfrak{A} - \mathfrak{N}_1,$$

$$|F_2^* - f| \leqq |F_2 - f| \quad \text{auf} \quad \mathfrak{A} - \mathfrak{N}_1,$$

und somit wegen (00):

$$|F_2^* - f| \leqq \varepsilon_2 \quad \text{auf} \quad \mathfrak{A} - (\mathfrak{N}_1 \dotplus \mathfrak{N}_2).$$

In derselben Weise fortfahrend, bilden wir F_3^*, indem alle Werte von F_3, die $> F_2^* + \varepsilon_2$ sind, durch $F_2^* + \varepsilon_2$, alle Werte, die $< F_2^* - \varepsilon_2$ sind, durch $F_2^* - \varepsilon_2$ ersetzt werden usf. Wir erhalten so eine Folge $\{F_\nu^*\}$ von Funktionen höchstens erster Klasse auf $\mathfrak{A}$, so daß:

$$({}_0{}^0{}_0) \qquad |F_{\nu+1}^* - F_\nu^*| \leqq \varepsilon_\nu \quad \text{auf} \quad \mathfrak{A},$$

$$({}^0{}_0{}^0) \qquad |F_\nu^* - f| \leqq \varepsilon_\nu \quad \text{auf} \quad \mathfrak{A} - (\mathfrak{N}_1 \dotplus \mathfrak{N}_2 \dotplus \ldots \dotplus \mathfrak{N}_\nu).$$

Wegen $({}_0{}^0{}_0)$ und der eigentlichen Konvergenz von $\sum\limits_{\nu=1}^{\infty} \varepsilon_\nu$ konvergiert $\{F_\nu^*\}$ gleichmäßig auf $\mathfrak{A}$ gegen eine Funktion F höchstens erster Klasse (§ 1, Satz X). Wegen $({}^0{}_0{}^0)$ ist

$$f = F \quad \text{auf} \quad \mathfrak{A} - (\mathfrak{N}_1 \dotplus \mathfrak{N}_2 \dotplus \ldots \dotplus \mathfrak{N}_\nu \dotplus \ldots),$$

und da $(\mathfrak{N}_1 \dotplus \mathfrak{N}_2 \dotplus \ldots \dotplus \mathfrak{N}_\nu \dotplus \ldots)$ abzählbar, ist Satz VII bewiesen.

Gibt es nun keine Funktion höchstens erster Klasse auf $\mathfrak{A}$, von der sich die Funktion f nur in einer abzählbaren Punktmenge unterscheidet, so gibt es, wie Satz VII lehrt, gewiß einen Punkt von $\mathfrak{A}$, in dem sie nicht von erster Klasse auf $\mathfrak{A}$ bei Vernachlässigung abzählbarer Mengen ist. Für jedes hinlänglich kleine $\varepsilon > 0$ ist dann f in a auch nicht mit der Annäherung ε von erster Klasse bei Vernachlässigung abzählbarer Mengen.

Wie Satz III von § 9 wird bewiesen:

Satz VIII. Die Menge aller Punkte von $\mathfrak{A}$, in denen die beschränkte Funktion f nicht mit der Annäherung ε von erster Klasse auf $\mathfrak{A}$ ist bei Vernachlässigung abzählbarer Mengen, ist abgeschlossen in $\mathfrak{A}$.

Wie Satz IV von § 9 zeigt man dann[1]):

Satz IX. Gibt es keine Funktion höchstens erster Klasse auf der separablen Menge $\mathfrak{A}$, die sich von der beschränkten Funktion f nur in einer abzählbaren Punktmenge unterscheidet, und ist $\varepsilon > 0$ so klein gewählt, daß die in $\mathfrak{A}$ abgeschlossene Menge $\mathfrak{M}$ aller Punkte von $\mathfrak{A}$, in denen f nicht mit der Annäherung ε von erster Klasse auf $\mathfrak{A}$ ist bei Vernachlässigung abzählbarer Mengen, nicht leer ausfällt, so ist f in keinem Punkte von $\mathfrak{M}$ mit der Annäherung ε von erster Klasse auf $\mathfrak{M}$ bei Vernachlässigung abzählbarer Mengen.

---

[1]) Der Beweis entsteht aus dem Beweise von § 9, Satz IV durch ganz dieselben Abänderungen wie der Beweis von Satz VI aus dem Beweise von § 9, Satz I.

Daraus folgt nun weiter (wie Satz V und VI in § 9):

Satz X. · Die Menge $\mathfrak{M}$ aller Punkte der separablen Menge $\mathfrak{A}$, in denen die beschränkte Funktion f nicht mit der Annäherung ε von erster Klasse auf $\mathfrak{A}$ ist bei Vernachlässigung abzählbarer Mengen, ist perfekt in $\mathfrak{A}$.

Satz XI. Damit es auf der separablen Menge $\mathfrak{A}$ eine Funktion höchstens erster Klasse gebe, die sich von f nur in einer abzählbaren Punktmenge unterscheidet, ist notwendig und hinreichend, daß es auf jedem (nicht leeren) in $\mathfrak{A}$ perfekten Teile $\mathfrak{P}$ von $\mathfrak{A}$ einen Punkt gebe, in dem f von erster Klasse auf $\mathfrak{P}$ ist bei Vernachlässigung abzählbarer Mengen.

Nunmehr können wir zeigen:

Satz XII[1]). Damit es auf der separablen, relativ-vollständigen Menge $\mathfrak{A}$ eine Funktion höchstens erster Klasse gebe, die sich von f nur in einer abzählbaren Punktmenge unterscheidet, ist notwendig und hinreichend, daß f punktweise unstetig sei bei Vernachlässigung abzählbarer Mengen[2]) auf jedem in $\mathfrak{A}$ perfekten Teile von $\mathfrak{A}$.

Die Bedingung ist notwendig: dies folgt unmittelbar aus Satz II.

Die Bedingung ist hinreichend: denn ist sie erfüllt, so gibt es in jedem in $\mathfrak{A}$ perfekten Teile $\mathfrak{P}$ von $\mathfrak{A}$ Punkte, in denen f stetig und mithin auch von erster Klasse ist auf $\mathfrak{P}$ bei Vernachlässigung abzählbarer Mengen, und die Behauptung folgt aus Satz XI.

Vermöge Satz V folgt aus Satz XII:

Satz XIII. Ist $\mathfrak{A}$ separabel und relativ-vollständig, und ist f punktweise unstetig bei Vernachlässigung abzählbarer Mengen auf jedem in $\mathfrak{A}$ perfekten Teile von $\mathfrak{A}$, so ist f von höchstens zweiter Klasse auf $\mathfrak{A}$.

Wir haben bisher nur solche Funktionen zweiter Klasse kennen gelernt, die sich von einer Funktion höchstens erster Klasse nur in einer abzählbaren Punktmenge unterscheiden. Wir wollen nun zeigen, daß es auch Funktionen zweiter Klasse gibt, die nicht durch bloße Abänderung der Werte in einer abzählbaren Punktmenge in eine Funktion höchstens erster Klasse verwandelt werden können.

Sei zu dem Zwecke $\mathfrak{A}$ eine separable, vollständige, insichdichte Menge, und sei die abzählbare Menge der Punkte a_ν $(\nu = 1, 2, \ldots)$ von $\mathfrak{A}$ dicht in $\mathfrak{A}$. Sei $\mathfrak{A}_\nu$ ein den Punkt a_ν enthaltender, perfekter und in $\mathfrak{A}$ nirgends dichter Teil von $\mathfrak{A}$ (Kap. I, § 8, Satz VIII). Die Menge

$$\mathfrak{B} = \mathfrak{A}_1 + \mathfrak{A}_2 + \ldots + \mathfrak{A}_\nu + \ldots$$

ist höchstens eine Menge $\mathfrak{B}_2$ in $\mathfrak{A}$. Sie selbst und ihr Komplement zu $\mathfrak{A}$ sind also höchstens Mengen $\mathfrak{D}_3$. Setzen wir:

---

[1]) Auf andrem Wege bewiesen von R. Baire, Ann. di mat. (3) 3 (1899), 75.

[2]) Kap. III, § 7, S. 227.

$$f = 1 \text{ auf } \mathfrak{B}; \quad f = 0 \text{ auf } \mathfrak{A} - \mathfrak{B},$$

so ist also f nach § 7, Satz I von höchstens zweiter Klasse auf $\mathfrak{A}$.

Da jeder Punkt a_ν in $\mathfrak{B}$ vorkommt, ist $\mathfrak{B}$ dicht in $\mathfrak{A}$. Da $\mathfrak{B}$ von erster Kategorie in $\mathfrak{A}$ ist, ist $\mathfrak{A} - \mathfrak{B}$ dicht in $\mathfrak{A}$ (Kap. I, § 8, Satz XIV), also ist f total-unstetig auf $\mathfrak{A}$, und mithin nach Satz II wirklich von zweiter Klasse auf $\mathfrak{A}$.

Sei $\mathfrak{C}$ irgendeine offene Menge, die einen Punkt von $\mathfrak{A}$ enthält. Jede der beiden Mengen $\mathfrak{C}\mathfrak{B}$ und $\mathfrak{C}(\mathfrak{A} - \mathfrak{B})$ hat dann die Mächtigkeit c (Kap. I, § 8, Satz XII, XV, VI). Ist also $\mathfrak{N}$ irgendein abzählbarer Teil von $\mathfrak{A}$, so sind $\mathfrak{B} - \mathfrak{N}\mathfrak{B}$ und $(\mathfrak{A} - \mathfrak{B}) - \mathfrak{N}(\mathfrak{A} - \mathfrak{B})$ dicht in $\mathfrak{A}$. Ändert man also die Werte unsrer Funktion f in einer beliebigen abzählbaren Punktmenge ab, so bleibt sie total-unstetig auf $\mathfrak{A}$, kann also dadurch nicht in eine Funktion höchstens erster Klasse übergeführt werden.

Satz XIV. Ist $\{f_\nu\}$ eine Folge auf $\mathfrak{A}$ stetiger Funktionen, so sind $\overline{\lim}_{\nu=\infty} f_\nu$ und $\underline{\lim}_{\nu=\infty} f_\nu$ von höchstens zweiter Klasse auf $\mathfrak{A}$, und zwar ist $\overline{\lim}_{\nu=\infty} f_\nu$ höchstens eine Funktion g_2 und $\underline{\lim}_{\nu=\infty} f_\nu$ höchstens eine Funktion G_2.

In der Tat, daß $\overline{\lim}_{\nu=\infty} f_\nu$ von höchstens zweiter Klasse ist, ist (für $\alpha = 1$) enthalten in § 1, Satz XII. Bezeichnet $\bar{f}_{\nu,k}$ den größten unter den $k + 1$ Funktionswerten $f_\nu, f_{\nu+1}, \ldots, f_{\nu+k}$, so ist $\bar{f}_{\nu,k}$ stetig (Kap. II, § 3, Satz VIII), und die Folge $\bar{f}_{\nu,1}, \bar{f}_{\nu,2}, \ldots, \bar{f}_{\nu,k}, \ldots$ ist monoton wachsend. Daher ist

$$\bar{f}_\nu = \lim_{k=\infty} \bar{f}_{\nu,k}$$

höchstens eine Funktion G_1, und mithin, wegen

$$\overline{\lim}_{\nu=\infty} f_\nu = \lim_{\nu=\infty} \bar{f}_\nu,$$

ist, da $\{\bar{f}_\nu\}$ monoton abnimmt, $\overline{\lim}_{\nu=\infty} f_\nu$ höchstens eine Funktion g_2.

Satz XV. Sei $f(a, t)$ für jedes t aus $(0, 1)$ eine auf $\mathfrak{A}$ stetige Funktion von a, so sind $\overline{\lim}_{t=+0} f(a, t)$ und $\underline{\lim}_{t=+0} f(a, t)$ von höchstens zweiter Klasse auf $\mathfrak{A}$, und zwar ist $\overline{\lim}_{t=+0} f(a, t)$ höchstens eine Funktion g_2 und $\underline{\lim}_{t=+0} f(a, t)$ höchstens eine Funktion G_2.

Sei in der Tat $F(a; t', t'')$ die obere Schranke der Funktionswerte $f(a, t)$ für alle t aus $[t', t'']$ (bei festgehaltenem a). Wir zeigen zunächst: $F(a; t', t'')$ ist eine auf $\mathfrak{A}$ unterhalb stetige Funktion von a. Sei in der Tat p irgendeine Zahl:

$$\text{(†)} \qquad p < F(a; t', t'').$$

Dann gibt es ein t^* in $[t', t'']$, so daß:

$$\text{(††)} \qquad f(a, t^*) > p.$$

Sei nun $\{a_\nu\}$ irgendeine Punktfolge aus $\mathfrak{A}$ mit $\lim\limits_{\nu=\infty} a_\nu = a$. Aus (††) folgt wegen der vorausgesetzten Stetigkeit von f:

$$f(a_\nu, t^*) > p \quad \text{für fast alle } \nu.$$

Also ist auch

$$F(a_\nu; t', t'') > p \quad \text{für fast alle } \nu.$$

Also ist:

$$\lim_{\nu=\infty} F(a_\nu; t', t'') \geqq p,$$

und da dies für jedes (†) erfüllende p gilt:

$$\lim_{\nu=\infty} F(a_\nu; t', t'') \geqq F(a; t', t''),$$

d. h. $F(a; t', t'')$ ist als Funktion von a unterhalb stetig, wie behauptet.

Da $F(a; t', t'')$ als Funktion von t' mit abnehmendem t' monoton wächst, ist:

$$\lim_{t'=+0} F(a; t', t'') = \lim_{\nu=\infty} F\left(a; \frac{1}{\nu}, t''\right) \ (= \overline{F}(a, t''))$$

gleichfalls unterhalb stetig auf $\mathfrak{A}$ (Kap. II, § 10, Satz I) und mithin eine Funktion G_1. Und da $\overline{F}(a, t'')$ mit abnehmendem t'' monoton abnimmt, ist:

$$\overline{\lim_{t=+0}} f(a, t) = \lim_{t''=+0} \overline{F}(a, t'') = \lim_{\nu=\infty} \overline{F}\left(a, \frac{1}{\nu}\right)$$

höchstens eine Funktion g_2 und somit (§ 6, Satz I) von höchstens zweiter Klasse, wie behauptet.

§ 11. Funktionen dritter Klasse.

Wir wollen nun ein Beispiel einer Funktion dritter Klasse geben [1]). Sei $\mathfrak{A}$ eine separable, kompakte, vollständige und insichdichte Punktmenge, und sei die abzählbare Menge der Punkte a_{ν_1} ($\nu_1 = 1, 2, \ldots$) von $\mathfrak{A}$ dicht in $\mathfrak{A}$. Wir

---

[1]) Das erste Beispiel einer Funktion dritter Klasse wurde von R. Baire angegeben (Acta math. 30 (1906) 30 ff.); wir kommen darauf unten zurück. Wie R. Baire mitteilt (a. a. O. 47), war V. Volterra schon 1898 im Besitze eines solchen Beispieles.

bezeichnen mit $\mathfrak{A}^{(1)}_{\nu_1}$ $(\nu_1 = 1, 2, \ldots)$ einen a_{ν_1} enthaltenden perfekten und in $\mathfrak{A}$ nirgends dichten Teil von $\mathfrak{A}$. Die Vereinigung

$$\mathfrak{A}^{(1)} = \mathfrak{A}^{(1)}_1 \dotplus \mathfrak{A}^{(1)}_2 \dotplus \ldots \dotplus \mathfrak{A}^{(1)}_{\nu_1} \dotplus \ldots$$

ist dann dicht in $\mathfrak{A}$. Dabei können wir je zwei $\mathfrak{A}^{(1)}_{\nu_1}$ als fremd annehmen[1]).

Wir denken uns sodann einen abzählbaren, in $\mathfrak{A}^{(1)}_{\nu_1}$ dichten Teil von $\mathfrak{A}^{(1)}_{\nu_1}$ gegeben: a_{ν_1, ν_2} $(\nu_2 = 1, 2, \ldots)$. Wir bezeichnen mit $\mathfrak{A}^{(2)}_{\nu_1, \nu_2}$ einen perfekten und in $\mathfrak{A}^{(1)}_{\nu_1}$ nirgends dichten Teil von $\mathfrak{A}^{(1)}_{\nu_1}$, der den Punkt a_{ν_1, ν_2} enthält. Die Vereinigung:

$$\mathfrak{A}^{(2)}_{\nu_1} = \mathfrak{A}^{(2)}_{\nu_1, 1} \dotplus \mathfrak{A}^{(2)}_{\nu_1, 2} \dotplus \ldots \dotplus \mathfrak{A}^{(2)}_{\nu_1, \nu_2} \dotplus \ldots$$

ist dann dicht in $\mathfrak{A}^{(1)}_{\nu_1}$. Dabei können wir je zwei $\mathfrak{A}^{(2)}_{\nu_1, \nu_2}$ als fremd annehmen.

Indem wir so fortfahren, erhalten wir Mengen $\mathfrak{A}^{(i)}_{\nu_1, \nu_2, \ldots, \nu_i}$ von folgenden Eigenschaften: Es ist $\mathfrak{A}^{(i+1)}_{\nu_1, \nu_2, \ldots, \nu_i, \nu_{i+1}}$ ein perfekter und in $\mathfrak{A}^{(i)}_{\nu_1, \nu_2, \ldots, \nu_i}$ nirgends dichter Teil von $\mathfrak{A}^{(i)}_{\nu_1, \nu_2, \ldots, \nu_i}$, und es ist die Vereinigung:

$$\mathfrak{A}^{(i+1)}_{\nu_1, \nu_2, \ldots, \nu_i} = \mathfrak{A}^{(i+1)}_{\nu_1, \nu_2, \ldots, \nu_i, 1} \dotplus \mathfrak{A}^{(i+1)}_{\nu_1, \nu_2, \ldots, \nu_i, 2} \dotplus \ldots \dotplus \mathfrak{A}^{(i+1)}_{\nu_1, \nu_2, \ldots, \nu_i, \nu_{i+1}} \dotplus \ldots$$

dicht in $\mathfrak{A}^{(i)}_{\nu_1, \nu_2, \ldots, \nu_i}$. Je zwei $\mathfrak{A}^{(i+1)}_{\nu_1, \nu_2, \ldots, \nu_i+1}$ sind fremd[2]).

Bezeichnen wir noch mit $\mathfrak{A}^{(i)}$ die Vereinigung aller $\mathfrak{A}^{(i)}_{\nu_1, \nu_2, \ldots, \nu_i}$ $(\nu_1, \nu_2, \ldots, \nu_i = 1, 2, \ldots)$, so ist (Kap. I, § 4, Satz IX) jede Menge $\mathfrak{A}^{(i)}$ dicht in $\mathfrak{A}$, und endlich ist:

$$\mathfrak{A}^{(i+1)} < \mathfrak{A}^{(i)}.$$

Der Durchschnitt:

$$\mathfrak{A}^{(\omega)} = \mathfrak{A}^{(1)} \cdot \mathfrak{A}^{(2)} \cdot \ldots \cdot \mathfrak{A}^{(i)} \ldots$$

ist dann nicht leer, da nach Kap. I, § 2, Satz VIII die Folge abgeschlossener Mengen

$$\mathfrak{A}^{(1)}_{\nu_1} > \mathfrak{A}^{(2)}_{\nu_1, \nu_2} > \ldots > \mathfrak{A}^{(i)}_{\nu_1, \nu_2, \ldots, \nu_i} > \ldots$$

mindestens einen gemeinsamen Punkt enthält.

---

[1]) In der Tat, man konstruiere $\mathfrak{A}^{(1)}_1$ nach dem Verfahren von Kap. I, § 8, Satz VIII, indem man unsern Punkt a_2, falls er nach $\overline{\mathfrak{U}}\,(a_{i_1}; \varrho_1)$ $(i_1 = 0, 2)$ fällt, als Punkt $a_{i_1, 1}$ wählt, ebenso den Punkt a_3, falls er nach $\overline{\mathfrak{U}}\,(a_{i_1, i_2}; \varrho_2)$ $(i_1, i_2 = 0, 2)$ fällt, als Punkt $a_{i_1, i_2, 1}$, usf. Dann enthält $\mathfrak{A}^{(1)}_1$ keinen der Punkte $a_2, a_3, \ldots$ Der Punkt a_2 hat also von $\mathfrak{A}^{(1)}_1$ positiven Abstand ϱ. Nun konstruiere man die Menge $\mathfrak{A}^{(1)}_2$ in $\mathfrak{U}(a_2; \varrho)$, und so, daß sie die Punkte $a_3, a_4, \ldots$ nicht enthält. Dann hat a_3 von $\mathfrak{A}^{(1)}_1 \dotplus \mathfrak{A}^{(1)}_2$ positiven Abstand σ. Man konstruiere die Menge $\mathfrak{A}^{(1)}_3$ in $\mathfrak{U}(a_3; \sigma)$, und so, daß sie die Punkte $a_4, a_5, \ldots$ nicht enthält usf. Je zwei Mengen $\mathfrak{A}^{(1)}_{\nu_1}$ $(\nu_1 = 1, 2, \ldots)$ sind dann fremd.

[2]) Es würde übrigens für das Folgende genügen, wenn der Durchschnitt je zweier dieser Mengen in jeder von beiden von erster Kategorie ist.

Da $\mathfrak{A}^{(i+1)}$ von erster Kategorie in $\mathfrak{A}^{(i)}_{\nu_1,\nu_2,\ldots,\nu_i}$ ist, und da $\mathfrak{A}^{(\omega)} < \mathfrak{A}^{i+1}$, ist auch $\mathfrak{A}^{(\omega)}$ von erster Kategorie in $\mathfrak{A}^{(i)}_{\nu_1,\nu_2,\ldots,\nu_i}$.

Als Vereinigung abzählbar vieler abgeschlossener Mengen ist jede Menge $\mathfrak{A}^{(i)}$ höchstens eine Menge $\mathfrak{B}_3$, mithin $\mathfrak{A}^{(\omega)}$ höchstens eine Menge $\mathfrak{D}_3$, und $\mathfrak{A} - \mathfrak{A}^{(\omega)}$ höchstens eine Menge $\mathfrak{B}_3$, also sind sowohl $\mathfrak{A}^{(\omega)}$ als $\mathfrak{A} - \mathfrak{A}^{(\omega)}$ höchstens Mengen $\mathfrak{D}_4$.

Definieren wir nun eine Funktion f durch:

$$(0) \qquad f = 1 \ \text{ auf } \mathfrak{A}^{(\omega)}; \quad f = 0 \ \text{ auf } \mathfrak{A} - \mathfrak{A}^{(\omega)},$$

so ist f nach § 7, Satz I von höchstens dritter Klasse auf $\mathfrak{A}$. Wir wollen zeigen, daß f wirklich von dritter Klasse auf $\mathfrak{A}$ ist.

Angenommen, es wäre f von höchstens zweiter Klasse auf $\mathfrak{A}$. Dann gibt es eine Darstellung:

$$(00) \qquad\qquad f = \lim_{n=\infty} f_n,$$

wo jedes f_n von höchstens erster Klasse auf $\mathfrak{A}$. Nach § 10, Satz II ist demnach f_n punktweise unstetig auf $\mathfrak{A}^{(1)}_{\nu_1}$. Die Menge $\mathfrak{B}_n$ aller Punkte, in denen f_n nicht stetig ist auf $\mathfrak{A}^{(1)}_{\nu_1}$, ist demnach von erster Kategorie in $\mathfrak{A}^{(1)}_{\nu_1}$ (Kap. III, § 4, Satz III), und da — wie wir schon sahen — auch $\mathfrak{A}^{(\omega)}$ von erster Kategorie in $\mathfrak{A}^{(1)}_{\nu_1}$ ist, so ist auch (Kap. I, § 4, Satz XX):

$$\mathfrak{B} = \mathfrak{A}^{(1)}_{\nu_1} \cdot \mathfrak{A}^{(\omega)} + \mathfrak{B}_1 + \mathfrak{B}_2 + \ldots + \mathfrak{B}_n + \ldots$$

von erster Kategorie in $\mathfrak{A}^{(1)}_{\nu_1}$. Es gibt also (Kap I, § 8, Satz XIV) in $\mathfrak{A}^{(1)}_{\nu_1}$ einen nicht zu $\mathfrak{B}$ gehörigen Punkt b_1, d. h. einen Punkt b_1, in dem alle f_n stetig sind auf $\mathfrak{A}^{(1)}_{\nu_1}$ und der zu $\mathfrak{A} - \mathfrak{A}^{(\omega)}$ gehört.

Zufolge (0) und (00) ist daher:

$$\lim_{n=\infty} f_n(b_1) = 0 ;$$

es gibt also einen Index n_1, so daß:

$$f_{n_1}(b_1) < \frac{1}{2} ,$$

und weil f_{n_1} stetig auf $\mathfrak{A}^{(1)}_{\nu_1}$ ist in b_1, gibt es eine abgeschlossene Umgebung $\bar{\mathfrak{U}}(b_1; \varrho_1)$ von b_1 in $\mathfrak{A}^{(1)}_{\nu_1}$, auf der:

$$f_{n_1} < \frac{1}{2} .$$

Dabei kann ohne weiteres angenommen werden:

$$\varrho_1 \leqq \frac{1}{2} .$$

Da $\mathfrak{A}^{(2)}_{\nu_1}$ dicht in $\mathfrak{A}^{(1)}_{\nu_1}$ ist, gibt es in $\mathfrak{U}(b_1; \varrho_1)$ auch Punkte von $\mathfrak{A}^{(2)}_{\nu_1}$ und mithin auch Punkte einer Menge $\mathfrak{A}^{(2)}_{\nu_1,\nu_2}$. Da die f_n auch auf $\mathfrak{A}^{(2)}_{\nu_1,\nu_2}$ punktweise unstetig sind, und $\mathfrak{A}^{(\omega)}$ auch in $\mathfrak{A}^{(2)}_{\nu_1,\nu_2}$ von erster Kategorie ist, gibt es in $\mathfrak{U}(b_1; \varrho_1) \cdot \mathfrak{A}^{(2)}_{\nu_1,\nu_2}$ einen Punkt b_2, in dem alle f_n stetig sind auf $\mathfrak{A}^{(2)}_{\nu_1,\nu_2}$, und der zu $\mathfrak{A} - \mathfrak{A}^{(\omega)}$ gehört.

Wie vorhin folgert man die Existenz eines Index n_2 sowie einer abgeschlossenen Umgebung $\bar{\mathfrak{U}}\,(b_2;\varrho_2)$ von b_2 in $\mathfrak{A}^{(2)}_{\nu_1,\,\nu_2}$, auf der

$$f_{n_2} < \frac{1}{2}\,.$$

Dabei kann ohne weiteres angenommen werden:

$$\bar{\mathfrak{U}}\,(b_2;\varrho_2) < \bar{\mathfrak{U}}\,(b_1;\varrho_1)\,; \quad \varrho_2 \leqq \frac{1}{2^2}\,; \quad n_2 \geqq 2\,.$$

Indem wir so weiter schließen, erhalten wir eine Punktfolge $\{b_i\}$ und eine Indizesfolge $\{\nu_i\}$, so daß b_i zu $\mathfrak{A}^{(i)}_{\nu_1,\,\nu_2,\,\dots,\,\nu_i}$ gehört; ferner zu jedem b_i eine abgeschlossene Umgebung $\bar{\mathfrak{U}}\,(b_i;\varrho_i)$ in $\mathfrak{A}^{(i)}_{\nu_1,\,\nu_2,\,\dots,\,\nu_i}$, und endlich eine Indizesfolge $\{n_i\}$, so daß:

$$f_{n_i} < \frac{1}{2} \quad \text{auf } \bar{\mathfrak{U}}\,(b_i;\varrho_i)\,.$$

Dabei kann angenommen werden:

$$\bar{\mathfrak{U}}\,(b_{i+1};\varrho_{i+1}) < \bar{\mathfrak{U}}\,(b_i;\varrho_i)\,; \quad \varrho_i \leqq \frac{1}{2^i}\,; \quad n_i \geqq i\,.$$

Daraus entnimmt man sofort, daß $\{b_i\}$ eine **Cauchysche Folge** ist (**Kap. I**, § 8, S. 99). Es existiert also, da $\mathfrak{A}$ vollständig ist, der Grenzpunkt:

$$b_\omega = \lim_{i\,=\,\infty} b_i\,,$$

und gehört zu $\mathfrak{A}$. Da ferner b_ω allen $\bar{\mathfrak{U}}_i\,(b_i;\varrho_i)$ angehört, ist:

$$(000) \qquad\qquad f_{n_i}(b_\omega) < \frac{1}{2} \quad \text{für alle } i\,.$$

Der Punkt b_ω gehört aber auch zu $\mathfrak{A}^{(\omega)}$. In der Tat, der Punkt b_i gehört zu $\mathfrak{A}^{(i)}_{\nu_1,\,\nu_2,\,\dots,\,\nu_i}$, und somit auch zu $\mathfrak{A}^{(1)}_{\nu_1}$, $\mathfrak{A}^{(2)}_{\nu_1,\,\nu_2}$, $\dots$, $\mathfrak{A}^{(i-1)}_{\nu_1,\,\nu_2,\,\dots,\,\nu_{i-1}}$; d. h. in der Folge $\{b_i\}$ gehören alle Punkte zu $\mathfrak{A}^{(1)}_{\nu_1}$, alle von b_2 an zu $\mathfrak{A}^{(2)}_{\nu_1,\,\nu_2}$, alle von b_i an zu $\mathfrak{A}^{(i)}_{\nu_1,\,\nu_2,\,\dots,\,\nu_i}$. Und da jede dieser Mengen abgeschlossen ist, gehört auch der Grenzpunkt b_ω von $\{b_i\}$ zu allen diesen Mengen, und somit auch zu deren Durchschnitt, und somit auch zu $\mathfrak{A}^{(\omega)}$.

Nach (0) und (00) muß also sein:

$$\lim_{n\,=\,\infty} f_n\,(b_\omega) = 1\,,$$

was wegen $n_i \geqq i$ im Widerspruch steht mit (000). Die Annahme, f sei von höchstens zweiter Klasse, führt also auf einen Widerspruch, und somit ist f von dritter Klasse, wie behauptet.

Als Spezialfall erhält man hieraus das erste, von R. Baire angegebene[1]) Beispiel einer Funktion dritter Klasse. Sei $\mathfrak{A}$ das Intervall $[0,\,1]$ des $\mathfrak{R}_1$. Mit $(\alpha_1,\,\alpha_2,\,\dots,\,\alpha_\nu,\,\dots)$ bezeichnen wir den Kettenbruch:

$$\cfrac{1}{\alpha_1 + \cfrac{1}{\alpha_2 + \dots + \cfrac{1}{\alpha_\nu + \dots}}}\,,$$

---

[1]) A. a. O., wo man auch alle Beweise der folgenden Behauptungen findet.

wobei die α_ν natürliche Zahlen bedeuten. Seien $i, \alpha_1, \alpha_2, \ldots, \alpha_\nu$ beliebige natürliche Zahlen, nur sei, falls $\nu > 1$ ist, $\alpha_\nu \leq i$. Mit $\mathfrak{A}^{(i)}_{(\alpha_1, \alpha_2, \ldots, \alpha_\nu)}$ bezeichnen wir die Menge aller (endlichen und unendlichen) Kettenbrüche $(\alpha_1, \alpha_2, \ldots, \alpha_\nu, \beta_{\nu+1}, \beta_{\nu+2}, \ldots)$, in denen alle Teilnenner $\beta_{\nu+1}, \beta_{\nu+2}, \ldots$, soweit vorhanden, $> i$ sind. Bei gegebenem i gibt es abzählbar viele Mengen $\mathfrak{A}^{(i)}_{(\alpha_1, \alpha_2, \ldots, \alpha_\nu)}$, die man erhält, indem man $\nu, \alpha_1, \alpha_2, \ldots, \alpha_\nu$ alle zulässigen natürlichen Zahlen durchlaufen läßt. Bei gleichem i können zwei verschiedene Mengen $\mathfrak{A}^{(i)}_{(\alpha_1, \alpha_2, \ldots, \alpha_\nu)}$ nur rationale Punkte gemein haben.

Jede Menge $\mathfrak{A}^{(1)}_{(\alpha_1, \alpha_2, \ldots, \alpha_\nu)}$ ist eine in $[0, 1]$ nirgends dichte, perfekte Menge, und unter den Mengen $\mathfrak{A}^{(1)}_{\nu_1}$ unsrer allgemeinen Theorie kann man nun die abzählbar vielen Mengen $\mathfrak{A}^{(1)}_{(\alpha_1, \alpha_2, \ldots, \alpha_\nu)}$ verstehen [1]).

Ebenso kann man unter den Mengen $\mathfrak{A}^{(i)}_{\nu_1, \nu_2, \ldots, \nu_i}$ unsrer allgemeinen Theorie die Mengen $\mathfrak{A}^{(i)}_{(\alpha_1, \alpha_2, \ldots, \alpha_\nu)}$ verstehen. Denn ist $\mathfrak{A}^{(i)}_{(\alpha_1, \alpha_2, \ldots, \alpha_\nu)}$ eine dieser Mengen, ist $\mu \geq \nu$, und ist (im Falle $\mu > \nu$):

$$\alpha_\nu + 1 > i, \ldots, \alpha_\mu - 1 > i, \quad \alpha_\mu = i + 1,$$

so ist $\mathfrak{A}^{(i+1)}_{(\alpha_1, \alpha_2, \ldots, \alpha_\mu)}$ ein in $\mathfrak{A}^{(i)}_{(\alpha_1, \alpha_2, \ldots, \alpha_\nu)}$ nirgends dichter perfekter Teil von $\mathfrak{A}^{(i)}_{(\alpha_1, \alpha_2, \ldots, \alpha_\nu)}$. Die Menge $\mathfrak{A}^{(\omega)}$ besteht dann aus allen endlichen Kettenbrüchen $(\alpha_1, \alpha_2, \ldots, \alpha_\nu)$, d. h. aus allen rationalen Zahlen, und allen denjenigen unendlichen Kettenbrüchen $(\alpha_1, \alpha_2, \ldots, \alpha_\nu, \ldots)$, in denen $\lim\limits_{\nu = \infty} \alpha_\nu = + \infty$.

§ 12. Existenz von Funktionen α-ter Klasse.

Wir wenden uns nun dem Nachweise zu, daß es für jedes α aus $\mathfrak{Z}_1 + \mathfrak{Z}_2$ wirklich Funktionen α-ter Klasse gibt. Wir führen den Beweis zunächst für den $\mathfrak{R}_1$, d. h. für Funktionen einer Veränderlichen. Dabei gehen wir aus von der Bemerkung:

Satz I. Es gibt eine abzählbare Menge in $[0,1]$ stetiger Funktionen:

$$(0) \qquad h_1(x), h_2(x), \ldots, h_n(x), \ldots$$

von folgender Eigenschaft: Jede in $[0,1]$ stetige Funktion $f(x)$ ist Grenzfunktion einer (gleichmäßig konvergenten) Teilfolge aus (0):

$$f(x) = \lim_{k = \infty} h_{n_k}(x).$$

Vermöge der Schränkungstransformation können wir beim Beweise die Ungleichungen ansetzen:

$$-1 \leq f(x) \leq 1; \quad -1 \leq h_n(x) \leq 1 \quad (n = 1, 2, \ldots).$$

---

[1]) Vgl. S. 371, Fußn. [2]).

Wir betrachten, wenn l eine natürliche Zahl ist, die Menge aller jener in $[0,1]$ stetigen Funktionen $h^{(l)}(x)$, die in den Punkten $\frac{i}{l}$ $(i=0,1,\ldots,l)$ rationale Werte aus $(-1,1)$ annehmen und in den Intervallen $\left[\frac{i-1}{l},\frac{i}{l}\right]$ $(i=1,2,\ldots,l)$ linear variieren. Diese Menge ist gleichmächtig mit der Menge aller Belegungen der $l+1$ Punkte $\frac{i}{l}$ $(i=0,1,\ldots,l)$ mit der Menge der rationalen Zahlen aus $(-1,1)$, hat also die Mächtigkeit $\aleph_0^{l+1}=\aleph_0$, d. h. es gibt (bei gegebenem l) abzählbar viele Funktionen $h^{(l)}(x)$. Also ist auch die Menge aller Funktionen $h^{(l)}(x)$ $(l=1,2,\ldots)$ abzählbar und kann also in der Form (0) angeschrieben werden.

Sei nun k eine beliebige natürliche Zahl. Nach Kap. II, § 4, Satz IX gibt es ein l, so daß für jedes x aus $\left[\frac{i-1}{l},\frac{i}{l}\right]$:

$$(00) \qquad \left| f(x) - f\left(\frac{i}{l}\right) \right| < \frac{1}{k},$$

insbesondere also auch:

$$(000) \qquad \left| f\left(\frac{i-1}{l}\right) - f\left(\frac{i}{l}\right) \right| < \frac{1}{k}.$$

Unter den Funktionen $h^{(l)}(x)$ gibt es solche, deren Werte an den Stellen $\frac{i}{l}$ den Ungleichungen genügen:

$$\left(^0_0 0\right) \qquad \left| f\left(\frac{i}{l}\right) - h^{(l)}\left(\frac{i}{l}\right) \right| < \frac{1}{k} \qquad (i=0,1,\ldots,l).$$

Sei h_{n_k} eine solche Funktion. Aus (000) und $\left(^0_0 0\right)$ folgt:

$$\left| h_{n_k}\left(\frac{i-1}{l}\right) - h_{n_k}\left(\frac{i}{l}\right) \right| < \frac{3}{k},$$

und da $h_{n_k}(x)$ linear ist in $\left[\frac{i-1}{l},\frac{i}{l}\right]$, gilt für alle x dieses Intervalles:

$$\left(0^0 0\right) \qquad \left| h_{n_k}(x) - h_{n_k}\left(\frac{i}{l}\right) \right| < \frac{3}{k}.$$

Aus (00), $\left(0^0 0\right)$ und $\left(^0_0 0\right)$ aber folgt für alle x aus $[0,1]$:

$$\left| f(x) - h_{n_k}(x) \right| < \frac{5}{k},$$

d. h. die Folge $\{h_{n_k}(x)\}$ konvergiert in $[0,1]$ gleichmäßig gegen $f(x)$. Damit ist Satz I bewiesen.

Satz II. Auch jede Funktion $f(x)$ höchstens erster Klasse in $[0,1]$ ist Grenzfunktion einer Teilfolge aus (0).

Sei in der Tat $f(x)$ von höchstens erster Klasse in $[0, 1]$. Dann gibt es eine Folge $\{f_\nu(x)\}$ in $[0, 1]$ stetiger Funktionen, so daß:

$$(*) \qquad f(x) = \lim_{\nu = \infty} f_\nu(x).$$

Vermöge der Schränkungstransformation können wir f und die f_ν als beschränkt annehmen. Nach Satz I gibt es zu $f_\nu(x)$ in (0) eine Funktion $h_{n_\nu}(x)$, so daß:

$$(**) \qquad \left| f_\nu(x) - h_{n_\nu}(x) \right| < \frac{1}{\nu} \quad \text{in } [0, 1].$$

Aus $(*)$ und $(**)$ aber folgt:

$$f(x) = \lim_{\nu = \infty} h_{n_\nu}(x),$$

und Satz II ist bewiesen.

Satz III. Es gibt eine Bairesche Funktion $h(x, t)$ im Einheitsquadrate[1]) der $x\,t$-Ebene, aus der jede der Funktionen $h_n(x)$ von Satz I erhalten werden kann, indem man der Veränderlichen t einen festen Wert erteilt.

Sei in der Tat $\varphi_n(t)$ die Funktion erster Klasse, die definiert ist durch:

$$\varphi_n(t) = 1 \text{ für } t = \frac{1}{n}, \quad \varphi_n(t) = 0 \text{ für } t \neq \frac{1}{n},$$

so ist die durch:

$$h(x, t) = \sum_{n=1}^{\infty} \varphi_n(t)\, h_n(x)$$

definierte Funktion eine Bairesche Funktion (höchstens zweiter Klasse), und es ist:

$$h_n(x) = h\left(x, \frac{1}{n}\right).$$

Damit ist Satz III bewiesen.

Satz IV. Es gibt eine Bairesche Funktion $f(x, t)$ im Einheitsquadrate der $x\,t$-Ebene, aus der jede Bairesche Funktion $f(x)$ von geringerer als α-ter Klasse in $[0, 1]$ erhalten werden kann, indem man der Veränderlichen t einen festen Wert erteilt.

Für den Beweis von Satz IV wollen wir die bisherige Terminologie dahin abändern, daß wir unter Funktionen 0-ter Klasse nicht mehr alle stetigen Funktionen, sondern nur mehr die abzählbar vielen Funktionen (0) verstehen. Nach Satz II bleibt der Begriff

---

[1]) D. h. im Quadrate $0 \leq x \leq 1$, $0 \leq t \leq 1$.

„Funktion höchstens erster Klasse" und damit für $\alpha > 1$ auch der Begriff „Funktion α-ter Klasse" dabei ungeändert.

Wir führen den Beweis von Satz IV durch Induktion. Für $\alpha = 1$ ist (in der neuen Terminologie) die Behauptung richtig zufolge Satz III. Wir nehmen sie als richtig an für alle $\beta < \alpha$ und zeigen, daß sie dann auch für α zutrifft.

1. Fall: α ist eine isolierte Zahl. Nach Annahme gibt es eine Bairesche Funktion im Einheitsquadrate der $x\,u$-Ebene, $g\,(x, u)$, aus der jede Bairesche Funktion $g\,(x)$ geringerer als $(\alpha - 1)$-ter Klasse in $[0, 1]$ erhalten werden kann, indem man der Veränderlichen u einen festen Wert erteilt.

Nach Kap. II, § 7, Satz IV gibt es eine Folge in $[0, 1]$ stetiger, den Ungleichungen

$$0 \leqq u_i\,(t) \leqq 1$$

genügender Funktionen von t, derart, daß die Folge $\{u_i\,(t)\}$ für mindestens einen Wert t aus $[0, 1]$ übereinstimmt mit einer beliebigen Folge $\{u_i\}$, in der

$$0 \leqq u_i \leqq 1 \qquad (i = 1, 2, \ldots).$$

Wir bilden nun die Folge der Funktionen

$$g\,(x, u_i\,(t)) \qquad (i = 1, 2, \ldots).$$

Nach § 1, Satz V sind es Bairesche Funktionen im Einheitsquadrat der $x\,t$-Ebene. Nach § 1, Satz XIV ist daher auch:

$$f(x, t) = \overline{\lim_{i = \infty}}\, g\,(x, u_i\,(t))$$

eine Bairesche Funktion. Wir behaupten: es ist die gesuchte.

Sei in der Tat $f(x)$ eine beliebige Funktion geringerer als α-ter Klasse in $[0, 1]$; es ist also:

$$(***) \qquad f(x) = \lim_{i = \infty} g_i\,(x),$$

wo die $g_i\,(x)$ von geringerer als $(\alpha - 1)$-ter Klasse in $[0, 1]$. Es gibt daher ein u_i in $[0, 1]$, so daß:

$$g_i\,(x) = g\,(x, u_i).$$

Es gibt weiter ein t_0 in $[0, 1]$, so daß:

$$u_i = u_i\,(t_0) \qquad (i = 1, 2, \ldots),$$

und somit:

$$g_i\,(x) = g\,(x, u_i\,(t_0)).$$

Nun geht $(***)$ über in

$$f(x) = \lim_{i = \infty} g\,(x, u_i\,(t_0)) = \overline{\lim_{i = \infty}}\, g\,(x, u_i\,(t_0)) = f(x, t_0),$$

und die Behauptung ist bewiesen.

2. **Fall:** α ist eine Grenzzahl. Dann gibt es (Einl. § 4, Satz XVII) eine wachsende Folge $\{\beta_\nu\}$ von Ordinalzahlen, so daß

$$(*_*{}^*) \qquad\qquad \alpha = \lim_{\nu = \infty} \beta_\nu .$$

Nach Annahme gibt es eine Bairesche Funktion $g_\nu(x, u)$ im Einheitsquadrate der xu-Ebene, aus der jede Bairesche Funktion $f(x)$ geringerer als β_ν-ter Klasse in $[0, 1]$ erhalten werden kann, indem man der Veränderlichen u einen festen Wert erteilt.

Seien $[a_\nu, b_\nu]\,(\nu = 1, 2, \ldots)$ zu je zweien fremde Intervalle aus $[0, 1]$. Wir bilden durch:

$$u = \frac{t - a_\nu}{b_\nu - a_\nu}$$

das Intervall $[a_\nu, b_\nu]$ ab auf $[0, 1]$ und definieren eine Funktion $f(x, t)$ im Einheitsquadrate der xt-Ebene durch:

$$f(x, t) = g_\nu\left(x, \frac{t - a_\nu}{b_\nu - a_\nu}\right) \text{ für } 0 \leq x \leq 1; \quad a_\nu \leq t \leq b_\nu \quad (\nu = 1, 2, \ldots);$$

$$f(x, t) = 0 \text{ in den übrigen Punkten.}$$

Wir erkennen leicht, daß $f(x, t)$ eine Bairesche Funktion ist; in der Tat, nach § 1, Satz V ist $g_\nu\left(x, \frac{t - a_\nu}{b_\nu - a_\nu}\right)$ eine Bairesche Funktion. Also ist (§ 7, Satz IV) die Menge aller Punkte, in denen

$$p \leq g_\nu\left(x, \frac{t - a_\nu}{b_\nu - a_\nu}\right) \leq q,$$

eine Borelsche Menge, daher ist auch die Menge aller Punkte, in denen

$$p \leq f(x, t) \leq q,$$

als Vereinigung abzählbar vieler Borelscher Mengen eine Borelsche Menge; daher ist (§ 7, Satz IV) $f(x, t)$ eine Bairesche Funktion.

Sei nun $f(x)$ eine Bairesche Funktion geringerer als α-ter Klasse in $[0, 1]$. Wegen $(*_*{}^*)$ gibt es ein β_ν, so daß $f(x)$ auch von geringerer als β_ν-ter Klasse. Aus der Definition von $f(x, t)$ folgt also sofort, daß für ein $\bar{t}$ aus $[0, 1]$:

$$f(x) = f(x, \bar{t}),$$

womit Satz IV bewiesen ist.

Aus Satz IV nun schließen wir leicht:

Satz V[1]. Für jedes α aus $\mathfrak{Z}_1 + \mathfrak{Z}_2$ gibt es Bairesche Funktionen $f(x)$ α-ter Klasse in $[0, 1]$.

---

[1] Dieser Satz wurde zuerst bewiesen von H. Lebesgue, Journ. de math. (6) 1 (1905), 205 ff. Eine vereinfachte Darstellung des Beweises, der

In der Tat, offenbar genügt es, nachzuweisen, daß es eine Bairesche Funktion $f(x)$ gibt, die nicht von geringerer als α-ter Klasse ist. Sei nun $f(x,t)$ die Funktion von Satz IV. Wir definieren in $[0,1]$ eine Funktion $f(x)$ durch:

$$(_*^*{}_*) \qquad\qquad f(x) = \begin{cases} 0 & \text{wenn } f(x,x) \neq 0 \\ 1 & \text{wenn } f(x,x) = 0. \end{cases}$$

Dann ist $f(x)$ eine Bairesche Funktion. Denn nach § 1, Satz V ist $f(x,x)$ eine Bairesche Funktion; es sind also die Mengen aller Punkte von $[0,1]$, in denen $f(x,x) \neq 0$ bzw. $=0$, Borelsche Mengen (§ 7, Satz IV), also auch die Mengen aller Punkte von $[0,1]$, in denen $f(x)=0$ bzw. $=1$, also ist $f(x)$ eine Bairesche Funktion (§ 7, Satz IV).

Es kann aber $f(x)$ nicht von geringerer als α-ter Klasse sein, denn sonst wäre für ein gewisses $\bar{t}$:

$$f(x) = f(x,\bar{t}),$$

und indem man hierin $x == \bar{t}$ setzt, würde ein Widerspruch mit $(_*^*{}_*)$ entstehen. Damit ist Satz V bewiesen.

Aus Satz V entnehmen wir noch eine für das Folgende wichtige Tatsache:

Satz VI. Ist $\mathfrak{M}$ die Menge aller jener Punkte aus $[0,1]$, die nicht darstellbar sind durch einen endlichen Systembruch der Grundzahl 2, so gibt es für jedes α aus $\mathfrak{Z}_1 + \mathfrak{Z}_2$ auf $\mathfrak{M}$ Bairesche Funktionen α-ter Klasse.

In der Tat, angenommen es gäbe in $\mathfrak{Z}_1 + \mathfrak{Z}_2$ ein $\beta\,(\geq 3)$, so daß jede Bairesche Funktion auf $\mathfrak{M}$ von höchstens β-ter Klasse wäre. Sei nun $\mathfrak{M}'$ das Komplement von $\mathfrak{M}$ zu $[0,1]$. Die Menge $\mathfrak{M}'$ ist, weil abzählbar, eine Menge $\mathfrak{B}_2$, also ist $\mathfrak{M}$ eine Menge $\mathfrak{D}_2$, und sowohl $\mathfrak{M}$ als $\mathfrak{M}'$ sind höchstens Mengen $\mathfrak{D}_3$. Sei nun f eine beliebige Bairesche Funktion in $[0,1]$; sie ist dann auch eine Bairesche Funktion auf $\mathfrak{M}$. Nach § 10, Satz I ist sie auf $\mathfrak{M}'$ von höchstens erster Klasse, nach Annahme ist sie auf $\mathfrak{M}$ von höchstens β-ter Klasse; nach § 8, Satz IV gibt es daher eine Funktion f_1 höchstens β-ter Klasse in $[0,1]$, die auf $\mathfrak{M}'$ mit f übereinstimmt, und eine Funktion f_2 höchstens β-ter Klasse in $[0,1]$, die auf $\mathfrak{M}$ mit f übereinstimmt. Also ist f nach § 8, Satz I auf $[0,1]$ von höchstens β-ter Klasse. Es gäbe also für $\alpha > \beta$ in $[0,1]$ keine Funktionen α-ter Klasse, entgegen Satz V. Damit ist Satz VI bewiesen.

---

wir uns hier angeschlossen haben, wurde gegeben von Ch. J. de la Vallée-Poussin in: Intégrales de Lebesgue, Fonctions d'ensemble, Classes de Baire (Paris 1916), 145 ff.

Nunmehr gehen wir wieder über zu beliebigen metrischen Räumen und können Satz V in folgender Weise verallgemeinern:

Satz VII. Auf jeder relativ-vollständigen Menge $\mathfrak{A}$, deren insichdichter Kern $\mathfrak{K}$ nicht leer ist, gibt es für jedes α aus $\mathfrak{Z}_1 + \mathfrak{Z}_2$ Bairesche Funktionen α-ter Klasse.

Nach Kap. I, § 4, Satz VI ist $\mathfrak{K}$ abgeschlossen in $\mathfrak{A}$, also ein o-Durchschnitt in $\mathfrak{A}$, und da $\mathfrak{A}$ relativ-vollständig, ist $\mathfrak{K}$ ein o-Durchschnitt in einer vollständigen Menge. Nach Kap. I, § 8, Satz VI und VII gibt es daher in $\mathfrak{K}$, und somit in $\mathfrak{A}$ einen Teil $\mathfrak{D}$, der umkehrbar eindeutig und stetig auf die Menge $\mathfrak{M}$ von Satz VI abgebildet werden kann. Zu jeder Funktion f auf $\mathfrak{M}$ gehört vermöge dieser Abbildung eine Funktion g auf $\mathfrak{D}$, so daß f und g in entsprechenden Punkten von $\mathfrak{M}$ und $\mathfrak{D}$ dieselben Werte annehmen. Wegen der Stetigkeit der Abbildung sowie ihrer Umkehrung sind die beiden Funktionen f und g stets gleichzeitig stetig und daher auch gleichzeitig von α-ter Klasse.

Da es nun für jedes α aus $\mathfrak{Z}_1 + \mathfrak{Z}_2$ auf $\mathfrak{M}$ Funktionen α-ter Klasse gibt (Satz VI), so auch auf $\mathfrak{D}$. Wäre nun auf $\mathfrak{A}$ jede Bairesche Funktion von geringerer als α-ter Klasse, so erst recht auch auf $\mathfrak{D}$. Da dies aber nicht der Fall ist, gibt es auf $\mathfrak{A}$ Funktionen α-ter Klasse, und Satz VII ist bewiesen.

§ 13. Unvollständige Bairesche Funktionen.

Ist $\{f_\nu\}$ eine auf $\mathfrak{A}$ definierte Funktionenfolge, so bezeichnen wir die Menge aller Punkte von $\mathfrak{A}$, in denen $\{f_\nu\}$ konvergiert, als die Konvergenzmenge von $\{f_\nu\}$ in $\mathfrak{A}$.

Satz I. Ist $\{f_\nu\}$ eine Folge Bairescher Funktionen auf $\mathfrak{A}$ von geringerer als α-ter Klasse, so ist die Konvergenzmenge von $\{f_\nu\}$ in $\mathfrak{A}$ höchstens eine Menge $\mathfrak{D}_{\alpha+2}$[1]).

In der Tat, vermöge der Schränkungstransformation können wir $\{f_\nu\}$ als beschränkt annehmen. Nach § 1, Satz XII sind $\overline{\lim\limits_{\nu=\infty} f_\nu}$ und $\underline{\lim\limits_{\nu=\infty} f_\nu}$ von höchstens $(\alpha+1)$-ter Klasse; dasselbe gilt dann auch von der Differenz:

$$(*) \qquad\qquad \overline{\lim_{\nu=\infty} f_\nu} - \underline{\lim_{\nu=\infty} f_\nu}.$$

---

[1]) Von diesem Satze gilt auch die Umkehrung: Ist $\mathfrak{M}$ höchstens eine Menge $\mathfrak{D}_{\alpha+2}$ in $\mathfrak{A}$, so gibt es eine Folge $\{f_\nu\}$ von Funktionen geringerer als α-ter Klasse auf $\mathfrak{A}$, deren Konvergenzmenge $\mathfrak{M}$ ist. Wegen des Beweises verweisen wir auf H. Hahn, Arch. d. Math. u. Phys. (3) 28 (1919), 34.

Die Konvergenzmenge von $\{f_\nu\}$ in $\mathfrak{A}$ aber ist die Menge aller Punkte von $\mathfrak{A}$, in denen der Ausdruck (*) $= 0$ ist. Also ist sie nach § 7, Satz I[1]) höchstens eine Menge $\mathfrak{D}_{\alpha+2}$, und Satz I ist bewiesen.

Satz II. Ist $\{f_\nu\}$ eine Folge Bairescher Funktionen auf $\mathfrak{A}$, so ist die Konvergenzmenge von $\{f_\nu\}$ in $\mathfrak{A}$ eine Borelsche Menge.

In der Tat, ist f_ν von α_ν-ter Klasse, und $\alpha > \alpha_\nu$ für alle ν (Einl. § 4, Satz XIII), so ist nach Satz I die Konvergenzmenge von $\{f_\nu\}$ höchstens eine Menge $\mathfrak{D}_{\alpha+2}$, und Satz II ist bewiesen.

Sei zunächst $\{f_\nu\}$ eine Folge auf $\mathfrak{A}$ stetiger Funktionen, $\mathfrak{M}$ ihre Konvergenzmenge in $\mathfrak{A}$. Ist $\mathfrak{M} = \mathfrak{A}$, d. h. ist $\{f_\nu\}$ auf ganz $\mathfrak{A}$ konvergent, so hieß die Grenzfunktion $f = \lim_{\nu=\infty} f_\nu$ (wenn sie nicht stetig, d. h. von nullter Klasse auf $\mathfrak{A}$ ist) eine Funktion erster Klasse auf $\mathfrak{A}$. Wir wollen nun auch den Fall in Betracht ziehen, daß $\mathfrak{M}$ echter Teil von $\mathfrak{A}$ ist, und setzen fest: Die auf $\mathfrak{M}$ durch $f = \lim_{\nu=\infty} f_\nu$ definierte Funktion heißt (wenn nicht $\mathfrak{M} = \mathfrak{A}$ und f stetig auf $\mathfrak{A}$ ist) eine unvollständige Bairesche Funktion erster Klasse auf $\mathfrak{A}$[2]).

Nun definieren wir durch Induktion den Begriff der unvollständigen Baireschen Funktion α-ter Klasse für alle $\alpha > 1$ der ersten und zweiten Zahlklasse. Sei $\{f_\nu\}$ eine Folge unvollständiger Bairescher Funktionen auf $\mathfrak{A}$ von geringerer als α-ter Klasse. Ist $\mathfrak{A}_\nu$ der Teil von $\mathfrak{A}$, auf dem f_ν definiert ist, so ist die ganze Folge $\{f_\nu\}$ definiert auf dem Durchschnitte

$$\mathfrak{D} = \mathfrak{A}_1 \cdot \mathfrak{A}_2 \cdot \ldots \cdot \mathfrak{A}_\nu \ldots$$

Ist $\mathfrak{M}$ die Konvergenzmenge von $\{f_\nu\}$ in $\mathfrak{D}$, so ist durch $f = \lim_{\nu=\infty} f_\nu$ auf $\mathfrak{M}$ eine Funktion definiert, die wir (falls sie nicht eine unvollständige Bairesche Funktion geringerer als α-ter Klasse auf $\mathfrak{A}$ ist) als unvollständige Bairesche Funktion α-ter Klasse auf $\mathfrak{A}$ bezeichnen wollen.

Der Gleichförmigkeit halber setzen wir noch fest: Eine unvollständige Bairesche Funktion 0-ter Klasse auf $\mathfrak{A}$ sei dasselbe wie eine Bairesche Funktion 0-ter Klasse auf $\mathfrak{A}$, d. h. eine auf ganz $\mathfrak{A}$ definierte und stetige Funktion.

---

[1]) Man hat dort $p = q = 0$ zu setzen.

[2]) Wie man sieht, sind die Baireschen Funktionen erster Klasse als Spezialfall hierin enthalten, nämlich wenn $\mathfrak{M} = \mathfrak{A}$ und f nicht stetig auf $\mathfrak{A}$. Auch im Falle, daß $\mathfrak{M}$ leer ist, sprechen wir — in uneigentlichem Sinne — von einer (nirgends auf $\mathfrak{A}$ definierten) unvollständigen Baireschen Funktion erster Klasse.

Für $\alpha = 1$ gilt:

Satz III. Ist f eine unvollständige Bairesche Funktion erster Klasse auf $\mathfrak{A}$, so ist die Menge $\mathfrak{M}$ aller Punkte, in denen f definiert ist, höchstens eine Menge $\mathfrak{D}_3$ in $\mathfrak{A}$, und es gibt eine Funktion höchstens zweiter Klasse auf $\mathfrak{A}$, mit der f auf $\mathfrak{M}$ übereinstimmt.

In der Tat, die Menge $\mathfrak{M}$ aller Punkte von $\mathfrak{A}$, in denen f definiert ist, ist die Konvergenzmenge einer Folge $\{f_\nu\}$ auf $\mathfrak{A}$ stetiger Funktionen, und mithin nach Satz I höchstens eine Menge $\mathfrak{D}_3$. Und auf $\mathfrak{M}$ ist:

$$f = \overline{\lim_{\nu = \infty}} f_\nu \ \left(= \underline{\lim_{\nu = \infty}} f_\nu \right),$$

und nach § 10, Satz XIV ist $\overline{\lim_{\nu = \infty}} f_\nu$ von höchstens zweiter Klasse auf $\mathfrak{A}$. Damit ist Satz III bewiesen.

Für $\alpha > 1$ begnügen wir uns mit dem Beweise des Satzes:

Satz IV. Ist f eine unvollständige Bairesche Funktion auf $\mathfrak{A}$, so ist die Menge $\mathfrak{M}$ aller Punkte, in denen f definiert ist, eine Borelsche Menge in $\mathfrak{A}$, und es gibt eine Bairesche Funktion auf $\mathfrak{A}$, mit der f auf $\mathfrak{M}$ übereinstimmt.

Nach Satz III ist die Behauptung richtig, wenn f eine unvollständige Bairesche Funktion höchstens erster Klasse auf $\mathfrak{A}$ ist. Allgemein führen wir den Beweis durch Induktion.

Sei f eine unvollständige Bairesche Funktion α-ter Klasse, und die Behauptung werde als richtig angenommen für alle unvollständigen Baireschen Funktionen von geringerer als α-ter Klasse. Es ist auf $\mathfrak{M}$:

$$f = \lim_{\nu = \infty} f_\nu,$$

wo f_ν eine unvollständige Bairesche Funktion geringerer als α-ter Klasse auf $\mathfrak{A}$. Sei $\mathfrak{A}_\nu$ der Teil von $\mathfrak{A}$, auf dem f_ν definiert ist. Nach Annahme ist $\mathfrak{A}_\nu$ eine Borelsche Menge in $\mathfrak{A}$. Nach § 4, Satz VI ist dann auch der Durchschnitt:

$$\mathfrak{D} = \mathfrak{A}_1 \cdot \mathfrak{A}_2 \cdot \ldots \cdot \mathfrak{A}_\nu \ldots$$

eine Borelsche Menge in $\mathfrak{A}$.

Ferner gibt es nach Annahme eine Bairesche Funktion F_ν auf $\mathfrak{A}$, mit der f_ν auf $\mathfrak{A}_\nu$ übereinstimmt. Nach Satz II ist die Konvergenzmenge $\mathfrak{N}$ von $\{F_\nu\}$ in $\mathfrak{A}$ eine Borelsche Menge. Wegen:

$$\mathfrak{M} = \mathfrak{N} \cdot \mathfrak{D}$$

ist also auch $\mathfrak{M}$, als Durchschnitt zweier Borelscher Mengen, eine Borelsche Menge, wie behauptet.

Nach § 1, Satz XIV ist $\overline{\lim\limits_{\nu=\infty}}\, F_\nu$ eine **Bairesche** Funktion auf $\mathfrak{A}$. Da aber

$$f = \overline{\lim_{\nu=\infty}}\, F_\nu \left(= \underline{\lim_{\nu=\infty}}\, F_\nu \right) \quad \text{auf } \mathfrak{M},$$

so stimmt f auf $\mathfrak{M}$ mit einer **Baireschen** Funktion auf $\mathfrak{A}$ überein, und Satz IV ist bewiesen.

Satz V. Ist f eine unvollständige **Bairesche Funktion** auf $\mathfrak{A}$, so ist für alle p und q die Menge $\mathfrak{A}(p \leqq f \leqq q)$[1] eine **Borelsche Menge** in $\mathfrak{A}$.

In der Tat, ist f definiert auf dem Teile $\mathfrak{M}$ von $\mathfrak{A}$, so ist nach Satz IV $\mathfrak{M}$ eine **Borelsche** Menge in $\mathfrak{A}$, und es gibt eine **Bairesche** Funktion F auf $\mathfrak{A}$, so daß:

$$f = F \quad \text{auf } \mathfrak{M}.$$

Nach § 7, Satz IV ist die Menge $\mathfrak{A}(p \leqq F \leqq q)$ eine **Borelsche** Menge in $\mathfrak{A}$. Infolgedessen ist auch die Menge:

$$\mathfrak{A}(p \leqq f \leqq q) = \mathfrak{M} \cdot \mathfrak{A}(p \leqq F \leqq q)$$

als Durchschnitt zweier **Borelscher Mengen** eine **Borelsche** Menge in $\mathfrak{A}$, und Satz V ist bewiesen.

§ 14. Funktionen mehrerer Punkte.

Wir betrachten nun Funktionen, die von den Punkten mehrerer metrischer Räume abhängen[2]. Sind $\mathfrak{R}^{(1)}, \mathfrak{R}^{(2)}, \ldots, \mathfrak{R}^{(k)}$ endlich viele metrische Räume, und werden die Punkte von $\mathfrak{R}^{(i)}$ mit $a^{(i)}$ bezeichnet $(i = 1, 2, \ldots, k)$, so verstehen wir unter dem Verbindungsraume

$$\mathfrak{R} = \mathfrak{R}^{(1)} \times \mathfrak{R}^{(2)} \times \ldots \times \mathfrak{R}^{(k)}$$

die Menge aller k-gliedrigen Folgen:

$$(0) \qquad\qquad a = (a^{(1)}, a^{(2)}, \ldots, a^{(k)}).$$

Wir machen $\mathfrak{R}$ zu einem metrischen Raum durch eine geeignete Abstandsdefinition[3], die wir nur den Forderungen unterwerfen:

1. Stimmen in den beiden Punkten

$$a = (a^{(1)}, \ldots, a^{(k)}); \quad a' = (a'^{(1)}, \ldots, a'^{(k)})$$

von $\mathfrak{R}$ die sämtlichen Koordinaten überein mit Ausnahme der i-ten:

$$a^{(j)} = a'^{(j)} \quad (j \neq i),$$

---

[1] Ebenso die Menge $\mathfrak{A}(p < f < q)$.
[2] Vgl. Kap. IV, § 9, S. 292.
[3] Eine solche ist z. B. die folgende:

$$r(a, a') = \sqrt{(r(a^{(1)}, a'^{(1)}))^2 + \ldots + r(a^{(k)}, a'^{(k)})^2}.$$

so ist:

$$r\,(a,\,a') = r\,(a^{(i)},\,a'^{(i)}).$$

2. Es ist stets:

$$r\,(a,\,a') \geq r\,(a^{(i)},\,a'^{(i)}) \quad (i=1,\,2,\ldots,\,k).$$

Aus der Dreiecksungleichung folgt dann sofort:

$$r\,(a,\,a') \leq r\,(a^{(1)},\,a'^{(1)}) + r\,(a^{(2)},\,a'^{(2)}) + \ldots + r\,(a^{(k)},\,a'^{(k)}).$$

Es ist also die Beziehung:

$$\lim_{n=\infty} (a_n^{(1)},\,a_n^{(2)},\,\ldots,\,a_n^{(k)}) = (a^{(1)},\,a^{(2)},\,\ldots,\,a^{(k)})$$

völlig gleichbedeutend mit den Beziehungen:

$$\lim_{n=\infty} a_n^{(1)} = a^{(1)}; \quad \lim_{n=\infty} a_n^{(2)} = a^{(2)}; \quad \ldots; \quad \lim_{n=\infty} a_n^{(k)} = a^{(k)}.$$

Sei nun $\mathfrak{A}^{(i)}$ eine Punktmenge aus $\mathfrak{R}^{(i)}$ $(i=1,\,2,\ldots,\,k)$. Die Menge aller Punkte (0) von $\mathfrak{R}$, in denen $a^{(i)}$ zu $\mathfrak{A}^{(i)}$ gehört $(i=1,\,2,\ldots,\,k)$ bildet die Verbindungsmenge:

$$\mathfrak{A} = \mathfrak{A}^{(1)} \times \mathfrak{A}^{(2)} \times \ldots \times \mathfrak{A}^{(k)}$$

der Mengen $\mathfrak{A}^{(i)}$. Eine auf einer solchen Menge $\mathfrak{A}$ definierte Funktion bezeichnen wir mit $f(a^{(1)},\,a^{(2)},\,\ldots,\,a^{(k)})$. Halten wir alle $a^{(j)}$ mit Ausnahme von $a^{(i)}$ fest, so entsteht eine auf $\mathfrak{A}^{(i)}$ definierte Funktion von $a^{(i)}$.

Bekanntlich können die k so aus $f(a^{(1)},\,a^{(2)},\,\ldots,\,a^{(k)})$ entstehenden Funktionen eines Punktes $a^{(i)}$ $(i=1,\,2,\ldots,\,k)$ sämtlich stetig sein auf der betreffenden Menge $\mathfrak{A}^{(i)}$, ohne daß f stetig ist auf $\mathfrak{A}$. Ein Beispiel (für $k=2$) ist das folgende[1]): Sei

$$f(x,\,y) = \begin{cases} \dfrac{x\,y}{x^2 + y^2} & \text{für } (x,\,y) \neq (0,\,0) \\[2mm] 0 & \text{für } (x,\,y) = (0,\,0). \end{cases}$$

Dann ist f für jedes feste y eine stetige Funktion von x, für jedes feste x eine stetige Funktion von y, aber als Funktion von $(x,\,y)$ unstetig in $(0,\,0)$.

Durch das Verfahren der Verdichtung der Singularitäten (Kap. IV, § 12) kann man ohne alle Schwierigkeiten aus $f(x,\,y)$ Funktionen bilden, die analoges Verhalten in einer abzählbaren, im $\mathfrak{R}_2$ der $(x,\,y)$ dichten Punktmenge zeigen[2]).

---

[1]) Dabei bedeutet $\mathfrak{A}^{(1)}$ den $\mathfrak{R}_1$ der reellen Veränderlichen x, $\mathfrak{A}^{(2)}$ den $\mathfrak{R}_1$ der reellen Veränderlichen y, und mithin $\mathfrak{A} = \mathfrak{A}^{(1)} \times \mathfrak{A}^{(2)}$ den $\mathfrak{R}_2$ der Punkte $(x,\,y)$.

[2]) Übrigens kann nicht einmal aus der Annahme, es sei $f(x,\,y)$ stetig auf jeder Geraden des $\mathfrak{R}_2$, oder sogar auf jeder analytischen Kurve des $\mathfrak{R}_2$,

Wir werden uns im folgenden überzeugen, daß die Funktionen $f(a^{(1)}, a^{(2)}, \ldots, a^{(k)})$, die als Funktionen von jedem einzelnen Punkte $a^{(i)}$, bei Festhaltung aller übrigen, stetig sind, stets Bairesche Funktionen sind. Wir schicken einige Hilfsbetrachtungen voraus.

Satz I. Sei $\mathfrak{A}$ eine separable Menge, und sei:

$$(*) \qquad a_1, a_2, \ldots, a_n, \ldots$$

ein in $\mathfrak{A}$ dichter, abzählbarer Teil von $\mathfrak{A}$. Jedem dieser Punkte a_n sei eine reelle Zahl t_n zugeordnet. Dann gibt es eine Folge auf $\mathfrak{A}$ stetiger Funktionen $\{F_\nu\}$, so daß:

$$F_\nu(a_n) = t_n \qquad (n = 1, 2, \ldots, \nu),$$

und so daß, wenn $\overline{t_\nu}$ und $\underline{t_\nu}$ größte und kleinste unter den ν Zahlen $t_1, t_2, \ldots, t_\nu$ bedeuten:

$$(**) \qquad \underline{t_\nu} \leqq F_\nu \leqq \overline{t_\nu} \quad \text{auf ganz } \mathfrak{A}.$$

In der Tat, wir bezeichnen mit $\mathfrak{A}_\nu$ die Menge der ν Punkte a_1, $a_2, \ldots, a_\nu$ und erweitern nach dem Verfahren von Kap. II, § 5, Satz VIII die auf $\mathfrak{A}_\nu$ durch

$$(***) \qquad f(a_n) = t_n \qquad (n = 1, 2, \ldots, \nu)$$

definierte Funktion f zu einer auf ganz $\mathfrak{A}$ stetigen Funktion F_ν. Wie dort können wir ohne weiteres annehmen, daß alle t_n der Ungleichung genügen:

$$0 \leqq t_n \leqq 1 \qquad (n = 1, 2, \ldots).$$

Ist nun a ein beliebiger Punkt von $\mathfrak{A} - \mathfrak{A}_\nu$, so gilt für die a. a. O. durch (4) definierte Funktion f_a:

$$0 \leqq f_a(a_n) \leqq \overline{t_\nu} \qquad (n = 1, 2, \ldots, \nu),$$

daher auch für ihre obere Schranke auf $\mathfrak{A}_\nu$:

$$G(f_a, \mathfrak{A}_\nu) \leqq \overline{t_\nu},$$

und aus der durch (5) a. a. O. gegebenen Definition von F_ν folgt:

$$\left(*_*^*\right) \qquad F_\nu \leqq \overline{t_\nu} \quad \text{auf ganz } \mathfrak{A}.$$

Sei wieder a ein beliebiger Punkt von $\mathfrak{A} - \mathfrak{A}_\nu$, und sei a_k einer der ν Punkte $a_1, a_2, \ldots, a_\nu$, der a am nächsten liegt:

$$r(a, \mathfrak{A}_\nu) = r(a, a_k).$$

Aus (3) und (4) a. a. O. folgt sofort:

$$f_a(a_k) = t_k,$$

---

auf die Stetigkeit von $f(x, y)$ im $\mathfrak{R}_2$ geschlossen werden. Vgl. H. Lebesgue, Journ. de math. (6) 1 (1905), 199.

Hahn, Theorie der reellen Funktionen. I.   25

mithin:
$$G\left(f_a, \mathfrak{A}_\nu\right) \geqq \underline{t}_\nu,$$

und daher weiter:

$(*^*_*)$ $F_\nu \geqq \underline{t}_\nu$ auf ganz $\mathfrak{A}$.

Durch $(^*_{**})$ und $(_*^{**})$ aber ist $(**)$ bewiesen, und der Beweis von Satz I ist beendet.

Satz II. Genügen die t_n in Satz I den Ungleichungen:
$$0 \leqq t_n \leqq 1 \qquad (n = 1, 2, \ldots),$$

und ersetzt man sie durch Zahlen t_n', die den Ungleichungen genügen:

$(^\times)$ $|t_n' - t_n| < \varepsilon; \qquad 0 \leqq t_n' \leqq 1 \qquad (n = 1, 2, \ldots),$

wodurch F_ν in F_ν' übergehen möge[1]), so ist:

$(^{\times\times})$ $|F_\nu' - F_\nu| < \varepsilon$ auf ganz $\mathfrak{A}$.

In der Tat, habe wieder f die Bedeutung $(***)$, und sei f' definiert auf $\mathfrak{A}_\nu$ durch:
$$f'(a_n) = t_n' \qquad (n = 1, 2, \ldots, \nu).$$

Sowohl aus f als auch aus f' leiten wir nach (4) a. a. O. eine Funktion f_a bzw. f_a' her. Aus $(^\times)$ folgt offenbar:
$$|f_a - f_a'| < \varepsilon \quad \text{auf ganz } \mathfrak{A}_\nu.$$

Daraus aber folgt weiter:
$$\left| G\left(f_a, \mathfrak{A}_\nu\right) - G\left(f_a', \mathfrak{A}_\nu\right) \right| < \varepsilon,$$

und daraus weiter $(^{\times\times})$, womit Satz II bewiesen ist.

Satz III. Ist f eine auf $\mathfrak{A}$ stetige Funktion, und setzt man in Satz I:
$$t_n = f(a_n),$$

so gilt auf ganz $\mathfrak{A}$:
$$f = \lim_{\nu = \infty} F_\nu.$$

Beim Beweise können wir, vermöge der Schränkungstransformation, f als endlich annehmen. Sei a ein Punkt von $\mathfrak{A}$. Ist $\varepsilon > 0$ beliebig gegeben, so gibt es wegen der Stetigkeit von f ein $\varrho > 0$, so daß für alle a' der Umgebung $\mathfrak{U}(a; \varrho)$ von a in $\mathfrak{A}$:

(0) $|f(a') - f(a)| < \varepsilon$.

Bezeichnet wieder $\mathfrak{A}_\nu$ die Menge der ν Punkte $a_1, a_2, \ldots, a_\nu$, so ist,

---

[1]) Hier, wie im Folgenden, bedeutet $\{F_\nu\}$ die im Beweise von Satz I aus den t_n konstruierte Funktionenfolge, $\{F_\nu'\}$ die in derselben Weise aus den t_n' konstruierte Funktionenfolge.

weil die Menge der Punkte (*) dicht in $\mathfrak{A}$:

$$r(a, \mathfrak{A}_\nu) < \frac{\varrho}{3} \quad \text{für fast alle } \nu.$$

Für alle außerhalb $\mathfrak{U}(a; \varrho)$ liegenden Punkte a'' von $\mathfrak{A}$ ist aber dann:

$$r(a, a'') > 3\, r(a, \mathfrak{A}_\nu).$$

Nach (3) von Kap. II, § 5, Satz VIII haben daher die Werte $t_n = f(a_n)$, die f in den außerhalb $\mathfrak{U}(a; \varrho)$ gelegenen Punkten (*) annimmt, auf den Wert $F_\nu(a)$ gar keinen Einfluß; sie können also, ohne daß sich $F_\nu(a)$ irgendwie ändert, durch beliebige andere ersetzt werden, insbesondere also auch durch solche, die der Ungleichung genügen:

$$(00) \qquad\qquad |t_n - f(a)| < \varepsilon.$$

Wegen (0) liefern aber auch alle nach $\mathfrak{U}(a; \varrho_n)$ fallenden Punkte (*) Werte t_n, die (00) genügen. Wegen (**) von Satz I ist also:

$$|F_\nu(a) - f(a)| < \varepsilon \quad \text{für fast alle } \nu.$$

Damit aber ist Satz III bewiesen.

Satz IV. Ersetzt man in Satz I die t_n durch Funktionen $f_n(b)$, die stetig sind auf einer Punktmenge $\mathfrak{B}$, so werden aus den F_ν Funktionen $F_\nu(a, b)$ die stetig sind auf $\mathfrak{A} \times \mathfrak{B}$.

In der Tat, wir haben zu beweisen: ist $\{a_k'\}$ eine Punktfolge, a' ein Punkt aus $\mathfrak{A}$, und $\{b_k'\}$ eine Punktfolge, b' ein Punkt aus $\mathfrak{B}$, und ist:

$$\lim_{k=\infty} a_k' = a'; \quad \lim_{k=\infty} b_k' = b',$$

so ist auch:

$$(\dagger) \qquad\qquad \lim_{k=\infty} F_\nu(a_k', b_k') = F_\nu(a', b').$$

Wir können, wie beim Beweise von Kap. II, § 5, Satz VIII annehmen, daß alle $f_n(b)$ der Ungleichung genügen:

$$(\dagger\dagger) \qquad\qquad 0 \leq f_n(b) \leq 1.$$

Ist $\varepsilon > 0$ beliebig gegeben, so ist dann für fast alle k:

$$|f_n(b_k') - f_n(b')| < \varepsilon \qquad (n = 1, 2, \ldots, \nu),$$

also nach Satz II auch:

$$|F_\nu(a, b_k') - F_\nu(a, b')| < \varepsilon \quad \text{auf } \mathfrak{A},$$

d. h. die Folge der $F_\nu(a, b_k')$ $(k = 1, 2, \ldots)$ konvergiert gleichmäßig auf $\mathfrak{A}$ gegen $F_\nu(a, b')$. Nach Kap. IV, § 3, Satz III ist sie daher auch stetig konvergent in a' auf $\mathfrak{A}$, und aus Kap. IV, § 2, Satz IV folgt das Bestehen von $(\dagger)$. Damit ist Satz IV bewiesen.

25*

Satz V. Ersetzt man in Satz I die t_n durch Funktionen $f_n(b)$, die von höchstens α-ter Klasse auf $\mathfrak{B}$ sind, so werden aus den F_ν Funktionen $F_\nu(a,b)$, die von höchstens α-ter Klasse auf $\mathfrak{A} \times \mathfrak{B}$ sind.

Die Behauptung ist nach Satz IV richtig für $\alpha = 0$. Wir beweisen sie allgemein durch Induktion, wobei wir wieder annehmen können, die $f_n(b)$ genügen der Ungleichung (††).

Angenommen, die Behauptung sei richtig für alle $\alpha' < \alpha$. Da die $f_n(b)$ von höchstens α-ter Klasse auf $\mathfrak{B}$, gilt eine Darstellung:

$$f_n(b) = \lim_{k = \infty} f_{n,k}(b),$$

wo die $f_{n,k}$ von geringerer als α-ter Klasse auf $\mathfrak{B}$ sind und der Ungleichung genügen:

$$0 \leq f_{n,k}(b) \leq 1.$$

Ist b ein gegebener Punkt von $\mathfrak{B}$, und ist $\varepsilon > 0$ beliebig gegeben, so ist für fast alle k:

$$|f_{n,k}(b) - f_n(b)| < \varepsilon \qquad (n = 1, 2, \ldots, \nu).$$

Wegen Satz II ist daher, wenn mit $F_{\nu,k}(a,b)$ die Funktion bezeichnet wird, die entsteht, wenn man bei Bildung von $F_\nu(a,b)$ die $f_n(b)$ durch $f_{n,k}(b)$ ersetzt:

$$|F_{\nu,k}(a,b) - F_\nu(a,b)| < \varepsilon \quad \text{für fast alle } k;$$

d. h. es ist:

$$(\text{†††}) \qquad F_\nu(a,b) = \lim_{k = \infty} F_{\nu,k}(a,b).$$

Nun waren die ν Funktionen $f_{n,k}(b)$ $(n = 1, 2, \ldots, \nu)$ von geringerer als α-ter Klasse, höchstens etwa von α_k-ter Klasse $(\alpha_k < \alpha)$. Nach Annahme ist aber dann auch $F_{\nu,k}(a,b)$ von höchstens α_k-ter Klasse auf $\mathfrak{A} \times \mathfrak{B}$. Wegen (†††) ist daher $F_\nu(a,b)$ von höchstens α-ter Klasse auf $\mathfrak{A} \times \mathfrak{B}$, und Satz V ist bewiesen.

Satz VI. Ist die Funktion $f(a^{(1)}, a^{(2)})$ für jedes $a^{(2)}$ aus $\mathfrak{A}^{(2)}$ eine auf der separablen Menge $\mathfrak{A}^{(1)}$ stetige Funktion von $a^{(1)}$, und für jedes $a^{(1)}$ aus $\mathfrak{A}^{(1)}$ eine auf $\mathfrak{A}^{(2)}$ stetige Funktion von $a^{(2)}$, so ist sie auf der Verbindungsmenge $\mathfrak{A}^{(1)} \times \mathfrak{A}^{(2)}$ von höchstens erster Klasse.

Sei in der Tat

$$(0) \qquad a_1^{(1)}, a_2^{(1)}, \ldots, a_n^{(1)}, \ldots$$

ein in $\mathfrak{A}^{(1)}$ dichter, abzählbarer Teil von $\mathfrak{A}^{(1)}$. Wir setzen abkürzend:

$$f(a_n^{(1)}, a^{(2)}) = f_n(a^{(2)}).$$

Nach Voraussetzung ist dann $f_n(a^{(2)})$ stetig auf $\mathfrak{A}^{(2)}$.

Nach Satz IV[1]) bilden wir nun aus den $f_n(a^{(2)})$ die Folge auf $\mathfrak{A}^{(1)} \times \mathfrak{A}^{(2)}$ stetiger Funktionen $F_\nu(a^{(1)}, a^{(2)})$. Da für jedes feste $a^{(2)}$ die $f_n(a^{(2)})$ die Werte in den Punkten (0) der nach Voraussetzung auf $\mathfrak{A}^{(1)}$ stetigen Funktion $f(a^{(1)}, a^{(2)})$ sind, ist nach Satz III:

$$(00) \qquad \lim_{\nu = \infty} F_\nu(a^{(1)}, a^{(2)}) = f(a^{(1)}, a^{(2)}).$$

Da aber $F_\nu(a^{(1)}, a^{(2)})$ stetig auf $\mathfrak{A}$ ist, so besagt (00), daß $f(a^{(1)}, a^{(2)})$ von höchstens erster Klasse auf $\mathfrak{A}$ ist, und Satz VI ist bewiesen.

Satz VII. Ist die Funktion $f(a^{(1)}, a^{(2)})$ für jedes $a^{(2)}$ aus $\mathfrak{A}^{(2)}$ eine auf der separablen Menge $\mathfrak{A}^{(1)}$ stetige Funktion von $a^{(1)}$ und für jedes $a^{(1)}$ aus $\mathfrak{A}^{(1)}$ als Funktion von $a^{(2)}$ von höchstens α-ter Klasse auf $\mathfrak{A}^{(2)}$, so ist sie auf der Verbindungsmenge $\mathfrak{A}^{(1)} \times \mathfrak{A}^{(2)}$ von höchstens $(\alpha + 1)$-ter Klasse.

In der Tat, wie beim Beweise von Satz VI gelangen wir zur Beziehung (00). Nur sind darin die $F^{(\nu)}(a^{(1)}, a^{(2)})$ nicht mehr stetig, sondern nach Satz V von höchstens α-ter Klasse auf $\mathfrak{A}^{(1)} \times \mathfrak{A}^{(2)}$. Also ist zufolge (00) $f(a^{(1)}, a^{(2)})$ von höchstens $(\alpha + 1)$-ter Klasse, und Satz VII ist bewiesen.

Satz VIII[2]). Ist jede der Mengen $\mathfrak{A}^{(i)} (i = 1, 2, \ldots, k)$ separabel, und ist die Funktion $f(a^{(1)}, a^{(2)}, \ldots, a^{(k)})$ als Funktion von $a^{(i)}$ stetig auf $\mathfrak{A}^{(i)}$, wenn die übrigen Punkte $a^{(j)} (j \neq i)$ festgehalten werden, so ist sie als Funktion von $(a^{(1)}, a^{(2)}, \ldots, a^{(k)})$ von höchstens $(k - 1)$-ter Klasse auf der Verbindungsmenge $\mathfrak{A}^{(1)} \times \mathfrak{A}^{(2)} \times \ldots \times \mathfrak{A}^{(k)}$.

Die Behauptung ist nach Satz VI richtig für $k = 2$. Wir beweisen sie allgemein durch Induktion. Angenommen, sie sei richtig für $k - 1$. Wir setzen:

$$a' = (a^{(2)}, a^{(3)}, \ldots, a^{(k)}).$$

Dann ist die Funktion:

$$f(a^{(1)}, a') = f(a^{(1)}, a^{(2)}, \ldots, a^{(k)})$$

für jedes $a^{(1)}$ aus $\mathfrak{A}^{(1)}$ als Funktion von a' von höchstens $(k - 2)$-ter

---

[1]) Die dort mit a und b bezeichneten Punkte sind hier $a^{(1)}$ bzw. $a^{(2)}$.

[2]) Dieser Satz wurde (für Funktionen von k reellen Veränderlichen) zuerst bewiesen von H. Lebesgue, Bull. sci. math. (2) 22 (1898), 284; Journ. de math. (6) 1 (1905), 201. Vgl. auch R. Baire, Ann. di mat. (3) 3 (1899), 87 ff.; H. Lebesgue, Bull. soc. math. 32 (1904), 234. — H. Lebesgue hat weiter bewiesen (Journ. de math. (6) 1 (1905), 202): Ist $f(t)$ eine Funktion $(k - 1)$-ter Klasse der reellen Veränderlichen t, so gibt es stets eine Funktion $f(x_1, x_2, \ldots x_k)$ von k reellen Veränderlichen, die als Funktion jeder einzelnen ihrer Veränderlichen stetig ist, und für die:

$$f(t, t, \ldots, t) = f(t).$$

Klasse auf der Verbindungsmenge

$$\mathfrak{A}' = \mathfrak{A}^{(2)} \times \mathfrak{A}^{(3)} \times \ldots \times \mathfrak{A}^{(k)},$$

und für jedes a' aus $\mathfrak{A}'$ stetig auf $\mathfrak{A}^{(1)}$ als Funktion von $a^{(1)}$. Also ist sie nach Satz VII als Funktion von $(a^{(1)}, a')$ von höchstens $(k-1)$-ter Klasse auf $\mathfrak{A}^{(1)} \times \mathfrak{A}'$, d. h. es ist $f(a^{(1)}, a^{(2)}, \ldots, a^{(k)})$ von höchstens $(k-1)$-ter Klasse auf $\mathfrak{A}^{(1)} \times \mathfrak{A}^{(2)} \times \ldots \times \mathfrak{A}^{(k)}$, und Satz VIII ist bewiesen.

Wir kehren zurück zur Betrachtung von Funktionen $f(a^{(1)}, a^{(2)})$, die stetig sind nach $a^{(1)}$ für jedes $a^{(2)}$, stetig nach $a^{(2)}$ für jedes $a^{(1)}$. Nach Satz VI ist eine solche Funktion von höchstens erster Klasse und mithin (§ 10, Satz II) punktweise unstetig[1]. Wir können diese Tatsache noch weiter präzisieren.

Wir führen zunächst folgende Definition ein: Ist $\mathfrak{B}$ ein Teil der Verbindungsmenge $\mathfrak{A}^{(1)} \times \mathfrak{A}^{(2)}$, so verstehen wir unter der Projektion von $\mathfrak{B}$ in $\mathfrak{A}^{(1)}$ die Menge aller in den Punkten $(a^{(1)}, a^{(2)})$ von $\mathfrak{B}$ auftretenden $a^{(1)}$. Dann gilt:

Satz IX[2]. Sei $\mathfrak{A}^{(1)}$ relativ-vollständig, $\mathfrak{A}^{(2)}$ kompakt und abgeschlossen, und sei $f(a^{(1)}, a^{(2)})$ stetig auf $\mathfrak{A}^{(1)}$ als Funktion von $a^{(1)}$ für jedes $a^{(2)}$ aus $\mathfrak{A}^{(2)}$, beschränkt und stetig auf $\mathfrak{A}^{(2)}$ als Funktion von $a^{(2)}$ für jedes $a^{(1)}$ aus $\mathfrak{A}^{(1)}$. Ist $\mathfrak{B}$ die Menge aller Punkte $(a^{(1)}, a^{(2)})$, in denen die Schwankung von f auf $\mathfrak{A}^{(1)} \times \mathfrak{A}^{(2)}$:

$$\omega(a^{(1)}, a^{(2)}; f, \mathfrak{A}^{(1)} \times \mathfrak{A}^{(2)}) > \eta$$

ist $(\eta > 0)$, so ist die Projektion von $\mathfrak{B}$ in $\mathfrak{A}^{(1)}$ nirgends dicht in $\mathfrak{A}^{(1)}$.

Sei in der Tat $\mathfrak{A}_*^{(1)}$ ein (nicht leerer) in $\mathfrak{A}^{(1)}$ offener Teil von $\mathfrak{A}^{(1)}$. Nach Kap. II, § 4, Satz IX gibt es zu jedem $a^{(1)}$ von $\mathfrak{A}_*^{(1)}$ ein $\varrho > 0$, so daß:

$$|f(a^{(1)}, a'^{(2)}) - f(a^{(1)}, a''^{(2)})| \leqq \frac{\eta}{4}, \quad \text{wenn } r(a'^{(2)}, a''^{(2)}) < \varrho.$$

Bezeichnen wir mit $\mathfrak{C}_n$ die Menge aller Punkte von $\mathfrak{A}_*^{(1)}$, in denen $\varrho \geqq \frac{1}{n}$ gewählt werden kann, so ist:

$$\mathfrak{A}_*^{(1)} = \mathfrak{C}_1 + \mathfrak{C}_2 + \ldots + \mathfrak{C}_n + \ldots$$

Hierin können nicht alle $\mathfrak{C}_n$ nirgends dicht in $\mathfrak{A}_*^{(1)}$ sein, da sonst $\mathfrak{A}_*^{(1)}$ von erster Kategorie in $\mathfrak{A}_*^{(1)}$ wäre, entgegen Kap. I, § 8, Satz XVI. Es gibt also einen nicht leeren, in $\mathfrak{A}_*^{(1)}$ (und mithin in $\mathfrak{A}^{(1)}$) offenen Teil $\mathfrak{A}_{**}^{(1)}$ von $\mathfrak{A}_*^{(1)}$ und ein $\mathfrak{C}_n$, so daß $\mathfrak{C}_n$ dicht in $\mathfrak{A}_{**}^{(1)}$. Wir behaupten: Es ist

$$(1) \qquad \mathfrak{A}_{**}^{(1)} < \mathfrak{C}_n.$$

Angenommen in der Tat, es gäbe in $\mathfrak{A}_{**}^{(1)}$ einen Punkt $\bar{a}^{(1)}$, der nicht zu $\mathfrak{C}_n$ gehört. Dann gibt es in $\mathfrak{A}^{(2)}$ zwei Punkte $a'^{(2)}, a''^{(2)}$, so daß:

$$|f(\bar{a}^{(1)}, a'^{(2)}) - f(\bar{a}^{(1)}, a''^{(2)})| > \frac{\eta}{4}; \quad r(a'^{(2)}, a''^{(2)}) < \frac{1}{n}.$$

---

[1] Allgemein ist jede Funktion $f(a^{(1)}, a^{(2)}, \ldots, a^{(k)})$, die stetig ist als Funktion jeder einzelnen ihrer Veränderlichen bei Festhaltung der übrigen, punktweise unstetig als Funktion von $(a^{(1)}, a^{(2)}, \ldots, a^{(k)})$. Dies wurde für $k = 3$ gezeigt von R. Baire, Ann. di mat. (3) **3** (1899), 95, allgemein von H. Hahn, Math. Zeitschr. 4 (1919), 306.

[2] R. Baire, Ann. di mat. (3) 3 (1899), 94. E. B. Van Vleck, Am. Trans. 8 (1907), 200.

Wegen der Stetigkeit von f als Funktion von $a^{(1)}$ gibt es eine Umgebung $\mathfrak{U}(\bar{a}^{(1)})$ von $\bar{a}^{(1)}$ in $\mathfrak{A}^{(1)}$, so daß auch:

$$|f(a^{(1)}, a'^{(2)}) - f(a^{(1)}, a''^{(2)})| > \frac{\eta}{4} \quad \text{für alle } a^{(1)} \text{ von } \mathfrak{U}(\bar{a}^{(1)}).$$

Da $\mathfrak{C}_n$ dicht in $\mathfrak{A}^{(1)}_{**}$, gäbe es in $\mathfrak{U}(\bar{a}^{(1)})$ Punkte von $\mathfrak{C}_n$, was der Definition von $\mathfrak{C}_n$ widerspricht. Damit ist (1) nachgewiesen.

Setzen wir noch:

$$\frac{1}{n} = \delta,$$

so können wir also sagen: Ist $a^{(1)}$ Punkt von $\mathfrak{A}^{(1)}_{**}$, so ist:

$$(2) \qquad |f(a^{(1)}, a'^{(2)}) - f(a^{(1)}, a''^{(2)})| \leq \frac{\eta}{4}, \quad \text{wenn } r(a'^{(2)}, a''^{(2)}) < \delta.$$

Sei nun $(\bar{a}^{(1)}, \bar{a}^{(2)})$ ein beliebiger Punkt von $\mathfrak{A}^{(1)}_{**} \times \mathfrak{A}^{(2)}$. Wegen der Stetigkeit von f nach $a^{(1)}$ gibt es eine Umgebnng $\mathfrak{U}(\bar{a}^{(1)})$ von $\bar{a}^{(1)}$ in $\mathfrak{A}^{(1)}$, so daß:

$$(3) \qquad |f(a^{(1)}, \bar{a}^{(2)}) - f(\bar{a}^{(1)}, \bar{a}^{(2)})| \leq \frac{\eta}{4} \quad \text{für alle } a^{(1)} \text{ von } \mathfrak{U}(\bar{a}^{(1)}),$$

und da $\mathfrak{A}^{(1)}_{**}$ offen in $\mathfrak{A}^{(1)}$, können wir annehmen:

$$\mathfrak{U}(\bar{a}^{(1)}) < \mathfrak{A}^{(1)}_{**}.$$

Dann gilt für jedes $a^{(1)}$ von $\mathfrak{U}(\bar{a}^{(1)})$ Ungleichung (2), insbesondere gilt also, wenn $a^{(1)}$ zu $\mathfrak{U}(\bar{a}^{(1)})$ und $a^{(2)}$ zu $\mathfrak{A}^{(2)}$ gehört:

$$(4) \qquad |f(a^{(1)}, a^{(2)}) - f(a^{(1)}, \bar{a}^{(2)})| \leq \frac{\eta}{4}, \quad \text{wenn } r(a^{(2)}, \bar{a}^{(2)}) < \delta.$$

Bezeichnen wir noch mit $\mathfrak{U}(\bar{a}^{(2)})$ die Umgebung δ von $\bar{a}^{(2)}$ in $\mathfrak{A}^{(2)}$, so folgt aus (3) und (4): Für jeden Punkt $(a^{(1)}, a^{(2)})$ aus $\mathfrak{U}(\bar{a}^{(1)}) \times \mathfrak{U}(\bar{a}^{(2)})$ ist:

$$|f(a^{(1)}, a^{(2)}) - f(\bar{a}^{(1)}, \bar{a}^{(2)})| \leq \frac{\eta}{2}.$$

Infolgedessen ist die Schwankung von f auf $\mathfrak{U}(\bar{a}^{(1)}) \times \mathfrak{U}(\bar{a}^{(2)})$:

$$\omega(f, \mathfrak{U}(\bar{a}^{(1)}) \times \mathfrak{U}(\bar{a}^{(2)})) \leq \eta,$$

und da $\mathfrak{U}(\bar{a}^{(1)}) \times \mathfrak{U}(\bar{a}^{(2)})$ eine Umgebung von $(\bar{a}^{(1)}, \bar{a}^{(2)})$ in $\mathfrak{A}^{(1)} \times \mathfrak{A}^{(2)}$ ist, so ist erst recht:

$$(5) \qquad \omega(\bar{a}^{(1)}, \bar{a}^{(2)}; f, \mathfrak{A}^{(1)} \times \mathfrak{A}^{(2)}) \leq \eta.$$

In jedem Punkte von $\mathfrak{A}^{(1)}_{**} \times \mathfrak{A}^{(2)}$ gilt also (5). Kein Punkt der Menge $\mathfrak{B}$ von Satz IX fällt also nach $\mathfrak{A}^{(1)}_{**} \times \mathfrak{A}^{(2)}$, und daher enthält $\mathfrak{A}^{(1)}_{**}$ keinen Punkt der Projektion von $\mathfrak{B}$ in $\mathfrak{A}^{(1)}$.

Wir haben bewiesen: In jeder in $\mathfrak{A}^{(1)}$ offenen Menge $\mathfrak{A}^{(1)}_{*}$ gibt es eine in $\mathfrak{A}^{(1)}$ offene Menge $\mathfrak{A}^{(1)}_{**}$, die zur Projektion von $\mathfrak{B}$ in $\mathfrak{A}^{(1)}$ fremd ist. Das aber heißt: Die Projektion von $\mathfrak{B}$ in $\mathfrak{A}^{(1)}$ ist nirgends dicht in $\mathfrak{A}^{(1)}$, und Satz IX ist bewiesen.

Satz X[1]). Sei $\mathfrak{A}^{(1)}$ relativ-vollständig, $\mathfrak{A}^{(2)}$ kompakt und abgeschlossen, und sei $f(a^{(1)}, a^{(2)})$ stetig auf $\mathfrak{A}^{(1)}$ als Funktion von $a^{(1)}$ für jedes $a^{(2)}$ aus $\mathfrak{A}^{(2)}$, stetig auf $\mathfrak{A}^{(2)}$ als Funktion von $a^{(2)}$ für jedes $a^{(1)}$ aus $\mathfrak{A}^{(1)}$. Dann gibt es einen in $\mathfrak{A}^{(1)}$ dichten Teil $\mathfrak{M}$ von $\mathfrak{A}^{(1)}$, so daß $f(a^{(1)}, a^{(2)})$ in allen Punkten von $\mathfrak{M} \times \mathfrak{A}^{(2)}$ stetig ist auf $\mathfrak{A}^{(1)} \times \mathfrak{A}^{(2)}$ als Funktion von $(a^{(1)}, a^{(2)})$.

---

[1]) E. B. Van Vleck, a. a. O. Vgl. auch R. Baire, a. a. O. 27.

Vermöge der Schränkungstransformation können wir f als beschränkt voraussetzen. Sei $\mathfrak{B}_n$ die Menge aller Punkte von $\mathfrak{A}^{(1)} \times \mathfrak{A}^{(2)}$, in denen:

$$\omega\left(a^{(1)},\, a^{(2)};\, f,\, \mathfrak{A}^{(1)} \times \mathfrak{A}^{(2)}\right) > \frac{1}{n},$$

und sei $\mathfrak{P}_n$ die Projektion von $\mathfrak{B}_n$ in $\mathfrak{A}^{(1)}$. Nach Satz IX ist $\mathfrak{P}_n$ nirgends dicht in $\mathfrak{A}^{(1)}$. Also ist:

$$\mathfrak{P} = \mathfrak{P}_1 + \mathfrak{P}_2 + \ldots + \mathfrak{P}_n + \ldots$$

von erster Kategorie in $\mathfrak{A}^{(1)}$. Setzen wir also:

$$\mathfrak{M} = \mathfrak{A}^{(1)} - \mathfrak{P},$$

so ist nach Kap. I, § 8, Satz XV $\mathfrak{M}$ dicht in $\mathfrak{A}^{(1)}$. In jedem Punkte von $\mathfrak{M} \times \mathfrak{A}^{(2)}$ aber ist:

$$\omega\left(a^{(1)},\, a^{(2)};\, f,\, \mathfrak{A}^{(1)} \times \mathfrak{A}^{(2)}\right) = 0,$$

d. h. in jedem Punkte von $\mathfrak{M} \times \mathfrak{A}^{(2)}$ ist f stetig auf $\mathfrak{A}^{(1)} \times \mathfrak{A}^{(2)}$. Damit ist Satz X bewiesen.

Sechstes Kapitel.

Die absolut-additiven Mengenfunktionen.

§ 1. Additive und absolut-additive Mengenfunktionen.

Wir haben uns bisher mit Funktionen beschäftigt, die jedem Punkte einer Punktmenge $\mathfrak{A}$ eines (metrischen) Raumes $\mathfrak{R}$ eine Zahl zuordnen. Wir können sie als **Punktfunktionen** bezeichnen, im Gegensatze zu den nun zu behandelnden **Mengenfunktionen**.

Sei M irgendein System von Mengen. Ist jeder Menge $\mathfrak{A}$ aus M eine Zahl $\varphi(\mathfrak{A})$ zugeordnet, so sagen wir, es sei in M eine **Mengenfunktion definiert**[1]).

Das System M heißt ein **Körper**[2]), wenn neben je zwei Mengen $\mathfrak{A}$ und $\mathfrak{B}$, die in M vorkommen, auch ihre Vereinigung $\mathfrak{A} \dotplus \mathfrak{B}$, und — wenn $\mathfrak{B} < \mathfrak{A}$ — auch das Komplement $\mathfrak{A} - \mathfrak{B}$ in M vorkommt. Es kommt dann offenbar auch die **leere** Menge, sowie der Durchschnitt $\mathfrak{A} \cdot \mathfrak{B}$ je zweier Mengen aus M in M vor[3]).

Ist M ein Körper, so heißt eine in M definierte Mengenfunktion, unter deren Werten es nicht zwei unendliche von entgegengesetzten Zeichen gibt[4]), **additiv**, wenn für je zwei fremde Mengen $\mathfrak{A}$ und $\mathfrak{B}$ aus M:

$$(0) \qquad \varphi(\mathfrak{A} \dotplus \mathfrak{B}) = \varphi(\mathfrak{A}) \dotplus \varphi(\mathfrak{B}).$$

Satz I. Ist die Mengenfunktion φ additiv, und sind ihre Werte nicht durchweg unendlich[5]), und ist $\mathfrak{L}$ die leere Menge, so ist:

$$(00) \qquad \varphi(\mathfrak{L}) = 0.$$

---

[1]) Der Begriff der Mengenfunktion stammt von H. Lebesgue, Ann. Éc. Norm. (3) 27 (1910), 380.

[2]) Nach F. Hausdorff, Grundz. d. Mengenlehre 15.

[3]) Denn es ist:

$$\mathfrak{A} \cdot \mathfrak{B} = \mathfrak{A} - ((\mathfrak{A} \dotplus \mathfrak{B}) - \mathfrak{B}).$$

[4]) Diese Voraussetzung wird gemacht, damit in (0) die rechte Seite stets einen Sinn habe.

[5]) Es sei ein für allemal festgesetzt, daß wir Mengenfunktionen, die über-

In der Tat, aus (0) folgt, indem man unter $\mathfrak{A}$ eine Menge versteht, für die $\varphi(\mathfrak{A})$ endlich ist, und $\mathfrak{B} = \mathfrak{L}$ setzt:

$$\varphi(\mathfrak{A}) = \varphi(\mathfrak{A}) + \varphi(\mathfrak{L}),$$

woraus weiter (00) folgt.

Satz II. Ist φ additiv im Körper M, und gibt es in der Menge $\mathfrak{A}$ aus M einen zu M gehörigen Teil $\mathfrak{B}$, für den:

$$(*) \qquad \varphi(\mathfrak{B}) = +\infty \quad (\text{oder} = -\infty),$$

so ist auch:

$$(**) \qquad \varphi(\mathfrak{A}) = +\infty \quad (\text{bzw.} = -\infty).$$

In der Tat, es ist:

$$(***) \qquad \varphi(\mathfrak{A}) = \varphi(\mathfrak{B}) + \varphi(\mathfrak{A} - \mathfrak{B}).$$

Gilt nun (*), so ist nach Annahme:

$$\varphi(\mathfrak{A} - \mathfrak{B}) \neq -\infty,$$

so daß aus (***) die behauptete Gleichung (**) folgt.

Satz III. Ist die nicht-negative Mengenfunktion φ additiv im Körper M, so folgt aus $\mathfrak{B} < \mathfrak{A}$:

$$\varphi(\mathfrak{B}) \leqq \varphi(\mathfrak{A}).$$

In der Tat, aus:

$$\mathfrak{A} = \mathfrak{B} + (\mathfrak{A} - \mathfrak{B})$$

folgt:

$$\varphi(\mathfrak{A}) = \varphi(\mathfrak{B}) + \varphi(\mathfrak{A} - \mathfrak{B})$$

und somit, wegen

$$\varphi(\mathfrak{A} - \mathfrak{B}) \geqq 0,$$

die Behauptung von Satz III.

Der Körper M heißt ein σ-Körper[1]), wenn neben jeder Mengenfolge $\{\mathfrak{A}_\nu\}$ aus M auch die Vereinigung $\mathfrak{A}_1 + \mathfrak{A}_2 + \ldots + \mathfrak{A}_\nu + \ldots$ in M vorkommt. Es kommt dann neben jeder Mengenfolge $\{\mathfrak{A}_\nu\}$ auch der Durchschnitt $\mathfrak{A}_1 \cdot \mathfrak{A}_2 \cdots \mathfrak{A}_\nu \cdots$ in M vor. In der Tat, da M ein Körper ist, kommt der Durchschnitt je zweier, und daher auch der Durchschnitt endlich vieler Mengen aus M in M vor. Es gehören also alle Mengen:

$$\overline{\mathfrak{A}_\nu} = \mathfrak{A}_1 \cdot \mathfrak{A}_2 \cdots \mathfrak{A}_\nu$$

zu M. Nun ist aber:

haupt keine endlichen Werte annehmen, von unseren Betrachtungen ausschließen.

[1]) F. Hausdorff, a. a. O. 23.

$$\mathfrak{A}_1 \cdot \mathfrak{A}_2 \cdot \ldots \cdot \mathfrak{A}_\nu \cdot \ldots = \overline{\mathfrak{A}}_1 \cdot \overline{\mathfrak{A}}_2 \cdot \ldots \cdot \overline{\mathfrak{A}}_\nu \cdot \ldots$$

$$= \overline{\mathfrak{A}}_1 - \{\overline{\mathfrak{A}}_1 - \overline{\mathfrak{A}}_2) + (\overline{\mathfrak{A}}_2 - \overline{\mathfrak{A}}_3) + \ldots + (\overline{\mathfrak{A}}_\nu - \overline{\mathfrak{A}}_{\nu+1}) + \ldots\},$$

woraus man die Behauptung unmittelbar abliest.

Ist M ein σ-Körper, so kommen neben jeder Mengenfolge $\{\mathfrak{A}_\nu\}$ auch deren obere und untere Gemeinschaftsgrenze $\overline{\lim\limits_{\nu=\infty}}\,\mathfrak{A}_\nu$ und $\underline{\lim\limits_{\nu=\infty}}\,\mathfrak{A}_\nu$ in M vor. In der Tat, setzt man:

$$(\dagger) \qquad \begin{aligned} \mathfrak{B}_\nu &= \mathfrak{A}_\nu \dotplus \mathfrak{A}_{\nu+1} \dotplus \ldots \\ \mathfrak{D}_\nu &= \mathfrak{A}_\nu \cdot \mathfrak{A}_{\nu+1} \cdot \ldots, \end{aligned}$$

so ist (Einleitung § 1, Satz IV):

$$(\dagger\dagger) \qquad \begin{aligned} \overline{\lim\limits_{\nu=\infty}}\,\mathfrak{A}_\nu &= \mathfrak{B}_1 \cdot \mathfrak{B}_2 \cdot \ldots \cdot \mathfrak{B}_\nu \cdot \ldots; \\ \underline{\lim\limits_{\nu=\infty}}\,\mathfrak{A}_\nu &= \mathfrak{D}_1 \dotplus \mathfrak{D}_2 \dotplus \ldots \dotplus \mathfrak{D}_\nu \dotplus \ldots, \end{aligned}$$

woraus wieder die Behauptung unmittelbar folgt.

Eine in einem σ-Körper M definierte additive Mengenfunktion heißt **absolut-additiv**[1]), wenn für jede Folge $\{\mathfrak{A}_\nu\}$ zu je zweien fremder Mengen aus M die Gleichung gilt[2]):

$$\varphi(\mathfrak{A}_1 \dotplus \mathfrak{A}_2 \dotplus \ldots \dotplus \mathfrak{A}_\nu \dotplus \ldots) = \varphi(\mathfrak{A}_1) + \varphi(\mathfrak{A}_2) + \ldots + \varphi(\mathfrak{A}_\nu) + \ldots$$

Satz IV. Ist φ absolut-additiv im σ-Körper M, und ist $\mathfrak{A}$ die Vereinigung der monoton wachsenden Mengenfolge $\{\mathfrak{A}_\nu\}$ aus M, so ist:

$$\varphi(\mathfrak{A}) = \lim\limits_{\nu=\infty} \varphi(\mathfrak{A}_\nu).$$

In der Tat, die Behauptung folgt aus Satz II, wenn es unter den Mengen $\mathfrak{A}_\nu$ eine gibt, für die $\varphi(\mathfrak{A}_\nu)$ unendlich ist. Seien also alle $\varphi(\mathfrak{A}_\nu)$ endlich. Es ist:

$$\mathfrak{A} = \mathfrak{A}_1 + (\mathfrak{A}_2 - \mathfrak{A}_1) + \ldots + (\mathfrak{A}_\nu - \mathfrak{A}_{\nu-1}) + \ldots$$

---

[1]) Diese Bezeichnung stammt von J. Radon (Wien. Ber. 122 (1913), 1299), der Begriff von H. Lebesgue, a. a. O. — Man erhält eine gute Veranschaulichung der absolut-additiven Mengenfunktionen, indem man eine solche Funktion als Massenbelegung (mit positiver und negativer Masse) deutet; $\varphi(\mathfrak{A})$ ist dabei die von der Menge $\mathfrak{A}$ getragene Masse.

[2]) Natürlich muß in der folgenden Gleichung die rechte Seite (ebenso wie die linke) einen von der Anordnung der Summanden unabhängigen Wert haben. Bekanntlich ist das dann und nur dann der Fall, wenn sei es die Reihe der positiven, sei es die Reihe der negativen unter den $\varphi(\mathfrak{A}_\nu)$ eigentlich konvergent ist. Im Falle, daß auch die Reihe der $\varphi(\mathfrak{A}_\nu)$ selbst eigentlich konvergiert, heißt das: die Reihe der $|\varphi(\mathfrak{A}_\nu)|$ ist eigentlich konvergent, mit andern Worten: die Reihe der $\varphi(\mathfrak{A}_\nu)$ ist eigentlich **absolut-konvergent**. Daher rührt auch der Name: „absolut-additive Mengenfunktion".

und mithin:

$$\varphi(\mathfrak{A}) = \varphi(\mathfrak{A}_1) + (\varphi(\mathfrak{A}_2) - \varphi(\mathfrak{A}_1)) + \ldots + (\varphi(\mathfrak{A}_\nu) - \varphi(\mathfrak{A}_{\nu-1})) + \ldots$$
$$= \lim_{\nu = \infty} \varphi(\mathfrak{A}_\nu),$$

wie behauptet.

Satz V. Ist φ absolut-additiv im σ-Körper M, ist $\mathfrak{A}$ der Durchschnitt der monoton abnehmenden Mengenfolge $\{\mathfrak{A}_\nu\}$, und sind nicht alle $\varphi(\mathfrak{A}_\nu)$ unendlich[1]), so ist:

$$\varphi(\mathfrak{A}) = \lim_{\nu = \infty} \varphi(\mathfrak{A}_\nu).$$

In der Tat, es ist:

$$(\dagger\dagger\dagger) \quad \mathfrak{A}_1 = \mathfrak{A} + (\mathfrak{A}_1 - \mathfrak{A}_2) + (\mathfrak{A}_2 - \mathfrak{A}_3) + \ldots + (\mathfrak{A}_\nu - \mathfrak{A}_{\nu+1}) + \ldots$$

Wir können ohne weiteres (indem wir nötigenfalls endlich viele $\mathfrak{A}_\nu$ weglassen) annehmen, $\varphi(\mathfrak{A}_1)$ sei endlich. Dann sind nach Satz II $\varphi(\mathfrak{A})$ und alle $\varphi(\mathfrak{A}_\nu)$ endlich, und aus $(\dagger\dagger\dagger)$ folgt:

$$\varphi(\mathfrak{A}) = \varphi(\mathfrak{A}_1) - \{(\varphi(\mathfrak{A}_1) - (\varphi(\mathfrak{A}_2))$$
$$+ (\varphi(\mathfrak{A}_2) - \varphi(\mathfrak{A}_3)) + \ldots + (\varphi(\mathfrak{A}_\nu) - \varphi(\mathfrak{A}_{\nu+1})) + \ldots\} = \lim_{\nu = \infty} \varphi(\mathfrak{A}_\nu),$$

wie behauptet.

Wir beschränken uns nun auf nicht-negative Mengenfunktionen:

$$\varphi \geq 0.$$

Für diese gelten die Sätze:

Satz VI. Ist die nicht-negative[2]) Mengenfunktion φ absolut-additiv im σ-Körper M, und ist $\underline{\mathfrak{A}}$ die untere Gemeinschaftsgrenze der Mengenfolge $\{\mathfrak{A}_\nu\}$ aus M, so ist:

$$\varphi(\underline{\mathfrak{A}}) \leq \lim_{\nu = \infty} \varphi(\mathfrak{A}_\nu).$$

In der Tat, benutzen wir wieder die Bezeichnungsweise $(\dagger)$, so ist nach $(\dagger\dagger)$:

$$\underline{\mathfrak{A}} = \mathfrak{D}_1 + \mathfrak{D}_2 + \ldots + \mathfrak{D}_\nu + \ldots$$

---

[1]) Dieser Zusatz kann nicht entbehrt werden. Beispiel: Sei $\mathfrak{M}$ eine nicht abgeschlossene Punktmenge und $\varphi(\mathfrak{A})$ die Anzahl der Punkte von $\mathfrak{A} \cdot \mathfrak{M}$. Ist a ein Punkt von $\mathfrak{M}^0 - \mathfrak{M}$ und $\mathfrak{A}_\nu = \mathfrak{U}\left(a; \frac{1}{\nu}\right)$, so ist

$$\varphi(\mathfrak{A}_\nu) = +\infty, \quad \varphi(\mathfrak{A}_1 \cdot \mathfrak{A}_2 \cdot \ldots \cdot \mathfrak{A}_\nu \cdot \ldots) = 0.$$

[2]) Diese Einschränkung kann nicht entbehrt werden. Beispiel: Sei M die Gesamtheit aller Borelschen Mengen des $\mathfrak{R}_1$ und φ der negativ genommene lineare Inhalt (§ 8). Ist dann $\mathfrak{A}_{2\nu-1}$ das Intervall $[0, 1]$ und $\mathfrak{A}_{2\nu}$ das Intervall $[-1, 0]$, so besteht $\underline{\mathfrak{A}}$ nur aus dem Punkte 0, und es ist:

$$\varphi(\mathfrak{A}_\nu) = -1, \quad \varphi(\underline{\mathfrak{A}}) = 0.$$

und mithin nach Satz IV:

$$\varphi\left(\underline{\mathfrak{A}}\right)=\lim_{\nu=\infty}\varphi\left(\mathfrak{D}_\nu\right).$$

Da $\mathfrak{A}_\nu \succ \mathfrak{D}_\nu$ und φ nicht-negativ, ist nach Satz III:

$$\varphi\left(\mathfrak{D}_\nu\right) \leqq \varphi\left(\mathfrak{A}_\nu\right)$$

und mithin:

$$\varphi\left(\underline{\mathfrak{A}}\right)=\lim_{\nu=\infty}\varphi\left(\mathfrak{D}_\nu\right)=\underline{\lim_{\nu=\infty}}\,\varphi\left(\mathfrak{D}_\nu\right)\leqq\underline{\lim_{\nu=\infty}}\,\varphi\left(\mathfrak{A}_\nu\right),$$

wie behauptet.

Satz VII. Ist die nicht-negative Mengenfunktion φ absolut-additiv im σ-Körper M, und ist $\{\mathfrak{A}_\nu\}$ eine Folge von Mengen aus M, für deren Vereinigung $\varphi\,(\mathfrak{A}_1 + \mathfrak{A}_2 + \ldots + \mathfrak{A}_\nu + \ldots)$ endlich ist[1]), so gilt für die obere Gemeinschaftsgrenze $\overline{\mathfrak{A}}$ von $\{\mathfrak{A}_\nu\}$:

$$\varphi\left(\overline{\mathfrak{A}}\right) \geqq \overline{\lim_{\nu=\infty}}\,\varphi\left(\mathfrak{A}_\nu\right).$$

In der Tat, nach (††) ist:

$$\overline{\mathfrak{A}} = \mathfrak{B}_1 \cdot \mathfrak{B}_2 \cdot \ldots \cdot \mathfrak{B}_\nu \cdot \ldots$$

Wegen:

$$\mathfrak{B}_\nu < \mathfrak{A}_1 + \mathfrak{A}_2 + \ldots + \mathfrak{A}_\nu + \ldots$$

ist $\varphi\,(\mathfrak{B}_\nu)$ endlich (Satz II), und es ist daher nach Satz V:

$$\varphi\left(\overline{\mathfrak{A}}\right)=\lim_{\nu=\infty}\varphi\left(\mathfrak{B}_\nu\right).$$

Da $\mathfrak{A}_\nu < \mathfrak{B}_\nu$ und φ nicht-negativ, ist:

$$\varphi\left(\mathfrak{B}_\nu\right) \geqq \varphi\left(\mathfrak{A}_\nu\right)$$

und mithin:

$$\varphi\left(\overline{\mathfrak{A}}\right)=\lim_{\nu=\infty}\varphi\left(\mathfrak{B}_\nu\right)=\overline{\lim_{\nu=\infty}}\,\varphi\left(\mathfrak{B}_\nu\right)\geqq\overline{\lim_{\nu=\infty}}\,\varphi\left(\mathfrak{A}_\nu\right),$$

wie behauptet.

Wir beweisen endlich noch einen Satz, der die Sätze IV und V als Spezialfälle enthält:

Satz VIII. Ist die nicht-negative[2]) Mengenfunktion φ absolut-additiv im σ-Körper M, und ist $\{\mathfrak{A}_\nu\}$ eine kon-

---

[1]) Diese Bedingung kann nicht entbehrt werden. Beispiel: Sei M die Gesamtheit der Borelschen Mengen des $\mathfrak{R}_1$ und φ der lineare Inhalt; ist dann $\mathfrak{A}_\nu$ das Intervall $[\nu,\,\nu+1]$, so konvergiert $\{\mathfrak{A}_\nu\}$ gegen die leere Menge $\mathfrak{L}$, es ist also auch $\overline{\mathfrak{A}} = \mathfrak{L}$ und mithin

$$\varphi\left(\mathfrak{A}_\nu\right)=1;\quad \varphi\left(\overline{\mathfrak{A}}\right)=0.$$

[2]) Der Satz gilt auch ohne diese Einschränkung: § 2, Satz XVII.

vergente Folge von Mengen aus M, für deren Vereinigung $\varphi(\mathfrak{A}_1 \dotplus \mathfrak{A}_2 \dotplus \ldots \dotplus \mathfrak{A}_\nu \dotplus \ldots)$ endlich ist[1]), so gilt für die Gemeinschaftsgrenze $\mathfrak{A} = \lim\limits_{\nu=\infty} \mathfrak{A}_\nu$:

$$(^\times) \qquad \varphi(\mathfrak{A}) = \lim_{\nu=\infty} \varphi(\mathfrak{A}_\nu).$$

In der Tat, setzen wir wieder:

$$\varliminf_{\nu=\infty} \mathfrak{A}_\nu = \underline{\mathfrak{A}}, \quad \varlimsup_{\nu=\infty} \mathfrak{A}_\nu = \overline{\mathfrak{A}},$$

so ist:

$$\underline{\mathfrak{A}} = \overline{\mathfrak{A}} = \mathfrak{A},$$

und mithin auch:

$$\varphi(\underline{\mathfrak{A}}) = \varphi(\overline{\mathfrak{A}}) = \varphi(\mathfrak{A}).$$

Nach Satz VI und VII ist daher:

$$\varlimsup_{\nu=\infty} \varphi(\mathfrak{A}_\nu) \leqq \varphi(\mathfrak{A}) \leqq \varliminf_{\nu=\infty} \varphi(\mathfrak{A}_\nu)$$

und somit:

$$\varlimsup_{\nu=\infty} \varphi(\mathfrak{A}_\nu) = \varliminf_{\nu=\infty} \varphi(\mathfrak{A}_\nu) = \varphi(\mathfrak{A}),$$

womit $(^\times)$ bewiesen ist.

Sei wieder φ eine nicht-negative, im σ-Körper M absolut-additive Mengenfunktion. Ist $\mathfrak{A}$ eine Menge aus M, für die

$$\varphi(\mathfrak{A}) = 0,$$

so wollen wir jeden Teil von $\mathfrak{A}$ (gleichgültig ob er zu M gehört oder nicht) eine Nullmenge für φ nennen. Die Vereinigung abzählbar vieler Nullmengen ist dann offenbar wieder eine Nullmenge, denn ist:

$$\mathfrak{N}_\nu \prec \mathfrak{A}_\nu, \quad \varphi(\mathfrak{A}_\nu) = 0,$$

so ist auch:

$$\mathfrak{N}_1 \dotplus \mathfrak{N}_2 \dotplus \ldots \dotplus \mathfrak{N}_\nu \dotplus \ldots \prec \mathfrak{A}_1 \dotplus \mathfrak{A}_2 \dotplus \ldots \dotplus \mathfrak{A}_\nu \dotplus \ldots$$

$$\varphi(\mathfrak{A}_1 \dotplus \mathfrak{A}_2 \dotplus \ldots \dotplus \mathfrak{A}_\nu \dotplus \ldots) = 0.$$

Betrachten wir nun die sämtlichen Mengen:

$$(^{\times\times}) \qquad \overline{\mathfrak{A}} = (\mathfrak{A} \dotplus \mathfrak{N}') - \mathfrak{N}'',$$

wo $\mathfrak{A}$ eine beliebige Menge aus M, und $\mathfrak{N}'$, $\mathfrak{N}''$ Nullmengen für φ bedeuten ($\mathfrak{N}'' \prec \mathfrak{A}$). Offenbar bilden auch diese Mengen einen

---

[1]) Diese Bedingung kann nicht entbehrt werden. Vgl. das Beispiel von Fußn. [1]), S. 397.

σ-Körper, den wir als den erweiterten σ-Körper $\overline{M}$ bezeichnen wollen. Erweitern wir nun die Definition von φ auf $\overline{M}$ durch:

$$(\times\times\times) \qquad \varphi(\overline{\mathfrak{A}}) = \varphi(\mathfrak{A}),$$

so ist φ offenbar auch in $\overline{M}$ absolut-additiv, und wir haben:

Satz IX. Ist die nicht-negative Mengenfunktion φ absolut-additiv im σ-Körper M, und bilden wir den erweiterten σ-Körper $\overline{M}$ aller Mengen $(\times\times)$, so ist die durch $(\times\times\times)$ auf $\overline{M}$ erweiterte Mengenfunktion φ auch absolut-additiv in $\overline{M}$.

§ 2. Positivfunktion, Negativfunktion, Absolutfunktion.

Sei $\{\mathfrak{A}_\nu\}$ eine (endliche oder unendliche) Folge zu je zweien fremder Mengen aus dem σ-Körper M. Wir sagen: die $\mathfrak{A}_\nu$ bilden eine Zerlegung Z der Menge $\mathfrak{A}$ aus M, wenn:

$$(0) \qquad \mathfrak{A} = \mathfrak{A}_1 + \mathfrak{A}_2 + \ldots + \mathfrak{A}_\nu + \ldots.$$

Eine zweite Zerlegung Z' von $\mathfrak{A}$:

$$\mathfrak{A} = \mathfrak{A}_1' + \mathfrak{A}_2' + \ldots + \mathfrak{A}_\mu' + \ldots.$$

heißt eine Unterzerlegung von Z, wenn jede Menge $\mathfrak{A}_\mu'$ Teil einer Menge $\mathfrak{A}_\nu$ ist.

Sei φ eine im σ-Körper M absolut-additive Mengenfunktion, sei $\mathfrak{A}$ eine Menge aus M, und sei durch (0) die Zerlegung Z von $\mathfrak{A}$ gegeben. Wir setzen:

$$(00) \qquad \begin{aligned} \overset{+}{\varphi}(\mathfrak{A}_\nu) &= \begin{cases} \varphi(\mathfrak{A}_\nu) & \text{wenn} \quad \varphi(\mathfrak{A}_\nu) \geqq 0 \\ 0 & \text{wenn} \quad \varphi(\mathfrak{A}_\nu) < 0 \end{cases} \\[2mm] \overline{\varphi}(\mathfrak{A}_\nu) &= \begin{cases} 0 & \text{wenn} \quad \varphi(\mathfrak{A}_\nu) \geqq 0 \\ |\varphi(\mathfrak{A}_\nu)| & \text{wenn} \quad \varphi(\mathfrak{A}_\nu) < 0 \end{cases} \end{aligned}$$

und bilden die Summen:

$$\binom{0}{0}^{} \qquad \begin{aligned} P(Z) &= \sum_\nu \overset{+}{\varphi}(\mathfrak{A}_\nu); \quad N(Z) = \sum_\nu \overline{\varphi}(\mathfrak{A}_\nu); \\ A(Z) &= \sum_\nu |\varphi(\mathfrak{A}_\nu)|. \end{aligned}$$

Dann ist offenbar:

$$\binom{0}{0}{0} \qquad A(Z) = P(Z) + N(Z); \quad \varphi(\mathfrak{A}) = P(Z) - N(Z).$$

Satz I. Ist Z' Unterzerlegung von Z, so ist:

$$P(Z') \geqq P(Z); \quad N(Z') \geqq N(Z); \quad A(Z') \geqq A(Z).$$

Es wird genügen, die erste dieser Ungleichungen zu beweisen; denn die zweite beweist man ebenso, und die dritte folgt dann aus $\binom{0}{0}{0}$.

Da Z' Unterzerlegung von Z, ist jede Menge $\mathfrak{A}'_\mu$ von Z' Teil einer Menge $\mathfrak{A}_\nu$ von Z. Bezeichnen wir alle $\mathfrak{A}'_\mu$, die Teile von $\mathfrak{A}_\nu$ sind, mit $\mathfrak{A}_{\nu,\lambda}$, so ist:

$$(*) \qquad \mathfrak{A}_\nu = \mathop{\mathbf{S}}_\lambda \mathfrak{A}_{\nu,\lambda}; \quad \mathfrak{A} = \mathop{\mathbf{S}}_{\nu,\lambda} \mathfrak{A}_{\nu,\lambda}.$$

Wegen der zweiten dieser Beziehungen ist:

$$(**) \qquad P(Z') = \sum_{\nu,\lambda} \overset{+}{\varphi}(\mathfrak{A}_{\nu,\lambda}) = \sum_\nu \left(\sum_\lambda \overset{+}{\varphi}(\mathfrak{A}_{\nu,\lambda}) \right).$$

Wir behaupten: Hierin ist

$$\sum_\lambda \overset{+}{\varphi}(\mathfrak{A}_{\nu,\lambda}) \geqq \overset{+}{\varphi}(\mathfrak{A}_\nu).$$

Dies ist nach (00) trivial, wenn $\varphi(\mathfrak{A}_\nu) < 0$, da dann $\overset{+}{\varphi}(\mathfrak{A}_\nu) = 0$. Ist hingegen $\varphi(\mathfrak{A}_\nu) \geqq 0$ und mithin:

$$\overset{+}{\varphi}(\mathfrak{A}_\nu) = \varphi(\mathfrak{A}_\nu),$$

so folgt aus der ersten Beziehung (*):

$$\overset{+}{\varphi}(\mathfrak{A}_\nu) = \varphi(\mathfrak{A}_\nu) = \sum_\lambda \varphi(\mathfrak{A}_{\nu,\lambda}) \leqq \sum_\lambda \overset{+}{\varphi}(\mathfrak{A}_{\nu,\lambda}).$$

Mithin ist wegen (**):

$$P(Z) = \sum_\nu \overset{+}{\varphi}(\mathfrak{A}_\nu) \leqq \sum_\nu \left(\sum_\lambda \overset{+}{\varphi}(\mathfrak{A}_{\nu,\lambda}) \right) = P(Z'),$$

womit Satz I bewiesen ist.

Sei nun φ eine in M absolut-additive Mengenfunktion, $\mathfrak{A}$ eine Menge aus M. Zu jeder Zerlegung Z von $\mathfrak{A}$ bilden wir die Summen $P(Z)$, $N(Z)$, $A(Z)$. Die obere Schranke aller dieser Summen[1]) $P(Z)$ nennen wir den **positiven Teil** von φ auf $\mathfrak{A}$ und bezeichnen sie mit $\pi(\varphi, \mathfrak{A})$; die obere Schranke der $N(Z)$ nennen wir den **negativen Teil** von φ auf $\mathfrak{A}$ und bezeichnen sie mit $\nu(\varphi, \mathfrak{A})$; die obere Schranke der $A(Z)$ nennen wir die **absolute Summe**[2]) von φ auf $\mathfrak{A}$ und bezeichnen sie mit $\alpha(\varphi, \mathfrak{A})$. Jede der drei Zahlen $\pi(\varphi, \mathfrak{A})$, $\nu(\varphi, \mathfrak{A})$, $\alpha(\varphi, \mathfrak{A})$ ist $\geqq 0$. Aus dieser Definition folgt unmittelbar:

Satz II. Ist die in M absolut-additive Mengenfunktion φ nicht-negativ für alle $\mathfrak{A}$ von M, so ist:

---

[1]) Man erhält dieselbe obere Schranke, wenn man nur die Zerlegungen Z von $\mathfrak{A}$ in endlich viele Summanden in Betracht zieht.

[2]) Vgl. hierzu H. Lebesgue, Ann. Éc. Norm. (3) 27 (1910), 380 ff. J. Radon, Wien. Ber. 122 (1913), 1299 ff. Bei Lebesgue und Radon wird sie als Variation bezeichnet. Wir vermeiden diesen Ausdruck, weil wir sonst in Kollision mit dem eingebürgerten Ausdrucke „Variation einer Funktion einer Veränderlichen" kämen. Vgl. Kap. VII, § 5, S. 496.

$$\alpha\,(\varphi,\mathfrak{A}) = \pi\,(\varphi,\mathfrak{A}) = \varphi\,(\mathfrak{A}); \quad \nu\,(\varphi,\mathfrak{A}) = 0;$$

ist sie nicht-positiv für alle $\mathfrak{A}$ von M, so ist:

$$\alpha\,(\varphi,\mathfrak{A}) = \nu\,(\varphi,\mathfrak{A}) = -\,\varphi\,(\mathfrak{A}); \quad \pi\,(\varphi,\mathfrak{A}) = 0\,.$$

Satz III. Aus $\mathfrak{B} \prec \mathfrak{A}$ folgt, wenn $\mathfrak{A}$ und $\mathfrak{B}$ zu M gehören:

$$-\,\nu\,(\varphi,\,\mathfrak{A}) \leqq \varphi\,(\mathfrak{B}) \leqq \pi\,(\varphi,\,\mathfrak{A}).$$

In der Tat, durch

$$\mathfrak{A} = \mathfrak{B} + (\mathfrak{A} - \mathfrak{B})$$

ist eine Zerlegung Z von $\mathfrak{A}$ gegeben, und es ist:

$$\varphi(\mathfrak{B}) \leqq \overset{+}{\varphi}(\mathfrak{B}) \leqq P(Z) \leqq \pi\,(\varphi,\,\mathfrak{A}),$$

womit die eine Hälfte der Behauptung bewiesen ist. Analog beweist man die andere Hälfte.

Satz IV. In jeder Menge $\mathfrak{A}$ aus M gibt es zu M gehörige Teile $\mathfrak{A}'$ und $\mathfrak{A}''$, so daß:

$$\pi\,(\varphi,\,\mathfrak{A}) = \varphi(\mathfrak{A}'); \quad \nu\,(\varphi,\,\mathfrak{A}) = -\,\varphi(\mathfrak{A}'').$$

Es wird genügen, die erste Hälfte dieser Behauptung zu beweisen. Dabei können wir immer annehmen, für jeden (zu M gehörigen) Teil $\mathfrak{B}$ von $\mathfrak{A}$ sei:

(1) $$\varphi(\mathfrak{B}) < +\infty\,.$$

In der Tat, wegen (Satz III):

$$\varphi(\mathfrak{B}) \leqq \pi(\varphi,\,\mathfrak{A})$$

ist dies sicher der Fall, wenn $\pi\,(\varphi,\,\mathfrak{A})$ endlich. Ist hingegen $\pi\,(\varphi,\,\mathfrak{A}) = +\infty$, und gäbe es in $\mathfrak{A}$ einen Teil $\mathfrak{B}$, für den auch $\varphi(\mathfrak{B}) = +\infty$, so wäre die Behauptung von Satz IV schon bewiesen.

Zufolge der Definition von $\pi(\varphi,\,\mathfrak{A})$ gibt es eine Zerlegungsfolge $\{Z_\nu\}$ von $\mathfrak{A}$, so daß:

(2) $$\lim_{\nu=\infty} P(Z_\nu) = \pi\,(\varphi,\,\mathfrak{A}).$$

Dabei können wir immer annehmen, es sei $Z_{\nu+1}$ Unterzerlegung von Z_ν; denn wäre dies nicht der Fall, so hätten wir nur, wenn Z_ν und $Z_{\nu+1}$ gegeben sind durch:

$$\mathfrak{A} = \underset{\mu}{\mathsf{S}}\,\mathfrak{A}_\mu^{(\nu)}; \quad \mathfrak{A} = \underset{\mu}{\mathsf{S}}\,\mathfrak{A}_\mu^{(\nu+1)},$$

die Zerlegung $Z_{\nu+1}$ zu ersetzen durch:

$$\mathfrak{A} = \underset{\mu,\,\mu'}{\mathsf{S}}\,\mathfrak{A}_\mu^{(\nu)} \cdot \mathfrak{A}_{\mu'}^{(\nu+1)}.$$

Ist nun (für jedes ν) $Z_{\nu+1}$ Unterzerlegung von Z_ν, so kann die Zerlegung Z_ν geschrieben werden:

$$\mathfrak{A} = \mathop{\mathbf{S}}_{\mu_1,\mu_2,\ldots,\mu_\nu} \mathfrak{A}^{(\nu)}_{\mu_1,\mu_2,\ldots,\mu_\nu},$$

wobei:

$$\mathfrak{A}^{(\nu)}_{\mu_1,\mu_2,\ldots,\mu_\nu} = \mathop{\mathbf{S}}_{\mu} \mathfrak{A}^{(\nu+1)}_{\mu_1,\mu_2,\ldots,\mu_\nu,\mu}.$$

Bezeichnen wir nun mit $\mathfrak{A}'_\nu$ die Vereinigung aller jener $\mathfrak{A}^{(\nu)}_{\mu_1,\mu_2,\ldots,\mu_\nu}$, für welche $\varphi > 0$ ist, so ist offenbar:

$$(3) \qquad P(Z_\nu) = \sum_{\mu_1,\mu_2,\ldots,\mu_\nu} \overset{+}{\varphi}\big(\mathfrak{A}^{(\nu)}_{\mu_1,\mu_2,\ldots,\mu_\nu}\big) = \varphi(\mathfrak{A}'_\nu).$$

Wir bilden nun die untere Gemeinschaftsgrenze:

$$\mathfrak{A}' = \varliminf_{\nu=\infty} \mathfrak{A}'_\nu.$$

Setzen wir:

$$(4) \qquad \begin{aligned} \overline{\mathfrak{A}}'_{\nu,\mu} &= \mathfrak{A}'_\nu \cdot \mathfrak{A}'_{\nu+1} \cdot \ldots \cdot \mathfrak{A}'_{\nu+\mu} \\ \overline{\mathfrak{A}}'_\nu &= \mathfrak{A}'_\nu \cdot \mathfrak{A}'_{\nu+1} \cdot \ldots \cdot \mathfrak{A}'_{\nu+\mu} \cdots, \end{aligned}$$

so ist:

$$(5) \qquad \mathfrak{A}' = \overline{\mathfrak{A}}'_1 + \overline{\mathfrak{A}}'_2 + \ldots + \overline{\mathfrak{A}}'_\nu + \ldots$$

Nun ist offenbar[1]):

$$\varphi(\overline{\mathfrak{A}}'_{\nu,\mu+1}) \geqq \varphi(\overline{\mathfrak{A}}'_{\nu,\mu}),$$

also, da $\overline{\mathfrak{A}}'_{\nu,0} = \mathfrak{A}'_\nu$ ist (bei Beachtung von (3)):

$$(6) \qquad \varphi(\overline{\mathfrak{A}}'_{\nu,\mu}) \geqq \varphi(\mathfrak{A}'_\nu) = P(Z_\nu) \geqq 0.$$

Wegen (1) sind aber alle $\varphi(\overline{\mathfrak{A}}'_{\nu,\mu})$ endlich. Nach § 1, Satz V folgt also aus (4) und (6):

$$(7) \qquad \varphi(\overline{\mathfrak{A}}'_\nu) = \lim_{\mu=\infty} \varphi(\overline{\mathfrak{A}}'_{\nu,\mu}) \geqq P(Z_\nu).$$

Aus (5) folgt nach § 1, Satz IV:

$$\varphi(\mathfrak{A}') = \lim_{\nu=\infty} \varphi(\overline{\mathfrak{A}}'_\nu)$$

und mithin wegen (7) und (2):

$$\varphi(\mathfrak{A}') \geqq \pi(\varphi, \mathfrak{A}),$$

---

[1]) In der Tat, es ist:

$$\varphi(\overline{\mathfrak{A}}'_{\nu,\mu}) = \varphi(\overline{\mathfrak{A}}'_{\nu,\mu+1}) + \varphi(\overline{\mathfrak{A}}'_{\nu,\mu} - \overline{\mathfrak{A}}'_{\nu,\mu+1}).$$

Hierin ist $\overline{\mathfrak{A}}'_{\nu,\mu} - \overline{\mathfrak{A}}'_{\nu,\mu+1}$ die Vereinigung aller in $\overline{\mathfrak{A}}'_{\nu,\mu}$ enthaltenen $\mathfrak{A}^{(\nu+\mu+1)}_{\lambda_1,\lambda_2,\ldots,\lambda_{\nu+\mu+1}}$ von $Z_{\nu+\mu+1}$ für die:

$$\varphi(\mathfrak{A}^{(\nu+\mu+1)}_{\lambda_1,\lambda_2,\ldots,\lambda_{\nu+\mu+1}}) \leqq 0,$$

und infolgedessen ist:

$$\varphi(\overline{\mathfrak{A}}'_{\nu,\mu} - \overline{\mathfrak{A}}'_{\nu,\mu+1}) \leqq 0.$$

also nach Satz III:

$$\varphi(\mathfrak{A}') = \pi_{\iota}(\varphi, \mathfrak{A}).$$

Damit ist Satz IV bewiesen.

Satz IV kann auch so ausgesprochen werden:

Satz IVa. Unter den Werten, die φ für die zu M gehörigen Teile von $\mathfrak{A}$ annimmt, gibt es einen größten $\varphi(\mathfrak{A}')$ und einen kleinsten $\varphi(\mathfrak{A}'')$, und zwar ist:

$$\varphi(\mathfrak{A}') = \pi(\varphi, \mathfrak{A}); \quad \varphi(\mathfrak{A}'') = -\nu(\varphi, \mathfrak{A}).$$

Satz V. Ist φ absolut-additiv im σ-Körper M, so ist für jede Menge $\mathfrak{A}$ aus M mindestens eine der beiden Zahlen $\pi(\varphi, \mathfrak{A})$ und $\nu(\varphi, \mathfrak{A})$ endlich.

In der Tat, andernfalls gäbe es in M zufolge Satz IV zwei Mengen $\mathfrak{A}'$ und $\mathfrak{A}''$, für die φ entgegengesetzt unendliche Werte annimmt, was wir ein für allemal ausgeschlossen haben.

Satz VI. Sind φ_1 und φ_2 zwei in M absolut-additive Mengenfunktionen, die für keine Mengen aus M entgegengesetzt unendliche Werte annehmen, so ist:

$$\pi(\varphi_1 + \varphi_2, \mathfrak{A}) \leqq \pi(\varphi_1, \mathfrak{A}) + \pi(\varphi_2, \mathfrak{A});$$
$$\nu(\varphi_1 + \varphi_2, \mathfrak{A}) \leqq \nu(\varphi_1, \mathfrak{A}) + \nu(\varphi_2, \mathfrak{A});$$
$$\alpha(\varphi_1 + \varphi_2, \mathfrak{A}) \leqq \alpha(\varphi_1, \mathfrak{A}) + \alpha(\varphi_2, \mathfrak{A}).$$

Es wird genügen, die erste dieser Ungleichungen zu beweisen. Seien $\mathfrak{A}_1, \mathfrak{A}_2, \mathfrak{A}'$ solche (zu M gehörige) Teile von $\mathfrak{A}$, für die $\varphi_1, \varphi_2, \varphi_1 + \varphi_2$ ihren größten Wert annehmen (Satz IVa). Dann ist:

$$\varphi_1(\mathfrak{A}') \leqq \varphi_1(\mathfrak{A}_1) = \pi(\varphi_1, \mathfrak{A}); \quad \varphi_2(\mathfrak{A}') \leqq \varphi_2(\mathfrak{A}_2) = \pi(\varphi_2, \mathfrak{A}),$$

also:

$$\pi(\varphi_1 + \varphi_2, \mathfrak{A}) = \varphi_1(\mathfrak{A}') + \varphi_2(\mathfrak{A}') \leqq \pi(\varphi_1, \mathfrak{A}) + \pi(\varphi_2, \mathfrak{A}),$$

wie behauptet.

Satz VII. Ist φ absolut-additiv im σ-Körper M, so ist auch jede der drei in M definierten Mengenfunktionen $\pi(\varphi, \mathfrak{A})$, $\nu(\varphi, \mathfrak{A})$, $\alpha(\varphi, \mathfrak{A})$ absolut-additiv in M.

Es genügt wieder, dies für $\pi(\varphi, \mathfrak{A})$ nachzuweisen. Wir haben zu zeigen: ist $\{\mathfrak{A}_\nu\}$ eine Folge zu je zweien fremder Mengen aus M, und ist:

$$\mathfrak{A} = \mathfrak{A}_1 + \mathfrak{A}_2 + \ldots + \mathfrak{A}_\nu + \ldots,$$

so ist:

$$(*) \qquad \pi(\varphi, \mathfrak{A}) = \pi(\varphi, \mathfrak{A}_1) + \pi(\varphi, \mathfrak{A}_2) + \ldots + \pi(\varphi, \mathfrak{A}_\nu) + \ldots.$$

Nach Satz IV gibt es in $\mathfrak{A}$ und $\mathfrak{A}_\nu$ Teile $\mathfrak{A}'$ bzw. $\mathfrak{A}'_\nu$, so daß:

$$\varphi(\mathfrak{A}') = \pi(\varphi, \mathfrak{A}); \quad \varphi(\mathfrak{A}'_\nu) = \pi(\varphi, \mathfrak{A}_\nu),$$

und es ist daher nach Satz III:

$$(**) \quad \sum_\nu \pi(\varphi, \mathfrak{A}_\nu) = \sum_\nu \varphi(\mathfrak{A}'_\nu) = \varphi(\mathfrak{A}'_1 + \mathfrak{A}'_2 + \ldots + \mathfrak{A}'_\nu \ldots) \leqq \pi(\varphi, \mathfrak{A}).$$

Andererseits ist:

$$\mathfrak{A}' = \mathfrak{A}_1 \mathfrak{A}' + \mathfrak{A}_2 \mathfrak{A}' + \ldots + \mathfrak{A}_\nu \mathfrak{A}' + \ldots,$$

also, wieder mit Benutzung von Satz III:

$$(***) \qquad \pi(\varphi, \mathfrak{A}) = \varphi(\mathfrak{A}') = \sum_\nu \varphi(\mathfrak{A}_\nu \mathfrak{A}') \leqq \sum_\nu \pi(\varphi, \mathfrak{A}_\nu).$$

Durch (**) und (***) aber ist (*) und somit Satz VII bewiesen.

Wir bezeichnen die drei in M absolut-additiven Mengenfunktionen $\pi(\varphi, \mathfrak{A})$, $\nu(\varphi, \mathfrak{A})$, $\alpha(\varphi, \mathfrak{A})$ als die zu φ gehörige Positivfunktion, Negativfunktion, Absolutfunktion. Da sie nichtnegativ sind, gilt (§ 1, Satz III):

Satz VIII. Gehören $\mathfrak{A}$ und $\mathfrak{B}$ zu M, und ist $\mathfrak{B} < \mathfrak{A}$, so ist:

$$\pi(\varphi, \mathfrak{B}) \leqq \pi(\varphi, \mathfrak{A}); \quad \nu(\varphi, \mathfrak{B}) \leqq \nu(\varphi, \mathfrak{A}); \quad \alpha(\varphi, \mathfrak{B}) < \alpha(\varphi, \mathfrak{A}).$$

Satz IX. Ist φ absolut-additiv im σ-Körper M, so kann jede Menge $\mathfrak{A}$ aus M zerlegt werden in zwei fremde (in M vorkommende) Teile:

$$(1) \qquad\qquad \mathfrak{A} = \mathfrak{A}' + \mathfrak{A}'',$$

so daß:

$$(2) \qquad \pi(\varphi, \mathfrak{A}) = \pi(\varphi, \mathfrak{A}') = \varphi(\mathfrak{A}'); \quad \nu(\varphi, \mathfrak{A}') = 0;$$

$$(3) \qquad \pi(\varphi, \mathfrak{A}'') = 0; \quad \nu(\varphi, \mathfrak{A}) = \nu(\varphi, \mathfrak{A}'') = -\varphi(\mathfrak{A}'').$$

In der Tat, nach Satz V ist mindestens eine der beiden Zahlen $\pi(\varphi, \mathfrak{A})$, $\nu(\varphi, \mathfrak{A})$ endlich, z. B. $\pi(\varphi, \mathfrak{A})$. Nach Satz IV gibt es einen Teil $\mathfrak{A}'$ von $\mathfrak{A}$, so daß:

$$(4) \qquad\qquad \pi(\varphi, \mathfrak{A}) = \varphi(\mathfrak{A}').$$

Da nach Satz III und VIII:

$$\varphi(\mathfrak{A}') \leqq \pi(\varphi, \mathfrak{A}') \leqq \pi(\varphi, \mathfrak{A}),$$

folgt aus (4) die erste Gleichung (2).

Wäre nun:

$$(5) \qquad\qquad \nu(\varphi, \mathfrak{A}') > 0,$$

so gäbe es nach Satz IV in $\mathfrak{A}'$ einen Teil $\mathfrak{B}'$, so daß:

$$\varphi(\mathfrak{B}') = -\nu(\varphi, \mathfrak{A}') < 0.$$

Aus:
$$\varphi(\mathfrak{A}') = \varphi(\mathfrak{B}') + \varphi(\mathfrak{A}' - \mathfrak{B}')$$

würde dann folgen:

$$\varphi(\mathfrak{A}' - \mathfrak{B}') > \varphi(\mathfrak{A}') = \pi(\varphi, \mathfrak{A}'),$$

entgegen Satz III. Also ist (5) unmöglich, und die zweite Gleichung (2) ist bewiesen.

Aus:
$$\pi(\varphi, \mathfrak{A}) = \pi(\varphi, \mathfrak{A}') + \pi(\varphi, \mathfrak{A}'')$$

folgt vermöge der ersten Gleichung (2) die erste Gleichung (3).

Ebenso folgt aus:
$$\nu(\varphi, \mathfrak{A}) = \nu(\varphi, \mathfrak{A}') + \nu(\varphi, \mathfrak{A}'')$$

vermöge der zweiten Gleichung (2):

(6)
$$\nu(\varphi, \mathfrak{A}) = \nu(\varphi, \mathfrak{A}'').$$

Wäre nun:

(7)
$$\varphi(\mathfrak{A}'') > -\nu(\varphi, \mathfrak{A}''),$$

so gäbe es nach Satz IV in $\mathfrak{A}''$ einen Teil $\mathfrak{B}''$, so daß:
$$\varphi(\mathfrak{B}'') = -\nu(\varphi, \mathfrak{A}'').$$

Aus:
$$\varphi(\mathfrak{A}'') = \varphi(\mathfrak{B}'') + \varphi(\mathfrak{A}'' - \mathfrak{B}'')$$

würde dann folgen:
$$\varphi(\mathfrak{A}'' - \mathfrak{B}'') > 0,$$

was wegen Satz III in Widerspruch steht mit der ersten Gleichung (3). Also ist (7) unmöglich, und wegen Satz III ist:

(8)
$$\varphi(\mathfrak{A}'') = -\nu(\varphi, \mathfrak{A}'').$$

Durch (6) und (8) aber ist auch die zweite Gleichung (3) bewiesen, und der Beweis von Satz IX ist beendet.

Satz X. In der Bezeichnungsweise von Satz IX gilt für jeden zu M gehörigen Teil $\mathfrak{B}'$ von $\mathfrak{A}'$ und für jeden zu M gehörigen Teil $\mathfrak{B}''$ von $\mathfrak{A}''$:

(†)
$$\varphi(\mathfrak{B}') \geqq 0; \quad \varphi(\mathfrak{B}'') \leqq 0.$$

In der Tat, nach Satz IX ist:
$$\nu(\varphi, \mathfrak{A}') = 0; \quad \pi(\varphi, \mathfrak{A}'') = 0,$$

mithin nach Satz VIII auch:
$$\nu(\varphi, \mathfrak{B}') = 0; \quad \pi(\varphi, \mathfrak{B}'') = 0.$$

Also folgt (†) aus Satz III.

Satz XI. Ist φ absolut-additiv im σ-Körper M, so ist für jede Menge $\mathfrak{A}$ aus M:
$$\alpha(\varphi, \mathfrak{A}) = \pi(\varphi, \mathfrak{A}) + \nu(\varphi, \mathfrak{A}).$$

In der Tat, für jede Zerlegung Z von $\mathfrak{A}$ ist:
$$A(Z) = P(Z) + N(Z),$$

also, da α, π, ν die oberen Schranken der $A(Z)$, $P(Z)$, $N(Z)$ sind:

$$(\dagger\dagger) \qquad \alpha(\varphi, \mathfrak{A}) \leqq \pi(\varphi, \mathfrak{A}) + \nu(\varphi, \mathfrak{A}).$$

Bedeutet $\overline{Z}$ die Zerlegung (1) von Satz IX, so ist:

$$A(\overline{Z}) = |\varphi(\mathfrak{A}')| + |\varphi(\mathfrak{A}'')| = \pi(\varphi, \mathfrak{A}') + \nu(\varphi, \mathfrak{A}'') = \pi(\varphi, \mathfrak{A}) + \nu(\varphi, \mathfrak{A}).$$

Also ist:

$$(\dagger\dagger\dagger) \qquad \alpha(\varphi, \mathfrak{A}) \geqq \pi(\varphi, \mathfrak{A}) + \nu(\varphi, \mathfrak{A}).$$

Aus ($\dagger\dagger$) und ($\dagger\dagger\dagger$) aber folgt die Behauptung von Satz XI[1]).

Wir ziehen aus Satz XI zwei einfache Folgerungen:

Satz XII. Ist φ absolut-additiv im σ-Körper M, so sind für jede Menge $\mathfrak{A}$ aus M, für die $\varphi(\mathfrak{A})$ endlich ist, auch $\pi(\varphi, \mathfrak{A})$, $\nu(\varphi, \mathfrak{A})$, $\alpha(\varphi, \mathfrak{A})$ endlich.

In der Tat, für $\pi(\varphi, \mathfrak{A})$, $\nu(\varphi, \mathfrak{A})$ folgt dies aus Satz IV zusammen mit § 1, Satz II; für $\alpha(\varphi, \mathfrak{A})$ sodann aus Satz XI.

Satz XIII. Aus $\mathfrak{B} \prec \mathfrak{A}$ folgt:

$$|\varphi(\mathfrak{B})| \leqq \alpha(\varphi, \mathfrak{A}).$$

Dies folgt unmittelbar aus Satz III und Satz XI.

Satz XIV. Ist φ absolut-additiv im σ-Körper M, so ist für jede Menge $\mathfrak{A}$ aus M:

$$(^\times) \qquad \varphi(\mathfrak{A}) = \pi(\varphi, \mathfrak{A}) - \nu(\varphi, \mathfrak{A}).$$

In der Tat, für die Zerlegung (1) von Satz IX gilt:

$$\varphi(\mathfrak{A}) = \varphi(\mathfrak{A}') + \varphi(\mathfrak{A}'') = \pi(\varphi, \mathfrak{A}) - \nu(\varphi, \mathfrak{A}),$$

und Satz XIV ist bewiesen[2]).

In Satz XIV ist die Aussage enthalten:

Satz XV. Jede im σ-Körper M absolut-additive Mengenfunktion ist Differenz zweier nicht-negativer, in M absolut additiver Mengenfunktionen, von denen mindestens eine endlich ist.

Unter allen möglichen Darstellungen von φ als Differenz zweier nicht-negativer Mengenfunktionen ist die Darstellung ($^\times$) ausgezeichnet durch folgende Eigenschaft:

---

[1]) Sie kann auch unmittelbar aus der Definition von α, π, ν als obere Schranken aller $A(Z)$, $P(Z)$, $N(Z)$ abgelesen werden; vgl. den Beweis von Kap. VII, § 4, Satz II.

[2]) Satz XIV folgt auch unmittelbar aus der Definition von α, π, ν zusammen mit Satz V; vgl. den Beweis von Kap. VII, § 5, Satz VIII.

Satz XVI. Jedes Paar in M absolut-additiver, nicht-negativer Mengenfunktionen φ_1 und φ_2, die für keine Menge aus M beide $= +\infty$ sind, und für die:

$$\varphi = \varphi_1 - \varphi_2,$$

genügt (für alle $\mathfrak{A}$ aus M) den beiden Ungleichungen:

$$\varphi_1(\mathfrak{A}) \geqq \pi(\varphi, \mathfrak{A}); \quad \varphi_2(\mathfrak{A}) \geqq \nu(\varphi, \mathfrak{A}).$$

In der Tat, wäre für ein $\mathfrak{A}$ aus M etwa:

$$\varphi_1(\mathfrak{A}) < \pi(\varphi, \mathfrak{A}),$$

so müßte, wegen des Bestehens der beiden Gleichungen:

$$\varphi(\mathfrak{A}) = \varphi_1(\mathfrak{A}) - \varphi_2(\mathfrak{A}); \quad \varphi(\mathfrak{A}) = \pi(\varphi, \mathfrak{A}) - \nu(\varphi, \mathfrak{A})$$

auch:

$$\varphi_2(\mathfrak{A}) < \nu(\varphi, \mathfrak{A})$$

sein. Nach Satz XI wäre also:

$$(^{\times\times}) \qquad\qquad \varphi_1(\mathfrak{A}) + \varphi_2(\mathfrak{A}) < \alpha(\varphi, \mathfrak{A}).$$

Da aber φ_1 und φ_2 nicht-negativ sind, ist (Satz II):

$$\varphi_1(\mathfrak{A}) = \alpha(\varphi_1, \mathfrak{A}); \quad \varphi_2(\mathfrak{A}) = \alpha(-\varphi_2, \mathfrak{A}).$$

Es könnte also $(^{\times\times})$ auch geschrieben werden:

$$\alpha(\varphi_1, \mathfrak{A}) + \alpha(-\varphi_2, \mathfrak{A}) < \alpha(\varphi_1 - \varphi_2, \mathfrak{A}),$$

im Widerspruche mit Satz VI. Damit ist Satz XVI bewiesen.

Nunmehr können wir in § 1, Satz VIII die Voraussetzung, φ sei nicht-negativ, tilgen:

Satz XVII. Ist φ absolut-additiv im σ-Körper M, und ist $\mathfrak{A}$ die Gemeinschaftsgrenze der konvergenten Mengenfolge $\{\mathfrak{A}_\nu\}$ aus M, so ist, wenn alle $\mathfrak{A}_\nu$ Teile einer Menge $\mathfrak{M}$ aus M von endlichem $\varphi(\mathfrak{M})$ sind:

$$\varphi(\mathfrak{A}) = \lim_{\nu = \infty} \varphi(\mathfrak{A}_\nu).$$

In der Tat, nach Satz XII sind $\pi(\varphi, \mathfrak{M})$ und $\nu(\varphi, \mathfrak{M})$ endlich, aus § 1, Satz VIII folgt daher:

$$\lim_{\nu = \infty} \pi(\varphi, \mathfrak{A}_\nu) = \pi(\varphi, \mathfrak{A}),$$

$$\lim_{\nu = \infty} \nu(\varphi, \mathfrak{A}_\nu) = \nu(\varphi, \mathfrak{A}),$$

und aus Satz XIV folgt die Behauptung.

§ 3. Stetige und unstetige Mengenfunktionen.

Sei wieder M ein System von Punktmengen eines metrischen Raumes $\Re$. Ist a ein Punkt von $\Re$, so bezeichnen wir die Punktmenge, deren einziges Element a ist, mit $\mathfrak{E}_a$. Wir wollen nun annehmen: Ist a Punkt einer Menge aus M, so gehört auch die Menge $\mathfrak{E}_a$ zu M.

Sei nun φ eine in M definierte Mengenfunktion. Ist

$$(0) \qquad \varphi(\mathfrak{E}_a) = 0,$$

so heißt a ein Stetigkeitspunkt von φ, ist

$$\varphi(\mathfrak{E}_a) \neq 0,$$

so heißt a ein Unstetigkeitspunkt von φ. Gilt (0) für alle $\mathfrak{E}_a$ aus M, so heißt φ stetig in M[1]).

Satz I. Damit die im σ-Körper M absolut-additive Mengenfunktion φ stetig sei in M, ist notwendig und hinreichend, daß ihre Absolutfunktion $\alpha(\varphi)$ stetig sei in M.

In der Tat, für jede Menge $\mathfrak{E}_a$ ist:

$$|\varphi(\mathfrak{E}_a)| = \alpha(\varphi, \mathfrak{E}_a).$$

Satz II. Damit die im σ-Körper M absolut-additive Mengenfunktion φ stetig sei in M, ist notwendig und hinreichend, daß sowohl ihre Positivfunktion $\pi(\varphi)$ als ihre Negativfunktion $\nu(\varphi)$ stetig seien in M.

In der Tat, ist $\varphi(\mathfrak{E}_a) = 0$, so auch:

$$\pi(\varphi, \mathfrak{E}_a) = 0, \quad \nu(\varphi, \mathfrak{E}_a) = 0.$$

Ist $\varphi(\mathfrak{E}_a) \neq 0$, so ist

$$\pi(\varphi, \mathfrak{E}_a) = \varphi(\mathfrak{E}_a) \quad \text{oder} \quad \nu(\varphi, \mathfrak{E}_a) = -\varphi(\mathfrak{E}_a),$$

je nachdem $\varphi(\mathfrak{E}_a) > 0$ oder < 0. Also ist sei es $\pi(\varphi, \mathfrak{E}_a)$, sei es $\nu(\varphi, \mathfrak{E}_a) \neq 0$ und mithin unstetig in a.

Satz III. Jede im σ-Körper M absolut-additive und stetige Mengenfunktion ist Differenz zweier nicht negativer, in M absolut-additiver und stetiger Mengenfunktionen, von denen mindestens eine endlich ist.

In der Tat, dies ist vermöge Satz II eine unmittelbare Folgerung aus § 2, Satz XIV und V.

Satz IV. Ist φ eine im σ-Körper M absolut-additive

---

[1]) Vgl. hierzu J. Radon, Wien. Ber. 122 (1913), 1320.

und endliche[1]) Mengenfunktion, und ist a Stetigkeitspunkt von φ, so gibt es zu jedem $\varepsilon > 0$ eine Umgebung $\mathfrak{U}(a)$, so daß für jede in $\mathfrak{U}(a)$ liegende Menge $\mathfrak{A}$ aus M:

$$(00) \qquad \alpha(\varphi, \mathfrak{A}) < \varepsilon.$$

Angenommen in der Tat, dies wäre nicht der Fall. Dann gibt es ein $\varepsilon > 0$ und für jedes n in $\mathfrak{U}\left(a; \frac{1}{n}\right)$ eine Menge $\mathfrak{A}_n$ aus M, so daß:

$$\alpha(\varphi, \mathfrak{A}_n) \geqq \varepsilon.$$

Dabei kann angenommen werden, es enthalte $\mathfrak{A}_n$ den Punkt a; denn andernfalls ersetze man $\mathfrak{A}_n$ durch die Menge

$$\overline{\mathfrak{A}}_n = \mathfrak{A}_n + \mathfrak{E}_a,$$

für die ja (§ 2, Satz VIII)

$$\alpha(\varphi, \overline{\mathfrak{A}}_n) \geqq \alpha(\varphi, \mathfrak{A}_n) \; (\geqq \varepsilon)$$

gilt.

Setzen wir:

$$\mathfrak{B}_n = \mathfrak{A}_n \dotplus \mathfrak{A}_{n+1} \dotplus \cdots,$$

so ist nun auch (§ 2, Satz VIII):

$$(000) \qquad \alpha(\varphi, \mathfrak{B}_n) \geqq \varepsilon \quad \text{für alle } n.$$

Wegen:

$$\mathfrak{E}_a < \mathfrak{A}_n < \mathfrak{U}\left(a; \frac{1}{n}\right)$$

ist:

$$\mathfrak{E}_a = \mathfrak{B}_1 \cdot \mathfrak{B}_2 \cdot \ldots \cdot \mathfrak{B}_n \cdots$$

und mithin nach § 1, Satz V:

$$\alpha(\varphi, \mathfrak{E}_a) = \lim_{n=\infty} \alpha(\varphi, \mathfrak{B}_n).$$

Aus (000) folgt also:

$$\alpha(\varphi, \mathfrak{E}_a) \geqq \varepsilon,$$

d. h. (Satz I) a ist Unstetigkeitspunkt von φ. Damit ist Satz IV bewiesen.

Da stets:

$$|\varphi(\mathfrak{A})| \leqq \alpha(\varphi, \mathfrak{A}),$$

können wir noch hinzufügen:

Satz V. In Satz IV kann (00) ersetzt werden durch:

$$|\varphi(\mathfrak{A})| < \varepsilon.$$

---

[1]) Diese Einschränkung kann nicht entbehrt werden. Beispiel: Sei $\mathfrak{M}$ irgendeine nicht abgeschlossene Menge und $\varphi(\mathfrak{A})$ die Anzahl der Punkte von $\mathfrak{A} \cdot \mathfrak{M}$. Jeder Punkt a von $\mathfrak{M}^0 - \mathfrak{M}$ ist dann Stetigkeitspunkt von φ, während es in jeder Umgebung $\mathfrak{U}(a)$ Mengen $\mathfrak{A}$ gibt, für die $\varphi(\mathfrak{A}) = +\infty$.

Satz VI. Ist φ absolut-additiv und stetig in M, so ist für jede abzählbare Menge $\mathfrak{N}$ aus M:

$$\varphi(\mathfrak{N}) = 0; \quad \alpha(\varphi, \mathfrak{N}) = 0;$$
$$\pi(\varphi, \mathfrak{N}) = 0; \quad \nu(\varphi, \mathfrak{N}) = 0.$$

Bestehe in der Tat $\mathfrak{N}$ aus den Punkten $a_1, a_2, \ldots, a_n, \ldots$, d. h.:

$$(^0_0{}^0) \qquad \mathfrak{N} = \mathfrak{E}_{a_1} + \mathfrak{E}_{a_2} + \cdots + \mathfrak{E}_{a_n} + \cdots$$

Da φ stetig, ist:

$$(0^0{}0) \qquad \begin{aligned} \varphi(\mathfrak{E}_{a_n}) &= 0; \quad \alpha(\varphi, \mathfrak{E}_{a_n}) = 0; \\ \pi(\varphi, \mathfrak{E}_{a_n}) &= 0; \quad \nu(\varphi, \mathfrak{E}_{a_n}) = 0. \end{aligned}$$

Wegen $(^0_0{}^0)$ ist:

$$\varphi(\mathfrak{N}) = \sum_n \varphi(\mathfrak{E}_{a_n}); \qquad \alpha(\varphi, \mathfrak{N}) = \sum_n \alpha(\varphi, \mathfrak{E}_{a_n});$$
$$\pi(\varphi, \mathfrak{N}) = \sum_n \pi(\varphi, \mathfrak{E}_{a_n}); \quad \nu(\varphi, \mathfrak{N}) = \sum_n \nu(\varphi, \mathfrak{E}_{a_n}),$$

womit im Hinblick auf $(0^0{}0)$ Satz VI bewiesen ist.

Satz VII. Ist φ absolut-additiv und $\varphi(\mathfrak{A})$ endlich, so gibt es für jedes $p > 0$ in $\mathfrak{A}$ nur endlich viele Unstetigkeitspunkte von φ, für die:

$$(*) \qquad |\varphi(\mathfrak{E}_a)| \geq p.$$

In der Tat, gäbe es in $\mathfrak{A}$ unendlich viele Unstetigkeitspunkte von φ, für die (*) gilt, so gäbe es ihrer auch unendlich viele — etwa $a_1, a_2, \ldots, a_n, \ldots$ — für die $\varphi(\mathfrak{E}_{a_n})$ einerlei Zeichen hat, z. B. das positive:

$$\varphi(\mathfrak{E}_{a_n}) \geq p.$$

Ist dann $\mathfrak{N}$ die abzählbare Menge $a_1, a_2, \ldots, a_n, \ldots$, so ist $\varphi(\mathfrak{N}) = +\infty$, und da $\mathfrak{N} \prec \mathfrak{A}$, nach § 1, Satz II auch $\varphi(\mathfrak{A}) = +\infty$, entgegen der Annahme. Damit ist Satz VII bewiesen.

Satz VIII. Ist φ absolut-additiv und $\varphi(\mathfrak{A})$ endlich, so gibt es in $\mathfrak{A}$ nur abzählbar viele Unstetigkeitspunkte von φ.

In der Tat, die Menge aller Unstetigkeitspunkte von φ in $\mathfrak{A}$ ist die Vereinigung der Mengen $\mathfrak{A}_\nu$ ($\nu = 1, 2, \ldots$) derjenigen Unstetigkeitspunkte von φ in $\mathfrak{A}$, für die:

$$|\varphi(\mathfrak{E}_a)| \geq \frac{1}{\nu}.$$

Da nach Satz VII jede Menge $\mathfrak{A}_\nu$ endlich ist, so ist ihre Vereinigung abzählbar, und Satz VIII ist bewiesen.

Sei nun $\mathfrak{A}$ eine beliebige Menge aus M. Wir bilden die obere Schranke $\overline{\pi}$ der Werte $\pi(\varphi, \mathfrak{B})$ und die obere Schranke $\overline{\nu}$ der Werte $\nu(\varphi, \mathfrak{B})$ für alle zu M gehörigen Teile $\mathfrak{B}$ von $\mathfrak{A}$, die keinen Unstetigkeitspunkt von φ enthalten. Es gibt dann zwei Folgen $\{\mathfrak{B}'_n\}$ und $\{\mathfrak{B}''_n\}$ solcher Teile, für die:

$$\lim_{n=\infty} \pi(\varphi, \mathfrak{B}'_n) = \overline{\pi}; \quad \lim_{n=\infty} \nu(\varphi, \mathfrak{B}''_n) = \overline{\nu}.$$

Setzen wir nun:

$$\overline{\mathfrak{B}} = \mathfrak{B}'_1 + \mathfrak{B}''_1 + \mathfrak{B}'_2 + \mathfrak{B}''_2 + \ldots + \mathfrak{B}'_n + \mathfrak{B}''_n + \ldots,$$

so ist offenbar:

$$\pi(\varphi, \overline{\mathfrak{B}}) = \overline{\pi}; \quad \nu(\varphi, \overline{\mathfrak{B}}) = \overline{\nu}.$$

Es gibt also in $\mathfrak{A}$ zu M gehörende Teile, die keinen Unstetigkeitspunkt von φ enthalten, und für die Positiv- und Negativfunktion von φ gleich sind den oberen Schranken $\overline{\pi}$ und $\overline{\nu}$. Jeden solchen Teil von $\mathfrak{A}$ nennen wir einen Stetigkeitsteil $\mathfrak{A}^*$ von $\mathfrak{A}$[1]). Nach § 2, Satz V ist mindestens eine der beiden Zahlen $\overline{\pi}$ und $\overline{\nu}$ endlich.

Ganz ebenso sehen wir: Sind $\overline{\overline{\pi}}$ und $\overline{\overline{\nu}}$ die oberen Schranken von $\pi(\varphi, \mathfrak{C})$ und $\nu(\varphi, \mathfrak{C})$ für alle zu M gehörigen, nur aus Unstetigkeitspunkten von φ bestehenden Teile $\mathfrak{C}$ von $\mathfrak{A}$, so gibt es unter diesen Teilen solche, für die Positiv- und Negativfunktion von φ gleich sind den oberen Schranken $\overline{\overline{\pi}}$ und $\overline{\overline{\nu}}$. Jeden solchen Teil von $\mathfrak{A}$ nennen wir einen Unstetigkeitsteil $\mathfrak{A}^{**}$ von $\mathfrak{A}$[2]). Wieder ist mindestens eine der beiden Zahlen $\overline{\overline{\pi}}$ und $\overline{\overline{\nu}}$ endlich.

Satz IX. Ist $\varphi(\mathfrak{A})$ endlich, so ist die Menge $\mathfrak{N}$ aller Unstetigkeitspunkte von φ in $\mathfrak{A}$ der einzige Unstetigkeitsteil $\mathfrak{A}^{**}$ von $\mathfrak{A}$, und es ist[3]) $\mathfrak{A} - \mathfrak{N}$ ein Stetigkeitsteil von $\mathfrak{A}$.

Seien in der Tat $a_1, a_2, \ldots, a_n, \ldots$ die abzählbar vielen Punkte von $\mathfrak{N}$. Dann ist:

$$\mathfrak{N} = \mathfrak{E}_{a_1} + \mathfrak{E}_{a_2} + \ldots + \mathfrak{E}_{a_n} + \ldots$$

und gehört, als Vereinigung abzählbar vieler Mengen aus M, selbst zum σ-Körper M. Nach Definition ist jeder Unstetigkeitsteil $\mathfrak{A}^{**}$ Teil von $\mathfrak{N}$. Jeder echte Teil $\mathfrak{C}$ von $\mathfrak{N}$ enthält aber mindestens einen Unstetigkeitspunkt nicht, es gilt also für ihn mindestens eine

---

[1]) Besteht $\mathfrak{A}$ nur aus Unstetigkeitspunkten, so ist $\overline{\pi} = \overline{\nu} = 0$, und wir verstehen unter $\mathfrak{A}^*$ die leere Menge.

[2]) Enthält $\mathfrak{A}$ keinen Unstetigkeitspunkt, so ist $\overline{\overline{\pi}} = \overline{\overline{\nu}} = 0$, und wir verstehen unter $\mathfrak{A}^{**}$ die leere Menge.

[3]) Dieser Teil der Behauptung gilt stets, wenn $\mathfrak{N}$ zu M gehört, insbesondere also immer dann, wenn $\mathfrak{N}$ abzählbar ist, gleichgültig ob $\varphi(\mathfrak{A})$ endlich ist oder nicht.

der beiden Ungleichungen:

$$\pi(\varphi, \mathfrak{C}) < \pi(\varphi, \mathfrak{N}); \quad \nu(\varphi, \mathfrak{C}) < \nu(\varphi, \mathfrak{N}),$$

so daß er nicht Unstetigkeitsteil sein kann. Also ist notwendig $\mathfrak{A}^{**} = \mathfrak{N}$ wie behauptet.

Da aber $\mathfrak{N}$ zu M gehört, so auch $\mathfrak{A} - \mathfrak{N}$. Jeder Stetigkeitsteil von $\mathfrak{A}$ ist notwendig Teil von $\mathfrak{A} - \mathfrak{N}$, und da für jeden Teil $\mathfrak{B}$ von $\mathfrak{A} - \mathfrak{N}$:

$$\pi(\varphi, \mathfrak{B}) \leq \pi(\varphi, \mathfrak{A} - \mathfrak{N}); \quad \nu(\varphi, \mathfrak{B}) \leq \nu(\varphi, \mathfrak{A} - \mathfrak{N}),$$

so ist $\mathfrak{A} - \mathfrak{N}$ selbst ein Stetigkeitsteil $\mathfrak{A}^*$. Damit ist Satz IX bewiesen.

Für alle Stetigkeitsteile $\mathfrak{A}^*$ und für alle Unstetigkeitsteile $\mathfrak{A}^{**}$ von $\mathfrak{A}$ ist (wenn $\bar{\pi}, \bar{\nu}, \bar{\bar{\pi}}, \bar{\bar{\nu}}$ dieselbe Bedeutung haben wie oben):

$$\pi(\varphi, \mathfrak{A}^*) = \bar{\pi}, \ \nu(\varphi, \mathfrak{A}^*) = \bar{\nu}; \quad \pi(\varphi, \mathfrak{A}^{**}) = \bar{\bar{\pi}}, \ \nu(\varphi, \mathfrak{A}^{**}) = \bar{\bar{\nu}}$$

und mithin (§ 2, Satz XIV):

$$\varphi(\mathfrak{A}^*) = \bar{\pi} - \bar{\nu}; \quad \varphi(\mathfrak{A}^{**}) = \bar{\bar{\pi}} - \bar{\bar{\nu}}.$$

Wir können also in M zwei Mengenfunktionen $\varphi^*(\mathfrak{A})$ und $\varphi^{**}(\mathfrak{A})$ definieren durch:

$$\varphi^*(\mathfrak{A}) = \varphi(\mathfrak{A}^*), \quad \varphi^{**}(\mathfrak{A}) = \varphi(\mathfrak{A}^{**}),$$

wo $\mathfrak{A}^*$ irgendeinen Stetigkeitsteil, $\mathfrak{A}^{**}$ irgendeinen Unstetigkeitsteil von $\mathfrak{A}$ bedeutet. Wir nennen $\varphi^*(\mathfrak{A})$ die Stetigkeitsfunktion, $\varphi^{**}(\mathfrak{A})$ die Unstetigkeitsfunktion von φ und behaupten:

Satz X. Stetigkeitsfunktion und Unstetigkeitsfunktion einer in M absolut-additiven Mengenfunktion sind absolut-additiv in M.

Gemäß der Definition von φ^* und φ^{**} genügt es, nachzuweisen: Ist $\{\mathfrak{A}_n\}$ eine Folge zu je zweien fremder Mengen aus M, und ist:

$$\mathfrak{A} = \mathfrak{A}_1 + \mathfrak{A}_2 + \cdots + \mathfrak{A}_n + \cdots,$$

so sind, wenn $\mathfrak{A}_n^*$ und $\mathfrak{A}_n^{**}$ Stetigkeits- und Unstetigkeitsteile von $\mathfrak{A}_n$ sind:

$$(\dagger) \ \mathfrak{A}^* = \mathfrak{A}_1^* + \mathfrak{A}_2^* + \cdots + \mathfrak{A}_n^* + \cdots, \ \mathfrak{A}^{**} = \mathfrak{A}_1^{**} + \mathfrak{A}_2^{**} + \cdots + \mathfrak{A}_n^{**} + \cdots$$

Stetigkeits- und Unstetigkeitsteile von $\mathfrak{A}$.

In der Tat, wäre die durch $(\dagger)$ gegebene Menge $\mathfrak{A}^*$ nicht Stetigkeitsteil von $\mathfrak{A}$, so gäbe es in $\mathfrak{A}$ einen zu M gehörigen, keinen Unstetigkeitspunkt enthaltenden Teil $\mathfrak{B}$, für den wenigstens eine der beiden Ungleichungen gilt:

$$\pi(\varphi, \mathfrak{B}) > \pi(\varphi, \mathfrak{A}^*); \quad \nu(\varphi, \mathfrak{B}) > \nu(\varphi, \mathfrak{A}^*).$$

Setzen wir:

$$\mathfrak{B}_n = \mathfrak{B} \cdot \mathfrak{A}_n,$$

so muß also für mindestens ein n wenigstens eine der beiden Ungleichungen gelten:

$$\pi(\varphi, \mathfrak{B}_n) > \pi(\varphi, \mathfrak{A}_n^*); \quad \nu(\varphi, \mathfrak{B}_n) > \nu(\varphi, \mathfrak{A}_n^*),$$

entgegen der Annahme, $\mathfrak{A}_n^*$ sei Stetigkeitsteil von $\mathfrak{A}_n$.

Ebenso beweist man, daß die durch (†) gegebene Menge $\mathfrak{A}^{**}$ Unstetigkeitsteil von $\mathfrak{A}$ ist, und Satz X ist bewiesen.

Aus der Definition von φ^* folgt unmittelbar:

Satz XI. Die Stetigkeitsfunktion einer absolut-additiven Mengenfunktion ist stetig.

Wir nennen eine in M absolut-additive Mengenfunktion ψ rein-unstetig in $\mathfrak{A}$, wenn für jeden zu M gehörigen Teil $\mathfrak{B}$ von $\mathfrak{A}$, der keinen Unstetigkeitspunkt von ψ enthält:

$$\psi(\mathfrak{B}) = 0$$

ist. Die Funktion ψ heißt rein-unstetig (in M), wenn sie in jeder Menge $\mathfrak{A}$ aus M rein-unstetig ist. Aus der Definition von φ^{**} folgt sofort:

Satz XII. Die Unstetigkeitsfunktion einer absolut-additiven Mengenfunktion ist rein-unstetig.

In der Tat, enthält $\mathfrak{A}$ keinen Unstetigkeitspunkt, so ist der Unstetigkeitsteil $\mathfrak{A}^{**}$ leer, und mithin (§ 1, Satz I):

$$\varphi^{**}(\mathfrak{A}) = \varphi(\mathfrak{A}^{**}) = 0.$$

Damit ist Satz XII bewiesen.

Wir können nun Satz VII ergänzen durch die Bemerkung:

Satz XIII. Ist φ absolut-additiv und $\varphi^{**}(\mathfrak{A})$ endlich, so gibt es für jedes $p > 0$ in $\mathfrak{A}$ nur endlich viele Unstetigkeitspunkte von φ, für die:

$$(*) \qquad\qquad |\varphi(\mathfrak{E}_a)| \geqq p.$$

In der Tat, gäbe es in $\mathfrak{A}$ unendlich viele Unstetigkeitspunkte von φ, für die (*) gilt, so gäbe es ihrer auch unendlich viele — etwa $a_1, a_2, \ldots, a_n, \ldots$ — für die $\varphi(\mathfrak{E}_{a_n})$ einerlei Zeichen hat, z. B. das positive. Für die abzählbare Menge $\mathfrak{N}$ der Punkte $a_1, a_2, \ldots, a_n, \ldots$ ist dann:

$$\pi(\varphi, \mathfrak{N}) = +\infty.$$

Mithin ist die obere Schranke $\overline{\overline{\pi}}$, die bei Definition von φ^{**} auftrat, $= +\infty$. Da mindestens eine der beiden Zahlen $\overline{\overline{\pi}}, \overline{\overline{\nu}}$ endlich ist,

.ist also $\bar{\bar{\nu}}$ endlich, und mithin:

$$\varphi^{**}(\mathfrak{A}) = \bar{\bar{\pi}} - \bar{\bar{\nu}} = + \infty$$

entgegen der Annahme. Damit ist Satz XIII bewiesen.

So wie Satz VIII aus Satz VII folgt daraus:

Satz XIV. Ist φ absolut-additiv und $\varphi^{**}(\mathfrak{A})$ endlich, so gibt es in $\mathfrak{A}$ nur abzählbar viele Unstetigkeitspunkte von $\mathfrak{A}$.

Satz XV. Jede absolut-additive Mengenfunktion ist Summe ihrer Stetigkeits- und ihrer Unstetigkeitsfunktion:

$$(\dagger) \qquad\qquad \varphi = \varphi^* + \varphi^{**},$$

und mithin (Satz XI und XII) Summe einer stetigen und einer rein-unstetigen Mengenfunktion.

In der Tat, ist $\varphi^{**}(\mathfrak{A})$ unendlich, so ist wegen:

$$\varphi^{**}(\mathfrak{A}) = \varphi(\mathfrak{A}^{**})$$

nach § 1, Satz II auch $\varphi(\mathfrak{A})$ unendlich vom selben Zeichen, so daß in dem Falle $(\dagger)$ bewiesen ist.

Sei sodann $\varphi^{**}(\mathfrak{A})$ endlich. Nach Satz XIV gibt es dann in $\mathfrak{A}$ nur abzählbar viele Unstetigkeitspunkte. Nach Satz IX[1]) können dann Stetigkeits- und Unstetigkeitsteil $\mathfrak{A}^*$ und $\mathfrak{A}^{**}$ von $\mathfrak{A}$ so gewählt werden, daß:

$$\mathfrak{A} = \mathfrak{A}^* + \mathfrak{A}^{**}.$$

Dann aber ist:

$$\varphi(\mathfrak{A}) = \varphi(\mathfrak{A}^*) + \varphi(\mathfrak{A}^{**}) = \varphi^*(\mathfrak{A}) + \varphi^{**}(\mathfrak{A}),$$

und Satz XV ist.damit in allen Fällen bewiesen.

Satz XVI. Ist die absolut-additive Mengenfunktion φ endlich, so gibt es außer der Zerlegung $(\dagger)$ von Satz XV keine andre Zerlegung von φ in zwei endliche, absolut-additive Summanden, von denen der eine stetig, der andre rein-unstetig ist.

Sei in der Tat:

$$(\dagger\dagger) \qquad\qquad \varphi = \varphi_1 + \varphi_2,$$

wo φ_1 stetig, und φ_2 rein-unstetig. Ist $\mathfrak{A}$ eine beliebige Menge aus M, so ist nach Satz IX die Menge aller Unstetigkeitspunkte von $\mathfrak{A}$ zugleich Unstetigkeitsteil $\mathfrak{A}^{**}$ von $\mathfrak{A}$, und als Stetigkeitsteil $\mathfrak{A}^*$ kann gewählt werden:

$$(\dagger\dagger\dagger) \qquad\qquad \mathfrak{A}^* = \mathfrak{A} - \mathfrak{A}^{**}.$$

Da φ_1 stetig ist und $\mathfrak{A}^{**}$ abzählbar, ist nach Satz VI:

$$\varphi_1(\mathfrak{A}^{**}) = 0.$$

---

[1]) Man beachte Fußn. [3]) zu Satz IX.

Wegen (†††) **ist daher weiter:**

$$(\text{+}^\dagger\text{+}) \qquad \varphi_1(\mathfrak{A}^*) = \varphi_1(\mathfrak{A}) - \varphi_1(\mathfrak{A}^{**}) = \varphi_1(\mathfrak{A}).$$

Da φ_1 **stetig, ist jeder Unstetigkeitspunkt von** φ_2 **auch Unstetigkeitspunkt von** φ, **es ist also** $\mathfrak{A}^*$ **frei von Unstetigkeitspunkten von** φ_2, **und da** φ_2 **rein-unstetig, ist:**

$$(^\dagger\text{+}^\dagger) \qquad \varphi_2(\mathfrak{A}^*) = 0.$$

Aus $(\text{+}^\dagger\text{+})$ $(^\dagger\text{+}^\dagger)$ **und** (††) **folgt nun:**

$$\varphi_1(\mathfrak{A}) = \varphi_1(\mathfrak{A}^*) = \varphi_1(\mathfrak{A}^*) + \varphi_2(\mathfrak{A}^*) = \varphi(\mathfrak{A}^*) = \varphi^*(\mathfrak{A}).$$

Aus (†) **und** (††) **folgt daher weiter:**

$$\varphi_2(\mathfrak{A}) = \varphi^{**}(\mathfrak{A}),$$

und Satz XVI ist bewiesen.

Satz XVII. Bei jeder Zerlegung von φ in zwei absolutadditive Summanden:

$$(^\times) \qquad \varphi = \varphi_1 + \varphi_2,$$

deren einer φ_1 stetig ist, gilt für den zweiten φ_2 auf jeder Menge $\mathfrak{A}$ aus M die Ungleichung:

$$(^{\times\times}) \qquad \alpha(\varphi_2, \mathfrak{A}) \geqq \alpha(\varphi^{**}, \mathfrak{A}),$$

wo φ^{**} die Unstetigkeitsfunktion von φ bedeutet.

Sei zunächst $\varphi^{**}(\mathfrak{A})$ unendlich. Dann gibt es zu jedem p in $\mathfrak{A}$ endlich viele Unstetigkeitspunkte $a_1, a_2, \ldots, a_n$, so daß:

$$(^{\times\times\times}) \qquad |\,\varphi(\mathfrak{E}_{a_1}) + \varphi(\mathfrak{E}_{a_2}) + \ldots + \varphi(\mathfrak{E}_{a_n})\,| > p.$$

Aus der Stetigkeit von φ_1 **folgt:**

$$\varphi_1(\mathfrak{E}_{a_i}) = 0 \quad (i = 1, 2, \ldots, n)$$

und mithin:

$$\varphi(\mathfrak{E}_{a_i}) = \varphi_2(\mathfrak{E}_{a_i}).$$

Aus $(^{\times\times\times})$ **folgt also:**

$$|\,\varphi_2(\mathfrak{E}_{a_1}) + \varphi_2(\mathfrak{E}_{a_2}) + \ldots + \varphi_2(\mathfrak{E}_{a_n})\,| > p$$

und somit:

$$\alpha(\varphi_2, \mathfrak{A}) > p.$$

Da dies für jedes p **gilt, ist:**

$$\alpha(\varphi_2, \mathfrak{A}) = +\infty,$$

und $(^{\times\times})$ **ist bewiesen.**

Sei sodann $\varphi^{**}(\mathfrak{A})$ endlich. Nach Satz XIV ist dann die Menge aller Unstetigkeitspunkte von $\mathfrak{A}$ abzählbar, und nach Satz IX ist sie Unstetigkeitsteil $\mathfrak{A}^{**}$ von $\mathfrak{A}$, während $\mathfrak{A} - \mathfrak{A}^{**} = \mathfrak{A}^*$ als Stetigkeitsteil von $\mathfrak{A}$ gewählt werden kann. Da $\mathfrak{A}^*$ keinen Unstetigkeitspunkt von φ enthält, ist auf jedem Teile $\mathfrak{B}$ von $\mathfrak{A}^*$:

$$(*) \qquad\qquad \varphi^{**}(\mathfrak{B}) = 0;$$

da φ^* stetig und $\mathfrak{A}^{**}$ abzählbar, ist (Satz VI) auf jedem Teile $\mathfrak{C}$ von $\mathfrak{A}^{**}$:

$$\varphi^*(\mathfrak{C}) = 0$$

und mithin:

$$(**) \qquad\qquad \varphi^{**}(\mathfrak{C}) = \varphi(\mathfrak{C}).$$

Aus (*) und (**) folgert man leicht:

$$\left({}^{**}_{*}\right) \qquad\qquad \alpha(\varphi^{**}, \mathfrak{A}) = \alpha(\varphi, \mathfrak{A}^{**}).$$

Da φ_1 stetig und $\mathfrak{A}^{**}$ abzählbar, ist (Satz VI):

$$\left({}^{*}_{**}\right) \qquad\qquad \alpha(\varphi_1, \mathfrak{A}^{**}) = 0.$$

Aus $(^\times)$ folgt nach § 2, Satz VI:

$$\alpha(\varphi, \mathfrak{A}^{**}) \leqq \alpha(\varphi_1, \mathfrak{A}^{**}) + \alpha(\varphi_2, \mathfrak{A}^{**}).$$

Setzt man hierin $\left({}^{**}_{*}\right)$ und $\left({}^{*}_{**}\right)$ ein, so erhält man $(^{\times\times})$, und Satz XVII ist bewiesen.

§ 4. Totalstetige Mengenfunktionen.

Sei M ein σ-Körper und $\beta(\mathfrak{A})$ eine in M definierte, absolutadditive Mengenfunktion, die wir weiterhin als Basisfunktion bezeichnen werden.

Die in M definierte Mengenfunktion φ heißt in M totalstetig[1] nach der Basis β, wenn für jedes $\mathfrak{A}$ aus M, für das:

$$\alpha(\beta, \mathfrak{A}) = 0,$$

auch die Gleichung gilt:

$$\varphi(\mathfrak{A}) = 0.$$

Satz I. Damit die im σ-Körper M absolut-additive Mengenfunktion φ totalstetig sei nach β, ist notwendig und hinreichend, daß ihre Absolutfunktion $\alpha(\varphi)$ totalstetig sei nach β.

Die Bedingung ist notwendig. Denn ist:

$$(0) \qquad\qquad \alpha(\varphi, \mathfrak{A}) > 0, \quad \alpha(\beta, \mathfrak{A}) = 0,$$

---

[1] Vgl. hierzu H. Lebesgue, Ann. Éc. Norm. (3) 27 (1910), 381. J. Radon, Wien. Ber. 122 (1913), 1318 ff. — Der Name „totalstetig" (statt des früher gebräuchlichen „absolut stetig") wurde eingeführt von C. Carathéodory, Vorl. über reelle Funktionen 475.

so gilt auch (§ 2, Satz XI) mindestens eine der beiden Ungleichungen:

$$(00) \qquad \pi(\varphi, \mathfrak{A}) > 0; \quad \nu(\varphi, \mathfrak{A}) > 0.$$

Nach § 2, Satz IV gibt es dann einen Teil $\mathfrak{B}$ von $\mathfrak{A}$, für den:

$$(0^00) \qquad \varphi(\mathfrak{B}) \neq 0.$$

Wegen $\mathfrak{B} < \mathfrak{A}$ folgt aber aus $\alpha(\beta, \mathfrak{A}) = 0$ auch (§ 2, Satz VIII):

$$(^0_0) \qquad \alpha(\beta, \mathfrak{B}) = 0.$$

Wegen $(^0_0)$ und (0^00) aber ist φ nicht totalstetig nach β.

Die Bedingung ist hinreichend. Denn aus:

$$\alpha(\varphi, \mathfrak{A}) = 0 \quad \text{folgt}^1): \quad \varphi(\mathfrak{A}) = 0.$$

Satz II. Damit die im σ-Körper M absolut-additive Mengenfunktion φ totalstetig sei nach β, ist notwendig und hinreichend, daß sowohl ihre Positivfunktion $\pi(\varphi)$, als ihre Negativfunktion $\nu(\varphi)$ totalstetig seien nach β.

Die Bedingung ist notwendig. Denn aus dem Bestehen einer der beiden Ungleichungen (00) folgt nach § 2, Satz XI das Bestehen von (0).

Die Bedingung ist hinreichend. Denn aus

$$\pi(\varphi, \mathfrak{A}) = 0; \quad \nu(\varphi, \mathfrak{A}) = 0$$

folgt nach § 2, Satz XIV:

$$\varphi(\mathfrak{A}) = 0.$$

Satz III. Jede im σ-Körper M absolut-additive und (nach β) totalstetige Mengenfunktion ist Differenz zweier nicht-negativer, in M absolut-additiver und (nach β) total-stetiger Mengenfunktionen, von denen mindestens eine endlich ist.

In der Tat, dies ist vermöge Satz II eine unmittelbare Folgerung aus § 2, Satz XIV.

Satz IV. Ist φ eine im σ-Körper M absolut-additive, endliche und (nach β) totalstetige Mengenfunktion, so gilt für jede Mengenfolge $\{\mathfrak{A}_n\}$ aus M, für die:

$$(^\times) \qquad \lim_{n=\infty} \alpha(\beta, \mathfrak{A}_n) = 0$$

ist, die Beziehung:

$$(^{\times\times}) \qquad \lim_{n=\infty} \alpha(\varphi, \mathfrak{A}_n) = 0.$$

Angenommen in der Tat, dies wäre nicht der Fall. Dann gäbe

$^1)$ Nach § 2, Satz XIII.

es in M eine Mengenfolge $\{\mathfrak{A}_n\}$, so daß:

$$(^{\times\times\times}) \qquad \lim_{n=\infty} \alpha\,(\beta, \mathfrak{A}_n) = 0; \quad \lim_{n=\infty} \alpha\,(\varphi, \mathfrak{A}_n) > 0.$$

Ist $\sum\limits_{n=1}^{\infty} \varepsilon_n$ eine eigentlich konvergente Reihe positiver Zahlen, so können wir wegen der ersten Gleichung $(^{\times\times\times})$ — indem wir nötigenfalls von $\{\mathfrak{A}_n\}$ zu einer Teilfolge übergehen — annehmen, es sei:

$$\alpha\,(\beta, \mathfrak{A}_n) < \varepsilon_n \quad \text{für alle } n.$$

Wir setzen:

$$\overline{\mathfrak{A}}_n = \mathfrak{A}_n \,\dot{+}\, \mathfrak{A}_{n+1} \,\dot{+}\, \ldots$$

und haben dann:

$$\alpha\,(\beta, \overline{\mathfrak{A}}_n) < \varepsilon_n + \varepsilon_{n+1} + \ldots; \quad \alpha\,(\varphi, \overline{\mathfrak{A}}_n) \geqq \alpha\,(\varphi, \mathfrak{A}_n).$$

Wegen der eigentlichen Konvergenz der Reihe der ε_n, und wegen der zweiten Gleichung $(^{\times\times\times})$ ist also:

$$\lim_{n\,\cdots\,\infty} \alpha\,(\beta, \overline{\mathfrak{A}}_n) = 0; \quad \lim_{n\,\cdots\,\infty} \alpha\,(\varphi, \overline{\mathfrak{A}}_n) > 0.$$

Setzen wir noch:

$$\overline{\mathfrak{A}} = \overline{\mathfrak{A}}_1 \cdot \overline{\mathfrak{A}}_2 \cdot \ldots \cdot \overline{\mathfrak{A}}_n \cdot \ldots,$$

so ist nach § 1, Satz V:

$$\alpha\,(\beta, \overline{\mathfrak{A}}) = \lim_{n=\infty} \alpha\,(\beta, \overline{\mathfrak{A}}_n) = 0; \quad \alpha\,(\varphi, \overline{\mathfrak{A}}) = \lim_{n\,\cdots\,\infty} \alpha\,(\varphi, \overline{\mathfrak{A}}_n) > 0.$$

Also ist φ nicht totalstetig nach β, und Satz IV ist bewiesen.

Ebenso wie § 3, Satz V gilt:

Satz V. In Satz IV kann $(^{\times\times})$ ersetzt werden durch[1]:

$$(^{\times}_{\times}{}^{\times}) \qquad \lim_{n=\infty} \varphi\,(\mathfrak{A}_n) = 0.$$

Im vorstehenden war φ als absolut-additiv vorausgesetzt. Es sei noch bemerkt, daß bei Bestehen der Bedingung von Satz IV oder V aus der Additivität von φ auf die absolute Additivität geschlossen werden kann:

Satz VI. Ist die Basisfunktion β endlich, und ist φ eine in M definierte additive Mengenfunktion, für die aus $(^{\times})$ das Bestehen von $(^{\times}_{\times}{}^{\times})$ folgt, so ist φ absolut-additiv[2].

---

[1] Ist umgekehrt die absolut-additive Mengenfunktion φ so beschaffen, daß aus $(^{\times})$ auch $(^{\times}_{\times}{}^{\times})$ folgt, so ist sie selbstverständlich totalstetig nach β. Denn ist $\alpha\,(\beta, \mathfrak{A}) = 0$, so setze man $\mathfrak{A}_n = \mathfrak{A}$ für alle n. Dann gilt $(^{\times})$ und mithin auch $(^{\times}_{\times}{}^{\times})$. Da aber $\varphi\,(\mathfrak{A}_n) = \varphi\,(\mathfrak{A})$ für alle n, so heißt das: $\varphi\,(\mathfrak{A}) = 0$.

[2] Und mithin auch totalstetig nach β (Fußn. [1]).

Sei in der Tat $\{\mathfrak{B}_n\}$ eine Folge zu je zweien fremder Mengen aus M, und sei

$$\mathfrak{B} = \mathfrak{B}_1 + \mathfrak{B}_2 + \cdots + \mathfrak{B}_n + \cdots$$

Wir setzen:

$$\mathfrak{S}_n = \mathfrak{B}_1 + \mathfrak{B}_2 + \cdots + \mathfrak{B}_n; \quad \mathfrak{T}_n = \mathfrak{B}_{n+1} + \mathfrak{B}_{n+2} + \cdots$$

Wir haben nachzuweisen:

(†) $$\varphi(\mathfrak{B}) = \varphi(\mathfrak{B}_1) + \varphi(\mathfrak{B}_2) + \cdots + \varphi(\mathfrak{B}_n) + \cdots$$

Wegen der Additivität von φ ist:

$$\varphi(\mathfrak{B}) = \varphi(\mathfrak{S}_n) + \varphi(\mathfrak{T}_n); \quad \varphi(\mathfrak{S}_n) = \varphi(\mathfrak{B}_1) + \varphi(\mathfrak{B}_2) + \cdots + \varphi(\mathfrak{B}_n).$$

Es ist also (†) gleichbedeutend mit:

(††) $$\lim_{n=\infty} \varphi(\mathfrak{T}_n) = 0.$$

Wegen der absoluten Additivität von β ist nun aber:

($^\dagger\dagger^\dagger$) $$\beta(\mathfrak{B}) = \beta(\mathfrak{B}_1) + \beta(\mathfrak{B}_2) + \cdots + \beta(\mathfrak{B}_n) + \cdots$$

($\dagger^\dagger\dagger$) $$\beta(\mathfrak{T}_n) = \beta(\mathfrak{B}_{n+1}) + \beta(\mathfrak{B}_{n+2}) + \cdots$$

Weil $\beta(\mathfrak{B})$ endlich, ist die Reihe in ($^\dagger\dagger^\dagger$) eigentlich konvergent, mithin wegen ($\dagger^\dagger\dagger$)

(†††) $$\lim_{n=\infty} \beta(\mathfrak{T}_n) = 0.$$

Nach Voraussetzung aber folgt aus (†††) das Bestehen von (††). Es gilt also (†), und Satz **VI** ist bewiesen.

Sei nun $\mathfrak{A}$ eine beliebige Menge aus M. Wir bezeichnen jeden zu M gehörigen Teil $\mathfrak{C}$ von $\mathfrak{A}$, für den:

$$\alpha(\beta, \mathfrak{C}) = 0; \quad \alpha(\varphi, \mathfrak{C}) > 0,$$

als einen (für φ nach der Basis β) **singulären** Teil[1]. Jeden zu M gehörigen Teil $\mathfrak{B}$ von $\mathfrak{A}$, der keinen solchen (nicht leeren) singulären Teil enthält, nennen wir einen (für φ nach der Basis β) **regulären** Teil von $\mathfrak{A}$.

Seien $\bar{\pi}$ und $\bar{\nu}$ die oberen Schranken von $\pi(\varphi, \mathfrak{B})$ und $\nu(\varphi, \mathfrak{B})$ für alle regulären Teile $\mathfrak{B}$ von $\mathfrak{A}$, und $\bar{\bar{\pi}}$ und $\bar{\bar{\nu}}$ die oberen Schranken von $\pi(\varphi, \mathfrak{C})$ und $\nu(\varphi, \mathfrak{C})$ für alle singulären Teile $\mathfrak{C}$ von $\mathfrak{A}$. Wie bei der Definition von Stetigkeitsteil und Unstetigkeitsteil von $\mathfrak{A}$ (S. 411) sehen wir: Es gibt in $\mathfrak{A}$ reguläre Teile $\mathfrak{A}^\times$, so daß:

(*) $$\pi(\varphi, \mathfrak{A}^\times) = \bar{\pi}; \quad \nu(\varphi, \mathfrak{A}^\times) = \bar{\nu},$$

---

[1] Aus formalen Gründen rechnen wir auch die leere Menge zu diesen singulären Teilen.

und ebenso singuläre Teile $\mathfrak{A}^{\times\times}$, so daß:

$$(**) \qquad \pi(\varphi, \mathfrak{A}^{\times\times}) = \overline{\overline{\pi}}; \quad \nu(\varphi, \mathfrak{A}^{\times\times}) = \overline{\overline{\nu}}.$$

Jeden regulären Teil $\mathfrak{A}^{\times}$ von $\mathfrak{A}$, für den (*) gilt, nennen wir einen **Regulärteil** von $\mathfrak{A}$ (für φ nach der Basis β); jeden singulären Teil $\mathfrak{A}^{\times\times}$ von $\mathfrak{A}$, für den (**) gilt, nennen wir einen **Singulärteil** von $\mathfrak{A}$ (für φ nach der Basis β).

Satz VII. Ist für den Singulärteil $\mathfrak{A}^{\times\times}$ von $\mathfrak{A}$ (für φ nach β) der Wert $\varphi(\mathfrak{A}^{\times\times})$ endlich, so ist $\mathfrak{A} - \mathfrak{A}^{\times\times}$ ein Regulärteil von $\mathfrak{A}$ für φ nach β.

In der Tat, zunächst ist $\mathfrak{A} - \mathfrak{A}^{\times\times}$ ein regulärer Teil; denn andernfalls gäbe es ein $\mathfrak{C} \prec \mathfrak{A} - \mathfrak{A}^{\times\times}$, so daß:

$$(***) \qquad \alpha(\beta, \mathfrak{C}) = 0; \quad \alpha(\varphi, \mathfrak{C}) > 0.$$

Da $\mathfrak{A}^{\times\times}$ ein singulärer Teil, ist

$$(*_*^{}) \qquad \alpha(\beta, \mathfrak{A}^{\times\times}) = 0,$$

und wegen (***) wäre also:

$$\alpha(\beta, \mathfrak{A}^{\times\times} + \mathfrak{C}) = 0; \quad \alpha(\varphi, \mathfrak{A}^{\times\times} + \mathfrak{C}) > \alpha(\varphi, \mathfrak{A}^{\times\times}),$$

Wegen der ersten dieser Beziehungen ist $\mathfrak{A}^{\times\times} + \mathfrak{C}$ ein singulärer Teil, wegen der zweiten gilt mindestens eine der beiden Ungleichungen:

$$\pi(\varphi, \mathfrak{A}^{\times\times} + \mathfrak{C}) > \pi(\varphi, \mathfrak{A}^{\times\times}); \quad \nu(\varphi, \mathfrak{A}^{\times\times} + \mathfrak{C}) > \nu(\varphi, \mathfrak{A}^{\times\times}),$$

im Widerspruche mit der Tatsache, daß $\mathfrak{A}^{\times\times}$ Singulärteil von $\mathfrak{A}$. Also ist $\mathfrak{A} - \mathfrak{A}^{\times\times}$ regulärer Teil, wie behauptet.

Um nun nachzuweisen, daß $\mathfrak{A} - \mathfrak{A}^{\times\times}$ Regulärteil von $\mathfrak{A}$ ist, sei $\mathfrak{B}$ irgendein regulärer Teil von $\mathfrak{A}$. Wir setzen:

$$\mathfrak{B}' = \mathfrak{B} \cdot \mathfrak{A}^{\times\times}.$$

Dann ist:

$$(*_{*}^{*}) \qquad \begin{cases} \pi(\varphi, \mathfrak{B}) \leqq \pi(\varphi, \mathfrak{A} - \mathfrak{A}^{\times\times}) + \pi(\varphi, \mathfrak{B}'); \\ \nu(\varphi, \mathfrak{B}) \leqq \nu(\varphi, \mathfrak{A} - \mathfrak{A}^{\times\times}) + \nu(\varphi, \mathfrak{B}'). \end{cases}$$

Wegen $\mathfrak{B}' \prec \mathfrak{A}^{\times\times}$ und wegen $(*_*^{})$ ist:

$$\alpha(\beta, \mathfrak{B}') = 0.$$

Da $\mathfrak{B}' \prec \mathfrak{B}$ und $\mathfrak{B}$ regulärer Teil, ist also auch:

$$\pi(\varphi, \mathfrak{B}') = 0; \quad \nu(\varphi, \mathfrak{B}') = 0.$$

Also folgt aus $(*_{*}^{*})$:

$$\pi(\varphi, \mathfrak{B}) \leqq \pi(\varphi, \mathfrak{A} - \mathfrak{A}^{\times\times}); \quad \nu(\varphi, \mathfrak{B}) \leqq \nu(\varphi, \mathfrak{A} - \mathfrak{A}^{\times\times}).$$

Da dies für jeden regulären Teil $\mathfrak{B}$ von $\mathfrak{A}$ gilt, ist gezeigt, daß $\mathfrak{A} - \mathfrak{A}^{\times\times}$ Regulärteil von $\mathfrak{A}$ ist, und Satz VII ist bewiesen.

Für alle Regulärteile $\mathfrak{A}^\times$ von $\mathfrak{A}$ und für alle Singulärteile $\mathfrak{A}^{\times\times}$ von $\mathfrak{A}$ ist (wenn $\bar\pi, \bar\nu, \bar{\bar\pi}, \bar{\bar\nu}$ dieselbe Bedeutung haben wie oben):

$$\varphi(\mathfrak{A}^\times) = \bar\pi - \bar\nu; \quad \varphi(\mathfrak{A}^{\times\times}) = \bar{\bar\pi} - \bar{\bar\nu}.$$

Wir können also in M zwei Mengenfunktionen $\varphi^\times(\mathfrak{A})$ und $\varphi^{\times\times}(\mathfrak{A})$ definieren durch:

$$\varphi^\times(\mathfrak{A}) = \varphi(\mathfrak{A}^\times); \quad \varphi^{\times\times}(\mathfrak{A}) = \varphi(\mathfrak{A}^{\times\times}),$$

wo $\mathfrak{A}^\times$ irgendeinen Regulärteil, $\mathfrak{A}^{\times\times}$ irgendeinen Singulärteil von $\mathfrak{A}$ (für φ nach β) bedeutet. Wir nennen $\varphi^\times(\mathfrak{A})$ die **Regularitäts-funktion**, $\varphi^{\times\times}(\mathfrak{A})$ die **Singularitätsfunktion** von φ nach β.

Ganz ebenso wie Satz X von § 3 beweist man:

.**Satz VIII.** Regularitätsfunktion und Singularitätsfunktion nach β der in M absolut-additiven Mengenfunktion φ sind absolut-additiv in M.

Aus der Definition von $\varphi^\times$ folgt unmittelbar:

Satz IX. Die Regularitätsfunktion nach β einer absolut-additiven Mengenfunktion ist totalstetig nach β in M.

In der Tat, ist für eine Menge $\mathfrak{A}$ aus M

$$\alpha(\beta, \mathfrak{A}) = 0,$$

so ist notwendig für jeden ihrer regulären Teile $\mathfrak{B}$:

$$\alpha(\varphi, \mathfrak{B}) = 0$$

und mithin:

$$\pi(\varphi, \mathfrak{B}) = 0; \quad \nu(\varphi, \mathfrak{B}) = 0,$$

mithin auch $\bar\pi = 0$, $\bar\nu = 0$, d. h.:

$$\varphi^\times(\mathfrak{A}) = 0,$$

womit Satz IX bewiesen ist.

Wir nennen eine in M absolut-additive Mengenfunktion ψ **rein-singulär in $\mathfrak{A}$** (nach der Basis β), wenn für jeden (nach β) regulären Teil $\mathfrak{B}$ von $\mathfrak{A}$:

$$\psi(\mathfrak{B}) = 0 \;^1).$$

Die Funktion ψ heißt rein-singulär (nach β) in M, wenn sie in jeder Menge $\mathfrak{A}$ aus M rein-singulär (nach β) ist.

Satz X. Die Singularitätsfunktion nach β einer absolut-additiven Mengenfunktion ist rein-singulär nach β.

In der Tat, ist die Menge $\mathfrak{A}$ aus M regulär nach β, so enthält sie als singulären Teil nur die leere Menge. Es ist also der

---

$^1)$ Statt dessen kann es auch heißen: $\alpha(\psi, \mathfrak{B}) = 0$.

Singulärteil $\mathfrak{A}^{\times\times}$ leer, und mithin:

$$\varphi^{\times\times}(\mathfrak{A}) = \varphi(\mathfrak{A}^{\times\times}) = 0.$$

Satz XI. Jede absolut-additive Mengenfunktion ist Summe ihrer Regularitäts- und ihrer Singularitätsfunktion nach β:

$$(1) \qquad \varphi = \varphi^{\times} + \varphi^{\times\times}$$

und mithin (Satz IX, X) Summe einer nach β totalstetigen und einer nach β rein-singulären Mengenfunktion.

In der Tat, ist $\varphi^{\times\times}(\mathfrak{A})$ unendlich, so ist wegen

$$\varphi^{\times\times}(\mathfrak{A}) = \varphi(\mathfrak{A}^{\times\times})$$

nach § 1, Satz II auch $\varphi(\mathfrak{A})$ unendlich vom selben Zeichen, so daß in dem Falle (1) bewiesen ist.

Ist hingegen $\varphi^{\times\times}(\mathfrak{A})$ endlich, so können nach Satz VII Regulärteil $\mathfrak{A}^{\times}$ und Singulärteil $\mathfrak{A}^{\times\times}$ so gewählt werden, daß

$$\mathfrak{A} = \mathfrak{A}^{\times} + \mathfrak{A}^{\times\times}.$$

Dann aber ist:

$$\varphi(\mathfrak{A}) = \varphi(\mathfrak{A}^{\times}) + \varphi(\mathfrak{A}^{\times\times}) = \varphi^{\times}(\mathfrak{A}) + \varphi^{\times\times}(\mathfrak{A}),$$

und Satz XI ist in allen Fällen bewiesen.

Satz XII. Ist die absolut-additive Mengenfunktion φ endlich, so gibt es außer der Zerlegung (1) von Satz XI keine andere Zerlegung von φ in zwei endliche, absolut-additive Summanden, von denen der eine totalstetig, der andere rein-singulär nach β ist.

Sei in der Tat:

$$(2) \qquad \varphi = \varphi_1 + \varphi_2,$$

wo φ_1 totalstetig, φ_2 rein-singulär nach β. Sei $\mathfrak{A}$ eine beliebige Menge aus M. Da nach Voraussetzung $\varphi(\mathfrak{A})$ endlich ist, so ist auch (nach § 1, Satz II) $\varphi^{\times\times}(\mathfrak{A}) = \varphi(\mathfrak{A}^{\times\times})$ endlich, und nach Satz VII können $\mathfrak{A}^{\times}$ und $\mathfrak{A}^{\times\times}$ so gewählt werden, daß:

$$(3) \qquad \mathfrak{A} = \mathfrak{A}^{\times} + \mathfrak{A}^{\times\times}.$$

Da φ_1 totalstetig und $\mathfrak{A}^{\times\times}$ Singulärteil, ist

$$\varphi_1(\mathfrak{A}^{\times\times}) = 0,$$

mithin aus (3):

$$(4) \qquad \varphi_1(\mathfrak{A}^{\times}) = \varphi_1(\mathfrak{A}) - \varphi_1(\mathfrak{A}^{\times\times}) = \varphi_1(\mathfrak{A}).$$

Da φ_1 totalstetig, ist jeder für φ_2 singuläre Teil auch singulär für φ, es ist also $\mathfrak{A}^{\times}$ frei von Teilen, die für φ_2 singulär, und da φ_2 rein-singulär, ist:

$$(5) \qquad \varphi_2(\mathfrak{A}^{\times}) = 0.$$

Aus (4), (5) und (2) folgt:

$$\varphi_1(\mathfrak{A}) = \varphi_1(\mathfrak{A}^\times) = \varphi_1(\mathfrak{A}^\times) + \varphi_2(\mathfrak{A}^\times) = \varphi(\mathfrak{A}^\times) = \varphi^\times(\mathfrak{A}).$$

Aus (1) und (2) folgt daher weiter:

$$\varphi_2(\mathfrak{A}) = \varphi^{\times\times}(\mathfrak{A}),$$

und Satz XII ist bewiesen.

Satz XIII. Bei jeder Zerlegung von φ in zwei absolut-additive Summanden

$$(6) \qquad \varphi = \varphi_1 + \varphi_2,$$

von denen einer φ_1 totalstetig ist nach β, gilt für den zweiten φ_2 auf jeder Menge $\mathfrak{A}$ aus M die Ungleichung:

$$(7) \qquad \alpha(\varphi_2, \mathfrak{A}) \geqq \alpha(\varphi^{\times\times}, \mathfrak{A}),$$

wo $\varphi^{\times\times}$ die Singularitätsfunktion von φ nach β bedeutet.

Sei zunächst $\varphi^{\times\times}(\mathfrak{A})$ unendlich. Für jeden Singulärteil $\mathfrak{A}^{\times\times}$ von $\mathfrak{A}$ ist dann:

$$(8) \qquad |\varphi(\mathfrak{A}^{\times\times})| = +\infty.$$

Da $\mathfrak{A}^{\times\times}$ singulär und φ_1 totalstetig, ist:

$$\varphi_1(\mathfrak{A}^{\times\times}) = 0,$$

und mithin ist (8) gleichbedeutend mit:

$$|\varphi_2(\mathfrak{A}^{\times\times})| = +\infty.$$

Also ist gewiß auch

$$\alpha(\varphi_2, \mathfrak{A}) = +\infty,$$

und (7) ist bewiesen.

Sei sodann $\varphi^{\times\times}(\mathfrak{A})$ endlich. Nach Satz VII kann angenommen werden:

$$\mathfrak{A} = \mathfrak{A}^\times + \mathfrak{A}^{\times\times}.$$

Da $\mathfrak{A}^\times$ regulär, ist auf jedem Teile $\mathfrak{B}$ von $\mathfrak{A}^\times$:

$$(9) \qquad \varphi^{\times\times}(\mathfrak{B}) = 0.$$

Da $\varphi^\times$ totalstetig und $\mathfrak{A}^{\times\times}$ singulär, ist auf jedem Teile $\mathfrak{C}$ von $\mathfrak{A}^{\times\times}$:

$$\varphi^\times(\mathfrak{C}) = 0$$

und mithin:

$$(10) \qquad \varphi^{\times\times}(\mathfrak{C}) = \varphi(\mathfrak{C}).$$

Aus (9) und (10) folgert man leicht:

$$(11) \qquad \alpha(\varphi^{\times\times}, \mathfrak{A}) = \alpha(\varphi, \mathfrak{A}^{\times\times}).$$

Da φ_1 totalstetig und $\mathfrak{A}^{\times\times}$ singulär, ist:

$$(12) \qquad \alpha(\varphi_1, \mathfrak{A}^{\times\times}) = 0.$$

Aus (6) folgt nach § 2, Satz VI:

$$\alpha\,(\varphi,\,\mathfrak{A}^{\times\times}) \leqq \alpha\,(\varphi_1,\,\mathfrak{A}^{\times\times}) + \alpha\,(\varphi_2,\,\mathfrak{A}^{\times\times}).$$

Setzt man hierin (11) und (12) ein, so erhält man (7), und Satz XIII ist bewiesen.

§ 5. Maßfunktionen.

Sei $\mathfrak{R}$ ein metrischer Raum, und sei **A** das System aller Punktmengen $\mathfrak{A}$ von $\mathfrak{R}$. Wir nennen eine in **A** definierte und nicht für alle $\mathfrak{A}$ von **A** verschwindende Mengenfunktion $\varphi\,(\mathfrak{A})$ eine **Maßfunktion**[1]), wenn sie folgende Forderungen erfüllt:

1. Es ist $\varphi\,(\mathfrak{A}) \geqq 0$ für alle $\mathfrak{A}$ von **A** und für die leere Menge $\mathfrak{L}$ ist $\varphi\,(\mathfrak{L}) = 0$.

2. Aus $\mathfrak{B} \prec \mathfrak{A}$ folgt

$$\varphi\,(\mathfrak{B}) \leqq \varphi\,(\mathfrak{A}).$$

3. Für die Vereinigung $\mathfrak{A}$ abzählbar vieler Mengen aus **A**:

gilt:
$$\mathfrak{A} = \mathfrak{A}_1 + \mathfrak{A}_2 + \ldots + \mathfrak{A}_\nu + \ldots$$
$$\varphi\,(\mathfrak{A}) \leqq \varphi\,(\mathfrak{A}_1) + \varphi\,(\mathfrak{A}_2) + \ldots + \varphi\,(\mathfrak{A}_\nu) + \ldots$$

Ist φ eine Maßfunktion, so nennen wir den Funktionswert $\varphi\,(\mathfrak{A})$ das **äußere** φ**-Maß** der Punktmenge $\mathfrak{A}$. Die Maßfunktion φ wird im allgemeinen in **A** nicht absolut-additiv, ja nicht einmal additiv sein. Doch gelingt es, aus **A** einen σ-Körper **M** herauszuheben, in dem φ absolut-additiv ist. Die Mengen dieses σ-Körpers **M** werden als die φ**-meßbaren** Mengen bezeichnet. Wir definieren: Eine Punktmenge $\mathfrak{M}$ aus **A** heiße φ-meßbar, wenn für $\mathfrak{M}$ zusammen mit jeder beliebigen Menge $\mathfrak{A}$ aus **A** die Relation gilt:

$$(0) \qquad \varphi\,(\mathfrak{A}) = \varphi\,(\mathfrak{M}\mathfrak{A}) + \varphi\,(\mathfrak{A} - \mathfrak{M}\mathfrak{A}).$$

Ist $\mathfrak{M}$ φ-meßbar, so nennen wir den Funktionswert $\varphi\,(\mathfrak{M})$ das φ**-Maß** von $\mathfrak{M}$. Für φ-meßbare Mengen stimmen also φ-Maß und äußeres φ-Maß überein.

Satz I. Damit $\mathfrak{M}$ φ-meßbar sei, genügt es, daß (0) für alle Mengen $\mathfrak{A}$ von endlichem äußeren φ-Maß erfüllt sei.

In der Tat, für alle $\mathfrak{A}$ von unendlichem äußeren φ-Maß:

$$(00) \qquad \varphi\,(\mathfrak{A}) = +\infty,$$

ist (0) von selbst erfüllt. Denn nach Eigenschaft 3. der Maßfunktionen ist:

$$\varphi\,(\mathfrak{A}) \leqq \varphi\,(\mathfrak{M}\mathfrak{A}) + \varphi\,(\mathfrak{A} - \mathfrak{M}\mathfrak{A}).$$

---

[1]) Die folgende Einführung des Begriffes der Maßfunktionen und der Meßbarkeit rührt her von C. Carathéodory, Gött. Nachr. 1914, 404. Vorl. über reelle Funktionen, Kap. V.

Aus (00) folgt also, daß auch mindestens einer der beiden Summanden auf der rechten Seite von (0) den Wert $+\infty$ hat, so daß (0) sicher erfüllt ist. Damit ist Satz I bewiesen.

Satz II. Ist $\mathfrak{M}$ φ-meßbar, so auch das Komplement $\mathfrak{R}-\mathfrak{M}$.

In der Tat, (0) geht, wenn $\mathfrak{M}$ durch $\mathfrak{R}-\mathfrak{M}$ ersetzt wird, in sich selbst über.

Satz III. Sind $\mathfrak{M}_1$ und $\mathfrak{M}_2$ φ-meßbar, so auch die Vereinigung $\mathfrak{M}_1 \dotplus \mathfrak{M}_2$.

Wir setzen:

$$\mathfrak{R} = \mathfrak{M}_1 \dotplus \mathfrak{M}_2$$

und haben, gemäß (0), zu zeigen, daß für $\mathfrak{R}$ zusammen mit jeder Menge $\mathfrak{B}$ aus A die Beziehung besteht:

$$(*) \qquad \varphi(\mathfrak{B}) = \varphi(\mathfrak{R}\mathfrak{B}) + \varphi(\mathfrak{B} - \mathfrak{R}\mathfrak{B}).$$

Zu dem Zwecke setzen wir (Fig. 15):

$$\mathfrak{B}\mathfrak{M}_1\mathfrak{M}_2 = \mathfrak{B}_0, \quad \mathfrak{B}\mathfrak{M}_1 - \mathfrak{B}_0 = \mathfrak{B}_1,$$
$$\mathfrak{B}\mathfrak{M}_2 - \mathfrak{B}_0 = \mathfrak{B}_2, \quad \mathfrak{B} - \mathfrak{R}\mathfrak{B} = \mathfrak{B}_3.$$

Dann schreibt sich die zu beweisende Beziehung (*):

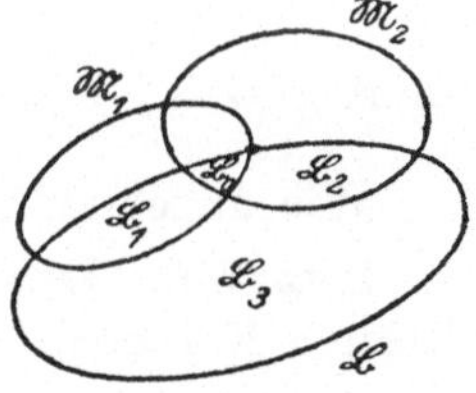

Fig. 15.

$$(**) \quad \varphi(\mathfrak{B}) = \varphi(\mathfrak{B}_0 + \mathfrak{B}_1 + \mathfrak{B}_2) + \varphi(\mathfrak{B}_3).$$

Weil $\mathfrak{M}_1$ φ-meßbar, ergibt (0) für $\mathfrak{A} = \mathfrak{B}$, $\mathfrak{M} = \mathfrak{M}_1$[1]):

$$(*_*^{\;}) \qquad\qquad \varphi(\mathfrak{B}) = \varphi(\mathfrak{B}_0 + \mathfrak{B}_1) + \varphi(\mathfrak{B}_2 + \mathfrak{B}_3).$$

Weil $\mathfrak{M}_2$ φ-meßbar, ergibt (0) für $\mathfrak{A} = \mathfrak{B}_2 + \mathfrak{B}_3$, $\mathfrak{M} = \mathfrak{M}_2$:

$$(_*^{\;}*) \qquad\qquad \varphi(\mathfrak{B}_2 + \mathfrak{B}_3) = \varphi(\mathfrak{B}_2) + \varphi(\mathfrak{B}_3).$$

Wir haben also aus $(*_*^{\;})$ und $(_*^{\;}*)$:

$$(***) \qquad\qquad \varphi(\mathfrak{B}) = \varphi(\mathfrak{B}_0 + \mathfrak{B}_1) + \varphi(\mathfrak{B}_2) + \varphi(\mathfrak{B}_3).$$

Nun ergibt (0) für $\mathfrak{A} = \mathfrak{B}_0 + \mathfrak{B}_1 + \mathfrak{B}_2$, $\mathfrak{M} = \mathfrak{M}_1$:

$$\varphi(\mathfrak{B}_0 + \mathfrak{B}_1 + \mathfrak{B}_2) = \varphi(\mathfrak{B}_0 + \mathfrak{B}_1) + \varphi(\mathfrak{B}_2).$$

Setzt man dies in (***) ein, so erhält man (**), und Satz III ist bewiesen.

Satz IV. Sind $\mathfrak{M}_1$ und $\mathfrak{M}_2$ φ-meßbar, und ist $\mathfrak{M}_2 \prec \mathfrak{M}_1$, so ist auch $\mathfrak{M}_1 - \mathfrak{M}_2$ φ-meßbar.

---

[1]) Es ist nämlich:

$$\mathfrak{M}_1\mathfrak{B} = \mathfrak{B}_0 + \mathfrak{B}_1; \quad \mathfrak{B} - \mathfrak{M}_1\mathfrak{B} = \mathfrak{B}_2 + \mathfrak{B}_3.$$

In der Tat, nach Satz II ist auch $\Re - \mathfrak{M}_1$ φ-meßbar, daher nach Satz III auch $(\Re - \mathfrak{M}_1) + \mathfrak{M}_2$, daher nach Satz II auch

$$\Re - ((\Re - \mathfrak{M}_1) + \mathfrak{M}_2) = \mathfrak{M}_1 - \mathfrak{M}_2,$$

und Satz IV ist bewiesen.

Satz III und IV können in die Aussage zusammengefaßt werden:

Satz V. Das System aller φ-meßbaren Mengen bildet einen Körper.

Und wir erkennen augenblicklich:

Satz VI. Die Maßfunktion φ ist additiv im Körper der φ-meßbaren Mengen.

In der Tat, seien $\mathfrak{M}_1$ und $\mathfrak{M}_2$ zwei fremde φ-meßbare Mengen. Wir setzen in (0):

$$\mathfrak{A} = \mathfrak{M}_1 + \mathfrak{M}_2, \quad \mathfrak{M} = \mathfrak{M}_1$$

und erhalten:

$$\varphi(\mathfrak{M}_1 + \mathfrak{M}_2) = \varphi(\mathfrak{M}_1) + \varphi(\mathfrak{M}_2),$$

womit Satz VI bewiesen ist.

Wie angekündigt, gilt aber darüber hinaus:

Satz VII. Das System aller φ-meßbaren Mengen bildet einen σ-Körper.

Wir haben zu zeigen: Ist $\{\mathfrak{M}_n\}$ eine Folge φ-meßbarer Mengen, so ist auch:

$$\Re = \mathfrak{M}_1 \dotplus \mathfrak{M}_2 \dotplus \ldots \dotplus \mathfrak{M}_n \dotplus \ldots$$

φ-meßbar. Dabei kann ohne weiteres vorausgesetzt werden, die $\mathfrak{M}_n$ seien zu je zweien fremd, da man anderenfalls nur $\mathfrak{M}_n$ $(n > 1)$ zu ersetzen hat durch:

$$(\mathfrak{M}_1 \dotplus \mathfrak{M}_2 \dotplus \ldots \dotplus \mathfrak{M}_n) - (\mathfrak{M}_1 \dotplus \mathfrak{M}_2 \dotplus \ldots \dotplus \mathfrak{M}_{n-1}).$$

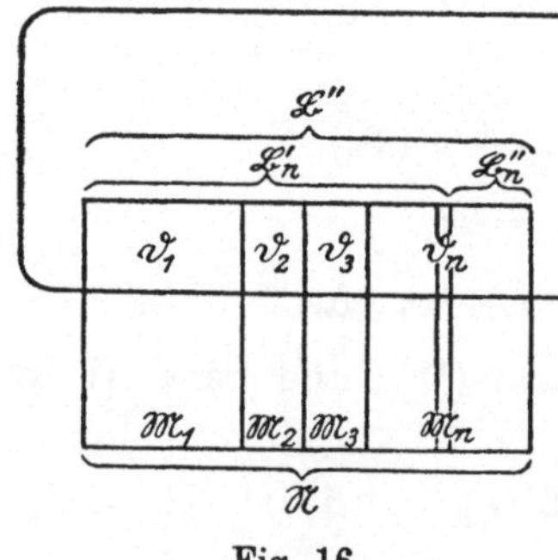

Fig. 16.

Nach Satz I wird die φ-Meßbarkeit von $\Re$ bewiesen sein, wenn gezeigt ist: für jede Menge $\mathfrak{B}$ von endlichem äußeren φ-Maße ist:

$$(1) \quad \varphi(\mathfrak{B}) = \varphi(\Re \mathfrak{B}) + \varphi(\mathfrak{B} - \Re \mathfrak{B}).$$

Wir setzen nun (Fig. 16):

$$\mathfrak{M}_n \cdot \mathfrak{B} = \mathfrak{D}_n; \quad \Re \cdot \mathfrak{B} = \mathfrak{B}';$$
$$\mathfrak{B} - \Re \mathfrak{B} = \mathfrak{B}'';$$
$$\mathfrak{D}_1 + \mathfrak{D}_2 + \ldots + \mathfrak{D}_n = \mathfrak{B}'_n;$$
$$\mathfrak{B}' - \mathfrak{B}'_n = \mathfrak{B}''_n.$$

Die zu beweisende Gleichung (1) lautet dann:

$$(2) \quad \varphi(\mathfrak{B}) = \varphi(\mathfrak{B}') + \varphi(\mathfrak{B}'').$$

Wegen Eigenschaft 2. der Maßfunktionen ist:

$$\varphi\,(\mathfrak{B}'_n) \leqq \varphi\,(\mathfrak{B}'_{n+1}) \leqq \varphi\,(\mathfrak{B}').$$

Es existiert also der Grenzwert:

$$(3) \qquad \lim_{n=\infty} \varphi\,(\mathfrak{B}'_n) \leqq \varphi\,(\mathfrak{B}').$$

Durch vollständige Induktion beweisen wir:

$$(4) \qquad \varphi\,(\mathfrak{B}'_n) = \varphi\,(\mathfrak{D}_1) + \varphi\,(\mathfrak{D}_2) + \ldots + \varphi\,(\mathfrak{D}_n).$$

Angenommen in der Tat, dies gelte für den Index $n-1$:

$$(5) \qquad \varphi\,(\mathfrak{B}'_{n-1}) = \varphi\,(\mathfrak{D}_1) + \varphi\,(\mathfrak{D}_2) + \ldots + \varphi\,(\mathfrak{D}_{n-1}).$$

Da $\mathfrak{M}_n$ φ-meßbar, folgt aus (0) für $\mathfrak{A} = \mathfrak{B}'_n$, $\mathfrak{M} = \mathfrak{M}_n$:

$$\varphi\,(\mathfrak{B}'_n) = \varphi\,(\mathfrak{B}'_{n-1}) + \varphi\,(\mathfrak{D}_n),$$

woraus durch Einsetzen von (5) die Gleichung (4) entsteht, die damit bewiesen ist.

Es ist also in (3):

$$(6) \qquad \lim_{n=\infty} \varphi\,(\mathfrak{B}'_n) = \varphi\,(\mathfrak{D}_1) + \varphi\,(\mathfrak{D}_2) + \ldots + \varphi\,(\mathfrak{D}_n) + \ldots$$

Wegen Eigenschaft 3. der Maßfunktionen ist aber:

$$\varphi\,(\mathfrak{B}') \leqq \varphi\,(\mathfrak{D}_1) + \varphi\,(\mathfrak{D}_2) + \ldots + \varphi\,(\mathfrak{D}_n) + \ldots$$

Es ist also wegen (6):

$$\varphi\,(\mathfrak{B}') \leqq \lim_{n=\infty} \varphi\,(\mathfrak{B}'_n),$$

was zusammen mit (3) ergibt:

$$(7) \qquad \lim_{n=\infty} \varphi\,(\mathfrak{B}'_n) = \varphi\,(\mathfrak{B}').$$

Nach Satz III ist $\mathfrak{M}_1 + \mathfrak{M}_2 + \ldots + \mathfrak{M}_n$ φ-meßbar. Es folgt also aus (0) für $\mathfrak{A} = \mathfrak{B}'$, $\mathfrak{M} = \mathfrak{M}_1 + \mathfrak{M}_2 + \ldots + \mathfrak{M}_n$:

$$(8) \qquad \varphi\,(\mathfrak{B}') = \varphi\,(\mathfrak{B}'_n) + \varphi\,(\mathfrak{B}''_n);$$

und da $\varphi\,(\mathfrak{B})$ und somit nach Eigenschaft 2. der Maßfunktionen auch $\varphi\,(\mathfrak{B}')$ endlich ist, folgt aus (8) und (7):

$$(9) \qquad \lim_{n=\infty} \varphi\,(\mathfrak{B}''_n) = 0.$$

Setzen wir aber in (0): $\mathfrak{A} = \mathfrak{B}$, $\mathfrak{M} = \mathfrak{M}_1 + \mathfrak{M}_2 + \ldots + \mathfrak{M}_n$, so erhalten wir:

$$(10) \qquad \varphi\,(\mathfrak{B}) = \varphi\,(\mathfrak{B}'_n) + \varphi\,(\mathfrak{B}''_n + \mathfrak{B}'').$$

Hierin ist wegen Eigenschaft 2. und 3. der Maßfunktionen:

$$\varphi\,(\mathfrak{B}'') \leqq \varphi\,(\mathfrak{B}''_n + \mathfrak{B}'') \leqq \varphi\,(\mathfrak{B}'') + \varphi\,(\mathfrak{B}''_n),$$

also wegen (9):

$$(11) \qquad \lim_{n=\infty} \varphi\left(\mathfrak{B}_n'' + \mathfrak{B}''\right) = \varphi\left(\mathfrak{B}''\right).$$

Aus (10), (7) und (11) aber folgt (2), und Satz VII ist bewiesen.

In Satz VII sind die Tatsachen enthalten (vgl. § 1, S. 394, 395):

Satz VIII. Der Durchschnitt abzählbar vieler φ meßbarer Mengen ist φ-meßbar.

Satz IX. Ist $\{\mathfrak{M}_n\}$ eine Folge φ-meßbarer Mengen, so sind auch obere und untere Gemeinschaftsgrenze $\overline{\lim} \, \mathfrak{M}_n$ und $\underline{\lim} \, \mathfrak{M}_n$ φ-meßbar. $\qquad n = \infty$

Satz VI wird nun ergänzt durch:

Satz X. Die Maßfunktion φ ist absolut-additiv im σ-Körper der φ-meßbaren Mengen.

Wir haben nachzuweisen: Ist $\{\mathfrak{M}_n\}$ eine Folge zu je zweien fremder, φ-meßbarer Mengen, und

$$\mathfrak{N} = \mathfrak{M}_1 + \mathfrak{M}_2 + \ldots + \mathfrak{M}_n + \ldots$$

ihre Vereinigung, so ist:

$$(12) \qquad \varphi\left(\mathfrak{N}\right) = \varphi\left(\mathfrak{M}_1\right) + \varphi\left(\mathfrak{M}_2\right) + \ldots + \varphi\left(\mathfrak{M}_n\right) + \ldots$$

Da nach Eigenschaft 3. der Maßfunktionen:

$$\varphi\left(\mathfrak{N}\right) \leqq \varphi\left(\mathfrak{M}_1\right) + \varphi\left(\mathfrak{M}_2\right) + \ldots + \varphi\left(\mathfrak{M}_n\right) + \ldots,$$

ist (12) sicher richtig, wenn $\varphi\left(\mathfrak{N}\right) = +\infty$.

Ist hingegen $\varphi\left(\mathfrak{N}\right)$ endlich, so können wir im Beweise von Satz VII $\mathfrak{B} = \mathfrak{N}$ setzen. Dann wird:

$$\mathfrak{B}' = \mathfrak{N}; \quad \mathfrak{B}_n' = \mathfrak{M}_1 + \mathfrak{M}_2 + \ldots + \mathfrak{M}_n.$$

Nach Satz VI ist daher:

$$\varphi\left(\mathfrak{B}_n'\right) = \varphi\left(\mathfrak{M}_1\right) + \varphi\left(\mathfrak{M}_2\right) + \ldots + \varphi\left(\mathfrak{M}_n\right),$$

und Gleichung (7) geht über in:

$$\lim_{n=\infty} \left\{ \varphi\left(\mathfrak{M}_1\right) + \varphi\left(\mathfrak{M}_2\right) + \ldots + \varphi\left(\mathfrak{M}_n\right) \right\} = \varphi\left(\mathfrak{N}\right);$$

das aber ist die zu beweisende Gleichung (12).

Die Sätze VI, VII, VIII von § 1 ergeben nun:

Satz XI. Ist $\{\mathfrak{M}_n\}$ eine Folge φ-meßbarer Mengen und $\underline{\mathfrak{M}}$ ihre untere Gemeinschaftsgrenze, so ist:

$$\varphi\left(\underline{\mathfrak{M}}\right) \leqq \underline{\lim_{n=\infty}} \, \varphi\left(\mathfrak{M}_n\right).$$

Satz XII. Ist $\{\mathfrak{M}_n\}$ eine Folge φ-meßbarer Mengen, deren Vereinigung von endlichem φ-Maß ist, und bedeutet $\mathfrak{M}$ ihre obere Gemeinschaftsgrenze, so ist:

$$\varphi\,(\overline{\mathfrak{M}}) \geqq \overline{\lim_{n=\infty}}\,\varphi\,(\mathfrak{M}_n).$$

Satz XIII. Ist $\{\mathfrak{M}_n\}$ eine konvergente Folge φ-meßbarer Mengen, deren Vereinigung von endlichem φ-Maß ist, und bedeutet $\mathfrak{M}$ ihre Gemeinschaftsgrenze, so ist:

$$\varphi\,(\mathfrak{M}) = \lim_{n=\infty}\,\varphi\,(\mathfrak{M}_n).$$

Hierin ist als Spezialfall enthalten (vgl. § 1, Satz V):

Satz XIV. Ist $\{\mathfrak{M}_n\}$ eine monoton abnehmende Folge φ-meßbarer Mengen, die nicht sämtlich unendliches φ-Maß haben, und ist $\mathfrak{M}$ ihr Durchschnitt, so ist:

$$\varphi\,(\mathfrak{M}) = \lim_{n=\infty}\,\varphi\,(\mathfrak{M}_n).$$

Und Satz IV von § 1 ergibt:

Satz XV. Ist $\{\mathfrak{M}_n\}$ eine monoton wachsende Folge φ-meßbarer Mengen und $\mathfrak{M}$ ihre Vereinigung, so ist:

$$\varphi\,(\mathfrak{M}) = \lim_{n=\infty}\,\varphi\,(\mathfrak{M}_n).$$

Wir wollen nun zeigen, daß man durch den in Satz IX von § 1 behandelten Erweiterungsprozeß über den σ-Körper der φ-meßbaren Mengen nicht hinauskommt.

Dazu genügt es, zu beweisen, daß jeder Teil $\mathfrak{M}$ einer φ-meßbaren Menge des φ-Inhaltes 0 selbst φ-meßbar ist; und da wegen Eigenschaft 2. der Maßfunktionen $\varphi\,(\mathfrak{M}) = 0$ ist, ist diese Behauptung enthalten in:

Satz XVI. Jede Menge $\mathfrak{M}$ vom äußeren φ-Maße 0 ist φ-meßbar.

Wir haben nachzuweisen, daß für jede Menge $\mathfrak{A}$:

$$(^\times) \qquad \varphi\,(\mathfrak{A}) = \varphi\,(\mathfrak{M}\mathfrak{A}) + \varphi\,(\mathfrak{A} - \mathfrak{M}\mathfrak{A}).$$

Hierin ist nach Annahme:

$$\varphi\,(\mathfrak{M}\mathfrak{A}) = 0.$$

Wegen Eigenschaft 3. der Maßfunktionen ist:

$$(^{\times\times}) \qquad \varphi\,(\mathfrak{A}) \leqq \varphi\,(\mathfrak{M}\mathfrak{A}) + \varphi\,(\mathfrak{A} - \mathfrak{M}\mathfrak{A}) = \varphi\,(\mathfrak{A} - \mathfrak{M}\mathfrak{A}).$$

Weil $\mathfrak{A} - \mathfrak{M}\mathfrak{A} < \mathfrak{A}$, ist nach Eigenschaft 2. der Maßfunktionen:

$$(^{\times\times\times}) \qquad \varphi\,(\mathfrak{A}) \geqq \varphi\,(\mathfrak{A} - \mathfrak{M}\mathfrak{A}).$$

Aus $(^{\times\times})$ und $(^{\times\times\times})$ aber folgt $(^\times)$, und Satz XVI ist bewiesen.

Daraus folgt leicht:

Satz XVII. Hat $\mathfrak{A}$ endliches äußeres φ-Maß[1]), und gibt es in $\mathfrak{A}$ einen φ-meßbaren Teil $\mathfrak{M}$, so daß

$$(^\times_\times{}^\times) \qquad\qquad \varphi(\mathfrak{A}) = \varphi(\mathfrak{M}),$$

so ist auch $\mathfrak{A}$ φ-meßbar.

In der Tat, da $\mathfrak{M}$ φ-meßbar und $\mathfrak{M} < \mathfrak{A}$, ergibt (0):

$$\varphi(\mathfrak{A}) = \varphi(\mathfrak{M}) + \varphi(\mathfrak{A} - \mathfrak{M}),$$

also wegen $(^\times_\times{}^\times)$:

$$\varphi(\mathfrak{A} - \mathfrak{M}) = 0.$$

Also ist nach Satz XVI $\mathfrak{A} - \mathfrak{M}$ φ-meßbar, also ist nach Satz III auch

$$\mathfrak{A} = \mathfrak{M} + (\mathfrak{A} - \mathfrak{M})$$

φ-meßbar, und Satz XVII ist bewiesen.

§ 6. Gewöhnliche und reguläre Maßfunktionen.

Wir unterwerfen nun die Maßfunktion φ außer den Forderungen 1., 2., 3. von § 5 noch der weiteren Forderung:

4. Haben die beiden Mengen $\mathfrak{A}$ und $\mathfrak{B}$ positiven Abstand:

$$r(\mathfrak{A}, \mathfrak{B}) > 0,$$

so ist:

$$\varphi(\mathfrak{A} + \mathfrak{B}) = \varphi(\mathfrak{A}) + \varphi(\mathfrak{B}).$$

Eine Maßfunktion, die auch noch dieser Forderung genügt, wollen wir eine gewöhnliche Maßfunktion[2]) nennen.

Satz I. Ist φ eine gewöhnliche Maßfunktion, so ist jede abgeschlossene und jede offene Menge φ-meßbar.

---

[1]) Diese Bedingung kann nicht entbehrt werden. Beispiel: Sei $\mathfrak{M}$ irgendeine φ-meßbare Menge, für die $\varphi(\mathfrak{M}) = +\infty$, und sei $\mathfrak{K}$ eine zu $\mathfrak{M}$ fremde, nicht φ-meßbare Menge. Setzen wir $\mathfrak{A} = \mathfrak{M} + \mathfrak{K}$, so ist auch $\varphi(\mathfrak{A}) = +\infty$, aber $\mathfrak{A}$ ist nicht φ-meßbar, denn da die φ-meßbaren Mengen einen Körper bilden, müßte dann auch $\mathfrak{A} - \mathfrak{M} = \mathfrak{K}$ φ-meßbar sein, was nach Annahme nicht der Fall ist.

[2]) C. Carathéodory unterwirft alle Maßfunktionen den Forderungen 1., 2., 3., 4. Wir sind von dieser Terminologie abgewichen, um auch die (von Forderung 4. unabhängigen) Sätze des vorigen Paragraphen einfach aussprechen zu können. — Ein Beispiel einer Maßfunktion, die nicht gewöhnliche Maßfunktion ist, erhält man, indem man setzt: $\varphi(\mathfrak{A}) = 1$ für jede nicht leere Menge $\mathfrak{A}$. Der σ-Körper der φ-meßbaren Mengen besteht in dem Falle aus der leeren Menge und dem ganzen Raume $\mathfrak{R}$. — Ein anderes Beispiel bei C. Carathéodory, Vorl. über reelle Funktionen, 362.

Sei zum Beweise $\mathfrak{M}$ eine abgeschlossene Menge. Wir haben zu zeigen (§ 5, Satz I): Für jede beliebige Menge $\mathfrak{B}$ von endlichem äußeren φ-Inhalt gilt die Gleichung:

$$(0) \quad \varphi(\mathfrak{B}) = \varphi(\mathfrak{M}\mathfrak{B}) + \varphi(\mathfrak{B} - \mathfrak{M}\mathfrak{B}).$$

Wir bezeichnen (Fig. 17) mit $\mathfrak{M}'_1$ die Menge aller Punkte a von $\mathfrak{R}$, für die:

$$r(a, \mathfrak{M}) \geq 1,$$

mit $\mathfrak{M}'_n \,(n > 1)$ die Menge aller Punkte a von $\mathfrak{R}$, für die:

$$\frac{1}{n-1} \geq r(a, \mathfrak{M}) \geq \frac{1}{n}.$$

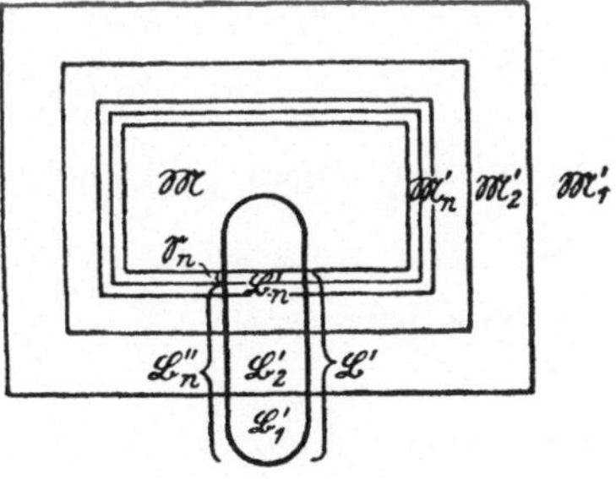

Fig. 17.

Da $\mathfrak{M}$ abgeschlossen, ist für jeden Punkt a von $\mathfrak{R} - \mathfrak{M}$:

$$r(a, \mathfrak{M}) > 0,$$

mithin ist:

$$\mathfrak{R} - \mathfrak{M} = \mathfrak{M}'_1 + \ldots + \mathfrak{M}'_n + \ldots$$

Setzen wir:

$$\mathfrak{B} - \mathfrak{M}\mathfrak{B} = \mathfrak{B}'; \quad \mathfrak{B} \cdot \mathfrak{M}'_n = \mathfrak{B}'_n,$$

so ist also auch

$$\mathfrak{B}' = \mathfrak{B}'_1 + \mathfrak{B}'_2 + \ldots + \mathfrak{B}'_n + \ldots$$

Die Mengen $\mathfrak{M}'_n$ und $\mathfrak{M}'_{n+k} \,(k > 1)$ haben, als abgeschlossene Mengen ohne gemeinsamen Punkt, voneinander positiven Abstand; dasselbe gilt daher für $\mathfrak{B}'_n$ und $\mathfrak{B}'_{n+k} (k > 1)$. Wegen Eigenschaft 4. der gewöhnlichen Maßfunktionen ist also:

$$\varphi(\mathfrak{B}'_1 + \mathfrak{B}'_3 + \ldots + \mathfrak{B}'_{2n-1}) = \varphi(\mathfrak{B}'_1) + \varphi(\mathfrak{B}'_3) + \ldots + \varphi(\mathfrak{B}'_{2n-1}),$$

und wegen Eigenschaft 2. der Maßfunktionen ist somit:

$$\varphi(\mathfrak{B}'_1) + \varphi(\mathfrak{B}'_3) + \ldots + \varphi(\mathfrak{B}'_{2n-1}) \leq \varphi(\mathfrak{B}').$$

Da $\varphi(\mathfrak{B})$ und mithin $\varphi(\mathfrak{B}')$ endlich ist, folgt hieraus die eigentliche Konvergenz der Reihe:

$$\varphi(\mathfrak{B}'_1) + \varphi(\mathfrak{B}'_3) + \ldots + \varphi(\mathfrak{B}'_{2n-1}) + \ldots,$$

und ganz ebenso beweist man die eigentliche Konvergenz der Reihe:

$$\varphi(\mathfrak{B}'_2) + \varphi(\mathfrak{B}'_4) + \ldots + \varphi(\mathfrak{B}'_{2n}) + \ldots$$

Es ist also auch die Reihe $\sum_{\nu=1}^{\infty} \varphi(\mathfrak{B}'_\nu)$ eigentlich konvergent, und somit:

$$(00) \qquad \lim_{n=\infty} \sum_{\nu=n+1}^{\infty} \varphi(\mathfrak{B}'_\nu) = 0.$$

Setzen wir noch:

$$\mathfrak{B}_n'' = \mathfrak{B}_1' \dotplus \mathfrak{B}_2' \dotplus \ldots \dotplus \mathfrak{B}_n'; \quad \mathfrak{S}_n = \mathfrak{B}_{n+1}' \dotplus \mathfrak{B}_{n+2}' \dotplus \ldots,$$

so ist nach Eigenschaft 3. der Maßfunktionen:

$$\varphi(\mathfrak{S}_n) \leqq \sum_{\nu=n+1}^{\infty} \varphi(\mathfrak{B}_\nu')$$

und mithin wegen (00) auch:

(000) $$\lim_{n=\infty} \varphi(\mathfrak{S}_n) = 0.$$

Nun ist:

$$\mathfrak{B}' = \mathfrak{B}_n'' + \mathfrak{S}_n,$$

daher wegen Eigenschaft 2. und 3. der Maßfunktionen:

$$\varphi(\mathfrak{B}_n'') \leqq \varphi(\mathfrak{B}') \leqq \varphi(\mathfrak{B}_n'') + \varphi(\mathfrak{S}_n);$$

aus (000) folgt also:

($0_0 0$) $$\lim_{n=\infty} \varphi(\mathfrak{B}_n'') = \varphi(\mathfrak{B}').$$

Ferner haben $\mathfrak{M} \cdot \mathfrak{B}$ und $\mathfrak{B}_n''$ voneinander positiven Abstand. Wegen Eigenschaft 2. und 4. der gewöhnlichen Maßfunktionen ist also:

$$\varphi(\mathfrak{M} \cdot \mathfrak{B}) + \varphi(\mathfrak{B}_n'') \leqq \varphi(\mathfrak{B}),$$

woraus wegen ($0_0 0$) folgt:

$$\varphi(\mathfrak{M} \cdot \mathfrak{B}) + \varphi(\mathfrak{B}') \leqq \varphi(\mathfrak{B}).$$

Wegen Eigenschaft 3. der Maßfunktionen aber ist auch:

$$\varphi(\mathfrak{M} \cdot \mathfrak{B}) + \varphi(\mathfrak{B}') \geqq \varphi(\mathfrak{B}),$$

und daher:

$$\varphi(\mathfrak{M} \cdot \mathfrak{B}) + \varphi(\mathfrak{B}') = \varphi(\mathfrak{B}).$$

Das aber ist die zu beweisende Gleichung (0), also ist jede abgeschlossene, und mithin wegen § 5, Satz II auch jede offene Menge φ-meßbar, und Satz I ist bewiesen.

Satz II. Ist φ eine gewöhnliche Maßfunktion, so ist jede Borelsche Menge φ-meßbar.

In der Tat, nach § 5, Satz VII ist das System aller φ-meßbaren Mengen ein σ-Körper. Jeder σ-Körper, der alle abgeschlossenen und alle offenen Mengen enthält, enthält aber alle Borelschen Mengen. Also folgt Satz II aus Satz I.

Wir unterwerfen nun die gewöhnliche Maßfunktion φ außer den Forderungen 1., 2., 3., 4. noch der weiteren Forderung:

5. Für jede Menge $\mathfrak{A}$ ist das äußere Maß $\varphi(\mathfrak{A})$ gleich der unteren Schranke der φ-Maße $\varphi(\mathfrak{M})$ der $\mathfrak{A}$ enthaltenden φ-meßbaren Mengen $\mathfrak{M}$.

Eine Maßfunktion, die auch noch dieser Forderung genügt, wollen wir eine **reguläre Maßfunktion** nennen[1]).

Es ist nun naheliegend, die Definition aufzustellen: Unter dem **inneren** φ-**Maße** $\varphi_*(\mathfrak{A})$ verstehen wir die obere Schranke der φ-Maße $\varphi(\mathfrak{M})$ der in $\mathfrak{A}$ enthaltenen φ-meßbaren Mengen $\mathfrak{M}$. Das innere φ-Maß φ_* hat dann analoge Eigenschaften, wie das äußere φ-Maß. Es gilt nämlich[2]):

Satz III. Ist φ eine reguläre Maßfunktion, so hat das zugehörige innere Maß φ_* die folgenden Eigenschaften:

1. Es ist $\varphi_*(\mathfrak{A}) \geqq 0$ für alle $\mathfrak{A}$, und für die leere Menge $\mathfrak{L}$ ist $\varphi_*(\mathfrak{L}) = 0$.

2. Aus $\mathfrak{B} \prec \mathfrak{A}$ folgt: $\varphi_*(\mathfrak{B}) \leqq \varphi_*(\mathfrak{A})$.

3. Für die Vereinigung $\mathfrak{A}$ abzählbar vieler zu je zweien fremder Mengen $\mathfrak{A}_\nu$ gilt:

$$(\dagger) \qquad \varphi_*(\mathfrak{A}) \geqq \varphi_*(\mathfrak{A}_1) + \varphi_*(\mathfrak{A}_2) + \cdots + \varphi_*(\mathfrak{A}_\nu) + \cdots$$

4. Haben die beiden Mengen $\mathfrak{A}$ und $\mathfrak{B}$ positiven Abstand, so ist:

$$(\dagger\dagger) \qquad \varphi_*(\mathfrak{A} + \mathfrak{B}) = \varphi_*(\mathfrak{A}) + \varphi_*(\mathfrak{B}).$$

5. Es ist $\varphi_*(\mathfrak{A})$ die obere Schranke der φ-Maße $\varphi(\mathfrak{M})$ der in $\mathfrak{A}$ enthaltenen φ-meßbaren Mengen $\mathfrak{M}$.

In der Tat, Eigenschaft 1. und 2. sind evident; Eigenschaft 5. ist die Definition von φ_*. Es sind also nur 3. und 4. zu beweisen.

Ist p irgendeine Zahl:

$$(\dagger\dagger\dagger) \qquad p < \varphi_*(\mathfrak{A}_1) + \varphi_*(\mathfrak{A}_2) + \cdots + \varphi_*(\mathfrak{A}_\nu) + \cdots,$$

so gibt es in jeder Menge $\mathfrak{A}_\nu$ einen φ-meßbaren Teil $\mathfrak{M}_\nu$, so daß auch:

$$\varphi(\mathfrak{M}_1) + \varphi(\mathfrak{M}_2) + \cdots + \varphi(\mathfrak{M}_\nu) + \cdots > p.$$

Ebenso wie die $\mathfrak{A}_\nu$ sind die $\mathfrak{M}_\nu$ zu je zweien fremd, und da sie meßbar, ist (§ 5, Satz X):

$$\varphi(\mathfrak{M}_1 + \mathfrak{M}_2 + \cdots + \mathfrak{M}_\nu + \cdots) = \varphi(\mathfrak{M}_1) + \varphi(\mathfrak{M}_2) + \cdots + \varphi(\mathfrak{M}_\nu) + \cdots$$

Es ist also $\mathfrak{M}_1 + \mathfrak{M}_2 + \cdots + \mathfrak{M}_\nu + \cdots$ ein φ-meßbarer Teil $\mathfrak{M}$ von $\mathfrak{A}$, für den:

$$\varphi(\mathfrak{M}) > p,$$

es ist also auch:

$$\varphi_*(\mathfrak{A}) > p,$$

____

[1]) Nach C. Carathéodory, Vorl. über reelle Funktionen, 258. Ein Beispiel einer gewöhnlichen, aber nicht regulären Maßfunktion ebenda, 363.

[2]) Näheres über innere Maße: C. Carathéodory, a. a. O., 364. A. Rosenthal, Gött. Nachr. 1916, 305.

und da dies für jedes der Ungleichung (†††) genügende p gilt, ist (†) bewiesen.

Um nun auch (††) zu beweisen, bemerken wir, daß wegen (†) gewiß:

$$\varphi_*(\mathfrak{A}+\mathfrak{B}) \geqq \varphi_*(\mathfrak{A}) + \varphi_*(\mathfrak{B}).$$

Gälte hierin das Zeichen $>$, so gäbe es einen φ-meßbaren Teil $\mathfrak{M}$ von $\mathfrak{A}+\mathfrak{B}$, so daß:

$$(\dagger\dagger\dagger) \qquad \varphi(\mathfrak{M}) > \varphi_*(\mathfrak{A}) + \varphi_*(\mathfrak{B}).$$

Nach Satz I sind die abgeschlossenen Hüllen $\mathfrak{A}^0, \mathfrak{B}^0$ φ-meßbar, mithin auch (§ 5, Satz VIII) $\mathfrak{A}^0 \cdot \mathfrak{M}, \mathfrak{B}^0 \cdot \mathfrak{M}$. Aus:

$$r(\mathfrak{A}, \mathfrak{B}) > 0$$

und

$$\mathfrak{M} < \mathfrak{A}+\mathfrak{B}$$

folgt sofort:

$$\mathfrak{A}^0 \cdot \mathfrak{M} = \mathfrak{A} \cdot \mathfrak{M}; \quad \mathfrak{B}^0 \cdot \mathfrak{M} = \mathfrak{B} \cdot \mathfrak{M}.$$

Es sind also $\mathfrak{A} \cdot \mathfrak{M}$ und $\mathfrak{B} \cdot \mathfrak{M}$ φ-meßbare Teile von $\mathfrak{A}$ bzw. $\mathfrak{B}$, und es ist wegen (†‡†):

$$\varphi(\mathfrak{M}) = \varphi(\mathfrak{A} \cdot \mathfrak{M}) + \varphi(\mathfrak{B} \cdot \mathfrak{M}) > \varphi_*(\mathfrak{A}) + \varphi_*(\mathfrak{B}).$$

Es müßte also mindestens eine der beiden Ungleichungen gelten:

$$\varphi_*(\mathfrak{A}) < \varphi(\mathfrak{A} \cdot \mathfrak{M}); \quad \varphi_*(\mathfrak{B}) < \varphi(\mathfrak{B} \cdot \mathfrak{M}),$$

entgegen der Definition des inneren Maßes φ_*. Damit ist auch (††) bewiesen, und der Beweis von Satz III beendet.

Satz IV. Ist φ eine **reguläre Maßfunktion**, ist $\mathfrak{B}$ φ-meßbar und $\mathfrak{A} < \mathfrak{B}$, so ist:

$$(\times) \qquad \varphi_*(\mathfrak{A}) + \varphi(\mathfrak{B} - \mathfrak{A}) = \varphi(\mathfrak{B}).$$

Sei in der Tat $\mathfrak{M}$ ein φ-meßbarer Teil von $\mathfrak{A}$. Dann ist:

$$(\times\times) \qquad \varphi(\mathfrak{M}) + \varphi(\mathfrak{B} - \mathfrak{M}) = \varphi(\mathfrak{B}),$$

und mithin, wegen $\mathfrak{B} - \mathfrak{A} < \mathfrak{B} - \mathfrak{M}$:

$$\varphi(\mathfrak{M}) + \varphi(\mathfrak{B} - \mathfrak{A}) \leqq \varphi(\mathfrak{B}),$$

und da $\varphi_*(\mathfrak{A})$ die obere Schranke der $\varphi(\mathfrak{M})$, so ist auch:

$$(\times_\times^\times) \qquad \varphi_*(\mathfrak{A}) + \varphi(\mathfrak{B} - \mathfrak{A}) \leqq \varphi(\mathfrak{B}).$$

Andrerseits folgt aus $(\times\times)$ wegen $\varphi_*(\mathfrak{A}) \geqq \varphi(\mathfrak{M})$:

$$\varphi_*(\mathfrak{A}) + \varphi(\mathfrak{B} - \mathfrak{M}) \geqq \varphi(\mathfrak{B}),$$

und da, wie aus Eigenschaft 5. der regulären Maßfunktionen sofort folgt, $\varphi(\mathfrak{B} - \mathfrak{A})$ die untere Schranke der $\varphi(\mathfrak{B} - \mathfrak{M})$ ist:

$$(_\times{}^\times{}_\times) \qquad \varphi_*(\mathfrak{A}) + \varphi(\mathfrak{B} - \mathfrak{A}) \geqq \varphi(\mathfrak{B}).$$

Aus $(^\times{}_\times{}^\times)$ und $(_\times{}^\times{}_\times)$ aber folgt $(^\times)$, und Satz IV ist bewiesen.

Wir bezeichnen als **maßgleiche Hülle** $\mathfrak{A}^*$ von $\mathfrak{A}$ jede φ-meßbare, $\mathfrak{A}$ enthaltende Punktmenge $\mathfrak{A}^*$ derart, daß für jede φ-meßbare Menge $\mathfrak{M}$:

$$\varphi(\mathfrak{M}\mathfrak{A}^*) = \varphi(\mathfrak{M}\mathfrak{A}).$$

Insbesondere ist also auch (indem man etwa $\mathfrak{M} = \mathfrak{A}^*$ setzt):

$$\varphi(\mathfrak{A}^*) = \varphi(\mathfrak{A}).$$

Wir bezeichnen als **maßgleichen Kern** von $\mathfrak{A}$ jede in $\mathfrak{A}$ enthaltene φ-meßbare Menge $\mathfrak{A}_*$ derart, daß für jede φ-meßbare Menge $\mathfrak{M}$:

$$\varphi(\mathfrak{M}\mathfrak{A}_*) = \varphi_*(\mathfrak{M}\mathfrak{A}).$$

Insbesondere ist also auch (indem man etwa $\mathfrak{M} = \mathfrak{A}^*$ setzt):

$$\varphi(\mathfrak{A}_*) = \varphi_*(\mathfrak{A}).$$

Satz V. Ist φ eine reguläre Maßfunktion, und ist $\varphi(\mathfrak{A})$ endlich, so gibt es maßgleiche Hüllen von $\mathfrak{A}$.

In der Tat, nach Eigenschaft 5. der regulären Maßfunktionen gibt es zu jedem n eine φ-meßbare Menge $\mathfrak{B}_n > \mathfrak{A}$, so daß:

$$\varphi(\mathfrak{B}_n) < \varphi(\mathfrak{A}) + \frac{1}{n}.$$

Setzen wir:

$$\mathfrak{A}^* = \mathfrak{B}_1 \cdot \mathfrak{B}_2 \cdot \ldots \cdot \mathfrak{B}_n \cdot \ldots,$$

so ist $\mathfrak{A}^*$ φ-meßbar (§ 5, Satz VIII), und es ist:

$$(*) \qquad \mathfrak{A}^* > \mathfrak{A}; \quad \varphi(\mathfrak{A}^*) = \varphi(\mathfrak{A}).$$

Sei nun $\mathfrak{M}$ eine beliebige φ-meßbare Menge. Angenommen, es wäre:

$$(**) \qquad \varphi(\mathfrak{M}\mathfrak{A}^*) > \varphi(\mathfrak{M}\mathfrak{A}).$$

Wegen $\mathfrak{A}^* > \mathfrak{A}$ ist:

$$(***) \qquad \varphi(\mathfrak{A}^* - \mathfrak{M}\mathfrak{A}^*) \geqq \varphi(\mathfrak{A} - \mathfrak{M}\mathfrak{A}).$$

Da $\mathfrak{M}$ φ-meßbar, würde die Addition von $(**)$ und $(***)$ ergeben:

$$\varphi(\mathfrak{A}^*) > \varphi(\mathfrak{A}),$$

entgegen $(*)$; also ist $(**)$ unmöglich, d. h. es ist:

$$\varphi(\mathfrak{M}\mathfrak{A}^*) = \varphi(\mathfrak{M}\mathfrak{A}),$$

und Satz V ist bewiesen.

Bevor wir daran gehen, den analogen Satz für die maßgleichen Kerne zu beweisen, ziehen wir einige Folgerungen.

Satz VI. Ist $\mathfrak{A}^*$ maßgleiche Hülle von $\mathfrak{A}$, so ist:

$$\varphi_*(\mathfrak{A}^* - \mathfrak{A}) = 0.$$

In der Tat, andernfalls gäbe es einen φ-meßbaren Teil $\mathfrak{M}$ von $\mathfrak{A}^* - \mathfrak{A}$, so daß:

$$\varphi(\mathfrak{M}) > 0.$$

Da $\mathfrak{M} < \mathfrak{A}^* - \mathfrak{A}$, ist $\mathfrak{M} \cdot \mathfrak{A}$ leer und daher:

$$\varphi(\mathfrak{M} \cdot \mathfrak{A}) = 0; \quad \varphi(\mathfrak{M} \cdot \mathfrak{A}^*) = \varphi(\mathfrak{M}) > 0,$$

entgegen der Definition der maßgleichen Hüllen. Damit ist Satz VI bewiesen.

Wir können nun Satz I von § 5 weiter verschärfen:

Satz VII. Ist φ eine reguläre Maßfunktion, und gilt für jede φ-meßbare Menge $\mathfrak{B}$ von endlichem φ-Maße die Gleichung:

$$(^*_*{}^*) \qquad \varphi(\mathfrak{B}) = \varphi(\mathfrak{M}\mathfrak{B}) + \varphi(\mathfrak{B} - \mathfrak{M}\mathfrak{B}),$$

so ist $\mathfrak{M}$ φ-meßbar.

In der Tat, ist $\mathfrak{M}$ nicht φ-meßbar, so gibt es nach § 5, Satz I eine Menge $\mathfrak{A}$ von endlichem $\varphi(\mathfrak{A})$, so daß:

$$(_*{}^*_*) \qquad \varphi(\mathfrak{A}) < \varphi(\mathfrak{M}\mathfrak{A}) + \varphi(\mathfrak{A} - \mathfrak{M}\mathfrak{A}).$$

Sei $\mathfrak{A}^*$ eine maßgleiche Hülle von $\mathfrak{A}$; dann ist:

$$\varphi(\mathfrak{A}) = \varphi(\mathfrak{A}^*); \quad \varphi(\mathfrak{M}\mathfrak{A}) \leqq \varphi(\mathfrak{M}\mathfrak{A}^*); \quad \varphi(\mathfrak{A} - \mathfrak{M}\mathfrak{A}) \leqq \varphi(\mathfrak{A}^* - \mathfrak{M}\mathfrak{A}^*).$$

Aus $(_*{}^*_*)$ folgt also:

$$\varphi(\mathfrak{A}^*) < \varphi(\mathfrak{M}\mathfrak{A}^*) + \varphi(\mathfrak{A}^* - \mathfrak{M}\mathfrak{A}^*),$$

entgegen der Voraussetzung, daß für jedes φ-meßbare $\mathfrak{B}$ von endlichem $\varphi(\mathfrak{B})$ $(^*_*{}^*)$ gilt. Damit ist Satz VII bewiesen.

Satz VIII. Ist φ eine reguläre Maßfunktion, und ist die Menge $\mathfrak{M}$ nicht φ-meßbar, so gibt es eine φ-meßbare Menge $\mathfrak{B}$ endlichen φ-Maßes, so daß $\mathfrak{M} \cdot \mathfrak{B}$ gleichfalls nicht φ-meßbar ist.

Ist in der Tat $\mathfrak{M}$ nicht φ-meßbar, so gibt es nach Satz VII eine φ-meßbare Menge $\mathfrak{B}$ von endlichem $\varphi(\mathfrak{B})$, so daß:

$$(0) \qquad \varphi(\mathfrak{B}) < \varphi(\mathfrak{M}\mathfrak{B}) + \varphi(\mathfrak{B} - \mathfrak{M}\mathfrak{B}).$$

Hierin ist $\mathfrak{M}\mathfrak{B}$ nicht φ-meßbar; denn sonst wäre auch $\mathfrak{B} - \mathfrak{M}\mathfrak{B}$ φ-meßbar, und es wäre

$$\varphi(\mathfrak{B}) = \varphi(\mathfrak{M}\mathfrak{B}) + \varphi(\mathfrak{B} - \mathfrak{M}\mathfrak{B}),$$

entgegen (0). Damit ist Satz VIII bewiesen.

Satz IX. Sei φ eine reguläre Maßfunktion; dann ist stets:

$$(00) \qquad \varphi_*(\mathfrak{A}) \leqq \varphi(\mathfrak{A});$$

ist $\mathfrak{A}$ φ-meßbar, so ist:

$$(000) \qquad \varphi_*(\mathfrak{A}) = \varphi(\mathfrak{A}).$$

In der Tat, nach Definition ist $\varphi_*(\mathfrak{A})$ die obere Schranke von $\varphi(\mathfrak{M}')$ für alle φ-meßbaren Teile $\mathfrak{M}'$ von $\mathfrak{A}$. Aus $\mathfrak{M}' < \mathfrak{A}$ folgt aber:

$$\varphi(\mathfrak{M}') \leqq \varphi(\mathfrak{A}),$$

und daher gilt für die obere Schranke $\varphi_*(\mathfrak{A})$ der $\varphi(\mathfrak{M}')$ Ungleichung (00).

Ist $\mathfrak{A}$ φ-meßbar, so kann $\mathfrak{M}' = \mathfrak{A}$ gewählt werden, woraus sofort (000) folgt.

Satz X. Sei φ eine reguläre Maßfunktion. Ist für eine Menge $\mathfrak{A}$:

$$(0_0 0) \qquad \varphi_*(\mathfrak{A}) = \varphi(\mathfrak{A}),$$

und ist dieser Wert endlich[1]). so ist $\mathfrak{A}$ φ-meßbar.

Sei in der Tat $\mathfrak{A}^*$ eine maßgleiche Hülle von $\mathfrak{A}$ (Satz V). Nach $(^\times)$ von Satz IV ist:

$$\varphi_*(\mathfrak{A}) + \varphi(\mathfrak{A}^* - \mathfrak{A}) = \varphi(\mathfrak{A}^*) = \varphi(\mathfrak{A}),$$

mithin wegen $(0_0 0)$:

$$\varphi(\mathfrak{A}^* - \mathfrak{A}) = 0.$$

Nach § 5, Satz XVI ist also $\mathfrak{A}^* - \mathfrak{A}$ φ-meßbar, und da auch $\mathfrak{A}^*$ φ-meßbar ist, so auch (§ 5, Satz IV):

$$\mathfrak{A} = \mathfrak{A}^* - (\mathfrak{A}^* - \mathfrak{A}).$$

Damit ist Satz X bewiesen.

Zufolge der Definition der Meßbarkeit galt, wenn $\mathfrak{M}$ φ-meßbar, für jede Menge $\mathfrak{A}$:

$$\varphi(\mathfrak{A}) = \varphi(\mathfrak{M}\mathfrak{A}) + \varphi(\mathfrak{A} - \mathfrak{M}\mathfrak{A}).$$

Für den inneren φ-Inhalt gilt analog:

Satz XI. Ist φ eine reguläre Maßfunktion, und ist $\mathfrak{M}$ φ-meßbar, so ist für jede Menge $\mathfrak{A}$:

$$(\dagger) \qquad \varphi_*(\mathfrak{A}) = \varphi_*(\mathfrak{M}\mathfrak{A}) + \varphi_*(\mathfrak{A} - \mathfrak{M}\mathfrak{A}).$$

In der Tat, ist p eine beliebige Zahl:

$$(\dagger\dagger) \qquad p < \varphi_*(\mathfrak{A}),$$

---

[1]) Diese Voraussetzung kann nicht entbehrt werden. Beispiel: Sei $\mathfrak{M}$ eine φ-meßbare Menge mit $\varphi(\mathfrak{M}) = +\infty$. Ist die zu $\mathfrak{M}$ fremde Menge $\mathfrak{K}$ nicht φ-meßbar, so auch $\mathfrak{M} + \mathfrak{K}$ nicht, aber es ist:

$$\varphi_*(\mathfrak{M} + \mathfrak{K}) = \varphi(\mathfrak{M} + \mathfrak{K}) = +\infty.$$

so gibt es nach Definition von φ_* einen φ-meßbaren Teil $\mathfrak{B}$ von $\mathfrak{A}$, so daß:

$$\varphi(\mathfrak{B}) > p.$$

Es ist dann, da auch $\mathfrak{M}$ φ-meßbar:

$$\varphi(\mathfrak{B}) = \varphi(\mathfrak{M}\mathfrak{B}) + \varphi(\mathfrak{B} - \mathfrak{M}\mathfrak{B}) > p,$$

und somit auch:

$$\varphi_*(\mathfrak{M}\mathfrak{A}) + \varphi_*(\mathfrak{A} - \mathfrak{M}\mathfrak{A}) > p.$$

Da dies für jedes (††) erfüllende p gilt, ist:

(†††) $$\varphi_*(\mathfrak{M}\mathfrak{A}) + \varphi_*(\mathfrak{A} - \mathfrak{M}\mathfrak{A}) \geqq \varphi_*(\mathfrak{A}).$$

Nach (†) von Satz III aber ist:

(÷†÷) $$\varphi_*(\mathfrak{M}\mathfrak{A}) + \varphi_*(\mathfrak{A} - \mathfrak{M}\mathfrak{A}) \leqq \varphi_*(\mathfrak{A}).$$

Aus (†÷†) und (÷†÷) aber folgt (†), und Satz XI ist bewiesen.

Als Gegenstück zu § 5 Satz I und zu Satz VII erhalten wir:

Satz XII. Ist φ eine reguläre Maßfunktion, und gilt für jede φ-meßbare Menge $\mathfrak{A}$ von endlichem φ-Maße:

(1) $$\varphi(\mathfrak{A}) = \varphi_*(\mathfrak{M}\mathfrak{A}) + \varphi_*(\mathfrak{A} - \mathfrak{M}\mathfrak{A}),$$

so ist $\mathfrak{M}$ φ-meßbar.

Angenommen in der Tat, es sei $\mathfrak{M}$ nicht φ-meßbar. Nach Satz VIII gibt es dann eine φ-meßbare Menge $\mathfrak{B}$ endlichen φ-Maßes, so daß $\mathfrak{M}\mathfrak{B}$ nicht φ-meßbar. Nach Satz X ist dann

(2) $$\varphi_*(\mathfrak{M}\mathfrak{B}) < \varphi(\mathfrak{M}\mathfrak{B}).$$

Sei $\mathfrak{A}$ eine maßgleiche Hülle von $\mathfrak{M}\mathfrak{B}$; dann ist:

(3) $$\varphi(\mathfrak{A}) = \varphi(\mathfrak{M}\mathfrak{B}); \quad \mathfrak{M}\mathfrak{B} < \mathfrak{A}.$$

Dabei kann angenommen werden:

(4) $$\mathfrak{A} < \mathfrak{B},$$

denn andernfalls ersetze man $\mathfrak{A}$ durch die Menge $\mathfrak{A}\mathfrak{B}$, die gleichfalls eine maßgleiche Hülle von $\mathfrak{M}\mathfrak{B}$ ist.

Wegen (4) ist auch:

$$\mathfrak{M}\mathfrak{A} < \mathfrak{M}\mathfrak{B}.$$

Wegen der zweiten Relation (3) ist umgekehrt:

$$\mathfrak{M}\mathfrak{B} < \mathfrak{M}\mathfrak{A}.$$

Es ist also:

(5) $$\mathfrak{M}\mathfrak{B} = \mathfrak{M}\mathfrak{A}; \quad \mathfrak{A} - \mathfrak{M}\mathfrak{A} = \mathfrak{A} - \mathfrak{M}\mathfrak{B}.$$

Nach Satz VI ist also:

$$\varphi_*(\mathfrak{A} - \mathfrak{M}\mathfrak{A}) = 0.$$

Es ist daher, bei Beachtung von (5), (2) und (3):

$$\varphi_*(\mathfrak{M}\mathfrak{A}) + \varphi_*(\mathfrak{A} - \mathfrak{M}\mathfrak{A}) = \varphi_*(\mathfrak{M}\mathfrak{A}) = \varphi_*(\mathfrak{M}\mathfrak{B}) < \varphi(\mathfrak{M}\mathfrak{B}) = \varphi(\mathfrak{A}).$$

Es gilt also (1) nicht für jede φ-meßbare Menge $\mathfrak{A}$ endlichen φ-Maßes, und Satz XII ist bewiesen.

Nun endlich beweisen wir das Gegenstück zu Satz V:

Satz XIII. Ist φ eine reguläre Maßfunktion, und ist $\varphi_*(\mathfrak{A})$ endlich, so gibt es maßgleiche Kerne von $\mathfrak{A}$.

In der Tat, nach Definition von φ_* gibt es zu jedem n eine φ-meßbare Menge $\mathfrak{B}_n < \mathfrak{A}$, so daß:

$$\varphi(\mathfrak{B}_n) > \varphi_*(\mathfrak{A}) - \frac{1}{n}.$$

Setzen wir:

$$\mathfrak{A}_* = \mathfrak{B}_1 \dotplus \mathfrak{B}_2 \dotplus \ldots \dotplus \mathfrak{B}_n \dotplus \ldots,$$

so ist $\mathfrak{A}_*$ φ-meßbar, und es ist:

$$(^\times) \qquad\qquad \mathfrak{A}_* < \mathfrak{A}; \quad \varphi(\mathfrak{A}_*) = \varphi_*(\mathfrak{A}).$$

Sei nun $\mathfrak{M}$ eine beliebige φ-meßbare Menge. Angenommen, es wäre:

$$(^{\times\times}) \qquad\qquad \varphi(\mathfrak{M}\mathfrak{A}_*) < \varphi_*(\mathfrak{M}\mathfrak{A}).$$

Wegen $\mathfrak{A}_* < \mathfrak{A}$ ist:

$$(^{\times\times\times}) \qquad\qquad \varphi(\mathfrak{A}_* - \mathfrak{M}\mathfrak{A}_*) \leqq \varphi_*(\mathfrak{A} - \mathfrak{M}\mathfrak{A}).$$

Da $\mathfrak{M}$ φ-meßbar, würde die Addition von $(^{\times\times})$ und $(^{\times\times\times})$ wegen (†) von Satz XI ergeben:

$$\varphi(\mathfrak{A}_*) < \varphi_*(\mathfrak{A}),$$

entgegen $(^\times)$. Also ist $(^{\times\times})$ unmöglich, d. h. es ist:

$$\varphi(\mathfrak{M}\mathfrak{A}_*) = \varphi_*(\mathfrak{M}\mathfrak{A}),$$

d. h. $\mathfrak{A}_*$ ist maßgleicher Kern von $\mathfrak{A}$. Damit ist Satz XIII bewiesen.

Satz XIV. Ist φ eine reguläre Maßfunktion, ist $\{\mathfrak{A}_\nu\}$ eine monoton wachsende[1] Mengenfolge und $\mathfrak{A} = \lim\limits_{\nu=\infty} \mathfrak{A}_\nu$, so ist:

$$(^*) \qquad\qquad \varphi(\mathfrak{A}) = \lim\limits_{\nu=\infty} \varphi(\mathfrak{A}_\nu).$$

In der Tat, die Behauptung ist offenbar richtig, wenn es unter den $\varphi(\mathfrak{A}_\nu)$ unendliche gibt, denn dann sind sie fast alle $= +\infty$, und wegen $\mathfrak{A} > \mathfrak{A}_\nu$ ist auch $\varphi(\mathfrak{A}) = +\infty$.

Seien also alle $\varphi(\mathfrak{A}_\nu)$ endlich und sei (Satz V) $\mathfrak{A}_\nu^*$ eine maßgleiche Hülle von $\mathfrak{A}_\nu$:

$$\mathfrak{A}_\nu^* > \mathfrak{A}_\nu; \quad \varphi(\mathfrak{A}_\nu^*) = \varphi(\mathfrak{A}_\nu).$$

---

1) Für monoton abnehmende Mengenfolgen gilt ein solcher Satz nicht: F. Hausdorff, Grundz. d. Mengenlehre. 419.

Wir setzen:

$$\overline{\mathfrak{A}}_\nu = \mathfrak{A}_\nu^* \cdot \mathfrak{A}_{\nu+1}^* \cdot \ldots \cdot \mathfrak{A}_{\nu+k}^* \ldots,$$

dann ist auch die Mengenfolge $\{\overline{\mathfrak{A}}_\nu\}$ monoton wachsend, und wegen: $\mathfrak{A}_\nu \prec \overline{\mathfrak{A}}_\nu \prec \mathfrak{A}_\nu^*$ ist auch:

$$\varphi(\overline{\mathfrak{A}}_\nu) = \varphi(\mathfrak{A}_\nu).$$

Setzen wir:

$$\overline{\mathfrak{A}} = \lim_{\nu = \infty} \overline{\mathfrak{A}}_\nu,$$

so ist, da die $\overline{\mathfrak{A}}_\nu$ φ-meßbar (§ 5, Satz XV):

$$\varphi(\overline{\mathfrak{A}}) = \lim_{\nu = \infty} \varphi(\overline{\mathfrak{A}}_\nu) = \lim_{\nu = \infty} \varphi(\mathfrak{A}_\nu),$$

und wegen $\mathfrak{A} \prec \overline{\mathfrak{A}}$ ist also:

$$(**) \qquad \varphi(\mathfrak{A}) \leqq \lim_{\nu = \infty} \varphi(\mathfrak{A}_\nu).$$

Wegen $\mathfrak{A} \succ \mathfrak{A}_\nu$ ist aber andrerseits

$$(***) \qquad \varphi(\mathfrak{A}) \geqq \lim_{\nu = \infty} \varphi(\mathfrak{A}_\nu).$$

Durch (**) und (***) aber ist (*) bewiesen.

Satz XV. Ist φ eine reguläre Maßfunktion, ist $\{\mathfrak{A}_\nu\}$ eine monoton abnehmende[1]) Mengenfolge und $\mathfrak{A} = \lim_{\nu=\infty} \mathfrak{A}_\nu$, so ist, wenn nicht alle $\varphi_*(\mathfrak{A}_\nu)$ unendlich sind:

$$(^*_*{}^*) \qquad \varphi_*(\mathfrak{A}) = \lim_{\nu = \infty} \varphi_*(\mathfrak{A}_\nu).$$

In der Tat, wir können ohne Einschränkung der Allgemeinheit annehmen, alle $\varphi_*(\mathfrak{A}_\nu)$ sind endlich. Sei $\mathfrak{A}_{\nu *}$ ein maßgleicher Kern von $\mathfrak{A}_\nu$ (Satz XIII). Wir setzen:

$$\underline{\mathfrak{A}}_\nu = \mathfrak{A}_{\nu *} \dotplus \mathfrak{A}_{\nu+1 *} \dotplus \ldots \dotplus \mathfrak{A}_{\nu+k *} \dotplus \ldots$$

Dann ist $\{\underline{\mathfrak{A}}_\nu\}$ monoton abnehmend, es ist:

$$\varphi(\underline{\mathfrak{A}}_\nu) = \varphi_*(\mathfrak{A}_\nu),$$

und, wenn:

$$\underline{\mathfrak{A}} = \lim_{\nu = \infty} \underline{\mathfrak{A}}_\nu$$

gesetzt wird, ist (§ 5, Satz XIV):

$$\varphi(\underline{\mathfrak{A}}) = \lim_{\nu = \infty} \varphi(\underline{\mathfrak{A}}_\nu) = \lim_{\nu = \infty} \varphi_*(\mathfrak{A}_\nu).$$

Wegen $\mathfrak{A} \succ \underline{\mathfrak{A}}$ ist also:

$$\varphi_*(\mathfrak{A}) \geqq \lim_{\nu = \infty} \varphi_*(\mathfrak{A}_\nu),$$

---

[1]) Für monoton wachsende Mengenfolgen gilt ein solcher Satz nicht: F. Hausdorff, a. a. O. 418.

wegen $\mathfrak{A} \prec \mathfrak{A}_\nu$ ist:

$$\varphi_*(\mathfrak{A}) \leqq \lim_{\nu = \infty} \varphi_*(\mathfrak{A}_\nu),$$

womit (***) nachgewiesen ist.

Nun können wir die Sätze V und XIII noch ein wenig verallgemeinern.

Satz XVI. Ist φ eine reguläre Maßfunktion, und ist der Raum $\mathfrak{R}$ Vereinigung abzählbar vieler φ-meßbarer Mengen von endlichem φ-Maße, so gibt es zu jeder Menge $\mathfrak{A}$ aus $\mathfrak{R}$ maßgleiche Hüllen.

In der Tat, nach Annahme gibt es eine monoton wachsende Mengenfolge $\{\mathfrak{R}_\nu\}$, so daß $\varphi(\mathfrak{R}_\nu)$ endlich und

$$\mathfrak{R} = \lim_{\nu = \infty} \mathfrak{R}_\nu.$$

Sei $\mathfrak{A}$ eine beliebige Menge aus $\mathfrak{R}$; wir setzen:

$$\mathfrak{A}_\nu = \mathfrak{A} \cdot \mathfrak{R}_\nu.$$

Dann sind alle $\varphi(\mathfrak{A}_\nu)$ endlich, es ist $\{\mathfrak{A}_\nu\}$ monoton wachsend, und es ist:

$$\mathfrak{A} = \lim_{\nu = \infty} \mathfrak{A}_\nu.$$

Sei $\mathfrak{A}_\nu^*$ maßgleiche Hülle von $\mathfrak{A}_\nu$. Wie beim Beweise von Satz XIV setzen wir:

$$\overline{\mathfrak{A}}_\nu = \mathfrak{A}_\nu^* \cdot \mathfrak{A}_{\nu+1}^* \ldots; \qquad \mathfrak{A}^* = \lim_{\nu = \infty} \overline{\mathfrak{A}}_\nu.$$

Dann ist $\{\overline{\mathfrak{A}}_\nu\}$ monoton wachsend, und es ist auch $\overline{\mathfrak{A}}_\nu$ maßgleiche Hülle von $\mathfrak{A}_\nu$. Für jede φ-meßbare Menge $\mathfrak{M}$ ist also:

$$(1) \qquad \varphi(\mathfrak{M}\,\mathfrak{A}_\nu) = \varphi(\mathfrak{M}\,\overline{\mathfrak{A}}_\nu).$$

Da $\{\mathfrak{M}\,\overline{\mathfrak{A}}_\nu\}$ eine monoton wachsende Folge φ-meßbarer Mengen mit $\lim_{\nu = \infty} \mathfrak{M}\,\overline{\mathfrak{A}}_\nu = \mathfrak{M}\,\mathfrak{A}^*$ ist, so ist (§ 5, Satz XV):

$$(2) \qquad \lim_{\nu = \infty} \varphi(\mathfrak{M}\,\overline{\mathfrak{A}}_\nu) = \varphi(\mathfrak{M}\,\mathfrak{A}^*).$$

Da $\{\mathfrak{M}\,\mathfrak{A}_\nu\}$ eine monoton wachsende Folge mit $\lim_{\nu = \infty} \mathfrak{M}\,\mathfrak{A}_\nu = \mathfrak{M}\,\mathfrak{A}$, ist nach Satz XIV:

$$(3) \qquad \lim_{\nu = \infty} \varphi(\mathfrak{M}\,\mathfrak{A}_\nu) = \varphi(\mathfrak{M}\,\mathfrak{A}).$$

Aus (1), (2), (3) aber folgt:

$$\varphi(\mathfrak{M}\,\mathfrak{A}) = \varphi(\mathfrak{M}\,\mathfrak{A}^*),$$

d. h. es ist $\mathfrak{A}^*$ maßgleiche Hülle von $\mathfrak{A}$, und Satz XVI ist bewiesen.

Satz XVII. Ist φ eine reguläre Maßfunktion, und ist der Raum $\Re$ Vereinigung abzählbar vieler φ-meßbarer Mengen von endlichem φ-Maße, so ist das Komplement einer maßgleichen Hülle von $\mathfrak{A}$ ein maßgleicher Kern des Komplementes von $\mathfrak{A}$.

Wir haben zu beweisen: Ist $\mathfrak{A}^*$ maßgleiche Hülle von $\mathfrak{A}$, und wird:

$$(4) \qquad \mathfrak{B} = \Re - \mathfrak{A}$$

gesetzt, so ist

$$(5) \qquad \mathfrak{B}_* = \Re - \mathfrak{A}^*$$

maßgleicher Kern von $\mathfrak{B}$.

Da der Raum $\Re$ Vereinigung abzählbar vieler φ-meßbarer Mengen von endlichem φ-Maße, so ist er auch Vereinigung abzählbar vieler zu je zweien fremder solcher Mengen:

$$(6) \qquad \Re = \mathfrak{Q}_1 + \mathfrak{Q}_2 + \cdots + \mathfrak{Q}_\nu + \cdots.$$

Sei $\mathfrak{M}$ irgendeine φ-meßbare Menge. Wir haben zu zeigen:

$$(7) \qquad \varphi(\mathfrak{M}\mathfrak{B}_*) = \varphi_*(\mathfrak{M}\mathfrak{B}).$$

Angenommen es wäre:

$$(8) \qquad \varphi(\mathfrak{M}\mathfrak{B}_*) < \varphi_*(\mathfrak{M}\mathfrak{B}).$$

Dann gäbe es eine φ-meßbare Menge $\Re < \mathfrak{M}\mathfrak{B}$, so daß auch:

$$(9) \qquad \varphi(\mathfrak{M}\mathfrak{B}_*) < \varphi(\Re).$$

Wegen (6) ist:

$$\varphi(\mathfrak{M}\mathfrak{B}_*) = \sum_\nu \varphi(\mathfrak{M}\mathfrak{B}_*\mathfrak{Q}_\nu); \quad \varphi(\Re) = \sum_\nu \varphi(\Re\mathfrak{Q}_\nu).$$

Wegen (9) muß also mindestens eine der Ungleichungen gelten:

$$\varphi(\mathfrak{M}\mathfrak{Q}_\nu\mathfrak{B}_*) < \varphi(\Re\mathfrak{Q}_\nu),$$

und mithin

$$(10) \qquad \varphi(\mathfrak{M}\mathfrak{Q}_\nu\mathfrak{B}_*) < \varphi_*(\mathfrak{M}\mathfrak{Q}_\nu\mathfrak{B}).$$

Wegen Satz IV folgt aber aus (4) und (5):

$$\varphi_*(\mathfrak{M}\mathfrak{Q}_\nu\mathfrak{B}) = \varphi(\mathfrak{M}\mathfrak{Q}_\nu) - \varphi(\mathfrak{M}\mathfrak{Q}_\nu\mathfrak{A})$$

$$\varphi(\mathfrak{M}\mathfrak{Q}_\nu\mathfrak{B}_*) = \varphi(\mathfrak{M}\mathfrak{Q}_\nu) - \varphi(\mathfrak{M}\mathfrak{Q}_\nu\mathfrak{A}^*).$$

Aus (10) würde also folgen:

$$\varphi(\mathfrak{M}\mathfrak{Q}_\nu\mathfrak{A}^*) > \varphi(\mathfrak{M}\mathfrak{Q}_\nu\mathfrak{A}),$$

entgegen der Tatsache, daß $\mathfrak{A}^*$ maßgleiche Hülle von $\mathfrak{A}$. Es ist also (8) unmöglich, d. h. es gilt (7), d. h. $\mathfrak{B}_*$ ist maßgleicher Kern von $\mathfrak{B}$, und Satz XVII ist bewiesen.

Aus Satz XVI und XVII folgt nun:

Satz XVIII. Ist φ eine reguläre Maßfunktion, und ist der Raum $\Re$ Vereinigung abzählbar vieler φ-meßbarer Mengen von endlichem φ-Maße, so gibt es zu jeder Menge $\mathfrak{A}$ aus $\Re$ maßgleiche Kerne.

Sei $\{\mathfrak{A}_\nu\}$ eine Folge zu je zweien fremder Mengen, und sei $\mathfrak{A}$ ihre Vereinigung. Dann gilt (einerseits nach Eigenschaft 3. der Maßfunktionen (S. 424), andrerseits nach Satz III):

$$\varphi(\mathfrak{A}) \leqq \sum_\nu \varphi(\mathfrak{A}_\nu); \quad \varphi_*(\mathfrak{A}) \geqq \sum_\nu \varphi_*(\mathfrak{A}_\nu).$$

Wir stellen nun noch einen wichtigen Spezialfall fest, in dem diese Ungleichungen in Gleichungen übergehen:

Satz XIX. Sei φ eine reguläre Maßfunktion; sei $\{\mathfrak{M}_\nu\}$ eine Folge zu je zweien fremder φ-meßbarer Mengen, und sei:

$$\mathfrak{A}_\nu < \mathfrak{M}_\nu.$$

Dann gelten für die Vereinigung

$$\mathfrak{A} = \mathfrak{A}_1 + \mathfrak{A}_2 + \cdots + \mathfrak{A}_\nu + \cdots$$

die beiden Gleichungen:

$$(*) \qquad \varphi(\mathfrak{A}) = \sum_\nu \varphi(\mathfrak{A}_\nu); \quad \varphi_*(\mathfrak{A}) = \sum_\nu \varphi_*(\mathfrak{A}_\nu).$$

Sei zunächst $\varphi(\mathfrak{A})$ und $\varphi_*(\mathfrak{A})$ endlich, und sei $\mathfrak{A}^*$ maßgleiche Hülle (Satz V), $\mathfrak{A}_*$ maßgleicher Kern (Satz XIII) von $\mathfrak{A}$. Dabei können wir annehmen:

$$\mathfrak{A}^* < \mathfrak{M}_1 + \mathfrak{M}_2 + \cdots + \mathfrak{M}_\nu + \cdots,$$

denn anderenfalls hätten wir $\mathfrak{A}^*$ nur zu ersetzen durch den Durchschnitt:

$$\mathfrak{A}^* \cdot (\mathfrak{M}_1 + \mathfrak{M}_2 + \cdots + \mathfrak{M}_\nu + \cdots).$$

Es ist $\mathfrak{A}^*\mathfrak{M}_\nu$ maßgleiche Hülle, $\mathfrak{A}_*\mathfrak{M}_\nu$ maßgleicher Kern von $\mathfrak{A}_\nu$. Wir haben also:

$$(**) \qquad \begin{aligned} \varphi(\mathfrak{A}) &= \varphi(\mathfrak{A}^*); \quad \varphi(\mathfrak{A}_\nu) = \varphi(\mathfrak{A}^*\mathfrak{M}_\nu); \\ \varphi_*(\mathfrak{A}) &= \varphi(\mathfrak{A}_*); \quad \varphi_*(\mathfrak{A}_\nu) = \varphi(\mathfrak{A}_*\mathfrak{M}_\nu). \end{aligned}$$

Da nun:

$$\mathfrak{A}^* = \mathfrak{A}^* \cdot \mathfrak{M}_1 + \mathfrak{A}^* \cdot \mathfrak{M}_2 + \cdots + \mathfrak{A}^* \cdot \mathfrak{M}_\nu + \cdots;$$
$$\mathfrak{A}_* = \mathfrak{A}_* \cdot \mathfrak{M}_1 + \mathfrak{A}_* \cdot \mathfrak{M}_2 + \cdots + \mathfrak{A}_* \cdot \mathfrak{M}_\nu + \cdots,$$

so ist auch:

$$(***) \qquad \varphi(\mathfrak{A}^*) = \sum_\nu \varphi(\mathfrak{A}^* \cdot \mathfrak{M}_\nu); \quad \varphi(\mathfrak{A}_*) = \sum_\nu \varphi(\mathfrak{A}_* \cdot \mathfrak{M}_\nu).$$

Aus $(**)$ und $(***)$ aber folgt $(*)$.

Ist $\varphi(\mathfrak{A}) = +\infty$, so wegen Eigenschaft 3. der Maßfunktionen (S. 424) auch $\sum\limits_{\nu} \varphi(\mathfrak{A}_\nu)$, und es gilt wieder die erste Gleichung (*). — Ist

$$(0) \qquad\qquad \varphi_*(\mathfrak{A}) = +\infty,$$

so gibt es, wenn die Zahl p beliebig gegeben ist, einen φ-meßbaren Teil $\mathfrak{B}$ von $\mathfrak{A}$, so daß:

$$(00) \qquad\qquad \varphi(\mathfrak{B}) > p.$$

Setzen wir:

$$\mathfrak{B}_\nu = \mathfrak{B}\,\mathfrak{M}_\nu,$$

so ist wegen (00):

$$(000) \qquad\qquad \varphi(\mathfrak{B}) = \sum\limits_{\nu} \varphi(\mathfrak{B}\,\mathfrak{M}_\nu) > p.$$

Da $\mathfrak{B}\,\mathfrak{M}_\nu$ ein φ-meßbarer Teil von $\mathfrak{A}_\nu$, so ist:

$$\varphi_*(\mathfrak{A}_\nu) \geqq \varphi(\mathfrak{B}\,\mathfrak{M}_\nu),$$

und mithin wegen (000):

$$\sum\limits_{\nu} \varphi_*(\mathfrak{A}_\nu) > p.$$

Da dies für jedes p gilt, so ist:

$$\sum\limits_{\nu} \varphi_*(\mathfrak{A}_\nu) = +\infty,$$

und da auch $\varphi_*(\mathfrak{A}) = +\infty$ war, gilt die zweite Gleichung (*). Damit ist Satz XIX bewiesen.

§ 7. Inhaltsfunktionen.

Wir gehen nun noch einen Schritt weiter in der Spezialisierung der betrachteten Maßfunktionen φ, indem wir an Stelle von Forderung 5. (S. 432), der die regulären Maßfunktionen zu genügen hatten, die Forderung treten lassen:

5a. Zu jeder Menge $\mathfrak{A}$ gibt es einen o-Durchschnitt $\mathfrak{D} \succ \mathfrak{A}$, so daß:

$$\varphi(\mathfrak{D}) = \varphi(\mathfrak{A}).$$

Eine Maßfunktion, die den Forderungen 1., 2., 3., 4. der gewöhnlichen Maßfunktionen und außerdem noch der Forderung 5a. genügt, wollen wir eine Inhaltsfunktion nennen.

Da nach § 6, Satz II jeder o-Durchschnitt φ-meßbar ist, so ist, wenn 5a. erfüllt ist, gewiß auch 5. erfüllt, und wir haben:

Satz I. Jede Inhaltsfunktion ist eine reguläre Maßfunktion[1].

---

[1] Die Umkehrung dieses Satzes gilt nicht. Beispiel: Sei $\mathfrak{R}$ der euklidische $\mathfrak{R}_1$, und sei $\varphi(\mathfrak{A}) = 0$ oder $= +\infty$, je nachdem $\mathfrak{A}$ abzählbar oder

Satz II. Ist φ eine Inhaltsfunktion und $\varphi(\mathfrak{A})$ endlich, so gibt es einen o-Durchschnitt, der maßgleiche Hülle von $\mathfrak{A}$ ist.

In der Tat, nach Eigenschaft 5a. gibt es einen o-Durchschnitt $\mathfrak{D} \succ \mathfrak{A}$, so daß $\varphi(\mathfrak{D}) = \varphi(\mathfrak{A})$; nach § 6, Satz IV ist:

$$\varphi_*(\mathfrak{D} - \mathfrak{A}) = \varphi(\mathfrak{D}) - \varphi(\mathfrak{A}) = 0.$$

Für jede φ-meßbare Menge $\mathfrak{M}$ ist daher:

$$\varphi_*(\mathfrak{M}(\mathfrak{D} - \mathfrak{A})) = 0,$$

und mithin nach § 6, Satz IV:

$$\varphi(\mathfrak{M}\mathfrak{D}) = \varphi(\mathfrak{M}\mathfrak{A}) + \varphi_*(\mathfrak{M}(\mathfrak{D} - \mathfrak{A})) = \varphi(\mathfrak{M}\mathfrak{A}),$$

womit Satz II bewiesen ist.

An Stelle von § 6, Satz XIII tritt:

Satz III. Ist φ eine Inhaltsfunktion und $\varphi_*(\mathfrak{A})$ endlich, so gibt es eine a-Vereinigung, die maßgleicher Kern von $\mathfrak{A}$ ist.

In der Tat, zunächst gibt es nach § 6, Satz XIII einen maßgleichen Kern $\mathfrak{A}_*$ von $\mathfrak{A}$; wegen:

$$\varphi(\mathfrak{A}_*) = \varphi(\mathfrak{A})$$

ist $\varphi(\mathfrak{A}_*)$ endlich. Nach Satz II gibt es also einen o-Durchschnitt $\mathfrak{D}$, der maßgleiche Hülle von $\mathfrak{A}_*$ ist. Wegen:

$$\varphi(\mathfrak{A}_*) = \varphi(\mathfrak{D})$$

ist auch $\varphi(\mathfrak{D})$ endlich. Nach Satz II gibt es einen o-Durchschnitt $\mathfrak{E}$, der maßgleiche Hülle von $\mathfrak{D} - \mathfrak{A}_*$ ist. Dabei kann angenommen werden $\mathfrak{E} \prec \mathfrak{D}$, da man andernfalls nur $\mathfrak{E}$ durch $\mathfrak{D} \cdot \mathfrak{E}$ zu ersetzen hätte. Verstehen wir nun in § 6, Satz XVII unter dem Raume $\mathfrak{R}$ die Menge $\mathfrak{D}$, so lehrt er, daß das Komplement $\mathfrak{D} - \mathfrak{E}$ maßgleicher Kern von $\mathfrak{A}_*$ ist, d. h. für jede meßbare Menge $\mathfrak{M}$ ist:

$$(\dagger) \qquad \varphi(\mathfrak{M}(\mathfrak{D} - \mathfrak{E})) = \varphi(\mathfrak{M}\mathfrak{A}_*) = \varphi_*(\mathfrak{M}\mathfrak{A}).$$

Als o-Durchschnitt hat $\mathfrak{D}$ die Gestalt:

$$(\dagger\dagger) \qquad \mathfrak{D} = \mathfrak{D}_1 \cdot \mathfrak{D}_2 \cdot \ldots \cdot \mathfrak{D}_n \cdot \ldots,$$

wo die $\mathfrak{D}_n$ offen. Nach Kap. I, § 3, Satz IV ist aber $\mathfrak{D}_n$ eine a-Ver-

---

nicht-abzählbar. Dann ist jede Menge $\mathfrak{A}$ φ-meßbar. Sei insbesondere $\mathfrak{A}$ die Menge aller rationalen Punkte des $\mathfrak{R}_1$. Dann ist $\varphi(\mathfrak{A}) = 0$. Jeder $\mathfrak{A}$ enthaltende o-Durchschnitt $\mathfrak{D}$ aber hat nach Kap. I, § 8, Satz VI die Mächtigkeit c, so daß $\varphi(\mathfrak{D}) = +\infty$. Es ist also φ zwar eine reguläre Maßfunktion, nicht aber eine Inhaltsfunktion.

einigung:

$$\mathfrak{D}_n = \mathfrak{B}_{n,1} \dotplus \mathfrak{B}_{n,2} \dotplus \ldots \dotplus \mathfrak{B}_{n,\nu} \dotplus \ldots,$$

wo die $\mathfrak{B}_{n,\nu}$ abgeschlossen, und nach Kap. I, § 2, Satz XI kann angenommen werden:

$$\mathfrak{B}_{n,\nu} \prec \mathfrak{B}_{n,\nu+1}.$$

Es ist also:

$$\mathfrak{D} = \mathfrak{D}\mathfrak{B}_{n,1} \dotplus \mathfrak{D}\mathfrak{B}_{n,2} \dotplus \ldots \dotplus \mathfrak{D}\mathfrak{B}_{n,\nu} \dotplus \ldots$$

und mithin (§ 5, Satz XV):

$$\lim_{\nu = \infty} \varphi(\mathfrak{D} \cdot \mathfrak{B}_{n,\nu}) = \varphi(\mathfrak{D}).$$

Daraus entnehmen wir: Ist $\varepsilon_n > 0$ beliebig gegeben, so gibt es in $\mathfrak{D}_n$ einen abgeschlossenen Teil $\mathfrak{B}_n$, so daß:

$$(\dagger_\dagger\dagger) \qquad \varphi(\mathfrak{D}) - \varphi(\mathfrak{D} \cdot \mathfrak{B}_n) < \varepsilon_n.$$

Wählen wir insbesondere die ε_n so, daß:

$$\sum_{n=1}^{\infty} \varepsilon_n < \frac{1}{m},$$

und setzen wir:

$$\mathfrak{B}_1 \cdot \mathfrak{B}_2 \cdot \ldots \cdot \mathfrak{B}_n \cdot \ldots = \mathfrak{B}^{(m)},$$

so ist, wegen $\mathfrak{B}_n \prec \mathfrak{D}_n$, zufolge $(\dagger\dagger)$ $\mathfrak{B}^{(m)}$ ein abgeschlossener Teil von $\mathfrak{D}$, und aus

$$\mathfrak{D} - \mathfrak{B}^{(m)} = (\mathfrak{D} - \mathfrak{D}\mathfrak{B}_1) \dotplus (\mathfrak{D} - \mathfrak{D}\mathfrak{B}_2) \dotplus \ldots \dotplus (\mathfrak{D} - \mathfrak{D}\mathfrak{B}_n) \dotplus \ldots$$

folgt wegen $(\dagger_\dagger\dagger)$:

$$\varphi(\mathfrak{D}) - \varphi(\mathfrak{B}^{(m)}) \leqq \sum_{n=1}^{\infty} \varepsilon_n < \frac{1}{m}.$$

Es ist daher:

$$\mathfrak{B} = \mathfrak{B}^{(1)} \dotplus \mathfrak{B}^{(2)} \dotplus \ldots \dotplus \mathfrak{B}^{(m)} \dotplus \ldots$$

eine in $\mathfrak{D}$ enthaltene a-Vereinigung, für die (§ 5, Satz XV):

$$\varphi(\mathfrak{B}) = \varphi(\mathfrak{D})$$

und somit:

$$(\dagger\dagger\dagger) \qquad \varphi(\mathfrak{D} - \mathfrak{B}) = 0.$$

Bilden wir nun:

$$(\dagger\dagger\dagger) \qquad \mathfrak{C} = \mathfrak{B} - \mathfrak{B}\mathfrak{E} = (\mathfrak{R} - \mathfrak{E}) \cdot \mathfrak{B}.$$

Da $\mathfrak{R} - \mathfrak{E}$ als Komplement eines o-Durchschnittes eine a-Vereinigung ist (Kap. I, § 2, Satz X), so auch $\mathfrak{C}$ als Durchschnitt zweier a-Vereinigungen (Kap. I, § 2, Satz XIV).

Ferner ist wegen $\mathfrak{B} \prec \mathfrak{D}$:

$$\mathfrak{C} = \mathfrak{B} - \mathfrak{B}\mathfrak{E} \prec \mathfrak{D} - \mathfrak{E},$$

und da $\mathfrak{D} - \mathfrak{E}$ maßgleicher Kern von $\mathfrak{A}_*$ war, auch $\mathfrak{C} \prec \mathfrak{A}_*$, und mithin $\mathfrak{C} \prec \mathfrak{A}$.

Wegen $\mathfrak{B} \prec \mathfrak{D}$ folgt aus ($\dagger\dagger\dagger$):

$$\mathfrak{C} = \mathfrak{B} - \mathfrak{B}\mathfrak{E} = \mathfrak{B}(\mathfrak{D} - \mathfrak{E}).$$

Also ist:

$$(\mathfrak{D} - \mathfrak{E}) - \mathfrak{C} = (\mathfrak{D} - \mathfrak{E}) - \mathfrak{B}(\mathfrak{D} - \mathfrak{E}) \prec \mathfrak{D} - \mathfrak{B},$$

und aus ($\dagger\dagger\dagger$) folgt daher für jede φ-meßbare Menge $\mathfrak{M}$:

$$\varphi(\mathfrak{M} \cdot \mathfrak{C}) = \varphi(\mathfrak{M} \cdot (\mathfrak{D} - \mathfrak{E})).$$

Also wegen ($\dagger$):

$$\varphi(\mathfrak{M} \cdot \mathfrak{C}) = \varphi_*(\mathfrak{M} \cdot \mathfrak{A}),$$

d. h. es ist $\mathfrak{C}$ maßgleicher Kern von $\mathfrak{A}$, und Satz III ist bewiesen.

Satz IV. Ist φ eine Inhaltsfunktion, und ist der Raum $\mathfrak{R}$ Vereinigung abzählbar vieler φ-meßbarer Mengen von endlichem φ-Maße, so gibt es in jeder Menge $\mathfrak{A}$ eine a-Vereinigung, die maßgleicher Kern von $\mathfrak{A}$ ist.

In der Tat, nach § 6, Satz XVIII gibt es in $\mathfrak{A}$ einen maßgleichen Kern $\mathfrak{A}_*$. Es wird genügen zu beweisen: Es gibt eine a-Vereinigung $\mathfrak{A}_{**} \prec \mathfrak{A}_*$, so daß

$$\varphi(\mathfrak{A}_* - \mathfrak{A}_{**}) = 0.$$

Nun ist nach Voraussetzung $\mathfrak{A}_*$ Vereinigung abzählbar vieler φ-meßbarer Mengen $\mathfrak{B}_\nu$ endlichen φ-Maßes:

$$\mathfrak{A}_* = \mathfrak{B}_1 + \mathfrak{B}_2 + \ldots + \mathfrak{B}_\nu + \ldots.$$

Zu jeder Menge $\mathfrak{B}_\nu$ gibt es nach Satz III einen maßgleichen Kern $\mathfrak{C}_\nu$, der a-Vereinigung ist; dann gilt:

$$\varphi(\mathfrak{B}_\nu - \mathfrak{C}_\nu) = 0.$$

Setzen wir:

$$\mathfrak{A}_{**} = \mathfrak{C}_1 + \mathfrak{C}_2 + \ldots + \mathfrak{C}_\nu + \ldots,$$

so ist auch $\mathfrak{A}_{**}$ a-Vereinigung, es ist $\mathfrak{A}_{**} \prec \mathfrak{A}_*$, und es ist:

$$\varphi(\mathfrak{A}_* - \mathfrak{A}_{**}) \leqq \sum \varphi(\mathfrak{B}_\nu - \mathfrak{C}_\nu) = 0.$$

Damit ist Satz IV bewiesen.

Wir folgern daraus weiter:

Satz V. Unter den Voraussetzungen von Satz IV gibt es zu jeder Menge $\mathfrak{A}$ eine maßgleiche Hülle, die o-Durchschnitt ist.

In der Tat, zunächst gibt es nach § 6, Satz XVI eine maßgleiche Hülle $\mathfrak{A}^*$ von $\mathfrak{A}$. Es wird genügen zu zeigen, daß es einen o-Durchschnitt $\mathfrak{A}^{**} \succ \mathfrak{A}^*$ gibt, so daß:

$$\varphi(\mathfrak{A}^{**} - \mathfrak{A}^*) = 0.$$

Nun gibt es, wie wir beim Beweise von Satz IV sahen, eine a-Vereinigung $\mathfrak{C} < \mathfrak{R} - \mathfrak{A}^*$, so daß:

$$\varphi\,(\mathfrak{R} - \mathfrak{A}^* - \mathfrak{C}) = 0.$$

Wir setzen $\mathfrak{R} - \mathfrak{C} = \mathfrak{A}^{**}$. Dann ist $\mathfrak{A}^{**}$ o-Durchschnitt, es ist $\mathfrak{A}^{**} > \mathfrak{A}^*$, und es ist:

$$\varphi\,(\mathfrak{A}^{**} - \mathfrak{A}^*) = \varphi\,(\mathfrak{R} - \mathfrak{C} - \mathfrak{A}^*) = 0.$$

Damit ist Satz V bewiesen.

Satz VI. Sei φ eine für alle offenen Mengen $\mathfrak{O}$ definierte, nicht identisch verschwindende Mengenfunktion von folgenden Eigenschaften:

1. Es ist $\varphi\,(\mathfrak{O}) \geqq 0$ für alle offenen Mengen; für die leere Menge $\mathfrak{L}$ ist $\varphi\,(\mathfrak{L}) = 0$.

2. Aus $\mathfrak{O}_1 < \mathfrak{O}_2$ folgt:

$$\varphi\,(\mathfrak{O}_1) \leqq \varphi\,(\mathfrak{O}_2).$$

3. Ist die offene Menge $\mathfrak{O}$ Vereinigung abzählbar vieler offener Mengen:

$$\mathfrak{O} = \mathfrak{O}_1 + \mathfrak{O}_2 + \ldots + \mathfrak{O}_\nu + \ldots,$$

so ist:

$$(1) \qquad \varphi\,(\mathfrak{O}) \leqq \varphi\,(\mathfrak{O}_1) + \varphi\,(\mathfrak{O}_2) + \ldots + \varphi\,(\mathfrak{O}_\nu) + \ldots$$

4. Sind die beiden offenen Mengen $\mathfrak{O}_1$ und $\mathfrak{O}_2$ fremd, so ist:

$$(2) \qquad \varphi\,(\mathfrak{O}_1 + \mathfrak{O}_2) = \varphi\,(\mathfrak{O}_1) + \varphi\,(\mathfrak{O}_2).$$

Dann kann $\varphi\,(\mathfrak{O})$ zu einer für alle Punktmengen definierten Inhaltsfunktion erweitert werden[1]).

In der Tat, sei $\mathfrak{A}$ eine beliebige Punktmenge. Wir verstehen unter $\varphi\,(\mathfrak{A})$ die untere Schranke von $\varphi\,(\mathfrak{O})$ für alle $\mathfrak{A}$ enthaltenden offenen Mengen $\mathfrak{O}$.

Die so für alle Mengen $\mathfrak{A}$ definierte Mengenfunktion $\varphi\,(\mathfrak{A})$ ist nun eine Inhaltsfunktion. In der Tat, die Eigenschaften 1. und 2. der Maßfunktionen (S. 424) sind erfüllt, wie sofort aus den Eigenschaften 1. und 2. von $\varphi\,(\mathfrak{O})$ folgt. Wir weisen nach, daß auch Eigenschaft 3. der Maßfunktionen erfüllt ist.

Sei zu dem Zwecke

$$\mathfrak{A} = \mathfrak{A}_1 + \mathfrak{A}_2 + \ldots + \mathfrak{A}_\nu + \ldots$$

---

[1]) Ist $\mathfrak{G}$ eine offene Menge, und ist $\varphi\,(\mathfrak{O})$ nur definiert für alle $\mathfrak{O} < \mathfrak{G}$, so kann φ zu einer für alle in $\mathfrak{G}$ enthaltenen Punktmengen $\mathfrak{A}$ definierten Inhaltsfunktion erweitert werden.

Wir haben zu zeigen, daß:

$$(3) \qquad \varphi(\mathfrak{A}) \leqq \varphi(\mathfrak{A}_1) + \varphi(\mathfrak{A}_2) + \ldots + \varphi(\mathfrak{A}_\nu) + \ldots .$$

Dies ist sicher richtig, wenn ein $\varphi(\mathfrak{A}_\nu) = +\infty$. Seien also alle $\varphi(\mathfrak{A}_\nu)$ endlich. Ist dann $\varepsilon > 0$ beliebig gegeben und $\{\varepsilon_\nu\}$ eine Folge positiver Zahlen, so daß:

$$(4) \qquad \sum_\nu \varepsilon_\nu \leqq \varepsilon,$$

so gibt es zu $\mathfrak{A}_\nu$ eine offene Menge $\mathfrak{O}_\nu > \mathfrak{A}_\nu$, so daß:

$$(5) \qquad \varphi(\mathfrak{O}_\nu) < \varphi(\mathfrak{A}_\nu) + \varepsilon_\nu.$$

Setzen wir:

$$\mathfrak{O} = \mathfrak{O}_1 + \mathfrak{O}_2 + \ldots + \mathfrak{O}_\nu + \ldots,$$

so ist $\mathfrak{O} > \mathfrak{A}$, und aus (1), (5), (4) folgt:

$$\varphi(\mathfrak{O}) < \sum_\nu \varphi(\mathfrak{A}_\nu) + \varepsilon.$$

Aus $\mathfrak{O} > \mathfrak{A}$ aber folgt:

$$\varphi(\mathfrak{A}) \leqq \varphi(\mathfrak{O}) < \sum_\nu \varphi(\mathfrak{A}_\nu) + \varepsilon,$$

und da dies für jedes $\varepsilon > 0$ gilt, ist (3) bewiesen.

Wir beweisen sodann Eigenschaft 4. der gewöhnlichen Maßfunktionen (S. 430). Seien $\mathfrak{A}$ und $\mathfrak{B}$ zwei Mengen, für die:

$$(6) \qquad r(\mathfrak{A}, \mathfrak{B}) = \varrho > 0.$$

Wir haben zu zeigen:

$$(7) \qquad \varphi(\mathfrak{A} + \mathfrak{B}) = \varphi(\mathfrak{A}) + \varphi(\mathfrak{B}).$$

Wegen (3) ist gewiß:

$$\varphi(\mathfrak{A} + \mathfrak{B}) \leqq \varphi(\mathfrak{A}) + \varphi(\mathfrak{B}).$$

Es ist also nur noch zu zeigen:

$$\varphi(\mathfrak{A} + \mathfrak{B}) \geqq \varphi(\mathfrak{A}) + \varphi(\mathfrak{B}).$$

Dazu genügt es, zu zeigen: Für jede $\mathfrak{A} + \mathfrak{B}$ enthaltende offene Menge $\mathfrak{O}$ ist:

$$(8) \qquad \varphi(\mathfrak{O}) \geqq \varphi(\mathfrak{A}) + \varphi(\mathfrak{B}).$$

Wir setzen:

$$\mathfrak{O}_1 = \mathfrak{O} \cdot \mathfrak{U}\left(\mathfrak{A}; \frac{\varrho}{2}\right); \quad \mathfrak{O}_2 = \mathfrak{O} \cdot \mathfrak{U}\left(\mathfrak{B}; \frac{\varrho}{2}\right).$$

Wegen (6) sind dann $\mathfrak{O}_1$ und $\mathfrak{O}_2$ fremd; es gilt also (2), und da $\mathfrak{O}_1 + \mathfrak{O}_2 < \mathfrak{O}$, so ist:

$$\varphi(\mathfrak{O}_1 + \mathfrak{O}_2) = \varphi(\mathfrak{O}_1) + \varphi(\mathfrak{O}_2) \leqq \varphi(\mathfrak{O}).$$

Wegen:

$$\varphi(\mathfrak{A}) \leqq \varphi(\mathfrak{O}_1); \quad \varphi(\mathfrak{B}) \leqq \varphi(\mathfrak{O}_2)$$

ist also erst recht:

$$\varphi(\mathfrak{A}) + \varphi(\mathfrak{B}) \leqq \varphi(\mathfrak{D}),$$

und (8), und damit auch (7) ist bewiesen.

Was endlich Eigenschaft 5a. der Inhaltsfunktionen (S. 444) anlangt, so gibt es nach Definition von $\varphi(\mathfrak{A})$ eine Folge offener Mengen $\mathfrak{D}_\nu \succ \mathfrak{A}$, so daß

$$\lim_{\nu=\infty} \varphi(\mathfrak{D}_\nu) = \varphi(\mathfrak{A}).$$

Setzen wir:

$$\mathfrak{D} = \mathfrak{D}_1 \cdot \mathfrak{D}_2 \cdot \ldots \cdot \mathfrak{D}_\nu \cdot \ldots,$$

so ist auch $\mathfrak{D} \succ \mathfrak{A}$ und

$$\varphi(\mathfrak{D}) = \varphi(\mathfrak{A}),$$

wie Eigenschaft 5a. es verlangt. Damit ist Satz VI nachgewiesen.

Wir wollen noch ein anderes Verfahren besprechen, das uns in § 8 auf die wichtigsten Spezialfälle des Begriffes der Inhaltsfunktion führen wird[1]).

Sei T ein System von Punktmengen des Raumes $\mathfrak{R}$, derart daß, wenn a irgendeinen Punkt von $\mathfrak{R}$ bedeutet, in jeder Umgebung von a mindestens eine a enthaltende Menge aus T liegt. Für alle Mengen $\mathfrak{T}$ von T sei eine nichtnegative Mengenfunktion $\tau(\mathfrak{T})$ definiert.

Sei nun $\mathfrak{A}$ eine gegebene Punktmenge, ϱ eine positive Zahl. Wir bezeichnen als ein System $T(\mathfrak{A}, \varrho)$ jedes Teilsystem von T mit folgenden Eigenschaften:

1. Ist a ein beliebiger Punkt von $\mathfrak{A}$, so gibt es in $T(\mathfrak{A}, \varrho)$ mindestens eine a enthaltende, ganz in $\mathfrak{U}(a; \varrho)$ liegende Menge aus T.

2. Jede Menge aus $T(\mathfrak{A}, \varrho)$ liegt ganz in der Umgebung $\mathfrak{U}(a; \varrho)$ mindestens eines Punktes a von $\mathfrak{A}$ [und mithin ganz in $\mathfrak{U}(\mathfrak{A}; \varrho)$].

Wir bilden nun zu jeder Menge $\mathfrak{T}$ aus $T(\mathfrak{A}, \varrho)$ den Funktionswert $\tau(\mathfrak{T})$ und bezeichnen mit $S\{T(\mathfrak{A}, \varrho)\}$ die Summe der $\tau(\mathfrak{T})$ [für alle Mengen $\mathfrak{T}$ aus $T(\mathfrak{A}, \varrho)$][2]). Die untere Schranke aller dieser Zahlen $S\{T(\mathfrak{A}, \varrho)\}$ [für alle möglichen $T(\mathfrak{A}, \varrho)$, bei festgehaltenem $\mathfrak{A}$ und ϱ] bezeichnen wir mit $\varphi(\mathfrak{A}, \varrho)$.

Weil für $\varrho' \leqq \varrho$ jedes $T(\mathfrak{A}, \varrho')$ auch ein $T(\mathfrak{A}, \varrho)$ ist, so ist:

$$\varphi(\mathfrak{A}, \varrho') \geqq \varphi(\mathfrak{A}, \varrho) \quad \text{für } \varrho' \leqq \varrho.$$

Es existiert also der Grenzwert:

$$(0) \qquad \varphi(\mathfrak{A}) = \lim_{\varrho=+0} \varphi(\mathfrak{A}, \varrho).$$

Hierdurch ist die Mengenfunktion $\varphi(\mathfrak{A})$ für alle nicht leeren Mengen $\mathfrak{A}$ definiert. Wir dehnen ihre Definition auch auf die leere Menge $\mathfrak{L}$ aus durch die Festsetzung:

$$\varphi(\mathfrak{L}) = 0.$$

Wir behaupten:

---

[1]) Vgl. hierzu F. Hausdorff, Math. Ann. 79 (1918), 159.

[2]) Gibt es unter den Zahlen $\tau(\mathfrak{T})$ eine nicht abzählbare Menge von Null verschiedener, so ist unter ihrer Summe der Wert $+\infty$ zu verstehen.

Satz VII. Die durch (0) definierte Mengenfunktion φ ist (wenn sie nicht für alle $\mathfrak{A}$ verschwindet) eine gewöhnliche Maßfunktion.

Wir haben zu zeigen, daß $\varphi(\mathfrak{A})$ die Eigenschaften 1., 2., 3. von S. 424 und 4. von S. 430 besitzt.

Für Eigenschaft 1. folgt dies daraus, daß $\tau(\mathfrak{T}) \geq 0$ vorausgesetzt war; für Eigenschaft 2. daraus, daß, wenn $\mathfrak{B} < \mathfrak{A}$, aus jedem System $\mathsf{T}(\mathfrak{A}, \varrho)$ durch Weglassen gewisser Mengen $\mathfrak{T}$ ein System $\mathsf{T}(\mathfrak{B}, \varrho)$ wird, für das dann:

$$S\{\mathsf{T}(\mathfrak{B}, \varrho)\} \leq S\{\mathsf{T}(\mathfrak{A}, \varrho)\}.$$

Sei, um nun Eigenschaft 3. nachzuweisen:

$$\mathfrak{A} = \mathfrak{A}_1 + \mathfrak{A}_2 + \ldots + \mathfrak{A}_\nu + \ldots.$$

Wir haben zu zeigen, daß:

$$(00) \qquad \varphi(\mathfrak{A}) \leq \sum_\nu \varphi(\mathfrak{A}_\nu).$$

Das ist sicher richtig, wenn ein $\varphi(\mathfrak{A}_\nu) = +\infty$. Seien also alle $\varphi(\mathfrak{A}_\nu)$ endlich. Sei $\varepsilon > 0$ beliebig gegeben und $\{\varepsilon_\nu\}$ eine Folge positiver Zahlen, so daß:

$$\sum_\nu \varepsilon_\nu \leq \varepsilon.$$

Zu jedem $\mathfrak{A}_\nu$ gibt es ein System $\mathsf{T}(\mathfrak{A}_\nu, \varrho)$, so daß:

$$S\{\mathsf{T}(\mathfrak{A}_\nu, \varrho)\} < \varphi(\mathfrak{A}_\nu, \varrho) + \varepsilon_\nu \leq \varphi(\mathfrak{A}_\nu) + \varepsilon_\nu.$$

Die Vereinigung dieser Systeme $\mathsf{T}(\mathfrak{A}_\nu, \varrho)$ $(\nu = 1, 2, \ldots)$ bildet offenbar ein System $\mathsf{T}(\mathfrak{A}, \varrho)$, für das:

$$S\{\mathsf{T}(\mathfrak{A}, \varrho)\} \leq \sum_\nu S\{\mathsf{T}(\mathfrak{A}_\nu, \varrho)\} < \sum_\nu (\varphi(\mathfrak{A}_\nu) + \varepsilon_\nu) \leq \sum_\nu \varphi(\mathfrak{A}_\nu) + \varepsilon.$$

Also ist auch:

$$\varphi(\mathfrak{A}, \varrho) < \sum_\nu \varphi(\mathfrak{A}_\nu) + \varepsilon$$

und mithin:

$$\varphi(\mathfrak{A}) = \lim_{\varrho = +0} \varphi(\mathfrak{A}, \varrho) \leq \sum_\nu \varphi(\mathfrak{A}_\nu) + \varepsilon,$$

und da dies für jedes $\varepsilon > 0$ gilt, ist (00) bewiesen.

Es gilt noch, Eigenschaft 4. nachzuweisen. Seien zu dem Zwecke $\mathfrak{A}$ und $\mathfrak{B}$ zwei Mengen positiven Abstandes. Wir haben zu zeigen:

$$\varphi(\mathfrak{A} + \mathfrak{B}) = \varphi(\mathfrak{A}) + \varphi(\mathfrak{B}).$$

Wegen (00) ist gewiß:

$$\varphi(\mathfrak{A} + \mathfrak{B}) \leq \varphi(\mathfrak{A}) + \varphi(\mathfrak{B}).$$

Es genügt also, nachzuweisen:

$$(000) \qquad \varphi(\mathfrak{A} + \mathfrak{B}) \geq \varphi(\mathfrak{A}) + \varphi(\mathfrak{B}).$$

Wir wählen zu dem Zwecke die positive Zahl ϱ:

$$\varrho < \tfrac{1}{2} r(\mathfrak{A}, \mathfrak{B}).$$

Jedes System $\mathsf{T}(\mathfrak{A} + \mathfrak{B}, \varrho)$ ist dann Vereinigung zweier fremder Systeme $\mathsf{T}(\mathfrak{A}, \varrho)$ und $\mathsf{T}(\mathfrak{B}, \varrho)$ und daher ist:

$$S\{\mathsf{T}(\mathfrak{A} + \mathfrak{B}, \varrho)\} = S\{\mathsf{T}(\mathfrak{A}, \varrho)\} + S\{\mathsf{T}(\mathfrak{B}, \varrho)\}.$$

Für die unteren Schranken folgt daher:

$$\varphi(\mathfrak{A} + \mathfrak{B}, \varrho) \geq \varphi(\mathfrak{A}, \varrho) + \varphi(\mathfrak{B}, \varrho),$$

und hieraus folgt (000) durch den Grenzübergang $\varrho \longrightarrow +0$. Damit ist Eigenschaft 4. nachgewiesen, und der Beweis von Satz VII beendet.

Satz VIII. Sind die Mengen $\mathfrak{T}$ des Systems T offen, so ist die durch (0) definierte Mengenfunktion φ (wenn sie nicht identisch verschwindet) eine Inhaltsfunktion.

Zufolge Satz VII haben wir nur mehr nachzuweisen, daß φ die Eigenschaft 5a. (S. 444) hat; d. h. wir haben zu zeigen: Zu jeder Menge $\mathfrak{A}$ gibt es einen o-Durchschnitt $\mathfrak{D} > \mathfrak{A}$, so daß:

$$(*) \qquad \varphi(\mathfrak{D}) = \varphi(\mathfrak{A}).$$

Dies ist evident, wenn $\varphi(\mathfrak{A}) = +\infty$. Sei also $\varphi(\mathfrak{A})$ endlich. Ist $\{\varrho_n\}$ eine Folge positiver Zahlen mit

$$(**) \qquad \lim_{n=\infty} \varrho_n = 0,$$

so ist nach Definition von $\varphi(\mathfrak{A})$:

$$({}^*_*{}^*) \qquad \varphi(\mathfrak{A}) = \lim_{n=\infty} \varphi(\mathfrak{A}, \varrho_n).$$

Und da $\varphi(\mathfrak{A}, \varrho_n)$ untere Schranke der $S\{\mathsf{T}(\mathfrak{A}, \varrho_n)\}$, gibt es ein $\mathsf{T}(\mathfrak{A}, \varrho_n)$, so daß;

$$({}_*{}^*_*) \qquad S\{\mathsf{T}(\mathfrak{A}, \varrho_n)\} < \varphi(\mathfrak{A}, \varrho_n) + \frac{1}{n}.$$

Nach Annahme ist jede Menge aus $\mathsf{T}(\mathfrak{A}, \varrho_n)$ offen, daher (Kap. I, § 2, Satz VII) auch die Vereinigung dieser Mengen, die wir mit $\mathfrak{O}_n$ bezeichnen wollen. Daher ist:

$$\mathfrak{D} = \mathfrak{O}_1 \cdot \mathfrak{O}_2 \cdot \ldots \cdot \mathfrak{O}_n \cdot \ldots$$

ein o-Durchschnitt, und es ist $\mathfrak{D} > \mathfrak{A}$.

Wir behaupten: Jedes System $\mathsf{T}(\mathfrak{A}, \varrho_n)$ ist zugleich ein System $\mathsf{T}(\mathfrak{D}, 2\varrho_n)$. Wegen $\mathfrak{D} > \mathfrak{A}$ ist von den beiden Eigenschaften der Systeme $\mathsf{T}(\mathfrak{D}, 2\varrho_n)$ (S. 450) die zweite sicher erfüllt. Was die erste anlangt, ist zu zeigen: Zu jedem Punkte a von $\mathfrak{D}$ gibt es in $\mathsf{T}(\mathfrak{A}, \varrho_n)$ mindestens eine a enthaltende, in $\mathfrak{U}(a; 2\varrho_n)$ liegende Menge $\mathfrak{T}$. Da $\mathfrak{D} < \mathfrak{O}_n$, gibt es in $\mathsf{T}(\mathfrak{A}, \varrho_n)$ gewiß eine a enthaltende Menge $\mathfrak{T}$. Nach Definition von $\mathsf{T}(\mathfrak{A}, \varrho_n)$ liegt diese Menge $\mathfrak{T}$ ganz in der Umgebung $\mathfrak{U}(a'; \varrho_n)$ eines Punktes a' von $\mathfrak{A}$. Es ist also $r(a, a') < \varrho_n$, und wegen $\mathfrak{T} < \mathfrak{U}(a'; \varrho_n)$ ist nach der Dreiecksungleichung $\mathfrak{T} < \mathfrak{U}(a; 2\varrho_n)$, wie behauptet.

Da also jedes System $\mathsf{T}(\mathfrak{A}, \varrho_n)$ ein System $\mathsf{T}(\mathfrak{D}, 2\varrho_n)$ ist, folgt für die untere Schranke der $S\{\mathsf{T}(\mathfrak{D}, 2\varrho_n)\}$ aus $({}_*{}^*_*)$:

$$\varphi(\mathfrak{D}, 2\varrho_n) < \varphi(\mathfrak{A}, \varrho_n) + \frac{1}{n},$$

mithin wegen $({}^*_*{}^*)$ und $(**)$:

$$\varphi(\mathfrak{D}) = \lim_{\varrho=+0} \varphi(\mathfrak{D}, \varrho) = \lim_{n=\infty} \varphi(\mathfrak{D}, 2\varrho_n) \leqq \varphi(\mathfrak{A}).$$

Wegen $\mathfrak{D} > \mathfrak{A}$ ist aber andrerseits:

$$\varphi(\mathfrak{D}) \geqq \varphi(\mathfrak{A}).$$

Es gilt also (*), und Satz VIII ist bewiesen.

§ 8. Inhaltsfunktionen im $\Re_k$.

Wir wollen uns nun insbesondere mit Inhaltsfunktionen im $\Re_k$ beschäftigen.

Sei eine Mengenfunktion ψ definiert für alle abgeschlossenen Intervalle des $\Re_k$[1]); wir nennen sie dann: eine Intervallfunktion.

Wir werden im folgenden unter einem Intervallsysteme eine Menge abzählbar vieler abgeschlossener Intervalle verstehen, die zu je zweien keine inneren Punkte gemein haben. Besteht ein Intervallsystem aus endlich vielen abgeschlossenen Intervallen, so nennen wir es ein endliches Intervallsystem. Ist $\Im$ ein abgeschlossenes Intervall, $\mathfrak{S}$ ein endliches Intervallsystem, und ist $\Im$ die Vereinigung der Intervalle von $\mathfrak{S}$, so heißt das Intervallsystem $\mathfrak{S}$ ein endliches Zerlegungssystem von $\Im$.

Wir dehnen die Definition der Intervallfunktion ψ auf endliche Intervallsysteme aus durch die Festsetzung: Bilden die abgeschlossenen Intervalle $\Im_1, \Im_2, \ldots, \Im_n$ das endliche Intervallsystem $\mathfrak{S}$, so sei:

$$\psi(\mathfrak{S}) = \psi(\Im_1) + \psi(\Im_2) + \cdots + \psi(\Im_n).$$

Satz I. Sei $\psi(\Im)$ eine (nicht identisch verschwindende) Intervallfunktion von folgenden Eigenschaften:

1. Es ist $\psi(\Im) \geqq 0$ für alle abgeschlossenen Intervalle $\Im$.
2. Für jedes endliche Zerlegungssystem $\mathfrak{S}$ von $\Im$ ist:

$$\psi(\mathfrak{S}) \geqq \psi(\Im).$$

Verstehen wir dann unter $\varphi(\mathfrak{O})$ die obere Schranke von $\psi(\mathfrak{S})$ für alle in der offenen Menge $\mathfrak{O}$ enthaltenen endlichen Intervallsysteme $\mathfrak{S}$[2]), so besitzt die Mengenfunktion $\varphi(\mathfrak{O})$ die Eigenschaften 1., 2., 3., 4. von § 7, Satz VI.

Für die Eigenschaften 1., 2., 4. ist dies evident. Wir haben also nur mehr nachzuweisen: ist

$$(1) \qquad \mathfrak{O} = \mathfrak{O}_1 + \mathfrak{O}_2 + \cdots + \mathfrak{O}_\nu + \cdots,$$

wo die $\mathfrak{O}_\nu$ offene Mengen, so ist:

$$(2) \qquad \varphi(\mathfrak{O}) \leqq \varphi(\mathfrak{O}_1) + \varphi(\mathfrak{O}_2) + \cdots + \varphi(\mathfrak{O}_\nu) + \cdots$$

Wir beweisen dies zunächst für die Vereinigung zweier offener Mengen: Ist

$$\mathfrak{O} = \mathfrak{O}_1 + \mathfrak{O}_2,$$

---

[1]) Oder für alle in einer offenen Menge $\mathfrak{G}$ des $\Re_k$ liegenden abgeschlossenen Intervalle.

[2]) Für die leere Menge $\mathfrak{L}$ setzen wir $\varphi(\mathfrak{L}) = 0$.

so ist:

$$(3) \qquad \varphi(\mathfrak{D}) \leq \varphi(\mathfrak{D}_1) + \varphi(\mathfrak{D}_2).$$

Angenommen in der Tat, es wäre:

$$(4) \qquad \varphi(\mathfrak{D}) > \varphi(\mathfrak{D}_1) + \varphi(\mathfrak{D}_2).$$

Dann gäbe es in $\mathfrak{D}$ ein endliches Intervallsystem $\mathfrak{S}$, so daß auch:

$$(5) \qquad \psi(\mathfrak{S}) > \varphi(\mathfrak{D}_1) + \varphi(\mathfrak{D}_2).$$

Seien $\mathfrak{J}_1, \mathfrak{J}_2, \ldots, \mathfrak{J}_n$ die Intervalle des Systems $\mathfrak{S}$. Weil $\mathfrak{D}_1$ und $\mathfrak{D}_2$ offen sind, und somit nur innere Punkte haben, gibt es offenbar zu jedem dieser Intervalle $\mathfrak{J}_\nu$ ein endliches Zerlegungssystem $\mathfrak{S}_\nu$ derart, daß jedes einzelne Intervall von $\mathfrak{S}_\nu$ ganz in mindestens einer der beiden Mengen $\mathfrak{D}_1$ und $\mathfrak{D}_2$ liegt[1]).

Bestehe nun $\overline{\mathfrak{S}}$ aus den sämtlichen Intervallen von $\mathfrak{S}_1$, von $\mathfrak{S}_2, \ldots$, von $\mathfrak{S}_n$. Dann ist wegen Eigenschaft 2. von ψ:

$$(6) \qquad \psi(\overline{\mathfrak{S}}) \geq \psi(\mathfrak{S}).$$

Da aber jedes Intervall von $\overline{\mathfrak{S}}$ sei es ganz in $\mathfrak{D}_1$, sei es ganz in $\mathfrak{D}_2$ liegt, ist offenbar:

$$(7) \qquad \varphi(\mathfrak{D}_1) + \varphi(\mathfrak{D}_2) \geq \psi(\overline{\mathfrak{S}}).$$

Die Ungleichungen (5), (6), (7) aber stehen miteinander in Widerspruch. Also ist (4) unmöglich, und somit (3) bewiesen.

Durch vollständige Induktion beweist man nun sofort: Ist:

$$\mathfrak{D} = \mathfrak{D}_1 + \mathfrak{D}_2 + \ldots + \mathfrak{D}_\nu,$$

(wo die $\mathfrak{D}_\nu$ offene Mengen), so ist:

$$\varphi(\mathfrak{D}) \leq \varphi(\mathfrak{D}_1) + \varphi(\mathfrak{D}_2) + \ldots + \varphi(\mathfrak{D}_\nu).$$

Sei endlich $\mathfrak{D}$ gegeben durch (1). Wir setzen:

$$\overline{\mathfrak{D}}_\nu = \mathfrak{D}_1 + \mathfrak{D}_2 + \ldots + \mathfrak{D}_\nu.$$

---

[1]) In der Tat, ist $\mathfrak{J}_\nu < \mathfrak{D}_1 + \mathfrak{D}_2$, so gibt es ein $\varrho > 0$, so daß für jeden Punkt a von $\mathfrak{J}_\nu$ mindestens eine der beiden Ungleichungen gilt:

$$r(a, \mathfrak{R} - \mathfrak{D}_1) \geq \varrho; \quad r(a, \mathfrak{R} - \mathfrak{D}_2) \geq \varrho.$$

Denn anderenfalls gäbe es zu jedem m einen Punkt a_m von $\mathfrak{J}_\nu$, für den:

$$r(a_m, \mathfrak{R} - \mathfrak{D}_1) < \frac{1}{m}; \quad r(a_m, \mathfrak{R} - \mathfrak{D}_2) < \frac{1}{m}.$$

Für jeden Häufungspunkt a von $\{a_m\}$ wäre:

$$r(a, \mathfrak{R} - \mathfrak{D}_1) = 0; \quad r(a, \mathfrak{R} - \mathfrak{D}_2) = 0.$$

Weil $\mathfrak{R} - \mathfrak{D}_1$ und $\mathfrak{R} - \mathfrak{D}_2$ abgeschlossen, heißt das aber: a gehört sowohl zu $\mathfrak{R} - \mathfrak{D}_1$ als zu $\mathfrak{R} - \mathfrak{D}_2$. Da $\mathfrak{J}_\nu$ abgeschlossen, müßte a auch zu $\mathfrak{J}_\nu$ gehören. Das aber ist unmöglich, da wegen $\mathfrak{J}_\nu < \mathfrak{D}_1 + \mathfrak{D}_2$ die drei Mengen $\mathfrak{R} - \mathfrak{D}_1$, $\mathfrak{R} - \mathfrak{D}_2$, $\mathfrak{J}_\nu$ keinen Punkt gemeinsam haben.

Dann ist, wie eben bemerkt:

$$(8) \qquad \varphi(\overline{\mathfrak{D}}_\nu) \leqq \varphi(\mathfrak{D}_1) + \varphi(\mathfrak{D}_2) + \ldots + \varphi(\mathfrak{D}_\nu).$$

Wir beweisen nun zunächst:

$$(9) \qquad \varphi(\mathfrak{D}) = \lim_{\nu=\infty} \varphi(\overline{\mathfrak{D}}_\nu).$$

Jedenfalls ist, weil $\overline{\mathfrak{D}}_\nu \prec \mathfrak{D}$:

$$\varphi(\mathfrak{D}) \geqq \lim_{\nu=\infty} \varphi(\overline{\mathfrak{D}}_\nu).$$

Angenommen, es wäre:

$$(10) \qquad \varphi(\mathfrak{D}) > \lim_{\nu=\infty} \varphi(\overline{\mathfrak{D}}_\nu).$$

Dann gibt es ein endliches Intervallsystem $\mathfrak{S}$ in $\mathfrak{D}$, so daß auch:

$$(11) \qquad \psi(\mathfrak{S}) > \lim_{\nu=\infty} \varphi(\overline{\mathfrak{D}}_\nu).$$

Nun gibt es aber ein $\overline{\mathfrak{D}}_\nu$, so daß:

$$(12) \qquad \mathfrak{S} \prec \overline{\mathfrak{D}}_\nu.$$

Denn andernfalls enthielte jede der abgeschlossenen Mengen $\Re - \overline{\mathfrak{D}}_\nu$ einen Punkt von $\mathfrak{S}$, d. h. keine der abgeschlossenen Mengen $\mathfrak{S}(\Re - \overline{\mathfrak{D}}_\nu)$ wäre leer, es wäre daher (Kap. I, § 2, Satz VIII) auch ihr Durchschnitt nicht leer, d. h. es gäbe einen nicht zu $\mathfrak{D}$ gehörigen Punkt von $\mathfrak{S}$, entgegen der Annahme $\mathfrak{S} \prec \mathfrak{D}$. — Wegen (12) ist nun $\mathfrak{S}$ auch Intervallsystem aus $\overline{\mathfrak{D}}_\nu$, es ist daher:

$$\varphi(\overline{\mathfrak{D}}_\nu) \geqq \psi(\mathfrak{S}),$$

und da die $\varphi(\overline{\mathfrak{D}}_\nu)$ monoton wachsen, ist auch

$$\lim_{\nu=\infty} \varphi(\overline{\mathfrak{D}}_\nu) \geqq \psi(\mathfrak{S}),$$

im Widerspruche mit (11). Also ist (10) unmöglich, und (9) ist nachgewiesen.

Aus (9) und (8) aber folgt durch den Grenzübergang $\nu \to \infty$ die zu beweisende Ungleichung (1), und Satz I ist bewiesen.

Das wichtigste Beispiel zu Satz I erhalten wir, indem wir unter der Intervallfunktion $\psi(\mathfrak{J})$ den Inhalt von $\mathfrak{J}$ verstehen, d. h. indem wir, wenn:

$$\mathfrak{J} = [a_1, a_2, \ldots, a_k;\ b_1, b_2, \ldots, b_k]$$

ist, setzen:

$$\psi(\mathfrak{J}) = (b_1 - a_1)(b_2 - a_2) \ldots (b_k - a_k).$$

Es entsteht nach Satz I aus dieser Intervallfunktion eine für alle offenen Mengen definierte Mengenfunktion, aus der weiter nach

§ 7, Satz VI eine Inhaltsfunktion abgeleitet werden kann, die wir mit $\mu_k(\mathfrak{A})$ bezeichnen, und die der k-dimensionale[1]) äußere Inhalt von $\mathfrak{A}$ heißt. Wo kein Zweifel möglich ist, sagen wir auch kurz: der äußere Inhalt und schreiben $\mu(\mathfrak{A})$. Die μ_k-meßbaren Mengen heißen k-dimensional-meßbar (oder kurz: meßbar); für eine solche meßbare Menge wird $\mu_k(\mathfrak{A})$ als der (k-dimensionale) Inhalt bezeichnet. Das innere μ_k-Maß von $\mathfrak{A}$ wird bezeichnet mit $\mu_{k*}(\mathfrak{A})$ oder $\mu_*(\mathfrak{A})$ und heißt der (k-dimensionale) innere Inhalt von $\mathfrak{A}$[2]). Als Inhaltsfunktion ist μ_k auch eine reguläre Maßfunktion (§ 7, Satz I), die offenbar auch stetig ist (§ 3, S. 408).

Aus § 6, Satz IX und X entnehmen wir daher:

Satz II. Damit die Menge $\mathfrak{A}$ endlichen äußeren Inhalts k-dimensional-meßbar sei, ist notwendig[3]) und hinreichend, daß

$$\mu_k(\mathfrak{A}) = \mu_{k*}(\mathfrak{A}).$$

Aus § 6, Satz II und § 3, Satz VI folgt:

Satz III. Jede Borelsche Menge des $\mathfrak{R}_k$ ist k-dimensional-meßbar[4]). Insbesondere ist für jede abzählbare Menge $\mu_k(\mathfrak{A}) = 0$.

Aus § 7, Satz IV und V endlich folgern wir:

Satz IV. Zu jeder Menge $\mathfrak{A}$ des $\mathfrak{R}_k$ gibt es eine maßgleiche Hülle, die o-Durchschnitt, und einen maßgleichen Kern, der a-Vereinigung ist.

Endlich gilt noch:

Satz V. Zu jeder Menge $\mathfrak{A}$ von endlichem $\mu_k(\mathfrak{A})$ und zu jedem $\varepsilon > 0$ gibt es eine offene Menge $\mathfrak{O} \succ \mathfrak{A}$, so daß:

$$\mu_k(\mathfrak{O}) < \mu_k(\mathfrak{A}) + \varepsilon.$$

[1]) Für $k = 1$ sagen wir statt eindimensional auch: „linear".

[2]) Der Begriff des k-dimensionalen Inhaltes (äußeren, inneren Inhaltes) einer Punktmenge des $\mathfrak{R}_k$ stammt von H. Lebesgue, Ann. di mat. (3) 7, (1902), 235; Leç. sur l'intégration (1904) 109. Unabhängig hiervon ist auch W. H. Young zu einem äquivalenten Inhaltsbegriff gekommen: Lond. Proc. (2) 2, (1904), 16. Weniger weittragende Theorien des Inhalts von Punktmengen hatten vorher entwickelt H. Hankel, Math. Ann. 20, (1882), 87 = Ostw. Klass. Nr. 153, 71; O. Stolz, Math. Ann. 23, (1884), 152; G. Cantor, Math. Ann. 23, (1884), 473; A. Harnack, Math. Ann. 25, (1885), 241; G. Peano, Applicazioni geometriche del calcolo infinitesimale (1887), 154; C. Jordan, Cours d'analyse, 2. éd., 1, (1893), 28; É. Borel, Leç. sur la théorie des fonctions (1898), 46.

[3]) Die Bedingung ist notwendig, auch wenn $\mu_k(\mathfrak{A}) = +\infty$.

[4]) Beispiele von Mengen des $\mathfrak{R}_k$, die nicht k-dimensional-meßbar sind, werden wir — um hier nicht den Gang der Entwicklungen zu unterbrechen — an späterer Stelle bringen (Kap. VIII, § 5).

In der Tat, es ist μ_k ein Spezialfall der Inhaltsfunktionen von § 7, Satz VI; deren Definition zufolge ist also $\mu_k(\mathfrak{A})$ die untere Schranke von $\mu_k(\mathfrak{O})$ für alle offenen Mengen $\mathfrak{O} \succ \mathfrak{A}$. Damit ist Satz V bewiesen.

Wie Satz III lehrt, sind alle Borelschen Mengen des $\Re_k$ k-dimensional-meßbar. Wir wollen uns überzeugen, daß es aber k-dimensional-meßbare Mengen gibt, die nicht Borelsche Mengen sind. Wir gehen aus von der Bemerkung:

Satz VI. Es gibt im $\Re_k$ nicht leere, perfekte Mengen des k-dimensionalen Inhaltes 0.

Das ist selbstverständlich, wenn $k > 1$: die Menge aller Punkte $(x, 0, \ldots, 0)$ des $\Re_k$, für die $0 \leq x \leq 1$, ist eine solche Menge. Es ist also nur mehr der Fall $k = 1$ zu behandeln.

Sei $\mathfrak{P}$ die Menge aller unendlichen Systembrüche der Grundzahl 3:

$$0 \cdot e_1 e_2 \ldots e_n \ldots,$$

in denen keine Stelle 1 vorkommt. Nach Kap. I, § 9, S. 110 ist $\mathfrak{P}$ perfekt. Wir wollen zeigen, daß:

$$\mu_1(\mathfrak{P}) = 0.$$

In der Tat, es ist $\mathfrak{P}$ das Komplement zu $[0, 1]$ der abzählbaren Menge der (zu je zweien fremden) Intervalle:

(†) $\qquad (0 \cdot e_1 e_2 \ldots e_\nu 1, \; 0 \cdot e_1 e_2 \ldots e_\nu 2) \qquad (\nu = 0, 1, 2, \ldots),$

in denen keine der Stellen $e_1, e_2, \ldots, e_\nu$ den Wert 1 hat. Jedes Intervall (†) hat den Inhalt $\dfrac{1}{3^{\nu+1}}$, und es gibt (bei gegebenem ν) 2^ν solcher Intervalle. Die Vereinigung $\mathfrak{B}$ aller dieser Intervalle hat also den Inhalt:

$$\mu_1(\mathfrak{B}) = \sum_{\nu=0}^{\infty} \frac{2^\nu}{3^{\nu+1}} = 1.$$

Das Komplement $\mathfrak{P}$ von $\mathfrak{B}$ zu $[0, 1]$ hat also den Inhalt $\mu_1(\mathfrak{P}) = 0$, wie behauptet. Damit ist Satz VI bewiesen.

Es folgt aus ihm:

Satz VII. Die Menge aller k-dimensional-meßbaren Punktmengen des $\Re_k$ hat die Mächtigkeit 2^c.

Sei in der Tat $\mathfrak{P}$ eine nicht leere, perfekte Menge des $\Re_k$ mit $\mu_k(\mathfrak{P}) = 0$. Für jeden Teil $\mathfrak{A}$ von $\mathfrak{P}$ ist dann:

$$\mu_k(\mathfrak{A}) = 0,$$

und daher ist $\mathfrak{A}$ meßbar (§ 5, Satz XVI). Als perfekte Menge hat

$\mathfrak{P}$ die Mächtigkeit c (Kap. I, § 8, Satz XII). Es gibt also 2^c Teile von $\mathfrak{P}$ (Einl. § 2, Satz XI), und Satz VII ist bewiesen.

Nun folgt sofort:

Satz VIII. Es gibt im $\mathfrak{R}_k$ k-dimensional-meßbare Mengen, die nicht Borelsche Mengen sind.

In der Tat, wegen $2^c > c$ (Einl. § 2, Satz XII) folgt dies nun unmittelbar aus der Tatsache, daß es im $\mathfrak{R}_k$ c Borelsche Mengen gibt (Kap. V, § 7, Satz V).

Als Gegenstück zu Satz VI zeigen wir nun[1]):

Satz IX. Ist $\mathfrak{J}$ ein abgeschlossenes Intervall des $\mathfrak{R}_k$ und q irgendeine Zahl:

$$q < \mu_k(\mathfrak{J}),$$

so gibt es eine in $\mathfrak{J}$ nirgends dichte, abgeschlossene Menge $\mathfrak{A}\,(<\mathfrak{J})$, für die:

$$\mu_k(\mathfrak{A}) > q.$$

In der Tat, sei $r_1, r_2, \ldots, r_\nu, \ldots$ die Menge aller rationalen Punkte von $\mathfrak{J}$, und sei $\{\varepsilon_\nu\}$ eine Folge positiver Zahlen, so daß:

$$(\dagger\dagger) \qquad \sum_{\nu=1}^{\infty} \varepsilon_\nu < \mu_k(\mathfrak{J}) - q.$$

Sei weiter $\mathfrak{J}_\nu$ ein r_ν enthaltendes offenes Intervall, für das:

$$\mu_k(\mathfrak{J}_\nu) < \varepsilon_\nu.$$

Dann ist:

$$\mathfrak{O} = \mathfrak{J}_1 + \mathfrak{J}_2 + \cdots + \mathfrak{J}_\nu + \cdots$$

eine offene Menge, für die wegen $(\dagger\dagger)$:

$$(\dagger\dagger\dagger) \qquad \mu_k(\mathfrak{O}) < \mu_k(\mathfrak{J}) - q.$$

Infolgedessen ist $\mathfrak{A} = (\mathfrak{R} - \mathfrak{O}) \cdot \mathfrak{J}$ eine abgeschlossene Menge, die offenbar nirgends dicht in $\mathfrak{J}$ ist, und für die wegen $(\dagger\dagger\dagger)$:

$$\mu_k(\mathfrak{A}) = \mu_k(\mathfrak{J}) - \mu_k(\mathfrak{O}\mathfrak{J}) \geq \mu_k(\mathfrak{J}) - \mu_k(\mathfrak{O}) > q$$

ist. Damit ist Satz IX bewiesen.

Satz IX kann übrigens noch etwas verschärft werden:

Satz X. Ist $\mathfrak{J}$ ein abgeschlossenes Intervall des $\mathfrak{R}_k$ und q irgendeine Zahl:

$$0 \leq q < \mu_k(\mathfrak{J}),$$

---

[1]) Das erste Beispiel einer nirgends dichten, abgeschlossenen Punktmenge des $\mathfrak{R}_1$ mit positivem Inhalte rührt wohl her von H. J. St. Smith, Lond. Proc. 6 (1875), 148.

so gibt es eine in $\Im$ nirgends dichte, abgeschlossene Menge
$\mathfrak{A}(\prec\Im)$, für die:

$$\mu_k(\mathfrak{A}) = q.$$

In der Tat, nach Satz IX gibt es zunächst eine in $\Im$ nirgends
dichte, abgeschlossene Menge $\mathfrak{A}' \prec \Im$, für die:

$$(\dagger\dagger\dagger) \qquad\qquad \mu_k(\mathfrak{A}') > q.$$

Wir bezeichnen mit $\Im_\lambda$ $(\lambda > 0)$ das Intervall:

$$\Im_\lambda = [-\lambda, -\lambda, \ldots, -\lambda; \lambda, \lambda, \ldots, \lambda].$$

Dann ist $\mu_k(\mathfrak{A}'\Im_\lambda)$ eine stetige Funktion von λ, die, wenn λ von 0
bis $+\infty$ wächst, alle Werte von 0 bis $\mu_k(\mathfrak{A}')$ durchläuft. Wegen
$(\dagger\dagger\dagger)$ muß es daher ein $\bar{\lambda}$ geben, so daß:

$$\mu_k(\mathfrak{A}'\,\Im_{\bar\lambda}) = q.$$

Wir setzen:

$$\mathfrak{A} = \mathfrak{A}' \cdot \Im_{\bar\lambda},$$

und Satz X ist bewiesen.

Die große Bedeutung der im vorstehenden eingeführten Mengenfunktion μ_k,
die wir als den k-dimensionalen Inhalt bezeichnet haben, beruht auf folgendem: Wir stellen uns, um den elementar-geometrischen Inhaltsbegriff zu verallgemeinern, die Aufgabe, im $\Re_k$ eine absolut-additive, nicht-negative Mengenfunktion φ zu finden, die, wenn $\Im^*$ ein offenes Intervall $(a_1, a_2, \ldots, a_k;$
$b_1, b_2, \ldots, b_k)$ ist, gleich dem Inhalt dieses Intervalles wird:

$$(\times) \qquad\qquad \varphi(\Im^*) = (b_1 - a_1)(b_2 - a_2) \ldots (b_k - a_k).$$

Es zeigt sich dann, daß für alle k-dimensional-meßbaren Mengen
des $\Re_k$ diese Funktion φ notwendig mit μ_k übereinstimmt.

In der Tat, zunächst ist dies offenbar für alle offenen Intervalle der Fall.
Sodann folgert man leicht, daß auch für das abgeschlossene Intervall:

$$\Im = [a_1, a_2, \ldots, a_k; b_1, b_2, \ldots, b_k]$$

die Formel gilt:

$$\varphi(\Im) = (b_1 - a_1)(b_2 - a_2) \ldots (b_k - a_k).$$

Da nun jede offene Menge $\mathfrak{O}$ Vereinigung abzählbar vieler abgeschlossener
Intervalle ohne gemeinsame innere Punkte ist, so erkennt man sofort, daß $\varphi(\mathfrak{O})$
die obere Schranke der Inhalte aller endlichen Intervallsysteme aus $\mathfrak{O}$ ist, so
daß für alle offenen Mengen

$$\varphi(\mathfrak{O}) = \mu_k(\mathfrak{O}).$$

Daher stimmen φ und μ_k auch für die Komplemente der offenen Mengen,
d. h. für die abgeschlossenen Mengen überein, und somit auch für o-Durchschnitte und a-Vereinigungen. Da es aber (Satz IV) zu jeder k-dimensional-meßbaren Menge eine maßgleiche Hülle gibt, die o-Durchschnitt ist, und
einen maßgleichen Kern, der a-Vereinigung ist, so stimmen φ und μ_k auch
für alle k-dimensional-meßbaren Mengen überein, wie behauptet[1]).

---

[1]) Es sei noch eigens bemerkt, daß es eine nicht-negative, im σ-Körper
aller Punktmengen des $\Re_k$ absolut-additive Mengenfunktion φ, für die $(\times)$
gilt, nicht geben kann: F. Hausdorff, Grundz. d. Mengenlehre 401; vgl.
auch ebenda 469.

Wir machen nun eine Anwendung der Sätze VII und VIII von § 7. Unter der k-dimensionalen Kugel vom Mittelpunkt $(a_1, a_2, \ldots, a_k)$ und vom Radius $r\,(> 0)$ verstehen wir die offene Menge aller jener Punkte $(x_1, x_2, \ldots, x_k)$ des $\Re_k$, deren Koordinaten der Ungleichung genügen:

$$(x_1 - a_1)^2 + (x_2 - a_2)^2 + \ldots + (x_k - a_k)^2 < r^2.$$

Das Mengensystem T, das bei Konstruktion der Mengenfunktion φ von § 7, S. 450 auftrat, sei nun das System aller k-dimensionalen Kugeln, die in T definierte Mengenfnktion $\tau\,(\mathfrak{T})$ sei der k-dimensionale Inhalt[1]) der Kugel $\mathfrak{T}$. Wir behaupten: **Dann ist die Mengenfunktion φ von § 7, Satz VII nichts anderes, als der k-dimensionale äußere Inhalt μ_k[2]).**

In der Tat, zunächst ist jedenfalls

$$(0) \qquad\qquad \varphi\,(\mathfrak{A}) \geqq \mu_k\,(\mathfrak{A}).$$

Denn wäre umgekehrt:

$$\varphi\,(\mathfrak{A}) < \mu_k\,(\mathfrak{A}),$$

so wäre für jedes $\varrho > 0$ auch

$$\varphi\,(\mathfrak{A}, \varrho) < \mu_k\,(\mathfrak{A}).$$

Es gäbe daher ein System T $(\mathfrak{A}, \varrho)$ von Kugeln, für das:

$$S\left\{\mathsf{T}\,(\mathfrak{A}, \varrho)\right\} < \mu_k\,(\mathfrak{A})$$

wäre. Das aber ist unmöglich, da $S\left\{\mathsf{T}\,(\mathfrak{A}, \varrho)\right\}$ die Summe der Inhalte von Kugeln ist, deren Vereinigung $\mathfrak{A}$ enthält. Damit ist (0) bewiesen.

Wir beweisen nun die umgekehrte Ungleichung:

$$(00) \qquad\qquad \varphi\,(\mathfrak{A}) \leqq \mu_k\,(\mathfrak{A}).$$

Sie ist evident, wenn $\mu_k\,(\mathfrak{A}) = +\infty$. Ist $\mu_k\,(\mathfrak{A})$ endlich, so gibt es nach Satz V zu jedem $\varepsilon > 0$ eine offene Menge $\mathfrak{O} > \mathfrak{A}$, so daß:

$$\mu_k\,(\mathfrak{O}) < \mu_k\,(\mathfrak{A}) + \varepsilon.$$

Nun gibt es, wie man sich unschwer überzeugt, zu jedem $\varepsilon > 0$ und jedem $\varrho > 0$ ein System von abzählbar vielen Kugeln $\mathfrak{T}_1, \mathfrak{T}_2, \ldots, \mathfrak{T}_\nu, \ldots$ aus $\mathfrak{O}$. deren Radien $< \frac{\varrho}{2}$ sind, deren Vereinigung ganz $\mathfrak{O}$ ist, und für die:

$$(000) \qquad \sum_\nu \mu_k\,(\mathfrak{T}_\nu) < \mu_k\,(\mathfrak{O}) + \varepsilon \quad (< \mu_k\,(\mathfrak{A}) + 2\,\varepsilon).$$

Lassen wir alle $\mathfrak{T}_\nu$ weg, die etwa keinen Punkt von $\mathfrak{A}$ enthalten, so entsteht ein System T $(\mathfrak{A}, \varrho)$, für das wegen (000):

$$S\left\{\mathsf{T}\,(\mathfrak{A}, \varrho)\right\} < \mu_k\,(\mathfrak{A}) + 2\,\varepsilon.$$

Es ist also erst recht:

$$\varphi\,(\mathfrak{A}, \varrho) < \mu_k\,(\mathfrak{A}) + 2\,\varepsilon,$$

und da dies für jedes $\varepsilon > 0$ gilt:

$$\varphi\,(\mathfrak{A}, \varrho) \leqq \mu_k\,(\mathfrak{A}).$$

---

[1]) Ist $\mathfrak{T}$ eine Kugel vom Radius r, so ist also für $k = 1$: $\tau\,(\mathfrak{T}) = 2\,r$; für $k = 2$: $\tau\,(\mathfrak{T}) = r^2\,\pi$; für $k = 3$: $\tau\,(\mathfrak{T}) = \frac{4}{3}\,r^3\pi$. Allgemein:

$$\tau\,(\mathfrak{T}) = \frac{1}{\Gamma\left(\dfrac{2\,k+1}{2}\right)}\, r^k\,\pi^{\frac{k}{2}}.$$

[2]) Da der Inhalt der Kugeln offenbar invariant ist gegenüber orthogonaler Transformation des $\Re_k$, folgert man hieraus sofort, daß auch der äußere Inhalt $\mu_k\,(\mathfrak{A})$ invariant ist gegenüber orthogonaler Transformation.

Dies galt für jedes $\varrho > 0$, also ist auch

$$\varphi(\mathfrak{A}) = \lim_{\varrho = +0} \varphi(\mathfrak{A}, \varrho) \leqq \mu_k(\mathfrak{A}),$$

und (00) ist nachgewiesen. Aus (0) und (00) aber folgt die behauptete Gleichheit $\varphi(\mathfrak{A}) = \mu_k(\mathfrak{A})$.

Auf neue Inhaltsfunktionen kommen wir hingegen[1]), wenn wir unter $\iota(\mathfrak{T})$ nicht, wie soeben, den k-dimensionalen Inhalt der Kugel $\mathfrak{T}$, sondern den q-dimensionalen $(q < k)$ Inhalt einer q-dimensionalen Kugel von gleichem Radius wie $\mathfrak{T}$ verstehen. Wir bezeichnen dann die entstehende Mengenfunktion mit $\mu_q(\mathfrak{A})$ und nennen sie den **q-dimensionalen äußeren Inhalt** von $\mathfrak{A}$ (im Falle $q = 1$ auch den **linearen äußeren Inhalt**). Die μ_q-meßbaren Mengen heißen **q-dimensional-meßbar**, und $\mu_q(\mathfrak{A})$ heißt dann der **q-dimensionale Inhalt** von $\mathfrak{A}$. Das innere μ_q-Maß von $\mathfrak{A}$ wird bezeichnet mit $\mu_{q\bar{*}}(\mathfrak{A})$ und heißt der **q-dimensionale innere Inhalt** von $\mathfrak{A}$. Auch μ_q ist eine reguläre Maßfunktion. Es gelten daher die zu den Sätzen II, III, IV analogen Sätze auch für μ_q $(q < k)$. Doch besteht kein Analogon zu Satz V. Vielmehr ist, wenn $q < k$, für jede offene Menge $\mathfrak{O}$ des $\mathfrak{R}_k$:

$$\mu_q(\mathfrak{O}) = +\infty,$$

wie aus folgendem Satze hervorgeht:

Satz XI. Ist für die Punktmenge $\mathfrak{A}$ des $\mathfrak{R}_k$ $\mu_q(\mathfrak{A})$ endlich, so ist für $q < q' \leqq k$:

$$\mu_{q'}(\mathfrak{A}) = 0.$$

In der Tat, jedes System $\mathsf{T}(\mathfrak{A}, \varrho)$ besteht aus k-dimensionalen Kugeln $\mathfrak{T}$, von Radien $< \varrho$, in deren Vereinigung $\mathfrak{A}$ enthalten ist. Sei $\tau_p(\mathfrak{T})$ der p-dimensionale Inhalt der p-dimensionalen Kugel von gleichem Radius wie $\mathfrak{T}$, und sei $S_p\{\mathsf{T}(\mathfrak{A}, \varrho)\}$ die Summe der $\tau_p(\mathfrak{T})$ für alle $\mathfrak{T}$ von $\mathsf{T}(\mathfrak{A}, \varrho)$. Zufolge der Definition von μ_q gibt es für jedes $\varrho > 0$ ein System $\mathsf{T}(\mathfrak{A}, \varrho)$, für das:

$$(*) \qquad S_q\{\mathsf{T}(\mathfrak{A}, \varrho)\} < \mu_q(\mathfrak{A}) + 1.$$

Nun ist aber für alle Kugeln $\mathfrak{T}$, deren Radius $< \varrho$ ist, und für $q < q' \leqq k$:

$$\tau_{q'}(\mathfrak{T}) < c \, \varrho^{q'-q} \cdot \tau_q(\mathfrak{T}),$$

wo c eine geeignete Konstante. Also ist:

$$S_{q'}\{\mathsf{T}(\mathfrak{A}, \varrho)\} < c \, \varrho^{q'-q} S_q\{\mathsf{T}(\mathfrak{A}, \varrho)\}.$$

Also gilt für die untere Schranke $\varphi_{q'}(\mathfrak{A}, \varrho)$ der $S_{q'}\{\mathsf{T}(\mathfrak{A}, \varrho)\}$, wegen (*):

$$\varphi_{q'}(\mathfrak{A}, \varrho) < c \, \varrho^{q'-q} (\mu_q(\mathfrak{A}) + 1),$$

und mithin ist, wegen $q' > q$:

$$\mu_{q'}(\mathfrak{A}) = \lim_{\varrho = +0} \varphi_{q'}(\mathfrak{A}, \varrho) = 0,$$

wie behauptet.

§ 9. Absolut-additive Mengenfunktionen im $\mathfrak{R}_k$.

Sei M ein σ-Körper von q-dimensional $(q \leqq k)$ meßbaren Punktmengen des $\mathfrak{R}_k$, und sei φ eine in M definierte, absolut-additive Mengenfunktion. Mit μ_q bezeichnen wir wieder den q-dimensionalen Inhalt. Ist die Mengenfunk-

---

[1]) C. Carathéodory, Gött. Nachr. 1914, 420. F. Hausdorff, Math. Ann. 79 (1918), 163.

tion φ totalstetig nach der Basis μ_q (§ 4, S. 416), so nennen wir sie q-dimensional totalstetig, ist sie rein-singulär nach der Basis μ_q (§ 4, S. 421), so nennen wir sie q-dimensional rein-singulär.

Wir setzen im folgenden voraus, die Mengen des σ-Körpers M seien für $q = 1, 2, \ldots, k$ q-dimensional-meßbar.

Satz I. Ist die Mengenfunktion φ q-dimensional totalstetig, so ist sie für $p < q$ auch p-dimensional totalstetig.

In der Tat, ist $\mathfrak{A}$ eine Menge aus M, und ist:

$$\mu_p(\mathfrak{A}) = 0,$$

so nach § 8, Satz XI auch:

$$\mu_q(\mathfrak{A}) = 0,$$

und weil φ q-dimensional totalstetig, auch:

$$\varphi(\mathfrak{A}) = 0.$$

Damit ist Satz I bewiesen.

Satz II. Ist die Mengenfunktion φ q-dimensional rein-singulär, so ist sie für $p > q$ auch p-dimensional rein-singulär.

In der Tat, ist für eine Menge $\mathfrak{A}$ aus M:

$$(0) \qquad \varphi(\mathfrak{A}) \neq 0,$$

so gibt es, da φ q-dimensional rein-singulär, einen Teil $\mathfrak{B}$ von $\mathfrak{A}$, so daß:

$$\varphi(\mathfrak{B}) \neq 0; \quad \mu_q(\mathfrak{B}) = 0.$$

Nach § 8, Satz XI ist dann auch $\mu_p(\mathfrak{B}) = 0$, und wir sehen: in jeder Menge $\mathfrak{A}$ aus M, für die (0) gilt, gibt es einen Teil $\mathfrak{B}$, so daß:

$$\varphi(\mathfrak{B}) \neq 0; \quad \mu_p(\mathfrak{B}) = 0,$$

d. h. φ ist auch p-dimensional rein-singulär, wie behauptet.

Satz III[1]**.** Jede im σ-Körper M absolut-additive Mengenfunktion φ ist darstellbar in der Form:

$$(1) \qquad \varphi = \varphi_k + \varphi_{k-1} + \cdots + \varphi_1 + \varphi_0 + \omega,$$

wo φ_q $(q = 1, 2, \ldots, k)$ q-dimensional totalstetig, φ_{q-1} $(q = 1, 2, \ldots, k)$ q-dimensional rein-singulär, φ_0 stetig, α rein-unstetig in M.

In der Tat, nach § 4, Satz XI hat man (für $\beta = \mu_k$):

$$\varphi = \varphi_k + \omega_k,$$

wo φ_k Regularitätsfunktion, ω_k Singularitätsfunktion von φ nach μ_k, und mithin φ_k k-dimensional totalstetig, α_k k-dimensional rein-singulär. Ebenso (für $\beta = \mu_{k-1}$):

$$\omega_k = \varphi_{k-1} + \omega_{k-1},$$

wo φ_{k-1} Regularitätsfunktion, ω_{k-1} Singularitätsfunktion von ω_k nach μ_{k-1}, und mithin φ_{k-1} $(k-1)$-dimensional totalstetig, ω_{k-1} $(k-1)$-dimensional rein-singulär. Indem man so weiter schließt, erhält man:

$$(2) \qquad \varphi = \varphi_k + \varphi_{k-1} + \cdots + \varphi_1 + \omega_1,$$

wo φ_q $(q = 1, 2, \ldots, k)$ q-dimensional totalstetig, ω_1 eindimensional rein-singulär.

Nach § 3, Satz XV ist:

$$(3) \qquad \omega_1 = \varphi_0 + \alpha,$$

---

[1] Vgl. J. Radon, Wien. Ber. 122 (1913), 1322.

wo φ_0 Stetigkeitsfunktion, ω Unstetigkeitsfunktion von φ_1 und mithin φ_0 stetig, α rein-unstetig. Setzt man (3) in (2) ein, so erhält man (1), und es bleibt nur zu zeigen, daß φ_{q-1} $(q = 1, 2, \ldots, k)$ q-dimensional rein-singulär ist.

Sei zu dem Zwecke $\mathfrak{A}$ eine Menge aus M, für die:

$$(4) \qquad \varphi_{q-1}(\mathfrak{A}) \neq 0.$$

Wir haben zu zeigen, daß es in ihr einen Teil $\mathfrak{B}$ gibt, so daß:

$$(5) \qquad \varphi_{q-1}(\mathfrak{B}) \neq 0; \quad \mu_q(\mathfrak{B}) = 0.$$

Sei zunächst $q > 1$. Es war:

$$(6) \qquad \omega_q = \varphi_{q-1} + \omega_{q-1},$$

worin φ_{q-1} Regularitätsfunktion, ω_{q-1} Singularitätsfunktion von ω_q nach μ_{q-1}, d. h. wenn $\mathfrak{A}^\times$ einen Regulärteil von $\mathfrak{A}$ für ω_q nach μ_{q-1} bedeutet:

$$(7) \qquad \varphi_{q-1}(\mathfrak{A}) = \omega_q(\mathfrak{A}^\times); \quad \alpha(\omega_{q-1}, \mathfrak{A}^\times) = 0.$$

Wegen (4) ist also:

$$\omega_q(\mathfrak{A}^\times) \neq 0.$$

Da ω_q q-dimensional rein-singulär, gibt es in $\mathfrak{A}^\times$ einen Teil $\mathfrak{B}$, so daß:

$$(8) \qquad \omega_q(\mathfrak{B}) \neq 0; \quad \mu_q(\mathfrak{B}) = 0.$$

Wegen der zweiten Gleichung (7) ist aber:

$$\omega_{q-1}(\mathfrak{B}) = 0.$$

Mithin wegen (6) und (8):

$$\varphi_{q-1}(\mathfrak{B}) = \omega_q(\mathfrak{B}) \neq 0.$$

Hierdurch zusammen mit der zweiten Gleichung (8) ist aber (5) nachgewiesen, d. h. es ist φ_{q-1} $(q > 1)$ q-dimensional rein-singulär.

Sei sodann $q = 1$. An Stelle von (6) tritt dann (3), und es ist, wenn $\mathfrak{A}^*$ einen Stetigkeitsteil von $\mathfrak{A}$ für ω_1 bedeutet:

$$\varphi_0(\mathfrak{A}) = \omega_1(\mathfrak{A}^*), \quad \alpha(\omega, \mathfrak{A}^*) = 0.$$

Wegen $\varphi_0(\mathfrak{A}) \neq 0$ ist also:

$$\omega_1(\mathfrak{A}^*) \neq 0,$$

von wo aus ebenso weiter geschlossen werden kann wie vorhin. Damit ist Satz III bewiesen.

Satz IV. Ist die Mengenfunktion φ von Satz III endlich, so gibt es außer der Zerlegung (1) von Satz III keine andere:

$$(9) \qquad \varphi = \psi_k + \psi_{k-1} + \cdots + \psi_1 + \psi_0 + \chi,$$

in der $\psi_q (q = 1, 2, \ldots, k)$ q-dimensional totalstetig, ψ_{q-1} $(q = 1, 2, \ldots, k)$ q-dimensional rein-singulär, ψ_0 stetig, χ rein-unstetig in M ist, und sämtliche Summanden endlich sind.

Wir zeigen zunächst, daß (für $q = 1, 2, \ldots, k$):

$$(10) \qquad \overline{\psi}_q = \psi_{q-1} + \psi_{q-2} + \cdots + \psi_0 + \chi$$

q-dimensional rein-singulär ist. In der Tat, wie aus Satz II folgt, ist jeder einzelne Summand rechts q-dimensional rein-singulär[1]). Sei nun $\mathfrak{A}$ eine beliebige Menge

---

[1]) Für die rein-unstetige endliche Mengenfunktion χ ist dies selbstverständlich, da sie nach § 3, Satz VIII nur abzählbar viele Unstetigkeitspunkte besitzt.

aus M, $\mathfrak{A}_p^{\times\times}$ Singulärteil von $\mathfrak{A}$ für ψ_p nach μ_q, $\mathfrak{A}^{**}$ Unstetigkeitsteil von $\mathfrak{A}$ für χ. Dann ist:

$$(11) \qquad \mu_q\left(\mathfrak{A}_{p.}^{\times\times}\right) = 0 \qquad (p = 0, 1, \ldots, q-1),$$

und weil $\mathfrak{A}^{**}$ abzählbar (§ 3, Satz VIII), auch:

$$(12) \qquad \mu_q\left(\mathfrak{A}^{**}\right) = 0.$$

Nach § 4, Satz VII ist $\mathfrak{A} - \mathfrak{A}_p^{\times\times}$ Regulärteil von $\mathfrak{A}$ für ψ_p nach μ_q; nach § 3, Satz IX ist $\mathfrak{A} - \mathfrak{A}^{**}$ Stetigkeitsteil von $\mathfrak{A}$ für χ. Wir setzen:

$$\mathfrak{A}^{\times\times} = \mathfrak{A}_{q-1}^{\times\times} + \mathfrak{A}_{q-2}^{\times\times} + \ldots + \mathfrak{A}_0^{\times\times} + \mathfrak{A}^{**}$$

und haben wegen (11) und (12):

$$(13) \qquad \mu_q\left(\mathfrak{A}^{\times\times}\right) = 0.$$

Wegen:

$$\mathfrak{A} - \mathfrak{A}^{\times\times} < \mathfrak{A} - \mathfrak{A}_p^{\times\times} \quad (p = 0, 1, \ldots, q-1); \quad \mathfrak{A} - \mathfrak{A}^{\times\times} < \mathfrak{A} - \mathfrak{A}^{**}$$

ist, da ψ_p q-dimensional rein-singulär und χ rein-unstetig:

$$(14) \qquad \psi_p\left(\mathfrak{A} - \mathfrak{A}^{\times\times}\right) = 0 \quad (p = 0, 1, \ldots, q-1); \quad \chi\left(\mathfrak{A} - \mathfrak{A}^{\times\times}\right) = 0.$$

Sei nun:

$$(15) \qquad \overline{\psi}_q\left(\mathfrak{A}\right) \neq 0.$$

Wegen (10) und (14) ist dann auch:

$$\overline{\psi}_q\left(\mathfrak{A}^{\times\times}\right) \neq 0.$$

Wegen (13) ist also $\mathfrak{A}^{\times\times}$ singulärer Teil von $\mathfrak{A}$ für $\overline{\psi}_q$ nach μ_q; jede Menge $\mathfrak{A}$, für die (15) gilt, enthält also einen singulären Teil, d. h. es ist $\overline{\psi}_q$ q-dimensional rein-singulär, wie behauptet.

Wegen (9) und (10) ist nun:

$$\varphi = \psi_k + \overline{\psi}_k,$$

wo ψ_k k-dimensional totalstetig, $\overline{\psi}_k$ k-dimensional rein-singulär. Nach § 4, Satz XII ist also (wenn ω_k dieselbe Bedeutung hat, wie beim Beweise von Satz III):

Es ist demnach

$$\psi_k = \varphi_k; \quad \overline{\psi}_k = \omega_k.$$

$$\omega_k = \psi_{k-1} + \overline{\psi}_{k-1},$$

und derselbe Schluß zeigt, daß:

$$\psi_{k-1} = \varphi_{k-1}; \quad \overline{\psi}_{k-1} = \omega_{k-1}.$$

Indem man so weiter schließt, zeigt man, daß:

$$\psi_k = \varphi_k, \ \psi_{k-1} = \varphi_{k-1}, \ldots, \ \psi_1 = \varphi_1$$

und:

$$\omega_1 = \psi_0 + \chi.$$

Aus § 3, Satz XVI folgt endlich noch:

$$\psi_0 = \varphi_0; \quad \chi = \omega.$$

Damit ist Satz IV bewiesen.

Siebentes Kapitel.

Die Funktionen endlicher Variation.

§ 1. Absolutzuwachs, Positivzuwachs, Negativzuwachs einer Funktion.

Wir haben in § 8 von Kap. VI gesehen, wie aus einer, zwei einfachen Forderungen genügenden Intervallfunktion ψ des $\Re_k$ eine Inhaltsfunktion hergeleitet werden kann. Als erstes Beispiel hierfür erhielten wir den k-dimensionalen äußeren Inhalt, indem wir unter der Intervallfunktion $\psi\,(\mathfrak{J})$ den k-dimensionalen Inhalt des Intervalles $\mathfrak{J}$ verstanden. Wir machen nun eine zweite Anwendung dieser Theorie.

Sei in einer offenen Punktmenge $\mathfrak{G}$ des $\Re_k$ eine endliche Funktion $f(x_1, x_2, \ldots, x_k)$ definiert[1]), und sei:

$$(1) \qquad \mathfrak{J} = [a_1, a_2, \ldots, a_k;\ b_1, b_2, \ldots, b_k]$$

ein abgeschlossenes, in $\mathfrak{G}$ enthaltenes Intervall. Wir definieren die Differenz $\varDelta\,(\mathfrak{J})$[2]) von f im Intervall $\mathfrak{J}$ durch Induktion: für $k = 1$ (Funktionen einer Veränderlichen) sei die Differenz von $f(x)$ im Intervalle:

$$\mathfrak{J} = [a, b]$$

definiert durch:

$$\varDelta\,(\mathfrak{J}) = f(b) - f(a).$$

Sei sodann bekannt, was unter der Differenz einer Funktion von $k - 1$ Veränderlichen in einem abgeschlossenen Intervalle des $\Re_{k-1}$ zu verstehen sei. Wir betrachten die Funktion

$$\varphi\,(x_2, \ldots, x_k) = f(b_1, x_2, \ldots, x_k) - f(a_1, x_2, \ldots, x_k)$$

---

[1]) In den folgenden Untersuchungen ist diese Menge $\mathfrak{G}$ als der metrische Raum $\Re$ zu betrachten, der den allgemeinen Untersuchungen von Kap. VI zugrunde lag.

[2]) Ist es notwendig, die Funktion f in Evidenz zu setzen, so schreiben wir statt dessen: $\varDelta\,(\mathfrak{J}, f)$.

und definieren die Differenz $\varDelta(\mathfrak{J})$ von $f(x_1, x_2, \ldots, x_k)$ im Intervalle (1) als die Differenz von $\varphi(x_2, \ldots, x_k)$ im Intervalle $[a_2, \ldots, a_k; b_2, \ldots, b_k]$. Man bestätigt dann sofort durch Induktion folgendes Bildungsgesetz von $\varDelta(\mathfrak{J})$: Es ist $\varDelta(\mathfrak{J})$ die Summe aller jener Glieder, die man aus $f(b_1, b_2, \ldots, b_k)$ erhält, indem man darin auf alle möglichen Weisen $0, 1, 2, \ldots, k$ der Zahlen b_ν durch die entsprechende Zahl a_ν ersetzt, und das Vorzeichen $+$ oder $-$ gibt, je nachdem die Zahl der ersetzten b_ν gerade oder ungerade ist.

Daraus folgt ohne weiteres: Ist

$$a_1 = a_{1,0} < a_{1,1} < \ldots < a_{1,n-1} < a_{1,n} = b_1,$$

und wird gesetzt:

$$\mathfrak{J}_\nu = [a_{1,\nu-1}, a_2, \ldots, a_k; a_{1,\nu}, b_2, \ldots, b_k],$$

so ist:

$$\varDelta(\mathfrak{J}) = \varDelta(\mathfrak{J}_1) + \varDelta(\mathfrak{J}_2) + \ldots + \varDelta(\mathfrak{J}_n).$$

Indem man diese Tatsache mehrmals hintereinander anwendet, findet man: Ist

$$a_i = a_{i,0} < a_{i,1} < \ldots < a_{i,n_i-1} < a_{i,n_i} = b_i \qquad (i = 1, 2, \ldots, k),$$

und wird gesetzt:

$$(2) \quad \mathfrak{J}_{\nu_1, \nu_2, \ldots, \nu_k} = [a_{1,\nu_1-1}, a_{2,\nu_2-1}, \ldots, a_{k,\nu_k-1}; a_{1,\nu_1}, a_{2,\nu_2}, \ldots, a_{k,\nu_k}],$$

so ist:

$$(3) \quad \varDelta(\mathfrak{J}) = \sum_{\nu_1=1}^{n_1} \sum_{\nu_2=1}^{n_2} \ldots \sum_{\nu_k=1}^{n_k} \varDelta(\mathfrak{J}_{\nu_1, \nu_2, \ldots, \nu_k}).$$

Daraus folgt endlich allgemein: Ist

$$\mathfrak{J} = \mathfrak{J}_1 + \mathfrak{J}_2 + \ldots + \mathfrak{J}_n$$

irgendein endliches Zerlegungssystem (Kap. VI, § 8, S. 453) von $\mathfrak{J}$, so ist:

$$(4) \quad \varDelta(\mathfrak{J}) = \varDelta(\mathfrak{J}_1) + \varDelta(\mathfrak{J}_2) + \ldots + \varDelta(\mathfrak{J}_n).$$

Sei in der Tat:

$$\mathfrak{J}_\nu = [a'_{1,\nu}, a'_{2,\nu}, \ldots, a'_{k,\nu}; b'_{1,\nu}, b'_{2,\nu}, \ldots, b'_{k,\nu}].$$

Seien $a_{i,0}, a_{i,1}, \ldots, a_{i,n_i}$ die sämtlichen verschiedenen $a'_{i,\nu}$ und $b'_{i,\nu}$, der Größe nach geordnet. Die Intervalle (2) bilden dann ein Zerlegungssystem von $\mathfrak{J}$, und sie zerfallen in n Inbegriffe, deren jeder ein Zerlegungssystem eines der Intervalle $\mathfrak{J}_1, \mathfrak{J}_2, \ldots, \mathfrak{J}_n$ darstellt. Wendet man auf $\mathfrak{J}$ Formel (3) an, und sammelt in der rechts auftretenden Summe die zu $\mathfrak{J}_1$, zu $\mathfrak{J}_2, \ldots$, zu $\mathfrak{J}_n$ gehörigen $\mathfrak{J}_{\nu_1, \nu_2, \ldots, \nu_k}$, so erhält man die behauptete Formel (4).

Wir definieren nun für alle abgeschlossenen Intervalle $\mathfrak{J}$ des Definitionsbereiches $\mathfrak{G}$ von f drei Intervallfunktionen[1]) $A(\mathfrak{J})$, $P(\mathfrak{J})$, $N(\mathfrak{J})$ durch die Festsetzungen:

$$(5) \quad \begin{cases} A(\mathfrak{J}) = & |\varDelta(\mathfrak{J})|, \\ P(\mathfrak{J}) = \begin{cases} \varDelta(\mathfrak{J}) & \text{wenn} \quad \varDelta(\mathfrak{J}) \geqq 0 \\ 0 & \text{wenn} \quad \varDelta(\mathfrak{J}) < 0. \end{cases} \\ N(\mathfrak{J}) = \begin{cases} 0 & \text{wenn} \quad \varDelta(\mathfrak{J}) \geqq 0 \\ |\varDelta(\mathfrak{J})| & \text{wenn} \quad \varDelta(\mathfrak{J}) < 0. \end{cases} \end{cases}$$

Dann ist:

6) $\quad A(\mathfrak{J}) = P(\mathfrak{J}) + N(\mathfrak{J}); \quad \varDelta(\mathfrak{J}) = P(\mathfrak{J}) - N(\mathfrak{J}).$

Wie in Kap. VI, § 8, S. 453 dehnen wir diese Definitionen auf Intervallsysteme[2]) $\mathfrak{S}$ aus durch die Festsetzung: Besteht $\mathfrak{S}$ aus den Intervallen $\mathfrak{J}_1, \mathfrak{J}_2, \ldots, \mathfrak{J}_\nu, \ldots$, so sei[3]):

$$(7) \quad \begin{aligned} \varDelta(\mathfrak{S}) &= \sum_\nu \varDelta(\mathfrak{J}_\nu); \quad A(\mathfrak{S}) = \sum_\nu A(\mathfrak{J}_\nu); \\ P(\mathfrak{S}) &= \sum_\nu P(\mathfrak{J}_\nu); \quad N(\mathfrak{S}) = \sum_\nu N(\mathfrak{J}_\nu). \end{aligned}$$

Wir erkennen dann ohne weiteres, daß die Intervallfunktionen $A(\mathfrak{J})$, $P(\mathfrak{J})$, $N(\mathfrak{J})$ die beiden in Kap. VI, § 8, Satz I geforderten Eigenschaften haben. In der Tat, Eigenschaft 1. dieses Satzes ist erfüllt, denn es ist:

$$A(\mathfrak{J}) \geqq 0; \quad P(\mathfrak{J}) \geqq 0; \quad N(\mathfrak{J}) \geqq 0;$$

und auch Eigenschaft 2. ist erfüllt, denn es gilt der Satz:

Satz I. Ist das System $\mathfrak{S}$ der Intervalle $\mathfrak{J}_1, \mathfrak{J}_2, \ldots, \mathfrak{J}_n$ ein Zerlegungssystem von $\mathfrak{J}$, so ist:

$$A(\mathfrak{S}) \geqq A(\mathfrak{J}); \quad P(\mathfrak{S}) \geqq P(\mathfrak{J}); \quad N(\mathfrak{S}) \geqq N(\mathfrak{J}).$$

In der Tat, dies folgt unmittelbar aus (7), (5) und (4).

Aus Satz I von Kap. VI, § 8 entnehmen wir also: Ist $\mathfrak{O}$ irgendein offener Teil des Definitionsbereiches $\mathfrak{G}$ von f und bezeichnen wir mit $\alpha(\mathfrak{O})$, $\pi(\mathfrak{O})$, $\nu(\mathfrak{O})$ die oberen Schranken von $A(\mathfrak{S})$, $P(\mathfrak{S})$, $N(\mathfrak{S})$ für alle in der Menge $\mathfrak{O}$ enthaltenen endlichen Intervallsysteme $\mathfrak{S}$,

---

[1]) Ist es nötig, die Funktion f in Evidenz zu setzen, so schreiben wir statt dessen:
$$A(\mathfrak{J}, f), P(\mathfrak{J}, f), N(\mathfrak{J}, f).$$

[2]) Wie dort verstehen wir unter einem Intervallsystem eine Menge abzählbar vieler abgeschlossener Intervalle, die zu je zweien keinen inneren Punkt gemeinsam haben.

[3]) Die Summen $A(\mathfrak{S})$, $P(\mathfrak{S})$, $N(\mathfrak{S})$ können stets gebildet werden, $\varDelta(\mathfrak{S})$ nur, wenn von den beiden Summen $P(\mathfrak{S})$, $N(\mathfrak{S})$ mindestens eine endlich ist (vgl. S. 395, Fußn. 2).

so besitzen die so definierten Mengenfunktionen $\alpha(\mathfrak{D})$, $\pi(\mathfrak{D})$, $\nu(\mathfrak{D})$ die Eigenschaften 1., 2., 3., 4. von Satz VI in Kap. VI, § 7. Es können also $\alpha(\mathfrak{D})$, $\pi(\mathfrak{D})$, $\nu(\mathfrak{D})$ erweitert werden zu Inhaltsfunktionen $\alpha(\mathfrak{A})$, $\pi(\mathfrak{A})$, $\nu(\mathfrak{A})$[1]), die für alle Teilmengen $\mathfrak{A}$ von $\mathfrak{G}$ definiert sind. Wir bezeichnen sie als den **äußeren Absolutzuwachs**, den **äußeren Positivzuwachs**, den **äußeren Negativzuwachs** von f auf $\mathfrak{A}$. und können den Satz aussprechen:

Satz II. Ist die Funktion f definiert und endlich in der offenen Punktmenge $\mathfrak{G}$ des $\mathfrak{R}_k$, so sind ihr äußerer Absolutzuwachs, Positivzuwachs, Negativzuwachs Inhaltsfunktionen, die für alle Punktmengen aus $\mathfrak{G}$ definiert sind.

Zwischen den Funktionen $\alpha(\mathfrak{A})$, $\pi(\mathfrak{A})$, $\nu(\mathfrak{A})$ besteht folgender Zusammenhang:

Satz III. Für jede Punktmenge $\mathfrak{A}$ aus $\mathfrak{G}$ ist:

$$(*) \qquad \alpha(\mathfrak{A}) = \pi(\mathfrak{A}) + \nu(\mathfrak{A}).$$

Wir beweisen die Gleichung (*) zunächst für alle offenen Mengen $\mathfrak{D}$ aus $\mathfrak{A}$. Wegen (6) wird es genügen, nachzuweisen: Es gibt in $\mathfrak{D}$ eine Folge endlicher Intervallsysteme $\{\mathfrak{S}_n\}$, so daß:

$$(**) \quad \alpha(\mathfrak{D}) = \lim_{n=\infty} A(\mathfrak{S}_n); \quad \pi(\mathfrak{D}) = \lim_{n=\infty} P(\mathfrak{S}_n); \quad \nu(\mathfrak{D}) = \lim_{n=\infty} N(\mathfrak{S}_n).$$

Nach Definition sind $\alpha(\mathfrak{D})$, $\pi(\mathfrak{D})$, $\nu(\mathfrak{D})$ die oberen Schranken von $A(\mathfrak{S})$, $P(\mathfrak{S})$, $N(\mathfrak{S})$ für alle möglichen endlichen Intervallsysteme $\mathfrak{S}$ aus $\mathfrak{D}$. Es gibt also Folgen $\{\mathfrak{S}_n'\}$, $\{\mathfrak{S}_n''\}$, $\{\mathfrak{S}_n'''\}$ solcher Intervallsysteme, so daß:

$$(^*_*{}^*) \quad \alpha(\mathfrak{D}) = \lim_{n=\infty} A(\mathfrak{S}_n'); \quad \pi(\mathfrak{D}) = \lim_{n=\infty} P(\mathfrak{S}_n''); \quad \nu(\mathfrak{D}) = \lim_{n=\infty} N(\mathfrak{S}_n''').$$

Ersetzt man nötigenfalls die Intervalle von $\mathfrak{S}_n'$, $\mathfrak{S}_n''$, $\mathfrak{S}_n'''$ durch geeignete Zerlegungssysteme (wodurch sie in die Intervallsysteme $\overline{\mathfrak{S}}_n'$, $\overline{\mathfrak{S}}_n''$, $\overline{\mathfrak{S}}_n'''$ übergehen mögen), so gibt es ein System $\mathfrak{S}_n$, derart, daß jedes Intervall von $\overline{\mathfrak{S}}_n'$, von $\overline{\mathfrak{S}}_n''$, von $\overline{\mathfrak{S}}_n'''$ auch zugleich Intervall von $\mathfrak{S}_n$ ist. Nach Satz I ist dann:

$$(***) \qquad A(\mathfrak{S}_n) \geqq A(\mathfrak{S}_n'); \quad P(\mathfrak{S}_n) \geqq P(\mathfrak{S}_n''); \quad N(\mathfrak{S}_n) \geqq N(\mathfrak{S}_n''').$$

Und da $\alpha(\mathfrak{D})$, $\pi(\mathfrak{D})$, $\nu(\mathfrak{D})$ die oberen Schranken aller $A(\mathfrak{S})$, $P(\mathfrak{S})$, $N(\mathfrak{S})$ sind, folgen aus $(^*_*{}^*)$ und (***) sofort die behaupteten Beziehungen (**). Damit ist (*) für alle offenen Mengen $\mathfrak{D}$ aus $\mathfrak{G}$ nachgewiesen.

---

[1]) Ist es notwendig, die Funktion f in Evidenz zu setzen, so bezeichnen wir diese Mengenfunktionen mit $\alpha(\mathfrak{A}, f)$, $\pi(\mathfrak{A}, f)$, $\nu(\mathfrak{A}, f)$.

Sei nun $\mathfrak{A}$ eine beliebige Punktmenge aus $\mathfrak{G}$. Nach Definition (Kap. VI, § 7, Satz VI) sind $\alpha\,(\mathfrak{A})$, $\pi\,(\mathfrak{A})$, $\nu\,(\mathfrak{A})$ die unteren Schranken von $\alpha\,(\mathfrak{O})$, $\pi\,(\mathfrak{O})$, $\nu\,(\mathfrak{O})$ für alle $\mathfrak{A}$ enthaltenden offenen Mengen $\mathfrak{O}$ aus $\mathfrak{G}$. Es gibt also Folgen $\{\mathfrak{O}'_n\}$, $\{\mathfrak{O}''_n\}$, $\{\mathfrak{O}'''_n\}$ von offenen Mengen $\mathfrak{O}$ aus $\mathfrak{G}$, die $\mathfrak{A}$ enthalten und für die:

$$(\dagger) \qquad \alpha\,(\mathfrak{A}) = \lim_{n=\infty} \alpha\,(\mathfrak{O}'_n); \quad \pi\,(\mathfrak{A}) = \lim_{n=\infty} \pi\,(\mathfrak{O}''_n); \quad \nu\,(\mathfrak{A}) = \lim_{n=\infty} \nu\,(\mathfrak{O}'''_n).$$

Wir setzen:

$$\mathfrak{O}_n = \mathfrak{O}'_n \cdot \mathfrak{O}''_n \cdot \mathfrak{O}'''_n\,;$$

dann ist:

$$\mathfrak{O}_n < \mathfrak{O}'_n\,; \quad \mathfrak{O}_n < \mathfrak{O}''_n\,; \quad \mathfrak{O}_n < \mathfrak{O}'''_n.$$

Da α, π, ν Maßfunktionen (Kap. VI, § 5, S. 424), ist also auch:

$$(\dagger\dagger) \qquad \alpha\,(\mathfrak{O}_n) \leqq \alpha\,(\mathfrak{O}'_n); \quad \pi\,(\mathfrak{O}_n) \leqq \pi\,(\mathfrak{O}''_n); \quad \nu\,(\mathfrak{O}_n) \leqq \nu\,(\mathfrak{O}'''_n).$$

Und da $\alpha\,(\mathfrak{A})$, $\pi\,(\mathfrak{A})$, $\nu\,(\mathfrak{A})$ die unteren Schranken aller $\alpha\,(\mathfrak{O})$, $\pi\,(\mathfrak{O})$, $\nu\,(\mathfrak{O})$ sind ($\mathfrak{A} < \mathfrak{O} < \mathfrak{G}$), so folgt aus ($\dagger$) und ($\dagger\dagger$):

$$(\dagger\dagger\dagger) \quad \alpha\,(\mathfrak{A}) = \lim_{n=\infty} \alpha\,(\mathfrak{O}_n); \quad \pi\,(\mathfrak{A}) = \lim_{n=\infty} \pi\,(\mathfrak{O}_n); \quad \nu\,(\mathfrak{A}) = \lim_{n=\infty} \nu\,(\mathfrak{O}_n).$$

Wie schon bewiesen, ist aber:

$$\alpha\,(\mathfrak{O}_n) = \pi\,(\mathfrak{O}_n) + \nu\,(\mathfrak{O}_n),$$

so daß aus ($\dagger\dagger\dagger$) die Behauptung (*) folgt. Damit ist Satz III bewiesen.

Satz IV. Eine Menge $\mathfrak{M}$ aus $\mathfrak{G}$ ist α-meßbar dann und nur dann, wenn sie sowohl π-meßbar als ν-meßbar ist.

Seien in der Tat $\mathfrak{A}$ und $\mathfrak{M}$ zwei Mengen aus $\mathfrak{G}$, und sei $\alpha\,(\mathfrak{A})$ (und somit auch $\pi\,(\mathfrak{A})$ und $\nu\,(\mathfrak{A})$) endlich. Nach Satz III ist:

$$\alpha\,(\mathfrak{A}) = \pi\,(\mathfrak{A}) + \nu\,(\mathfrak{A}).$$
$$(0) \qquad \alpha\,(\mathfrak{M} \cdot \mathfrak{A}) = \pi\,(\mathfrak{M} \cdot \mathfrak{A}) + \nu\,(\mathfrak{M} \cdot \mathfrak{A})$$
$$\alpha\,(\mathfrak{A} - \mathfrak{M} \cdot \mathfrak{A}) = \pi\,(\mathfrak{A} - \mathfrak{M} \cdot \mathfrak{A}) + \nu\,(\mathfrak{A} - \mathfrak{M} \cdot \mathfrak{A}).$$

Gelten also die Gleichungen:

$$(00) \qquad \begin{aligned} \pi\,(\mathfrak{A}) &= \pi\,(\mathfrak{M} \cdot \mathfrak{A}) + \pi\,(\mathfrak{A} - \mathfrak{M} \cdot \mathfrak{A}); \\ \nu\,(\mathfrak{A}) &= \nu\,(\mathfrak{M} \cdot \mathfrak{A}) + \nu\,(\mathfrak{A} - \mathfrak{M} \cdot \mathfrak{A}), \end{aligned}$$

so auch die vermöge (0) daraus durch Addition folgende Gleichung:

$$(000) \qquad \alpha\,(\mathfrak{A}) = \alpha\,(\mathfrak{M} \cdot \mathfrak{A}) + \alpha\,(\mathfrak{A} - \mathfrak{M} \cdot \mathfrak{A}),$$

d. h. (Kap. VI, § 5, Satz I) ist $\mathfrak{M}$ sowohl π-meßbar, als auch ν-meßbar, so auch α-meßbar.

Nach Eigenschaft 3. der Maßfunktionen (Kap. VI, § 5, S. 424) ist:

$$\pi\,(\mathfrak{M} \cdot \mathfrak{A}) + \pi\,(\mathfrak{A} - \mathfrak{M} \cdot \mathfrak{A}) \geqq \pi\,(\mathfrak{A}); \quad \nu\,(\mathfrak{M} \cdot \mathfrak{A}) + \nu\,(\mathfrak{A} - \mathfrak{M} \cdot \mathfrak{A}) \geqq \nu\,(\mathfrak{A}).$$

Wegen (0) kann also, da $\pi(\mathfrak{A})$ und $\nu(\mathfrak{A})$ endlich sind, (000) nur dann gelten, wenn (00) gilt, d. h. es ist. die Menge $\mathfrak{M}$ α-meßbar nur dann, wenn sie sowohl π-meßbar als auch ν-meßbar ist. Damit ist Satz IV bewiesen.

Wir nennen die α-meßbaren (und somit auch π-meßbaren und ν-meßbaren) Mengen aus $\mathfrak{G}$ auch f-meßbar. Ist $\mathfrak{A}$ f-meßbar, so nennen wir $\alpha(\mathfrak{A})$, $\pi(\mathfrak{A})$, $\nu(\mathfrak{A})$ auch **Absolutzuwachs**, **Positivzuwachs**, **Negativzuwachs** von f auf $\mathfrak{A}$.

Da nach Satz II α eine Inhaltsfunktion, und mithin (Kap. VI, § 7, Satz I) auch eine reguläre Maßfunktion ist, können wir den Satz aussprechen (Kap. VI, § 6, Satz II):

Satz V. Ist f definiert und endlich in der offenen Punktmenge $\mathfrak{G}$ des $\mathfrak{R}_k$, so bilden die f-meßbaren Mengen einen alle Borelschen Mengen aus $\mathfrak{G}$ enthaltenden σ-Körper, in dem Absolutzuwachs, Positivzuwachs, Negativzuwachs von f absolut-additiv sind.

Sei $\mathfrak{A}$ eine beliebige Punktmenge aus $\mathfrak{G}$, für die mindestens eine der beiden Zahlen $\pi(\mathfrak{A})$ und $\nu(\mathfrak{A})$ endlich ist[1]). Wir setzen:

$$\delta(\mathfrak{A}) = \pi(\mathfrak{A}) - \nu(\mathfrak{A}),$$

und nennen diese Größe den **äußeren Zuwachs** von f auf $\mathfrak{A}$, oder wenn $\mathfrak{A}$ f-meßbar ist, kurz: den **Zuwachs** von f auf $\mathfrak{A}$. Wir können dann sofort den Satz aussprechen:

Satz VI. Ist der äußere Absolutzuwachs $\alpha(\mathfrak{B})$ von f auf $\mathfrak{B}$ endlich, so ist der Zuwachs $\delta(\mathfrak{A})$ von f absolut-additiv im σ-Körper aller f-meßbaren Teile von $\mathfrak{B}$.

Wir sprechen noch den Satz aus:

Satz VII. Ist $\mathfrak{A}$ f-meßbar und $\alpha(\mathfrak{A})$ endlich, so gibt es einen $\mathfrak{A}$ enthaltenden o-Durchschnitt $\mathfrak{D}$ und eine in $\mathfrak{A}$ enthaltene a-Vereinigung $\mathfrak{B}$, so daß:

$$\pi(\mathfrak{A}) = \pi(\mathfrak{D}) = \pi(\mathfrak{B}); \quad \nu(\mathfrak{A}) = \nu(\mathfrak{D}) = \nu(\mathfrak{B});$$
$$\alpha(\mathfrak{A}) = \alpha(\mathfrak{D}) = \alpha(\mathfrak{B}); \quad \delta(\mathfrak{A}) = \delta(\mathfrak{D}) = \delta(\mathfrak{B}).$$

In der Tat, da $\mathfrak{A}$ f-meßbar, d. h. α-meßbar ist, so ist, wenn α_* das zu α gehörige innere Maß bezeichnet, nach Kap. VI, § 6, Satz IX:

$$\alpha_*(\mathfrak{A}) = \alpha(\mathfrak{A}),$$

und da nach Satz II α eine Inhaltsfunktion ist, folgt aus Kap. VI, § 7 Satz II, III: Es gibt einen $\mathfrak{A}$ enthaltenden o-Durchschnitt $\mathfrak{D}$ und

---

[1]) Nach Satz III ist das sicher der Fall, wenn $\alpha(\mathfrak{A})$ endlich ist.

eine in $\mathfrak{A}$ enthaltene a-Vereinigung $\mathfrak{B}$, so daß:

$$\alpha(\mathfrak{A}) = \alpha(\mathfrak{D}) = \alpha(\mathfrak{B}).$$

Daraus folgt:

$$\alpha(\mathfrak{D} - \mathfrak{B}) = 0,$$

und somit:

$$\pi(\mathfrak{D} - \mathfrak{B}) = 0; \quad \nu(\mathfrak{D} - \mathfrak{B}) = 0.$$

Wegen $\mathfrak{B} < \mathfrak{A} < \mathfrak{D}$ folgt daraus weiter:

$$\pi(\mathfrak{D}) = \pi(\mathfrak{B}) = \pi(\mathfrak{A}); \quad \nu(\mathfrak{D}) = \nu(\mathfrak{B}) = \nu(\mathfrak{A}),$$

und somit auch:

$$\delta(\mathfrak{D}) = \delta(\mathfrak{B}) = \delta(\mathfrak{A}).$$

Damit ist Satz VII bewiesen.

Satz VIII. Sind f_1 und f_2 definiert und endlich in der offenen Menge $\mathfrak{G}$ des $\mathfrak{R}_k$, so ist für jede Punktmenge $\mathfrak{A}$ aus $\mathfrak{G}$:

$$\alpha(\mathfrak{A}, f_1 + f_2) \leqq \alpha(\mathfrak{A}, f_1) + \alpha(\mathfrak{A}, f_2);$$
$$\pi(\mathfrak{A}, f_1 + f_2) \leqq \pi(\mathfrak{A}, f_1) + \pi(\mathfrak{A}, f_2);$$
$$\nu(\mathfrak{A}, f_1 + f_2) \leqq \nu(\mathfrak{A}, f_1) + \nu(\mathfrak{A}, f_2).$$

In der Tat, es wird genügen, die Ungleichung für π zu beweisen; ebenso beweist man dann die für ν, woraus die für α folgt.

Kehren wir zurück zur Bezeichnungsweise (5), S. 467, so ist offenbar stets:

$$P(\mathfrak{I}, f_1 + f_2) \leqq P(\mathfrak{I}, f_1) + P(\mathfrak{I}, f_2).$$

Daher gilt für jedes Intervallsystem $\mathfrak{S}$ aus $\mathfrak{G}$:

$$(^\times) \qquad P(\mathfrak{S}, f_1 + f_2) \leqq P(\mathfrak{S}, f_1) + P(\mathfrak{S}, f_2).$$

Sei $\mathfrak{D}$ eine offene Menge aus $\mathfrak{G}$. Dann gibt es in $\mathfrak{D}$ Folgen $\{\mathfrak{S}_n'\}$, $\{\mathfrak{S}_n''\}$, $\{\mathfrak{S}_n'''\}$ endlicher Intervallsysteme, so daß

$$\pi(\mathfrak{D}, f_1) = \lim_{n = \infty} P(\mathfrak{S}_n', f_1); \quad \pi(\mathfrak{D}, f_2) = \lim_{n = \infty} P(\mathfrak{S}_n'', f_2);$$

$$\pi(\mathfrak{D}, f_1 + f_2) = \lim_{n = \infty} P(\mathfrak{S}_n''', f_1 + f_2).$$

Wie beim Beweise von Satz III leitet man daraus Intervallsysteme $\mathfrak{S}_n$ her, für die:

$$\pi(\mathfrak{D}, f_1) = \lim_{n = \infty} P(\mathfrak{S}_n, f_1); \quad \pi(\mathfrak{D}, f_2) = \lim_{n = \infty} P(\mathfrak{S}_n, f_2);$$

$$\pi(\mathfrak{D}, f_1 + f_2) = \lim_{n = \infty} P(\mathfrak{S}_n, f_1 + f_2),$$

so daß aus $(\times)$ folgt:

$$(\times\times) \qquad \pi(\mathfrak{D}, f_1 + f_2) \leqq \pi(\mathfrak{D}, f_1) + \pi(\mathfrak{D}, f_2).$$

Sei endlich $\mathfrak{A}$ eine beliebige Menge aus $\mathfrak{G}$. Es gibt dann Folgen $\{\mathfrak{O}'_n\}$, $\{\mathfrak{O}''_n\}$, $\{\mathfrak{O}'''_n\}$ offener, $\mathfrak{A}$ enthaltender Mengen, so daß:

$$\pi(\mathfrak{A}, f_1) = \lim_{n = \infty} \pi(\mathfrak{O}'_n, f_1); \quad \pi(\mathfrak{A}, f_2) = \lim_{n = \infty} \pi(\mathfrak{O}''_n, f_2);$$

$$\pi(\mathfrak{A}, f_1 + f_2) = \lim_{n = \infty} \pi(\mathfrak{O}'''_n, f_1 + f_2).$$

Setzen wir:

$$\mathfrak{O}_n = \mathfrak{O}'_n \cdot \mathfrak{O}''_n \cdot \mathfrak{O}'''_n,$$

so ist offenbar:

$$\pi(\mathfrak{A}, f_1) = \lim_{n = \infty} \pi(\mathfrak{O}_n, f_1); \quad \pi(\mathfrak{A}, f_2) = \lim_{n = \infty} \pi(\mathfrak{O}_n, f_2);$$

$$\pi(\mathfrak{A}, f_1 + f_2) = \lim_{n = \infty} \pi(\mathfrak{O}_n, f_1 + f_2).$$

Da für jedes $\mathfrak{O}_n$ ($\times\times$) gilt, folgt hieraus:

$$\pi(\mathfrak{A}, f_1 + f_2) \leqq \pi(\mathfrak{A}, f_1) + \pi(\mathfrak{A}, f_2),$$

und Satz VIII ist bewiesen.

Satz IX. Ist $\alpha(\mathfrak{A}, f_1)$ und $\alpha(\mathfrak{A}, f_2)$ endlich, so ist:

$$(\times\times\times) \qquad \delta(\mathfrak{A}, f_1 + f_2) = \delta(\mathfrak{A}, f_1) + \delta(\mathfrak{A}, f_2).$$

In der Tat, ist $\mathfrak{O}$ eine offene Menge, so gibt es, wie der beim Beweise von Satz III und Satz VIII angewandte Schluß zeigt, in $\mathfrak{O}$ eine Folge $\{\mathfrak{S}_n\}$ von Intervallsystemen, so daß:

$$\pi(\mathfrak{O}, f_1) = \lim_{n = \infty} P(\mathfrak{S}_n, f_1); \quad \pi(\mathfrak{O}, f_2) = \lim_{n = \infty} P(\mathfrak{S}_n, f_2);$$

$$\pi(\mathfrak{O}, f_1 + f_2) = \lim_{n = \infty} P(\mathfrak{S}_n, f_1 + f_2);$$

$$\nu(\mathfrak{O}, f_1) = \lim_{n = \infty} N(\mathfrak{S}_n, f_1); \quad \nu(\mathfrak{O}, f_2) = \lim_{n = \infty} N(\mathfrak{S}_n, f_2);$$

$$\nu(\mathfrak{O}, f_1 + f_2) = \lim_{n = \infty} N(\mathfrak{S}_n, f_1 + f_2).$$

Daraus folgt durch Subtraktion vermöge (6), S. 467:

$$\delta(\mathfrak{O}, f_1) = \lim_{n = \infty} \varDelta(\mathfrak{S}_n, f_1); \quad \delta(\mathfrak{O}, f_2) = \lim_{n = \infty} \varDelta(\mathfrak{S}_n, f_2);$$

$$\delta(\mathfrak{O}, f_1 + f_2) = \lim_{n = \infty} \varDelta(\mathfrak{S}_n, f_1 + f_2),$$

und da offenbar:

$$\varDelta(\mathfrak{S}_n, f_1 + f_2) = \varDelta(\mathfrak{S}_n, f_1) + \varDelta(\mathfrak{S}_n, f_2)$$

ist, so haben wir für jede offene Menge $\mathfrak{O}$:

$$\left(\overset{\times\times}{\times}\right) \qquad \delta(\mathfrak{O}, f_1 + f_2) = \delta(\mathfrak{O}, f_1) + \delta(\mathfrak{O}, f_2).$$

Ist nun $\mathfrak{A}$ eine beliebige Menge, so gibt es eine Folge $\{\mathfrak{O}_n\}$ offener $\mathfrak{A}$ enthaltender Mengen, so daß:

$$\pi(\mathfrak{A}, f_1) = \lim_{n=\infty} \pi(\mathfrak{O}_n, f_1); \quad \pi(\mathfrak{A}, f_2) = \lim_{n=\infty} \pi(\mathfrak{O}_n, f_2);$$

$$\pi(\mathfrak{A}, f_1 + f_2) = \lim_{n=\infty} \pi(\mathfrak{O}_n, f_1 + f_2);$$

$$\nu(\mathfrak{A}, f_1) = \lim_{n=\infty} \nu(\mathfrak{O}_n, f_1); \quad \nu(\mathfrak{A}, f_2) = \lim_{n=\infty} \nu(\mathfrak{O}_n, f_2);$$

$$\nu(\mathfrak{A}, f_1 + f_2) = \lim_{n=\infty} \nu(\mathfrak{O}_n, f_1 + f_2),$$

und da für jedes $\mathfrak{O}_n$ ($\overset{\times\times}{\times}$) gilt, folgt hieraus durch Subtraktion die behauptete Geichung ($\times\times\times$), womit Satz IX bewiesen ist.

Es sei noch eigens erwähnt, daß keineswegs stets für ein abgeschlossenes Intervall $\mathfrak{J}$:

$$\delta(\mathfrak{J}, f) = \varDelta(\mathfrak{J}, f)$$

ist[1]); ferner daß nicht notwendig $\alpha(\mathfrak{A})$, $\pi(\mathfrak{A})$, $\nu(\mathfrak{A})$ Absolutfunktion, Positivfunktion, Negativfunktion (Kap. VI, § 2, S. 404) von $\delta(\mathfrak{A})$ sind[2]).

§ 2. Funktionen totalstetigen Absolutzuwachses.

Wie in § 1 sei f eine in der offenen Menge $\mathfrak{G}$ des $\mathfrak{R}_k$ definierte und endliche Funktion, $\alpha(\mathfrak{A})$ ihr äußerer Absolutzuwachs auf der Menge $\mathfrak{A}$ aus $\mathfrak{G}$.

Mit $\mathfrak{E}_a$ bezeichnen wir die nur aus dem Punkte a bestehende Menge. Dann gilt:

Satz I. Ist $\mathfrak{A}$ eine beschränkte und abgeschlossene Menge aus $\mathfrak{G}$, für die:

$$(0) \qquad\qquad \alpha(\mathfrak{A}) = +\infty$$

ist, dann gibt es in $\mathfrak{A}$ auch einen Punkt a, so daß:

$$\alpha(\mathfrak{E}_a) = +\infty.$$

In der Tat, auf Grund des Borelschen Theorems (Kap. I, § 6, Satz I) gibt es endlich viele abgeschlossene k-dimensionale Kugeln[3])

---

[1]) Beispiel im $\mathfrak{R}_1$: Sei $\mathfrak{J} = [0,1]$ und $f(x) = 0$ für $x \leqq 1$, $f(x) = 1$ für $x > 1$. Dann ist:

$$\delta(\mathfrak{J}, f) = 1; \quad \varDelta(\mathfrak{J}, f) = 0.$$

Vgl. hierzu § 2, Satz VII.

[2]) Beispiel im $\mathfrak{R}_1$: Sei $f(x) = 0$ für $x \neq 0$, $f(0) = 1$. Dann ist $\alpha(\mathfrak{A}) = 2$ oder 0, $\pi(\mathfrak{A}) = \nu(\mathfrak{A}) = 1$ oder 0, je nachdem $\mathfrak{A}$ den Punkt 0 enthält oder nicht, und es ist stets $\delta(\mathfrak{A}) = 0$. Näheres hierüber in einer demnächst erscheinenden Arbeit von E. Trilling.

[3]) Unter der k-dimensionalen abgeschlossenen Kugel vom Mittelpunkt $(a_1, a_2, \ldots, a_k)$ und vom Radius r wird verstanden die Menge aller Punkte $(x_1, x_2, \ldots, x_k)$ des $\mathfrak{R}_k$, für die:

$$(x_1 - a_1)^2 + (x_2 - a_2)^2 + \ldots + (x_k - a_k)^2 \leqq r^2.$$

$\mathfrak{K}_{i_1}$ vom Radius $\frac{1}{2}$, in deren Vereinigung $\mathfrak{A}$ enthalten ist. Setzen wir:

$$\mathfrak{A}_{i_1} = \mathfrak{A} \cdot \mathfrak{K}_{i_1},$$

so gibt es wegen (0) mindestens einen Index i_1, etwa i_1^0, so daß:

$$(00) \qquad \alpha(\mathfrak{A}_{i_1^0}) = +\infty.$$

Da auch $\mathfrak{A}_{i_1^0}$ beschränkt und abgeschlossen, gibt es endlich viele abgeschlossene k-dimensionale Kugeln $\mathfrak{K}_{i_1^0, i_2}$ vom Radius $\frac{1}{2^2}$, in deren Vereinigung $\mathfrak{A}_{i_1^0}$ enthalten ist. Setzen wir:

$$\mathfrak{A}_{i_1^0, i_2} = \mathfrak{A} \cdot \mathfrak{K}_{i_1^0, i_2},$$

so gibt es wegen (00) mindestens einen Index i_2, etwa i_2^0, so daß:

$$\alpha(\mathfrak{A}_{i_1^0, i_2^0}) = +\infty.$$

So weiter schließend, erhalten wir eine monoton abnehmende Folge beschränkter abgeschlossener Mengen $\{\mathfrak{A}_{i_1^0, i_2^0, \ldots, i_n^0}\}$, deren n-te enthalten ist in einer Kugel vom Radius $\frac{1}{2^n}$, und für die:

$$\alpha(\mathfrak{A}_{i_1^0, i_2^0, \ldots, i_n^0}) = +\infty.$$

Der Durchschnitt aller dieser Mengen besteht aus einem Punkte a (Kap. I, § 2, Satz VIII), und aus der Definition von α folgt sofort, daß:

$$\alpha(\mathfrak{E}_a) = +\infty$$

ist. Damit ist Satz I bewiesen.

Aus Satz I folgt ohne weiteres:

Satz II. Ist der Absolutzuwachs α von f stetig im σ-Körper der f-meßbaren Mengen, so ist $\alpha(\mathfrak{A})$ endlich für jeden beschränkten und abgeschlossenen Teil von $\mathfrak{G}$.

Ist der Absolutzuwachs α von f totalstetig nach dem k-dimensionalen Inhalt μ_k (Kap. VI, § 4, S. 416) im σ-Körper der Borelschen Mengen[1]) aus $\mathfrak{G}$, so heißt die Funktion f von totalstetigem Absolutzuwachs in $\mathfrak{G}$. Dann sind auch Positivzuwachs π und Negativzuwachs ν von f totalstetig nach μ_k im σ-Körper der Borelschen Mengen.

Satz III. Ist f von totalstetigem Absolutzuwachs in $\mathfrak{G}$, und ist für die Menge $\mathfrak{A}$ aus $\mathfrak{G}$:

$$\mu_k(\mathfrak{A}) = 0,$$

so ist $\mathfrak{A}$ f-meßbar.

---

[1]) Wie Satz III und IV lehren, ist dann α totalstetig nach μ_k auch im σ-Körper aller k-dimensional-meßbaren Mengen aus $\mathfrak{G}$.

In der Tat, nach Kap. VI, § 8, Satz IV gibt es einen o-Durchschnitt $\mathfrak{D} \succ \mathfrak{A}$, so daß:

$$(000) \qquad \mu_k(\mathfrak{D}) = \mu_k(\mathfrak{A}) = 0.$$

Da $\mathfrak{D}$ eine Borelsche Menge, und da α totalstetig nach μ_k im σ-Körper der Borelschen Mengen aus $\mathfrak{G}$, folgt aus (000):

$$\alpha(\mathfrak{D}) = 0,$$

und mithin, wegen $\mathfrak{A} \prec\!\!\cdot\, \mathfrak{D}$ auch:

$$\alpha(\mathfrak{A}) = 0.$$

Also ist $\mathfrak{A}$ α-meßbar (Kap. VI, § 5, Satz XVI), d. h. f-meßbar, und Satz III ist bewiesen.

Nun folgt leicht:

Satz IV. Ist f von totalstetigem Absolutzuwachs in $\mathfrak{G}$, so ist jede k-dimensional-meßbare Menge aus $\mathfrak{G}$ auch f-meßbar.

In der Tat, zu jeder k-dimensional-meßbaren Menge $\mathfrak{A}$ gibt es einen maßgleichen Kern $\mathfrak{B}$, der a-Vereinigung ist (Kap. VI, § 8, Satz IV). Dann ist:

$$\mu_k(\mathfrak{A} - \mathfrak{B}) = 0,$$

also ist nach Satz III $\mathfrak{A} - \mathfrak{B}$ f-meßbar, und da $\mathfrak{B}$ als Borelsche Menge f-meßbar, so ist auch $\mathfrak{A}$ als Vereinigung der beiden f-meßbaren Mengen $\mathfrak{B}$ und $\mathfrak{A} - \mathfrak{B}$ f-meßbar, und Satz IV ist bewiesen.

Sei $\mathfrak{S}$ ein Intervallsystem, bestehend aus den Intervallen $\mathfrak{J}_1$, $\mathfrak{J}_2, \ldots, \mathfrak{J}_\nu, \ldots$ Wir schreiben dann:

$$\mu_k(\mathfrak{S}) = \mu_k(\mathfrak{J}_1 + \mathfrak{J}_2 + \cdots + \mathfrak{J}_\nu + \cdots);$$
$$\alpha(\mathfrak{S}) = \alpha(\mathfrak{J}_1 + \mathfrak{J}_2 + \cdots + \mathfrak{J}_\nu + \cdots).$$

Unter $A(\mathfrak{S})$, $\varDelta(\mathfrak{S})$ verstehen wir wieder die in § 1, Gleichung (7) S. 467, eingeführten Ausdrücke.

Satz V. Damit f von totalstetigem Absolutzuwachse sei in der offenen Menge $\mathfrak{G}$ des $\mathfrak{R}_k$, ist notwendig und hinreichend, daß für jede Folge $\{\mathfrak{S}_n\}$ von endlichen[1] Intervall-systemen aus $\mathfrak{G}$, die sämtlich einem beschränkten und abgeschlossenen Teile $\mathfrak{B}$ von $\mathfrak{G}$ angehören, und für die

$$\lim_{n = \infty} \mu_k(\mathfrak{S}_n) = 0$$

ist, auch die Beziehung gelte:

$$(*) \qquad \lim_{n = \infty} A(\mathfrak{S}_n) = 0.$$

---

[1]) Dieser Zusatz kann auch ohne weiteres wegbleiben.

Die Bedingung ist **notwendig**. Angenommen in der Tat, sie sei nicht erfüllt. Dann gibt es wegen:

$$\alpha(\mathfrak{S}) \geqq A(\mathfrak{S})^1)$$

eine Folge $\{\mathfrak{S}_n\}$ von Intervallsystemen, die sämtlich einem beschränkten, abgeschlossenen Teile $\mathfrak{B}$ von $\mathfrak{A}$ angehören, und für die:

$$\lim_{n=\infty} \mu_k(\mathfrak{S}_n) = 0; \quad \lim_{n=\infty} \alpha(\mathfrak{S}_n) \neq 0.$$

Ist nun

$$\alpha(\mathfrak{B}) = +\infty,$$

so lehrt Satz II, daß α nicht stetig, und somit auch nicht totalstetig nach μ_k ist. Ist hingegen $\alpha(\mathfrak{B})$ endlich, so folgt aus Kap. VI, § 4, Satz IV, daß α nicht totalstetig nach μ_k ist.

Die Bedingung ist **hinreichend**; denn ist α nicht totalstetig nach μ_k, so gibt es in $\mathfrak{G}$ eine Menge $\mathfrak{A}$, so daß:

$$(**) \qquad\qquad \mu_k(\mathfrak{A}) = 0; \quad \alpha(\mathfrak{A}) \neq 0.$$

Zufolge der Definition von $\alpha(\mathfrak{A})$ gibt es also in $\mathfrak{G}$ eine Folge $\{\mathfrak{D}_n\}$ offener, $\mathfrak{A}$ enthaltender Mengen, so daß:

$$(*_*^{}*) \qquad\qquad \lim_{n=\infty} \alpha(\mathfrak{D}_n) = \alpha(\mathfrak{A}) \neq 0,$$

und dabei kann wegen der ersten Gleichung (**) offenbar angenommen werden[2]):

$$(_*^{*}{}_*) \qquad\qquad \lim_{n=\infty} \mu_k(\mathfrak{D}_n) = 0.$$

Zufolge der Definition von $\alpha(\mathfrak{D}_n)$ folgt aus $(*_*^{}*)$: Es gibt in $\mathfrak{D}_n$ ein Intervallsystem $\mathfrak{S}_n$, so daß:

$$\lim_{n=\infty} A(\mathfrak{S}_n) \neq 0.$$

Wegen $(_*^{*}{}_*)$ ist:

$$\lim_{n=\infty} \mu_k(\mathfrak{S}_n) = 0.$$

Also ist die Bedingung von Satz V nicht erfüllt. Damit ist Satz V bewiesen.

Satz VI. In Satz V kann (*) ersetzt werden durch:

$$(\dagger) \qquad\qquad \lim_{n=\infty} \varDelta(\mathfrak{S}_n) = 0.$$

---

[1]) Diese Ungleichung begründet man in folgender Weise: Ist $\mathfrak{D}$ eine offene Menge, die alle Intervalle von $\mathfrak{S}$ enthält, so ist (nach Definition von α):

$$\alpha(\mathfrak{D}) \geqq A(\mathfrak{S}).$$

Und da (wieder nach Definition) $\alpha(\mathfrak{S})$ die untere Schranke von $\alpha(\mathfrak{D})$ für alle $\mathfrak{S}$ enthaltenden offenen Mengen $\mathfrak{D}$ ist, folgt die behauptete Ungleichung.

[2]) Denn ersetzt man $\mathfrak{D}_n$ durch einen offenen, $\mathfrak{A}$ enthaltenden Teil $\mathfrak{D}'_n$, so ist

$$\alpha(\mathfrak{A}) \leqq \alpha(\mathfrak{D}'_n) \leqq \alpha(\mathfrak{D}_n).$$

Die Bedingung ist notwendig; denn ist (†) nicht erfüllt, so ist (*) erst recht nicht erfüllt

Die Bedingung ist hinreichend; denn ist α nicht totalstetig nach μ_k, so gibt es nach Satz V eine Folge $\{\mathfrak{S}_n\}$ von Intervallsystemen, so daß:

$$(\dagger\dagger) \qquad \lim_{n=\infty} A(\mathfrak{S}_n) \neq 0; \quad \lim_{n=\infty} \mu_k(\mathfrak{S}_n) = 0.$$

Wegen:

$$A(\mathfrak{S}_n) = P(\mathfrak{S}_n) + N(\mathfrak{S}_n)$$

können dann nicht die beiden Gleichungen bestehen:

$$\lim_{n=\infty} P(\mathfrak{S}_n) = 0; \quad \lim_{n=\infty} N(\mathfrak{S}_n) = 0.$$

Nun gibt es aber in $\mathfrak{S}_n$ je ein Teilsystem $\mathfrak{S}_n'$ und $\mathfrak{S}_n''$, so daß:

$$P(\mathfrak{S}_n) = \varDelta(\mathfrak{S}_n'); \quad N(\mathfrak{S}_n) = - \varDelta(\mathfrak{S}_n'').$$

Es können also auch nicht die beiden Gleichungen bestehen:

$$\lim_{n=\infty} \varDelta(\mathfrak{S}_n') = 0; \quad \lim_{n=\infty} \varDelta(\mathfrak{S}_n'') = 0,$$

und da aus der zweiten Gleichung (††) folgt:

$$\lim_{n=\infty} \mu_k(\mathfrak{S}_n') = 0; \quad \lim_{n=\infty} \mu_k(\mathfrak{S}_n'') = 0,$$

ist Satz VI bewiesen.

Wir haben am Ende von § 1 darauf hingewiesen, daß nicht allgemein die Differenz $\varDelta(\mathfrak{J})$ von f im abgeschlossenen Intervalle $\mathfrak{J}$ mit dem Zuwachse $\delta(\mathfrak{J})$ von f in diesem Intervalle übereinstimmt. Wohl aber trifft dies für Funktionen von totalstetigem Absolutzuwachse zu. Es gilt der Satz:

Satz VII. Ist f von totalstetigem Absolutzuwachse in der offenen Menge $\mathfrak{G}$ des $\mathfrak{R}_k$, und ist $\mathfrak{J}$ ein abgeschlossenes Intervall von $\mathfrak{G}$ und $\mathfrak{J}^*$ das aus den inneren Punkten von $\mathfrak{J}$ bestehende offene Intervall, so ist:

$$(\times) \qquad \delta(\mathfrak{J}) = \delta(\mathfrak{J}^*) = \varDelta(\mathfrak{J}).$$

In der Tat, da der Absolutzuwachs α von f totalstetig nach μ_k ist, so auch π und ν. Wegen:

$$\mu_k(\mathfrak{J} - \mathfrak{J}^*) = 0$$

ist also:

$$(\times\times) \qquad \pi(\mathfrak{J}) = \pi(\mathfrak{J}^*); \quad \nu(\mathfrak{J}) = \nu(\mathfrak{J}^*).$$

Nach Satz II ist $\alpha(\mathfrak{J})$, mithin auch $\pi(\mathfrak{J})$ und $\nu(\mathfrak{J})$ endlich; aus

$\delta = \pi - \nu$ folgt also:
$$\delta(\mathfrak{J}) = \delta(\mathfrak{J}^*),$$
womit die erste Hälfte von ($\times$) bewiesen ist.

Da $\mathfrak{J}^*$ offen ist, gibt es nach (**) von § 1, S. 468 zu jedem $\varepsilon > 0$ ein endliches Intervallsystem $\mathfrak{S}'$ aus $\mathfrak{J}^*$, so daß:

($\times\times\times$) $$P(\mathfrak{S}') > \pi(\mathfrak{J}^*) - \varepsilon; \quad N(\mathfrak{S}') > \nu(\mathfrak{J}^*) - \varepsilon.$$

Durch Hinzufügung eines endlichen Intervallsystems $\mathfrak{S}''$ kann $\mathfrak{S}'$ ergänzt werden zu einem Zerlegungssysteme $\mathfrak{S} = \mathfrak{S}' + \mathfrak{S}''$ von $\mathfrak{J}$. Nach (4) und (6) von § 1 (S. 466, 467) ist dann:

($^\times_\times{}^\times$) $$\varDelta(\mathfrak{J}) = \varDelta(\mathfrak{S}) = P(\mathfrak{S}) - N(\mathfrak{S}).$$

Aus ($\times\times$) und ($\times\times\times$) folgt:

(0) $$P(\mathfrak{S}) > \pi(\mathfrak{J}) - \varepsilon; \quad N(\mathfrak{S}) > \nu(\mathfrak{J}) - \varepsilon.$$

Für jede offene Menge $\mathfrak{O} \succ \mathfrak{J}$ ist:
$$P(\mathfrak{S}) \leqq \pi(\mathfrak{O}); \quad N(\mathfrak{S}) \leqq \nu(\mathfrak{O}),$$
und da $\pi(\mathfrak{J})$, $\nu(\mathfrak{J})$ die unteren Schranken von $\pi(\mathfrak{O})$, $\nu(\mathfrak{O})$ für alle offenen Mengen $\mathfrak{O} \succ \mathfrak{J}$ sind, ist auch:

(00) $$P(\mathfrak{S}) \leqq \pi(\mathfrak{J}), \quad N(\mathfrak{S}) \leqq \nu(\mathfrak{J}).$$

Aus (0) und (00) folgt:
$$\big| (P(\mathfrak{S}) - N(\mathfrak{S})) - (\pi(\mathfrak{J}) - \nu(\mathfrak{J})) \big| < \varepsilon,$$
und da hierin $\varepsilon > 0$ beliebig war, so ist dies wegen ($^\times_\times{}^\times$) und wegen $\delta = \pi - \nu$ gleichbedeutend mit:
$$\varDelta(\mathfrak{J}) = \delta(\mathfrak{J}).$$
Damit ist Satz VII bewiesen.

Wir können nun den Zuwachs $\delta(\mathfrak{A})$ von f auf einer k-dimensional-meßbaren Menge $\mathfrak{A}$ leicht als Grenzwert von Ausdrücken $\varDelta(\mathfrak{S})$ darstellen, wo $\mathfrak{S}$ eine Folge von geeigneten, die Menge $\mathfrak{A}$ approximierenden Intervallsystemen durchläuft. Dabei bezeichnen wir kurz mit $\mathfrak{S}$ auch die Vereinigung der das Intervallsystem $\mathfrak{S}$ bildenden Intervalle. Es gilt der Satz:

Satz VIII. Sei f von totalstetigem Absolutzuwachse in $\mathfrak{G}$, und sei $\mathfrak{A}$ eine k-dimensional-meßbare Punktmenge, die ganz in einem beschränkten abgeschlossenen Teile $\mathfrak{B}$ von $\mathfrak{G}$ enthalten ist. Ist dann $\{\mathfrak{S}_\nu\}$ eine Folge von Intervallsystemen aus $\mathfrak{B}$, so daß[1]):

---

[1]) Wir schreiben hier und im Folgenden der Einfachheit halber
$$\mathfrak{M} \dotplus \mathfrak{N} - \mathfrak{P} \quad \text{für} \quad (\mathfrak{M} \dotplus \mathfrak{N}) - \mathfrak{P}.$$

$$(*) \qquad \lim_{\nu=\infty} \mu_k(\mathfrak{A} \dotplus \mathfrak{S}_\nu - \mathfrak{A}\cdot\mathfrak{S}_\nu) = 0,$$

so ist:

$$\delta(\mathfrak{A}) = \lim_{\nu=\infty} \varDelta(\mathfrak{S}_\nu).$$

In der Tat, für das aus den Intervallen $\mathfrak{J}_1, \mathfrak{J}_2, \ldots, \mathfrak{J}_n$ bestehende Intervallsystem $\mathfrak{S}$ gilt, da der Absolutzuwachs α, und somit auch der Zuwachs δ von f totalstetig nach μ_k ist, und je zwei $\mathfrak{J}_\nu$ nur eine Menge vom Inhalte 0 gemeinsam haben:

$$\delta(\mathfrak{S}) = \delta(\mathfrak{J}_1) + \delta(\mathfrak{J}_2) + \cdots + \delta(\mathfrak{J}_n).$$

Wegen Satz VII ist also:
$$(**) \qquad \delta(\mathfrak{S}_\nu) = \varDelta(\mathfrak{S}_\nu).$$
Nun ist:
$$(***) \qquad \mathfrak{A} = \mathfrak{A}\mathfrak{S}_\nu + (\mathfrak{A} - \mathfrak{A}\mathfrak{S}_\nu), \quad \mathfrak{S}_\nu = \mathfrak{A}\mathfrak{S}_\nu + (\mathfrak{S}_\nu - \mathfrak{A}\mathfrak{S}_\nu).$$

Hierin ist:

$$\mathfrak{A} - \mathfrak{A}\mathfrak{S}_\nu < \mathfrak{A} \dotplus \mathfrak{S}_\nu - \mathfrak{A}\mathfrak{S}_\nu; \quad \mathfrak{S}_\nu - \mathfrak{A}\mathfrak{S}_\nu < \mathfrak{A} \dotplus \mathfrak{S}_\nu - \mathfrak{A}\mathfrak{S}_\nu.$$

Also folgt aus $(*)$:

$$(^*_*) \qquad \lim_{\nu=\infty} \mu_k(\mathfrak{A} - \mathfrak{A}\mathfrak{S}_\nu) = 0; \quad \lim_{\nu=\infty} \mu_k(\mathfrak{S}_\nu - \mathfrak{A}\mathfrak{S}_\nu) = 0.$$

Da $\mathfrak{A}$ und alle $\mathfrak{S}_\nu$ in $\mathfrak{B}$ liegen und nach Satz II $\alpha(\mathfrak{B})$ endlich ist, kann Satz IV von Kap. VI, § 4 angewendet werden, so daß aus $(^*_*)$ folgt:

$$(_*^*{}_*) \qquad \lim_{\nu=\infty} \delta(\mathfrak{A} - \mathfrak{A}\mathfrak{S}_\nu) = 0; \quad \lim_{\nu=\infty} \delta(\mathfrak{S}_\nu - \mathfrak{A}\mathfrak{S}_\nu) = 0.$$

Wegen $(***)$ ist nun aber:

$$\delta(\mathfrak{A}) = \delta(\mathfrak{A}\mathfrak{S}_\nu) + \delta(\mathfrak{A} - \mathfrak{A}\mathfrak{S}_\nu); \quad \delta(\mathfrak{S}_\nu) = \delta(\mathfrak{A}\mathfrak{S}_\nu) + \delta(\mathfrak{S}_\nu - \mathfrak{A}\mathfrak{S}_\nu),$$

und somit wegen $(_*^*{}_*)$:

$$\delta(\mathfrak{A}) = \lim_{\nu=\infty} \delta(\mathfrak{A}\mathfrak{S}_\nu); \quad \lim_{\nu=\infty} (\delta(\mathfrak{S}_\nu) - \delta(\mathfrak{A}\mathfrak{S}_\nu)) = 0,$$

und hieraus durch Addition:

$$\delta(\mathfrak{A}) = \lim_{\nu=\infty} \delta(\mathfrak{S}_\nu).$$

Wegen $(**)$ aber ist dies die Behauptung, und Satz VIII ist bewiesen.

§ 3. Ausgezeichnete Folgen von Intervallsystemen.

Wir wollen nun zwei Sätze beweisen, die für Absolutzuwachs, Positivzuwachs und Negativzuwachs einer Funktion f Analoges leisten, wie die Sätze VII und VIII von § 2 für den Zuwachs δ von f.

Unter dem Durchmesser des Intervalles $[a_1, a_2, \ldots, a_k; b_1, b_2, \ldots, b_k]$, oder des Intervalles $(a_1, a_2, \ldots, a_k; b_1, b_2, \ldots, b_k)$ verstehen wir den Abstand der beiden Punkte $(a_1, a_2, \ldots, a_k)$ und $(b_1, b_2, \ldots, b_k)$. Haben sämtliche Intervalle des Intervallsystems $\mathfrak{S}$ einen Durchmesser $\leq d$, so nennen wir[1] d eine **Norm** des Intervallsystems $\mathfrak{S}$.

Sei $\{\mathfrak{S}_\nu\}$ eine Folge von Intervallsystemen aus dem abgeschlossenen Intervalle $\mathfrak{J}$, derart daß:

$$(0) \qquad \lim_{\nu = \infty} \mu_k(\mathfrak{S}_\nu) = \mu_k(\mathfrak{J}).$$

Gibt es dann zu $\mathfrak{S}_\nu$ eine Norm d_ν, so daß:

$$\lim_{\nu = \infty} d_\nu = 0,$$

so heißt $\{\mathfrak{S}_\nu\}$ eine **ausgezeichnete Folge** von Intervallsystemen aus $\mathfrak{J}$.

Das endliche Intervallsystem $\mathfrak{S}'$ heißt ein **Untersystem** von $\mathfrak{S}$, wenn jedes Intervall von $\mathfrak{S}'$ Teil eines Intervalles von $\mathfrak{S}$, und wenn die Vereinigung aller Intervalle von $\mathfrak{S}'$ übereinstimmt mit der Vereinigung aller Intervalle von $\mathfrak{S}$. Aus § 1, Satz I folgt dann sofort: Ist $\mathfrak{S}'$ Untersystem von $\mathfrak{S}$, so ist:

$$(1) \qquad A(\mathfrak{S}') \geqq A(\mathfrak{S}); \quad P(\mathfrak{S}') \geqq P(\mathfrak{S}); \quad N(\mathfrak{S}') \geqq N(\mathfrak{S}).$$

An Stelle von Satz VII, § 2 tritt nun der Satz:

Satz I. Ist f von totalstetigem Absolutzuwachse in der offenen Menge $\mathfrak{G}$ des $\mathfrak{R}_k$, und ist $\mathfrak{J}$ ein abgeschlossenes Intervall aus $\mathfrak{G}$ und $\mathfrak{J}^*$ das aus den inneren Punkten von $\mathfrak{J}$ bestehende offene Intervall, so ist für jede ausgezeichnete Folge $\{\mathfrak{S}_\nu\}$ von Intervallsystemen aus $\mathfrak{J}$:

$$\pi(\mathfrak{J}) = \pi(\mathfrak{J}^*) = \lim_{\nu = \infty} P(\mathfrak{S}_\nu); \quad \nu(\mathfrak{J}) = \nu(\mathfrak{J}^*) = \lim_{\nu = \infty} N(\mathfrak{S}_\nu);$$

$$\alpha(\mathfrak{J}) = \alpha(\mathfrak{J}^*) = \lim_{\nu = \infty} A(\mathfrak{S}_\nu).$$

Es wird genügen, die erste dieser Gleichungen nachzuweisen; denn ebenso beweist man die zweite, woraus die dritte dann von selbst folgt.

Da α totalstetig nach μ_k, so auch π. Aus $\mu_k(\mathfrak{J} - \mathfrak{J}^*) = 0$ folgt also:

$$\pi(\mathfrak{J}) = \pi(\mathfrak{J}^*),$$

d. h. die erste Hälfte der zu beweisenden Gleichung.

Nach § 2, Satz II ist $\pi(\mathfrak{J})$, und somit auch $\pi(\mathfrak{J}^*)$ endlich. Da

---

[1] Nach J. Pierpont, The theory of functions of real variables, 1 (1905), 157.

$\mathfrak{J}^*$ eine offene Menge ist, gibt es zufolge der Definition von π zu jedem $\varepsilon > 0$ ein endliches Intervallsystem $\mathfrak{S}$ aus $\mathfrak{J}^*$, so daß:

$$(2) \qquad P(\mathfrak{S}) > \pi(\mathfrak{J}^*) - \varepsilon.$$

Sei nun $\{\mathfrak{S}_\nu\}$ eine ausgezeichnete Folge von Intervallsystemen aus $\mathfrak{J}$. Wir zerlegen $\mathfrak{S}_\nu$ in zwei Teilsysteme $\mathfrak{S}_\nu'$ und $\mathfrak{S}_\nu''$, wo $\mathfrak{S}_\nu'$ diejenigen Intervalle von $\mathfrak{S}_\nu$ enthält, die ganz in einem Intervalle von $\mathfrak{S}$ liegen, $\mathfrak{S}_\nu''$ die übrigen. Weil $\{\mathfrak{S}_\nu\}$ eine ausgezeichnete Folge von Intervallsystemen aus $\mathfrak{J}$ ist, und mithin (0) gilt, ist offenbar:

$$\lim_{\nu=\infty} \mu_k(\mathfrak{S}_\nu') = \mu_k(\mathfrak{S}).$$

In $\mathfrak{S}_\nu'$ gibt es nun ein endliches Teilsystem $\mathfrak{S}_\nu^*$, so daß auch:

$$(3) \qquad \lim_{\nu=\infty} \mu_k(\mathfrak{S}_\nu^*) = \mu_k(\mathfrak{S}).$$

Wir können $\mathfrak{S}_\nu^*$ durch Hinzufügung eines endlichen Intervallsystems $\mathfrak{S}_\nu^{**}$ zu einem Untersystem $\overline{\mathfrak{S}}_\nu$ von $\mathfrak{S}$ ergänzen. Aus (3) folgt dabei:

$$(4) \qquad \lim_{\nu=\infty} \mu_k(\mathfrak{S}_\nu^{**}) = 0.$$

Nun setzt sich $P(\mathfrak{S}_\nu)$ folgendermaßen zusammen:

$$(5) \qquad P(\mathfrak{S}_\nu) = P(\overline{\mathfrak{S}}_\nu) - P(\mathfrak{S}_\nu^{**}) + P(\mathfrak{S}_\nu') - P(\mathfrak{S}_\nu^*) + P(\mathfrak{S}_\nu'').$$

Da $\overline{\mathfrak{S}}_\nu$ Untersystem von $\mathfrak{S}$, ist nach (1):

$$(6) \qquad P(\overline{\mathfrak{S}}_\nu) \geqq P(\mathfrak{S}).$$

Weil π von totalstetigem Absolutzuwachse, folgt nach § 2, Satz V aus (4):

$$(7) \qquad \lim_{\nu=\infty} A(\mathfrak{S}_\nu^{**}) = 0 \quad \text{und somit:} \quad \lim_{\nu=\infty} P(\mathfrak{S}_\nu^{**}) = 0.$$

Ferner ist offenbar:

$$(8) \qquad P(\mathfrak{S}_\nu') \geqq P(\mathfrak{S}_\nu^*); \quad P(\mathfrak{S}_\nu'') \geqq 0.$$

Wegen (6), (7) und (8) folgt aus (5):

$$P(\mathfrak{S}_\nu) > P(\mathfrak{S}) - \varepsilon \quad \text{für fast alle } \nu,$$

und somit weiter wegen (2):

$$P(\mathfrak{S}_\nu) > \pi(\mathfrak{J}^*) - 2\varepsilon \quad \text{für fast alle } \nu.$$

Da hierin $\varepsilon > 0$ beliebig war, und da andererseits (vgl. S. 476, Fußn.[1]):

$$\pi(\mathfrak{J}^*) \geqq P(\mathfrak{S}_\nu) \quad \text{für alle } \nu,$$

so folgt daraus:

$$\lim_{\nu=\infty} P(\mathfrak{S}_\nu) = \pi(\mathfrak{J}^*),$$

d. h. die zweite Hälfte der zu beweisenden Gleichung. Damit ist Satz I bewiesen.

Sei nun $\mathfrak{A}$ eine beliebige, k-dimensional-meßbare Punktmenge. Sei $\{\mathfrak{S}_\nu\}$ eine Folge von Intervallsystemen, derart daß:

$$\lim_{\nu=\infty} \mu_k \left(\mathfrak{A} \dotplus \mathfrak{S}_\nu - \mathfrak{A} \cdot \mathfrak{S}_\nu\right) = 0.$$

Gibt es dann zu $\mathfrak{S}_\nu$ eine Norm d_ν, so daß:

$$\lim_{\nu=\infty} d_\nu = 0,$$

so heiße $\{\mathfrak{S}_\nu\}$ eine **ausgezeichnete Folge von Näherungssystemen** für die Menge $\mathfrak{A}$. An Stelle von Satz VIII, § 2 tritt nun der Satz:

Satz II. Sei f von totalstetigem Absolutzuwachse in $\mathfrak{G}$, und sei $\mathfrak{A}$ eine k-dimensional-meßbare Punktmenge, die ganz in einem beschränkten, abgeschlossenen Teile $\mathfrak{B}$ von $\mathfrak{G}$ enthalten ist. Ist nun $\{\mathfrak{S}_\nu\}$ eine in $\mathfrak{B}$ enthaltene, ausgezeichnete Folge von Näherungssystemen für die Menge $\mathfrak{A}$, so ist:

$$\pi(\mathfrak{A}) = \lim_{\nu=\infty} P(\mathfrak{S}_\nu); \quad \nu(\mathfrak{A}) = \lim_{\nu=\infty} N(\mathfrak{S}_\nu); \quad \alpha(\mathfrak{A}) = \lim_{\nu=\infty} A(\mathfrak{S}_\nu).$$

Wieder genügt es, die erste dieser Gleichungen zu beweisen. Aus dem Borelschen Theorem (Kap. I, § 6, Satz I) folgern wir: Es gibt ein endliches Intervallsystem $\mathfrak{S}$ aus $\mathfrak{G}$ derart, daß in der Vereinigung seiner Intervalle die Menge $\mathfrak{B}$, und somit auch $\mathfrak{A}$ und alle Intervallsysteme $\mathfrak{S}_\nu$ enthalten sind.

In $\mathfrak{S}_\nu$ gibt es ein endliches Teilsystem $\mathfrak{S}'_\nu$, so daß:

$$\lim_{\nu=\infty} \mu_k \left(\mathfrak{S}_\nu - \mathfrak{S}'_\nu\right) = 0.$$

Weil f von totalstetigem Absolutzuwachse, ist dann auch (Kap. VI, § 4, Satz IV):

$$(0) \qquad\qquad \lim_{\nu=\infty} \left(\pi(\mathfrak{S}_\nu) - \pi(\mathfrak{S}'_\nu)\right) = 0,$$

und somit erst recht[1]):

$$(00) \qquad\qquad \lim_{\nu=\infty} \left(P(\mathfrak{S}_\nu) - P(\mathfrak{S}'_\nu)\right) = 0.$$

Da $\{\mathfrak{S}_\nu\}$ eine ausgezeichnete Folge von Näherungssystemen von $\mathfrak{A}$ war, gibt es zu $\mathfrak{S}_\nu$ eine Norm d_ν, so daß

$$\lim_{\nu=\infty} d_\nu = 0.$$

Wir ergänzen $\mathfrak{S}'_\nu$ durch Hinzufügung eines endlichen Intervallsystems

---

[1]) Vgl. S. 476, Fußn. [1]).

$\mathfrak{S}''_\nu$ von der Norm d_ν zu einem Untersysteme $\overline{\mathfrak{S}}_\nu$ von $\mathfrak{S}$. Indem wir auf jedes Intervall von $\mathfrak{S}$ Satz I anwenden, erhalten wir:

$$\pi(\mathfrak{S}) = \lim_{\nu = \infty} P(\overline{\mathfrak{S}}_\nu).$$

Da hierin:

$$\pi(\mathfrak{S}) = \pi(\mathfrak{S}'_\nu) + \pi(\mathfrak{S}''_\nu); \quad P(\overline{\mathfrak{S}}_\nu) = P(\mathfrak{S}'_\nu) + P(\mathfrak{S}''_\nu),$$

kann dies auch so geschrieben werden:

$$\lim_{\nu = \infty} \{(\pi(\mathfrak{S}'_\nu) - P(\mathfrak{S}'_\nu)) + (\pi(\mathfrak{S}''_\nu) - P(\mathfrak{S}''_\nu))\} = 0,$$

und da keiner dieser beiden Summenden negativ ist, folgt hieraus:

$$\lim_{\nu = \infty} (\pi(\mathfrak{S}'_\nu) - P(\mathfrak{S}'_\nu)) = 0,$$

und somit wegen (0) und (00):

$$(000) \qquad \lim_{\nu = \infty} (\pi(\mathfrak{S}_\nu) - P(\mathfrak{S}_\nu)) = 0.$$

Wie beim Beweise von § 2 Satz VIII setzen wir:

$$(_0{}^0{}_0) \qquad \mathfrak{A} = \mathfrak{A}\mathfrak{S}_\nu + (\mathfrak{A} - \mathfrak{A}\mathfrak{S}_\nu), \quad \mathfrak{S}_\nu = \mathfrak{A}\mathfrak{S}_\nu + (\mathfrak{S}_\nu - \mathfrak{A}\mathfrak{S}_\nu),$$

und folgern wie dort $(_*{}^*{}_*)$:

$$(0_0{}^0) \qquad \lim_{\nu = \infty} \pi(\mathfrak{A} - \mathfrak{A}\mathfrak{S}_\nu) = 0; \quad \lim_{\nu = \infty} \pi(\mathfrak{S}_\nu - \mathfrak{A}\mathfrak{S}_\nu) = 0.$$

Auch hier ist wegen $(_0{}^0{}_0)$

$$\pi(\mathfrak{A}) = \pi(\mathfrak{A}\mathfrak{S}_\nu) + \pi(\mathfrak{A} - \mathfrak{A}\mathfrak{S}_\nu), \quad \pi(\mathfrak{S}_\nu) = \pi(\mathfrak{A}\mathfrak{S}_\nu) + \pi(\mathfrak{S}_\nu - \mathfrak{A}\mathfrak{S}_\nu),$$

woraus wegen $(0_0{}^0)$ weiter folgt:

$$\pi(\mathfrak{A}) = \lim_{\nu = \infty} \pi(\mathfrak{S}_\nu).$$

Wegen (000) folgt daraus weiter:

$$\pi(\mathfrak{A}) = \lim_{\nu = \infty} P(\mathfrak{S}_\nu),$$

und Satz II ist bewiesen.

§ 4. Variation, positive und negative Variation einer Funktion $f(x)$.

Bei Funktionen $f(x)$ einer reellen Veränderlichen stehen die Begriffe des Absolutzuwachses, des Positivzuwachses und des Negativzuwachses in engster Beziehung zu den bekannten Begriffen der Variation, der positiven und negativen Variation, die wir nun entwickeln wollen[1]).

---

[1]) Diese Begriffe wurden eingeführt von C. Jordan, C. R. 92 (1881), 228; Cours d'analyse 2. éd., 1 (1893), 54, und finden sich seither in den meisten

Sei $[a, b]$ ein Intervall des $\Re_1$. Durch Einschalten endlich vieler Punkte:

$$(0) \qquad a = x_0 < x_1 < \ldots < x_{n-1} < x_n = b$$

entsteht eine endliche Zerlegung Z des Intervalles $[a, b]$. Die Punkte x_i $(i = 0, 1, \ldots, n)$ heißen die Zerlegungspunkte von Z.

Kommen sämtliche Zerlegungspunkte von Z unter den Zerlegungspunkten der Zerlegung Z' vor, so heißt Z' eine Unterzerlegung von Z. Sind endlich viele Zerlegungen $Z_1, Z_2, \ldots, Z_k$ gegeben, so heißt die Zerlegung Z, deren Zerlegungspunkte die sämtlichen Zerlegungspunkte von $Z_1, Z_2, \ldots, Z_k$ sind, die Produktzerlegung:

$$Z = Z_1 \cdot Z_2 \cdot \ldots \cdot Z_k;$$

sie ist Unterzerlegung jeder der Zerlegungen $Z_1, Z_2, \ldots, Z_k$.

Wir führen folgende Bezeichnungsweise ein, die wir weiterhin festhalten wollen: Ist z irgendeine Zahl, so setzen wir:

$$\underset{+}{|z|} = \begin{cases} z & \text{wenn} \quad z \geq 0 \\ 0 & \text{wenn} \quad z < 0, \end{cases}$$

$$\underset{-}{|z|} = \begin{cases} 0 & \text{wenn} \quad z \geq 0 \\ |z| & \text{wenn} \quad z < 0. \end{cases}$$

Sei $f(x)$ eine in $[a, b]$ definierte und endliche Funktion, und sei Z die durch (0) gegebene Zerlegung. Wir bilden die Summen[1]):

$$A(Z) = \sum_{i=1}^{n} | f(x_i) - f(x_{i-1}) |;$$

$$P(Z) = \sum_{i=1}^{n} \underset{+}{|} f(x_i) - f(x_{i-1}) |; \quad N(Z) = \sum_{i=1}^{n} \underset{-}{|} f(x_i) - f(x_{i-1}) |.$$

Dann ist:

$$(00) \qquad A(Z) = P(Z) + N(Z); \quad f(b) - f(a) = P(Z) - N(Z),$$

und man erkennt unmittelbar:

Satz I. Ist Z' eine Unterzerlegung von Z, so ist:

$$A(Z') \geq A(Z); \quad P(Z') \geq P(Z); \quad N(Z') \geq N(Z).$$

Wir definieren nun: Die obere Schranke aller $A(Z)$ (für alle möglichen Zerlegungen von $[a, b]$) heißt die Variation von f in $[a, b]$, in Zeichen $\mathsf{A}_a^b(f)$. Die obere Schranke aller $P(Z)$ heißt die

---

Lehrbüchern der Analysis. Vgl. auch die Darstellung von W. H. Young, Quart. Journ. 42 (1911), 54.

[1]) Ist es nötig, die Funktion f in Evidenz zu setzen, so schreiben wir statt dessen $A(Z, f)$, $P(Z, f)$, $N(Z, f)$.

positive, die obere Schranke aller $N(Z)$ heißt die **negative Variation** von f in $[a, b]$, in Zeichen $\Pi_a^b(f)$ bzw. $N_a^b(f)$. Wir dehnen diese Definition auch auf den Fall $a = b$ aus durch die Festsetzung:

$$(000) \qquad A_a^a(f) = 0; \quad \Pi_a^a(f) = 0; \quad N_a^a(f) = 0.$$

Satz II. Zwischen Variation, positiver und negativer Variation einer Funktion f besteht die Beziehung:

$$*) \qquad A_a^b(f) = \Pi_a^b(f) + N_a^b(f).$$

In der Tat, aus (00) folgt:

$$P(Z) = \tfrac{1}{2}(A(Z) + f(b) - f(a)); \quad N(Z) = \tfrac{1}{2}(A(Z) - f(b) + f(a)).$$

Daraus folgt für die oberen Schranken:

$$(**) \qquad \begin{aligned} \Pi_a^b(f) &= \tfrac{1}{2}(A_a^b(f) + f(b) - f(a)); \\ N_a^b(f) &= \tfrac{1}{2}(A_a^b(f) - f(b) + f(a)), \end{aligned}$$

und daraus durch Addition die Behauptung (*).

Satz III. Für jedes c aus $[a, b]$ ist:

$$(\dagger) \qquad A_a^b(f) = A_a^c(f) + A_c^b(f);$$

$$\Pi_a^b(f) = \Pi_a^c(f) + \Pi_c^b(f); \quad N_a^b(f) = N_a^c(f) + N_c^b(f).$$

Es wird genügen, die Formel für Π_a^b nachzuweisen; ebenso beweist man die für N_a^b, woraus nach Satz II die für A_a^b folgt.

Zufolge der Formeln (000) sind die Formeln ($\dagger$) trivial für $c = a$ und $c = b$; wir nehmen also an:

$$a < c < b.$$

Sei $\{Z_\nu\}$ eine Zerlegungsfolge des Intervalles $[a, b]$, so daß:

$$(\dagger\dagger) \qquad \Pi_a^b(f) = \lim_{\nu = \infty} P(Z_\nu),$$

und seien $\{Z_\nu'\}$ und $\{Z_\nu''\}$ Zerlegungsfolgen von $[a, c]$ bzw. $[c, b]$, so daß:

$$(\dagger\dagger\dagger) \qquad \Pi_a^c(f) = \lim_{\nu = \infty} P(Z_\nu'); \quad \Pi_c^b = \lim_{\nu = \infty} P(Z_\nu'').$$

Sei $\overline{Z}_\nu$ die Zerlegung von $[a, b]$, die alle Zerlegungspunkte von Z_ν, Z_ν' und Z_ν'' enthält; ebenso sei $\overline{Z}_\nu'$ die Zerlegung von $[a, c]$, die alle (nach $[a, c]$ fallenden) Zerlegungspunkte von Z_ν und Z_ν' enthält, und es sei $\overline{Z}_\nu''$ die Zerlegung von $[c, b]$, die alle (nach $[c, b]$ fallenden) Zerlegungspunkte von Z_ν und Z_ν'' enthält. Dann ist offenbar:

$$(\dagger\dagger\dagger\dagger) \qquad P(\overline{Z}_\nu) = P(\overline{Z}_\nu') + P(\overline{Z}_\nu'');$$

und da $\overline{Z}_\nu$, $\overline{Z}'_\nu$, $\overline{Z}''_\nu$ Unterzerlegungen von Z_ν, bzw. Z'_ν, bzw. Z''_ν sind, folgt aus (††) und (†††) vermöge Satz I:

$$\mathsf{\Pi}_a^b(f) = \lim_{\nu\,=\,\infty} P(\overline{Z}_\nu); \quad \mathsf{\Pi}_a^c(f) = \lim_{\nu\,=\,\infty} P(\overline{Z}'_\nu); \quad \mathsf{\Pi}_c^b(f) = \lim_{\nu\,=\,\infty} P(\overline{Z}''_\nu).$$

Aus (†₊†) folgt also unmittelbar die Behauptung (†).

Aus Satz III entnimmt man sofort:

Satz IV. Für jedes Teilintervall $[a', b']$ von $[a, b]$ ist:

$$\mathsf{A}_{a'}^{b'}(f) \leqq \mathsf{A}_a^b(f); \quad \mathsf{\Pi}_{a'}^{b'}(f) \leqq \mathsf{\Pi}_a^b(f); \quad \mathsf{N}_{a'}^{b'}(f) \leqq \mathsf{N}_a^b(f).$$

Wir bezeichnen nun wieder als ein **Intervallsystem** aus $[a, b]$ jede Menge abzählbar vieler Teilintervalle $[x'_i, x''_i]$ $(i = 1, 2, \ldots)$ von $[a, b]$, die zu je zweien keinen inneren Punkt gemein haben. Besteht ein Intervallsystem nur aus endlich vielen Intervallen, so nennen wir es ein **endliches Intervallsystem**.

Ist S ein Intervallsystem aus $[a, b]$, bestehend aus den Intervallen $[x'_i, x''_i]$ $(i = 1, 2, \ldots)$, so bilden wir:

$$A(S) = \sum_i |f(x''_i) - f(x'_i)|;$$

$$P(S) = \sum_{i\,+} |f(x''_i) - f(x'_i)|; \quad N(S) = \sum_{i\,-} |f(x''_i) - f(x'_i)|.$$

Dann gilt der Satz:

Satz V. Es ist $\mathsf{A}_a^b(f)$ die obere Schranke von $A(S)$, $\mathsf{\Pi}_a^b(f)$ die obere Schranke von $P(S)$, $\mathsf{N}_a^b(f)$ die obere Schranke von $N(S)$ für alle endlichen Intervallsysteme S aus $[a, b]$.

Es wird genügen, die Behauptung für $\mathsf{A}_a^b(f)$ nachzuweisen. Sei A' die obere Schranke von $A(S)$ für alle endlichen Intervallsysteme aus $[a, b]$. Da jede endliche Zerlegung Z zugleich ein endliches Intervallsystem S liefert, und $\mathsf{A}_a^b(f)$ die obere Schranke aller $A(Z)$ war, ist:

$$(\times) \qquad\qquad\qquad \mathsf{A}' \geqq \mathsf{A}_a^b(f).$$

Andrerseits kann jedes endliche Intervallsystem S aus $[a, b]$ durch Hinzufügung endlich vieler Intervalle zu einer Zerlegung Z von $[a, b]$ ergänzt werden, für die dann offenbar:

$$A(Z) \geqq A(S)$$

ist. Also besteht zwischen den oberen Schranken der $A(Z)$ und der $A(S)$ die Ungleichung:

$$(\times\times) \qquad\qquad\qquad \mathsf{A}_a^b(f) \geqq \mathsf{A}'.$$

Die beiden Ungleichungen $(\times)$ und $(\times\times)$ ergeben die Behauptung.

Satz VI. In Satz V kann die Beschränkung auf endliche Intervallsysteme wegbleiben.

Sei in der Tat wieder A' die obere Schranke von $A(S)$ für alle endlichen, A'' die obere Schranke von $A(S)$ für alle Intervallsysteme aus $[a, b]$.   Dann ist:

$$({}^{\times}_{\times}{}^{\times}) \qquad\qquad \mathsf{A}'' \geqq \mathsf{A}'.$$

Ist p irgendeine Zahl $< \mathsf{A}''$, so gibt es ein Intervallsystem S, so daß

$$A(S) > p.$$

In S gibt es dann ein endliches Teilsystem S', so daß auch

$$A(S') > p.$$

Also ist auch $\mathsf{A}' > p$, und da dies für jedes $p < \mathsf{A}''$ gilt, ist:

$$({}_{\times}{}^{\times}_{\times}) \qquad\qquad \mathsf{A}' \geqq \mathsf{A}''.$$

Die Ungleichungen $({}^{\times}_{\times}{}^{\times})$ und $({}_{\times}{}^{\times}_{\times})$ ergeben $\mathsf{A}' = \mathsf{A}''$, und Satz VI ist bewiesen[1]).

Sei wieder S ein Intervallsystem aus $[a, b]$, bestehend aus den Intervallen $[x_i', x_i'']$ $(i = 1, 2, \ldots)$.   Wir bezeichnen mit ω_i die Schwankung von f in $[x_i', x_i'']$ (Kap. III, § 2. S, 190) und setzen[2]):

$$\Omega(S) = \sum_i \omega_i.$$

Dann gilt der Satz:

Satz VII[3]). Es ist $\mathsf{A}_a^b(f)$ die obere Schranke von $\Omega(Z)$ für alle endlichen Zerlegungen Z von $[a, b]$.

Sei in der Tat Ω die obere Schranke von $\Omega(Z)$ für alle endlichen Zerlegungen Z von $[a, b]$.   Wegen:

$$\Omega(Z) \geqq A(Z)$$

ist dann:

$$(1) \qquad\qquad \Omega \geqq \mathsf{A}_a^b(f).$$

Sei sodann p irgendeine Zahl $< \Omega$.   Dann gibt es eine Zerlegung Z, so daß:

$$\Omega(Z) > p.$$

Ist ω_i die Schwankung von f im Intervalle $[x_{i-1}, x_i]$ von Z, so gibt es (Kap. III, § 2, Satz II) zu jedem $\varepsilon > 0$ in $[x_{i-1}, x_i]$ zwei

---

[1]) Daraus folgt sofort, daß $\mathsf{A}_a^b(f)$ die obere Schranke von $A(Z)$ nicht nur für alle **endlichen**, sondern auch für **alle** Zerlegungen Z von $[a, b]$ ist.

[2]) Da die Zerlegungen Z von $[a, b]$ spezielle Intervallsysteme sind, ist hierdurch auch $\Omega(Z)$ für alle Zerlegungen Z von $[a, b]$ definiert.

[3]) E. Study, Math. Ann. 47 (1896), 298.

Punkte x_i', x_i'', so daß[1]):

$$| f(x_i'') - f(x_i') | > \omega_i - \frac{\varepsilon}{2^i} \, .$$

Bezeichnen wir mit S das aus den Intervallen $[x_i', x_i'']$ $(i = 1, 2, \ldots)$ bestehende Intervallsystem, so ist:

$$A(S) = \Sigma \, | f(x_i'') - f(x_i') | > \Sigma \, \omega_i - \varepsilon = \Omega(Z) - \varepsilon > p - \varepsilon.$$

Nach Satz V ist also:

$$\mathsf{A}_a^b(f) \geqq A(S) > p - \varepsilon,$$

und da dies für jedes $p < \Omega$ und jedes $\varepsilon > 0$ gilt, ist auch:

$$(2) \qquad\qquad \mathsf{A}_a^b(f) \geqq \Omega.$$

Durch (1) und (2) aber ist Satz VII bewiesen.

Ganz ebenso, wie Satz V und VI beweist man noch:

Satz VIII. Es ist $\mathsf{A}_a^b(f)$ die obere Schranke von $\Omega(S)$ für alle (endlichen) Intervallsysteme S aus $[a, b]$.

Seien nun f_1 und f_2 zwei in $[a, b]$ definierte und endliche Funktionen. Dann gilt:

Satz IX. Es ist:

$$\mathsf{A}_a^b(f_1 + f_2) \leqq \mathsf{A}_a^b(f_1) + \mathsf{A}_a^b(f_2);$$
$$\mathsf{\Pi}_a^b(f_1 + f_2) \leqq \mathsf{\Pi}_a^b(f_1) + \mathsf{\Pi}_a^b(f_2); \quad \mathsf{N}_a^b(f_1 + f_2) \leqq \mathsf{N}_a^b(f_1) + \mathsf{N}_a^b(f_2).$$

In der Tat, es genügt wieder, die Ungleichung für $\mathsf{\Pi}_a^b$ zu beweisen.

Für jedes Teilintervall $[x', x'']$ von $[a, b]$ ist:

$$| (f_1(x'') + f_2(x'')) - (f_1(x') + f_2(x')) | \leqq$$
$$| f_1(x'') - f_1(x') | + | f_2(x'') - f_2(x') |,$$

und somit für jede Zerlegung Z:

$$P(Z, f_1 + f_2) \leqq P(Z, f_1) + P(Z, f_2).$$

Da aber $\mathsf{\Pi}_a^b(f)$ die obere Schranke aller $P(Z, f)$ ist, so ist die Behauptung bewiesen.

Satz X. Sind G_1 und G_2 obere Schranke von $|f_1|$ und $|f_2|$ in $[a, b]$, so ist:

$$\mathsf{A}_a^b(f_1 \cdot f_2) \leqq G_1 \, \mathsf{A}_a^b(f_2) + G_2 \, \mathsf{A}_a^b(f_1).$$

In der Tat, dies folgt unmittelbar aus der Ungleichung:

---

[1]) Dies gilt, wenn ω_i endlich. Für $\omega_i = +\infty$ tritt eine leicht ersichtliche Änderung des Beweises ein.

$$(3) \qquad |\, f_1(x'') \cdot f_2(x'') - f_1(x') \cdot f_2(x')\,|$$

$$\leq |\, f_1(x'')\,| \cdot |\, f_2(x'') - f_2(x')\,| + |\, f_2(x')\,| \cdot |\, f_1(x'') - f_1(x')\,|.$$

Satz XI. Sind G_1 und G_2 obere Schranke von $|\, f_1\,|$ und $|\, f_2\,|$ in $[a, b]$, und hat $|\, f_2\,|$ in $[a, b]$ eine positive untere Schranke $g > 0$, so ist:

$$\mathsf{A}_a^b\!\left(\frac{f_1}{f_2}\right) \leq \frac{1}{g^2}\left(G_1\,\mathsf{A}_a^b(f_2) + G_2\,\mathsf{A}_a^b(f_1)\right).$$

In der Tat, dies folgt unmittelbar aus der Ungleichung:

$$(4) \qquad \left|\frac{f_1(x'')}{f_2(x'')} - \frac{f_1(x')}{f_2(x')}\right| \leq \frac{1}{|\, f_2(x')\, f_2(x'')\,|} \cdot \left\{ |\, f_1(x'')\,| \cdot |\, f_2(x'') - f_2(x')\,| \right.$$

$$\left. + |\, f_2(x'')\,| \cdot |\, f_1(x'') - f_1(x')\,| \right\}.$$

Satz XII. Es ist:

$$\mathsf{A}_a^b(|\, f\,|) \leq \mathsf{A}_a^b(f).$$

In der Tat, dies folgt unmittelbar aus der Ungleichung:

$$(5) \qquad \big|\, |\, f(x'')\,| - |\, f(x')\,|\,\big| \leq |\, f(x'') - f(x')\,|.$$

Satz XIII. Sind die $f_1, f_2, \ldots, f_k$ definiert und endlich in $[a, b]$, und ist f der größte (kleinste) unter den k Funktionswerten $f_1, f_2, \ldots, f_k$, so ist:

$$\mathsf{A}_a^b(f) \leq \sum_{i=1}^{k} \mathsf{A}_a^b(f_i); \quad \mathsf{\Pi}_a^b(f) \leq \sum_{i=1}^{k} \mathsf{\Pi}_a^b(f_i); \quad \mathsf{N}_a^b(f) \leq \sum_{i=1}^{k} \mathsf{N}_a^b(f_i).$$

In der Tat, es genügt, dies für $\mathsf{\Pi}_a^b$ nachzuweisen. Da offenbar in jedem Teilintervalle $[x', x'']$ von $[a, b]$ für mindestens ein i $(i = 1, 2, \ldots, k)$:

$$(6) \qquad |\, f(x'') - f(x')\,| \underset{+}{\leq} |\, f_i(x'') - f_i(x')\,|,$$

so ist:

$$P(Z, f) \leq \sum_{i=1}^{k} P(Z, f_i) \quad (i = 1, 2, \ldots, k),$$

woraus die Behauptung folgt.

§ 5. Funktionen endlicher Variation.

Ist $f(x)$ definiert und endlich in $[a, b]$, und ist $\mathsf{A}_a^b(f)$ endlich, so heißt die Funktion $f(x)$ von endlicher Variation[1]) in $[a, b]$; sie ist dann offenbar auch beschränkt in $[a, b]$. Aus § 4, Satz II folgt:

---

[1]) Vielfach auch: „von beschränkter Schwankung". Bei C. Jordan „à variation bornée".

Satz I. Damit f von endlicher Variation sei in $[a, b]$, ist notwendig und hinreichend, daß sowohl $\Pi_a^b(f)$ als auch $\mathsf{N}_a^b(f)$ endlich seien.

Aus § 4, Satz IV folgt:

Satz II. Ist f von endlicher Variation in $[a, b]$, so auch in jedem Teilintervalle $[a', b']$ von $[a, b]$.

Aus den Sätzen IX, X, XI von § 4 folgt:

Satz III. Sind f_1 und f_2 von endlicher Variation in $[a, b]$, so auch $f_1 + f_2$, $f_1 - f_2$, $f_1 \cdot f_2$ und, falls die untere Schranke von $|f_2|$ in $[a, b]$ positiv ist, auch $\dfrac{f_1}{f_2}$.

Aus § 4, Satz XII folgt:

Satz IV. Ist f von endlicher Variation in $[a, b]$, so auch $|f|$.

Aus § 4, Satz XIII folgt:

Satz V. Sind $f_1, f_2, \ldots, f_k$ von endlicher Variation in $[a, b]$, und ist f der größte (kleinste) unter den k Funktionswerten $f_1, f_2, \ldots, f_k$, so ist auch f von endlicher Variation in $[a, b]$.

Die Sätze III, IV, V erinnern an das Verhalten stetiger Funktionen. Es sei darum eigens festgestellt, daß — entgegen dem Verhalten stetiger Funktionen — die durch Zusammensetzung zweier Funktionen $f(x)$, $g(y)$ endlicher Variation entstehende Funktion $g(f(x))$ nicht notwendig von endlicher Variation ist[1]).

Satz VI. Ist die Reihe

$$(0) \qquad \sum_{\nu=1}^{\infty} f_\nu(x) \quad (= f(x))$$

eigentlich konvergent im Punkte x_0 von $[a, b]$, und ist die

---

[1]) Beispiel: Sei $\{x_n\}$ eine stets wachsende Zahlenfolge aus $(0, 1)$ mit $\lim\limits_{n=\infty} x_n = 1$. Wir setzen noch $x_0 = 0$ und definieren $f(x)$ in $[0, 1]$ durch $f(x_{2n}) = 0$; $f(x_{2n-1}) = \dfrac{1}{n^2}$; $f(1) = 0$; $f(x)$ linear in jedem Intervalle $[x_{n-1}, x_n]$ $(n = 1, 2, \ldots)$. Dann ist

$$\mathsf{A}_0^1(f) = 2 \sum_{n=1}^{\prime\,\infty} \frac{1}{n^2},$$

also ist f von endlicher Variation in $[0, 1]$. Ist $g(y) = \sqrt{y}$, so ist

$$g(f(x_{2n-1})) = \frac{1}{n}, \quad g(f(x_{2n})) = 0,$$

und somit ist $g(f(x))$ nicht von endlicher Variation in $[0, 1]$ (vgl. § 6, S. 498). — Selbstverständlich ist aber $g(f(x))$ von endlicher Variation, wenn f monoton und g von endlicher Variation.

Reihe der Variationen:

$$(00) \qquad \sum_{\nu=1}^{\infty} \mathsf{A}_a^b(f_\nu)$$

eigentlich konvergent, so ist die Reihe (0) eigentlich gleichmäßig konvergent in $[a, b]$, ihre Summe $f(x)$ ist von endlicher Variation in $[a, b]$, und es ist:

$$(000) \qquad \mathsf{A}_a^b(f) \leqq \sum_{\nu=1}^{\infty} \mathsf{A}_a^b(f_\nu).$$

In der Tat, setzen wir:

$$s_n(x) = \sum_{\nu=1}^{n} f_\nu(x),$$

so ist:

$$|\, s_{n''}(x) - s_{n'}(x)\,| \leqq |\, s_{n''}(x) - s_{n'}(x) - s_{n''}(x_0) + s_{n'}(x_0)\,|$$

$$+ |\, s_{n''}(x_0) - s_{n'}(x_0)\,| \leqq \sum_{\nu=n'+1}^{n''} \mathsf{A}_a^b(f_\nu) + |\, s_{n''}(x_0) - s_{n'}(x_0)\,|,$$

womit, wegen der vorausgesetzten eigentlichen Konvergenz der Reihe (0) für $x = x_0$ und der Reihe (00), die eigentlich gleichmäßige Konvergenz von (0) in $[a, b]$ nachgewiesen ist. Ungleichung (000) folgt dann unmittelbar aus der für jedes Teilintervall $[x', x'']$ von $[a, b]$ gültigen Ungleichung:

$$|\, f(x'') - f(x')\,| \leqq \sum_{\nu=1}^{\infty} |\, f_\nu(x'') - f_\nu(x')\,|,$$

und Satz VI ist bewiesen.

Wir nennen eine Funktion $f(x)$ **monoton wachsend** in $[a, b]$, wenn aus $a \leqq x' \leqq x'' \leqq b$ folgt:

$$f(x') \leqq f(x''),$$

wir nennen sie **stets wachsend** in $[a, b]$, wenn aus $a \leqq x' < x'' \leqq b'$ folgt:

$$f(x') < f(x'').$$

Analog ist die Definition der **monoton abnehmenden (stets abnehmenden)** Funktionen. Monoton wachsende und monoton abnehmende Funktionen werden zusammengefaßt in den Begriff der **monotonen** Funktionen. Es gilt der Satz:

Satz VII. Jede in $[a, b]$ endliche und monotone Funktion ist von endlicher Variation.

In der Tat, ist $f(x)$ monoton wachsend in $[a, b]$, so ist:

$$(0_0^0) \qquad \mathsf{\Pi}_a^b(f) = f(b) - f(a); \quad \mathsf{N}_a^b(f) = 0; \quad \mathsf{A}_a^b(f) = f(b) - f(a);$$

ist $f(x)$ monoton abnehmend in $[a, b]$, so ist:

$$(_0{}^0{}_0) \quad \Pi_a^b(f) = 0; \quad \mathsf{N}_a^b(f) = -(f(b) - f(a)); \quad \mathsf{A}_a^b(f) = -(f(b) - f(a)),$$

womit Satz VII bewiesen ist.

Nach Satz III ist daher auch die (im allgemeinen nicht monotone) Differenz zweier monoton wachsender endlicher Funktionen von endlicher Variation. Hiervon gilt nun auch die Umkehrung:

Satz VIII. Jede Funktion $f(x)$, die in $[a, b]$ von endlicher Variation ist, ist Differenz zweier in $[a, b]$ monoton wachsender, endlicher Funktionen, und zwar ist für jedes x aus $[a, b]$:

$$(*) \qquad f(x) = f(a) + \Pi_a^x(f) - \mathsf{N}_a^x(f).$$

In der Tat, die Formeln (**) von S. 485 ergeben, angewendet auf das Intervall $[a, x]$:

$$(**) \quad \Pi_a^x(f) = \tfrac{1}{2}\left(\mathsf{A}_a^x(f) + f(x) - f(a)\right); \quad \mathsf{N}_a^x(f) = \tfrac{1}{2}\left(\mathsf{A}_a^x(f) - f(x) + f(a)\right)$$

da nun alle hierin auftretenden Größen endlich sind, folgt durch Subtraktion (*), und Satz VIII ist bewiesen.

Unter allen Darstellungen von f als Differenz zweier monoton wachsender Funktionen ist die Darstellung (*) ausgezeichnet durch die Eigenschaft:

Satz IX. Für jedes Paar monoton wachsender Funktionen, deren Differenz $f(x)$ ist:

$$(\dagger) \qquad f_1(x) - f_2(x) = f(x),$$

gilt in jedem Teilintervalle $[a', b']$ von $[a, b]$:

$$f_1(b') - f_1(a') \geqq \Pi_{a'}^{b'}(f); \quad f_2(b') - f_2(a') \geqq \mathsf{N}_{a'}^{b'}(f).$$

In der Tat, nach $(_0{}^0{}_0)$ ist:

$$(\dagger\dagger) \qquad \mathsf{A}_{a'}^{b'}(f_1) = f_1(b') - f_1(a'); \quad \mathsf{A}_{a'}^{b'}(f_2) = f_2(b') - f_2(a').$$

Wegen (*) und ($\dagger$) würde aus jeder der beiden Ungleichungen:

$$(\dagger\dagger\dagger) \qquad \Pi_{a'}^{b'}(f) > f_1(b') - f_1(a'); \quad \mathsf{N}_{a'}^{b'}(f) > f_2(b') - f_2(a')$$

die andre folgen. Wäre also eine von beiden erfüllt, so wäre:

$$f_1(b') - f_1(a') + f_2(b') - f_2(a') < \Pi_{a'}^{b'}(f) + \mathsf{N}_{a'}^{b'}(f) = \mathsf{A}_{a'}^{b'}(f),$$

während wegen § 4, Satz IX, und wegen ($\dagger\dagger$):

$$\mathsf{A}_{a'}^{b'}(f) = \mathsf{A}_{a'}^{b'}(f_1 - f_2) \leqq \mathsf{A}_{a'}^{b'}(f_1) + \mathsf{A}_{a'}^{b'}(f_2) = f_1(b') - f_1(a') + f_2(b') - f_2(a').$$

Also kann keine der Ungleichungen ($\dagger\dagger\dagger$) gelten, und Satz IX ist bewiesen.

Satz X. Ist die Funktion $f(x)$ von endlicher Variation in $[a, b]$, so hat sie in $[a, b]$ nur Unstetigkeiten erster Art[1]).

·In der Tat, offenbar hat eine monotone Funktion nur Unstetigkeiten erster Art, daher nach Satz VIII auch eine Funktion endlicher Variation.

In jedem Punkte x_0 von $[a, b]$ existieren also einseitige Grenzwerte von $f(x)$. Wir schreiben abkürzend (Kap. II, § 13, S. 179):

$$\lim_{x = x_0 + 0} f(x) = f(x_0 + 0); \qquad \lim_{x = x_0 - 0} f(x) = f(x_0 - 0).$$

Aus Kap. III, § 6, Satz IV folgern wir noch:

Satz XI. Ist die Funktion $f(x)$ von endlicher Variation in $[a, b]$, so hat sie nur abzählbar viele Unstetigkeitspunkte in $[a, b]$.

Wir wollen nun Absolutzuwachs, Positivzuwachs, Negativzuwachs einer Funktion $f(x)$ vergleichen mit ihrer Variation, positiven Variation und negativen Variation. Wir schreiben dabei:

$$\div\mathbf{\dagger}\mathbf{\dagger}) \qquad\qquad [a, b] = \mathfrak{J}; \quad (a, b) = \mathfrak{J}^*.$$

Satz XII. Ist $f(x)$ definiert und endlich in $[a, b]$, so ist, damit f von endlicher Variation in $[a, b]$ sei, notwendig und hinreichend, daß $\alpha(\mathfrak{J}^*)$ endlich sei.

Die Bedingung ist notwendig. In der Tat, es ist $\mathsf{A}_a^b(f)$ die obere Schranke von $A(S)$ für alle endlichen Intervallsysteme S aus $[a, b]$ (§ 4, Satz V) und $\alpha(\mathfrak{J}^*)$ die obere Schranke von $A(S)$ für alle endlichen Intervallsysteme S aus (a, b). Also ist:

$$\alpha(\mathfrak{J}^*) \leqq \mathsf{A}_a^b(f).$$

Die Bedingung ist hinreichend. Sei in der Tat $\alpha(\mathfrak{J}^*)$ endlich. Da für alle x' und x'' aus (a, b):

$$|f(x') - f(x'')| \leqq \alpha(\mathfrak{J}^*),$$

ist die Funktion $f(x)$ beschränkt in (a, b), und da sie nach Annahme endlich ist in $[a, b]$, ist sie auch beschränkt in $[a, b]$:

$$(\dagger\mathbf{\dagger}\dagger) \qquad\qquad |f(x)| \leqq k \quad \text{in} \quad [a, b].$$

Sei nun Z irgendeine endliche Zerlegung von $[a, b]$, und S das Intervallsystem aus (a, b), das entsteht, indem man aus Z die beiden äußersten Intervalle wegläßt. Wegen $(\dagger\mathbf{\dagger}\dagger)$ ist:

$$A(Z) \leqq A(S) + 4k,$$

---

[1]) Kap. III, § 6, S. 216.

und da:

$$A(S) \leqq \alpha(\mathfrak{J}^*)$$

ist, haben wir für alle endlichen Zerlegungen Z von $[a, b]$:

$$A(Z) \leqq \alpha(\mathfrak{J}^*) + 4k,$$

mithin auch:

$$\mathsf{A}_a^b(f) \leqq \alpha(\mathfrak{J}^*) + 4k,$$

und Satz XII ist bewiesen.

Satz XIII. Ist $f(x)$ von endlicher Variation in $[a, b]$, so ist:

$$\mathsf{A}_a^b(f) = \alpha(\mathfrak{J}^*) + |f(a+0) - f(a)| + |f(b) - f(b-0)|.$$

$$\mathsf{\Pi}_a^b(f) = \pi(\mathfrak{J}^*) + \underset{+}{|f(a+0) - f(a)|} + \underset{+}{|f(b) - f(b-0)|},$$

$$\mathsf{N}_a^b(f) = \nu(\mathfrak{J}^*) + \underset{-}{|f(a+0) - f(a)|} + \underset{-}{|f(b) - f(b-0)|}.$$

Es wird genügen, die zweite dieser Gleichungen nachzuweisen. Nach Satz XII ist $\alpha(\mathfrak{J}^*)$ und somit auch $\pi(\mathfrak{J}^*)$ endlich. Zufolge der Definition von π gibt es zu jedem $\varepsilon > 0$ ein endliches Intervallsystem S aus (a, b), so daß:

$$(^\times) \qquad P(S) > \pi(\mathfrak{J}^*) - \varepsilon.$$

Sodann gibt es ein $a' > a$ und ein $b' < b$, so daß:

$$(^{\times\times}) \qquad |f(a') - f(a+0)| < \varepsilon; \quad |f(b') - f(b-0)| < \varepsilon,$$

und so daß die Intervalle $[a, a']$ und $[b', b]$ zu den Intervallen von S fremd sind. Fügen wir $[a, a']$ und $[b', b]$ zu S hinzu, so entsteht ein Intervallsystem S' aus $[a, b]$, für das:

$$P(S') = P(S) + \underset{+}{|f(a') - f(a)|} + \underset{+}{|f(b) - f(b')|},$$

und somit wegen $(^\times)$ und $(^{\times\times})$:

$$P(S') > \pi(\mathfrak{J}^*) + \underset{+}{|f(a+0) - f(a)|} + \underset{+}{|f(b) - f(b-0)|} - 3\varepsilon. \cdot$$

Also ist nach § 4, Satz V:

$$\mathsf{\Pi}_a^b(f) > \pi(\mathfrak{J}^*) + \underset{+}{|f(a+0) - f(a)|} + \underset{+}{|f(b) - f(b-0)|} - 3\varepsilon,$$

und da hierin $\varepsilon > 0$ beliebig war:

$$(^{\times\times\times}) \quad \mathsf{\Pi}_a^b(f) \geqq \pi(\mathfrak{J}^*) + \underset{+}{|f(a+0) - f(a)|} + \underset{+}{|f(b) - f(b-0)|}.$$

Andererseits gibt es zu jedem $\varepsilon > 0$ eine endliche Zerlegung Z von $[a, b]$, so daß

$$P(Z) > \mathsf{\Pi}_a^b(f) - \varepsilon.$$

Wir schalten in ihr zwischen a und den ersten Zerlegungspunkt, sowie zwischen b und den letzten Zerlegungspunkt neue Zerlegungspunkte a' und b' so ein, daß $(^{\times\times}_{\times})$ gilt. Für die so entstehende Unterzerlegung Z' von Z ist nach § 4, Satz I:

$$(^{\times\times}_{\times}) \qquad P(Z') \geqq P(Z) \left(> \prod_a^b(f) - \varepsilon\right).$$

Wir lassen aus Z' die Intervalle $[a, a']$, $[b', b]$ weg. Es entsteht ein Intervallsystem S aus (a, b), für das:

$$P(S) = P(Z') - \underset{+}{|} f(a') - f(a) | - \underset{+}{|} f(b) - f(b') |,$$

und somit, wegen $(^{\times\times})$ und $(^{\times\times}_{\times})$:

$$P(S) > \prod_a^b(f) - \underset{+}{|} f(a+0) - f(a) | - \underset{+}{|} f(b) - f(b-0) | - 3\,\varepsilon.$$

Da $\pi(\mathfrak{J}^*) \geqq P(S)$, entnimmt man hieraus:

$$(^{\times}_{\times\times}) \quad \pi(\mathfrak{J}^*) \geqq \prod_a^b(f) - \underset{+}{|} f(a+0) - f(a) | - \underset{+}{|} f(b) - f(b-0) |.$$

Aus $(^{\times\times\times})$ und $(^{\times}_{\times\times})$ aber folgt die zweite Gleichung von Satz XIII.

Wir bezeichnen wieder mit $\mathfrak{E}_c$ die nur aus dem Punkte c bestehende Punktmenge, und behaupten:

Satz XIV. Gibt es ein c enthaltendes Intervall (a, b), so daß f von endlicher Variation in $[a, b]$, so ist:

$$\alpha(\mathfrak{E}_c) = | f(c) - f(c-0) | + | f(c+0) - f(c) |;$$
$$\pi(\mathfrak{E}_c) = | f(c) - f(c-0) | + \underset{+}{|} f(c+0) - f(c) |;$$
$$\nu(\mathfrak{E}_c) = \underset{}{|} f(c) - f(c-0) | + \underset{}{|} f(c+0) - f(c) |.$$

Ist insbesondere f auch stetig im Punkte c, so ist demnach c Stetigkeitspunkt[1]) der Mengenfunktionen α, π und ν.

Wieder genügt es, die zweite dieser Gleichungen nachzuweisen. Wir setzen:

$$\mathfrak{J}^* = (a, b); \quad \mathfrak{J}^{**} = (a, c); \quad \mathfrak{J}^{***} = (c, b).$$

Nach Satz XIII ist:

$$(*) \quad \begin{cases} \prod_a^b(f) = \pi(\mathfrak{J}^*) + \underset{+}{|} f(a+0) - f(a) | + \underset{+}{|} f(b) - f(b-0) |; \\[2ex] \prod_a^c(f) = \pi(\mathfrak{J}^{**}) + \underset{+}{|} f(a+0) - f(a) | + \underset{+}{|} f(c) - f(c-0) |; \\[2ex] \prod_c^b(f) = \pi(\mathfrak{J}^{***}) + \underset{+}{|} f(c+0) - f(c) | + \underset{+}{|} f(b) - f(b-0) |. \end{cases}$$

Nach § 4, Satz III ist:

$$(**) \qquad \prod_a^b(f) = \prod_a^c(f) + \prod_c^b(f).$$

Wegen der Additivität von π ist:

$$(\text{***}) \qquad \pi(\mathfrak{J}^*) = \pi(\mathfrak{J}^{**}) + \pi(\mathfrak{J}^{***}) + \pi(\mathfrak{E}_c).$$

Durch Vergleich der Formeln (*), (**), (***) folgt tatsächlich die zweite Gleichung von Satz XIV.

Satz XV. Gibt es ein $[a, b]$ enthaltendes Intervall (a', b'), so daß f von endlicher Variation in $[a', b']$, so ist, wenn

$$[a, b] = \mathfrak{J}$$

gesetzt wird:

$$\alpha(\mathfrak{J}) = \mathsf{A}_a^b(f) + |f(a) - f(a-0)| + |f(b+0) - f(b)|;$$

$$\pi(\mathfrak{J}) = \Pi_a^b(f) + \underset{+}{|} f(a) - f(a-0)| + \underset{+}{|} f(b+0) - f(b)|;$$

$$\nu(\mathfrak{J}) = \mathsf{N}_a^b(f) + \underset{-}{|} f(a) - f(a-0)| + \underset{-}{|} f(b+0) - f(b)|.$$

In der Tat, es ist:

$$\mathfrak{J} = \mathfrak{J}^* + \mathfrak{E}_a + \mathfrak{E}_b,$$

so daß Satz XV unmittelbar aus Satz XIII und XIV folgt.

Absolutzuwachs α, Positivzuwachs π, Negativzuwachs ν einer Funktion f sind, wie wir wissen, Mengenfunktionen, die absolut-additiv sind im σ-Körper der f-meßbaren Mengen (§ 1, Satz V). Variation, positive Variation, negative Variation einer Funktion $f(x)$ sind uns nur als Intervallfunktionen bekannt. Es sei nun darauf hingewiesen, daß diese Intervallfunktionen im allgemeinen nicht zu absolut-additiven Mengenfunktionen erweitert werden können. Wir wollen uns davon an einem Beispiele überzeugen.

Sei $f(x) = 0$ in $[-1, 0]$ und $= 1$ in $(0, 1]$. Wir behaupten: Es gibt keine absolut-additive Mengenfunktion $\varphi(\mathfrak{A})$, die sich auf $\mathsf{A}_a^b(f)$ reduziert für $\mathfrak{A} = [a, b]$. In der Tat, angenommen, es gäbe eine solche. Sei $\mathfrak{E}_0$ die nur aus dem Punkte 0 bestehende Menge. Es ist $\mathfrak{E}_0$ sowohl der Durchschnitt der Intervalle $\left[-\frac{1}{\nu}, 0\right]$ $(\nu = 1, 2, \ldots)$, als auch der Durchschnitt der Intervalle $\left[0, \frac{1}{\nu}\right]$. Es müßte also sein:

$$\varphi(\mathfrak{E}_0) = \lim_{\nu = \infty} \mathsf{A}_{-\frac{1}{\nu}}^0(f); \qquad \varphi(\mathfrak{E}_0) = \lim_{\nu = \infty} \mathsf{A}_0^{\frac{1}{\nu}}(f).$$

Das aber ist unmöglich, weil:

$$\mathsf{A}_{-\frac{1}{\nu}}^0(f) = 0; \qquad \mathsf{A}_0^{\frac{1}{\nu}}(f) = 1 \quad \text{für alle } \nu.$$

Damit ist die Behauptung bewiesen. — Es gibt ebensowenig eine absolut-additive Mengenfunktion $\varphi(\mathfrak{A})$, die sich auf $\mathsf{A}_a^b(f)$ reduziert für $\mathfrak{A} = (a, b)$. In der Tat, es ist $(0, 1)$ die Vereinigung der monoton wachsenden Intervallfolge $\mathfrak{J}_\nu = \left(\frac{1}{\nu}, 1\right)$; wegen $\varphi(\mathfrak{J}_\nu) = 0$ müßte also sein:

$$A_0^1(f) = \lim_{\nu = \infty} \varphi(\mathfrak{J}_\nu) = 0,$$

während doch:

$$A_0^1(f) = 1$$

ist. Damit ist die Behauptung bewiesen.

§ 6. Stetige Funktionen endlicher Variation.
Ausgezeichnete Zerlegungsfolgen.

Sei $f(x)$ von endlicher Variation in $[a, b]$. Dann sind $A_a^x(f)$, $\Pi_a^x(f)$, $N_a^x(f)$ definiert für alle x von $[a, b]$, und zwar sind es, wie aus § 4, Satz IV hervorgeht, monoton wachsende Funktionen ven x. Es existieren also die Grenzwerte[1]):

$$A_a^{x-0} = \lim_{h = +0} A_a^{x-h}; \quad A_a^{x+0} = \lim_{h = +0} A_a^{x+h}$$

und die analogen Grenzwerte Π_a^{x-0}, Π_a^{x+0}, N_a^{x-0}, N_a^{x+0}. Es gilt für sie der Satz:

Satz I. Es ist:

$$\Pi_a^x - \Pi_a^{x-0} = |f(x) - f(x-0)|_+; \quad \Pi_a^{x+0} - \Pi_a^x = |f(x+0) - f(x)|_+;$$

$$N_a^x - N_a^{x-0} = |f(x) - f(x-0)|_-; \quad N_a^{x+0} - N_a^x = |f(x+0) - f(x)|_-;$$

$$A_a^x - A_a^{x-0} = |f(x) - f(x-0)|; \quad A_a^{x+0} - A_a^x = |f(x+0) - f(x)|.$$

Sei $\{h_\nu\}$ eine Folge positiver Zahlen mit $\lim\limits_{\nu = \infty} h_\nu = 0$. Dann ist:

$$(0) \qquad \Pi_a^x - \Pi_a^{x-0} = \lim_{\nu = \infty} \Pi_{x-h_\nu}^x.$$

Da es (§ 5, Satz XI) nur abzählbar viele Unstetigkeitspunkte von f gibt, können die h_ν so gewählt werden, daß f in den Punkten $x - h_\nu$ stetig ist. Nach § 5, Satz XIII ist dann, wenn $\mathfrak{J}_\nu = (x - h_\nu, x)$ gesetzt wird:

$$(00) \qquad \Pi_{x-h_\nu}^x = \pi(\mathfrak{J}_\nu) + |f(x) - f(x-0)|_+.$$

Da π absolut-additiv, und $\{\mathfrak{J}_\nu\}$ eine monoton abnehmende Mengenfolge mit leerem Durchschnitt, ist:

$$\lim_{\nu = \infty} \pi(\mathfrak{J}_\nu) = 0.$$

Also folgt aus (0) und (00):

$$\Pi_a^x - \Pi_a^{x-0} = |f(x) - f(x-0)|_+.$$

---

[1]) Für $x = a$ und $x = b$ kommt nur je einer dieser Grenzwerte in Frage.

Damit ist die erste Gleichung von Satz I nachgewiesen, und analog beweist man die anderen.

Satz II. Ist f von endlicher Variation in $[a,b]$, so ist, damit f im Punkte x_0 stetig sei auf $[a,b]$, notwendig und hinreichend, daß sowohl Π_a^x als auch N_a^x stetig seien auf $[a,b]$ im Punkte x_0.

Die Bedingung ist notwendig. In der Tat, dies folgt unmittelbar aus Satz I. Denn ist f unstetig in x_0, so ist mindestens eine der Größen:

$$\underset{+}{\big|\,f(x_0)-f(x_0-0)\,\big|}, \quad \underset{+}{\,f(x_0+0)-f(x_0)\,\big|},$$

$$\underset{-}{\,f(x_0)-f(x_0-0)\,\big|}, \quad \big|\,f(x_0+0)-f(x_0)\,\big|_{-}$$

von 0 verschieden.

Die Bedingung ist hinreichend; dies folgt aus § 5, Satz VIII.

Satz III. Ist f von endlicher Variation in $[a,b]$, so ist, damit f im Punkte x_0 stetig sei auf $[a,b]$, notwendig und hinreichend, daß A_a^x stetig sei auf $[a,b]$ im Punkte x_0.

Die Bedingung ist notwendig. In der Tat, dies folgt unmittelbar aus Satz I. Denn ist f unstetig in x_0, so ist mindestens eine der Größen:

$$\big|\,f(x_0)-f(x_0-0)\,\big|, \quad \big|\,f(x_0+0)-f(x_0)\,\big|$$

von 0 verschieden.

Die Bedingung ist hinreichend. In der Tat, ist A_a^x stetig auf $[a,b]$ in x_0, so ist nach Satz I[1]):

$$\big|\,f(x_0)-f(x_0-0)\,\big|=0; \quad \big|\,f(x_0+0)-f(x_0)\,\big|=0.$$

Daraus aber folgt die behauptete Stetigkeit von $f(x)$, und Satz III ist bewiesen.

Aus Satz II zusammen mit Satz VIII von § 5 folgt:

Satz IV. Ist $f(x)$ stetig und von endlicher Variation in $[a,b]$, so ist $f(x)$ Differenz zweier in $[a,b]$ stetiger, monoton wachsender Funktionen.

Beispiele von Funktionen, die in einem Intervalle $[a,b]$ stetig, aber nicht von endlicher Variation sind, können leicht angegeben werden: Sei $\{x_\nu\}$ eine stets wachsende Zahlenfolge aus $(0,1)$ mit $\lim\limits_{\nu=\infty} x_\nu = 1$. Wir setzen noch $x_0 = 0$ und definieren $f(x)$ in $[0,1]$ durch:

---

[1]) Für $x_0 = a$ und $x_0 = b$ kommt nur je eine dieser Gleichungen in Betracht.

$$f(x_{2\nu}) = 0 \quad (\nu = 0, 1, \ldots); \quad f(x_{2\nu-1}) = \frac{1}{\nu} \quad (\nu = 1, 2, \ldots); \quad f(1) = 0;$$

$$f(x) \text{ linear in jedem Intervalle } [x_{\nu-1}, x_\nu] \quad (\nu = 1, 2, \ldots).$$

Dann ist $f(x)$ stetig in $[0, 1]$. Sei Z die endliche Zerlegung von $[0, 1]$ mit den Zerlegungspunkten: $0, x_1, x_2, \ldots, x_{2n}, 1$, so ist:

$$\mathsf{A}_0^1(f) \geqq A(Z) = 2\left(1 + \frac{1}{2} + \ldots + \frac{1}{n}\right),$$

also:

$$\mathsf{A}_0^1(f) = + \infty,$$

d. h. f ist nicht von endlicher Variation in $[0, 1]$.

Ein Beispiel einer Funktion, die in einem Intervalle $[a, b]$ stetig, aber in keinem Teilintervalle von $[a, b]$ von endlicher Variation ist, liefert die Ordinate $y(t)$ einer Peanoschen Kurve (Kap. II, § 7, S. 150). Man erkennt dies sofort, wenn man bemerkt, daß (bei ungeradem g) für jedes Teilintervall $\left[\frac{\nu}{g^{2n}}, \frac{\nu+1}{g^{2n}}\right]$ von $[0, 1]$:

$$\left| y\left(\frac{\nu+1}{g^{2n}}\right) - y\left(\frac{\nu}{g^{2n}}\right) \right| = \frac{1}{g^n}.$$

Wir haben Variation, positive und negative Variation einer Funktion definiert als obere Schranken der Ausdrücke $A(Z)$, $P(Z)$, $N(Z)$. Für eine weite Funktionenklasse, die insbesondere alle stetigen Funktionen umfaßt, gelingt eine wichtige Grenzwertdarstellung dieser Zahlen.

Sei Z die durch die Punkte

$$(*) \qquad a = x_0 < x_1 < x_2 < \ldots < x_{n-1} < x_n = b$$

gegebene endliche Zerlegung von $[a, b]$. Ist

$$x_i - x_{i-1} \leqq d \qquad (i = 1, 2, \ldots, n),$$

so nennen wir d eine Norm der Zerlegung Z. Eine Folge endlicher Zerlegungen $\{Z_\nu\}$ von $[a, b]$ heißt eine ausgezeichnete Folge[1], wenn es eine Norm d_ν von Z_ν gibt, so daß:

$$\lim_{\nu=\infty} d_\nu = 0.$$

Sei $f(x)$ eine in $[a, b]$ definierte Funktion, die nur Unstetigkeiten erster Art besitzt. Jeden Punkt x von $[a, b]$, in dem nicht:

$$f(x-0) \leqq f(x) \leqq f(x+0) \quad \text{oder} \quad f(x-0) \geqq f(x) \geqq f(x+0),$$

nennen wir eine äußere Sprungstelle[2] von $f(x)$. Dann gilt der Satz[3]:

---

[1] Nach G. Kowalewski, Grundzüge der Differential- und Integralrechnung (1909), 171.

[2] Dies befindet sich in Einklang mit der Definition des äußeren Sprunges Kap. III, § 5, S. 212.

[3] E. Study, Math. Ann. 47 (1896), 301. Daselbst auch eine weitere

Satz V. Ist die Funktion $f(x)$ endlich in $[a, b]$ und hat sie dort nur Unstetigkeiten erster Art, so gilt für jede ausgezeichnete Folge $\{Z_\nu\}$ endlicher Zerlegungen von $[a, b]$, für die jede äußere Sprungstelle von f in fast allen Zerlegungen Z_ν als Zerlegungspunkt auftritt:

$$(**) \quad \mathsf{A}_a^b(f) = \lim_{\nu = \infty} A(Z_\nu); \quad \Pi_a^b(f) = \lim_{\nu = \infty} P(Z_\nu); \quad \mathsf{N}_a^b(f) = \lim_{\nu = \infty} N(Z_\nu).$$

Dies ist sicher richtig, wenn f nicht beschränkt ist, da dann in jeder dieser drei Gleichungen beide Seiten den Wert $+\infty$ haben. Wir nehmen also im folgenden Beweise f als beschränkt an. Es genügt wieder, den Beweis für Π_a^b zu führen.

Zu jedem $q < \Pi_a^b(f)$ gibt es eine endliche Zerlegung Z von $[a, b]$, so daß:

$$P(Z) > q.$$

Seien etwa (*) die Zerlegungspunkte von Z. Wir bilden die Produktzerlegung:

$$Z_\nu' = Z \cdot Z_\nu.$$

Nach § 4, Satz I ist dann auch:

$$(***) \qquad\qquad P(Z_\nu') > q.$$

Seien:

$$x_1^{(\nu)} < x_2^{(\nu)} < \ldots < x_{k_\nu}^{(\nu)}$$

diejenigen unter den Zerlegungspunkten (*) von Z, die nicht zugleich Zerlegungspunkte von Z_ν sind. Da sie alle unter den Punkten $x_1, x_2, \ldots, x_{n-1}$ vorkommen, ist

$$k_\nu < n.$$

Seien $\bar{x}_i^{(\nu)}$, $\bar{\bar{x}}_i^{(\nu)}$ der dem Punkte $x_i^{(\nu)}$ unmittelbar vorangehende und nachfolgende Zerlegungspunkt von Z_ν. Da $\{Z_\nu\}$ eine ausgezeichnete Zerlegungsfolge, ist für fast alle ν:

$$\bar{x}_1^{(\nu)} < x_1^{(\nu)} < \bar{\bar{x}}_1^{(\nu)} < \bar{x}_2^{(\nu)} < x_2^{(\nu)} < \bar{\bar{x}}_2^{(\nu)} < \ldots < \bar{x}_{k_\nu}^{(\nu)} < x_{k_\nu}^{(\nu)} < \bar{\bar{x}}_{k_\nu}^{(\nu)},$$

und es wird:

$$P(Z_\nu') - P(Z_\nu)$$
$$= \sum_{i=1}^{k_\nu} \left\{ \left| f(x_i^{(\nu)}) - f(\bar{x}_i^{(\nu)}) \right|_+ + \left| f(\bar{\bar{x}}_i^{(\nu)}) - f(x_i^{(\nu)}) \right|_+ - \left| f(\bar{\bar{x}}_i^{(\nu)}) - f(\bar{x}_i^{(\nu)}) \right|_+ \right\},$$

woraus wir unmittelbar folgern: Ist $\varepsilon > 0$ beliebig gegeben, so ist für fast alle ν

Untersuchung der Werte, denen $A(Z_\nu)$ zustrebt, wenn die ausgezeichnete Zerlegungsfolge $\{Z_\nu\}$ nicht der Bedingung von Satz V genügt.

$$(*_*^*) \qquad P(Z_\nu') - P(Z_\nu) < \sum_{i=1}^{k_\nu} \{ \, | \, f(x_i^{(\nu)}) - f(x_i^{(\nu)} - 0) \, |$$

$$+ \, | \, f(x_i^{(\nu)} + 0) - f(x_i^{(\nu)}) \, | - | \, f(x_i^{(\nu)} + 0) - f(x_i^{(\nu)} - 0) \, | \, \} + \varepsilon.$$

Da aber die Punkte $x_i^{(\nu)}$ nicht Zerlegungspunkte von Z_ν sind, und jede äußere Sprungstelle in fast allen Z_ν Zerlegungspunkt ist, so ist für fast alle ν keiner der Punkte $x_i^{(\nu)}$ äußere Sprungstelle, und somit ist für fast alle ν in $(*_*^*)$ die Summe rechts $= 0$, so daß $(*_*^*)$ übergeht in:

$$P(Z_\nu') - P(Z_\nu) < \varepsilon \quad \text{für fast alle } \nu.$$

Aus (***) folgt also weiter:

$$P(Z_\nu) > q - \varepsilon \quad \text{für fast alle } \nu.$$

Da hierin $q < \Pi_a^b(f)$ und $\varepsilon > 0$ beliebig waren, heißt das:

$$\lim_{\nu = \infty} P(Z_\nu) = \Pi_a^b(f).$$

Damit ist Satz V bewiesen.

Aus Satz V folgt unmittelbar:

Satz VI. Ist die Funktion $f(x)$ endlich in $[a, b]$, hat sie dort nur Unstetigkeiten erster Art, und hat sie in (a, b) keine äußere Sprungstelle, so gilt (**) für jede ausgezeichnete Folge endlicher Zerlegungen $\{Z_\nu\}$ von $[a, b]$.

Ferner folgern wir aus Satz VI:

Satz VII. Es genüge $f(x)$ den Voraussetzungen von Satz VI. Sind dann q_1, q_2, q_3 beliebige Zahlen:

$$q_1 < A_a^b(f); \quad q_2 < \Pi_a^b(f); \quad q_3 < N_a^b(f),$$

so gibt es eine Zahl d, so daß für jede endliche Zerlegung Z von $[a, b]$, deren Norm $\leqq d$ ist:

$$A(Z) > q_1; \quad P(Z) > q_2; \quad N(Z) > q_3.$$

Es genügt, die Behauptung für $P(Z)$ nachzuweisen. Wäre sie nicht richtig, so gäbe es ein $q < \Pi_a^b(f)$ und eine endliche Zerlegung Z_ν von der Norm $\frac{1}{\nu}$, so daß:

$$(_*^*_*) \qquad P(Z_\nu) \leqq q < \Pi_a^b(f).$$

Dann ist $\{Z_\nu\}$ eine ausgezeichnete Zerlegungsfolge; es müßte also:

$$\lim_{\nu = \infty} P(Z_\nu) = \Pi_a^b(f)$$

sein, im Widerspruch mit $(_*^*_*)$. Damit ist Satz VII bewiesen.

Von Satz **V** gilt folgende Umkehrung:

Satz VIII. Ist $f(x)$ von endlicher Variation in $[a,b]$, so ist, damit für die ausgezeichnete Folge endlicher Zerlegungen $\{Z_\nu\}$ von $[a,b]$ eine der Gleichungen (**) gelte, notwendig, daß jede äußere Sprungstelle von f für fast alle Z_ν Zerlegungspunkt sei.

Angenommen in der Tat, die äußere Sprungstelle x' sei für unendlich viele Z_ν nicht Zerlegungspunkt. Indem wir nötigenfalls von $\{Z_\nu\}$ zu einer Teilfolge übergehen, können wir annehmen, dies sei für alle Z_ν der Fall. Seien $\bar{x}_\nu$, $\bar{\bar{x}}_\nu$ der dem Punkte x' in Z_ν unmittelbar vorangehende und nachfolgende Zerlegungspunkt, und sei Z'_ν die aus Z_ν durch Hinzufügung des Zerlegungspunktes x' entstehende Zerlegung. Dann ist:

$$P(Z'_\nu) - P(Z_\nu) = \underset{+}{\,} |f(x') - f(\bar{x})| \underset{+}{+} |f(\bar{\bar{x}}) - f(x')| \underset{+}{-} |f(\bar{\bar{x}}) - f(\bar{x})|$$

und somit:

$$\text{(**)} \qquad \lim_{\nu=\infty} (P(Z'_\nu) - P(Z_\nu)) =$$

$$\underset{+}{\,} |f(x') - f(x'-0)| \underset{+}{+} |f(x'+0) - f(x')| \underset{+}{-} |f(x'+0) - f(x'-0)|.$$

Da x' äußere Sprungstelle, hat hierin die rechte Seite einen Wert $\eta > 0$; und da

$$\Pi_a^b(f) \geqq P(Z'_\nu) \quad \text{für alle } \nu,$$

so folgt aus (**):

$$\Pi_a^b(f) \geqq P(Z_\nu) + \frac{\eta}{2} \quad \text{für fast alle } \nu,$$

so daß die zweite Gleichung (**) nicht gelten kann. Analog ist der Beweis für die beiden anderen Gleichungen (**), und Satz **VIII** ist bewiesen.

Unter die Funktionen, für die Satz **VI** gilt, fallen insbesondere auch die stetigen Funktionen. Doch kann für stetige Funktionen ein noch allgemeineres Resultat ausgesprochen werden.

Wir führen neben den bisher benutzten **endlichen** Zerlegungen nun auch **unendliche** Zerlegungen von $[a,b]$ ein, durch die Festsetzung: jede unendliche, die Punkte a und b enthaltende, abzählbare, abgeschlossene Punktmenge $\mathfrak{P}$ aus $[a,b]$ ruft eine **unendliche Zerlegung** Z von $[a,b]$ hervor. Die Punkte von $\mathfrak{P}$ heißen die **Zerlegungspunkte**, die abzählbar vielen Intervalle, aus denen sich das Komplement von $\mathfrak{P}$ zu $[a,b]$ zusammensetzt, heißen die **Zerlegungsintervalle** von Z. Sind (x'_i, x''_i) $(i = 1, 2, \ldots)$ diese Intervalle, so setzen wir:

$$A(Z) = \sum_i |f(x_i'') - f(x_i')|;$$

$$P(Z) = \sum_{i\,+} |f(x_i'') - f(x_i')|; \quad N(Z) = \sum_{i\,-} |f(x_i'') - f(x_i')|.$$

Die Definition der Norm einer Zerlegung, und der ausgezeichneten Zerlegungsfolgen bleiben dieselben, wie für endliche Zerlegungen.

Satz IX. Ist f endlich und stetig in $[a,b]$, und ist $\varepsilon > 0$ beliebig gegeben, so gibt es zu jeder Zerlegung Z von $[a,b]$ der Norm d, für die $A(Z)$ bzw. $P(Z)$, $N(Z)$ endlich ausfällt, eine endliche Zerlegung Z' der Norm d, so daß

(†) $A(Z') < A(Z) + \varepsilon; \quad P(Z') < P(Z) + \varepsilon; \quad N(Z') < N(Z) + \varepsilon.$

Seien $x_1, x_2, \ldots, x_\nu, \ldots$ die sämtlichen Zerlegungspunkte von Z. Wir umgeben x_ν mit einem Intervall $[x_\nu - h_\nu, x_\nu + h_\nu]$, wo $h_\nu \leq \dfrac{d}{2}$ und ferner so klein gewählt sei, daß für je zwei Punkte x', x'' dieses Intervalles:

(††) $|f(x'') - f(x')| < \dfrac{\varepsilon}{2^\nu}.$

Unter den Intervallen $[x_\nu - h_\nu, x_\nu + h_\nu]$ gibt es dann nach dem Borelschen Theorem (Kap. I, § 6, Satz I) endlich viele:

$$[x_{\nu_i} - h_{\nu_i}, \; x_{\nu_i} + h_{\nu_i}] \qquad (i = 1, 2, \ldots, k),$$

in deren Vereinigung alle x_ν enthalten sind. Wir können sie durch endlich viele Intervalle $\mathfrak{J}_\nu$ $(\nu = 1, 2, \ldots, e)$ ersetzen, in deren Vereinigung gleichfalls alle x_ν enthalten sind, und die zu je zweien keinen inneren Punkt gemein haben. Bei geeigneter Numerierung wird für je zwei Punkte x', x'' von $\mathfrak{J}_\nu$ Ungleichung (††) gelten. Wir tilgen nun in jedem $\mathfrak{J}_\nu$ alle Zerlegungspunkte, mit Ausnahme des am weitesten links gelegenen x_ν', und des am weitesten rechts gelegenen x_ν''. Wir erhalten so eine **endliche** Zerlegung Z' der Norm d. Die einzigen Zerlegungsintervalle von Z', die nicht zugleich Zerlegungsintervalle von Z sind, sind die e Intervalle $[x_\nu', x_\nu'']$. Da aber wegen (††):

$$|f(x_\nu'') - f(x_\nu')| < \dfrac{\varepsilon}{2^\nu} \qquad (\nu = 1, 2, \ldots, e);$$

gelten die Ungleichungen (†), und Satz IX ist bewiesen.

Nunmehr beweisen wir leicht:

Satz X.[1]) Ist $f(x)$ endlich und stetig in $[a,b]$, so ist für jede ausgezeichnete Folge $\{Z_\nu\}$ endlicher oder unendlicher

---

[1]) H. Lebesgue, Leçons sur l'intégration, 54. Vgl. auch Rend. Linc. 16/1 (1907), 95.

Zerlegungen von $[a, b]$:

$$(^\times) \quad A_a^b(f) = \lim_{\nu = \infty} A(Z_\nu); \quad \Pi_a^b(f) = \lim_{\nu\,:\,\infty} P(Z_\nu); \quad N_a^b(f) = \lim_{\nu = \infty} N(Z_\nu).$$

In der Tat, es wird wieder genügen, die zweite dieser Gleichungen zu beweisen. Dabei können wir offenbar aus der Folge der $\{Z_\nu\}$ alle diejenigen weglassen, für die $P(Z_\nu) = +\infty$ ist. Wir nehmen also von vornherein an, alle $P(Z_\nu)$ seien endlich. Nach Satz IX gibt es dann zu jeder Zerlegung Z_ν eine endliche Zerlegung Z_ν' gleicher Norm, für die

$$(^{\times\times}) \qquad\qquad P(Z_\nu) > P(Z_\nu') - \frac{1}{\nu}$$

ist. So wie $\{Z_\nu\}$ ist aber auch $\{Z_\nu'\}$ eine ausgezeichnete Zerlegungsfolge. Nach Satz VI ist also:

$$(^{\times\times\times}) \qquad\qquad \lim_{\nu = \infty} P(Z_\nu') = \Pi_a^b(f).$$

Nach § 4, Satz VI ist andrerseits:

$$(^{\times\times}_{\;\times}) \qquad\qquad P(Z_\nu) \leqq \Pi_a^b(f).$$

Aus $(^{\times\times})$, $(^{\times\times\times})$, $(^{\times\times}_{\;\times})$ aber folgt die zweite Gleichung $(^\times)$, und Satz X ist bewiesen.

Wie Satz VII beweist man nun:

Satz XI. Ist $f(x)$ in $[a, b]$ endlich und stetig, und sind q_1, q_2, q_3 beliebige Zahlen:

$$q_1 < A_a^b(f); \quad q_2 < \Pi_a^b(f); \quad q_3 < N_a^b(f),$$

so gibt es eine Zahl d, so daß für jede (endliche oder unendliche) Zerlegung Z von $[a, b]$, deren Norm $\leqq d$ ist:

$$A(Z) > q_1; \quad P(Z) > q_2; \quad N(Z) > q_3.$$

Satz XII. Ist $f(x)$ in $[a, b]$ von endlicher Variation, so ist, damit für alle ausgezeichneten Folgen $\{Z_\nu\}$ unendlicher Zerlegungen

$$A_a^b(f) = \lim_{\nu = \infty} A(Z_\nu)$$

sei, notwendig, daß f in $[a, b]$ stetig sei.

Angenommen in der Tat, es gebe in $[a, b]$ einen Unstetigkeitspunkt x_0, und zwar sei etwa:

$$f(x_0 + 0) \neq f(x_0).$$

Ist dann Z eine unendliche Zerlegung von $[a, b]$, für die x_0 rechtsseitiger Häufungspunkt von Zerlegungspunkten ist, so ist offenbar

$$A\,(Z)\leqq \mathsf{A}_a^b(f) - |\,f(x_\iota + 0) - f(x_0)\,|,$$

woraus sofort die Behauptung folgt.

§ 7. Unstetige Funktionen endlicher Variation.

Wir wissen bereits, daß eine Funktion endlicher Variation nur abzählbar viele Unstetigkeitspunkte besitzt (§ 5, Satz XI), und daß alle ihre Unstetigkeitspunkte von erster Art sind (§ 5, Satz X). Wir behaupten nun:

Satz I. Ist die Funktion $f(x)$ von endlicher Variation in $[a,b]$, und sind $x_1, x_2, \ldots, x_\nu, \ldots$ ihre nach (a,b) fallenden Unstetigkeitspunkte, so sind die Reihen:

$$(0)\qquad
\begin{cases}
\sum_\nu \{\,|\,f(x_\nu) - f(x_\nu - 0)\,| + |\,f(x_\nu + 0) - f(x_\nu)\,|\,\}; \\[2ex]
\sum_\nu \{\,\underline{|}\,f(x_\nu) - f(x_\nu - 0)\,| + \underline{|}\,f(x_\nu + 0) - f(x_\nu)\,|\,\}; \\[2ex]
\sum_\nu \{\,\underline{|}\,f(x_\nu) - f(x_\nu - 0)\,| + \underline{|}\,f(x_\nu + 0) - f(x_\nu)\,|\,\}
\end{cases}$$

eigentlich konvergent.

Es genügt, dies für die erste dieser Reihen nachzuweisen. Ist $\mathfrak{E}_\nu$ die nur aus dem Punkte x_ν bestehende Menge, so ist nach § 5, Satz XIV:

$$(00)\qquad |\,f(x_\nu) - f(x_\nu - 0)\,| + |\,f(x_\nu + 0) - f(x_\nu)\,| = \alpha\,(\mathfrak{E}_\nu).$$

Setzen wir:

$$\mathfrak{A} = \mathfrak{E}_1 + \mathfrak{E}_2 + \cdots + \mathfrak{E}_\nu + \cdots, \qquad \mathfrak{J}^* = (a,b),$$

so ist, weil $\mathfrak{A} \prec \mathfrak{J}^*$:

$$(000)\qquad \alpha\,(\mathfrak{A}) \leqq \alpha\,(\mathfrak{J}^*).$$

Nach § 5, Satz XII ist also $\alpha\,(\mathfrak{A})$ **endlich**, und wegen:

$$\alpha\,(\mathfrak{A}) = \alpha\,(\mathfrak{E}_1) + \alpha\,(\mathfrak{E}_2) + \cdots + \alpha\,(\mathfrak{E}_\nu) + \cdots$$

ist zufolge (00) die eigentliche Konvergenz der ersten Reihe (0) nachgewiesen, und Satz I ist bewiesen.

Ist nun (x', x'') irgendein Teilintervall von $[a,b]$, so bezeichnen wir mit:

$$(0_0 0)\qquad
\begin{cases}
\sum_{(x',x'')} \{\,|\,f(x_\nu) - f(x_\nu - 0)\,| + |\,f(x_\nu + 0) - f(x_\nu)\,|\,\}; \\[2ex]
\sum_{(x',x'')} \{\,\underline{|}\,f(x_\nu) - f(x_\nu - 0)\,| + \underline{|}\,f(x_\nu + 0) - f(x_\nu)\,|\,\}; \\[2ex]
\sum_{(x',x'')} \{\,\underline{|}\,f(x_\nu) - f(x_\nu - 0)\,| + \underline{|}\,f(x_\nu + 0) - f(x_\nu)\,|\,\}
\end{cases}$$

die Summe aller jener Glieder der entsprechenden Reihe (0), deren x_ν nach (x', x'') fällt. Nach Satz I sind auch die Reihen $(0_0 0)$ eigentlich konvergent.

Satz II. Für jedes x' aus (a, b) ist[1] (unter den Voraussetzungen von Satz I):

$$\lim_{h=+0} \sum_{(x', x'+h)} \left\{ \,| f(x_\nu) - f(x_\nu - 0) | + | f(x_\nu + 0) - f(x_\nu) | \right\} = 0 ;$$

$$\lim_{h=+0} \sum_{(x', x'+h)_+} \left\{ | f(x_\nu) - f(x_\nu - 0) | + | f(x_\nu + 0) - f(x_\nu) | \right\} = 0 ;$$

$$\lim_{h=+0} \sum_{(x', x'+h)_-} \left\{ | f(x_\nu) - f(x_\nu - 0) | + | f(x_\nu + 0) - f(x_\nu) | \right\} = 0 .$$

Es genügt wieder, die erste dieser Beziehungen nachzuweisen. Sei $\{h_n\}$ eine abnehmende Folge positiver Zahlen mit $\lim\limits_{n=\infty} h_n = 0$. Wir setzen

$$(x', x' + h_n) = \mathfrak{J}_n ,$$

und bezeichnen mit $\mathfrak{A}_n$ die Menge der nach $\mathfrak{J}_n$ fallenden Unstetigkeitspunkte x_ν. Ebenso wie vorhin (000), gilt dann:

$$\alpha(\mathfrak{A}_n) \leq \alpha(\mathfrak{J}_n) .$$

Da $\{\mathfrak{J}_n\}$ eine abnehmende Mengenfolge mit leerem Durchschnitt, ist

$$\lim_{n=\infty} \alpha(\mathfrak{J}_n) = 0 .$$

Also ist auch:

$$\lim_{n=\infty} \alpha(\mathfrak{A}_n) = 0 ,$$

und da:

$$\alpha(\mathfrak{A}_n) = \sum_{(x', x'+h_n)} \left\{ | f(x_\nu) - f(x_\nu - 0) | + | f(x_\nu + 0) - f(x_\nu) | \right. ,$$

so ist Satz II bewiesen.

Wir bilden nun für alle x aus $(a, b]$ die Ausdrücke:

$$(1) \begin{cases} \sigma_+(x) = | f(a+0) - f(a) |_+ + \sum_{(a, x)_+} \left\{ | f(x_\nu) - f(x_\nu - 0) | + | f(x_\nu + 0) - f(x_\nu) | \right\} \\ \qquad\qquad + | f(x) - f(x-0) |_+ ; \\[2mm] \sigma_-(x) = | f(a+0) - f(a) |_- + \sum_{(a, x)_-} \left\{ | f(x_\nu) - f(x_\nu - 0) | + | f(x_\nu + 0) - f(x_\nu) | \right\} \\ \qquad\qquad + | f(x) - f(x-0) |_- , \end{cases}$$

---

[1] Dieselben Beziehungen gelten mit $\lim\limits_{h=-0}$.

die wir als **Funktion der positiven** (bzw. **negativen**) **Sprünge**
von $f(x)$ bezeichnen[1]). Ebenso bezeichnen wir den Ausdruck:

$$(2) \qquad \sigma(x) = \sigma_+(x) - \sigma_-(x) = (f(a+0) - f(a))$$
$$+ \sum_{(a,\,x)} \{ f(x_\nu + 0) - f(x_\nu - 0) \} + (f(x) - f(x-0))$$

als die **Funktion der Sprünge** von $f(x)$.

Satz III. Die Differenzen:

$$(3) \qquad \Pi_a^x(f) - \sigma_+(x) = g_+(x); \quad \mathsf{N}_a^x(f) - \sigma_-(x) = g_-(x)$$

sind stetig und monoton wachsend in $[a, b]$. Die Differenz:

$$(4) \qquad f(x) - \sigma(x) = g(x)$$

ist stetig und von endlicher Variation in $[a, b]$.

Da nach § 5, Satz VIII:

$$(5) \qquad g(x) = g_+(x) - g_-(x) + f(a)$$

ist, genügt es, die Behauptung für $g_+(x)$ und $g_-(x)$ nachzuweisen.
Wir führen den Beweis etwa für $g_+(x)$.

Sei x ein Punkt von $[a, b)$. Nach § 6, Satz I ist:

$$(6) \qquad \lim_{h = +0} (\Pi_a^{x+h} - \Pi_a^x) = | f(x+0) - f(x) |_+ .$$

Da $\sigma_+(x)$ seiner Definition zufolge monoton wächst, existiert der
Grenzwert:

$$\lim_{h = +0} \{ \sigma_+(x+h) - \sigma_+(x) \}.$$

Sei $\{ h_n \}$ eine Folge positiver Zahlen mit $\lim_{n=\infty} h_n = 0$, die so gewählt
seien, daß die Punkte $x + h_n$ nicht Unstetigkeitspunkte von f sind.
Dann ist:

$$\sigma_+(x+h_n) - \sigma_+(x) = | f(x+0) - f(x) |_+$$
$$+ \sum_{(x,\,x+h_n)} \{ | f(x_\nu) - f(x_\nu - 0) |_+ + | f(x_\nu + 0) - f(x_\nu) |_+ \},$$

und mithin nach Satz II:

$$(7) \qquad \lim_{h = +0} \{ \sigma_+(x+h) - \sigma_+(x) \} = | f(x+0) - f(x) |_+ .$$

Aus (6) und (7) aber folgt:

$$(8) \qquad \lim_{h = +0} \{ g_+(x+h) - g_+(x) \} = 0.$$

---

[1]) Für $x = a$ setzen wir: $\sigma_+(a) = 0$, $\sigma_-(a) = 0$. —, Ist es nötig, die
Funktion $f(x)$ in Evidenz zu setzen, so schreiben wir $\sigma_+(x, f)$, $\sigma_-(x, f)$ statt
$\sigma_+(x)$, $\sigma_-(x)$.

Ganz ebenso beweist man für jeden Punkt x von $(a, b\,]$:

$$(9) \qquad \lim_{h=+0} \left\{ g_+(x-h) - g_+(x) \right\} = 0.$$

Die Beziehungen (8) und (9) aber besagen: $g_+(x)$ ist **stetig** in $[a, b]$.

Ferner ist für jedes Intervall $[x', x'']$ aus $[a, b]$:

$$(10) \quad \left\{ \begin{aligned} g_+(x'') - g_+(x') &= \Pi_{x'}^{x''} - (\sigma_+(x'') - \sigma_+(x')) \\ &= \Pi_{x'}^{x''} - \underset{+}{|} f(x'+0) - f(x') | \\ &\quad - \sum_{(x',\,x'')} \underset{+}{\{} | f(x_\nu) - f(x_\nu - 0) | + \underset{+}{|} f(x_\nu + 0) - f(x_\nu) | \} \\ &\quad - \underset{+}{|} f(x'') - f(x'' - 0) | \,. \end{aligned} \right.$$

Hierin nun ist, wenn $(x', x'') = \mathfrak{J}^*$ gesetzt wird, nach § 5, Satz XIII:

$$(11) \quad \Pi_{x'}^{x''} - \underset{+}{|} f(x'+0) - f(x') | - \underset{+}{|} f(x'') - f(x'' - 0) | = \pi(\mathfrak{J}^*),$$

und, wenn mit $\mathfrak{A}$ die Menge aller nach (x', x'') fallenden Unstetigkeitspunkte x_ν von f bezeichnet wird, zufolge § 5, Satz XIV:

$$(12) \quad \sum_{(x',\,x'')} \underset{+}{\{} | f(x_\nu) - f(x_\nu - 0) | + \underset{+}{|} f(x_\nu + 0) - f(x_\nu) | \} = \pi(\mathfrak{A}).$$

Wegen $\mathfrak{A} \prec \mathfrak{J}^*$ aber ist:

$$\pi(\mathfrak{A}) \leqq \pi(\mathfrak{J}^*);$$

aus (10), (11) und (12) folgt also:

$$g_+(x'') - g_+(x') \geqq 0,$$

d. h. $g_+(x)$ ist **monoton wachsend**. Damit ist Satz III bewiesen.

Aus Satz III, zusammen mit § 6, Satz I folgt sofort:

Satz IV. In jedem Punkte x von $[a, b]$ ist[1]:

$$\sigma_+(x) - \sigma_+(x-0) = \underset{+}{|} f(x) - f(x-0) |;$$
$$\sigma_+(x+0) - \sigma_+(x) = \underset{+}{|} f(x+0) - f(x) |;$$
$$\sigma_-(x) - \sigma_-(x-0) = \underset{-}{|} f(x) - f(x-0) |;$$
$$\sigma_-(x+0) - \sigma_-(x) = \underset{-}{|} f(x+0) - f(x) |;$$
$$\sigma(x) - \sigma(x-0) = f(x) - f(x-0);$$
$$\sigma(x+0) - \sigma(x) = f(x+0) - f(x).$$

---

[1] Für $x = a$ und $x = b$ kommt nur die eine Hälfte dieser Formeln in Betracht.

Satz V. Werden die Bezeichnungen von Satz III beibehalten, so ist:

$$(13) \qquad \mathsf{A}_a^x(f) = \mathsf{A}_a^x(g) + \mathsf{A}_a^x(\sigma);$$

$$(14) \qquad \mathsf{A}_a^x(g) = g_+(x) + g_-(x); \quad \mathsf{A}_a^x(\sigma) = \sigma_+(x) + \sigma_-(x).$$

In der Tat, aus (3) folgt:

$$(15) \qquad \mathsf{A}_a^x(f) = \Pi_a^x(f) + \mathsf{N}_a^x(f) = g_+(x) + g_-(x) + \sigma_+(x) + \sigma_-(x).$$

Andrerseits folgt aus (4), (5) und (2):

$$f(x) = g(x) + \sigma(x) = g_+(x) - g_-(x) + \sigma_+(x) - \sigma_-(x) + f(a),$$

und somit nach § 4, Satz IX:

$$(16) \qquad \mathsf{A}_a^x(f) \leq \mathsf{A}_a^x(g_+ - g_-) + \mathsf{A}_a^x(\sigma_+ - \sigma_-).$$

Da $g_+, g_-, \sigma_+, \sigma_-$ monoton wachsen, und für $x = a$ verschwinden, ist:

$$(17) \qquad \begin{cases} \mathsf{A}_a^x(g_+ - g_-) \leq \mathsf{A}_a^x(g_+) + \mathsf{A}_a^x(g_-) = g_+(x) + g_-(x); \\ \mathsf{A}_a^x(\sigma_+ - \sigma_-) \leq \sigma_+(x) + \sigma_-(x). \end{cases}$$

Die Gleichung (15) aber ist mit den Ungleichungen (16), (17) nur verträglich, wenn in diesen überall das Zeichen $=$ gilt; berücksichtigt man noch, daß nach (5) und (2):

$$g(x) = g_+(x) - g_-(x) + f(a); \quad \sigma(x) = \sigma_+(x) - \sigma_-(x),$$

so folgt aus (17):

$$g_+(x) + g_-(x) = \mathsf{A}_a^x(g_+ - g_-) = \mathsf{A}_a^x(g);$$
$$\sigma_+(x) + \sigma_-(x) = \mathsf{A}_a^x(\sigma_+ - \sigma_-) = \mathsf{A}_a^x(\sigma).$$

Damit ist (14) bewiesen, und durch Einsetzen in (15) erhält man (13). Hiermit ist der Beweis von Satz V beendet.

Die zweite Formel (14) kann, wenn man für $\sigma_+(x)$, $\sigma_-(x)$ ihre Bedeutung (1) einsetzt, auch so geschrieben werden:

$$(18) \qquad \begin{cases} \mathsf{A}_a^x(\sigma) = |f(a+0) - f(a)| \\ \qquad + \sum_{(a,\,x)} \{|f(x_\nu) - f(x_\nu - 0)| + |f(x_\nu + 0) - f(x_\nu)|\} \\ \qquad + |f(x) - f(x-0)|. \end{cases}$$

Ferner folgern wir aus Satz V:

Satz Va. Es ist:

$$(*) \qquad \Pi_a^x(\sigma) = \sigma_+(x); \quad \mathsf{N}_a^x(\sigma) = \sigma_-(x).$$

$$(**) \qquad \Pi_a^x(g) = g_+(x); \quad \mathsf{N}_a^x(g) = g_-(x).$$

In der Tat, es ist:

$$\sigma(x) = \sigma_+(x) - \sigma_-(x); \quad \sigma(x) = \Pi_a^x(\sigma) - \mathsf{N}_a^x(\sigma).$$

Würde nun nicht (*) gelten, so wäre nach § 5, Satz IX:

$$\sigma_+(x) > \mathsf{\Pi}_a^x(\sigma); \qquad \sigma_-(x) > \mathsf{N}_a^x(\sigma),$$

und daraus durch Addition:

$$\sigma_+(x) + \sigma_-(x) > \mathsf{A}_a^x(\sigma),$$

im Widerspruche mit Satz V. Dadurch ist (*) bewiesen, und ebenso beweist man (**).

Satz VI. Der Absolutzuwachs[1]) $\alpha(\sigma)$ der Funktion der Sprünge, der Zuwachs $\delta(\sigma_+)$ und $\delta(\sigma_-)$ der Funktion der positiven und der negativen Sprünge sind rein-unstetige Mengenfunktionen.

Wir führen den Beweis für die Funktion der Sprünge. Ganz analog verläuft er für die Funktionen der positiven und der negativen Sprünge, bei denen, da sie monoton wachsen, Zuwachs und Absolutzuwachs identisch sind.

Da nach Satz III g von endlicher Variation, so auch (§ 5, Satz III) $\sigma = f - g$. Bezeichnen wir wieder mit $\mathfrak{J}^*$ das Intervall (a, b), mit $\mathfrak{A}$ die Menge der Unstetigkeitspunkte $x_1, x_2, \ldots, x_\nu, \ldots$ von f in (a, b), so haben wir zufolge § 5, Satz XIII unter Benutzung von (18) und Satz IV:

$$(19) \quad \alpha(\mathfrak{J}^*, \sigma) = \sum_{(a,b)} \{\, |f(x_\nu) - f(x_\nu - 0)| + |f(x_\nu + 0) - f(x_\nu)| \,\};$$

andrerseits ist nach Satz IV und § 5, Satz XIV:

$$(20) \quad \left\{ \begin{aligned} \alpha(\mathfrak{A}, \sigma) &= \sum_\nu \alpha(\mathfrak{E}_{x_\nu}, \sigma) \\ &= \sum_{(a,b)} \{\, |f(x_\nu) - f(x_\nu - 0)| + |f(x_\nu + 0) - f(x_\nu)| \,\}. \end{aligned} \right.$$

Aus (19) und (20) aber folgt:

$$\alpha(\mathfrak{A}, \sigma) = \alpha(\mathfrak{J}^*, \sigma),$$

und somit für jede zu $\mathfrak{A}$ fremde, d. h. keinen Unstetigkeitspunkt von f enthaltende Menge $\mathfrak{B}$ aus (a, b):

$$(21) \qquad \alpha(\mathfrak{B}, \sigma) = 0.$$

Nach Satz III sind aber die Unstetigkeitspunkte von f in (a, b) identisch mit denen von σ, und daher nach § 5, Satz XIV auch mit denen von $\alpha(\sigma)$, also besagt (21), daß $\alpha(\sigma)$ rein-unstetig ist, und Satz VI ist bewiesen.

Aus Satz VI folgern wir:

----

[1]) Und somit auch Positivzuwachs, Negativzuwachs und Zuwachs.

Satz VII. Die Funktionen $\sigma_+(x)$ und $\sigma_-(x)$ können nicht zerspalten werden in zwei monoton wachsende Summanden, deren einer stetig und nicht konstant wäre.

Angenommen etwa, es wäre

$$(22) \qquad \sigma_+(x) = h_1(x) + h_2(x),$$

wo $h_1(x)$, $h_2(x)$ monoton wachsend, und $h_1(x)$ stetig und nicht konstant. Dann gäbe es ein Teilintervall

$$\mathfrak{J}' = (a', b')$$

von $[a, b]$, so daß:

$$h_1(b') - h_1(a') > 0.$$

Nach § 5, Satz XIII ist dann auch:

$$(23) \qquad \delta(\mathfrak{J}', h_1) = \alpha(\mathfrak{J}', h_1) = h_1(b') - h_1(a') > 0.$$

Aus (22) folgt (§ 1, Satz IX):

$$\delta(\sigma_+) = \delta(h_1) + \delta(h_2).$$

Weil h_2 monoton wächst, ist hierin $\delta(h_2) \geqq 0$, und mithin:

$$(24) \qquad 0 \leqq \delta(h_1) \leqq \delta(\sigma_+).$$

Ist $\mathfrak{A}'$ die Menge der nach (a', b') fallenden Unstetigkeitspunkte von f, und $\mathfrak{B}'$ das Komplement von $\mathfrak{A}'$ zu (a', b'), so ist:

$$(25) \qquad \delta(\mathfrak{J}', h_1) = \delta(\mathfrak{A}', h_1) + \delta(\mathfrak{B}', h_1).$$

Nach Satz IV sind die Unstetigkeitspunkte von σ_+ enthalten unter denen von f. Nach § 5, Satz XIV sind demnach auch die Unstetigkeitspunkte von $\delta(\sigma_+)$ enthalten unter denen von f. Also enthält $\mathfrak{B}'$ keinen Unstetigkeitspunkt von $\delta(\sigma_+)$, und da nach Satz VI $\delta(\sigma_+)$ rein-unstetig, so ist:

$$\delta(\mathfrak{B}', \sigma_+) = 0,$$

und mithin nach (24) auch:

$$(26) \qquad \delta(\mathfrak{B}', h_1) = 0.$$

Nach § 5, Satz XIV folgt aus der Stetigkeit von h_1 die Stetigkeit der Mengenfunktion $\delta(h_1)$. Also ist, da $\mathfrak{A}'$ abzählbar, nach Kap. VI, § 3, Satz VI:

$$(27) \qquad \delta(\mathfrak{A}', h_1) = 0.$$

Aus (25), (26), (27) würde aber folgen:

$$\delta(\mathfrak{J}', h_1) = 0,$$

im Widerspruch mit (23). Damit ist Satz VII bewiesen.

Satz VIII. Ist f von endlicher Variation in $[a, b]$, so gelten bei jeder Zerspaltung von f in zwei Summanden endlicher Variation:

$$(28) \qquad f = f_1 + f_2,$$

deren einer f_1 stetig ist in $[a, b]$, für den anderen in jedem Teilintervalle $[a', b']$ von $[a, b]$ die Ungleichungen:

$$(29) \qquad \Pi_{a'}^{b'}(f_2) \geqq \sigma_+(b') - \sigma_+(a'); \quad N_{a'}^{b'}(f_2) \geqq \sigma_-(b') - \sigma_-(a'),$$

und mithin auch:

$$(30) \qquad A_{a'}^{b'}(f_2) \geqq A_{a'}^{b'}(\sigma).$$

Wir führen den Beweis für ein in (a, b) liegendes Intervall $[a', b']$[1]. Wir setzen wieder:

$$\mathfrak{J}' = (a', b'),$$

bezeichnen mit $\mathfrak{A}'$ die Menge aller Unstetigkeitspunkte von f in (a', b'), mit $\mathfrak{B}'$ ihr Komplement zu (a', b').

Da f_1 stetig, sind Positiv- und Negativzuwachs $\pi(f_1)$, $\nu(f_1)$ stetige Mengenfunktionen, mithin, da $\mathfrak{A}'$ abzählbar:

$$(31) \qquad \pi(\mathfrak{A}', f_1) = 0; \quad \nu(\mathfrak{A}', f_1) = 0.$$

Aus (28) nun folgt nach § 1, Satz VIII[2]:

$$\pi(\mathfrak{A}', f) - \pi(\mathfrak{A}', f_1) \leqq \pi(\mathfrak{A}', f_2) \leqq \pi(\mathfrak{A}', f) + \nu(\mathfrak{A}', f_1),$$

also wegen (31):

$$(32) \qquad \pi(\mathfrak{A}', f_2) = \pi(\mathfrak{A}', f),$$

und nach Satz IV und § 5, Satz XIV ist weiter:

$$(33) \qquad \pi(\mathfrak{A}', f) = \sum_{(a', b')_+} \{ |f(x_\nu) - f(x_\nu - 0)| + |f(x_\nu + 0) - f(x_\nu)| \}$$
$$= \pi(\mathfrak{A}', \sigma_+).$$

Ferner ist, weil $\pi(\sigma_+)$ rein-unstetig (Satz VI), und mithin

$$(34) \qquad \pi(\mathfrak{B}', \sigma_+) = 0$$

ist, gewiß:

$$(35) \qquad \pi(\mathfrak{B}', f_2) \geqq \pi(\mathfrak{B}', \sigma_+).$$

---

[1] Der Fall, daß $[a', b']$ mit $[a, b]$ einen Endpunkt gemein hat, wird auf diesen zurückgeführt, indem man setzt: $f(x) = f(a)$ für $x < a$, $f(x) = f(b)$ für $x > b$, und an Stelle von $[a, b]$ ein Intervall $[a^*, b^*]$ mit $a^* < a$, $b^* > b$ betrachtet.

[2] In der Tat, aus (28) folgt:

$$\pi(\mathfrak{A}', f) \leqq \pi(\mathfrak{A}', f_1) + \pi(\mathfrak{A}', f_2).$$

Wegen $f_2 = f - f_1$ ist weiter:

$$\pi(\mathfrak{A}', f_2) \leqq \pi(\mathfrak{A}', f) + \pi(\mathfrak{A}', -f_1) = \pi(\mathfrak{A}', f) + \nu(\mathfrak{A}', f_1).$$

Aus (32), (33), (35) aber folgt:

$$(36) \quad \pi(\mathfrak{I}',f_2) = \pi(\mathfrak{A}',f_2) + \pi(\mathfrak{B}',f_2) \geqq \pi(\mathfrak{A}',\sigma_+) + \pi(\mathfrak{B}',\sigma_+) = \pi(\mathfrak{I}',\sigma_+).$$

Nach § 5, Satz XIII und nach Satz IV ist nun weiter:

$$(37) \quad \Pi_{a'}^{b'}(f_2) = \pi(\mathfrak{I}',f_2) + \underset{+}{|} f_2(a'+0) - f_2(a')| + \underset{+}{|} f_2(b') - f_2(b'-0)|.$$

$$(38) \quad \Pi_{a'}^{b'}(\sigma_+) = \pi(\mathfrak{I}',\sigma_+) + \underset{+}{|} f(a'+0) - f(a')| + \underset{+}{|} f(b') - f(b'-0)|.$$

Wegen der Stetigkeit von f_1 aber folgt aus (28):

$$\underset{+}{|} f(a'+0) - f(a')| = \underset{+}{|} f_2(a'+0) - f_2(a')|\,;$$

$$\underset{+}{|} f(b') - f(b'-0)| = \underset{+}{|} f_2(b') - f_2(b'-0)|\,.$$

Also ergeben (36), (37) und (38):

$$\Pi_{a'}^{b'}(f_2) \geqq \Pi_{a'}^{b'}(\sigma_+) = \sigma_+(b') - \sigma_+(a'),$$

womit die erste Ungleichung (29) bewiesen. Ebenso beweist man die zweite.

Aus der zweiten Formel (14) folgt sodann (30), und Satz VIII ist bewiesen.

§ 8. Rektifikation.

Seien $x(t)$, $y(t)$ zwei in $[a,b]$ definierte und endliche Funktionen. Setzen wir

$$(0) \qquad x = x(t), \quad y = y(t),$$

so wird jeder Punkt t von $[a,b]$ abgebildet auf einen Punkt $p(t)$ des $\mathfrak{R}_2$ der (x,y)[1]). Bezeichnen wir mit $\mathfrak{C}$ die Menge aller so den Punkten von $[a,b]$ zugeordneten Punkte des $\mathfrak{R}_2$, so ist durch (0) eine **Durchlaufung** der Menge $\mathfrak{C}$ gegeben.

Sei Z eine endliche Zerlegung von $[a,b]$, etwa:

$$a = t_0 < t_1 < \cdots < t_{n-1} < t_n = b,$$

und sei p_i der durch (0) dem Punkte t_i zugeordnete Punkt des $\mathfrak{R}_2$. Wir bezeichnen mit $\mathfrak{P}(Z)$ den Streckenzug $p_0 p_1 \cdots p_{n-1} p_n$, und nennen ihn das zur Zerlegung Z gehörige **Näherungspolygon** der Durchlaufung (0) von $\mathfrak{C}$. Seine Länge ist gegeben durch:

$$L(Z) = \sum_{i=1}^{n} \sqrt{(x(t_i) - x(t_{i-1}))^2 + (y(t_i) - y(t_{i-1}))^2}.$$

Man erkennt unmittelbar:

Satz I. Ist Z' eine Unterzerlegung von Z, so ist:

$$L(Z') \geqq L(Z).$$

---

[1]) Ganz in derselben Weise kann die Abbildung:
$$x_i = x_i(t) \qquad (i = 1, 2, \ldots, k)$$
der Strecke $[a,b]$ auf eine Punktmenge des $\mathfrak{R}_k$ betrachtet werden.

Wir definieren nun: Die obere Schranke aller $L(Z)$ (für alle möglichen endlichen Zerlegungen von $[a, b]$) heiße die Länge[1]) der Durchlaufung (0) von $\mathfrak{C}$, in Zeichen: $\Lambda_a^b(x(t), y(t))$. Wir dehnen diese Definition auch auf den Fall $a = b$ aus durch die Festsetzung:

$$\Lambda_a^a(x(t), y(t)) = 0.$$

Dann gilt der Satz:

Satz II. Für jedes c aus $[a, b]$ ist:

$$\Lambda_a^b(x(t), y(t)) = \Lambda_a^c(x(t), y(t)) + \Lambda_c^b(x(t), y(t)).$$

Der Beweis ist derselbe, wie für § 4, Satz III. — Aus Satz II folgt unmittelbar:

Satz III. Für jedes Teilintervall $[a', b']$ von $[a, b]$ ist:

$$\Lambda_{a'}^{b'}(x(t), y(t)) \leqq \Lambda_a^b(x(t), y(t)).$$

Verstehen wir unter Z die Zerlegung von $[a, b]$, deren einziges Zerlegungsintervall $[a, b]$ selbst ist, so wird $L(Z)$ die Länge $r(p(a), p(b))$ der Verbindungsstrecke der Punkte $p(a)$ und $p(b)$, und aus der Definition von Λ_a^b folgt:

Satz IV. Die Länge der Durchlaufung (0) der Menge $\mathfrak{C}$ ist mindestens gleich der Länge $r(p(a), p(b))$ der Verbindungsstrecke der Punkte $p(a)$ und $p(b)$.

Wir beweisen nun den Hauptsatz dieser Theorie:

Satz V. Die Länge $\Lambda_a^b(x(t), y(t))$ der Durchlaufung (0) der Menge $\mathfrak{C}$ ist endlich dann und nur dann, wenn jede der beiden Funktionen $x(t)$, $y(t)$ von endlicher Variation in $[a, b]$ ist.

In der Tat, aus den Ungleichungen:

$$\left.\begin{array}{l} |x(t_i) - x(t_{i-1})| \\ |y(t_i) - y(t_{i-1})| \end{array}\right\} \leqq \sqrt{(x(t_i) - x(t_{i-1}))^2 + (y(t_i) - y(t_{i-1}))^2} \leqq$$

$$|x(t_i) - x(t_{i-1})| + |y(t_i) - y(t_{i-1})|$$

folgt, wenn wir wieder die Bezeichnung $A(Z)$ von § 4, S. 484 aufnehmen:

$$\left.\begin{array}{l} A(Z, x(t)) \\ A(Z, y(t)) \end{array}\right\} \leqq L(Z) \leqq A(Z, x(t)) + A(Z, y(t)),$$

und mithin für die oberen Schranken:

$$\left.\begin{array}{l} \mathsf{A}_a^b(x(t)) \\ \mathsf{A}_a^b(y(t)) \end{array}\right\} \leqq \Lambda_a^b(x(t), y(t)) \leqq \mathsf{A}_a^b(x(t)) + \mathsf{A}_a^b(y(t)),$$

womit Satz V bewiesen ist.

---

[1]) Historisches über diesen Begriff findet man bei O. Stolz, Math. Ann. 18 (1881), 267 ff. Die Definition des Textes geht zurück auf G. Ascoli, Rend. Lomb. 16 (1883), 851; L. Scheeffer, Acta math. 5 (1884), 51; C. Jordan, Cours d'analyse 2. éd., 1 (1893), 100. Vgl. auch G. Peano, Applicazioni geometriche del calcolo infinitesimale (1887), 161; Rend. Linc. (4) 6/1 (1890), 54; E. Study, Math. Ann. 47 (1896), 314; H. Lebesgue, Ann. di mat. (3) 7 (1902), 282. Eine auf anderer Grundlage ruhende Definition des Begriffes Länge gibt E. Schmidt, Math. Ann. 55 (1902), 163.

Hat die Durchlaufung (0) von $\mathfrak{C}$ endliche Länge, so haben also nach § 5, Satz X die Funktionen $x(t)$, $y(t)$ in $[a, b]$ nur Unstetigkeiten erster Art, es existieren also die einseitigen (endlichen) Grenzwerte $x(t-0)$, $x(t+0)$, $y(t-0)$, $y(t+0)$. Wir bezeichnen mit $p(t-0)$ und $p(t+0)$ die Punkte der Koordinaten $x(t-0)$, $y(t-0)$ bzw. $x(t+0)$, $y(t+0)$.

Aus Satz III folgt, daß Λ_a^t eine in $[a, b]$ monoton wachsende Funktion ist. Es existieren also die Grenzwerte[1]:

$$\Lambda_a^{t-0} = \lim_{h = +0} \Lambda_a^{t-h} ; \quad \Lambda_a^{t+0} = \lim_{h = +0} \Lambda_a^{t+h} .$$

Es gilt für sie der Satz:

Satz VI. Ist $\Lambda_a^b(x(t), y(t))$ endlich, so ist für jedes t von $[a, b]$[2]:

(1) $\quad \Lambda_a^t - \Lambda_a^{t-0} = r(p(t-0), p(t)) ; \quad \Lambda_a^{t+0} - \Lambda_a^t = r(p(t+0), p(t)) .$

In der Tat, es ist nach Satz II:

(2) $$\Lambda_a^{t+0} - \Lambda_a^t = \lim_{h = +0} \Lambda_t^{t+h} .$$

Sei $\varepsilon > 0$ beliebig gegeben und Z eine Zerlegung des Intervalles $[t, t+h]$, deren erster Zerlegungspunkt t_1 so nahe an t liege, daß:

(3) $$| r(p(t_1), p(t)) - r(p(t+0), p(t)) | < \varepsilon .$$

Bedeutet $L(Z)$ die Länge des zu Z gehörigen Näherungspolygones, so ist dann:

$$L(Z) \geq r(p(t_1), p(t)) > r(p(t+0), p(t)) - \varepsilon ,$$

woraus, da $\varepsilon > 0$ beliebig war, sofort folgt:

$$\Lambda_t^{t+h} \geq r(p(t+0), p(t)) ,$$

und somit wegen (2) auch:

(4) $$\Lambda_a^{t+0} - \Lambda_a^t \geq r(p(t+0), p(t)) .$$

Wegen der Existenz des Grenzwertes Λ_a^{t+0} gibt es ein $\eta > 0$, so daß:

(5) $$\Lambda_{t+h'}^{t+h} < \varepsilon \quad \text{für} \quad 0 < h' < h \leq \eta .$$

Sei sodann Z eine beliebige Zerlegung von $[t, t+h]$. Wir schalten zwischen ihren ersten Zerlegungspunkt und t einen neuen Zerlegungspunkt t_1 ein, für den (3) gelte. Für die so entstehende Zerlegung Z' gilt nach Satz I:

(6) $$L(Z') \geq L(Z).$$

Wegen (3) und (5) aber ist offenbar:

(7) $\quad L(Z') < r(p(t+0), p(t)) + \varepsilon + \Lambda_{t_1}^{t+h} < r(p(t+0), p(t)) + 2\varepsilon .$

Es ist also zufolge (6) und (7) für jede Zerlegung Z von $[t, t+h]$

$$L(Z) < r(p(t+0), p(t)) + 2\varepsilon ,$$

und somit:

$$\Lambda_t^{t+h} \leq r(p(t+0), p(t)) + 2\varepsilon \quad \text{für} \quad 0 < h \leq \eta .$$

---

[1] Für $x = a$ und $x = b$ kommt nur je einer dieser Grenzwerte in Frage.

[2] Für $x = a$ und $x = b$ kommt nur je eine dieser Formeln in Frage.

Wegen (2) folgt daraus, da $\varepsilon > 0$ beliebig war:

$$(8) \qquad \Lambda_a^{t+0} - \Lambda_a^t \leq r\left(p\left(t+0\right), p\left(t\right)\right).$$

Durch (4) und (8) ist die zweite Gleichung (1) bewiesen, und ebenso beweist man die erste.

Satz VII[1]**.** Sind $x(t)$ und $y(t)$ beschränkt und nur von erster Art unstetig in $[a, b]$, so gilt für die ausgezeichnete Folge $\{Z_\nu\}$ endlicher Zerlegungen von $[a, b]$ die Beziehung:

$$(*) \qquad \Lambda_a^b\left(x\left(t\right), y\left(t\right)\right) = \lim_{\nu=\infty} L\left(Z_\nu\right),$$

falls jeder Punkt t von (a, b), für den $p(t)$ nicht auf der Verbindungsstrecke von $p(t-0)$ und $p(t+0)$ liegt, in fast allen Z_ν als Zerlegungspunkt auftritt.

In der Tat, zu jedem $q < \Lambda_a^b\left(x\left(t\right), y\left(t\right)\right)$ gibt es eine endliche Zerlegnng Z von $[a, b]$, so daß:

$$L\left(Z\right) > q.$$

Wir bilden die Produktzerlegung:

$$Z_\nu' = Z \cdot Z_\nu.$$

Nach Satz I ist dann auch:

$$(**) \qquad L\left(Z_\nu'\right) > q.$$

Seien: $\qquad t_1^{(\nu)} < t_2^{(\nu)} < \ldots < t_{k_\nu}^{(\nu)}$

diejenigen unter den Zerlegungspunkten von Z, die nicht zugleich Zerlegungspunkte von Z_ν sind. Ist n die Anzahl der Zerlegungspunkte von Z, so ist dann:

$$k_\nu < n.$$

Seien $\bar{t}_i^{(\nu)}$ und $\bar{\bar{t}}_i^{(\nu)}$ der dem Punkte $t_i^{(\nu)}$ unmittelbar vorangehende und nachfolgende Zerlegungspunkt von Z_ν. Da $\{Z_\nu\}$ eine ausgezeichnete Zerlegungsfolge, ist für fast alle ν:

$$\bar{t}_1^{(\nu)} < t_1^{(\nu)} < \bar{\bar{t}}_1^{(\nu)} < \bar{t}_2^{(\nu)} < t_2^{(\nu)} < \bar{\bar{t}}_2^{(\nu)} < \ldots < \bar{t}_{k_\nu}^{(\nu)} < t_{k_\nu}^{(\nu)} < \bar{\bar{t}}_{k_\nu}^{(\nu)},$$

und es wird:

$$L\left(Z_\nu'\right) - L\left(Z_\nu\right) = \sum_{i=1}^{k_\nu} \left\{ r\left(p\left(t_i^{(\nu)}\right), p\left(\bar{t}_i^{(\nu)}\right)\right) + r\left(p\left(\bar{\bar{t}}_i^{(\nu)}\right), p\left(t_i^{(\nu)}\right)\right) - r\left(p\left(\bar{\bar{t}}_i^{(\nu)}\right), p\left(\bar{t}_i^{(\nu)}\right)\right) \right\}.$$

Infolgedessen ist, bei beliebigem $\varepsilon > 0$, für fast alle ν:

$$(***) \quad L\left(Z_\nu'\right) - L\left(Z_\nu\right) < \sum_{i=1}^{k_\nu} \left\{ r\left(p\left(t_i^{(\nu)}\right), p\left(t_i^{(\nu)}-0\right)\right) + r\left(p\left(t_i^{(\nu)}+0\right), p\left(t_i^{(\nu)}\right)\right) \right.$$
$$\left. - r\left(p\left(t_i^{(\nu)}+0\right), p\left(t_i^{(\nu)}-0\right)\right) \right\} + \varepsilon.$$

Da die Punkte $t_i^{(\nu)}$ nicht Zerlegungspunkte von Z_ν sind, liegen nun nach Annahme für fast alle ν die Punkte $p\left(t_i^{(\nu)}\right)$ auf der Verbindungsstrecke der Punkte $p\left(t_i^{(\nu)}-0\right)$ und $p\left(t_i^{(\nu)}+0\right)$, so daß:

---

[1] L. Scheeffer, Acta math. 5 (1884), 51.

$$r\left(p\left(t_i^{(\nu)}\right), p\left(t_i^{(\nu)}-0\right)\right) + r\left(p\left(t_i^{(\nu)}+0\right), p\left(t_i^{(\nu)}\right)\right) - r\left(p\left(t_i^{(\nu)}+0\right), p\left(t_i^{(\nu)}-0\right)\right) = 0.$$

Es lautet also (***):

$$L(Z_\nu') - L(Z_\nu) < \varepsilon \quad \text{für fast alle } \nu.$$

Aus (**) folgt also:

$$L(Z_\nu) > q - \varepsilon \quad \text{für fast alle } \nu,$$

und da hierin $q < \Lambda_a^b(x(t), y(t))$ und $\varepsilon > 0$ beliebig waren, ist:

$$\lim_{\nu = \infty} L(Z_\nu) = \Lambda_a^b(x(t), y(t)),$$

und Satz VII ist bewiesen.

Als Spezialfall vom Satz VII erhalten wir:

Satz VIII. Sind $x(t)$ und $y(t)$ beschränkt und nur von erster Art unstetig in $[a, b]$, und liegt für jedes t von (a, b) der Punkt $p(t)$ auf der Verbindungsstrecke der Punkte $p(t-0)$ und $p(t+0)$, so gilt (*) für jede ausgezeichnete Folge $\{Z_\nu\}$ endlicher Zerlegungen von $[a, b]$.

Wie Satz VII von § 6 folgert man daraus weiter:

Satz IX. Unter den Voraussetzungen von Satz VIII gibt es zu jeder Zahl q:

$$q < \Lambda_a^b(x(t), y(t))$$

ein $d > 0$, so daß für jede endliche Zerlegung Z von $[a, b]$, deren Norm $\leq d$ ist:

$$L(Z) > q.$$

Satz X. Ist $\Lambda_a^b(x(t), y(t))$ endlich, so ist, damit für die ausgezeichnete Folge $\{Z_\nu\}$ endlicher Zerlegungen von $[a, b]$ (*) gelte, notwendig, daß jeder Punkt t von (a, b), für den $p(t)$ nicht auf der Verbindungsstrecke von $p(t-0)$ und $p(t+0)$ liegt, in fast allen Z_ν Zerlegungspunkt sei.

Angenommen in der Tat, für den Punkt t' von (a, b) liege $p(t')$ nicht auf der Verbindungsstrecke von $p(t'-0)$ und $p(t'+0)$, und es komme t' in unendlich vielen Zerlegungen von $\{Z_\nu\}$ nicht als Zerlegungspunkt vor. Wir können ohne weiteres annehmen, dies sei für alle Z_ν der Fall. Seien $\bar{t}_\nu$ und $\bar{\bar{t}}_\nu$ der dem Punkte t' unmittelbar vorangehende und nachfolgende Zerlegungspunkt von Z_ν, und sei Z_ν' die aus Z_ν durch Hinzufügung von t' entstehende Zerlegung. Dann ist:

$$L(Z_\nu') - L(Z_\nu) = r\left(p(t'), p(\bar{t}_\nu)\right) + r\left(p(\bar{\bar{t}}_\nu), p(t')\right) - r\left(p(\bar{\bar{t}}_\nu), p(\bar{t}_\nu)\right),$$

und somit:

$$(*_*^*) \quad \lim_{\nu = \infty}\left(L(Z_\nu') - L(Z_\nu)\right) = r\left(p(t'), p(t'-0)\right) + r\left(p(t'+0), p(t')\right)$$
$$- r\left(p(t'+0), p(t'-0)\right),$$

und hierin hat nach Voraussetzung die rechte Seite einen Wert $\eta > 0$; und da:

$$\Lambda_a^b(x(t), y(t)) \geq L(Z_\nu') \quad \text{für alle } \nu,$$

so folgt aus (***):

$$\Lambda_a^b(x(t), y(t)) \geq L(Z_\nu) + \frac{\eta}{2} \quad \text{für fast alle } \nu,$$

so daß (*) nicht gelten kann. Damit ist Satz X bewiesen.

§ 9. Länge eines stetigen Kurvenbogens.

Sind die beiden Funktionen $x(t), y(t)$ endlich und stetig in $[a, b]$, und ist wieder $\mathfrak{C}$ die Menge aller Punkte (x, y) des $\mathfrak{R}_2$, auf die $[a, b]$ abgebildet wird durch:

$$(0) \qquad x = x(t), \quad y = y(t),$$

so heißt $\mathfrak{C}$ ein stetiger Kurvenbogen, die Länge $\Lambda_a^b(x(t), y(t))$ der Durchlaufung (0) von $\mathfrak{C}$ heißt die Länge des Bogens $[a, b]$ der Kurve (0)[1]). Aus § 8, Satz VI folgt:

Satz I. Hat der Bogen $[a, b]$ der stetigen Kurve (0) endliche Länge, so ist $\Lambda_a^t(x(t), y(t))$ eine in $[a, b]$ monoton wachsende stetige Funktion von t.

Aus Satz VIII von § 8 entnehmen wir, daß, wenn (0) einen stetigen Kurvenbogen bedeutet, für jede ausgezeichnete Folge $\{Z_\nu\}$ endlicher Zerlegungen:

$$\Lambda_a^b(x(t), y(t)) = \lim_{\nu = \infty} L(Z_\nu).$$

Wir wollen nun zeigen, daß hierin die Beschränkung auf endliche Zerlegungen fallen gelassen werden kann. Sind (x_i', x_i'') $(i = 1, 2, \ldots)$ die Zerlegungsintervalle der unendlichen Zerlegung Z von $[a, b]$ (§ 6, S. 502), so setzen wir:

$$L(Z) = \sum_i \sqrt{(x(t_i) - x(t_{i-1}))^2 + (y(t_i) - y(t_{i-1}))^2}.$$

In Analogie zu Satz IX von § 6 beweisen wir zunächst:

Satz II. Ist (0) ein in $[a, b]$ stetiger Kurvenbogen, und ist $\varepsilon > 0$ beliebig gegeben, so gibt es zu jeder Zerlegung Z von $[a, b]$ der Norm d, für die $L(Z)$ endlich ist, eine endliche Zerlegung Z' der Norm d, so daß:

$$L(Z') < L(Z) + \varepsilon.$$

Seien $t_1, t_2, \ldots, t_\nu, \ldots$ die sämtlichen Zerlegungspunkte von Z. Wir umgeben t_ν mit einem Intervall $[t_\nu - h_\nu, t_\nu + h_\nu]$, wo $h_\nu \leq \dfrac{d}{2}$ und ferner so klein gewählt sei, daß für die Bildpunkte je zweier Punkte t', t'' dieses Intervalles:

$$r(p(t'), p(t'')) < \frac{\varepsilon}{2^\nu}.$$

Durch ganz dieselben Überlegungen wie beim Beweise von § 6, Satz IX erhalten wir sodann die gewünschte endliche Zerlegung Z'.

Satz III. Ist (0) ein in $[a, b]$ stetiger Kurvenbogen, so gilt für jede ausgezeichnete Folge $\{Z_\nu\}$ endlicher oder unendlicher Zerlegungen von $[a, b]$:

$$\Lambda_a^b(x(t), y(t)) = \lim_{\nu = \infty} L(Z_\nu).$$

Der Beweis hierfür ist völlig derselbe wie für Satz X von § 6.

---

[1]) Man beachte, daß nicht dem Kurvenbogen $\mathfrak{C}$ als solchem eine Länge zukommt, sondern erst einer gegebenen Durchlaufung des Kurvenbogens.

Daraus folgt unmittelbar:

Satz IV. Ist (0) ein in $[a, b]$ stetiger Kurvenbogen, so gibt es zu jeder Zahl q:

$$q < \Lambda_a^b(x(t), y(t))$$

ein $d > 0$, so daß für jede (endliche oder unendliche) Zerlegung Z von $[a, b]$, deren Norm $\leq d$ ist:

$$L(Z) > q.$$

Es seien durch

$$\text{(00)} \qquad x = x(t),\; y = y(t) \quad \text{und} \quad x = x_0(t),\; y = y_0(t)$$

zwei in $[a, b]$ stetige Kurvenbögen gegeben. Die obere Schranke in $[a, b]$ von

$$\sqrt{(x(t) - x_0(t))^2 + (y(t) - y_0(t))^2}$$

bezeichnen wir als die **Abweichung** der beiden Kurvenbögen (00). Wir sagen: die Folge in $[a, b]$ stetiger Kurvenbögen

$$\left(^0_0{}^0\right) \qquad x = x_\nu(t),\; y = y_\nu(t) \qquad (\nu = 1, 2, \ldots)$$

konvergiert gegen den in $[a, b]$ stetigen Kurvenbogen:

$$\left(_0{}^0{}_0\right) \qquad x = x(t),\; y = y(t),$$

wenn für die Abweichungen ϱ_ν der Bögen $\left(^0_0{}^0\right)$ vom Bogen $\left(_0{}^0{}_0\right)$ die Beziehung besteht:

$$\lim_{\nu = \infty} \varrho_\nu = 0.$$

Dann ist für jedes t aus $[a, b]$:

$$\text{(000)} \qquad x(t) = \lim_{\nu = \infty} x_\nu(t),\quad y(t) = \lim_{\nu = \infty} y_\nu(t).$$

Es gilt der Satz:

Satz V[1]). **Konvergiert die Folge der in $[a, b]$ stetigen Kurvenbögen $\left(^0_0{}^0\right)$ gegen den in $[a, b]$ stetigen Kurvenbogen $\left(_0{}^0{}_0\right)$, so ist**[2]):

$$\text{(*)} \qquad \varliminf_{\nu = \infty} \Lambda_a^b(x_\nu(t), y_\nu(t)) \geq \Lambda_a^b(x(t), y(t)).$$

Angenommen in der Tat, (*) wäre nicht erfüllt, d. h. es wäre:

$$\varliminf_{\nu = \infty} \Lambda_a^b(x_\nu(t), y_\nu(t)) < \Lambda_a^b(x(t), y(t)).$$

---

[1]) Betrachtet man die Länge eines Kurvenbogens als Funktion dieses Kurvenbogens, so besagt der Satz, daß die Länge eine **unterhalb stetige** Kurvenfunktion ist.

[2]) Daß in (*) nicht stets das Zeichen $=$ gilt, zeigt folgendes Beispiel: Sei in $\left(_0{}^0{}_0\right)$

$$x(t) = t, \qquad y(t) = 0,$$

und sei in $\left(^0_0{}^0\right)$

$$x_\nu(t) = t,\; y_\nu(t) = \begin{cases} t - \dfrac{i}{\nu} & \text{in } \left[\dfrac{i}{\nu}, \dfrac{2i+1}{2\nu}\right] \\[2ex] -t + \dfrac{i+1}{\nu} & \text{in } \left[\dfrac{2i+1}{2\nu}, \dfrac{i+1}{\nu}\right] \end{cases} \qquad (i = 0, 1, \ldots, \nu - 1).$$

Dann ist:

$$\Lambda_0^1(x(t), y(t)) = 1: \qquad \Lambda_0^1(x_\nu(t), y_\nu(t)) \to \sqrt{2}.$$

Indem wir nötigenfalls zu einer Teilfolge übergehen, können wir geradezu annehmen:

$$\lim_{\nu=\infty} \Lambda_a^b(x_\nu(t), y_\nu(t)) < \Lambda_a^b(x(t), y(t)).$$

Dann gibt es auch ein $\varepsilon > 0$ und eine endliche Zerlegung Z von $[a, b]$, hervorgerufen etwa durch die Punkte:

$$a = t_0 < t_1 < t_2 < \ldots < t_{n-1} < t_n = b,$$

so daß, wenn $L(Z)$ die Länge des zur Zerlegung Z gehörigen Näherungspolygones an den Kurvenbogen $(_0{}^0{}_0)$ bedeutet:

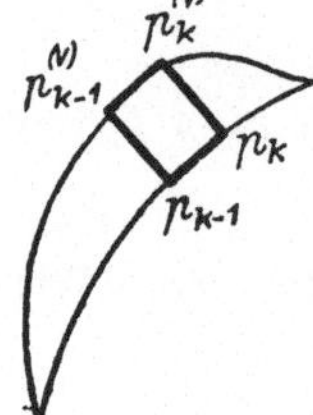

$$(**) \qquad \lim_{\nu=\infty} \Lambda_a^b(x_\nu(t), y_\nu(t)) < L(Z) - \varepsilon.$$

Seien p_k und $p_k^{(\nu)}$ (Fig. 18) die dem Zerlegungspunkte t_k entsprechenden Punkte der Kurve $(_0{}^0{}_0)$ und der Kurve $(^0{}_0{}^0)$. Dann ist wegen (000):

$$(***) \qquad r(p_k, p_k^{(\nu)}) < \frac{\varepsilon}{2n} \quad \text{für fast alle } \nu.$$

Fig. 18.

Nun ist (**) gleichbedeutend mit:

$$\sum_{k=1}^{n} \Lambda_{t_{k-1}}^{t_k}(x_\nu(t), y_\nu(t)) + \varepsilon < \sum_{k=1}^{n} r(p_{k-1}, p_k) \quad \text{für fast alle } \nu.$$

Wegen (***) ist also auch:

$$(*_*^*) \quad \sum_{k=1}^{n} \left\{ \Lambda_{t_{k-1}}^{t_k}(x_\nu(t), y_\nu(t)) + r(p_{k-1}, p_{k-1}^{(\nu)}) + r(p_k, p_k^{(\nu)}) \right\} < \sum_{k=1}^{n} r(p_{k-1}, p_k).$$

Und da:

$$\Lambda_{t_{k-1}}^{t_k}(x_\nu(t), y_\nu(t)) \geqq r(p_{k-1}^{(\nu)}, p_k^{(\nu)}),$$

würde aus $(*_*^*)$ folgen, daß mindestens eine der n Ungleichungen besteht:

$$r(p_{k-1}^{(\nu)}, p_k^{(\nu)}) + r(p_{k-1}, p_{k-1}^{(\nu)}) + r(p_k, p_k^{(\nu)}) < r(p_{k-1}, p_k),$$

was unmöglich ist. Damit ist Satz V bewiesen.

Wir wollen noch den Zusammenhang herstellen zwischen dem Begriffe der Länge eines Kurvenbogens und dem Begriffe des linearen Inhaltes (Kap. VI, § 8, S. 461). Wir gehen aus von dem Satze:

Satz VI. Ist $\mathfrak{C}$ eine abgeschlossene und zusammenhängende, die Punkte p und q enthaltende Punktmenge des $\mathfrak{R}_2$[1]), die nicht mit der Verbindungsstrecke von p und q identisch ist, so ist:

$$\mu_1(\mathfrak{C}) > r(p, q).$$

Beim Beweise können wir, da für eine nicht beschränkte Menge $\mathfrak{C}$ offenbar $\mu_1(\mathfrak{C}) = +\infty$ ist, ohne weiteres annehmen, $\mathfrak{C}$ sei beschränkt. Angenommen nun, es wäre:

$$\mu_1(\mathfrak{C}) \leqq r(p, q).$$

Zufolge der Definition des linearen Inhaltes gibt es dann zu jedem $\eta > 0$ ein

---

[1]) Oder des $\mathfrak{R}_k$.

System von Kreisgebieten mit Durchmessern $< \eta$, derart, daß $\mathfrak{C}$ enthalten ist in der Vereinigung dieser Kreisgebiete, und daß die Summe der Durchmesser aller dieser Kreisgebiete $< r(p,q) + \eta$ ist.

Nach dem Borelschen Theoreme (Kap. I, § 6, Satz I) gibt es unter diesen Kreisgebieten endlich viele $\mathfrak{K}_1, \mathfrak{K}_2, \ldots, \mathfrak{K}_k$, in deren Vereinigung $\mathfrak{C}$ enthalten ist. Für die Summe δ der Durchmesser der $\mathfrak{K}_i$ gilt:

$$(\dagger) \qquad \delta < r(p,q) + \eta \cdot_{\mathfrak{l}}$$

Weil $\mathfrak{C}$ zusammenhängend, so auch die Vereinigung der $\mathfrak{K}_i$.

Nach Voraussetzung enthält $\mathfrak{C}$ einen nicht auf der Strecke $\overline{pq}$ liegenden Punkt s. Unter den Kreisen $\mathfrak{K}_i$ können die Kreise $\mathfrak{K}^1, \mathfrak{K}^2, \ldots, \mathfrak{K}^l$ so herausgegriffen werden, daß keine zwei identisch sind, je zwei in dieser Reihenfolge benachbarte einen Punkt gemein haben, und $\mathfrak{K}^1$ den Punkt p, $\mathfrak{K}^l$ den Punkt s enthält. Sobald η hinlänglich klein, kann $\mathfrak{K}^l$ den Punkt q nicht enthalten. Dann gibt es unter den $\mathfrak{K}_i$ weitere, untereinander und von $\mathfrak{K}^1, \mathfrak{K}^2, \ldots, \mathfrak{K}^l$ verschiedene $\mathfrak{K}^{l+1}, \ldots, \mathfrak{K}^m$, so daß je zwei in dieser Reihenfolge benachbarte einen Punkt gemein haben, $\mathfrak{K}^{l+1}$ mit einem der Kreise $\mathfrak{K}^1, \mathfrak{K}^2, \ldots, \mathfrak{K}^l$, etwa mit $\mathfrak{K}^h$ einen Punkt gemein hat, und $\mathfrak{K}^m$ den Punkt q enthält.

Sei o_i $(i = 1, 2, \ldots, m)$ der Mittelpunkt von $\mathfrak{K}^i$. Dann ist, da die Vereinigung der Strecken $\overline{po_1}, \overline{o_1 o_2}, \overline{o_2 o_3}, \ldots, \overline{o_{l-1} o_l}, \overline{o_l s}, \overline{o_h o_{l+1}}, \overline{o_{l+1} o_{l+2}}, \ldots, \overline{o_{m-1} o_m}, \overline{o_m q}$ einen zusammenhängenden Streckenzug bildet, der die Punkte p und q, und den nicht auf $\overline{pq}$ liegenden Punkt s enthält:

$$r(p, o_1) + r(o_1, o_2) + \ldots + r(o_{l-1}, o_l) + r(o_l, s) + r(o_h, o_{l+1}) + r(o_{l+1}, o_{l+2}) + \ldots$$
$$+ r(o_{m-1}, o_m) + r(o_m, q) > r(p,q) + \zeta,$$

wo ζ eine (von η unabhängige) positive Zahl bedeutet. Da hierin:

$$r(p, o_1) < \eta, \quad r(o_l, s) < \eta, \quad r(o_h, o_{l+1}) < \eta, \quad r(o_m, q) < \eta,$$

folgt daraus:

$$(\dagger\dagger) \qquad r(o_1, o_2) + \ldots + r(o_{l-1}, o_l) + r(o_{l+1}, o_{l+2}) + \ldots + r(o_{m-1}, o_m)$$
$$> r(p, q) + \zeta - 4\eta.$$

Andererseits ist wegen $(\dagger)$:

$$(\dagger\dagger\dagger) \quad r(o_1, o_2) + \ldots + r(o_{l-1}, o_l) + r(o_{l+1}, o_{l+2}) + \ldots + r(o_{m-1}, o_m) < r(p, q) + \eta.$$

Wählen wir $\eta < \frac{1}{5}\zeta$, so widersprechen sich $(\dagger\dagger)$ und $(\dagger\dagger\dagger)$. Damit ist Satz VI bewiesen.

Satz VII.[1]) Ist $\mathfrak{C}$ die Menge aller Punkte des stetigen Kurvenbogens:

$$(1) \qquad x = x(t), \quad y = y(t) \quad (a \leq t \leq b),$$

und ist die Abbildung (1) von $[a, b]$ auf $\mathfrak{C}$ eineindeutig[2]), so ist:

$$\mu_1(\mathfrak{C}) = \Lambda_a^b(x(t), y(t)).$$

In der Tat, sei Z eine Zerlegung von $[a, b]$, etwa gegeben durch:

$$a = t_0 < t_1 < \ldots < t_{n-1} < t_n = b.$$

---

[1]) C. Carathéodory, Gött. Nachr. 1914, 424.

[2]) Wie der Beweis zeigt, kann diese Bedingung auch ersetzt werden durch die folgende: Für die Menge $\mathfrak{C}'$ aller Punkte von $\mathfrak{C}$, denen vermöge (1) mehr als ein t aus $[a, b]$ entspricht, gilt $\mu_1(\mathfrak{C}') = 0$.

Ist p_i der dem Punkte t_i entsprechende Punkt von $\mathfrak{C}$, so ist die Länge des zur Zerlegung Z gehörigen Näherungspolygones gegeben durch:

$$(2) \qquad L(Z) = \sum_{i=1}^{n} r(p_{i-1}, p_i).$$

Ist $\mathfrak{C}_i$ der dem Teilintervalle $[t_{i-1}, t_i]$ entsprechende Teil von $\mathfrak{C}$, so ist, da wegen der Eineindeutigkeit der Abbildung (1) je zwei $\mathfrak{C}_i$ höchstens einen Punkt gemein haben:

$$(3) \qquad \mu_1(\mathfrak{C}) = \sum_{i=1}^{n} \mu_1(\mathfrak{C}_i).$$

Nach Satz VI ist:

$$(4) \qquad \mu_1(\mathfrak{C}_i) \geqq r(p_{i-1}, p_i).$$

Aus (2), (3), (4) aber folgt:

$$\mu_1(\mathfrak{C}) \geqq L(Z),$$

und da Z eine beliebige endliche Zerlegung von $[a, b]$ war, ist daher auch:

$$\mu_1(\mathfrak{C}) \geqq \Lambda_a^b(x(t), y(t)).$$

Es ist also nur mehr zu zeigen, daß auch:

$$(5) \qquad \mu_1(\mathfrak{C}) \leqq \Lambda_a^b(x(t), y(t)).$$

Dies bedarf eines Beweises nur, wenn $\Lambda_a^b(x(t), y(t))$ endlich, und in dem Falle genügt es, zu zeigen:

Zu jedem $\varrho > 0$ und $\varepsilon > 0$ gibt es eine endliche Anzahl von Kreisgebieten mit Durchmessern $< \varrho$, in deren Vereinigung $\mathfrak{C}$ enthalten ist, und deren Durchmesser eine Summe δ haben, die der Ungleichung genügt:

$$(6) \qquad \delta \leqq \Lambda_a^b(x(t), y(t)) + \varepsilon.$$

Sei also n so groß gewählt, daß:

$$\frac{1}{2n}(\Lambda_a^b(x(t), y(t)) + \varepsilon) < \varrho.$$

Wir bezeichnen mit t_i $(i = 0, 1, 2, \ldots, 2n)$ die Punkte von $[a, b]$, für die:

$$\Lambda_a^{t_i}(x(t), y(t)) = \frac{i}{2n} \Lambda_a^b(x(t), y(t)),$$

mit p_i die vermöge (1) entsprechenden Punkte von $\mathfrak{C}$. Dann ist:

$$\Lambda_{t_{i-1}}^{t_i}(x(t), y(t)) = \frac{1}{2n} \Lambda_a^b(x(t), y(t)).$$

Beschreiben wir also um jeden Punkt p_{2i-1} $(i = 1, 2, \ldots, n)$ ein Kreisgebiet $\mathfrak{K}_i$ vom Radius:

$$r = \frac{1}{2n}\big(\Lambda_a^b(x(t), y(t)) + \varepsilon\big) \, (< \varrho),$$

so liegt der dem Intervalle $[t_{2i-2}, t_{2i}]$ entsprechende Teil von $\mathfrak{C}$ in $\mathfrak{K}_i$, mithin $\mathfrak{C}$ in $\mathfrak{K}_1 + \mathfrak{K}_2 + \ldots + \mathfrak{K}_n$, und für die Summe δ der Durchmesser der $\mathfrak{K}_i$ gilt (6). Damit ist (5) nachgewiesen, und der Beweis von Satz VII beendet.

§ 10. Totalstetige Funktionen.

Die im offenen Intervalle (a, b) definierte und endliche Funktion $f(x)$ heißt totalstetig in (a, b), wenn sie von totalstetigem Absolutzuwachse in (a, b) ist (§ 2, S. 474), d. h. wenn ihr Absolutzuwachs totalstetig ist nach dem linearen Inhalt μ_1 im σ-Körper aller Borelschen, und mithin auch[1]) im σ-Körper aller eindimensional-meßbaren Mengen von (a, b).

Sei die Funktion $f(x)$ definiert und endlich im abgeschlossenen Intervalle $[a, b]$. Wir dehnen ihre Definition auf ein $[a, b]$ enthaltendes offenes Intervall (c, d) aus durch die Festsetzung:

$$(0) \qquad f(x) = f(a) \text{ für } x < a; \quad f(x) = f(b) \text{ für } x > b,$$

und nennen $f(x)$ totalstetig in $[a, b]$, wenn die so erweiterte Funktion totalstetig in (c, d) ist.

Satz I. Ist $f(x)$ totalstetig in (a, b), so auch in jedem abgeschlossenen Teilintervall $[a', b']$ von (a, b).

Sei in der Tat $\bar{f}(x)$ die Funktion, die in $[a', b']$ mit f übereinstimmt, während:

$$\bar{f}(x) = f(a') \text{ für } x < a'; \quad \bar{f}(x) = f(b') \text{ für } x > b'.$$

Da offenbar zu jedem Intervallsysteme $\overline{\mathfrak{S}}$ aus (a, b) ein (in $\overline{\mathfrak{S}}$ enthaltenes) Intervallsystem $\mathfrak{S}$ aus (a, b) gefunden werden kann, so daß[2]):

$$A(\mathfrak{S}, f) \geqq A(\overline{\mathfrak{S}}, \bar{f}),$$

ist zunächst[3]) für jede offene Menge $\mathfrak{D}$ aus (a, b):

$$\alpha(\mathfrak{D}, f) \geqq \alpha(\mathfrak{D}, \bar{f}),$$

und daher weiter für jede Menge $\mathfrak{A}$ aus (a, b):

$$\alpha(\mathfrak{A}, \bar{f}) \leqq \alpha(\mathfrak{A}, f).$$

Ist also $\alpha(\mathfrak{A}, f)$ totalstetig nach μ_1, so erst recht $\alpha(\mathfrak{A}, \bar{f})$, das aber heißt: f ist totalstetig in $[a', b']$, wie behauptet.

Es folgt nun unmittelbar auch:

Satz II. Ist $f(x)$ totalstetig in $[a, b]$, so auch in jedem Teilintervalle von $[a, b]$.

Satz III. Ist die Funktion $f(x)$ totalstetig in $[a, b]$, so ist sie auch von endlicher Variation in $[a, b]$.

---

[1]) Vgl. S. 474, Fußn. [1]).

[2]) Man hat nur, falls a' (oder b') innerer Punkt eines Intervalles von $\overline{\mathfrak{S}}$ ist. dieses Intervall durch a' (bzw. b') in zwei Teilintervalle zu zerlegen.

[3]) Zufolge der Definition von α (§ 1, S. 467).

Sei in der Tat f erweitert auf das $[a, b]$ enthaltende Intervall (c, d) gemäß (0). Dann ist der Absolutzuwachs α von f totalstetig nach μ_1 und mithin auch stetig im σ-Körper aller μ_1-meßbaren Mengen aus (c, d). Nach § 2, Satz II (wobei unter $\mathfrak{G}$ das Intervall (c, d) zu verstehen ist) ist dann der Absolutzuwachs von f in $[a, b]$ und mithin auch in (a, b) endlich. Nach § 5, Satz XII ist also f von endlicher Variation in $[a, b]$, und Satz III ist bewiesen.

Satz IV. Ist die Funktion $f(x)$ totalstetig in $[a, b]$, so ist sie auch stetig in $[a, b]$.

In der Tat, nach Satz III ist f von endlicher Variation, daher nach § 5, Satz X nur von erster Art unstetig in $[a, b]$. Gäbe es nun einen Unstetigkeitspunkt x von f, so wäre dort mindestens eine der Ungleichungen erfüllt:

$$f(x - 0) \neq f(x); \quad f(x + 0) \neq f(x).$$

Nach § 5, Satz XIV wäre also für die nur aus dem Punkte x bestehende Menge $\mathfrak{E}_x$:

$$\alpha(\mathfrak{E}_x) \neq 0,$$

entgegen der Annahme, daß der Absolutzuwachs α von f eine nach μ_1 totalstetige Mengenfunktion ist.

Satz V. Ist die Funktion $f(x)$ stetig und von endlicher Variation in $[a, b]$, totalstetig in (a, b), so ist sie auch totalstetig in $[a, b]$.

Zum Beweise erweitern wir f gemäß (0) auf ein $[a, b]$ enthaltendes Intervall (c, d). Ist α der Absolutzuwachs von f, so ist nach Annahme für jede Menge $\mathfrak{A}$ aus (a, b), für die $\mu_1(\mathfrak{A}) = 0$ ist, auch:

$$(00) \qquad\qquad \alpha(\mathfrak{A}) = 0,$$

und offenbar gilt (00) auch für jede Menge aus (c, a) oder aus (b, d); mithin gilt (00) für jede Menge aus (c, d), für die $\mu_1(\mathfrak{A}) = 0$ ist, und die keinen der beiden Punkte a und b enthält. Weil f stetig in a und b, ist aber nach § 5, Satz XIV:

$$\alpha(\mathfrak{E}_a) = 0; \quad \alpha(\mathfrak{E}_b) = 0.$$

Es gilt also (00) für jede Menge aus (c, d), für die $\mu_1(\mathfrak{A}) = 0$ ist, d. h. es ist f totalstetig in (c, d) und mithin in $[a, b]$. Damit ist Satz V bewiesen.

Beispiele von Funktionen, die in einem Intervalle $[a, b]$ stetig und von endlicher Variation, aber nicht totalstetig sind, werden wir in § 12 kennen lernen.

Sei $\mathfrak{S}$ ein Intervallsystem aus $[a, b]$. Sind $[x'_\nu, x''_\nu]$ $(\nu = 1, 2, \ldots)$, die Intervalle von $\mathfrak{S}$, so setzen wir[1]):

$$\mu_1(\mathfrak{S}) = \sum_\nu (x''_\nu - x'_\nu); \quad A(\mathfrak{S}) = \sum_\nu |f(x''_\nu) - f(x'_\nu)|,$$

$$\varDelta(\mathfrak{S}) = \sum_\nu (f(x''_\nu) - f(x'_\nu)).$$

Aus § 2, Satz V entnehmen wir dann:

Satz VI. Damit f totalstetig sei in $[a, b]$, ist notwendig und hinreichend, daß für jede Folge $\{\mathfrak{S}_n\}$ von endlichen[2]) Intervallsystemen aus $[a, b]$, für die:

$$\lim_{n = \infty} \mu_1(\mathfrak{S}_n) = 0$$

ist, auch die Beziehung gelte:

$$(*) \qquad \lim_{n = \infty} A(\mathfrak{S}_n) = 0.$$

Daraus folgern wir weiter:

Satz VII[3]). Damit f totalstetig sei in $[a, b]$, ist notwendig und hinreichend, daß es zu jedem $\varepsilon > 0$ ein $\varrho > 0$ gibt derart, daß für jedes der Ungleichung:

$$\mu_1(\mathfrak{S}) < \varrho$$

genügende endliche[4]) Intervallsystem $\mathfrak{S}$ aus $[a, b]$ die Ungleichung bestehe:

$$(**) \qquad A(\mathfrak{S}) < \varepsilon.$$

Die Bedingung ist notwendig. Angenommen in der Tat, sie sei nicht erfüllt; dann gibt es ein $\varepsilon > 0$ und eine Folge endlicher Intervallsysteme $\{\mathfrak{S}_n\}$ aus $[a, b]$, so daß:

$$\mu_1(\mathfrak{S}_n) < \frac{1}{n}; \quad A(\mathfrak{S}_n) \geqq \varepsilon.$$

Also kann f nach Satz VI nicht totalstetig sein.

Die Bedingung ist hinreichend. Denn ist sie erfüllt, so ist auch die Bedingung von Satz VI erfüllt.

Aus § 2, Satz VI entnehmen wir sofort:

Satz VIII. In Satz VI kann $(*)$ ersetzt werden durch:

$$\lim_{n = \infty} \varDelta(\mathfrak{S}_n) = 0.$$

------

[1]) Vgl. § 1, S. 467.

[2]) Dieser Zusatz kann auch ohne weiteres wegbleiben.

[3]) Durch die in diesem Satze ausgesprochene Eigenschaft wurden die totalstetigen Funktionen zuerst definiert: G. Vitali, Atti Tor. 40 (1905), 753.

[4]) Dieser Zusatz kann auch ohne weiteres wegbleiben.

Ebenso wie Satz VII beweisen wir sodann:

Satz IX. In Satz VII kann (**) ersetzt werden durch[1]):

$$|\Delta(\mathfrak{S})| < \varepsilon.$$

Wie in § 3 (S. 480) nennen wir eine Folge $\{\mathfrak{S}_n\}$ von Intervall-systemen aus $[a, b]$ ausgezeichnet, wenn:

$$\lim_{n=\infty} \mu_1(\mathfrak{S}_n) = b - a,$$

und wenn es eine Norm d_n von $\mathfrak{S}_n$ gibt, so daß:

$$\lim_{n=\infty} d_n = 0.$$

Aus § 3, Satz I, zusammen mit § 5, Satz XIII entnehmen wir dann:

Satz X. Ist f totalstetig in $[a, b]$, so gilt für jede aus-gezeichnete Folge $\{\mathfrak{S}_n\}$ von Intervallsystemen aus $[a, b]$:

$$\Pi_a^b(f) = \lim_{n=\infty} P(\mathfrak{S}_n); \quad \mathsf{N}_a^b(f) = \lim_{n=\infty} N(\mathfrak{S}_n); \quad \mathsf{A}_a^b(f) = \lim_{n=\infty} A(\mathfrak{S}_n).$$

Satz XI. Ist $f(x)$ totalstetig in $[a, b]$, so sind auch $\mathsf{A}_a^x(f)$, $\Pi_a^x(f)$, $\mathsf{N}_a^x(f)$ in $[a, b]$ totalstetige Funktionen von x.

Es wird genügen, dies für A_a^x nachzuweisen, da es dann für Π_a^x, N_a^x von selbst folgt. Wir dehnen die Definition von $f(x)$ über $[a, b]$ hinaus aus gemäß (0) (S. 523) und definieren eine Funktion $g(x)$ durch:

$$g(x) = \mathsf{A}_a^x(f) \text{ in } [a, b]; \quad g(x) = 0 \text{ für } x \leq a; \quad g(x) = \mathsf{A}_a^b(f) \text{ für } x \geq b.$$

Was wir zu zeigen haben, ist: der Absolutzuwachs $\alpha(g)$ ist eine nach μ_1 totalstetige Mengenfunktion.

Nun ist offenbar für jedes Intervall $\mathfrak{J} = (x', x'')$:

$$\alpha(\mathfrak{J}, g) = \mathsf{A}_{x'}^{x''}(f) = \alpha(\mathfrak{J}, f).$$

Da also Absolutzuwachs von f und g für alle Intervalle überein-stimmen, so stimmen sie gemäß ihrer Definition (§ 1, S. 468) für alle Mengen überein, und da $\alpha(\mathfrak{A}, f)$ totalstetig nach μ_1 ist, so auch $\alpha(\mathfrak{A}, g)$. Damit ist Satz XI bewiesen.

Aus Satz XI zusammen mit Satz VIII von § 5 folgt:

Satz XII. Jede in $[a, b]$ totalstetige Funktion ist Diffe-renz zweier in $[a, b]$ monoton wachsender totalstetiger Funktionen.

Satz XIII. Sind f_1 und f_2 totalstetig in $[a,b]$, so auch $f_1 + f_2$.

In der Tat, wegen:

$$(f_1(x'') + f_2(x'')) - (f_1(x') + f_2(x')) \mid \leqq \mid f_1(x'') - f_1(x') \mid + \mid f_2(x'') - f_2(x') \mid$$

ist für jedes Intervallsystem $\mathfrak{S}_n$:

$$A(\mathfrak{S}_n,\, f_1 + f_2) \leqq A(\mathfrak{S}_n, f_1) + A(\mathfrak{S}_n, f_2).$$

Aus:

$$\lim_{n = \infty} A(\mathfrak{S}_n, f_1) = 0; \quad \lim_{n = \infty} A(\mathfrak{S}_n, f_2) = 0$$

folgt also auch:

$$\lim_{n = \infty} A(\mathfrak{S}_n, f_1 + f_2) = 0,$$

woraus im Hinblick auf Satz VI die Behauptung von Satz XIII folgt.

Ganz ebenso beweist man, indem man sich auf die Ungleichungen (3), (4), (5), (6) von § 4 (S. 489) stützt, die Sätze:

Satz XIV. Sind f_1 und f_2 totalstetig in $[a,b]$, so auch $f_1 \cdot f_2$ und, falls $f_2 \neq 0$ ist, auch $\dfrac{f_1}{f_2}$.

Satz XV. Ist f totalstetig in $[a,b]$, so auch $|f|$.

Satz XVI. Sind $f_1, f_2, \ldots, f_k$ totalstetig in $[a,b]$, und ist f der größte (kleinste) unter den k Funktionswerten $f_1, f_2, \ldots, f_k$, so ist auch f totalstetig in $[a,b]$.

Hingegen kann man nicht behaupten, daß eine durch Zusammensetzung totalstetiger Funktionen entstehende Funktion totalstetig sei[1]). Wohl aber gilt:

Satz XVII[2]). Ist $f(x)$ monoton wachsend und totalstetig in $[a,b]$, und ist $g(y)$ totalstetig in $[f(a),\, f(b)]$, so ist $g(f(x))$ totalstetig in $[a,b]$.

Sei in der Tat $\{\mathfrak{S}_n\}$ eine Folge endlicher Intervallsysteme aus $[a,b]$, für die

$$\lim_{n = \infty} \mu_1(\mathfrak{S}_n) = 0.$$

Durch $y = f(x)$ wird das Intervallsystem $\mathfrak{S}_n$ abgebildet auf ein Intervallsystem $\mathfrak{T}_n$ des Intervalles $[f(a),\, f(b)]$, und zwar ist:

$$\mu_1(\mathfrak{T}_n) = A(\mathfrak{S}_n, f).$$

---

[1]) Dies zeigt das Beispiel S. 490, Fußn. [1]).

[2]) Dieser Satz ist ein Spezialfall des allgemeineren Satzes, daß die aus zwei totalstetigen Funktionen f und g zusammengesetzte Funktion $g(f)$ immer dann totalstetig ist, wenn sie von endlicher Variation ist. Doch wollen wir auf den Beweis dieses allgemeineren Satzes in diesem Zusammenhange nicht eingehen.

Nach Satz VIII ist also, weil f totalstetig:

$$(***) \qquad \lim_{n=\infty} \mu_1(\mathfrak{T}_n) = 0.$$

Sodann ist:

$$\varDelta(\mathfrak{S}_n, g(f)) = \varDelta(\mathfrak{T}_n, g).$$

Weil g totalstetig, folgt aber aus $(***)$:

$$\lim_{n=\infty} \varDelta(\mathfrak{T}_n, g) = 0.$$

Es ist also auch:

$$\lim_{n=\infty} \varDelta(\mathfrak{S}_n, g(f)) = 0,$$

d. h. nach Satz VIII: die Funktion $g(f(x))$ ist totalstetig, und Satz XVII ist bewiesen.

§ 11. Die Funktion der Singularitäten.

Wir haben in § 7, Satz III gesehen, wie eine unstetige Funktion endlicher Variation durch Abspaltung der Funktion der Sprünge in eine stetige Funktion verwandelt werden kann. In ähnlicher Weise kann eine stetige Funktion endlicher Variation durch Abspaltung eines geeigneten Bestandteiles in eine totalstetige Funktion verwandelt werden.

Sei die Funktion $f(x)$ stetig und von endlicher Variation in $[a,b]$. Indem wir sie, wie schon mehrmals, über $[a,b]$ hinaus erweitern durch die Festsetzung:

$$f(x) = f(a) \text{ für } x \leqq a; \quad f(x) = f(b) \text{ für } x \geqq b,$$

bilden wir ihren Positiv- und Negativzuwachs $\pi(\mathfrak{A})$ und $\nu(\mathfrak{A})$. Nach Kap. VI, § 4, Satz XI[1]) zerlegen wir π und ν in Regularitäts- und Singularitätsfunktion nach dem Inhalt μ_1:

$$(\dagger) \qquad \pi = \pi^\times + \pi^{\times\times}; \quad \nu = \nu^\times + \nu^{\times\times}.$$

Wir bilden diese Mengenfunktionen insbesondere für das Intervall $[a,x]$ und setzen für $x > a$[2]):

$$(\dagger\dagger) \qquad \pi^{\times\times}([a,x]) = s_+(x); \quad \nu^{\times\times}([a,x]) = s_-(x).$$

Wir nennen $s_+(x)$ und $s_-(x)$ die **Funktion der positiven**, bzw. **negativen Singularitäten** von $f(x)$. Wir setzen noch:

$$s(x) = s_+(x) - s_-(x),$$

und nennen $s(x)$ die **Funktion der Singularitäten** von $f(x)$.

---

[1]) Unter dem dort zugrunde gelegten σ-Körper M verstehe man hier den σ-Körper aller Borelschen Mengen des $\mathfrak{R}_1$.

[2]) Für $x \leqq a$ setzen wir: $s_+(x) = 0$, $s_-(x) = 0$.

Ist $f(x)$ von endlicher Variation, aber unstetig in $[a, b]$, so subtrahieren wir von $f(x)$ die Funktion der Sprünge (§ 7, Satz III):

$$f(x) - \sigma(x) = g(x).$$

Die Funktion der (positiven, negativen) Singularitäten von $g(x)$ bezeichnen wir dann zugleich auch als die Funktion der (positiven, negativen) Singularitäten von $f(x)$.

Satz I. Ist die Funktion $f(x)$ stetig und von endlicher Variation in $[a, b]$, so sind die Differenzen:

$$(1) \qquad \mathsf{\Pi}_a^x(f) - s_+(x) = h_+(x); \quad \mathsf{N}_a^x(f) - s_-(x) = h_-(x)$$

totalstetig und monoton wachsend in $[a, b]$. Die Differenz:

$$f(x) - s(x) = h(x)$$

ist totalstetig in $[a, b]$.

Da nach § 5, Satz VIII:

$$h(x) = h_+(x) - h_-(x) + f(a)$$

ist, genügt es, die Behauptung für $h_+(x)$ und $h_-(x)$ nachzuweisen. Wir führen den Beweis etwa für $h_+(x)$.

Nach (1) ist für jedes Teilintervall $[x', x'']$ von $[a, b]$:

$$(2) \qquad h_+(x'') - h_+(x') = \mathsf{\Pi}_{x'}^{x''}(f) - (s_+(x'') - s_+(x')).$$

Nach § 5, Satz XV ist hierin:

$$(3) \qquad \mathsf{\Pi}_{x'}^{x''}(f) = \pi([x', x'']).$$

Nach § 5, Satz XIV ist π eine stetige Mengenfunktion, es sind also $\pi^\times$ und $\pi^{\times\times}$ stetige Mengenfunktionen, und es ist daher nach (††):

$$(4) \qquad s_+(x'') - s_+(x') = \pi^{\times\times}((x', x'']) = \pi^{\times\times}([x', x'']).$$

Aus (2), (3), (4) folgt wegen (†) und wegen der Stetigkeit von $\pi^\times$:

$$(5) \qquad h_+(x'') - h_+(x') = \pi^\times([x', x'']) = \pi^\times((x', x'')).$$

Da gewiß $\pi^\times \geqq 0$, ist zunächst h_+ monoton wachsend. Weiter folgern wir aus (5), daß der Absolutzuwachs von h_+ nichts anderes ist als $\pi^\times$. Und da nach Kap. VI, § 4, Satz IX $\pi^\times$ totalstetig nach μ_1 ist, so ist auch h_+ totalstetig. Damit ist Satz I bewiesen.

Wir bezeichnen nun eine stetige Funktion f endlicher Variation als eine **rein-singuläre Funktion**, wenn ihr Absolutzuwachs rein-singulär nach μ_1 ist im σ-Körper aller Borelschen Mengen. Dann können wir den Satz beweisen:

Satz II. Die Funktion der Singularitäten, sowie die Funktionen der positiven und der negativen Singularitäten einer stetigen Funktion endlicher Variation sind rein-singuläre Funktionen.

Es wird genügen, dies für $s_+(x)$ nachzuweisen. Wegen der Stetigkeit der Mengenfunktion $\pi^{\times\times}$ folgern wir aus (4):

$$s_+(x'') - s_+(x') = \pi^{\times\times}((x', x'')).$$

Und da s_+ monoton wachsend, folgt daraus weiter, daß der Absolut-zuwachs von s_+ nichts anderes ist als $\pi^{\times\times}$. Nach Kap. VI, § 4, Satz X aber ist $\pi^{\times\times}$ rein-singulär nach μ_1, und Satz II ist bewiesen.

Ganz ebenso wie Satz V von § 7 beweisen wir (es ist nur überall g durch h, σ durch s zu ersetzen):

Satz III. Es ist:

$$\mathsf{A}_a^x(f) = \mathsf{A}_a^x(h) + \mathsf{A}_a^x(s);$$

$$\mathsf{A}_a^x(h) = h_+(x) + h_-(x); \quad \mathsf{A}_a^x(s) = s_+(x) + s_-(x).$$

Daraus folgt weiter:

Satz IV. Es ist:

$$(6) \qquad \mathsf{\Pi}_a^x(s) = s_+(x); \quad \mathsf{N}_a^x(s) = s_-(x)$$

$$(7) \qquad \mathsf{\Pi}_a^x(h) = h_+(x); \quad \mathsf{N}_a^x(h) = h_-(x).$$

In der Tat, es ist:

$$s(x) = s_+(x) - s_-(x); \quad s(x) = \mathsf{\Pi}_a^x(s) - \mathsf{N}_a^x(s).$$

Würde nun nicht (6) gelten, so wäre nach § 5, Satz IX:

$$s_+(x) > \mathsf{\Pi}_a^x(s); \quad s_-(x) > \mathsf{N}_a^x(s);$$

und daraus durch Addition:

$$s_+(x) + s_-(x) > \mathsf{A}_a^x(s),$$

im Widerspruche mit Satz III. Dadurch ist (6) bewiesen. und ebenso beweist man (7).

Satz V. Die Funktionen $s_+(x)$ und $s_-(x)$ können nicht zerspalten werden in zwei monoton wachsende Summanden, deren einer totalstetig und nicht konstant wäre.

Angenommen etwa, es wäre:

$$(8) \qquad s_+(x) = s_1(x) + s_2(x),$$

wo $s_1(x)$, $s_2(x)$ monoton wachsend, und $s_1(x)$ totalstetig und nicht konstant. Dann gäbe es ein Teilintervall $[a', b']$ von $[a, b]$, so daß:

$$s_1(b') - s_1(a') > 0.$$

Es gilt dann auch für den Zuwachs von s_1:

$$(9) \qquad \delta([a', b'], s_1) > 0.$$

Sei $\mathfrak{A}$ ein Singulärteil von $[a', b']$ für den Absolutzuwachs von s_+ (nach der Basis μ_1) und $\mathfrak{B}$ das Komplement von $\mathfrak{A}$ zu $[a', b']$. Dann ist, da s_+ rein-singulär (Satz II):

$$(10) \qquad \mu_1(\mathfrak{A}) = 0; \quad \delta(\mathfrak{B}, s_+) = 0.$$

Wegen (8) ist aber gewiß:

$$0 \leq \delta(\mathfrak{B}, s_1) \leq \delta(\mathfrak{B}, s_+),$$

und somit wegen der zweiten Gleichung (10):

$$(11) \qquad \delta(\mathfrak{B}, s_1) = 0.$$

Weil s_1 totalstetig, ist aber wegen der ersten Gleichung (10):

$$(12) \qquad \delta(\mathfrak{A}, s_1) = 0.$$

Aus (11) und (12) aber folgt:

$$\delta([a', b'], s_1) = \delta(\mathfrak{A}, s_1) + \delta(\mathfrak{B}, s_1) = 0,$$

im Widerspruche mit (9). Damit ist Satz V bewiesen.

Satz VI. Ist f stetig und von endlicher Variation in $[a, b]$, so gelten bei jeder Zerspaltung von f in zwei Summanden

$$(13) \qquad f = f_1 + f_2,$$

deren einer f_1 totalstetig ist in $[a, b]$, für den andern in jedem Teilintervalle $[a', b']$ von $[a, b]$ die Ungleichungen:

$$(14) \qquad \Pi_{a'}^{b'}(f_2) \geqq s_+(b') - s_+(a'); \quad N_{a'}^{b'}(f_2) \geqq s_-(b') - s_-(a'),$$

und somit auch:

$$(15) \qquad A_{a'}^{b'}(f_2) \geqq A_{a'}^{b'}(s).$$

Sei in der Tat $\mathfrak{A}$ ein Singulärteil von $[a', b']$ für den Absolutzuwachs von s (nach der Basis μ_1) und $\mathfrak{B}$ das Komplement von $\mathfrak{A}$ zu $[a', b']$. Dann ist:

$$\mu_1(\mathfrak{A}) = 0,$$

und mithin, da f_1 totalstetig:

$$(16) \qquad \pi(\mathfrak{A}, f_1) = 0, \quad \nu(\mathfrak{A}, f_1) = 0.$$

Aus (13) folgt nach § 1, Satz VIII[1]):

$$\pi(\mathfrak{A}, f) - \pi(\mathfrak{A}, f_1) \leqq \pi(\mathfrak{A}, f_2) \leqq \pi(\mathfrak{A}, f) + \nu(\mathfrak{A}, f_1),$$

also wegen (16):

$$(17) \qquad \pi(\mathfrak{A}, f_2) = \pi(\mathfrak{A}, f).$$

---

[1]) Vgl. S. 512, Fußn. [2]).

Aus der Zerlegung:

$$f = h + s$$

von Satz I folgt, da h totalstetig, ganz ebenso:

$$(18) \qquad \pi(\mathfrak{A}, s) = \pi(\mathfrak{A}, f);$$

und da s_+ die positive Variation von s (Satz IV), ist weiter[1]:

$$(19) \qquad \pi(\mathfrak{A}, s) = \pi(\mathfrak{A}, s_+).$$

Aus (17), (18), (19) aber folgt:

$$(20) \qquad \pi(\mathfrak{A}, f_2) = \pi(\mathfrak{A}, s_+).$$

Da $\mathfrak{A}$ Singulärteil des Absolutzuwachses von s, und s rein-singulär ist, gilt für das Komplement $\mathfrak{B}$ von $\mathfrak{A}$ zu $[a', b']$:

$$\pi(\mathfrak{B}, s) = 0$$

und mithin, da s_+ die positive Variation von s, auch:

$$(21) \qquad \pi(\mathfrak{B}, s_+) = 0,$$

also gewiß:

$$(22) \qquad \pi(\mathfrak{B}, f_2) \geqq \pi(\mathfrak{B}, s_+).$$

Aus (20) und (22) aber folgt:

$$\Pi_{a'}^{b'}(f_2) = \pi(\mathfrak{A}, f_2) + \pi(\mathfrak{B}, f_2) \geqq \pi(\mathfrak{A}, s_+) + \pi(\mathfrak{B}, s_+)$$
$$= \pi([a', b'], s_+) = s_+(b') - s_+(a').$$

Damit ist die erste Ungleichung (14) nachgewiesen. Ebenso beweist man die zweite. Und aus (14) folgt (15) nach Satz III. Damit ist Satz VI bewiesen.

Satz VII. Ist f von endlicher Variation in $[a, b]$, und bedeuten s, s_+, s_- die Funktionen der (positiven, negativen) Singularitäten, $\sigma, \sigma_+, \sigma_-$ die Funktionen der (positiven, negativen) Sprünge von f, so gelten für jede Zerspaltung von f in zwei Summanden

$$f = f_1 + f_2,$$

deren einer f_1 totalstetig ist in $[a, b]$, für den anderen in jedem Teilintervalle $[a', b']$ von $[a, b]$, die Ungleichungen:

$$(23) \qquad \begin{aligned} \Pi_{a'}^{b'}(f_2) &\geqq (s_+(b') - s_+(a')) + (\sigma_+(b') - \sigma_+(a')); \\ N_{a'}^{b'}(f_2) &\geqq (s_-(b') - s_-(a')) + (\sigma_-(b') - \sigma_-(a')), \end{aligned}$$

---

[1] In der Tat, zunächst stimmen in jedem Intervalle positive Variation von s und s_+ überein, daher ist auch (§ 5, Satz XIII) für jedes offene Intervall: $\pi(\mathfrak{J}^*, s) = \pi(\mathfrak{J}^*, s_+)$, woraus (19) auf Grund der Definition von π (§ 1, S. 467) folgt.

und somit auch:

(24) $$A_{a'}^{b'}(f_2) \geqq A_{a'}^{b'}(s) + A_{a'}^{b'}(\sigma).$$

Es wird wieder genügen, die erste Ungleichung (23) zu beweisen. Sei, wie beim Beweise von Satz VI, $\mathfrak{A}$ ein Singulärteil von $[a', b']$ für den Absolutzuwachs von s, und sei, wie beim Beweise von § 7, Satz VIII, $\mathfrak{A}'$ die Menge aller Unstetigkeitspunkte von f in (a', b'). Da aus $\mathfrak{A}$ jederzeit abzählbar viele Punkte getilgt werden dürfen, können wir $\mathfrak{A}$ und $\mathfrak{A}'$ als fremd annehmen. Wir setzen nun:

(25) $$(a', b') = \mathfrak{A} + \mathfrak{A}' + \mathfrak{C} = \mathfrak{A} + \mathfrak{B} = \mathfrak{A}' + \mathfrak{B}'.$$

Wie in (20) ist[1]):

(26) $$\pi(\mathfrak{A}, f_2) = \pi(\mathfrak{A}, s_+).$$

Nach (21) ist:

(27) $$\pi(\mathfrak{B}, s_+) = 0.$$

Nach (32) und (33) von § 7 ist:

(28) $$\pi(\mathfrak{A}', f_2) = \pi(\mathfrak{A}', \sigma_+).$$

Nach (34) von § 7 ist:

(29) $$\pi(\mathfrak{B}', \sigma_+) = 0.$$

Aus (25), (26), (28), (27), (29) folgern wir:

(30) $$\pi((a', b'), f_2) = \pi(\mathfrak{A}, f_2) + \pi(\mathfrak{A}', f_2) + \pi(\mathfrak{C}, f_2) \geqq$$
$$\pi(\mathfrak{A}, s_+) + \pi(\mathfrak{A}', \sigma_+) = \pi((a', b'), s_+) + \pi((a', b'), \sigma_+).$$

Hierin ist, wegen der Stetigkeit von s_+:

$$\pi((a', b'), s_+) = \Pi_{a'}^{b'}(s_+) = s_+(b') - s_+(a').$$

Wendet man auf $\pi((a', b'), f_2)$ und $\pi((a', b'), \sigma_+)$ die Formeln (37), (38) von § 7 an, und schließt weiter wie dort, so geht (30) in die erste Ungleichung (23) über, und Satz VII ist bewiesen.

§ 12. Streckenweise konstante Funktionen.

Wir werden nun im folgenden Beispiele stetiger Funktionen endlicher Variation kennen lernen, die nicht totalstetig sind. Wir

---

[1]) In der Tat, aus $f = h + s + \sigma$ folgert man zunächst, so wie (18) gefolgert wurde:
$$\pi(\mathfrak{A}, s + \sigma) = \pi(\mathfrak{A}, f).$$
Wegen:
$$\pi(\mathfrak{A}, s) - \nu(\mathfrak{A}, \sigma) \leqq \pi(\mathfrak{A}, s + \sigma) \leqq \pi(\mathfrak{A}, s) + \pi(\mathfrak{A}, \sigma)$$
und wegen:
$$\pi(\mathfrak{A}, \sigma) = 0; \quad \nu(\mathfrak{A}, \sigma) = 0$$
ist aber:
$$\pi(\mathfrak{A}, s + \sigma) = \pi(\mathfrak{A}, s).$$
Daraus schließt man weiter auf (19) und (20).

finden solche Beispiele innerhalb einer merkwürdigen Klasse von Funktionen, die wir als streckenweise konstante Funktionen bezeichnen werden[1]).

Ist $\mathfrak{A}$ eine abgeschlossene, in $[a, b]$ nirgends dichte Menge aus $[a, b]$, so heißt jede auf $[a, b]$ stetige Funktion, die konstant ist in jedem zu $\mathfrak{A}$ komplementären Teilintervalle von $[a, b]$, eine zu $\mathfrak{A}$ gehörige, in $[a, b]$ streckenweise konstante Funktion.

Satz I. Ist die abgeschlossene, in $[a, b]$ nirgends dichte Punktmenge $\mathfrak{A}$ abzählbar, so ist jede zu $\mathfrak{A}$ gehörige streckenweise konstante Funktion $f(x)$ konstant in ganz $[a, b]$.

Wir führen den Beweis durch Induktion. Sei $\mathfrak{A}^\alpha$ die erste leere Ableitung von $\mathfrak{A}$ (Kap. I, § 8, Satz XI). Die Behauptung ist richtig für $\alpha = 0$, da dann $\mathfrak{A}$ selbst leer ist. Angenommen, die Behauptung sei richtig für $\alpha < \beta$. Wir haben ihre Richtigkeit für $\alpha = \beta$ zu zeigen.

Da α eine isolierte Zahl (Kap. I, § 8, Satz XI), besteht $\mathfrak{A}^{\alpha-1}$ aus endlich vielen Punkten, durch die $[a, b]$ in endlich viele Teilintervalle $[x_i', x_i''] \, (i = 1, 2, \ldots, k)$ zerlegt wird. In (x_i', x_i'') liegt kein Punkt von $\mathfrak{A}^{\alpha-1}$, und da $\alpha - 1 < \beta$, ist nach Annahme $f(x)$ konstant in jedem Teilintervall $[a', b']$ von (x_i', x_i''), und somit, wegen der Stetigkeit von $f(x)$, auch in $[x_i', x_i'']$. Also ist $f(x)$ auch konstant in $[a, b]$, und Satz I ist bewiesen.

Wir ziehen zunächst aus Satz I eine Folgerung, die wir später benötigen werden:

Satz II. Ist $\mathfrak{A}$ eine abgeschlossene, abzählbare Punktmenge aus $[a, b]$ und sind $(x_\nu', x_\nu'') \, (\nu = 1, 2, \ldots)$ die punktfreien Intervalle von $\mathfrak{A}$ in (a, b), so ist für die in $[a, b]$ endliche und stetige Funktion $f(x)$:

$$(1) \qquad f(b) - f(a) = \sum_\nu (f(x_\nu'') - f(x_\nu')),$$

falls die Reihe:

$$(2) \qquad \sum_\nu |f(x_\nu'') - f(x_\nu')|$$

eigentlich konvergiert.

Sei in der Tat x ein Punkt von $(a, b]$. Mit $\bar{x}$ bezeichnen wir den am weitesten rechts gelegenen Punkt von $\mathfrak{A}$ in $[a, x]$ und

---

[1]) Nach A. Schoenflies, Die Entwicklung der Lehre von den Punktmannigfaltigkeiten, 156. Vgl. wegen dieser Funktionen: G. Cantor, Acta math. 4 (1884), 386. A. Harnack, Math. Ann. 24 (1884), 225. L. Scheeffer, Acta math. 5 (1884), 74, 289. V. Volterra, Giorn. di mat. 19 (1881), 338. D. Gravé, C. R. 127 (1898), 1005. Vgl. auch G. Peano, Riv. di mat. 2 (1892), 41.

setzen [1]):

$$(3) \qquad g(x) = \sum_{[a,\,\bar{x}]} (f(x_\nu'') - f(x_\nu')) + f(x) - f(\bar{x}),$$

wobei die Summe über alle diejenigen Intervalle (x_ν', x_ν'') zu erstrecken ist, die in $[a, \bar{x}]$ liegen. Setzen wir noch:

$$(4) \qquad g(a) = 0,$$

so ist $g(x)$ eine in $[a, b]$ definierte Funktion, von der wir zunächst behaupten, daß sie stetig ist.

Sei $\varepsilon > 0$ beliebig gegeben. Es gibt dann wegen der eigentlichen Konvergenz von (2) ein ν_0, so daß

$$(5) \qquad \sum_{\nu > \nu_0} |f(x_\nu'') - f(x_\nu')| < \varepsilon.$$

Ferner gibt es wegen der Stetigkeit von f ein $\varrho > 0$, so daß für je zwei Punkte x', x'' aus $[a, b]$:

$$(6) \qquad |f(x'') - f(x')| < \varepsilon \quad \text{wenn} \quad |x'' - x'| < \varrho.$$

Wir wählen weiter ϱ so klein, daß

$$(7) \qquad \varrho \leq x_\nu'' - x_\nu' \qquad (\nu = 1, 2, \ldots, \nu_0).$$

Seien nun x_1, x_2 zwei Punkte aus $[a, b]$, so daß

$$0 < x_2 - x_1 < \varrho.$$

Sei $\bar{x}_1$ der am weitesten links, $\bar{x}_2$ der am weitesten rechts gelegene Punkt von $\mathfrak{A}$ in $[x_1, x_2]$. Dann ist [2]):

$$(8) \qquad g(x_2) - g(x_1) = \sum_{[\bar{x}_1,\,\bar{x}_2]} (f(x_\nu'') - f(x_\nu')) + f(\bar{x}_1) - f(x_1) + f(x_2) - f(\bar{x}_2).$$

Wegen (6) ist hierin

$$(9) \qquad |f(\bar{x}_1) - f(x_1)| < \varepsilon, \quad |f(x_2) - f(\bar{x}_2)| < \varepsilon.$$

Wegen (7) kann keines der Intervalle $(x_1', x_1''), (x_2', x_2''), \ldots, (x_{\nu_0}', x_{\nu_0}'')$ in $[\bar{x}_1, \bar{x}_2]$ liegen. Wegen (5) ist also:

$$(10) \qquad \left| \sum_{[\bar{x}_1,\,\bar{x}_2]} f(x_\nu'') - f(x_\nu') \right| < \varepsilon.$$

Aus (8), (9), (10) aber folgt:

$$|g(x_2) - g(x_1)| < 3\,\varepsilon,$$

womit die Stetigkeit von g nachgewiesen ist.

------

[1]) Liegt kein Punkt von $\mathfrak{A}$ in $[a, x]$, so ist $\bar{x} = a$ zu setzen, und in (3) die Summe wegzulassen.

[2]) Liegt kein Punkt von $\mathfrak{A}$ in $[x_1, x_2]$, so ist $\bar{x}_1 = \bar{x}_2 = x_1$ zu setzen; immer wenn $x_1 = x_2$, ist in (8) die Summe wegzulassen.

Es ist also auch $f-g$ stetig, und offenbar konstant in jedem Intervalle (x'_ν, x''_ν), d. h. $f-g$ ist eine zu $\mathfrak{A}$ gehörige streckenweise konstante Funktion. Nach Satz I ist also $f-g$ konstant in $[a, b]$. Also ist, wegen (4):

$$f(b) - f(a) = g(b) - g(a) = g(b).$$

Das aber ist die zu beweisende Gleichung (1).

Satz III. Ist $f(x)$ von endlicher Variation in $[a, b]$, so gilt stets (1).

In der Tat, dann ist:

$$\sum_\nu |f(x''_\nu) - f(x'_\nu)| \leqq \mathsf{A}_a^b(f),$$

und somit ist die Reihe (2) eigentlich konvergent, womit Satz III bewiesen ist.

Nachdem wir in Satz I gesehen haben, daß jede zu einer abzählbaren abgeschlossenen Menge $\mathfrak{A}$ gehörige streckenweise konstante Funktion überhaupt konstant ist, nehmen wir $\mathfrak{A}$ als nicht abzählbar an. Der insichdichte Kern von $\mathfrak{A}$ ist dann eine nicht leere perfekte Menge $\mathfrak{P}$, und es ist $\mathfrak{A} - \mathfrak{P}$ abzählbar (Kap. I, § 8, Satz X; Kap. I, § 7, Satz XXIV).

Satz IV. Ist $\mathfrak{P}$ der insichdichte Kern der abgeschlossenen, in $[a, b]$ nirgends dichten Menge $\mathfrak{A}$, so ist jede zu $\mathfrak{A}$ gehörige in $[a, b]$ streckenweise konstante Funktion $f(x)$ konstant in jedem zu $\mathfrak{P}$ komplementären Teilintervalle von $[a, b]$.

Sei in der Tat (a', b') ein zu $\mathfrak{P}$ komplementäres Intervall von $[a, b]$. Dann ist der Durchschnitt $\mathfrak{A}'$ von $\mathfrak{A}$ mit $[a', b']$ abzählbar, und f ist in $[a', b']$ eine zu $\mathfrak{A}'$ gehörige streckenweise konstante Funktion. Also folgt die Behauptung aus Satz I.

Es wird also genügen, von nun an die zu nirgends dichten perfekten Mengen gehörigen streckenweise konstanten Funktionen zu betrachten.

Satz V. Ist $\mathfrak{P}$ eine in $[a, b]$ nirgends dichte perfekte Menge, so gibt es zu $\mathfrak{P}$ gehörige, in $[a, b]$ streckenweise konstante, monoton wachsende Funktionen, die in keinem Teilintervalle (a', b') von $[a, b]$ konstant sind, das einen Punkt von $\mathfrak{P}$ enthält.

Beim Beweise können wir ohne weiteres annehmen, daß a und b zu $\mathfrak{P}$ gehören. Dann haben die komplementären Intervalle (x'_ν, x''_ν) $(\nu = 1, 2, \ldots)$ von $\mathfrak{P}$ in $[a, b]$ in ihrer natürlichen Reihenfolge den Ordnungstypus η (Kap. I, § 9, Satz II). Es gibt also (Einl. § 8,

Satz I) eine ähnliche Abbildung A der Menge der Intervalle (x_ν', x_ν'') auf die Menge der rationalen Zahlen des Intervalles $(0, 1)$. Ist r_ν die durch A dem Intervalle (x_ν', x_ν'') zugeordnete rationale Zahl, so setzen wir

$$f(x) = r_\nu \quad \text{in} \quad [x_\nu', x_\nu''].$$

Setzen wir noch $f(a) = 0$, $f(b) = 1$, so ist $f(x)$ überall in $[a, b]$ definiert, ausgenommen die in (a, b) liegenden Punkte zweiter Art von $\mathfrak{P}$ (Kap. I, § 9, S. 111). Um $f(x)$ auch in diesen Punkten zu definieren, gehen wir so vor (vgl. den Beweis von Kap. I, § 9, Satz V):

Durch jeden Punkt x zweiter Art von $\mathfrak{P}$ werden die Intervalle (x_ν', x_ν'') geschieden in zwei Klassen: die links von x und die rechts von x liegenden. Vermöge der Abbildung A geht daraus eine Scheidung der rationalen Zahlen aus $(0, 1)$ in zwei Klassen hervor, die erzeugt wird durch eine irrationale Zahl. Diese irrationale Zahl definieren wir als den Funktionswert $f(x)$.

Hiermit ist die Funktion $f(x)$ in ganz $[a, b]$ definiert. Offenbar ist sie konstant in jedem zu $\mathfrak{P}$ komplementären Intervalle, monoton wachsend und nicht konstant in jedem Teilintervalle (a', b') von $[a, b]$, das einen Punkt von $\mathfrak{P}$ enthält. Es bleibt nur noch zu beweisen, daß $f(x)$ stetig ist.

Da $f(x)$ monoton wächst, existieren die einseitigen Grenzwerte $f(x - 0)$, $f(x + 0)$. Wäre f unstetig im Punkte x, so müßte eine der beiden Ungleichungen bestehen:

$$f(x - 0) < f(x); \quad f(x) < f(x + 0),$$

z. B. die erste. Dann würde f die sämtlichen zwischen $f(x - 0)$ und $f(x)$ gelegenen Werte nicht annehmen, was unmöglich ist, da f gemäß seiner Definition alle rationalen Werte aus $(0, 1)$ annimmt. Also ist f stetig in $[a, b]$, und Satz V ist bewiesen.

Ist sodann $g(t)$ irgendeine in $[0, 1]$ stetige Funktion, und ist $f(x)$ die eben gebildete Funktion, so ist auch $g(f(x))$ eine zu $\mathfrak{P}$ gehörige streckenweise konstante Funktion, und wenn $g(t)$ in keinem Teilintervalle $[0, 1]$ konstant ist, wird $g(f(x))$ in keinem Teilintervalle (a', b') von $[a, b]$ konstant sein, das einen Punkt von $\mathfrak{P}$ enthält.

Satz VI. Sei $\mathfrak{P}$ eine perfekte Menge aus $[a, b]$ vom Inhalte 0. Dann kann eine zu $\mathfrak{P}$ gehörige streckenweise konstante Funktion $f(x)$ (wenn sie nicht in ganz $[a, b]$ konstant ist) nicht totalstetig sein.

Seien in der Tat $\mathfrak{J}_\nu$ $(\nu = 1, 2, \ldots)$ die zu $\mathfrak{P}$ komplementären

Teilintervalle von $[a, b]$. Da der Absolutzuwachs x von f absolut-additiv, ist:

$$\alpha([a, b]) = \alpha(\mathfrak{P}) + \sum_\nu \alpha(\mathfrak{J}_\nu).$$

Da aber f in jedem Intervalle $\mathfrak{J}_\nu$ konstant ist, so haben wir

$$\alpha(\mathfrak{J}_\nu) = 0 \qquad (\nu = 1, 2, \ldots)$$

und somit:
$$(*) \qquad\qquad \alpha(\mathfrak{P}) = \alpha([a, b]) \neq 0.$$

Da $\mu_1(\mathfrak{P}) = 0$, ist also α nicht totalstetig nach μ_1, d. h. f ist nicht totalstetig, und Satz VI ist bewiesen.

Wir können noch darüber hinaus aussagen:

Satz VII. Sei $\mathfrak{P}$ eine perfekte Menge aus $[a, b]$ vom Inhalte 0, und $f(x)$ eine zu $\mathfrak{P}$ gehörige streckenweise konstante Funktion endlicher Variation. Dann ist die Funktion $f(x)$ (wenn sie nicht in ganz $[a, b]$ konstant ist) rein-singulär[1]).

Wir haben nachzuweisen, daß der Absolutzuwachs α von f rein-singulär nach μ_1 ist. Dies aber folgt unmittelbar aus (*); denn zufolge (*) ist für jede zu $\mathfrak{P}$ fremde (f-meßbare) Menge $\mathfrak{B}$ aus $[a, b]$:

$$\alpha(\mathfrak{B}) = 0.$$

Wegen $\mu_1(\mathfrak{P}) = 0$ ist damit die Behauptung bewiesen.

Es ist von Interesse, zu bemerken, daß es auch rein-singuläre Funktionen gibt, die in keinem Intervalle konstant sind. Sei $\mathfrak{P}$ eine perfekte Menge aus $[0, 1]$ vom Inhalte 0, und sei $f(x)$ die beim Beweise von Satz V konstruierte zu $\mathfrak{P}$ gehörige streckenweise konstante Funktion. Wir dehnen die Definition von $f(x)$ auf den ganzen $\mathfrak{R}_1$ aus durch die Festsetzung:

$$f(x + 1) = f(x) + 1,$$

und bilden die Funktion:
$$(**) \qquad\qquad F(x) = \sum_{\nu=1}^{\infty} \frac{1}{\nu \cdot 2^\nu} f(\nu x).$$

Wegen:
$$(***) \qquad\qquad f(\nu x)| \leq \nu \text{ in } [0, 1]$$

ist diese Reihe eigentlich gleichmäßig konvergent in $[0, 1]$, und daher ist $F(x)$ stetig in $[0, 1]$. Wie f ist auch F monoton- wachsend, und offenbar gibt es kein Intervall, in dem F konstant ist.

Sei $\mathfrak{P}_n$ die Menge, die durch die Abbildung $x' = x + n$ aus $\mathfrak{P}$ hervorgeht, und $\overline{\mathfrak{P}}$ die Vereinigung aller Mengen $\mathfrak{P}_n$ ($n = 0, 1, 2, \ldots$). Dann ist auch:

$$\mu_1(\overline{\mathfrak{P}}) = 0.$$

Sei ferner $\overline{\mathfrak{Q}}_\nu$ die Menge, die aus $\overline{\mathfrak{P}}$ durch die Abbildung $x' = \frac{1}{\nu} x$ hervorgeht,

---

[1]) § 11, S. 529.

und $\mathfrak{D}_\nu$ der Durchschnitt $\overline{\mathfrak{D}}_\nu \cdot [0, 1]$. Dann ist auch:

$$\mu_1(\mathfrak{D}_\nu) = 0.$$

Wir setzen endlich noch:

$$\mathfrak{A} = \mathfrak{D}_1 \dot{+} \mathfrak{D}_2 \dot{+} \ldots \dot{+} \mathfrak{D}_\nu \dot{+} \ldots,$$

und haben auch:

(†)
$$\mu_1(\mathfrak{A}) = 0.$$

Sei nun $\mathfrak{B}$ das Komplement von $\mathfrak{A}$ zu $[0, 1]$. Wir behaupten:

(††)
$$\alpha(\mathfrak{B}, F) = 0.$$

Gewiß ist, wenn $\mathfrak{B}_\nu$ das Komplement von $\mathfrak{D}_\nu$ zu $[0, 1]$ bedeutet:

$$\alpha(\mathfrak{B}_\nu, f(\nu x)) = 0$$

und somit, wegen $\mathfrak{B} < \mathfrak{B}_\nu$ auch:

$(\dagger_{\dagger}\dagger)$
$$\alpha(\mathfrak{B}, f(\nu x)) = 0.$$

Sei sodann $\varepsilon > 0$ beliebig gegeben. Wegen (***) gibt es ein ν_0, so daß, wenn

$$R(x) = \sum_{\nu = \nu_0 + 1}^{\infty} \frac{1}{\nu \cdot 2^\nu} f(\nu x)$$

gesetzt wird:

$$0 \leq R(x) < \varepsilon \qquad \text{in } [0, 1]$$

ist. Und da, wie $f(x)$, auch $R(x)$ monoton wächst, ist also:

$(\dagger\dot{^\dagger}\dagger)$
$$\alpha(\mathfrak{B}, R(x)) < \varepsilon.$$

Wegen:

$$F(x) = \sum_{\nu = 1}^{\nu_0} \frac{1}{\nu \cdot 2^\nu} f(\nu x) + R(x)$$

ist aber:

$$\alpha(\mathfrak{B}, F) = \sum_{\nu = 1}^{\nu_0} \frac{1}{\nu \cdot 2^\nu} \alpha(\mathfrak{B}, f(\nu x)) + \alpha(\mathfrak{B}, R)$$

und somit, wegen $(\dagger_\dagger\dagger)$ und $(\dagger^\dagger\dagger)$:

$$\alpha(\mathfrak{B}, F) < \varepsilon.$$

Da hierin $\varepsilon > 0$ beliebig war, ist dies gleichbedeutend mit der behaupteten Gleichung (††). Da $\mathfrak{B}$ das Komplement von $\mathfrak{A}$ zu $[0, 1]$, ist also, wegen (†), in der Tat $F(x)$ rein-singulär, wie behauptet.

§ 13. Funktionen endlicher Variation im $\Re_k$.

Der Begriff der Funktionen endlicher Variation kann auf verschiedenartige Weise auf Funktionen $f(x_1, x_2, \ldots, x_k)$ übertragen werden. Wir wollen über die verschiedenen in der Literatur sich vorfindenden Definitionen kurz berichten.

Sei $f(x_1, \ldots, x_k)$ definiert und endlich im Intervall $[a_1, \ldots, a_k;$ $b_1, \ldots, b_k]$. Wie in (7) von § 1 (S. 467) definieren wir für jedes Intervallsystem $\mathfrak{S}$ aus $[a_1, \ldots, a_k; b_1, \ldots, b_k]$ die Größe $A(\mathfrak{S})$. Als Variation von f in $[a_1, \ldots, a_k; b_1, \ldots, b_k]$, in Zeichen $\mathsf{A}_{a_1, \ldots, a_k}^{b_1, \ldots, b_k}(f)$, definieren wir die obere Schranke der $A(\mathfrak{S})$ für alle möglichen Intervallsysteme $\mathfrak{S}$ aus $[a_1, \ldots, a_k; b_1, \ldots, b_k]$ (vgl. § 4, Satz V, VI). Dann kann man zunächst folgende Definition aufstellen:

Definition I[1]. Die Funktion $f(x_1, \ldots, x_k)$ heißt von endlicher Variation (I)[2] in $[a_1, \ldots, a_k; b_1, \ldots, b_k]$, wenn $\mathsf{A}_{a_1, \ldots, a_k}^{b_1, \ldots, b_k}(f)$ endlich ist.

Addiert man zu f eine beliebige Funktion von $k-1$ der Veränderlichen $x_1, x_2, \ldots, x_k$, so ändert sich die Differenz $\Delta(\mathfrak{J})$ von f in einem beliebigen Intervalle $\mathfrak{J}$ gar nicht. Es ändert sich daher auch $A(\mathfrak{S})$ und mithin auch $\mathsf{A}_{a_1, \ldots, a_k}^{b_1, \ldots, b_k}$ nicht, und wir haben den Satz:

Satz I. Addiert man zu einer Funktion $f(x_1, \ldots, x_k)$, die in $[a_1, \ldots, a_k; b_1, \ldots, b_k]$ von endlicher Variation (I) ist, eine ganz beliebige Funktion von $k-1$ der Veränderlichen $x_1, x_2, \ldots, x_k$, so entsteht wieder eine Funktion endlicher Variation (I).

Wie man sieht, kann also eine Funktion $f(x_1, \ldots, x_k)$ von endlicher Variation sein, ohne daß die Funktionen von $k-1$ Veränderlichen, die aus f entstehen, indem man einer der k Veränderlichen einen festen Wert erteilt, von endlicher Variation wären. Diesen Übelstand vermeidet eine zweite Definition; sie setzt den Begriff der Funktion endlicher Variation von $k-1$ Veränderlichen als schon bekannt voraus und lautet:

Definition II[3]. Die Funktion $f(x_1, \ldots, x_k)$ heißt von endlicher Variation (II) in $[a_1, \ldots, a_k; b_1, \ldots, b_k]$, wenn:

1. $\mathsf{A}_{a_1, \ldots, a_k}^{b_1, \ldots, b_k}(f)$ endlich ist, und

2. für jedes $\bar{x}_i$ aus $[a_i, b_i]$ $(i = 1, 2, \ldots, k)$ die Funktion $f(x_1, \ldots, x_{i-1}, \bar{x}_i, x_{i+1}, \ldots, x_k)$ von endlicher Variation in $[a_1, \ldots, a_{i-1}, a_{i+1}, \ldots, a_k; b_1, \ldots, b_{i-1}, b_{i+1}, \ldots, b_k]$ ist.

Man überzeugt sich leicht von der Gültigkeit des Satzes:

Satz II. Ist $f(x_1, \ldots, x_k)$ von endlicher Variation (I) in $[a_1, \ldots, a_k; b_1, \ldots, b_k]$, und sind die k Funktionen $f(x_1, \ldots, x_{i-1}, a_i, x_{i+1}, \ldots, x_k)$ $(i = 1, 2, \ldots, k)$ von endlicher Variation (II) in $[a_1, \ldots, a_{i-1}, a_{i+1}, \ldots, a_k; b_1, \ldots, b_{i-1}, b_{i+1}, \ldots, b_k]$, so ist $f(x_1, \ldots, x_k)$ auch von endlicher Variation (II) in $[a_1, \ldots, a_k; b_1, \ldots, b_k]$.

---

[1] H. Lebesgue, Ann. Éc. Norm. (3) 27 (1910), 408. M. Fréchet, Nouv. Ann. (4) 10 (1910), 241. Eine etwas andere Definition: M. Fréchet, Am. Trans. 16 (1915), 225.

[2] Der Zusatz (I) bedeutet: „nach Definition I".

[3] G. H. Hardy, Quart. Journ. 37 (1906), 56.

Und daraus folgert man weiter[1]):

Satz III. Eine Funktion $f(x_1, \ldots, x_k)$ endlicher Variation (I) kann durch Addition endlich vieler Funktionen von weniger als k Veränderlichen in eine Funktion $f^*(x_1, \ldots, x_k)$ endlicher Variation (II) verwandelt werden.

In der Tat, man bezeichne mit $f_{i_1, i_2, \ldots, i_l}\,(1 \leqq l < k)$ die Funktion, die aus $f(x_1, \ldots, x_k)$ entsteht, indem man den Veränderlichen $x_{i_1}, x_{i_2}, \ldots, x_{i_l}$ die festen Werte $a_{i_1}, a_{i_2}, \ldots, a_{i_l}$ erteilt, und setze:

$$f^* = f + \sum_{l=1}^{k-1} (-1)^l \sum f_{i_1, i_2, \ldots, i_l},$$

wo die zweite Summe über alle Kombinationen zu je $l\,(i_1 < i_2 < \ldots < i_l)$ der Indizes $1, 2, \ldots, k$ zu erstrecken ist.

Anknüpfend an die Definition II der Funktionen $f(x_1, \ldots, x_k)$ endlicher Variation definieren wir nun auch die totalstetigen Funktionen $f(x_1, \ldots, x_k)$.

Die im offenen Intervalle $(a_1, \ldots, a_k; b_1, \ldots, b_k)$ definierte und endliche Funktion $f(x_1, \ldots, x_k)$ heißt totalstetig in $(a_1, \ldots, a_k; b_1, \ldots, b_k)$, wenn:

1. ihr Absolutzuwachs totalstetig ist nach μ_k im σ-Körper aller Borelschen, und somit auch[2]) im σ-Körper aller k-dimensional-meßbaren Mengen aus $(a_1, \ldots, a_k; b_1, \ldots, b_k)$;

2. für jedes $\bar{x}_i$ aus $(a_i, b_i)\,(i = 1, 2, \ldots, k)$ die Funktion $f(x_1, \ldots, x_{i-1}, \bar{x}_i, x_{i+1}, \ldots, x_k)$ totalstetig ist in $(a_1, \ldots, a_{i-1}, a_{i+1}, \ldots, a_k; b_1, \ldots, b_{i-1}, b_{i+1}, \ldots, b_k)$.

Sei die Funktion $f(x_1, \ldots, x_k)$ definiert und endlich im abgeschlossenen Intervalle $[a_1, \ldots, a_k; b_1, \ldots, b_k]$. Wir dehnen ihre Definition auf den ganzen $\Re_k$ aus durch die Festsetzung: man bilde aus dem Punkte $(x_1, \ldots, x_k)$ des $\Re_k$ einen Punkt $(x_1^*, \ldots, x_k^*)$, indem man $x_i^* = x_i$ setzt, wenn x_i in $[a_i, b_i]$, hingegen $x_i^* = a_i$, wenn $x_i < a_i$, und $x_i^* = b_i$, wenn $x_i > b_i$. Sodann setze man:

$$f(x_1, \ldots, x_k) = f(x_1^*, \ldots, x_k^*).$$

Ist die so definierte Funktion f totalstetig in einem $[a_1, \ldots, a_k; b_1, \ldots, b_k]$ enthaltenden Intervalle $(c_1, \ldots, c_k; d_1, \ldots, d_k)$, so nennen wir sie totalstetig in $[a_1, \ldots, a_k; b_1, \ldots, b_k]$.

Die totalstetigen Funktionen $f(x_1, \ldots, x_k)$ haben nun ähnliche Eigenschaften wie die totalstetigen Funktionen $f(x)$. Wir heben hervor:

---

[1]) M. Fréchet, Nouv. Ann. (4) 10 (1910), 245.
[2]) Vgl. S. 474, Fußn. [1]).

Satz IV. Ist die Funktion $f(x_1, \ldots, x_k)$ totalstetig in $[a_1, \ldots, a_k; b_1, \ldots, b_k]$, so ist sie auch von endlicher Variation (II) in $[a_1, \ldots, a_k; b_1, \ldots, b_k]$.

Satz V. Damit die Funktion f totalstetig sei in $[a_1, \ldots, a_k; b_1, \ldots, b_k]$, ist notwendig und hinreichend, daß sie den beiden Bedingungen genügt:

1. Zu jedem $\varepsilon > 0$ gibt es ein $\varrho > 0$ derart, daß für jedes der Ungleichung:

$$\mu_k(\mathfrak{S}) < \varrho$$

genügende endliche[1]) Intervallsystem aus $[a_1, \ldots, a_k; b_1, \ldots, b_k]$ die Ungleichung besteht:

$(^\times)$ $\qquad\qquad\qquad A(\mathfrak{S}) < \varepsilon.$

2. Für jedes $\bar{x}_i$ aus (a_i, b_i) $(i = 1, 2, \ldots, k)$ ist die Funktion $f(x_1, \ldots, x_{i-1}, \bar{x}_i, x_{i+1}, \ldots, x_k)$ totalstetig in $[a_1, \ldots, a_{i-1}, a_{i+1}, \ldots, a_k; b_1, \ldots, b_{i-1}, b_{i+1}, \ldots, b_k]$.

Satz VI. In Satz V kann $(^\times)$ ersetzt werden durch:

$$|\varDelta(\mathfrak{S})| < \varepsilon.$$

Man folgert aus diesen Sätzen leicht:

Satz VII. Ist eine Funktion $f(x_1, \ldots, x_k)$ totalstetig im Intervalle $[a_1, \ldots, a_k; b_1, \ldots, b_k]$, so ist sie auch stetig in diesem Intervalle.

Aus der Tatsache, daß eine Funktion $f(x_1, \ldots, x_k)$ als Funktion jeder einzelnen ihrer Veränderlichen (bei Festhaltung der übrigen) totalstetig ist, kann nicht geschlossen werden, daß sie totalstetig ist, ja nicht einmal, daß sie stetig ist[2]).

Wir gehen nun über zu einer dritten Definition der Funktionen $f(x_1, \ldots, x_k)$ endlicher Variation[3]). Wir sagen, durch:

(0) $\qquad\qquad x_i = x_i(t), \quad a \leq t \leq b \qquad (i = 1, 2, \ldots, k)$

sei ein die Punkte $(a_1, \ldots, a_k)$ und $(b_1, \ldots, b_k)$ verbindender steigender Kurvenbogen $\mathfrak{C}$ im $\mathfrak{R}_k$ gegeben, wenn die k Funktionen $x_i(t)$ in $[a, b]$ monoton wachsend und stetig sind, und wenn:

$$x_i(a) = a_i; \quad x_i(b) = b_i \qquad (i = 1, 2, \ldots, k).$$

Wir sagen, durch:

$$a = t_0 < t_1 < \ldots < t_{n-1} < t_n = b$$

sei eine Zerlegung Z des Kurvenbogens $\mathfrak{C}$ gegeben, und ordnen ihr die Ausdrücke zu:

---

[1]) Dieser Zusatz kann auch ohne weiteres wegbleiben.

[2]) Beispiel: $f(x, y) = \dfrac{x\,y}{x^2 + y^2}$ für $(x, y) \neq (0, 0)$, $f(0, 0) = 0$. Vgl. auch Fußn. [1]), S. 545.

[3]) C. Arzelà, **Rend. Bol.** 9 (1904/05), 100.

$$B(Z) = \sum_{\nu=1}^{n} |f(x_1(t_\nu), \ldots, x_k(t_\nu)) - f(x_1(t_{\nu-1}), \ldots, x_k(t_{\nu-1}))|;$$

$$P(Z) = \sum_{\nu=1}^{n} \underset{+}{|f(x_1(t_\nu), \ldots, x_k(t_\nu)) - f(x_1(t_{\nu-1}), \ldots, x_k(t_{\nu-1}))|};$$

$$N(Z) = \sum_{\nu=1}^{n} \underset{-}{|f(x_1(t_\nu), \ldots, x_k(t_\nu)) - f(x_1(t_{\nu-1}), \ldots, x_k(t_{\nu-1}))|}.$$

Dann ist:

$$B(Z) = P(Z) + N(Z); \quad f(b_1, \ldots, b_k) - f(a_1, \ldots, a_k) = P(Z) - N(Z).$$

Wir definieren nun: Die obere Schranke aller $B(Z)$ (für alle möglichen Zerlegungen Z von $\mathfrak{C}$) heißt die **Variation von** f **auf** $\mathfrak{C}$, in Zeichen $B(\mathfrak{C}, f)$. Die obere Schranke aller $P(Z)$ heißt die **positive**, die obere Schranke aller $N(Z)$ heißt die **negative Variation** von f auf $\mathfrak{C}$, in Zeichen $\Pi(\mathfrak{C}, f)$ bzw. $N(\mathfrak{C}, f)$. Offenbar gilt (vgl. § 4, Satz II):

$$B(\mathfrak{C}, f) = \Pi(\mathfrak{C}, f) + N(\mathfrak{C}, f),$$

und, wenn $B(\mathfrak{C}, f)$ und mithin $\Pi(\mathfrak{C}, f)$, $N(\mathfrak{C}, f)$ endlich ist, (vgl. § 5, Satz VIII)

$$(00) \qquad f(b_1, \ldots, b_k) - f(a_1, \ldots, a_k) = \Pi(\mathfrak{C}, f) - N(\mathfrak{C}, f).$$

Wir definieren weiter: Die obere Schranke von $B(\mathfrak{C}, f)$ für alle die Punkte $(a_1, \ldots, a_k)$ und $(b_1, \ldots, b_k)$ verbindenden steigenden Kurvenbögen $\mathfrak{C}$ heißt die **Variation (III)** von f in $[a_1, \ldots, a_k; b_1, \ldots, b_k]$, in Zeichen $B_{a_1, \ldots, a_k}^{b_1, \ldots, b_k}(f)$. Die obere Schranke aller $\Pi(\mathfrak{C}, f)$ heißt die **positive**, die obere Schranke aller $N(\mathfrak{C}, f)$ heißt die **negative Variation (III)** von f in $[a_1, \ldots, a_k; b_1, \ldots, b_k]$, in Zeichen $\Pi_{a_1, \ldots, a_k}^{b_1, \ldots, b_k}(f)$ und $N_{a_1, \ldots, a_k}^{b_1, \ldots, b_k}(f)$.

Und nun definieren wir die Funktionen endlicher Variation (III) durch:

Definition III. Die Funktion $f(x_1, \ldots, x_k)$ heißt von **endlicher Variation (III)** in $[a_1, \ldots, a_k; b_1, \ldots, b_k]$, wenn $B_{a_1, \ldots, a_k}^{b_1, \ldots, b_k}(f)$ endlich ist.

Wie Satz VIII von § 5 beweist man:

Satz VIII. Ist $f(x_1, \ldots, x_k)$ von endlicher Variation (III) in $[a_1, \ldots, a_k; b_1, \ldots, b_k]$, so ist:

$$(*) \qquad f(b_1, \ldots, b_k) - f(a_1, \ldots, a_k) = \Pi_{a_1, \ldots, a_k}^{b_1, \ldots, b_k}(f) - N_{a_1, \ldots, a_k}^{b_1, \ldots, b_k}(f).$$

Wir nennen nun die Funktion $f(x_1, \ldots, x_k)$ **monoton wachsend** in $[a_1, \ldots, a_k; b_1, \ldots, b_k]$, wenn aus:

$$a_i \leq x_i' < x_i'' \leq b_i \qquad\qquad (i = 1, 2, \ldots, k)$$

folgt:

$$f(x_1'', \ldots, x_k'') \geq f(x_1', \ldots, x_k')^1).$$

Satz IX. Ist die endliche Funktion $f(x_1, \ldots, x_k)$ monoton wachsend in $[a_1, \ldots, a_k; b_1, \ldots, b_k]$, so ist sie auch von endlicher Variation (III) in $[a_1, \ldots, a_k; b_1, \ldots, b_k]$.

In der Tat, es ist:

$$B_{a_1, \ldots, a_k}^{b_1, \ldots, b_k}(f) = \Pi_{a_1, \ldots, a_k}^{b_1, \ldots, b_k}(f) = f(b_1, \ldots, b_k) - f(a_1, \ldots, a_k).$$

---

¹) Oder, was dasselbe heißt, wenn $f(x_1, \ldots, x_k)$ monoton wachsend ist als Funktion jeder seiner Veränderlichen bei Festhaltung aller übrigen.

Satz X. Ist die Funktion $f(x_1, \ldots, x_k)$ von endlicher Variation (III) in $[a_1, \ldots, a_k; b_1, \ldots, b_k]$, so ist sie Differenz zweier in $[a_1, \ldots, a_k; b_1, \ldots, b_k]$ monoton wachsender Funktionen.

Sei in der Tat $(x_1, \ldots, x_k)$ ein Punkt von $[a_1, \ldots, a_k; b_1, \ldots, b_k]$. Satz VIII, angewendet auf das Intervall $[a_1, \ldots, a_k; x_1, \ldots, x_k]$ ergibt:

$$f(x_1, \ldots, x_k) = f(a_1, \ldots, a_k) + \Pi_{a_1, \ldots, a_k}^{x_1, \ldots, x_k}(f) - \mathsf{N}_{a_1, \ldots, a_k}^{x_1, \ldots, x_k}(f),$$

und da $\Pi_{a_1, \ldots, a_k}^{x_1, \ldots, x_k}(f)$ und $\mathsf{N}_{a_1, \ldots, a_k}^{x_1, \ldots, x_k}(f)$ monoton wachsen, ist Satz X bewiesen.

Wir vergleichen nun die Definitionen II und III miteinander:

Satz XI. Ist die Funktion $f(x_1, \ldots, x_k)$ nach Definition II von endlicher Variation in $[a_1, \ldots, a_k; b_1, \ldots, b_k]$, so auch nach Definition III.

Der Kürze halber führen wir den Beweis nur für den Fall $k = 2$. Sei also $f(x, y)$ von endlicher Variation (II) in $[x', y'; x'', y'']$. Sei

$$x = x(t), \quad y = y(t) \qquad a \leqq t \leqq b$$

ein die Punkte (x', y') und (x'', y'') verbindender steigender Kurvenbogen, und sei durch:

$$a = t_0 < t_1 < \ldots < t_{n-1} < t_n = b$$

eine Zerlegung dieses Kurvenbogens gegeben. Wir schreiben abkürzend:

$$x(t_i) = x_i; \quad y(t_i) = y_i.$$

Dann ist:

$$(\dagger) \qquad |f(x_i, y_i) - f(x_{i-1}, y_{i-1})| \leqq |f(x_i, y_i) - f(x_{i-1}, y_i)| + |f(x_{i-1}, y_i) - f(x_{i-1}, y_{i-1})|.$$

Setzen wir:

$$\Delta_{x_{i-1}, y_{i-1}}^{x'', y_i} = (f(x'', y_i) - f(x'', y_{i-1})) - (f(x_{i-1}, y_i) - f(x_{i-1}, y_{i-1})),$$

$$\Delta_{x_{i-1}, y'}^{x_i, y_i} = (f(x_i, y_i) - f(x_{i-1}, y_i)) - (f(x_i, y') - f(x_{i-1}, y')),$$

so wird:

$$|f(x_{i-1}, y_i) - f(x_{i-1}, y_{i-1})| \leqq \left| \Delta_{x_{i-1}, y_{i-1}}^{x'', y_i} \right| + |f(x'', y_i) - f(x'', y_{i-1})|,$$

$$|f(x_i, y_i) - f(x_{i-1}, y_i)| \leqq \left| \Delta_{x_{i-1}, y'}^{x_i, y_i} \right| + |f(x_i, y') - f(x_{i-1}, y')|,$$

$$B(Z) = \sum_{i=1}^{n} |f(x_i, y_i) - f(x_{i-1}, y_{i-1})| \leqq \sum_{i=1}^{n} \left| \Delta_{x_{i-1}, y_{i-1}}^{x'', y_i} \right| + \sum_{i=1}^{n} \left| \Delta_{x_{i-1}, y'}^{x_i, y_i} \right|$$

$$+ \sum_{i=1}^{n} |f(x'', y_i) - f(x'', y_{i-1})| + \sum_{i=1}^{n} |f(x_i, y') - f(x_{i-1}, y')|$$

$$\leqq 2 \mathsf{A}_{x', y'}^{x'', y''}(f) + \mathsf{A}_{y'}^{y''}(f(x'', y)) + \mathsf{A}_{x'}^{x''}(f(x, y')).$$

Da hierin nach Definition II jeder der Summanden rechts endlich ist, ist auch $\mathsf{B}_{x', y'}^{x'', y''}(f)$ endlich, und Satz XI ist bewiesen.

Die Umkehrung von Satz XI gilt nicht. Sei:

$$f(x, y) = 0 \quad \text{für} \quad x + y < 1, \quad f(x, y) = 1 \quad \text{für} \quad x + y \geqq 1.$$

Dann ist $f(x, y)$ monoton wachsend, und somit (Satz IX) von endlicher Variation (III) in $[0,0;1,1]$. Andererseits ist für jedes Intervall $\Im$, von dem drei Ecken auf der einen, eine auf der andern Seite der Geraden $x+y=1$ liegt:

$$|\varDelta(\Im)|=1,$$

und da es in $[0,0;1,1]$ beliebig viele zu je zweien fremde solche Intervalle gibt, ist

$$\mathsf{A}_{0,0}^{1,1}(f)=+\infty,$$

und es ist somit f nicht von endlicher Variation (II) in $[0,0;1,1]$.

Es sei noch ein Beispiel einer stetigen Funktion $f(x,y)$ gegeben, die von endlicher Variation (III), aber nicht (II) ist[1]. Sei $\{x_n\}$ eine stets abnehmende $\{y_n\}$ eine stets wachsende Zahlenfolge aus $[0,1]$. Wir bezeichnen mit $\Im_n$ das Intervall, dessen vier Eckpunkte sind:

$$(x_{2n-1},\,y_{2n-1}),\quad (x_{2n},\,y_{2n-1}),\quad (x_{2n},\,y_{2n}),\quad (x_{2n-1},\,y_{2n}).$$

Für die Funktion $f(x,y)$ schreiben wir nun die Werte vor:

$$(\dagger\dagger) \qquad f(x_{2n-1},\,y_{2n-1})=f(x_{2n},\,y_{2n-1})=f(x_{2n},\,y_{2n})=\frac{n-1}{n};$$

$$f(x_{2n-1},\,y_{2n})=1,$$

und ergänzen sie, was ohne Schwierigkeit möglich ist, zu einer in ganz $[0,0;$ $1,1]$ definierten, stetigen, monoton wachsenden Funktion. Sie ist dann von endlicher Variation (III). Da aber aus $(\dagger\dagger)$ folgt:

ist:
$$\varDelta(\Im_n,f)=\frac{1}{n},$$

$$\mathsf{A}_{0,0}^{1,1}(f)=+\infty,$$

und es ist f nicht von endlicher Variation (II).

Wir betrachten noch eine weitere Definition von Funktionen $f(x_1,\ldots,x_k)$ endlicher Variation. Wir zerlegen das Intervall $[a_1,\ldots,a_k;b_1,\ldots,b_k]$ in n^k Teilintervalle, indem wir jedes der k Intervalle $[a_i,b_i]$ durch Einschalten der Zwischenpunkte

$$a_i=a_i^{(0)}<a_i^{(1)}<\ldots<a_i^{(n-1)}<a_i^{(n)}=b_i$$

in n gleiche Teile teilen und die sämtlichen Mannigfaltigkeiten:

$$x_i=a_i^{(\nu)} \qquad (i=1,2,\ldots,k;\ \nu=1,2,\ldots,n-1)$$

gezogen denken. Wir nennen dies: Die Zerlegung $Z^{(n)}$ von $[a_1,\ldots,a_k;b_1,\ldots,b_k]$. Sind $\Im_1,\Im_2,\ldots,\Im_{n^k}$ die sämtlichen Intervalle von $Z^{(n)}$, und ist ω_ν die Schwankung von f in $\Im_\nu$, so setzen wir:

$$\Omega(Z^{(n)})=\sum_{\nu=1}^{n^k}\omega_\nu.$$

Und nun definieren wir:

---

[1] Vgl. W. Küstermann, Math. Ann. 77 (1916), 474. — Wir erhalten damit zugleich ein Beispiel einer stetigen, aber nicht totalstetigen Funktion von (x,y), die nach jeder ihrer beiden Veränderlichen totalstetig ist.

Definition IV[1]). Die Funktion $f(x_1, \ldots, x_k)$ heißt von endlicher Variation (IV) in $[a_1, \ldots, a_k; b_1, \ldots, b_k]$, wenn die obere Schranke von $\dfrac{1}{n^{k-1}}\, \Omega(Z^{(n)})$ für alle Zerlegungen $Z^{(n)}$ $(n = 1, 2, \ldots)$ endlich ist[2]).

Wir vergleichen diese Definition mit Definition III.

Satz XII. Ist $f(x_1, \ldots, x_k)$ im Intervalle $[a_1, \ldots, a_k; b_1, \ldots, b_k]$ von endlicher Variation nach Definition III, so auch nach Definition IV.

Wegen Satz X genügt es, nachzuweisen, daß jede endliche monoton wachsende Funktion von endlicher Variation (IV) ist. Der Kürze halber führen wir den Beweis nur für den Fall $k = 2$.

Sei also $f(x, y)$ monoton wachsend im Intervalle $[x', y'; x'', y'']$. Wir nehmen die Zerlegung $Z^{(n)}$ vor durch Einschaltung der Punkte:

$$x' = x_0 < x_1 < \ldots < x_{n-1} < x_n = x''; \quad y' = y_0 < y_1 < \ldots < y_{n-1} < y_n = y''.$$

Sei $\mathfrak{J}_{\mu,\nu}$ das Intervall $[x_{\mu-1}, y_{\nu-1}; x_\mu, y_\nu]$ von $Z^{(n)}$. Dann ist, weil f monoton wachsend in $\mathfrak{J}_{\mu,\nu}$:

$$\omega_{\mu,\nu} = f(x_\mu, y_\nu) - f(x_{\mu-1}, y_{\nu-1}).$$

Infolgedessen ist:

$$\Omega(Z^{(n)}) = \sum_{\mu,\nu=1}^{n} \omega_{\mu,\nu} = \sum_{\mu=1}^{n} f(x_\mu, y'') + \sum_{\nu=1}^{n-1} f(x'', y_\nu) - \sum_{\mu=0}^{n-1} f(x_\mu, y') - \sum_{\nu=1}^{n-1} f(x', y_\nu).$$

Ist also:

$$|f| < p \quad \text{in} \quad [x', y'; x'', y''],$$

so ist:

$$\Omega(Z^{(n)}) < (4n - 2)\, p$$

und somit:

$$\frac{1}{n}\, \Omega(Z^{(n)}) < 4p,$$

womit Satz XII (für den Fall $k = 2$) nachgewiesen ist.

---

[1]) J. Pierpont, The theory of functions of real variables 1, 518.

[2]) Man überzeugt sich leicht, daß für $k = 1$ diese Definition sich auf die übliche (in § 5, S. 489 gegebene) reduziert. In der Tat, da (§ 4, Satz VII):

$$\Omega\left(Z^{(n)}\right) \leqq \mathsf{A}_a^b(f),$$

so ist, wenn $f(x)$ von endlicher Variation in $[a, b]$, die obere Schranke $\overline{\Omega}$ der $\Omega\left(Z^{(n)}\right)$ endlich. Sei umgekehrt $\overline{\Omega}$ endlich. Zu jeder endlichen Zerlegung Z von $[a, b]$ gibt es ein $Z^{(n)}$, derart daß zwischen zwei Zerlegungspunkten von $Z^{(n)}$ höchstens einer von Z liegt. Für die Produktzerlegung $Z \cdot Z^{(n)}$ gilt dann:

$$\Omega\left(Z \cdot Z^{(n)}\right) \leqq 2\,\Omega\left(Z^{(n)}\right) \leqq 2\,\overline{\Omega}.$$

Es ist also erst recht:

$$\Omega(Z) \leqq 2\,\overline{\Omega},$$

mithin auch (§ 4, Satz VII):

$$\mathsf{A}_a^b(f) \leqq 2\,\overline{\Omega},$$

d. h. f ist von endlicher Variation in $[a, b]$.

Die Umkehrung von Satz XII gilt nicht. Sei: ·

$$f(x,y) = 0 \quad \text{für} \quad x - y < 0; \quad f(x,y) = 1 \quad \text{für} \quad x - y \geqq 0.$$

Dann ist offenbar f in $[0,0;1,1]$ von endlicher Variation (IV). Andererseits ist aber für zwei Punkte (x', y'), (x'', y''), die zu verschiedenen Seiten der Geraden $x - y = 0$ liegen:

$$|f(x'', y'') - f(x', y')| = 1.$$

Und da es aufsteigende Kurvenbögen von $(0, 0)$ nach $(1, 1)$ gibt, die die Gerade $x - y = 0$ beliebig oft durchsetzen, ist:

$$B_{0,\,0}^{1,\,1}(f) = +\infty,$$

es ist also f nicht von endlicher Variation (III).

———————

Achtes Kapitel.

Die meßbaren Funktionen.

§ 1. Meßbare Funktionen.

Sei $\mathfrak{A}$ eine Punktmenge eines metrischen Raumes $\mathfrak{R}$, und sei M ein aus Punktmengen $\mathfrak{M}$ von $\mathfrak{R}$ bestehender σ-Körper (Kap. VI, § 1, S. 394), in dem insbesondere auch $\mathfrak{A}$ selbst vorkommt. Sei $\varphi(\mathfrak{M})$ eine in M definierte absolut-additive Mengenfunktion; ihre Absolutfunktion[1]) bezeichnen wir mit $\overline{\varphi}(\mathfrak{M})$:

$$\overline{\varphi}(\mathfrak{M}) = \alpha(\varphi, \mathfrak{M}).$$

Um eine einfache Terminologie zu haben, nennen wir die Mengen $\mathfrak{M}$ aus M kurz φ-**meßbar**, die Funktionswerte $\varphi(\mathfrak{M})$ und $\overline{\varphi}(\mathfrak{M})$ das φ-**Maß** und $\overline{\varphi}$-**Maß** von $\mathfrak{M}$[2]). Eine Menge, deren $\overline{\varphi}$-Maß 0 ist, und jeden Teil einer solchen Menge nennen wir kurz eine **Nullmenge** (für die Basis φ). Nach Kap. VI, § 1, Satz IX können wir ohne weiteres annehmen, alle diese Nullmengen gehören zu M.

Wie schon früher, bezeichnen wir, wenn f eine auf $\mathfrak{A}$ definierte Funktion ist, mit $\mathfrak{A}(f > p)$ die Menge aller Punkte von $\mathfrak{A}$, in denen $f > p$, und verwenden in analoger Bedeutung die Symbole: $\mathfrak{A}(f < p)$, $\mathfrak{A}(p < f < q)$, $\mathfrak{A}(f = q)$ usw.

Sei f definiert auf $\mathfrak{A}$, abgesehen von einer Nullmenge. Dann heißt f φ-**meßbar** auf $\mathfrak{A}$, wenn für jedes p die Menge $\mathfrak{A}(f > p)$ φ-meßbar ist[3]). Auf einer Nullmenge (für die Basis φ) ist demnach jede Funktion φ-meßbar.

---

[1]) Kap. VI, § 2, S. 404.

[2]) Ohne damit sagen zu wollen, daß φ oder $\overline{\varphi}$ eine Maßfunktion im Sinne von Kap. VI, § 5 sei.

[3]) Der Begriff der meßbaren Funktionen wurde (für den Fall, daß φ der k-dimensionale Inhalt μ_k im $\mathfrak{R}_k$ ist) eingeführt von H. Lebesgue, Leçons sur l'intégration (1904), 111. — Die Übertragung auf den Fall einer beliebigen absolut-additiven Mengenfunktion rührt her von J. Radon, Wien. Ber. 122 (1913), 1325.

Satz I. Ist die Zahlenmenge $\mathfrak{Z}$ dicht in der Menge aller reellen Zahlen[1]), und ist für jedes z aus $\mathfrak{Z}$ die Menge $\mathfrak{A}\,(f > z)$ φ-meßbar, so ist f φ-meßbar auf $\mathfrak{A}$.

In der Tat, es gibt dann zu jedem p eine abnehmende Folge $\{z_\nu\}$ aus $\mathfrak{Z}$ mit $\lim\limits_{\nu = \infty} z_\nu = p$, und es ist:

$$\mathfrak{A}\,(f > p) = \mathfrak{A}\,(f > z_1) + \mathfrak{A}\,(f > z_2) + \ldots + \mathfrak{A}\,(f > z_\nu) + \ldots,$$

also ist $\mathfrak{A}\,(f > p)$ als Vereinigung φ-meßbarer Mengen φ-meßbar, und Satz I ist bewiesen.

Satz II. Ist f φ-meßbar auf $\mathfrak{A}$, so ist auch jede der folgenden Mengen φ-meßbar:

$$\mathfrak{A}\,(f \geq p), \quad \mathfrak{A}\,(f < p), \quad \mathfrak{A}\,(f \leq p), \quad \mathfrak{A}\,(f = p),$$

$$\mathfrak{A}\,(p < f < q), \quad \mathfrak{A}\,(p \leq f \leq q), \quad \mathfrak{A}\,(p < f \leq q), \quad \mathfrak{A}\,(p \leq f < q).$$

In der Tat, ist $p > -\infty$[2]), so ist $\mathfrak{A}\,(f \geq p)$ der Durchschnitt der φ-meßbaren Mengen $\mathfrak{A}\left(f > p - \dfrac{1}{n}\right)$ und daher φ-meßbar. Die Mengen $\mathfrak{A}\,(f < p)$ und $\mathfrak{A}\,(f \leq p)$ sind φ-meßbar als die Komplemente der φ-meßbaren Mengen $\mathfrak{A}\,(f \geq p)$ und $\mathfrak{A}\,(f > p)$; die Menge $\mathfrak{A}\,(f = p)$ als der Durchschnitt von $\mathfrak{A}\,(f \geq p)$ und $\mathfrak{A}\,(f \leq p)$; die Menge $\mathfrak{A}\,(p < f < q)$ als das Komplement von $\mathfrak{A}\,(f \geq q) + \mathfrak{A}\,(f \leq p)$; die Mengen $\mathfrak{A}\,(p \leq f \leq q)$, $\mathfrak{A}\,(p < f \leq q)$, $\mathfrak{A}\,(p \leq f < q)$ als Vereinigungen von $\mathfrak{A}\,(p < f < q)$ mit $\mathfrak{A}\,(f = p)$ und $\mathfrak{A}\,(f = q)$. Damit ist Satz II bewiesen.

Satz II ist Spezialfall des viel allgemeineren Satzes:

Satz III. Ist f φ-meßbar auf $\mathfrak{A}$, und ist $\mathfrak{B}$ irgendeine Borelsche Menge des $\mathfrak{R}_1$[3]), so ist die Menge aller Punkte von $\mathfrak{A}$, in denen f einen zu $\mathfrak{B}$ gehörigen Wert annimmt, φ-meßbar.

In der Tat, nach Satz II ist die Behauptung richtig, wenn $\mathfrak{B}$ ein Intervall (p, q) ist; sie ist daher auch richtig, wenn $\mathfrak{B}$ Vereinigung abzählbar vieler offener Intervalle, d. h. eine beliebige offene Menge des $\mathfrak{R}_1$ ist; und da jede abgeschlossene Menge Komplement einer offenen Menge ist, so ist die Behauptung auch richtig für alle abgeschlossenen Mengen $\mathfrak{B}$ des $\mathfrak{R}_1$, und mithin für alle Borelschen Mengen erster Ordnung (Kap. V, § 4, S. 334).

Nun schließen wir weiter durch transfinite Induktion. Sei die Behauptung richtig für alle Borelschen Mengen von geringerer als α-ter Ordnung. Ist dann $\mathfrak{B}$ eine Borelsche Menge α-ter Ordnung,

---

[1]) D. h.: Ist jede reelle Zahl Grenzwert einer Zahlenfolge aus $\mathfrak{Z}$.

[2]) Ist $p = -\infty$, so ist $\mathfrak{A}\,(f \geq p) = \mathfrak{A}$, und somit gewiß φ-meßbar.

[3]) Für beliebige (eindimensional) meßbare Mengen $\mathfrak{B}$ des $\mathfrak{R}_1$ wäre die Behauptung nicht richtig; vgl. § 6, Satz VIII.

so ist sie Vereinigung oder Durchschnitt von abzählbar vielen Borelschen Mengen geringerer Ordnung; und da für diese die Behauptung gilt, so auch für $\mathfrak{B}$. Damit ist Satz III bewiesen.

Satz IV. Ist jede Menge $\mathfrak{A}\,(f \geq p)$, oder $\mathfrak{A}\,(f < p)$, oder $\mathfrak{A}\,(f \leq p)$, oder $\mathfrak{A}\,(p \leq f \leq q)^1)$, oder $\mathfrak{A}\,(p < f \leq q)$, oder $\mathfrak{A}\,(p \leq f < q)$ φ-meßbar, so ist f φ-meßbar auf $\mathfrak{A}$.

In der Tat, jede Menge $\mathfrak{A}\,(f > p)$ ist Vereinigung abzählbar vieler Mengen $\mathfrak{A}\,(f \geq p)$, oder $\mathfrak{A}\,(p \leq f \leq q)$, oder $\mathfrak{A}\,(p < f \leq q)$, und ist daher φ-meßbar, wenn diese es sind. Ferner ist $\mathfrak{A}\,(f > p)$ Komplement der Menge $\mathfrak{A}\,(f \leq p)$, und daher φ-meßbar, wenn diese es ist. Ist weiter jede Menge $\mathfrak{A}\,(f < p)$ φ-meßbar, so (als Komplement) auch jede Menge $\mathfrak{A}\,(f \geq p)$; dann aber ist auch f φ-meßbar, wie eben gezeigt. Ist endlich jede Menge $\mathfrak{A}\,(p \leq f < q)$ φ-meßbar, so insbesondere auch jede Menge $\mathfrak{A}\,(-\infty \leq f < q)$, d. h. jede Menge $\mathfrak{A}\,(f < q)$, und f ist wieder φ-meßbar, wie schon gezeigt. Damit ist Satz IV bewiesen[2]).

Sind f_1 und f_2 überall auf $\mathfrak{A}$ definiert, abgesehen von einer Nullmenge, und ist überall auf $\mathfrak{A}$, abgesehen von einer Nullmenge:

$$f_1 = f_2,$$

so sagen wir[3]), f_1 und f_2 seien **äquivalent** (nach der Basis φ) auf $\mathfrak{A}$, in Zeichen:

$$f_1 \sim f_2.$$

Satz V. Ist f_1 φ-meßbar auf $\mathfrak{A}$, und

$$f_1 \sim f_2,$$

so ist auch f_2 φ-meßbar auf $\mathfrak{A}$.

In der Tat, da die Mengen $\mathfrak{A}\,(f_1 > p)$ und $\mathfrak{A}\,(f_2 > p)$ sich nur durch Nullmengen unterscheiden, ist zugleich mit der ersten auch die zweite φ-meßbar, und Satz V ist bewiesen.

---

[1]) Bei endlichem f kann es statt dessen auch heißen: $\mathfrak{A}\,(p < f < q)$.

[2]) Es sei eigens bemerkt, daß aus der Tatsache, daß jede Menge $\mathfrak{A}\,(f = p)$ φ-meßbar ist, nicht geschlossen werden kann, f sei φ-meßbar. Beispiel im $\mathfrak{R}_1$: Seien $\mathfrak{M}$ und $\mathfrak{R}_1 - \mathfrak{M}$ nicht μ_1-meßbar und von der Mächtigkeit $\mathfrak{c}$; es gibt eine umkehrbar eindeutige Zuordnung sowohl zwischen $\mathfrak{M}$ und der Menge aller positiven Zahlen, als auch zwischen $\mathfrak{R}_1 - \mathfrak{M}$ und der Menge aller nicht-positiven Zahlen. Wir definieren als Funktionswert $f(x)$ die dabei dem Punkte x von $\mathfrak{M}$ bzw. $\mathfrak{R}_1 - \mathfrak{M}$ zugeordnete Zahl. Für jedes p besteht die Menge $\mathfrak{R}_1\,(f = p)$ aus einem Punkte und ist daher μ_1-meßbar. Aber f ist nicht μ_1-meßbar, weil $\mathfrak{R}_1\,(f > 0) = \mathfrak{M}$ nicht μ_1-meßbar ist.

[3]) Nach H. Lebesgue, Ann. Toul. (3) 1 (1909), 38; C. Carathéodory, Vorl. über reelle Funktionen, 389.

Satz VI. Ist f φ-meßbar auf $\mathfrak{A}$, so auch $-f$ und $|f|$.

In der Tat, dies folgt unmittelbar aus:

$$\mathfrak{A}(-f>p)=\mathfrak{A}(f<-p);$$
$$\mathfrak{A}(|f|>p)=\mathfrak{A}(f>p)+\mathfrak{A}(f<-p).$$

Satz VII. Sind $f_1, f_2, \ldots, f_n$ φ-meßbar auf $\mathfrak{A}$, und ist f der größte (kleinste) unter den n Werten $f_1, f_2, \ldots, f_n$, so ist auch f φ-meßbar auf $\mathfrak{A}$.

In der Tat, es ist, abgesehen von Nullmengen:

$$\mathfrak{A}(f>p)=\mathfrak{A}(f_1>p)+\mathfrak{A}(f_2>p)+\cdots+\mathfrak{A}(f_n>p),$$

woraus die Behauptung folgt.

Satz VIII. Eine auf $\mathfrak{A}$ φ-meßbare Funktion f kann zerlegt werden in eine Summe:

$$f=g+h$$

zweier auf $\mathfrak{A}$ φ-meßbarer Funktionen, für die:

$$g\geq 0, \quad h<0.$$

In der Tat, wir setzen:

$$g=\begin{cases} f & \text{wo } f\geq 0 \\ 0 & \text{wo } f<0 \end{cases}; \quad h=\begin{cases} 0 & \text{wo } f\geq 0 \\ f & \text{wo } f<0 \end{cases}.$$

Nach Satz VII (man setze dort $f_1=f$, $f_2=0$) sind g und h φ-meßbar, und Satz VIII ist bewiesen.

Satz IX. Sind f_1 und f_2 φ-meßbar auf $\mathfrak{A}$, und ist eine der Funktionen f_1+f_2, $f_1 \cdot f_2$, $\dfrac{f_1}{f_2}$ definiert auf $\mathfrak{A}$, abgesehen von einer Nullmenge, so ist sie φ-meßbar auf $\mathfrak{A}$.

Beweis für f_1+f_2[1]). Damit $f_1+f_2>p$ sei, ist notwendig und hinreichend die Existenz eines rationalen r, so daß:

$$f_1>r; \quad f_2>p-r.$$

Setzen wir also:

$$\mathfrak{D}_r=\mathfrak{A}(f_1>r)\cdot\mathfrak{A}(f_2>p-r),$$

so ist $\mathfrak{A}(f_1+f_2>p)$ die Vereinigung der abzählbar vielen Mengen $\mathfrak{D}_r$ (für alle rationalen r). Aus der φ-Meßbarkeit von f_1 und f_2 folgt die von $\mathfrak{D}_r$, mithin die von $\mathfrak{A}(f_1+f_2>p)$, und die Behauptung ist bewiesen.

Beweis für $f_1 \cdot f_2$. Wir schreiben nach Satz VIII:

$$f_1=g_1+h_1 \qquad g_1\geq 0, \ h_1<0.$$
$$f_2=g_2+h_2 \qquad g_2\geq 0, \ h_2<0.$$

---

[1]) Vgl. Ch. J. de la Vallée-Poussin, Cours d'analyse 2. éd., 1, 253.

Dann ist:

$$f_1 \cdot f_2 = g_1 g_2 + g_1 h_2 + g_2 h_1 + g_2 h_2.$$

Es genügt also, nach dem eben Bewiesenen, zu zeigen, daß $g_1 g_2$, $g_1 h_2$, $g_2 h_1$, $g_2 h_2$ φ-meßbar sind, d. h. wir können von vornherein annehmen, daß weder f_1 noch f_2 verschiedene Zeichen annehme. Wegen Satz VI können wir weiter annehmen:

$$f_1 \geqq 0; \quad f_2 \geqq 0.$$

Dann aber ist, damit $f_1 \cdot f_2 > p \; (> 0)$ sei, notwendig und hinreichend die Existenz eines rationalen $r > 0$, so daß:

$$f_1 > r, \quad f_2 > \frac{p}{r},$$

woraus die Behauptung folgt wie für $f_1 + f_2$.

Beweis für $\frac{f_1}{f_2}$. Nach dem eben Bewiesenen genügt es zu zeigen, daß $\frac{1}{f_2}$ φ-meßbar ist. Nun ist:

$$\text{für } p > 0: \quad \mathfrak{A}\left(\frac{1}{f_2} > p\right) = \mathfrak{A}\left(0 < f_2 < \frac{1}{p}\right),$$

$$\text{für } p = 0: \quad \mathfrak{A}\left(\frac{1}{f_2} > 0\right) = \mathfrak{A}(0 < f_2 < +\infty),$$

$$\text{für } p < 0: \quad \mathfrak{A}\left(\frac{1}{f_2} > p\right) = \mathfrak{A}\left(f_2 < \frac{1}{p}\right) + \mathfrak{A}(f_2 > 0).$$

Also folgt aus der φ-Meßbarkeit von f_2 die von $\frac{1}{f_2}$, und Satz IX ist bewiesen.

Satz X. Sind f_1 und f_2 φ-meßbar auf $\mathfrak{A}$, so ist die Menge $\mathfrak{B}$ aller Punkte von $\mathfrak{A}$, in denen $f_1 + f_2$ (oder $f_1 \cdot f_2$, oder $\frac{f_1}{f_2}$) definiert ist, φ-meßbar, und es ist $f_1 + f_2$ (bzw. $f_1 \cdot f_2$, $\frac{f_1}{f_2}$) φ-meßbar auf $\mathfrak{B}$.

Wir führen den Beweis etwa für $f_1 + f_2$. Abgesehen von Nullmengen ist:

$$\mathfrak{B} = \mathfrak{A} - \mathfrak{A}(f_1 = +\infty) \cdot \mathfrak{A}(f_2 = -\infty) - \mathfrak{A}(f_1 = -\infty) \cdot \mathfrak{A}(f_2 = +\infty),$$

also ist $\mathfrak{B}$ φ-meßbar, und indem man Satz IX auf die Menge $\mathfrak{B}$ anwendet, folgt, daß $f_1 + f_2$ φ-meßbar auf $\mathfrak{B}$. Damit ist Satz X bewiesen.

Aus Satz IX folgern wir auch sofort:

Satz XI. Ist f φ-meßbar auf $\mathfrak{A}$, so auch die aus f durch die Schränkungstransformation hervorgehende Funktion, und umgekehrt.

Satz XII. Ist $\mathfrak{A}$ Vereinigung abzählbar vieler Mengen, auf deren jeder f φ-meßbar ist, so ist f auch φ-meßbar auf $\mathfrak{A}$.

Sei in der Tat:

$$\mathfrak{A} = \mathfrak{A}_1 + \mathfrak{A}_2 + \cdots + \mathfrak{A}_n + \cdots,$$

und f φ-meßbar auf allen $\mathfrak{A}_n$. Dann ist:

$$\mathfrak{A}(f > p) = \mathfrak{A}_1(f > p) + \mathfrak{A}_2(f > p) + \cdots + \mathfrak{A}_n(f > p) + \cdots,$$

und da hierin jede Menge $\mathfrak{A}_n(f > p)$ φ-meßbar ist, so auch die Menge $\mathfrak{A}(f > p)$. Damit ist Satz XII bewiesen.

§ 2. Folgen meßbarer Funktionen.

Wie wir in § 1 gesehen haben, führen die elementaren Rechenoperationen, angewendet auf φ-meßbare Funktionen, immer wieder auf φ-meßbare Funktionen. Wir wollen uns nun überzeugen, daß dies auch für den Grenzübergang gilt. Wir beginnen mit monotonen Folgen.

Satz I. Ist $\{f_\nu\}$ eine monotone Folge auf $\mathfrak{A}$ φ-meßbarer Funktionen, so ist auch die Grenzfunktion[1]

$$f = \lim_{\nu = \infty} f_\nu$$

φ-meßbar auf $\mathfrak{A}$.

Sei zum Beweise $\{f_\nu\}$ etwa monoton wachsend. Dann ist, abgesehen von Nullmengen:

$$\mathfrak{A}(f > p) = \mathfrak{A}(f_1 > p) + \mathfrak{A}(f_2 > p) + \cdots + \mathfrak{A}(f_\nu > p) + \cdots$$

Nach Voraussetzung ist jede Menge $\mathfrak{A}(f_\nu > p)$ φ-meßbar, daher auch $\mathfrak{A}(f > p)$, und Satz I ist bewiesen.

Satz II. Ist $\{f_\nu\}$ eine Folge auf $\mathfrak{A}$ φ-meßbarer Funktionen, so sind auch obere und untere Schrankenfunktion[2] von $\{f_\nu\}$ φ-meßbar auf $\mathfrak{A}$.

In der Tat, man erhält die obere Schrankenfunktion F von $\{f_\nu\}$ in folgender Weise: Ist F_ν der größte unter den ν Funktionswerten $f_1, f_2, \ldots, f_\nu$, so ist:

$$F = \lim_{\nu = \infty} F_\nu.$$

---

[1] Dabei ist es offenbar — da jedes f_ν auf $\mathfrak{A}$ definiert ist abgesehen von einer Nullmenge — ganz gleichgültig, ob wir die Grenzfunktion f als definiert ansehen nur in den Punkten von $\mathfrak{A}$, in denen alle f_ν definiert sind, oder auch in den Punkten von $\mathfrak{A}$, in denen fast alle f_ν definiert sind.

[2] Kap. IV, § 1, S. 231.

Nach § 1, Satz VII ist F_ν φ-meßbar, und da die Folge $\{F_\nu\}$ monoton wächst, ist nach Satz I auch F φ-meßbar, womit Satz II bewiesen ist.

Satz III. Ist $\{f_\nu\}$ eine Folge auf $\mathfrak{A}$ φ-meßbarer Funktionen, so sind auch obere und untere Grenzfunktion[1]) von $\{f_\nu\}$ φ-meßbar auf $\mathfrak{A}$.

In der Tat, man erhält die obere Grenzfunktion:

$$\bar{f} = \overline{\lim_{\nu=\infty}} f_\nu$$

von $\{f_\nu\}$ in folgender Weise: Ist $\bar{f_\nu}$ die obere Schrankenfunktion der ν-ten Restfolge $f_\nu, f_{\nu+1}, \ldots, f_{\nu+k}, \ldots$, so ist:

$$\bar{f} = \lim_{\nu=\infty} \bar{f_\nu}.$$

Nach Satz II ist $\bar{f_\nu}$ φ-meßbar, und da die Folge $\{\bar{f_\nu}\}$ monoton abnimmt, ist nach Satz I auch $\bar{f}$ φ-meßbar. Damit ist Satz III bewiesen.

Aus Satz III nun entnehmen wir unmittelbar:

Satz IV. Ist die Folge $\{f_\nu\}$ auf $\mathfrak{A}$ φ-meßbarer Funktionen konvergent auf $\mathfrak{A}$, abgesehen von einer Nullmenge, so ist ihre Grenzfunktion:

$$f = \lim_{\nu=\infty} f_\nu$$

φ-meßbar auf $\mathfrak{A}$.

Satz V. Ist $\{f_\nu\}$ eine Folge auf $\mathfrak{A}$ φ-meßbarer Funktionen, so ist die Konvergenzmenge[2]) von $\{f_\nu\}$ in $\mathfrak{A}$ φ-meßbar.

Seien in der Tat $\bar{f}$ und f obere und untere Grenzfunktion von $\{f_\nu\}$. Vermöge der Schränkungstransformation (§ 1, Satz XI) können wir $\bar{f}$ und f als endlich annehmen. Dann ist die Konvergenzmenge von $\{f_\nu\}$ die Menge $\mathfrak{A}(\bar{f} - f) = 0$.

Nach Satz III sind $\bar{f}$ und f φ-meßbar, daher (§ 1, Satz IX) auch $\bar{f} - f$, daher ist (§ 1, Satz II) die Menge $\mathfrak{A}(\bar{f} - f = 0)$ φ-meßbar, und Satz V ist bewiesen.

Aus Satz IV folgern wir noch folgende charakteristische Bedingung für φ-Meßbarkeit einer Funktion[3]):

Satz VI. Sei f definiert auf $\mathfrak{A}$, abgesehen von einer Nullmenge. Damit f φ-meßbar sei auf $\mathfrak{A}$, ist notwendig

<hr>

[1]) Kap. IV, § 1, S. 231.
[2]) Kap. V, § 13, S. 380.
[3]) L. Tardini, Giorn. di mat. 49 (1911), 32.

und hinreichend, daß bei beliebig gegebenem $\varepsilon > 0$ $\mathfrak{A}$, abgesehen von einer Nullmenge, Vereinigung abzählbar vieler φ-meßbarer Mengen $\mathfrak{A}_\nu$ ($\nu = 1, 2, \ldots$) sei, auf deren jeder für die Schwankung von f (Kap. III, § 2, S. 190) gilt:

$$\omega(f, \mathfrak{A}_\nu) \leqq \varepsilon.$$

Die Bedingung ist notwendig. In der Tat, sei f φ-meßbar auf $\mathfrak{A}$. Dann ist für jedes ganzzahlige i die Menge

$$\mathfrak{A}^{(i)} = \mathfrak{A}(i\varepsilon \leqq f < (i+1)\varepsilon)$$

φ-meßbar, ebenso jede der beiden Mengen:

$$\mathfrak{A}' = \mathfrak{A}(f = +\infty), \quad \mathfrak{A}'' = \mathfrak{A}(f = -\infty).$$

Ferner ist:

$$\omega(f, \mathfrak{A}^{(i)}) \leqq \varepsilon; \quad \omega(f, \mathfrak{A}') = 0; \quad \omega(f, \mathfrak{A}'') = 0,$$

und die Vereinigung der abzählbar vielen Mengen $\mathfrak{A}^{(i)} \cdot (i = 0, \pm 1, \pm 2, \ldots)$, $\mathfrak{A}'$, $\mathfrak{A}''$ unterscheidet sich von $\mathfrak{A}$ nur durch eine Nullmenge.

Die Bedingung ist hinreichend. Sei in der Tat:

$$\mathfrak{A} = (\mathfrak{A}_1^{(n)} \dotplus \mathfrak{A}_2^{(n)} \dotplus \ldots \dotplus \mathfrak{A}_\nu^{(n)} \dotplus \ldots) + \mathfrak{N}^{(n)},$$

wo jede Menge $\mathfrak{A}_\nu^{(n)}$ φ-meßbar und

$$\omega(f, \mathfrak{A}_\nu^{(n)}) \leqq \frac{1}{n} \quad (\nu = 1, 2, \ldots),$$

und $\mathfrak{N}^{(n)}$ eine Nullmenge. Dann gibt es eine Zahl $c_\nu^{(n)}$, so daß[1]):

$$|f - c_\nu^{(n)}| \leqq \frac{1}{n} \quad \text{auf } \mathfrak{A}_\nu^{(n)}.$$

Definieren wir nun eine Funktion f_n auf $\mathfrak{A}$ durch:

$$f_n = c_1^{(n)} \quad \text{auf } \mathfrak{A}_1^{(n)};$$

$$f_n = c_\nu^{(n)} \quad \text{auf } (\mathfrak{A}_1^{(n)} \dotplus \mathfrak{A}_2^{(n)} \dotplus \ldots \dotplus \mathfrak{A}_\nu^{(n)}) - (\mathfrak{A}_1^{(n)} \dotplus \mathfrak{A}_2^{(n)} \dotplus \ldots \dotplus \mathfrak{A}_{\nu-1}^{(n)})$$

$$(\nu > 1),$$

so ist f_n φ-meßbar auf $\mathfrak{A}$, und es ist überall auf $\mathfrak{A}$, abgesehen von der Nullmenge $\mathfrak{N}^{(1)} \dotplus \mathfrak{N}^{(2)} \dotplus \ldots \dotplus \mathfrak{N}^{(n)} \dotplus \ldots$

$$f = \lim_{n = \infty} f_n.$$

Nach Satz IV ist also auch f φ-meßbar, und Satz VI ist bewiesen.

---

[1]) In der folgenden Ungleichung sollen auch die Fälle $f = +\infty$, $c_\nu^{(n)} = +\infty$ und $f = -\infty$, $c_\nu^{(n)} = -\infty$ inbegriffen sein.

Als Anwendung von Satz IV beweisen wir noch einen Satz, der die Sätze VI, VII, IX von § 1 als Spezialfälle enthält.

Satz VII. Sind die Funktionen $f_1, f_2, \ldots, f_k$ φ-meßbar und endlich auf $\mathfrak{A}$ (abgesehen von Nullmengen), und ist $g(x_1, x_2, \ldots, x_k)$ eine Bairesche Funktion[1] im $\mathfrak{R}_k$, so ist auch $g(f_1, f_2, \ldots, f_k)$ φ-meßbar auf $\mathfrak{A}$.

Nach § 1, Satz IX ist die Behauptung richtig, wenn g ein Polynom ist. Da aber bekanntlich jede im $\mathfrak{R}_k$ stetige Funktion Grenzfunktion von Polynomen ist, gilt die Behauptung nach Satz IV auch, wenn g stetig[2].

Ist $\{g_\nu\}$ eine konvergente Funktionenfolge im $\mathfrak{R}_k$, und gilt die Behauptung für jede Funktion g_ν, so gilt sie nach Satz IV auch für die Grenzfunktion $g = \lim\limits_{\nu = \infty} g_\nu$. Nach Kap. V, § 2, Satz I gilt sie also für alle Baireschen Funktionen, und Satz VII ist bewiesen.

Betrachten wir nun an Stelle einer Folge $\{f_\nu\}$ von Funktionen eine Funktion $f(a, t)$, die stetig von einem reellen Parameter t abhängt. Um einen bestimmten Fall vor Augen zu haben, wollen wir etwa annehmen, es sei $f(a, t)$ als φ-meßbare Funktion auf $\mathfrak{A}$ definiert für alle t aus $(0, 1)$. In Analogie zu Satz III gilt dann:

Satz VIII. Ist $f(a, t)$ für jedes reelle t aus $(0, 1)$ als Funktion von a φ-meßbar auf $\mathfrak{A}$, für jedes a aus $\mathfrak{A}$ als Funktion von t stetig in $(0, 1)$, so sind:

$$\bar{f}(a) = \overline{\lim_{t = +0}} f(a, t) \quad \text{und} \quad \underline{f}(a) = \underline{\lim_{t = +0}} f(a, t)$$

φ-meßbar auf $\mathfrak{A}$.

Sei in der Tat:
$$r_1^{(n)}, \, r_2^{(n)}, \, \ldots, \, r_\nu^{(n)}, \, \ldots$$

die Menge aller rationalen Zahlen aus $\left(0, \dfrac{1}{n}\right)$ und F_n die obere Schrankenfunktion der Folge:

$$f(a, r_1^{(n)}), \, f(a, r_2^{(n)}), \, \ldots, \, f(a, r_\nu^{(n)}), \, \ldots$$

Nach Satz II ist F_n φ-meßbar auf $\mathfrak{A}$. Offenbar ist ferner:

$$\bar{f} = \lim_{n = \infty} F_n,$$

und die Folge $\{F_n\}$ ist monoton abnehmend. Nach Satz I ist also auch $\bar{f}$ φ-meßbar, und Satz VIII ist bewiesen.

Satz IX[3]**).** Sei $\mathfrak{A}$ eine Menge endlichen φ-Maßes[4] und $\{f_\nu\}$ eine Folge auf $\mathfrak{A}$ φ-meßbarer Funktionen, die überall

---

[1]) Es genügt nicht, g als k-dimensional-meßbar vorauszusetzen. Vgl. § 6, Satz VII.

[2]) Ein andrer Beweis bei E. W. Hobson, The theory of functions of a real variable, 393.

[3]) Dieser Satz wurde, schrittweise allgemeiner, entwickelt von C. Arzelà, Mem. Bol. 1899, 135; É. Borel, Leçons sur les fonctions de variables réelles 37; H. Lebesgue, C. R. 137 (1903), 1229; Leçons sur les séries trigonométriques 10; D. Th. Egoroff, C. R. 152 (1911), 244.

[4]) Diese Voraussetzung kann nicht entbehrt werden. Beispiel im $\mathfrak{R}_1$: Sei φ der lineare Inhalt μ_1 und $f_\nu = 1$ in $[\nu, \nu + 1]$, sonst $= 0$.

auf $\mathfrak{A}$, abgesehen von einer Nullmenge, gegen eine endliche Grenzfunktion f konvergiert. Bedeutet $\mathfrak{A}(n, q)$ die Menge aller Punkte von $\mathfrak{A}$, in denen mindestens eine der Ungleichungen gilt:

$$|f - f_\nu| \geq q \quad (\nu \geq n),$$

so ist für jedes $q > 0$[1]):

$$(0) \qquad \lim_{n = \infty} \overline{\varphi}\,(\mathfrak{A}\,(n, q)) = 0.$$

In der Tat, nach Satz IV ist f φ-meßbar, daher auch jede Menge $\mathfrak{A}\,(|f - f_\nu| \geq q)$, daher auch die Menge:

$$\mathfrak{A}\,(n, q) = \mathfrak{A}\,(|f - f_n| \geq q) + \mathfrak{A}\,(|f - f_{n+1}| \geq q) + \cdots$$
$$+ \mathfrak{A}\,(|f - f_{n+k}| \geq q) + \cdots$$

Da die Mengenfolge $\{\mathfrak{A}\,(n, q)\}$ monoton abnimmt, und nach Annahme alle $\overline{\varphi}\,(\mathfrak{A}\,(n, q))$ endlich sind, gilt (Kap VI, § 1, Satz V) für den Durchschnitt:

$$\mathfrak{D} = \mathfrak{A}\,(1, q) \cdot \mathfrak{A}\,(2, q) \cdot \ldots \cdot \mathfrak{A}\,(n, q) \cdot \ldots$$

die Gleichung:

$$\overline{\varphi}\,(\mathfrak{D}) = \lim_{n = \infty} \overline{\varphi}\,(\mathfrak{A}\,(n, q)).$$

Da aber in keinem Punkte von $\mathfrak{D}$ die Folge $\{f_\nu\}$ gegen die endliche Funktion f konvergieren kann, muß $\overline{\varphi}\,(\mathfrak{D}) = 0$ sein. Es gilt also (0), und Satz IX ist bewiesen.

Eine leichte Folgerung aus Satz IX ist der Satz:

Satz X[2]). Sei $\mathfrak{A}$ von endlichem φ-Maße und $\{g_\nu\}$ eine Folge auf $\mathfrak{A}$ φ-meßbarer Funktionen. Gibt es ein $q > 0$, so daß:

$$(00) \qquad \overline{\varphi}\,(\mathfrak{A}\,(|g_\nu| < q)) \leq \varrho \quad \text{für unendlich viele } \nu,$$

so hat die Menge aller Punkte von $\mathfrak{A}$, in denen die Reihe $\sum_{\nu=1}^{\infty} g_\nu$ eigentlich konvergiert, einen $\overline{\varphi}$-Inhalt $\leq \varrho$.

Zum Beweise setzen wir:

$$f_n = \sum_{\nu=1}^{n} g_\nu; \quad f = \sum_{\nu=1}^{\infty} g_\nu.$$

Sei $\mathfrak{A}'$ die Menge aller Punkte von $\mathfrak{A}$, in denen $\sum_{\nu=1}^{\infty} g_\nu$ eigentlich konvergiert, und somit f definiert und endlich ist, und sei $\mathfrak{A}'\left(n, \dfrac{q}{2}\right)$ die

---

[1]) Es bedeutet $\overline{\varphi}$, wie immer, die Absolutfunktion von φ.
[2]) H. Lebesgue, a. a. O.

Menge aller Punkte von $\mathfrak{A}'$, in denen mindestens eine der Ungleichungen gilt:

$$|f_\nu - f| \geqq \frac{q}{2} \quad (\nu \geqq n).$$

Angenommen nun, es wäre:

$$\overline{\varphi}(\mathfrak{A}') > \varrho.$$

Nach Satz IX ist dann auch:

$$(000) \qquad \overline{\varphi}\left(\mathfrak{A}' - \mathfrak{A}'\left(n, \frac{q}{2}\right)\right) > \varrho \quad \text{für fast alle } n.$$

In den Punkten von $\mathfrak{A}' - \mathfrak{A}'\left(n, \frac{q}{2}\right)$ aber ist:

$$|g_\nu| \leqq |f_\nu - f| + |f - f_{\nu-1}| < q \quad \text{für } \nu > n,$$

was wegen (000) in Widerspruch steht zu (00). Damit ist Satz X bewiesen.

Sei $\{f_\nu\}$ eine Folge auf $\mathfrak{A}$ φ-meßbarer Funktionen. Sie heißt[1]) **wesentlich-gleichmäßig** konvergent gegen f auf $\mathfrak{A}$ (für die Basis φ), wenn es eine Folge $\{\mathfrak{A}_n\}$ φ-meßbarer Teile von $\mathfrak{A}$ gibt, auf deren jedem $\{f_\nu\}$ gleichmäßig gegen f konvergiert, und für die:

$$\lim_{n=\infty} \overline{\varphi}(\mathfrak{A} - \mathfrak{A}_n) = 0.$$

Satz XI.[2]) Sei $\mathfrak{A}$ von endlichem φ-Maße[3]) und $\{f_\nu\}$ eine Folge auf $\mathfrak{A}$ φ-meßbarer Funktionen. Damit $\{f_\nu\}$ auf $\mathfrak{A}$ gegen f konvergiere, abgesehen von einer Nullmenge, ist notwendig und hinreichend, daß $\{f_\nu\}$ auf $\mathfrak{A}$ wesentlich-gleichmäßig gegen f konvergiere.

Die Bedingung ist **notwendig.** Es konvergiere $\{f_\nu\}$ gegen f überall auf $\mathfrak{A}$, abgesehen von einer Nullmenge. Wir können, vermöge der Schränkungstransformation, ohne weiteres die f_ν und f als beschränkt annehmen. Sei $\{\varepsilon_n\}$ eine Folge positiver Zahlen mit

$$(*) \qquad \lim_{n=\infty} \varepsilon_n = 0,$$

und sei:

$$(**) \qquad \alpha_1 + \alpha_2 + \dots + \alpha_n + \dots$$

eine eigentlich konvergente Reihe positiver Zahlen. Nach Satz IX

---

[1]) Nach H. Weyl, Math. Ann. 67, (1909), 225.
[2]) D. Th. Egoroff, C. R. 152 (1911), 244.
[3]) Diese Voraussetzung kann nicht entbehrt werden, wie das Beispiel von S. 556, Fußn. [4]) zeigt.

gibt es einen Teil $\mathfrak{B}_n$ von $\mathfrak{A}$ und einen Index ν_n, so daß:

$$(\text{***}) \qquad \overline{\varphi}\,(\mathfrak{A} - \mathfrak{B}_n) < \alpha_n,$$

$$(*_*^{\,*}) \qquad |\,f_\nu - f\,| < \varepsilon_n \ \text{ auf } \mathfrak{B}_n \ \text{ für } \nu \geqq \nu_n.$$

Setzen wir:

$$\mathfrak{A}_i = \mathfrak{B}_i \cdot \mathfrak{B}_{i+1} \cdot \ldots \cdot \mathfrak{B}_{i+k} \cdot \ldots,$$

so ist wegen (***):

$$\overline{\varphi}\,(\mathfrak{A} - \mathfrak{A}_i) < \alpha_i + \alpha_{i+1} + \ldots + \alpha_{i+k} + \ldots$$

und somit wegen der eigentlichen Konvergenz der Reihe (**):

$$(_*^*{}_*) \qquad \lim_{i=\infty} \overline{\varphi}\,(\mathfrak{A} - \mathfrak{A}_i) = 0.$$

Auf $\mathfrak{A}_i$ aber ist wegen $(*_*^{\,*})$:

$$|\,f_\nu - f\,| < \varepsilon_n \quad \text{für } \nu \geqq \nu_n \text{ und } n \geqq i.$$

Bei Beachtung von (*) aber besagt dies: $\{f_\nu\}$ konvergiert auf $\mathfrak{A}_i$ gleichmäßig gegen f. Wegen $(_*^*{}_*)$ ist also die Behauptung bewiesen.

Die Bedingung ist hinreichend. Angenommen in der Tat, für die Konvergenzmenge von $\{f_\nu\}$ in $\mathfrak{A}$ wäre:

$$\overline{\varphi}\,(\mathfrak{A}') < \overline{\varphi}\,(\mathfrak{A}).$$

Da für jeden φ-meßbaren Teil $\mathfrak{B}$ von $\mathfrak{A}$, auf dem $\{f_\nu\}$ gleichmäßig konvergiert, gewiß:

$$\overline{\varphi}\,(\mathfrak{B}) \leqq \overline{\varphi}\,(\mathfrak{A}')$$

ist, kann $\{f_\nu\}$ auf $\mathfrak{A}$ nicht wesentlich-gleichmäßig konvergieren. Damit ist Satz XI bewiesen.

Satz XI kann nicht dahin verschärft werden, daß es in $\mathfrak{A}$ einen Teil $\mathfrak{B}$ gibt, auf dem $\{f_\nu\}$ gleichmäßig konvergiert, und für den:

$$(\dagger) \qquad \overline{\varphi}\,(\mathfrak{B}) = \overline{\varphi}\,(\mathfrak{A})$$

wäre[1]). Beispiel im $\mathfrak{R}_1$: Sei φ der lineare Inhalt μ_1, sei $\mathfrak{A}$ das Intervall $(0, 1)$ und: $f_\nu = 1$ in $\left(0, \dfrac{1}{\nu}\right)$, sonst $= 0$. Dann ist $\lim\limits_{\nu=\infty} f_\nu = 0$ auf $\mathfrak{A}$. Jeder Teil $\mathfrak{B}$ von $\mathfrak{A}$, für den $(\dagger)$ gilt, hat den Punkt 0 zum Häufungspunkt, so daß auf ihm $\{f_\nu\}$ nicht gleichmäßig gegen 0 konvergieren kann.

Für Funktionenfolgen $\{f_\nu\}$, die auf $\mathfrak{A}$ nicht überall, abgesehen von einer Nullmenge, konvergieren, treten an Stelle von Satz XI die folgenden Sätze[2]):

Satz XII. Ist $\mathfrak{A}$ von endlichem φ-Maße und $\{f_\nu\}$ eine Folge auf $\mathfrak{A}$ φ-meßbarer Funktionen, so gibt es in $\mathfrak{A}$ eine Folge φ-meßbarer

---

[1]) C. Carathéodory, Vorl. über reelle Funktionen, 384.

[2]) W. H. Young, Quart. Journ. 1913, 129; Lond. Proc. (2) 12 (1913), 363.

Teile $\{\mathfrak{A}_n\}$, so daß in jedem Punkte von $\mathfrak{A}_n$ die Folge $\{f_\nu\}$ gleichmäßig auf $\mathfrak{A}_n$ oszilliert[1]), und so daß:

$$\lim_{n=\infty} \overline{\varphi}\,(\mathfrak{A} - \mathfrak{A}_n) = 0.$$

In der Tat, es genügt, die Existenz einer Folge $\{\mathfrak{A}_n'\}$ φ-meßbarer Teile von $\mathfrak{A}$ nachzuweisen, so daß in jedem Punkte von $\mathfrak{A}_n'$ die Folge $\{f_\nu\}$ oberhalb gleichmäßig auf $\mathfrak{A}_n'$ oszilliert, und daß:

(††) $$\lim_{n=\infty} \overline{\varphi}\,(\mathfrak{A} - \mathfrak{A}_n') = 0.$$

Denn ganz in derselben Weise zeigt man die Existenz einer Folge $\{\mathfrak{A}_n''\}$, die die analogen Eigenschaften für unterhalb gleichmäßige Oszillation zeigt; und die Durchschnitte

$$\mathfrak{A}_n = \mathfrak{A}_n' \cdot \mathfrak{A}_n''$$

erfüllen die Forderungen von Satz XII.

Sei nun $\bar{f}_\nu$ die obere Schrankenfunktion der ν-ten Restfolge von $\{f_\nu\}$, und $\bar{f}$ die obere Grenzfunktion von $\{f_\nu\}$, dann ist überall auf $\mathfrak{A}$ (abgesehen von Nullmengen, in denen nicht alle f_ν definiert sind):

$$\bar{f} = \lim_{\nu=\infty} \bar{f}_\nu.$$

Nach Satz XI ist die Konvergenz von $\{\bar{f}_\nu\}$ gegen $\bar{f}$ wesentlich gleichmäßig, d. h. es gibt eine (††) erfüllende Folge $\{\mathfrak{A}_n'\}$, so daß $\{\bar{f}_\nu\}$ auf $\mathfrak{A}_n'$ gleichmäßig gegen $\bar{f}$ konvergiert. Nach Kap. IV, § 4, Satz III ist $\{f_\nu\}$ in jedem Punkte von $\mathfrak{A}_n'$ oberhalb gleichmäßig oszillierend, und Satz XII ist bewiesen.

Satz XIII. Ist $\mathfrak{A}$ von endlichem φ-Maße und $\{f_\nu\}$ eine Folge auf $\mathfrak{A}$ φ-meßbarer Funktionen, so gibt es in $\mathfrak{A}$ eine Folge φ-meßbarer Teile $\{\mathfrak{B}_n\}$, so daß in jedem Punkte von $\mathfrak{B}_n$ die Folge $\{f_\nu\}$ sekundär-gleichmäßig auf $\mathfrak{B}_n$ oszilliert[2]), und so daß:

$$\lim_{n=\infty} \overline{\varphi}\,(\mathfrak{A} - \mathfrak{B}_n) = 0.$$

Wie beim Beweise von Satz XII genügt es, sich auf oberhalb sekundärgleichmäßige Oszillation zu beschränken.

Sei wieder $\bar{f}_\nu$ die obere Schrankenfunktion der ν-ten Restfolge von $\{f_\nu\}$ und $\bar{f}_{\nu,\,l}$ der größte unter den $l+1$ Funktionswerten $f_\nu, f_{\nu+1}, \ldots, f_{\nu+l}$. Dann ist überall auf $\mathfrak{A}$, abgesehen von Nullmengen:

$$\bar{f}_\nu = \lim_{l=\infty} \bar{f}_{\nu,\,l}.$$

Nach Satz XI gibt es also zu jedem ν eine Folge $\{\mathfrak{B}_{\nu,\,n}\}$ φ-meßbarer Teile von $\mathfrak{A}$, auf deren jedem $\{\bar{f}_{\nu,\,l}\}$ gleichmäßig gegen $\bar{f}_\nu$ konvergiert, und für die:

(×) $$\lim_{n=\infty} \overline{\varphi}\,(\mathfrak{A} - \mathfrak{B}_{\nu,\,n}) = 0.$$

---

[1]) Kap. IV, § 4, S. 254.
[2]) Kap. IV, § 4. S. 257.

Sei nun

(××)
$$\sum_{\nu,\,n} \alpha_{\nu,\,n}$$

eine eigentlich konvergente Doppelreihe positiver Zahlen. Wegen (×) kann, indem man nötigenfalls von der Folge $\mathfrak{B}_{\nu,1}, \mathfrak{B}_{\nu,2}, \ldots, \mathfrak{B}_{\nu,n}, \ldots$ zu einer Teilfolge übergeht, angenommen werden:

$$\overline{\varphi}\,(\mathfrak{A} - \mathfrak{B}_{\nu,\,n}) < \alpha_{\nu,\,n}.$$

Setzen wir dann:

$$\mathfrak{B}'_n = \mathfrak{B}_{1,\,n} \cdot \mathfrak{B}_{2,\,n} \cdot \ldots \cdot \mathfrak{B}_{\nu,\,n} \cdot \ldots,$$

so konvergiert auf $\mathfrak{B}'_n$ jede Folge $\{\bar{f}_{\nu,\,\iota}\}$ gleichmäßig gegen $\bar{f}_\nu$, d. h. in jedem Punkte von $\mathfrak{B}'_n$ ist $\{f_\nu\}$ oberhalb sekundär-gleichmäßig oszillierend auf $\mathfrak{B}'_n$. Ferner ist:

$$\overline{\varphi}\,(\mathfrak{A} - \mathfrak{B}'_n) < \sum_\nu \alpha_{\nu,\,n}.$$

Wegen der eigentlichen Konvergenz der Doppelreihe (××) ist also:

$$\lim_{n = \infty} \overline{\varphi}\,(\mathfrak{A} - \mathfrak{B}'_n) = 0.$$

Damit aber ist Satz XIII bewiesen.

Die Sätze XII und XIII ergeben zusammen:

Satz XIV. Ist $\mathfrak{A}$ von endlichem φ-Maße und $\{f_\nu\}$ eine Folge auf $\mathfrak{A}$ φ-meßbarer Funktionen, so gibt es in $\mathfrak{A}$ eine Folge φ-meßbarer Teile $\{\mathfrak{C}_n\}$, so daß in jedem Punkte von $\mathfrak{C}_n$ die Folge $\{f_\nu\}$ sowohl gleichmäßig als auch sekundär-gleichmäßig auf $\mathfrak{C}_n$ oszilliert, und so daß:

$$\lim_{n = \infty} \overline{\varphi}\,(\mathfrak{A} - \mathfrak{C}_n) = 0.$$

In der Tat, man hat, wenn $\mathfrak{A}_n$ und $\mathfrak{B}_n$ dieselbe Bedeutung haben wie in Satz XII und XIII, nur zu setzen:

$$\mathfrak{C}_n = \mathfrak{A}_n \cdot \mathfrak{B}_n.$$

Wir beweisen nun noch einen Satz über Doppelfolgen:

Satz XV[1]). Sei $\mathfrak{A}$ Vereinigung abzählbar vieler Mengen $\mathfrak{A}_\nu$ $(\nu = 1, 2, \ldots)$ endlichen φ-Maßes, und sei $f_{k,\iota}$ $(k, l = 1, 2, \ldots)$ eine Doppelfolge auf $\mathfrak{A}$ φ-meßbarer Funktionen. Ist dann überall auf $\mathfrak{A}$, abgesehen von einer Nullmenge:

(1)
$$f = \lim_{k = \infty} \left(\lim_{l = \infty} f_{k,\,\iota} \right),$$

so gibt es in der Doppelfolge der $f_{k,\iota}$ eine einfache Teilfolge $\{f_{k_i,\,\iota_i}\}$, so daß überall auf $\mathfrak{A}$, abgesehen von einer Nullmenge:

$$f = \lim_{i = \infty} f_{k_i,\,\iota_i}.$$

---

[1]) M. **Fréchet**, Rend. Pal. 22 (1906), 15.

Beim Beweise können wir ohne weiteres annehmen:

$$(2) \qquad \mathfrak{A}_\nu \prec \mathfrak{A}_{\nu+1},$$

und vermöge der Schränkungstransformation können wir die $f_{k,l}$ als beschränkt annehmen.

Sei $\{\varepsilon_\nu\}$ eine Folge positiver Zahlen mit

$$\lim_{\nu=\infty} \varepsilon_\nu = 0,$$

und sei

$$(3) \qquad \alpha_1 + \alpha_2 + \ldots + \alpha_\nu + \ldots$$

eine eigentlich konvergente Reihe positiver Zahlen. Wir setzen:

$$(4) \qquad f_k = \lim_{l=\infty} f_{k,l}.$$

Wegen (1) gibt es nach Satz XI einen Teil $\mathfrak{A}'_\nu$ von $\mathfrak{A}_\nu$, auf dem $\{f_k\}$ gleichmäßig gegen f konvergiert, und für den:

$$(5) \qquad \overline{\varphi}\,(\mathfrak{A}_\nu - \mathfrak{A}'_\nu) < \alpha_\nu.$$

Es gibt also ein k_ν, so daß:

$$(6) \qquad |f - f_{k_\nu}| < \varepsilon_\nu \quad \text{auf } \mathfrak{A}'_\nu.$$

Wegen (4) gibt es ebenso in $\mathfrak{A}'_\nu$ einen Teil $\mathfrak{A}''_\nu$, auf dem $\{f_{k_\nu,l}\}$ gleichmäßig gegen f_{k_ν} konvergiert, und für den:

$$(7) \qquad \overline{\varphi}\,(\mathfrak{A}'_\nu - \mathfrak{A}''_\nu) < \alpha_\nu.$$

Es gibt also ein l_ν, so daß:

$$(8) \qquad |f_{k_\nu} - f_{k_\nu,l_\nu}| < \varepsilon_\nu \quad \text{auf } \mathfrak{A}''_\nu.$$

Wegen (5) und (7) ist:
$$(9) \qquad \overline{\varphi}\,(\mathfrak{A}_\nu - \mathfrak{A}''_\nu) < 2\,\alpha_\nu\,;$$
Wegen (6) und (8) ist:

$$(10) \qquad |f - f_{k_\nu,l_\nu}| < 2\,\varepsilon_\nu \quad \text{auf } \mathfrak{A}''_\nu.$$

Wir bilden nun für jedes $n \geqq \nu$ die Menge:

$$\mathfrak{A}_{\nu,n} = \mathfrak{A}_\nu \cdot \mathfrak{A}''_n \cdot \mathfrak{A}''_{n+1} \cdot \ldots \cdot \mathfrak{A}''_{n+r} \cdot \ldots$$

Dann ist, bei Beachtung von (2), wegen (9):

$$\overline{\varphi}\,(\mathfrak{A}_\nu - \mathfrak{A}_{\nu,n}) < 2\,(\alpha_n + \alpha_{n+1} + \ldots + \alpha_{n+r} + \ldots).$$

Wegen der eigentlichen Konvergenz von (3) ist also:

$$(11) \qquad \lim_{n=\infty} \overline{\varphi}\,(\mathfrak{A}_\nu - \mathfrak{A}_{\nu,n}) = 0.$$

Ferner ist wegen (10):

$$|f - f_{k_i,l_i}| < 2\,\varepsilon_i \quad \text{auf } \mathfrak{A}_{\nu,n} \text{ für } i \geqq n,$$

d. h. die Folge $\{f_{k_i, \iota_i}\}$ konvergiert gleichmäßig auf $\mathfrak{A}_{\nu, n}$ gegen f. Wegen (11) konvergiert sie also wesentlich-gleichmäßig auf $\mathfrak{A}_\nu$ gegen f. Nach Satz XI konvergiert sie also überall auf $\mathfrak{A}_\nu$ gegen f, abgesehen von einer Nullmenge. Sie konvergiert daher auch überall auf $\mathfrak{A}$ gegen f, abgesehen von einer Nullmenge, und Satz XV ist bewiesen.

§ 3. Die Basisfunktion als gewöhnliche Maßfunktion.

Wir wollen nun insbesondere annehmen, die Absolutfunktion $\overline{\varphi}$ der dem Begriffe der Meßbarkeit zugrunde gelegten Mengenfunktion φ sei eine gewöhnliche Maßfunktion[1]) (Kap. VI, § 6, S. 430). Dann gilt:

Satz I. Ist $\overline{\varphi}$ eine gewöhnliche Maßfunktion, so ist jede Bairesche Funktion auf $\mathfrak{A}$ auch φ-meßbar auf $\mathfrak{A}$.

In der Tat, ist f eine Bairesche Funktion auf $\mathfrak{A}$, so ist (Kap. V, § 7, Satz IV) jede Menge $\mathfrak{A}(p \leq f \leq q)$ eine Borelsche Menge, mithin nach Kap. VI, § 6, Satz II $\overline{\varphi}$-meßbar, und daher auch φ-meßbar. Nach § 1, Satz IV ist daher f φ-meßbar, und Satz I ist bewiesen.

Unter geeigneten Voraussetzungen über $\mathfrak{A}$ und φ sind andrerseits durch die Baireschen Funktionen nicht alle meßbaren Funktionen erschöpft. Dies gilt insbesondre im $\mathfrak{R}_k$, wenn φ der k-dimensionale Inhalt μ_k ist. Denn:

Satz II. Es gibt im $\mathfrak{R}_k$ $\mathfrak{c}^{\mathfrak{c}}$ μ_k-meßbare Funktionen.

In der Tat, es gibt im $\mathfrak{R}_k$ perfekte Mengen $\mathfrak{P}$ des μ_k-Inhaltes 0 (Kap. VI, § 8, Satz VI). Jede Funktion h, die auf einer solchen Menge beliebige Werte annimmt, auf $\mathfrak{R}_k - \mathfrak{P}$ aber $= 0$ ist, ist μ_k-meßbar. Da $\mathfrak{P}$ die Mächtigkeit $\mathfrak{c}$ hat, gibt es solcher Funktionen $\mathfrak{c}^{\mathfrak{c}}$, und Satz II ist bewiesen.

Da andrerseits die Menge aller Baireschen Funktionen im $\mathfrak{R}_k$ die Mächtigkeit $\mathfrak{c}$ hat (Kap. V, § 1, Satz I) und $\mathfrak{c}^{\mathfrak{c}} > \mathfrak{c}$ ist, so folgt, wie behauptet:

Satz III. Es gibt im $\mathfrak{R}_k$ μ_k-meßbare Funktionen, die nicht Bairesche Funktionen sind.

Da jede stetige Funktion eine Bairesche Funktion ist, lehrt Satz I insbesondere, daß jede stetige Funktion φ-meßbar ist. Dies kann noch verallgemeinert werden.

---

[1]) Genauer gesprochen: es gebe eine gewöhnliche Maßfunktion ψ, derart daß der σ-Körper der ψ-meßbaren Mengen übereinstimmt mit dem σ-Körper M, in dem φ definiert ist, und daß für alle Mengen aus M die Funktionen ψ und $\overline{\varphi}$ übereinstimmen.

Satz IV. Ist $\overline{\varphi}$ eine gewöhnliche Maßfunktion, so ist jede Funktion f, die stetig ist in allen Punkten von $\mathfrak{A}$, ausgenommen die Punkte einer Nullmenge, auch φ-meßbar auf $\mathfrak{A}$.

Sei in der Tat $\mathfrak{N}$ die Menge aller Unstetigkeitspunkte von f auf $\mathfrak{A}$. Es ist:

$$\mathfrak{A} = (\mathfrak{A} - \mathfrak{N}) + \mathfrak{N}.$$

Da die Funktion f stetig ist auf $\mathfrak{A} - \mathfrak{N}$, so ist sie, wie eben bemerkt, auch φ-meßbar auf $\mathfrak{A} - \mathfrak{N}$. Auf $\mathfrak{N}$ ist sie gleichfalls φ-meßbar, da auf einer Nullmenge jede Funktion φ-meßbar ist. Also ist sie nach § 1, Satz XII auch φ-meßbar auf $\mathfrak{A}$, und Satz IV ist bewiesen.

Wir können nun auch die Sätze II und III noch verschärfen:

Satz V. Es gibt $\mathfrak{c}^{\mathfrak{c}}$ Funktionen, die überall im $\mathfrak{R}_k$ stetig sind, abgesehen von einer Nullmenge[1]).

In der Tat, die beim Beweise von Satz II benutzten Funktionen h sind sämtlich stetig im $\mathfrak{R}_k$, abgesehen von einer Nullmenge.

Daraus folgt dann weiter (wie Satz III aus Satz II):

Satz VI. Es gibt Funktionen, die überall im $\mathfrak{R}_k$ stetig sind, abgesehen von einer Nullmenge[2]), aber keine Baireschen Funktionen sind.

Aus Satz XV von § 2 folgern wir nun:

Satz VII. Sei $\overline{\varphi}$ eine gewöhnliche Maßfunktion und $\mathfrak{A}$ Vereinigung abzählbar vieler Mengen endlichen φ-Maßes. Dann gibt es zu jeder Baireschen Funktion f auf $\mathfrak{A}$ eine Folge $\{f_i\}$ auf $\mathfrak{A}$ stetiger Funktionen, so daß überall auf $\mathfrak{A}$, abgesehen von einer Nullmenge:

$$f = \lim_{i=\infty} f_i.$$

Wir führen den Beweis durch Induktion. Angenommen, die Behauptung sei richtig für Bairesche Funktionen geringerer als α-ter Klasse. Ist f von α-ter Klasse, so gilt:

$$(0) \qquad\qquad f = \lim_{k=\infty} f_k,$$

wo die f_k Bairesche Funktionen geringerer als α-ter Klasse. Nach Annahme ist dann überall auf $\mathfrak{A}$, abgesehen von Nullmengen:

$$(00) \qquad\qquad f_k = \lim_{l=\infty} f_{k,l},$$

---

[1]) Nach der Basis μ_k.
[2]) Nach der Basis μ_k.

wo die $f_{k,l}$ stetig, und mithin nach Satz I φ-meßbar auf $\mathfrak{A}$. Aus (0) und (00) folgt:

$$f = \lim_{k=\infty} (\lim_{l=\infty} f_{k,l}),$$

und durch Anwendung von § 2, Satz XV folgt die Behauptung von Satz VII.

Wir können beträchtlich weiter gehen, wenn wir $\overline{\varphi}$ als Inhaltsfunktion voraussetzen (Kap. VI, § 7, S. 444).

Satz VIII[1]). Sei $\overline{\varphi}$ eine Inhaltsfunktion, und sei $\mathfrak{A}$ Vereinigung abzählbar vieler Mengen von endlichem φ-Maße. Ist f φ-meßbar auf $\mathfrak{A}$, so gibt es eine auf $\mathfrak{A}$ zu f äquivalente[2]) Funktion f^* höchstens zweiter Klasse.

Vermöge der Schränkungstransformation können wir ohne weiteres f als beschränkt annehmen. Seien u und v untere und obere Schranke von f auf $\mathfrak{A}$:

$$(\times) \qquad\qquad u \leqq f \leqq v.$$

Sei r eine rationale Zahl. Wir betrachten die Menge $\mathfrak{A}(f > r)$. Da $\overline{\varphi}$ eine Inhaltsfunktion, gibt es (Kap. VI, § 7, Satz V) einen $\mathfrak{A}(f > r)$ enthaltenden o-Durchschnitt $\mathfrak{A}_r$, der maßgleiche Hülle von $\mathfrak{A}(f > r)$ ist. Indem wir nötigenfalls $\mathfrak{A}_{r'}$ ersetzen durch den Durchschnitt aller $\mathfrak{A}_r$ $(r \leqq r')$, können wir annehmen, es sei:

$$(\times\times) \qquad\qquad \mathfrak{A}_{r'} < \mathfrak{A}_{r''} \quad \text{wenn } r' > r''.$$

Da $\mathfrak{A}_r$ maßgleiche Hülle von $\mathfrak{A}(f > r)$, ist:

$$(\times\times\times) \qquad\qquad \overline{\varphi}\,(\mathfrak{A}_r - \mathfrak{A}(f > r)) = 0.$$

Wir wählen nun für r insbesondere die Zahlen $\dfrac{i}{2^{\nu}}$ $(i = 0, \pm 1,$ $\pm 2, \ldots)$ und definieren auf $\mathfrak{A}$ eine Funktion f_ν durch[3]):

$$f_\nu = \frac{i}{2^{\nu}} \quad \text{auf } \mathfrak{A}_{\frac{i-1}{2^{\nu}}} - \mathfrak{A}_{\frac{i}{2^{\nu}}}.$$

Dann ist für jedes q die Menge $\mathfrak{A}(f_\nu \geqq q)$ eine der Mengen $\mathfrak{A}_{\frac{i}{2^{\nu}}}$ und mithin ein o-Durchschnitt, daher ist (Kap. V, § 5, Satz II) f_ν höchstens eine Funktion g_2. Die Funktionenfolge $\{f_\nu\}$ ist, wenn man $(\times\times)$ beachtet, monoton abnehmend, also ist (Kap. V, § 3, Satz VII) auch

---

[1]) G. Vitali, Rend. Lomb. 38 (1905), 599.

[2]) § 1, S. 550.

[3]) Da wegen $(\times)$ $\mathfrak{A}_r$ für $r > v$ leer, für $r < u$ aber $\mathfrak{A}_r = \mathfrak{A}$ ist, so ist f_ν auf ganz $\mathfrak{A}$ definiert.

die Funktion
$$(\times\!\times) \qquad\qquad f^* = \lim_{\nu=\infty} f_\nu$$

höchstens eine Funktion g_2 und mithin auch (Kap. V, § 6, Satz I) eine Funktion höchstens zweiter Klasse.

Abgesehen von den Mengen $\mathfrak{A}_{\frac{i}{2^\nu}} = \mathfrak{A}\left(f > \dfrac{i}{2^\nu}\right)$ $(i = 0, \pm 1, \pm 2, \ldots)$ ist überall auf $\mathfrak{A}$:

$$0 \leq f_\nu - f < \frac{1}{2^\nu}.$$

Abgesehen von der Vereinigung $\mathfrak{B}$ aller Mengen $\mathfrak{A}_r = \mathfrak{A}(f > r)$ ist also:

$$f^* = f,$$

und da wegen $(\times\!\times\!\times)$:

$$\overline{\varphi}(\mathfrak{B}) = 0$$

ist, so ist:

$$f^* \sim f,$$

und Satz VIII ist bewiesen.

Wir haben noch darüber hinaus gezeigt, daß f^* höchstens eine Funktion g_2 ist. Beachten wir noch, daß überall auf $\mathfrak{A}$:

$$f_\nu \geqq f,$$

so folgt aus $(\times\!\times)$ auch:
$$(\times\!\times) \qquad\qquad f^* \geqq f.$$

Sei endlich noch G die obere Schrankenfunktion von f auf $\mathfrak{A}$. Dann ist G oberhalb stetig, und daher höchstens eine Funktion g_2. Ersetzen wir überall f^* durch den kleineren der beiden Werte f^* und G, so ist also die so entstehende Funktion auch höchstens eine Funktion g_2 (Kap. V, § 3, Satz V), und wir können den Satz aussprechen:

Satz IX. Von der Funktion f^* von Satz VIII kann angenommen werden, sie sei höchstens eine Funktion g_2, die der Ungleichung genügt (wo G die obere Schrankenfunktion von f auf $\mathfrak{A}$):

$$f \leqq f^* \leqq G \,^1).$$

Nun können wir Satz VII bedeutend verschärfen:

Satz X. Sei $\overline{\varphi}$ eine Inhaltsfunktion, und sei $\mathfrak{A}$ Vereinigung abzählbar vieler Mengen von endlichem φ-Maße. Dann gibt es zu jeder auf $\mathfrak{A}$ φ-meßbaren Funktion f eine

---

$^1)$ Oder höchstens eine Funktion G_2, die der Ungleichung genügt:
$$f \geqq f^* \geqq g,$$
wo g die untere Schrankenfunktion von f auf $\mathfrak{A}$.

Folge $\{f_i\}$ auf $\mathfrak{A}$ stetiger Funktionen, so daß überall auf $\mathfrak{A}$, abgesehen von einer Nullmenge:

$$(\dagger) \qquad\qquad f = \lim_{i=\infty} f_i.$$

Sei in der Tat f^* eine zu f äquivalente Funktion höchstens zweiter Klasse (Satz VIII). Nach Satz VII gibt es eine Folge auf $\mathfrak{A}$ stetiger Funktionen $\{f_i\}$, so daß überall auf $\mathfrak{A}$, abgesehen von einer Nullmenge:

$$f^* = \lim_{i=\infty} f_i.$$

Da aber $f \sim f^*$, gilt auch ($\dagger$) überall auf $\mathfrak{A}$, abgesehen von einer Nullmenge, und Satz X ist bewiesen.

Aus Satz X nun folgern wir leicht:

Satz XI. Sei $\overline{\varphi}$ eine Inhaltsfunktion, und sei $\mathfrak{A}$ Vereinigung abzählbar vieler Mengen von endlichem φ-Maße. Dann gibt es zu jeder auf $\mathfrak{A}$ φ-meßbaren Funktion[1] f einen maßgleichen Kern $\mathfrak{B}$ von $\mathfrak{A}$, auf dem f von höchstens erster Klasse ist.

In der Tat, nach Satz X gilt ($\dagger$) überall auf $\mathfrak{A}$, abgesehen von einer Nullmenge, d. h. auf einem maßgleichen Kerne $\mathfrak{B}$ von $\mathfrak{A}$, und da die f_i stetig auf $\mathfrak{A}$, und somit auch auf $\mathfrak{B}$, ist f von höchstens erster Klasse auf $\mathfrak{B}$, und Satz XI ist bewiesen.

Man darf nicht etwa schließen, f sei äquivalent einer Funktion höchstens erster Klasse auf $\mathfrak{A}$[2]; denn die Folge $\{f_i\}$ in ($\dagger$) wird auf $\mathfrak{A} - \mathfrak{B}$ im allgemeinen nicht konvergent sein, und daher nicht eine Funktion höchstens erster Klasse auf $\mathfrak{A}$ definieren. Ein Beispiel hierfür erhalten wir in folgender Weise:

Wir konstruieren zuerst im Intervalle $[a, b]$ des $\mathfrak{R}_1$ eine linear-meßbare Punktmenge $\mathfrak{C}$, die ebenso wie ihr Komplement $\mathfrak{K}$ in keinem Teilintervalle von $[a, b]$ den Inhalt 0 hat. Sei zu dem Zwecke $\{\lambda_n\}$ eine Folge positiver Zahlen < 1, für die das Produkt:

$$(\dagger\dagger) \qquad\qquad \prod_{n=1}^{\infty}(1 - \lambda_n) \neq 0$$

wird. Sei $\mathfrak{C}_1$ eine abgeschlossene, nirgends dichte Punktmenge aus $[a, b]$, für die (Kap. VI, § 8, Satz X):

$$\mu_1(\mathfrak{C}_1) = \lambda_1(b - a).$$

Für das Komplement $\mathfrak{K}_1$ von $\mathfrak{C}_1$ zu $[a, b]$ gilt dann:

$$\mu_1(\mathfrak{K}_1) = (1 - \lambda_1)(b - a).$$

---

[1] Ist $\overline{\varphi}$ nur eine gewöhnliche Maßfunktion, so gilt die Behauptung für alle Baireschen Funktionen auf $\mathfrak{A}$ (vgl. Satz VII).

[2] Vgl. C. Burstin, Monatsh. f. Math. 27 (1916), 163.

In jedes punktfreie Intervall $(a_\nu^{(1)}, b_\nu^{(1)})$ von $\mathfrak{C}_1$ in (a, b) setzen wir eine abgeschlossene nirgends dichte Punktmenge $\mathfrak{C}_\nu^{(2)}$, für die:

$$\mu_1 (\mathfrak{C}_\nu^{(2)}) = \lambda_2 (b_\nu^{(1)} - a_\nu^{(1)}).$$

Für die Vereinigung:

$$\mathfrak{C}_2 = \mathfrak{C}_1^{(2)} + \mathfrak{C}_2^{(2)} + \ldots \mathfrak{C}_\nu^{(2)} + \ldots$$

gilt dann:

$$\mu_1 (\mathfrak{C}_2) = \lambda_2 \sum_{\nu=1}^{\infty} (b_\nu^{(1)} - a_\nu^{(1)}) = \lambda_2 \mu_1 (\mathfrak{R}_1) = (1 - \lambda_1) \, \lambda_2 \, (b - a).$$

Für die Vereinigung $\mathfrak{C}_1 + \mathfrak{C}_2$ und ihr Komplement $\mathfrak{R}_2$ zu $[a, b]$ gilt daher:

$$\mu_1 (\mathfrak{C}_1 + \mathfrak{C}_2) = (\lambda_1 + (1 - \lambda_1) \, \lambda_2) \, (b - a); \qquad \mu_1 (\mathfrak{R}_2) = (1 - \lambda_1) \, (1 - \lambda_2) \, (b - a).$$

Indem wir in jedes punktfreie Intervall $(a_\nu^{(2)}, b_\nu^{(2)})$ von $\mathfrak{C}_1 + \mathfrak{C}_2$ in (a, b) eine abgeschlossene, nirgends dichte Punktmenge $\mathfrak{C}_\nu^{(3)}$ des Inhaltes $\lambda_3 (b_\nu^{(2)} - a_\nu^{(2)})$ setzen, die Vereinigung $\mathfrak{C}_3$ aller dieser $\mathfrak{C}_\nu^{(3)}$ bilden, und weiter so fortfahren, erhalten wir eine Folge von Mengen $\mathfrak{C}_1, \mathfrak{C}_2, \ldots, \mathfrak{C}_n, \ldots$, so daß:

$$\mu_1 (\mathfrak{C}_1 + \mathfrak{C}_2 + \ldots + \mathfrak{C}_n) = \big\{ \lambda_1 + (1 - \lambda_1) \, \lambda_2 + (1 - \lambda_1) \, (1 - \lambda_2) \, \lambda_3 + \ldots$$
$$+ (1 - \lambda_1) \ldots (1 - \lambda_{n-1}) \, \lambda_n \big\} \, (b - a),$$

während für das Komplement $\mathfrak{R}_n$ von $\mathfrak{C}_1 + \mathfrak{C}_2 + \ldots + \mathfrak{C}_n$ zu $[a, b]$ gilt:

$$\mu_1 (\mathfrak{R}_n) = (1 - \lambda_1) \, (1 - \lambda_2) \ldots (1 - \lambda_n) \, (b - a).$$

Wir setzen noch:

$$\mathfrak{C} = \mathfrak{C}_1 + \mathfrak{C}_2 + \ldots + \mathfrak{C}_n + \ldots, \qquad \mathfrak{R} = \mathfrak{R}_1 \cdot \mathfrak{R}_2 \cdot \ldots \cdot \mathfrak{R}_n \ldots;$$

dabei können wir leicht erreichen, daß $\mathfrak{C}$ dicht in $[a, b]$ wird. Beachten wir (††), so erkennen wir unschwer, daß für jedes Teilintervall $\mathfrak{J}$ von $[a, b]$:

$$\mu_1 (\mathfrak{C} \mathfrak{J}) \neq 0, \qquad \mu_1 (\mathfrak{R} \mathfrak{J}) \neq 0,$$

wie angekündigt.

Nun definieren wir eine Funktion f in $[a, b]$ durch:

(†††) $f = 0$ auf $\mathfrak{C}$; $f = 1$ auf $\mathfrak{R}$.

Da $\mathfrak{C}$ und $\mathfrak{R}$ μ_1-meßbar, ist auch f μ_1-meßbar. Da aber jede zu f äquivalente Funktion total-unstetig in $[a, b]$ ist, kann es (Kap. V, § 10, Satz II) keine zu f äquivalente Funktion geben, die in $[a, b]$ von höchstens erster Klasse wäre.

Satz XII[1]).   Sei $\overline{\varphi}$ eine Inhaltsfunktion, und sei $\mathfrak{A}$ Vereinigung abzählbar vieler Mengen $\mathfrak{A}_n$ von endlichem φ-Maße; sei ferner f φ-meßbar[2]) auf $\mathfrak{A}$. Dann gibt es in $\mathfrak{A}$ eine monoton wachsende Folge von Teilen $\{\mathfrak{A}_n'\}$, deren Vereinigung sich von $\mathfrak{A}$ nur um eine Nullmenge unterscheidet, und auf deren jedem f stetig ist.

---

[1]) É. Borel, C. R. 137 (1903), 966. N. Lusin, C. R. 154 (1912), 1688. (Vorher eine russische Abhandlung, Bull. soc. math. Mosc. 28 (1911), 266 ff.).

[2]) Ist $\overline{\varphi}$ nur eine gewöhnliche Maßfunktion, so gilt die Behauptung für alle Baireschen Funktionen.

In der Tat, es ist:

$$\mathfrak{A} = \mathfrak{A}_1 \dotplus \mathfrak{A}_2 \dotplus \ldots \dotplus \mathfrak{A}_n \dotplus \ldots,$$

wobei wir ohne weiteres annehmen können:

$$\mathfrak{A}_n \prec \mathfrak{A}_{n+1}.$$

Nach Satz X gibt es eine Folge $\{f_i\}$ auf $\mathfrak{A}$ stetiger Funktionen, so daß überall auf $\mathfrak{A}$, abgesehen von einer Nullmenge:

$$f = \lim_{i=\infty} f_i.$$

Nach § 2, Satz XI ist hierin die Konvergenz wesentlich-gleichmäßig auf $\mathfrak{A}_n$. Bezeichnet also

$$(0) \qquad \varepsilon_1 + \varepsilon_2 + \ldots + \varepsilon_n + \ldots$$

eine eigentlich konvergente Reihe positiver Zahlen, so gibt es einen Teil $\mathfrak{A}_n''$ von $\mathfrak{A}_n$, auf dem $\{f_i\}$ gleichmäßig konvergiert, und für den:

$$(00) \qquad \overline{\varphi}\,(\mathfrak{A}_n - \mathfrak{A}_n'') \prec \varepsilon_n.$$

Da die f_i stetig sind, so ist dann auch ihre Grenzfunktion f stetig auf $\mathfrak{A}_n''$.

Wir setzen noch:

$$\mathfrak{A}_n' = \mathfrak{A}_n'' \cdot \mathfrak{A}_{n+1}'' \cdot \ldots \cdot \mathfrak{A}_{n+\nu}'' \cdot \ldots$$

Dann ist f auch stetig auf $\mathfrak{A}_n'$, es ist

$$\mathfrak{A}_n' \prec \mathfrak{A}_{n+1}',$$

und endlich ist wegen (00):

$$\overline{\varphi}\,(\mathfrak{A}_n') \geqq \overline{\varphi}\,(\mathfrak{A}_n'') - \sum_{\nu=n+1}^{\infty} \varepsilon_\nu > \overline{\varphi}\,(\mathfrak{A}_n) - \sum_{\nu=n}^{\infty} \varepsilon_\nu,$$

d. h.:

$$\overline{\varphi}\,(\mathfrak{A}_n - \mathfrak{A}_n') < \sum_{\nu=n}^{\infty} \varepsilon_\nu.$$

Wegen der eigentlichen Konvergenz der Reihe (0) folgt daraus, wenn:

$$\mathfrak{D}_n = (\mathfrak{A}_n - \mathfrak{A}_n') \cdot (\mathfrak{A}_{n+1} - \mathfrak{A}_{n+1}') \cdot \ldots \cdot (\mathfrak{A}_{n+\nu} - \mathfrak{A}_{n+\nu}') \cdot \ldots$$

gesetzt wird:

$$(000) \qquad \overline{\varphi}\,(\mathfrak{D}_n) = 0.$$

Setzen wir noch:

$$\mathfrak{A}^* = \mathfrak{A}_1' \dotplus \mathfrak{A}_2' \dotplus \ldots \dotplus \mathfrak{A}_n' \dotplus \ldots,$$

so ist aber offenbar:

$$\mathfrak{A} - \mathfrak{A}^* = \mathfrak{D}_1 \dotplus \mathfrak{D}_2 \dotplus \ldots \dotplus \mathfrak{D}_n \dotplus \ldots,$$

und mithin ist wegen (000):

$$\overline{\varphi}\,(\mathfrak{A} - \mathfrak{A}^{*}) = 0.$$

Damit ist Satz XII bewiesen[1]).

§ 4. Asymptotische Konvergenz.

Sei $\mathfrak{A}$ eine Menge endlichen φ-Maßes und $\{f_\nu\}$ eine Folge auf $\mathfrak{A}$ φ-meßbarer Funktionen, die überall auf $\mathfrak{A}$, abgesehen von einer Nullmenge, gegen eine endliche Grenzfunktion f konvergiert. Nach § 2, Satz IX ist dann für jedes $q > 0$:

$$(*) \qquad\qquad \lim_{\nu = \infty} \overline{\varphi}\,(\mathfrak{A}\,(\,|\,f - f_\nu\,|\,\geqq\,q)) = 0.$$

Ist nun $\mathfrak{B}$ eine Menge endlichen φ-Maßes, oder Vereinigung abzählbar vieler Mengen endlichen φ-Maßes, so definieren wir allgemein: Sei $\{f_\nu\}$ eine Folge auf der Menge $\mathfrak{B}$ φ-meßbarer Funktionen, und sei f äquivalent einer auf $\mathfrak{B}$ endlichen, φ-meßbaren Funktion; gilt dann für jeden Teil $\mathfrak{A}$ von $\mathfrak{B}$, der endliches φ-Maß hat, und für jedes $q > 0$ Gleichung (*), so heißt die Folge $\{f_\nu\}$ **eigentlich asymptotisch konvergent auf** $\mathfrak{B}$ **gegen** f. Allgemein heißt $\{f_\nu\}$ **asymptotisch konvergent gegen** f, wenn die durch Anwendung der Schränkungstransformation aus $\{f_\nu\}$ hervorgehende Folge eigentlich asymptotisch gegen die durch die Schränkungstransformation aus f hervorgehende Funktion konvergiert[2]). Aus § 2, Satz IX entnehmen wir:

Satz I. **Konvergiert die Folge** $\{f_\nu\}$ **auf** $\mathfrak{B}$ φ**-meßbarer Funktionen überall auf** $\mathfrak{B}$, **abgesehen von einer Nullmenge, gegen** f, **so konvergiert sie auch asymptotisch auf** $\mathfrak{B}$ **gegen** f.

Die Umkehrung dieses Satzes gilt nicht. Beispiel: Sei $\mathfrak{B}$ das Intervall $[0, 1]$ des $\mathfrak{R}_1$ und φ der lineare Inhalt μ_1. Für $\nu = 2^i + \nu'$ $(\nu' = 0, 1, \ldots, 2^i - 1)$ sei:

$$f_\nu = 1 \quad \text{in} \quad \left[\frac{\nu'}{2^i}, \frac{\nu' + 1}{2^i}\right], \quad \text{sonst} \quad f_\nu = 0.$$

____

[1]) Satz XII kann nicht etwa dahin erweitert werden, daß f stetig ist auf einem maßgleichen Kerne von $\mathfrak{A}$. Dies zeigt die in (†††), S. 568 angegebene Funktion f, die total-unstetig ist auf jedem maßgleichen Kerne von $[a, b]$.

[2]) Der Begriff der asymptotischen Konvergenz wurde eingeführt von Fr. Riesz (C. R. 148 (1909), 1303) unter der Bezeichnung „convergence en mesure". Der Name „asymptotische Konvergenz" schließt sich an É. Borel, Journ. de math. (6) 8 (1912), 192.

Für jedes positive $q \leq 1$ ist dann:

$$\mu_1(\mathfrak{B}(|f_\nu| \geq q)) = \tfrac{1}{2^i} \quad \text{für} \quad \nu = 2^i, 2^i + 1, \ldots, 2^{i+1} - 1,$$

die Folge $\{f_\nu\}$ ist also asymptotisch konvergent gegen 0 im Intervalle $[0, 1]$. Trotzdem ist sie in keinem Punkte von $[0, 1]$ konvergent.

Aus der Definition der asymptotischen Konvergenz folgt unmittelbar:

Satz II. Konvergiert $\{f_\nu\}$ asymptotisch auf $\mathfrak{B}$ gegen f, so auch gegen jede mit f äquivalente Funktion f^*.

Es gilt auch umgekehrt:

Satz III. Konvergiert $\{f_\nu\}$ asymptotisch auf $\mathfrak{B}$ sowohl gegen f als auch gegen f^*, so sind f und f^* äquivalent.

Vermöge der Schränkungstransformation können wir uns auf den Fall der eigentlichen asymptotischen Konvergenz beschränken. Angenommen nun, es wäre nicht

setzen wir kurz:
$$f \sim f^*;$$

so ist dann:
$$\mathfrak{B}' = \mathfrak{B}(f \neq f^*),$$
$$\overline{\varphi}(\mathfrak{B}') > 0.$$

Da $\mathfrak{B}'$ die Vereinigung der abzählbar vielen Mengen

$$(**) \qquad \mathfrak{B}'_n = \mathfrak{B}\left(|f - f^*| \geq \tfrac{1}{n}\right),$$

ist also auch
$$(***) \qquad \overline{\varphi}(\mathfrak{B}'_n) > 0 \quad \text{für fast alle } n.$$

Nach Voraussetzung ist $\mathfrak{B}$ Vereinigung abzählbar vieler Mengen $\mathfrak{B}_m$ endlichen φ-Maßes:

$$\mathfrak{B} = \mathfrak{B}_1 + \mathfrak{B}_2 + \ldots + \mathfrak{B}_m + \ldots$$

und mithin auch:

$$\mathfrak{B}'_n = \mathfrak{B}_1 \mathfrak{B}'_n + \mathfrak{B}_2 \mathfrak{B}'_n + \ldots + \mathfrak{B}_m \mathfrak{B}'_n + \ldots$$

Also gibt es wegen (***) ein m und ein n, so daß:

$$(^*_*{}^*) \qquad \overline{\varphi}(\mathfrak{B}_m \mathfrak{B}'_n) > 0.$$

Wegen:
$$|f - f^*| \leq |f_\nu - f| + |f_\nu - f^*|$$

folgt, wenn man die Bedeutung (**) von $\mathfrak{B}'_n$ beachtet: in jedem Punkte von $\mathfrak{B}'_n$ gilt mindestens eine der beiden Ungleichungen:

$$|f_\nu - f| \geq \tfrac{1}{2n}; \quad |f_\nu - f^*| \geq \tfrac{1}{2n},$$

d. h. es ist (für jedes ν):

$$\mathfrak{B}_m \cdot \mathfrak{B}'_n < \mathfrak{B}_m\left(|f_\nu - f| \geq \frac{1}{2n}\right) \dotplus \mathfrak{B}_m\left(|f_\nu - f^*| \geq \frac{1}{2n}\right).$$

Wegen (*$_*$*) können also die beiden Beziehungen:

$$\lim_{\nu=\infty} \overline{\varphi}\left(\mathfrak{B}_m\left(|f_\nu - f| \geq \frac{1}{2n}\right)\right) = 0; \quad \lim_{\nu=\infty} \overline{\varphi}\left(\mathfrak{B}_m\left(|f_\nu - f^*| \geq \frac{1}{2n}\right)\right) = 0$$

nicht gleichzeitig bestehen; d. h. (da $\mathfrak{B}_m$ von endlichem φ-Maße ist): Es konvergiert $\{f_\nu\}$ nicht asymptotisch gegen die beiden Funktionen f und f^*, entgegen der Voraussetzung. Damit ist Satz III bewiesen.

Satz IV. Ist $\mathfrak{A}$ von endlichem φ-Maße, und ist $\{f_\nu\}$ eine Folge endlicher Funktionen, die asymptotisch auf $\mathfrak{A}$ gegen eine endliche Funktion f konvergiert, so gibt es zu jedem $\varepsilon > 0$ und $q > 0$ ein ν_0, so daß:

$$(0) \qquad \overline{\varphi}\left(\mathfrak{A}(|f_\nu - f_{\nu'}| \geq q)\right) < \varepsilon \quad \text{für} \quad \nu \geq \nu_0, \nu' \geq \nu_0.$$

In der Tat, wegen:

$$|f_\nu - f_{\nu'}| \leq |f_\nu - f| + |f_{\nu'} - f|$$

ist:

$$(00) \qquad \mathfrak{A}(|f_\nu - f_{\nu'}| \geq q) < \mathfrak{A}\left(|f_\nu - f| \geq \frac{q}{2}\right) \dotplus \left(|f_{\nu'} - f| \geq \frac{q}{2}\right).$$

Wegen der asymptotischen Konvergenz von $\{f_\nu\}$ gegen f gibt es ein ν_0, so daß:

$$(000) \qquad \begin{aligned} &\overline{\varphi}\left(\mathfrak{A}\left(|f_\nu - f| \geq \frac{q}{2}\right)\right) < \frac{\varepsilon}{2} \quad \text{für } \nu \geq \nu_0; \\ &\overline{\varphi}\left(\mathfrak{A}\left(|f_{\nu'} - f| \geq \frac{q}{2}\right)\right) < \frac{\varepsilon}{2} \quad \text{für } \nu' \geq \nu_0. \end{aligned}$$

Aus (00) und (000) aber folgt (0), und Satz IV ist bewiesen.

Um auch die Umkehrung von Satz IV beweisen zu können, bedürfen wir des folgenden Hilfsatzes[1]):

Satz V. Ist $\{f_\nu\}$ eine Folge auf $\mathfrak{A}$ φ-meßbarer und endlicher Funktionen, und gibt es zu jedem $\varepsilon > 0$ und $q > 0$ ein ν_0, so daß:

$$\overline{\varphi}\left(\mathfrak{A}(|f_\nu - f_{\nu'}| \geq q)\right) < \varepsilon \quad \text{für} \quad \nu \geq \nu_0, \nu' \geq \nu_0,$$

so gibt es in $\{f_\nu\}$ eine Teilfolge $\{f_{\nu_j}\}$, die auf $\mathfrak{A}$ wesentlich-gleichmäßig konvergiert.

---

[1]) **Fr. Riesz**, a. a. O.; s. auch **H. Weyl**, Math. Ann. 67 (1909), 243.

Wir geben uns zum Beweise zwei eigentlich konvergente Reihen aus positiven Zahlen vor:

$$(\dagger) \qquad q_1 + q_2 + \ldots + q_i + \ldots; \quad \varepsilon_1 + \varepsilon_2 + \ldots + \varepsilon_i + \ldots$$

und setzen:

$$\mathfrak{A}_{i,\nu,\nu'} = \mathfrak{A}\left(|f_\nu - f_{\nu'}| \geqq q_i\right).$$

Nach Voraussetzung gibt es dann ein ν_i, so daß:

$$(\dagger\dagger) \qquad \overline{\varphi}(\mathfrak{A}_{i,\nu,\nu'}) < \varepsilon_i \quad \text{für } \nu \geqq \nu_i, \nu' \geqq \nu_i;$$

dabei können wir immer annehmen:

$$\nu_{i+1} \geqq \nu_i.$$

Setzen wir:

$$\mathfrak{A}_i = \mathfrak{A}_{i,\nu_i,\nu_{i+1}} \dotplus \mathfrak{A}_{i+1,\nu_{i+1},\nu_{i+2}} \dotplus \ldots \dotplus \mathfrak{A}_{i+e,\nu_{i+e},\nu_{i+e+1}} \dotplus \ldots,$$

so ist wegen $(\dagger\dagger)$:

$$\overline{\varphi}(\mathfrak{A}_i) < \varepsilon_i + \varepsilon_{i+1} + \ldots + \varepsilon_{i+e} + \ldots,$$

und somit wegen der eigentlichen Konvergenz der zweiten Reihe $(\dagger)$:

$$(\dagger\dagger\dagger) \qquad \lim_{i=\infty} \overline{\varphi}(\mathfrak{A}_i) = 0.$$

In jedem Punkte von $\mathfrak{A} - \mathfrak{A}_i$ gelten die sämtlichen Ungleichungen:

$$|f_{\nu_i} - f_{\nu_{i+1}}| < q_i;$$

$$|f_{\nu_{i+1}} - f_{\nu_{i+2}}| < q_{i+1}, \ \ldots, |f_{\nu_{i+e}} - f_{\nu_{i+e+1}}| < q_{i+e}, \ldots$$

und somit, wenn $j \geqq i$, wegen:

$$|f_{\nu_j} - f_{\nu_{j+e}}| \leqq |f_{\nu_j} - f_{\nu_{j+1}}| + |f_{\nu_{j+1}} - f_{\nu_{j+2}}| + \ldots + |f_{\nu_{j+e-1}} - f_{\nu_{j+e}}|,$$

auch die Ungleichung:

$$|f_{\nu_j} - f_{\nu_{j+e}}| < q_j + q_{j+1} + \ldots + q_{j+e} + \ldots.$$

Wegen der eigentlichen Konvergenz der ersten Reihe $(\dagger)$ folgt daraus: Zu jedem $\eta > 0$ gibt es ein j_0, so daß auf ganz $\mathfrak{A} - \mathfrak{A}_i$:

$$|f_{\nu_j} - f_{\nu_{j+e}}| < \eta \quad \text{für } j \geqq j_0 \text{ und } e = 1, 2, \ldots$$

Das aber heißt: Die Folge $\{f_{\nu_j}\}$ ist eigentlich gleichmäßig konvergent auf $\mathfrak{A} - \mathfrak{A}_i$. Wegen $(\dagger\dagger\dagger)$ ist sie also wesentlich-gleichmäßig konvergent auf $\mathfrak{A}$, und Satz V ist bewiesen.

Nunmehr sind wir in der Lage, die Umkehrung von Satz IV zu beweisen:

Satz VI. Unter den Voraussetzungen von Satz V gibt es eine endliche auf $\mathfrak{A}$ φ-meßbare Funktion f, gegen die $\{f_\nu\}$ asymptotisch auf $\mathfrak{A}$ konvergiert.

In der Tat, behalten wir dieselben Bezeichnungsweisen bei, wie beim Beweise von Satz V. Da die Folge $\{f_{\nu_j}\}$ auf jeder Menge $\mathfrak{A} - \mathfrak{A}_i$ eigentlich konvergiert, besitzt sie überall auf $\mathfrak{A}$, abgesehen vom Durchschnitte

$$\bullet\, \mathfrak{D} = \mathfrak{A}_1 \cdot \mathfrak{A}_2 \cdot \ldots \cdot \mathfrak{A}_i \cdot \ldots$$

einen endlichen Grenzwert:

$$f = \lim_{j=\infty} f_{\nu_j}.$$

Bemerken wir gleich, daß wegen (†††):

$$\overline{\varphi}(\mathfrak{D}) = 0.$$

Setzen wir noch für f auf $\mathfrak{D}$ beliebige endliche Werte fest, so ist nun f auf ganz $\mathfrak{A}$ als endliche φ-meßbare Funktion definiert.

Seien nun $p > 0$ und $\eta > 0$ beliebig gegeben. Wegen (†††) gibt es ein i, so daß:

$$(^{\times}) \qquad \overline{\varphi}(\mathfrak{A}_i) < \frac{\eta}{2},$$

und weil $\{f_{\nu_j}\}$ auf $\mathfrak{A} - \mathfrak{A}_i$ gleichmäßig gegen f konvergiert, ist auf $\mathfrak{A} - \mathfrak{A}_i$:

$$(^{\times\times}) \qquad |f_{\nu_j} - f| < \frac{p}{2} \quad \text{für fast alle } j.$$

Nach Voraussetzung gibt es ein ν_0, so daß:

$$\overline{\varphi}\left(\mathfrak{A}\left(|f_\nu - f_{\nu'}| \geqq \frac{p}{2}\right)\right) < \frac{\eta}{2} \quad \text{für } \nu \geqq \nu_0, \nu' \geqq \nu_0.$$

Wir wählen in $(^{\times\times})$ ein $\nu_j \geqq \nu_0$, und haben dann:

$$(^{\times\times\times}) \qquad \overline{\varphi}\left(\mathfrak{A}\left(|f_\nu - f_{\nu_j}| \geqq \frac{p}{2}\right)\right) < \frac{\eta}{2} \quad \text{für } \nu \geqq \nu_0.$$

Wegen:

$$|f_\nu - f| \leqq |f_\nu - f_{\nu_j}| + |f_{\nu_j} - f|$$

ist nun:

$$\mathfrak{A}(|f_\nu - f| \geqq p) < \mathfrak{A}\left(|f_\nu - f_{\nu_j}| \geqq \frac{p}{2}\right) + \mathfrak{A}\left(|f_{\nu_j} - f| \geqq \frac{p}{2}\right),$$

und wegen $(^{\times\times})$ daher weiter:

$$\mathfrak{A}(|f_\nu - f| \geqq p) < \mathfrak{A}\left(|f_\nu - f_{\nu_j}| \geqq \frac{p}{2}\right) + \mathfrak{A}_i.$$

Wegen $(^{\times})$ und $(^{\times\times\times})$ haben wir daher:

$$\overline{\varphi}(\mathfrak{A}(|f_\nu - f| \geqq p)) < \eta \quad \text{für } \nu \geqq \nu_0,$$

d. h. $\{f_\nu\}$ konvergiert asymptotisch gegen f. Damit ist Satz VI bewiesen.

§ 5. Nicht-meßbare Punktmengen.

Wir erinnern an die den Untersuchungen dieses Kapitels zugrunde liegende Terminologie. Es war $\Re$ ein metrischer Raum und φ eine im σ-Körper M aus $\Re$ absolut-additive Mengenfunktion. Die Mengen aus M hießen φ-meßbar.

Sei $\mathfrak{A}$ eine Menge aus M. Jeder nicht φ-meßbare (d. h. nicht zu M gehörige) Teil $\mathfrak{N}$ von $\mathfrak{A}$ liefert sofort ein Beispiel einer nicht φ-meßbaren Funktion f:

$$f = 1 \text{ auf } \mathfrak{N}; \quad f = 0 \text{ auf } \mathfrak{A} - \mathfrak{N}.$$

Umgekehrt liefert jede auf einer Menge $\mathfrak{A}$ aus M definierte, nicht φ-meßbare Funktion f sofort eine nicht φ-meßbare Menge: in der Tat, für mindestens ein p ist die Menge $\mathfrak{A}(f > p)$ nicht φ-meßbar.

Sei insbesondere φ eine Maßfunktion (Kap. VI, § 5, S. 424). Der σ-Körper der φ-meßbaren Mengen besteht dann aus allen jenen Mengen $\mathfrak{M}$ aus $\Re$, für die zusammen mit jeder beliebigen Menge $\mathfrak{A}$ die Gleichung (0) S. 424 gilt. In jedem einzelnen Falle entsteht die Frage, ob es Mengen gibt, die nicht φ-meßbar sind. Wir werden zeigen, daß es im k-dimensionalen euklidischen $\Re_k$ Mengen gibt, die nicht μ_k-meßbar (k-dimensional-meßbar) sind, und mithin auch Funktionen, die nicht k-dimensional-meßbar sind. Wir führen den Beweis zuerst im $\Re_1$[1]).

Sei α eine **irrationale** Zahl aus $(0, 1)$. Zu jedem Punkte x aus $[0, 1)$ bilden wir die Menge $\mathfrak{M}(x)$ aller nach $[0, 1)$ fallenden Punkte der Form

$$(*) \qquad\qquad x + m \cdot \alpha + n \qquad (m, n = 0, \pm 1, \pm 2, \ldots).$$

Offenbar kann ein Punkt von $\mathfrak{M}(x)$ nur auf eine einzige Weise in der Form (*) dargestellt werden; denn gäbe es zwei verschiedene solche Darstellungen:

$$x + m \cdot \alpha + n = x + m' \cdot \alpha + n',$$

so würde daraus ein **rationaler** Wert für α folgen. Zwei Mengen $\mathfrak{M}(x)$, die einen Punkt gemein haben, sind identisch.

In jeder Menge $\mathfrak{M}(x)$ denken wir uns einen Punkt ausgezeichnet[2]).

---

[1]) Vgl. H. Lebesgue, Bull. soc. math. 35 (1907), 210; F. Hausdorff, Grundz. der Mengenlehre, 401. Das erste Beispiel einer nicht linear-meßbaren Punktmenge rührt her von G. Vitali, Sul problema della misura dei gruppi di punti di una retta, Bologna 1905; ein anderes Beispiel von E. B. Van Vleck, Am. Trans. 9 (1908), 237.

[2]) Sind zwei Mengen $\mathfrak{M}(x)$ identisch, so ist in beiden derselbe Punkt auszuzeichnen.

Sei x' der ausgezeichnete Punkt von $\mathfrak{M}(x)$. Dann ist nach Definition von $\mathfrak{M}(x)$:

$$x' = x + f(x)\cdot\alpha + g(x),$$

wo $f(x)$ und $g(x)$ in $[0, 1)$ eindeutig definierte Funktionen sind, die nur ganzzahlige Werte annehmen. Wir bezeichnen mit $\mathfrak{M}_m$ die Menge aller Punkte von $[0, 1)$, in denen $f(x) = m$, und behaupten: Die Menge $\mathfrak{M}_m$ ist nicht linear-meßbar.

Wir zeigen zunächst: Wäre $\mathfrak{M}_m$ linear-meßbar, so wäre auch $\mathfrak{M}_{m-1}$ linear-meßbar, und es wäre:

$$(**)\qquad \mu_1(\mathfrak{M}_m) = \mu_1(\mathfrak{M}_{m-1}).$$

Wir nehmen also an, $\mathfrak{M}_m$ sei linear-meßbar und bezeichnen mit $\mathfrak{M}'_m$ und $\mathfrak{M}''_m$ den nach $[0, 1-\alpha)$ bzw. nach $[1-\alpha, 1)$ fallenden Teil von $\mathfrak{M}_m$, mit $\mathfrak{M}'_{m-1}$ und $\mathfrak{M}''_{m-1}$ den nach $[\alpha, 1)$ bzw. nach $[0, \alpha)$ fallenden Teil von $\mathfrak{M}_{m-1}$. Dann ist:

$$(***)\qquad \mathfrak{M}_m = \mathfrak{M}'_m + \mathfrak{M}''_m; \quad \mathfrak{M}_{m-1} = \mathfrak{M}'_{m-1} + \mathfrak{M}''_{m-1}.$$

Wir behaupten: durch die Parallelverschiebung $\bar{x} = x + \alpha$ geht $\mathfrak{M}'_m$ in $\mathfrak{M}'_{m-1}$ über, durch die Parallelverschiebung $\bar{x} = x + \alpha - 1$ geht $\mathfrak{M}''_m$ in $\mathfrak{M}''_{m-1}$ über. Es wird genügen, die erste dieser beiden Behauptungen zu beweisen.

Sei x ein Punkt von $\mathfrak{M}'_m$. Die Mengen $\mathfrak{M}(x)$ und $\mathfrak{M}(x+\alpha)$ sind offenbar identisch, daher auch ihre ausgezeichneten Elemente, d. h. es ist:

$$x + m\cdot\alpha + g(x) = x + \alpha + f(x+\alpha)\cdot\alpha + g(x+\alpha),$$

woraus durch Vergleichung der Koeffizienten von α folgt:

$$f(x+\alpha) = m - 1.$$

Es gehört also $x + \alpha$ zu $\mathfrak{M}'_{m-1}$, d. h. durch $\bar{x} = x + \alpha$ wird jeder Punkt von $\mathfrak{M}'_m$ in einen Punkt von $\mathfrak{M}'_{m-1}$ übergeführt. Sei nun $\bar{x}$ irgendein Punkt von $\mathfrak{M}'_{m-1}$. Die Mengen $\mathfrak{M}(\bar{x})$ und $\mathfrak{M}(\bar{x}-\alpha)$ sind identisch; die Gleichheit ihrer ausgezeichneten Elemente ergibt:

$$\bar{x} + (m-1)\cdot\alpha + g(\bar{x}) = \bar{x} - \alpha + f(\bar{x}-\alpha)\cdot\alpha + g(\bar{x}-\alpha),$$

mithin:

$$f(\bar{x} - \alpha) = m,$$

es gehört also $\bar{x} - \alpha$ zu $\mathfrak{M}'_m$, d. h. durch die zu $\bar{x} = x + \alpha$ inverse Transformation wird jeder Punkt von $\mathfrak{M}'_{m-1}$ in einen Punkt von $\mathfrak{M}'_m$ übergeführt. Damit ist aber gezeigt, daß die Parallelverschiebung $\bar{x} = x + \alpha$ die Menge $\mathfrak{M}'_m$ in $\mathfrak{M}'_{m-1}$ überführt, wie behauptet. Daraus nun folgt:

$$\mu_1(\mathfrak{M}'_m) = \mu_1(\mathfrak{M}'_{m-1}),$$

und ebenso:

$$\mu_1\left(\mathfrak{M}''_m\right) = \mu_1\left(\mathfrak{M}''_{m-1}\right),$$

und somit folgt aus (***) die behauptete Gleichheit (**). Und daraus folgt weiter: Ist eine Menge $\mathfrak{M}_m$ linear-meßbar, so gilt dies für alle $(m = 0, \pm 1, \pm 2, \ldots)$, und es hat $\mu_1(\mathfrak{M}_m)$ für alle m denselben Wert.

Das aber ist unmöglich; denn wegen

$$(*_*^*) \qquad\qquad [0, 1) = \mathop{\mathbf{S}}_{m=-\infty}^{+\infty} \mathfrak{M}_m$$

müßte dann:

$$\sum_{m=-\infty}^{+\infty} \mu_1\left(\mathfrak{M}_m\right) = 1$$

sein, was nicht sein kann, wenn alle $\mu_1(\mathfrak{M}_m)$ denselben Wert haben. Die Annahme, $\mathfrak{M}_m$ sei linear-meßbar, führt also auf einen Widerspruch, und wir sehen:

Satz I. Es gibt im $\mathfrak{R}_1$ Punktmengen, die nicht linear-meßbar sind.

Wir können diese Aussage noch ein wenig präzisieren. Ganz ebenso, wie oben (**) bewiesen wurde, zeigt man[1]) für die inneren Inhalte:

$$\mu_{1*}\left(\mathfrak{M}_m\right) = \mu_{1*}\left(\mathfrak{M}_{m-1}\right).$$

Es haben also alle $\mu_{1*}(\mathfrak{M}_m)$ denselben Wert, und da wegen (***) nach Kap. VI, § 6, Satz III:

$$\sum_{m=-\infty}^{+\infty} \mu_{1*}\left(\mathfrak{M}_m\right) \leqq 1$$

ist, ist notwendig:

$$\mu_{1*}\left(\mathfrak{M}_m\right) = 0.$$

Setzen wir noch:

$$\mu_1\left(\mathfrak{M}_m\right) = q,$$

und verwandeln wir das Intervall $[0, 1]$, in dem $\mathfrak{M}_m$ lag, durch Ähnlichkeitstransformation in irgendein Intervall der Länge l, so sehen wir:

Satz II. Es gibt ein $q > 0$ (und $\leqq 1$), so daß in jedem Intervalle des $\mathfrak{R}_1$ von der Länge l eine Menge $\mathfrak{A}$ liegt, für die:

$$\mu_{1*}\left(\mathfrak{A}\right) = 0, \quad \mu_1\left(\mathfrak{A}\right) = q \cdot l.$$

Wir können dies Resultat sofort verallgemeinern:

Satz III. Es gibt ein $p > 0$ (und $\leqq 1$), so daß in jeder linear-meßbaren beschränkten Menge $\mathfrak{M}$ des $\mathfrak{R}_1$ ein Teil $\mathfrak{B}$ liegt, für den:

$$\mu_{1*}\left(\mathfrak{B}\right) = 0, \quad \mu_1\left(\mathfrak{B}\right) = p \cdot \mu_1\left(\mathfrak{M}\right).$$

In der Tat, zur meßbaren Menge $\mathfrak{M}$ gibt es (Kap. VI, § 8, Satz V), wenn $\varepsilon > 0$ beliebig gegeben, eine beschränkte, offene, $\mathfrak{M}$ enthaltende Menge $\mathfrak{D}$, für die:

$$(\dagger) \qquad\qquad \mu_1\left(\mathfrak{D}\right) < \mu_1\left(\mathfrak{M}\right) + \varepsilon.$$

---

[1]) Unter Berufung auf Kap. VI, § 6, Satz XIX.

Als beschränkte offene Menge des $\Re_1$ ist $\mathfrak{O}$ Summe abzählbar vieler Intervalle (a_ν, b_ν) (Kap. I, § 7, Satz IX). In (a_ν, b_ν) gibt es nach Satz II eine Menge $\mathfrak{A}_\nu$, für die:

$$\mu_{1*}(\mathfrak{A}_\nu) = 0; \quad \mu_1(\mathfrak{A}_\nu) = q\,(b_\nu - a_\nu).$$

Setzen wir:

$$\mathfrak{A} = \mathfrak{A}_1 + \mathfrak{A}_2 + \ldots + \mathfrak{A}_\nu + \ldots,$$

so ist nach Kap. VI, § 6, Satz XIX:

$$(\dagger\dagger) \qquad \mu_{1*}(\mathfrak{A}) = 0; \quad \mu_1(\mathfrak{A}) = q \sum_\nu (b_\nu - a_\nu) = q\,\mu_1(\mathfrak{O}).$$

Da $\mathfrak{M}$ meßbar, ist:

$$\mu_1(\mathfrak{A}) = \mu_1(\mathfrak{A}\,\mathfrak{M}) + \mu_1(\mathfrak{A}\,(\mathfrak{O} - \mathfrak{M})).$$

Wegen ($\dagger$) ist hierin:

$$\mu_1(\mathfrak{A}\,(\mathfrak{O} - \mathfrak{M})) < \varepsilon,$$

also wegen ($\dagger\dagger$)

$$(\dagger\dagger\dagger) \qquad \mu_1(\mathfrak{A}\cdot\mathfrak{M}) > \mu_1(\mathfrak{A}) - \varepsilon = q\,\mu_1(\mathfrak{O}) - \varepsilon > q\,\mu_1(\mathfrak{M}) - \varepsilon.$$

Ist nun p irgendeine positive Zahl $< q$, so kann hierin das beliebige ε so klein gewählt werden, daß:

$$q\,\mu_1(\mathfrak{M}) - \varepsilon > p\,\mu_1(\mathfrak{M}),$$

und wir haben aus ($\dagger\dagger\dagger$):

$$\mu_1(\mathfrak{A}\cdot\mathfrak{M}) > p\,\mu_1(\mathfrak{M}).$$

Bezeichnen wir nun mit $\mathfrak{B}_x$ den ins Intervall $[-x, x]$ fallenden Teil von $\mathfrak{A}\cdot\mathfrak{M}$, so ist $\mu_1(\mathfrak{B}_x)$ eine stetige Funktion von x, die von 0 bis $\mu_1(\mathfrak{A}\cdot\mathfrak{M})$ wächst, wenn x von 0 bis $+\infty$ wächst. Es gibt also einen Wert $\bar{x}$ von x, für den:

$$\mu_1(\mathfrak{B}_{\bar{x}}) = p\cdot\mu_1(\mathfrak{M}).$$

Wegen der ersten Gleichung ($\dagger\dagger$) aber ist:

$$\mu_{1*}(\mathfrak{B}_{\bar{x}}) = 0,$$

womit Satz III bewiesen ist.

Satz IV. In jeder linear-meßbaren Menge $\mathfrak{M}$ des $\Re_1$ gibt es zu einander komplementäre Teile $\mathfrak{A}$ und $\mathfrak{M} - \mathfrak{A}$, so daß:

$$\mu_{1*}(\mathfrak{A}) = 0; \quad \mu_{1*}(\mathfrak{M} - \mathfrak{A}) = 0.$$

Wir führen den Beweis zunächst für beschränktes $\mathfrak{M}$. Es gibt nach Satz III einen Teil $\mathfrak{B}_1$ von $\mathfrak{M}$, so daß:

$$\mu_{1*}(\mathfrak{B}_1) = 0; \quad \mu_1(\mathfrak{B}_1) = p\cdot\mu_1(\mathfrak{M}).$$

Sei $\mathfrak{M}_1$ ein meßbarer Teil von $\mathfrak{M}$, der maßgleiche Hülle von $\mathfrak{B}_1$ ist. Dann ist:

$$(0) \qquad \mu_1(\mathfrak{M} - \mathfrak{M}_1) = \mu_1(\mathfrak{M}) - \mu_1(\mathfrak{B}_1) = (1 - p)\,\mu_1(\mathfrak{M}).$$

Nach Satz III gibt es in $\mathfrak{M} - \mathfrak{M}_1$ einen Teil $\mathfrak{B}_2$, so daß:

$$(00) \qquad \mu_{1*}(\mathfrak{B}_2) = 0; \quad \mu_1(\mathfrak{B}_2) = p\,\mu_1(\mathfrak{M} - \mathfrak{M}_1) = p\,(1 - p)\,\mu_1(\mathfrak{M}).$$

Sei $\mathfrak{M}_2$ ein meßbarer Teil von $\mathfrak{M} - \mathfrak{M}_1$, der maßgleiche Hülle von $\mathfrak{B}_2$ ist. Dann ist wegen (0) und (00):

$$\mu_1(\mathfrak{M} - \mathfrak{M}_1 - \mathfrak{M}_2) = \mu_1(\mathfrak{M} - \mathfrak{M}_1) - \mu_1(\mathfrak{B}_2) = (1 - p)^2\,\mu_1(\mathfrak{M}).$$

Nach Satz III gibt es in $\mathfrak{M} - \mathfrak{M}_1 - \mathfrak{M}_2$ einen Teil $\mathfrak{B}_3$, so daß:

$$\mu_{1*}(\mathfrak{B}_3) = 0; \quad \mu_1(\mathfrak{B}_3) = p\,\mu_1(\mathfrak{M} - \mathfrak{M}_1 - \mathfrak{M}_2) = p\,(1 - p)^2\,\mu_1(\mathfrak{M}).$$

Indem wir so weiter schließen, finden wir eine Folge $\{\mathfrak{B}_\nu\}$ von Teilen von $\mathfrak{M}$, so daß:

$$(000) \qquad \mu_{1*}(\mathfrak{B}_\nu) = 0; \quad \mu_1(\mathfrak{B}_\nu) = p(1-p)^{\nu-1}\mu_1(\mathfrak{M}),$$

und zu jedem $\mathfrak{B}_\nu$ einen $\mathfrak{B}_\nu$ enthaltenden meßbaren Teil $\mathfrak{M}_\nu$ von $\mathfrak{M}$, wobei je zwei $\mathfrak{M}_\nu$ fremd.

Setzen wir:

$$\mathfrak{A} = \mathfrak{B}_1 + \mathfrak{B}_2 + \ldots + \mathfrak{B}_\nu + \ldots,$$

so folgt aus (000) nach Kap. VI, § 6, Satz XIX:

$$\mu_{1*}(\mathfrak{A}) = 0; \quad \mu_1(\mathfrak{A}) = p\sum_{\nu=1}^{\infty}(1-p)^{\nu-1}\cdot\mu_1(\mathfrak{M}) = \mu_1(\mathfrak{M}).$$

Nach Kap. VI, § 6, Satz IV ist also auch

$$\mu_{1*}(\mathfrak{M} - \mathfrak{A}) = \mu_1(\mathfrak{M}) - \mu_1(\mathfrak{A}) = 0,$$

und Satz IV ist für beschränkte $\mathfrak{M}$ bewiesen.

Eine nicht beschränkte meßbare Menge $\mathfrak{M}$ des $\mathfrak{R}_1$ ist Vereinigung abzählbar vieler beschränkter, zu je zweien fremder meßbarer Mengen $\mathfrak{M}_\nu$:

$$\mathfrak{M} = \mathfrak{M}_1 + \mathfrak{M}_2 + \ldots + \mathfrak{M}_\nu + \ldots$$

Nach dem eben Bewiesenen gibt es in $\mathfrak{M}_\nu$ einen Teil $\mathfrak{A}_\nu$, so daß:

$$\mu_{1*}(\mathfrak{A}_\nu) = 0; \quad \mu_{1*}(\mathfrak{M}_\nu - \mathfrak{A}_\nu) = 0.$$

Setzen wir:

$$\mathfrak{A} = \mathfrak{A}_1 + \mathfrak{A}_2 + \ldots + \mathfrak{A}_\nu + \ldots,$$

so wird:

$$\mathfrak{M} - \mathfrak{A} = (\mathfrak{M}_1 - \mathfrak{A}_1) + (\mathfrak{M}_2 - \mathfrak{A}_2) + \ldots + (\mathfrak{M}_\nu - \mathfrak{A}_\nu) + \ldots$$

und somit nach Kap. VI, § 6, Satz XIX:

$$\mu_{1*}(\mathfrak{A}) = 0; \quad \mu_{1*}(\mathfrak{M} - \mathfrak{A}) = 0.$$

Damit ist Satz IV vollständig bewiesen.

Wir beweisen nun den analogen Satz für den $\mathfrak{R}_k$:

Satz V. In jeder k-dimensional-meßbaren Menge $\mathfrak{M}$ des $\mathfrak{R}_k$ gibt es zu einander komplementäre Teile $\mathfrak{A}$ und $\mathfrak{M} - \mathfrak{A}$, so daß:

$$(\times) \qquad \mu_{k*}(\mathfrak{A}) = 0; \quad \mu_{k*}(\mathfrak{M} - \mathfrak{A}) = 0.$$

Es genügt, dies für $\mathfrak{M} = \mathfrak{R}_k$ nachzuweisen; denn ist:

$$(\times\times) \qquad \mu_{k*}(\mathfrak{A}) = 0; \quad \mu_{k*}(\mathfrak{R}_k - \mathfrak{A}) = 0,$$

so folgt für jede Menge $\mathfrak{M}$ des $\mathfrak{R}_k$:

$$\mu_{k*}(\mathfrak{M}\cdot\mathfrak{A}) = 0; \quad \mu_{k*}(\mathfrak{M} - \mathfrak{M}\cdot\mathfrak{A}) = 0,$$

so daß die Menge $\mathfrak{M}\cdot\mathfrak{A}$ das Verlangte leistet.

Sei nun $(x_1, x_2, \ldots, x_k)$ ein Punkt des $\mathfrak{R}_k$, x_1 seine Projektion in den $\mathfrak{R}_1$. Nach Satz IV gibt es im $\mathfrak{R}_1$ eine Menge $\mathfrak{A}_1$, so daß:

$$(\times\times\times) \qquad \mu_{1*}(\mathfrak{A}_1) = 0; \quad \mu_{1*}(\mathfrak{R}_1 - \mathfrak{A}_1) = 0.$$

Sei $\mathfrak{A}$ die Menge aller Punkte des $\mathfrak{R}_k$, deren Projektion in den $\mathfrak{R}_1$ zu $\mathfrak{A}_1$ gehört. Wir behaupten: für $\mathfrak{A}$ gelten die Gleichungen $(\times\times)$.

Angenommen in der Tat, es wäre

$$\mu_{k*}(\mathfrak{A}) > 0,$$

so gäbe es (Kap. VI, § 7, Satz IV) in $\mathfrak{A}$ einen maßgleichen Kern, der a-Vereinigung ist, und mithin auch einen abgeschlossenen Teil $\mathfrak{B}$, für den

$$(^\times_\times{}^\times) \qquad\qquad \mu_k(\mathfrak{B}) > 0.$$

Die Projektion $\mathfrak{B}_1$ von $\mathfrak{B}$ in den $\mathfrak{R}_1$ ist dann gleichfalls abgeschlossen, und wegen der ersten Gleichung $(^\times{}^\times{}^\times)$ muß:

$$(_\times{}^\times_\times) \qquad\qquad \mu_1(\mathfrak{B}_1) = 0$$

sein. Das aber steht im Widerspruche mit $(^\times_\times{}^\times)$. Denn aus $(_\times{}^\times_\times)$ folgt ohne weiteres für die Menge $\mathfrak{C}$ aller Punkte des $\mathfrak{R}_k$, deren Projektion in den $\mathfrak{R}_1$ zu $\mathfrak{B}_1$ gehört[1]):

$$\mu_k(\mathfrak{C}) = 0,$$

und mithin wegen $\mathfrak{B} < \mathfrak{C}$ auch:

$$\mu_k(\mathfrak{B}) = 0.$$

Damit ist die erste Gleichung $(^\times{}^\times)$ bewiesen, und ebenso beweist man die zweite.

In Satz V ist die Aussage enthalten:

Satz VI. In jeder Menge $\mathfrak{M}$ des $\mathfrak{R}_k$, für die

$$\mu_k(\mathfrak{M}) > 0$$

ist, gibt es Teile, die nicht k-dimensional-meßbar sind.

Dies ist trivial, wenn $\mathfrak{M}$ nicht k-dimensional-meßbar ist. Sei also $\mathfrak{M}$ k-dimensional-meßbar, und sei $\mathfrak{A}$ ein Teil von $\mathfrak{M}$, für den $(^\times)$ gilt. Nach Kap. VI, § 6, Satz IV ist:

$$\mu_k(\mathfrak{M} - \mathfrak{A}) = \mu_k(\mathfrak{M}) - \mu_{k*}(\mathfrak{A}) = \mu_k(\mathfrak{M}) > 0.$$

Es ist also, bei Beachtung von $(^\times)$:

$$\mu_k(\mathfrak{M} - \mathfrak{A}) > 0; \quad \mu_{k*}(\mathfrak{M} - \mathfrak{A}) = 0,$$

d. h. $\mathfrak{M} - \mathfrak{A}$ ist nicht k-dimensional-meßbar. Damit ist Satz VI bewiesen.

---

[1]) In der Tat, nach Kap. VI, § 8, Satz V gibt es zu jedem $\varepsilon > 0$ im $\mathfrak{R}_1$ eine offene Menge $\mathfrak{O}_1 > \mathfrak{B}_1$, so daß:

$$\mu_1(\mathfrak{O}_1) < \varepsilon.$$

Sei $\mathfrak{O}$ die offene Menge des $\mathfrak{R}_k$, deren Projektion in den $\mathfrak{R}_1$ die Menge $\mathfrak{O}_1$ ist, und sei $\mathfrak{O}^{(n)}$ der Durchschnitt von $\mathfrak{O}$ mit dem Intervalle $(-n, -n, \ldots, -n; n, n, \ldots, n)$ des $\mathfrak{R}_k$, und $\mathfrak{C}^{(n)}$ der Durchschnitt von $\mathfrak{C}$ mit diesem Intervalle. Dann ist:

$$\mu_k(\mathfrak{O}^{(n)}) < (2n)^{k-1}\varepsilon,$$

und wegen $\mathfrak{C}^{(n)} < \mathfrak{O}^{(n)}$ auch:

$$\mu_k(\mathfrak{C}^{(n)}) < (2n)^{k-1}\varepsilon.$$

Da dies für jedes $\varepsilon > 0$ gilt, ist:

$$\mu_k(\mathfrak{C}^{(n)}) = 0,$$

und wegen

$$\mathfrak{C} = \mathfrak{C}^{(1)} + \mathfrak{C}^{(2)} + \ldots + \mathfrak{C}^{(n)} + \ldots$$

ist auch:

$$\mu_k(\mathfrak{C}) = 0,$$

wie behauptet.

§ 6. Nicht-meßbare Funktionen.

Zu einem bemerkenswerten Beispiel[1]) einer nicht linear-meßbaren Funktion $f(x)$ führt die Theorie der Funktionalgleichung:

$$(0) \qquad f(x' + x'') = f(x') + f(x'').$$

Wir wollen als eine **Basismenge** des $\Re_1$ jede Menge $\mathfrak{B}$ reeller Zahlen bezeichnen von folgender Eigenschaft: Jede reelle Zahl $x \neq 0$ kann durch endlich viele Zahlen $b_1, b_2, \ldots, b_n$ aus $\mathfrak{B}$ in der Form dargestellt werden:

$$(00) \qquad x = \sum_{\nu=1}^{n} r_\nu b_\nu,$$

wo die r_ν rationale Zahlen bedeuten, und es gibt nur eine solche Darstellung, in der alle $r_\nu \neq 0$ sind. Wir zeigen zunächst[2]):

Satz I. **Es gibt Basismengen des $\Re_1$.**

Nach Einleitung § 4, Satz XX a gibt es zwischen den Elementen des $\Re_1$ eine Ordnungsbeziehung, vermöge deren der $\Re_1$ eine wohlgeordnete Menge wird. Wir lassen aus ihr die 0 weg, und bezeichnen sie sodann mit $\mathfrak{W}$. Wir definieren nun die gesuchte Basismenge $\mathfrak{B}$ des $\Re_1$ durch Induktion:

1. Das erste Element von $\mathfrak{W}$ gehöre zu $\mathfrak{B}$.

2. Sei für alle dem Elemente x in $\mathfrak{W}$ vorangehenden Elemente bekannt, ob sie zu $\mathfrak{B}$ gehören oder nicht. Dann gehört das Element x nicht zu $\mathfrak{B}$ oder zu $\mathfrak{B}$, je nachdem es unter den zu $\mathfrak{B}$ gehörigen Elementen des Abschnittes von x in $\mathfrak{W}$ endlich viele gibt, durch die x in der Form (00) ausdrückbar ist, oder nicht.

Durch diese Definition ist ein Teil $\mathfrak{B}$ von $\Re_1$ definiert. Wir wollen zeigen, daß $\mathfrak{B}$ eine Basismenge des $\Re_1$ ist.

In der Tat, daß jedes $x \neq 0$ durch endlich viele b_ν aus $\mathfrak{B}$ in der Form (00) darstellbar ist, folgt unmittelbar aus der Definition von $\mathfrak{B}$. Es bleibt nur zu zeigen, daß es nur eine solche Darstellung gibt, in der alle $r_\nu \neq 0$ sind.

Angenommen, es gäbe deren zwei verschiedene

$$\left(^0_0{}^0\right) \qquad x = \sum_{\nu=1}^{n'} r'_\nu b'_\nu; \quad x = \sum_{\nu=1}^{n''} r''_\nu b''_\nu.$$

Sei $b_1, b_2, \ldots, b_n$ die Vereinigung von $b'_1, \ldots, b'_{n'}$ und $b''_1, \ldots, b''_{n''}$. Dann kann $\left(^0_0{}^0\right)$ auch geschrieben werden:

$$(_0{}^0_0) \qquad x = \sum_{\nu=1}^{n} s'_\nu b_\nu; \quad x = \sum_{\nu=1}^{n} s''_\nu b_\nu,$$

wo nun einige s'_ν, s''_ν auch $= 0$ sein können. Aus $(_0{}^0_0)$ folgt:

$$(000) \qquad \sum_{\nu=1}^{n} (s'_\nu - s''_\nu) b_\nu = 0,$$

wo wegen der Verschiedenheit der beiden Darstellungen $\left(^0_0{}^0\right)$ nicht alle $s'_\nu - s''_\nu = 0$ sind. Sei b unter den b_ν, deren Koeffizient $s'_\nu - s''_\nu \neq 0$ ist, dasjenige, das in $\mathfrak{W}$ zuletzt steht. Dann wäre durch (000) eine lineare Darstellung

---

[1]) H. Lebesgue, Atti Torino, 42 (1907), 537.

[2]) G. Hamel, Math. Ann. 60 (1905), 460.

von b durch endlich viele dem b in $\mathfrak{W}$ vorangehende Elemente von $\mathfrak{B}$ vermöge rationaler Koeffizienten gegeben, entgegen der Definition von $\mathfrak{B}$. Also können die Darstellungen (0_00) von x nicht beide bestehen, und Satz I ist bewiesen.

Wir können nun leicht die allgemeinste Lösung der Funktionalgleichung (0) angeben [1]:

Satz II. [2]) Ist $\mathfrak{B}$ eine Basismenge des $\mathfrak{R}_1$, und ist (00) die Darstellung der reellen Zahl x durch die Zahlen von $\mathfrak{B}$, so ist die allgemeinste Lösung der Funktionalgleichung (0) gegeben durch:

$$(*) \qquad f(x) = \sum_{\nu=1}^{n} r_\nu\, f(b_\nu),$$

wo $f(b)$ eine willkürliche Funktion auf $\mathfrak{B}$ bedeutet.

In der Tat, aus (0) folgt unmittelbar, wenn m und n natürliche Zahlen sind:

$$f(mx) = m\, f(x); \quad f\left(\frac{x}{n}\right) = \frac{1}{n}\, f(x),$$

daher, wenn die r_ν rationale Zahlen sind:

$$f(r_1 b_1 + r_2 b_2 + \ldots + r_n b_n) = \sum_{\nu=1}^{n} r_\nu\, f(b_\nu);$$

also muß jede Lösung von (0) die Gestalt $(*)$ haben.

Seien sodann

$$x' = \sum_{\nu=1}^{n'} r'_\nu b'_\nu; \quad x'' = \sum_{\nu=1}^{n''} r''_\nu b''_\nu \qquad (r'_\nu \neq 0,\; r''_\nu \neq 0)$$

die Darstellungen von x' und x'' durch die Zahlen von $\mathfrak{B}$. Ist $b_1, \ldots, b_n$ die Vereinigung der b'_ν und b''_ν, so kann man statt dessen auch schreiben:

$$(**) \qquad x' = \sum_{\nu=1}^{n} s'_\nu b_\nu; \quad x'' = \sum_{\nu=1}^{n} s''_\nu b_\nu,$$

wo nun möglicherweise einige s'_ν und s''_ν gleich 0 sind. Dann ist:

$$(***) \qquad x' + x'' = \sum_{\nu=1}^{n} (s'_\nu + s''_\nu)\, b_\nu.$$

Vermöge $(*)$ folgt aus $(**)$ und $(***)$:

$$f(x') = \sum_{\nu=1}^{n} s'_\nu\, f(b_\nu); \quad f(x'') = \sum_{\nu=1}^{n} s''_\nu\, f(b_\nu);$$

$$f(x' + x'') = \sum_{\nu=1} (s'_\nu + s''_\nu)\, f(b_\nu).$$

Es genügt also die Funktion $(*)$ der Funktionalgleichung (0), und Satz II ist bewiesen.

Wir folgern sofort aus Satz II:

---

[1]) Ihre allgemeinste stetige Lösung ist bekanntlich $f(x) = c \cdot x$, wo c eine beliebige Konstante.

[2]) G. Hamel, a. a. O.

Satz III. Es gibt unstetige Lösungen der Funktional-gleichung (0)[1].

In der Tat, auf $\mathfrak{B}$ reduziert sich die Funktion (*) auf $f(b)$, und da $f(b)$ auf $\mathfrak{B}$ willkürlich war, haben wir nur zu zeigen, daß es auf $\mathfrak{B}$ unstetige Funktionen gibt, d. h. daß es einen zu $\mathfrak{B}$ gehörigen Häufungspunkt von $\mathfrak{B}$ gibt. Nun ist aber $\mathfrak{B}$ nicht abzählbar (denn wäre $\mathfrak{B}$ abzählbar, so gäbe es auch nur abzählbar viele in der Form (00) darstellbare Zahlen, während jede Zahl so darstellbar ist), also gibt es nach Kap. I, § 7, Satz XIV einen zu $\mathfrak{B}$ gehörigen Häufungspunkt von $\mathfrak{B}$, und Satz III ist bewiesen.

Satz IV. Eine unstetige Lösung von (0) ist nicht linear-meßbar.

Sei in der Tat $f(x)$ eine unstetige Lösung von (0). Für rationales x ist, wie aus (0) folgt:

$$f(x) = f(1) \cdot x.$$

Daher ist $f(x) - f(1) \cdot x$ eine unstetige Lösung von (0), die für alle rationalen x den Wert 0 hat. Und da $f(x)$ und $f(x) - f(1) \cdot x$ gleichzeitig linear-meßbar sind oder nicht, können wir von vornherein annehmen, es sei:

(†) $$f(x) = 0 \quad \text{für rationales } x.$$

Wir nehmen an, $f(x)$ sei meßbar, und zeigen, daß dies auf einen Widerspruch führt.

Seien $\mathfrak{A}$, $\mathfrak{B}$, $\mathfrak{C}$ die Mengen aller Punkte des $\mathfrak{R}_1$, in denen $f > 0$, $f < 0$, $f = 0$, und seien $\mathfrak{A}_a^b$, $\mathfrak{B}_a^b$, $\mathfrak{C}_a^b$ die Durchschnitte von $\mathfrak{A}$, $\mathfrak{B}$, $\mathfrak{C}$ mit $[a, b]$. Alle diese Mengen sind nach Annahme meßbar. Keine der Mengen $\mathfrak{A}$, $\mathfrak{B}$, $\mathfrak{C}$ ist leer: denn $\mathfrak{C}$ enthält alle rationalen x; $\mathfrak{A} + \mathfrak{B}$ ist nicht leer, weil f unstetig und mithin nicht $= 0$ für alle x ist, und da, wie (0) zeigt, durch die Transformation $\bar{x} = -x$ $\mathfrak{A}$ in $\mathfrak{B}$ übergeht, kann weder $\mathfrak{A}$ noch $\mathfrak{B}$ leer sein. — Endlich ist jede der Mengen $\mathfrak{A}$, $\mathfrak{B}$, $\mathfrak{C}$ dicht im $\mathfrak{R}_1$; denn $\mathfrak{C}$ enthält alle rationalen x, und es wird, wenn r irgendeine rationale Zahl bedeutet, durch $\bar{x} = x + r$ sowohl $\mathfrak{A}$ als $\mathfrak{B}$ in sich übergeführt, da wegen (0) und (†):

$$f(x + r) = f(x) + f(r) = f(x).$$

Wir zeigen nun: für jedes Intervall $[a, b]$ ist:

(††) $$\mu_1(\mathfrak{A}_a^b) = \mu_1(\mathfrak{B}_a^b).$$

Da $[a, b]$ Vereinigung einer monoton wachsenden Folge von Intervallen $[a_\nu, b_\nu]$ mit rationalen Endpunkten ist, genügt es, (††) unter der Annahme zu beweisen, a und b seien rational. Dann ist wegen (†):

$$f\left(\frac{a+b}{2}\right) = 0$$

und somit wegen (0):

$$f\left(\frac{a+b}{2} + x\right) = -f\left(\frac{a+b}{2} - x\right).$$

Durch die Transformation $\bar{x} = (a + b) - x$ wird also $\mathfrak{A}_a^{\frac{a+b}{2}}$ in $\mathfrak{B}_{\frac{a+b}{2}}^b$ und $\mathfrak{A}_{\frac{a+b}{2}}^b$ in $\mathfrak{B}_a^{\frac{a+b}{2}}$ übergeführt, woraus (††) unmittelbar folgt.

---

[1] Mit unstetigen Lösungen der Funktionalgleichung (0) beschäftigte sich zuerst R. Volpi, Giorn. di mat. 35 (1897), 104. Vgl. auch E. Noether, Math. Ann. 77 (1915), 542.

Sodann zeigen wir: für jedes Intervall $[a, b]$ ist:

$$(\dagger\dagger\dagger) \qquad \mu_1(\mathfrak{A}_a^b) \geqq \mu_1(\mathfrak{C}_a^b).$$

In der Tat, ist $\varepsilon > 0$ beliebig gegeben, so gibt es ein Teilintervall $[a', b']$ von (a, b), so daß:

$$\mu_1(\mathfrak{C}_{a'}^{b'}) > \mu_1(\mathfrak{C}_a^b) - \varepsilon.$$

Da $\mathfrak{A}$ dicht im $\mathfrak{R}_1$, gibt es ein zu $\mathfrak{A}$ gehöriges h, so daß auch noch $[a' + h,\ b' + h]$ Teil von (a, b) ist. Wie aus (0) folgt, geht durch $\bar{x} = x + h$ jeder Punkt von $\mathfrak{C}$ über in einen Punkt von $\mathfrak{A}$, also $\mathfrak{C}_{a'}^{b'}$ in einen Teil von $\mathfrak{A}_a^b$. Es ist also:

$$\mu_1(\mathfrak{A}_a^b) \geqq \mu_1(\mathfrak{C}_{a'}^{b'}) > \mu_1(\mathfrak{C}_a^b) - \varepsilon,$$

und da hierin $\varepsilon > 0$ beliebig war, ist $(\dagger\dagger\dagger)$ bewiesen.

Nun sehen wir: es ist

$$\left(\dagger{\textstyle\dagger}\dagger\right) \qquad \mu_1(\mathfrak{A}_a^b) = \mu_1(\mathfrak{B}_a^b) > 0.$$

In der Tat, wäre

$$\mu_1(\mathfrak{A}_a^b) = \mu_1(\mathfrak{B}_a^b) = 0,$$

so wäre wegen $(\dagger\dagger\dagger)$ auch:

$$\mu_1(\mathfrak{C}_a^b) = 0,$$

was unmöglich ist, wegen:

$$[a, b] = \mathfrak{A}_a^b + \mathfrak{B}_a^b + \mathfrak{C}_a^b.$$

Aus $(\dagger\dagger)$ folgt, da jede offene Menge $\mathfrak{O}$ Vereinigung abzählbar vieler zu je zweien fremder Intervalle ist, daß für jede offene Menge $\mathfrak{O}$:

$$\mu_1(\mathfrak{A} \cdot \mathfrak{O}) = \mu_1(\mathfrak{B} \cdot \mathfrak{O}).$$

Daher ist auch für jeden o-Durchschnitt $\mathfrak{D}$:

$$\left({\textstyle\dagger}\dagger{\textstyle\dagger}\right) \qquad \mu_1(\mathfrak{A} \cdot \mathfrak{D}) = \mu_1(\mathfrak{B} \cdot \mathfrak{D}).$$

Sei nun $\mathfrak{D}$ ein o-Durchschnitt, der maßgleiche Hülle von $\mathfrak{A}_a^b$ ist. Dann ist wegen $\left(\dagger{\textstyle\dagger}\dagger\right)$:

$$\mu_1(\mathfrak{A}\mathfrak{D}) > 0,$$

und da $\mathfrak{D}\mathfrak{B} < \mathfrak{D} - \mathfrak{A}_a^b$, wäre:

$$\mu_1(\mathfrak{B}\mathfrak{D}) = 0,$$

im Widerspruch mit $\left({\textstyle\dagger}\dagger{\textstyle\dagger}\right)$. Also kann f nicht meßbar sein, und Satz IV ist bewiesen.

Wir wollen uns noch überzeugen, daß in Satz VII von § 2 die Voraussetzung, $g(x_1, x_2, \ldots, x_k)$ sei eine Bairesche Funktion, nicht ersetzt werden kann durch die allgemeinere, g sei k-dimensional-meßbar. Wir gehen dabei aus von der Bemerkung:

Satz V. Es gibt stetige Funktionen $F(x)$, die im Intervalle $[0, 1]$ des $\mathfrak{R}_1$ stets wachsen, und derart, daß eine Menge $\mathfrak{N}$ aus $[0, 1]$ des linearen Inhaltes 0 durch $y = F(x)$ abgebildet wird auf eine Menge $\mathfrak{M}$ von positivem linearen Inhalt.

Sei in der Tat $\mathfrak{N}$ eine perfekte Menge aus $(0, 1)$, für die:

$$\mu_1(\mathfrak{N}) = 0.$$

Nach Kap. VII, § 12, Satz V gibt es eine in $[0, 1]$ monoton wachsende, zu $\mathfrak{R}$ gehörige streckenweise konstante (aber nicht durchweg konstante) Funktion $g(x)$. Wir bilden

$$F(x) = g(x) + x.$$

Indem wir nötigenfalls $F(x)$ ersetzen durch $a F(x) + b$, können wir annehmen:

$$F(0) = 0; \quad F(1) = 1.$$

Sei $\mathfrak{M}$ die durch $y = F(x)$ aus $\mathfrak{R}$ hervorgehende Menge, und sei $\mathfrak{O}$ eine $\mathfrak{M}$ enthaltende offene Menge aus $(0, 1)$. Als offene Menge des $\mathfrak{R}_1$ ist $\mathfrak{O}$ Summe abzählbar vieler offener Intervalle, und da $\mathfrak{M}$ abgeschlossen, gibt es nach dem Borelschen Theorem unter diesen endlich viele: (y'_ν, y''_ν) $(\nu = 1, 2, \ldots, n)$, in deren Vereinigung $\mathfrak{M}$ enthalten ist. Da $F(x)$ stets wachsend ist, so gibt es in $[0, 1]$ je einen und nur einen Punkt x'_ν bzw. x''_ν, so daß:

$$y'_\nu = F(x'_\nu); \quad y''_\nu = F(x''_\nu).$$

Da $\mathfrak{R}$ in der Vereinigung der Intervalle (x'_ν, x''_ν) enthalten ist, und $g(x)$ in jedem zu $\mathfrak{R}$ komplementären Intervalle konstant ist, so haben wir:

$$\sum_{\nu=1}^{n} (g(x''_\nu) - g(x'_\nu)) = g(1) - g(0) > 0.$$

Nun ist aber

$$\mu_1(\mathfrak{O}) \geq \sum_{\nu=1}^{n} (y''_\nu - y'_\nu) = \sum_{\nu=1}^{n} (F(x''_\nu) - F(x'_\nu)) > \sum_{\nu=1}^{n} (g(x''_\nu) - g(x'_\nu)),$$

und daher:

$$\mu_1(\mathfrak{O}) > g(1) - g(0)$$

für alle $\mathfrak{M}$ enthaltenden offenen Mengen. Nach Kap. VI, § 8, Satz V ist daher auch:

$$\mu_1(\mathfrak{M}) \geq g(1) - g(0) > 0,$$

und Satz V ist bewiesen.

Betrachten wir nun die Umkehrfunktion $f(y)$ der Funktion $F(x)$ von Satz V, durch die jedem Werte y aus $[0, 1]$ der Wert x aus $[0, 1]$ zugeordnet wird, in dem

$$y = F(x)$$

ist, so sehen wir, indem wir das Argument y von $f(y)$ wieder durch x ersetzen:

Satz VI. Es gibt stetige Funktionen $f(x)$, die im Intervalle $[0, 1]$ des $\mathfrak{R}_1$ stets wachsen, und derart, daß eine Menge $\mathfrak{M}$ aus $[0, 1]$ von positivem Inhalte durch $y = f(x)$ abgebildet wird auf eine Menge $\mathfrak{R}$ des linearen Inhaltes 0.

Und nun beweisen wir, in Ergänzung zu § 2, Satz VII:

Satz VII. Durch Zusammensetzung zweier linear-meßbarer Funktionen kann eine linear nicht-meßbare Funktion entstehen.

Haben in der Tat $f(x)$, $\mathfrak{M}$, $\mathfrak{R}$ dieselbe Bedeutung wie in Satz VI, so gibt es nach § 5, Satz VI in $\mathfrak{M}$ einen nicht-meßbaren Teil $\mathfrak{M}'$. Er wird durch $y = f(x)$ abgebildet auf einen Teil $\mathfrak{R}'$ von $\mathfrak{R}$, und aus $\mu_1(\mathfrak{R}) = 0$ folgt auch $\mu_1(\mathfrak{R}') = 0$, und $\mathfrak{R}'$ ist meßbar. Definieren wir also eine Funktion $g(y)$ durch:

$$g(y) = 1 \ \text{ auf } \mathfrak{R}', \quad g(y) = 0 \ \text{ außerhalb } \mathfrak{R}',$$

so ist $g(y)$ meßbar. Bilden wir nun die zusammengesetzte Funktion $g(f(x))$, so ist sie $= 1$ auf $\mathfrak{M}'$, sonst $= 0$, und da $\mathfrak{M}'$ nicht meßbar ist, so ist sie nicht-meßbar. Damit ist Satz VII bewiesen.

Nun erkennen wir auch leicht, daß in § 1, Satz III die Borelsche Menge $\mathfrak{B}$ nicht durch eine beliebige meßbare Menge ersetzt werden kann:

Satz VIII. Es gibt linear-meßbare Funktionen $f(x)$ derart, daß durch $y = f(x)$ eine nicht-meßbare Menge $\mathfrak{A}$ abgebildet wird auf eine meßbare Menge $\mathfrak{B}$.

Sei in der Tat $f(x)$ die Funktion von Satz VI und $\mathfrak{A}$ ein nicht-meßbarer Teil von $\mathfrak{M}$ (§ 5, Satz VI). Durch $y = f(x)$ wird $\mathfrak{A}$ abgebildet auf einen Teil $\mathfrak{B}$ von $\mathfrak{N}$. Wegen $\mu_1(\mathfrak{N}) = 0$ ist auch $\mu_1(\mathfrak{B}) = 0$ und daher $\mathfrak{B}$ meßbar, womit Satz VIII bewiesen ist.

§ 7. Meßbare und reguläre Abbildungen.

Wir haben uns in diesem Kapitel mit dem Begriffe der meßbaren Funktion beschäftigt. Nun ist der Funktionsbegriff nur ein Spezialfall des allgemeinen Abbildungsbegriffes (Kap. II, § 1, S. 113). Es ist daher naheliegend, den Begriff der Meßbarkeit auch auf Abbildungen zu übertragen. Der Definition der Meßbarkeit einer Funktion würde dann folgende Definition der Meßbarkeit einer Abbildung entsprechen:

Sei $\mathfrak{A}$ Punktmenge eines metrischen Raumes, wie sie zu Beginn von § 1 eingeführt wurde. Sie werde durch die Abbildung A abgebildet auf eine Punktmenge $\mathfrak{A}'$ eines metrischen Raumes $\mathfrak{R}'$. Die Abbildung A heiße φ-meßbar, wenn das Urbild jeder in $\mathfrak{A}'$ offenen Menge φ-meßbar ist.

Neben diesen meßbaren Abbildungen ist von besonderem Interesse eine andere Klasse von Abbildungen, mit denen wir uns etwas eingehender beschäftigen wollen.

Sei auf $\mathfrak{A}$ die φ-Meßbarkeit definiert wie zu Beginn von § 1, und sei $\mathfrak{A}'$ das Bild von $\mathfrak{A}$ vermöge der Abbildung A. Auf $\mathfrak{A}'$ sei vermittels einer absolut-additiven Mengenfunktion φ' die φ'-Meßbarkeit definiert. Die Abbildung A heiße dann $\varphi\varphi'$-regulär, wenn sie jeden φ-meßbaren Teil von $\mathfrak{A}$ abbildet auf einen φ'-meßbaren Teil von $\mathfrak{A}'$. Der Einfachheit halber wollen wir uns auf den Fall beschränken, daß sowohl $\mathfrak{A}$ als $\mathfrak{A}'$ Punktmengen des $\mathfrak{R}_k$ sind, und sowohl φ als φ' der k-dimensionale Inhalt μ_k sind. Die $\mu_k\mu_k$-regulären Abbildungen nennen wir dann kurz reguläre Abbildungen[1]).

Satz I. Damit die Abbildung A der Punktmenge $\mathfrak{A}$ des $\mathfrak{R}_k$ auf die Punktmenge $\mathfrak{A}'$ des $\mathfrak{R}_k$ regulär sei, ist notwendig, daß sie jeden Nullteil[2]) von $\mathfrak{A}$ abbilde auf einen Nullteil von $\mathfrak{A}'$.

Sei in der Tat $\mathfrak{N}$ ein Nullteil von $\mathfrak{A}$, $\mathfrak{N}'$ sein Bild vermöge A. Wäre

$$\mu_k(\mathfrak{N}') > 0,$$

so gäbe es nach § 5, Satz VI in $\mathfrak{N}'$ einen nicht k-dimensional meßbaren Teil $\mathfrak{B}'$. Ist $\mathfrak{B}$ das Urbild von $\mathfrak{B}'$, und $\mathfrak{B}_0 = \mathfrak{B}\mathfrak{N}$ so ist $\mathfrak{B}_0 < \mathfrak{N}$, und daher ist $\mathfrak{B}_0$,

---

[1]) H. Rademacher, der diese Klasse von Abbildungen eingehend studiert hat (Monatsh. f. Math. 27 (1916), 183) bezeichnet sie als meßbare Abbildungen. Wir weichen hier von dieser Terminologie ab, da wir den Abbildungsbegriff als Verallgemeinerung des Funktionsbegriffes auffassen, und daher verlangen müssen, daß der Begriff der meßbaren Abbildung eine Verallgemeinerung des Begriffes der meßbaren Funktion sei.

[2]) So nennen wir kurz jeden Teil $\mathfrak{N}$ von $\mathfrak{A}$, für den $\mu_k(\mathfrak{N}) = 0$ ist.

ebenso wie $\mathfrak{N}$, ein Nullteil von $\mathfrak{A}$, und mithin k-dimensional-meßbar. Da A regulär, widerspricht dies der Tatsache, daß das Bild $\mathfrak{B}'$ von $\mathfrak{B}_0$ nicht k-dimensional-meßbar ist, und Satz I ist bewiesen.

Die Bedingung von Satz I ist nicht hinreichend[1]), sie wird es aber, wenn wir uns auf stetige Abbildungen beschränken.

Satz II. Damit die stetige Abbildung A der Punktmenge $\mathfrak{A}$ des $\mathfrak{R}_k$ auf die Punktmenge $\mathfrak{A}'$ des $\mathfrak{R}_k$ regulär sei, ist hinreichend, daß sie jeden Nullteil von $\mathfrak{A}$ abbilde auf einen Nullteil von $\mathfrak{A}'$.

Sei in der Tat $\mathfrak{B}$ ein k-dimensional-meßbarer Teil von $\mathfrak{A}$. Es gibt dann (Kap. VI, § 8, Satz IV) in $\mathfrak{B}$ eine a-Vereinigung $\mathfrak{B}$, so daß:

$$(*) \qquad \mu_k\,(\mathfrak{B} - \mathfrak{B}) = 0.$$

Die Menge $\mathfrak{B}$ hat als a-Vereinigung die Gestalt:

$$\mathfrak{B} = \mathfrak{A}_1 \dotplus \mathfrak{A}_2 \dotplus \ldots \dotplus \mathfrak{A}_\nu \dotplus \ldots,$$

wo die $\mathfrak{A}_\nu$ abgeschlossen; sie können ohne weiteres auch als beschränkt angenommen werden. Dann aber ist (Kap. II, § 6, Satz II) das Bild $A\,(\mathfrak{A}_\nu)$ gleichfalls abgeschlossen, und wegen:

$$A\,(\mathfrak{B}) = A\,(\mathfrak{A}_1) \dotplus A\,(\mathfrak{A}_2) \dotplus \ldots \dotplus A\,(\mathfrak{A}_\nu) \dotplus \ldots$$

ist $A\,(\mathfrak{B})$ k-dimensional-meßbar. Nach Voraussetzung ist nun wegen (*) auch $A\,(\mathfrak{B} - \mathfrak{B})$ eine Nullmenge, und somit k-dimensional-meßbar, also ist wegen:

$$A\,(\mathfrak{B}) = A\,(\mathfrak{B}) \dotplus A\,(\mathfrak{B} - \mathfrak{B})$$

auch $A\,(\mathfrak{B})$ k-dimensional-meßbar, und Satz II ist bewiesen.

Setzen wir die Abbildung A nicht nur als stetig, sondern auch als eineindeutig voraus, so können wir Satz I ein wenig verschärfen:

Satz III. Damit die eineindeutige[2]) stetige Abbildung A der k-dimensional-meßbaren Punktmenge $\mathfrak{A}$ des $\mathfrak{R}_k$ auf die Punktmenge $\mathfrak{A}'$ des $\mathfrak{R}_k$ regulär sei, ist notwendig, daß A jeden Teil $\mathfrak{N}$ von $\mathfrak{A}$, für den $\mu_{k*}\,(\mathfrak{N}) = 0$ ist, abbilde auf einen Teil $\mathfrak{N}'$ von $\mathfrak{A}'$, für den gleichfalls $\mu_{k*}\,(\mathfrak{N}') = 0$.

Sei in der Tat $\mathfrak{N}$ ein Teil von $\mathfrak{A}$ mit $\mu_{k*}\,(\mathfrak{N}) = 0$, und sei $\mathfrak{N}'$ das Bild von $\mathfrak{N}$ vermöge A. Wäre

$$\mu_{k*}\,(\mathfrak{N}') > 0,$$

so gäbe es in $\mathfrak{N}'$ einen abgeschlossenen Teil $\mathfrak{B}'$, so daß auch:

$$(**) \qquad \mu_k\,(\mathfrak{B}') > 0.$$

Das Urbild $\mathfrak{B}$ von $\mathfrak{B}'$ ist nach Kap. II, § 6, Satz III abgeschlossen in $\mathfrak{A}$, und mithin, als Durchschnitt von $\mathfrak{A}$ mit einer abgeschlossenen Menge, k-dimensional-

---

[1]) Beispiel im $\mathfrak{R}_1$: Sei $\mathfrak{B}$ ein nicht meßbarer Teil von $[0, 1]$. Wir definieren die Abbildung A von $[0, 1]$ durch:

$$A\,(x) = x \qquad \text{wenn } x \text{ in } \mathfrak{B},$$
$$A\,(x) = 1 + x \quad \text{wenn } x \text{ in } [0, 1] - \mathfrak{B}.$$

Diese Abbildung ist eineindeutig, und bildet jede Nullmenge aus $[0, 1]$ auf eine Nullmenge ab, aber sie ist nicht regulär, denn das Bild von $[0, 1]$ ist nicht meßbar.

[2]) H. Rademacher (a. a. O. 205) spricht den Satz ohne diese einschränkende Voraussetzung aus, benützt sie aber beim Beweise. Ob der Satz auch ohne diese Einschränkung gilt, steht dahin.

meßbar. Aus $\mathfrak{B}' < \mathfrak{N}'$ folgt nun aber wegen der Eineindeutigkeit von A auch $\mathfrak{B} < \mathfrak{N}$. Wegen $\mu_{k*}(\mathfrak{N}) = 0$ muß also:

$$(***) \qquad\qquad \mu_k(\mathfrak{B}) = 0$$

sein. Wegen (**) und (***) kann dann nach Satz I A nicht regulär sein, und Satz III ist bewiesen.

Sind insbesondere $\mathfrak{A}$ und $\mathfrak{A}'$ Intervalle des $\mathfrak{R}_1$, ist z. B. $\mathfrak{A}$ das Intervall $[a, b]$, so ist der Begriff einer eineindeutigen stetigen Abbildung von $\mathfrak{A}$ auf $\mathfrak{A}'$ gleichbedeutend mit dem Begriffe einer in $[a, b]$ stetigen und stets wachsenden (oder stets abnehmenden) Funktion $f(x)$. Mit Hilfe dieser Funktion $f(x)$ enthält man eine sehr einfache Bedingung dafür, daß eine solche Abbildung regulär sei. Wir gehen aus von der Bemerkung:

Satz IV. Sei die Funktion $f(x)$ stetig und monoton wachsend im Intervalle (a, b). Bedeutet $\delta(\mathfrak{A})$ den äußeren Zuwachs von f auf $\mathfrak{A}$ (Kap. VII, § 1, S. 470), und ist $\mathfrak{A}'$ das Bild von $\mathfrak{A}$ vermöge der Abbildung $y = f(x)$, so ist für jede Menge $\mathfrak{A}$ aus (a, b):

$$\delta(\mathfrak{A}) = \mu_1(\mathfrak{A}').$$

In der Tat, dies ist richtig, wenn $\mathfrak{A}$ ein Intervall (a', b') ist, denn dann ist:

$$\delta(\mathfrak{A}) = f(b') - f(a'); \quad \mu_1(\mathfrak{A}') = f(b') - f(a').$$

Es ist also auch richtig, wenn $\mathfrak{A}$ eine beschränkte offene Menge, d. h. Summe abzählbar vieler offener Intervalle ist.

Sei nun $\mathfrak{A}$ eine beliebige Menge aus (a, b). Nach Definition ist dann[1] $\delta(\mathfrak{A})$ die untere Schranke von $\delta(\mathfrak{O})$ für alle $\mathfrak{A}$ enthaltenden offenen Mengen $\mathfrak{O}$. Ist $\mathfrak{O}'$ das Bild von $\mathfrak{O}$ vermöge $y = f(x)$, so folgt aus $\mathfrak{A} < \mathfrak{O}$ auch $\mathfrak{A}' < \mathfrak{O}'$ und somit

$$\mu_1(\mathfrak{A}') \leqq \mu_1(\mathfrak{O}') = \delta(\mathfrak{O}).$$

Es ist also:

$$\mu_1(\mathfrak{A}') \leqq \delta(\mathfrak{A}).$$

Andererseits ist jede $\mathfrak{A}'$ enthaltende offene Menge $\mathfrak{O}'$ Bild einer $\mathfrak{A}$ enthaltenden offenen Menge $\mathfrak{O}$, und da $\mu_1(\mathfrak{A}')$ untere Schranke von $\mu_1(\mathfrak{O}') = \delta(\mathfrak{O})$ $(\geqq \delta(\mathfrak{A}))$ für alle $\mathfrak{A}'$ enthaltenden offenen Mengen $\mathfrak{O}'$ ist, so ist auch umgekehrt

$$\delta(\mathfrak{A}) \leqq \mu_1(\mathfrak{A}'),$$

womit Satz IV bewiesen ist.

Nun erhalten wir sofort das gewünschte Resultat:

Satz V[2]**.** Sei $f(x)$ eine in $[a, b]$ stetige, monoton wachsende Funktion. Damit die Abbildung $y = f(x)$ regulär sei, ist notwendig und hinreichend, daß $f(x)$ totalstetig sei in $[a, b]$.

In der Tat, durch Anwendung von Satz IV[3] lehren Satz I und II, daß

---

[1] Da f monoton wächst, ist der äußere Zuwachs δ nichts anderes als der äußere Absolutzuwachs α von f.

[2] H. Rademacher, a. a. O. 266. Vgl. auch H. Hahn, Monatsh. f. Math. 23 (1912), 163.

[3] Dabei ist unter dem offenen Intervalle (a, b) von Satz IV irgendein das abgeschlossene Intervall $[a, b]$ von Satz V enthaltendes offenes Intervall (c, d) zu verstehen, auf das die Definition von $f(x)$ durch die Vorschrift:

$$f(x) = f(a) \text{ für } x < a; \quad f(x) = f(b) \text{ für } x > b;$$

erweitert wird.

die Abbildung $y = f(x)$ dann und nur dann regulär ist, wenn für jede Nullmenge $\mathfrak{A}$ aus $[a, b]$ auch $\delta(\mathfrak{A}) = 0$ ist, d. h. wenn $\delta(\mathfrak{A})$ totalstetig nach μ_1 ist. Das aber heißt nach Definition (Kap. VII, § 10, S. 523): die Funktion f ist totalstetig. Damit ist Satz V bewiesen.

In Satz V kann die Voraussetzung, f sei monoton, nicht weggelassen werden; es gilt vielmehr:

Satz VI[1]. Es gibt im Intervalle $[0, 1]$ stetige, aber nicht totalstetige Funktionen $f(x)$, derart daß durch die Abbildung $y = f(x)$ jede Nullmenge aus $[0, 1]$ in eine Nullmenge übergeführt wird.

Um dies einzusehen, definieren wir die Funktion $f(x)$ in $[0, 1]$ durch die Vorschrift:

$$f(x) = 0 \quad \text{für} \quad x = \frac{1}{2\nu - 1} \quad (\nu = 1, 2 \ldots) \text{ und für } x = 0;$$

$$f(x) = \frac{1}{\nu} \quad \text{für} \quad x = \frac{1}{2\nu} \quad (\nu = 1, 2, \ldots);$$

$$f(x) \text{ linear in jedem Intervalle } \left[\frac{1}{\nu + 1}, \frac{1}{\nu}\right] \quad (\nu = 1, 2, \ldots).$$

Dann ist $f(x)$ stetig in $[0, 1]$, aber nicht von endlicher Variation und mithin auch nicht totalstetig in $[0, 1]$ (Kap. VII, § 10, Satz III).

Wir haben noch zu zeigen, daß die Abbildung $y = f(x)$ jede Nullmenge in eine Nullmenge überführt. Sei also $\mathfrak{N}$ eine Menge aus $[0, 1]$ mit

$$(0) \qquad \qquad \mu_1(\mathfrak{N}) = 0.$$

Wir bezeichnen mit $\mathfrak{N}_\nu$ den ins Intervall $\left[\frac{1}{\nu + 1}, \frac{1}{\nu}\right]$ fallenden Teil von $\mathfrak{N}$; dann ist wegen (0) auch:

$$\mu_1(\mathfrak{N}_\nu) = 0 \qquad (\nu = 1, 2, \ldots).$$

Weil $f(x)$ in $\left[\frac{1}{\nu + 1}, \frac{1}{\nu}\right]$ linear, folgt hieraus für das Bild $\mathfrak{N}'_\nu$ von $\mathfrak{N}_\nu$ vermöge $y = f(x)$:

$$(00) \qquad \qquad \mu_1(\mathfrak{N}'_\nu) = 0 \qquad (\nu = 1, 2, \ldots).$$

Bezeichnen wir noch mit $\mathfrak{N}'_0$ die aus dem Bildpunkte des Punktes 0 bestehende Menge oder die leere Menge, je nachdem $\mathfrak{N}$ den Punkt 0 enthält oder nicht, so ist das Bild $\mathfrak{N}'$ von $\mathfrak{N}$ vermöge $y = f(x)$ gegeben durch:

$$\mathfrak{N}' = \mathfrak{N}'_0 + \mathfrak{N}'_1 + \ldots + \mathfrak{N}'_\nu + \ldots;$$

aus (00) folgt also:

$$\mu_1(\mathfrak{N}') = 0,$$

und Satz VI ist bewiesen.

---

[1]) Vgl. H. Lebesgue, Rend. Linc. 16/1 (1907), 285. — Dort wird auch gezeigt, daß wenn jede der beiden Abbildungen $y = f(x)$, $y = g(x)$ Nullmengen in Nullmengen überführt, die Abbildung $y = f(x) + g(x)$ keineswegs diese Eigenschaft haben muß. — Ob es stetige, aber nicht totalstetige Funktionen $f(x)$ endlicher Variation gibt, derart daß die Abbildung $y = f(x)$ Nullmengen in Nullmengen überführt, scheint nicht bekannt zu sein.

Verzeichnis der zitierten Bücher.

R. Baire, Leçons sur les fonctions discontinues, Paris, Gauthier-Villars 1905.

É. Borel, Leçons sur la théorie des fonctions, Paris, Gauthier-Villars 1898.

É. Borel, Leçons sur les fonctions de variables réelles et les développements en séries de polynomes, Paris, Gauthier-Villars 1905.

C. Carathéodory, Vorlesungen über reelle Funktionen, Leipzig und Berlin, B. G. Teubner 1918.

R. Dedekind, Stetigkeit und irrationale Zahlen, Braunschweig, Vieweg 1872.

U. Dini, Grundlagen für eine Theorie der Funktionen einer veränderlichen reellen Größe; deutsch bearbeitet von J. Lüroth und A. Schepp, Leipzig, B. G. Teubner 1892.

F. Hausdorff, Grundzüge der Mengenlehre, Leipzig, Veit 1914.

G. Hessenberg, Grundbegriffe der Mengenlehre. Zweiter Bericht über das Unendliche in der Mathematik (Abhandlungen der Fries'schen Schule, Neue Folge, viertes Heft), Göttingen, Vandenhoeck u. Ruprecht 1906.

E. W. Hobson, The theory of functions of a real variable and the theory of Fourier's series. Cambridge, University Press 1907.

C. Jordan, Cours d'analyse de l'école polytechnique. Deuxième édition. Tome premier. Paris, Gauthier-Villars 1893.

G. Kowalewski, Einführung in die Infinitesimalrechnung mit einer historischen Übersicht, Leipzig, B. G. Teubner 1908.

G. Kowalewski, Grundzüge der Differential- und Integralrechnung, Leipzig, B. G. Teubner 1909.

H. Lebesgue, Leçons sur l'intégration et la recherche des fonctions primitives, Paris, Gauthier-Villars 1904.

H. Lebesgue, Leçons sur les séries trigonométriques, Paris, Gauthier-Villars 1906.

G. Lejeune-Dirichlets Vorlesungen über die Lehre von den einfachen und mehrfachen bestimmten Integralen, herausgegeben von G. Arendt, Braunschweig, Vieweg 1904.

G. Peano, Applicazioni geometriche del calcolo infinitesimale, Torino, Bocca 1887.

J. Pierpont, Lectures on the theory of functions of real variables. Boston, New York, Chicago, London, Ginn & Comp. 1905.

A. Pringsheim, Vorlesungen über Zahlen- und Funktionenlehre. Erster Band. Leipzig und Berlin, B. G. Teubner 1916.

A. Schoenflies, Die Entwickelung der Lehre von den Punktmannigfaltigkeiten (Jahresbericht der Deutschen Mathematiker-Vereinigung, 8. Band), Leipzig, B. G. Teubner 1900.

Ch. J. de la Vallée Poussin, Cours d'analyse infinitésimale. Tome 1, deuxième édition, Louvain, A. Uystpruyst-Dieudonné; Paris, Gauthier-Villars 1909.

Ch. J. de la Vallée Poussin, Intégrales de Lebesgue, fonctions d'ensemble, classes de Baire, Paris, Gauthier-Villars 1916.

W. H. Young and Grace Chisholm Young, The theory of sets of points, Cambridge, University Press 1906.

Bei Zitaten aus diesen Büchern ist die Seitenzahl angegeben, bei Zitaten aus Zeitschriften Zahl des Bandes (und eventuell in Klammern der Serie), Jahr des Erscheinens und Seitenzahl.

———

Verzeichnis der zitierten Autoren.